2026 에너지관리 기사 필기

무료동영상

무료 동영상 강의 이용 안내

STEP 1 네이버 카페 "가냉보열" 가입

- 좌측 QR 코드를 스캔하여 카페에 가입합니다.
- 카페 주소(https://cafe.naver.com/kos6370)를 직접 입력하거나, 네이버에서 "가냉보열"을 검색하셔도 됩니다.

STEP 2 도서인증 게시판 확인

- "권오수 저자 직강 무료 강의 수강 방법 안내" 글을 정독합니다.
- 각 강의별로 인증 가능한 도서가 다르게 운영되고 있으니, 원하시는 강의 게시판에 게시된 공지사항을 꼭 읽어보세요.

STEP 3 도서 구매인증 서식 작성

- "무료강의 도서인증" 해당 게시판에 구매 인증 글을 남깁니다.
- 도서 안쪽 첫 페이지에 자필로 카페 아이디를 적고 인증 사진을 촬영해주세요.

STEP 4 저자 직강 무료 강의 시청

- 카페 관리자가 승인하면 바로 시청이 가능합니다.
- 승인 가능한 시간은 평일 오전 8시~오후 5시이며, 주말 및 공휴일은 제외됩니다.

PREFACE 머리말

ENGINEER ENERGY MANAGEMENT

필요한 에너지의 대부분을 해외에 의존하고 있는 우리나라에서 에너지의 중요성은 새삼 말할 필요도 없는 일이다. 우리나라의 에너지 수입 의존도는 95%에 육박하며, 에너지 수입액이 우리나라 전체 수입액의 30% 정도로 에너지의 해외 의존도가 매우 심각한 수준이다.

더욱이 과다한 화석연료의 사용으로 인한 대기 중의 이산화탄소 농도 증가 및 평균온도 상승은 에너지 사용량을 줄이지 않으면 전 지구적으로 치명적인 위험에 빠지게 될 것이라는 경고라 할 수 있다. 특히, 에너지 소비량이 전 세계 10위권인 우리나라의 경우 에너지 절약은 매우 시급한 과제이다.

이러한 상황에서 에너지 관련 분야의 전문인력에 대한 관심과 수요 또한 급격히 증가하는 추세이며, 이 분야의 자격시험에 도전하는 수험생들의 요구 또한 다양해지고 있다. 이러한 요구에 부응하고자 이번에 새롭게 기획된 교재를 출간하게 되었다.

이 책은 그동안 출제되었던 문제들을 철저히 분석하여 필수 내용으로 이론을 구성하였고, 각 단원별로 출제예상문제를 수록하였다. 또한, 과년도 기출문제를 풀어봄으로써 출제 경향을 파악할 수 있도록 하였으며, CBT 방식의 시험에 대비할 수 있도록 CBT 실전모의고사를 수록하였다.

아무쪼록 새로운 교재에 대한 독자들의 많은 성원을 기대하며, 오류 및 문제점에 대해서는 독자들의 의견에 귀기울여 지속적으로 수정 보완할 것을 약속드리며, 출간에 도움을 주신 도서출판 예문사에 감사의 말씀을 전한다.

저자 일동

SUMMARY
ENGINEER ENERGY MANAGEMENT

 출제기준

직무 분야	환경·에너지	중직무 분야	에너지·기상	자격 종목	에너지관리기사	적용 기간	2024.1.1. ~ 2027.12.31.

○ 직무내용 : 각종 산업, 건물 등에 생산공정이나 냉·난방을 위한 열을 공급하기 위하여 보일러 등 열사용 기자재의 설계, 제작, 설치, 시공, 감독을 하고 보일러 및 관련 장비를 안전하고 효율적으로 운전할 수 있도록 지도, 점검, 진단, 보수 등의 업무를 수행하는 직무

필기검정방법	객관식	문제수	100	시험시간	2시간 30분

필기과목명	문제수	주요항목	세부항목	세세항목
연소공학	20	1. 연소이론	1. 연소기초	1. 연소의 정의 2. 연료의 종류 및 특성 3. 연소의 종류와 상태 4. 연소 속도 등
			2. 연소계산	1. 연소현상 이론 2. 이론 및 실제 공기량, 배기가스양 3. 공기비 및 완전연소 조건 4. 발열량 및 연소효율 5. 화염온도 6. 화염전파이론 등
		2. 연소설비	1. 연소 장치의 개요	1. 연료별 연소장치 2. 연소 방법 3. 연소기의 부품 4. 연료 저장 및 공급장치
			2. 연소 장치 설계	1. 고부하 연소기술 2. 저공해 연소기술 3. 연소부하산출
			3. 통풍장치	1. 통풍방법 2. 통풍장치 3. 송풍기의 종류 및 특징
			4. 대기오염방지장치	1. 대기오염 물질의 종류 2. 대기오염 물질의 농도 측정 3. 대기오염방지장치의 종류 및 특징
		3. 연소안전 및 안전장치	1. 연소안전장치	1. 점화장치 2. 화염검출장치 3. 연소제어장치 4. 연료차단장치 5. 경보장치
			2. 연료누설	1. 외부누설 2. 내부누설

필기과목명	문제수	주요항목	세부항목	세세항목
			3. 화재 및 폭발	1. 화재 및 폭발 이론 2. 가스폭발 3. 유증기폭발 4. 분진폭발 5. 자연발화
열역학	20	1. 열역학의 기초사항	1. 열역학적 상태량	1. 온도 2. 비체적, 비중량, 밀도 3. 압력
			2. 일 및 열에너지	1. 일 2. 열에너지 3. 동력
		2. 열역학 법칙	1. 열역학 제1법칙	1. 내부에너지 2. 엔탈피 3. 에너지식
			2. 열역학 제2법칙	1. 엔트로피 2. 유효에너지와 무효에너지
		3. 이상기체 및 관련 사이클	1. 기체의 상태변화	1. 정압 및 정적 변화 2. 등온 및 단열변화 3. 폴리트로픽 변화
			2. 기체동력기관의 기본 사이클	1. 기체 사이클의 특성 2. 기체 사이클의 비교
		4. 증기 및 증기동력 사이클	1. 증기의 성질	1. 증기의 열적 상태량 2. 증기의 상태변화
			2. 증기동력 사이클	1. 증기동력 사이클의 종류 2. 증기동력 사이클의 특성 및 비교 3. 열효율, 증기소비율, 열소비율 4. 증기표와 증기선도
		5. 냉동 사이클	1. 냉매	1. 냉매의 종류 2. 냉매의 열역학적 특성
			2. 냉동 사이클	1. 냉동 사이클의 종류 2. 냉동 사이클의 특성 3. 냉동능력, 냉동률, 성능계수(COP) 4. 습공기선도
계측방법	20	1. 계측의 원리	1. 단위계와 표준	1. 단위 및 단위계 2. SI 기본단위 3. 차원 및 차원식
			2. 측정의 종류와 방식	1. 측정의 종류 2. 측정의 방식과 특성
			3. 측정의 오차	1. 오차의 종류 2. 측정의 정도(精度)

필기과목명	문제수	주요항목	세부항목	세세항목
		2. 계측계의 구성 및 제어	1. 계측계의 구성	1. 계측계의 구성 요소 2. 계측의 변환
			2. 측정의 제어회로 및 장치	1. 자동제어의 종류 및 특성 2. 제어동작의 특성 3. 보일러의 자동 제어
		3. 유체 측정	1. 압력	1. 압력 측정방법 2. 압력계의 종류 및 특징
			2. 유량	1. 유량 측정방법 2. 유량계의 종류 및 특징
			3. 액면	1. 액면 측정방법 2. 액면계의 종류 및 특징
			4. 가스	1. 가스의 분석방법 2. 가스분석계의 종류 및 특징
		4. 열 측정	1. 온도	1. 온도 측정방법 2. 온도계의 종류 및 특징
			2. 열량	1. 열량 측정방법 2. 열량계의 종류 및 특징
			3. 습도	1. 습도 측정방법 2. 습도계의 종류 및 특징
열설비재료 및 관계법규	20	1. 요로	1. 요로의 개요	1. 요로의 정의 2. 요로의 분류 3. 요로 일반
			2. 요로의 종류 및 특징	1. 철강용로의 구조 및 특징 2. 제강로의 구조 및 특징 3. 주물용해로의 구조 및 특징 4. 금속가열열처리로의 구조 및 특징 5. 축요의 구조 및 특징
		2. 내화물, 단열재, 보온재	1. 내화물	1. 내화물의 일반 2. 내화물의 종류 및 특성
			2. 단열재	1. 단열재의 일반 2. 단열재의 종류 및 특성
			3. 보온재	1. 보온(냉)재의 일반 2. 보온(냉)재의 종류 및 특성
		3. 배관 및 밸브	1. 배관	1. 배관 자재 및 용도 2. 신축이음 3. 관 지지장치 4. 패킹
			2. 밸브	1. 밸브의 종류 및 용도

필기과목명	문제수	주요항목	세부항목	세세항목
		4. 에너지 관계법규	1. 에너지 이용 및 신재생에너지 관련 법령에 관한 사항	1. 에너지법, 시행령, 시행규칙 2. 에너지이용 합리화법, 시행령, 시행규칙 3. 신에너지 및 재생에너지 개발·이용·보급 촉진법, 시행령, 시행규칙 4. 기계설비법, 시행령, 시행규칙
열설비 설계	20	1. 열설비	1. 열설비 일반	1. 보일러의 종류 및 특징 2. 보일러 부속장치의 역할 및 종류 3. 열교환기의 종류 및 특징 4. 기타 열사용 기자재의 종류 및 특징
			2. 열설비 설계	1. 열사용 기자재의 용량 2. 열설비 3. 관의 설계 및 규정 4. 용접 설계
			3. 열전달	1. 열전달 이론 2. 열관류율 3. 열교환기의 전열량
			4. 열정산	1. 입열, 출열 2. 손실열 3. 열효율
		2. 수질관리	1. 급수의 성질	1. 수질의 기준 2. 불순물의 형태 3. 불순물에 의한 장애
			2. 급수 처리	1. 보일러 외처리법 2. 보일러 내처리법 3. 보일러수의 분출 및 배출기준
		3. 안전관리	1. 보일러 정비	1. 보일러의 분해 및 정비 2. 보일러의 보존
			2. 사고 예방 및 진단	1. 보일러 및 압력용기 사고 원인 및 대책 2. 보일러 및 압력용기 취급 요령

이책의 차례

제1편 연소공학

CHAPTER. 01 연료의 종류와 특성
01 연료의 개요 ·· 3
02 연료의 종류 및 특성 ··· 4
■ 출제예상문제 ·· 12

CHAPTER. 02 연료의 시험방법 및 관리
01 고체연료의 시험방법 ·· 15
02 액체연료의 시험방법 ·· 19
03 기체연료의 시험방법 ·· 22
04 연료의 관리(고체, 액체, 기체연료) ································ 23
■ 출제예상문제 ·· 26

CHAPTER. 03 연소계산 및 열정산
01 연소계산 ·· 30
02 보일러 열정산(Heat Balance) ·· 39
■ 출제예상문제 ·· 42

CHAPTER. 04 연소장치, 통풍장치 및 집진장치
01 연소의 종류 ·· 62
02 연소장치 ·· 62
03 통풍장치 ·· 69
04 집진장치 ·· 73
■ 출제예상문제 ·· 75

CHAPTER. 05 가스 폭발 방지대책
01 연소가스의 폭발 등급 및 안전간격 ······························ 94
02 가연성 가스의 폭발범위 ·· 96
03 폭발범위의 계산 ·· 98

04 위험도 계산 ·· 100
05 연소 반응식 및 생성열 ····································· 102
06 방폭 구조(Explosion-proof Structure)의 종류 ······ 104
07 가스폭발(Gas Explosion)의 종류와 상태 ············ 106
08 안전성 평가 및 안전성 향상 계획서의 작성·심사 등에 관한 기준 ····· 110
09 화재 및 소화방법 ··· 114
■ 출제예상문제 ··· 117

제2편 열역학

CHAPTER. 01 열의 기본 개념 및 정의

01 열역학의 정의 ·· 123
02 동작물질과 계 ·· 123
03 열역학적 성질 ·· 124
04 과정 ·· 125
05 단위와 차원 ·· 125
06 열평형 및 온도 ··· 128
07 비중량, 비체적, 밀도 비중 ······························ 129
08 에너지와 동력 ·· 131
09 압력 ·· 131
10 열량과 비열 ·· 132
■ 출제예상문제 ··· 135

CHAPTER. 02 일과 열

01 일(Work) ·· 138
02 열(Heat) ··· 139
03 열과 일의 비교 ··· 140
■ 출제예상문제 ··· 141

CHAPTER. 03 열역학 제1법칙

01 에너지 보존의 원리 ··· 147
■ 출제예상문제 ··· 154

CHAPTER. 04 완전가스(이상기체)

01 보일-샤를의 법칙 ··· 159
02 완전가스의 상태방정식 ··· 160
03 완전가스(이상기체)의 비열 ·· 162
04 이상기체의 상태변화 ··· 163
05 반완전 가스 ··· 169
06 혼합가스 ··· 170
07 공기(Air) ·· 172
08 이상기체 공식 정리 ··· 177
■ 출제예상문제 ··· 178

CHAPTER. 05 열역학 제2법칙

01 열역학 제2법칙의 표현 ··· 187
02 열효율, 성능계수, 가역과정 ·· 189
03 영구기관 ··· 191
04 카르노 사이클(Carnot Cycle : 1824) ·· 191
05 엔트로피(Entropy) ·· 194
06 비가역 과정에서의 엔트로피 변화 ··· 198
07 유효에너지와 무효에너지 ··· 200
08 교축과정 및 줄 톰슨 계수 ·· 201
09 최대일과 최소일 ··· 202
10 열역학 제3법칙 ·· 203
■ 출제예상문제 ··· 204

CHAPTER. 06 기체 압축기

01 왕복피스톤의 공통 용어 ··· 211
02 압축일 ·· 212
03 압축기의 효율 ·· 214
04 다단 압축 사이클 ··· 215
■ 출제예상문제 ··· 217

CHAPTER. 07 내연기관 사이클

01 공기표준 사이클 ··· 221
02 공기표준 오토 사이클 ·· 222
03 공기표준 디젤 사이클 ·· 224
04 공기표준 사바테 사이클 ·· 226
05 공기표준(오토, 디젤, 사바테) 사이클의 비교 ···························· 228
06 가스터빈 사이클 ·· 229
07 기타 사이클 ··· 231
■ 출제예상문제 ··· 233

CHAPTER. 08 증기

01 증기의 분류와 용어 ··· 237
02 증기의 열적 상태량 ··· 239
03 증기선도 ·· 241
■ 출제예상문제 ··· 243

CHAPTER. 09 증기원동소 사이클

01 랭킨 사이클(1854) ··· 250
02 재열 사이클(Reheative Cycle) ·· 252
03 재생 사이클(Regenerative Cycle) ·· 253
04 재열 재생 사이클 ·· 254
05 2유체 사이클(Binary Cycle) ··· 255
06 증기플랜트의 효율 ··· 255
07 증기소비율과 열소비율 ·· 256
■ 출제예상문제 ··· 257

CHAPTER. 10 냉동 사이클

01 냉동 사이클 ··· 263
02 냉동능력 ·· 265
03 공기 냉동 사이클(Air–Refrigerator Cycle) ·························· 266
04 증기압축 냉동 사이클 ·· 267
05 냉매 ··· 267
■ 출제예상문제 ··· 269

제3편 계측방법

CHAPTER. 01 계측일반과 온도계측

01 계측일반(계량과 측정) ········· 279
02 온도계의 종류 및 특징 ········· 284
■ 출제예상문제 ········· 293

CHAPTER. 02 유량계측

01 유량계의 분류 ········· 307
02 유량계의 종류 및 특징 ········· 308
■ 출제예상문제 ········· 315

CHAPTER. 03 압력계측

01 압력측정방법 ········· 325
02 기계식 압력계 ········· 325
03 전기식 압력계 ········· 330
04 표준 분동식 압력계(피스톤 압력계) ········· 331
05 기타 압력계 ········· 331
■ 출제예상문제 ········· 333

CHAPTER. 04 액면계측

01 액면측정방법 ········· 340
02 액면계의 종류 및 특징 ········· 341
■ 출제예상문제 ········· 344

CHAPTER. 05 가스의 분석 및 측정

01 가스분석방법 ········· 349
02 가스분석계의 종류 및 특징 ········· 350
03 매연농도 측정 ········· 355
04 온·습도 측정 ········· 356
■ 출제예상문제 ········· 358

CHAPTER. 06 자동제어 회로 및 장치

01 자동제어의 개요 ·· 364
02 제어동작의 특성 ·· 369
03 보일러 자동제어 ·· 372
■ 출제예상문제 ··· 376

제4편 열설비 재료 및 관계법규

CHAPTER. 01 요로

01 요(Kiln) 로(Furnace) 일반 ··· 387
02 요(Kiln)의 구조 및 특징 ·· 388
03 노(Furnace)의 구조 및 특징 ·· 393
04 축요 ··· 397
■ 출제예상문제 ··· 399

CHAPTER. 02 내화재

01 내화물 일반 ··· 407
02 내화물 특성 ··· 410
■ 출제예상문제 ··· 416

CHAPTER. 03 배관, 단열재 및 보온재

01 배관의 종류 및 용도 ·· 422
02 밸브의 종류 및 배관지지 ··· 427
03 단열재 및 보온재 ··· 430
■ 출제예상문제 ··· 433

CHAPTER. 04 에너지법과 에너지이용 합리화법

01 에너지법 ··· 444
02 에너지이용 합리화법 ··· 448
■ 출제예상문제 ··· 478

CHAPTER. 05 신재생 및 기타 에너지

01 신재생에너지 ··· 503
02 신재생에너지의 종류 ·· 504

CHAPTER. 06 저탄소 녹색성장

01 온실가스 감축 ·· 521

제5편 열설비 설계

CHAPTER. 01 보일러의 종류 및 특성

01 보일러의 종류 및 특성 ·· 525
02 보일러 부속장치 ·· 530
■ 출제예상문제 ··· 547

CHAPTER. 02 급수처리 및 보일러안전관리

01 급수관리 ··· 568
02 보일러 취급 안전관리 ··· 574
■ 출제예상문제 ··· 578

CHAPTER. 03 열공학설계

01 강도설계 ··· 594
02 관 설계(Pipe 설계) ·· 604
03 리벳이음의 설계 ·· 609
04 용접이음의 설계 ·· 612
■ 출제예상문제 ··· 617

CHAPTER. 04 전열과 열교환

01 열전달의 기본형태 ··· 629
02 열교환기 전열 ·· 631
■ 출제예상문제 ··· 632

부록 1 과년도 기출문제

2017년 1회 기출문제 ·········· 641
2017년 2회 기출문제 ·········· 660
2017년 4회 기출문제 ·········· 677

2018년 1회 기출문제 ·········· 697
2018년 2회 기출문제 ·········· 716
2018년 4회 기출문제 ·········· 735

2019년 1회 기출문제 ·········· 754
2019년 2회 기출문제 ·········· 772
2019년 4회 기출문제 ·········· 790

2020년 1·2회 통합기출문제 ·········· 808
2020년 3회 기출문제 ·········· 827
2020년 4회 기출문제 ·········· 846

2021년 1회 기출문제 ·········· 865
2021년 2회 기출문제 ·········· 884
2021년 4회 기출문제 ·········· 903

2022년 1회 기출문제 ·········· 924
2022년 2회 기출문제 ·········· 943

부록 2 CBT 실전모의고사

- 제1회 CBT 실전모의고사 ·········· 965
  - 정답 및 해설 ·········· 988
- 제2회 CBT 실전모의고사 ·········· 994
  - 정답 및 해설 ·········· 1018
- 제3회 CBT 실전모의고사 ·········· 1024
  - 정답 및 해설 ·········· 1047

에너지관리기사는 2022년 4회 시험부터 CBT(Computer-Based Test)로 전면 시행됩니다.

PART 01

ENGINEER ENERGY MANAGEMENT

연소공학

CHAPTER 01 연료의 종류와 특성
CHAPTER 02 연료의 시험방법 및 관리
CHAPTER 03 연소계산 및 열정산
CHAPTER 04 연소장치, 통풍장치 및 집진장치
CHAPTER 05 가스 폭발 방지대책

CHAPTER 001 연료의 종류와 특성

SECTION 01 연료의 개요

보일러용 연료란 열에너지로 바꿀 수 있는 물질의 총칭이며, 열공학에서는 공기(산소)의 존재 하에서 지속적으로 산화반응을 일으켜 열에너지를 발생하는 물질로서 크게 나누어 고체연료, 액체연료, 기체연료가 있다.

1. 연료의 분류

① **고체연료** : 석탄, 목탄, 연탄, 코크스 등
② **액체연료** : 가솔린, 등유, 경유, 중유 등
③ **기체연료** : 천연가스, 석유가스, 고로가스, 발생로가스, 액화석유가스 등
  - 가연성 연료성분 : 열을 발생하는 열원으로 탄소(C), 수소(H), 황(S)
  - 연료의 주성분 : 탄소(C), 수소(H), 산소(O)
  - 연료의 불순물 : 산소, 질소, 황, 수분, 회분(무기질)

2. 연료의 구비조건

① 단위(중량, 용적)당 발열량이 높을 것
② 저장 및 취급이 용이할 것
③ 유해물질 발생이 적을 것(인체에 유해하지 않을 것)
④ 점화 및 소화가 용이할 것
⑤ 구입이 용이하고 가격이 저렴할 것
⑥ 부하변동에 따른 연소조절이 용이할 것
⑦ 공기 중에서 쉽게 연소가 가능할 것

SECTION 02 연료의 종류 및 특성

1. 고체연료

고체상태로 사용되는 석탄이나 장작 등의 연료를 고체연료라 하고 주성분은 탄소(C)와 소량의 수소(H)이며 그 외에 회분과 산소(O), 질소(N), 유황(S) 등을 포함하고 있다.

1) 고체연료의 장단점

(1) 장점
① 연소 시 분무 등으로 인한 소음이 없다.
② 연료 누설로 인한 역화나 폭발사고가 발생하지 않는다.
③ 화염에 의한 국부가열을 일으키지 않는다.
④ 연소장치가 간단하다.
⑤ 노천야적이 가능하다.
⑥ 저장 및 취급이 용이하다.

(2) 단점
① 연료의 회수, 수송, 저장, 취급이 곤란하다.
② 단위 중량당 발열량이 낮다.
③ 연료의 품질이 균일하지 않다.
④ 석탄이나 장작 등을 연소 시 큰 연소공간과 다량의 과잉공기가 필요하다.
⑤ 점화 및 소화가 곤란하다.
⑥ 부하변동에 따른 연소조절이 곤란하다.
⑦ 회분이 많고 재처리가 곤란하다.

2) 종류

(1) 천연산
   석탄, 무연탄, 역청탄, 갈탄, 목재 등

(2) 인공산
   코크스, 구공탄, 미분탄, 목탄(숯) 등

3) 고체연료의 종류와 특성

(1) 목탄
   목재를 탄화시킨 2차 연료

(2) 석탄

석탄은 탄화도에 따라 이탄, 갈탄, 역청탄, 무연탄, 흑연 등이 있다.
점결성 정도에 따라 강점결탄(역청탄), 약점결탄, 미점결탄, 비점결탄이 있고 미분탄을 만들 때 분쇄성을 나타내는 하드그로브 지수(HGI)로 나타낸다.

(3) 코크스

원료탄을 1,000℃ 내외의 온도에서 고온건류시킨 것으로 연료로 사용하는 경우는 거의 없고 야금, 제철, 주조 등에 사용된다.(고온건류 : 1,000~1,200℃, 저온건류 : 500~600℃)

4) 석탄의 물리적 성질

(1) 연료비
- 고정탄소와 휘발분의 비(연료의 가치판단 기준)
- 연료비 $= \dfrac{\text{고정탄소}[\%]}{\text{휘발분}[\%]}$ (연료비가 12 이상이면 무연탄)

(2) 입도
- 석탄입자의 크기는 Mesh로 표시한다.
- **하드그로브지수(HGI)** : 석탄분쇄성의 척도
- 입도에 따른 분류
  괴탄(지름 50mm 이상), 소괴탄(지름 20~50mm), 분탄(20mm 이하), 미분탄(지름 3mm 이하)

(3) 점결성
석탄을 건류하는 과정에서 가스가 발산하면서 코크스화되어 굳는 성질

(4) 비중
코크스 또는 석탄 내 기공의 유무에 따라 겉보기비중과 참비중으로 구분
- 기공률 $= \left(1 - \dfrac{\text{겉보기비중}}{\text{참비중}}\right) \times 100[\%]$
- 겉보기비중(시비중) : 석탄 내 기공을 포함한 상태의 비중
- 참비중(진비중) : 석탄 내 포함된 기공을 제외한 상태의 석탄 자체의 비중

5) 고체연료탄화도가 클 경우의 특성

① 고정탄소량이 증가
② 수분 및 휘발분의 감소

③ 연료비의 증가
④ 착화온도의 증가

6) 석탄의 풍화와 자연발화

(1) 풍화

연료 중 휘발분이 공기 중의 산소와 화합하여 탄의 질이 저하되며 휘발분, 발열량이 감소하고 탄질의 변질, 탄 표면이 탈색된다.

(2) 자연발화

석탄저장 시 내부 온도가 60℃ 이상이 되면 스스로 발화하는 현상
(석탄은 열전도율이 적어 열이 내부에 축적되기 쉽다.)

2. 액체연료

원유 또는 석유로부터 얻는 연료를 액체연료라 하고 대부분 탄화수소 혼합물이다. 대부분 인공품으로 가공하여 사용한다.

1) 액체연료의 특성

(1) 장점

① 발열량이 높고 품질이 균일하다.(고온을 얻기가 용이하다.)
② 연소효율이 높고 계량 및 기록이 용이하다.
③ 점화, 소화 및 연소조절이 비교적 쉽다.
④ 운반 또는 저장이 쉽고 저장 중 변질이 적다.
⑤ 회분 발생이 적다.

(2) 단점

① 화재 및 역화의 위험성이 있다.　　② 국부적 과열을 일으키기 쉽다.
③ 버너연소 시 소음이 발생한다.　　④ 황분을 내포하고 있다.

2) 액체연료의 종류 및 특성

(1) 휘발유(가솔린)

끓는 점 범위는 나프타와 동일하면서 불꽃점화기관에 적합하도록 옥탄가를 조정한 연료로 가솔린 기관의 연료용으로 사용된다.(비점은 150℃ 이하, 인화점은 −43℃)

$$\text{연료착화성표시(옥탄가)} = \frac{\text{이소옥탄}}{\text{이소옥탄} + \text{노르말헵탄}} \times 100[\%]$$

(2) 나프타

나프타는 원유 중 175~240℃의 범위에서 제조되며 발전 및 제트연료용으로 사용된다.

(3) 등유

비점 150~300℃, 인화점이 40℃ 이상이 되도록 조정한 경질유로 착화온도 254℃, 발열량 11,000kcal/kg 내외이다.

(4) 경유

비점 범위 250~350℃ 정도, 인화점 50~70℃, 착화온도 257℃, 발열량 11,000kcal/kg이며 고속 디젤기관용으로 사용된다.

$$\text{※ 세탄가} = \frac{\text{노르말세탄}}{\text{노르말세탄} + (\alpha - \text{메틸나프탈렌})}$$

(5) 중유(분해연소)

증류 잔유물에 경유를 첨가한 연료로 점도에 따라 A중유, B중유, C중유로 구분한다.

① **A중유** : 점도가 낮아 예열이 필요 없다.
② **B, C중유** : 예열 후 점도를 낮추어 사용한다.
③ 직류중유, 분해중유, 혼합중유가 정제과정에서 발생된다.

※ 탄소수소비 $\left(\frac{C}{H}\right)$: 석유계 연료로 연소에 필요한 공기량이나 발열량에 관계하는 수치

> **Reference** $\left(\frac{C}{H}\right)$에 따른 연료의 특성
>
> - 탈계 > 중유 > 경유 > 등유 > 휘발유 순으로 $\left(\frac{C}{H}\right)$ 은 감소한다.
> - $\left(\frac{C}{H}\right)$ 비가 클수록
>   - 이론공연비는 감소한다.   - 비점이 높으며 매연발생이 쉽다.
>   - 휘도(방사율)가 크다.   - 화염은 장염이 된다.
>   - 발열량이 적다.   - 인화점이 높아진다.

(6) 중유의 부식

① **고온 부식** : 중유 연료 중 포함되어 있는 바나듐은 연소 시 500~600℃ 부근에 달하면 오산화바나듐(V_2O_5)으로 되어 전열면에 융착 부식

> **Reference** 방지법
>
> - 연료를 전처리하여 바나듐 성분을 제거한다.
> - 첨가제를 사용하여 바나듐의 융점을 높인다.
> - 배기가스온도를 융점 이하로 유지한다.
> - 전열면을 내식재료로 피복한다.

② 저온 부식 : 연료 중 황산화물(SO_2, SO_3)에 의하여 폐열회수장치 등에서 부식

$$S + O_2 \rightarrow SO_2, \quad SO_2 + \frac{1}{2}O_2 \rightarrow SO_3(무수황산), \quad SO_3 + H_2O \rightarrow H_2SO_4(황산)$$

> **Reference** 방지법
>
> - 연료를 전처리하여 유황분을 제거한다.
> - 배기가스온도를 황의 노점온도 이상으로 유지한다.
> - 연료 첨가제로 황의 노점을 낮게 한다.
> - 과잉공기량을 적게 한다.
> - 저유황 중유를 사용한다.
> - 전열면을 내식재료로 피복한다.

(7) 탈계중유

① 화염방사율이 크다.
② 유황의 해가 적다.
③ 슬러지가 생성된다.

3) 중유의 비중

(1) 비중

① 비중이 크면 체적당 발열량은 증가한다.
② 비중이 크면 탄화수소비가 크고 화염방사율이 증가한다.
③ 체적팽창계수가 0.0007L/℃ 정도이다.
④ 점도는 비중이 클수록 증가한다.

- 비중 API도 $= \dfrac{141.5}{(60°F/60°F)비중} - 131.5$

- 비중 보오메드 $= \dfrac{140}{비중} - 130$

4) 액체 연료 인화점과 유동점

(1) 인화점

① 인화점이 높으면 착화가 곤란하다.
② 인화점이 낮으면 역화가 발생한다.
③ 예열온도는 인화점보다 5℃ 낮게 한다.
④ 비중이 낮으면 일반적으로 인화점이 낮다.
⑤ 점화원에 의해 불이 붙는 최저온도가 인화점이다.

(2) 유동점

배관 수송 시 오일을 유동시킬 수 있는 최저온도
① 유동점=응고점+2.5℃
② 응고점=유동점−2.5℃

3. 기체연료

기체연료는 천연가스 또는 인공품이나 부산물로 고체연료와 액체연료에서 제조된다. 또한 제철과정에서 발생되는 부생가스도 있다.

1) 기체연료의 장단점

(1) 장점

① 적은 과잉공기로 완전 연소시킬 수 있다.
② 연소효율이 높고 매연이 발생하지 않는다.
③ 연소가 균일하고 연소조절이 용이하다.
④ 부하변동범위가 넓고 고온을 얻을 수 있다.
⑤ 저발열량의 연료로도 고온을 얻는다.

(2) 단점

① 저장 및 수송이 불편하다.
② 설비비 및 연료비가 많이 든다.
③ 취급 시 폭발위험성이 있다.
④ CO 등 유해가스가 있다.

2) 기체연료의 종류 및 특성

(1) 천연가스(Natural Gas)
천연상태의 가스 중 탄화수소를 주성분으로 하는 가연성 가스로 주성분은 메탄가스이다.

(2) 액화천연가스(LNG : Liquified Natural Gas)
1기압상태에서 $-162°C$ 이하의 초저온으로 냉각한 무색 투명한 액체로 80% 이상의 메탄(CH_4)으로 구성되어 있다.(천연가스의 $\frac{1}{600}$로 체적이 감소한다.)

[특징]
① 안전성이 높은 연료로 공기 중에 쉽게 확산한다.
② 분진 및 유황 불순물이 없는 청정연료이다.
③ 발열량은 11,000kcal/Nm³로 높다.
④ 천연가스 중 습성가스는 메탄, 프로판이 주성분이나 건성가스는 메탄이 주성분이다.

(3) 액화석유가스(LPG : Liquified Petroleum Gas)
액화석유가스는 천연가스와 석유정제과정에서 비교적 액화하기 쉬운 가스를 10°C에서 약 7kg/cm²로 가압한 가스로 프로판(C_3H_8)과 부탄(C_4H_{10})이 주성분이다.

[특징]
① 수송 및 저장이 편리하고 발열량이 높다.
② 기체일 때 공기보다 무거워 인화 폭발위험성이 있다.(비중 1.5~2 정도)
③ 액화 시 체적이 적어져 저장 및 수송이 편리하다.(프로판은 $\frac{1}{250}$, 부탄은 $\frac{1}{230}$로 부피 축소)
④ 연소속도가 완만하고 연소 시 소요공기가 많이 든다.
⑤ 발열량은 20,000~30,000kcal/Nm³로 높다.

(4) 석탄가스(인공품가스)
석탄을 1,000°C 정도로 고온건류시켜 코크스를 제조할 때 얻을 수 있는 기체연료[주성분 : 수소(H_2), 메탄(CH_4), 일산화탄소(CO)]이며 발열량은 5,670kcal/Nm³ 정도이다.

(5) 발생로가스(인공품가스)
석탄, 코크스, 목재 등 탄소성분이 많은 연료를 불완전연소 시 얻을 수 있는 가스(주성분 : N_2, H_2, CO)로서 발열량은 1,100kcal/Nm³ 정도이다.

(6) 고로가스(인공품가스)
제철용 고로에서 발생되는 부생가스(주성분 : N_2, CO_2, CO)로서 발열량은 900kcal/Nm³ 정도이다.

(7) 수성가스(인공품가스)

고온으로 가열된 코크스 등에 수증기를 작용하여 발생된 가스(주성분 : H_2, CO, N_2)로서 발열량은 2,500kcal/Nm^3 정도이다.

(8) 오일가스

석유를 열분해법, 접촉분해법, 부분연소법 등에 의하여 얻을 수 있는 가스(주성분 : H_2, 포화탄화수소, CO)로서 발열량은 4,710kcal/Nm^3 정도이다.

(9) 도시가스

천연가스와 기타 저급의 가공한 석탄가스, 부생가스 등을 혼합하여 규정된 발열량을 맞추어 인구 밀집지역에 공급하는 가스로서 발열량은 4,500kcal/Nm^3 정도이다.
현재 우리나라에서는 LNG가스, LPG가스를 도시가스로 사용한다.

(10) 증열수성가스(인공품가스)

수성가스를 중유, 타르 등 석유를 열분해하여 만든 가스체로서 발열량이 비교적 높다.(수소, CO, CH_3이 주성분이며 5,000kcal/Nm^3 정도의 발열량을 낸다.)

(11) 부생품가스

① 코크스가스
② 고로가스, 전로가스 등

CHAPTER 001 출제예상문제

01 기체연료에 대한 일반적인 설명으로 틀린 것은?

① 회분 및 유해물질의 배출량이 적다.
② 연소조절 및 점화, 소화가 용이하다.
③ 인화의 위험성이 적고 연소장치가 간단하다.
④ 소량의 공기로 완전연소할 수 있다.

[풀이] 기체연료는 인화나 가스폭발의 우려가 크고 일부의 연소장치(버너) 등이 복잡하며 취급, 운반, 저장이 불편하다.

02 기체연료의 특징으로 틀린 것은?

① 연소효율이 높다.
② 고온을 얻기 쉽다.
③ 단위 용적당 발열량이 크다.
④ 누출되기 쉽고 폭발의 위험성이 크다.

[풀이] 일부의 가스는 단위 체적당(Nm^3) 발열량이 크다. 다만, 비중이 큰 중질가스 외는 단위 용적당 발열량이 적다.

03 액화석유가스(LPG)의 성질에 대한 설명으로 틀린 것은?

① 인화폭발의 위험성이 크다.
② 상온, 대기압에서는 액체이다.
③ 가스의 비중은 공기보다 무겁다.
④ 기화잠열이 커서 냉각제로도 이용 가능하다.

[풀이] 액화석유가스(LPG)는 상온 대기압하에서는 항상 기체로 존재한다(프로판 비점 : $-42.1℃$, 부탄 비점 : $-0.5℃$).

04 다음 기체연료 중 고위발열량(MJ/Sm^3)이 가장 큰 것은?

① 고로가스 ② 천연가스
③ 석탄가스 ④ 수성가스

[풀이] 고위발열량(MJ/Sm^3)
- 고로가스(3,780)
- 천연가스(37,800)
- 석탄가스(21,000)
- 수성가스(11,130)
※ $1MJ = 1,000kJ$

05 단일기체 $10Nm^3$의 연소가스를 분석한 결과 CO_2 $8Nm^3$, CO $2Nm^3$, H_2O $20Nm^3$을 얻었다면 이 기체연료는?

① CH_4 ② C_2H_2
③ C_2H_4 ④ C_2H_6

[풀이] CH_4(메탄) + $2O_2$ → CO_2 + $2H_2O$
$22.4m^3$ $2×22.4$ 22.4 $2×22.4$

- $H_2O = 10 × \dfrac{2×22.4}{22.4} = 20Nm^3$
- $CO_2 + CO = 10 × \dfrac{22.4}{22.4} = 10Nm^3$
(CO_2 $8Nm^3$, CO $2Nm^3$)

06 일반적인 천연가스에 대한 설명으로 가장 거리가 먼 것은?

① 주성분은 메탄이다.
② 발열량은 비교적 높다.
③ 프로판가스보다 무겁다.
④ LNG는 대기압하에서 비등점이 $-162℃$인 액체이다.

정답 01 ③ 02 ③ 03 ② 04 ② 05 ① 06 ③

풀이
- 천연가스(메탄, CH_4) 분자량 : 16
- 프로판가스(C_3H_8) 분자량 : 44
- 공기의 분자량 : 29

∴ 공기 중 천연가스 비중 = $\frac{16}{29}$ = 0.55

공기 중 프로판가스 비중 = $\frac{44}{29}$ = 1.52

07 다음 기체연료에 대한 설명 중 틀린 것은?

① 고온연소에 의한 국부가열의 염려가 크다.
② 연소조절 및 점화, 소화가 용이하다.
③ 연료의 예열이 쉽고 전열효율이 좋다.
④ 적은 공기로 완전 연소시킬 수 있으며 연소효율이 높다.

풀이 액체연료의 경우 고온 연소에서 국부가열의 염려가 크다(중유 C급 등의 연소).

08 연료의 발열량에 대한 설명으로 틀린 것은?

① 기체 연료는 그 성분으로부터 발열량을 계산할 수 있다.
② 발열량의 단위는 고체와 액체 연료의 경우 단위 중량당(통상 연료 kg당) 발열량으로 표시한다.
③ 고위발열량은 연료의 측정열량에 수증기 증발잠열을 포함한 연소열량이다.
④ 일반적으로 액체 연료는 비중이 크면 체적당 발열량은 감소하고, 중량당 발열량은 증가한다.

풀이 일반적으로 액체연료는 비중이 크면 중량이 무겁고 1kg 중량당 발열량이 증가한다.

09 다음 중 중유의 성질에 대한 설명으로 옳은 것은?

① 점도에 따라 1, 2, 3급 중유로 구분한다.
② 원소 조성은 H가 가장 많다.
③ 비중은 약 0.72~0.76 정도이다.
④ 인화점은 약 60~150℃ 정도이다.

풀이 중유의 성질
- 인화점 : 약 60~150℃
- 착화점 : 약 530℃
- 점도에 따라 A·B·C급 중유로 구분
- 원소 조성은 탄소(C)가 가장 많다.

10 다음 중 일반적으로 연료가 갖추어야 할 구비조건이 아닌 것은?

① 연소 시 배출물이 많아야 한다.
② 저장과 운반이 편리해야 한다.
③ 사용 시 위험성이 적어야 한다.
④ 취급이 용이하고 안전하며 무해하여야 한다.

풀이 연료는 연소 시 배출물(회분 : 재)이 적어야 관리가 편리하다(석탄, 장작 등 고체연료는 배출물이 많다).

11 B중유 5kg을 완전 연소시켰을 때 저위발열량은 약 몇 MJ인가?(B중유의 고위발열량은 41,900 kJ/kg, 중유 1kg에 수소 H는 0.2kg, 수증기 W는 0.1kg 함유되어 있다.)

① 96
② 126
③ 156
④ 186

풀이 저위발열량(H_l) = $H_h - 2,512(9H + W)$
= $41,900 - 2,512(9 \times 0.2 + 0.1)$
= $37,127.2 kJ/kg$

∴ $H_l \times 5 = \frac{37,127.2 \times 5}{10^3} = 186 MJ$

※ $1MJ = 10^6 J = 10^3 kJ$

정답 07 ① 08 ④ 09 ④ 10 ① 11 ④

12 미분탄 연소의 특징이 아닌 것은?

① 큰 연소실이 필요하다.
② 마모부분이 많아 유지비가 많이 든다.
③ 분쇄시설이나 분진처리시설이 필요하다.
④ 중유연소기에 비해 소요동력이 적게 필요하다.

풀이 미분탄은 분쇄화(200메시 정도)하여 버너로 연소시킴으로써 동력 소비가 많다.

13 액체 연료 중 고온 건류하여 얻은 타르계 중유의 특징에 대한 설명으로 틀린 것은?

① 화염의 방사율이 크다.
② 황의 영향이 적다.
③ 슬러지를 발생시킨다.
④ 석유계 액체 연료이다.

풀이 타르계 중유
석탄계 중유로서 황의 함유량이 석유계 중유보다 적고 화염의 방사율이 크다. 석유계 연료와 혼합 시 슬러지를 발생시킨다.

14 다음 액체 연료 중 비중이 가장 낮은 것은?

① 중유   ② 등유
③ 경유   ④ 가솔린

풀이 경질유 : 가솔린(휘발유), 등유, 경유 등

15 중유에 대한 설명으로 틀린 것은?

① A중유는 C중유보다 점성이 작다.
② A중유는 C중유보다 수분 함유량이 작다.
③ 중유는 점도에 따라 A급, B급, C급으로 나뉜다.
④ C중유는 소형 디젤 기관 및 소형 보일러에 사용된다.

풀이
- 중유는 점도에 따라 A, B, C급으로 분류하고 점도가 매우 높은 C급 중유는 대형 산업용 보일러에 사용한다.
- 소형 디젤 기관이나 소형 보일러 : 경유나 보일러 등유 사용

정답 12 ④ 13 ④ 14 ④ 15 ④

CHAPTER 002 연료의 시험방법 및 관리

SECTION 01 고체연료의 시험방법

1. 시료채취방법

1) 계통시료채취

로트(석탄 500ton)에서 단위시료를 1회의 동작으로 무작위 채취하는 방법
※ 1로트(Lot) : 품위를 결정하고자 하는 단위량의 석탄, 석유

2) 층별 시료채취

로트를 몇 부분으로 나누어 무작위로 채취

3) 2단 시료 채취

로트를 몇 개로 나누어 시료를 1차 채취한 후 채취한 시료 중 몇 개의 시료를 2차로 채취하는 방법
※ 단위 시료 채취하는 방법은 화차시료 채취, 선창시료채취, 벨트시료채취가 있다.

2. 베이스(Base) 환산

고체연료에 포함되어 있는 습분(M), 수분(W), 회분(A) 등의 취급 여부에 따라 다음과 같이 표시한다.

1) 도착베이스

전항목(습분, 수분, 회분, 휘발분, 고정탄소)분석

2) 항습베이스

도착베이스 항목에서 습분이 제외된 항목

3) 무수베이스

회분, 휘발분, 고정탄소 3개 항목 측정

4) 순탄베이스(무수, 무회 베이스)

무수베이스에서 회분이 제외된 분석

3. 전수분 및 습분 측정방법

1) 예비 건조수분 측정

시료 0.6g/cm², 35℃, 0.5%/h까지 건조한 후 예비 건조수분을 계산

예비 건조수분율[%] = $\dfrac{건조감량}{시료중량} \times 100$

2) 전수분 측정

시료가 석탄의 경우 107±2℃, 코크스 150±5℃로 건조하여 건조감량이 0.1%/h 이하가 되었을 때의 감량수분

① 열건조수분율[%] = $\dfrac{열건조감량무게}{예비건조수분 측정 후의 시료무게} \times 100$

② 전수분 측정 : 연료 표면에 부착되어 있는 습분과 연료의 고유수분의 합

전수분 = 예비건조 수분감량 + 열건조 수분감량(%) × $\dfrac{100 - 예비 건조감량[\%]}{100}$

4. 석탄류 공업분석방법(시료는 1g 내외)

건류나 연소 등의 방법으로 석탄을 공업적으로 이용할 때 석탄의 특성을 표시하는 분석방법으로 누구나 쉽게 분석할 수 있어 가장 많이 사용

1) 고정탄소

석탄의 주성분을 이루는 것으로 시료질량에서 수분, 회분, 휘발분의 질량을 뺀 잔량의 비율로 나타낸다.

① 고정탄소[F] = 100 − (수분 + 회분 + 휘발분)[%]

② 연료비 = $\dfrac{고정탄소}{휘발분}$

※ 분석순서 : 수분 → 회분 → 휘발분 → 고정탄소

2) 수분

시료 1g을 107±2℃의 항온조 속에 1시간 동안 건조시킨 후 감량분을 시료의 질량에 대한 백분율로 표시한 것

수분(W) = $\dfrac{감량무게}{시료무게} \times 100 [\%]$

3) 회분

시료 1g에 전기로에서 공기를 통하면서 800±10℃까지 약 30분 정도 가열하여 완전연소시킨 후 잔류물의 양을 시료 질량에 대하여 백분율로 나타낸 것

$$회분(A) = \frac{회화량}{시료무게} \times 100 [\%]$$

4) 휘발분

시료 1g을 뚜껑 달린 백금도가니에 넣어 공기를 차단한 후 925±20℃로 7분간 가열하였을 때의 감량을 시료의 질량에 대한 백분율에서 수분[%]을 뺀 것

$$휘발분(V) = \frac{(가열감량무게 - 수분무게)}{시료무게} \times 100 = \frac{가열감량}{시료무게} \times 100 - 수분 [\%]$$

5. 원소분석

연료의 성분 중 탄소, 수소, 질소, 황, 회분의 함유량을 분석하여 건조시료에 대한 질량비로 표시한다.

1) 탄소(C)

셰필드 고온법, 리비히법 적용으로 분석(연소 후 CO_2, H_2O를 흡수)

2) 수소(H)

셰필드 고온법과 리비히법 적용으로 분석(연소 후 CO_2, H_2O를 흡수)

3) 산소(O)

100 - (탄소 + 수소 + 연소성황 + 질소 + 회분)으로 분석

4) 황(S)

전황분은 에슈카법, 연소용량법, 산소봄브법으로 적용하나 불연성 황분은 연소중량법, 연소용량법으로 분석

5) 질소(N)

켄달법이나 세미마이크 켄달법으로 분석

6. 원소 분석방법

1) 탄소 및 수소 정량법

시료에 산소를 공급하여 건식연소 시킨 후 연소생성물을 흡수제에 흡수하여 정량(리비히법, 셰필드법)

흡수제 : CO_2 - 소다 아스베스토, H_2O - 앤하이드론

2) 황분정량법

(1) 전황분 정량

에쉬카법, 산소봄브법, 연소용량법으로 분석

(2) 불연소성 황분 정량

(3) 연소성 유황[%]

정량결과를 이용하여 산출

① 석탄의 경우 : 전황분 × $\dfrac{100}{100-수분}$ - 불연소성 유황[%]

② 코크스의 경우 : 전황분 - 불연소성 유황

3) 질소 정량법

켄달법, 세미마이크로 켄달법 등으로 분석(주로 코크스에 분석한다.)

4) 인 정량법

5) 산소의 산출법

$100 - (C + H + 연소성황 + 질소(N) + 회분)[\%]$

6) 회분정량법

공업분석회분 × $\dfrac{100}{100-수분}$

SECTION 02 액체연료의 시험방법

1. 비중

석유계 연료의 가장 중요한 성질이며 국내의 경우 15℃인 기름의 밀도를 4℃물의 밀도와의 비로 이용하지만 미국의 경우 비중 60/60°F을 기준한 API도를 이용한다.(비중시험은 비중부표법, 비중천평법, 비중병법, 치환법 사용)

1) API(American Petroleum Institute)

$$\text{API} = \frac{141.5}{비중(60/60°F)} - 131.5$$

2) 온도변화에 따른 중유의 비중

비중의 경우 중유온도 1℃ 상승함에 따라 0.00065씩 감소하고, 체적의 경우 중유온도 1℃ 상승함에 따라 15℃일 때 체적의 0.0007씩 증가한다.

(1) $t(℃)$일 때의 비중(S_t)

$$S_t = S_{15} - 0.00065(t - 15)$$

(2) $t(℃)$일 때의 체적(V_t)

$$V_t = V_{15} \times \{1 + 0.0007(t - 15)\}$$

(3) $t(℃)$

$t℃$는 기름의 예열온도

2. 유동점

액체연료의 수송과 미립화에 영향을 미치며 유동점은 응고점보다 2.5℃ 높다. 그러나 응고점은 유동점보다 2.5℃ 낮다.

3. 인화점

액체를 가열하면 증발하여 증기가 되고 점화원에 의하여 인화하는 최저의 액체온도로서 휘발유 등은 인화점이 낮다.(인화점이 낮은 액체연료는 취급상 주의요망)

4. 착화점(발화점)

공기를 충분히 공급한 상태에서 점화원 없이 서서히 가열하였을 때 연소하는 최저온도

[착화점을 낮게 하는 방법]

① 발열량이 높을수록
② 산소농도가 클수록
③ 압력이 높을수록
④ 반응활성도가 클 때
⑤ 분자구조가 복잡할수록
⑥ 온도가 상승할수록

5. 점도 측정

1) 점성계수

$$점성계수(\mu) = \frac{\tau \cdot du}{dy} = \frac{[g]}{[cm][sec]} \text{ [단위 : Poise]}$$

여기서, τ : 전단응력, $\frac{du}{dy}$: 속도구배, ρ : 유체밀도, 1 Poise = 100cP

2) 동점계수

$$동점계수(\nu) = \frac{\mu}{\rho} = \frac{[cm^2]}{[sec]} \text{ [단위 : Stokes]}$$

여기서, μ : 점성계수, 1 Stokes = 100cst

6. 황분시험방법

석유제품에 포함된 황분을 정량하는 시험법

1) 램프식

용량법, 중량법으로 시험

2) 봄브식

램프식 적용이 어려운 석유류에서 전황분 정량

3) 연소관식

공기법, 산소법 적용

7. 회분시험방법

$$회분(A) = \frac{재의\ 무게}{시료의\ 무게} \times 100\,[\%]$$

8. 인화점시험법

인화점 시험은 가연물이 점화원에 의하여 불이 붙는 최저온도로 위험도를 표시하는 척도
- 개방식 : 클리브랜드식, 타그법
- 밀폐식 : 타그법, 에벨펜스키법, 펜스키 마텐스식

1) 아벨펜스키식

50℃ 이하의 석유제품 시험(밀폐식)

2) 펜스키 마텐스식

50℃ 이상의 석유제품 시험(밀폐식)

3) 타그식

80℃ 이하의 석유제품(밀폐식) 시험, 휘발성 가연물질 80℃ 이하(개방식) 시험

4) 클리블랜드식

80℃ 이상의 석유제품(개방식) 시험

SECTION 03 기체연료의 시험방법

1. 연료가스의 시험방법

1) 헴펠식 분석방법

분석가스	흡수제	참고
CO_2	수산화칼륨(KOH) 30% 수용액	• 분석순서 : $CO_2 \rightarrow O_2 \rightarrow CO$ • $N_2 = 100 - (CO_2 + O_2 + CO)$
O_2	알칼리성 피로갈롤 용액	
CO	암모니아성 염화 제1동 용액	
C_mH_n	발열황산, 취소수	중탄화수소

2) 비중측정방법

① 분젠실링법 : 분젠실링 비중계 사용
② 라이드법 : 가스비중 종을 사용
③ 비중병법

2. 발열량 측정

1) 고체, 액체연료

봄브식 열량계 사용

2) 기체연료

융켈스식, 시그마열량계 사용

SECTION 04 연료의 관리(고체, 액체, 기체연료)

1. 고체연료의 관리

옥내·외 저장하며 저장 중 풍화나 자연발화에 유의하고 빗물 침입이 없도록 한다.

1) 풍화의 원인

① 연료내 수분 및 휘발분이 많은 경우
② 분탄으로 저장 시
③ 외기온도가 너무 높은 경우
※ 석탄의 풍화 : 석탄을 현장에서 6개월 이상 오랜 시간 저장 시 산화작용에 의하여 변질되는 현상

2) 고체연료(석탄)의 저장

(1) 저장방법

① 인수시기, 탄종, 입도별로 구별하여 쌓는다.
② 퇴적층의 높이는 2m(실외의 경우 4m) 이하로 하여 소량씩 쌓는다.
③ 탄층 속의 온도를 60℃ 이하로 유지(자연발화방지)
④ 비 또는 바람에 대한 연료의 손실을 방지하기 위하여 비닐을 덮는다.
⑤ 저장탄은 배수가 잘 되게 하기 위하여 $\frac{1}{100} \sim \frac{1}{150}$ 의 경사를 둔다.
⑥ 동일 장소에 30일 이상 장시간 저장하지 않는다.

(2) 석탄의 자연발화 방지법

① 탄층 내에 통기관을 설치한다.
② 탄층온도를 60℃ 이하로 유지
③ 물빼기를 잘해야 한다.
④ 퇴적층을 단단히 한다.(공기와의 접촉방지)

2. 액체연료의 관리

1) 액체연료의 선택

액체연료 선정 시 연료의 연소성, 열효율, 안전성, 가격뿐만 아니라 인화점, 유동점, 수분, 황분 등을 고려한다.

2) 연료의 저장

연료는 용적식 유량계를 이용하여 계측하며 품질저하 및 화재방지가 적합한 곳에 저장한다.

3. 기체연료의 관리

1) 기체연료의 인수

부피(Nm^3)로 계량하며 온도 및 압력을 측정하여 인수한다.(LNG, LPG의 경우 kg이나 ton으로 계량한다.)

2) 기체연료의 저장

(1) 유수식 홀더(저압저장)

물탱크와 가스탱크로 구성되며, $300mmH_2O$ 이하 물탱크 내 가스양 $3,000m^3$ 이상을 저장

(2) 무수식 홀더(저압저장)

원통형 내부를 상하이동하는 피스톤으로 구성되며, 저장압력은 $600mmH_2O$ 이하

(3) 고압홀더

원형 및 구형의 홀더로서 설치면적이 적으며 건설비가 싸고 저장량을 많이 확보할 수 있다.

3) 기체연료의 관리

(1) 가스홀더 관리

① 가스홀더는 건축물과 10m 이상 거리 유지
② 외기온도변화에 따른 팽창 및 수축 고려
③ 정기적인 점검 및 조사기록을 보관
④ 화기 및 전기설비에 주의할 것

(2) LPG 용기 관리
① 용기로부터 2m 이내에 인화성 및 발화성 물질이 없을 것
② 용기의 저장 및 운반 중에 40℃ 이하로 유지
③ 통풍이 잘되는 곳에 저장
④ 밸브의 개폐는 서서히 한다.

※ **액체연료의 발열량 측정방법**

- 단열식(cal/g) = $\dfrac{\text{상승온도(℃)} \times [\text{내통수량(g)} + \text{수당량(g)} - \text{발열보정}]}{\text{시료(g)}} \times \dfrac{100}{100 - \text{수분(\%)}}$

- 비단열식(cal/g) = $\dfrac{\text{상승온도(℃)} + \text{냉각보정(℃)} \times [\text{내통수량(g)} + \text{수당량(g)}] - \text{발열보정}}{\text{시료(g)}} \times \dfrac{100}{100 - \text{수분(\%)}}$

CHAPTER 002 출제예상문제

01 연료비가 크면 나타나는 일반적인 현상이 아닌 것은?

① 고정탄소량이 증가한다.
② 불꽃은 단염이 된다.
③ 매연의 발생이 적다.
④ 착화온도가 낮아진다.

[풀이] 연료비$\left(\dfrac{고정탄소}{휘발분}\right)$가 크면 휘발분 성분이 적어서 착화온도가 높아진다.

02 고체 연료의 연료비를 옳게 나타낸 것은?

① $\dfrac{고정탄소(\%)}{휘발분(\%)}$
② $\dfrac{회분(\%)}{휘발분(\%)}$
③ $\dfrac{고정탄소(\%)}{회분(\%)}$
④ $\dfrac{가연성\ 성분\ 중\ 탄소(\%)}{유리수소(\%)}$

[풀이] 연료비 = $\dfrac{고정탄소}{휘발분}$

고정탄소가 많으면 연료비가 커지며 연료비가 12 이상이면 가장 좋은 무연탄이다.

03 가연성 액체에서 발생한 증기의 공기 중 농도가 연소범위 내에 있을 경우 불꽃을 접근시키면 불이 붙는데 이때 필요한 최저온도를 무엇이라고 하는가?

① 기화온도
② 인화온도
③ 착화온도
④ 임계온도

[풀이] 인화온도 : 가연성 액체에서 발생한 증기의 공기 중 농도가 연소범위 내에 있을 경우 불꽃을 접근시키면 불이 붙는 최저온도이다.

04 다음 성분 중 연료의 조성을 분석하는 방법 중에서 공업분석으로 알 수 없는 것은?

① 수분(W)
② 회분(A)
③ 휘발분(V)
④ 수소(H)

[풀이]
- 원소분석 : 탄소(C), 수소(H), 황(S), 산소(O), 질소(N)
- 공업분석 : ①, ②, ③ 외 고정탄소(F)가 포함됨

05 인화점이 50℃ 이상인 원유, 경유 등에 사용되는 인화점 시험방법으로 가장 적절한 것은?

① 태그 밀폐식
② 아벨펜스키 밀폐식
③ 클리블랜드 개방식
④ 펜스키마텐스 밀폐식

[풀이] 인화점 시험방법
- 태그 밀폐식 : 80℃ 이하
- 아벨펜스키 밀폐식 : 50℃ 이하
- 클리블랜드 개방식 : 80℃ 이상

06 위험성을 나타내는 성질에 관한 설명으로 옳지 않은 것은?

① 착화온도와 위험성은 반비례한다.
② 비등점이 낮으면 인화 위험성이 높아진다.
③ 인화점이 낮은 연료는 대체로 착화온도가 낮다.
④ 물과 혼합하기 쉬운 가연성 액체는 물과의 혼합에 의해 증기압이 높아져 인화점이 낮아진다.

[풀이] 물과 혼합하기 쉬운 암모니아 가스 등은 혼합에 의해 증기압력이 높아져서 인화점이 높아진다.

정답 01 ④ 02 ① 03 ② 04 ④ 05 ④ 06 ④

07 표준 상태에서 메탄 1mol이 연소할 때 고위발열량과 저위발열량의 차이는 약 몇 kJ인가?(단, 물의 증발잠열은 44kJ/mol이다.)

① 42   ② 68
③ 76   ④ 88

풀이 메탄(CH_4) + $2O_2$ → CO_2 + $2H_2O$
고위발열량(H_h) = 저위발열량 + 물의 증발잠열
메탄 1몰 연소 시 H_2O는 2몰 생성되므로
∴ 44×2 = 88kJ/mol

08 연료 중에 회분이 많을 경우 연소에 미치는 영향으로 옳은 것은?

① 발열량이 증가한다.
② 연소상태가 고르게 된다.
③ 클링커의 발생으로 통풍을 방해한다.
④ 완전연소되어 잔류물을 남기지 않는다.

풀이 연료 중 회분(재)이 많으면 노 내 고온에 의해 클링커 발생이 심하고 전열면이나 화실에 부착하여 통풍을 방해한다.

09 다음 중 고체연료의 공업분석에서 계산만으로 산출되는 것은?

① 회분   ② 수분
③ 휘발분 ④ 고정탄소

풀이 탄소(C) + O_2 → CO_2 + 8,100 kcal/kg
(공업분석 : 수분, 회분, 고정탄소, 휘발분)

10 다음 석탄류 중 연료비가 가장 높은 것은?

① 갈탄   ② 무연탄
③ 흑갈탄 ④ 반역청탄

풀이 고체 연료비 = $\dfrac{\text{고정탄소}}{\text{휘발분}}$

연료비(무연탄 > 반역청탄 > 흑갈탄 > 갈탄)
무연탄은 연료비가 12 이상으로 발열량이 높으나 점화가 어렵다.

11 298.15K, 0.1MPa 상태의 일산화탄소를 같은 온도의 이론공기량으로 정상유동 과정으로 연소시킬 때 생성물의 단열화염온도를 주어진 표를 이용하여 구하면 약 몇 K인가?(단, 이 조건에서 CO 및 CO_2의 생성엔탈피는 각각 −110,529kJ/kmol, −393,522kJ/kmol이다.)

CO_2의 기준상태에서 각각의 온도까지 엔탈피 차

온도(K)	엔탈피 차(kJ/kmol)
4,800	266,500
5,000	279,295
5,200	292,123

① 4,835   ② 5,058
③ 5,194   ④ 5,306

풀이 $CO + 0.5O_2$ → $CO_2 + Q$
• 생성열량(Q)
−110,529 = −393,522 + Q
Q = 393,522 − 110,529 = 282,993 kJ/kmol
• 282,993은 5,000K과 5,200K 사이에 속한다.
∴ 생성물 단열화염온도(K)
$= 5,000 + \dfrac{282,993 - 279,295}{\dfrac{292,123 - 279,295}{5,200 - 5,000}}$
$= 5,000 + \dfrac{3,698 \text{kJ/kmol}}{\dfrac{12,828 \text{kJ/kmol}}{200\text{K}}} = 5,058\text{K}$

12 경유 1,000L를 연소시킬 때 발생하는 탄소량은 약 몇 TC인가?(단, 경유의 석유환산계수는 0.92 TOE/kL, 탄소배출계수는 0.837TC/TOE이다.)

① 77   ② 7.7
③ 0.77   ④ 0.077

정답 07 ④ 08 ③ 09 ④ 10 ② 11 ② 12 ③

[풀이] 석유환산량 = $\dfrac{1,000}{10^3} \times 0.92 = 0.92\,\text{TOE}$

(1kL = 1,000L)

∴ 탄소배출량(TC) = $0.92 \times 0.837 = 0.77$

13 연소가스에 들어 있는 성분을 CO_2, C_mH_n, O_2, CO의 순서로 흡수 분리시킨 후 체적 변화로 조성을 구하고, 이어 잔류가스에 공기나 산소를 혼합, 연소시켜 성분을 분석하는 기체연료 분석방법은?

① 헴펠법 ② 치환법
③ 리비히법 ④ 에슈카법

[풀이] 헴펠법 화학적 가스 분석계의 가스 측정순서(체적변화 이용)

$CO_2 \to C_mH_n$ (중탄화수소) $\to O_2 \to CO$

14 고체연료의 공업분석에서 고정탄소를 산출하는 식은?

① 100 − [수분(%) + 회분(%) + 질소(%)]
② 100 − [수분(%) + 회분(%) + 황분(%)]
③ 100 − [수분(%) + 황분(%) + 휘발분(%)]
④ 100 − [수분(%) + 회분(%) + 휘발분(%)]

[풀이] 고체연료 고정탄소 = 100 − (수분 + 회분 + 휘발분)

15 액체의 인화점에 영향을 미치는 요인으로 가장 거리가 먼 것은?

① 온도 ② 압력
③ 발화지연시간 ④ 용액의 농도

[풀이] 발화지연시간
어느 온도에서 가열하기 시작하여 발화에 이르기까지 걸리는 시간이다. 고온고압에서는 지연시간이 단축된다.

16 연소를 계속 유지시키는 데 필요한 조건에 대한 설명으로 옳은 것은?

① 연료에 산소를 공급하고 착화온도 이하로 억제한다.
② 연료에 발화온도 미만의 저온 분위기를 유지시킨다.
③ 연료에 산소를 공급하고 착화온도 이상으로 유지한다.
④ 연료에 공기를 접촉시켜 연소속도를 저하시킨다.

17 연소장치의 연소효율(E_c) 식이 아래와 같을 때 H_2는 무엇을 의미하는가?(단, H_c : 연료의 발열량, H_1 : 연재 중의 미연탄소에 의한 손실이다.)

$$E_c = \dfrac{H_c - H_1 - H_2}{H_c}$$

① 전열손실 ② 현열손실
③ 연료의 저발열량 ④ 불완전연소에 따른 손실

[풀이]
- H_1 : 연재 중의 미연탄소분(C) 손실
- H_2 : 불완전연소에 따른 손실(CO)

18 액체연료의 유동점은 응고점보다 몇 ℃ 높은가?

① 1.5 ② 2.0
③ 2.5 ④ 3.0

[풀이] 액체연료 유동점 : 액체연료 응고점 + 2.5℃

19 연소 생성물(CO_2, N_2) 등의 농도가 높아지면 연소속도에 미치는 영향은?

① 연소속도가 빨라진다.
② 연소속도가 저하된다.
③ 연소속도가 변화 없다.
④ 처음에는 저하되나, 나중에는 빨라진다.

[풀이] 불활성가스나 CO_2 등 연소 생성물이 혼입되면 공기량이 부족하여 연소속도가 저하된다.

정답 13 ① 14 ④ 15 ③ 16 ③ 17 ④ 18 ③ 19 ②

20 다음 연료의 발열량을 측정하는 방법으로 가장 거리가 먼 것은?

① 열량계에 의한 방법
② 연소방식에 의한 방법
③ 공업분석에 의한 방법
④ 원소분석에 의한 방법

풀이 연소방식
- 고체연료 연소방식
- 액체연료 연소방식
- 기체연료 연소방식

21 연료시험에 사용되는 장치 중에서 주로 기체연료 시험에 사용되는 것은?

① 세이볼트(Saybolt) 점도계
② 톰슨(Thomson) 열량계
③ 오르자트(Orsat) 분석장치
④ 펜스키 마텐스(Pensky Martens) 장치

풀이 기체연료의 화학적 가스분석기
- 오르자트법(CO_2, O_2, CO 분석)
- 헴펠법(CO_2, C_mH_n, O_2, CO 분석)
- 게겔법(저급탄화수소 분석)

22 1mol의 이상기체가 40℃, 35atm으로부터 1atm까지 단열 가역적으로 팽창하였다. 최종 온도는 약 몇 K이 되는가?(단, 비열비는 1.67이다.)

① 75 ② 88
③ 98 ④ 107

풀이 단열변화 최종 온도 $= T \times \left(\dfrac{P_2}{P_1}\right)^{\frac{k-1}{k}}$

$= (40+273) \times \left(\dfrac{1}{35}\right)^{\frac{1.67-1}{1.67}}$

$= 75K\,(-198℃)$

23 비중이 0.8(60°F/60°F)인 액체연료의 API도는?

① 10.1 ② 21.9
③ 36.8 ④ 45.4

풀이 액체연료 비중시험 API도

$\text{API} = \dfrac{141.5}{(60°F/60°F)\,비중} - 131.5$

$\therefore \dfrac{141.5}{0.8} - 131.5 = 45.4$

24 N_2와 O_2의 가스정수가 다음과 같을 때, N_2가 70%인 N_2와 O_2의 혼합가스의 가스정수는 약 몇 kgf·m/kg·K인가?(단, 가스정수는 N_2 : 30.26 kgf·m/kg·K, O_2 : 26.49kgf·m/kg·K이다.)

① 19.24 ② 23.24
③ 29.13 ④ 34.47

풀이 $N_2 = 70\%$, $O_2 = 100 - 70 = 30\%$
$\therefore$ 가스정수$(R) = 30.26 \times 0.7 + 26.49 \times 0.3$
$= 29.13\,kgf\cdot m/kg\cdot K$

25 석탄에 함유되어 있는 성분 중 ⊙ 수분, ⓒ 휘발분, ⓒ 황분이 연소에 미치는 영향으로 가장 적합하게 각각 나열한 것은?

① ⊙ 발열량 감소 ⓒ 연소 시 긴 불꽃 생성 ⓒ 연소 기관의 부식
② ⊙ 매연 발생 ⓒ 대기오염 감소 ⓒ 착화 및 연소 방해
③ ⊙ 연소 방해 ⓒ 발열량 감소 ⓒ 매연 발생
④ ⊙ 매연 발생 ⓒ 발열량 감소 ⓒ 점화 방해

풀이 석탄의 공업분석
- 고정탄소 : 발열량 증가
- 수분, 휘발분 : 발열량 감소
- 황분 : 발열량 증가, 대기오염 증가
- 휘발분 : 점화에 도움

정답 20 ② 21 ③ 22 ① 23 ④ 24 ③ 25 ①

CHAPTER 003 연소계산 및 열정산

SECTION 01 연소계산

1. 연소
연소란 가연성 물질이 산화반응에 의하여 빛과 열을 동시에 수반하는 현상

2. 연소계산
연소계산은 화학방정식에 의하여 계산할 수 있으며 가연성분에 필요한 산소량 및 공기량, 연소 생성물 등을 알 수 있다.

1) 연소의 3대 조건
① 가연성분 : 탄소(C), 수소(H), 황(S)
② 산소
③ 점화원

2) 아보가드로의 법칙
온도와 압력이 같을 때 서로 다른 기체라 해도 부피가 같으면 같은 수의 분자를 포함한다는 법칙으로 0℃, 1기압하에서 모든 기체 1몰(mol)이 차지하는 부피는 22.4L이고, 6.02×10^{23}개의 분자로 이루어진다. (1mol = 22.4L, 1kmol = 22.4Nm^3)

3) 공기의 조성

구분	산소	질소
중량비(1kg 기준)	0.232	0.768
체적비(1Nm³ 기준)	0.21	0.79

3. 고체 및 액체연료의 연소반응식

1) 탄소의 연소

(1) 완전연소

	탄소 :	C	+	O_2	→	CO_2	+	97,200kcal/kmol
① kg		12		32		44		
② kmol		1		1		1		
③ Nm^3		22.4		22.4		22.4		
④ kg(C→1kg)		1		2.67		3.67	+	8,100kcal/kg
⑤ Nm^3(C→1kg)		1.87		1.87		1.87		

※ 질소 요구량(N_2) : $\dfrac{106kg}{12kg} = 8.83kg/kg$, $\dfrac{84.27Nm^3}{12kg} = 7.02Nm^3/kg$

(2) 불완전연소

	탄소 :	C	+	$\frac{1}{2}O_2$	→	CO	+	29,400kcal/kmol
① kg		12		16		28		
② kmol		1		0.5		1		
③ Nm^3		22.4		11.2		22.4		
④ kg(C→1kg)		1		1.33		2.33	+	2,450kcal/kg
⑤ Nm^3(C→1kg)		1.87		0.93		1.87		

※ 질소 요구량(N_2) : $\dfrac{53kg}{12kg} = 4.41kg/kg$, $\dfrac{42.13Nm^3}{12kg} = 3.51Nm^3/kg$

2) 수소의 연소

	수소 :	H_2	+	$\frac{1}{2}O_2$	→	H_2O	+	68,400kcal/kmol
① kg		2		16		18		
② kmol		1		0.5		1		
③ Nm^3		22.4		11.2		22.4		
④ kg(C→1kg)		1		8		9	+	34,200kcal/kg
⑤ Nm^3(C→1kg)		11.2		5.6		11.2		

※ 질소 요구량(N_2) : $\dfrac{53kg}{2kg} = 26.5kg/kg$, $\dfrac{42.13Nm^3}{2kg} = 21.07Nm^3/kg$

3) 황의 연소

황 :	S	+	O_2	→	SO_2	+	80,000kcal/kmol
① kg	32		32		64		
② kmol	1		1		1		
③ Nm^3	22.4		22.4		22.4		
④ kg(C→1kg)	1		1		2	+	2,500kcal/kg
⑤ Nm^3(C→1kg)	0.7		0.7		0.7		

※ 질소 요구량(N_2) : $\dfrac{106kg}{32kg}$ = 3.31kg/kg, $\dfrac{84.27Nm^3}{32kg}$ = 2.63Nm^3/kg

4. 기체연료의 연소반응식

기체연료의 경우 고체 및 액체연료와는 달리 분자량에 대한 체적에 대하여 계산한다.

1) 수소의 연소

수소 :	H_2	+	$\dfrac{1}{2}O_2$	→	H_2O	+	57,600kcal/kmol
① kmol	1		0.5		1		
② Nm^3	22.4		11.2		22.4		
③ kg(C→1kg)	1		8		9	+	28,800kcal/kg
④ Nm^3(C→1kg)	11.2		5.6		11.2	+	2,570kcal/Nm^3

※ 질소 요구량(N_2) : $\dfrac{0.5}{0.21} - 0.5 = 1.88Nm^3/Nm^3$(산소 0.5$Nm^3$에 따른 질소량)

2) 일산화탄소의 연소

일산화탄소 :	CO	+	$\dfrac{1}{2}O_2$	→	CO_2	+	68,000kcal/kmol
① kmol	1		0.5		1		
② Nm^3	22.4		11.2		22.4		
③ Nm^3(C→1kg)	1		0.5		1	+	3,035kcal/Nm^3

※ 질소 요구량(N_2) : $\dfrac{0.5}{0.21} - 0.5 = 1.88Nm^3/Nm^3$

5. 산소량 및 공기량 계산식

가연성분에 공기를 충분히 공급하고 연소하면 완전연소가 되지만 소요공기 부족 시에는 불완전연소로 인한 매연발생 및 연료손실이 증가한다.

1) 이론산소량(O_o)

연료를 산화하기 위한 이론적 최소 산소량

(1) 고체 및 액체연료

① 중량(kg/kg)

$$O_o = 2.67C + 8\left(H - \frac{O}{8}\right) + S$$

② 체적(Nm³/kg)

$$O_o = 1.87C + 5.6\left(H - \frac{O}{8}\right) + 0.7S$$

> **Reference**
>
> $\left(H - \dfrac{O}{8}\right)$을 유효수소수라 하며 연료 중에 포함된 산소가 연소 전에 수소와 반응하여 실제연소에 영향을 주는 가연성분인 수소는 감소하게 된다. 따라서 실제 연소 가능한 수소를 유효수소라고 한다.

(2) 기체연료(Nm³/Nm³)

$$O_o = 0.5(H_2 + CO) + 2CH_4 + 2.5C_2H_2 + 3C_2H_4 + 3.5C_2H_6 + \cdots - O_2$$

2) 이론공기량(A_o)

이론공기량을 공급하기 위해 공급해야 할 최소량의 공기량으로 공기 중 산소의 무게조성과 용적 조성으로 구할 수 있다.

(1) 고체 및 액체연료의 경우

① 중량(kg/kg)

$$A_o = \frac{1}{0.232} \times O_o = \frac{1}{0.232}\left\{2.67C + 8\left(H - \frac{O}{8}\right) + S\right\}$$

$$= 11.49C + 34.49\left(H - \frac{O}{8}\right) + 4.31S$$

② 체적(Nm³/kg)

$$A_o = \frac{1}{0.21} \times O_o = \frac{1}{0.21}\{1.87C + 5.6(H - \frac{O}{8}) + 0.7S\}$$

$$= 8.89C + 26.7(H - \frac{O}{8}) + 3.33S = \frac{1}{0.21}\{1.87C + 5.6H - 0.7O + 0.7S\}$$

(2) 기체연료의 경우(Nm³/Nm³)

$$A_o = \{0.5(H_2 + CO) + 2CH_4 + 2.5C_2H_2 + 3C_2H_4 + 3.5C_2H_6 + \cdots - O_2\} \times \frac{1}{0.21}$$

3) 실제공기량(A)

이론산소량에 의해 산출된 이론공기량을 연료와 혼합하여 실제 연소할 경우 이론공기량만으로 완전연소가 불가능하기 때문에 실제 이론공기량 이상의 공기를 공급하게 된다.

※ 실제공기량 = 이론공기량(A_o) + 과잉공기량(A_a)
   = 공기비(m) × 이론공기량(A_o)

4) 공기비(m) : 과잉공기계수

이론공기량에 대한 실제공기량의 비로 공기비에 따라 연소에 미치는 영향이 다르다.

$$m = \frac{실제공기량(A)}{이론공기량(A_o)} = \frac{A_o + (A - A_o)}{A_o} = 1 + \frac{(A - A_o)}{A_o}$$

여기서 $A - A_o$을 과잉공기량이라 하며 완전연소과정에서 공기비(m)는 항상 1보다 크다.

※ 과잉공기량($A - A_o$) = $(m - 1)A_o$ [Nm³/kg, Nm³/Nm³]

※ 과잉공기율 = $(m - 1) \times 100$ [%]

5) 고체·액체연료 연소가스양 계산

(1) 이론습연소가스양(G_{ow})

① 중량(kg/kg)
- $G_{ow} = (1 - 0.232)A_o + 3.67C + 9H + 2S + N + W$
- $G_{ow} = G_{od} + (9H + W)$

② 체적(Nm³/kg)
- $G_{ow} = (1 - 0.21)A_o + 1.867C + 11.2H + 0.7S + 0.8N + 1.244W$
- $G_{ow} = 8.89C + 32.27H - 2.63O + 3.33S + 0.8N + 1.244W$

(2) 이론건연소가스양(G_{od})

- **연소가스 중 수증기량(W_g)**
  - $W_g = 9H + W$ [kg/kg]
  - $W_g = 22.4\left(\dfrac{1}{2}H + \dfrac{1}{18}W\right)$ [Nm³/kg] $= 1.244(9H+W)$ [Nm³/kg]

① 중량(kg/kg)
- $G_{od} = G_{ow} - W_g =$ 이론습연소가스양 $-$ 연소가스 중 수증기 발생량(9H+W)
- $G_{od} = 12.5C + 26.67H + 3.31O + 5.31S + N$
- $G_{od} = (1 - 0.232)A_o + 3.67C + 2S + N$

② 체적(Nm³/kg)
- $G_{od} = G_{ow} - W_g =$ 이론습연소가스양 $-$ 연소가스 중 수증기 발생량(9H+W)
- $G_{od} = 8.89C + 21.07H - 2.63O + 3.33S + 0.8N$

(3) 실제습연소가스양(G_w)

① 중량(kg/kg)
- $G_w = G_{ow} + (m-1)A_o =$ 이론습연소가스양 $+$ (공기비 -1)$\times$이론공기량
- $G_w = (m - 0.232)A_o + 3.67C + 9H + 2S + N + W$

② 체적(Nm³/kg)
- $G_w = G_{ow} + (m-1)A_o =$ 이론습연소가스양 $+$ (공기비 -1)$\times$이론공기량
- $G_w = m \cdot A_o + 5.6H + 0.7O + 0.8N + 1.244W$

(4) 실제건연소가스양(G_d)

① 중량(kg/kg)
- $G_d = G_{od} + (m-1)A_o =$ 이론건연소가스양 $+$ (공기비 -1)$\times$이론공기량
- $G_d = (m - 0.232)A_o + 3.67C + 2S + N$

② 체적(Nm³/kg$_{fuel}$)
- $G_d = G_{od} + (m-1)A_o =$ 이론건연소가스양 $+$ (공기비 -1)$\times$이론공기량
- $G_d = m \cdot A_o - 5.6H + 0.7S + 0.8N$

6. 발열량

고체 또는 액체 · 기체 연료가 연소할 때 발생하는 연소열로 총발열량과 진발열량으로 구분된다. 표시 방법은 아래와 같다.
- 고체 및 액체의 경우 : kcal/kg
- 기체의 경우 : kcal/Nm³

1) 총발열량(고위발열량 : Higher Heating Value)

연료를 완전연소한 후 생성되는 수증기가 응축될 때 방출하는 증발열(응축열)을 포함한 발열량으로 열량계로 실측이 가능하다.

2) 순발열량(저위발열량 : Lower Heating Value)

연료가 완전연소한 후 연소과정에서 생성되는 수증기 응축잠열을 회수하지 않고 배출하였을 때의 발열량

3) 고체 · 액체[kcal/kg]

(1) 총(고위)발열량(H_h)

$$= 8,100C + 34,200\left(H - \frac{O}{8}\right) + 2,500S[\text{kcal/kg}] = H_l + 600(9H + W)$$

$$= 33.9C + 144\left(H - \frac{O}{8}\right) + 10.47S[\text{MJ/kg}]$$

(2) 총(저위)발열량(H_l)

$$= 8,100C + 28,800\left(H - \frac{O}{8}\right) + 2,500S - 600W[\text{kcal/kg}] = H_h - 600(9H + W)$$

$$= 33.9C + 121.4\left(H - \frac{O}{8}\right) + 9.42S - 2.51[\text{MJ/kg}]$$

(3) 고위발열량과 저위발열량(진발열량)의 관계

고위발열량(H_h) = $H_l + 600(9H + W)$

저위발열량(H_l) = $H_h - 600(9H + W)$

> **Reference**
>
> $C + O_2 \rightarrow CO_2 + 97,200 \text{kcal/kmol}$
>
> $H + \dfrac{1}{2}O_2 \rightarrow H_2O \begin{cases} \text{(액)} \ 68,400 \text{kcal/kmol} \\ \text{(기)} \ 57,600 \text{kcal/kmol} \end{cases}$
>
> $S + O_2 \rightarrow SO_2 + 80,000 \text{kcal/kmol}$

4) 기체[kcal/Nm³]

(1) 고위발열량(H_h)

$$= 3,050 H_2 + 3,035 CO + 9,530 CH_4 + 14,080 C_2H_2 + 15,280 C_2H_4 + \cdots$$

(2) 저위발열량(H_l)

$$= H_h - 480(H_2 + 2CH_4 + C_2H_4 + 2C_2H_4 + 4C_3H_8 + \cdots)$$

※ H_2O 증발잠열
- 중량기준 : 600kcal/kg = 2.51MJ/kg
- 부피기준 : 480kcal/Nm³ = 2MJ/kg

> **Reference** 저위발열량(H_l)에 의한 공기량, 이론배기가스양 계산
>
> ① 액체연료의 이론공기량(A_o)
>
> $$A_o = \frac{12.38(H_l - 1,100)}{10,000} [\text{Nm}^3/\text{kg}]$$
>
> ② 액체연료의 이론습배기가스양(G_{ow})
>
> $$G_{ow} = \frac{15.75(H_l - 1,100)}{10,000} - 2.18 [\text{Nm}^3/\text{kg}]$$
>
> ③ 고체연료의 이론공기량(A_o)
>
> $$A_o = \frac{1.01(H_l + 550)}{1,000} [\text{Nm}^3/\text{kg}]$$
>
> ④ 고체연료의 이론습배기가스양(G_{ow})
>
> $$G_{ow} = \frac{0.905(H_l + 550)}{1,000} + 1.17 [\text{Nm}^3/\text{kg}]$$

7. 연소온도

연소과정에서 가연물질이 완전 연소되어 연소실 벽면이나 방사에 의한 손실이 일체 없다고 가정할 때의 연소실 내 가스온도를 이론연소 온도라 하며 공기 및 연료의 현열 등을 고려한 경우에는 실제 연소온도로 구분된다.

1) 이론 연소온도(t_o)

$$t_o = \frac{H_l}{G_v C} + t(℃)$$

2) 실제연소온도(t_τ)

$$t_\tau = \frac{H_l + Q_a + Q_f}{G_v C} + t(℃)$$

여기서, H_l : 저위발열량(kcal/kg)
G_v : 연소가스양(Nm³/kg)
C : 연소가스 정압비열(kcal/Nm³℃)
Q_a : 공기의 현열(kcal/kg)
Q_f : 연료의 현열(kcal/kg)
t : 기준온도(℃)

3) 연소온도에 미치는 인자

① 연료의 단위 중량당 발열량
② 연소용 공기 중 산소의 농도
③ 공급 공기의 온도
④ 공기비(과잉공기 계수)
⑤ 연소 시 반응물질 주위의 온도

4) 연소온도를 높이려면

① 발열량이 높은 연료를 사용
② 연료와 공기를 예열하여 공급
③ 과잉공기를 적게 공급(이론공기량에 가깝게 공급)
④ 방사 열손실을 방지
⑤ 완전연소를 한다.

SECTION 02 보일러 열정산(Heat Balance)

열정산이라 함은 연소장치에 의하여 공급되는 입열과 출열과의 관계를 파악하는 것으로 열감정 또는 열수지라고도 한다.

> **Reference 열정산의 주요목적**
>
> - 장치 내의 열의 행방을 파악
> - 손실 열을 찾아 설비 개선
> - 노의 개축 시 참고자료
> - 열설비 성능 파악

1. 열평형식(입·출열)

1) 입열(Q_1) = 유효열(Q_A) + 손실열(Q_L) = 출열(Q_o)

(1) 입열(Q_1)

- 연료의 발열량(연료의 연소열)
- 연료의 현열
- 공기의 현열
- 노내분입증기입열
- 피열물의 보유열

(2) 유효열(Q_A)

온수 또는 증기발생 이용열

(3) 출열(Q_L)

- 미연소분에 의한 손실(Q_{L1})
- 불완전연소에 의한 손실(Q_{L2})
- 노벽 방사 전도 손실(Q_{L3})
- 배기가스 손실(Q_{L4})
- 발생증기열
- 노내 분입증기에 의한 출열

2. 습포화증기엔탈피(h_2) 계산식

$$h_2 = h' + x(h'' - h') = h' + x \cdot r$$

여기서, h' : 포화수 엔탈피(kcal/kg$_f$)
h'' : 포화증기 엔탈피(kcal/kg$_f$)
x : 증기의 건조도
r : 물의 증발잠열(kcal/kg$_f$)

3. 상당증발량(kg/h)

1) 상당증발량(G_e) = 정격용량

1atm 포화수(100℃) 1kg$_f$을 한 시간 동안 포화증기(100℃)로 만드는 능력

$$G_e = \frac{G(h_2 - h_1)}{2,256} \text{[kg/h]}$$

여기서, G : 시간당 증기발생량(kg$_f$/h)
h_2 : 증기엔탈피(kcal/kg$_f$)
h_1 : 급수엔탈피(kcal/kg$_f$)
2,256 : 포화수의 증발잠열(2,256kJ/kg = 539kcal/kg)

4. 보일러마력

1) 보일러 1마력의 정의

1atm 포화수 15.65kg$_f$을 1시간 동안 포화증기로 만드는 능력(약 8,435kcal/마력)

2) 보일러 마력(BHP)

$$\text{BHP} = \frac{G_e}{15.65} = \frac{G(h_2 - h_1)}{539 \times 15.65}$$

5. 보일러 효율

1) 보일러 효율(η) 계산식

$$\eta = \frac{G(h_2 - h_1)}{H_l \times G_f} \times 100[\%] = \frac{539 \times G_e}{H_l \times G_f} \times 100[\%] = \text{연소효율}(\eta_C) \times \text{전열효율}(\eta_r)$$

※ 시간당 연료소비량 G_f[kg$_f$/h] = 체적유량[L/h] × 비중량[kg$_f$/L]
= 연소율[kg$_f$/m²h] × 전열면적[m²]

2) 온수보일러 효율

$$\eta = \frac{GC(t_2 - t_1)}{H_l \times G_f} \times 100 [\%]$$

여기서, G : 시간당 온수발생량(kg/h)
C : 온수의 비열
t_2 : 출탕온도
t_1 : 급수온도

6. 연소효율과 전열면효율

① 연소효율(η_C) = $\dfrac{\text{실제연소열량}}{\text{연료의 발열량}} \times 100 [\%]$

② 전열효율(η_r) = $\dfrac{\text{유효열량}(Q_A)}{\text{실제연소열량}} \times 100 [\%]$

③ 열효율(η) = $\dfrac{\text{유효열량}}{\text{공급열}} \times 100 [\%]$

7. 증발계수(증발력)

증발계수 = $\dfrac{(h_2 - h_1)}{539}$ [단위 없음]

8. 증발배수

① 실제 증발배수 = $\dfrac{\text{실제증기발생량}(G)}{\text{연료소비량}(G_f)}$ [kg$_f$/kg]

② 환산(상당) 증발배수 = $\dfrac{\text{상당증발량}(G_e)}{\text{연료소비량}(G_f)}$ [kg$_f$/kg]

9. 전열면 증발률 = $\dfrac{\text{시간당 증기발생량}(G)}{\text{전열면적}(A)}$ [kg$_f$/m^{2}h]

10. 보일러부하율 = $\dfrac{\text{시간당 증기발생량}(G)}{\text{시간당 최대증발량}(G_e)} \times 100 [\%]$

CHAPTER 03. 연소계산 및 열정산

CHAPTER 003 출제예상문제

01 메탄올(CH_3OH) 1kg을 완전연소하는 데 필요한 이론공기량은 약 몇 Nm^3인가?

① 4.0 ② 4.5
③ 5.0 ④ 5.5

[풀이] $C+O_2 \to CO_2$, $H_2+\frac{1}{2}O_2 \to H_2O$

$CH_3OH+O_2 \to CO_2+2H_2O$

$C=1$, $H=4$, $O_2=1$, 전체 산소 $=1+\frac{4}{4}-1=1$

$\therefore A_0 = \frac{1}{0.21} ≒ 5Nm^3/kg$

02 어떤 고체연료를 분석하니 중량비로 수소 10%, 탄소 80%, 회분 10%이었다. 이 연료 100kg을 완전연소시키기 위하여 필요한 이론공기량은 약 몇 Nm^3인가?

① 206 ② 412
③ 490 ④ 978

[풀이] 고체, 액체연료의 이론공기량(A_0)

$A_0 = 8.89C + 26.67\left(H-\frac{O}{8}\right) + 3.33S$

$= 8.89 \times 0.8 + 26.67 \times 0.1$

$= 9.779 Nm^3/kg$

$\therefore 9.779 \times 100kg = 978 Nm^3$

03 수소 4kg을 과잉공기계수 1.4의 공기로 완전연소시킬 때 발생하는 연소가스 중의 산소량은 약 몇 kg인가?

① 3.20 ② 4.48
③ 6.40 ④ 12.8

[풀이] $H_2 + \frac{1}{2}O_2 \to H_2O$

2kg 16kg 18kg
1kg 8kg   9kg

$\therefore O_2 = 8 \times (1.4-1) \times 4 = 12.8kg$

04 고위발열량이 37.7MJ/kg인 연료 3kg이 연소할 때의 저위발열량은 몇 MJ인가?(단, 이 연료의 중량비는 수소 15%, 수분 1%이다.)

① 52   ② 103
③ 184 ④ 217

[풀이] 저위발열량(H_L) $= H_h - 2.51(9H+W)$

$= \{37.7 - 2.51(9 \times 0.15 + 0.01)\} \times 3$

$= 103 MJ$

05 코크스로 가스를 100Nm^3 연소한 경우 습연소가스양과 건연소가스양의 차이는 약 몇 Nm^3인가?(단, 코크스로 가스의 조성(용량%)은 CO_2 3%, CO 8%, CH_4 30%, C_2H_4 4%, H_2 50%, N_2 5%)

① 108 ② 118
③ 128 ④ 138

[풀이] $CO+\frac{1}{2}O_2 \to CO_2$, $H_2+\frac{1}{2}O_2 \to H_2O$

$CH_4 + 2O_2 \to CO_2 + 2H_2O$

$C_2H_4 + 3O_2 \to 2CO_2 + 2H_2O$

- 건연소가스양(G_{od})

  $= (1-0.21)A_0 + CH_4 + C_2H_4 + CO + CO_2 + N_2$

- 습연소가스양(G_{ow})

  $= (1-0.21)A_0 + CO_2 + CO + CH_4 + C_2H_4 + H_2 + N_2$

정답 01 ③ 02 ④ 03 ④ 04 ② 05 ②

- 이론공기량(A_0) = 이론산소량 × $\frac{1}{0.21}$ = (0.5×0.08)
  + (2×0.3) + (3×0.04) + (0.5×0.5) × $\frac{1}{0.21}$
  = 4.81Nm³/Nm³

- 이론건배기가스양 = (1−0.21)×4.81 + (1×0.03)
  + (1×0.08) + (1×0.3) + (2×0.04) + (1×0.05)
  = 4.4189Nm³/Nm³

- 이론습배기가스양 = (1−0.21)×4.81 + (1×0.03)
  + (1×0.08) + (3×0.3) + (4×0.04) + (1×0.5)
  + (1×0.05) = 5.5989Nm³/Nm³

∴ 습연소가스양, 건연소가스양의 차이값
 = (5.5989−4.4189)×100 = 118Nm³

06 연소 배기가스의 분석 결과 CO_2의 함량이 13.4%이다. 벙커 C유(55L/h)의 연소에 필요한 공기량은 약 몇 Nm³/min인가?(단, 벙커 C유의 이론공기량은 12.5Nm³/kg이고, 밀도는 0.93g/cm³이며 CO_{2max}는 15.5%이다.)

① 12.33　　② 49.03
③ 63.12　　④ 73.99

풀이 공기비(m) = $\frac{CO_{2max}}{CO_2}$ = $\frac{15.5}{13.4}$ = 1.1567

실제공기량(A) = 이론공기량(A_o)×공기비(m)
연료소비량 = 55×0.93
　　　　　 = 51.15kg/h = 0.8525kg/min
∴ 연소에 필요한 실제공기량
　 = 0.8525×12.5×1.1567
　 = 12.33Nm³/min

07 연소가스양 10Nm³/kg, 연소가스의 정압비열 1.34kJ/Nm³·℃인 어떤 연료의 저위발열량이 27,200kJ/kg이었다면 이론연소온도(℃)는?(단, 연소용 공기 및 연료 온도는 5℃이다.)

① 1,000　　② 1,500
③ 2,000　　④ 2,500

풀이 이론연소온도 = $\frac{\text{연료의 저위발열양}}{\text{연소가스양×정압비열}}$ + 기준온도
　　　　 = $\frac{27,200}{10×1.34}$ + 5 = 2,034.85℃

08 수소가 완전연소하여 물이 될 때, 수소와 연소용 산소와 물의 몰(mol)비는?

① 1 : 1 : 1　　② 1 : 2 : 1
③ 2 : 1 : 2　　④ 2 : 1 : 3

풀이 $H_2 + \frac{1}{2}O_2 \rightarrow H_2O$
1 : 0.5 : 1 = 2 : 1 : 2

09 다음 중 연료 연소 시 최대탄산가스농도(CO_{2max})가 가장 높은 것은?

① 탄소　　② 연료유
③ 역청탄　　④ 코크스로가스

풀이 탄소(C) + O_2 → CO_2
탄소성분이 많을수록 CO_{2max}가 크다.

10 CO_{2max}는 19.0%, CO_2는 10.0%, O_2는 3.0%일 때 과잉공기계수(m)는 얼마인가?

① 1.25　　② 1.35
③ 1.46　　④ 1.90

풀이 과잉공기계수(공기비 : m)
$m = \frac{CO_{2max}}{CO_2} = \frac{19.0}{10.0} = 1.90$

11 황 2kg을 완전연소시키는 데 필요한 산소의 양은 몇 Nm³인가?(단, S의 원자량은 32이다.)

① 0.70　　② 1.00
③ 1.40　　④ 3.33

풀이) $S + O_2 \rightarrow SO_2$
$32kg + 22.4Nm^3 \rightarrow 22.4Nm^3$
$32 : 22.4 = 2 : x$
$\therefore x = 22.4 \times \dfrac{2}{32} = 1.4Nm^3$

12 가연성 혼합기의 공기비가 1.0일 때 당량비는?

① 0　　　　② 0.5
③ 1.0　　　④ 1.5

풀이) 공기비 $= \dfrac{\text{실제공기량}}{\text{이론공기량}}$

$\therefore$ 당량비 $= \dfrac{\text{이론공기량}}{\text{실제공기량}} = \dfrac{1}{\text{공기비}} = \dfrac{1}{1.0} = 1.0$

※ 당량비 : 화합물을 구성하는 각 원소의 당량 간 비율(등가비이다.)

13 중유의 탄수소비가 증가함에 따른 발열량의 변화는?

① 무관하다.
② 증가한다.
③ 감소한다.
④ 초기에는 증가하다가 점차 감소한다.

풀이) 중유의 탄수소비 $\left(\dfrac{C}{H}\right)$

- A중유 : 고, B중유 : 중, C중유 : 저
- 탄수소비가 커지면 탄소량이 증가하고, 발열량이 높은 수소가 감소하여 발열량이 감소한다.

14 고체연료를 사용하는 어떤 열기관의 출력이 3,000kW이고 연료소비율이 1,400kg/h일 때 이 열기관의 열효율은 약 몇 %인가?(단, 이 고체연료의 저위발열량은 28MJ/kg이다.)

① 28　　　　② 38
③ 48　　　　④ 58

풀이) $1kWh = 3,600kJ(3.6MJ)$
연료소비열량 $= 28 \times 1,400 = 39,200MJ/h$
$\therefore$ 열효율$(\eta) = \dfrac{\text{출력}}{\text{공급열}} \times 100$
$= \dfrac{3,000 \times 3.6}{39,200} \times 100 = 28\%$

15 고체연료의 일반적인 특징에 대한 설명으로 틀린 것은?

① 회분이 많고 발열량이 적다.
② 연소효율이 낮고 고온을 얻기 어렵다.
③ 점화 및 소화가 곤란하고 온도조절이 어렵다.
④ 완전연소가 가능하고 연료의 품질이 균일하다.

풀이) 고체연료(목탄, 장작, 석탄 등)는 완전연소가 불가능하고, 연료의 품질이 균일하지 못하다.
※ 오일은 연료의 품질이 균일하다.

16 다음 석탄의 성질 중 연소성과 가장 관계가 적은 것은?

① 비열　　　　② 기공률
③ 점결성　　　④ 열전도율

풀이)
- 석탄의 점결성은 코크스 제조와 관계된다.
- 역청탄 등은 온도 350℃ 이상에서 용해하여 굳어지는 성질이 점결성이며 연료로 사용하기에는 부적당하다.

17 다음 연료 중 저위발열량이 가장 높은 것은?

① 가솔린　　　② 등유
③ 경유　　　　④ 중유

풀이) 액체연료의 저위발열량(kcal/Nm³)
- 가솔린 : 11,000
- 등유 : 10,000
- 경유 : 9,000
※ 중유의 고위발열량 : 10,250

정답 12 ③ 13 ③ 14 ① 15 ④ 16 ④ 17 ①

18 다음 기체연료 중 발열량(kcal/Nm³)이 가장 큰 것은?

① 고로가스 ② 수성가스
③ 도시가스 ④ 액화석유가스

풀이 기체연료의 고위발열량(kcal/Nm³)
- 고로가스 : 900
- 수성가스 : 2,650
- 도시가스 : 4,500
- 액화석유가스 : 10,000

19 기체연료의 장점이 아닌 것은?

① 연소조절이 용이하다.
② 운반과 저장이 용이하다.
③ 회분이나 매연이 적어 청결하다.
④ 적은 공기로 완전연소가 가능하다.

풀이 기체연료는 가연성 가스이므로 폭발의 위험성이 커서 운반이나 저장이 불편하다.

20 기체연료의 장점이 아닌 것은?

① 열효율이 높다.
② 연소의 조절이 용이하다.
③ 다른 연료에 비하여 제조 비용이 싸다.
④ 다른 연료에 비하여 회분이나 매연이 나오지 않고 청결하다.

풀이 기체연료는 다른 연료에 비하여 제조 비용이 많이 든다.

21 제조 기체연료에 포함된 성분이 아닌 것은?

① C ② H_2
③ CH_4 ④ N_2

풀이 C(탄소)는 고체·액체연료의 성분이다.
※ 액화천연가스 LNG 주성분 : 메탄가스(CH_4)

22 다음 가스 중 저위발열량(MJ/kg)이 가장 낮은 것은?

① 수소 ② 메탄
③ 일산화탄소 ④ 에탄

풀이 연료의 저위발열량(kJ/g)
- 메탄 : 54.2
- 일산화탄소 : 10.1
- 프로판 : 50.4
- 에탄 : 51.8

23 고체연료의 일반적인 특징으로 옳은 것은?

① 점화 및 소화가 쉽다.
② 연료의 품질이 균일하다.
③ 완전연소가 가능하며 연소효율이 높다.
④ 연료비가 저렴하고 연료를 구하기 쉽다.

풀이 고체연료는 일반적으로 점화나 소화가 불편하고 연료의 품질이 균일하지 못하며 불완전연소가 심하여 연소효율이 낮다.

24 다음 중 중유연소의 장점이 아닌 것은?

① 회분을 전혀 함유하지 않으므로 이것에 의한 장해는 없다.
② 점화 및 소화가 용이하며, 화력의 가감이 자유로워 부하 변동에 적용이 용이하다.
③ 발열량이 석탄보다 크고, 과잉공기가 적어도 완전 연소시킬 수 있다.
④ 재가 적게 남으며, 발열량, 품질 등이 고체연료에 비해 일정하다.

풀이 중유(A, B, C급)는 중질유라서 증발연소를 하지 못하고 중유 B, C급은 일반적으로 안개화(무화)하여 연소시킨다. 일부의 회분이 함유하고 클링커를 발생시킨다.
※ 클링커 : 회분이 용융하여 전열면에 부착되는 덩어리로 전열을 방해한다.

정답 18 ④ 19 ② 20 ③ 21 ① 22 ③ 23 ④ 24 ①

25 액체연료가 갖는 일반적인 특징이 아닌 것은?

① 연소온도가 높기 때문에 국부과열을 일으키기 쉽다.
② 발열량은 높지만 품질이 일정하지 않다.
③ 화재, 역화 등의 위험이 크다.
④ 연소할 때 소음이 발생한다.

풀이 기체, 고체연료는 품질이 일정하지 않지만 액체연료는 품질이 일정하다.

26 석탄, 코크스, 목재 등을 적열상태로 가열하고, 공기로 불완전 연소시켜 얻는 연료는?

① 천연가스   ② 수성가스
③ 발생로가스   ④ 오일가스

풀이 발생로가스
석탄, 코크스, 목재 등을 적열상태로 가열하고 공기로 불완전 연소시켜 얻는(N_2 55.8%, CO 25.4%, H_2 13%) 발열량 1,100kcal/Nm³의 가스이다.

27 품질이 좋은 고체 연료의 조건으로 옳은 것은?

① 고정탄소가 많을 것
② 회분이 많을 것
③ 황분이 많을 것
④ 수분이 많을 것

풀이 품질이 좋은 고체연료는 연료비가 커야 한다. 연료비가 크면 고정탄소량이 증가한다.

28 연료를 구성하는 가연원소로만 나열된 것은?

① 질소, 탄소, 산소   ② 탄소, 질소, 불소
③ 탄소, 수소, 황   ④ 질소, 수소, 황

풀이
• 가연성 성분 : C, H, S
• 불연성 성분 : 질소, 불소, 산소, CO_2, H_2O, SO_2, 공기 등

29 코크스의 적정 고온건류온도(℃)는?

① 500~600
② 1,000~1,200
③ 1,500~1,800
④ 2,000~2,500

풀이 코크스(역청탄)의 건류온도
• 고온건류 : 1,000℃ 내외
• 저온건류 : 500~600℃ 내외

30 고체연료에 비해 액체연료의 장점에 대한 설명으로 틀린 것은?

① 화재, 역화 등의 위험이 적다.
② 회분이 거의 없다.
③ 연소효율 및 열효율이 좋다.
④ 저장운반이 용이하다.

풀이 액체연료(휘발유, 등유, 경유, 중유 등)는 화재나 역화의 위험성이 크다.

31 다음 각 성분의 조성을 나타낸 식 중에서 틀린 것은?(단, m : 공기비, L_o : 이론공기량, G : 가스양, G_o : 이론건연소가스양이다.)

① $CO_2 = \dfrac{1.867C - CO}{G} \times 100$

② $O_2 = \dfrac{0.21(m-1)L_o}{G} \times 100$

③ $N_2 = \dfrac{0.8N + 0.79mL_o}{G} \times 100$

④ $CO_{2\max} = \dfrac{1.867C + 0.7S}{G_o} \times 100$

풀이 배기가스 중 CO_2 양 계산식
$$CO_2 = \dfrac{1.867C + 0.7S}{G} \times 100\%$$

정답 25 ② 26 ③ 27 ① 28 ③ 29 ② 30 ① 31 ①

32 이론습연소가스양 G_{ow}와 이론건연소가스양 G_{od}의 관계를 나타낸 식으로 옳은 것은?(단, H는 수소체적비, W는 수분체적비를 나타내고, 식의 단위는 Nm^3/kg이다.)

① $G_{od} = G_{ow} + 1.25(9H + W)$
② $G_{od} = G_{ow} - 1.25(9H + W)$
③ $G_{od} = G_{ow} + (9H + W)$
④ $G_{od} = G_{ow} - (9H - W)$

풀이) 이론건연소가스양(G_{od}) = $G_{ow} - 1.25(9H + W)$
- $H_2O = \dfrac{22.4 Nm^3}{18 kg} = 1.25$
- $H_2 + 0.5O_2 \to H_2O$
  2kg + 16kg → 19kg
  1kg + 8kg → 9kg

33 중량비가 C 87%, H 11%, S 2%인 중유를 공기비 1.3으로 연소할 때 건조배출가스 중 CO_2의 부피비는 약 몇 %인가?

① 8.7   ② 10.5
③ 12.2 ④ 15.6

풀이) $C + O_2 \to CO_2$, $H_2 + \dfrac{1}{2}O_2 \to H_2O$
- 이론공기량(A_0)
  $= 8.89C + 26.67\left(H - \dfrac{O}{8}\right) + 3.33S$
  $= 8.89 \times 0.87 + 26.67 \times 0.11 + 3.33 \times 0.02$
  $= 10.47 Nm^3/kg$
- 실제건배기가스양(G_d)
  $= (m - 0.21)A_0 + 1.867C + 0.7S + 0.8N$
  $= (1.3 - 0.21) \times 10.47 + 1.87 \times 0.87 + 0.7 \times 0.02$
  $= 13.05 Nm^3/kg$
  $CO_2 = \dfrac{22.4}{12} \times 0.87 = 1.62 Nm^3/kg$
  $\therefore \dfrac{1.62}{13.05} \times 100 = 12\%$

34 탄소 1kg을 완전 연소시키는 데 필요한 공기량(Nm^3)은?(단, 공기 중의 산소와 질소의 체적 함유비를 각각 21%와 79%로 하며 공기 1kmol의 체적은 $22.4m^3$이다.)

① 6.75   ② 7.23
③ 8.89   ④ 9.97

풀이) $C + O_2 \to CO_2$
  $12kg + 22.4m^3 \to 22.4m^3$
  이론공기량 = 이론산소량 $\times \dfrac{1}{0.21}$
  $= \dfrac{22.4}{12} \times \dfrac{1}{0.21} = 8.89 m^3$

35 연소가스 부피조성이 CO_2 13%, O_2 8%, N_2 79%일 때 공기과잉계수(공기비)는?

① 1.2   ② 1.4
③ 1.6   ④ 1.8

풀이) 공기비(m) $= \dfrac{N_2}{N_2 - 3.76(O_2 - 0.5CO)}$
  $= \dfrac{79}{79 - 3.76(8 - 0.5 \times 0)}$
  $= \dfrac{79}{79 - (3.76 \times 8)} = 1.6$

36 탄소 12kg을 과잉공기계수 1.2의 공기로 완전 연소시킬 때 발생하는 연소가스양은 약 몇 Nm^3인가?

① 84   ② 107
③ 128 ④ 149

풀이) $\underline{C} + \underline{O_2} \to \underline{CO_2}$
  12kg $22.4Nm^3$ $22.4Nm^3$
- 실제공기 = 이론공기량 × 과잉공기계수(m)
- 이론공기량(A_o) = 이론산소량 $\times \dfrac{1}{0.21}$
- 연소가스양(G_d) $= (m - 0.21)A_o + CO_2$
  $= (1.2 - 0.21) \times \dfrac{22.4}{0.21} + 22.4$
  $= 128 Nm^3$

정답 32 ② 33 ③ 34 ③ 35 ③ 36 ③

37 연소가스를 분석한 결과 CO_2 12.5%, O_2 3.0%일 때, CO_{2max}(%)는?(단, 해당 연소가스에 CO는 없다.)

① 12.62 ② 13.45
③ 14.58 ④ 15.03

풀이 완전연소 시 $CO_{2max} = \dfrac{21 \times CO_2}{21 - O_2} = \dfrac{21 \times 12.5}{21 - 3} = 14.58$

38 헵테인(C_7H_{16}) 1kg을 완전연소하는 데 필요한 이론공기량(kg)은?(단, 공기 중 산소 질량비는 23%이다.)

① 11.64 ② 13.21
③ 15.30 ④ 17.17

풀이 $\dfrac{C_7H_{16}}{100} + \dfrac{11O_2}{11 \times 32} \rightarrow \dfrac{7CO_2}{7 \times 44} + \dfrac{8H_2O}{8 \times 18}$

이론산소량(O_o) = $32 \times 11 = 352$ kg/kmol

헵테인 분자량 = 100 kg/kmol

이론공기량(A_o) = $\dfrac{352}{0.23} \times \dfrac{1}{100} = 15.30$ kg/kg

※ 분자량(C_7H_{16} 100, O_2 32, CO_2 44, H_2O 18)

39 보일러 연소장치에 과잉공기 10%가 필요한 연료를 완전연소할 경우 실제건연소가스양(Nm³/kg)은 얼마인가?(단, 연료의 이론공기량 및 이론건연소가스양은 각각 10.5, 9.9Nm³/kg이다.)

① 12.03 ② 11.84
③ 10.95 ④ 9.98

풀이 과잉공기량 = $10.5 \times 0.1 = 1.05$

실제건연소가스양(G_d) = $9.9 + 1.05$
$= 10.95$ Nm³/kg

40 옥테인(C_8H_{18})이 과잉공기율 2로 연소 시 연소가스 중의 산소 부피비(%)는?

① 6.4 ② 10.5
③ 12.9 ④ 20.2

풀이 $C_8H_{18} + 12.5O_2 \rightarrow 8CO_2 + 9H_2O$

이론공기량(A_o) = $12.5 \times \dfrac{1}{0.21} = 59.52$ Nm³/Nm³

실제공기량(A) = $59.52 \times 2 = 119.04$ Nm³/Nm³

∴ 산소 부피비 = $\dfrac{12.5}{119.04} \times 100 = 10.5\%$

41 과잉공기를 공급하여 어떤 연료를 연소시켜 건연소가스를 분석하였다. 그 결과 CO_2, O_2, N_2의 함유율이 각각 16%, 1%, 83%이었다면 이 연료의 최대 탄산가스율(CO_{2max})은 몇 %인가?

① 15.6 ② 16.8
③ 17.4 ④ 18.2

풀이 $CO_{2max} = \dfrac{21 \times CO_2}{21 - O_2} = \dfrac{21 \times 16}{21 - 1} = 16.8$

42 연소가스 분석결과가 CO_2 13%, O_2 8%, CO 0%일 때 공기비는 약 얼마인가?(단, CO_{2max}는 21%이다.)

① 1.22 ② 1.42
③ 1.62 ④ 1.82

풀이 공기비(m) = $\dfrac{CO_{2max}}{CO_2} = \dfrac{21}{13} = 1.62$

43 연소 배기가스양의 계산식(Nm³/kg)으로 틀린 것은?(단, 습연소가스양 V, 건연소가스양 V', 공기비 m, 이론공기량 A이고, H, O, N, C, S는 원소, W는 수분이다.)

① $V = mA + 5.6H + 0.7O + 0.8N + 1.25W$
② $V = (m - 0.21)A + 1.87C + 11.2H + 0.7S + 0.8N + 25W$
③ $V' = mA - 5.6H - 0.7O + 0.8N$
④ $V' = (m - 0.21)A + 1.87C + 0.7S + 0.8N$

풀이 ③은 $V' = mA + 5.6H - 0.7O + 0.8N$이 되어야 한다.

정답 37 ③ 38 ③ 39 ③ 40 ② 41 ② 42 ③ 43 ③

44 연료의 연소 시 CO_{2max}(%)는 어느 때의 값인가?

① 실제공기량으로 연소 시
② 이론공기량으로 연소 시
③ 과잉공기량으로 연소 시
④ 이론양보다 적은 공기량으로 연소 시

풀이 이산화탄소 최대 발생량(CO_{2max})은 이론공기량으로 완전연소 시 발생한다.

45 고체 연료의 연소가스 관계식으로 옳은 것은? (단, G : 연소가스양, G_0 : 이론연소가스양, A : 실제공기량, A_0 : 이론공기량, a : 연소생성 수증기량)

① $G_0 = A_0 + 1 - a$ ② $G = G_0 - A + A_0$
③ $G = G_0 + A - A_0$ ④ $G_0 = A_0 - 1 + a$

풀이 연소가스양(G)
= 이론연소가스양 + 실제공기량 − 이론공기량
= $G_0 + A - A_0$

46 다음과 같은 질량조성을 가진 석탄의 완전연소에 필요한 이론공기량(kg/kg)은 얼마인가?

C : 64.0%, H : 5.3%, S : 0.1%, O : 8.8%,
N : 0.8%, Ash : 12.0%, Water : 9.0%

① 7.5   ② 8.8
③ 9.7   ④ 10.4

풀이 고체중량당 이론공기량(kg/kg)
(분자량 : C=12, H=2, S=32, O_2=32)

$C = \frac{32}{12}$, $H = \frac{16}{2}$, $S = \frac{32}{32}$

공기 중 산소는 중량당 23.2%

A_0(이론공기량) = 이론산소량 × $\frac{1}{0.232}$

$= \left\{\frac{32}{12} \times 0.64 + \frac{16}{2}\left(0.053 - \frac{0.088}{8}\right) + \frac{32}{32} \times 0.001\right\}$
$\times \frac{1}{0.232}$
$= 8.8 \text{kg/kg}$

※ $A_0 = 11.5C + 34.49\left(H - \frac{O}{8}\right) + 4.31S$

47 원소분석 결과 C 87%, S 3%, 기타 10%일 때 CO_{2max} 값으로 맞는 것은?

① 10.23   ② 16.58
③ 21.35   ④ 25.83

풀이 $CO_{2max} = \frac{1.87C + 0.7S}{\text{이론건배기가스양}}$

• 이론건배기가스양(G_{od})
$= (1 - 0.21)A_0 + 1.87C + 0.7S$
$= 0.79 \times 10.5119 + 1.867 \times 0.78 + 0.7 \times 0.03$
$= 9.951740 \text{Nm}^3/\text{kg}$

• 이론공기량(A_0)
$= 8.89C + 26.67\left(H - \frac{O}{8}\right) + 3.33S$
$= 8.89 \times 0.87 + 26.67 \times 0.10 + 3.33 \times 0.03$
$= 10.51119 \text{Nm}^3/\text{kg}$

$\therefore \frac{1.87 \times 0.87 + 0.7 \times 0.03}{9.951740} = 0.1658(16.58\%)$

48 연도가스 분석 결과 CO_2 12.0%, O_2 6.0%, CO 0.0%이라면 CO_{2max}는 몇 %인가?

① 13.8   ② 14.8
③ 15.8   ④ 16.8

풀이 탄산가스 최대량(CO_{2max})

$CO_{2max} = \frac{21 \times CO_2}{21 - O_2} = \frac{21 \times 12.0}{21 - 6.0} = 16.8\%$

49 연돌에서의 배기가스 분석 결과 CO_2 14.2%, O_2 4.5%, CO 0%일 때 탄산가스의 최대량 CO_{2max} (%)는?

① 10.5   ② 15.5
③ 18.0   ④ 20.5

해설

$CO_{2max} = \frac{21 \times CO_2}{21 - O_2} = \frac{21 \times 14.2}{21 - 4.5} = 18.0\%$

정답 44 ② 45 ③ 46 ② 47 ② 48 ④ 49 ③

50 연소 시 배기가스양을 구하는 식으로 옳은 것은?(단, G : 배기가스양, G_o : 이론배기가스양, A_o : 이론공기량, m : 공기비이다.)

① $G = G_o + (m-1)A_o$
② $G = G_o + (m+1)A_o$
③ $G = G_o - (m+1)A_o$
④ $G = G_o + (1-m)/A_o$

풀이 실제연소가스양(G)
= 이론배기가스양 + (공기비 − 1) × 이론공기량

51 탄소 1kg의 연소에 소요되는 공기량은 약 몇 Nm³인가?

① 5.0 ② 7.0
③ 9.0 ④ 11.0

풀이 탄소(C) 분자량 = 12
산소 분자량 = 32 = 22.4Nm³
∴ $\frac{22.4}{12} \times \frac{1}{0.21} = 9\text{Nm}^3/\text{kg}$

52 수소 1kg을 완전히 연소시키는 데 요구되는 이론산소량은 몇 Nm³인가?

① 1.86 ② 2.8
③ 5.6   ④ 26.7

풀이
$H_2 + \frac{1}{2}O_2 \rightarrow H_2O$
2kg + 16kg → 18kg
22.4m³ + 11.2m³ → 22.4m³
∴ 이론산소량(O_0) = $\frac{11.2}{2} = 5.6\text{Nm}^3/\text{kg}$

53 등유($C_{10}H_{20}$)를 연소시킬 때 필요한 이론공기량은 약 몇 Nm³/kg 인가?

① 15.6 ② 13.5
③ 11.4 ④ 9.2

풀이 등유 이론공기량(A_0)
$C_{10}H_{20} + 15O_2 \rightarrow 10CO_2 + 10H_2O$ (Nm³/kg)
$A_0 = \left(15 \times \frac{1}{0.21}\right) \times \frac{22.4}{140} = 11.4\text{Nm}^3/\text{kg}$

※ $C_{10}H_{20}$ 분자량
C = 12, H_2 = 2이므로 12×10 + 20×1 = 140

54 다음 조성의 액체연료를 완전 연소시키기 위해 필요한 이론공기량은 약 몇 Sm³/kg인가?

| C : 0.70kg | H : 0.10kg | O : 0.05kg |
| S : 0.05kg | N : 0.09kg | Ash : 0.01kg |

① 8.9   ② 11.5
③ 15.7 ④ 18.9

풀이 이론공기량(A_0)
= $8.89C + 26.67\left(H - \frac{O}{8}\right) + 3.33S$
= $8.89 \times 0.70 + 26.67\left(0.10 - \frac{0.05}{8}\right) + 3.33 \times 0.05$
= $6.223 + 2.5003125 + 0.1665 = 8.9\text{Sm}^3/\text{kg}$

55 석탄을 연소시킬 경우 필요한 이론산소량은 약 몇 Nm³/kg인가?(단, 중량비 조성은 C 86%, H 4%, O 8%, S 2%이다.)

① 1.49
② 1.78
③ 2.03
④ 2.45

풀이 고체연료 이론산소량(O_0)
= $1.867C + 5.6\left(H - \frac{O}{8}\right) + 0.7S$
= $1.867 \times 0.86 + 5.6\left(0.04 - \frac{0.08}{8}\right) + 0.7 \times 0.02$
= $1.788\text{Nm}^3/\text{kg}$

정답 50 ① 51 ③ 52 ③ 53 ③ 54 ① 55 ②

56 탄소(C) 84w%, 수소(H) 12w%, 수분 4w%의 중량조성을 갖는 액체연료에서 수분을 완전히 제거한 다음 1시간당 5kg을 완전연소시키는 데 필요한 이론공기량은 약 몇 Nm^3/h인가?

① 55.6　　② 65.8
③ 73.5　　④ 89.2

풀이 이론공기량(A_0)
$= 8.89C + 26.67\left(H - \dfrac{O}{8}\right) + 3.33S$

황(S)과 산소(O)는 없으므로
$A_0 = 8.89 \times 0.84 + 26.67 \times 0.12 = 10.668 Nm^3/kg$
$10.668 Nm^3/kg \times 5kg = 53.34 Nm^3$

$\therefore 53.34 \times \dfrac{100\%}{100\% - 4\%} = 55.56 Nm^3$

57 어떤 연도가스의 조성이 아래와 같을 때 과잉공기의 백분율이 얼마인가?(단, CO_2는 11.9%, CO는 1.6%, O_2는 4.1%, N_2는 82.4%이고 공기 중 질소와 산소의 부피비는 79 : 21이다.)

① 15.7%　　② 17.7%
③ 19.7%　　④ 21.7%

풀이 과잉공기 백분율 = (공기비 - 1) × 100%

공기비(m) = $\dfrac{N_2}{N_2 - 3.76(O_2 - 0.5CO)}$

$\therefore \left(\dfrac{82.4}{82.4 - 3.76(4.1 - 0.5 \times 1.6)} - 1\right) \times 100 = 17.7\%$

58 과잉 공기가 너무 많을 때 발생하는 현상으로 옳은 것은?

① 연소 온도가 높아진다.
② 보일러 효율이 높아진다.
③ 이산화탄소 비율이 많아진다.
④ 배기가스의 열손실이 많아진다.

풀이 과잉 공기
- 노 내 온도 저하
- 배기가스양 증가로 배기가스 열손실 증가
- 배기가스 중 산소량 증가

59 보일러실에 자연환기가 안 될 때 실외로부터 공급하여야 할 공기는 벙커C유 1L당 최소 몇 Nm^3이 필요한가?(단, 벙커 C유의 이론공기량은 $10.24Nm^3/kg$, 비중은 0.96, 연소장치의 공기비는 1.3으로 한다.)

① 11.34　　② 12.78
③ 15.69　　④ 17.85

풀이 연료의 실제공기량(A)
= 이론공기량 × 공기비(Nm^3/kg)
= (이론공기량 × 연료비중) × 공기비(Nm^3/L)
= (10.24 × 0.96) × 1.3 = $12.78 Nm^3/L$

60 중량비로 탄소 84%, 수소 13%, 유황 2%의 조성으로 되어 있는 경유의 이론공기량은 약 몇 Nm^3/kg인가?

① 5　　② 7
③ 9　　④ 11

풀이 액체·고체 이론공기량(A_0)
$A_0 = 8.89C + 26.67\left(H - \dfrac{O}{8}\right) + 3.33S$

$\therefore 8.89 \times 0.84 + 26.67 \times 0.13 + 3.33 \times 0.02$
$= 11.6 Nm^3/kg$

61 CO_{2max}가 24.0%, CO_2가 14.2%, CO가 3.0%라면 연소가스 중의 산소는 약 몇 %인가?

① 3.8　　② 5.0
③ 7.1　　④ 10.1

정답 56 ①　57 ②　58 ④　59 ②　60 ④　61 ③

풀이 $CO_{2max} = \dfrac{21(CO_2 + CO)}{21 - O_2 + 0.395 \times CO}$

$24 = \dfrac{21(14.2 + 3)}{21 - O_2 + 0.395 \times 3}$

$21 - O_2 = \dfrac{21(14.2 + 3)}{24} - (0.395 \times 3) = 13.863$

∴ 산소$(O_2) = 21 - 13.863 = 7.1$

62 어떤 열설비에서 연료가 완전연소하였을 경우 배기가스 내의 과잉 산소 농도가 10%이었다. 이때 연소기기의 공기비는 약 얼마인가?

① 1.0   ② 1.5
③ 1.9   ④ 2.5

풀이 공기비$(m) = \dfrac{실제공기량}{이론공기량} = \dfrac{21}{21 - O_2}$

∴ $m = \dfrac{21}{21 - 10} = 1.9$

63 황(S) 1kg을 이론공기량으로 완전연소시켰을 때 발생하는 연소가스양은 약 몇 Nm^3인가?

① 0.70   ② 2.00
③ 2.63   ④ 3.33

풀이 S + O_2 → SO_2 (공기량이 연소가스양이다.)
32kg $22.4Nm^3$ $22.4Nm^3$

연소가스양$(G) = \dfrac{22.4}{32} \times \dfrac{1}{0.21} = 3.33 Nm^3/Nm^3$

※ 공기 중 질소 79%, 산소 21%

64 탄산가스최대량(CO_{2max})에 대한 설명 중 ( )에 알맞은 것은?

( )으로 연료를 완전연소시킨다고 가정을 할 경우에 연소가스 중의 탄산가스양을 이론건연소가스양에 대한 백분율로 표시한 것이다.

① 실제공기량   ② 과잉공기량
③ 부족공기량   ④ 이론공기량

풀이 C + O_2 → CO_2
이론공기량으로 완전연소가 가능하다면 CO_2가 가장 많이 생성되고 CO나 기타 가스 발생이 감소한다.

65 중유를 연소하여 발생된 가스를 분석하였을 때 체적비로 CO_2는 14%, O_2는 7%, N_2는 79%이었다. 이때 공기비는 약 얼마인가?(단, 연료에 질소는 포함하지 않는다.)

① 1.4   ② 1.5
③ 1.6   ④ 1.7

풀이 공기비(과잉공기계수) = $\dfrac{N_2}{N_2 - 3.76(O_2 - 0.5CO)}$

CO 성분이 없으므로

공기비$(m) = \dfrac{79}{79 - 3.76 \times 7} = 1.5$

66 저위발열량 7,470kJ/kg의 석탄을 연소시켜 13,200kg/h의 증기를 발생시키는 보일러의 효율은 약 몇 %인가?(단, 석탄의 공급은 6,040kg/h이고, 증기의 엔탈피는 3,107kJ/kg, 급수의 엔탈피는 96kJ/kg이다.)

① 64   ② 74
③ 88   ④ 94

풀이 효율$(\eta) = \dfrac{증기보유열}{공급열} \times 100\%$

$= \dfrac{13,200 \times (3,107 - 96)}{6,040 \times 7,470} \times 100 = 88\%$

67 프로판(C_3H_8) $5Nm^3$를 이론산소량으로 완전연소시켰을 때의 건연소가스양은 몇 Nm^3인가?

① 5   ② 10
③ 15   ④ 20

정답 62 ③   63 ④   64 ④   65 ②   66 ③   67 ③

풀이 기체연료 이론건연소가스양(G_{od}) : 건연소는 CO_2 값
$C_3H_8 + 5O_2 \rightarrow 3CO_2 + 4H_2O$
$G_{od} = (1-0.21) \times A_o + CO_2$
이론공기량(A_o) = 이론산소량 $\times \dfrac{1}{0.21}$
∴ 건연소가스양(CO_2) = $3 \times 5 = 15 Nm^3$

68 C_2H_6 $1Nm^3$를 연소했을 때의 건연소가스양(Nm^3)은?(단, 공기 중 산소의 부피비는 21%이다.)

① 4.5 ② 15.2
③ 18.1 ④ 22.4

풀이 에틸렌(C_2H_6) + $3.5O_2 \rightarrow 2CO_2 + 3H_2O$
건연소가스양(G_{od}) = $(1-0.21)A_o + CO_2$
∴ $G_{od} = 0.79 \times \dfrac{3.5}{0.21} + 2 = 15.2 Nm^3/Nm^3$

69 연소가스의 조성에서 O_2를 옳게 나타낸 식은? (단, L_o : 이론공기량, G : 실제습연소가스양, m : 공기비이다.)

① $\dfrac{L_o}{G} \times 100$

② $\dfrac{0.21 L_o}{G} \times 100$

③ $\dfrac{(m-1)L_o}{G} \times 100$

④ $\dfrac{0.21(m-1)L_o}{G} \times 100$

풀이 • 연소가스 조성에서 산소(O_2)
$= \dfrac{0.21(m-1)L_o}{G} \times 100 (\%)$
• 공기 중 산소는 21%이다.

70 프로판(C_3H_8) 및 부탄(C_4H_{10})이 혼합된 LPG를 건조공기로 연소시킨 가스를 분석하였더니 CO_2 11.32%, O_2 3.76%, N_2 84.92%의 부피조성을 얻었다. LPG 중의 프로판의 부피는 부탄의 약 몇 배인가?

① 8배 ② 11배
③ 15배 ④ 20배

풀이 연소반응식 : $C_3H_8 + 5O_2 \rightarrow 3CO_2 + 4H_2O$
$C_4H_{10} + 6.5O_2 \rightarrow 4CO_2 + 5H_2O$

공기비(m) = $\dfrac{N_2}{N_2 - 3.76 O_2}$
$= \dfrac{84.92}{84.92 - 3.76 \times 3.76} = 1.20$

혼합가스 전체 실제공기량(A)
$= A_o \times m = \left(5 \times \dfrac{1}{0.21} + 6.5 \times \dfrac{1}{0.21}\right) \times 1.20$
$= 65.71 Nm^3$

과잉공기량 = $65.71 \times (1.20 - 1) = 13.412 Nm^3$

각 50%의 혼합 프로판·부탄($1Nm^3$) 공기량
$= 5 \times \dfrac{1}{0.21} \times 0.5 + 6.5 \times \dfrac{1}{0.21} \times 0.5 = 32.855 Nm^3$

과잉공기량 = $32.855 \times 0.20 = 6.571 Nm^3/Nm^3$

부탄의 부피비 = $\dfrac{6.571}{65.71 + 13.412} \times 100 = 8.33\%$

프로판의 비율 $100 - 8.33 = 91.67$

프로판과 부탄의 부피비 = $\dfrac{91.67}{8.33} = 11$

∴ 프로판의 부피는 부탄의 11배이다.

71 다음 연료 중 이론공기량(Nm^3/Nm^3)이 가장 큰 것은?

① 오일가스 ② 석탄가스
③ 액화석유가스 ④ 천연가스

풀이 ① 오일가스 : $H_2 = 53.5\%$
② 석탄가스 : $H_2 = 51\%$
③ 액화석유가스 : $C_3H_8 + C_4H_{10}$
산소소비량이 크면 이론공기량이 많다.
• $H_2 + \dfrac{1}{2}O_2$ • $CH_4 + 2O_2$
• $C_3H_8 + 5O_2$ • $C_4H_{10} + 6.5O_2$
④ 천연가스 : CH_4

정답 68 ② 69 ④ 70 ② 71 ③

72 다음 체적비(%)의 코크스로 가스 $1Nm^3$를 완전연소시키기 위하여 필요한 이론공기량은 약 몇 Nm^3인가?

| CO_2 : 2.1 | C_2H_4 : 3.4 | O_2 : 0.1 | N_2 : 3.3 |
| CO : 6.6 | CH_4 : 32.5 | H_2 : 52.0 | |

① 0.97　　② 2.97
③ 4.97　　④ 6.97

풀이 • 반응식 : 에틸렌 C_2H_4, 일산화탄소 CO, 메탄 CH_4, 수소 H_2, 산소 O_2

$C_2H_4 + 3O_2 \rightarrow 2CO_2 + 2H_2O$

$CO + \frac{1}{2}O_2 \rightarrow CO_2$

$H_2 + \frac{1}{2}O_2 \rightarrow H_2O$

$CH_4 + 2O_2 \rightarrow CO_2 + 2H_2O$

• 이론산소량 = $[3 \times 0.033 + 0.5 \times 0.066 + 0.5 \times 0.52 + 2 \times 0.325] - 0.001$
$= 1.041 Nm^3/Nm^3$

∴ 이론공기량$(A_0) = \frac{이론산소량}{0.21} = \frac{1.041}{0.21}$
$= 4.96 Nm^3/Nm^3$

73 C_mH_n $1Nm^3$를 공기비 1.2로 연소시킬 때 필요한 실제공기량은 약 몇 Nm^3인가?

① $\frac{1.2}{0.21}\left(m + \frac{n}{2}\right)$　　② $\frac{1.2}{0.21}\left(m + \frac{n}{4}\right)$

③ $\frac{1.2}{0.79}\left(m + \frac{n}{2}\right)$　　④ $\frac{1.2}{0.79}\left(m + \frac{n}{4}\right)$

풀이 C_mH_n(탄화수소)의 실제공기량(A)

$A = \frac{m}{0.21}\left(m + \frac{n}{4}\right) = \frac{1.2}{0.21}\left(m + \frac{n}{4}\right)$

※ A_0(이론공기량) $= \frac{1}{0.21}\left(m + \frac{n}{4}\right)$

74 도시가스의 조성을 조사하니 H_2 30v%, CO 6v%, CH_4 40v%, CO_2 24v%이었다. 이 도시가스를 연소하기 위해 필요한 이론산소량보다 20% 많게 공급했을 때 실제공기량은 약 몇 Nm^3/Nm^3인가?(단, 공기 중 산소는 21v%이다.)

① 2.6　　② 3.6
③ 4.6　　④ 5.6

풀이 공기비$(m) = 20 + 100 = 120\% = 1.2$
실제공기(A) = 이론공기량 × 공기비

이론공기량(A_o) = 이론산소량 × $\frac{1}{0.21}(Nm^3)$

• $H_2 + \frac{1}{2}O_2 \rightarrow H_2O$

• $CO + \frac{1}{2}O_2 \rightarrow CO_2$

• $CH_4 + 2O_2 \rightarrow CO_2 + 2H_2O$

이론산소량$(O_o) = 0.5 \times 0.3 + 0.5 \times 0.06 + 2 \times 0.4$
$= 0.98 Nm^3/Nm^3$

∴ 실제공기량$(A) = \frac{0.98}{0.21} \times 1.2 = 5.6 Nm^3/Nm^3$

75 $1Nm^3$의 메탄가스를 공기를 사용하여 연소시킬 때 이론연소온도는 약 몇 ℃인가?(단, 대기 온도는 15℃이고, 메탄가스의 고발열량은 $39,767kJ/Nm^3$이고, 물의 증발잠열은 $2,017.7kJ/Nm^3$이고, 연소가스의 평균정압비열은 $1.423kJ/Nm^3℃$이다.)

① 2,387　　② 2,402
③ 2,417　　④ 2,432

풀이 연소온도$(t) = \frac{H_l}{G \times C_p} + t_a$

저위발열량$(H_l) = H_h - r = 39,767 - (2,017.7 \times 2)$
$= 35,731.6 kJ/Nm^3$

∴ $t = \frac{35,731.6}{10.54 \times 1.423} + 20 = 2,402℃$

※ 연소반응식 : $CH_4 + 2O_2 \rightarrow CO_2 + 2H_2O$
배기가스양$(G) = (1 - 0.21)A_o + CO_2 + 2H_2O$
$= 0.79 \times \frac{2}{0.21} + 3$
$= 10.54 Nm^3/Nm^3$

정답　72 ③　73 ②　74 ④　75 ②

76 체적이 0.3m³인 용기 안에 메탄(CH_4)과 공기 혼합물이 들어있다. 공기는 메탄을 연소시키는 데 필요한 이론공기량보다 20% 더 들어 있고, 연소 전 용기의 압력은 300kPa, 온도는 90℃이다. 연소 전 용기 안에 있는 메탄의 질량은 약 몇 g인가?

① 27.6 ② 33.7
③ 38.4 ④ 42.1

풀이
$CH_4 + 2O_2 \rightarrow CO_2 + 2H_2O$

이론공기량 $= 2 \times \dfrac{1}{0.21} = 9.52 Nm^3/Nm^3$

실제공기량 $= 9.52 \times (1+0.2) = 11.4 Nm^3/Nm^3$

CH_4 1mol $= 22.4L = 16g$

메탄저장량 $= 11.4 \times \dfrac{273+90}{273} = 15 Nm^3$

∴ 메탄질량 $= \dfrac{15}{22.4} = 0.6 mol$

용기압력 $= \dfrac{300+100}{100} = 4 atm$

$4 \times 0.6 \times 16 = 38.4g$

77 다음 기체연료 중 단위질량당 고위발열량이 가장 큰 것은?

① 메탄 ② 수소
③ 에탄 ④ 프로판

풀이
고위발열량 = 저위발열량 + 연소생성수증기량(W_g)

$W_g = 1.244W + 11.2H = 1.244(9H+W)$

여기서, H : 수소, W : 수분

수소(1kg)당 : 고위발열량 34,000kcal/kg
저위발열량 28,600kcal/kg

※ 메탄(CH_4), 수소(H_2), 에탄(C_2H_6), 프로판(C_3H_8)

78 다음과 같이 조성된 발생로 내 가스를 15%의 과잉공기로 완전 연소시켰을 때 건연소가스양(Sm³/Sm³)은?(단, 발생로 가스의 조성은 CO 31.3%, CH_4 2.4%, H_2 6.3%, CO_2 0.7%, N_2 59.3%이다.)

① 1.99 ② 2.54
③ 2.87 ④ 3.01

풀이 가스 연소반응식

$CO + \dfrac{1}{2}O_2 \rightarrow CO_2$

$CH_4 + 2O_2 \rightarrow CO_2 + 2H_2O$

$H_2 + \dfrac{1}{2}O_2 \rightarrow H_2O$

(공기비 $m = 100 + 15 = 115\% = 1.15$)

• 실제건연소가스양

$G_d = (m - 0.21)A_0 + CO + CO_2 + CH_4 + N_2$

이론공기량 = 이론산소량 $\times \dfrac{1}{0.21}$

• 이론산소량(O_0)
$= 0.5 \times 0.313 + 2 \times 0.024 + 0.5 \times 0.063$
$= 0.236 Nm^3/Nm^3$

∴ $G_d = (1.15 - 0.21) \times \dfrac{0.236}{0.21} + (1 \times 0.313)$
$+ (1 \times 0.024) + (1 \times 0.007) + (1 \times 0.593)$
$= 1.99 Nm^3/Nm^3$

(건연소에서는 H_2O 값을 삭제한다.)

79 분자식이 C_mH_n인 탄화수소가스 1Nm³를 완전연소시키는 데 필요한 이론공기량은 약 몇 Nm³인가?(단, C_mH_n의 m, n은 상수이다.)

① $m + 0.25n$ ② $1.19m + 4.76n$
③ $4m + 0.5n$ ④ $4.76m + 1.19n$

풀이 연소반응

$C_mH_n + \left(m + \dfrac{n}{4}\right)O_2 \rightarrow mCO_2 + \dfrac{n}{2}H_2O + Q$

$= 4.76m + 1.19n$

80 다음과 같은 조성의 석탄가스를 연소시켰을 때의 이론습연소가스양(Nm³/Nm³)은?

성분	CO	CO_2	H_2	CH_4	N_2
부피(%)	8	1	50	37	4

① 2.94 ② 3.94
③ 4.61 ④ 5.61

정답 76 ③ 77 ② 78 ① 79 ④ 80 ④

풀이 가연성 가스 : CO, H₂, CH₄

이론습연소가스양(G_{ow})
$= (1-0.21)A_o + CO_2 + N_2 + CH_4$

$CO + \frac{1}{2}O_2 \to CO_2 \quad \left(\frac{1}{2} \times 0.08 = 0.04\right)$

$H_2 + \frac{1}{2}O_2 \to H_2O \quad \left(\frac{1}{2} \times 0.5 = 0.25\right)$

$CH_4 + 2O_2 \to CO_2 + 2H_2O \quad (2 \times 0.37 = 0.74)$

$\therefore G_{ow} = 0.79 \times \left(\frac{0.04 + 0.25 + 0.74}{0.21}\right)$
$\qquad\qquad + 1 \times 0.01 + 1 \times 0.04 + 3 \times 0.37$
$\qquad = 3.88 + 1.16$
$\qquad = 5.04 Nm^3/Nm^3$

81 CH₄ 가스 1Nm³를 30% 과잉공기로 연소시킬 때 완전연소에 의해 생성되는 실제 연소가스의 총량은 약 몇 Nm³인가?

① 2.4　　② 13.4
③ 23.1　　④ 82.3

풀이 실제연소가스양(G_w)
$= (m-0.21)A_o + CO_2 + H_2O$

$CH_4 + 2O_2 \to CO_2 + 2H_2O$

이론공기량(A_o) = 이론산소량(O_o) $\times \frac{1}{0.21}$ (Nm³)

$\therefore G_w = (1.3-0.21) \times \frac{2}{0.21} + (1+2) = 13.4 Nm^3$

82 저위발열량 93,766kJ/Nm³의 C₃H₈을 공기비 1.2로 연소시킬 때 이론연소온도는 약 몇 K인가?(단, 배기가스의 평균비열은 1.653kJ/Nm³·K이고 다른 조건은 무시한다.)

① 1,656　　② 1,756
③ 1,856　　④ 1,956

풀이 • 이론연소온도(t) = $\frac{H_l}{C_p \times G}$

• 프로판의 배기가스양(G)

$G = (m-0.21)A_o + CO_2 + H_2O$

$C_3H_8 + 5O_2 \to 3CO_2 + 4H_2O$

$= (1.2-0.21) \times \frac{5}{0.21} + 3 + 4$

$= 30.57 kJ/Nm^3$

$\therefore t = \frac{93,766}{1.653 \times 30.57} = 1,856 K$

※ 이론공기량(A_o) = 이론산소량 $\times \frac{1}{0.21}$

83 CH₄와 공기를 사용하는 열 설비의 온도를 높이기 위해 산소(O₂)를 추가로 공급하였다. 연료 유량 10Nm³/h의 조건에서 완전연소가 이루어졌으며, 수증기 응축 후 배기가스에서 계측된 산소의 농도가 5%이고 이산화탄소(CO₂)의 농도가 10%라면, 추가로 공급된 산소의 유량은 약 몇 Nm³/h인가?

① 2.4　　② 2.9
③ 3.4　　④ 3.9

풀이 $CH_4 + 2O_2 \to CO_2 + 2H_2O$

이론소요산소량(O_o) = $2 \times 10 = 20 Nm^3/h$

이론공기량(A_o) = $20 \times \frac{1}{0.21} \fallingdotseq 95.2380 Nm^3/h$

추가 산소가 5%

$2 + (0.05) \times 10 \times \frac{1}{0.21} = 97.58$

$\therefore 97.58 - 95.23 \fallingdotseq 2.4$

84 C₂H₄가 10g 연소할 때 표준상태인 공기는 160g 소모되었다. 이때 과잉공기량은 약 몇 g인가? (단, 공기 중 산소의 중량비는 23.2%이다.)

① 12.22　　② 13.22
③ 14.22　　④ 15.22

풀이 • 에틸렌(C₂H₄) 분자량 : 28
• 산소 분자량 : 32
• 반응식 : $\underset{28g}{C_2H_4} + \underset{3 \times 32g}{3O_2} \to \underset{2 \times 44g}{2CO_2} + \underset{2 \times 18g}{2H_2O}$

소요공기량(A_o)을 x라 하면

$28 : \left(\frac{3 \times 32}{0.232}\right) : 10 \times x$

정답 81 ② 82 ③ 83 ① 84 ①

$$x = \frac{10}{28} \times \left(\frac{3 \times 32}{0.232}\right) = 147.7832\text{g}$$

∴ 과잉공기량 $= 160 - 147.7832 = 12.22\text{g}$

85 다음 연소반응식 중에서 틀린 것은?

① $CH_4 + 2O_2 \rightarrow CO_2 + 2H_2O$

② $C_2H_6 + 3\frac{1}{2}O_2 \rightarrow 2CO_2 + 3H_2O$

③ $C_3H_8 + 5O_2 \rightarrow 3CO_2 + 4H_2O$

④ $C_4H_{10} + 9O_2 \rightarrow 4CO_2 + 5H_2O$

풀이 $C_mH_n + \left(m + \frac{n}{4}\right)O_2 \rightarrow mCO_2 + \frac{n}{2}H_2O$

$C_4H_{10} + 6.5O_2 \rightarrow 4CO_2 + 5H_2O$

※ 이론공기량$(A_o) = \frac{m}{0.21} + \frac{n}{4 \times 0.21}$
$= 4.76m + 1.19n$

86 프로판 1Nm^3를 공기비 1.1로서 완전연소시킬 경우 건연소가스양은 약 몇 Nm^3인가?

① 20.2 ② 24.2
③ 26.2 ④ 33.2

풀이 $C + O_2 \rightarrow CO_2$, $H_2 + \frac{1}{2}O_2 \rightarrow H_2O$

프로판 : $C_3H_8 + 5O_2 \rightarrow 3CO_2 + 4H_2O$

이론공기량(A_o) = 이론산소량$(O_o) \times \frac{1}{0.21}$

실제건연소가스양(G_d)
$= (m - 0.21)A_o + CO_2$
$= (1.1 - 0.21) \times \frac{5}{0.21} + 3 = 24.2\text{Nm}^3$

여기서, m : 공기비(과잉공기계수)

87 어떤 탄화수소 C_mH_n의 연소가스를 분석한 결과, 용적 %에서 CO_2 8.0%, CO 0.9%, O_2 8.8%, N_2 82.3%이다. 이 경우의 공기와 연료의 질량비(공연비)는?(단, 공기 분자량은 28.96이다.)

① 6   ② 24
③ 36   ④ 162

풀이 $C_mH_n + a(O_2 + 3.76N_2)$
$\rightarrow 8CO_2 + 0.9CO + 8.8O_2 + 82.3N + bH_2O$

C : $m = 8.9$
H : $n = 2b$
O_2 : $a = 8 + \left(\frac{0.9}{2}\right) + 8.8 + \left(\frac{b}{2}\right)$
N_2 : $3.76a = 82.3$
∴ $a = 82.3 \div 3.76 = 21.9$ $b = 18.6 \div 2 = 9.3$
$m = 8 + 0.9 = 8.9$ $n = 9.3 \times 2 = 18.6$

연소 반응식 : $C_{8.9}H_{18.6} + 21.9O_2 + 82.3N_2$
$\rightarrow 8CO_2 + 0.9CO + 8.8O_2 + 82.3N_2 + 9.3H_2O$

∴ 공연비 $\left(\frac{A}{F}\right) = \frac{21.9 \times 32 + 82.3 \times 28}{12 \times 8.9 + 18.6} = 24$

※ 산소분자량 : 32, 질소분자량 : 28

88 메탄(CH_4) 64kg을 연소시킬 때 이론적으로 필요한 산소량은 몇 kmol인가?

① 1   ② 2
③ 4   ④ 8

풀이 메탄 1kmol = 16kg(분자량) = 22.4m^3
$CH_4 + 2O_2 \rightarrow CO_2 + 2H_2O$
$16\text{kg} + (2 \times 32\text{kg}) = 44\text{kg} + (2 \times 18\text{kg})$
$16\text{kg} + 2 \times 22.4\text{m}^3 = 22.4\text{m}^3 + 2 \times 22.4\text{m}^3$

∴ 요구하는 산소량 $= \frac{64}{16} \times 2 = 8\text{kmol}$

89 순수한 CH_4를 건조 공기로 연소시키고 난 기체 화합물을 응축기로 보내 수증기를 제거시킨 다음, 나머지 기체를 Orsat법으로 분석한 결과, 부피비로 CO_2가 8.21%, CO가 0.41%, O_2가 5.02%, N_2가 86.36%이었다. CH_4 1kmol당 약 몇 kmol의 건조공기가 필요한가?

① 7.3   ② 8.5
③ 10.3 ④ 12.1

정답 85 ④ 86 ② 87 ② 88 ④ 89 ④

[풀이] 메탄 연소반응식 : $CH_4 + 2O_2 \rightarrow CO_2 + 2H_2O$

이론공기량(A_0) = $2 \times \dfrac{1}{0.21} = 9.52 Nm^3/Nm^3$

실제공기량(A) = $A_0 \times$ 공기비(m)

공기비(m) = $\dfrac{N_2}{N_2 - 3.76(O_2 - 0.5CO)}$

$= \dfrac{86.36}{86.36 - 3.76(5.02 - 0.5 \times 0.41)} = 1.26$

∴ 실제공기량(A) = $9.52 \times 1.26 = 12 Nm^3/Nm^3$

90 $1Nm^3$의 질량이 2.59kg인 기체는 무엇인가?

① 메테인(CH_4) ② 에테인(C_2H_6)
③ 프로페인(C_3H_8) ④ 뷰테인(C_4H_{10})

[풀이] ① 메테인 : $\dfrac{16}{22.4} = 0.71$

② 에테인 : $\dfrac{30}{22.4} = 1.34$

③ 프로페인 : $\dfrac{44}{22.4} = 1.964$

④ 뷰테인 : $\dfrac{58}{22.4} = 2.59$

※ $1 kmol = 22.4 Nm^3$

91 상온, 상압에서 프로판-공기의 가연성 혼합기체를 완전 연소시킬 때 프로판 1kg을 연소시키기 위하여 공기는 약 몇 kg이 필요한가?(단, 공기 중 산소는 23.15wt%이다.)

① 13.6 ② 15.7
③ 17.3 ④ 19.2

[풀이] 프로판(C_3H_8) $1 kmol = 44 kg = 22.4 m^3$

$C_3H_8 + 5O_2 \rightarrow 3CO_2 + 4H_2O$

(산소분자량 $= 32 kg = 22.4 m^3$)

∴ 소요공기량 = 이론산소량 $\times \dfrac{1}{0.2315}$

$5 \times \dfrac{32}{44} \times \dfrac{1}{0.2315} = 15.7 kg$

92 C_mH_n $1Nm^3$를 완전 연소시켰을 때 생기는 H_2O의 양(Nm^3)은?(단, 분자식의 첨자 m, n과 답항의 n은 상수이다.)

① $\dfrac{n}{4}$ ② $\dfrac{n}{2}$

③ n ④ $2n$

[풀이] $C_3H_8 + 5O_2 \rightarrow 3CO_2 + 4H_2O + Q$

$C_mH_n + \left(m + \dfrac{n}{4}\right)O_2 \rightarrow mCO_2 + \dfrac{n}{2}H_2O + Q$

93 질량 기준으로 C 85%, H 12%, S 3%의 조성으로 되어 있는 중유를 공기비 1.1로 연소시킬 때 건연소가스양은 약 몇 Nm^3/kg인가?

① 9.7   ② 10.5
③ 11.3 ④ 12.1

[풀이] 건연소가스양(G_{od})

$= 8.89C + 21.07\left(H - \dfrac{O}{8}\right) + 3.33S + 0.8N$

$= 8.89 \times 0.85 + 21.07 \times 0.12 + 3.33 \times 0.03$

$= 7.5565 + 2.5284 + 0.0999 = 10.19 Nm^3/kg$

∴ $10.19 \times 1.1 = 11.3 Nm^3/kg$

94 다음 반응식으로부터 프로판 1kg의 발열량은 약 몇 MJ인가?

$$C + O_2 \rightarrow CO_2 + 406 kJ/mol$$
$$H_2 + \dfrac{1}{2}O_2 \rightarrow H_2O + 241 kJ/mol$$

① 33.1   ② 40.0
③ 49.6   ④ 65.8

[풀이] 프로판(C_3H_8)의 반응식

$C_3H_8 + 5O_2 \rightarrow 3CO_2 + 4H_2O$
44kg $5 \times 32kg$ $3 \times 44kg$ $4 \times 18kg$

$1 mol = 44g$, $1 kmol = 44 kg$, $1 kmol = 1,000 mol$
$1 MJ = 10^6 J = 1,000 kJ$

∴ $\dfrac{406 \times 3 + 241 \times 4}{44} = 49.6 MJ$

정답 90 ④ 91 ② 92 ② 93 ③ 94 ③

95 프로판가스 1kg을 연소시킬 때 필요한 이론공기량은 약 몇 Sm^3/kg인가?

① 10.2   ② 11.3
③ 12.1   ④ 13.2

풀이 중량당 이론공기량(A_0)
= 이론산소량 × $\frac{1}{0.232}$ (Nm^3/kg)

$C_3H_8 + 5O_2 \rightarrow 3CO_2 + 4H_2O$
프로판 가스 분자량=44이므로 $22.4Nm^3 = 44kg$
공기 중 산소량은 중량비로 23.2%
이론공기량(A_0) = $5 \times \frac{1}{0.21} \times \frac{22.4}{44} = 12.1 Nm^3/kg$

※ $5 \times \frac{1}{0.21} = 23.81 Nm^3/Nm^3$(체적당 계산식)

96 다음 연소반응식 중 옳은 것은?

① $C_2H_6 + 3O_2 \rightarrow 2CO_2 + 4H_2O$
② $C_3H_8 + 5O_2 \rightarrow 2CO_2 + 6H_2O$
③ $C_4H_{10} + 6O_2 \rightarrow 4CO_2 + 5H_2O$
④ $CH_4 + 2O_2 \rightarrow CO_2 + 2H_2O$

풀이 ① $C_2H_6 + 3.5O_2 \rightarrow 2CO_2 + 3H_2O$
② $C_3H_8 + 5O_2 \rightarrow 3CO_2 + 4H_2O$
③ $C_4H_{10} + 6.5O_2 \rightarrow 4CO_2 + 5H_2O$

97 프로판(Propane)가스 2kg을 완전 연소시킬 때 필요한 이론공기량은 약 몇 Nm^3인가?

① 6   ② 8
③ 16   ④ 24

풀이 프로판 연소반응
$C_3H_8 + 5O_2 \rightarrow 3CO_2 + 4H_2O$
$C + O_2 \rightarrow CO_2, \ H_2 + \frac{1}{2}O_2 \rightarrow H_2O$
C_3H_8 $1kmol = 22.4Nm^3 = 44kg$(분자량)
이론공기량(A_0) = 이론산소량(O_0) × $\frac{1}{0.21}$
중량당(A_0) = 이론공기량 × 비체적(m^3/kg)
$= \left(5 \times \frac{1}{0.21}\right) \times \frac{22.4}{44} \times 2 = 24.24 Nm^3$

98 다음의 혼합가스 $1Nm^3$의 이론공기량(Nm^3/Nm^3)은?(단, C_3H_8 : 70%, C_4H_{10} : 30%이다.)

① 24   ② 26
③ 28   ④ 30

풀이 혼합가스 C_3H_8 70%, C_4H_{10} 30%
$C_3H_8 + 5O_2 \rightarrow 3CO_2 + 4H_2O$
$C_4H_{10} + 6.5O_2 \rightarrow 4CO_2 + 5H_2O$
이론공기량 = 이론산소량 × $\frac{1}{0.21}$
$= (5 \times 0.7 + 6.5 \times 0.3) \times \frac{1}{0.21}$
$= 26 Nm^3/Nm^3$

99 탄화수소계 연료(C_xH_y)를 연소시켜 얻은 연소생성물을 분석한 결과 CO_2 9%, CO 1%, O_2 8%, N_2 82%의 체적비를 얻었다. y/x의 값은 얼마인가?

① 1.52   ② 1.72
③ 1.92   ④ 2.12

풀이 $C_xH_y + a(O_2 + 3.76N_2)$
$\rightarrow 9CO_2 + 1CO + 8O_2 + bH_2O + 82N_2$
- C : $x = 9 + 1 = 10$
- H : $y = 2b, \ y = 17.2 \ (8.6 \times 2 = 17.2)$
- O : $2a = 18 + 1 + 16 + b, \ b = 8.6$
- N : $2 \times 3.76a = 82 \times 2, \ a = 21.8$

∴ $C_xH_y = C_{10}H_{17.2}$, $\frac{y}{x}$ 의 값 = $\frac{17.2}{10} = 1.72$

100 일산화탄소 $1Nm^3$를 연소시키는 데 필요한 공기량(Nm^3)은 약 얼마인가?

① 2.38   ② 2.67
③ 4.31   ④ 4.76

풀이 일산화탄소(CO) 연소용 공기량
공기량(A_o) = 이론산소량(O_o) × $\frac{1}{0.21}$
$CO + 0.5O_2 \rightarrow CO_2$
∴ $A_o = 0.5 \times \frac{1}{0.21} = 2.38 Nm^3/Nm^3$

정답 95 ③ 96 ④ 97 ④ 98 ② 99 ② 100 ①

101 부탄(C_4H_{10}) 1kg의 이론습배기가스양은 약 몇 Nm^3/kg인가?

① 10 ② 13
③ 16 ④ 19

풀이 이론습배기가스양(Nm^3/Nm^3)×가스비체적
= (Nm^3/kg)
$C_4H_{10} + 6.5O_2 \rightarrow 4CO_2 + 5H_2O$
이론습배기가스양(G_{ow})
$G_{ow} = (1-0.21)A_o + CO_2 + H_2O (Nm^3/Nm^3)$
$= \left\{(1-0.21) \times \dfrac{6.5}{0.21} + 9\right\} \times \dfrac{22.4}{58} \fallingdotseq 13 Nm^3/kg$

※ 프로판 분자량 : 44
　부탄 분자량 : 58

102 프로판가스(C_3H_8) $1Nm^3$을 완전연소시키는 데 필요한 이론공기량은 약 몇 Nm^3인가?

① 23.8 ② 11.9
③ 9.52 ④ 5

풀이 $C_3H_8 + 5O_2 \rightarrow 3CO_2 + 4H_2O$
이론공기량(A_0) = 산소량 × $\dfrac{1}{0.21}$ = 5 × $\dfrac{1}{0.21}$
= 23.8 Nm^3/Nm^3

103 열정산을 할 때 입열 항에 해당하지 않는 것은?

① 연료의 연소열 ② 연료의 현열
③ 공기의 현열 ④ 발생 증기열

풀이 열정산 출열 : 발생 증기열, 배기가스 손실열, 방사 열손실, 불완전 열손실 등

104 기체연료의 체적 분석결과 H_2가 45%, CO가 40%, CH_4가 15%이다. 이 연료 $1m^3$를 연소하는 데 필요한 이론공기량은 몇 m^3인가?(단, 공기 중 산소 : 질소의 체적비는 1 : 3.77이다.)

① 3.12 ② 2.14
③ 3.46 ④ 4.43

풀이 연소반응식 이론공기량 = $\left(이론산소량 \times \dfrac{1}{0.21}\right)$
$H_2 + \dfrac{1}{2}O_2 \rightarrow H_2O \left(\dfrac{1}{2} = 0.5\right)$
$CO + \dfrac{1}{2}O_2 \rightarrow CO_2 \left(\dfrac{1}{2} = 0.5\right)$
$CH_4 + 2O_2 \rightarrow CO_2 + 2H_2O$
∴ $\{(0.5 \times 0.45) + (0.5 \times 0.4) + (2 \times 0.15)\} \times \dfrac{1}{0.21}$
= 3.46 Nm^3

105 그림은 어떤 노의 열정산도이다. 발열량이 $2,000 kcal/Nm^3$인 연료를 이 가열로에서 연소시켰을 때 강재가 함유하는 열량은 약 몇 $kcal/Nm^3$인가?

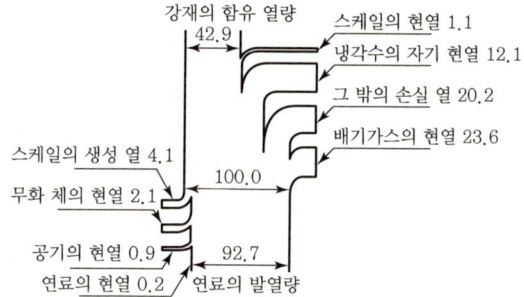

① 259.75 ② 592.25
③ 867.43 ④ 925.57

풀이 공급열 = 92.7 + 4.1 + 2.1 + 0.9 + 0.2 = 100%
출열 = 42.9 + 1.1 + 12.1 + 20.2 + 23.6 = 99.9%
92.7% − 42.9% = 49.8%
$\dfrac{(2,000 \times 0.927)}{0.999} \times 0.498 = 925 kcal/Nm^3$

106 다음 중 열정산의 목적이 아닌 것은?

① 열효율을 알 수 있다.
② 장치의 구조를 알 수 있다.
③ 새로운 장치설계를 위한 기초자료를 얻을 수 있다.
④ 장치의 효율 향상을 위한 개조 또는 운전조건의 개선 등의 자료를 얻을 수 있다.

풀이 보일러 장치의 구조는 설계과정에서 확정된다.

정답 101 ② 102 ① 103 ④ 104 ③ 105 ④ 106 ②

107 보일러의 열정산 시 출열에 해당하지 않는 것은?

① 연소배가스 중 수증기의 보유열
② 불완전연소에 의한 손실열
③ 건연소배가스의 현열
④ 급수의 현열

풀이 열정산 시 입열
- 급수의 현열
- 연료의 현열
- 연료의 연소열

108 C_8H_{18} 1mol을 공기비 2로 연소시킬 때 연소가스 중 산소의 몰분율은?

① 0.065 ② 0.073
③ 0.086 ④ 0.101

풀이 옥탄(C_8H_{18}) 연소
$$C_8H_{18} + 12.5O_2 \rightarrow 8CO_2 + 9H_2O$$
실제공기량(A) = 이론공기량 × 공기비
$$= \frac{12.5}{0.21} \times 2 = 119\text{mol}$$
$$\therefore \frac{12.5}{119.48} = 0.101$$

109 혼합가스 중 CH_4 50%, C_2H_6 25%, C_3H_8 25%가 있는 혼합 기체의 공기 중에서 연소하한계는 약 몇 %인가?(단, 메탄, 에탄, 프로판의 연소하한계는 각각 5v%, 3v%, 2.1v%이다.)

① 2.3 ② 3.3
③ 4.3 ④ 5.3

풀이 연소하한계 $L = \dfrac{100}{\dfrac{V_1}{L_1} + \dfrac{V_2}{L_2} + \dfrac{V_3}{L_3}}$
$$= \frac{100}{\frac{50}{5} + \frac{25}{3} + \frac{25}{2.1}} = \frac{100}{30.24} = 3.3\%$$

정답 107 ④ 108 ④ 109 ②

CHAPTER 004 연소장치, 통풍장치 및 집진장치

SECTION 01 연소의 종류

① 표면연소 : 휘발분이 없는 고체연료 연소(숯, 코크스 등)
② 분해연소 : 휘발분이 있는 고체연료 연소(석탄, 목재 등)
③ 증발연소 : 액체연료가 액면에서 증발되면서 연소(휘발유, 등유, 경유 등)
④ 확산연소 : 가연성 가스가 공기 중에 확산되면서 연소(기체연료 등)

> **Reference**
>
> **완전연소의 구비조건**
> - 연료와 공기의 온도를 높게 유지한다.
> - 연료와 공기의 혼합을 촉진한다.
> - 노내 온도를 높게 유지한다.
> - 연료에 적합한 연소장치를 선택한다.
> ※ 연소속도란 가연물과 산소와의 반응속도를 연소속도라 한다.
>
> **연소방법**
> - 고체연료 : 화격자 연소, 유동층연소, 미분탄 연소
> - 액체연료 : 기화연소, 무화연소
> - 기체연료 : 확산연소, 예 혼합연소

SECTION 02 연소장치

1. 고체연료 연소장치

일반적으로 고체연료 연소장치를 "화격자(로스터)"라 하며 연소공급방법에 따라 수분과 기계분으로 구분된다.

1) 수분(Hard Firing)식 화격자

고정 화격자에 연료를 직접 삽을 이용하여 투탄 연소하는 방법으로 소규모 연소장치의 연료 공급방법이다. 고정수평화격자, 수평요동화격자(덤핑그레이트), 낙하식(산포식) 화격자가 있다.

(1) 수분식 화격자 탄층구성

화격자 → 회층 → 산화층 → 환원층 → 건류층 → 새석탄층

2) 기계분(Stoker) 화격자

석탄의 공급과 재의 처리를 기계적으로 자동화한 화격자로 쓰레기 소각로 등에 사용되었으나 대부분 유류 또는 가스연료로 전환되어 최근에는 일부에서만 사용된다.

(1) 특징
① 연속 급탄으로 균일한 연소 가능
② 인건비가 절약된다.
③ 저질연료의 연소가 가능(연료의 품질 변동에 대한 적응)
④ 설비비와 유지비가 많이 든다.
⑤ 완전자동화가 가능하나 부하변동 시 대응이 어렵다.

(2) 종류(분류)
① **상입식**(산포식 : Spreader) : 기계적 방법으로 탄을 화격자에 산포하는 방식으로 무연탄 연소에 적합
② **쇄상식**(Chain Grate) : 무한궤도의 회전에 의한 연소장치(체인크레이트형)
③ **하입식**(Under Feed) : 고정화격자 하부에 설치되어 있는 스크류의 회전에 의하여 탄 공급
④ **계단식**(Step Ladder) : 저질연료의 연소가 가능하여 쓰레기 소각로에 적합
⑤ **로터리 킬른**(Rotary Kiln) : 스토커(Stoker)는 건조대, 키른을 연소대로 조합한 것

3) 미분탄연소장치

석탄을 150~200메시(Mesh) 이하로 가공하여 1차 공기와 혼합하여 버너에 의한 연소실에서 연소하는 방식

(1) 장점
① 공기와의 접촉이 양호하며 적은 공기비로 완전 연소한다.
② 점화, 소화가 양호하며 연소제어가 가능하다.
③ 연소속도가 빠르며 고연소가 가능하다.
④ 부하변동에 따른 적응성이 좋다.

⑤ 탄의 질에 영향이 적으며 대용량 열설비에 적합
⑥ 다른 연료와 혼합연소가 가능하다.

(2) 단점

① 다량의 비산회 처리를 위한 집진장치가 필요
② 석탄의 분쇄를 위한 설비 유지비가 많이 든다.
③ 배관의 마모나 분진에 의한 폭발우려가 있다.

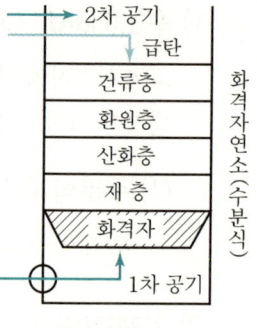

▌미분탄연소장치▐

(3) 미분탄연소

① 재의 형태에 따른 연소방법
  • 건식 연소법(미분탄 재가 클링커 상태)
  • 습식 연소법(재를 용융시킨다.)

② 연소형식
  • L자형 연소
  • U자형 연소
  • 우각연소(모퉁이연소)
  • 슬래그탭 연소

③ 특수미분탄 연소
  • 크레이머 연소장치
  • 사이클론 연소장치

4) 액체연료 연소장치

액체연료는 고체연료와 비교하여 발열량이 크고 연소효율이 높은 연료로 경질유, 중질유등의 비등점에 따라 증발기화식과 분무식으로 구분한다.

(1) 증발기화식 버너

비등점이 낮아 기화성이 양호한 연료에 적합

① **포트식 버너** : 접시모양의 용기에 공급된 연료가 노내 복사열에 의하여 증발되어 연소하는 버너
② **심지식** : 심지의 모세관현상에 의하여 액체를 빨아올려 연소

(2) 분무식 버너(무화식 버너)

연료 자체에 압력을 가하거나 공기 등의 무화매체를 이용, 연료의 표면적을 넓게 하여 중질유 등에 연소하는 방식

> **Reference** 무화의 목적
>
> - 연료의 단위 중량당 표면적을 넓게 한다.
> - 공기와의 혼합을 양호하게 한다.
> - 연소효율을 높인다.

① 유압분무식 버너 : 유압펌프에 의하여 연료를 노즐로부터 고속 분출하는 방식(환류형, 비환류형)
- 유압은 5~20kg$_f$/cm^2(0.5~2MPa)의 유압을 형성
- 유량은 유압의 평방근에 비례한다.
- 구조가 간단하며 유량조절범위가 좁다.
- 부하변동이 작아 대용량 보일러에 적합하다.
- 고점도의 기름은 무화가 곤란하다.
- 유량조절은 1 : 2 정도이며 환류식, 비환류식이 있고 유량조절은 버너개수로 증감시킨다.
- 유압이 5kg/cm^2 이하가 되면 무화가 나빠지며 분무각도는 설계에 따라 40~90℃이다.

> **Reference**
>
> **오일펌프**
> 기어펌프(가압용), 나사펌프(이송용)
>
> **오일프리히터(Oil Pre-heater)**
> 증기식, 온수식, 전기식이 있으며 기름을 가열하여 점도를 낮게 하므로 유동성 및 무화특성을 향상

② 회전식(수평 로터리식) 버너 : 무화컵을 고속 회전시킬 때의(3,000~10,000rpm) 원심력으로 연료를 무화시키는 방식으로 분사각도는 40~80°이다.
- 고점도의 연료도 무화가 가능하다.
- 저압에서도 무화가 가능하다.(0.3~0.5kg$_f$/cm^2)
- 자동제어가 편리하다.
- 부하변동에 따른 유량조절이 가능하다.(유량조절범위는 1 : 5 정도)

③ 기류식 버너(이류체 무화버너) : 공기나 증기 등의 기류를 이용하여 무화하는 방식으로 고압기류식과 저압기류식이 있다. 분무각도는 약 30°로 협각이다.

 고압기류식(외부혼합식, 내부혼합식)
- 2~7kg$_f$/cm^{2}의 증기 및 고압증기 사용
- 유량조절범위가 1 : 10으로 크다.
- 점도가 커도 무화가 가능하다.
- 연소 시 소음 발생이 크다.

ⓒ 저압기류식(연동식, 비연동식)
- 0.3~0.5kgf/cm^{2}의 저압증기 사용(200~2,000mmH$_2$O)
- 유량조절범위가 크다.(비연동형 1 : 5, 연동형 1 : 6)
- 분무각도 30~60°

④ **건타입버너(압력분사식)** : 유압식과 기류식을 병용한 버너
- 유압은 보통 7kgf/cm^2(0.7MPa) 이상이다.
- 버너와 송풍기가 일체형이며 소용량에 적합하다.
- 액체 및 기체연료 버너로 자동화에 적합하다.

⑤ **초음파 버너** : 20,000Hz 이상의 주파수 등 음파 에너지로 오일을 무화

⑥ **순산소 버너** : 공기 대신 산소만 사용하고 이론연소온도 2,800℃의 높은 부하율을 얻는 버너이다.

5) 액체연료 연소 부속장치

(1) 점화장치

① **수동점화장치 토치** : 기름에 담긴 막대의 심지부착형

② **파일럿 가스버너**
ⓐ 내부혼합식 : 혼합실에서 가스와 연소용 공기의 일부를 내부 혼합 점화
ⓑ 외부혼합식 : 버너 노즐 끝에 연소용 공기와 접촉 혼합 점화

③ **전기점화장치(스파크식 점화장치)**
점화트랜스, 스파크 플러그, 고압 캡타이어 코드로 이어진다.
- 경유점화 : 10,000~15,000V 점화트랜스 사용
- 가스점화 : 5,000~7,000V 점화트랜스 사용

(2) 오일여과기(스트레이너)

① Y형, U형, V형이 있고 흡입 측, 출구 측에 설치한다.
② **여과망** : 중유용 흡입 측 20~60메시, 경유·등유용 흡입 측 80~120메시, 중유용 토출 측 60~120메시, 경유·등유용 토출 측 80~200메시

(3) 오일저장탱크

① **스토리지탱크(저유조, 대용량)** : 1~3주 사용량의 지하 저장탱크
② **서비스탱크** : 버너에서 2m 이상 간격, 버너 선단에서 1.5m 이상 높이에 설치. 1~2일간 사용 가능한 보일러용 연료 저장 탱크

(4) 오일펌프

    ① 회전식 펌프(오벌기어식) : 연료수송 및 가압펌프로 사용

    ② 메터링펌프(분연펌프) : 버너 직전 유압 및 유량조절용 펌프

(5) 오일가열기(중유예열기)

    ① 증기식 : 보일러 증기 사용

    ② 온수식 : 보일러 온수 사용

    ③ 전기식(오일프리히터)

■ 기름가열기 오일프리히터 용량(kWh)

$$= \frac{\text{보일러 최대시간당 오일사용량}(\text{예열기 출구온도} - \text{예열기 입구온도}) \times \text{오일의 비열}}{860 \times \text{오일프리히터 효율}}$$

※ 비열의 단위가 kJ/kg·K로 주어진 경우 860kcal/h = 3,600kJ/h로 한다.

6) 기체연료연소장치

가스버너의 연소방식은 확산연소방식과 예혼합연소방식으로 구분하며 연소용 공기 공급방법에 따라 유도혼합방식인 적화식, 분젠식, 강제 혼합방식(내부, 외부혼합) 등으로 구분할 수 있다.

(1) 확산연소방식

    기체연료와 공기를 별도로 공급하여 연소실에서 혼합 연소하는 버너로 외부 혼합식이다.

    ① 특징
- 연소조절 범위가 크다.
- 역화의 위험성이 적다.
- 저질가스 사용이 가능하다.
- 연료와 공기를 예열할 수 있다.

    ② 종류
- 포트형 : 단면이 넓은 화구에서 공기와 가스를 연소실에 송입하는 방법
- 버너형 : 천연가스 사용 시에는 복사형 버너 사용, 고로가스와 같이 저품위의 가스는 가스와 공기를 선회날개로 혼합한다.

(2) 예혼합연소방식

    연소 전에 연료와 공기를 혼합하여 버너에서 연소하는 방식으로 외부혼합식, 내부혼합식이 있다.

① 특징
- 연소부하가 크고 고온의 화염을 얻을 수 있다.
- 불꽃의 길이가 짧다.
- 역화의 위험성이 있다.(내부혼합식의 경우)

② 종류
- 저압버너 : 가스압력 70~160mmH$_2$O 상태에서 공기 흡입
- 고압버너 : 가스압력 0.2MPa 이상에서 LP가스, 부탄가스와 공기 혼합
- 송풍버너 : 가스와 공기를 가압하여 송입한다. 역화 방지에 주의한다.

> **Reference**
>
> - 적화식 연소버너 : 연소에 필요한 공기를 모두 2차 공기로 취하는 방식
> - 분젠식 연소버너 : 연소 한계범위 내에서 가스를 노즐로부터 분출시켜 1차 공기를 흡인 후 혼합하는 방식으로 연소과정에서 부족공기(2차 공기)를 공급하는 방식

7) 버너 연소 시 보염 장치(에어레지스터)

연소과정 및 연소 중 화염이 꺼지지 않고 확실한 착화, 그리고 연속적으로 안정된 화염 상태로 연소를 지속하도록 하는 장치로서 버너타일, 윈드박스, 컴버스터, 에어레지스터가 있다.

(1) 버너타일(Burner Tile)

버너설치부와 노벽 사이를 연결하는 내화재로서 버너타일 형상에 따라 분무각도, 연료와 공기의 분포속도와 흐름에 영향을 준다.

(2) 윈드박스(Wind Box)

환상의 밀폐된 상자 내부에 안내날개를 비스듬히 설치하여 공급공기를 선회, 연료와 공기의 혼합을 촉진, 완전연소를 도모하는 바람상자이다.

(3) 컴버스터(Combustor)

저온로의 연소를 안정화하고 급속연소 및 화염의 형상에 영향을 준다.

(4) 에어레지스터(Air Register)

공기조절장치로서 착화 및 저연소로부터 고연소까지 공급연료에 적합한 공기량을 조절하는 장치이며 조절기로는 선회기 및 보염기가 있다.

(5) 안내날개 : 다수의 안내날개가 달린 것으로 고정식과 링크에 의해 날개 각도를 바꿀 수도 있다.

SECTION 03 통풍장치

1. 통풍장치

연소실에서 연소된 연소가스가 보일러 내와 연도를 지나 배기가스가 된 후 연돌로 배출하기까지 유체 흐름의 세기를 통풍력(mmH$_2$O)이라 하며 통풍에 영향을 주는 모든 장치를 통풍장치라 한다.

1) 통풍방법

(1) 자연통풍

배기가스와 외기의 온도(비중)차에 의한 흐름으로 통풍저항이 작은 소형보일러의 통풍방식으로 굴뚝높이에 의존한다.(통풍력 : 20~40mmH$_2$O)

- 팬 : 풍압 1,000mmH$_2$O 이하
- 블로우 : 풍압 1,000~10,000mmH$_2$O 이하
- 압축기 : 풍압 1kg/cm^2 이상

> **Reference 자연통풍력 증가방법**
>
> ㉠ 배기가스 온도를 높인다.   ㉡ 굴뚝을 높인다.
> ㉢ 연도를 짧게 한다.   ㉣ 외기온도가 낮을 때 연소시킨다.
> ㉤ 연도나 굴뚝의 굴곡부를 피한다.

(2) 강제통풍

동력(송풍기)을 이용한 통풍방식으로 통풍저항이 큰 보일러에 적용하는 인공통풍

① **압입통풍** : 연소용 공기를 버너에서 연소실 방향으로 밀어넣는 방식
- 버너 또는 연소실 앞에 송풍기 설치
- 대기압 이상의 노 내 압력을 유지(정압 유지)
- 고부하 연소가 가능하나 역화의 위험성이 있다.
- 보수관리가 편리하다.

② **흡입통풍** : 연소가스를 연소실에서 연도로 흡입하여 연돌로 배출하므로 연소실 부압에 의하여 연소용 공기가 유입되는 방식
- 연도에 대형 송풍기 설치
- 대기압 이하의 노 내 압력을 유지(부압 유지)
- 보수관리가 불편하며 송풍기 수명이 짧다.
- 연소온도가 낮으나 역화의 위험성은 적다.

③ **평형통풍** : 압입통풍방식과 흡입통풍방식이 조합된 겸용 구조로 연소용 공기를 노내에 밀어 넣는 압입통풍과 가스를 연도에서 흡인하여 연돌로 배출하는 흡입통풍의 겸용 통풍방식
- 노 내압 조절이 용이하다.
- 통풍력이 강해 대형보일러에 적합하다.
- 연소실 구조가 복잡한 보일러의 통풍방식으로 적합하다.
- 설비비와 유지비가 많이 든다.

> **Reference**
>
> - 자연통풍 유속 : 3~4m/s
> - 평형통풍 유속 : 10m/s 이상
> - 압입통풍 유속 : 8m/s
> - 흡입통풍 유속 : 8~10m/s
>
> ※ 노 내 압력 : 압입 > 평형 > 흡입

2) 통풍장치

(1) 송풍기종류

① **원심형 송풍기**

회전축 방향으로 흡입하여 회전축 수직방향으로 토출하는 구조로 다익형, 터보형, 플레이트형, 익형(터보+다익형) 등이 대표적이다.

㉠ **시로코형**(다익형) : 60~90개의 짧은 날개가 설치된 구조로 소음이 적으며 15~200mmH$_2$O 정도의 풍압을 유지한다.(전향 날개 배치)

㉡ **터보형**(Tube) : 8~24개의 긴 날개가 설치된 구조로 비교적 구조가 간단하고 견고하여 보일러 압입통풍방식에 많이 적용되고 있으며 풍압은 200~800mmH$_2$O으로 높다.(후향날개 배치)

㉢ **플레이트형**(Plate) : 6~12개의 날개가 있으며 풍량이 많아 배기가스 흡출용으로 이용된다.(방사형 배치)

② **축류형 송풍기**

기체를 축방향으로 흡입하고 토출하는 구조로 디스크형과 프로펠러형이 있다. 고속운전에 적합하고 구조가 간단하며 풍량이 많아 배기 및 환기용에 적합하다. 다만 소음이 크고 풍압은 낮으나 효율이 좋다.

(2) 송풍기 소요동력

① 소요동력$[PS] = \dfrac{P \times Q}{75 \times \eta \times 60}$

② 소요동력$[kW] = \dfrac{P \times Q}{102 \times \eta \times 60}$

여기서, P : 송풍기 정압(mmAq), Q : 송풍량(m³/min), η : 송풍기 효율

(3) 풍량조절방법

① 회전수(rpm) 제어
② 토출 및 흡입댐퍼 제어
③ 흡입베인 제어
④ 가변피치 제어(날개각도 변화)

(4) 회전수(N)와 임펠러 직경(D)에 따른 풍량, 풍압, 동력의 관계

① 풍량$(Q_2) = Q_1\left(\dfrac{N_2}{N_1}\right) \cdot \left(\dfrac{D_2}{D_1}\right)^3$

② 풍압$(P_2) = P_1\left(\dfrac{N_2}{N_1}\right)^2 \cdot \left(\dfrac{D_2}{D_1}\right)^2$

③ 동력$(PS_2, kW_2) = PS_1\left(\dfrac{N_2}{N_1}\right)^3 \cdot \left(\dfrac{D_2}{D_1}\right)^5 = kW_1\left(\dfrac{N_2}{N_1}\right)^3 \cdot \left(\dfrac{D_2}{D_1}\right)^5$

여기서, N_1, N_2 : 송풍기 회전수(rpm)
D_1, D_2 : 임펠러 직경(m)

3) 덕트(Duct)

유체를 이송하기 위하여 금속을 원형 또는 사각형으로 가공한 것으로 보일러의 경우 연소공기를 공급하는 공기덕트와 보일러 전열면 이후로부터 연돌을 연결하는 배기덕트(연도)가 있다.

4) 캔버스 이음(Canvas Joint)

송풍기와 덕트를 접속하는 방법으로 송풍기 회전 시 발생하는 소음과 진동을 제거하기 위한 이음법

5) 댐퍼(Damper)

덕트 내 흐르는 공기 등 유체의 양을 제어하는 장치로 보일러 경우 부하변동에 따라 연소용 공기를 조절하는 공기댐퍼와 연도에 따라 설치되어 통풍력을 조절하는 배기댐퍼가 있다.

> **Reference 댐퍼의 기능**
>
> - 유체 흐름을 차단 또는 공급
> - 통풍력 조절
> - 대형보일러의 경우 주연도와 부연도의 교체
> - 보일러 정지 시 외기 침입방지

6) 연도

보일러와 연돌을 연결하여 배기가스를 배출하기 위한 통로로서 길이가 짧을수록 통풍력이 커진다.

7) 연돌(굴뚝)

① 보일러 배기가스가 최종적으로 배출되는 곳으로 통풍력 증가와 배기가스 유해성분을 대기 중에 확산하는 기능을 한다.

② 주위건물의 2~2.5배 높이가 좋다.

③ 굴뚝상부단면적$(F) = \dfrac{Q(1+0.0037t)}{3{,}600 \times V}(m^2)$

여기서, Q : 배기가스양(Nm³/h)
t : 배기가스 온도(℃)
V : 배기가스 유속(m/s)

$0.0037 : \dfrac{1}{273}$
$3{,}600$: 1시간은 3,600초

8) 통풍력 계산

통풍력은 보일러에서 연소된 고온의 열에너지를 이용하여 열매체를 가열한 후 온도가 강하된 열가스를 배기하는 데 필요한 압력으로 단위는 mmH₂O이다.
실제 통풍력은 이론통풍력의 80% 정도이다.

(1) 이론통풍력(Z_o)

$$Z_o = (\gamma_a - \gamma_g)H = \left(\dfrac{273 \times \gamma_{oa}}{273 + t_a} - \dfrac{273 \times \gamma_{og}}{273 + t_g}\right)H = H\left(\dfrac{353}{273 + t_a} - \dfrac{368}{273 + t_g}\right)$$

여기서, Z_o : 이론 통풍력(mmH₂O)
γ_a : 외기의 비중량(kg/m³)
γ_g : 배기가스 비중량(kg/m³)
H : 연돌의 높이(m)
γ_{oa} : 0℃ 1기압에서의 외기의 비중량(kg/Nm³)
γ_{og} : 0℃ 1기압에서의 배기가스의 비중량(kg/Nm³)
t_a : 외기온도(℃)
t_g : 배기가스의 온도(℃)

(2) 0℃, 1기압에서 외기(공기)와 배기가스의 비중량

① 공기(γ_{oa}) = 1.293kg/Nm³

② 연료별 연소 후 배기가스 비중량(γ_{og})
- 고체연료 = 1.34kg/Nm³ ⎫
- 액체연료 = 1.31kg/Nm³ ⎬ 평균 1.354kg/Nm³
- 기체연료 = 1.25kg/Nm³ ⎭

(3) 실제통풍력(Z_a)

실제통풍력은 이론통풍력의 약 80%에 해당한다.

Z_o = 이론통풍력 × 0.8(mmH₂O)

SECTION 04 집진장치

배기가스에 포함되어 있는 오염물질(검댕, CO 가스, 회분, 분진, 황산화물 등)을 제거하고 대기오염을 방지하기 위한 장치로서 크게 나누어 건식, 습식, 전기식이 있다.

1. 집진장치의 종류

1) 중력식

분진을 함유한 배기가스의 유속을 감속하여 매연을 침강 분리(20μm 정도까지 처리)하며, 구조가 간단하고 유속은 1~2m/s, 압력손실은 100mmH₂O 정도이다.

2) 관성식

배기가스에 포함된 매연을 충돌 또는 반전시키면 기류와 같이 방향전환이 어려운 매연은 관성력에 의하여 분리(20μm 이상의 매진 처리)하며, 유속은 2~30m/s 정도이고, 압력손실은 100mmH₂O 정도이다.

3) 원심력식

처리가스를 집진장치 내에서 선회하면 매연은 하강하고 가스는 상승하여 분리하며, 사이클론과 멀티사이클론식이 있다.(10~20μm 처리) 원통이 마모되기 쉽고 압력손실은 100~200mmH₂O이며 멀티사이클론식은 가스통로에 가이드 베인을 마련하여 원심력을 준다.

4) 세정식

처리가스를 세정액이 충돌 또는 접촉하여 분진을 제거한다.

① **유수식** : 집진실 내에 일정량의 물통을 넣고 처리가스를 유입하여 제거하는 방법(충진탑과 전류형 스크루버가 있다.)
② **가압수식** : 물을 가압하여 함진가스를 처리
③ **회전식** : 물을 회전시켜 함진가스를 처리

5) 여과식

처리가스를 여과재에 통과시켜 매연입자를 분리하고 대표적으로 백(Bag, 주머니)필터가 있다. 백을 거꾸로 매달고 밑에서 가스를 내부로 보낸다.

6) 전기식

방전(−)극에 의하여 매연을 음이온화하여 집진(+)극판에 부착시켜 제거하며 효율이 가장 좋다. 90~99.9%까지 처리하며 포집인자는 0.05~20μm까지 집진한다.

코로나 방전을 이용하며 종류에는 건식, 습식이 있다. 1단식, 2단식으로 구분하고 전극형식으로는 평판형, 원통형이 있다.(사용전압은 30,000~100,000V의 직류전기가 필요하다.)

> **Reference** 집진장치 3가지 분류별 종류
>
> - 건식 : 중력식(침강식), 관성식, 원심력식(사이클론), 음파식, 여과식
> - 습식 : 유수식, 가압수식(벤투리 스크루버, 사이클론 스크루버, 제트스크루버, 충진탑), 회전식
> - 전기식 : 코트렐(Cotrel)식

출제예상문제

01 최소점화에너지에 대한 설명으로 틀린 것은?
① 혼합기의 종류에 의해서 변한다.
② 불꽃 방전 시 일어나는 에너지의 크기는 전압의 제곱에 비례한다.
③ 최소점화에너지는 연소속도 및 열전도가 작을수록 큰 값을 갖는다.
④ 가연성 혼합기체를 점화시키는 데 필요한 최소에너지를 최소점화에너지라 한다.

풀이 최소점화에너지는 연소속도 및 열전도가 작을수록 작은 값을 갖는다.
- 최소점화에너지(E) = $\frac{1}{2}CV^2$

  여기서, C : 방전전극과 병렬연결한 축전기의 전용량
  V : 불꽃전압
- 단위 : J

02 연소에 관한 용어, 단위 및 수식의 표현으로 옳은 것은?
① 화격자 연소율의 단위 : kg/m² · h
② 공기비(m) : $\dfrac{이론공기량(A_0)}{실제공기량(A)}(m > 1.0)$
③ 이론연소가스양(고체연료인 경우) : Nm³/Nm³
④ 고체연료의 저위발열량(H_l)의 관계식 :
   $H_l = H_h + 600(9H - W)$(kcal/kg)

풀이 ② 공기비(m) : $\dfrac{실제공기량}{이론공기량}$
③ 고체연료 이론연소가스양 : Nm³/kg
④ 고체연료의 저위발열량(H_l) : $H_h - 600(9H + W)$

03 다음 중 연소온도에 직접적인 영향을 주는 요소로 가장 거리가 먼 것은?
① 공기 중의 산소 농도 ② 연료의 저위발열량
③ 연소실의 크기   ④ 공기비

풀이 연소실의 용적(m³, 크기)은 연소온도에 간접적인 영향을 준다.

04 공기나 연료의 예열효과에 대한 설명으로 옳지 않은 것은?
① 연소실 온도를 높게 유지
② 착화열을 감소시켜 연료 절약
③ 연소효율 향상과 연소상태의 안정
④ 이론공기량이 감소함

풀이 이론공기량은 연료의 성분, 연료의 조성, 공기 중 수증기의 혼합비 등에 따라 영향을 받는다.

05 다음 중 연소범위에 대한 설명으로 옳은 것은?
① 온도가 높아지면 좁아진다.
② 압력이 상승하면 좁아진다.
③ 연소상한계 이상의 농도에서는 산소 농도가 너무 높다.
④ 연소하한계 이하의 농도에서는 가연성 증기의 농도가 너무 낮다.

풀이
- 연소의 위험도 = $\dfrac{폭발범위상한 - 폭발범위하한}{폭발범위하한}$
- 폭발범위하한계(연소하한계) 이하는 가연성 증기 농도가 너무 낮고, 폭발범위 상한계 이상에서는 가연성 공기 농도가 너무 낮다.

정답 01 ③ 02 ① 03 ③ 04 ④ 05 ④

06 최소착화에너지(MIE)의 특징에 대한 설명으로 옳은 것은?

① 질소농도의 증가는 최소착화에너지를 감소시킨다.
② 산소농도가 많아지면 최소착화에너지는 증가한다.
③ 최소착화에너지는 압력 증가에 따라 감소한다.
④ 일반적으로 분진의 최소착화에너지는 가연성 가스보다 작다.

풀이 최소점화에너지(E) = $\frac{1}{2}C \cdot V^2 = \frac{1}{2}Q \cdot V$

여기서, E : 방전에너지
C : 방전극과 병렬연결한 축전기의 전용량
V : 불꽃전압 볼트
Q : 전기량

- 최소점화 에너지가 작을수록 위험성이 커진다.
- 압력이 증가하면 최소점화에너지가 감소한다.

07 연소관리에 있어서 과잉공기량 조절 시 다음 중 최소가 되게 조절하여야 할 것은?(단, L_s : 배가스에 의한 열손실량, L_i : 불완전연소에 의한 열손실량, L_c : 연소에 의한 열손실량, L_r : 열복사에 의한 열손실량일 때를 나타낸다.)

① $L_s + L_i$ ② $L_s + L_r$
③ $L_i + L_c$ ④ L_i

풀이 열손실
- 배기가스 열손실 : 공기로 조절
- 불완전 열손실(CO가스) : 공기로 조절
- 미연탄소분에 의한 열손실
- 복사열손실

08 과잉공기량이 연소에 미치는 영향으로 가장 거리가 먼 것은?

① 열효율   ② CO 배출량
③ 노 내 온도   ④ 연소 시 와류 형성

풀이 연소 시 와류 형성은 화실 주위의 윈드박스의 역할이다.

09 공기와 연료의 혼합기체의 표시에 대한 설명 중 옳은 것은?

① 공기비는 연공비의 역수와 같다.
② 연공비(Fuel Air Ratio)라 함은 가연 혼합기 중의 공기와 연료의 질량비로 정의된다.
③ 공연비(Air Fuel Ratio)라 함은 가연 혼합기 중의 연료와 공기의 질량비로 정의된다.
④ 당량비(Equivalence Ratio)는 실제연공비와 이론연공비의 비로 정의된다.

풀이
- 공기비 = $\frac{실제공기량}{이론공기량}$ (항상 1보다 크다)
- 연공비(AFR) = 공기비의 역수(공연비)
- 등가비(ϕ)
  = $\frac{실제연료량/산화제}{완전연소를\ 위한\ 이상적\ 연료량/산화제}$
- 당량비 = $\frac{실제연공비}{이론연공비}$

10 연료의 발열량에 대한 설명으로 틀린 것은?

① 기체 연료는 그 성분으로부터 발열량을 계산할 수 있다.
② 발열량의 단위는 고체와 액체 연료의 경우 단위 중량당(통상 연료 kg당) 발열량으로 표시한다.
③ 고위발열량은 연료의 측정 열량에 수증기 증발 잠열을 포함한 연소열량이다.
④ 액체 연료는 연료의 비중이 감소하면 체적당 발열량은 감소하고, 중량당 발열량은 증가한다.

풀이 액체 연료의 발열량
일반적으로 액체 연료의 비중이 증가하면 체적당 발열량이 증가한다.
※ 발열량(kcal/kg)은 고위발열량, 저위발열량이 있다.

정답 06 ③   07 ①   08 ④   09 ④   10 ④

11 화염 온도를 높이려고 할 때 조작방법으로 틀린 것은?

① 공기를 예열한다.
② 과잉공기를 사용한다.
③ 연료를 완전연소시킨다.
④ 노 벽 등의 열손실을 막는다.

> **풀이** 과잉공기가 화실에 투입되면 노 내 온도가 하강한다(온도가 낮은 공기의 다량 투입이므로).

12 일반적인 정상연소의 연소속도를 결정하는 요인으로 가장 거리가 먼 것은?

① 산소농도　② 이론공기량
③ 반응온도　④ 촉매

> **풀이** 정상연소의 속도 결정 요인
> - 산소농도
> - 반응온도
> - 촉매
> - 실제공기량

13 과잉공기량이 증가할 때 나타나는 현상이 아닌 것은?

① 연소실의 온도가 저하된다.
② 배기가스에 의한 열손실이 많아진다.
③ 연소가스 중의 SO_3이 현저히 줄어 저온부식이 촉진된다.
④ 연소가스 중의 질소산화물 발생이 심하여 대기오염을 초래한다.

> **풀이** 저온부식
> - 발생장소 : 절탄기, 공기예열기
> - 발생인자 : 황(S)
> - 부식인자 : 황산(H_2SO_4)
> - 발생온도 : 150℃ 이하
> - 발생촉진 : 과잉공기 중 산소량 증가

14 폐열회수에 있어서 검토해야 할 사항이 아닌 것은?

① 폐열의 증가 방법에 대해서 검토한다.
② 폐열회수의 경제적 가치에 대해서 검토한다.
③ 폐열의 양 및 질과 이용 가치에 대해서 검토한다.
④ 폐열회수 방법과 이용 방안에 대해서 검토한다.

> **풀이** 에너지 절약 차원에서 폐열은 증가보다는 감소하여야 한다.

15 고체연료의 연소방식으로 옳은 것은?

① 포트식 연소　② 화격자 연소
③ 심지식 연소　④ 증발식 연소

> **풀이** 고체연료의 연소방식
> - 화격자 연소방식(수분식, 기계식)
> - 유동층 연소방식
> - 미분탄 연소방식

16 환열실의 전열면적(m^2)과 전열량(W) 사이의 관계는?(단, 전열면적은 F, 전열량은 Q, 총괄전열계수는 V이며, Δt_m은 평균온도차이다.)

① $Q = \dfrac{F}{\Delta t_m}$　　② $Q = F \times \Delta t_m$

③ $Q = F \times V \times \Delta t_m$　　④ $Q = \dfrac{V}{F \times \Delta t_m}$

> **풀이** 연속요로에서 환열실(리큐퍼레이터)의 전열량(Q)
> Q = 전열면적×전열계수×평균온도차

17 저탄장 바닥의 구배와 실외에서의 탄층높이로 가장 적절한 것은?

① 구배 : 1/50~1/100, 높이 : 2m 이하
② 구배 : 1/100~1/150, 높이 : 4m 이하
③ 구배 : 1/150~1/200, 높이 : 2m 이하
④ 구배 : 1/200~1/250, 높이 : 4m 이하

정답 11 ② 12 ② 13 ③ 14 ① 15 ② 16 ③ 17 ②

풀이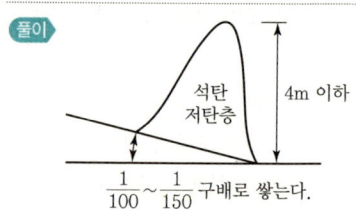

18 고체 연료 연소장치 중 쓰레기 소각에 적합한 스토커는?

① 계단식 스토커   ② 고정식 스토커
③ 산포식 스토커   ④ 하입식 스토커

풀이 계단식 스토커(화격자 연소장치)
저질 석탄, 쓰레기 소각 등에 적합한 구조의 스토커이며 화격자가 30~40°인 계단식이다.

19 연소에서 고온부식의 발생에 대한 설명으로 옳은 것은?

① 연료 중 황분의 산화에 의해서 일어난다.
② 연료 중 바나듐의 산화에 의해서 일어난다.
③ 연료 중 수소의 산화에 의해서 일어난다.
④ 연료의 연소 후 생기는 수분이 응축해서 일어난다.

풀이 고온부식(V_2O_5)
• 발생장소 : 과열기나 재열기
• 부식반응 온도 : 550~650℃ 고온
• 바나듐, 나트륨, 황분에 의한 부식

20 고체연료의 연소방법이 아닌 것은?

① 미분탄 연소   ② 유동층 연소
③ 화격자 연소   ④ 액중 연소

풀이 ㉠ 고체연료의 연소방법
• 미분탄 연소
• 유동층 연소
• 화격자 연소
㉡ 액체연료의 연소방법 : 액중 연소(증발 연소), 무화 연소

21 기계분(스토커) 화격자 중 연소하고 있는 석탄의 화층 위에 석탄을 기계적으로 산포하는 방식은?

① 횡입(쇄상)식   ② 상입식
③ 하입식   ④ 계단식

풀이 상입식 스토커
연소하고 있는 석탄의 화층 위에 석탄을 기계적으로 골고루 산포하는 방식이다. 그 반대는 하입식이다.

22 저질탄 또는 조분탄의 연소방식이 아닌 것은?

① 분무식   ② 산포식
③ 쇄상식   ④ 계단식

풀이 분무연소는 점성이 높은 중유, 콜타르, 크레오소트유 등 중질 액체연료의 무화방식 연료에 해당한다.

23 연료의 일반적인 연소 반응의 종류로 틀린 것은?

① 유동층연소   ② 증발연소
③ 표면연소   ④ 분해연소

풀이 • 유동층연소 : 미분탄의 연소반응
• 증발연소 : 액체연소
• 표면연소, 분해연소 : 고체연소

24 목탄이나 코크스 등 휘발분이 없는 고체연료에서 일어나는 일반적인 연소형태는?

① 표면연소   ② 분해연소
③ 증발연소   ④ 확산연소

풀이 ① 표면연소 : 숯, 목탄, 코크스
② 분해연소 : 석탄, 목제, 고체연료, 중유 등
③ 증발연소 : 경질유 액체연료
④ 확산연소 : 기체연료

정답 18 ① 19 ② 20 ④ 21 ② 22 ① 23 ① 24 ①

25 공기를 사용하여 중유를 무화시키는 형식으로 아래의 조건을 만족하면서 부하 변동이 많은 데 가장 적합한 버너의 형식은?

> • 유량 조절범위=1 : 10 정도
> • 연소 시 소음 발생
> • 점도가 커도 무화 가능
> • 분무각도가 30° 정도로 작음

① 로터리식
② 저압기류식
③ 고압기류식
④ 유압식

> 풀이   고압기류식 버너(공기, 증기로 중질유 무화)
> • 유량 조절범위 1 : 10
> • 분무각도 30°
> • 점도가 커도 무화 가능, 연소 시 소음 발생

26 석탄을 완전 연소시키기 위하여 필요한 조건에 대한 설명 중 틀린 것은?

① 공기를 예열한다.
② 통풍력을 좋게 한다.
③ 연료를 착화온도 이하로 유지한다.
④ 공기를 적당하게 보내 피연물과 잘 접촉시킨다.

> 풀이   석탄은 항상 연료 착화온도 이상에서(300℃ 내외) 연소시킨다(고체연료는 착화온도가 높다).

27 산포식 스토커를 이용한 강제통풍일 때 일반적인 화격자 부하는 어느 정도인가?

① 90~110kg/m² · h
② 150~200kg/m² · h
③ 210~250kg/m² · h
④ 260~300kg/m² · h

> 풀이   고체연료의 기계식 화상 스토커(산포식 스토커)의 화격자 연소율 : 150~200kg/m² · h 연소 가능

28 다음 중 중유의 착화온도(℃)로 가장 적합한 것은?

① 250~300
② 325~400
③ 400~440
④ 530~580

> 풀이
> • 중유의 착화온도 : 530~580℃
> • 중유의 인화점 : 60℃ 이상

29 액체연료의 미립화 시 평균 분무입경에 직접적인 영향을 미치는 것이 아닌 것은?

① 액체연료의 표면장력
② 액체연료의 점성계수
③ 액체연료의 탁도
④ 액체연료의 밀도

> 풀이   탁도는 '증류수 1L에 카올린 1mg이 섞여 있을 때 물의 흐린 정도'를 나타내는 것으로, 수질분석에 주로 사용된다.

30 다음 중 중유 첨가제의 종류에 포함되지 않는 것은?

① 슬러지 분산제
② 안티녹제
③ 조연제
④ 부식 방지제

> 풀이
> • 안티녹제 : 자동차용 연료첨가제(옥탄가 향상제)
> • 옥탄가(Octane Number) : 가솔린이 연소할 때 이상 폭발을 일으키지 않는 정도를 나타내는 수치

31 액체연료 연소장치 중 회전식 버너의 특징에 대한 설명으로 틀린 것은?

① 분무각은 10~40° 정도이다.
② 유량조절범위는 1 : 5 정도이다.
③ 자동제어에 편리한 구조로 되어 있다.
④ 부속설비가 없으며 화염이 짧고 안정한 연소를 얻을 수 있다.

정답   25 ③   26 ③   27 ②   28 ④   29 ③   30 ②   31 ①

풀이 회전식 버너(수평로터리 버너)의 분무각도는 30~80° 정도이며 에어노즐 각도로 조절한다.

32 다음 중 층류연소속도의 측정방법이 아닌 것은?

① 비누거품법
② 적하수은법
③ 슬롯노즐버너법
④ 평면화염버너법

풀이 수은법
흑연을 양극, 수은을 음극으로 한 전해조에서 식염수를 전기분해하여 염소 및 수산화나트륨을 만드는 대표적인 제조법이다.

33 저압공기 분무식 버너의 특징이 아닌 것은?

① 구조가 간단하여 취급이 간편하다.
② 공기압이 높으면 무화공기량이 줄어든다.
③ 점도가 낮은 중유도 연소할 수 있다.
④ 대형 보일러에 사용된다.

풀이 중유 기류식 버너(증기, 공기 이용 분무 버너)
• 고압기류식 버너 : 대형 보일러 분무 버너(고압 증기 사용)
• 저압기류식 버너 : 중소형 보일러 분무 버너(저압의 공기 사용)

34 다음 중 로터리 버너로 벙커 C유를 연소시킬 때 분무가 잘 되게 하기 위한 조치로서 가장 거리가 먼 것은?

① 점도를 낮추기 위하여 중유를 예열한다.
② 중유 중의 수분을 분리, 제거한다.
③ 버너 입구 배관부에 스트레이너를 설치한다.
④ 버너 입구의 오일 압력을 100kPa 이상으로 한다.

풀이 로터리 회전무화식 버너의 입구 오일 압력은 30~50kPa 정도이다.

35 공기를 사용하여 기름을 무화시키는 형식으로, 200~700kPa의 고압공기를 이용하는 고압식과 5~200kPa의 저압공기를 이용하는 저압식이 있으며, 혼합 방식에 의해 외부혼합식과 내부혼합식으로도 구분하는 버너의 종류는?

① 유압분무식 버너
② 회전식 버너
③ 기류분무식 버너
④ 건타입 버너

풀이 기류분무식 무화버너
㉠ • 고압공기식 : 200~700kPa
 • 저압공기식 : 5~200kPa
㉡ 외부혼합식, 내부혼합식이 있다.

36 등유, 경유 등의 휘발성이 큰 연료를 접시모양의 용기에 넣어 증발 연소시키는 방식은?

① 분해 연소
② 확산 연소
③ 분무 연소
④ 포트식 연소

풀이
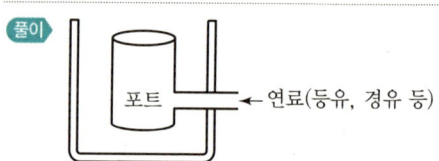

37 중질유의 연소 시 첨가제 사용 시 그 내용으로 틀린 것은?

① 연료에 첨가제를 사용하여 바나듐의 융점을 낮춘다.
② 연료를 전처리하여 바나듐, 나트륨, 황분을 제거한다.
③ 배기가스 온도를 550℃ 이하로 유지한다.
④ 전열면을 내식재료로 피복한다.

풀이 고온부식
• 발생장소 : 과열기, 재열기
• 발생인자 : 바나듐(V), 나트륨(Na)
• 발생온도 : 500℃ 이상
• 방지법 : 바나듐의 융점을 높이고, 보기 ②, ③, ④에 따른다.

정답 32 ② 33 ③ 34 ④ 35 ③ 36 ④ 37 ①

38 액체 연소장치 중 회전식 버너의 일반적인 특징으로 옳은 것은?

① 분사각은 20~50° 정도이다.
② 유량조절범위는 1 : 3 정도이다.
③ 사용 유압은 30~50kPa 정도이다.
④ 화염이 길어 연소가 불안정하다.

풀이 B-C유 회전식 버너(수평로터리버너)
- 분사각(분무각)은 30~80°이다.
- 유량조절범위는 1 : 5 정도이다.
- 사용 유압은 30~50kPa(0.3~0.5kg/cm²) 정도이다.
- 화염이 길어 연소가 안정하다.

39 유압분무식 버너의 특징에 대한 설명으로 틀린 것은?

① 유량 조절 범위가 좁다.
② 연소의 제어범위가 넓다.
③ 무화 매체인 증기나 공기가 필요하지 않다.
④ 보일러 가동 중 버너 교환이 가능하다.

풀이
- 유압분무식 버너 : 유량 조절 범위가 약 1 : 2 정도로 제어범위가 좁다.
- 기류식이나 회전분무식은 1 : 10~1 : 5 정도로 유량 조절 범위가 넓어서 연소의 제어범위가 넓다.

40 액체 연료에 대한 가장 적합한 연소방법은?

① 화격자 연소   ② 스토커 연소
③ 버너 연소   ④ 확산 연소

풀이 액체, 기체 연료는 버너 연소가 가장 이상적이다.

41 다음 중 역화의 위험성이 가장 큰 연소방식으로서, 설비의 시동 및 정지 시에 폭발 및 화재에 대비한 안전 확보에 각별한 주의를 요하는 방식은?

① 예혼합 연소   ② 미분탄 연소
③ 분무식 연소   ④ 확산 연소

풀이 가스 연소
- 확산 연소 : CO 생성 우려
- 예혼합 연소 : 완전연소는 가능하나 혼합공기와 가스양의 밸런스가 불량이면 역화 발생

42 액체연료의 미립화 방법이 아닌 것은?

① 고속기류   ② 충돌식
③ 와류식   ④ 혼합식

풀이 가스연료 연소방식
- 확산연소방식
- 예혼합연소방식(내부혼합식, 외부혼합식)

43 분무기로 노내에 분사된 연료에 연소용 공기를 유효하게 공급하여 연소를 좋게 하고, 확실한 착화와 화염의 안정을 도모하기 위해서 공기류를 적당히 조정하는 장치는?

① 자연통풍(Natural Draft)
② 에어레지스터(Air Register)
③ 압입 통풍 시스템(Forced Draft System)
④ 유인 통풍 시스템(Induced Draft System)

풀이 에어레지스터 : 공기조절장치
- 연소상태를 좋게 한다.
- 착화를 안정시킨다.
- 화염의 안정화
- 공기류 적정 분배 조정

44 중유의 탄수소비가 증가함에 따른 발열량의 변화는?

① 무관하다.
② 증가한다.
③ 감소한다.
④ 초기에는 증가하다가 점차 감소한다.

정답 38 ③ 39 ② 40 ③ 41 ① 42 ④ 43 ② 44 ③

풀이
- 탄수소비 = $\dfrac{탄소}{수소}$
  탄수소비가 증가하면 발열량이 감소한다(탄수소비가 증가하면 발열량이 높은 수소보다 발열량이 낮은 탄소성분이 많아지기 때문이다).
- 탄소 : 8,100kcal/kg, 수소 : 28,600kcal/kg

45 로터리 버너를 장시간 사용하였더니 노벽에 카본이 많이 붙어 있었다. 다음 중 주된 원인은?

① 공기비가 너무 컸다.
② 화염이 닿는 곳이 있었다.
③ 연소실 온도가 너무 높았다.
④ 중유의 예열 온도가 너무 높았다.

풀이 로터리 중유 C급 버너 탄화물(카본)이 노벽에 부착하는 이유 : 화염의 접촉이 심한 원인에 의해 발생한다.

46 액화석유가스를 저장하는 가스설비의 내압성능에 대한 설명으로 옳은 것은?

① 최대압력의 1.2배 이상의 압력으로 내압시험을 실시하여 이상이 없어야 한다.
② 최대압력의 1.5배 이상의 압력으로 내압시험을 실시하여 이상이 없어야 한다.
③ 상용압력의 1.2배 이상의 압력으로 내압시험을 실시하여 이상이 없어야 한다.
④ 상용압력의 1.5배 이상의 압력으로 내압시험을 실시하여 이상이 없어야 한다.

풀이 액화석유가스(LPG)의 저장설비 내압시험
상용압력의 1.5배 이상 압력으로 실시

47 다음 기체연료의 연소 중 버너에서 연소하는 방식인 예혼합 연소방식 버너의 종류가 아닌 것은?

① 포트형 버너   ② 저압버너
③ 고압버너   ④ 송풍버너

풀이 기체연료의 연소방식
- 확산연소방식 : 포트형, 버너형
- 예혼합연소방식 : 저압버너, 고압버너, 송풍버너

48 기체 연료의 저장방식이 아닌 것은?

① 유수식   ② 고압식
③ 가열식   ④ 무수식

풀이 기체 연료 저장 홀더
- 저압식 : 유수식, 무수식
- 고압식

49 분젠 버너를 사용할 때 가스의 유출 속도를 점차 빠르게 하면 불꽃 모양은 어떻게 되는가?

① 불꽃이 엉클어지면서 짧아진다.
② 불꽃이 엉클어지면서 길어진다.
③ 불꽃의 형태는 변화 없고 밝아진다.
④ 아무런 변화가 없다.

풀이 분젠 버너
㉠ 분젠 버너 사용 시 가스 유출 속도를 점차 빠르게 하면 불꽃이 엉클어지면서 난류상태로 불꽃이 짧아진다.
㉡ 분젠버너 연소 시 공급 공기량
  - 1차 공기 : 40~70%
  - 2차 공기 : 30~60%
㉢ 화염 길이가 짧고 청록색이며 화염 온도는 1,300℃이다.

50 도시가스의 호환성을 판단하는 데 사용되는 지수는?

① 웨베지수(Webbe Index)
② 듀롱지수(Dulong Index)
③ 릴리지수(Lilly Index)
④ 제이도비흐지수(Zeldovich Index)

풀이 호환성(웨베지수) = $\dfrac{H}{\sqrt{d}}$ = $\dfrac{도시가스\ 발열량}{\sqrt{도시가스\ 비중}}$

51 액체연료 1kg 중에 같은 질량의 성분이 포함될 때, 다음 중 고위발열량에 가장 크게 기여하는 성분은?

① 수소　　　② 탄소
③ 황　　　　④ 회분

풀이 고위발열량(H_h) = 저위발열량(H_l) + 600(9H+W)
- H_2O 증발열 600kcal/kg
- 수소(H_2) 1kg의 연소 시 34,000kcal/kg 발생(고위발열량)

52 고체연료 대비 액체연료의 성분 조성비는?

① H_2 함량이 적고 O_2 함량이 적다.
② H_2 함량이 크고 O_2 함량이 적다.
③ O_2 함량이 크고 H_2 함량이 크다.
④ O_2 함량이 크고 H_2 함량이 적다.

풀이
- 기체연료(CH_4) 등은 수소(H) 성분이 많다.
- 고체·액체 연료는 탄소(C) 성분이 많다.
- 액체 연료는 H_2 함량이 고체(석탄)보다는 많고 산소(O_2) 함량이 적다.

53 공기와 혼합 시 가연범위(폭발범위)가 가장 넓은 것은?

① 메탄　　　② 프로판
③ 메틸알코올　④ 아세틸렌

풀이 가스의 폭발범위(가연범위)
- 메탄 : 5~15%
- 프로판 : 2.1~9.5%
- 메틸알코올 : 7.3~36%
- 아세틸렌 : 2.1~81%

54 다음 중 연소 전에 연료와 공기를 혼합하여 버너에서 연소하는 방식인 예혼합연소방식 버너의 종류가 아닌 것은?

① 저압버너　　② 중압버너
③ 고압버너　　④ 송풍버너

풀이 가스 사용 예혼합 연소방식(강제통풍방식) 버너
- 저압버너
- 고압버너
- 송풍버너

55 다음 중 분해폭발성 물질이 아닌 것은?

① 아세틸렌　　② 히드라진
③ 에틸렌　　　④ 수소

풀이 수소의 연소반응
$H_2 + \dfrac{1}{2}O_2 \rightarrow H_2O$ (화학반응)

56 고부하의 연소설비에서 연료의 점화나 화염 안정화를 도모하고자 할 때 사용할 수 있는 장치로서 가장 적절하지 않은 것은?

① 분젠 버너　　② 파일럿 버너
③ 플라즈마 버너　④ 스파크 플러그

풀이 분젠버너
1차 공기가 40~70%, 2차 공기가 60~30%인 버너이다. 화염이 짧고 온도가 1,200~1,300℃로서 각종 현장의 버너로 사용하며 점화용은 불가하다.

57 내화재로 만든 화구에서 공기와 가스를 따로 연소실에 송입하여 연소시키는 방식으로 대형가마에 적합한 가스연료 연소장치는?

① 방사형 버너　　② 포트형 버너
③ 선회형 버너　　④ 건타입형 버너

정답　51 ①　52 ②　53 ④　54 ②　55 ④　56 ①　57 ②

풀이 포트형 버너
공기와 가스를 따로 연소실에 투입하는 확산형 연소방식이며 대형가마용이다.

58 기체연료용 버너의 구성요소가 아닌 것은?
① 가스양 조절부   ② 공기/가스 혼합부
③ 보염부   ④ 통풍구

풀이 공기투입 통풍구는 통풍장치 및 연소장치이다.

59 다음 중 분젠식 가스버너가 아닌 것은?
① 링버너   ② 슬릿버너
③ 적외선버너   ④ 블라스트버너

풀이 블라스트버너는 강제 혼합식 버너(공기와 연료 혼합)에 해당한다.

60 다음 중 착화온도가 가장 높은 연료는?
① 갈탄   ② 메탄
③ 중유   ④ 목탄

풀이 착화온도
- 갈탄 : 300℃ 이하
- 메탄 : 505℃
- 중유 : 254~405℃
- 목탄 : 320~370℃

61 기체연료가 다른 연료에 비하여 연소용 공기가 적게 소요되는 가장 큰 이유는?
① 확산연소가 되므로   ② 인화가 용이하므로
③ 열전도도가 크므로   ④ 착화온도가 낮으므로

풀이 기체연료
- 확산연소방식
- 예혼합연소방식(연소용 공기가 타 연료에 비하여 적게 소모된다.)

62 다음 기체 중 폭발범위가 가장 넓은 것은?
① 수소   ② 메탄
③ 벤젠   ④ 프로판

풀이 기체연료 폭발범위
- 수소 : 4~74%   • 메탄 : 5~15%
- 벤젠 : 1.3~7.9% • 프로판 : 2.1~9.5%

63 일반적으로 기체연료의 연소방식을 크게 2가지로 분류한 것은?
① 등심연소와 분산연소
② 액면연소와 증발연소
③ 증발연소와 분해연소
④ 예혼합연소와 확산연소

풀이 기체연료의 연소방식
- 확산 연소방식
- 예혼합 연소방식(역화의 우려가 있다.)

64 '전압은 분압의 합과 같다'는 법칙은?
① 아마겟의 법칙   ② 뤼삭의 법칙
③ 돌턴의 법칙   ④ 헨리의 법칙

풀이 돌턴의 분압법칙 : 전압=분압의 합

65 통풍방식 중 평형통풍에 대한 설명으로 틀린 것은?
① 통풍력이 커서 소음이 심하다.
② 안정한 연소를 유지할 수 있다.
③ 노내 정압을 임의로 조절할 수 있다.
④ 중형 이상의 보일러에는 사용할 수 없다.

풀이 평형통풍 (중, 대형 보일러)
압입송풍기 - 보일러 - 연도 - 흡입송풍기

정답 58 ④ 59 ③ 60 ② 61 ① 62 ① 63 ④ 64 ③ 65 ④

66 댐퍼를 설치하는 목적으로 가장 거리가 먼 것은?

① 통풍력을 조절한다.
② 가스의 흐름을 조절한다.
③ 가스가 새어나가는 것을 방지한다.
④ 덕트 내 흐르는 공기 등의 양을 제어한다.

풀이 댐퍼
- 흡입공기댐퍼
- 배기가스 토출댐퍼

67 연소 가스와 외부 공기의 밀도차에 의해서 생기는 압력차를 이용하는 통풍 방법은?

① 자연 통풍 ② 평행 통풍
③ 압입 통풍 ④ 유인 통풍

풀이 연소 가스의 밀도는 공기의 밀도(kg/m³)보다 작다. 이것을 이용한 것이 자연 통풍력이다.

68 연소기의 배기가스 연도에 댐퍼를 부착하는 이유로 가장 거리가 먼 것은?

① 통풍력을 조절한다.
② 과잉공기를 조절한다.
③ 배기가스의 흐름을 차단한다.
④ 주연도, 부연도가 있는 경우에는 가스의 흐름을 바꾼다.

풀이
- 공기댐퍼 : 과잉공기 조절
- 연도댐퍼 : 배기가스양 조절

69 연소실에서 연소된 연소가스의 자연통풍력을 증가시키는 방법으로 틀린 것은?

① 연돌의 높이를 높인다.
② 배기가스의 비중량을 크게 한다.
③ 배기가스 온도를 높인다.
④ 연도의 길이를 짧게 한다.

풀이 배기가스 비중량(kgf/m³)을 크게 하면 자연통풍력 (mmAq)이 감소한다.

70 연돌의 설치 목적이 아닌 것은?

① 배기가스의 배출을 신속히 한다.
② 가스를 멀리 확산시킨다.
③ 유효 통풍력을 얻는다.
④ 통풍력을 조절해 준다.

풀이 통풍력을 조절해 주는 것은 댐퍼이다.

71 다음 중 고속운전에 적합하고 구조가 간단하며 풍량이 많아 배기 및 환기용으로 적합한 송풍기는?

① 다익형 송풍기 ② 플레이트형 송풍기
③ 터보형 송풍기 ④ 축류형 송풍기

풀이 축류형 송풍기(프로펠러형)는 고속운전에 적합하고 구조가 간단하며 풍량이 풍부하여 배기 및 환기용에 적합한 송풍기이다.

72 다음 중 굴뚝의 통풍력을 나타내는 식은?(단, h는 굴뚝 높이, γ_a는 외기의 비중량, γ_g는 굴뚝 속의 가스의 비중량, g는 중력가속도이다.)

① $h(\gamma_g - \gamma_a)$
② $h(\gamma_a - \gamma_g)$
③ $\dfrac{h(\gamma_g - \gamma_a)}{g}$
④ $\dfrac{h(\gamma_a - \gamma_g)}{g}$

풀이 굴뚝(연돌)의 유체밀도에 의한 통풍력(Z)
$Z = h(\gamma_a - \gamma_g)$
(화실의 연소상태에서 통풍력 측정)

정답 66 ③ 67 ① 68 ② 69 ② 70 ④ 71 ④ 72 ②

73 연소장치의 연돌통풍에 대한 설명으로 틀린 것은?

① 연돌의 단면적은 연도의 경우와 마찬가지로 연소량과 가스의 유속에 관계한다.
② 연돌의 통풍력은 외기온도가 높아짐에 따라 통풍력이 감소하므로 주의가 필요하다.
③ 연돌의 통풍력은 공기의 습도 및 기압에 관계없이 외기온도에 따라 달라진다.
④ 연돌의 설계에서 연돌 상부 단면적을 하부 단면적보다 작게 한다.

풀이 연돌의 통풍력은 공기의 습도나 기압에 의해 증감된다.

74 연돌의 통풍력은 외기온도에 따라 변화한다. 만일 다른 조건이 일정하게 유지되고 외기 온도만 높아진다면 통풍력은 어떻게 되겠는가?

① 통풍력은 감소한다.
② 통풍력은 증가한다.
③ 통풍력은 변화하지 않는다.
④ 통풍력은 증가하다 감소한다.

풀이 외기온도가 높아지면 배기가스 온도와의 밀도차이가 적어져서 통풍력이 감소한다.

75 연돌 내의 배기가스 비중량 γ_1, 외기 비중량 γ_2, 연돌의 높이가 H일 때 연돌의 이론통풍력(Z)을 구하는 식은?

① $Z = \dfrac{\gamma_1 - \gamma_2}{H}$
② $Z = \dfrac{\gamma_2 - \gamma_1}{H}$
③ $Z = \dfrac{\gamma_2 - 2\gamma_1}{2H}$
④ $Z = (\gamma_2 - \gamma_1) \times H$

풀이
- 이론통풍력(Z) = $(\gamma_2 - \gamma_1) \times H$ (mmH$_2$O)
- 실제통풍력(Z_1) = $(\gamma_2 - \gamma_1) \times H \times 0.8$

76 연소상태에 따라 매연 및 먼지의 발생량이 달라진다. 다음 설명 중 잘못된 것은?

① 매연은 탄화수소가 분해 연소할 경우에 미연의 탄소입자가 모여서 된 것이다.
② 매연의 종류 중 질소산화물 발생을 방지하기 위해서는 과잉공기량을 늘리고 노 내압을 높게 한다.
③ 배기 먼지를 적게 배출하기 위한 건식 집진장치에는 사이클론, 멀티클론, 백필터 등이 있다.
④ 먼지 입자는 연료에 포함된 회분의 양, 연소방식, 생산물질의 처리방법 등에 따라서 발생하는 것이다.

풀이 질소산화물(NOx)은 공해물질이며 독성의 기체이다. 그 발생을 방지하려면 과잉공기량을 적게 하고 노 내 온도를 낮추고 연소압력을 감소시켜야 한다.

77 다음 중 집진장치의 특성에 대한 설명으로 옳지 않은 것은?

① 사이클론 집진기는 분진이 포함된 가스를 선회운동 시켜 원심력에 의해 분진을 분리한다.
② 전기식 집진장치는 대치시킨 2개의 전극 사이에 고압의 교류전장을 가해 통과하는 미립자를 집진하는 장치이다.
③ 가스흡입구에 벤투리관을 조합하여 먼지를 세정하는 장치를 벤투리 스크러버라 한다.
④ 백 필터는 바닥을 위쪽으로 달아매고 하부에서 백 내부로 송입하여 집진하는 방식이다.

풀이 전기식 집진장치 : 30,000~100,000V의 직류전장을 가해 통과시켜 0.05~20μm 정도 집진한다. (집진극 양극 – 침상방전극 음극 사용)
- 종류 : 코트렐(Cotrel)식
- 집진효율 : 90~99.9%

정답 73 ③ 74 ① 75 ④ 76 ② 77 ②

78 연돌에서 배출되는 연기의 농도를 1시간 동안 측정한 결과가 다음과 같을 때 매연의 농도율은 몇 %인가?

[측정결과]
- 농도 4도 : 10분
- 농도 3도 : 15분
- 농도 2도 : 15분
- 농도 1도 : 20분

① 25
② 35
③ 45
④ 55

풀이 매연농도율(R) = $\dfrac{\text{총매연값}}{\text{측정시간}} \times 20$
= $\dfrac{4 \times 10 + 3 \times 15 + 2 \times 15 + 1 \times 20}{10 + 15 + 15 + 20} \times 20 = 45\%$

79 연소 배기가스 중 가장 많이 포함된 기체는?

① O_2
② N_2
③ CO_2
④ SO_2

풀이 배기가스 중 질소(N_2)가 가장 많이 배출된다. 이론 공기량의 79%가 질소량이다.

80 다음 중 매연의 발생 원인으로 가장 거리가 먼 것은?

① 연소실 온도가 높을 때
② 연소장치가 불량한 때
③ 연료의 질이 나쁠 때
④ 통풍력이 부족할 때

풀이 연소실 온도가 높으면 소요공기량이 감소하고 완전연소가 가능하며 매연발생이 줄어든다.

81 다음 대기오염물 제거방법 중 분진의 제거방법으로 가장 거리가 먼 것은?

① 습식세정법
② 원심분리법
③ 촉매산화법
④ 중력침전법

풀이 집진장치
습식세정법, 원심분리법, 중력침전법, 전기식, 여과식 등

82 연소관리에 있어 연소배기가스를 분석하는 가장 직접적인 목적은?

① 공기비 계산
② 노내압 조절
③ 연소열량 계산
④ 매연농도 산출

풀이 배기가스 분석 목적은 공기비를 파악하는 것으로 연소상태 점검이 용이해진다(공기비가 크면 배기가스 양이 많이 발생하고 열손실이 커진다).

83 다음 대기오염 방지를 위한 집진장치 중 습식 집진장치에 해당하지 않는 것은?

① 백필터
② 충진탑
③ 벤투리 스크러버
④ 사이클론 스크러버

풀이 건식 집진장치
- 백필터(여과식)
- 원심식(사이클론식)
- 관성식
- 중력식

84 세정 집진장치의 입자 포집원리에 대한 설명으로 틀린 것은?

① 액적에 입자가 충돌하여 부착한다.
② 입자를 핵으로 한 증기의 응결에 의하여 응집성을 증가시킨다.
③ 미립자의 확산에 의하여 액적과의 접촉을 좋게 한다.
④ 배기의 습도 감소에 의하여 입자가 서로 응집한다.

풀이 습식집진장치(매연처리장치)
- 유수식 방식
- 가압수식 방식
- 회전식 방식

정답 78 ③ 79 ② 80 ① 81 ③ 82 ① 83 ① 84 ④

85 다음 중 습식 집진장치의 종류가 아닌 것은?

① 멀티클론(Multiclone)
② 제트 스크러버(Jet Scrubber)
③ 사이클론 스크러버(Cyclone Scrubber)
④ 벤투리 스크러버(Venturi Scrubber)

> **풀이** 건식(원심식) 집진매연장치
> • 사이클론식
> • 멀티 사이클론식

86 여과 집진장치의 여과재 중 내산성, 내알칼리성 모두 좋은 성질을 갖는 것은?

① 테트론   ② 사란
③ 비닐론   ④ 글라스

> **풀이** 여과식 집진장치 여과재
> • 비닐론 : 내산성, 내알칼리성이 겸비된다.(기타 데비론, 카네카론 등)
> • 비닐론(Vinylon)은 합성섬유이다.

87 연소 배출가스 중 CO_2 함량을 분석하는 이유로 가장 거리가 먼 것은?

① 연소상태를 판단하기 위하여
② CO 농도를 판단하기 위하여
③ 공기비를 계산하기 위하여
④ 열효율을 높이기 위하여

> **풀이** $CO + \frac{1}{2}O_2 \rightarrow CO_2$
> 연소가스 CO_2 함량 분석 이유는 ①, ③, ④이며, CO 가스는 공기비 부족으로 불완전 연소된다.

88 링겔만 농도표의 측정 대상은?

① 배출가스 중 매연 농도
② 배출가스 중 CO 농도
③ 배출가스 중 CO_2 농도
④ 화염의 투명도

> **풀이** 링겔만 매연 농도표
> 배출가스 중 매연 농도 측정(1도=20%, 2도=40%, 3도=60%, 4도=80%, 5도=100%)

89 보일러 등의 연소장치에서 질소산화물(NOx)의 생성을 억제할 수 있는 연소방법이 아닌 것은?

① 2단 연소
② 저산소(저공기비) 연소
③ 배기의 재순환 연소
④ 연소용 공기의 고온 예열

> **풀이** 질소(N_2)가스는 고온에서 산화되어 질소산화물이 생성되므로 연소용 공기의 고온예열은 질소산화물의 억제가 아닌 촉진방법이 된다.

90 다음 여과식 집진장치 사용 중 틀린 내용은 어느 것인가?

① 여과면의 가스 유속은 미세한 더스트일수록 작게 한다.
② 더스트 부하가 클수록 집진율은 커진다.
③ 여포재에 더스트 일차 부착층이 형성되면 집진율은 낮아진다.
④ 백의 밑에서 가스백 내부로 송입하여 집진한다.

> **풀이** 여과식 집진장치(백필터 건식 집진장치)
> 여포재에 더스트 일차 부착층이 형성되면 집진율이 증가한다.

91 다음 중 연소 시 발생하는 질소산화물(NOx)의 감소 방안으로 틀린 것은?

① 질소 성분이 적은 연료를 사용한다.
② 화염의 온도를 높게 연소한다.
③ 화실을 크게 한다.
④ 배기가스 순환을 원활하게 한다.

정답 85 ① 86 ③ 87 ② 88 ① 89 ④ 90 ③ 91 ②

풀이 화염의 온도를 높이면 질소와 산소의 반응 촉진으로 질소산화물(녹스)의 발생이 증가하여 대기오염을 유발시킨다.

92 다음 분진의 중력침강속도에 대한 설명으로 틀린 것은?

① 점도에 반비례한다.
② 밀도차에 반비례한다.
③ 중력가속도에 비례한다.
④ 입자직경의 제곱에 비례한다.

풀이 분진의 특성(밀도차에 비례)
- 밀도가 크면 중력침강속도가 빠르다.
- 밀도가 가벼우면 중력침강속도가 느려진다.

93 대도시의 광화학 스모그(Smog) 발생의 원인 물질로 문제가 되는 것은?

① NOx
② He
③ CO
④ CO_2

풀이 대도시 광화학 스모그 발생원인
　　질소산화물(녹스 : NOx)

94 다음 중 배기가스와 접촉되는 보일러 전열면으로 증기나 압축공기를 직접 분사시켜서 보일러에 회분, 그을음 등 열전달을 막는 퇴적물을 청소하고 쌓이지 않도록 유지하는 설비는?

① 수트블로어
② 압입통풍 시스템
③ 흡입통풍 시스템
④ 평형통풍 시스템

풀이 보일러 화실, 전열면의 회분, 그을음 제거용 처리설비는 수트블로어(압축공기식, 증기식)이다. 처리 시에는 내부의 수분을 제거하고 사용한다.

95 전기식 집진장치에 대한 설명 중 틀린 것은?

① 포집입자의 직경은 30~50μm 정도이다.
② 집진효율이 90~99.9%로서 높은 편이다.
③ 고전압장치 및 정전설비가 필요하다.
④ 낮은 압력손실로 대량의 가스처리가 가능하다.

풀이 전기식 집진장치(코트렐 집진기)
- 집진포집입자 : 일반적으로 0.05~20μm이다.
- 대용량이며 초기설비비가 많이 든다.

96 집진장치 중 하나인 사이클론의 특징으로 틀린 것은?

① 원심력 집진장치이다.
② 다량의 물 또는 세정액을 필요로 한다.
③ 함진가스의 충돌로 집진기의 마모가 쉽다.
④ 사이클론 전체로서의 압력손실은 입구 헤드의 4배 정도이다.

풀이 다량의 물 또는 세정액이 필요한 집진장치는 습식(회전식, 유수식, 가압수식)이고, 사이클론 집진장치는 건식(원심식)이다.

97 다음 집진장치 중에서 미립자 크기에 관계없이 집진효율이 가장 높은 장치는?

① 세정 집진장치
② 여과 집진장치
③ 중력 집진장치
④ 원심력 집진장치

풀이 집진효율
- 세정식 : 80~95%
- 여과식 : 90~99%
- 중력식 : 40~60%
- 원심식 : 75~95%

정답 92 ② 93 ① 94 ① 95 ① 96 ② 97 ②

98 연료를 공기 중에서 연소시킬 때 질소산화물에서 가장 많이 발생하는 오염물질은?

① NO
② NO_2
③ N_2O
④ NO_3

풀이 연료의 연소 시 고온에서 NO_x(녹스)가 발생하는데, 그중 NO의 비율이 가장 높다.

99 집진장치에 대한 설명으로 틀린 것은?

① 전기 집진기는 방전극을 음(陰), 집진극을 양(陽)으로 한다.
② 전기집진은 쿨롱(Coulomb)력에 의해 포집된다.
③ 소형 사이클론을 직렬시킨 원심력 분리장치를 멀티 스크러버(Multi-scrubber)라 한다.
④ 여과 집진기는 함진 가스를 여과제에 통과시키면서 입자를 분리하는 장치이다.

풀이
- 멀티 사이클론 : 소형 사이클론을 여러 개 직렬시킨 원심력 분리집진장치이다.
- 스크러버 : 기수분리기(보일러 동체에 부착)

100 링겔만 농도표는 어떤 목적으로 사용되는가?

① 연돌에서 배출되는 매연 농도 측정
② 보일러수의 pH 측정
③ 연소가스 중의 탄산가스 농도 측정
④ 연소가스 중의 SOx 농도 측정

풀이 링겔만 매연 농도표(0~5도)
농도 1도당 매연이 20%이며 연돌(굴뚝)에서 배출하는 매연 농도를 측정한다.

101 다음 중 매연 생성에 가장 큰 영향을 미치는 것은?

① 연소속도
② 발열량
③ 공기비
④ 착화온도

풀이 공기가 부족하면 매연이 발생한다.
$$공기비(m) = \frac{실제공기량}{이론공기량}$$
(m은 항상 1보다 크다.)

102 다음 중 습한 함진가스에 가장 적절하지 않은 집진장치는?

① 사이클론
② 멀티클론
③ 스크러버
④ 여과식 집진기

풀이 백필터 여과식은 집진장치에서 건식이므로 습한 함진가스(세정식 집진장치로 처리함)의 집진은 처리가 어렵다.

103 99% 집진을 요구하는 어느 공장에서 70% 효율을 가진 전처리 장치를 이미 설치하였다. 주처리 장치는 약 몇 %의 효율을 가진 것이어야 하는가?

① 98.7
② 96.7
③ 94.7
④ 92.7

풀이
$\eta_T = \eta_1 + \eta_2(1-\eta_1)$
$99 = 0.7 + \eta_2(1-0.7)$
주처리(η_2) = 0.967(96.7%)
$\eta_2 = \dfrac{0.99-0.7}{1-0.7} = 0.967(96.7\%)$

104 부탄가스의 폭발 하한값은 1.8Vol% 이다. 크기가 10m×20m×3m인 실내에서 부탄의 질량이 최소 약 몇 kg일 때 폭발할 수 있는가?(단, 실내 온도는 25℃이다.)

① 24.1
② 26.1
③ 28.5
④ 30.5

정답 98 ① 99 ③ 100 ① 101 ③ 102 ④ 103 ② 104 ②

용적 = $10 \times 20 \times 3 = 600 \text{m}^3$

표준량 = $600 \times \dfrac{273}{273+25} = 550 \text{Nm}^3$

$550 \times \dfrac{1.8}{10^2} = 10 \text{m}^3$

∴ 폭발량(G) = $\dfrac{10}{22.4} \times 58 = 26 \text{kg}$

(부탄 $22.4\text{m}^3 = 1\text{kmol} = 58\text{kg}$)

105 연돌의 실제통풍압이 35mmH₂O, 송풍기의 효율은 70%, 연소가스양이 200m³/min일 때 송풍기의 소요동력은 약 몇 kW인가?

① 0.84　　② 1.15
③ 1.63　　④ 2.21

 1kW = 102kg·m/s, 1min = 60초

소요동력(P) = $\dfrac{Z \cdot Q}{102 \times \eta} = \dfrac{35 \times (200) \times \dfrac{1}{60}}{102 \times 0.7}$

$= 1.63 \text{kW}$

106 다음 중 연소효율(η_c)을 옳게 나타낸 식은? (단, H_L : 저위발열량, L_i : 불완전연소에 따른 손실열, L_C : 탄 찌꺼기 속의 미연탄소분에 의한 손실열이다.)

① $\dfrac{H_L - (L_C + L_i)}{H_L}$

② $\dfrac{H_L + (L_C - L_i)}{H_L}$

③ $\dfrac{H_L}{H_L + (L_C + L_i)}$

④ $\dfrac{H_L}{H_L - (L_C - L_i)}$

 연소효율 = $\dfrac{\text{저위발열량} - (\text{불완전손실} + \text{미연탄소분})}{\text{저위발열량}}$ (%)

107 어느 용기에서 압력(P)과 체적(V)의 관계가 $P = (50V + 10) \times 10^2 \text{kPa}$과 같을 때 체적이 2m³에서 4m³로 변하는 경우 일량은 몇 MJ인가?(단, 체적의 단위는 m³이다.)

① 32　　② 34
③ 36　　④ 38

 $W = \int_{V_1}^{V_2} P dV = \int_{V_1}^{V_2} (50V + 10) \times 10^2 dV$

$= \left\{ 10(V_2 - V_1) + 50 \dfrac{(V_2^2 - V_1^2)}{2} \right\} \times 10^2$

$= \left\{ 10(4-2) + \dfrac{50}{2}(4^2 - 2^2) \right\} \times 10^2$

$= 32{,}000 \text{kJ} = 32 \text{MJ}$

108 메탄(CH₄)가스를 공기 중에 연소시키려 한다. CH₄의 저위발열량이 50,000kJ/kg이라면 고위발열량은 약 몇 kJ/kg인가?(단, 물의 증발잠열은 2,450kJ/kg으로 한다.)

① 51,700　　② 55,500
③ 58,600　　④ 64,200

풀이 $CH_4 + 2O_2 \rightarrow CO_2 + 2H_2O$

증발총열량 = $2 \times 2{,}450 = 4{,}900 \text{kJ/kg}$
= 저위발열량 + 증발열
= $50{,}000 + 4{,}900 = 54{,}900 \text{kJ/kg}$

109 배기가스와 외기의 평균온도가 220℃와 25℃이고, 0℃, 1기압에서 배기가스와 대기의 밀도는 각각 0.770kg/m³와 1.186kg/m³일 때 연돌의 높이는 약 몇 m인가?(단, 연돌의 통풍력 Z = 52.85 mmH₂O이다.)

① 60　　② 80
③ 100　　④ 120

정답　105 ③　106 ①　107 ①　108 ②　109 ②

[풀이] 통풍력$(Z) = 273H\left[\dfrac{\gamma_a}{273+t_a} - \dfrac{\gamma_g}{273+t_g}\right]$

$= 273 \times H\left[\dfrac{1.186}{273+25} - \dfrac{0.770}{273+220}\right] = 52.85$

∴ 연돌높이$(H) = \dfrac{52.85}{273 \times \left[\dfrac{1.186}{298} - \dfrac{0.770}{493}\right]} = 80\text{m}$

110 질량비로 프로판 45%, 공기 55%인 혼합가스가 있다. 프로판 가스의 발열량이 100MJ/Nm³일 때 혼합가스의 발열량은 약 몇 MJ/Nm³인가?(단, 공기의 발열량은 무시한다.)

① 29
② 31
③ 33
④ 35

[풀이] $100 \times 0.45 = 45\text{MJ}$

$45 \times \dfrac{55}{45} = 55\text{MJ}$

∴ $45 - (55 - 45) = 35\text{MJ/Nm}^3$

또는 $\left(1 - \dfrac{29}{44}\right) \times 100 = 35\text{MJ/Nm}^3$

111 연소가스는 연돌에 200℃로 들어가서 30℃가 되어 대기로 방출된다. 배기가스가 일정한 속도를 가지려면 연돌 입구와 출구의 면적비를 어떻게 하여야 하는가?

① 1.56
② 1.93
③ 2.24
④ 3.02

[풀이] $T_1 = 200 + 273 = 473\text{K}$

$T_2 = 30 + 273 = 303\text{K}$

평균온도$(T_3) = \dfrac{473 + 303}{2} = 388\text{K}$

배기가스 유속 일정 면적비 $= \dfrac{473}{303} = 1.56$

112 공기비 1.3에서 메탄을 연소시킨 경우 단열 연소온도는 약 몇 K인가?(단, 메탄의 저발열량은 49MJ/kg, 배기가스의 평균비열은 1.29kJ/kg·K이고 고온에서의 열분해는 무시하며, 연소 전 온도는 25℃이다.)

① 1,663
② 1,932
③ 1,965
④ 2,230

[풀이] $CH_4 + 2O_2 \rightarrow CO_2 + 2H_2O$

16kg : 2×32kg : 44kg : 2×18kg
1kg : 4kg : 2.75kg : 2.25kg

이론공기량$(A_0) = \dfrac{O_o}{0.232} = \dfrac{4}{0.232} = 17.2\text{kg/kg}$

실제공기량$(A) = (m - 0.232)A_0 + CO_2 + H_2O$
$= (1.3 - 0.232) \times 17.2 + 2.75 + 2.25$
$= 23.3\text{kg/kg}$

∴ 연소온도(t)
$= \dfrac{H_l}{G \times C_p} + t_o$
$= \dfrac{49\text{MJ/kg} \times 10^3\text{kJ/kg}}{1.29 \times 23.3} + (273 + 25)\text{K}$
$≒ 1,932\text{K}$

113 체적비로 메탄이 15%, 수소가 30%, 일산화탄소가 55%인 혼합기체가 있다. 각각의 폭발 상한계가 다음 표와 같을 때 이 기체의 공기 중에서 폭발 상한계는 약 몇 vol%인가?

구분	메탄	수소	일산화탄소
폭발 상한계 (vol%)	15	75	74

① 46.7
② 45.1
③ 44.3
④ 42.5

[풀이] $\dfrac{100}{L} = \dfrac{100}{\dfrac{V_1}{L_1} + \dfrac{V_2}{L_2} + \dfrac{V_3}{L_3}}$ (폭발범위 상한계)

$= \dfrac{100}{\dfrac{15}{15} + \dfrac{30}{75} + \dfrac{55}{74}} = \dfrac{100}{1 + 0.4 + 0.743} = 46.7\%$

114 효율이 60%인 보일러에서 12,000kJ/kg의 석탄을 150kg 연소시켰을 때의 열손실은 몇 MJ인가?

① 720 ② 1,080
③ 1,280 ④ 1,440

풀이 열손실 = 100 - 60 = 40(%)
총연소열량 = 150 × 12,000 = 1,800,000kJ
∴ 손실열 = 1,800,000 × 0.4 = 720,000kJ = 720MJ
※ 1MJ = 1,000kJ

115 중유의 저위발열량이 41,860kJ/kg인 원료 1kg을 연소시킨 결과 연소열이 31,400kJ/kg이고 유효출열이 30,270kJ/kg일 때, 전열효율과 연소효율은 각각 얼마인가?

① 96.4%, 70% ② 96.4%, 75%
③ 72.3%, 75% ④ 72.3%, 96.4%

풀이 실제 연소열 = 31,400
- 연소효율 = $\dfrac{연소열}{발열량} \times 100 = \dfrac{31,400}{41,860} \times 100 = 75\%$
- 전열효율 = $\dfrac{유효출열}{연소열} \times 100$
  $= \dfrac{30,270}{31,400} \times 100 = 96.4\%$

116 보일러의 열효율[η] 계산식으로 옳은 것은? (단, h_s : 발생증기, h_w : 급수의 엔탈피, G_a : 발생증기량, G_f : 연료소비량, H_l : 저위발열량이다.)

① $\eta = \dfrac{H_l \times G_f}{(h_s + h_w)G_a}$

② $\eta = \dfrac{(h_s - h_w)G_a}{H_l \times G_f}$

③ $\eta = \dfrac{(h_s + h_w)G_a}{H_l \times G_f}$

④ $\eta = \dfrac{(h_s - h_w)G_a G_f}{H_l}$

풀이 보일러 열효율(η) = $\dfrac{유효열}{공급열}$

$\eta = \dfrac{G_a(h_s - h_w)}{H_l \times G_f} \times 100 (\%)$

117 아래 표와 같은 질량분율을 갖는 고체연료의 총 질량이 2.8kg일 때 고위발열량과 저위발열량은 각각 약 몇 MJ인가?

- C(탄소) : 80.2%   • H(수소) : 12.3%
- S(황) : 2.5%   • W(수분) : 1.2%
- O(산소) : 1.1%   • 회분 : 2.7%

반응식	고위발열량 (MJ/kg)	저위발열량 (MJ/kg)
C + O$_2$ → CO$_2$	32.79	32.79
H + $\frac{1}{4}$O$_2$ → $\frac{1}{2}$H$_2$O	141.9	120.0
S + O$_2$ → SO$_2$	9.265	9.265

① 44, 41 ② 123, 115
③ 156, 141 ④ 723, 786

풀이
- 고위발열량(H_h)
  = (32.79 × 0.802 + 141.9 × 0.123 + 9.265 × 0.025) × 2.8
  = 123MJ
- 저위발열량(H_l)
  = (32.79 × 0.802 + 120.0 × 0.123 + 9.265 × 0.025) × 2.8
  = 115MJ

118 다음 집진장치 중 코트렐식과 관계가 있는 방식으로 코로나 방전을 일으키는 것과 관련 있는 집진기로 가장 적절한 것은?

① 전기식 집진기 ② 세정식 집진기
③ 원심식 집진기 ④ 사이클론 집진기

풀이 전기식 집진장치
코트렐식이 대표적이다(코로나 방전을 이용한다).

정답 114 ① 115 ② 116 ② 117 ② 118 ①

CHAPTER 005 가스 폭발 방지대책

SECTION 01 연소가스의 폭발 등급 및 안전간격

1. 안전간격

1) 화염일주(소염)

소염 또는 발화할 수 있는 온도, 압력 조성의 조건이 갖추어져도 용기가 작으면 발화하여 화염은 전파되지 않고 도중에 꺼져버리는 현상이다.

2) 소염거리(한계직경)

두 면의 평행판의 거리를 좁혀가며 화염이 전파하지 않게 될 때의 면간의 거리이다.

3) 한계지름(한계직경)

가는 파이프 속을 화염이 진행할 때 도중에 꺼져 전파되지 않는 한계의 지름이다.

4) 안전간격

둥근구형용기 안에서 가스를 발화시켰을 때 중앙부에 설치된 8개의 개구부로부터 화염 외측의 폭발성 혼합가스까지의 전달 여부를 2개의 평행 금속면 틈사이를 조정하면서 측정한 것으로 화염이 전달되지 않는 한계의 틈사이를 말한다.
※ 안전간격의 값은 가스의 최소 점화에너지와 깊은 관계가 있고, 안전간격이 작은 가스일수록 최소 점화에너지도 적고 폭발하기 쉽다.

5) 안전간격 측정방법

틈사이는 8개의 블록게이지를 (폭 10mm, 길이 30mm, 틈새의 깊이 25mm) 끼워서 조정하여 간극을 변화시키면서 내부의 화염이 틈사이를 통하여 외부로의 이동 여부를 압력계 또는 들창으로 확인하면서 실험한다.

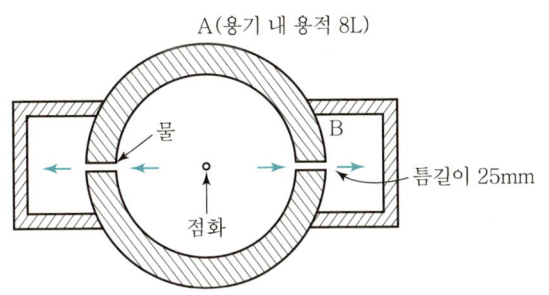

| 안전간격 측정장치 약도 |

2. 연소가스의 폭발등급(Explosion Class)

1) 혼합비 및 표준시료

(1) 혼합비

가연성 가스와 공기와의 혼합비는 가장 발화하기 쉬운 조성의 경우에 대한 것이다.

(2) 표준시료

폭발등급 3에 대해서는 수소 30%, 폭발등급 2에 대해서는 수소 40%, 폭발등급 1에 대해서는 수소 50%와 공기와의 혼합가스를 말한다.

2) 폭발등급 : 틈새 깊이가 25mm인 경우

(1) 폭발 1등급 : 안전간격이 0.6mm 이상

가스 종류 : 메탄(CH_4), 에탄(C_2H_6), 프로판(C_3H_8), 벤젠(C_6H_6), 아세톤($(CH_3)_2CO$), 일산화탄소(CO), 암모니아(NH_3), 가솔린 등

(2) 폭발 2등급 : 안전간격이 0.6~0.4mm

가스 종류 : 에틸렌(C_2H_4), 석탄가스(CH_4+CO+H_2)

(3) 폭발 3등급 : 안전간격이 0.4mm 이하

가스 종류 : 수소(H_2), 수성가스($CO+H_2$), 아세틸렌(C_2H_2), 이황화탄소(CS_2)

※ 안전간격이 작을수록 위험성이 큰 가스이다.

> **Reference 폭발의 종류**
> - 압력폭발 : 풍선, 용기, 보일러의 물리적 압력폭발
> - 산화폭발 : 가연성가스가 폭발하는 것
> - 분해폭발 : 아세틸렌, 산화에틸렌, 히드라진, 오존의 폭발
> - 중합폭발 : 시안화수소, 산화에틸렌 등의 중합열 폭발
> - 촉매폭발 : 수소, 염소 등 직사광선에 의한 폭발
> - 분진폭발 : 마그네슘, 알루미늄 등의 분말이 정전기에 의해 폭발하는 것

SECTION 02 가연성 가스의 폭발범위

1. 폭발범위(Combustible Range Limits of inflammability)

1) 폭발한계(Explosive Limit)

폭발(연소를 포함)이 일어나는 데 필요한 농도, 압력 등의 한계를 말한다. 조성이 일정한 혼합기체가 발화하는 한계온도는 압력에 따라 변화하며, 그 관계가 그림과 같은 형태로 되는 것도 있다.

2) 폭발범위(연소범위, 폭발한계(농도), 가연한계)

① 정의 : 폭발(또는 연소)이 일어나는 데 필요한 가연성 가스의 농도범위, 공기 등의 지연성 기체 중의 가연성 기체의 농도에 대해서는 연소하는 데 필요한 하한과 상한을 각각 폭발하한계, 폭발상한계라 하고, 보통 1기압, 상온에서의 측정치를 나타낸다. 직경 5cm, 길이 150cm의 유리파이프에 혼합가스를 20℃ 1기압에서 넣고 전기점화하여 측정한다.

> **Reference 폭굉한계**
> 폭발한계 내에서도 특히 격렬한 폭굉을 생성하는 조성한계, 폭굉상한계 농도는 폭발상한계 농도와 접근되어 있는 것이 많고 하한계는 많이 떨어져 있다.

② 폭발범위 : 연소범위가 발생하는 원인은 혼합가스의 반응열의 발생속도와 열의 방열속도의 관계에서 생긴다.
   ㉠ 폭발하한계 : 공기 등의 지연성 가스의 양은 많으나 가연성 가스의 양이 적어서 그 이하에서는 연소가 전파, 지속될 수 없는 한계치로 가스의 연소열과 활성화 에너지에 영향을 받는다.
   ㉡ 폭발상한계 : 가연성 가스의 양은 많으나 상대적으로 공기 등의 지연성 가스의 양이 적어서 그 이상에서는 연소가 지속될 수 없는 한계치로 산소 등 산화제의 농도에 영향을 받는다.

2. 온도의 영향

온도가 높을 때는 열의 일산속도(방열속도)가 늦어지므로 연소범위는 좌우로 넓어지며 반대로 온도가 낮을 때는 방열속도가 빨라져 연소범위는 좁아진다.

3. 압력의 영향

압축하여 압력을 상승시키면 반응의 분자농도가 증대하여 반응속도(발열속도)는 증가하고, 전도전열은 압력에 거의 영향을 받지 않고 복사전열은 압력에 비례, 대류 및 분자확산은 압력에 반비례하므로 방열속도는 압력에 의해 거의 변화하지 않는다. 이 때문에 압력 상승 시 발열속도는 촉진되나 방열속도는 변화하지 않으며, 결국 폭발이 심해지고 폭발범위도 넓어진다.

1) 가스 종류별 압력의 영향

① 일반적으로 가스압력이 높아질수록 발화온도는 낮아지고 폭발범위는 넓어진다.
② 일산화탄소와 공기의 혼합가스는 압력이 높아짐에 따라 폭발한계가 좁아진다.(공기 중의 질소를 헬륨이나 아르곤으로 치환하거나 혼합가스 중에 수증기가 존재하면 연소범위는 압력과 더불어 증대)
③ 가스압력이 대기압 이하로 낮아지면 폭발범위는 좁아지고 어느 압력 이하에서는 발화하지 않는다.
④ 수소-공기 혼합가스에서는 10atm까지는 연소범위가 좁아지나 그 이상의 압력에서는 다시 점차 확대된다.

> **Reference**
> - **한계압** : 폭발성 혼합가스의 압력을 점차 저하해가면 발열속도가 방열속도를 따를 수 없게 되어 폭발이 일어나지 않게 되는 압력을 말한다.
> - **저압폭발** : 가스에 따라서는 한계압 이하로 압력을 저하시키면 재차 폭발을 일으키는데 이와 같은 압력에서의 폭발을 말하며, 수소, 메탄, 일산화탄소 등이 있다.

2) 발화온도(Ignition Temperature)에 대한 압력의 영향

① **폭발반도** : 수소-산소의 혼합물($2H_2 + O_2$)이 발화하는 한계압력과 온도의 관계를 표시해보면 압력이 낮은 편에 나타나는 반도상의 부분으로 이 영역에서는 상압때 보다도 훨씬 낮은 온도에서 폭발이 발생하는데 연쇄반응에 의한 폭발이다.

② **냉염** : 냉염이란 어두운 곳에서 겨우 볼 수 있을 정도의 약한 빛을 내는 저온의 불꽃으로 많은 탄화수소, 에테르, 알코올류의 산화반응 과정에서 생기고, 그 빛은 여기된 포름알데히드 분자로부터 나오는 방사이다.(수소, 일산화탄소, 메탄 등에서는 냉염을 볼 수 없다.)
일반적으로 탄소수가 2 이상인 탄화수소의 발화점을 압력의 함수로써 표시한 곡선은 저온부에서 특유한 곡선을 나타낸다. 이 굴곡부의 저압부를 싸는 것과 같은 범위(냉염영역)에서 생긴다. 발생온도는 200~420℃, 이때 압력은 물질에 따라 크게 변동한다.

4. 불활성 기체의 영향(산소 농도의 영향)

불활성 기체(이산화탄소, 질소 등)를 공기와 혼합하여 산소 농도를 줄여가면 폭발범위는 점차 좁아지는데 그 이유는 불활성 기체가 지연성가스와 가연성가스의 반응을 방해하고 흡수하기 때문이다.

5. 용기의 크기 및 형태

온도·압력·조성의 3조건이 갖추어져도 용기가 적으면 발화하지 않거나 발화해도 화염이 전파되지 않고 도중에 꺼져 버린다.

SECTION 03 폭발범위의 계산

1. 폭발범위와 연소열과의 관계(가연성 가스 및 분진의 경우)

$$\frac{1}{L_1} \fallingdotseq K\frac{Q}{E}, \quad \frac{1}{y_1} \fallingdotseq K'\frac{q}{E}$$

여기서, L_1 : 가연성 가스의 폭발 하한계(부피)
　　　　y_1 : 가연성 가스의 폭발 하한계(mg/L), 분진의 경우(g/m³)
　　　　K, K' : 상수
　　　　Q : 분자 연소열(kcal/mol)
　　　　q : 1g당 연소열(kcal/g)=$\frac{Q}{M}$ (M : 분자량)
　　　　E : 활성화 에너지

폭발하한계는 연소열에 반비례, 즉 연소열이 클수록 하한계는 낮다.

1) 르 샤틀리에 식에 의한 가스의 폭발범위 계산

$$\frac{100}{L} = \frac{V_1}{L_1} + \frac{V_2}{L_2} + \frac{V_3}{L_3}$$

여기서, L : 혼합가스의 폭발범위 값
L_1, L_2, L_3 : 각 성분의 단독 폭발범위 값(체적 %)
V_1, V_2, V_3 : 각 성분의 체적(%)

2. 인화점(Flash Point)

가연성 액체의 액면 부근에 인화하기에 충분한 농도의 증기를 발산하는 최저온도로 증기와 폭발하한이 주어지면 다음 계산식에 의해 폭발하한에 해당하는 증기압을 계산하고 그 증기압에 해당하는 온도를 액체의 증기곡선(온도와 증기압의 관계)에서 찾으면 그 온도가 인화점이다.

$$P = 7.6 L_1 \left(\therefore L_1 = \frac{P}{760} \times 100 \right)$$

여기서, P : 증기압(mmHg), L_1 : 폭발상한계

1) 상부 인화점

폭발 상한계 L_1에 해당하는 압력($P = 7.6L$)의 증기압을 낼 수 있는 온도, 즉 용기 내에 인화성 액체가 있을 경우 인화점 이하에서는 용기 내의 혼합가스는 폭발하한 이하이고, 인화점 이상에서는 폭발범위에 있고 더욱 온도가 상승하여 용기 내의 혼합가스는 폭발상한을 초과하는데 이때의 온도가 상부 인화점이다. 이 온도 이상에서는 누설될 가스는 연소하지만 용기 내에서는 연소하지 않는다.

2) 위험온도 범위

위험온도 범위란 인화성 액체에 대해서 인화점(t_1)과 상부 인화점(t_2) 중간의 온도, 즉 t_1과 t_2 차이가 약 30° 내외(여름철 위험온도 범위에 들어가는 것 – 에틸알코올, 메틸알코올, 겨울철에 위험온도 범위에 들어가는 것 – 벤젠, 초산에틸, 이황화탄소, 에틸 에테르

3. 유기 가연성 가스의 폭발범위 계산

1) 폭발 하한계(L_1)

$$L_1 ≒ 0.55 x_0$$

여기서, x_0 : 가연성 가스의 공기 중에서의 완전연소식에서 화학양론 농도(%)

$$\text{공기 중 가연성 가스 농도} = \frac{1}{1+\dfrac{n}{0.21}} \times 100 = \frac{21}{0.21+n}[\%]$$

하한계 계산값

$$\frac{100}{L} = \frac{V_1}{L_1} + \frac{V_2}{L_2} + \frac{V_3}{L_3}$$

여기서, L : 혼합가스의 폭발범위 값
L_1, L_2, L_3 : 혼합가스의 폭발범위 하한값
V_1, V_2, V_3 : 각 혼합가스의 체적

2) 폭발 상한계(L_2)

$$L_2 \fallingdotseq 4.8\sqrt{x_0}$$

상한계 계산값

$$\frac{100}{L} = \frac{V_1}{L_A} + \frac{V_2}{L_B} + \frac{V_3}{L_C}$$

여기서, L : 혼합가스의 폭발범위 값
L_A, L_B, L_C : 혼합가스의 폭발범위 상한값
V_1, V_2, V_3 : 각 혼합가스의 체적

4. 분진의 폭발범위

입자의 크기, 형상 등에 영향을 받는다.

SECTION 04 위험도 계산

1. 가연성 가스 위험도(H)

폭발범위를 폭발 하한계로 나눈 값으로 폭발성 혼합가스(가연성 가스 또는 증기)의 위험성을 나타내는 척도, 위험도(H)가 클수록 위험성이 높다.

$$H = \frac{U-L}{L}$$

여기서, U : 폭발상한
L : 폭발하한

(1) **위험도(H)가 특히 큰 것** : 이황화탄소, 아세틸렌, 산화에틸렌, 에틸에테르, 수소, 아세트알데히드, 황화수소, 에틸렌 등

(2) **위험도(H)가 아주 적은 것** : 브롬화메틸, 염화메틸, 암모니아 등

2. 최소 점화(발화)에너지

폭발성 혼합가스 또는 폭발성 분진을 발화시키는 데 필요한 최소한의 발화에너지 착화원으로 가스의 온도, 가스의 조성, 압력에 따라 다르다. 불꽃방전을 이용하여 $E = \frac{1}{2}CV^2$에 의해 계산하며, 최소 점화에너지가 작을수록 위험성은 크다.(E는 방전에너지(Joule), C는 방전전극과 병렬 연결한 축전기의 전용량(Farad), V는 불꽃전압(Volt)이다.)

3. 화염 일주한계

폭발성 혼합가스 용기를 금속제의 협소한 간극의 두 부분으로 격리한 경우 한편의 혼합가스에 착화된 화염이 좁은 협극 부분을 통과할 때 일주하여 다른 쪽의 혼합가스에 인화되지 않게 되는 한계의 최소거리를 말한다. 화염 일주한계가 작을수록 위험성은 크다.

4. 인화점(Flash Point)

액체의 온도를 올려가면서 인화점 시험을 할 때 액체의 표면 부근에서 순간적인 화염을 보게 되는 최저온도가 인화점이며, 이보다 약간 높은 온도로서 적어도 5초 동안 계속하여 액면에서 연소를 계속하는 최저온도가 연소점(화염점)이다. 일반적으로 연소점이 인화점보다 5~20℃ 정도 높은 것이 보통이나 인화점이 100℃ 이하에서는 양자가 같은 것도 많다. 인화점이 낮을수록 위험성이 크다.

5. 발화점(Ignition Temperature)

(1) **최저 발화온도** : 장시간 가열하여 최초로 발화하는 최저온도
(2) **순간 발화온도** : 1초라든가 3초 지연상태의 발화온도에 상당하는 온도, 발화점이 낮을수록 위험성은 크다.

> **Reference**
>
> ㉠ 발화지연 : 어느 온도에서 가열하기 시작하여 발화에 이르기까지의 시간
>   - 고온고압일수록 발화지연은 짧아진다.
>   - 가연성 가스와 산소의 혼합비가 완전 산화에 가까울수록 발화지연은 짧아진다.
> ㉡ 발화점에 영향을 주는 인자
>   - 가연성 가스와 공기의 혼합비
>   - 발화가 생기는 공간의 형태와 크기
>   - 가열속도와 지속시간
>   - 기벽의 재질과 촉매효과
>   - 점화원의 종류와 에너지 투여법
> ㉢ 가스온도가 발화점까지 높아지는 원인
>   - 가스의 균일한 가열
>   - 외부점화원에 의해 어떤 에너지를 한 부분에 국부적으로 주는 것

6. 폭발성 물질의 감도

(1) **충격감도** : 질량 5kg(또는 2kg) 추를 시료(0.05~0.1g)의 원형 석박에 싸서 놓고 그 위에 낙하시켜 폭발하지 않는 것이 최고 낙하치(불폭치)이다. 이 높이가 작은 것일수록 감도가 높다.

(2) **마찰감도** : 0.1g의 시료를 자기제 유발에 넣어서 격심하게 마찰하여 폭발 유무를 본다. 감도를 예민하게 하기 위하여 가열하거나 모래 또는 유리알을 넣는 경우도 있다.

>  감도
>
> 폭발성 물질을 기폭시키기 위하여 최초에 가하여야만 하는 충격 또는 마찰 에너지의 최저값. 이 에너지가 작은 것일수록 감도가 높고 감도가 높을수록 위험성은 크다.

SECTION 05 연소 반응식 및 생성열

1. 연소 반응식

1) 열화학 방정식

반응식에 반응물과 생성물의 상태를 명시하고, 그 반응에 동반하는 반응열을 표시, 단 상태가 명확한 것은 상태표시를 생략할 수 있다.

2) 연소에 관련된 열화학 방정식(1기압 2.5℃)

$$C(s) + O_2(g) \rightleftarrows CO_2(g) + 97,200 \text{kcal/kmol} (8,100 \text{kcal/kg})$$
$$C(s) + CO_2(g) \rightleftarrows 2CO(g) - 39,000 \text{kcal/kmol}$$

- $C + \dfrac{1}{2}O_2 \rightleftarrows CO + 29,200 \text{kcal/kmol} (2,433 \text{kcal/kg})$

- $CO + \dfrac{1}{2}O_2 \rightleftarrows CO_2 + 67,700 \text{kcal/kmol} (5,667 \text{kcal/kg})$

- $H_2(g) + \dfrac{1}{2}O_2 \rightleftarrows H_2O(l) + 68,400 \text{kcal/kmol} (34,200 \text{kcal/kg})$

- $H_2(g) + \dfrac{1}{2}O_2 \rightleftarrows H_2O(g) + 57,600 \text{kcal/kmol} (28,800 \text{kcal/kg})$

- $C + H_2O \rightleftarrows CO + H_2 - 39,300 \text{kcal/kmol}$
- $C + 2H_2O \rightleftarrows CO + 2H_2 - 39,600 \text{kcal/kmol}$
- $S + O_2 \rightleftarrows SO_2 + 80,000 \text{kcal/kmol} (2,500 \text{kcal/kg})$

2. 생성열

1) 생성열(Heat of Formation)

어떤 화합물 1mol이 그 성분원소의 분자 또는 원자의 결합에 의해 만들어졌을 때의 반응열이다. (즉 물질 1몰이 성분 홑원소 물질로부터 생성될 때 반응열)

2) 반응열

화학반응에 수반하여 화학계와 외계 사이에서 교환되는 열량을 말한다. 발열일 때는 +, 단위는 보통 cal/mol이다.
① 정적(定積) 반응열 : 반응이 등온 정적변화의 경우로 실열량(實熱量)이라고 부르는 수가 많다. 화학계의 내부 에너지의 변화와 같다.
② 정압(定壓) 반응열 : 반응이 등온 정압변화의 경우로 간단히 반응열이라고 부르는 수가 많다. 화학계의 엔탈피(열함량) 변화가 같다.

3) 헤스(Hess)의 법칙(총열량 불변의 법칙)

정압하의 화학반응에서 발생하는 열량은 그 반응이 단번에 일어나든, 몇 단계를 밟아서 일어나든 같다. 즉, 최초의 상태와 최후의 상태만 결정되면 그 도중의 경로에는 무관하다.

4) 연료의 발열량(Calorific Valve)

연료의 연소열을 그 연료의 발열량이라고 한다. 압력과 온도에 따라 다소 변하는데 특히 기체반응의 경우 정압하의 발열량을 Q_p(kcal/mol), 정용하의 발열량을 Q_v(kcal/mol)이라면 정압하에서는 체적변화를 동반하므로

$$Q_p = Q_v - P\Delta V$$

여기서, P : 정압반응 시의 압력, ΔV : 정압반응 시의 체적 증가량

이상 기체로 간주하면 $PV = nRT$ 이므로

$$Q_p = Q_v - \Delta nRT$$

여기서, R : 기체상수, Δn : 정압반응 시 변화된 몰수, v : 절대온도

① 총발열량(H_h)=저위발열량+480×수증기양(kcal/m³)
② 순발열량(H_l)=고위발열량−수증기양×480(kcal/m³)

SECTION 06 방폭 구조(Explosion-proof Structure)의 종류

1. 위험한 장소의 분류

1) 위험한 장소

폭발성 혼합가스가 존재할 우려가 있는 작업장소

2) 위험한 장소 판정기준

① 취급물질의 물성 : 인화점, 발화점 폭발한계, 비중
② 발생조건 : 정상, 이상에 따라 가스누설, 유출, 파괴에 따른 유출 등
③ 감쇄조건 : 환기, 기온, 풍향, 풍속 등의 기상조건

3) 가스폭발 위험장소의 종류

① 제0종 위험장소(Division 0 Area) : 폭발성 가스의 농도가 연속적이거나 장시간 지속적으로 폭발한계 이상이 되는 장소 또는 지속적으로 위험상태가 생성되거나 생성할 우려가 있는 장소

㉠ 인화성 액체의 용기 또는 탱크 내의 액면 상부 공간부
㉡ 가연성 가스 용기, 탱크의 내부
㉢ 개방된 용기에 있어서 인화성 액체의 액면부근

② **제1종 위험장소**(Division 1 Area) : 정상적인 운전이나 조작 및 가스배출, 뚜껑의 개폐, 안전밸브 등의 동작에 있어서 위험 분위기를 생성할 우려가 있는 장소
㉠ 가연성 가스 또는 증기가 공기와 혼합되어 위험하게 된 장소
㉡ 수리, 보수, 누설 등에 의하여 자주 위험하게 된 장소
㉢ 사고시 위험한 가스방출 및 전기기기에도 사고 우려가 있는 장소

③ **제2종 위험장소**(Division 2 Area) : 이상적인 상태하에서 위험상태가 생성할 우려가 있는 장소
㉠ 제1종 위험장소의 주변 및 인접한 실내로서 위험농도의 가스가 취입할 우려가 있는 장소
㉡ 밀폐 용기 또는 설비 내에 봉입되어 있어서 사고 시에만 누출하여 위험하게 된 장소
㉢ 위험한 가스가 정체되지 않도록 환기 설비에 있어서 사고 시에만 위험하게 된 장소

4) 방폭구조의 종류

① **내압(耐壓)방폭구조**(d) : 전폐구조로 용기 내부에서 폭발성 가스의 폭발이 일어났을 때 용기가 압력에 견디고 또한 외부의 폭발성 가스에 인화할 우려가 없도록 한 구조

② **유입(油入)방폭구조**(o) : 전기기기의 불꽃 또는 아크를 발생하는 부분을 기름 속에 넣어 유면상에 존재하는 폭발성 가스에 인화될 우려가 없도록 한 구조

③ **안전증방폭구조**(e) : 정상운전 중에 전기불꽃 및 고온이 생겨서는 안 되는 부분(권선, 접속부)에 이들이 생기는 것을 방지하도록 구조상 및 온도상승에 대비하여 특별히 안전도를 증가시키는 구조

④ **압력방폭구조(내압 : 內壓)**(p) : 용기 내부에 공기 또는 불활성 가스를 압입하여 압력을 유지하여 폭발성 가스가 침입하는 것을 방지한 구조

⑤ **본질안전방폭구조**(ia, ib) : 정상 시 및 사고 시에 발생하는 전기불꽃 및 고온부로부터 폭발성 가스에 점화되지 않는다는 공적기관에서 점화시험 및 기타 방법에 의해 확인된 구조

⑥ **특수방폭구조**(s) : ①~⑤ 이외의 구조로 폭발성 가스의 인화를 방지할 수 있는 것을 공적기관에서의 시험 및 기타 방법에 의하여 확인된 구조

SECTION 07 가스폭발(Gas Explosion)의 종류와 상태

1. 폭발

급격한 압력의 발생이나 기체의 순간적인 팽창에 의하여 폭발음과 함께 심한 파괴작용을 동반하는 현상

1) 폭발의 종류
① 물리적 폭발
② 화학적 폭발
③ 핵폭발

2) 폭발의 형태
① 증기운폭발 : 저비점 액화가스의 저장, 취급시설 등에서 대량의 인화성 기체가 생성되어 공기와 혼합가스를 형성하고 있다가 점화원에 의해 착화되어 거대한 화구를 형성하며 폭발하는 형태
② 분진폭발 : 미세한 가연성 분진입자가 공기 중에 부유하여 폭발범위를 형성하고 있다가 점화에너지에 의해 착화되어 폭발하는 것으로 기체상태의 폭발과 유사

3) 상태에 따른 폭발
① 기상폭발 : 기체상태의 폭발로서 가스폭발, 분진폭발, 분무폭발 등
② 의상폭발 : 액체 또는 고체상태의 폭발로서 수증기폭발, 전이폭발, 전선의 폭발, 분해폭발, 중합폭발 등

2. 폭발의 발생 조건

① 온도
　㉠ 발화온도
　㉡ 최소 점화에너지
　㉢ 외부 점화에너지

② 조성 : 가연성 가스와 지연성 가스의 혼합비율

③ 압력
　㉠ 고압일수록 폭발범위가 넓다.
　㉡ 압력이 높아지면 발화온도가 저하된다.

④ 용기의 크기 : 온도, 압력, 조성이 갖추어져 있어도 용기 크기가 작으면 발화하지 않거나 발화해도 꺼져버린다.

3. 폭발의 분류

1) 기체폭발

(1) 혼합가스폭발

① 가연성 가스나 가연성 액체의 증기가 조연성 가스와 일정한 비율로 혼합된 가스가 발화원에 의해 착화되어 일어나는 폭발(약 7~10배)

② 종류 : 프로판가스와 공기, 에테르증기와 공기

(2) 가스의 분해폭발(Gas Explosive Decomposition)

① 가스분자의 분해 시 발열하는 가스는 단일 성분의 가스라도 발화원에 의하여 착화되어 일어나는 폭발

② 종류 : 아세틸렌($C_2H_2 \rightarrow 2C + H_2$), 에틸렌($C_2H_4 \rightarrow C + CH_4$), 이산화염소, 히드라진 등

(3) 분진폭발(Dust Explosion)

① 가연성 고체의 미분 또는 산화반응열이 큰 금속분말이 어떤 농도 이상으로 조연성 가스 중에 분산되어 있을 때 점화원에 의해 착화되어 일어나는 폭발

② 종류 : 유황, 플라스틱, 알루미늄, 티타늄, 실리콘 등

(4) 분무폭발

① 가연성 액체무적이 어떤 농도 이상으로 조연성 가스 중에 분산되어 있을 때 점화원에 의해 착화되어 일어나는 폭발

② 종류 : 유압기기의 기름 분출에 의한 유적 폭발

2) 응상폭발(액체 및 고체상 폭발)

(1) 혼합위험성 물질의 폭발

질산암모늄과 유지의 혼합, 액화시안화수소, 삼염화에틸렌 등의 폭발

(2) 폭발성 화합물의 폭발

니트로글리세린, TNT, 산화반응조에 과산화물이 축적하여 일어나는 폭발

(3) 증기폭발

작열된 응용 카바이트나 용융철 또는 용해 슬래그가 물과 접촉하여 일어나는 수증기 폭발

(4) 금속선폭발

알루미늄과 같은 금속도선에 큰 전류를 흘릴 때 금속의 급격한 기화에 의해 일어나는 폭발

(5) 고체상 전이폭발

무정형 안티몬이 결정형 안티몬으로 전이할 때와 같은 폭발

4. 폭발 원인에 따른 분류

1) 물리적 폭발

액상 또는 고상에서 기상으로의 상변화, 온도상승이나 충격에 의해 압력이 이상적으로 상승하여 일어나는 폭발
① 증기폭발
② 금속선폭발
③ 고체상 전이폭발
④ 압력폭발(보일러, 고압가스용기 등 폭발)

> **Reference 폭발요인에 따른 폭발**
>
> - **열폭발** : 발열속도가 방열속도보다 커서 반응열에 의한 자기가열로 반응속도가 증대해서 일어나는 폭발
> - **연쇄폭발** : 연쇄반응의 연쇄운반체의 수가 급격히 증가하여 반응속도가 가속되어 일어나는 폭발

2) 화학적 폭발

① 산화폭발 : 가연성 물질과 산화제(공기, 산소, 염소)의 혼합물이 점화되어 산화반응에 의하여 일어나는 폭발
  ㉠ 폭발성 혼합가스의 폭발, 화약의 폭발, 분진·분무폭발
  ㉡ 수소와 염소의 반응($H_2 + Cl_2 \rightarrow 2HCl$) : 수소·염소폭명기
  ㉢ 아세틸렌과 산소와 반응($2C_2H_2 + 5O_2 \rightarrow 4CO_2 + 2H_2O$)

② 분해폭발 : 산소 없이 단일가스가 분해하여 폭발하는 것
  ㉠ 압력을 증가시킬 때 C_2H_2, C_2H_4O 등의 분해폭발
  ㉡ 과산화에틸, N_2H_4(히드라진), O_3(오존) 등

③ 중합폭발 : 불포화 탄화수소(화합물) 중에서 특히 중합하기 쉬운 물질이 급격한 중합반응을 일으키고 그때의 중합열에 의하여 일어나는 폭발

㉠ 종류 : HCN, 염화비닐, 산화에틸렌, 부타디엔 등
④ **촉매폭발** : 수소와 염소에 햇볕이 비추었을 때 일어나는 염소폭명기의 폭발이다.

> **Reference** 블레비(BLEVE) 현상
>
> 액화가스를 저장하는 용기 주변에 화재 등의 발생으로 용기를 가열하는 경우 액화가스의 비등으로 급격한 압력의 상승이 있다. 이때 안전장치(안전밸브, 봉판)를 통하여 이루어지는 압력의 완화율보다 내부의 압력증가율이 큰 경우 용기가 파열되는 현상을 BLEVE라 한다. 또한 액화가스가 가연성인 경우 거대한 화구를 형성하게 되는데 이런 현상을 파이어볼(Fire Ball)이라고 한다.
> ※ BLEVE : Boiling Liquid Expanding Vapor Explosion

5. 폭굉(Detonation)

1) 폭굉의 정의

가스 중 음속보다 화염 전파속도가 큰 경우로서 파면 선단에 충격파라고 하는 강한 압력파가 발생하여 격렬한 파괴작용을 일으키는 원인이 된다.
① 폭속은 폭굉이 전하는 속도로서 가스의 경우 1~3.5km/sec
② 연소 속도는 0.1~10m/sec
③ 폭굉에서는 압력이 고속파로 진행되기 때문에 압력이 높아지는 것으로 폭굉파가 벽에 충돌하면 파면 압력은 약 2.5배

> **Reference** 폭연과 폭굉
>
> 폭연과 폭굉의 차이는 폭발 시 발생하는 충격파(압력파)의 속도이다.
> • 폭연(Deflagration) : 음속보다 느리게 이동하는 연소현상으로 속도는 0.1~10m/sec
> • 폭굉(Detonation) : 음속보다 빠르게 이동하며 파괴작용을 동반하는 연소현상으로 속도는 1,000~3,500m/sec

2) 충격파(Shock Wave)

연소가스 중의 음속보다 화염 전파속도가 크면 파면 선단에 충격파라고 하는 솟구치는 압력파가 발생하여 일어나는 격렬한 파괴작용을 말한다.(폭굉파 속도가 3km/sec일 때 충돌압력은 최고 $1,000kgf/cm^2$)

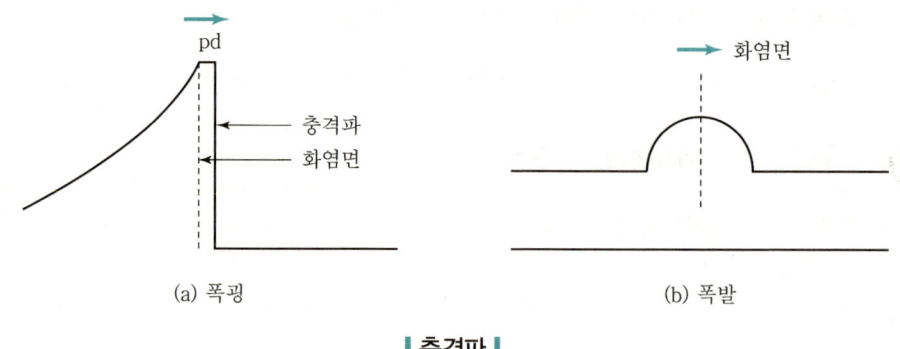

| 충격파 |

3) 폭굉유도거리(DID)

최소의 완만한 연소가 격렬한 폭굉으로 발전할 때까지의 거리로 가스의 종류, 혼합비, 압력온도, 관지름, 표면상황, 점화원 등의 인자에 영향을 받는다.

> **Reference** 폭굉유도거리가 짧아지는 조건
>
> - 정상 연소속도가 큰 혼합가스일수록
> - 관 속에 방해물이 있거나 관지름이 가늘수록
> - 공급압력이 높을수록
> - 점화원의 에너지가 강할수록
> - 주위 온도가 높을수록

4) 스핀 폭굉

혼합기가 들어 있는 관속을 폭굉파가 전파할 때 관측 둘레를 회전하면서 수반하는 폭굉현상을 스핀 폭굉이라고 말한다.

SECTION 08 안전성 평가 및 안전성 향상 계획서의 작성·심사 등에 관한 기준

1. 용어 정의

1) 체크리스트(Checklist) 기법

공정 및 설비의 오류, 결함상태, 위험상황 등을 목록화한 형태로 작성하여 경험적으로 비교함으로써 위험성을 정성적으로 파악하는 안전성 평가기법

2) 상대위험순위 결정(Dow and Mond Indices) 기법

설비에 존재하는 위험에 대하여 수치적으로 상대위험순위를 지표화하여 그 피해 정도를 나타내는 상대적 위험 순위를 정하는 안전성 평가기법

3) 작업자 실수분석(Human Error Analysis ; HEA) 기법

설비의 운전원, 정비보수원, 기술자 등의 작업에 영향을 미칠 만한 요소를 평가하여 그 실수의 원인을 파악하고 추적하여 정량적으로 실수의 상대적 순위를 결정하는 안전성 평가기법

4) 사고예상 질문분석(What – If) 기법

공정에 잠재하고 있으면서 원하지 않은 나쁜 결과를 초래할 수 있는 사고에 대하여 예상질문을 통해 사전에 확인함으로써 그 위험과 결과 및 위험을 줄이는 방법을 제시하는 정성적 안전성 평가기법

5) 위험과 운전분석(HAZard and OPerability Studies ; HAZOP) 기법

공정에 존재하는 위험 요소들과 공정의 효율을 떨어뜨릴 수 있는 운전상의 문제점을 찾아내어 그 원인을 제거하는 정성적인 안전성 평가기법

6) 이상위험도 분석(Failure Modes, Effects, and Criticalty Analysis ; FMECA) 기법

공정 및 설비의 고장의 형태 및 영향, 고장 형태별 위험도 순위 등을 결정하는 기법

7) 결함수 분석(Fault Tree Analysis ; FTA) 기법

사고를 일으키는 장치의 이상이나 운전사 실수의 조합을 연역적으로 분석하는 정량적 안전성 평가기법

8) 사건수 분석(Event Tree Analysis ; ETA) 기법

초기 사건으로 알려진 특정한 장치의 이상이나 운전자의 실수로부터 발생되는 잠재적인 사고결과를 평가하는 정량적 안전성 평가기법

9) 원인결과 분석(Cause – Consequence Analysis ; CCA) 기법

잠재된 사고의 결과와 이러한 사고의 근본적인 원인을 찾아내고 사고결과와 원인의 상호 관계를 예측·평가하는 정량적 안전성 평가기법

2. 주요 구조부분의 변경

1) 가스도매 사업자
① 가스 생산량이 증가 또는 공정의 변경을 위하여 설비 등의 규모를 증가시키거나 추가로 설치할 경우
② 설비교체 등을 위하여 변경되는 생산설비 및 부대설비의 당해 전기 정격용량의 합이 300kW 이상인 경우

2) 일반 도시가스 사업자(제조소 내의 시설에 한한다.)
① 저장능력의 변경
② 일일 가스생산 능력이 50,000m^3(15,000kcal/m^3 기준) 이상 증가되는 시설의 변경

3. 안전성 평가(Safety Assessment)의 실시 등

(1) 도시가스 사업자는 다음의 안전성 평가기법 중 한 가지 이상을 선정하여 안전성 평가를 실시하되 당해 시설에 가장 적합한 안전성 평가기법을 선정하여야 하며 선정한 평가기법의 선정 근거 및 그와 관련된 기준을 안전성 평가서에 명시하여야 한다.
① 체크리스트 기법
② 상대 위험순위 결정기법
③ 작업자 실수분석기법
④ 사고예상 질문분석기법
⑤ 위험과 운전분석기법
⑥ 이상 위험도 분석기법
⑦ 결함수 분석기법
⑧ 사건수 분석기법
⑨ 원인결과 분석기법
⑩ ①~⑨와 동등 이상의 기술적 평가기법

(2) 이미 안전성 평가를 실시하여 시행 당해 연도 현재 기준으로 개선조치가 이루어지고, 그동안 변경사항이 없을 경우에는 이미 실시한 안전성 평가서로 대체할 수 있다.

(3) 안전성 평가는 안전성 평가 전문가, 설계전문가 및 공정운전 전문가 각 1인 이상 참여한 전문가로 구성된 팀에 의하여 실시한다.

4. 안전성 향상 계획서의 세부내용

1) 공정안전자료

① 사업 및 설비개요
② 제조ㆍ저장하고 있는(또는 제조ㆍ저장할) 물질의 종류 및 수량
③ 물질안전자료
④ 가스시설 및 그 관련 설비의 목록 및 사양
⑤ 내압시험 및 기밀시험 관련 자료
⑥ 가스시설 및 그 관련 설비의 운전방법을 알 수 있는 공정도면
⑦ 각종 건물ㆍ설비의 배치도
⑧ 방폭지역 구분도 및 전기단선도
⑨ 설계ㆍ제작 및 설치 관련 지침서
⑩ 기타 관련 자료

2) 안전성 평가서

① 안전성 평가서의 구성
② 공정위험특성
③ 잠재위험의 종류
④ 사고빈도 최소화 및 사고 시의 피해 최소화 대책
⑤ 안전성 평가 보고서
⑥ 기존 설비의 안전성 향상 계획서 작성

3) 안전운전계획

① 안전운전 지침서
② 설비점검ㆍ검사 및 보수ㆍ유지계획 및 지침서
③ 안전작업허가
④ 협력업체 안전관리계획
⑤ 종사자의 교육계획
⑥ 가동 전 점검지침
⑦ 변경요소 관리계획
⑧ 자체감사 및 사고조사계획
⑨ 기타 안전운전에 필요한 사항

4) 비상조치계획

① 비상조치를 위한 장비·인력보유 현황
② 사고 발생 시 각 부서·관련 기관과의 비상연락체계
③ 사고 발생 시 비상조치를 위한 조직의 임무 및 수행절차
④ 비상조치계획에 따른 교육계획
⑤ 주민홍보계획
⑥ 기타 비상조치 관련사항

SECTION 09 화재 및 소화방법

1. 화재의 종류

1) A급 화재(일반화재) : 백색(냉각소화)

① 보통가연물 화재
② 소화재 : 물, 알칼리수용액, 주수, 산, 알칼리, 포

2) B급 화재(유류 및 가스화재) : 황색(질식소화)

① 인화성 증기를 발생하는 석유류 등의 화재
② 소화재 : 포, 할로겐화합물약재, 이산화탄소, 소화분말

3) C급 화재(전기화재) : 청색

① 전기장치인 변압기, 스위치, 모터 등의 화재
② 소화재 : 전기전도성이 없는 유기성 소화액, 불연성 기체

4) D급 화재(금속화재)

① 마그네슘, 알루미늄 등의 금속화재
② 소화재 : 마른모래, 분말

2. 소화방법

① 제거소화 : 가연물의 제거
② 질식소화 : 산소공급원의 제거

③ 냉각소화 : 물로서 주수소화

④ 희석소화 : 가연물이나 가스, 산소농도를 연소한계점 이하로 소화

⑤ 기타 소화

3. 소화기의 종류

1) 물 소화기 : 축압식 물소화기, 가압식 물소화기, 펌프식 물소화기

2) 포말소화기 : 화학포, 기계포, 특수포

탄산수소나트륨($NaHCO_3$), 황산알루미늄($Al_2(SO_4)_3$)이 주성분

3) 분말 소화기

① 제1종 분말소화약제 : 탄산수소나트륨

② 제2종 분말소화약제 : 탄산수소칼륨($KHCO_3$)

③ 제3종 분말소화약제 : 제1인산암모늄($NH_4H_2PO_4$)

④ 제4종 분말소화약제 : 탄산수소칼륨과 요소(($NH_2)_2CO$)의 화합물

> **Reference**
>
> 드라이케미컬(Dry Chemical)
> 탄산수소나트륨+탄산수소칼륨+염화칼륨+인산암모늄의 총칭
>
> 드라이파우더(Dry Powder)
> 금속용 분말소화제의 총칭으로 소금주제분말소화제, 인산암모늄주제분말소화제, 탄산수소나트륨과 흡착제분말소화제이다.

4) CO_2 소화기(탄산가스 소화기)

5) 할로겐 화합물 소화기(증발성 액체 소화기)

① 할론1011 소화기 : 일취화일염화메탄(CH_2ClBr)

② 할론1211 소화기 : 일취화일염화이불화메탄(CF_2ClBr)

③ 할론1301 소화기 : 할로겐화합물(CF_3Br) 소화제

④ 할론2402 소화기 : 사불화이취화에탄($C_2F_4Br_2$)

※ 방사방식 : 축압식, 가스가압식, 수동펌프식

6) 강화액 소화기

물의 소화효과를 증가시키기 위해 물에 탄산칼륨(K_2CO_3)을 용해시킨 수용액이다.

7) 산, 알칼리 소화기

소화기 내부에 산으로 이용되는 황산(H_2SO_4)을 충전하는 용기(앰플)와 중탄산나트륨($NaHCO_3$)을 충전하는 외통으로 구분되어 있으며 방사방법은 전도식, 파병식이 있다.

4. 가스화재의 예방대책

① 가스의 누설확인은 비눗물을 사용
② 콕 작동 시 불의 점화 확인
③ 사용 후 콕과 중간 밸브를 잠근다.
④ 연소기구 이동 시 연결부분의 누설 확인
⑤ 용기밸브 및 조정기의 분해금지

> **Reference** 가스누설 시 조치사항
>
> - 가스기기의 콕, 중간밸브, 용기밸브를 닫는다.
> - LP가스의 경우는 환기
> - 점화원 차단
> - 전기기구 사용 금물
> - 가스공급업체에 안전조치 요망

5. 폭발방지대책

① 충전물 사용
② 소염거리에 의한 방법
③ 안전세극에 의한 방법
④ 다공판이나 블록에 의한 방법
⑤ 금망에 의한 방법
⑥ 박판식 안전판 사용
⑦ 폭발억제장치에 의한 방법

CHAPTER 005 출제예상문제

01 폭굉(Detonation)현상에 대한 설명으로 옳지 않은 것은?

① 확산이나 열전도의 영향을 주로 받는 기체역학적 현상이다.
② 물질 내에 충격파가 발생하여 반응을 일으킨다.
③ 충격파에 의해 유지되는 화학반응 현상이다.
④ 반응의 전파속도가 그 물질 내에서 음속보다 빠른 것을 말한다.

풀이 폭굉은 보기의 ②, ③, ④ 외에 다음과 같은 특성을 갖는다.
- 화염의 전파속도 : 1,000~3,500m/s
- 정상연소보다 압력은 2배 상승(밀폐공간은 7~8배)
- C_2H_2 가스의 폭굉범위 : 공기 중 4.2~5.0, 산소 중 3.5~92%

02 다음 중 폭발의 원인이 나머지 셋과 크게 다른 것은?

① 분진 폭발   ② 분해 폭발
③ 산화 폭발   ④ 증기 폭발

풀이 증기폭발
압력에 의한 물리적 폭발이다(보일러 증기 드럼 폭발).

03 불꽃연소(Flaming Combustion)에 대한 설명으로 틀린 것은?

① 연소속도가 느리다.
② 연쇄반응을 수반한다.
③ 연소사면체에 의한 연소이다.
④ 가솔린의 연소가 이에 해당한다.

풀이 화석연료의 불꽃연소는 연소속도가 빠르다.

04 증기운 폭발의 특징에 대한 설명으로 틀린 것은?

① 폭발보다 화재가 많다.
② 연소에너지의 약 20%만 폭풍파로 변한다.
③ 증기운의 크기가 클수록 점화될 가능성이 커진다.
④ 점화위치가 방출점에서 가까울수록 폭발위력이 크다.

풀이 증기운 폭발(UVCE)
대기 중에 다량의 가연성 가스나 인화성 액체가 유출시 대기 중의 공기와 혼합하여 폭발성의 증기구름이 생기는데, 이때 착화원에 의한 화구를 형성하여 폭발하는 형태이다(점화위치가 방출점에서 멀어지면 폭발력이 커진다).

05 증기의 성질에 대한 설명으로 틀린 것은?

① 증기의 압력이 높아지면 증발열이 커진다.
② 증기의 압력이 높아지면 비체적이 감소한다.
③ 증기의 압력이 높아지면 엔탈피가 커진다.
④ 증기의 압력이 높아지면 포화온도가 높아진다.

풀이 증기의 성질
- 압력이 높아지면 엔탈피 증가
- 압력이 높아지면 잠열(kcal/kg) 감소 (증발열 감소)

06 점화에 대한 설명으로 틀린 것은?

① 연료가스의 유출속도가 너무 느리면 실화가 발생한다.
② 연소실의 온도가 낮으면 연료의 확산이 불량해진다.
③ 연료의 예열온도가 낮으면 무화불량이 발생한다.
④ 점화시간이 늦으면 연소실 내로 역화가 발생한다.

정답 01 ① 02 ④ 03 ① 04 ④ 05 ① 06 ①

[풀이] 연소실에서 연소가스의 유출속도가 너무 느리면 역화가 발생한다(유출속도가 너무 빠르면 선화가 발생한다).

07 LPG 용기의 안전관리 유의사항으로 틀린 것은?
① 밸브는 천천히 열고 닫는다.
② 통풍이 잘되는 곳에 저장한다.
③ 용기의 저장 및 운반 중에는 항상 40℃ 이상을 유지한다.
④ 용기의 전락 또는 충격을 피하고 가까운 곳에 인화성 물질을 피한다.

[풀이] 모든 가스는 항상 팽창을 대비하여 40℃ 이하를 유지하여야 한다.

08 연소 설비에서 배출되는 다음의 공해물질 산성비의 원인이 되며 가성소다나 석회 등을 통해 제거할 수 있는 것은?
① SOx ② NOx
③ CO   ④ 매연

[풀이] 황산화물(SOx)은 공해물질 중 산성비의 원인이 된다(가성소다나 석회를 통해 제거가 가능).

09 연소 시 점화 전에 연소실가스를 몰아내는 환기를 무엇이라 하는가?
① 프리퍼지
② 가압퍼지
③ 불착화퍼지
④ 포스트퍼지

[풀이]
• 점화 전 환기 : 프리퍼지
• 점화 후, 연소중지 후 : 포스트퍼지

10 연소가스 중 질소산화물의 생성을 억제하기 위한 방법으로 틀린 것은?
① 2단 연소
② 고온 연소
③ 농담 연소
④ 배기가스 재순환 연소

[풀이] 질소산화물(NOx) 억제방법(고온에서 산소와 질소 혼합)
• 2단 연소
• 저온 연소
• 농담 연소
• 배기가스 재순환 연소

11 화염 면이 벽면 사이를 통과할 때 화염 면에서의 발열량보다 벽면으로의 열손실이 더욱 커서 화염이 더 이상 진행하지 못하고 꺼지게 될 때 벽면 사이의 거리는?
① 소염거리 ② 화염거리
③ 연소거리 ④ 점화거리

[풀이] 소염거리
화염 면이 벽면 사이를 통과할 때 화염 면에서의 발열량보다 벽면으로의 열손실이 더욱 커서 화염이 소멸되는 현상에서 벽면 사이의 거리이다.

12 가스폭발 위험 장소의 분류에 속하지 않는 것은?
① 제0종 위험장소 ② 제1종 위험장소
③ 제2종 위험장소 ④ 제3종 위험장소

[풀이] 전기설비의 방폭성능기준 위험장소 등급분류
• 제0종 위험장소
• 제1종 위험장소
• 제2종 위험장소

정답 07 ③ 08 ① 09 ① 10 ② 11 ① 12 ④

13 가연성 혼합가스의 폭발한계 측정에 영향을 주는 요소로 가장 거리가 먼 것은?

① 온도
② 산소 농도
③ 점화에너지
④ 용기의 두께

풀이 혼합가스 폭발한계 측정에 영향을 주는 요소
온도, 산소 농도, 점화에너지, 용기의 구조 등

14 가스 연소 시 강력한 충격파와 함께 폭발의 전파속도가 초음속이 되는 현상은?

① 폭발연소
② 충격파연소
③ 폭연(Deflagration)
④ 폭굉(Detonation)

풀이 폭굉
- 가스연소 시 강력한 충격파와 함께 폭발의 전파속도가 초음속이 되는 강력한 가스폭발이다.
  (연소 → 폭발 → 폭연 → 폭굉)
- 전파속도 : 1,000~3,500m/s

15 폭굉유도거리(DID)가 짧아지는 조건으로 틀린 것은?

① 관지름이 크다.
② 공급압력이 높다.
③ 관 속에 방해물이 있다.
④ 연소속도가 큰 혼합가스이다.

풀이
- 가스관의 지름이 작을수록 폭굉유도거리가 짧아진다.
- 폭굉유속(디토네이션)은 1,000~3,500m/s이다.
※ 폭굉 : 화염의 전파속도가 음속보다 빠른 가스폭발이다.

16 버너에서 발생하는 역화의 방지대책과 거리가 먼 것은?

① 버너온도를 높게 유지한다.
② 리프트 한계가 큰 버너를 사용한다.
③ 다공 버너의 경우 각각의 연료분출구를 작게 한다.
④ 연소용 공기를 분할공급하여 1차 공기를 착화범위보다 적게 한다.

풀이 버너에서 역화의 방지대책은 버너온도가 아닌 노통, 화실의 온도를 높게 유지하는 것이다.

17 다음 중 기상폭발에 해당되지 않는 것은?

① 가스폭발
② 분무폭발
③ 분진폭발
④ 수증기폭발

풀이 수증기 폭발은 증기 압력 폭발(물리적 폭발)

18 1차, 2차 연소 중 2차 연소에 대한 설명으로 가장 적절한 것은?

① 불완전연소에 의해 발생한 미연가스가 연도 내에서 다시 연소하는 것
② 공기보다 먼저 연료를 공급했을 경우 1차, 2차 반응에 의해서 연소하는 것
③ 완전연소에 의한 연소가스가 2차 공기에 의해서 폭발되는 것
④ 점화할 때 착화가 늦었을 경우 재점화에 의해서 연소하는 것

풀이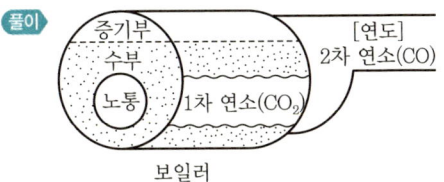

정답 13 ④ 14 ④ 15 ① 16 ① 17 ④ 18 ①

PART 02

ENGINEER ENERGY MANAGEMENT

열역학

CHAPTER 01 열의 기본 개념 및 정의
CHAPTER 02 일과 열
CHAPTER 03 열역학 제1법칙
CHAPTER 04 완전가스(이상기체)
CHAPTER 05 열역학 제2법칙
CHAPTER 06 기체 압축기
CHAPTER 07 내연기관 사이클
CHAPTER 08 증기
CHAPTER 09 증기원동소 사이클
CHAPTER 10 냉동 사이클

CHAPTER 001 열의 기본 개념 및 정의

SECTION 01 열역학의 정의

열역학(Thermodynamics)은 자연과학의 중요한 부분을 차지하며 에너지와 이들 사이의 변환 및 물질의 성질과의 관계를 조사하는 과목으로서, 기계분야에 응용하여 열적인 성질이나 작용 등에 관해 조사하는 학문을 공업열역학(Engineering Thermodynamics)이라 하고 화학적 변화에 대한 것은 화학열역학(Chemical Thermodynamics)에서 다룬다.

공업열역학은 각종 열기관(Heat Engine), 즉 내연기관(Internal Combustion Engine)이나 증기원동소(Steam Power Plant)와 가스터빈(Gas Turbine), 공기압축기(Air Compressor), 송풍기(Blower) 및 냉동기(Refrigerator) 등을 배우는 데 있어서 기초적인 이론지식과 공업열역학과 열 전달의 개념을 익히는 데 그 기본을 두는 학문이다.

즉, 어떤 물질이 한 형태에서 다른 형태로 변화할 때 그 변화가 열에 의한 것이라면 열역학과 열전달의 범위에 속하며, 상태변화 전후의 일어난 상황을 조사하는 학문을 열역학, 종료 사이의 일을 조사하는 것을 열전달이라 한다. 여기서 상태변화 전과 후란 열적평형을 이룬 상태를 말한다.

일반적으로 물질을 분자 및 원자의 집합체로 고려하여 미소입자의 운동을 통계적으로 전개하는 미시적 방법과 온도, 압력, 체적 등을 계측기를 이용해 직접 측정가능한 양을 대상으로 하는 거시적 방법으로 구분되며 수식 전개에서 편미분을 이용하는 진보된 방법으로 구분된다.

SECTION 02 동작물질과 계

1. 동작물질과 계

열기관에서 열을 일로 또는 일을 열로 전환시킬 때는 반드시 매개물질이 필요한데 주로 열에 의하여 압력이나 체적이 쉽게 변하거나 액화나 증발이 쉽게 일어나는 물질을 동작물질(Working Substance) 또는 작업물질이라고 한다.

열역학에서 대상으로 하는 이들 물질의 한정된 공간을 계(System)라 하고 계의 주위와 계와의 구분을 경계라고 한다.

2. 계의 종류

계의 종류로는 개방계(Open System), 밀폐계(Closed System), 절연계(Isolated System)의 세 가지로 구분되며, 개방계는 다시 정상유와 비정상유로 구분된다.

1) 절연계(Isolated System)
계의 경계를 통하여 물질이나 에너지의 교환이 없는 계

2) 밀폐계(Closed System)
계의 경계를 통하여 물질의 교환은 없으나 에너지의 교환은 있는 계

3) 개방계(Open System)
계의 경계를 통하여 물질이나 에너지의 교환이 있는 계로 정상류와 비정상류로 구분할 수 있다.

(1) 정상유(Steady State Flow)
　　과정 간의 계의 열역학적 성질이 시간에 따라 변하지 않는 흐름

(2) 비정상유(Nonsteady State Flow)
　　과정 간의 계의 열역학적 성질이 시간에 따라 변하는 흐름

SECTION 03 열역학적 성질

평형상태에서의 온도, 압력, 체적과 같은 성질들에 의해 정해지는 계를 상태(State)라 하며, 한 상태에서 다른 상태로 변화하는 것을 상태변화라 하고 이 경로를 과정(Process)이라 한다.
한 상태에서 물질의 성질은 특정한 값을 가지며 상태에 도달하기 이전의 경로에는 무관하다. 즉, 성질은 경로에 관계없이 계의 상태에만 관계하는 함수이다.

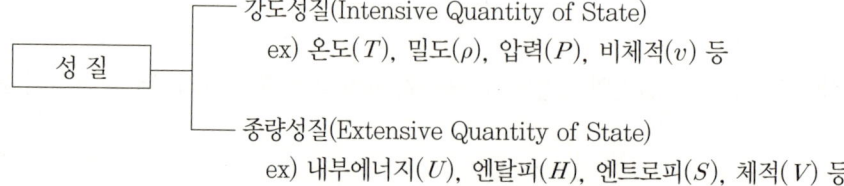

성 질
- 강도성질(Intensive Quantity of State)
  ex) 온도(T), 밀도(ρ), 압력(P), 비체적(v) 등
- 종량성질(Extensive Quantity of State)
  ex) 내부에너지(U), 엔탈피(H), 엔트로피(S), 체적(V) 등

SECTION 04 과정

어떤 계가 임의의 과정을 지나 다른 상태로 변화할 경우 주위에 아무런 변화도 남기지 않고 이루어지며 그 변화를 반대방향으로도 원래상태로 돌아가는 과정을 가역과정이라 하고 위의 조건이 만족하지 않는 과정을 비가역과정이라 한다. 가역과정은 실제로는 존재하지 않으나 열역학적인 견지에서 비가역과정에 대응하는 과정으로서 가정하여 받아들이고 있다. 과정의 종류는 다음과 같은 것들이 있다.

- 정압과정 : 과정 간의 압력이 일정한 과정. $\Delta p = 0$, $p_1 = p_2$
- 정적과정 : 과정 간의 체적 또는 비체적이 일정한 과정. $\Delta v = 0$, $v_1 = v_2$
- 등온과정 : 과정 간의 온도가 일정한 과정. $\Delta T = 0$, $T_1 = T_2$
- 단열과정(등엔트로피 과정) : 과정 간의 열량변화가 없는 과정
- 폴리트로픽 과정

상이한 여러 과정이 일정한 주기로서 이루어지는 것을 사이클(Cycle)이라 하며 사이클은 가역 사이클(Reversible Cycle)과 비가역 사이클(Irreversible Cycle)로 구분된다. 실제 자연현상에서는 가역 사이클은 존재하지 않으므로 준평형과정(Guasi-Eguilibrium Process) 또는 준정적과정이라는 가정하에 가역 사이클을 해석한다.

SECTION 05 단위와 차원

1. 단위

단위계에는 기본단위와 유도단위가 있으며 절대단위계와 공학단위계(중력단위계)로 구분된다.

1) 기본단위

물리적 현상을 다루는 데 필요한 기본량, 즉 질량 또는 힘, 길이, 시간 등의 단위를 기본단위라고 하며 질량과 힘 중에서 질량을 기본단위로 택하는 경우를 절대단위계, 힘을 기본단위로 택하는 경우를 중력단위계 또는 공학단위계라고 한다.

2) 유도단위

기본단위를 조합하여 만들어지는 모든 단위, 즉 면적, 속도, 밀도, 에너지 등의 단위는 유도단위이며, 절대단위계에서는 힘의 단위가 유도단위이고 중력단위계에서는 질량이 유도단위이다.

구분	기본단위	유도단위
중력단위계	kg_f, m, s	$kg_f \cdot m$, kg_f/m^2 등
절대단위계	kg_m, m, s	N, N·m, N/m^2 등

※ 힘은 중력단위계에서는 단위가 kg_f로서 기본단위이나, 절대단위계에서는 $N = kg_m \cdot m/s^2$이므로 유도단위이다.

3) 조립단위

단위 사용을 편리하게 하기 위한 접두어

배량, 분량	호칭법	기호	배량, 분량	호칭법	기호
10^{12}	테라	T	10^{-2}	센티	c
10^{9}	기가	G	10^{-3}	밀리	m
10^{6}	메가	M	10^{-6}	마이크로	μ
10^{3}	킬로	k	10^{-9}	나노	n
10^{2}	헥토	h	10^{-12}	피코	p
10	데카	da	10^{-15}	펨토	f
10^{-1}	데시	d	10^{-18}	아토	a

4) 그리스(희랍)문자

그리스 문자		발음	그리스 문자		발음
A	α	Alpha(알파)	N	ν	Nu(뉴)
B	β	Beta(베타)	Ξ	ξ	Xi(크시)
Γ	γ	Gamma(감마)	O	o	Omikron(오미크론)
Δ	δ	Delta(델타)	Π	π	Pi(파이)
E	ε	Epsilon(엡실론)	P	ρ	Rho(로)
Z	ζ	Zeta(제타)	Σ	σ	Sigma(시그마)
H	η	Eta(에타)	T	τ	Tau(타우)
Θ	θ	Theta(세타)	Υ	υ	Upsilon(입실론)
I	ι	Iota(요타)	Φ	φ	Phi(피)
K	κ	Kappa(카파)	X	χ	Chi(카이)
Λ	λ	Lambda(람다)	Ψ	ψ	Psi(프사이)
M	μ	Mu(뮤)	Ω	ω	Omega(오메가)

2. 단위계

1) CGS 단위계

길이, 질량, 시간의 기본단위를 cm, g, sec로 하여 물리량의 단위를 유도하는 단위계

2) MKS 단위계

길이, 질량, 시간의 기본단위를 m, kg, sec로 하여 물리량의 단위를 유도하는 단위계

3. 차원

모든 물리적 현상은 길이, 시간, 질량 또는 기본량으로서 표시할 수 있는데 이 기본량의 조합을 차원이라고 하며 절대 단위제의 차원을 MLT, 중력단위제의 차원을 FLT로 표시한다.

1) MLT계 차원

질량(M), 길이(L), 시간(T)을 기본차원으로 한다.

2) FLT계 차원

힘(F), 길이(L), 시간(T)을 기본차원으로 한다.

▼ 각종 물리량의 차원

물리량	FLT계	MLT계	물리량	FLT계	MLT계
힘	F	MLT^{-2}	밀도	$F^{-4}LT^{-2}$	ML^{-3}
길이	L	L	운동량	FT	MLT^{-1}
질량	$FL^{-1}T^2$	M	토크	FL	ML^2T^{-2}
시간	T	T	압력	FL^{-2}	$ML^{-1}T^{-2}$
면적	L^2	L^2	동력	FL^{-1}	$M^{-L2}T^{-3}$
속도	LT^{-1}	LT^{-1}	점성계수	$FL^{-2}T$	$ML^{-1}T^{-1}$
각속도	T^{-1}	T^{-1}	동점성계수	L^2T^{-1}	L^2T^{-1}
비중량	FL^{-3}	$ML^{-2}T^{-2}$	에너지, 일	FL	ML^2T^{-2}

4. 단위와 차원 연습

$$kg_f = kg_m \frac{m}{s^2}, \quad [F] = [MLT^{-2}]$$

$$kg_m = kg_f \frac{s^2}{m}, \quad [M] = [FL^{-1}T^2]$$

$$kg_f/m^2 = \frac{kg_m \, m}{s^2 \, m^2}, \quad [FL^{-2}] = [ML^{-1}T^{-2}]$$

$$m^3/kg_m = \frac{m^3}{kg_f} \frac{m}{s^2}, \quad [M^{-1}L^3] = [F^{-1}L^4T^{-2}]$$

SECTION 06 열평형 및 온도

1. 열평형

분자 운동론에서의 온도는 분자의 운동에너지에 관련한 양으로서 기체 분자의 운동에너지에 비례하는 물질이다. 두 물질의 열 전달이 일어나지 않는다면 두 물질은 서로 열평형상태에 있다고 할 수 있으며, 이것을 열역학 제0법칙(The Zeroth Law Of Thermodynamic)이라 하며 온도계 원리 또는 열평형 법칙이라고 한다.

2. 온도

온도를 표시하는 계측기로 온도계(Thermometer)가 있으며, 섭씨온도(℃), 화씨온도(°F), 절대온도(K), 랭킨온도(°R) 등이 있다.

1) 섭씨온도(℃)

표준대기압($1.0332kg/cm^2$)하에서 빙점을 0℃, 비등점을 100℃로 하여 100등분한 눈금

2) 화씨온도(°F)

빙점을 32°F, 비등점을 212°F로 하여 180등분한 눈금

3) 절대온도(K)

이론적으로 물체가 도달할 수 있는 최저온도를 기준으로 하여 물의 삼중점(1atm하에서 물, 얼음, 수증기가 평형되어 공존하는 온도)을 273.16K으로 정한 온도

$$\frac{℃}{100} = \frac{°F - 32}{180} \qquad ℃ = \frac{5}{9}(°F - 32)$$

$$K = ℃ + 273.16$$

$$°R = 459.6 + °F$$

SECTION 07 비중량, 비체적, 밀도 비중

1. 비중량(Specific Weight, γ)

단위 체적이 갖는 물체의 중량을 비중량이라고 한다.

$$\gamma = \frac{W}{V} = \rho g$$

여기서, W : 유체의 중량
V : 체적

표준기압 4℃의 순수한 물의 비중량은 1,000kgf/m³(9,800N/m³)이다.

2. 밀도(Densite, ρ)

단위 체적의 물체가 갖는 질량을 밀도라고 한다.

$$\rho = \frac{m}{V}$$

여기서, m : 질량
V : 체적

3. 비체적(Specific Volume, v_s)

1) 절대단위계

단위 질량의 유체가 갖는 질량을 유체가 갖는 체적

$$v_s = \frac{v}{m} = \frac{1}{\rho}$$

2) 중력단위계

단위 중량의 유체가 갖는 체적

$$v_s = \frac{V}{W} = \frac{1}{\gamma}$$

물의 비체적은 $0.001\text{m}^3/\text{kg}_\text{m} = 0.001\text{m}^3/\text{kg}_\text{f}$이다. 즉, 1kg_m에 대한 물의 비체적과 1kg_f에 대한 물의 비체적은 지구에서는 변화가 없다.

4. 비중(Specific Gravity, S)

같은 체적을 갖는 4℃의 물의 질량(m_w) 또는 중량(W_w)에 대한 어떤 물질의 질량(M) 또는 중량(W)의 비를 말하며, 무차원 수(Dimensionless Number)이다.

$$S = \frac{m}{m_w} = \frac{W}{W_w} = \frac{\rho}{\rho_w} = \frac{\gamma}{\gamma_w}$$

여기서, ρ_w : 물의 밀도
γ_w : 물의 비중량

그러므로 임의 물체의 비중량 및 밀도는 다음과 같다.

$$\gamma = 9,800 S [\text{N/m}^3]$$
$$\rho = 1,000 S [\text{kg}_\text{m}/\text{m}^3][\text{N} \cdot \text{s}^2/\text{m}^4]$$

SECTION 08 에너지와 동력

1. 에너지

일을 할 수 있는 능력으로 표시되며, 단위는 kg·m(N·m)이다.

위치 에너지 $= Gh = mgh$

운동 에너지 $= \dfrac{GV^2}{2g} = \dfrac{mv^2}{2}$

1kcal = 427kg·m = 4.186kJ

열의 단위는 kcal(kJ)이며 일의 단위도 kJ이므로 열과 일은 에너지 단위이다.

2. 동력(Power)

동력은 일(에너지)의 시간에 대한 비율, 즉 단위 시간당 일을 동력이라 한다.

1PS(Pferde Starke) = 75kg·m/s = 735.5W

1HP(Horse Power) = 76kg·m/s

1kW = 1,000W = 1,000J/s = 102kg·m/s

1PSh = 632.3kcal

1kWh = 860kcal = 3,600kJ

SECTION 09 압력

압력이란 단위 면적당 작용하는 수직 방향의 힘으로 정의된다.

1. 표준대기압(atm)

$1atm = 1.0332 kg/cm^2 = 760 mmHg = 10.33 mAq = 1.013 bar = 14.7 psi$

여기서, $1 bar = 10^5 N/m^2 = 10^5 Pa$

$1 Pa = 1 N/m^2$

2. 공학기압(at)

$1at = 1kg/cm^2$

일반적으로 압력의 크기는 완전진공을 기준으로 하는 절대압력(Absolute Pressure)과 국지 대기압을 기준으로 하는 계기압력(Guage Pressure)이 있다.

3. 절대압력

절대 압력 = 대기압 + 계기압
         = 대기압 − 진공압

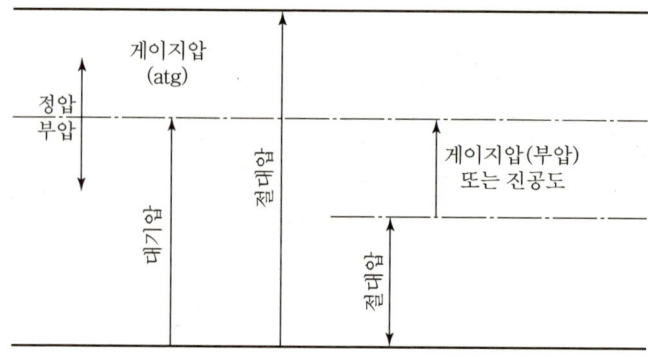

▮ 절대압력과 게이지압력과의 관계 ▮

4. 진공도

$$진공도[\%] = \frac{계기압(진공압)}{대기압} \times 100[\%]$$

SECTION 10 열량과 비열

물질에 열을 가하면 일반적으로 온도는 가한 열에 따라 증가하는 성질이 있으나 열을 가하여도 온도가 변하지 않는 구역이 있는데, 그 구역을 잠열이라 하고 온도가 변하는 구역을 현열로 구분한다.

현열 구역에서 1kg의 물체를 1℃ 높이는 데 필요한 열량을 비열이라 하며 기준을 4℃ 물로 하여 1kcal/kg℃로 하고 있다. 또한 절대단위로 표현하면 1kcal가 4.18kJ이므로 4.18kJ/kg · K이다.

(1) kcal

　　Kilogram-Calorie의 약어이며 1kcal는 표준대기압하에서 순수한 물 1kg을 14.5℃에서 15.5℃까지 높이는 데 필요한 열량이다.

(2) BTU

　　British Thermal Unit의 약어이며 1BTU는 표준대기압하에서 순수한 물 1 lb를 32°F에서 212°F까지 올리는 데 필요한 열의 $\frac{1}{180}$이다.

(3) CHU

　　Centigrade Heat Unit의 약어이며 kcal와 BTU의 조합단위로서 순수한 물 1 lb를 14.5℃에서 15.5℃까지 상승시키는 데 필요한 열량으로 PCU(Pound Celsius Unit)로도 표시한다.

　　1kcal = 3.9868BTU = 2.205CHU = 4.1867kJ

　　1kg = 2.2046 lb

1. 잠열

열을 가하게 되면 일반적으로 물질의 온도는 증가한다. 그러나 어느 구간에서는 열을 아무리 가해도 온도의 변화가 일어나지 않게 된다. 즉 표준대기압(1atm)하에서 물은 아무리 많은 열을 가해도 100℃ 이상은 올라가지 않게 된다.

열을 가하거나 감할 시 온도변화가 있는 구역을 감열구역이라 하고 열을 가하거나 감하더라도 온도변화가 없는 구역을 잠열구역이라 한다.

0℃의 얼음이 0℃의 물로 변할 때의 잠열을 융해잠열이라고 하며 79.8kcal/kg(79.8×4.18 = 333.5kJ/kg)이고 표준대기압에서 100℃의 물이 100℃의 증기로 변할 때의 증발잠열(539kcal/kg = 539×4.18 = 2,235kJ/kg)이라 한다. 이는 상태가 변할 때 에너지가 필요하거나 방출해야만 하기 때문이다. 예를 들면 100℃의 물로 변하며 0℃의 얼음이 열을 받으면 0℃의 물로 변하고 온도의 변화는 없을 것이다. 그림으로 표시하면 다음과 같다.

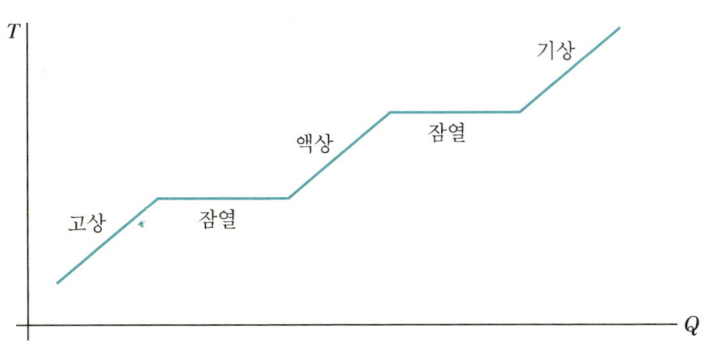

즉 잠열이란 고상에서 액상으로 액상에서 기상으로 변할 때 혹은 반대의 현상이 될 때 분자 간의 길이를 늘이거나 줄이는 데 에너지가 필요하기 때문이다.

2. 열역학 제0법칙

열역학에는 제0법칙부터 제3법칙까지 4개의 핵심 법칙이 있으며, 모든 열역학의 기본이 된다.
열역학 제0법칙은 실험법칙으로서 어떤 물질이 또 다른 물질과 열평형을 이루고 있으면 그 두 물질은 서로 열평형 상태에 있다고 한다. 열역학은 종료 전후의 일을 조사하는 학문이므로 시작점도 열평형을 이루어야 하며 종료상태로 열평형을 이루어야 열역학의 범위에 든다고 할 수 있다. 즉, 열역학 제0법칙을 열평형 법칙 또는 온도계 원리라고 할 수 있다.

3. 사이클(Cycle)

어떤 임의 상태의 계가 몇 개의 상이한 과정을 지나서 최초 상태로 돌아올 때 그 계는 사이클을 이루었다고 한다. 따라서 사이클(Cycle)을 이룬 계의 성질은 최초의 성질들과 그 값이 같아야 하며 시계방향으로 회전하면 사이클이라 하고 반시계방향으로 회전하면 역사이클이라고 한다.

4. 함수(Function)

열역학적으로 함수에는 점함수(Point Function)와 경로함수(Path Function)가 있다. 점함수는 경로에 따라서 값의 변화가 없는 함수이며 완전 미분이고, 경로함수는 경로에 따라서 값이 변화하는 함수로 불완전 미분이다.

CHAPTER 001 출제예상문제

01 섭씨(℃)와 화씨(℉)의 양편의 눈금이 같게 되는 온도는 몇 ℃인가?

① 40　　　　　② −30
③ 0　　　　　　④ −40

[풀이] $℃ = \dfrac{5}{9}(℉-32)$ 에서

$x = \dfrac{5}{9}(x-32)$

∴ $x = -40[℃]$

02 대기압이 750mmHg이고 보일러의 압력계가 12kg/cm²을 지시하고 있을 경우, 이 압력을 절대압력(MPa)으로 환산하면?

① 1.27　　　　② 12.7
③ 127×10^3　　④ 1.27×10^6

[풀이] $P = 750 \times \dfrac{101.3 \times 10^{-3}}{760} + 12 \times \dfrac{101.3 \times 10^{-3}}{1.0332}$

$= 1.27 \text{MPa}$

03 복수기의 진공압력계가 0.8atg를 지시할 때 복수기 내의 절대압력(mmHg) 및 진공도(%)를 구하면?(단, 이때 대기압은 700mmHg이다.)

① 100, 60　　　② 120, 70
③ 111, 84　　　④ 100, 90

[풀이] 절대압력 = 대기압 − 진공압

$= 700 - 0.8 \times \dfrac{760}{1.0332} = 111.53 \text{mmHg}$

진공도 = $\dfrac{진공압}{대기압} \times 100$

$= \dfrac{0.8}{700 \times \dfrac{1.0332}{760}} \times 100 = 84\%$

04 대기압이 700mmHg일 때 게이지 압력이 52.3 kg/cm²인 증기의 절대압력(mAq)은 얼마인가?

① 500　　　　② 520
③ 530　　　　④ 540

[풀이] 절대압력 = 대기압 + 계기압
$= 9.49 + 521.38 = 530.87 \text{mAq}$

05 대기압이 700mmHg일 때 180mmHg 진공은 절대압력(kg/m²)으로 얼마인가?

① 7.069　　　　② 70.69
③ 706.9　　　　④ 7,069

[풀이] 절대압력 = 대기압 − 진공압

$= \dfrac{700 \times 1.0332 \times 10^4}{760}$

$- \dfrac{180 \times 1.0332 \times 10^4}{760}$

$= 7,069.26 \text{kg/m}^2$

06 어떤 기름의 체적이 0.5m³이고, 무게가 36kg일 때 이 기름의 밀도(kg · s²/m⁴)는 얼마인가?

① 7.35　　　　② 73.5
③ 735　　　　　④ 0.735

[풀이] $\gamma = \dfrac{G}{v} = \dfrac{36}{0.5} = 72 \text{kg/m}^3$

$\gamma = \rho g$

기름의 $\rho = \dfrac{\gamma}{g} = \dfrac{72}{9.8} = 7.35 \text{kg} \cdot \text{s}^2/\text{m}^4$

정답   01 ④　02 ①　03 ③　04 ③　05 ④　06 ①

CHAPTER 01. 열의 기본 개념 및 정의

07 20t의 트럭이 수평면에서 40km/h의 속력으로 달린다. 이 트럭의 운동에너지를 열(kJ)로 환산하면?(단, 노면마찰은 무시한다.)

① 1.234 ② 12.34
③ 1,234 ④ 123,467

풀이 $\dfrac{mv^2}{2} = \dfrac{20 \times 10^3}{2} \left(\dfrac{40 \times 10^3}{3,600}\right)^2 \times 10^{-3}$
$= 1,234.7 \text{kJ}$

08 $W=100\text{kg}$인 물체에 $a=2.5\text{m/s}^2$의 가속도를 주기 위한 힘 $F(\text{kg})$를 구하면?(단, 마찰 등은 무시한다.)

① 25.5 ② 25
③ 2.25 ④ 2.5

풀이 뉴턴의 제2법칙 $F = m \cdot a$
중량 W는 지구에서 질량 m과 같으므로
$100 \times 2.5 = 250\text{N}$
구하는 힘 F는 단위가 kg_f이므로
$F = \dfrac{250}{9.8} = 25.5\text{kg}_f$

09 1kWh와 1PSh를 열량으로 환산하면?

① 860kcal, 632.3kcal
② 102kcal, 75kcal
③ 632.3kcal, 860kcal
④ 75kcal, 102kcal

10 70℃의 물 500kg과 30℃의 물 700kg을 혼합하면 이 혼합된 물의 온도는 몇 ℃가 되는가?

① 56.67℃ ② 50℃
③ 46.67℃ ④ 46℃

풀이 $m_1 C_1 (t_1 - t) = m_2 C_2 (t - t_2)$
$C_1 = C_2$
$\therefore t = \dfrac{m_1 t_1 + m_2 t_2}{m_1 + m_2}$
$= \dfrac{500 \times 70 + 700 \times 30}{500 + 700}$
$= 46.67℃$

11 질량 50kg인 동으로 된 내용기에 물 200L가 들어 있다. 90℃의 물 속에서 꺼낸 20kg의 연구를 이 속에 넣었더니 수온이 20℃로부터 24℃로 되었다. 연구의 비열은 얼마인가?(단, 동의 비열은 0.386kJ/kg·K이다.)

① 2.596 ② 0.259
③ 25.9   ④ 259

풀이 50kg의 동으로 된 용기와 물 200kg이 얻은 열량은 20kg의 연구가 잃은 열량과 같으므로
$Q = mC\Delta T$에서
$50 \times 0.386 \times (24-20) + 200 \times 4.18 \times (24-20)$
$= 20 \times C \times (90-24)$
$\therefore C = 2.596 \text{kJ/kg·K}$

12 완전하게 보온되어 있는 그릇에 7kg의 물을 넣고 온도를 측정하였더니 $T=15℃$로 되었다. 그릇의 비열 $C=0.234\text{kJ/kg·K}$, 중량 $G=0.5\text{kg}$이다. 그 속에 온도 200℃, 중량 $G=5\text{kg}$의 금속 조각을 넣고 열평형에 도달한 후의 온도가 25℃이었다면, 금속의 비열(kJ/kg·K)은 얼마인가?

① 3.36   ② 0.336
③ 0.334 ④ 3.34

풀이 $7 \times 4.18 \times (25-15) + 0.5 \times 0.23 \times (25-15)$
$= 5C(200-25)$
$\therefore C = 0.336 \text{kJ/kg·K}$

정답 07 ③ 08 ① 09 ① 10 ③ 11 ① 12 ②

13 공기가 압력일정의 상태에서 0℃에서 50℃까지 변화할 때, 그 비열이 $C=1.1+0.0002t$ 의 식으로 주어진 평균비열(kJ/kg·K)은 얼마인가?(단, t는 ℃이다.)

① 0.55 ② 5.5
③ 0.11 ④ 1.1

풀이 $Q=\int mcdT$(단위질량으로 계산)

$Q=\int_0^{50}(1.1+0.0002t)dt$

$=[1.1t]_0^{50}+\left[0.0002\dfrac{t^2}{2}\right]_0^{50}$

$=1.1\times 50+0.0002\dfrac{50^2}{2}$

$=55.25\text{kJ/kg}$

$C_m=\dfrac{Q}{m\Delta T}=\dfrac{55.25}{50}=1.1\text{kJ/kg}\cdot\text{K}$

14 0℃일 때 길이 10m, 단면의 지름 3mm인 철선을 100℃로 가열하면 늘어나는 길이는 몇 mm인가? (단, 단면적의 변화는 무시하고 철의 선팽창계수는 1.2×10^{-5}/℃이다.)

① 10 ② 11
③ 12 ④ 13

풀이 팽창길이(δ)

$\delta=l\cdot a\cdot \Delta T$

여기서, l : 길이
a : 선팽창계수
ΔT : 온도차

$\delta=10\times 1.2\times 10^{-5}\times 100$
$=0.012\text{m}=12\text{mm}$

15 1kL인 기름을 100m의 높이까지 빨아올리는 데 요하는 일량(J)은 얼마인가?(단, 기름의 비중량은 8,130N/m³이고, 마찰이나 그 밖의 손실을 생각하지 않는다.)

① 8.13×10^4 ② 83×10^4
③ 8.3×10^4 ④ 81×10^4

풀이 $m=\rho\cdot v=\dfrac{r}{g}v$

$=\dfrac{8,130}{9.8}\times 1 ≒ 830\text{kg}$

$w=mgh=830\times 9.8\times 100$
$=81.34\times 10^4\text{J}$

정답 13 ④ 14 ③ 15 ④

CHAPTER 002 일과 열

SECTION 01 일(Work)

만일 계(System) 외부의 물체에 대한 전 효과가 무게를 올리는 것이라면 그 계는 일을 한 것이라 한다. 즉 일은 힘과 거리의 곱으로 나타내며 중력단위계에서는 $kg_f \cdot m$이며 절대단위계에서는 $N \cdot m$으로 나타낸다. 즉, $1kg_f \cdot m = 9.8N \cdot m = 9.8J$ 이다.

열역학에서는 힘을 얻기 위해 주로 압력을 사용하므로 $F = P \cdot A$

다음 그림에서 상태가 P_1에서 P_2로 V_1에서 V_2로 변했으므로 시작점 1점에서 종료점 2점으로 피스톤이 후퇴했을 때의 일을 나타내면

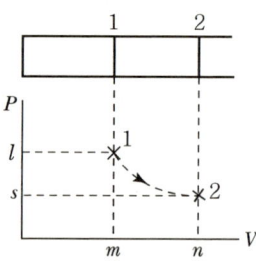

| 밀폐계 일(절대일) |

$$_1W_2 = \int_1^2 \delta W = \int_1^2 F dx = \int_1^2 PA dx = \int_1^2 P dv$$

이다. 즉,

$$_1W_2 = \int_1^2 P dv$$

다음의 식을 좌표로 나타내기 위해서는 $P-V$ 선도가 필요하다.

| 절대일과 공업일 |

V축에 투상한 면적, 즉 $1-2-n-m$을 절대일(Absolute Work)이라고 하며

$$_1W_2 = \int_1^2 \delta W = \int_1^2 Pdv$$

절대일은 비유동일(밀폐계일=팽창일)이라고도 한다.

P축에 투상한 면적, 즉 $1-2-s-l$을 공업일(Technical Work)이라고 한다.

$$W_t = \int_1^2 \delta W = -\int_1^2 vdP \text{ (면적에는 }(-)\text{가 없으므로 }(+)\text{값으로 만든다.)}$$

공업일은 유동일(정상유일=압축일)이다.

SECTION 02 열(Heat)

앞에서 기술한 일은 열에 의해 발생한 것이다. 열이란 온도차($T_1 - T_2$) 혹은 온도구배(D_t)에 의해 계의 경계를 이동하는 에너지 형태이다.

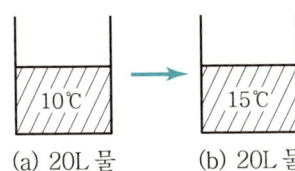

(a) 20L 물   (b) 20L 물

| 에너지 변화 |

그림의 (a)에서 (b)로 되기 위해서

$$Q \propto G \, \Delta T$$

열량은 질량과 온도차에 비례하므로

$$Q = G C \Delta T$$

여기서 C는 비열이라 하며 단위 중량의 물질을 1℃ 올리는 데 필요한 열량이라고 정의되며 절대단위계의 단위로 전환하면 kJ/kg·K이다.

$$C = \frac{Q}{G \, \Delta T} [\text{kcal/kg℃}]$$

비열은 물질의 고유한 성질로서 같은 열을 가해도 각각의 온도 증가는 다르기 때문에 4℃의 물을 기준으로 하여 측정한다. 4℃ 물의 비열 $C = 1\text{kcal/kg℃} = 4.18\text{kJ/kg·K}$이다.

SECTION 03 열과 일의 비교

① 열과 일은 둘 다 전이현상이다. 즉, $Q(\text{kcal}) \leftrightarrow W(\text{kg} \cdot \text{m})$
② 열과 일은 경계현상이다. 이들은 계의 경계에서만 측정되고 또한 경계를 이동하는 에너지이다.
③ 열과 일은 모두 경로함수(과정함수)이며, 불완전 미분이다.
④ 열은 급열 시 (+), 방열 시 (−)이며, 일은 할 때 (+), 받을 때 (−)이다. 그림으로 표시하면 다음과 같다.

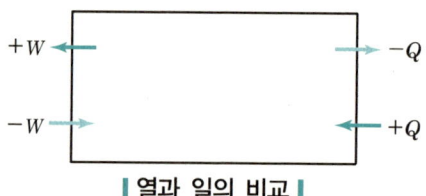

┃ 열과 일의 비교 ┃

CHAPTER 002 출제예상문제

01 600W의 전열기로서 3kg의 물을 15℃로부터 90℃까지 가열하는 데 요하는 시간을 구하면? (단, 전열기의 발생열의 70% 온도 상승에 사용되는 것으로 생각한다.)

① 3.73min ② 37.3min
③ 0.06min ④ 300sec

풀이 $Q = mc\Delta T = 3 \times 4.18 \times (90-15) = 940.5 \text{kJ}$

$\therefore$ 시간$(t) = \dfrac{940.5}{0.6 \times 0.7} \times \dfrac{1}{60} = 37.32 \text{min}$

02 중량 20kg인 물체를 로프와 활차를 써서 수직 30m 아래까지 내리는 데는 손과 로프 사이의 마찰로 에너지를 흡수하면서 일정한 속도로 1분이 걸린다. 손과 로프 사이에서 1시간에 발생하는 열량은 몇 kJ인가?

① 3,528 ② 98
③ 352.8 ④ 58.8

풀이 $mgh = 20 \times 9.8 \times 30 = 5,880 \text{J}$

발생열량$(Q) = 5,880 \times 60 \times 10^{-3} = 352.8 \text{kJ}$

03 30℃의 물 1,000kg과 90℃의 물 500kg을 혼합하면 물은 몇 ℉가 되는가?

① 50℉ ② 122℉
③ 67.8℉ ④ 154℉

풀이 $1,000 \times (x-30) = 500 \times (90-x)$

$\therefore x = 50℃$

화씨온도$(℉) = \dfrac{9}{5}℃ + 32$

$= \dfrac{9}{5} \times 50 + 32 = 122℉$

04 70℃, 50℃, 20℃인 3종류의 액체가 있다. A와 B를 동일 질량씩 혼합하면 55℃가 되고, A와 C를 같은 질량으로 혼합하면 30℃가 된다면, B와 C를 동일한 무게로 섞으면 그 온도는 몇 ℃가 되겠는가?

① 0.32857 ② 3.2857
③ 0.032857 ④ 32.857

풀이
- $C_A \cdot (70-55) = C_B \cdot (55-50)$
  $\therefore C_B = 3C_A$ ····· ㉠
- $C_A \cdot (70-30) = C_C \cdot (30-20)$
  $\therefore C_C = 4C_A$ ····· ㉡

$C_B \cdot (50-x) = C_C \cdot (x-20)$

㉠, ㉡을 대입하면
$3C_A(50-x) = 4C_A(x-20)$

$\therefore x = 32.85$

$32.8℃ = 305.8 \text{K}$

05 0.08m³의 물속에 500℃의 쇠뭉치 3kg을 넣었더니 그의 평균온도가 20℃로 되었다. 물의 온도 상승을 구하면?(단, 쇠의 비열은 0.61kJ/kg·K이고, 물과 용기와의 열교환은 없다.)

① 2.61K ② -2.61℃
③ 275.61K ④ 275.61℃

풀이 물이 얻은 열량과 쇠뭉치가 잃은 열량은 같으므로 물 0.08m³

$G = \gamma_m \cdot V = 1,000 \text{kg/m}^3 \times 0.08 \text{m}^3 = 80 \text{kg}$

$80 \times 4.186 \times \Delta T = 3 \times 0.61 \times (500-20)$

$\Delta T = 2.61$

$\therefore 2.61 \text{K}$ 상승

정답 01 ② 02 ③ 03 ② 04 ④ 05 ①

06 100PS의 원동기가 2분 동안에 하는 일의 열당량은 몇 kJ인가?

① 900,000 ② 88,200
③ 8,820   ④ 882

 1PS=75kg · m/sec
$W = 100 \times 75 \times 120$
   $= 900,000$ kg · m
∴ $900,000 \times 9.8 \times 10^{-3} = 8,820$ kJ

07 100PS를 발생하는 기관의 1시간 동안의 일을 kcal로 나타냈을 때의 값은 몇 kcal인가?

① 632.3   ② 6,323
③ 63,230   ④ 632,300

 100PS×1h=100PSh
1PSh=632.3kcal이므로
열량=100×632.3=63,230kcal

08 1,200W 커피포트(Coffeepot)로 0.5L의 물을 15℃부터 가열하였더니 증발하고 0.2L 남았다. 이때 걸린 시간(min)은?(단, 가열량은 모두 물의 상승온도에 사용된 것으로 하며, 물의 증발비열은 2,257kJ/kg이다.)

① 17.14   ② 18.4
③ 11.87   ④ 12

 $Q = mc\Delta T + 잠열$
   $= 0.5 \times 4.18 \times (100-15) + 0.3 \times 2,257$
   $= 854.75$ kJ

소요시간(t) $= \dfrac{854.75}{1.2 \times 60} = 11.87$ min

09 500W의 전열기로 1L의 물을 10℃에서 100℃까지 가열할 경우 유효열량이 30%라면 가열에 필요한 시간(min)은?

① 41.8   ② 51.8
③ 31.8   ④ 0.698

풀이 $Q = mc\Delta T$
   $= 1 \times 4.18 \times (100-10)$
   $= 376.2$ kJ

시간(min) $= \dfrac{376.2}{0.5 \times 60 \times 0.3} = 41.8$

10 -5℃의 얼음 20g을 20℃의 물로 만드는 데 필요한 열은 몇 kJ인가?(단, 얼음의 잠열은 333kJ/kg이며 얼음의 비열은 2.1kJ/kg · K이다.)

① 8.542   ② 1.882
③ 1.672   ④ 1.868

풀이 $Q = mc\Delta T + 잠열$
   $= 0.02 \times 2.1 \times (0+5) + 333 \times 0.02 + 0.02$
     $\times 4.18 \times (20-0)$
   $= 8.54$ kJ

11 -10℃의 얼음 3kg을 120℃의 증기로 만드는 데 필요한 열량은 몇 MJ인가?(단, 표준대기압 상태이며 얼음의 잠열은 333kJ/kg, 비열은 2.1kJ/kg · K이며 증기의 잠열은 2,253kJ/kg, 비열은 1.88kJ/kg · K이다.)

① 9.2   ② 92
③ 920   ④ 92,000

 얼음의 비열=2.1kJ/kg · K
증기의 비열=1.88kJ/kg · K
$Q = 3 \times 2.1 \times (0+10) + 333 \times 3 + 3 \times 4.18$
   $\times 100 + 2,253 \times 3 + 3 \times 1.88 \times (120-100)$
   $= 9,192$ kJ $= 9.19$ MJ

정답 06 ③ 07 ③ 08 ③ 09 ① 10 ① 11 ①

12 공기가 일정 체적하에서 변화할 때 그 비열이 $C = 0.717 + 0.00015t \,(\text{kJ/kg} \cdot \text{K})$의 식으로 주어진다. 이 경우 3kg의 공기를 0℃에서 200℃까지 가열할 경우 평균비열(kJ/kg · K)은 얼마인가?(단, t는 절대온도이다.)

① 0.732   ② 0.773
③ 0.832   ④ 0.873

풀이
$$Q = 3\left[0.717t + \frac{1}{2}0.00015t^2\right]_{273}^{473} = 463.77\text{kJ}$$
$$C_m = \frac{Q}{m\Delta T} = \frac{463.77}{3 \times 200} = 0.773 \text{kJ/kg} \cdot \text{K}$$

13 질량이 m_1(kg)이고 온도가 t_1(℃)인 금속을 질량이 m_2(kg)이고 온도가 t_2(℃)인 물속에 넣었더니 전체가 균일한 온도 t'으로 되었다면, 이 금속의 비열은 어떻게 되겠는가?(단, 외부와의 열교환은 없고, $T_1 > T_2$이다.)

① $C = \dfrac{m_1(t_1 - t')}{m_2(t' - t_2)}$ [kcal/kg · K]

② $C = \dfrac{m_2(t_2 - t')}{m_1(t' - t_1)}$ [kcal/kg · K]

③ $C = \dfrac{m_1(t' - t_1)}{m_2(t_2 - t')}$ [kcal/kg · K]

④ $C = \dfrac{m_2(t' - t_2)}{m_1(t' - t_1)}$ [kcal/kg · K]

풀이 $m_1 \cdot C \cdot (t_1 - t') = m_2 \cdot 1 \cdot (t' - t_2)$
$$C = \frac{m_2(t' - t_2)}{m_1(t_1 - t')} = \frac{m_2(t_2 - t')}{m_1(t' - t_1)}$$

14 진공도 90%란 몇 ata인가?

① 0.10332   ② 10
③ 10.332   ④ 1.0332

풀이 진공도 $90\% = 1.0332 \times 0.1 = 0.10332$ata
$1.0332 - 1.0332 \times 0.9 = 0.10332$ata

15 어느 증기 터빈에서 입구의 평균 게이지 압력이 0.2MPa이고, 터빈 출구의 증기 평균압력은 진공계로서 700mmHg이었다. 대기압이 760mmHg이라면 터빈 출구의 절대압력(MPa)은 얼마인가?

① 0.006   ② 0.007
③ 0.008   ④ 0.009

풀이 절대압력 $= (760 - 700) \times \dfrac{101.3 \times 10^{-3}}{760}$
$= 0.008$

16 다음 중 옳은 것은?

① 대기압 = 계기압 + 진공압
② 계기압 = 절대압 − 대기압
③ 절대압 = 계기압 − 대기압
④ 진공압 = 계기압 + 대기압

풀이 절대압 = 대기압 + 계기압
= 대기압 − 진공압

17 열역학 계산에서 압력과 온도는?

① 계기압과 온도계 온도를 쓴다.
② 절대압과 절대온도를 쓴다.
③ 계기단위와 절대단위를 병용한다.
④ 경우에 따라 다르다.

풀이 열역학 계산에서 압력은 절대압력(ata), 온도는 절대온도(K) 단위를 사용한다.

18 대기 중에 있는 직경 10cm의 실린더의 피스톤 위에 50kg의 추를 얹어 놓을 때 실린더 내의 가스체의 절대압력은 몇 MPa인가?(단, 피스톤의 중량은 무시하고, 대기압은 1.013bar이다.)

① 0.636   ② 1.669
③ 0.163   ④ 163

정답 12 ② 13 ② 14 ① 15 ③ 16 ② 17 ② 18 ③

풀이 절대압 = 대기압 + 계기압

계기압 = $\dfrac{G}{\dfrac{\pi d^2}{4}} = \dfrac{4 \times 50 \times 9.8}{\pi \times 0.1^2} = 0.062\text{MPa}$

절대압 = 0.1013 + 0.062 = 0.1633MPa

19 대기압이 760mmHg일 때 진공 게이지로 720mmHg인 증기의 압력은 절대압력으로 몇 kPa 인가?

① 0.0533　　② 0.533
③ 5.33　　　④ 53.3

풀이 절대압 = 대기압 − 진공압

$= (760 - 720) \times \dfrac{1.013 \times 10^2}{760}$

$= 5.33\text{kPa}$

20 어떤 알코올 밀도가 7.6kg·sec²/m⁴이다. 이 알코올의 비체적(m³/kg)은 얼마인가?

① 0.13425　　② 1.3425×10^{-2}
③ 1.3425×10^{-3}　　④ 1.3425×10^{-4}

풀이 $\gamma = \rho \cdot g = \dfrac{1}{v} \rightarrow v = \dfrac{1}{\rho \cdot g}$

비체적 = $\dfrac{1}{7.6\text{kg}\cdot\text{sec}^2/\text{m}^4 \times 9.8\text{m/sec}^2}$

$= 0.013425\text{m}^3/\text{kg}$

21 동작물질에 대한 설명 중 틀린 것은?

① 증기관의 수증기, 내연기관의 연료와 공기의 혼합가스 등으로 일명 작업유체라 한다.
② 계 내에서 에너지를 저장 또는 운반하는 물질이다.
③ 상변화를 일으키지 않아야 한다.
④ 열에 대하여 압력이나 체적이 쉽게 변하는 물질이다.

풀이 동작물질
증기관의 수증기, 내연기관의 연료와 공기의 혼합가스 등으로 일명 작업유체라 하며 절연계를 제외하고 계 내에서 에너지 저장 또는 운반상이 변화하기도 한다. 열에 대해 압력이나 체적이 변하기도 한다.

22 중량 20kg의 물체가 공중에서 자유 낙하하여 20m 위치에 도달했을 때 물체의 속도는 몇 m/sec 인가?

① 1.98　　② 19.8
③ 0.33　　④ 1,188

풀이 운동에너지 = 위치에너지
$v = \sqrt{2g \cdot h} = \sqrt{2 \times 9.8 \times 20} = 19.8\text{m/s}$

23 크레인으로 1,000kg을 수직으로 10m 올리는 데 요하는 일(kJ)은 약 얼마인가?

① 10,000　　② 1,000
③ 98　　　　④ 9.8

풀이 일량(W) = $F \cdot s$
$= 1,000 \times 10$
$= 10,000\text{kg}\cdot\text{m}$
$= 10,000 \times 9.8 \times 10^{-3} = 98\text{kJ}$

24 연료의 발열량이 28.5MJ/kg이고, 열효율이 40%인 기관에서 연료소비량이 35kg/h라면 발생동력(PS)은?

① 151　　② 238.1
③ 0.24　　④ 23.81

풀이 1PS = 735J/s

효율(η) = $\dfrac{\text{PS} \times 735 \times 10^{-6} \times 3,600}{35 \times 28.5}$

동력(PS) = $\dfrac{35 \times 28.5 \times 0.4}{735 \times 10^{-6} \times 3,600} = 151\text{PS}$

정답 19 ③　20 ②　21 ③　22 ②　23 ③　24 ①

25 출력 15,000kW의 화력발전소에서 연소하는 석탄의 발열량이 25MJ/kg, 발전소의 열효율이 40%라면 1시간당 석탄의 필요량은 몇 kg인가?

① 5.4 ② 54
③ 540 ④ 5,400

풀이 효율$(\eta) = \dfrac{15 \times 3{,}600}{m \times 25}$

∴ 소비량$(m) = \dfrac{15 \times 3{,}600}{0.4 \times 25} = 5{,}400$kg

26 10인승 정원의 엘리베이터에서 1인당 중량을 60kg으로 하고, 운전속도를 100m/min로 할 경우에 필요한 동력을 구하면?

① 1.87kW ② 9.8kW
③ 1.33kW ④ 13.3kW

풀이 동력$(P) = \dfrac{60 \times 9.8 \times 10 \times 100}{60 \times 1{,}000} = 9.8$kW

27 다음 중 동력(공률)의 단위가 아닌 것은?

① kg · m/sec ② kWh
③ HP ④ PS

풀이 1PS = 75kg · m/s
(동력은 단위 시간당 일)

28 일과 이동열량은?

① 점함수이다.
② 엔탈피와 같이 도정함수이다.
③ 과정에 의존하므로 성질이 아니다.
④ 엔탈피처럼 성질에 속한다.

풀이 일(W)과 열량(Q)은 도정(과정, 경로)함수, 엔탈피 등은 점함수이며 성질이다.

29 열 및 열에너지에 대한 설명 중 옳지 않은 것은?

① 어떤 과정에서 열과 일은 모두 그 경로에는 관계 없다.
② 열과 일은 서로 변할 수 있는 에너지이며 그 관계는 1kcal = 427kg · m이다.
③ 열은 계에 공급된 때, 일은 계에서 나올 때가 +(정)값을 가진다.
④ 열역학 제1법칙은 열과 일에너지의 변환에 대한 수량적 관계를 표시한다.

풀이 열과 일은 도정(과정)함수이므로 어떤 과정에 관계가 있다.
1kcal = 427kg · m
• 열은 공급 시, 일은 나올 때 +값
• 열은 나올 때, 일은 공급 시 −값

30 열전달 과정에서 전도되는 열량은?

① 온도차에 반비례한다.
② 경도의 길이에 반비례한다.
③ 단면적에 반비례한다.
④ 열전도율에 반비례한다.

풀이 열전달에서 전도식은
$Q = KA \dfrac{dT}{dx}$

31 다음 중에서 점함수가 아닌 것은?

① 일 ② 체적
③ 내부 에너지 ④ 압력

풀이 ㉠ 점함수
• 강도성질(T, ρ, p, v 등)
• 종량성질(U, H, S, V 등)
㉡ 경로함수(도정함수) : 일(W), 열(Q)

정답 25 ④ 26 ② 27 ② 28 ③ 29 ① 30 ② 31 ①

32 50마력을 발생하는 열기관이 1시간 동안에 한 일을 열량으로 환산하면 몇 kJ인가?

① 31,615
② 1,323.4
③ 132,340
④ 316.15

풀이 $Q = 50\text{PS} \times 1\text{h} \times \dfrac{632.3\text{kcal}}{1\text{PSh}}$

$= 31,615\text{kcal}$

$Q = 31,615 \times 4.186 = 132,430\text{kJ}$

33 윈치로 15ton의 하중을 마찰제동하여 20m 아래에서 정지시켰다. 이때 베어링에 마찰 및 그 밖의 손실을 무시하면 제동기로부터 발생하는 열량(kJ)은 얼마인가?

① 2,941
② 702.57
③ 70,257
④ 294.1

풀이 발생열량(Q)

$Q = AW$

$= \dfrac{1\text{kcal}}{427\text{kg} \cdot \text{m}} \times G \times h$

$= \dfrac{1\text{kcal}}{427\text{kg} \cdot \text{m}} \times 15,000\text{kg} \times 20\text{m}$

$= 702.57\text{kcal} = 2,941\text{kJ}$

정답 32 ③   33 ①

CHAPTER 003 열역학 제1법칙

SECTION 01 에너지 보존의 원리

영국의 J. Watt가 열을 기계적 일로 바꾸는 장치인 소형 증기기관을 발명한 이후 열과 일의 관계를 알아내려는 연구가 활발하였다.

J. P. Joule은 1847년 실험장치를 통해 열이 일로 전환되는 변수, 즉 열상당량을 구할 수 있는 실험을 하였으며 열의 관계를 양적으로 표현하였다.

"어떤 계가 임의의 사이클(Cycle)을 이룰 때 이루어진 열전달의 합은 이루어진 일의 합과 같다."라고 표현하며, 이를 열역학 제1법칙(The First Law of Thermodynamics) 또는 에너지 보존 원리라고 한다.

중력단위계에서는 다음과 같이 표현된다.

$Q = AW$

일의 열당량(A)은

$A = \dfrac{Q}{W} = \dfrac{1}{427} \text{kcal/kg} \cdot \text{m}$

열의 일당량(J)은

$J = \dfrac{W}{Q} = 427 \text{ kg} \cdot \text{m/kcal}$

절대단위계에서는 열이나 일이 모두 에너지 단위이므로 A(일의 열당량), J(열의 일당량)이 필요 없이 $Q = W$, $W = Q$로 사용된다.

1. 제1종 영구운동(Perpetual Motion of The First Kind) 기관

열역학 제1법칙을 위배하는 기관을 일컬으며 에너지의 소비 없이 연속적으로 동력을 발생하는 기관, 즉 스스로 에너지를 창출해서 효율이 100%를 넘는 존재할 수 없는 기관이다.

2. 계의 상태변화에 대한 에너지 보존 원리

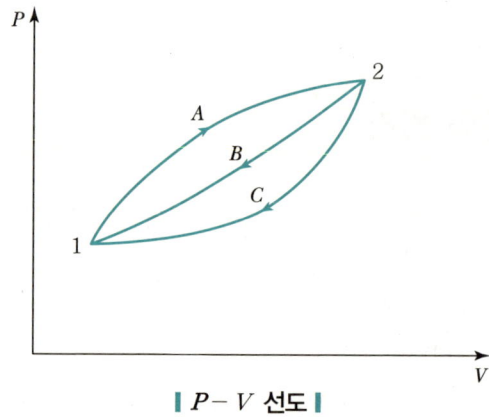

┃ $P-V$ 선도 ┃

Joule의 에너지 보존 원리에 의하면

$$\oint \delta Q = \oint \delta W$$

$$\int_{1A}^{2} \delta Q + \int_{2B}^{1} \delta Q = \int_{1A}^{2} \delta W + \int_{2B}^{1} \delta W \cdots\cdots ①$$

$$\int_{1A}^{2} \delta Q + \int_{2C}^{1} \delta Q = \int_{1A}^{2} \delta W + \int_{2C}^{1} \delta W \cdots\cdots ②$$

①-② 하면

$$\int_{2B}^{1} \delta Q - \int_{2C}^{1} \delta Q = \int_{2B}^{1} \delta W - \int_{2C}^{1} \delta W \cdots\cdots ③$$

$$\int_{2B}^{1} (\delta Q - \delta W) = \int_{2C}^{1} (\delta Q - \delta W)$$

열(Q)과 일(W) 각각은 도정함수이지만, 열(Q)-일(W)은 점함수가 된다.

$$\therefore \delta Q - \delta W = dE$$
$$= d(\text{내부에너지} + \text{유동에너지} + \text{운동에너지} + \text{위치에너지})$$
$$= d\left(U + PV + \frac{V^2}{2g} + Z\right)$$

여기서 운동에너지와 위치에너지의 합을 역학적 에너지라고 한다.

$$\text{역학적 에너지} = \frac{GV^2}{2g} + GZ$$

절대단위계에서는

$$\delta Q - \delta W = dE$$

$$\delta Q = d(u) + d(\Delta pv) + d\left(\frac{mv^2}{2}\right) + d(mgz) + \delta W$$

그러므로,

$$_1Q_2 = m(u_2 - u_1) + \int \Delta PV + \frac{m(v_2^2 - v_1^2)}{2} + mg(z_2 - z_1) + W_t$$

역학적 에너지 $= \dfrac{mv^2}{2} + mgz$

3. 계에서 에너지 방정식의 적용

1장에서 전술한 바와 같이 계에는 절연계, 밀폐계, 개방계가 있으며 열과 일의 유동성이 없다. 계방계에는 정상류와 비정상류가 있는데, 여기서는 정상류에 관해서만 설명한다.

1) 정상류 에너지 방정식

(1) 중력단위계

$$_1Q_2 = G(u_2 - u_1) + A\int_1^2 \Delta PV + \frac{G(V_2^2 - V_1^2)A}{2g} + AG(Z_2 - Z_1) + W_t$$

여기서, $G(u_2 - u_1)$: 내부에너지

$A\displaystyle\int_1^2 \Delta PV$: 유동에너지

$\dfrac{G(V_2^2 - V_1^2)A}{2g}$: 운동에너지

$AG(Z_2 - Z_1)$: 위치에너지

$W_t = -\displaystyle\int vdp$: 공업일

여기서 내부에너지와 유동에너지의 합을 엔탈피(Entalpy)라 한다.

$$G(h_2 - h_1) = G(u_2 - u_1) + A\int \Delta pv$$

$$= G(u_2 - u_1) + A\int_1^2 pdv + A\int_1^2 vdp$$

$v = c$인 정적과정에서 $\Delta h = (u^2 - u^1) + A\displaystyle\int_1^2 pdv$

$p = c$인 정압과정에서 $\Delta h = (u^2 - u^1) + A\int_1^2 vdp$

$p \neq c$, $v \neq c$인 과정에서는 $\Delta h = (u^2 - u^1) + \dfrac{p_2 v_2 - p_1 v_1}{427}$

1점인 경우에는 $h_1 = u_1 + \dfrac{p_1 v_1}{427}$

(2) 절대단위계

$$_1Q_2 = m(u_2 - u_1) + \int_1^2 \Delta PV + \dfrac{m(v_2^2 - v_1^2)}{2} + mg(Z_2 - Z_1) + W_t$$

엔탈피는 내부에너지와 유동에너지의 합이므로

$\Delta H = \Delta U + \Delta PV$

$m(h_2 - h_1) = m(u_2 - u_1) + \int pdv + \int vdp$

$v = c$인 정적과정에서 $\Delta h = (u_2 - u_1) + v(p_2 - p_1)$

$p = c$인 정압과정에서 $\Delta h = (u_2 - u_1) + p(v_2 - v_1)$

$v \neq c$, $p \neq c$인 2점의 상태에서 $\Delta h = (u_2 - u_1) + (p_2 v_2 - p_1 v_1)$

1점의 상태에서 $h = u + \Delta pv$이다.

2) 밀폐계 에너지 방정식(비유동 에너지 방정식)

밀폐계에서는 유동 에너지(ΔPV)의 변화가 없으며 운동에너지와 위치에너지의 크기는 다른 에너지 변화에 비해 작으므로 무시하면

$\delta q = du + pdv$

$_1Q_2 = m(u_2 - u_1) + p(v_2 - v_1)$ ······ ⓐ

식 ⓐ를 비유동에너지 방정식이라고 한다.

4. 과정에 따른 열량의 변화

1) 비열(Specific Heat)

앞절에서 4℃의 물의 비열을 기준량 1kcal/kg℃로 하여 각각 물질의 비열을 정하였으며, 일(W)은 압력(P)과 체적(V)의 함수로 표기할 수 있으나 열을 함수로 표시하는 데는 적합지 않아 정확한 실험을 통해 비열이 상수가 아님을 찾아내었다.

수식으로 표기하면

$$_1Q_2 = \int \delta Q = \int mCdT$$

여기서 질량(m)은 상수이나 비열은 온도의 함수이므로 상수화할 수 없었다.
그러므로

$$_1Q_2 = m\int CdT$$

로 표기되었다.
그러나 고상이나 액상에서는 온도차에 의한 비열이 거의 변화가 없기 때문에 평균비열(C_m)의 개념을 적용하기로 하였다.

$$_1Q_2 = m\int Cdt = mC_m\int dt = mC_m(T_2 - T_1)$$

$$C_m = \frac{_1Q_2}{m(T_2 - T_1)} = \frac{m\int CdT}{m(T_2 - T_1)} = \frac{\int CdT}{\Delta T}[\text{kJ/kg} \cdot \text{K}]$$

그러나 고상이나 액상에서는 과정에 따른 비열이 거의 일정하여 열량의 차가 없으나 기상에서는 비열의 차이가 큰 것을 알았다.

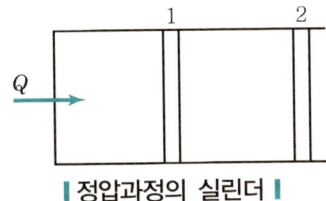

┃정압과정의 실린더┃

즉, 다음의 두 과정에서의 비열의 차는 시작점(1점) 상태에서 열이 들어오면 피스톤은 마찰을 무시하는 상태에서 끝점(2점)의 상태로 밀려나므로 정압과정이라고 할 수 있다. 이때의 열량을 수식으로 표기하면

$$_1Q_2 = \int mCdT = mC(T_2 - T_1)$$

위의 피스톤은 정압과정이므로 이를 표기하면

$$Q_p = mC_p\Delta T$$

여기서 $C_p = \dfrac{Q_p}{m\Delta T}$ [kJ/kg·K]이며, C_p를 정압비열이라 한다. 정압비열은 정압과정에서 단위질량을 1℃ 올리는 데 필요한 열량이라 정의한다.

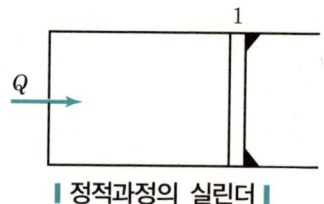

| 정적과정의 실린더 |

피스톤이 열을 공급받았을 때 압력(P)과 온도(T)는 증가하나 체적(V)은 일정하므로 정적과정이라 하면 이때의 열량은

$$Q_v = mC_v \Delta T$$

여기서 $C_v = \dfrac{Q_v}{m\Delta T}$ 이며, C_v를 정적비열이라 한다. 정적비열은 정적과정에서 단위질량을 1℃ 올리는 데 필요한 열량이라 정의한다. 기상의 상태에서는 동일 온도를 올리는 데 정적과정의 비열과 정압과정의 비열이 다르다는 것을 실험으로부터 알 수 있다.

5. 정상류 과정에서 노즐의 에너지 방정식

1) 중력단위계

$$_1Q_2 = G(u_2 - u_1) + A\int \Delta PV + A\frac{G(V_2^2 - V_1^2)}{2g} + AG(Z_2 - Z_1) + W_t$$

$$_1Q_2 = G(h_2 - h_1) + A\frac{G(V_2^2 - V_1^2)}{2g} + AG(Z_2 - Z_1) + W_t$$

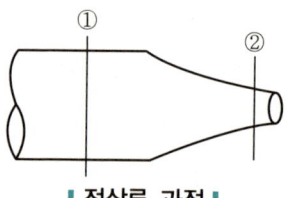

| 정상류 과정 |

노즐 위치가 수평이므로 $Z_1 = Z_2$이다.

$$_1Q_2 = G(h_2 - h_1) + A\frac{G(V_2^2 - V_1^2)}{2g}$$

속도가 빠르므로 단열유동을 한다고 가정하면 $_1Q_2$와 W_t는 0(Zero)이다.

$$0 = G(h_2 - h_1) + A\frac{G(V_2^2 - V_1^2)}{2g}$$

입구속도에 비해 출구속도가 매우 빠르므로 초기 속도를 무시하면

$$h_2 - h_1 = A\frac{V_2^2}{2g}$$

$$\therefore V_2 = \sqrt{\frac{2g(h_1 - h_2)}{A}} = \sqrt{2g(h_1 - h_2) \times 427}$$

2) 절대단위(SI 단위)

$$_1Q_2 = m(h_2 - h_1) + \frac{m(V_2^2 - V_1^2)}{2 \times 1,000} + mg(z_2 - z_1) + W_t$$

단열유동을 하며 노즐이 수평이라고 하면

$$0 = m(h_2 - h_1) + \frac{m(V_2^2 - V_1^2)}{2}$$

초속도(V_1)은 출구속도(V_2)에 비해 작으므로 무시하면

$$h_1 - h_2 = \frac{V_2^2}{2}$$

그러므로

$$\therefore V_2 = \sqrt{2(h_1 - h_2)} = \sqrt{2\Delta h}$$

이다. 단위를 표기하면

$$\Delta h = \text{J/kg} = \frac{\text{N} \cdot \text{m}}{\text{kg}} = \frac{\text{kg}_m \cdot \text{m}^2}{\text{s}^2 \cdot \text{kg}_m} = \text{m}^2/\text{s}^2$$

의 차원이 되므로 V_2^2의 차원과 같다. 그러나 실제 노즐에서는 완전한 단열유동 변화는 일어나지 않으므로 출구속도는 약간의 저하가 발생한다. 속도계수는 이러한 속도의 차를 수정하기 위한 계수이다.

$$\psi = \frac{V_R}{V_{th}}$$

여기서, ψ : 속도계수, V_R : 실제속도, V_{th} : 이론속도

CHAPTER 003 출제예상문제

01 발열량 42,000kJ/kg인 경유를 사용하여 연료소비율 200g/kWh로 운전하는 디젤기관의 열효율(%)은 얼마인가?

① 15　　　　② 24
③ 43　　　　④ 54

풀이 $\eta = \dfrac{1\text{kWh} \times 3,600}{0.2 \times 42,000} = 0.428 \fallingdotseq 43\%$

02 매시 19.4kg의 가솔린을 소비하는 출력 100kW인 기관의 열효율은?(단, 가솔린의 저위발열량은 42,000kJ/kg이다.)

① 84　　　　② 64
③ 54　　　　④ 44

풀이 $\eta = \dfrac{100 \times 3,600}{19.4 \times 42,000} = 0.442 \fallingdotseq 44.2\%$

03 두 개의 물체가 또 다른 물체와 열평형을 이루고 있을 때, 그 두 물체가 서로 열평형 상태에 있다고 정의되는 경우는?

① 열역학 제0법칙　　② 열역학 제1법칙
③ 열역학 제2법칙　　④ 열역학 제3법칙

04 내부 에너지 160kJ를 보유하는 물체에 열을 가했더니 내부 에너지가 200kJ 증가하였다. 외부에 0.1kJ의 일을 하였을 때 가해진 열량은 몇 kJ인가?

① 39.9　　　　② 40.1
③ 40　　　　　④ −39.9

풀이 $Q = U + W = (200 - 160) + 0.1 = 40.1$

05 어떤 물질의 정압비열이 다음 식으로 주어졌다. 이 물질 1kg이 1atm하에서 0℃, 1m³으로부터 100℃, 3m³까지 팽창할 때의 내부 에너지를 구하면?

$$C_p = 0.2 + \dfrac{5.7}{t[℃] + 73}\,[\text{kJ/kg} \cdot \text{K}]$$

① 20　　　　② 24.9
③ 29.3　　　④ −178

풀이 내부에너지 $Q = \displaystyle\int_0^{100} m C_p\, dT$

$= m \displaystyle\int_0^{100} \left(0.2 + \dfrac{5.7}{t+73}\right) dT$

$= 0.2[t]_0^{100} + 5.7[\ln(t+73)]_0^{100}$

$= 0.2 \times 100 + 5.7[\ln 173 - \ln 73]$

$= 24.9\text{kJ}$

$u_2 - u_1 = h_2 - h_1 - p(v_2 - v_1)$
$\quad = 24.9 - 101.3(3-1) = -177.7$

06 어느 증기 터빈에 매시 2,000kg의 증기가 공급되어 80kW의 출력을 낸다. 이 터빈의 입구 및 출구에서의 증기의 속도가 각각 800m/s, 150m/s이다. 터빈의 매시간마다의 열손실(MJ)은 얼마인가?(입구 및 출구에서의 엔탈피가 각각 3,200kJ/kg, 2,300 kJ/kg이다.)

① 2,129.5　　　　② −2,129.5
③ 2,129,500　　　④ −2,129,500

풀이 손실열량 Q

$= m(h_2 - h_1) + \dfrac{m(v_2^2 - v_1^2)}{2} + w_t$

$= 2,000(2,300 - 3,200) + \dfrac{2,000(150^2 - 800^2)}{2 \times 1,000}$
$\quad + 80 \times 3,600$

$= -2,129,500\text{kJ} = -2,129.5\text{MJ}$

정답 01 ③　02 ④　03 ①　04 ②　05 ④　06 ①

07 압력 0.2MPa, 온도 460℃, 엔탈피 $h_1=$ 3,700kJ/kg인 증기가 유입하여서 압력 0.1MPa, 온도 310℃, 엔탈피 $h_2=$3,400kJ/kg인 상태로 유출된다. 노즐 내의 유동을 정상유로 보고 증기의 출구속도 V_2를 구하면?(단, 노즐 내에서의 열손실은 없으며, 초속 V_1은 10m/s이다.)

① 77.5m/s ② 775m/s
③ 8.06m/s ④ 80.6m/s

풀이 $\Delta h = \dfrac{v_2^2 - v_1^2}{2}$

∴ 출구속도(v_2)
$= \sqrt{2\Delta h + v_1^2}$
$= \sqrt{2(3,700-3,400) \times 10^3 + 10^2}$
$= 774.6 \text{m/s}$

08 팽창일에 대한 설명 중 옳은 것은?
① 가역 정상류 과정의 일
② 밀폐계에서 마찰이 있는 과정에서 한 일
③ 가역 비유동 과정의 일
④ 이상기체만의 한 일

09 열역학 제1법칙을 옳게 설명한 것은?
① 밀폐계의 운동 에너지와 위치 에너지의 합은 일정하다.
② 밀폐계에 전달된 열량은 내부 에너지 증가와 계가 한 일(Work)의 합과 같다.
③ 밀폐계의 가해준 열량과 내부 에너지의 변화량의 합은 일정하다.
④ 밀폐계가 변화할 때 엔트로피의 증가를 나타낸다.

풀이 $Q = U + W$

10 에너지 보존의 법칙에 관해 다음 설명 중 옳은 것은?
① 계의 에너지는 일정하다.
② 계의 에너지는 증가한다.
③ 우주의 에너지는 일정하다.
④ 에너지는 변하지 않는다.

11 $\delta Q = dU + \delta W$의 식은 다음의 어느 경우에 해당되는가?(단, Q : 열량, U : 내부 에너지, W : 일량이다.)
① 비유동 과정에서의 에너지식이다.
② 정상유동 과정에서의 에너지식이다.
③ 정상유동 및 비유동 과정에서의 에너지식이다.
④ 열역학 제2법칙에 대한 식이다.

풀이 $\delta Q = dU + \delta W$는 밀폐계(비유동 과정)에서 열역학 제1법칙의 식이다.

12 한 계가 외부로부터 100kJ의 열과 300kJ의 일을 받았다. 계의 내부 에너지의 변화는?
① 400 ② -400
③ 200 ④ -200

풀이 $Q = U + W$
$\Delta U = Q - W = 100 + 300 = 400\text{kJ}$

13 계의 내부 에너지가 200kJ씩 감소하며 630kJ의 열이 외부로 전달되었다. 계가 한 일은 몇 kJ인가?
① 830 ② 430
③ -430 ④ -830

풀이 $Q = U + W$
$W = Q - U = -630 + 200 = -430\text{kJ}$

정답 07 ② 08 ③ 09 ② 10 ③ 11 ① 12 ① 13 ③

14 내부 에너지를 잘못 나타낸 것은?

① $du = C_v dT$
② $du = \delta q - v\,dp$
③ $du = \delta q - p\,dv$
④ $U = GC_v \Delta T$

15 어느 계의 동작유체인 가스가 40kJ의 열을 공급받고 동시에 외부에 대해서 16.8kJ의 일을 하였다. 이때 가스의 내부 에너지의 변화는 얼마인가?

① 23.2
② 56.8
③ −23.2
④ −56.8

[풀이] 내부에너지 증가(ΔU) $= Q - W$
$= 40 - 16.8$
$= 23.2$

16 가스 160kJ의 열량을 흡수하여 팽창에 의해 50kJ의 일을 하였을 때 가스의 내부 에너지 증가는?

① 210
② 110
③ 21
④ 11

[풀이] $\Delta U = Q - W$
$= 160 - 50$
$= 110 \text{kJ}$

17 실린더 내의 가스에 40kJ의 열을 가하였더니 팽창에 의하여 외부에 160kJ의 일을 하였다. 가스의 내부 에너지의 변화량은 얼마인가?

① −120
② 120
③ 200
④ −200

[풀이] $\Delta U = Q - W$
$= 40 - 160$
$= -120 \text{kJ}$

18 실린더 내의 밀폐된 가스를 피스톤으로 압축하여 5kJ의 열량을 방출하고 20kJ의 압축일을 하였다. 이 가스의 내부 에너지의 증가량(kJ)을 구하면?

① −25
② −15
③ 25
④ 15

[풀이] $\Delta U = Q - W$
$= -5 + 20 = 15 \text{kJ}$

19 압력 0.3MPa, 체적 0.5m³의 기체가 일정한 압력하에서 팽창하여 체적이 0.6m³으로 되었고, 또 이때 85kJ의 내부 에너지가 증가되었다면 기체에 의한 열량은 얼마인가?

① 30
② 85
③ 115
④ 50

[풀이] 일량(W) $= P(V_2 - V_1)$
$= 0.3 \times 10^3 \times (0.6 - 0.5)$
$= 30 \text{kJ}$
∴ 열량(Q) $= U + W$
$= 85 + 30 = 115 \text{kJ}$

20 1ata, 15℃에서 공기의 비체적은 0.816m³/kg이다. 10kW의 공기압축기를 사용하여 매분 5m³의 공기를 압축하고 있다. 지금 냉각수에 공기 1kg당 80kJ의 열을 방열한다면 공기가 배출할 때의 엔탈피는 얼마나 증가되는가?

① 600kJ/min
② 680kJ/min
③ 109.8kJ/min
④ 1,098kJ/min

[풀이] 압축기 일량=엔탈피의 증가량+냉각수를 통한 방출량
$\Delta H = W - Q$
$= 10 \times 60 - 80 \times \dfrac{5}{0.816}$
$= 109.8 \text{kJ/min}$

정답 14 ② 15 ① 16 ② 17 ① 18 ④ 19 ③ 20 ③

21 기체가 0.2MPa의 일정한 게이지 압력하에서 4m³가 2.4m³로 마찰 없이 압축되면서 동시에 80kJ의 열을 외부로 방출하였다. 내부 에너지의 증가는 몇 kJ인가?

① 240　　　　② 320
③ 402　　　　④ 420

풀이 $\Delta U = Q - W$
$= -80 + (0.2 \times 10^3 + 101.3) \times (4 - 2.4)$
$= 402.08 \text{kJ}$

22 절대압력 0.2MPa의 이상기체가 일정압력 밑에서 그 체적이 10m³에서 4m³로 마찰 없이 압축되어 300kJ의 열을 외부로 방출하였다면 내부 에너지의 증가(kJ)는?

① 600　　　　② 900
③ 1,200　　　④ 1,500

풀이 $\Delta U = Q - W$
$= -300 + 0.2 \times 10^3 \times (10 - 4) = 900 \text{kJ}$

23 1kg의 가스가 압력 0.05MPa, 체적 2.5m³의 상태에서 압력 1.2MPa, 체적 0.2m³의 상태로 변화하였다. 만약 가스의 내부 에너지는 일정하다고 하면 엔탈피의 변화량(kJ)은 얼마인가?

① 11.5　　　② 115
③ 140　　　　④ 365

풀이 $\Delta h = \Delta U + \Delta pv$
$= (1.2 \times 0.2 - 0.05 \times 2.5) \times 10^3$
$= 115 \text{kJ}$

24 유체가 30m/sec의 유속으로 노즐에 들어가서 50m/sec로 유출할 때 마찰이나 열교환을 무시한다면 엔탈피의 변화량(kJ/kg)은 얼마인가?

① 8,000　　　② 800
③ 80　　　　　④ 0.8

풀이 엔탈피 변화량 $(\Delta h) = \dfrac{v_2^2 - v_1^2}{2} = \dfrac{50^2 - 30^2}{2}$
$= 800 \text{J/kg} = 0.8 \text{kJ/kg}$

25 중량 20kg인 가스가 0.2MPa, 체적 4.2m³인 상태로부터 압력 1MPa, 체적 0.84m³인 상태로 압축되었다. 이때 내부 에너지의 증가가 없다고 하면 엔탈피의 증가량(kJ)은 얼마인가?

① 0.84　　　② 8.4
③ 84　　　　④ 0

풀이 $\Delta h = \Delta U + \Delta pv = 0 + (p_2 v_2 - p_1 v_1)$
$= (1 \times 0.84 - 0.2 \times 4.2) = 0$

26 압력 1MPa, 용적 0.1m³의 기체가 일정한 압력하에서 팽창하여 용적이 0.2m³로 되었다. 이 기체가 한 일을 kJ로 계산하면 얼마인가?

① 100　　　　② 10
③ 1　　　　　④ 0.1

풀이 일량 $(W) = p(v_2 - v_1)$
$= 1 \times 10^3 \times (0.2 - 0.1)$
$= 100 \text{kJ}$

27 내부 에너지가 200kJ 증가하고, 압력의 변화가 1ata에서 5ata로, 체적 변화는 3m³에서 1m³인 계의 엔탈피 증가량(kJ)은?

① 1,000　　　② 100
③ 396　　　　④ 39.6

풀이 $\Delta h = \Delta U + \Delta pv = 200 + (p_2 v_2 - p_1 v_1)$
$= 200 + (5 \times 1 - 1 \times 3) \dfrac{101.3}{1.0332} = 396 \text{kJ}$

정답 21 ③　22 ②　23 ②　24 ④　25 ④　26 ①　27 ③

28 소형 터빈에서 증기가 300m/sec 속도로 분출하면 유속에 의한 증기 1kg당 에너지 손실은 몇 kJ인가?

① 45　　　　② 450
③ 45.9　　　④ 459

풀이 $\Delta h = \dfrac{v^2}{2} = \dfrac{300^2}{2}$
　　　　$= 45,000\text{J} = 45\text{kJ}$

29 어느 물질 1kg이 압력 0.1MPa, 용적 0.86m³의 상태에서 압력 0.5MPa, 용적 0.2m³의 상태로 변화했다. 이 변화에서 내부 에너지의 변화가 없다고 하면 엔탈피의 증가량(kJ)은 얼마인가?

① 14　　　　② 18.6
③ 140　　　④ 186

풀이 $\Delta h = \Delta U + \Delta pv$
　　　　$= 0 + (p_2 v_2 - p_1 v_1)$
　　　　$= (0.5 \times 0.2 - 0.1 \times 0.86) \times 10^3$
　　　　$= 14\text{kJ}$

30 밀폐된 용기 내에 50℃의 공기 10kg이 들어 있다. 외부로부터 가열하여 120℃까지 온도를 상승시키면 내부 에너지 증가(kJ)는 얼마인가?(단, 증기의 평균 정적비열은 $C_v = 0.7\text{kJ/kg}\cdot\text{K}$이다.)

① 5.01　　　② 501
③ 490　　　④ 49

풀이 $\Delta U = m C_v (T_2 - T_1)$
　　　　$= 10 \times 0.7 \times (120 - 50)$
　　　　$= 490\text{kJ}$

31 2,000m의 높이에서 강구를 자유낙하시켰다. 이 강구가 바닥에 떨어질 때 운동 에너지가 전부 열에너지로 바뀌고, 열의 70%를 강구가 흡수하였다면 온도 상승(K)은 얼마인가?(단, 강철의 비열은 0.607kJ/kg·K이다.)

① 296K　　　② 29.6K
③ 22.6K　　　④ 230.6K

풀이 $Q = mC\Delta T = \dfrac{mv^2}{2}\eta$
　　∴ 온도 상승$(\Delta T) = \dfrac{gh\eta}{C}$
　　　　$= \dfrac{9.8 \times 2,000 \times 0.7}{0.607 \times 1,000}$
　　　　$= 22.6\text{K}$

32 10℃에서 160℃까지의 공기의 평균 정적비열은 0.717kJ/kg·K이다. 이 온도 범위에서 공기 1kg의 내부 에너지의 변화는 몇 kJ/kg인가?

① 107.55　　② 10.75
③ 1.0135　　④ 0.1

풀이 에너지변화$(\Delta U) = m C_v \Delta T$
　　　　$= 1 \times 0.717 \times (160 - 10)$
　　　　$= 107.55\text{kJ}$

정답　28 ①　29 ①　30 ③　31 ③　32 ①

CHAPTER 04 완전가스(이상기체)

물질은 고체와 유체로 구분되며, 유체는 다시 액상과 기상으로 구분된다. 기상은 가스와 증기로 구분되며, 액화가 어려운 것을 가스라 하고 액화가 비교적 쉬운 것을 증기라 한다.

이상기체(완전가스)란 기체분자의 크기가 없으며 따라서 분자 상호 간의 인력이 없다. 또한 충돌 시는 완전 충돌로 본다.

따라서 보일(Boyle), 샤를(Charles), 게이뤼삭(Gay-Lussac) 및 줄(Joule)의 법칙이 적용되는, 즉 완전가스의 상태방정식을 만족하는 가스를 일컬으나 실제로는 존재하지 않는다. 그러나 원자수가 적은 기체나 온도가 높고 압력이 낮은 경우의 실제기체는 이상기체에 가까워진다.

SECTION 01 보일-샤를의 법칙

1. 보일의 법칙(Boyle 또는 Mariotte)

온도가 일정한 경우 가스의 비체적은 압력에 반비례한다.

$$T_1 = T_2 \text{일 때 } \frac{v_2}{v_1} = \frac{p_1}{p_2}, \quad p_1 v_1 = p_2 v_2$$

즉, $pv = c$

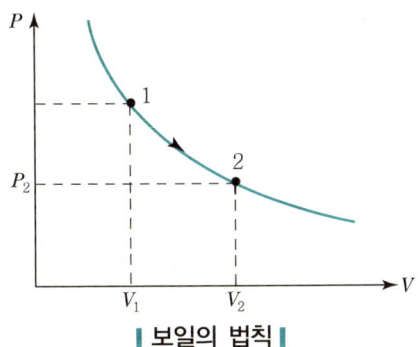

▮ 보일의 법칙 ▮

2. 샤를의 법칙(Charle 혹은 Gay-lussac)

압력이 일정한 경우 가스의 비체적은 온도에 비례한다.

$$p_1 = p_2 \text{ 일 때 } \frac{v_2}{v_1} = \frac{T_2}{T_1}, \quad \frac{v}{T} = c$$

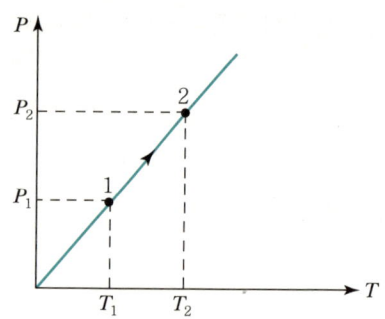
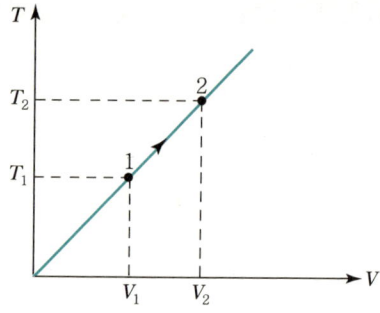

▮ 샤를의 법칙 ▮

3. 보일-샤를의 법칙

일정량의 기체의 압력과 체적의 곱은 온도에 비례한다.

$$\frac{p_1 v_1}{T_1} = \frac{p_2 v_2}{T_2}, \quad \frac{pv}{T} = c$$

SECTION 02 완전가스의 상태방정식

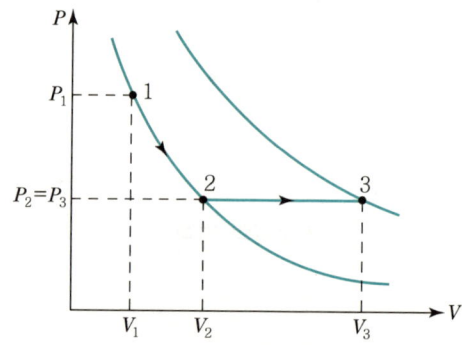

▮ 완전가스의 상태변화 ▮

보일-샤를의 법칙에 의해서

$$\frac{PV}{T} = C$$

$$PV = GRT$$

$$Pv = RT \quad (v는\ 비체적)$$

이 식을 이상기체 상태방정식이라 한다.

$$R = \frac{Pv}{T}$$

일정량의 기체의 압력과 체적의 곱은 절대온도에 비례하며 비례상수 R(가스상수)은 1kg의 기체를 온도 1K 올리는 동안 외부에 행한 일을 의미한다.

기체상수(R)는 기체의 일정한 상태에서는 각각의 기체에 대하여 특유한 값을 가지며 정적과정, 정압과정 등의 과정에 따라 변하는 수치가 아니다. 가장 많이 사용하는 기체가 공기이며 공기의 값은 0℃, 1atm에서의 값을 표준상태(STP)라 하고, 표준상태(Standard Temperature and Pressure)에서 공기의 기체상수(R)를 구해 보면,

$$R = \frac{P_0 V_0}{T_0} = \frac{1.0332 \times 10^4}{273} \times 0.7734 = 29.27 \text{kg} \cdot \text{m/kg} \cdot \text{K}$$

기체상수는 절대단위로

$$29.27 \times 9.8 = 286.85 ≒ 287 \text{N} \cdot \text{m/kg} \cdot \text{K} = 287 \text{J/kg} \cdot \text{K} = 0.287 \text{kJ/kg} \cdot \text{K}$$

그러므로 대부분의 기체상수는 표준상태에서의 값을 사용하며 STP 상태라고 한다.

동일한 온도, 압력, 체적 내의 가스의 분자수는 종류에 관계없이 모두 같다고 하는 아보가드로(Avogadro) 법칙에 의해 STP 상태에서 분자량을 M(kg/kmol)이라 하면 체적 V는 22.4m³/kmol이므로 위의 식에서

$$RM = 848 = \overline{R}[\text{kg} \cdot \text{m/kmol} \cdot \text{K}]$$

여기서 $\overline{R}$를 일반기체상수(Universal Gas Constant)라 한다. 절대단위로 환산하면

$$\overline{R} = \frac{PV}{T} = \frac{101,300 \times 22.4}{273}$$

$$= 8,312 \text{J/kmol} \cdot \text{K}$$

$$= 8.312 \text{kJ/kmol} \cdot \text{K}$$

이다. 그러므로 절대단위로서 이상기체의 상태방정식은 $PV = mRT$이다.

SECTION 03 완전가스(이상기체)의 비열

열역학 제1법칙에서

$$\delta Q = du + \delta W = du + pdv$$
$$\delta Q = dh - vdp$$
$$\delta Q = CdT$$

여기에서

$$C_v = \left(\frac{\partial Q}{\partial T}\right)_v = \frac{\partial U}{\partial T} \qquad C_p = \left(\frac{\partial Q}{\partial T}\right)_p = \frac{\partial h}{\partial T}$$

위의 식에서

$$\Delta h = \Delta U + \Delta pv$$
$$C_p dT = C_v dT + RdT$$
$$C_p = C_v + R$$
$$\therefore C_p - C_v = R$$

양비열의 비를 비열비(k)라 하면

$$k = \frac{C_p}{C_v}, \qquad C_p - C_v = R$$
$$kC_v - C_v = R$$
$$C_v = \frac{R}{k-1}, \qquad C_p = \frac{kR}{k-1}, \qquad C_p - C_v = R$$

비열비 k는 같은 원자수의 기체분자에서는 같다.

- 1원자 가스 $k = \dfrac{5}{3} ≒ 1.667$
- 2원자 가스 $k = \dfrac{7}{5} = 1.4$
- 3원자 가스 $k = \dfrac{4}{3} ≒ 1.333$

위의 유도식에서 보면 정적비열, 정압비열 기체상수는 온도만의 함수이나 정압비열과 정적비열의 비는 원자수만의 함수임을 알 수 있다. 즉 산소(O_2)의 비열비와 질소(N_2)의 비열비는 2원자 기체로서 1.4인 것을 알 수 있으며 대부분의 조성이 산소와 질소로 이루어진 공기의 비열비로 1.4인 것을 알 수 있다.

SECTION 04 이상기체의 상태변화

앞절에서의 유도식들은 모두 이상기체에 대한 식들이므로 상태변화에 대한 항을 상태변화의 과정의 관점에서 다시 관찰해볼 필요성이 있다.

상태변화에는 가역변화와 비가역변화가 있는데 표로 표시하면 다음과 같다.

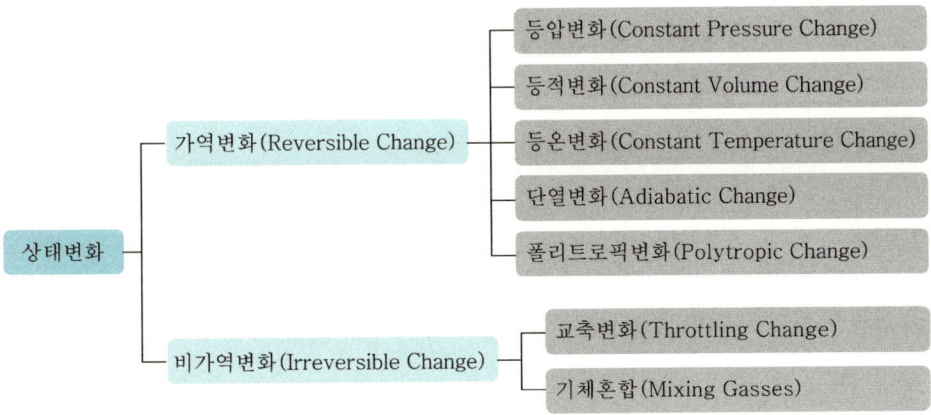

즉 이상기체에 관한 식은 모두 가역변화에 관한 식이며 비가역변화의 식은 교축변화, 기체혼합 이외에 마찰 등의 현상이 있다. 다시말해 우주에서 일어나는 변화는 대부분 비가역 변화라고 할 수 있으나 이상기체는 가역과정이라고 가정하는 과정이다.

1. 등압변화

일정한 압력에서의 상태변화이므로 $Pv = RT$에서 $\dfrac{v}{T} = \dfrac{R}{P}$ 우변이 정수이므로

$$\frac{v_1}{T_1} = \frac{v_2}{T_2} = 일정$$

$$_1W_2 = \int_1^2 PdV = P(V_2 - V_1) = R(T_2 - T_1)$$

$$_1Q_2 = \int_1^2 \delta Q = \int_1^2 dh - \int_1^2 vdP = C_p \int_1^2 dT = C_p(T_2 - T_1)$$

$$= h_2 - h_1 = \frac{k}{k-1}P(v_2 - v_1)$$

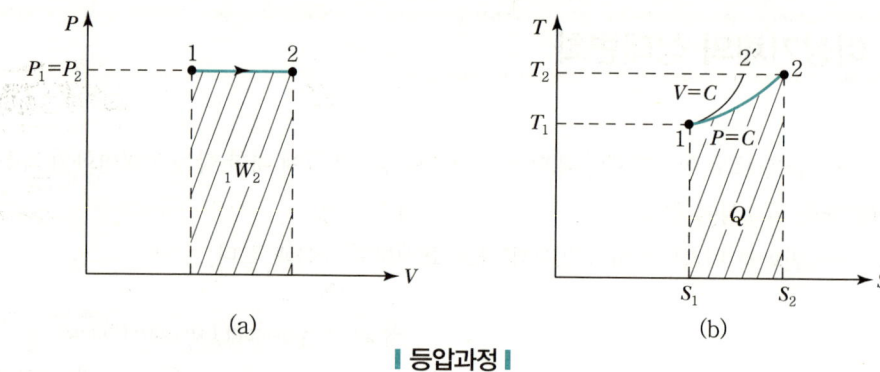

| 등압과정 |

등압변화에서는 가열량이 전부 엔탈피 증가에 사용된다.

2. 등적변화

체적이 일정한 경우의 상태변화로 $Pv = RT$에서 $\dfrac{P}{T} = \dfrac{R}{v}$로 우변이 정수이므로

$$\frac{P_1}{T_1} = \frac{P_2}{T_2} = 일정$$

또 등적변화에서

$$_1W_2 = \int_1^2 Pdv = 0$$

$$_1Q_2 = m(u_2 - u_1) + \int_1^2 Pdv = m(u_2 - u_1)$$

$$_1Q_2 = m(u_2 - u_1) = mC_v(T_2 - T_1) = \frac{1}{k-1}V(P_2 - P_1)$$

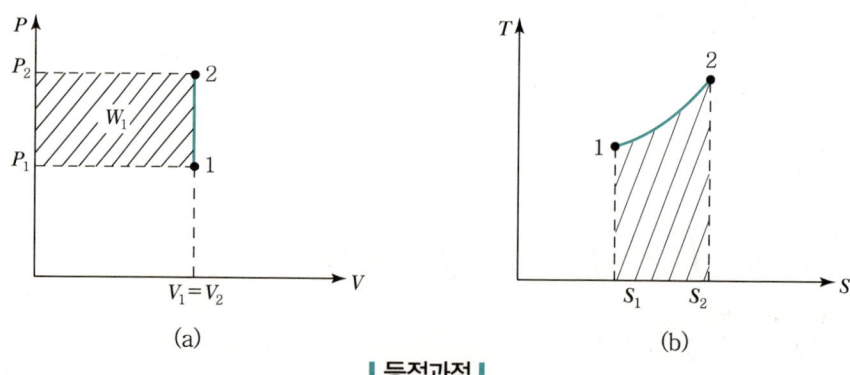

| 등적과정 |

등적변화에서는 외부에서 가해진 열량은 전부 내부 에너지 증가 또는 온도를 높이는 데 소비된다.

3. 등온변화

$Pv = $ 일정으로 $P_1 v_1 = P_2 v_2,\ \dfrac{P_1}{P_2} = \dfrac{v_2}{v_1}$

$\delta Q = C_v dT + Pdv$ 및 $\delta Q = C_v dT + vdP$에서 $dT = 0$이므로

$dQ = Pdv, \quad dQ = -vdP$

$Q = \displaystyle\int Pdv = W_2 = -\int vdP = W_t$

$_1W_2 = \displaystyle\int_1^2 Pdv = P_1 v_1 \int_1^2 \dfrac{dv}{v} = P_1 v_1 \ln\dfrac{v_2}{v_1} = RT_1 \ln\dfrac{v_2}{v_1}$

$\qquad = P_1 v_1 \ln\dfrac{P_1}{P_2} = RT_1 \ln\dfrac{P_1}{P_2}$

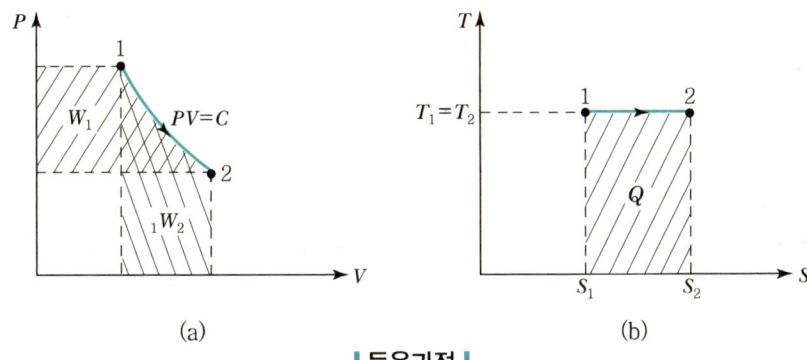

(a)　　　　　　　　　　(b)

| 등온과정 |

열량은

$\delta Q = C_v dT + Pdv$

$_1Q_2 = {_1W_2} = W_t$

$\therefore\ _1Q_2 = RT_1 \dfrac{v_2}{v_1} = RT_1 \dfrac{P_1}{P_2}$

4. 단열변화

외부와의 열의 출입이 없는 상태변화를 넓은 의미에서 단열변화라 하며 이 경우 계 내 발생되는 마찰열이 작업유체에 전해지는 경우가 비가역 단열변화이며, 안팎으로 전열의 출입이 없는 경우가 가역변화이다.

$\qquad \delta Q = C_v dT + Pdv = 0$

상태방정식($Pv = RT$)을 미분하면

$$Pdv + vdP = RdT$$

$$dT = \frac{1}{R}(Pdv + vdP)$$

따라서 기초식은

$$C_v\left(\frac{Pdv}{R} + \frac{vdP}{R}\right) + Pdv = 0$$

$$\therefore (C_v + R)Pdv + C_v vdP = 0$$

이다. 여기서 $C_p - C_v = R$, $k = \frac{C_p}{C_v}$를 대입하면

$$C_p Pdv + C_v vdP = 0$$

$$\therefore k\frac{dv}{v} + \frac{dP}{P} = 0$$

적분해서 $\int k\frac{dv}{v} + \int \frac{dP}{P} = k\ln v + \ln P = C_1 (정수)$

그러므로 $Pv^k = C_1$, $P_1 v_1^k = P_2 v_2^k$

$P = \frac{RT}{v}$, $v = \frac{RT}{P}$를 사용하면

$$Tv^{k-1} = C, \qquad T_1 v_1^{k-1} = T_2 v_2^{k-1}$$

$$\frac{T}{P^{\frac{k-1}{k}}} = C, \qquad \frac{T_1}{P_1^{\frac{k-1}{k}}} = \frac{T_2}{P_2^{\frac{k-1}{k}}}$$

P, v, T의 관계를 정리하면 다음과 같이 표시된다.

$$\frac{T_2}{T_1} = \left(\frac{v_1}{v_2}\right)^{k-1} = \left(\frac{P_2}{P_1}\right)^{\frac{k-1}{k}}$$

외부에서 하는 일은

$$_1W_2 = \int_1^2 Pdv = P_1 v_1^k \int_1^2 \frac{dv}{v^k} = \frac{P_1 v_1}{k-1}\left[1 - \left(\frac{v_1}{v_2}\right)^{k-1}\right] = \frac{P_1 v_1}{k-1}\left[1 - \left(\frac{P_1}{P_2}\right)^{\frac{k-1}{k}}\right]$$

$$= \frac{1}{k-1}(P_1 v_1 - P_2 v_2) = \frac{R}{k-1}(T_1 - T_2) = \frac{C_v}{T_1 - T_2}$$

공업일 W는

$$W_t = -\int_1^2 vdP = \int_2^1 vdP = \int_2^1 \left(\frac{P_1}{P_2}\right)^{\frac{1}{k}} dP = \frac{k}{k-1}(P_1 v_1 - P_2 v_2)$$

$$\therefore W_t = k \cdot {_1W_2}$$

단열변화에서는 공업일은 절대일의 k배에 해당된다.
내부에너지 및 엔탈피에 대해서는

$$u_2 - u_1 = C_v(T_2 - T_1) = \frac{(P_2v_2 - P_1v_1)}{k-1} = {}_1W_2$$

$$u_2 - u_1 = C_v(T_2 - T_1) = \frac{(P_2v_2 - P_1v_1)}{k-1} = {}_1W_2$$

$$h_2 - h_1 = C_p(T_2 - T_1) = \frac{k}{k-1}(P_2v_2 - P_1v_1) = k \cdot {}_1W_2 = -W_t$$

$P-V$ 선도에서는 단열선이 등온선보다 그 경사가 크다.

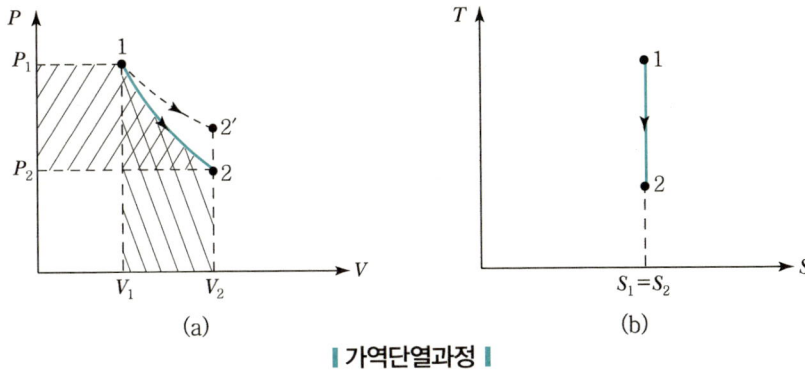

| 가역단열과정 |

5. 폴리트로픽 변화

임의의 정수를 지수로 하는 다음 상태식으로 표시되는 상태 변화로 내용 등에 따라 여러 가지 변화가 있다.

$$Pv^n = 일정$$

위 식의 n을 폴리트로픽 지수(Polytropic Exponent)라 하며, $+\infty$에서 $-\infty$까지의 값을 가지며 등온변화는 $n=1$, 단열변화는 $n=k$, 등적변화는 $n=\infty$, 등압변화는 $n=0$이다.
가역변화식에서 $k=n$으로 두면

$$P_1v_1^n = P_2v_2^n = Pv^n = 일정$$

$$T_1v_1^{n-1} = T_2v_2^{n-1} = Tv^{n-1} = 일정$$

$$\frac{T_1}{P_1^{\frac{n-1}{n}}} = \frac{T_2}{P_2^{\frac{n-1}{n}}} = \frac{T}{P^{\frac{n-1}{n}}} = 일정$$

CHAPTER 04. 완전가스(이상기체)

$$\frac{T_2}{T_1} = \left(\frac{v_1}{v_2}\right)^{n-1} = \left(\frac{P_2}{P_1}\right)^{\frac{n-1}{n}}$$

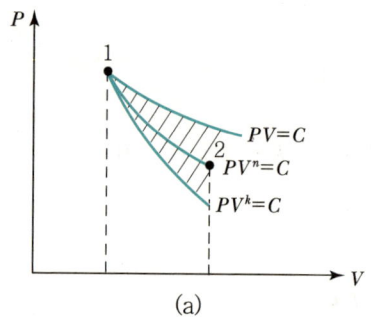 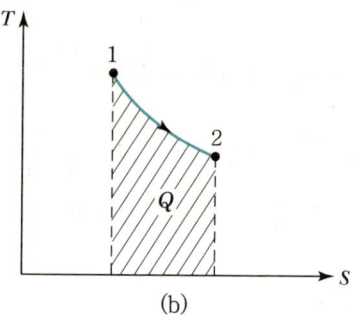

| 폴리트로픽 과정 |

일에 대해서는

$$_1W_2 = \int_1^2 Pdv = P_1 v_1^n \int_1^2 \frac{dv}{v^n} = \frac{1}{n-1}(P_1 v_1 - P_2 v_2) = \frac{P_1 v_1}{n-1}\left(1 - \frac{T_2}{T_1}\right)$$

$$= \frac{P_1 v_1}{n-1}\left[1 - \left(\frac{v_1}{v_2}\right)^{n-1}\right] = \frac{P_1 v_1}{n-1}\left[1 - \left(\frac{P_2}{P_1}\right)^{\frac{n-1}{n}}\right] = \frac{n}{n-1}R(T_1 - T_2)$$

$$-W_t = \int_1^2 vdP = P_1 \frac{1}{n} v_1 \int_1^2 \frac{dP}{P^{1/n}} = \frac{n}{n-1}(P_1 v_1 - P_2 v_2)$$

$$= \frac{nP_1 v_1}{n-1}(1 - \frac{T_2}{T_1}) = \frac{nP_1 v_1}{n-1}\left[1 - \left(\frac{v_1}{v_2^{n-1}}\right)\right] = \frac{nP_1 v_1}{n-1}\left[1 - \left(\frac{P_2}{P_1}\right)^{\frac{n-1}{n}}\right]$$

$$= \frac{n}{n-1}R(T_1 - T_2)$$

외부에서 공급되는 열량은

$$\delta Q = C_v dT + Pdv$$

$$_1Q_2 = C_v(T_2 - T_1) + {}_1W_2 = C_v(T_2 - T_1) + \frac{R}{n-1}(T_1 - T_2)$$

$$= C_v \frac{n-k}{n-1}(T_2 - T_1)$$

여기서 $C_v \frac{n-k}{n-1} = C_n$ 이라 표시하고, C_n을 폴리트로픽 비열(Polytropic Specific Heat)이라 한다.

내부 에너지의 변화는 $u_2 - u_1 = C_v(T_2 - T_1) = \dfrac{1}{k-1}RT_1\left[\left(\dfrac{P_2}{P_1}\right)^{\frac{n-1}{n}} - 1\right]$

엔탈피의 변화는 $h_2 - h_1 = C_p(T_2 - T_1) = \dfrac{k}{k-1}RT_1\left[\left(\dfrac{P_2}{P_1}\right)^{\frac{n-1}{n}} - 1\right]$

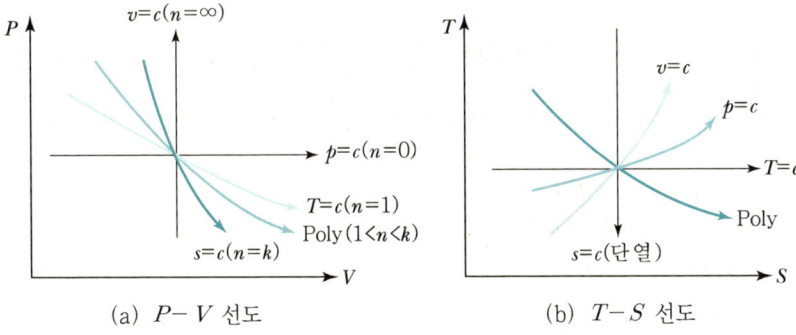

(a) $P-V$ 선도   (b) $T-S$ 선도

▮ 상태변화 과정에 따른 선도 ▮

SECTION 05 반완전 가스

반완전 가스 및 실제기체를 이해하는 데 있어서는 이상기체의 제반식을 이해하는 것이 필수적이다. 이상기체에서는 상태방정식 $PV = RT$를 따르며, 내부 에너지 및 엔탈피는 온도만의 함수라고 하였다.
반완전 가스는 이상기체 상태식을 반이론적으로 수정한 것으로 1873년에 Van Der Walls 상태식이 발표되었다. 즉, 이상기체의 상태식에서 압축성 계수

$$Z = \dfrac{PV}{RT}$$

를 실제가스의 이상기체에 얼마나 접근하는가를 측정하는 척도로 사용하여 압축성 계수(Z)는 압력(P)이 0에 접근하면 압축성 계수는 모든 등온선에 대하여 1에 접근한다는 것을 알 수 있으며, 압축성 계수가 1이면 잔류체적(Residual Volume)과 Joule-Thomson 계수는 항상 0이다.
순수물질에 대한 압축성 계수는 임계점을 포함하며 임계점을 정해주면 임계압력(P_c), 임계온도(T_c), 임계비체적(V_c)이 존재한다.

$$\frac{P}{P_c} = P_r \text{ (환산압력)}, \quad \frac{T}{T_c} = T_r \text{(환산온도)}, \quad \frac{v}{v_c} = v_r$$

반완전 가스의 상태방정식으로는 Van Der Walls 식으로 이상기체식의 수정식이다.

$$P = \frac{RT}{v-b} - \frac{a}{v^2}$$

여기서 상수 b는 분자가 점유하는 체적에 대한 수정이며, $\frac{a}{v^2}$는 분자 간의 인력을 고려한 수정이다. a와 b는 일반상태식의 상수이다. 특히, 이 상수는 임계점에서의 기울기가 0이라는 사실에서 구할 수 있다.

$$\left(\frac{\partial P}{\partial v}\right)_T = -\frac{RT}{(v-b)^2} + \frac{2a}{v^3}$$

$$\left(\frac{\partial^2 P}{\partial v^2}\right)_T = \frac{2RT}{(v-b)^3} + \frac{6a}{v^4}$$

위의 도함수는 임계점에서 0이 되므로

$$-\frac{RT_c}{(v_c-b)^2} + \frac{2a}{v_c^3} = 0, \quad \frac{2RT_c}{(v_c-b)^3} + \frac{6a}{v_c^4} = 0, \quad P_c = \frac{RT_c}{(v_c-b)} - \frac{a}{v_1^2}$$

3개의 방정식을 풀면

$$v_v = 3b, \quad a = \frac{27R^2 T_c^2}{64 P_c}, \quad b = \frac{RT_c}{8P_c}$$

그러므로 Van Der Walls의 임계점에 대한 압축성 계수는 $\frac{3}{8}$이다.

그러나 Van Der Walls 식보다도 실제 기체에 더 많이 접근한 식이 많이 제안되어 사용되고 있다. 이러한 각종의 상태식은 각종 물질의 $P-V-T$ 거동을 나타내기 위해 사용되고 있다.

SECTION 06 혼합가스

2종 이상의 기체혼합은 돌턴(Dalton)의 법칙이 적용된다. 두 가지 이상의 다른 이상기체를 하나의 용기에 혼합시킬 경우 혼합기체의 전압력은 각 기체의 분압의 합과 같다.

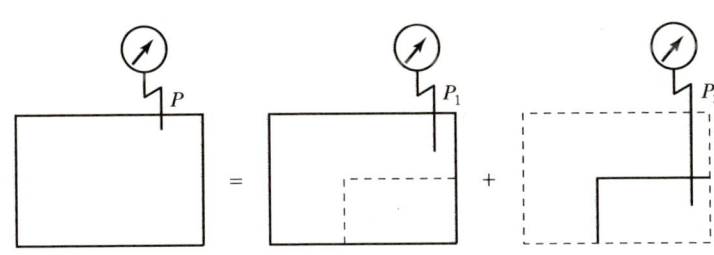

| 돌턴의 분압법칙 |

위의 그림과 같이 동일한 체적과 동일한 온도에서는
$PV = mRT$ 에서

$$P = \frac{mRT}{V}, \quad P = P_1 + P_2 + P_3 \cdots$$

$$\frac{mRT}{V} = \frac{m_1 R_1 T_1}{V_1} + \frac{m_2 R_2 T_2}{V_2} + \cdots$$

$$mR = m_1 R_1 + m_2 R_2 + \cdots$$

$$m\frac{848}{M} = m_1 \frac{848}{M_1} = m_2 \frac{848}{M_2} + \cdots$$

1. 혼합가스의 비중량(γ)

혼합가스 비중량을 각각 $\gamma_1, \gamma_2, \gamma_3, \cdots, \gamma_n$이라 하면
$G = \gamma V$에서

$$G = G_1 + G_2 + \cdots + G_n = \gamma_1 V_1 + \gamma_2 V_2 + \cdots + \gamma_n V_n = \gamma V$$

즉,

$$\gamma V = \gamma_1 V_1 + \gamma_2 V_2 + \cdots + \gamma_n V_n = \sum_{i=1}^{n} \gamma_i V_i$$

$$\gamma = \sum_{i=1}^{n} \gamma_i = \gamma_1 \frac{V_1}{V} + \gamma_2 \frac{V_2}{V} + \cdots + \gamma_n \frac{V_n}{V} = \sum_{i=1}^{n} \gamma_i \frac{P_i}{P} = \gamma_1 \frac{P_1}{P} + \gamma_2 \frac{P_2}{P} + \cdots + \gamma_n \frac{P_n}{P}$$

2. 혼합가스 중량비 $\left(\frac{G_i}{G}\right)$

중량비 $\left(\frac{G_i}{G}\right)$는 체적비 $\left(\frac{V_i}{V}\right)$와 비중량비 $\left(\frac{\gamma_i}{\gamma}\right)$의 곱으로 표시되므로

$$\frac{G_i}{G} = \frac{\gamma_i}{\gamma} \frac{V_i}{V} = \frac{M_i}{M} \frac{V_i}{V} = \frac{R}{R_i} \frac{V_i}{V} \quad (\because \frac{P}{\gamma} = RT \text{에서 } \gamma \propto M)$$

3. 혼합가스 분자량(M) 및 가스정수(R)

$$\gamma V = \sum_{i=1}^{n} \gamma_i V_i \text{에서}$$

$$\gamma V = \sum_{i=1}^{n} \gamma_i \frac{V_i}{V} = \sum_{i=1}^{n} \gamma \frac{M_i}{M} \frac{V_i}{V} = \sum_{i=1}^{n} r \frac{M_i}{M} \frac{P}{P}$$

로 되므로 혼합가스 분자량(M)은

$$M = \sum_{i=1}^{n} M_i \frac{V_i}{V} = \sum_{i=1}^{n} M_i \frac{P_i}{P}$$

이다. 가스정수 $R = \dfrac{8,312}{M}$ 이므로

$$R = \frac{848}{\sum_{i=1}^{n} M_i \dfrac{V_i}{V}} = \frac{848}{\sum_{i=1}^{n} M_i \dfrac{P_i}{P}}$$

4. 혼합가스의 비열(C)

혼합가스의 단위 질량당 비열과 질량을 각각 C, m이라 하고 각 가스의 단위 질량당 비열과 질량을 각각 C_i, m_i라 하면

$$Cm = \sum_{i=1}^{n} C_i m_i \qquad \therefore C = \sum_{i=1}^{n} C_i \frac{m_i}{m}$$

5. 혼합가스의 온도(T)

각 가스 온도를 T_i라 하고 혼합 후 온도를 T라 하면 열역학 제0법칙에 의하여

$$\sum_{i=1}^{n} m_i C_i (T - T_i) = 0 \qquad \therefore T = \sum_{i=1}^{n} \frac{m_i C_i T_i}{m_i C_i}$$

SECTION 07 공기(Air)

고상 또는 액상이 있는 1개의 성분과 접촉하고 있는 이상기체 혼합물에 대한 해석으로는 다음과 같은 가정이 널리 사용되고 있으며 상당한 정확성도 있다.
(1) 고상 또는 액상에는 용해가스가 없다.
(2) 가스상은 이상기체로 한다.

(3) 혼합물과 응축된 상이 있을 때 평형은 다른 성분의 존재로 인하여 영향을 받지 않는다. 즉, 평형이 이루어질 때 포화온도에 대응하는 포화압력이 같다고 가정한다.

1. 기초적인 사항

1) 습공기

공기는 질소, 산소, 아르곤, 탄산가스, 수증기 등의 혼합물로 대기 중의 공기의 성분은 수증기를 제외하면 그 혼합비율은 거의 일정하지만 수증기는 기후 등에 따라 변동하는 정도가 크다. 이 때문에 수증기를 전혀 함유하지 않은 공기를 건조공기라고 하고 이것에 대해 수증기를 함유한 공기를 습공기라고 한다. 즉, 습공기는 건조공기와 수증기의 혼합물이다.

2) 습도의 표시방법

(1) 절대습도(Absolute Humidity) : x, [kg/kgDA]

건조공기 1kg을 함유한 습공기 중의 수증기의 중량으로 공조계산에 가장 널리 사용된다. 즉, 공기와 수증기의 혼합비로서 x로 표시한다.

$$x = \frac{G_v}{G_a}$$

$$G_v = \frac{P_v V}{R_v T} = \frac{P_v VM}{RT}$$

$$G_a = \frac{P_a V}{R_a T} = \frac{P_a VM}{RT}$$

(2) 상대습도(Relative Humidity) : ϕ, [%]

습공기의 수증기 분압과 동일 온도의 포화공기의 수증기 분압과의 비를 %로 나타낸 것으로 모발, 섬유 등의 신축은 상대습도에 의해 크게 변화한다.

혼합물 중의 증기의 물분의 동일 온도, 동일 전압하의 포화 혼합물 중의 증기의 물분에 대한 비, 즉 임의의 습공기 중 수증기 분압과 동일 온도에서의 증기의 포화압력(p_g)과의 비로서 ϕ로 표시한다.

$$\phi = \frac{P_v}{P_g} = \frac{\rho_v}{\rho_g} = \frac{v_g}{v_v}$$

절대습도(x)와의 관계에서

$$x = \frac{R_a P_v}{R_v P_a} = \frac{M_v P_v}{M_a P_a}$$

공기수증기 혼합물에서

$$R_a = 29.27\,\text{kg}\cdot\text{m/kg}\cdot\text{K},\ \ R_v = 47.06\,\text{kg}\cdot\text{m/kg}\cdot\text{K}$$

이므로

$$x = 0.622\frac{P_v}{P_a} = 0.622\frac{\phi P_g}{P - \phi P_g}$$

$$\phi P_a = P_v$$

$$\therefore\ \phi = \frac{xP}{(0.622 + x)P_v}$$

상대습도(ϕ)가 1일 때 절대습도는

$$x = 0.622\frac{P_g}{P - P_g}$$

(3) 비교습도(Degree of Saturation) : ϕ

습공기의 절대습도(x)와 그 온도에 있어서의 포화공기의 절대습도와의 비를 %로 나타낸 것으로 포화도라고도 한다. 상대습도와 비교습도는 온도가 높은 곳에서는 차이가 크지만, 상온 부근에서는 차이가 적어 실용도로 볼 때는 같은 수치로 본다.

$$\phi = \frac{x}{x_g} = \phi\frac{P - P_g}{P - \phi P_a}$$

(4) 노점온도(Dew Point) : t'', [℃]

포화공기의 절대습도는 온도가 낮아지면 같이 적어지게 된다. 습공기를 냉각하면 포화상태에 도달하고 냉각을 계속하면 공기 중의 수증기의 일부가 응축하여 결로현상이 발생한다. 공기가 포화상태로 되는 온도를 노점온도라고 하고 습공기의 일정 압력하에서의 노점온도는 절대습도에 대하여 일정치를 나타낸다.

(5) 습구온도(Wet Bulb) : t', [℃]

습도의 측정에는 건습구온도계도 널리 사용된다. 건구온도계는 보통의 온도계로서 공기의 온도를 측정하지만 습구온도계는 감온부를 가재로 싸고 모세관 현상으로 물을 흡상시켜 감온부를 습하게 하면 그 표면에서 물이 증발하여 구부가 냉각되고 주위의 공기에서 구부에 열이 전달되어 균형을 이루면 습구온도계의 눈금은 하강을 정지한다. 이때의 온도가 습구온도이다. 습구온도는 구부의 물의 증발에 의해 건구온도보다 낮은 온도를 나타내지만, 이 차이는 상대습도가 클수록 작아지므로 포화공기의 건습구온도는 같다. 또 이 차이는 온도에 의해서 변화되므로 상대습도의 계산에는 건습구온도의 온도차를 이용하여야 한다.

습구에서의 증발은 기류 속도에 의해서 변화되므로 일정한 풍속에서 측정해야 한다. 이 때문에 풍속이 없는 실내에서 사용하는 오가스트식 건습계와 일정한 풍속을 강제적으로 불어주는 아스만 습도계가 사용된다. 이러한 것은 동일 온습도의 공기를 측정하여도 다른 습구온도를 나타내므로 수증기 분압이나 상대습도 계산식에는 각각 별개의 것이 사용된다. 또 흐르는 공기 중에 물방울을 분무하면 공기와 물방울 사이에 열전달과 물질이동이라는 것이 이루어지지만 입구공기의 온습도에 의해서 결정된다.

수온의 경우에는 분무수의 증발과 공기로부터 의 열전달이 균형을 이뤄 수온이 변화하지 않는다. 공기의 온도는 점차 이 수온에 가까워져 포화상태에서는 이 수온과 같게 된다. 이 온도를 단열포화온도라고 부르며 습구온도는 기류속도가 크게 되면(5[m/s] 이상) 점차로 단열포화 온도와 같게 된다. 단열 포화온도는 공기의 온습도만으로 결정되고 풍속에는 영향이 없으므로 이론적으로 습구온도 대신에 이것을 사용하면 편리하다.

(6) 수증기분압(Steam Partial Pressure) : H, P, [mmHg], [kg/cm^2]

습공기는 건조공기와 수증기의 혼합물로서 습공기의 전용적을 수증기만으로 점유되고 있다고 가정한 경우에 나타내는 압력 즉, 수증기 분압으로서 이것과 절대습도와의 관계는 돌턴의 분압법칙에 의해 다음 식으로 나타낸다.

$$x = 0.622\frac{p}{P-p} = 0.622\frac{h}{H-h}$$

x : 절대습도(kg/kgDA) P : 습공기의 전압(kg/cm^2)
p : 수증기 분압(kg/cm^2) H : 습공기의 전압(mmHg)
h : 수증기 분압(mmHg)

(7) 포화공기(Saturated Air)

공기가 함유할 수 있는 수증기의 양에는 한도가 있고 이것은 온도나 압력에 따라서 다르다. 최대 한도량까지 수증기를 함유한 공기를 포화공기라고 한다. 물을 비등시키는 경우의 압력과 온도와의 관계는 포화증기압으로 알려져 있다. 즉, 100℃ 포화증기압은 1.033kg/cm^{2}이다. 이 관계는 공기 중의 수증기에 대해서도 포화공기의 수증기 분압을 상기의 포화 증기압이라고 해도 되므로 20℃ 포화공기의 수증기 분압은 0.0238ata가 된다.

2. 습공기 선도

습공기의 상태는 압력, 온도, 습도, 엔탈피, 비용적 등에 의해서 표시된다. 압력이 일정할 때 다른 상태값은 2개의 변수를 좌표축에 잡은 선도로서 나타낼 수가 있다. 이것을 습공기선도라고 한다. 공기선도에서는 엔탈피와 절대습도를 좌표로 사용한 $i-x$ 선도나 건구온도와 절대습도를 사용한 $t-x$ 선도, 건구온도와 엔탈피를 사용한 $t-i$ 선도가 있는데 $i-x$ 선도가 널리 쓰이고 있다. $i-t$ 선도는 냉각탑의 계산에 사용된다.

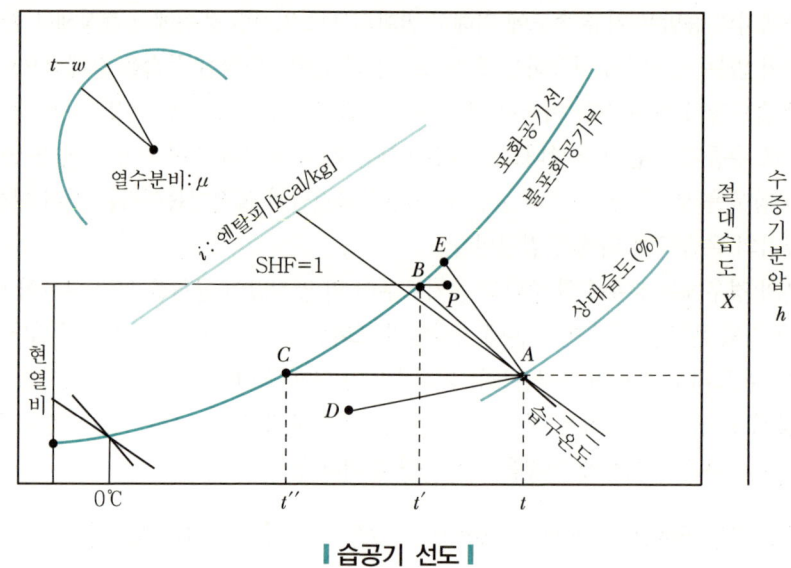

습공기 선도

$i-x$ 선도는 종축에 절대습도, 사축에 엔탈피를 사용한 것으로 이것을 기준으로 다른 상태의 값이 표시되어 있다. 또 현열비나 열수분비를 구하는 눈금도 표시되어 있다. 또한 표준대기압을 기준하고 있으며 어떤 상태의 공기도 선도상에서는 한 점으로 표시된다.

선도의 포화곡선은 각 온도에 대한 포화 공기점을 연결한 것으로 상대습도 100%에 해당된다. 이 곡선의 아래쪽은 불포화 공기로서 통상 사용하는 범위이고, 상부쪽은 포화수증기압 이상으로 수증기를 함유한 불안정한 과포화 상태 또는 일부의 수증기가 응축하여 노상으로 부유하고 있는 노입공기(저온에서는 눈을 함유한 설입공기)의 상태이다. 또한 선도의 현열비와 열수분비는 공기의 상태변화의 기준이 되는 값이며 현열비(SHF)는 엔탈피 변화에 대한 현열량 변화의 비율로서

$$\text{SHF} = \frac{C_p \Delta t}{\Delta i} = \frac{q_S}{q_S + q_L}$$

여기서, Δi : 엔탈피 변화량(kcal/kg)
Δt : 온도 변화량(℃)
C_p : 공기의 정압비열(kcal/kg℃)

로 구해지는데, 공기 A가 D로 변화하였다면 점 P에서 AD선의 평행선을 그으면 현열비 눈금을 찾을 수 있다.

열수분비는 절대습도 변화에 대한 엔탈피 변화의 비율로서

$$\mu = \frac{di}{dx}$$

이다. 선도에는 일정한 구배로서 표시되어 있으며 선도의 기준점과 열수분비 눈금상의 점을 연결한 직선과 평행한 변화는 사용하는 매체가 좌우한다. 수온 t_w(℃)의 수적을 A에 분무하여 그 수적을 완전

히 증발시키는 경우에는 $\mu = di/dx = t_w$이고 A공기는 기준 열수분비선에 평행으로 변화해서 E점의 방향으로 진행된다.

더욱이 습구온도에 단열 포화온도를 쓰고 있으므로 습구온도 t'(℃) 일정의 직선은 열수분비선에 평행하다.

SECTION 08 이상기체 공식 정리

이상기체에서의 제반공식을 이용한 계산문제는 자주 출제되는 항목으로서 반드시 암기하여야 된다. 그러므로 이상기체의 공식을 정리하면 다음과 같다.

$$\Delta S = mC_v \ln \frac{T_2}{T_1} + mR \ln \frac{V_2}{V_1} \quad (\because \ln 1 = 0)$$

$$\Delta S = mC_p \ln \frac{T_2}{T_1} - mR \ln \frac{P_2}{P_1}$$

구분	등압변화	등적변화	등온변화	단열변화	폴리트로픽 변화
$P-V-T$ 관계	$\dfrac{v_1}{T_1} = \dfrac{v_2}{T_2} = C$	$\dfrac{P_1}{T_1} = \dfrac{P_2}{T_2} = C$	$P_1 v_1 = P_2 v_2 = C$	$\dfrac{T_2}{T_1} = \left(\dfrac{P_2}{P_1}\right)^{\frac{k-1}{k}} = \left(\dfrac{v_1}{v_2}\right)^{k-1}$	$\dfrac{T_2}{T_1} = \left(\dfrac{P_2}{P_1}\right)^{\frac{n-1}{n}} = \left(\dfrac{v_1}{v_2}\right)^{n-1}$
C	$C_p = \dfrac{k}{k-1} R$	$C_v = \dfrac{R}{k-1}$	$C = \infty$	$C = 0$	$C_n = C_v \dfrac{n-k}{n-1}$
n	0	∞	1	k	$1 < n < k$
$\int P dv$	$P(v_2 - v_1)$	$P(v_2 - v_1) = 0$	$P_1 v_1 \ln \dfrac{v_2}{v_1}$	$\dfrac{P_1 v_1 - P_2 v_2}{k-1}$	$\dfrac{P_1 v_1 - P_2 v_2}{n-1}$
$-\int v dP$	$v(P_2 - P_1) = 0$	$v(P_2 - P_1)$	$P_1 v_1 \ln \dfrac{v_2}{v_1}$	$\dfrac{k(P_1 v_1 - P_2 v_2)}{k-1}$	$\dfrac{n(P_1 v_1 - P_2 v_2)}{n-1}$
$_1 U_2 =$ $u_1 - u_2$	$du = C_v dT$ $mC_v(T_2 - T_1)$	$du = C_v dT$ $mC_v(T_2 - T_1)$	0	$du = C_v dT$ $mC_v(T_2 - T_1)$	$du = C_v dT$ $mC_v(T_2 - T_1)$
$_1 H_2 =$ $H_2 - H_1$	$dh = C_p dT$ $mC_p(T_2 - T_1)$	$dh = C_p dT$ $mC_p(T_2 - T_1)$	0	$dh = C_p dT$ $mC_p(T_2 - T_1)$	$dh = C_p dT$ $mC_p(T_2 - T_1)$
Q	$dQ = dh - AvdP$ $mC_p(T_2 - T_1)$	$dQ = dh + AvdP$ $mC_v(T_2 - T_1)$	$P_1 v_1 \ln \dfrac{v_2}{v_1}$	0	$mC_n(T_2 - T_1)$
S	$mC_p \ln \dfrac{T_2}{T_1}$	$mC_v \ln \dfrac{T_2}{T_1}$	$mR \ln \dfrac{v_2}{v_1}$	0	$mC_n \ln \dfrac{T_2}{T_1}$

CHAPTER 04 출제예상문제

01 어떤 용기에 온도 20℃, 압력 190kPa의 공기를 0.1m³ 투입하였다. 체적의 변화가 없다면 온도가 50℃로 상승했을 경우 압력은 몇 kPa로 되겠는가? 또 압력을 처음 압력으로 유지하려면 몇 kg의 공기를 뽑아야 하는가?

① 209.45, 0.021 ② 200.5, 0.21
③ 172.35, 0.021 ④ 172.35, 0.21

풀이
$$\frac{P_1}{T_1} = \frac{P_2}{T_2}, \quad T_2 = \frac{P_2}{P_1}T_1$$
$$T_2 = \frac{190}{293} \times 323 = 209.45 \text{kPa}$$
$$m_1 = \frac{P_1 V_1}{R T_1} = \frac{190 \times 0.1}{0.287 \times (20+273)}$$
$$= 0.226 \text{kg}$$
$$m_3 = \frac{P_3 V_3}{R T_3} = \frac{190 \times 0.1}{0.287 \times (50+273)}$$
$$= 0.2049 \text{kg}$$
$$\Delta m = m_3 - m_1 = 0.0211 \text{kg}$$

02 어떤 이상기체 3kg이 400℃에서 가역단열팽창하여 그 온도가 200℃로 강하하였고, 또 체적은 2배로 되었다면, 이때 외부에 대해서 93kJ의 일을 했을 때 기체상수와 C_v, C_p을 구하면?

① $R = 788.75 \text{J/kg} \cdot \text{K}$, $C_v = 0.155 \text{kJ/kg} \cdot \text{K}$, $C_p = 0.26 \text{kJ/kg} \cdot \text{K}$
② $R = 78.875 \text{J/kg} \cdot \text{K}$, $C_v = 0.155 \text{kJ/kg} \cdot \text{K}$, $C_p = 0.234 \text{kJ/kg} \cdot \text{K}$
③ $R = 0.78 \text{J/kg} \cdot \text{K}$, $C_v = 0.155 \text{kJ/kg} \cdot \text{K}$, $C_p = 0.234 \text{kJ/kg} \cdot \text{K}$
④ $R = 78.875 \text{J/kg} \cdot \text{K}$, $C_v = 0.16 \text{kJ/kg} \cdot \text{K}$, $C_p = 0.26 \text{kJ/kg} \cdot \text{K}$

풀이
$$\frac{T_2}{T_1} = \left(\frac{V_1}{V_2}\right)^{k-1} = \left(\frac{P_2}{P_1}\right)^{\frac{k-1}{k}}$$
$$\ln\left(\frac{T_2}{T_1}\right) = (k-1)\ln\left(\frac{V_1}{V_2}\right)$$
$$K = \frac{\ln\left(\frac{T_2}{T_1}\right)}{\ln\left(\frac{V_1}{V_2}\right)} + 1 = \frac{\ln\left(\frac{200+273}{400+273}\right)}{\ln\left(\frac{1}{2}\right)} + 1$$
$$= 1.509$$
$$W = \frac{mR(T_1 - T_2)}{k-1}$$
$$R = \frac{W(k-1)}{m(T_1 - T_2)}$$
$$= \frac{93 \times 10^3 (1.509 - 1)}{3(400 - 200)}$$
$$= 78.875 \text{J/kg} \cdot \text{K}$$
$$C_v = \frac{R}{k-1} = \frac{78.875}{1.509 - 1}$$
$$= 155 \text{J/kg} \cdot \text{K}$$
$$= 0.155 \text{kJ/kg} \cdot \text{K}$$
$$C_p = k \cdot C_v = 1.509 \times 0.155$$
$$= 0.234 \text{kJ/kg} \cdot \text{K}$$

03 체적 500L인 탱크 속에 초압과 초온이 0.2MPa, 200℃인 공기가 들어 있다. 이 공기로부터 126kJ의 열을 방열시킨다면 압력(MPa)은 얼마로 되는가?

① 9.9   ② 0.99
③ 0.099 ④ 0.0099

풀이
$$P_1 V_1 = mRT_1$$
$$질량(m) = \frac{P_1 V_1}{RT_1} = \frac{0.2 \times 10^6 \times 0.5}{287 \times (200+273)}$$
$$= 0.737 \text{kg}$$

정답 01 ① 02 ② 03 ③

$$Q_v = mC_v(T_2 - T_1)$$
$$T_2 = \frac{Q}{mC_v} + T_1$$
$$= \frac{-126}{0.737 \times 0.717} + (200 + 273) = 234K$$
$$\frac{P_1}{T_1} = \frac{P_2}{T_2}$$
압력$(P_2) = T_2 \frac{P_1}{T_1} = 234 \frac{0.2}{473} = 0.099MPa$

풀이 $Q_p = mC_p(T_2 - T_1)$
$$T_2 = \frac{Q}{mC_p} + T_1 = \frac{586}{4 \times 1} + (30 + 273)$$
$$= 449.5K$$
∴ 방출열량$(Q_v) = mC_v(T_3 - T_2)$
$$= 4 \times 0.717 \times (303 - 449.5)$$
$$= -420kJ$$

04 어느 가스 4kg이 압력 0.3MPa, 온도 40℃에서 2m³의 체적을 점유한다. 이 가스를 정적하에서 온도를 40℃에서 150℃까지 올리는 데 209kJ의 열량이 필요하다. 만일 이 가스를 정압하에서 동일 온도까지 온도를 상승시킨다면 필요한 가열량(kJ)은 얼마인가?

① 209　　② 290
③ 420　　④ 500

06 어느 압축공기 탱크에 공기가 40루베 채워져 있다. 공기밸브를 열었을 때의 압력이 0.7MPa, 얼마 후에 압력이 0.3MPa로 저하했다면 처음의 공기 중량과 최종의 공기 중량은 몇 % 감소하겠는가?(단, 공기의 온도는 26℃이다.)

① 42.8　　② 45.2
③ 55.2　　④ 57.1

풀이 $m_1 = \frac{P_1V_1}{RT_1} = \frac{0.7 \times 10^6 \times 40}{287 \times (26 + 273)} = 326.3$
$$m_2 = \frac{P_2V_2}{RT_2} = \frac{0.3 \times 10^6 \times 40}{287 \times (26 + 273)} = 140$$
$$\frac{m_1 - m_2}{m_1} \times 100 = \frac{326.3 - 140}{326.3} \times 100 = 57\%$$

풀이 $p = c$에서 $\frac{V_1}{T_1} = \frac{V_3}{T_3}$
$$V_3 = \frac{V_1}{T_1}T_3 = \frac{2}{40 + 273}(150 + 273)$$
$$= 2.703m^3$$
같은 온도범위이므로
$\Delta H = \Delta U + \Delta PV$
가열량$(Q_p) = Q_v + P(V_3 - V_1)$
$$= 209 + 0.3 \times 10^3(2.703 - 2)$$
$$= 419.9 ≒ 420kJ$$

07 초온 50℃인 공기 3kg을 등온팽창시킨 다음 다시 처음의 압력까지 가역단열팽창시켰더니 공기의 온도가 95℃로 되었다고 한다. 등온변화 중 공기에 가해진 열량은 얼마인가?

① 1.57　　② 15.7
③ 27　　　④ 127

풀이 $\frac{T_3}{T_2} = \left(\frac{P_3}{P_2}\right)^{\frac{k-1}{k}}$　$\frac{P_3}{P_2} = \left(\frac{T_3}{T_2}\right)^{\frac{k}{k-1}} = 1.579$
$$Q = P_1V_1\ln\frac{V_2}{V_1} = mRT_1\ln\frac{P_1}{P_2} = mRT_1\ln\frac{P_3}{P_2}$$
$$= 3 \times 0.287 \times (50 + 273)\ln 1.579 = 127kJ$$

05 0.2MPa, 30℃인 공기 4kg을 정압하에서 586kJ의 열을 가할 경우 가열 후의 온도를 구하고, 이 공기를 정적과정으로서 처음의 온도까지 하강시키려면 방출해야 하는 열량(kJ)을 계산하면?

① 176.5, -420　　② 449.5, -420
③ 449.5, 420　　 ④ 76.5, -420

정답 04 ③　05 ③　06 ④　07 ④

08 온도 30℃, 압력 1atm인 공기 3kg이 단열압축되어 체적이 0.6m³로 되었다. 압축일량은 몇 kJ인가?

① 722.1
② 555
③ -722.1
④ -555

풀이
$$V_1 = \frac{mRT_1}{P_1} = \frac{3 \times 0.287 \times (30+273)}{101.3}$$
$$= 2.575 \text{m}^3$$

단열과정이므로 $T_2 = T_1\left(\frac{V_1}{V_2}\right)^{k-1}$
$$= (30+273)\left(\frac{2.575}{0.6}\right)^{1.4-1}$$
$$= 542.62\text{K}$$

압축일량$(W) = \frac{k(P_1V_1 - P_2V_2)}{k-1}$
$$= \frac{kmR(T_1 - T_2)}{k-1}$$
$$= \frac{1.4 \times 3 \times 0.287(303 - 542.62)}{1.4-1}$$
$$= -722.1\text{kJ}$$

압축일이므로 $W = 722.1\text{kJ}$

09 어느 가스 10kg을 50℃ 만큼 온도 상승시키는 데 필요한 열량은 압력 일정인 경우와 체적 일정인 경우에는 837kJ의 차가 있다. 이 가스의 가스상수(kJ/kg·K)를 구하면?

① 16.74
② 8.4
③ 1.674
④ 0.84

풀이
$Q_p - Q_v = m(C_p - C_v)\Delta T = 837$
$C_p - C_v = \frac{837}{m\Delta T} = \frac{837}{10 \times 50} = 1.674$
$C_p - C_v = R = 1.674\text{kJ/kg}\cdot\text{K}$

10 압력 0.3MPa, 20℃의 공기 5kg이 폴리트로픽 변화하여 335kJ의 열량을 방출하고, 그 온도는 200℃로 되었다. 이 변화에서 최종 체적과 압력을 구하면?

① 2.2m³, 30.5MPa
② 2.2m³, 3.05MPa
③ 0.22m³, 30.5MPa
④ 0.22m³, 3.05MPa

풀이
$Q = mC_n(T_2 - T_1) = mC_v\frac{n-k}{n-1}(T_2 - T_1)$
$$\frac{n-k}{n-1} = \frac{Q}{mC_v(T_2-T_1)}$$
$$= \frac{-335}{5 \times 0.717 \times (200-20)}$$
$\therefore n = 1.26$
$V = \frac{mRT}{P} = \frac{5 \times 287 \times (20+273)}{0.3 \times 10^6} = 1.4\text{m}^3$
$\frac{T_2}{T_1} = \left(\frac{P_2}{P_1}\right)^{\frac{n-1}{n}} = \left(\frac{V_1}{V_2}\right)^{n-1}$
$V_2 = \left(\frac{T_1}{T_2}\right)^{\frac{n}{n-1}} \cdot V_1$
$$= \left(\frac{20+273}{200+273}\right)^{\frac{1}{1.26-1}} \times 1.4 = 0.22\text{m}^3$$
$P_2 = \left(\frac{T_2}{T_1}\right)^{\frac{n}{n-1}} \cdot P_1$
$$= \left(\frac{200+273}{20+273}\right)^{\frac{1.26}{1.26-1}} \times 0.3 = 3.05\text{MPa}$$

11 5kg의 공기를 20℃, 1atg의 상태로부터 등온변화하여 압력 8atg로 한 다음 정압변화시키고, 다시 단열변화시켜 처음 상태로 되돌아왔다. 정압변화 후의 온도 및 변화에 가해진 열량(kJ)을 구하면?

① 77.83
② 778.3
③ 1,186.8
④ 18.68

정답 08 ① 09 ③ 10 ④ 11 ②

풀이 문제를 도식화하면

$T_1 = (20+273) = 293\text{K}$

$P_1 = (1+1.0332) \times \dfrac{101.3}{1.0332} = 199.4\text{kPa}$

$\xrightarrow{T=C}$

$P_2 = (8+1.0332) \times \dfrac{101.3}{1.0332} = 885.66\text{kPa}$

$T_2 = 20+273 = 293\text{K}$

$\xrightarrow{P=C} \quad T_3 = ?$

$P_3 = 885.66\text{kPa}$

$\xrightarrow{S=C} \quad P_A = 199.34\text{kPa}$

$T_A = 293\text{K}$

$\dfrac{T_4}{T_3} = \left(\dfrac{P_4}{P_3}\right)^{\frac{k-1}{k}}$ 에서

$T_3 = T_4\left(\dfrac{P_4}{P_3}\right)^{\frac{k-1}{k}} = 293\left(\dfrac{885.66}{199.34}\right)^{\frac{1.4-1}{1.4}}$

$\quad\quad = 448.66\text{K}$

∴ 가해진 열량$(Q_P) = mC_P(T_3 - T_2)$
$\quad\quad = 5 \times 1 \times (448.66 - 293)$
$\quad\quad = 778.3\text{kJ}$

12 체적 56L인 탱크 속에 압력 0.7MPa, 온도 32℃인 공기가 들어있고, 다른 쪽 탱크(체적 64L) 속에는 압력 0.35MPa, 온도 15℃인 공기가 들어있다. 양 탱크 사이에 설치되어 있는 밸브가 열려서 공기가 평행상태로 되었을 때의 공기의 온도가 21℃로 되었다면 압력(kPa)은 얼마인가?

① 5.01 ② 50.1
③ 501 ④ 5,013

풀이 $m_1 = \dfrac{P_1V_1}{R_1T_1}$

$\quad = \dfrac{7 \times 10^5 \times 56 \times 10^{-3}}{287 \times 305}$

$\quad = 0.447\text{kg}$

$m_2 = \dfrac{P_2V_2}{RT_2} = \dfrac{0.35 \times 10^6 \times 64 \times 10^{-3}}{287 \times 288}$

$\quad = 0.266\text{kg}$

∴ 압력변화$(P) = \dfrac{(m_1+m_2)RT}{V_1+V_2}$

$\quad = \dfrac{(0.447+0.266) \times 287 \times 294}{(56+64) \times 10^{-3}}$

$\quad = 501,345\text{J/m}^2 = 501\text{kPa}$

13 초압과 초온이 0.2MPa, 27℃인 어느 가스 5kg이 7m³의 체적을 점유한다. 이 가스를 정적하에서 압력을 0.5MPa까지 높이는 데는 2,302kJ의 열량이 필요하다. 만일 가스를 단열적으로 동일 압력까지 압축시키려면 몇 kJ의 일량이 필요한가?

① 933.33 ② 750
③ 191.2 ④ 841.5

풀이 $P_1 = 0.2 \times 10^6\text{Pa}$ 가스
$T_1 = 27+273,\ m = 5\text{kg}$
$P_2 = 0.5 \times 10^6\text{Pa},\ V_1 = 7\text{m}^3$
$\xrightarrow{v=c} \quad Q_v = 2,302\text{kJ}$
$\xrightarrow{s=c} \quad P_3 = 0.5 \times 10^6\text{Pa}$

$R = \dfrac{P_1V_1}{mT_1} = \dfrac{0.2 \times 10^6 \times 7}{5 \times (27+273)} = 933.33\text{J/kg}\cdot\text{K}$

$T_2 = \dfrac{P_2}{P_1} \cdot T_1 = \dfrac{0.5}{0.2}(27+273) = 750\text{K}$

$Q_v = mC_v(T_2 - T_1)$ 에서

$C_v = \dfrac{Q_v}{m(T_2-T_1)} = \dfrac{2,302 \times 10^3}{5(750-300)}$

$\quad = 1,023.11\text{J/kg}\cdot\text{K}$

$C_v = \dfrac{R}{k-1}$ 에서

$K = \dfrac{R}{C_v} + 1 = \dfrac{933.33}{1,023.11} + 1 = 1.912$

$\left(\dfrac{P_1}{P_3}\right)^{\frac{1}{k}} = \dfrac{V_3}{V_1}$ 에서

정답 12 ③ 13 ④

$$V_3 = V_1\left(\frac{P_1}{P_3}\right)^{\frac{1}{k}} = 7 \times \left(\frac{0.2}{0.5}\right)^{\frac{1}{1.912}} = 4.335 \text{m}^3$$

∴ 압축일량(W)

$$= \frac{P_1 V_1 - P_3 V_3}{k-1}$$

$$= \frac{0.2 \times 10^6 \times 7 - 0.5 \times 10^6 \times 4.335}{1.912 - 1}$$

$$= -841,557 \text{J} = -841.557 \text{kJ}$$

14 다음 중 보일-샤를의 법칙을 설명한 것은?

① 일정량의 기체의 체적과 절대온도의 상승적은 압력에 반비례한다.
② 일정량의 기체의 체적과 절대온도의 상승적은 압력에 비례한다.
③ 일정량의 기체의 체적과 압력의 상승적은 절대온도에 비례한다.
④ 일정량의 기체의 체적과 압력은 상승적은 절대온도에 반비례한다.

풀이 보일-샤를의 법칙

$$\frac{PV}{T} = C$$

15 실제기체가 이상기체의 상태방정식을 근사하게 만족시키는 경우는?

① 압력과 온도가 높을 때
② 압력이 높고 온도가 낮을 때
③ 압력은 낮고 온도가 높을 때
④ 압력과 온도가 낮을 때

풀이 실제기체가 이상기체의 상태방정식을 만족시키는 조건
- 분자량이 작아야 한다.
- 압력이 낮아야 한다.
- 온도가 높아야 한다.
- 비체적이 커야 한다.

16 "같은 온도, 같은 압력의 경우 모든 가스의 1kmol이 차지하는 용적은 같다."라는 법칙은 어느 법칙인가?

① 샤를의 법칙 ② 아보가드로의 법칙
③ 돌턴의 법칙 ④ 보일의 법칙

17 가스의 비열비($k = C_P/C_v$)의 값은?

① 언제나 1보다 작다.
② 언제나 1보다 크다.
③ 0이다.
④ 0보다 크기도 하고, 1보다 작기도 하다.

풀이 비열비 $k > 1$

18 다음 중 기체상수의 단위는?

① kcal/kg·℃   ② kg·m/kg·K
③ kg·m/kmol·K   ④ kg·m/m³·K

풀이 기체상수(R)

$$= \frac{P_0 \cdot V_0}{T_o}$$

$$= \frac{1.0332 \times 10^4 \text{kg/m}^2 \times 0.7734 \text{m}^2/\text{kg}}{273 \text{K}}$$

$$= 29.27 \text{kg} \cdot \text{m/kg} \cdot \text{K}$$

19 다음 가스 중 기체상수가 가장 큰 것은?

① H_2 ② N_2
③ Ar   ④ 공기

풀이 $R = \dfrac{8.312}{M}$

각 기체의 분자량은
$H_2 = 2$, $N_2 = 28$, Ar = 40, 공기 = 29

정답 14 ③ 15 ③ 16 ② 17 ② 18 ② 19 ①

20 정압비열이 0.92kJ/kg·K이고, 정적비열이 0.67kJ/kg·K인 기체를 압력 0.4MPa, 온도 20℃로 0.25kg을 담은 용기의 체적은 몇 m³인가?

① 0.46 ② 46
③ 0.046 ④ 4.6

풀이 $C_p - C_v = R$에서
기체상수$(R) = C_p - C_v = 0.92 - 0.67$
$= 0.25$kJ/kg·K
∴ 용기체적(V)
$= \dfrac{0.25 \times 0.25 \times 10^3 \times (20+273)}{0.4 \times 10^6}$
$= 0.046\text{m}^3$

21 $Pv^n = C$에서 n값에 따라 다음과 같이 된다. 다음 중 맞는 것은?

① $n = 0$이면 등온과정
② $n = 1$이면 가역단열과정
③ $n = k$이면 정압과정
④ $n = \infty$이면 정적과정

풀이 • $n = 0$: $p = c$ (정압)
• $n = 1$: $pv = c$ (등온)
• $n = k$: $pv^k = c$ (단열)

22 C_p가 C_v보다 큰 이유를 설명한 것 중 틀린 것은?

① 정적하에서는 가해진 열이 전부 내부 에너지로 저장되므로
② 정압하에서는 동작물질 팽창일에 에너지가 소요되므로
③ 정압하에서는 분자간 거리가 늘어나는 데 에너지를 소모하므로
④ 정적하에서는 비열이 일정하게 되므로

23 압력 294kN/m², 체적 1.66m³인 상태의 가스를 정압하에서 열을 방출시켜 체적을 1/2로 만들었다. 기체가 한 일은 몇 kJ인가?

① 244 ② 488
③ −244 ④ 488

풀이 일량$(W) = P \cdot \Delta V = 294 \times (0.83 - 1.66)$
$= -244$kJ

24 노즐 내에서 증기가 가역단열과정으로 팽창한다. 팽창 중 열낙차가 33kJ/kg이라면 노즐 입구에서의 증기 속도를 무시할 때 출구의 속도는 몇 m/sec인가?

① 25.7 ② 257
③ 259 ④ 26.4

풀이 유속$(V) = \sqrt{2\Delta h} = \sqrt{2 \times 33 \times 10^3}$
$= 257$m/s

25 이상기체를 정압하에서 가열하면 체적과 온도의 변화는 어떻게 되는가?

① 체적증가, 온도일정 ② 체적일정, 온도일정
③ 체적증가, 온도상승 ④ 체적일정, 온도상승

풀이 $Q = mC_p(T_2 - T_1)$
$\dfrac{V_1}{T_1} = \dfrac{V_2}{T_2}$
이상기체 정압하가열시에 온도증가, 체적증가이다.

26 비열비 $k = 1.4$인 이상기체를 $PV^{1.2} = C$ 일정한 과정으로 압축하면 온도와 열의 이동은 어떻게 되겠는가?

① 온도 상승, 열방출 ② 온도 상승, 열흡수
③ 온도 강하, 열방출 ④ 온도 강하, 열흡수

정답 20 ③ 21 ④ 22 ④ 23 ③ 24 ② 25 ③ 26 ①

풀이 $Q = mC_v \dfrac{n-k}{n-1}(T_2 - T_1)$

압력증가시 온도가 증가하여 열은 방출된다. 즉 $n-k$는 음수이다.

27 초기상태가 100℃, 1ata인 이상기체가 일정한 체적의 탱크에 들어 있다. 이 탱크에 열을 가해 온도가 200℃로 되었을 때 탱크 내에 이상기체의 압력은 몇 MPa인가?

① 1.268　　② 0.124
③ 12.68　　④ 124

풀이 $\dfrac{T_2}{T_1} = \dfrac{P_2}{P_1}$ 에서

$P_2 = P_1 \cdot \dfrac{T_2}{T_1} = \dfrac{101.3}{1.0332} \times \dfrac{473}{373}$
$= 124.3\,\text{kPa} = 0.124\,\text{MPa}$

28 정압하에서 완전가스를 10℃~200℃까지 높인다면 비중량은 몇 배가 되겠는가?

① 59.8　　② 5.98
③ 0.598　　④ 0.0598

풀이 $p = c$에서 $pv = RT$

$v = \dfrac{1}{\gamma} \rightarrow \dfrac{1}{T_1 \gamma_1} = \dfrac{1}{T_2 \gamma_2}$

$\therefore \dfrac{\gamma_2}{\gamma_1} = \dfrac{T_2}{T_1} = \dfrac{283}{473} = 0.598$배

29 공기 10kg과 수증기 5kg이 혼합되어 10m³의 용기 안에 들어 있다. 이 혼합기체의 온도가 60℃일 때 혼합기체의 압력은 몇 MPa인가?(단, 수증기의 기체상수는 0.46kJ/kg이다.)

① 172.2　　② 460
③ 17.2　　④ 0.172

풀이 돌턴의 분압법칙
$PV = mRT$
혼합기체 압력(P)
$P = \dfrac{m_1 R_1 T}{V} + \dfrac{m_2 R_2 T}{V}$
$= \dfrac{5 \times 0.46 \times 333}{10} + \dfrac{10 \times 0.287 \times 333}{10}$
$= 172.2\,\text{kPa} = 0.172\,\text{MPa}$

30 C_v=0.741kJ/kg·K인 이상기체 5kg을 일정한 체적하에서 20℃~100℃까지 가열하는 데 필요한 열량은?

① 287　　② 296.4
③ 28.7　　④ 2.87

풀이 $Q_v = mC_v(T_2 - T_1) = 5 \times 0.741 \times (100-20)$
$= 296.4\,\text{kJ}$

31 공기 3kg을 압력 0.2MPa, 온도 30℃ 상태에서 온도의 변화 없이 압력 1MPa까지 가역적으로 압축하는 데 필요한 일은 몇 kJ인가?

① 42　　② 420
③ 4,200　　④ 42,000

풀이 $W = p_1 v_1 \ln \dfrac{v_2}{v_1} = p_1 v_1 \ln \dfrac{P_1}{P_2}$
$= mRT \ln \dfrac{P_1}{P_2}$
$= 3 \times 0.287 \times 303 \times \ln \dfrac{10}{1} = -420\,\text{kJ}$

32 온도 10℃, 압력 0.2MPa의 체적 2m³ 공기를 1MPa까지 가역적을 단열압축하였다. 압축일(W_t)은?

① 819　　② 585
③ -819　　④ -585

정답 27 ②　28 ③　29 ④　30 ②　31 ②　32 ①

풀이
$$\frac{T_2}{T_1} = \left(\frac{P_2}{P_1}\right)^{\frac{k-1}{k}} = \left(\frac{V_1}{V_2}\right)^{k-1}$$

$$V_2 = \left(\frac{P_1}{P_2}\right)^{\frac{1}{k}} \cdot V_1 = \left(\frac{0.2}{1}\right)^{\frac{1}{1.4}} \times 2 = 0.634$$

$$W_t = \frac{k(p_1 v_1 - p_2 v_2)}{k-1}$$
$$= \frac{1.4(0.2 \times 2 - 1 \times 0.634) \times 10^3}{14.-1}$$
$$= -819\,\text{kJ}$$

압축일이므로 819kJ

33 반완전 가스를 설명한 것 중 옳은 것은?

① 비열은 온도, 압력에 관계없이 일정하다.
② 정압비열과 정적비열의 차가 일정하지 않다.
③ 비열은 압력에 관계없이 온도만의 함수이다.
④ 상태식 $PV = RT$를 따르지 않는다.

풀이 반완전 가스(Semi-perfect Gas or Half Ideal Gas)
완전가스의 상태식 $Pv = RT$를 만족하고 비열이 온도만의 함수로서 정적 및 정압비열의 차가 일정한 가스

34 이상기체의 내부 에너지에 대한 Joule의 법칙에 맞는 것은?

① 내부 에너지는 체적만의 함수이다.
② 내부 에너지는 엔탈피만의 함수이다.
③ 내부 에너지는 압력만의 함수이다.
④ 내부 에너지는 온도만의 함수이다.

35 10ata, 250℃의 공기 5kg이 $PV^{1.3} = C$에 의해서 체적비가 5배로 될 때까지 팽창하였다. 이때 내부 에너지의 변화는 몇 kJ/kg인가?

① 143.6
② 718
③ -143.6
④ -718

풀이
$$T_2 = T_1 \cdot \left(\frac{V_1}{V_2}\right)^{n-1} = 523 \times \left(\frac{1}{5}\right)^{1.3-1}$$
$$= 322.7\,\text{K}$$

에너지 변화 = $u_2 - u_1$
$= C_v \cdot (T_2 - T_1)$
$= 0.717 \times (322.7 - 523)$
$= -143.6\,\text{kJ/kg}$

36 실체기체가 이상기체의 상태식을 근사하게 만족시키는 경우는?

① 압력과 온도가 낮을 때
② 압력과 온도가 높을 때
③ 압력이 높고, 온도가 낮을 때
④ 압력이 낮고, 온도가 높을 때

37 열역학 제1법칙에 어긋나는 것은?

① 받은 열량에서 외부에 한 일을 빼면 내부 에너지의 증가량이 된다.
② 열은 고온체에서 저온체로 흐른다.
③ 계가 한 참일은 계가 받은 참열량과 같다.
④ 에너지 보존의 법칙이다.

풀이 열은 고온체에서 저온체로 흐른다는 열역학 제2법칙이다.

38 열역학 제1법칙을 맞게 설명한 것은?

① 밀폐계에서 공급된 열량은 내부 에너지의 증가와 계가 외부에 한 일의 합과 같다.
② 밀폐계의 공급된 열량은 내부 에너지의 증가와 유동일의 합과 같다.
③ 밀폐계의 공급된 열량은 내부 에너지의 증가와 유동일의 차와 같다.
④ 밀폐계에 공급된 열량은 내부 에너지의 증가와 계가 외부에 한 일의 차와 같다.

정답 33 ③ 34 ④ 35 ③ 36 ④ 37 ② 38 ①

39 제1종 영구기관이란?

① 열역학 제0법칙에 위반되는 기관
② 열역학 제1법칙에 위반되는 기관
③ 열역학 제2법칙에 위반되는 기관
④ 열역학 제3법칙에 위반되는 기관

40 동력의 단위가 아닌 것은?

① PS
② BTU/h
③ kg · m/s
④ kWh

41 1HP로 1시간 동안에 한 일을 열량으로 환산하면 몇 MJ인가?

① 2.68
② 26.8
③ 160.8
④ 1,608

풀이 $1HPh = 76 kg \cdot m/s \times \dfrac{3,600 s \times 9.8 J}{kg \cdot m}$
$= 2.68 MJ$

42 1kW로 1시간 동안에 한 일을 열량으로 환산하면 몇 MJ인가?

① 3.6
② 36
③ 35.28
④ 353

풀이 $1kWh = 1kN \cdot m/s \times 3,600 s$
$= 3,600 kJ = 3.6 MJ$

정답 39 ② 40 ④ 41 ① 42 ①

열역학 제2법칙

열역학 제1법칙은 계 내에서 임의의 Cycle 중의 열전달의 합은 일의 합과 같다는 것을 말하는 즉, 하나의 에너지 형태에서 다른 형태의 에너지로 변화할 때의 양적 관계를 표시한 것이다. 그러나 열이나 일이 흐르는 방향에 대해서는 아무런 제한도 없었다.

그러한 일이 일어난다는 것은 있을 수 없으므로 제2법칙이 공식화되었으며 임의의 사이클에서 열역학 제1법칙과 제2법칙을 만족할 때에만 실제로 일어난다. 즉, 제2법칙은 과정이 어떤 한 방향으로만 진행하고 반대방향으로는 진행되지 않는 에너지 변환의 방향성과 비가역성임을 명시했다.

즉 자연계의 현상과 에너지의 변화는 평형상태를 이루며 한 방향으로만 변화하며 그 반대방향으로의 변화는 일어나지 않으며 열을 역학적 에너지로 변환하는 것은 제약을 받아 완전하게 변할 수 없는 비가역과정이라는 것이다.

SECTION 01 열역학 제2법칙의 표현

■ 열저장소

열용량이 무한대여서 아무리 많은 열을 주거나 받아도 온도의 변화가 없는 저장소로서 이상기체의 등온변화와 같은 물질이 지구상에는 존재하지 않기 때문에 질량이 거의 무한대인 물질을 열저장소로 가정한 것이다. 예를 들면 대기나 바다 등을 그 예로 들 수 있다.

열저장소의 단위는 $Q = mc\Delta T$에서 질량(m)과 비열(c)의 곱을 열용량이라 하며 단위는 kcal/℃ 혹은 kJ/K으로서 단위온도를 높이는 데 필요한 에너지를 열용량으로 정의한다.

1. Kelvin-Plank의 표현

사이클로 작동하면서 아무런 효과도 내지 않고 단일 열저장소에서 기계장치를 구성하여 일을 하는 것은 불가능하다. 즉, 열기관이 동작유체의 의해서 일을 발생시키려면 공급열원보다 더 온도가 낮은 열원이 필요하게 된다는 것이다. 따라서 100%의 열효율을 갖는 열기관을 만드는 것은 불가능하다.

2. Clausius의 표현

사이클로 작동하면서 저온 열저장소로부터 고온 열저장소로 열을 전달하는 것 외에 아무 효과도 내지 않는 기계장치를 만드는 것은 불가능하다. 즉, 냉동기 또는 열펌프에 관련한 표현이다.

이 두 가지 표현에 대해서 열역학 제2법칙을 정리하면

① 열은 자연적으로는 저온 물체로부터 고온 물체로는 흐르지 않는다. 따라서 저온물체로부터 고온물체로의 열의 이동은 반드시 일의 소비가 따른다.

② 열이 일로 변하기 위해서는 열원 이 외에 이것보다 낮은 열저장소가 있을 것. 즉, 저장소 간 온도의 차이가 있어야 한다.

③ 사이클 과정에서 열원의 열이 모두 일로 변화할 수 없다.

다음 그림에서처럼 단일 열저장소에서 열교환은 일어날 수 없다.

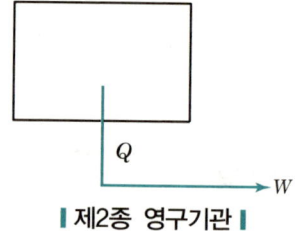

| 제2종 영구기관 |

열역학 제2법칙에 근거하면 열교환이 일어나려면 최소한 2개 이상의 열저장소가 필요하며 고온체에서 저온체로 열이동을 하며 일(W_A)이 만들어지며 저온체에서 고온체로 열이동이 일어나기 위해서는 일(W_l)이 필요하다.

다음 그림의 (A)를 우리는 열기관이라고 하나 저온체에서 고온체로 가는 데 필요한 일(W_l)이 매우 적다고 가정하면 (B)와 같이 되며, 사이클(Cycle)로 도시하면 (C)와 같다.

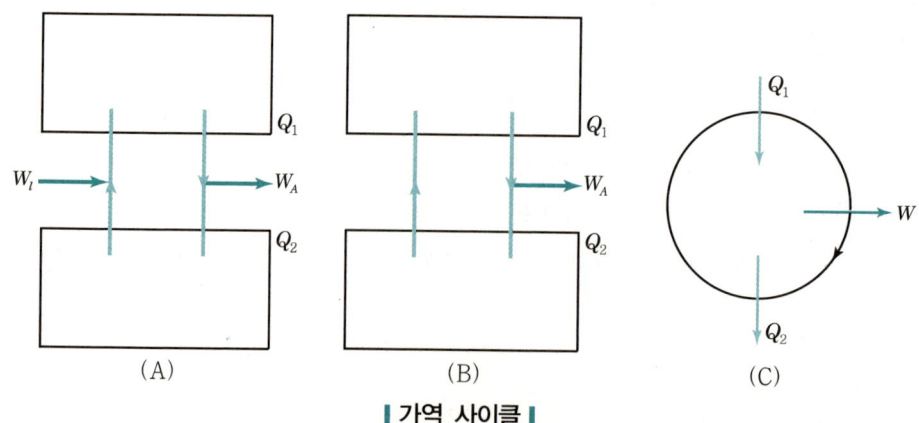

| 가역 사이클 |

클라우지우스(Clausius)의 표현은 냉동기 사이클의 정의가 된다. 그림으로 표시하면 (A)와 같이 되며, 사이클(Cycle)로 표시하면 (B)와 같이 된다. 이를 역사이클(Irreverse Cycle)이라고 하며 냉동 또는 열펌프 사이클의 기본이다.

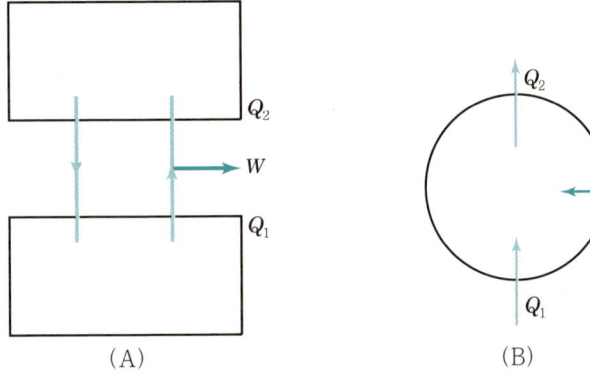

| 역가역 사이클 |

SECTION 02 열효율, 성능계수, 가역과정

1. 열기관

열역학 제2법칙에 의해서 열을 일로 변환시키기 위해서는 고온체와 저온체가 있어야 하며, 이와 같은 원리에 의해 일을 발생하는 장치를 열기관이라 한다.

2. 열효율

열기관이 발생하는 일의 양은 고온체에서 준 열(Q_1)과 저온체에서 받은 열(Q_2)과의 차이와 같다.

$$W = Q_1 - Q_2$$

여기에서 유효열량과 공급열량의 비를 열효율(Thermal Efficiency)이라 한다.

$$열효율(\eta) = \frac{유효일}{공급\ 열량} = \frac{AW}{Q_1} = \frac{Q_1 - Q_2}{Q_1} = 1 - \frac{Q_2}{Q_1} = 1 - \frac{T_2}{T_1}$$

여기서, η : 열효율, W : 유효일(kg·m)

Q_1 : 공급된 열량(kcal), Q_2 : 일의 열당량($\frac{1}{427}$ kcal/kg·m)

T_1 : 고온체 온도(K), T_2 : 저온체 온도(K)

절대단위의 표현으로는 열과 일의 단위를 kJ로 표기하므로 다음과 같다.

$$\eta = \frac{W}{Q_1} = 1 - \frac{Q_2}{Q_1} = 1 - \frac{T_2}{T_1}$$

3. 성적계수(성능계수)

역사이클로 작동하면서 저온체에서 열을 받아 고온체로 열이동을 성취시키는 기구로 냉동기와 열펌프로 구분된다.

$$\text{COP}(\varepsilon_R) = Q_\text{저}$$

$$\text{COP}(\varepsilon_h) = \frac{Q_\text{고}}{AW} = \frac{Q_\text{고}}{Q_\text{고} - Q_\text{저}} = \frac{T_\text{고}}{T_\text{고} - T_\text{저}}$$

$|\varepsilon| > 1, \quad \varepsilon_h \varepsilon_R = 1$

절대단위로 표시하면

$$\text{COP}(\varepsilon_R) = \frac{Q_\text{저}}{W} = \frac{Q_\text{저}}{Q_\text{고} - Q_\text{저}} = \frac{T_\text{저}}{T_\text{고} - T_\text{저}}$$

$$\text{COP}(\varepsilon_h) = \frac{Q_\text{고}}{W} = \frac{Q_\text{고}}{Q_\text{고} - Q_\text{저}} = \frac{T_\text{고}}{T_\text{고} - T_\text{저}}$$

4. 가역과정

열적 평형을 유지하며 이루어지는 과정이며, 계나 주위에 영향을 주거나 아무런 변화도 남기지 않고 이루어지며 역과정으로 원상태로 되돌려질 수 있는 과정

1) 가역 사이클(Reversible Cycle)

사이클의 상태변화가 모두 가역변화로 이루어지는 사이클

2) 비가역 사이클(Irreversible Cycle)

사이클의 상태변화가 일부분이라도 비가역변화를 포함하는 사이클로서 실제의 사이클은 마찰이나 열전달 등의 비가역변화를 피할 수 없으므로 모두 비가역 사이클이다.

SECTION 03 영구기관

열역학 제1법칙을 위배하는 기관, 즉 일을 창조하는 혹은 주어진 일보다 많은 일을 하여 효율이 100% 이상인 기관을 말하며 존재하지 않는 기관으로 열역학 제2법칙을 위배하는 기관을 제2종 영구기관이라고 한다. 즉, 열역학 제2법칙은 에너지 전환의 방향성과 비가역성을 명시한 법칙이므로 열기관에서는 효율이 100%의 기관은 존재할 수가 없으며 냉동기에서는 성능계수가 1 이하는 존재할 수가 없는 기관이므로 혹시 결과치가 제2종 영구기관의 효율이 나온다면 가정을 잘못 선정한 것으로 생각하여야 한다.

- 제1종 영구기관 : 열역학 제1법칙 위배 기관
- 제2종 영구기관 : 열역학 제2법칙 위배 기관

SECTION 04 카르노 사이클(Carnot Cycle : 1824)

효율이 100%로서 열이 일로 전환되는 것은 열역학 제1법칙을 위배하는 제1종 영구기관이며 불가능하므로 공급열량을 일로 치환시키는 데는 전과정을 가역과정으로 하여 에너지 손실을 적게 한 사이클로서 이상적 가역 사이클이라고도 하며 사이클의 개념을 이해하는 데 중요한 사이클이다.

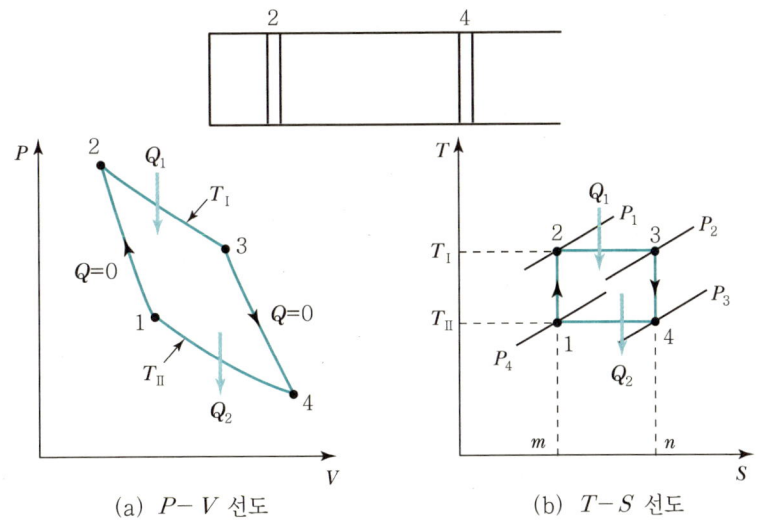

(a) $P-V$ 선도   (b) $T-S$ 선도

∥ 카르노 사이클 ∥

1. 과정

1) 1 → 2 과정(단열압축)

저온열원을 제거하고 대신에 실린더 헤드에 단열체를 접촉시켜 상태 1까지 압축을 계속한다. 이때 실린더 내부는 단열상태이며 작동유체에 가해진 압축일은 모두 내부 에너지의 증가로 나타나고, 작동유체의 온도는 T_{II}에서 TT_I으로 상승한다.

2) 2 → 3 과정(등온팽창)

실린더 헤드에 단열체가 접촉하고 있는 상태에서 피스톤이 2의 상태에 있을 때 단열체를 제거하고, 대신에 실린더 헤드를 고온열원과 접촉시키면 실린더 내의 작동유체는 온도 T_I에서 열량 Q_1을 받아 상태 3까지 팽창하여 외부에 일을 한다. 이 과정은 고온열원의 온도가 변하지 않으므로 등온변화이다.

3) 3 → 4 과정(단열팽창)

고온열원을 제거하고 실린더 헤드를 단열체와 접촉시키고 상태 4까지 팽창을 계속시킨다. 이때 실린더의 내부는 단열상태이므로 작동유체는 내부 에너지를 소비하여 외부에 팽창일을 하며, 작동유체의 온도는 T_I으로부터 T_{II}로 강하한다.

4) 4 → 1 과정(등온압축)

단열체를 제거한 후 실린더 헤드를 저온열원에 접촉시키면 열량이 방출되어 피스톤을 왼쪽으로 밀어 압축시킨다. 이 동작에 의해서 작동유체는 온도 T_{II}의 상태에서 저온열원에 열량 Q_2를 방출한다. 이때 저온열원의 온도는 변하지 않으므로 등온압축과정이다.

2. 카르노 사이클의 열효율

카르노 사이클의 열효율을 도식적으로 살펴보면

$$\eta = \frac{12341}{m1234nm} = 1 - \frac{m14nm}{m1234nm}$$

여기서, $m1234nm$: 가한 열(Q_A)
$m14nm$: 방출한 열(Q_R)
12341 : 한 일(W)

수식적으로 표기하면

$$\eta = \frac{W}{Q_A} = \frac{Q_A - Q_R}{Q_A} = 1 - \frac{Q_R}{Q_A} = 1 - \frac{mRT_4 \ln\frac{V_1}{V_4}}{mRT_2 \ln\frac{V_3}{V_2}}$$

과정 1 → 2와 4 → 1은 단열변화이므로

$$\frac{T_2}{T_1} = \left(\frac{V_1}{V_2}\right)^{k-1} \qquad V_1 = V_2\left(\frac{T_2}{T_1}\right)^{\frac{1}{k-1}}$$

$$\frac{T_3}{T_4} = \left(\frac{V_4}{V_3}\right)^{k-1} \qquad V_4 = V_3\left(\frac{T_3}{T_4}\right)^{\frac{1}{k-1}}$$

그러므로 효율식에 대입하면

$$\eta = 1 - \frac{RT_4 \ln\frac{V_1}{V_4}}{RT_2 \ln\frac{V_3}{V_2}} = 1 - \frac{T_4 \ln\frac{V_2\left(\frac{T_2}{T_1}\right)^{\frac{1}{k-1}}}{V_3\left(\frac{T_3}{T_4}\right)^{\frac{1}{k-1}}}}{T_2 \ln\frac{V_3}{V_2}}$$

T_2와 T_3는 저온체 온도이고 T_1과 T_4는 저온체 온도이므로

$$\eta = 1 - \frac{T_4}{T_2} = 1 - \frac{T_저}{T_고}$$

즉 카르노 사이클의 효율은 온도만의 함수이며 가역과정 기관의 효율식과 일치함을 알 수 있다. 따라서 카르노 사이클의 기관보다 효율이 좋은 기관은 제2종 영구기관으로서 존재할 수가 없다.

Carnot Cycle을 요약하면

① Carnot Cycle은 열기관의 이상 Cycle로서 최고의 열효율을 갖는다. 만약 η가 Carnot Cycle의 η 보다 크다면 제2종 영구운동계이다.
② 같은 두 열원에서 작동되는 모든 가역 Cycle은 효율이 같다.
③ 역 Cycle도 성립된다.(가역과정)

SECTION 05 엔트로피(Entropy)

열과 가장 밀접한 강도성질은 온도(T)이며, 이에 대응하는 종량성질은 엔트로피(S)이다.

- 단위 : kcal/K, kcal/kg · K
- 절대단위 : kJ/K, kJ/kg · K

$$\frac{Q_1}{T_1} - \frac{Q_2}{T_2} = 0$$

1. Clausius의 적분

1) 가역일 때

$$\eta_R = 1 - \frac{Q_2}{Q_1} = 1 - \frac{T_2}{T_1}$$

$$\frac{Q_2}{Q_1} = \frac{T_2}{T_1},\ \frac{T_1}{Q_1} = \frac{T_2}{Q_2},\ \frac{Q_1}{T_1} = \frac{Q_2}{T_2},\ \frac{Q_1}{T_1} - \frac{Q_2}{T_2} = 0$$

$$\oint_{R(가역)} \frac{\delta Q}{T} = 0$$

2) 비가역일 때

$$\eta_{R(가역과정)} > \eta_{비가역} \quad 1 - \frac{T_2}{T_1} > 1 - \frac{Q'_2}{Q_1}$$

$$\frac{T_2}{T_1} < \frac{Q'_2}{Q_1},\ \frac{T_2}{T_1} < \frac{Q'_2}{Q_1},\ \frac{Q_1}{T_1} - \frac{Q'_2}{T_2} < 0$$

$$\oint_{IR(비가역)} \frac{\delta Q}{T} < 0$$

그러므로 Clausius의 적분은 $\oint \frac{\delta Q}{T} \leq 0$ 이다.

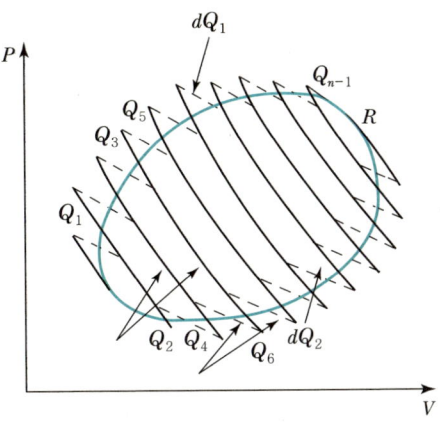

| 가역 사이클의 표현 |

> **Reference**
>
> - 가역 과정에서 엔트로피(S)의 적분 : $\int_{net} \dfrac{\delta Q}{T} = 0$
> - 비가역 과정에서 엔트로피(S)의 적분 : $\int_{net} \dfrac{\delta Q}{T} > 0$

2. 엔트로피의 유도

$$\int_1^2 \frac{\delta Q}{T} = \int_1^2 \frac{mCdt}{T} = mC\ln\frac{T_2}{T_1} = S_2 - S_1 = \Delta S [\text{kJ/K}]$$

일을 하지 않은 에너지 단위로서 비교치만 준다.(절대값은 없다.)
엔트로피(S) 증가가 많다고 해서 일이 많다는 것이 아니다.

$$\Delta S = \int \frac{\delta Q}{T}$$

$ds = T \cdot ds$
$\delta Q = T \cdot ds$
$\delta Q = dU + Pdv$ ······ ①
$dU = C_v dT$ ······ ②
$\delta Q = Tds$ ······ ③

식 ①에 식 ②, ③을 대입하면
$$Tds = C_v dT + Pdv$$

$Pv = RT$에서 $P = \dfrac{RT}{v}$

$$ds = \dfrac{C_v dT}{T} + \dfrac{RT}{Tv} \cdot dv$$

$$\Delta S = \int C_v \dfrac{dT}{T} + \int R \dfrac{dV}{V} = C_v \ln \dfrac{T_2}{T_1} + R \ln \dfrac{V_2}{V_1}$$

P와 V와의 함수

$$\delta Q = Tds = C_v dT + Pdv$$

$$ds = \dfrac{C_v dT}{T} + \dfrac{Tdv}{T} \text{에서 } T = \dfrac{Pv}{R},\ dT = \dfrac{Pdv + vdP}{R}$$

위의 관계를 대입 정리하면

$$ds = C_v \dfrac{dP}{P} + C_p \dfrac{dv}{v}$$

$$\therefore\ \Delta S = \int_1^2 ds = C_v \ln \dfrac{P_2}{P_1} + C_p \ln \dfrac{V_2}{V_1}$$

$$\Delta H = \Delta U + Pdv + vdP$$

$$\delta Q = dh - vdP$$

$Pv = RT$에서 $v = \dfrac{RT}{P}$

$$Tds = C_p dT - \dfrac{RT}{P} dP$$

$$ds = \dfrac{C_p dT}{T} - \dfrac{R}{P} dP$$

$$\int ds = \int \dfrac{C_p dT}{T} - \int \dfrac{R}{P} dP$$

$$\Delta S = C_p \ln \dfrac{T_2}{T_1} - R \ln \dfrac{P_2}{P_1}$$

■ 폴리트로픽 변화 : 완전가스의 경우 열의 출입량은

$$\delta q = C_v \dfrac{n-k}{n-1} dT \text{ 혹은 } q = C_v \dfrac{n-k}{n-1}(T_2 - T_1)$$

■ 엔트로피 변화

$$\Delta S = S_2 - S_1 = \int_1^2 \dfrac{\delta q}{T} = C_v \dfrac{n-k}{n-1} \int_1^2 \dfrac{\delta q}{T}$$

$$= C_v \dfrac{n-k}{n-1} \ln \dfrac{T_2}{T_1} = C_n \ln \dfrac{T_2}{T_1} = (n-k) C_v \ln \dfrac{P_2}{P_1}$$

$$\therefore \frac{T_2}{T_1} = \left(\frac{P_2}{P_1}\right)^{\frac{n-1}{n}} = \left(\frac{v_1}{v_2}\right)^{n-1}$$

여기서 폴리트로픽 지수와 각 특성값에 대한 상태변화는 다음과 같다.

$n=0$: 등압변화

$n=1$: 등온변화

$n=k$: 단열변화

$n=\infty$: 등적변화

$1<n<k$: 폴리트로픽 변화

3. 엔트로피 식의 정리 및 지수 n의 변화

$$\Delta S = mC_v \ln\frac{T_2}{T_1} + mR\ln\frac{V_2}{V_1}$$

$$\Delta S = mC_p \ln\frac{T_2}{T_1} - mR\ln\frac{P_2}{P_1}$$

$$\Delta S = mC_p \ln\frac{V_2}{V_1} + mC_v \ln\frac{P_2}{P_1}$$

$$\oint \frac{\delta Q}{T} \leq 0 \text{(Clausius의 적분)}$$

$$\Delta S(\text{엔트로피}) = \int \frac{\delta Q}{T} \text{ [kJ/K]}$$

- 물일 경우 : $\Delta S = mC\ln\frac{T_2}{T_1}$

- 잠열 : $\Delta S = \frac{Q}{T}$

- 기체, 증기 : $\Delta S = mC_v \ln\frac{T_2}{T_1} + mR\ln\frac{V_2}{V_1} = mC_p \ln\frac{T_2}{T_1}$

$$= mC_p \ln\frac{T_2}{T_1} - mR\ln\frac{P_2}{P_1}$$

$$\delta Q = TdS \text{(제2법칙에서 유도)}$$
$$\delta Q = dU + PdV \text{(제1법칙에서 유도)}$$
$$dH = dU + PdV + VdP = \delta Q + VdP$$

그러므로

$$\delta Q = U + PdV = H - VdP = Tds$$

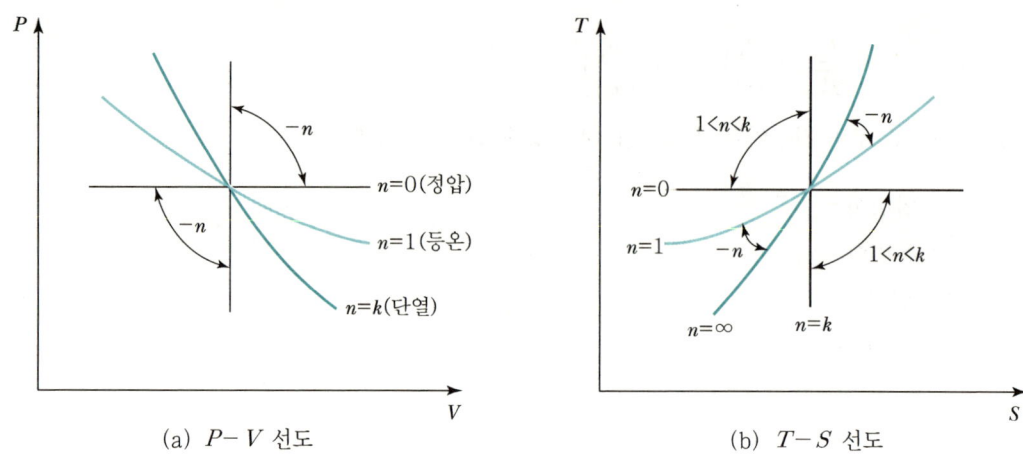

(a) $P-V$ 선도   (b) $T-S$ 선도

┃ 상태변화 과정에 따른 선도 ┃

SECTION 06 비가역 과정에서의 엔트로피 변화

$$\oint_R \frac{\delta Q}{T} = \int_{1A}^{2} \frac{\delta Q}{T} + \int_{2B}^{1} \frac{\delta Q}{T} = 0, \quad \oint_{1R} \frac{\delta Q}{T} = \int_{1A}^{2} \frac{\delta Q}{T} + \int_{2C}^{1} \frac{\delta Q}{T} = 0$$

첫 번째 식에서 두 번째 식을 빼고 정리하면

$$\int_{2B}^{1} \frac{\delta Q}{T} < \int_{2C}^{1} \frac{\delta Q}{T}$$

경로 B는 가역적이고 엔트로피는 상태량이므로

$$\int_{2B}^{1} \frac{\delta Q}{T} = \int_{2B}^{1} dS_B < \int_{2C}^{1} dS_c = \int_{2C}^{1} \frac{\delta Q}{T}$$

$$dS_c - dS_B > 0$$

정리하면 가역 과정에서 $dS_c - dS_B = 0$이면, 비가역 과정에서는 $dS_c - dS_B > 0$로서 열의 변화가 없거나 증가, 감소일지라도 엔트로피 변화는 항상 증가한다.

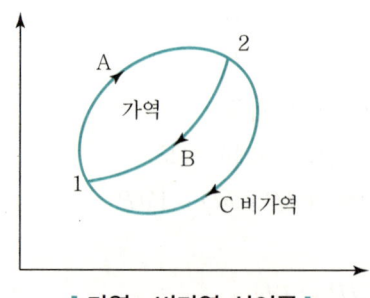

┃ 가역·비가역 사이클 ┃

1. 열 이동의 경우

온도 T_1의 물체에서 T_2이 물체로 ΔQ의 열을 이동한다면

고온체의 엔트로피 감소량

$$\Delta S_1 = \frac{\Delta Q}{T_1}$$

저온체의 엔트로피 증가량

$$\Delta S_2 = \frac{\Delta Q}{T_2}$$

여기서 $T_1 > T_2$이므로 $\Delta S_1 < \Delta S_2$가 되며

$$\therefore \Delta S = \Delta S_2 - \Delta S_1 > 0$$

2. 마찰의 경우

물체의 마찰 작용에 의하여 생기는 마찰일 W에 의하여 열량 Q가 발생할 때 이 열량이 물체 또는 계에 전달되는 경우이다. 물체의 엔트로피 변화는

$$\Delta S = \frac{Q}{T} = \frac{AW}{T} > 0$$

이다. 따라서 이 계의 엔트로피는 증가한다.

3. 교축의 경우

완전가스가 교축에 의하여 상태 P_1, T_1으로부터 상태 P_2, T_2로 변화하였다면 교축 전후의 엔탈피와 온도는 일정하고 압력은 강하하므로

$$\Delta S = C_p \ln \frac{T_2}{T_1} - R \ln \frac{P_2}{P_1} \text{ 에서 } C_p \ln \frac{T_2}{T_1} = 0$$

따라서

$$\Delta S = - R \ln \frac{P_2}{P_1}$$

가 되면 $P_1 > P_2$이므로 $\Delta S > 0$이 된다. 즉, 엔트로피는 증가한다.

SECTION 07 유효에너지와 무효에너지

열량 Q_1을 받고 열량 Q_2를 방열하는 열기관에서 기체적 에너지로 전환된 에너지를 유효에너지(Available Energy) E_a라 하면

$$E_a = Q_1 - Q_2$$

이다. 따라서 무효에너지(Unavailable Energy)는 $Q_2 = Q_1 - E_a$로 표시된다.

고열원 T_1에서의 엔트로피 변화 ΔS_1은

$$\Delta S_1 = \frac{Q_1}{T_1}$$

또 저열원의 엔트로피 변화 ΔS_2는

$$\Delta S_2 = \frac{Q_2}{T_2}$$

Carnot 사이클이므로

$$\Delta S_1 = \Delta S_2$$

$$\frac{Q_1}{T_1} = \frac{Q_2}{T_2}$$

이다. 따라서 주위 온도를 T_0라 하면 무효에너지는

$$Q_2 = T_2 \frac{Q_1}{T_1} = T_2 \Delta S_1$$

$$E_u(Q_2) = T_0 \Delta S_1$$

유효에너지는

$$E_a(W) = Q_1 - Q_2 = Q_1 - T_0 \Delta S_1$$

또 Carnot 사이클의 효율을 η_c라 하면

$$\eta_c = 1 - \frac{T_2}{T_1} = 1 - \frac{Q_2}{Q_1} = \frac{W(E_a)}{Q}$$

$$W(E_a) = \eta_c Q_1 = Q_1(1 - \frac{T_0}{T_1})$$

$$E_u(Q_2) = Q_1(1 - \eta_c) = Q_1 \frac{T_0}{T_1} = T_0 \Delta S$$

$$W = Q_1 - Q_2 = Q_1 - T_0 \Delta S_1$$

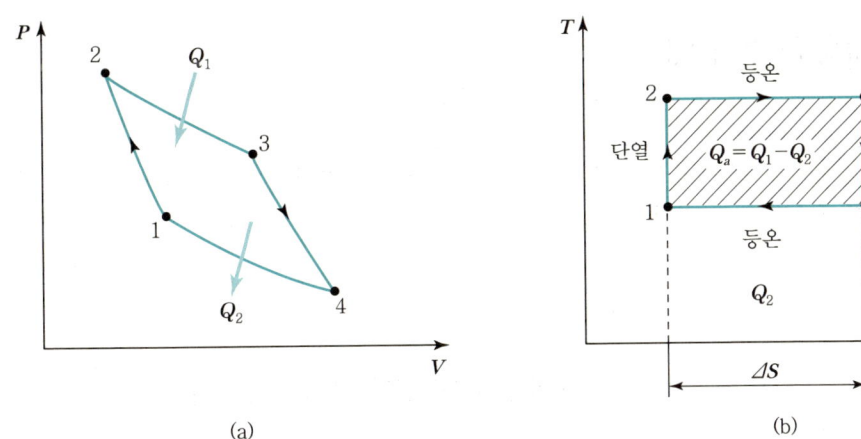

| 카르노 사이클의 유효·무효 에너지 |

SECTION 08 교축과정 및 줄 톰슨 계수

1. 교축과정(Throttling Process)

교축과정은 대표적인 비가역 과정으로서 열전달이 전혀 없고 일을 하지 않는 과정으로서 $H-S$ 선도에서는 수평선으로 표시되는, 다시 말해 엔탈피가 일정한 과정으로서 엔트로피는 항상 증가하며 압력이 감소되는 과정이다. 종류로는 노즐, 오리피스, 팽창밸브 등이 있다.

2. 줄-톰슨(Joule-Thomson) 계수

유체가 단면적이 좁은 곳을 정상유 과정으로 지날 때인 교축과정에서의 흐름은 매우 급속하게 그리고 엔탈피는 일정하게 흐르게 되므로 유체가 가스일 경우는 비체적이 언제나 증가하게 되며, 운동 에너지는 증가하게 된다.

$$\mu = \left(\frac{\partial T}{\partial P}\right)_h$$

줄-톰슨 계수(μ)의 값이 (+)값이면 교축 중에 온도가 감소한다는 것이며, (-)값이면 온도가 증가한다는 것을 의미한다.

SECTION 09 최대일과 최소일

열기관의 내부에서 기체를 팽창시킬 때는 일의 양을 최대로 하는 것이 좋으며 압축기에서 기체를 압축할 때는 일의 소요량을 최소로 하는 것이 좋다.

1. 최대일

최대일은 밀폐계 즉 비유동과정에서 해석하여야 하므로 열역학 제1·2법칙에서
$$\delta Q = dU + \delta W$$
$$\delta W = Tds - dU$$
이다. 고압고온의 기체가 팽창하여 주위의 상태가 T_0와 P_0가 되며 가역적으로 열교환을 하면 TdS는 $T_0 dS$가 된다.

또한 P_o인 대기를 밀어내는 일($P_0(V_2 - V_1)$)은 주위에 저장되며 유용일로는 이용할 수 없다. 최대열을 W_n이라 하고 최대일을 구하기 위해서는 $P_0(V_2 - V_1)$, 즉 $P_0 dV$를 빼야 되므로
$$\delta W_n = T_0 dS - du - P_0 dv$$
가 된다. 적분하면
$$\begin{aligned}W_n &= T_0(S_2 - S_1) - (U_2 - U_1) - P_0(V_2 - V_1)\\ &= T_0(S_2 - S_1) + (U_1 - U_2) + P_0(V_1 - V_2)\\ &= (U_1 - U_2) + T_0(S_1 - S_2) + P_0(V_1 - V_2)\end{aligned}$$

위 식에서 $(U_1 - U_2) - T_0(S_1 - S_2)$를 자유 에너지(Free Energy) 또는 헬름홀츠 함수(Helmholtz Function)라 하며
$$F_1 - F_2 = (U_2 - U_1) - T_0(S_1 - S_2)$$
$$F = U - TS$$
이다.

2. 최소일

압축기의 압축 시의 일을 해석하므로 열역학 제1·2법칙에 의하면
$$dh = du + \Delta pv = du + pdv + vdp$$
$$vdp = dh - du - pdv$$
$$-\int vdp = dw_t = du + pdv - dh$$
$$\delta w_t = \delta Q - dh$$

적분하면
$$W_t = T_0(S_2 - S_1) - (H_2 - H_1)$$
$$= (H_1 - H_2) - T_0(S_1 - S_2)$$
$$= (H_1 - T_0 S_1) - (H_2 - T_0 S_2)$$

여기서 $H - TS$를 자유 엔탈피(Free Entalpy) 또는 깁스 함수(Gibbs Function)라 하며 G로 표시한다.
$$G = H - TS$$

SECTION 10 열역학 제3법칙

열역학 제3법칙은 20세기(1906) 초에 공식화되었으며, W. H. Nernst(1864~1941)와 Max Planck(1858~1947)에 의해서 이루어졌다.

순수물질(완전결정)의 온도가 절대영도(-273℃)에 도달하면 엔트로피는 영에 접근한다는 것이다. 그러므로 각 물질의 엔트로피를 측정할 수 있는 절대 기준을 만들어 주며 이를 엔트로피의 절대값 정리라고도 한다.

$$\lim_{\Delta T \to 0} \frac{\Delta Q}{\Delta T} = 0$$

CHAPTER 005 출제예상문제

01 어느 냉동기가 1PS의 동력을 소모하여 시간당 13,395kJ의 열을 저열원에서 제거한다면 이 냉동기의 성능계수는 얼마인가?

① 3.06 ② 4.06
③ 5.06 ④ 6.06

풀이 성능계수$(\varepsilon_R) = \dfrac{Q_L}{W} = \dfrac{13,395 \times 10^3}{735 \times 3,600} = 5.06$

02 어느 발전소가 65,000kW의 전력을 발생한다. 이때 이 발전소의 석탄소모량이 시간당 35ton이라면 이 발전소의 열효율은 얼마인가?(단, 이 석탄의 발열량은 27,209kJ/kg이라 한다.)

① 72 ② 52
③ 25 ④ 15

풀이 열효율$(\eta) = \dfrac{W}{Q_H} = \dfrac{65,000 \times 3,600}{35,000 \times 27,209} \times 100$
$= 24.57$

03 물 5kg을 0℃에서 100℃까지 가열하면 물의 엔트로피 증가는 얼마인가?

① 6.52 ② 65.2
③ 652 ④ 6,520

풀이 엔트로피 증가량(ΔS)
$\Delta S = \dfrac{\Delta Q}{T} = \dfrac{mC\Delta T}{T}$
$= mC \ln \dfrac{T_2}{T_1}$
$= 5 \times \ln \dfrac{373}{237} \times 4.18$
$= 6.523 \text{kJ/K}$

04 완전가스 5kg이 350℃에서 150℃까지 $n=1.3$ 상수에 따라 변화하였다. 이때 엔트로피 변화는 몇 kJ/kg·K이 되는가?(단, 이 가스의 정적비열 $C_v = 0.67$ kJ/kg, 단열지수=1.4)

① 0.086 ② 0.03
③ 0.02 ④ 0.01

풀이 엔트로피 변화량$(ds) = C_p \cdot \dfrac{dT}{T}$
$\therefore S_2 - S_1 = C_n \displaystyle\int_T^{T_1} \dfrac{dT}{T}$
$= C_v \cdot \dfrac{n-k}{n-1} \ln \dfrac{T_2}{T_1}$
$= 0.67 \times \dfrac{1.3-1.4}{1.3-1} \times \ln \dfrac{423}{623}$
$= 0.086 \text{kJ/kg} \cdot \text{K}$

05 어느 열기관이 1사이클당 126kJ의 열을 공급받아 50kJ의 열을 유효일로 사용한다면 이 열기관의 열효율은 얼마인가?

① 30 ② 40
③ 50 ④ 60

풀이 열효율$(\eta) = \dfrac{W}{Q_1} = \dfrac{50}{126}$
$= 0.4 \times 100\% = 40\%$

정답 01 ③ 02 ③ 03 ① 04 ① 05 ②

06 공기 2kg을 정적과정에서 20℃로부터 150℃까지 가열한 다음에 정압과정에서 150℃로부터 200℃까지 가열했을 경우의 엔트로피 변화와 무용에너지 및 유용 에너지를 구하면?(단, 주위 온도는 10℃이다.)

① $\Delta S = 0.75$kJ/K, $E_u = 21.25$kJ, $E_a = 72.35$kJ
② $\Delta S = 75$kJ/K, $E_u = 21.2$kJ, $E_a = 72.3$kJ
③ $\Delta S = 75$kJ/K, $E_u = 212.25$kJ, $E_a = 72.35$kJ
④ $\Delta S = 0.75$kJ/K, $E_u = 212.25$kJ, $E_a = 72.35$kJ

풀이
$Q = mC_v(T_2 - T_1) + mC_p(T_3 - T_2)$
$= 2 \times 0.71 \times (423 - 293)$
$\quad + 2 \times 1 \times (473 - 423)$
$= 284.6$kJ

$\Delta S = \Delta S_1 + \Delta S_2$
$= mC_v \ln\dfrac{T_2}{T_1} + mC_p \ln\dfrac{T_3}{T_2}$
$= 2 \times 0.71 \times \ln\left(\dfrac{423}{293}\right) + 2 \times 1 \times \ln\left(\dfrac{473}{423}\right)$
$= 0.75$kJ/K

$E_u = T_0 \Delta S = 283 \times 0.75 = 212.25$kJ
$E_a = Q_A - E_u = 284.6 - 212.25 = 72.35$kJ

07 20℃의 주위 물체로부터 열을 받아서 −10℃의 얼음 50kg이 융해하여 20℃의 물이 되었다고 한다. 비가역 변화에 의한 엔트로피 증가(kJ/K)를 구하면?(단, 얼음의 비열은 2.1kJ/kg·K, 융해열은 333.6kJ/kg이다.)

① 79.79   ② 74.78
③ 50.1   ④ 5.01

풀이
$Q = m_{열}C_{열}(T_2 - T_1) + mQ_{융} + m_{물}C_{물}(T_3 - T_2)$
$= 50 \times 2.1 \times (273 - 263) + 50 \times 333.6 + 50$
$= 21,910$kJ

$\Delta S_1 = m_{열}C_{열}\ln\dfrac{T_2}{T_1} + \dfrac{Q}{T_2} + m_{물}C_{물}\ln\dfrac{T_3}{T_2}$
$= 50 \times 2.1 \ln\left(\dfrac{273}{263}\right) + \dfrac{50 \times 333.6}{273}$
$\quad + 50 \times 4.18 \times \ln\left(\dfrac{293}{273}\right)$
$= 79.79$kJ/K

$\Delta S_2 = \dfrac{-21,910}{20 + 273} = -74.78$kJ/K

그러므로
$\Delta S = \Delta S_1 - \Delta S_2 = 79.79 - 74.78 = 5.01$kJ/K

08 열역학 제2법칙을 옳게 표현한 것은?

① 에너지의 변화량을 정의하는 법칙이다.
② 엔트로피의 절대값을 정의하는 법칙이다.
③ 저온체에서 고온체로 열을 이동하는 것 외에 아무런 효과도 내지 않고 사이클로 작동되는 장치를 만드는 것은 불가능하다.
④ 온도계의 원리를 규정하는 법칙이다.

09 어떤 사람이 자기가 만든 열기관이 100℃와 20℃ 사이에서 419kJ의 열을 받아 167kJ의 유용한 일을 할 수 있다고 주장한다면, 이 주장은?

① 열역학 제1법칙에 어긋난다.
② 열역학 제2법칙에 어긋난다.
③ 실험을 해보아야 판단할 수 있다.
④ 이론적으로는 모순이 없다.

풀이 열효율$(\eta) = \dfrac{W}{Q_h} = \dfrac{167}{419} = 39.85\%$

$\eta = 1 - \dfrac{T_{저}}{T_{고}} = 1 - \dfrac{20 + 273}{100 + 273}$
$= 0.21 \times 100\% = 21\%$

정답 06 ④ 07 ④ 08 ③ 09 ②

10 제2종 영구운동 기관이란?

① 영원히 속도변화 없이 운동하는 기관이다.
② 열역학 제2법칙에 위배되는 기관이다.
③ 열역학 제2법칙에 따르는 기관이다.
④ 열역학 제1법칙에 위배되는 기관이다.

11 열역학 제2법칙은 다음 중 어떤 구실을 하는가?

① 에너지 보존 원리를 제시한다.
② 어떤 과정이 일어날 수 있는가를 제시해 준다.
③ 절대 0도에서의 엔트로피값을 제공한다.
④ 온도계의 원리를 규정하는 법칙이다.

[풀이] ①은 열역학 제1법칙, ③은 열역학 제3법칙이다.

12 열역학 제2법칙을 설명한 것 중 틀린 것은?

① 제2종 영구기관은 동작물질의 종류에 따라 존재할 수 있다.
② 열효율 100%인 열기관은 만들 수 없다.
③ 단일 열저장소와 열교환을 하는 사이클에 의해서 일을 얻는 것은 불가능하다.
④ 열기관에서 동작물질에 일을 하게 하려면 그 보다 낮은 열저장소가 필요하다.

13 비가역 과정이 되는 원인이 아닌 것은?

① 압력
② 비탄성 변형
③ 자유 팽창
④ 혼합

14 Clausius의 열역학 제2법칙을 설명한 것은?

① 열은 그 자신으로서는 저온체에서 고온체로 흐를 수 없다.
② 모든 열교환은 계 내에서만 이루어진다.
③ 자연계의 엔트로피값 결정요소는 온도강하이다.
④ 엔탈피와 엔트로피의 관계는 항상 밀접하다.

15 Carnot 사이클은 어떠한 가역변화로 구성되며, 그 순서는?

① 단열팽창 → 등온팽창 → 단열압축 → 등온압축
② 단열팽창 → 단열압축 → 등온팽창 → 등온압축
③ 등온팽창 → 단열팽창 → 등온압축 → 단열압축
④ 등온팽창 → 등온압축 → 단열팽창 → 단열압축

16 어떤 변화가 가역인지 또는 비가역인지를 알려면?

① 열역학 제1법칙을 적용한다.
② 열역학 제3법칙을 적용한다.
③ 열역학 제2법칙을 적용한다.
④ 열역학 제0법칙을 적용한다.

17 다음 과정 중 카르노 사이클에 포함되는 것은?

① 가역등압 과정
② 가역등온 과정
③ 가역등적 과정
④ 비가역 과정

18 카르노 사이클(Carnot Cycle)의 열효율을 높이는 방법에 대한 설명 중 틀린 것은?

① 저온 쪽의 온도를 낮춘다.
② 고온 쪽의 온도를 높인다.
③ 고온과 저온 간의 온도차를 작게 한다.
④ 고온과 저온 간의 온도차를 크게 한다.

19 고온 열원의 온도 500℃인 카르노 사이클(Carnot Cycle)에서 1사이클(Cycle)당 1.3kJ의 열량을 공급하여 0.93kJ의 일을 얻는다면, 저온열원의 온도(℃)는?

① 53
② -53
③ 70.264
④ 73.263

정답 10 ② 11 ② 12 ① 13 ① 14 ① 15 ③ 16 ③ 17 ② 18 ③ 19 ②

풀이 열효율$(\eta) = \dfrac{W}{Q_1} = 1 - \dfrac{T_저}{T_고}$

$\therefore T_저 = \left(1 - \dfrac{W}{Q_1}\right) \cdot T_고$

$= 773 \times \left(1 - \dfrac{0.93}{1.3}\right)$

$= 220 = -53$

20 Carnot 사이클 기관은?

① 가솔린 기관의 이상 사이클이다.
② 열효율은 좋으나 실용적으로 이용되지 않는다.
③ 기계효율은 좋고 크기 때문에 많이 이용된다.
④ 평균유효압력이 다른 기관에 비하여 크기 때문에 많이 이용된다.

21 증기를 교축(Throttling)시킬 때 변화 없는 것은?

① 압력(Pressure)
② 엔탈피(Enthalpy)
③ 비체적(Specific Volume)
④ 엔트로피(Entropy)

22 어떤 냉매액을 교축밸브(Expansion Valve)를 통과하여 분출시킬 경우 교축 후의 상태가 아닌 것은?

① 엔트로피는 감소한다.
② 온도는 강하한다.
③ 압력은 강하한다.
④ 엔탈피는 일정 불변이다.

풀이 교축과정은 비가역 과정이므로 엔트로피는 증가한다.

23 Carnot 사이클로 작동되는 열기관에 있어서 사이클마다 2.94kJ의 일을 얻기 위해서는 사이클마다 공급열량이 8.4kJ, 저열원의 온도가 27℃이면 고열원의 온도는 몇 ℃가 되어야 하는가?

① 350
② 650
③ 461.5
④ 188.5

풀이 $\eta = \dfrac{W}{Q} = 1 - \dfrac{T_2}{T_1}$

$\dfrac{2.94}{8.4} = 1 - \dfrac{27 + 273}{T_1}$

$T_1 = 461.5 - 273 = 188.5$

24 공기 1kg의 작업물질이 고열원 500℃, 저열원 30℃의 사이에 작용하는 카르노 사이클 엔진의 최고 압력이 0.5MPa이고, 등온팽창하여 체적이 2배로 된다면 단열팽창 후의 압력(kPa)은 얼마인가?

① 19
② 25
③ 2.5
④ 9.43

풀이 $P_3 = P_2\left(\dfrac{V_2}{V_3}\right) = 0.5 \times \dfrac{1}{2} = 0.25\text{MPa}$

압력변화$(P_4) = P_3\left(\dfrac{T_4}{T_3}\right)^{\frac{k}{k-1}}$

$= 0.25\left(\dfrac{30+273}{500+273}\right)^{\frac{1.4}{0.4}}$

$= 9.427\text{kPa}$

25 고열원 300℃와 저열원 30℃ 사이에 작동하는 카르노 사이클의 열효율은 몇 %인가?

① 40.1
② 43.1
③ 47.1
④ 50.1

풀이 카르노 열효율$(\eta_c) = 1 - \dfrac{T_저}{T_고} = 1 - \dfrac{303}{573}$

$= 0.4712 \times 100\% = 47.1\%$

정답 20 ② 21 ② 22 ① 23 ④ 24 ④ 25 ③

26 2kg의 공기가 Carnot 기관의 실린더 속에서 일정한 온도 70℃에서 열량 126kJ를 공급받아 가역 등온팽창할 때 공기의 수열량의 무효 부분(kJ)은? (단, 저열원의 온도는 0℃로 한다.)

① 100.28
② 116
③ 126
④ 200.6

풀이 수열량 무효부분$(E_u) = T_0 \Delta S$
$= 273 \times \dfrac{126}{70+273}$
$= 100.28\text{kJ}$

27 우주 간에는 엔트로피가 증가하는 현상도, 감소하는 현상도 있다. 우주의 모든 현상에 대한 엔트로피 변화의 총화에 대하여 가장 타당한 설명은?

① 우주 간의 엔트로피는 차차 감소하는 현상을 나타내고 있다.
② 우주 간의 엔트로피 증감의 총화는 항상 일정하게 유지된다.
③ 우주 간의 엔트로피는 항상 증가하여 언젠가는 무한대가 된다.
④ 산업의 발달로 우주의 엔트로피 감소 경향을 더욱 크게 할 수 있다.

28 온도-엔트로피 선도가 편리한 점을 설명하는 데 관계가 가장 먼 것은?

① 면적이 열량을 나타내므로 열량을 알기 쉽다.
② 단열변화를 쉽게 표시할 수 있다.
③ 랭킨 사이클을 설명하기에 편리하다.
④ 면적계(Planimeter)를 쓰면 일량을 직접 알 수 있다.

29 비가역 반응에서 계의 엔트로피는?

① 변하지 않는다.
② 항상 변하며 감소한다.
③ 항상 변하며 증가한다.
④ 최소상태와 최종상태에만 관계한다.

30 다음은 엔트로피 원리에 대한 설명이다. 틀린 것은?

① 등온등압하에서의 엔트로피의 총합은 0이다.
② 모든 작동유체가 열교환을 할 경우 비가역 변화의 엔트로피 값은 증가한다.
③ 가역 사이클에서 엔트로피의 총합은 0이다.
④ 지구상의 엔트로피는 계속 증가한다.

31 절대온도가 T_1 및 T_2인 두 물체가 있다. T_1에서 T_2에 Q의 열이 전달될 때 이 두 개의 물체가 이루는 체계의 엔트로피의 변화는?

① $\dfrac{Q(T_2-T_1)}{T_1 T_2}$
② $\dfrac{Q(T_1-T_2)}{T_1 T_2}$
③ $\dfrac{Q(T_2-T_1)}{T_1}$
④ $\dfrac{Q(T_1-T_2)}{T_2}$

풀이 고열원 T_1
엔트로피 감소는 $\dfrac{Q}{T_2}$
$\therefore S = \dfrac{Q}{T_1} + \dfrac{-Q}{T_2} = \dfrac{Q(T_1-T_2)}{T_1 \times T_2}$

32 10kg의 공기가 압력 $P_1 = 0.5$MPa로부터 $V_1 = 5\text{m}^2$에서 등온팽창하여 931kJ의 일을 하였다. 엔트로피의 증가량(kJ/K)은 얼마인가?

① 0.698
② 1.07
③ 10.7
④ 69.8

정답 26 ① 27 ③ 28 ④ 29 ③ 30 ⑤ 31 ② 32 ②

풀이 $T = \dfrac{PV}{mR} = \dfrac{0.5 \times 10^3 \times 5}{10 \times 0.287} = 871\text{K}$

$\Delta S = \dfrac{Q}{T} = \dfrac{931}{871} = 1.07$

33 300℃의 증기가 1,674kJ/kg의 열을 받으면서 가역 등온적으로 팽창한다. 엔트로피의 변화(kJ/K)는 얼마인가?

① 5.58 ② 3.58
③ 2.92 ④ 1.02

풀이 $\Delta S = \dfrac{Q}{T} = \dfrac{1,674}{300+273} = 2.92$

34 2kg의 산소가 일정 압력에서 체적이 0.4M에서 2.0M로 변했을 때 산소를 이상기체로 보고 산소의 $C_p = 0.88\text{kJ/kg}\cdot\text{K}$이라 할 경우 엔트로피 증가(kJ/K)는?

① 88 ② 8.8
③ 4.8 ④ 2.8

풀이 $\Delta S = mC_p \ln\dfrac{T_2}{T_1} = mC_p \ln\dfrac{V_2}{V_1}$

$\qquad = 2 \times 0.88 \ln\dfrac{2}{0.4} = 2.83\text{kJ/K}$

35 산소가 체적 일정하에서 온도를 27℃로부터 -10℃로 강하시켰을 때 엔트로피의 변화(kJ/K)는?(단, 산소의 정적비열은 0.654kJ/kg·K이다.)

① 0.086 ② -0.86
③ 0.86   ④ -0.086

풀이 $\Delta S = C_v \cdot \ln\dfrac{T_2}{T_1} = 0.654 \times \ln\dfrac{263}{300}$

$\qquad\qquad = -0.086\text{kJ/K}$

36 20kWh의 모터를 1시간 동안 제동하였더니 그 마찰열이 $t=30$℃의 주위에 전달하였다. 엔트로피의 증가는 몇 kJ/K인가?

① 4,752.5 ② 237.6
③ 216   ④ 3.96

풀이 $\Delta S = \dfrac{Q}{T} = \dfrac{20 \times 3,600}{273+30} = 237.6\text{kJ/K}$

37 100℃의 수증기 5kg이 100℃ 물로 응결되었다. 수증기의 엔트로피 변화량(kJ/K)은?(단, 수증기의 잠열은 2,256kJ/kg이다.)

① 28   ② 30.24
③ -28   ④ -30.24

풀이 $\Delta S = \dfrac{Q}{T} = \dfrac{5 \times 2,256}{273+100} = 30.24\text{kJ/K}(감소)$

38 초온 $t_1 = 1,900$℃, 초압 3.5MPa인 공기 0.03m³가 온도 $t_2 = 250$℃로 될 때까지 폴리트로픽 팽창($n=1.3$)을 한다. 이 과정에서 가해진 열량(kJ)을 구하면?(단, 정적비열 $C_v = 0.717\text{kJ/kg}$이고, $k = 1.4$이다.)

① 165 ② 187
③ 67   ④ 21

풀이 $m = \dfrac{PV}{RT} = \dfrac{3.5 \times 10^6 \times 0.03}{287 \times (1,900+273)} = 0.17$

$Q = mC_v \dfrac{n-k}{n-1}(T_2 - T_1)$

$\quad = 0.17 \times 0.717 \times \dfrac{1.3-1.4}{1.3-1}(250-1,900)$

$\quad = 67\text{kJ}$

정답 33 ③ 34 ④ 35 ④ 36 ② 37 ④ 38 ③

39 -5℃의 얼음 100kg이 20℃의 대량의 물에서 녹을 때 전체의 엔트로피의 증가(kJ/K)는?(단, 얼음의 비열은 2.11kJ/kg·K, 융해잠열은 333.6 kJ/kg이다.)

① 146 ② 155.65
③ 14.6 ④ 9.65

풀이 $Q = 100 \times 2.11 \times 5 + 100 \times 333.6 + 100 \times 4.18 \times 20$
$= 42,775 \text{kJ}$

$\Delta S_1 = \dfrac{-42,775}{20+273} = -146 \text{kJ/K}$

$\Delta S_2 = 100 \times 2.11 \ln \dfrac{273}{273-5} + \dfrac{100 \times 333.6}{273}$
$+ 100 \times 4.18 \ln \dfrac{293}{273}$
$= +155.65 \text{kJ/K}$

$\Delta S = \Delta S_2 + \Delta S_1$
$= 155.65 - 146$
$= 9.65 \text{kJ/K}$

40 다음 중 무효에너지가 아닌 것은?

① 기준온도(절대온도) × 엔트로피
② 기준온도(절대온도) × 엔트로피의 변화
③ 효율이 낮아지면 커진다.
④ 카르노 사이클에서의 방출열량

41 공기 5kg을 정적변화하에 10℃~100℃까지 가열하고 다음에 정압하에서 250℃까지 가열한다. 주위 온도를 빙점으로 했을 때 무효에너지는 몇 kJ/kg인가?

① 2.68 ② 73.1
③ 268 ④ 731

풀이 $\Delta S = m C_v \ln \dfrac{T_2}{T_1} + m C_p \ln \dfrac{T_3}{T_2}$
$= 5 \times 0.717 \ln \dfrac{100+273}{10+273} + 5 \times \ln \dfrac{250+273}{100+273}$
$= 2.68 \text{kJ/K}$

∴ 무효에너지$(E_u) = T_0 \Delta S$
$= 273 \times 2.68$
$= 731.64 \text{kJ}$

42 5kg의 물을 일정 압력하에서 25℃~90℃까지 가열되었을 때 -10℃를 기준온도로 했다면 공급열량 중에 무효에너지는?

① 259 ② 1,086
③ 108.6 ④ 210.13

풀이 엔트로피 변화량$(\Delta S) = m C_p \ln \dfrac{T_2}{T_1}$
$= 5 \times 4.18 \times \ln \dfrac{363}{298}$
$= 4.13 \text{kJ/K}$

$E_u = T_0 \Delta S = (273-10) \Delta S$
$= 1,086 \text{kJ}$

43 폴리트로픽 과정에 대한 설명 중 틀린 것은? (단, T_1은 처음온도, T_2는 나중온도이다.)

① $k > n > 1$일 때, $T_1 > T_2$이면 열을 흡수하고 팽창한다.
② $k < n$일 때, $T_1 > T_2$이면 압축일을 하고 방열한다.
③ $k > n > 1$일 때, $T_1 < T_2$이면 방열하고 압축일을 계속한다.
④ $k < n$일 때, $T_1 < T_2$이면 방열하고 압축일을 한다.

정답 39 ④ 40 ① 41 ④ 42 ② 43 ④

CHAPTER 006 기체 압축기

동작물질(작동유체)가 외부에서 일을 공급받아 저압의 유체를 압축하여 고압으로 송출하는 기계를 압축기(Compressor)라 하며, 작동유체의 대표적인 것은 공기이다.

압축기의 이론적 해석을 위한 가정은 다음과 같다.

(1) 작동유체는 비열이 일정한 완전가스이다.
(2) 정상유동으로 한다.

$$W_t = -\int vdp = mn21m$$

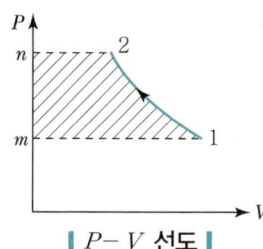

| P-V 선도 |

SECTION 01 왕복피스톤의 공통 용어

① 직경(Bore) : 실린더의 직경
② 상사점(Top Dead Center) : 실린더 체적이 최소일 때의 피스톤 위치
③ 하사점(Bottom Dead Center) : 실린더 체적이 최대일 때의 피스톤의 위치
④ 행정(Stroke) : 피스톤이 이동하는 거리 즉, 상사점과 하사점의 사이 길이
⑤ 통극체적(V_c) : 피스톤이 상사점에 있을 때 가스가 차지하는 체적
⑥ 행정체적(V_s) : 상사점과 하사점 사이의 가스가 차지하는 체적
⑦ 통극(λ) : 통극체적과 행정체적의 백분율

$$\lambda = \frac{V_c}{V_s} \times 100$$

⑧ 압축비(ε) : 실린더 전체체적과 통극체적과의 비

$$\varepsilon = \frac{V_s + V_c}{V_c} = \frac{V_c}{V_c} + \frac{1}{V_c/V_s} = 1 + \frac{1}{\lambda}$$

$$V_s = \frac{\pi}{4} D^2 \cdot S$$

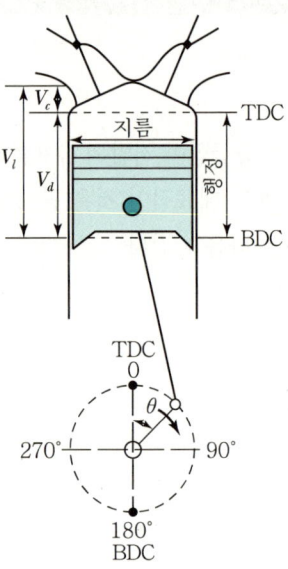

┃ 왕복피스톤 ┃

SECTION 02 압축일

통극 또는 간극체적(Clearance Volume)이 없는 1단 압축기나 원심 압축기에 의하여 기체를 압력 P_1에서 P_2까지 압축하는 데 필요한 압축일은

$$W = -\int_1^2 V dp$$

1. 등온압축 시

$$W_t = P_1 V_1 \ln\frac{v_1}{v_2} = mRT_1 \ln\frac{P_2}{P_1}$$

2. 단열압축 시

$$W_t = mC_p T_1 \left\{\frac{T_2}{T_1} - 1\right\} = \frac{k}{k-1} mRT_1 \left\{\left(\frac{P_2}{P_1}\right)^{\frac{k-1}{k}} - 1\right\}$$

$$= \frac{k}{k-1} P_1 V_1 \left\{\left(\frac{v_1}{v_2}\right)^{k-1} - 1\right\}$$

$$W_t = \frac{n}{n-1} P_1 V_1 \left\{ \frac{T_2}{T_1} - 1 \right\} = \frac{n}{n-1} mRT_1 \left\{ \left(\frac{P_2}{P_1} \right)^{\frac{n-1}{n}} - 1 \right\}$$

$$= \frac{n}{n-1} mRT_1 \left\{ \left(\frac{v_1}{v_2} \right)^{\frac{n-1}{n}} - 1 \right\}$$

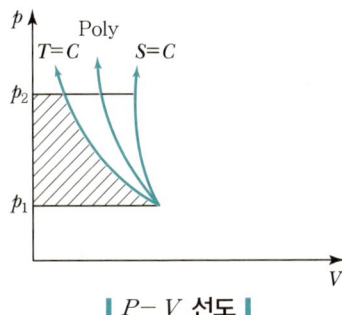

| P-V 선도 |

3. 압축 후 온도 및 열량

1) 등온압축($T_2 = T_1$)

$$q = P_1 v_1 \ln \frac{P_2}{P_1} = RT_1 \ln \frac{v_1}{v_2}$$

2) 단열압축

$$T_2 = T_1 \left(\frac{P_2}{P_1} \right)^{\frac{k-1}{k}} = T_1 \left(\frac{v_1}{v_2} \right)^{k-1}, \quad q = 0$$

3) 폴리트로픽 압축

$$T_2 = T_1 \left(\frac{P_2}{P_1} \right)^{\frac{n-1}{n}} = T_1 \left(\frac{v_1}{v_2} \right)^{n-1}$$

$$q = C_n (T_2 - T_1) = \frac{n-k}{n-1} C_v (T_2 - T_1)$$

이들 일을 압축기에서는 등온압축일 때가 최소이고, 단열압축일 때가 최대이다. 즉, 지수(n)가 증가할수록 압축일은 증가하며, 감소할수록 압축일은 감소한다.

SECTION 03 압축기의 효율

압축기의 효율은 기계효율(η_m)과 체적효율(η_v)로 되며, 전효율은 $\eta = \eta_m \cdot \eta_v$이다.

1. 기계효율(η_m)

압축기의 기계효율은 제동일(W_B)과 지시일(W_I)의 비이다.

$$\eta_m = \frac{W_I}{W_B}$$

그러나 열기관에서의 기계효율은 지시일(W_I)과 제동일(W_B)의 비이다.

$$\eta_m = \frac{W_B}{W_I}$$

효율은 항상 1보다 작아야 한다.

2. 체적효율(η_v)

$$\eta_v = \frac{\text{행정당 실제 흡입체적}}{\text{행정체적}} = \frac{V_1 - V_4}{V_s}$$

$$= \frac{V_1 - V_4}{V_s} = \frac{V_s(1+\lambda) - V_4}{V_s}$$

$$= 1 + \lambda - \frac{V_4}{V_s} = 1 - \lambda\left[\left(\frac{P_2}{P_1}\right)^{\frac{1}{n}} - 1\right]$$

$$= 1 - \lambda\left(\frac{V_4}{V_s} - 1\right) = 1 + \lambda - \lambda\left(\frac{P_2}{P_1}\right)^{\frac{1}{n}}$$

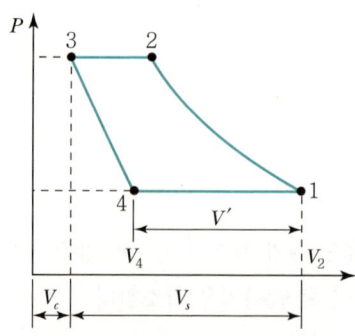

| 이론적인 압축기 지압선도 |

SECTION 04 다단 압축 사이클

압력비를 크게 하면 체적효율이 저하되고 배출온도가 높아져 윤활과 기밀에 문제가 발생한다. 그러므로 압력비를 높이고자 할 때와 체적효율의 감소를 방지하기 위해 다단 압축을 한다.

$$W = \int_1^a vdp + \int_a^2 vdp$$

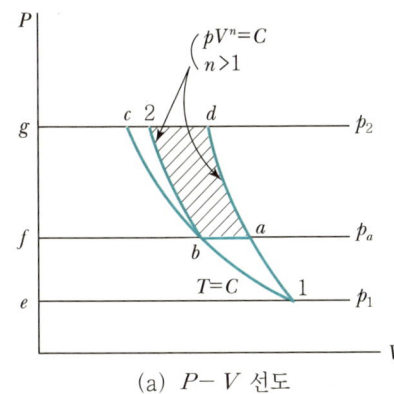
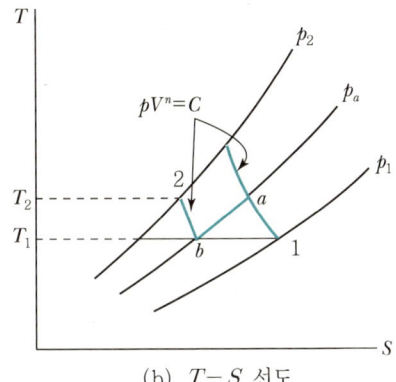

(a) $P-V$ 선도   (b) $T-S$ 선도

| 다단 압축 사이클 |

이때 압축일 W는 저압단과 고압단 모두 폴리트로픽 변화를 한다면

$$W = \frac{n}{n-1}mRT_1\left\{\left(\frac{P_a}{P_1}\right)^{\frac{n-1}{n}} - 1\right\} + \frac{n}{n-1}mRT_{al}\left\{\left(\frac{P_a}{P_1}\right)^{\frac{n-1}{n}} - 1\right\}$$

$$= \frac{n}{n-1}mR\left[T_1\left\{\left(\frac{P_a}{P_1}\right)^{\frac{n-1}{n}}\right\} - 1 + T_{al}\left\{\left(\frac{P_2}{P_a}\right)^{\frac{n-1}{n}} - 1\right\}\right]$$

만약 완전 중간 냉각을 하여 초온 T_1까지 냉각 시는 $T_{al} = T_1$이므로

$$W = \frac{n}{n-1}mRT_1\left\{\left(\frac{P_a}{P_1}\right)^{\frac{n-1}{n}} + \left(\frac{P_2}{P_a}\right)^{\frac{n-1}{n}} - 2\right\}$$

여기에서 중간 압력 P_a를 적당히 택하면 W를 최소로 할 수 있다.

즉, $\left(\frac{P_a}{P_1}\right)^{\frac{n-1}{n}} + \left(\frac{P_2}{P_a}\right)^{\frac{n-1}{n}}$ 항이 최소가 되면 된다. 따라서 P_a에 대하여 미분하여

$\dfrac{dW}{dP_a} = 0$ 일 때,

$$P_a = \sqrt{P_1 P_2}$$

가 된다.

$$\dfrac{P_a}{P_1} = \dfrac{P_2}{P_a} = \sqrt{\dfrac{P_2}{P_1}}$$

각 단의 압력비가 같아서 $\left(\dfrac{P_2}{P_1}\right)^{\frac{1}{2}}$ 일 때 압축일은 최소가 된다.

2단 이상의 다단의 경우에도 동일하며, 각 단의 압력비를 $\sqrt[3]{P_1 P_2}$, $\sqrt[4]{P_1 P_2}$ …로 하면 된다. 따라서 n단 압축을 행할 경우 압축일 W는

$$W = \dfrac{n \cdot N}{n-1} RT_1 \left\{ \left(\dfrac{P_2}{P_1}\right)^{\frac{n-1}{Nn}} - 1 \right\}$$

이 되고, 각 단에 있어서 요하는 일은 W/N이다.

CHAPTER 006 출제예상문제

01 피스톤의 행정체적 20,000cc, 간극비 0.05인 1단 공기압축기에서 1ata, 20℃의 공기를 8ata까지 압축한다. 압축과 팽창과정은 모두 $PV^{1.3} = C$에 따라 변화한다면 체적효율은 얼마이며, 사이클당 압축기의 소요일은 얼마인가?

① 82.5%, 8.25kJ
② 42.8%, 82.5kJ
③ 80%, 80kJ
④ 80.25%, 4.2kJ

풀이 • 체적효율(η_v)

$$\eta_v = 1 + \lambda - \lambda \left(\frac{P_2}{P_1}\right)^{\frac{1}{n}}$$

$$= 1 + 0.05 - 0.05 \times \left(\frac{8}{1}\right)^{\frac{1}{1.3}} \times 100\%$$

$$= 80.25\%$$

• 소요일량(W)

$$W = \frac{n}{n-1} P_1 V_1 \left\{\left(\frac{P_2}{P_1}\right)^{\frac{n-1}{n}} - 1\right\} \times \eta_v$$

$$= \frac{1.3}{1.3-1} \frac{101.3 \times 10^3}{1.0332} \times 0.02 \left\{\left(\frac{8}{1}\right)^{1.3} - 1\right\}$$
$$\times 0.8025$$
$$= 4,200 = 4.2\text{kJ}$$

02 20℃인 공기 3kg을 0.1MPa에서 0.5MPa까지 가역적으로 압축할 때 등온과정의 압축일 및 압축 후의 온도를 구하면?(단, n=1.3이다.)

① 406kJ, 293K
② 581.96kJ, 191K
③ 58.2kJ, 293K
④ 40.6kJ, 210K

풀이 압축일(W_t) = $mRT \ln \frac{P_2}{P_1}$

$$= 3 \times 0.287 \times 293 \ln \left(\frac{0.5}{0.1}\right)$$

$$= 406\text{kJ}$$

압축 후 온도(T_2) = 20 + 273 = 293K

03 통극체적에 대한 설명 중 옳은 것은 다음 중 어느 것인가?

① 실린더의 전체적
② 피스톤이 하사점에 있을 때 가스가 차지하는 체적
③ 상사점과 하사점 사이의 체적
④ 피스톤이 상사점에 있을 때 가스가 차지하는 체적

풀이 통극체적 = 극간체적

04 압력 1.033ata, 온도 30℃의 공기를 10ata까지 압축하는 경우 2단 압축을 하면 1단 압축에 비하여 압축에 필요로 하는 일을 얼마만큼 절약할 수 있는가?(단, 공기의 상태는 $PV^{1.3} = C$를 따른다고 한다.)

① 61%
② 71%
③ 81%
④ 91%

풀이 • 1단의 압축의 경우

$$W_1 = \frac{n}{n-1} RT \left[\left(\frac{P_2}{P_1}\right)^{\frac{n-1}{n}} - 1\right]$$

$$= \frac{1.3}{1.3-1} \times 0.287 \times 303$$

$$\times \left[\left(\frac{10}{1.033}\right)^{\frac{1.3-1}{1.3}} - 1\right]$$

$$= 259.5\text{kJ}$$

정답 01 ④ 02 ① 03 ④ 04 ③

• 2단의 압축의 경우

$$W_2 = \frac{n \cdot N}{n-1} RT \left[\left(\frac{P_2}{P_1}\right)^{\frac{n-1}{Nn}} - 1 \right]$$

$$= \frac{1.3 \times 2}{1.3 - 1} \times 0.287 \times 303$$

$$\times \left[\left(\frac{10}{1.033}\right)^{\frac{1.3-1}{2 \times 1.3}} - 1 \right]$$

$$= 1{,}359 \text{kJ}$$

$$\therefore 절약\% = \frac{W_2 - W_1}{W_2} \times 100\%$$

$$= \frac{1{,}359 - 259.5}{1{,}359} \times 100\%$$

$$= 81\%$$

05 통극비 λ는 다음 중 어느 것인가?(단, V_c : 통극체적, V_s : 행정체적)

① $\lambda = \dfrac{V_c}{V_s}$ ② $\lambda = \dfrac{V_s}{V_c}$

③ $\lambda = \dfrac{V_c + V_s}{V_3}$ ④ $\lambda = \dfrac{V_c}{V_s} - 1$

06 왕복식 압축기의 체적효율은 어느 것인가?

① 행정체적에 대한 간극체적의 비
② 단위체적당의 일
③ 실제의 토출량과 입구상태로 행정체적을 차지하는 기체의 무게와의 비
④ 행정체적에 대한 정미흡입체적의 비

[풀이] $\eta_v = \dfrac{V_1 - V_4}{V_s}$

07 다음 중 정상류의 압축이 최소인 것은?

① 등온과정   ② 폴리트로픽 과정
③ 등엔트로피 과정   ④ 단열과정

[풀이]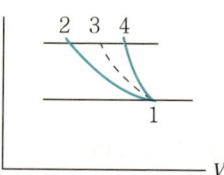

• 1−2 : 등온과정
• 1−3 : 폴리트로픽 과정
• 1−4 : 단열(등엔탈피) 과정

08 압축기가 폴리트로픽 압축을 할 때 폴리트로픽 지수 n이 커지면 압축일은 어떻게 되는가?

① 작아진다.
② 커진다.
③ 클 수도 있고 작을 수도 있다.
④ 마찬가지이다.

09 공기를 같은 압력까지 압축할 때 비가역 단열 압축 후의 온도는 가열 단열압축 후의 온도에 비하여 어떠한가?

① 낮다.
② 높다.
③ 같다.
④ 높을 수도 있고 낮을 수도 있다.

[풀이]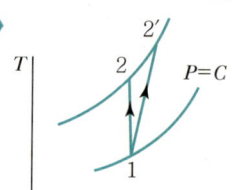

• 1−2 : 가역 단열과정
• 1−2′ : 비가역 단열과정
∴ $T_2' > T_2$

[정답] 05 ① 06 ④ 07 ① 08 ② 09 ②

10 행정체적 20L, 극간비 5%인 1단 압축기에 의하여 0.1MPa, 20℃인 공기를 0.7MPa로 압축할 때 체적효율은 몇 %인가?(단, $n=1.3$이다.)

① 75.2% ② 82.66%
③ 88.24% ④ 90.21%

풀이 체적효율$(\eta_v) = 1 + \lambda - \lambda \left(\dfrac{P_2}{P_1}\right)^{\frac{1}{n}}$

$= 1 + 0.05 - 0.05 \times \left(\dfrac{0.7}{0.1}\right)^{\frac{1}{1.3}}$

$= 0.8266 \times 100\% = 82.66\%$

11 극간비가 증가하면 체적효율은?

① 증가 또는 감소 ② 불변
③ 감소 ④ 증가

풀이 극간비 $\lambda = \dfrac{V_c}{V_s}$

12 온도 15℃의 공기 1kg을 압력 0.1MPa로부터 0.25MPa까지 극간체적이 없는 1단 압축기에서 압축할 경우 압축일은 얼마인가?(단, 등온압축으로 간주한다.)

① 82.6 ② 75.6
③ 8.26 ④ 7.56

풀이 체적$(V_1) = \dfrac{mRT_1}{P_1}$

$= \dfrac{1 \times 0.287 \times 288}{100} = 0.826 m^3$

압축일$(W_t) = P_1 V_1 \ln \dfrac{P_2}{P_1}$

$= 100 \times 0.826 \times \ln\left(\dfrac{250}{100}\right)$

$= 75.68 kJ$

13 처음 압력 0.1MPa, 온도가 25℃의 상태에서 $PV^{1.3} = C$의 변화를 하여 압력이 0.7MPa 압축되었다. 통극이 5%라고 하면 체적효율은 얼마인가?

① 60.12% ② 78.19%
③ 82.66% ④ 88.91%

풀이 체적효율$(\eta_v) = 1 + \lambda - \lambda \left(\dfrac{P_2}{P_1}\right)^{\frac{1}{n}}$

$= 1 + 0.05 - 0.05 \times \left(\dfrac{700}{100}\right)^{\frac{1}{1.3}}$

$= 0.8266 \times 100\% = 82.66\%$

14 1ata, 25℃의 공기를 8ata까지 2단 압축할 경우 중간압력 P_m은 얼마인가?(단, $n=1.3$, 폴리트로픽 변화로 간주한다.)

① 1.182ata ② 2.828ata
③ 3.129ata ④ 4.577ata

풀이 $P_m = \sqrt{P_1 \cdot P_2} = \sqrt{1 \times 8} = 2.828 ata$

15 27℃, 0.1MPa의 공기 10m³/min을 5MPa까지 압축하는 데 필요한 구동마력이 50PS일 때 전효율을 구하면?

① 50.45% ② 73%
③ 82.14% ④ 90%

풀이 $W = p_1 v_1 \ln \dfrac{p_2}{p_1}$

$= 0.1 \times 10^6 \times \dfrac{10}{60} \times \ln \dfrac{5}{1}$

$= 26,824 J/s$

$1PS = 75 kg \cdot m/s = 0.735 kJ/s$

전효율 $= \dfrac{\text{등온도시 마력}}{\text{정미 마력}}$

$= \dfrac{26.824}{50 \times 0.735} = 0.729 = 73\%$

정답 10 ② 11 ③ 12 ② 13 ③ 14 ② 15 ②

16 극간비를 맞게 표시한 것은?(단, V_c : 극간체적, V_s : 행정체적)

① $\dfrac{V_c}{V_s}$ ② $\dfrac{V_s}{V_c}$

③ $\dfrac{V_c}{V_s+V_c}$ ④ $\dfrac{V_s+V_c}{V_s}$

17 극간체적을 맞게 설명한 것은?

① 실린더 체적
② 상사점과 하사점 사이의 체적
③ 피스톤이 하사점에 있을 때 체적
④ 피스톤이 상사점에 있을 때 체적

18 극간체적을 맞게 설명한 것은?

① 실린더 체적에 압축비를 곱한 것
② 행정체적에 압축비를 곱한 것
③ 행정체적을 압축비로 나눈 것
④ 실린더 체적을 압축비로 나눈 것

풀이) 압축비(ε) = $\dfrac{V_s+V_c}{V_c}$

실린더 체적= V_s+V_c
극간체적= V_c

19 이단 압축할 때 압축일이 최소가 되는 중간 압력은?

① $(P_1P_2)^2$ ② $(P_1P_2)^3$

③ $(P_1P_2)^{\frac{1}{2}}$ ④ $(P_1P_2)^{\frac{1}{3}}$

20 극간비가 일정할 때 압력비가 증가하면 체적 효율은?

① 압력비와 관계 없다.   ② 불변
③ 증가   ④ 감소

풀이) $\eta_v = 1 + \lambda - \lambda\left(\dfrac{P_2}{P_1}\right)^{\frac{1}{n}}$

압력비= $\dfrac{P_2}{P_1}$

21 압력비가 일정할 때 극간비가 증가하면 체적 효율은?

① 극간비와 관계 없다.   ② 불변
③ 증가   ④ 감소

22 기체를 같은 압력까지 압축할 때 비가역 단열 압축했을 때 온도가 가역 단열압축했을 때 온도에 비하여 맞는 것은?

① 서로 같다.
② 높을 때도 낮을 때도 있다.
③ 더 높아진다.
④ 더 낮아진다.

정답 16 ① 17 ④ 18 ④ 19 ③ 20 ④ 21 ④ 22 ③

CHAPTER 007 내연기관 사이클

열기관(Heat Engine)은 연료의 연소에 의해 발생되는 열에너지를 기계적 에너지로 바꾸는 기관으로 내연기관(Internal Combustion Engine)과 외연기관(External Combustion Engine)으로 구분된다.

(1) **내연기관** : 연소가 동작물질 내에서 연소하는 기관으로 실제 사용기관으로 가솔린 엔진, 디젤 엔진, 로터리 엔진, 가스터빈 및 제트 엔진 등이 이에 속한다.
(2) **외연기관** : 동작물질 외에서 연소가 일어나 보일러, 기타 열교환기를 통해 열을 공급받는 기관으로 증기기관 및 밀폐 사이클의 가스터빈 등이다.

SECTION 01 공기표준 사이클

내연기관의 동작물질은 공기와 연료의 혼합물 및 잔류가스의 혼합기체이며 연소 후에는 잔류 연소 생성가스도 포함되어 열역학적 기본 특성을 알기 위해서는 공기 표준 사이클이라는 가정이 필요하다.

① 동작물질은 이상기체인 공기이며, 비열은 일정하다.
② 연소과정은 가열과정을 대치하고 밀폐된 상태에서 외부에서 열을 공급받고 외부로 열을 방출한다.
③ 압축 및 팽창과정은 가역단열과정이다.
④ 각 과정은 가역과정으로 역 Cycle로 성립한다.

대표적인 Cycle의 종류는 왕복내연기관의 기본 사이클(Otto, Diesel, Sabathe), 가스터빈의 기본 사이클(Braton), 기타 사이클(Ericsson, Stiring, Atkinson, Lenoir Cycle) 등이 있다.

SECTION 02 공기표준 오토 사이클

공기표준 오토 사이클은 전기점화기관(Spark Ignition Internal Combustion Engine)의 이상 사이클로서 열공급 및 방열이 정적하에서 이루어지므로 정적 사이클이라고도 한다. 가솔린기관의 기본 사이클이다.

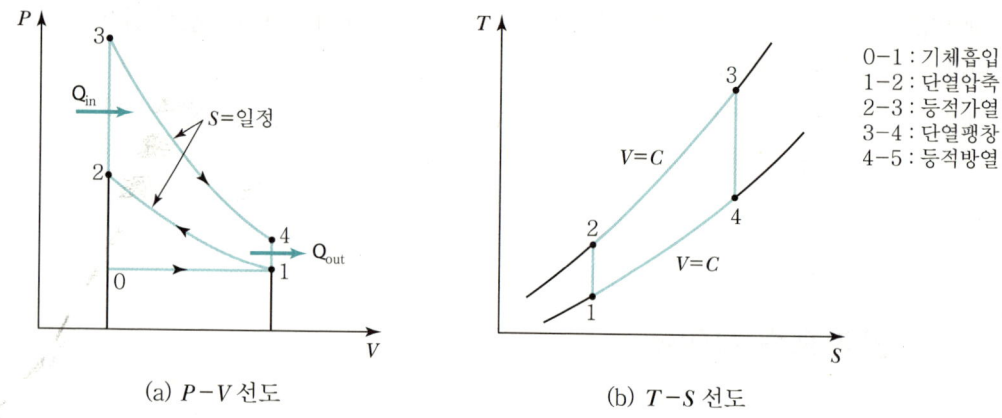

(a) $P-V$ 선도   (b) $T-S$ 선도

| 공기표준 오토 사이클의 선도 |

1. 사이클의 구성

1) 1 → 2 과정(단열압축)

$$T_1 v_1^{k-1} = T_2 v_2^{k-1}$$

$$T_2 = \left(\frac{v_1}{v_2}\right)^{k-1} \cdot T_1 = T_1 \cdot \varepsilon^{k-1}$$

여기서 $\varepsilon = \left(\dfrac{v_1}{v_2}\right)$은 압축비(Compression Ratio)이다.

2) 3 → 4 과정(단열팽창)

$$T_3 v_3^{k-1} = T_4 v_4^{k-1}$$

$$T_3 = \left(\frac{v_4}{v_3}\right)^{k-1} \cdot T_4 = \varepsilon^{k-1} \cdot T_4$$

$$\therefore T_3 = \varepsilon^{k-1} \cdot T_4$$

2. 공급열량과 방출열량 및 일

① 공급열량 $q_1 = C_v(T_3 - T_2)$
② 방출열량 $q_2 = C_v(T_4 - T_1)$
③ 따라서 유효일 $W = q_1 - q_2 = C_p(T_3 - T_2) - C_v(T_4 - T_1)$

3. 열효율

$$\eta_0 = \frac{W}{q_1} = 1 - \frac{q_2}{q_1}$$

$$= 1 - \frac{T_4 - T_1}{T_3 - T_2}$$

$$= 1 - \left(\frac{1}{\varepsilon}\right)^{k-1}$$

여기서 ε은 압축비로서 압축 전후의 체적비로 정의된다. 즉,

$$\varepsilon = \frac{v_1}{v_2}$$

오토 사이클의 이론 열효율은 압축비만의 함수이다. 그러나 실제 사이클 기관에서 압축비가 클 경우 이상 폭발현상(Engine Knock)이 발생하므로 압축비는 5~10으로 제한을 한다.

4. 평균유효압력

유효일을 행정체적으로 나눈 값을 평균유효압력(Mean Effective Pressure, P_m)이라 하며, 오토 사이클에서의 평균유효압력(P_{mo})은 다음과 같다.

$$P_{mo} = \frac{W}{v_1 - v_2} = \frac{\eta_0 q_1}{v_1\left(1 - \frac{1}{\varepsilon}\right)}$$

$$= \frac{q_1 P_1}{RT_1} \frac{1 - \left(\frac{1}{\varepsilon}\right)^{k-1}}{1 - \frac{1}{\varepsilon}}$$

$$= P_1 \frac{a-1}{k-1} \varepsilon^k \frac{\varepsilon}{\varepsilon - 1} \quad \left(\text{단}, a = \frac{P_3}{P_2}\right)$$

SECTION 03 공기표준 디젤 사이클

공기표준 디젤 사이클은 압축착화기관(Compression Ignition Engine)이 저속 디젤 기관 기본 사이클로서 이론적으로 연소가 등압하에서 이루어지므로 등압 사이클이라고 한다.

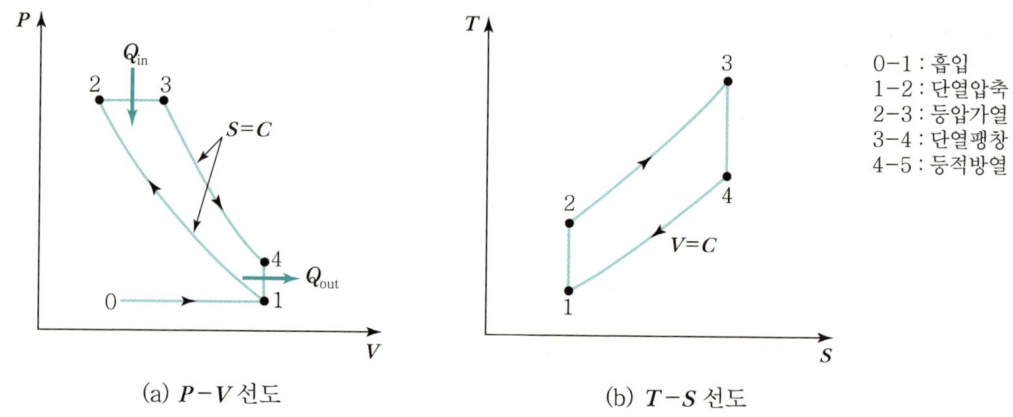

0-1 : 흡입
1-2 : 단열압축
2-3 : 등압가열
3-4 : 단열팽창
4-5 : 등적방열

(a) $P-V$ 선도   (b) $T-S$ 선도

┃공기표준 디젤 사이클의 선도┃

1. 사이클의 구성

1) 1 → 2 과정(단열압축) : $PV^k = C$

$$\frac{T_2}{T_1} = \left(\frac{V_1}{V_2}\right)^{k-1} = \varepsilon^{k-1}$$

$$\therefore T_2 = T_1\left(\frac{V_1}{V_2}\right)^{k-1} = T_1 \varepsilon^{k-1}$$

2) 2 → 3 과정(정압가열) : $P = C$

$$\frac{T_3}{T_2} = \frac{V_3}{V_2}$$

$$\therefore T_3 = T_2\left(\frac{V_3}{v_2}\right) = T_2 \cdot \sigma = \sigma \cdot \varepsilon^{k-1} \cdot T_1$$

여기서 $\sigma = \dfrac{V_3}{V_2}$는 체절비 또는 연료단절비(Fuel Cut Off Ratio)이다.

3) 3 → 4 과정(단열팽창) : $PV^k = C$

$$\frac{T_4}{T_3} = \left(\frac{V_3}{V_4}\right)^{k-1} = \left(\frac{P_4}{P_3}\right)^{\frac{k-1}{k}}$$

$$\therefore T_4 = T_3 \left(\frac{V_3}{V_4}\right)^{k-1} = T_3 \left(\frac{V_3}{V_2} \cdot \frac{V_2}{V_4}\right)^{k-1} = \sigma \cdot \varepsilon^{k-1} T_1$$

4) 4 → 1 과정(정적방열) : $V = C$

$$\frac{P_1}{T_1} = \frac{P_4}{T_4}$$

2. 공급열량과 방출열량 및 일

① 공급열량 $q_1 = C_p(T_3 - T_2)$
② 방출열량 $q_2 = C_v(T_4 - T_1)$
③ 사이클의 유효일 $W = q_1 - q_2 = C_p(T_3 - T_2) - C_v(T_4 - T_1)$

3. 디젤 사이클의 이론 열효율

$$\eta_d = \frac{W}{q_1} = 1 - \frac{q_2}{q_1} = 1 - \frac{C_v(T_4 - T_1)}{C_p(T_3 - T_2)}$$

$$= 1 - \frac{(T_4 - T_1)}{k(T_3 - T_2)} = 1 - \left(\frac{1}{\varepsilon}\right)^{k-1} \frac{\sigma^k - 1}{k(\sigma - 1)}$$

여기서 $\sigma = \frac{v_3}{v_2} = \frac{T_3}{T_2}$ 는 단절비(Cut Off Ratio) 또는 팽창비이다.

디젤 사이클의 이론 열효율(η_d)에서 ε과 k는 항상 1보다 크므로 $\frac{\sigma^k - 1}{k(\sigma - 1)}$ 항은 1보다 크다. 그러므로 압축비(E)가 동일할 경우 오토 사이클의 열효율이 디젤 사이클의 열효율보다 크나 디젤 사이클에서는 압축비를 오토 사이클보다 더 크게 할 수 있어서 열효율을 증가시킬 수 있다. 디젤기관에 주로 사용되는 실용상 압축비는 13~20의 범위이다.

디젤 사이클의 이론 평균유효압력 P_{md}는

$$P_{md} = \frac{W}{v_1 - v_2} = \frac{\eta_d q_1}{A(v_1 - v_2)} = \frac{P_1 q_1}{RT_1}$$

$$= \frac{1 - \left(\frac{1}{\varepsilon}\right)^{k-1} \frac{\sigma^k - 1}{k(\sigma - 1)}}{1 - \frac{1}{\varepsilon}}$$

$$= P_1 \frac{\varepsilon^k k(\sigma - 1) - \varepsilon(\sigma^k - 1)}{(k-1)(\varepsilon - 1)}$$

SECTION 04 공기표준 사바테 사이클

공기표준 Sabathe Cycle은 고속 디젤기관의 기본 사이클이며 고속 디젤기관에서는 공기를 압축하는 데서 피스톤이 상사점에 도달하기 직전에 연료를 분사하므로 초기 분사연료는 등적연소가 되며, 다음 분사되는 연료는 용적이 증가하므로 거의 등압 연소로 된다. 이러한 사이클을 일명 복합 사이클, 등적·등압 사이클 또는 2중 연소 사이클이라 한다.

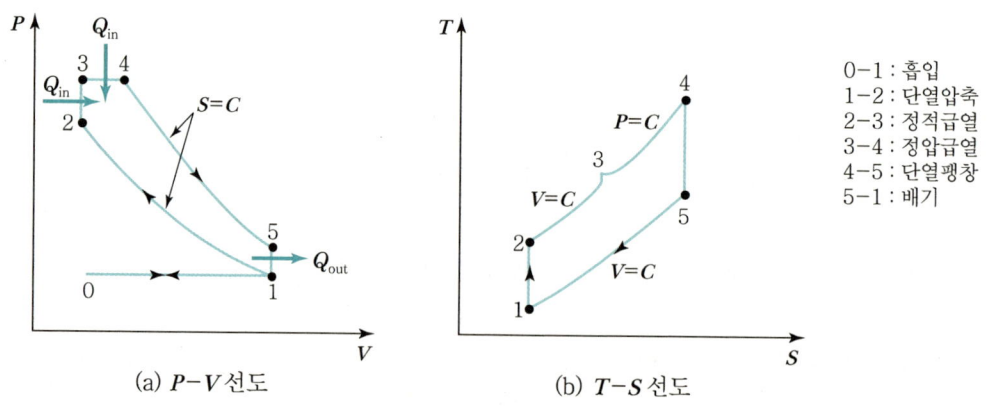

(a) $P-V$ 선도   (b) $T-S$ 선도

| 공기표준 복합 사이클의 선도 |

1. 사이클 구성

1) 1 → 2 과정(단열압축)

$$\frac{T_2}{T_1} = \left(\frac{v_1}{v_2}\right)^{k-1}, \quad T_2 = T_1 \varepsilon^{k-1}$$

2) 2 → 3 과정(정적가열)

$$v_2 = v_3, \quad \frac{P_2}{T_2} = \frac{P_3}{T_3}, \quad T_3 = \frac{P_3}{P_2} \cdot T_2 = \rho \cdot \varepsilon^{k-1} \cdot T_1$$

$$\frac{P_3'}{P_2} = \rho = 폭발비$$

3) 3 → 4 과정(정압가열)

$$P_4 = P_3, \quad \frac{T_4}{T_3} = \frac{V_4}{V_3}, \quad T_3 = \frac{V_3}{V_4} \cdot T_4$$

$$T_4 = \frac{V_4}{V_3} \cdot T_3 = \frac{V_4}{V_2} \cdot \frac{V_2}{V_3} \cdot T_3 = \sigma \cdot \varepsilon^{k-1} \cdot \rho \cdot T_1$$

4) 4 → 5 과정(단열팽창)

$$\frac{T_5}{T_4} = \left(\frac{V_4}{V_5}\right)^{k-1}$$

$$T_s = T_4 \left(\frac{V_4}{V_5}\right)^{k-1} = T_4 \left(\frac{V_4}{V_3} \cdot \frac{V_3}{V_5}\right)^{k-1}$$

$$= \left(\frac{V_4}{V_2} \cdot \frac{V_2}{V_1}\right)^{k-1} \cdot T = \left(\sigma \frac{1}{\varepsilon}\right)^{k-1} \cdot \sigma \varepsilon^{k-1} \cdot \rho T_1$$

$$= \sigma^k p T_1$$

2. 공급열량과 방출열량 및 유효일

① 공급열량 $q_1 = q_v + q_p = C_v(T_3 - T_2) + C_p(T_4 - T_3)$

② 방출열량 $q_2 = C_v(T_5 - T_1)$

③ 유효일 $AW = q_1 + q_2 = C_v(T_3 - T_2) + C_p(T_4 - T_3) - C_v(T_5 - T_1)$

3. 열효율

사바테 사이클의 이론 열효율

$$\eta_s = A\frac{W}{q_1} = 1 - \frac{q_2}{q_1}$$

$$= 1 - \frac{(T_5 - T_1)}{(T_3 - T_2) + k(T_4 - T_2)}$$

$$= 1 - \left(\frac{1}{\varepsilon}\right)^{k-1} \frac{\rho\sigma^k - 1}{(\rho - 1) + k\rho(\sigma - 1)}$$

여기서 $\rho = \dfrac{P_3}{P_2}$는 압력비 또는 폭발비이다.

사바테 사이클의 이론 열효율은 ε, σ, ρ, k의 함수이고 ε과 ρ가 클수록, σ는 작을수록 열효율이 높아진다. 또한 $\rho = 1$일 때 사바테 사이클의 이론 열효율은 디젤 사이클의 열효율이 된다.

4. 평균유효압력

사바테 사이클의 이론 평균유효압력 P_{ms}는

$$P_{ms} = \frac{W}{v_1 - v_2} = \frac{W}{v_1 - v_2} = \frac{\eta_s q_1}{v_1 - v_2} = \frac{\eta_s q_1}{v_1\left(1 - \dfrac{1}{\varepsilon}\right)}$$

$$= \frac{P_1 q_1}{RT_1} \times \left\{1 - \left(\frac{1}{\varepsilon}\right)^{k-1} \frac{k\sigma^k - 1}{(a-1) + ka(\sigma-1)}\right\}$$

$$= P_1 \frac{[\varepsilon^k\{(a-1) + ka(\sigma-1)\} - \varepsilon(\sigma^k a - 1)]}{(k-1)(\varepsilon-1)}$$

SECTION 05 공기표준(오토, 디젤, 사바테) 사이클의 비교

내연기관의 기본 사이클인 오토 사이클, 디젤 사이클, 사바테 사이클을 비교해 보면 일을 생성하는 과정은 전부 단열팽창 과정인 것을 알 수 있으며, 열을 공급받는 과정은 각기 다르지만 열을 배출하는 과정은 전부 정적과정인 것을 알 수 있다. 열효율은 압축비 일정 시에는 오토 사이클이 가장 좋으며, 최고 압력 일정 시에는 디젤 사이클이 가장 좋다.

그러므로 압축비가 같을 때는 오토 사이클의 열효율이 디젤 사이클의 열효율보다 크지만, 디젤 사이클에서는 압축비를 더 높게 할 수 있어 열효율을 더욱 증가시킬 수 있다.

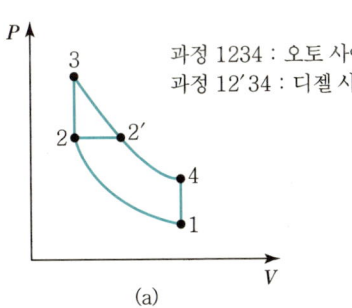 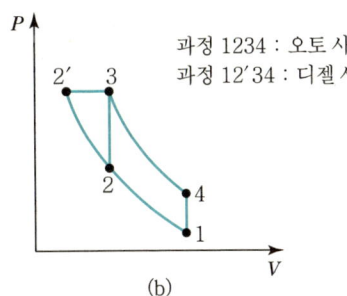

공기표준 사이클 선도

SECTION 06 가스터빈 사이클

가스터빈은 터빈의 깃에 직접 연소가스를 분출시켜 회전일을 얻어 동력을 발생시키는 열기관으로서 3대 기본요소에는 압축기, 연소기, 터빈으로 구성되며, 가스터빈의 공기표준 사이클을 브레이턴(Braton) 사이클이라 한다.

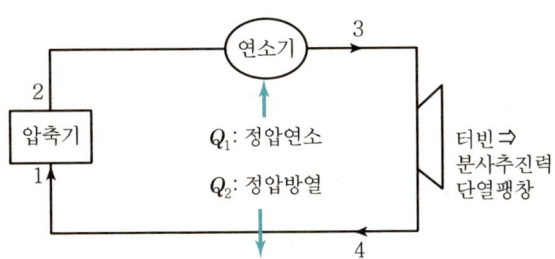

공기표준 브레이턴 사이클의 구성

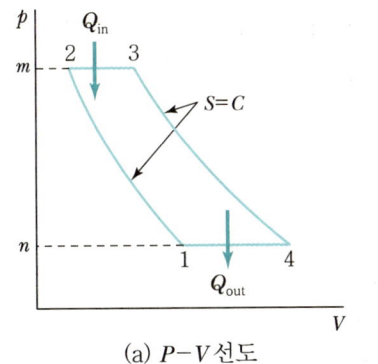 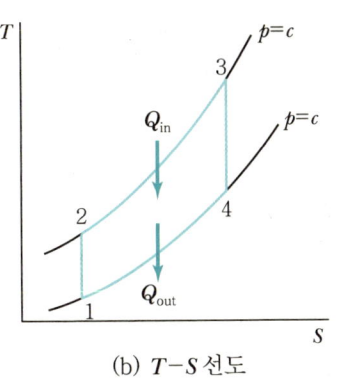

m34mm : 터빈의 팽창일
m21mm : 펌프일
23412 : 실제일

(a) $P-V$ 선도   (b) $T-S$ 선도

공기표준 브레이턴 사이클 선도

1. 공급열량과 방출열량 및 일

① 공급열량 $q_1 = C_p(T_3 - T_2) = h_3 - h_2$
② 방출열량 $q_2 = C_p(T_4 - T_1) = h_4 - h_1$
③ 사이클의 유효일 $W = q_1 - q_2 = (h_3 - h_2) - (h_4 - h_1)$

2. 열효율

열효율(η_b)은

$$\eta_b = \frac{AW}{q_1} = 1 - \frac{h_4 - h_1}{h_3 - h_2} = 1 - \frac{T_4 - T_1}{T_3 - T_2} = 1 - \frac{1}{\left(\frac{P_2}{P_1}\right)^{\frac{k-1}{k}}} = 1 - \left(\frac{1}{\gamma}\right)^{\frac{k-1}{k}} = 1 - \frac{T_1}{T_2}$$

여기서 $\gamma = \dfrac{P_2}{P_1}$ 는 압력비이다.

γ가 클수록 효율은 좋아지나 γ가 너무 크면 출력이 적어지므로 적당한 온도 T_2를 정해야 한다.

3. 최대 출력을 내는 온도

$$\frac{T_4}{T_1} = \frac{T_3}{T_2} \qquad T_4 = \frac{T_1 T_3}{T_2}$$

$$W = mC_p(T_3 - T_2) - mC_p(T_4 - T_1) = mC_p(T_3 - T_2) - mC_p\left(\frac{T_1 T_3}{T_2} - T_1\right)$$

$$\frac{\delta W}{dT_2} = \frac{mC_p\left(T_3 - T_2 - \frac{T_1 T_2}{T_2} - T_1\right)}{dT_2} = 0 \qquad \therefore T_2 = \sqrt{T_1 \cdot T_3}$$

4. 실제기관에서의 단열효율

실제기관에서는 압축과 팽창이 비가역으로 일어나므로 실제일과 가역단열일을 비교한 것을 단열효율이라고 한다.

1) 터빈의 단열효율

$$\eta_t = \frac{h_3 - h_4'}{h_3 - h_4} = \frac{T_3 - T_4'}{T_3 - T_4}$$

2) 압축기의 단열효율

$$\eta_c = \frac{h_2 - h_1}{h_2' - h_1} = \frac{T_2 - T_1}{T_2' - T_1}$$

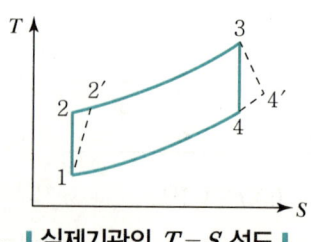

| 실제기관의 $T-S$ 선도 |

SECTION 07 기타 사이클

1. 에릭슨 사이클(Ericsson Cycle)

Braton Cycle의 단열과정을 등온과정으로 대치한 Cycle로서 실현이 곤란한 사이클이다.

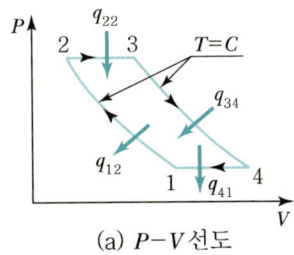 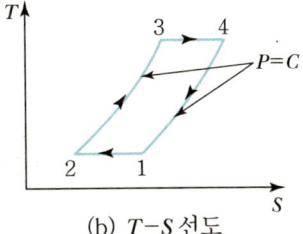

(a) $P-V$ 선도 (b) $T-S$ 선도

| 에릭슨 사이클의 선도 |

2. 스털링 사이클(Stirling Cycle)

2개의 등온과정과 2개의 등적과정으로 구성된 이상적 사이클로서 역스털링 사이클은 헬륨(H_e)를 냉매로 하는 극저온용 기온 냉동사이클이다.

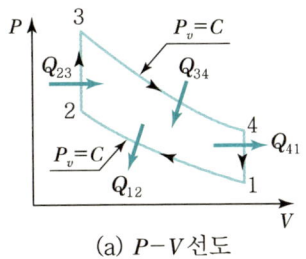 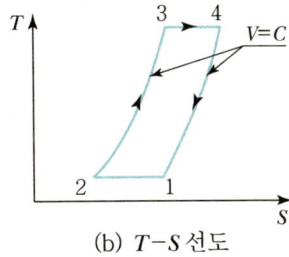

(a) $P-V$ 선도 (b) $T-S$ 선도

| 스털링 사이클의 선도 |

3. 아트킨슨 사이클(Atkinson Cycle)

일명 등적 Braton Cycle이라고 하며 2개의 단열과정과 등적, 등압과정으로 구성된다.

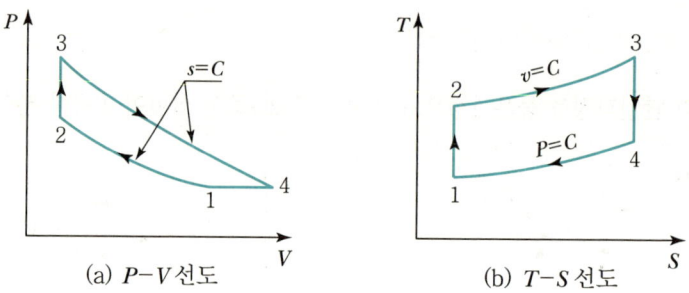

┃ 아트킨슨 사이클의 선도 ┃

4. 르누아 사이클(Lenoir Cycle)

펄스-제트(Pulse-Jet) 추진 계통의 사이클과 비슷하며 동작물질의 압축과정이 없이 정적하에서 급열하여 압력상승시켜 일을 한 후 정압하에 배출하는 사이클이다.

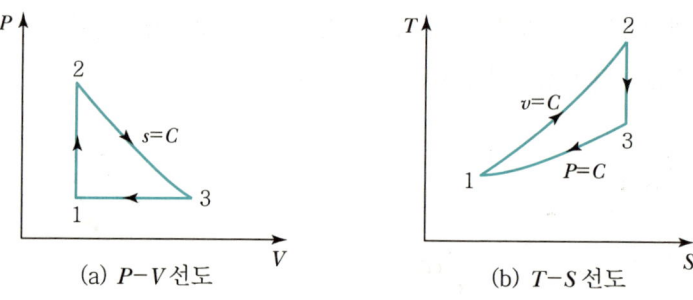

┃ 르누아 사이클의 선도 ┃

출제예상문제

01 압축비 8인 가솔린기관이 압축 초의 압력 1ata, 온도 280℃의 오토 사이클을 행할 경우 열효율과 평균유효압력을 구하면?(단, 공급열량은 3,767kJ/kg이다.)

① 56.47%, 15.32kg/cm
② 56.47%, 18.27kg/cm
③ 72.12%, 20.02kg/cm
④ 72.12%, 25.11kg/cm

풀이 열효율$(\eta_0) = 1 - \left(\frac{1}{\varepsilon}\right)^{k-1} = 1 - \left(\frac{1}{8}\right)^{1.4-1}$
$= 0.5647 \times 100\% = 56.47\%$

02 사이클의 효율을 높이는 방법으로 유효한 방법이 아닌 것은?

① 급열온도를 높게 한다.
② 방열온도를 낮게 한다.
③ 동작유체의 양을 많게 한다.
④ 카르노 사이클에 가깝게 한다.

03 브레이턴 사이클에서 최고온도가 700K, 팽창말의 온도가 500K인 가스터빈의 터빈 단열효율을 η_t가 80%일 때 터빈의 출구에서의 공기의 온도는 몇 K인가?

① 700
② 500
③ 240
④ 540

풀이 $\eta_b = \dfrac{h_3 - h_4}{h_3 - h_4} = \dfrac{T_3 - T_4}{T_3 - T_4}$

∴ 출구공기온도(T_4)
$= T_3 - \eta_b \cdot (T_3 - T)$
$= 700 - 0.8 \cdot (700 - 500) = 540K$

04 다음은 오토 사이클에 대한 설명이다. 가장 타당성이 없는 표현은?

① 연소가 일정한 체적하에서 일어난다.
② 열효율이 디젤 사이클보다 좋다.
③ 불꽃착화 내연기관의 이상 사이클이다.
④ 압축비가 커지면 열효율도 증가한다.

풀이 오토 사이클은 일정한 체적하에서 연소가 일어나며 불꽃 점화기관의 이상 사이클로서 열효율은 압축비만의 함수이며, 압축비가 커질수록 열효율이 증가한다.

05 디젤 사이클의 효율에 대한 설명 중 옳은 것은?

① 분사단절비(噴射斷切比)가 클수록 효율이 증가한다.
② 압축비가 적으면 효율은 증가한다.
③ 부분부하 운전을 할 때는 열효율이 나빠진다.
④ 분사단절비와 압축비만으로 나타낼 수 있다.

풀이 $\eta_d = 1 - \left(\dfrac{1}{\varepsilon}\right)^{k-1} \cdot \dfrac{\sigma^k - 1}{k(\sigma - 1)}$

디젤 사이클에서는 압축비가 크면 효율이 커지고, 분사 단절비가 커지면 효율은 적어진다.

06 가솔린 기관의 기본 과정은 다음 중 어느 것인가?

① 정압정온 과정
② 정적정압 과정
③ 정적정온 과정
④ 정적단열 과정

풀이 가솔린 기관에서는 오토 사이클이 기본이 된다. 오토 사이클은 2개의 정적과정과 2개의 단열과정으로 이루어져 있다.

정답 01 ① 02 ③ 03 ④ 04 ② 05 ④ 06 ④

07 오토 사이클의 열효율에 대한 설명 중 맞는 것은?

① 단절비가 증가할수록 감소한다.
② 압력상승비가 증가할수록 감소한다.
③ 압축비가 증가할수록 증가한다.
④ 압축비가 증가하고 체절비가 증가할수록 증가한다.

풀이 $\eta_d = 1 - \left(\dfrac{1}{\varepsilon}\right)^{k-1}$

08 어느 가솔린 기관의 압축비(E)가 8일 때, 이 기관의 이론 열효율은?(단, 비열비 $k = 1.4$이다.)

① 40.11 ② 56.47
③ 61.49 ④ 70.65

풀이 이론열효율(η_0) $= 1 - \left(\dfrac{1}{\varepsilon}\right)^{k-1}$
$= 1\left(\dfrac{1}{8}\right)^{1.4-1}$
$= 0.5647 \times 100\% = 56.47\%$

09 다음 열기관 사이클(Cycle)이 2개인 정적과정, 2개의 단열과정으로 이루어진다. 이 사이클은 다음 중 어느 것인가?

① 카르노 사이클 ② 오토 사이클
③ 디젤 사이클 ④ 브레이턴 사이클

10 $k = 1.4$의 공기를 동작물질로 하는 디젤엔진의 최고온도 T_3가 2,500K, 최저온도 T_1이 300K, 최고압력 P_3가 4MPa일 때, 체절비는 얼마인가?

① 1.905 ② 2.905
③ 3.114 ④ 3.781

풀이 체절비 = 연료 단절비
$\sigma = \dfrac{V_3}{V_2} = \dfrac{T_3}{T_2} > 1$

$P_1 = 1$기압 $= 1$kg/cm² (흡입압력은 표준대기압)

$P_2 = 4$MPa $= 4\dfrac{\text{N}}{\text{mm}^2}$

$= \dfrac{4}{9.8} \times 100 \fallingdotseq 40$kg/cm²

1-2 과정은 단열과정이므로

$\dfrac{T_2}{T_1} = \left(\dfrac{P_2}{P_1}\right)^{\frac{k-1}{k}}$ 에서

$T_2 = \left(\dfrac{40}{1}\right)^{\frac{1.4-1}{1.4}} \times 300 = 860.7$K

$\therefore$ 체절비(σ) $= \dfrac{T_3}{T_2} = \dfrac{2,500}{860.7} = 2.905$

11 디젤 사이클의 열효율은 압축비를 ε, σ라 할 때 어떻게 되겠는가?

① ε, σ이 클수록 증가된다.
② ε, σ이 작을수록 증가된다.
③ ε이 크고, σ가 작을수록 증가한다.
④ ε이 작고, σ가 클수록 증가한다.

풀이 디젤 사이클 열효율(η_d)
$\eta_d = 1 - \left(\dfrac{1}{\varepsilon}\right)^{k-1} \dfrac{\sigma^k - 1}{k(\sigma - 1)}$

12 압력비가 8인 브레이턴 사이클의 열효율은 몇 %인가?(단, $k = 1.4$이다.)

① 45 ② 50
③ 55 ④ 60

풀이 열효율(μ_0) $= 1 - \left(\dfrac{1}{\gamma}\right)^{\frac{k-1}{k}} = 1 - \left(\dfrac{1}{8}\right)^{\frac{1.4-1}{1.4}}$
$= 0.45 \times 100 = 45\%$

정답 07 ③ 08 ② 09 ② 10 ② 11 ③ 12 ①

13 공기 1kg으로 작동하는 500℃와 30℃ 사이의 카르노 사이클에서 최고압력이 0.7MPa으로 등온팽창하여 부피가 2배로 되었다면 등온팽창을 시작할 때의 부피는 몇 m³인가?

① 0.12　　　② 0.24
③ 0.32　　　④ 0.42

풀이 $P_1 V_1 = mRT$

$\therefore$ 부피$(V_1) = \dfrac{mRT_1}{P_1}$

$= \dfrac{1 \times 287 \times 773}{0.7 \times 10^6} = 0.32$

14 디젤 사이클에서 열효율이 48%이고, 단절비 1.5, 단열지수 $k=1.4$일 때 압축비는 얼마인가?

① 4.348　　　② 8.364
③ 6.384　　　④ 5.348

풀이 $\eta_d = 1 - \left(\dfrac{1}{\varepsilon}\right)^{k-1} \cdot \dfrac{\sigma^k - 1}{k(\sigma-1)}$

압축비 $= \left[\dfrac{1.5^{1.4} - 1}{(1-0.48) \times 1.4 \cdot (1.5-1)}\right]^{\frac{1}{1.4-1}}$

$= 6.384$

15 디젤 사이클에서 압축이 끝났을 때의 온도를 500℃, 연소최고일 때의 온도를 1,300℃라 하면 연료단절비는?

① 1.03　　　② 2.03
③ 3.01　　　④ 4.01

풀이 단절비$(\sigma) = \dfrac{V_3}{V_2} = \dfrac{T_3}{T_2}$

$= \dfrac{1,573}{773} = 2.03$

16 디젤기관에서 압축비가 16일 때 압축 전 공기의 온도가 90℃라면 압축 후 공기의 온도(℃)는?(단, $k=1.4$이다.)

① 427.41　　　② 671.41
③ 827.41　　　④ 724.27

풀이 $T_2 = T_1 \cdot \left(\dfrac{V_1}{V_2}\right)^{k-1}$

$= 363 \times (16)^{1.4-1}$

$= 1,100.41\text{K} = 827.41℃$

17 Diesel Cycle의 구성요소로서 그 과정이 맞는 것은?

① 단열압축 → 정압가열 → 단열팽창 → 정압방열
② 단열압축 → 정적가열 → 단열팽창 → 정압방열
③ 단열압축 → 정적가열 → 단열팽창 → 정적방열
④ 단열압축 → 정압가열 → 단열팽창 → 정적방열

18 다음 중 2개의 정압과정과 2개의 등온과정으로 구성된 사이클은?

① 브레이턴 사이클(Brayton Cycle)
② 에릭슨 사이클(Ericsson Cycle)
③ 스털링 사이클(Stirling Cycle)
④ 디젤 사이클(Diesel Cycle)

19 정적 사이클에서 동작가스의 가열 전후의 온도가 300℃, 1,200℃이고 방열 전후의 온도가 500℃, 60℃일 때 이론열효율은 몇 %인가?

① 20.5%　　　② 40.1%
③ 45.4%　　　④ 51.1%

정답 13 ③　14 ③　15 ②　16 ③　17 ④　18 ②　19 ④

풀이 이론열효율(η_0) $= 1 - \dfrac{Q_2}{Q_1}$

$= 1 - \dfrac{mC_v(T_4-T_1)}{mC_v(T_4-T_2)}$

$= 1 - \dfrac{T_4-T_1}{T_3-T_2}$

$= 1 - \dfrac{500-60}{1,200-300}$

$= 0.511 \times 100 = 51.1\%$

20 통극체적(Clearance Volume)이란 피스톤이 상사점에 있을 때 기통의 최소 체적을 말한다. 만약, 통극이 5%라면 이 기관의 압축비는 얼마일까?

① 16　　　　　② 19
③ 21　　　　　④ 24

풀이 압축비 $= \dfrac{\text{행정체적} + \text{통극체적}}{\text{통극체적}}$

$= 1 + \dfrac{\text{행정체적}}{\text{통극체적}} = 1 + \dfrac{1}{0.05} = 21$

21 내연기관에서 실린더의 극간체적(Clearance Volume)을 증가시키면 효율은 어떻게 되겠는가?

① 증가한다.
② 감소한다.
③ 변화가 없다.
④ 출력은 증가하나 효율은 감소한다.

풀이 압축비 $= \dfrac{\text{행정체적} + \text{극간체적}}{\text{극간체적}}$

22 브레이턴 사이클의 급열과정은?

① 등온과정　　　② 정압과정
③ 단열과정　　　④ 정적과정

정답 20 ③　21 ②　22 ②

CHAPTER 008 증기

SECTION 01 증기의 분류와 용어

열기관에서의 작동유체는 가스와 증기로 구분되는데, 내연기관의 연소가스와 같이 액화와 증발현상이 잘 일어나지 않는 것을 가스라 하고, 증기 원동기의 수증기와 냉동기에서의 냉매와 같이 액화와 기화가 용이한 작동유체를 증기라 한다.

따라서 증기는 이상기체와 구분되므로 이상기체의 상태방정식을 비롯한 모든 관계식을 증기에는 적용시킬 수가 없다. 그러므로 증기는 실험치로서 구한 값에 기초하여 도표 또는 선도 등을 이용하게 된다.

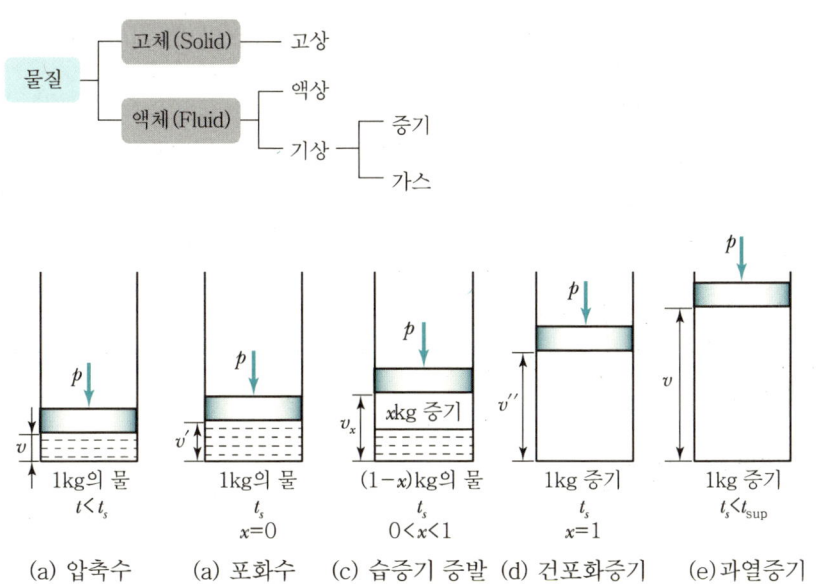

┃ 증발과정(등압가열)의 상태변화 ┃

위 그림은 일정 압력하에서 물이 증발하여 과열증기가 될 때까지의 상태변화를 나타낸 것이다.

① 과냉액(압축액)

　가열하기 전의 상태에 있는 것으로 이때 온도는 포화온도보다 낮은 상태이다.

② 포화온도

　주어진 압력하에서 증발이 일어나는 온도(1atm, 100℃)

③ 포화수(포화액)

과냉액을 가열하면 온도가 점점 상승하며, 그때 작용하는 압력에서 해당되는 포화온도까지 상승한다.

④ 액체열(감열)

포화수 상태까지 가한 열이다.

⑤ 습증기(습포화증기)

포화수 상태에서 가열을 계속하면 온도는 상승하지 않으며 증발에 의해 체적이 현저히 증가하여 외부에 일을 하는 상태이다.

⑥ 건포화증기(포화증기)

액체가 모두 증기로 변한 상태이다.

⑦ 증발잠열(Latent Heat of Vaporization)

포화액에서 건포화증기까지 변할 때 가한 열량으로서 1atm에서 2,256kJ/kg(539kcal/kg)이다.

⑧ 과열증기(Super Heat Vapor)

건포화증기 상태에서 계속 열을 가하면 증기의 온도는 다시 상승하여 포화온도 이상이 되는 증기로 과열증기의 압력과 온도는 독립성질이어서 열을 가할수록 압력이 유지되는 동안 온도는 증가한다.

⑨ 건도(질)

습증기의 전중량에 대한 증발된 증기중량의 비

$$x = \frac{증기중량}{전중량}$$

⑩ 습도(Percentage Moisture)

전중량에 대한 남아 있는 액체 중량의 비율

$$y = 1 - x$$

⑪ 과열도(Degree of Super Heat)

과열증기의 온도와 포화온도의 차이를 말하는 것으로 과열도가 증가할수록 증기의 성질은 이상기체의 성질에 가까워진다.

⑫ 임계점(Critical Point)

주어진 압력 또는 온도 이상에서는 습증기가 존재할 수 없는 점

SECTION 02 증기의 열적 상태량

증기의 값은 0℃ 포화액을 기준으로 구한다.
즉, 물의 경우 0℃의 포화액(포화압력 0.00622kg/cm²)에서의 엔탈피와 엔트로피를 0으로 가정하고 이것을 기준으로 하나 냉동기에서는 0℃의 포화액 엔탈피를 100kcal/kg, 엔트로피를 1kcal/kg · K로 한다.
일반적으로 포화액의 비체적, 내부 에너지, 엔탈피, 엔트로피를 $v'(V_f)$, $u'(u_f)$, $h'(h_f)$, $s'(s_f)$로 표시하며 건포화증기의 비체적, 내부 에너지, 엔탈피, 엔트로피를 $v''(v_g)$, $u''(u_g)$, $h''(h_g)$, $s''(s_g)$로 표시한다.

1. 액체열

1atm하에서 0℃ 물의 엔탈피와 엔트로피는 다음과 같이 가정하므로

$$h_0 = 0 \quad s_o = 0$$

그러므로 열역학 제1법칙에서

$$h_0 = u_0 + P_0 v_0$$

$$u_0 = h_0 - P_0 v_0 = 0 - 0.006228 \times 10^4 \times 0.001 ≒ 0$$

즉, 0℃ 포화액의 엔탈피와 엔트로피, 내부 에너지는 0이 된다.
주어진 압력하에서 임의상태의 과냉액을 포화온도(t_s)까지 가열하는 데 필요한 열을 액체열이라 하면

$$Q_1 = \int_0^{ts} mCdT = mC(t_s - 0) = mCt_s$$

이다. 정압과정에서 열량은 엔탈피와 그 크기가 같다.

$$\Delta H = \Delta U + \Delta Pv$$
$$h' - h_0 = u' - u_0 + P(v' - v_0)$$
$$h' = u' + Pv' = Q_1$$

또한 엔트로피는

$$\Delta S = mC\ln\frac{T_s}{T_0}$$

2. 증발잠열

포화액을 등압하에서 건포화증기가 될 때까지 가열하는 데 필요한 열을 증발열(γ)이라 한다.

$$\delta Q = dU + \Delta PV = dU + PdV$$
$$\gamma = Q = h'' - h' = (u'' - u') + P(v'' - v')$$

여기서 $u'' - u' = \rho$(내부 증발열), $P(v'' - v') = \psi$(외부 증발잠열)

즉, 잠열의 크기는 그 상태의 건포화증기의 엔탈피에서 포화액의 엔탈피를 뺀 값과 같으며, 내부 증발잠열과 외부 증발잠열의 합이다.

따라서 엔트로피 변화는

$$S'' - S' = \frac{\gamma}{T}$$

이다. 습증기의 상태는 압력, 온도, 건도로 표시할 수 있으며, 건도 x인 습증기의 비체적 엔탈피 내부에너지 엔트로피는 다음 식이 된다.

$$v_1 = v' + x(v'' - v') = v'' - y(v'' - v')$$
$$h_1 = h' + x(h'' - h') = h'' - y(h'' - h')$$
$$u_1 = u' + x(u'' - u') = u'' - y(u'' - u')$$
$$s_1 = s' + x(s'' - s') = s'' - y(s'' - s')$$

3. 과열증기

건포화증기 상태에서 가열하여 임의의 온도 T_B에 도달할 때까지의 열량을 과열의 열이라 한다.

$$Q_B = h'' - h_B = \int mC_p dT = mC_p(T'' - T_B)$$
$$S_B = S'' + \int mC_p dT = S'' + mC_p \ln \frac{T_B}{T''}$$
$$U_B = U'' + \int mC_p dT = U'' + mC_p(T_B - T'')$$

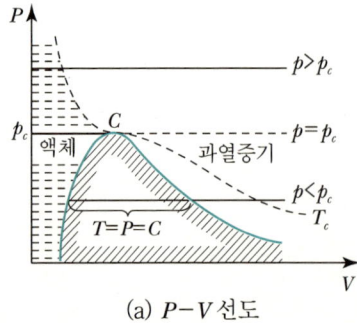

(a) $P-V$ 선도

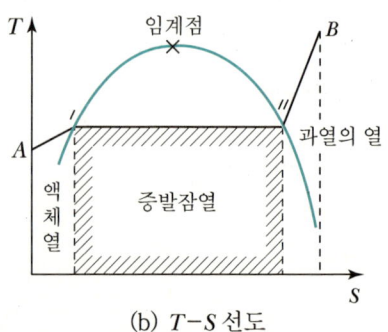

(b) $T-S$ 선도

| 증기선도 |

SECTION 03 증기선도

증기선도에서 널리 사용하는 선도는 $P-V$ 선도, $T-S$ 선도, $h-S$ 선도, $P-h$ 선도이다. 그러므로 각기 기관에서 편리한 선도를 선택하여야 한다.

1. $h-S$ (Mollier Chart) 선도

열량을 구할 때는 $T-S$ 선도의 면적이며, 일량을 구할 때는 $P-V$ 선도의 면적이지만 증기에서의 가열은 정압과정이므로 열량과 엔탈피의 크기와 같으므로 $h-S$ 선도가 단열변화에 따른 열량의 차를 쉽게 구할 수가 있어서 고안자의 이름을 따 증기 몰리에르(Mollier) 선도라 한다.

2. $P-h$ 선도

암모니아나 프레온 가스 등의 냉동기의 작동유체인 냉매의 상태변화를 나타낼 때 $P-h$ 선도를 많이 사용하며, 이 선도를 냉동 몰리에르 선도라 한다.

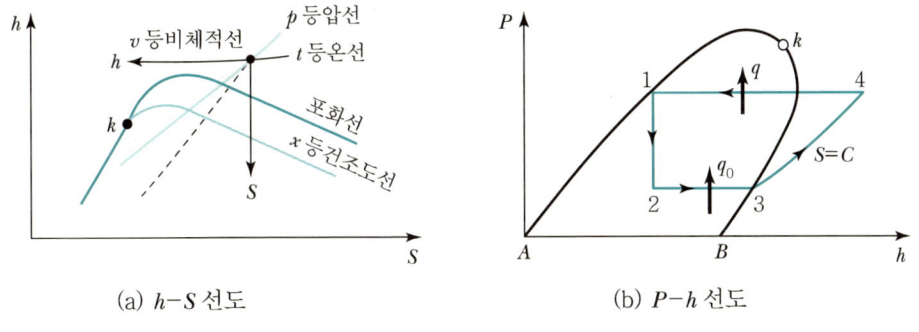

(a) $h-S$ 선도 (b) $P-h$ 선도

| 증기선도 |

3. 증기의 교축

교축과정은 대표적인 비가역 과정으로서 유체가 교축되면서 압력은 감소, 속도는 증가, 엔탈피는 불변인 상태가 되면서 엔트로피는 증가된다.

습포화증기의 교축 시
$$h_1 = h_2 = h'_1 + \chi_1(h''_1 - h'_1) = h'_2 + \chi_2(h''_2 - h'_2)$$
$$\chi_2 = \frac{h'_1 - h'_2}{h''_2 - h'_2} + \chi_1 \frac{h''_1 - h'_1}{h''_2 - h'_2} = \frac{h'_1 - h'_2}{\gamma_2} + \chi_1 \frac{\gamma_1}{\gamma_2}$$

여기서 γ_1은 1점 상태의 증발잠열, γ_2는 2점 상태의 증발잠열이다.

교축 후에 과열증기가 되었을 때
$$h_2 = h_1 = h'_1 + \chi_1(h''_1 - h'_1)$$
$$\chi_2 = \frac{h_2 - h'_1}{h''_1 - h'_1} = \frac{h_1 - h'_1}{\gamma_1}$$

여기서 h_2는 과열증기의 엔탈피이다.

다음의 식에 의해 습포화증기의 건도를 측정하는 계기를 교축 열량계(Throttling Calorimeter)라 한다.

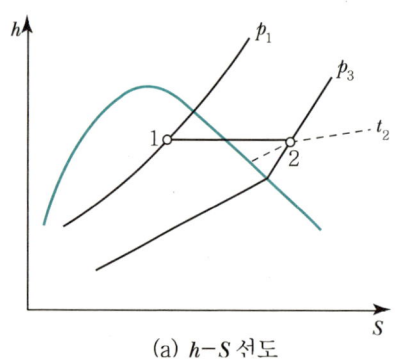

(a) $h-S$ 선도

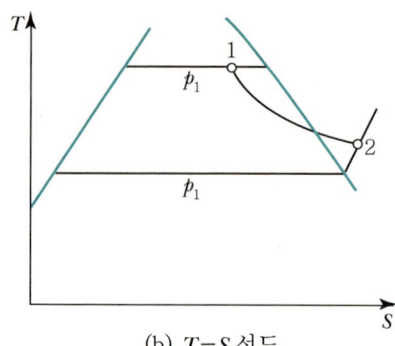

(b) $T-S$ 선도

┃증기의 교축변화┃

CHAPTER 008 출제예상문제

01 증발잠열(增發潛熱)에 대한 설명 중 옳은 것은?

① 포화압력이 높을수록 증발잠열은 감소한다.
② 포화압력이 높을수록 증발잠열은 증가한다.
③ 증발잠열의 증감은 포화압력과 아무 관계가 없다.
④ 정답이 없다.

02 물의 임계온도는 몇 ℃인가?

① 427.1   ② 374.1
③ 225.5   ④ 100

03 수증기의 임계압력은?

① 12.09MPa   ② 21MPa
③ 22.09MPa   ④ 29.02MPa

04 수증기에 대한 설명 중 틀린 것은?

① 물보다 증기의 비열이 적다.
② 수증기는 과열도가 증가할수록 이상기체에 가까운 성질을 나타낸다.
③ 포화압력이 높아질수록 증발잠열은 감소된다.
④ 임계압력 이상으로는 압축할 수 없다.

05 포화증기를 정적하에서 압력을 증가시키면 어떻게 되는가?

① 고상(固相)이 된다.
② 과냉액체가 된다.
③ 습증기가 된다.
④ 과열증기가 된다.

풀이 2점으로 되어 과열증기가 된다.

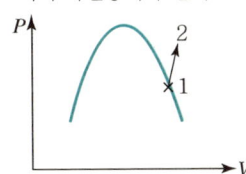

06 포화증기를 단열압축하면?

① 포화액체가 된다.
② 압축액체가 된다.
③ 과열증기가 된다.
④ 증기의 일부가 액화된다.

풀이 2점으로 되어 과열증기가 된다.

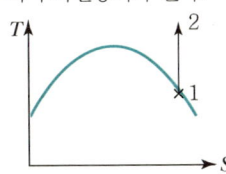

07 증기를 교축시킬 때 변화 없는 것은?

① 압력   ② 엔탈피
③ 비체적   ④ 엔트로피

풀이 교축과정에서
$\Delta h = 0$, $\Delta S > 0$, $\Delta T < 0$, $\Delta v > 0$

08 증기의 Mollier Chart는 종축과 횡축을 무슨 양으로 표시하는가?

① 엔탈피와 엔트로피   ② 압력과 비체적
③ 온도와 엔트로피   ④ 온도와 비체적

풀이 증기의 몰리에르 선도는 $h - S$ 선도이다.

정답 01 ① 02 ② 03 ③ 04 ④ 05 ④ 06 ③ 07 ② 08 ①

09 증발잠열을 설명한 것 중 맞는 것은?
① 증발잠열은 내부잠열과 외부잠열로 이루어진다.
② 증발잠열은 증발에 따르는 내부 에너지의 증가를 뜻한다.
③ 체적의 증가로서 증가하는 일의 열상당량을 뜻한다.
④ 건포화 증기의 엔탈피와 같다.

> [풀이] ② 내부 증발잠열
> ③ 외부 증발잠열

10 수증기의 Mollier Chart에서 다음과 같은 두 개의 값을 알아도 습증기의 상태가 결정되지 않는 것은?
① 비체적과 엔탈피   ② 온도와 엔탈피
③ 온도와 압력   ④ 엔탈피와 엔트로피

11 압력 2MPa, 포화온도 211.38℃의 건포화증기는 포화수의 비체적이 0.001749, 건포화증기의 비체적이 0.1016이라면 건도 0.8인 습포화증기의 비체적은?
① $0.00546m^3/kg$ ② $0.08163m^3/kg$
③ $0.13725m^3/kg$ ④ $0.41379m^3/kg$

> [풀이] 비체적$(v) = v' + x(v'' - v')$
> $= 0.001749 + 0.8(0.1016 - 0.001749)$
> $= 0.08163m^3/kg$

12 $h-S$ 선도에서 교축과정은 어떻게 되는가?
① 원점에서 기울기가 45°인 직선이다.
② 직각 쌍곡선이다.
③ 수평선이다.
④ 수직선이다.

> [풀이] 교축과정은 엔탈피 불변이다.

13 증기의 Mollier Chart에서 잘 알 수 없는 것은?
① 포화수의 엔탈피
② 과열증기의 과열도
③ 과열증기의 단열팽창 후의 습도
④ 포화증기의 엔트로피

14 수증기의 Mollier Chart에서 과열증기 영역에서 기울기가 비슷하여 정확한 교점을 찾기 어려운 선은?
① 등엔탈피선과 등엔트로피선
② 비체적선과 포화증기선
③ 등온선과 정압선
④ 비체적선과 정압선

15 압력 1.2MPa, 건도 0.6인 습포화증기 $10m^3$의 질량은?(단, 포화액체의 비체적은 0.0011373, 포화증기의 비체적은 $0.1662m^3/kg$이다.)
① 약 60.5kg   ② 약 83.6kg
③ 약 73.1kg   ④ 약 99.8kg

> [풀이] $v = v' + x(v'' - v')$
> $= 0.0011373 + 0.6(0.1662 - 0.0011373)$
> $= 0.10017492$
> ∴ 증기질량$(G) = \dfrac{V}{v} = \dfrac{10}{0.10017492} ≒ 99.8kg$

16 2MPa, 211.38℃인 포화수의 엔탈피가 905kJ/kg·K, 건포화증기의 엔탈피가 2,798kJ/kg·K일 때 건도 0.8인 습증기의 엔탈피(kJ/kg)는?
① 241.94   ② 2,419.4
③ 189.3   ④ 1,893

> [풀이] 습증기 엔탈피$(h_1) = h' + x(h'' - h')$
> $= 905 + 0.8(2,798 - 905)$
> $= 2,419.1 kJ/kg$

정답 09 ① 10 ③ 11 ② 12 ③ 13 ① 14 ④ 15 ④ 16 ②

17 압력 0.2MPa하에서 단위 1kg의 물이 증발하면서 체적이 0.9m³로 증가할 때 증발열이 2,177kJ이면 증발에 의한 엔트로피 변화(kJ/kg·K)는?(단, 0.2MPa일 때, 포화 온도는 약 120℃이다.)

① 0.18 ② 1.8
③ 5.54 ④ 18.14

풀이 엔트로피 변화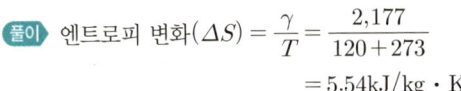
$$= 5.54\text{kJ/kg·K}$$

18 일정압력 1MPa(G)하에서 포화수를 증발시켜서 건포화증기를 만들 때 증기 1kg당 내부 에너지의 증가(kJ/kg)는?(단, 증발열은 2,018kJ/kg, 비체적은 $v'=0.001126$, $v''=0.1981$m³/kg)

① 2,018 ② 1,821
③ 2×10^6 ④ 2.07×10^6

풀이 내부 에너지 증가(ΔU)
$= \Delta H - \Delta PV$
$= (h''-h') - P(v''-v')$
$= 2,018 - 1,000 \times (0.1981 - 0.001126)$
$= 1,821\text{kJ/kg}$

19 온도 300℃, 체적 0.01m³의 증기 1kg이 등온하에서 팽창하여 체적이 0.02m³가 되었다. 이 증기에 공급된 열량(kJ)은?(단, $x_1=0.425$, $x_2=0.919$, $s'=3.252$, $s''=5.7$이다.)

① 573 ② 1,402.7
③ 693 ④ 14,027

풀이 $Q = T(S''-S')$
$= 573 \times (5.7-3.252)(x_2-x_1)$
$= 1402.7 \times (0.919-0.425)$
$= 693\text{kJ}$

20 일정한 압력 1MPa하에서 포화수를 증발시켜 건포화증기를 만들 때 증기 1kg당 내부 에너지의 증가(kJ/kg)는 얼마인가?(단, 증발열은 2,018kJ/kg, 포화액의 비체적은 0.001126m³/kg, 건포화증기의 비체적은 0.1981m³/kg이다.)

① 1,821 ② 3,839
③ 197 ④ 2,039

풀이 $\Delta U = \Delta H - \Delta PV$
$= 2,018 - 1,000 \times (0.1981 - 0.001126)$
$= 1,821\text{kJ/kg}$

21 압력 1MPa, 건도 90%인 습증기의 엔트로피(kJ/kg·K)는 얼마인가?(단, 포화수의 엔트로피는 2.129kJ/kg·K, 건포화증기의 엔트로피는 6.591kJ/kg·K이다.)

① 6.591 ② 7.462
③ 6.7158 ④ 6.1448

풀이 $s = s' + x(s''-s')$
$= 2.129 + 0.9(6.591-2.129)$
$= 6.1448\text{kJ/kg·K}$

22 건도가 x인 습증기의 비체적을 구하는 식이다. 맞는 것은?(단, V'' : 건포화증기의 비체적, V' : 포화액의 비체적)

① $V = V'' + x(V''-V')$
② $V = V' + x(V''-V')$
③ $V = V' + x(V'-V'')$
④ $V = V'' + x(V'-V'')$

23 교축열량계는 다음 중 어느 것을 측정하는 것인가?

① 열량 ② 엔탈피
③ 건도 ④ 비체적

정답 17 ③ 18 ② 19 ③ 20 ① 21 ④ 22 ② 23 ③

24 대기압하에서 얼음에 열을 가했을 때 맞는 것은?

① −5℃의 얼음 1kg이 열을 받으면 0℃까지는 체적이 증가한다.
② 0℃에 도달하면 열을 가해도 온도는 일정하고 체적만 증가한다.
③ 0℃에 도달했을 때 계속 열을 가하면 얼음상태에서 온도가 올라가며 체적이 감소한다.
④ 0℃에 도달했을 때 계속 열을 가하면 얼음상태에서 온도가 올라가며 체적도 증가한다.

25 건도를 x라 하면 $0 < x < 1$일 때는 어느 상태인가?

① 포화수 ② 습증기
③ 건포화 증기 ④ 과열증기

26 포화액의 건도는 몇 %인가?

① 0 ② 30
③ 60 ④ 100

27 건포화증기의 건도는 몇 %인가?

① 0 ② 30
③ 60 ④ 100

28 과열도를 맞게 설명한 것은?

① 포화온도−과열증기온도
② 포화온도−압축수온도
③ 과열증기온도−포화온도
④ 과열증기온도−압축수온도

29 임계점을 맞게 설명한 것은?

① 고체, 액체, 기체가 평형으로 존재하는 점
② 가열해도 포화온도 이상 올라가지 않는 점
③ 그 이상의 온도에서는 증기와 액체가 평형으로 존재할 수 없는 상태
④ 어떤 압력에서 증발을 시작하는 점과 끝나는 점이 일치하는 점

> **풀이** 임계점이란 주어진 온도 압력 이상에서 습증기가 존재하지 않는 점으로 물에서는 374.15℃, 22.1MPa이다.

30 등압하에서 액체 1kg을 0℃에서 포화온도까지 가열하는 데 필요한 열량은?

① 과열의 열 ② 증발열
③ 잠열 ④ 액체열

31 포화증기를 등적하에 압력을 증가시키면?

① 고상 ② 압축수
③ 습증기 ④ 과열증기

32 포화증기를 단열압축하면?

① 포화수 ② 압축수
③ 과열증기 ④ 습증기

33 습증기 범위에서 등온변화와 일치하는 것은?

① 등압변화 ② 등적변화
③ 교축변화 ④ 단열변화

34 습증기를 단열압축하면 건도는 어떻게 되는가?

① 불변 ② 감소
③ 증가 ④ 증가 또는 감소

정답 24 ② 25 ② 26 ① 27 ④ 28 ③ 29 ③ 30 ④ 31 ④ 32 ③ 33 ① 34 ④

35 수증기 몰리에르 선도에서 종축과 횡축은 무슨 양인가?

① 엔탈피와 엔트로피 ② 압력과 비체적
③ 온도와 엔트로피 ④ 온도와 비체적

36 체적 400L의 탱크 속에 습증기 64kg이 들어 있다. 온도 350℃인 증기의 건도는 얼마인가?(단, 증기표에서 V'=0.0017468m³/kg, V''=0.008811 m³/kg이다.)

① 0.9 ② 0.8
③ 0.074 ④ 0.64

풀이 $V = V' + x(V'' - V')$

$$\therefore 증기건도(x) = \frac{V - V'}{V'' - V'}$$

$$= \frac{\frac{0.4}{64} - 0.0017468}{0.008811 - 0.0017468}$$

$$= 0.64$$

37 수증기의 몰리에르 선도에서 다음의 두 개 값을 알아도 습증기의 상태가 결정되지 않는 것은?

① 비체적과 엔탈피 ② 온도와 엔탈피
③ 온도와 압력 ④ 엔탈피와 엔트로피

38 Van Der Waals의 식은?

① $\left(P + \dfrac{a}{V_2}\right)(V-b) = RT$

② $\left(P - \dfrac{a}{V_2}\right)(V-b) = RT$

③ $\left(P + \dfrac{V^2}{a}\right)(V-b) = RT$

④ $\left(P - \dfrac{V^2}{a}\right)(V-b) = RT$

39 Van der Waals 식에서 상수 A와 B는 무엇을 뜻하는가?

① A : 분자의 크기, B : 분자 사이의 인력
② A : 임계점 온도, B : 임계점의 비체적
③ A : 임계점의 비체적, B : 임계점의 온도
④ A : 분자 사이의 인력, B : 분자의 크기

40 수증기의 몰리에르 선도에서 교축 과정은?

① 직각쌍곡선
② 원점에서 기울기가 45°인 직선
③ 수직선
④ 수평선

41 증발잠열을 설명한 것 중 틀린 것은?

① 증발잠열은 내부잠열과 외부잠열로 이루어진다.
② 증발잠열은 증발에 따르는 내부 에너지의 증가를 뜻한다.
③ 체적의 증가로서 증가하는 일의 열상당량을 뜻한다.
④ 건포화증기의 엔탈피와 같다.

42 증발열 γ, 액체열 q, 외부증발열 φ, 내부증발열 ρ, 건도 x라면 맞는 것은?

① $q = \varphi + \rho - \gamma$ ② $q = (1-x)\varphi + x\rho$
③ $\gamma = \varphi + \rho$ ④ $q = xq + r(1-x)$

43 건포화증기를 등적하에 압력을 낮추면 건도는 어떻게 되는가?

① 증가 ② 감소
③ 불변 ④ 증가 또는 감소

풀이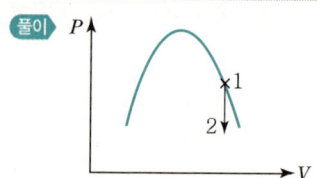

44 건도 x_1인 습증기가 등온하에 건도 x_2로 변할 때 가열량을 맞게 표시한 것은?(단, r은 증발열)

① $(x_1+x_2)r$ ② $(x_2-x_1)r$
③ $x_1 r$ ④ $x_2 r$

45 압력 3MPa인 물의 포화온도는 232.75℃인데 이 포화수를 등압하에 300℃의 증기로 가열하면 과열도는 몇 ℃인가?

① 43.17 ② 52.67
③ 62.75 ④ 67.25

풀이 과열도$(T_B - T'') = 300 - 232.75$
$\qquad\qquad\qquad = 67.25$℃

46 압력 0.2MPa하에 1kg의 물이 증발하면서 체적이 0.9m³로 증가할 때 증발열이 2,177kJ이면 증발에 의한 엔트로피의 변화(kJ/kg·K)는 얼마인가?(단, 0.2MPa일 때 포화온도는 120℃이다.)

① 0.554 ② 5.54
③ 55.4 ④ 554

풀이 엔트로피 변화$(\Delta S) = \dfrac{\gamma}{T}$
$\qquad\qquad = \dfrac{2,177}{120+273}$
$\qquad\qquad = 5.54 \text{kJ/kg} \cdot \text{K}$

47 15℃의 물을 가열하여 0.7MPa의 건포화증기 10kg을 발생시키려면 얼마의 열량(kJ)이 필요한가?(단, 15℃의 엔탈피는 62.8kJ/kg, 압력 0.7MPa일 때 포화증기의 엔탈피는 2,761.5kJ/kg이다.)

① 26,987 ② 2,698.7
③ 269.87 ④ 1,889

풀이 $Q = (h''-h')m = (2,761.5 - 62.8) \times 10$
$\qquad\qquad\quad = 2,698.7 \times 10$
$\qquad\qquad\quad = 26,987 \text{kJ}$

48 압력 0.2MPa, 건도 0.2인 포화수증기 10kg을 가열하여 건도를 0.75 되게 하려면 가열에 필요한 열량(kJ)은 얼마인가?(단, 압력이 2MPa일 때 증발열은 1,895kJ/kg이다.)

① 10,422.5 ② 18,905
③ 14,212.5 ④ 94,750

풀이 $Q = m(x_2 - x_1)r$
$\qquad = 10(0.75 - 0.2) \times 1,895$
$\qquad = 10,422.5 \text{kJ}$

49 압력 2MPa, 포화온도 211.38℃의 건포화증기는 포화수의 비체적이 0.001749m³/kg, 건포화증기의 비체적이 0.1016m³/kg이라면 건도 0.8인 습증기의 비체적(m³/kg)은 얼마인가?

① 0.1 ② 0.08
③ 0.05 ④ 0.004

풀이 비체적$(v) = v' + x(v'' - v')$
$\qquad\qquad = 0.007149 + 0.8(0.1016 - 0.007149)$
$\qquad\qquad = 0.08162 \text{m}^3/\text{kg}$

정답 44 ② 45 ④ 46 ② 47 ① 48 ① 49 ②

50 압력 2MPa, 포화온도 212.42℃인 포화수 엔탈피가 908.79kJ/kg, 포화증기 엔탈피가 2,799.5 kJ/kg일 때 건도 0.8인 습증기의 엔탈피(kJ/kg)는 얼마인가?

① 908.79
② 2,239.6
③ 1,136
④ 2,493

풀이 습증기 엔탈피(h)
$h = h' + x(h'' - h')$
$= 908.79 + 0.8(2,799.5 - 908.79)$
$= 2,493.358 \text{kJ/kg}$

51 압력 1.2MPa, 건도 0.6인 습증기 10m³의 질량(kg)은 얼마인가?(단, 포화액체의 비체적은 0.0011373 m³/kg, 건포화증기의 비체적은 0.662m³/kg이다.)

① 98
② 49
③ 25
④ 10

풀이 비체적(v)
$v = v' + x(v'' - v')$
$= 0.0011373 + 0.6 \times (0.662 - 0.0011373)$
$= 0.3977 \text{m}^3/\text{kg}$
∴ 질량(m) $= \dfrac{V}{v} = \dfrac{10}{0.3977} = 25.14\text{kg}$

52 온도 200℃, 체적 0.05m³인 증기 1kg이 등온하에 팽창하여 체적이 0.1m³로 되었다. 공급된 열량(kJ)은 얼마인가?(단, x_1=0.387, x_2=0.784, 200℃일 때 S'=2.3291kJ/kg·K, S''=6.4301kJ/kg·K이다.)

① 0.397
② 1.628
③ 325.6
④ 770

풀이 엔트로피 변화량(ΔS)
$\Delta S = (x_2 - x_1)(s'' - s')$
$= (0.784 - 0.387)(6.4301 - 2.3291)$
$= 1.628$
$\Delta S = \dfrac{Q}{T}$ 에서
공급열량(Q) $= T\Delta S$
$= (200 + 273) \times 1.628$
$= 770 \text{kJ}$

53 압력 1MPa, 건도 0.4인 습증기 1kg이 가열에 의하여 건도가 0.8로 되었다. 외부에 대한 팽창일(kJ)은 얼마인가?(단, 포화액체의 비체적은 0.0011262 m³/kg, 포화증기의 비체적은 0.1981m³/kg이다.)

① 0.4
② 0.8
③ 0.078
④ 78.789

풀이 팽창일(ΔPV)
$= 1 \times 10^3 \times (0.8 - 0.4) \times (0.1981 - 0.0011262)$
$= 78.789 \text{kJ}$

정답 50 ④ 51 ③ 52 ① 53 ③

증기원동소 사이클

증기사이클 열기관에서는 작동유체가 주로 물을 사용하며 수증기 원동소(Steam Power Plant)의 작동유체는 수증기(Steam)으로 생각한다. 이 열기관에는 고열원에서 열을 얻기 위한 보일러 과열기 재열기와 일을 발생하는 터빈이나 피스톤, 저열원으로 열을 방출하는 복수기(응축기) 등이 필요하며, 이를 구성하는 전체를 증기원동소라 한다.

SECTION 01 랭킨 사이클(1854)

증기원동소의 기본 사이클을 랭킨 사이클(Rankine Cycle)이라 하며, 그림과 같이 2개의 단열과정과 2개의 등압과정으로 구성된다.

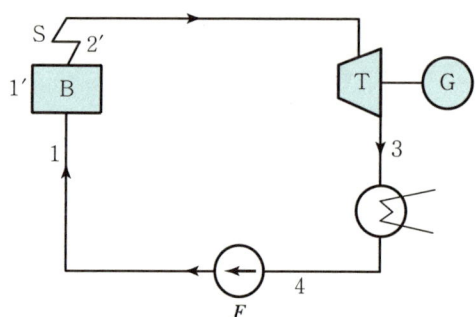

B : 보일러(Boiler)
S : 과열기(Super heater)
T : 터빈(Turbine)
G : 발전기(Generator)
C : 복수기(Condenser)
F : 급수펌프(Feed pump)

┃랭킨 사이클의 구성┃

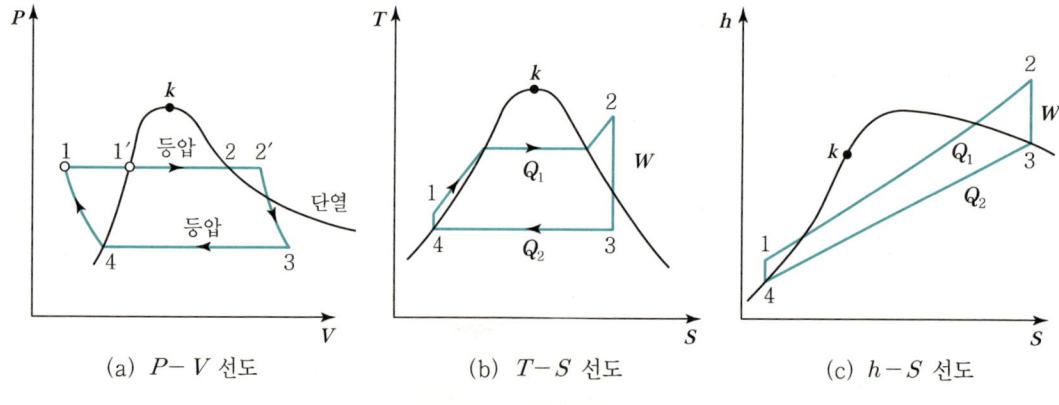

(a) $P-V$ 선도   (b) $T-S$ 선도   (c) $h-S$ 선도

┃랭킨 사이클의 선도┃

1. 랭킨 사이클 과정

① **등압가열**(1 → 2) : 급수펌프에서 이송된 압축수를 보일러에서 등압가열하여 포화수가 되고, 계속 가열하여 건포화 증기가 되고, 과열기(Super Heater)에서 다시 가열하여 과열증기가 된다.
② **단열팽창**(2 → 3) : 과열증기는 터빈에 유입되어 단열팽창으로 일을 하고 습증기가 된다.
③ **등압방열**(3 → 4) : 터빈에서 유출된 습증기는 복수기에서 등압방열되어 포화수가 된다.
④ **단열압축**(4 → 1) : 일명 등적압축과정이며, 복수기에서 나온 포화수를 복수펌프로 대기압까지 가압하고 다시 급수펌프로 보일러 압력까지 보일러에 급수한다.

2. 랭킨 사이클의 열효율

$$\eta_R = \frac{\text{사이클 중 일에 이용된 열량}}{\text{사이클에서의 가열량}} = \frac{W}{Q_1}$$

$$= \frac{Q_1 - Q_2}{Q_1} = 1 - \frac{Q_2}{Q_1} = \frac{m43nm}{m4123nm}$$

$$= 1 - \frac{h_3 - h_4}{h_2 - h_1} = \frac{h_2 - h_1 - (h_2 - h_4)}{h_3 - h_1}$$

$$= \frac{(h_2 - h_3) - (h_1 - h_4)}{h_2 - h_1} = \frac{(h_2 - h_3) - (h_1 - h_4)}{(h_2 - h_4) - (h_1 - h_4)}$$

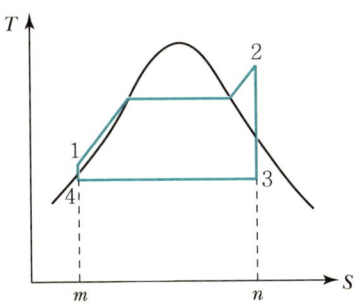

| 랭킨 사이클의 $T-S$ 선도 |

여기서 펌프일 $(h_1 - h_4)$은 터빈일에 비하여 대단히 적으므로 터빈일을 무시하면

$$\eta_R \fallingdotseq \frac{h_2 - h_3}{h_2 - h_4}$$

이다. 그러므로 랭킨 사이클의 η_R은 초온 및 초압이 높을수록 배압이 낮을수록 증가한다.

SECTION 02 재열 사이클(Reheative Cycle)

Rankine Cycle의 열효율은 초온, 초압이 증가될수록 높아진다. 그러나 열효율을 높이기 위해서 초압을 높게 하면 터빈에서 팽창 중 증기의 건도가 감소되어 터빈날개의 마모 및 부식의 원인이 된다. 그러므로 터빈 팽창 도중 증기를 터빈에서 전부 추출하고 재열기에서 다시 가열하여 과열도를 높인 후 터빈에서 다시 팽창시키면 습도가 감소되므로 습도에 의한 터빈 날개의 부식을 방지 또는 감소시킬 수 있다. 이와 같이 터빈날개의 부식을 방지하고 팽창일을 증대시키는 목적으로 이용되는 사이클이 재열 사이클이다.

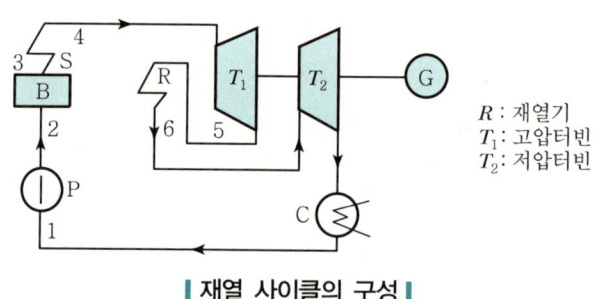

R : 재열기
T_1 : 고압터빈
T_2 : 저압터빈

❙ 재열 사이클의 구성 ❙

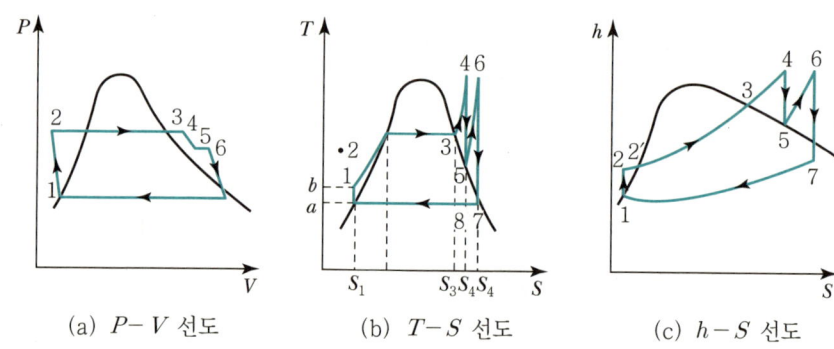

(a) $P-V$ 선도   (b) $T-S$ 선도   (c) $h-S$ 선도

❙ 재열 사이클의 선도 ❙

재열 사이클(Reheat Cycle)의 이론적 열효율 η_{Re}는

$$\eta_{Re} = 1 - \frac{Q_2}{Q_1} = 1 - \frac{h_7 - h_1}{(h_4 - h_2) + (h_6 - h_5)}$$

$$= \frac{(h_4 - h_2) + (h_6 - h_5) - (h_7 - h_1)}{(h_4 - h_2) + (h_6 - h_5)}$$

$$= \frac{(h_4 - h_5) + (h_6 - h_7) - (h_2 - h_1)}{(h_4 - h_2) + (h_6 - h_5) + (h_1 - h_1)}$$

$$= \frac{(h_4 - h_2) + (h_6 - h_5) - (h_7 - h_1)}{(h_4 - h_2) + (h_6 - h_5) - (h_2 - h_1)}$$

펌프일을 무시하면

$$\therefore (h_4 - h_5) + (h_6 - h_7) - (h_2 - h_1)$$

$$\eta_{Re} \fallingdotseq \frac{(h_4 - h_2) + (h_6 - h_5)}{(h_4 - h_2) + (h_6 - h_5)}$$

SECTION 03 재생 사이클(Regenerative Cycle)

증기원동소에서 복수기에서 방출되는 열량이 많으므로 열손실이 크다. 이 열손실을 감소시키기 위하여 터빈에서 팽창 도중의 증기를 일부 추출하여 보일러에 공급되는 물을 예열하고 복수기(Condensor)에서 방출되는 증발기의 일부 열량을 급수가열에 이용한다. 이를 추기급수가열(Bledsteam Feedwater Heating)이라 하며, 이와 같이 방출열량을 회수하여 공급열량을 감소시켜 열효율을 향상시키는 사이클을 재생 사이클이라 한다.

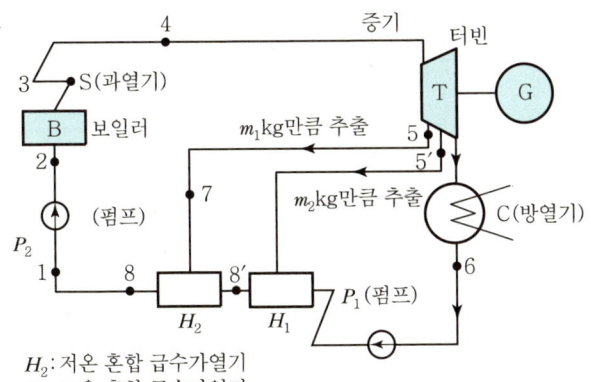

▮ 재생 사이클의 구성 ▮

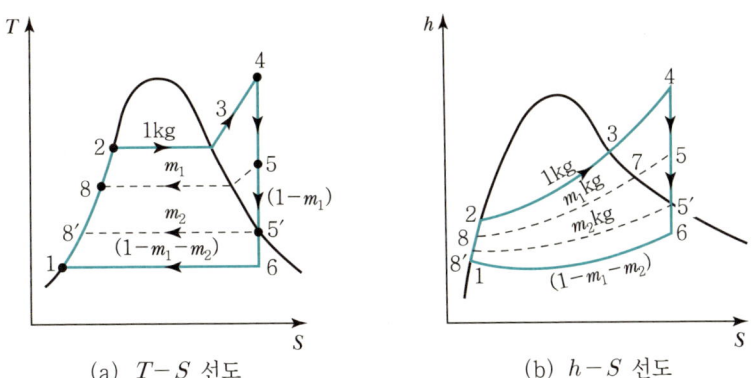

▮ 재생 사이클의 선도 ▮

증기 1kg에 대하여 터빈이 한 일

$$W = (h_4 - h_5) + (1 - m_1)(h_5 - h_5') + (1 - m_1 - m_2)(h_5' - h_6)$$
$$= (h_4 - h_6) + [m_1(h_5 - h_6) + m_2(h_5' - h_6)]$$

가열량 $Q_1 = h_4 - h_8$

그러므로 재생 사이클의 열효율은

$$\eta = 1 - \frac{Q_2}{Q_1} = \frac{W}{Q_1} = \frac{(h_4 - h_6) - [m_1(h_5 - h_6) + m_2(h_5' - h_6)]}{h_4 - h_6}$$

단, 제1추출구에서의 증기추기량은 혼합급수가열기에서의 열교환으로부터

$$m_1(h_5 - h_4) = (1 - m_1)(h_8 - h_8')$$

$$m_1 = \frac{h_8 - h_8'}{h_5 - h_8'}$$

제2추출구에서의 추기량은

$$m_2(h_5 - h_8' - m_2)$$

$$m_2 = \frac{(1 - m_1)(h_8' - h_1)}{h_5' - h_1} = \frac{(h_5 - h_8)(h_8' - h_1)}{(h_5 - h_8)(h_5' - h_1)}$$

SECTION 04 재열 재생 사이클

터빈의 팽창 도중 증기를 재가열하는 재열 사이클과 증기의 일부를 방출시키는 추기급수가열을 하는 재생 사이클의 두 가지 사이클을 조합한 것으로 이것을 재열 재생 사이클(Reheating Regenerative Cycle)이라 한다.

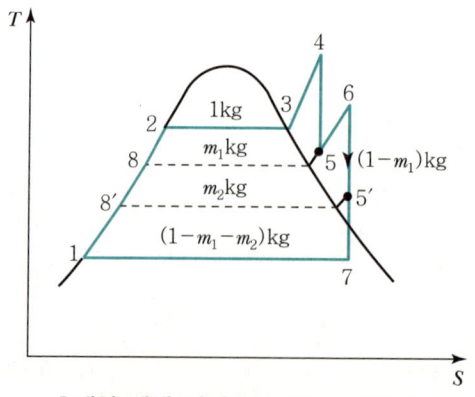

∥재열 재생 사이클의 $T-S$ 선도∥

재열 재생 사이클의 열효율을 구할 때 일반적으로 펌프일은 작으므로 무시한다.

$$\eta = \frac{(h_4-h_5)+(1-m_1)(h_6-h_5)+(1-m_1-m_2)(h_5-h_7)}{(h_4-h_8)+(h_6-h_5)}$$

추출량 m_1과 m_2는

$$m_1(h_5-h_8) = (1-m_1)(h_8-h_8{'})$$
$$m_1(h_5-h_8{'}) = (1-m_1-m_2)(h_8{'}-h_1)$$

SECTION 05 2유체 사이클(Binary Cycle)

증기원동소 사이클에서 온도부는 응축기의 냉각수 온도에 의하여 제한을 받고, 고온부는 재료의 강도에 의하여 제한을 받는다. 이와 같이 양 열원은 어느 한계를 벗어나지 못함을 알 수 있다. 그러므로 이 같은 결점을 보완하기 위하여 2종의 다른 동작물질로 각각의 사이클을 형성하게 하고 고온 측의 배열을 저온 측 가열에 이용하도록 한 사이클을 2유체 사이클이라 한다. 2유체 사이클은 작동압력을 높이지 않고 작동 유효 온도범위를 증가시킬 수 있는 특징이 있다. 동작물질로서 물의 결점을 보완하기 위해서 고온도에서 포화압력이 낮은 수은을 이용, 저온부에서 수증기 사용 수은 사이클에서 팽창일을 얻은 후 수은이 증발하는 잠열로써 또 다른 팽창일을 얻어 열효율이 증대한다. 그러나 수은은 금속면을 적시지 않으므로 보일러에서 열이동이 불량하며, 수은 증기는 유해하므로 취급에 주의를 요하며 값이 비싸다.

SECTION 06 증기플랜트의 효율

실제 증기플랜트의 열효율은 다음과 같은 원인 때문에 좀 더 낮아진다.
① 보일러에서의 제 손실
② 증기터빈의 제 손실
③ 터빈 또는 발전기나 프로펠러 등의 기계적 손실
④ 수관 또는 증기관 내의 압력손실

$$\text{보일러 효율}(\eta_B) = \frac{\text{증기가열에 사용된 열량}}{\text{연료의 저위발열량}}$$

$$\text{터빈 효율}(\eta_t) = \frac{\text{터빈의 실제적 열낙차}}{\text{터빈의 이론적 열낙차}}$$

$$\text{기계효율}(\eta_m) = \frac{\text{터빈의 유효출력}}{\text{터빈의 출력}}$$

SECTION 07 증기소비율과 열소비율

증기소비율(Specific Steam Consumption)은 단위 에너지(1kWh)를 발생하는 데 소요되는 증기량으로 다음과 같다.

$$SR = \frac{3,600}{W} [\text{kg/kWh}]$$

여기서, W : 출력(kW)
SR : 증기소비율(Steam Ration)

열소비율(Specific Heat Consumption)은 단위 에너지당의 증기에 의해 소비되는 열량으로 열률이라고도 한다.

$$HR = \frac{3,600}{\eta} [\text{kJ/kWh}]$$

여기서, HR : 열률
η : 열효율

CHAPTER 009 출제예상문제

01 랭킨 사이클의 각 과정은 다음과 같다. 부적당한 것은?

① 터빈에서 가역 단열팽창 과정
② 응축기에서 정압방열 과정
③ 펌프에서 단열압축 과정
④ 보일러에서 등온가열 과정

풀이 보일러는 정압가열 과정에 해당한다.

02 다음은 랭킨 사이클에 관한 표현이다. 부적당한 것은?

① 응축기(복수기)의 압력이 낮아지면 배출 열량이 적어진다.
② 응축기(복수기)의 압력이 낮아지면 열효율이 증가한다.
③ 터빈의 배기온도를 낮추면 터빈효율은 증가한다.
④ 터빈의 배기온도를 낮추면 터빈날개가 부식한다.

풀이 터빈 배기온도를 낮추면 이론열효율은 증가하나 터빈효율은 감소한다.

03 다음은 랭킨 사이클에 관한 표현이다. 부적당한 것은?

① 보일러 압력이 높아지면 배출열량이 감소한다.
② 주어진 압력에서 과열도가 높으면 열효율이 증가한다.
③ 보일러 압력이 높아지면 열효율이 증가한다.
④ 보일러 압력이 높아지면 터빈에서 나오는 증기의 습도도 감소한다.

풀이 보일러와 터빈은 부속기기이다.

04 다음은 재생 사이클을 사용하는 목적을 들고 있다. 가장 적당한 것은?

① 배열을 감소시켜 열효율 개선
② 공급 열량을 적게 하여 열효율 개선
③ 압력을 높여 열효율 개선
④ 터빈을 나오는 증기의 습도를 감소시켜 날개의 부식방지

05 다음은 2유체 사이클에 관한 표현이다. 부적당한 것은?

① 수은이 응축하는 잠열로써 수증기를 증발시킨다.
② 고온부에서는 수증기를 사용하면 터빈에서 나오는 증기의 습도가 증가한다.
③ 고온에서는 포화압력이 높은 수은 같은 것을 사용한다.
④ 수은의 응축기가 수증기의 보일러 역할을 한다.

풀이 고온에서는 포화압력이 낮은 수은을 사용한다.

06 재열 사이클은 다음과 같은 것을 목적으로 한 것이다. 부적당한 것은?

① 터빈이 증가
② 공급 열량을 감소시켜 열효율 개선
③ 높은 압력으로 열효율 증가
④ 저압축에서 습도를 감소

정답 01 ④ 02 ③ 03 ④ 04 ② 05 ③ 06 ②

07 랭킨 사이클에서 열효율이 25%이고 터빈일이 418.6kJ/kg이라고 하면 1kWh의 일을 얻기 위하여 공급되어야 할 열량(kJ/kg)은?

① 104.65　　② 313.95
③ 860　　　④ 1674.4

풀이 열효율$(\eta) = \dfrac{W}{Q}$

∴ 공급열량$(Q) = \dfrac{W}{\eta}$

$= \dfrac{418.6}{0.25}$

$= 1,674.4 \text{kJ/kg}$

08 랭킨 사이클에 있어서 터빈에서 0.7MPa, 엔탈피 3,530kJ/kg으로부터 복수기압력 0.004MPa까지 등엔트로피 팽창한다. 펌프일을 고려하여 이론 열효율을 구하면?(단, 복수기압력하의 포화수의 엔탈피는 120kJ/kg, 비체적은 0.001m³/kg이고, 터빈출구에서의 증기의 엔탈피는 2,096kJ/kg이다.)

① 41.2%　　② 42%
③ 42.8%　　④ 43.9%

풀이 일량$(W_P) = V(P_2 - P_1)$
$= 0.001 \times (0.7 - 0.004) \times 10^3$
$= 0.696$

열효율$(\eta_R) = \dfrac{h_2 - h_3 - W_P}{h_2 - h_4 - W_P}$

$= \dfrac{3,530 - 2,096 - 0.696}{3,530 - 120 - 0.696}$

$= 0.42 = 42\%$

09 랭킨 사이클에서 등적이면서 동시에 단열변화인 과정은 어느 것인가?

① 보일러　　② 터빈
③ 복수기　　④ 펌프

10 랭킨 사이클을 맞게 표시한 것은?

① 등온변화 2, 등압변화 2
② 등압변화 2, 단열변화 2
③ 등압변화 2, 등온변화 1, 단열변화 1
④ 등압변화 1, 등온변화 1, 단열변화 1, 등적변화 1

11 증기 사이클에서 보일러의 초온과 초압이 일정할 때 복수기 압력이 낮을수록 다음 어느 것과 관계 있는가?

① 열효율 증가　　② 열효율 감소
③ 터빈출력 감소　　④ 펌프일 감소

12 $T-S$ 선도에서의 보일러에서 가열하는 과정은?

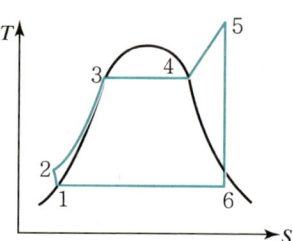

① $6 \rightarrow 1 \rightarrow 2$　　② $1 \rightarrow 2 \rightarrow 3 \rightarrow 4$
③ $2 \rightarrow 3 \rightarrow 4 \rightarrow 5$　　④ $3 \rightarrow 4 \rightarrow 5 \rightarrow 6$

13 10마력의 엔진을 2시간 동안 제동시험하여 생긴 마찰열이 20℃의 주위 공기에 전해졌다면 엔트로피의 증가(kJ/K)는?

① 735.5　　② 293
③ 181　　　④ 29.3

풀이 $\Delta S = \dfrac{10 \times 735.5 \times 3,600 \times 2}{293}$

$= 180,737.2 \text{J/K}$

$= 180.7372 \text{kJ/K}$

14 랭킨 사이클은 다음 어느 사이클인가?

① 가스터빈의 이상사이클
② 디젤 엔진의 이상사이클
③ 가솔린 엔진의 이상사이클
④ 증기원동소의 이상사이클

15 $T-S$ 선도에서 재열 재생수를 맞게 표시한 것은?

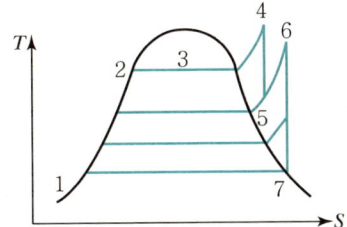

① 3단 재열, 4단 재생
② 2단 재열, 3단 재생
③ 1단 재열, 3단 재생
④ 1단 재열, 2단 재생

16 $h-S$ 선도에서 응축과정은?

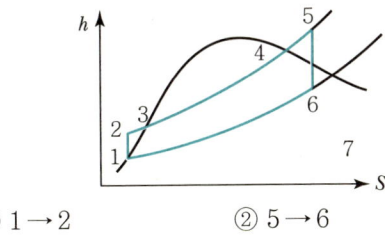

① $1 \rightarrow 2$ ② $5 \rightarrow 6$
③ $6 \rightarrow 1$ ④ $2 \rightarrow 5$

17 재열 사이클을 시키는 주목적은?

① 펌프일을 줄이기 위하여
② 터빈출구의 증기건도를 상승시키기 위하여
③ 보일러의 효율을 높이기 위하여
④ 펌프의 효율을 높이기 위하여

18 재생 사이클을 시키는 주목적은?

① 펌프일을 감소시키기 위하여
② 터빈출구의 증기의 건도를 상승시키기 위하여
③ 보일러용 공기를 예열하기 위하여
④ 추기를 이용하여 급수를 가열하기 위하여

19 증기터빈에서 터빈효율이 커지면 맞는 것은?

① 터빈출구의 건도가 커진다.
② 터빈출구의 건도가 작아진다.
③ 터빈출구의 온도가 올라간다.
④ 터빈출구의 압력이 올라간다.

20 랭킨 사이클에 대한 표현 중 틀린 것은?

① 주어진 압력에서 과열도가 높으면 열효율이 증가한다.
② 보일러 압력이 높아지면 터빈에서 나오는 증기의 습도를 감소한다.
③ 보일러 온도가 높아지면 열효율이 증가한다.
④ 보일러 압력이 높아지면 열효율이 증가한다.

21 사이클의 고온 측에 이상적인 특징을 갖는 작업물질을 사용하여 작동압력을 높이지 않고 작동 유효 온도범위를 증가시키는 사이클은?

① 카르노 사이클
② 재생 사이클
③ 재열 사이클
④ 2유체 사이클

정답 14 ④ 15 ④ 16 ③ 17 ② 18 ④ 19 ① 20 ② 21 ④

22 증기 사이클에서 터빈 출구의 건도를 증가시키기 위하여 개선한 사이클은?

① 재생 사이클
② 재열 사이클
③ 2유체 사이클
④ 개방 사이클

23 랭킨 사이클의 과정은?

① 단열압축 – 등압가열 – 단열팽창 – 응축
② 단열압축 – 단열팽창 – 등압가열 – 응축
③ 등압가열 – 단열압축 – 등온팽창 – 응축
④ 등압가열 – 단열압축 – 단열팽창 – 응축

24 증기 사이클에 대한 설명 중에서 틀린 것은?

① 랭킨 사이클의 열효율은 초온과 초압이 높을수록 커진다.
② 재열 사이클은 증기의 초온을 높여 열효율을 상승시킨 것이다.
③ 재생 사이클은 터빈에서 팽창 도중의 증기를 추출하여 급수를 가열한다.
④ 팽창 과정의 습증기를 줄이고 저압부에서 증기의 용량을 줄이도록 한 것이 재열·재생 사이클이다.

25 증기원동소의 열효율을 맞게 쓴 것은?

① $\eta = \dfrac{\text{연료소비량} \times 539}{\text{연료의 저발열량}}$

② $\eta = \dfrac{539 \times \text{연료저위발열량}}{\text{정미발생전력량} \times \text{연료소비율}}$

③ $\eta = \dfrac{\text{정미발생전력량} \times 860}{\text{연료소비량} \times \text{기계효율}}$

④ $\eta = \dfrac{860 \times \text{정미발생전력량}}{\text{연료저위발생량} \times \text{연료소비율}}$

26 랭킨 사이클의 이론효율식은?

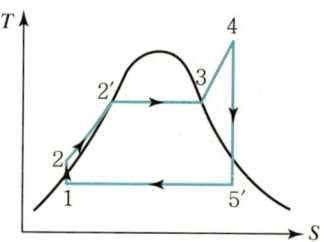

① $\eta = \dfrac{h_4 - h_1}{h_4 - h_5}$

② $\eta = \dfrac{h_4 - h_5}{h_4 - h_1}$

③ $\eta = \dfrac{h_4 - h_3}{h_4 - h_5}$

④ $\eta = \dfrac{h_3 - h_5}{h_4 - h_2}$

27 $T-S$ 선도는 무슨 사이클인가?

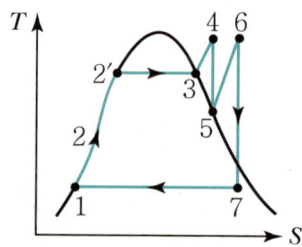

① 1단 재열 사이클
② 2단 재열 사이클
③ 1단 재생 사이클
④ 2단 재생 사이클

28 $T-S$ 선도는 무슨 사이클인가?

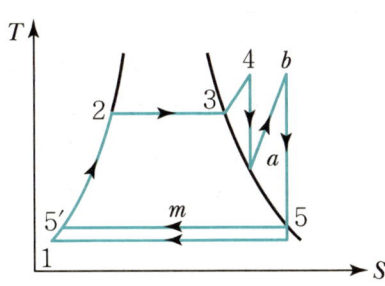

① 1단 재열 1단 재생 사이클
② 1단 재열 2단 재생 사이클
③ 2단 재열 1단 재생 사이클
④ 2단 재열 2단 재생 사이클

29 랭킨 사이클의 각 점에서 증기의 엔탈피는 다음과 같다. 이 사이클의 열효율은 얼마인가?

- 보일러 입구 : 290kJ/kg
- 터빈 출구 : 2,622kJ/kg
- 보일러 출구 : 3,480kJ/kg
- 복수기 출구 : 287kJ/kg

① 26.8%
② 30.6%
③ 35.7%
④ 40.6%

풀이 $\eta = \dfrac{h_2 - h_3}{h_2 - h_4}$

$= \dfrac{3,480 - 2,622}{3,480 - 287}$

$= 0.268 \times 100\% = 26.8\%$

30 20ata(484.39K)의 건포화증기를 배기압 0.5ata(353.81K)까지 팽창시키는 랭킨 사이클의 이론 열효율과 이것과 같은 온도 범위에서 작동하는 카르노 사이클의 열효율과의 비는 몇 %인가?

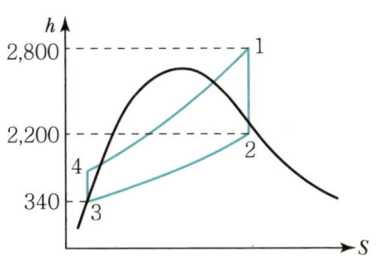

① 90
② 85
③ 80
④ 70

풀이 열효율(η) $= \dfrac{2,800 - 2,200}{2,800 - 340} = 0.244$

카르노 사이클 열효율(η_c) $= 1 - \dfrac{353.81}{484.39}$

$= 0.2696$

열효율비 $= \dfrac{0.244}{0.2696} = 0.9$

31 그림과 같은 랭킨 사이클에서 100ata, 700℃의 증기가 터빈에서 공급되었다. 이때 복수기의 압력이 0.08ata일 때 이론 열효율은 얼마인가?(단, 펌프일은 무시한다.)

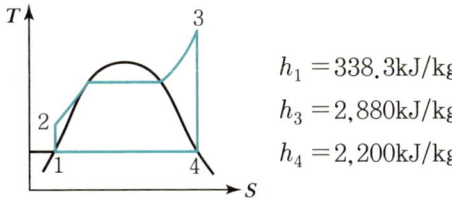

① 27%
② 38%
③ 43%
④ 50%

풀이 $\eta = \dfrac{h_3 - h_4}{h_3 - h_1} = \dfrac{2,880 - 2,200}{2,880 - 338.3}$

$= 0.2675 \times 100\%$

$= 26.75\%$

32 보일러에서 201ata, 540℃의 증기를 발생하여 터빈에서 25ata까지 단열팽창한 곳에서 초온까지 재열하여 복수기 압력 0.05ata까지 팽창시키는 증기원동소의 $h-S$ 선도이다. 이 원동소의 이론열효율은 얼마인가?

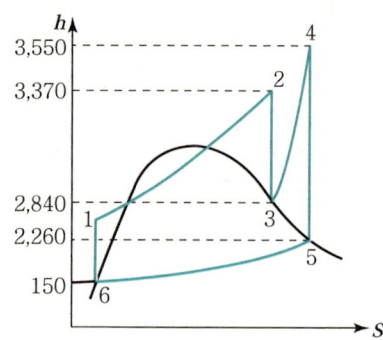

① 30.5%
② 35.7%
③ 40.5%
④ 46.4%

풀이
$$\eta = \frac{(h_2-h_3)+(h_4-h_5)}{(h_2-h_6)+(h_4-h_3)}$$
$$= \frac{(3,370-2,840)+(3,550-2,260)}{(3,370-150)+(3,550-2,840)}$$
$$= 0.463 \times 100\% = 46.3\%$$

33 일단추기 재생 사이클에서 추기점 압력하에서 포화수의 엔탈피가 533kJ/kg, 추기엔탈피 3,060kJ/kg, 터빈의 단열 열낙차는 1,360kJ/kg이다. 터빈 입구에서 증기의 엔탈피는 3,530kJ/kg이고, 추기량은 0.148일 때 재생 사이클의 열효율은 얼마인가?(단, 펌프일은 무시한다.)

① 40.675%
② 40.98%
③ 45.67%
④ 48.35%

풀이

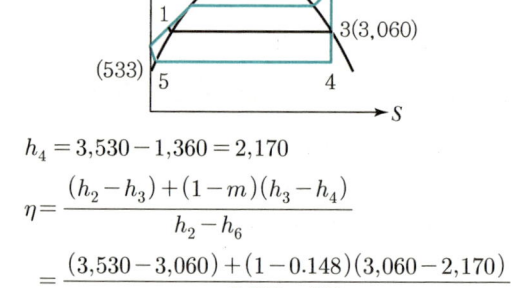

$h_4 = 3,530 - 1,360 = 2,170$
$$\eta = \frac{(h_2-h_3)+(1-m)(h_3-h_4)}{h_2-h_6}$$
$$= \frac{(3,530-3,060)+(1-0.148)(3,060-2,170)}{3,530-533}$$
$$= 0.4098$$

CHAPTER 010 냉동 사이클

냉동(Refrigeration)이란 어떤 물체나 계로부터 열을 제거하여 주위온도보다 낮은 온도로 유지하는 조작을 말하며 방법으로는 얼음의 융해열이나 드라이아이스의 승화열 혹은 액체질소의 증발열 등을 이용할 수가 있다.

이러한 조작을 분류하면 다음과 같다.

- 냉각(Cooling) : 상온보다 낮은 온도로 열을 제거하는 것
- 냉동(Freezing) : 냉각작용에 의해 물질을 응고점 이하까지 열을 제거하여 고체상태로 만드는 것
- 냉장(Storage)
  - Icing Storage : 얼음을 이용하여 0℃ 근처에서 저장하는 것
  - Cooler Storage : 냉각장치를 이용 0℃ 이상의 일정한 온도에서 식품이나 공기를 상태 변화 없이 저장하는 것
  - Freezer Storage : 동결장치를 이용, 물체의 응고점 이하에서 상태를 변화시켜 저장하는 것
- 냉방 : 실내공기의 열을 제거하여 주위온도보다 낮추어 주는 조작

열역학 제2법칙에 의하면 저온 측에서 고온 측으로 열을 이동시킬 수 있는 사이클에서 저온 측을 사용하는 장치를 냉동기(Refrigerator)라 하며, 동일장치로서 고온 측을 사용하는 장치를 열펌프(Heat Pump)라 한다.

SECTION 01 냉동 사이클

열역학 제2법칙에서 언급했듯이 냉동과 냉각을 위해서는 역 Cycle이 성립하여, 저온체에서 고온체로 열이동을 하여야 한다. 그러므로 이상적 가역 사이클인 Carnot Cycle을 역회전시키면 역카르노 사이클이 된다.

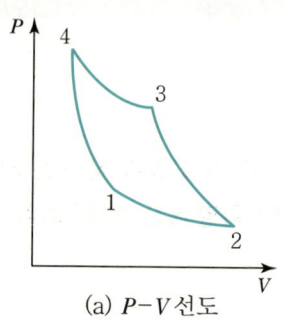
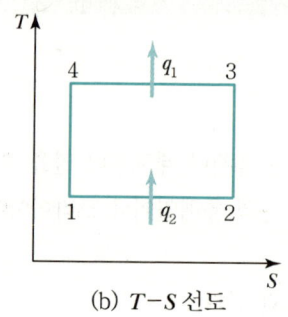

1-2 과정 : 등온팽창
2-3 과정 : 단열압축
3-4 과정 : 등온압축
4-1 과정 : 단열팽창

(a) $P-V$ 선도   (b) $T-S$ 선도

| 역카르노 사이클 |

위의 과정에서 다음과 같은 관계가 성립한다.

- 공급일

$$W = q_1 - q_2 = T_3(S_3 - S_4) - T_1(S_2 - S_1)$$

- 흡입열량

$$q_2 = q_1 + W = T_2(S_2 - S_1)$$

냉동기의 효과는 성적계수 또는 성능계수(Coefficient Of Performance)로 나타내며 다음과 같이 정의된다.

- 냉동기의 성능계수

$$\varepsilon_r = \frac{q_2}{W} = \frac{저온체에서의\ 흡수열량(냉동효과)}{공급일} = \frac{T_2}{T_1 - T_2}$$

- 열펌프의 성능계수

$$\varepsilon_h = \frac{q_1}{W} = \frac{고온체에\ 공급한\ 열량}{공급일} = \frac{T_1}{T_1 - T_2}$$

역카르노 사이클 즉 이상 냉동 사이클의 성능계수는 동작물질에 관계없이 양 열원의 절대온도에 관계되고, 냉동기의 성능계수는 열펌프의 성능계수보다 항상 1이 작음을 알 수 있다. 즉

$$\varepsilon_h - \varepsilon_r = 1,\ |\varepsilon| > 1$$

SECTION 02 냉동능력

냉동기의 냉동능력은 냉동톤으로 표시하며, 1냉동톤(1RT)이란 0℃의 물 1ton을 24시간 동안에 0℃의 얼음으로 만드는 능력이다.

$$1\text{RT} = \frac{79.68 \times 1,000}{24} = 3,320\text{kcal/h} = \frac{333.7 \times 1,000}{24 \times 3,600} = 3.862\text{kW} = 5.18\text{PS}$$

그러므로

$$1\text{RT} = 3.862\text{kW} = 5.18\text{PS} = 3,320\text{kcal/h}$$

1. 냉동효과

냉매 1kg이 증발기에 들어가서 흡수하여 나오는 열량(kcal/kg)

2. 체적냉동효과

압축기 입구에서의 증기 1m^3의 흡열량(kcal/m^3)

3. 냉동능력

증발기에서 시간당 제거할 수 있는 열량(kcal/h)

4. 냉동톤(Refrigeration Ton)

① 1RT는 0℃의 물 1ton을 24시간 동안에 0℃의 얼음으로 만드는 능력으로 3.862kW(3,320 kcal/h)이다.
② 1USRT는 미국 냉동톤 32°F의 순수한 물 1ton(2,000 lb)을 24시간 동안에 32°F의 얼음으로 만드는 능력으로 3,024kcal/h이다.

5. 제빙톤

1일의 얼음 생산능력을 ton으로 나타낸 것이다.
　　1제빙톤=1.65RT

SECTION 03 공기 냉동 사이클(Air-Refrigerator Cycle)

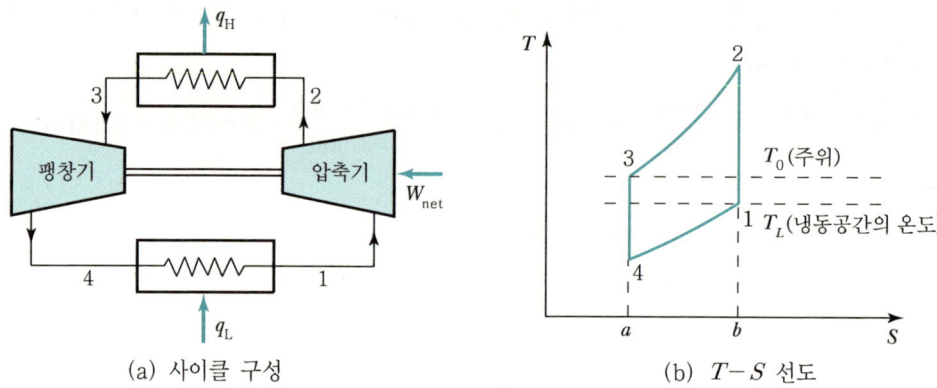

공기표준 냉동 사이클

공기 냉동 사이클은 가스 터빈의 이상 사이클인 Brayton 사이클의 역사이클이다.

- $4 \rightarrow 1$ 과정(정압흡열) : $\dfrac{T_1}{T_4} = \left(\dfrac{v_4}{v_1}\right)^{k-1} = \left(\dfrac{P_1}{P_4}\right)^{\frac{k-1}{k}}$

- $1 \rightarrow 2$ 과정(단열압축) : $q_2 = C_p(T_2 - T_1)$

- $2 \rightarrow 3$ 과정(정압방열) : $\dfrac{T_2}{T_3} = \left(\dfrac{v_3}{v_2}\right)^{k-1} = \left(\dfrac{P_2}{P_3}\right)$

- $3 \rightarrow 4$ 과정(단열팽창) : $q_1 = C_p(T_3 - T_4)$

■ 성능계수

$$\varepsilon_r = \frac{q_2}{W} = \frac{q_2}{q_1 - q_2} = \frac{T_2 - T_1}{(T_3 - T_4) - (T_2 - T_1)} = \frac{1}{\dfrac{T_3 - T_4}{T_2 - T_1} - 1}$$

$$= \frac{1}{\left(\dfrac{P_4}{P_1}\right)^{\frac{k-1}{k}} - 1} = \frac{T_1}{T_4 - T_1}$$

SECTION 04 증기압축 냉동 사이클

액체와 기체의 이상으로 변하는 물질을 냉매로 하는 냉동 사이클 중에서 증기를 이용하는 사이클을 증기압축 냉동 사이클이라 한다.

냉동기에서 증발기를 나간 건포화증기가 압축기에 송입되는 도중에 과열증기가 되어 과열증기를 압축하는 사이클을 압축 냉동 사이클이라 한다.

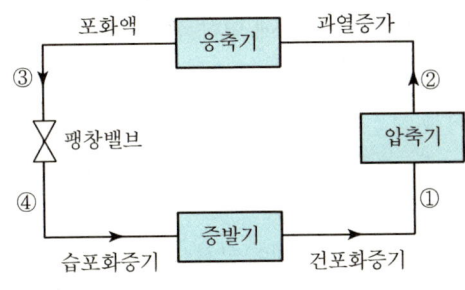

| 증기압축 냉동 사이클 |

SECTION 05 냉매

냉동 사이클 내를 순환하는 동작유체로서 냉동공간 또는 냉동물질로부터 열을 흡수하여 다른 공간 또는 다른 물질로 열을 운반하는 작동유체이며, 화학적으로 다음과 같이 분류한다.

- 무기 화합물 : NH_3, CO_2, H_2O
- 탄화수소 : CH_4, C_2H_6, C_3H_8
- 할로겐화 탄화수소 : Freon
- 공비(共沸) 혼합물(Azetrope) : R-500, R-501, R-502 등

1. 냉매의 종류

1) 1차 냉매(직접 냉매)

냉동 사이클 내를 순환하는 동작유체로서 잠열에 의해 열을 운반하는 냉매(NH_3, Freon 등)

2) 2차 냉매(간접 냉매)

통칭($NaCl$, $CaCl_2$, $MgCl_2$ 등)을 말하며, 제빙장치의 브라인, 공조장치의 냉수 등이 이에 속한다. 감열에 의해 열을 운반한다.

2. 냉매의 구비조건

1) 물리적인 조건

① 저온에서도 높은 포화온도(대기압 이상)를 가지고 상온에서 응축액화가 용이할 것
② 임계온도가 높을 것(상온 이상)
③ 응고온도가 낮을 것
④ 증발잠열이 크고 액체비열이 작을 것
⑤ 윤활유, 수분 등과 작용하여 냉동작용에 영향을 미치는 일이 없을 것
⑥ 전열작용이 양호할 것
⑦ 점도와 표면장력이 작을 것
⑧ 누설발견이 쉬울 것
⑨ 비열비가 작을 것
⑩ 전기적 절연내력이 크고 전기절연물질을 침식시키지 않을 것
⑪ 증기와 액체의 비체적이 작을 것(밀도가 클 것)
⑫ 터보 냉동기용 냉매는 가스 비중이 클 것

2) 화학적인 조건

① 화학적인 결합이 안정될 것
② 금속을 부속하지 말 것
③ 인화, 폭발성이 없을 것

3) 생물학적인 조건

① 인체에 무해할 것
② 냉장품에 닿아도 냉장품을 손상시키지 않을 것
③ 악취가 없을 것

4) 경제적인 조건

① 가격이 저렴하고 구입이 용이할 것
② 자동운전이 용이할 것
③ 동일 냉동능력에 대하여 소요동력이 적게 들 것(피스톤 압출량이 적을 것)

CHAPTER 010 출제예상문제

01 어떤 냉동기가 2kW의 동력을 사용하여 매시간 저열원에서 21,000kJ의 열을 흡수한다. 이 냉동기의 성능계수는 얼마인가? 또, 고열원에서 방출하는 열량은 얼마인가?

① 3.96, 6,270kJ ② 4.96, 6,270kJ
③ 2.92, 28,224kJ ④ 3.92, 32,320kJ

풀이
$\varepsilon_R = \dfrac{Q_2}{W} = \dfrac{21,000\text{kJ}}{2\text{kWh}} = \dfrac{21,000}{2 \times 3,600} = 2.92$

$\varepsilon_h = \varepsilon_R + 1 = 3.92$

$\therefore Q_1 = W \cdot \varepsilon_h = 2 \times 3,600 \times 3.92$
$= 28,224\text{kJ}$

02 이상적인 냉동 사이클의 기본 사이클인 것은?

① 카르노 사이클 ② 역카르노 사이클
③ 랭킨 사이클 ④ 역브레이턴 사이클

03 압축 냉동 사이클에서 다음 기기 중 냉매의 엔탈피가 일정치를 유지하는 것은?

① 컴프레서 ② 응축기
③ 팽창밸브 ④ 증발기

풀이 팽창밸브 : 교축과정, 비가역 과정, 엔탈피 불변

04 어떤 냉매액을 팽창밸브를 통과하여 분출시킬 경우 교축 후의 상태가 아닌 것은?

① 엔트로피가 감소한다.
② 압력은 강하한다.
③ 온도가 강하한다.
④ 엔탈피는 일정불변이다.

풀이 교축 후 엔트로피는 항상 증가한다.

05 냉동기의 성능계수는?

① 온도만의 함수이다.
② 고온체에서 흡수한 열량과 공급된 일과의 비이다.
③ 저온체에서 흡수한 열량과 공급된 일과의 비이다.
④ 열기관의 열효율 역수이다.

풀이 $\varepsilon_R = \dfrac{Q_\text{저}}{W}$

06 이상냉동 사이클에서 응축기 온도가 40℃, 증발기 온도가 −20℃인 이상 냉동사이클의 성능계수는?

① 5.22 ② 4.22
③ 3.22 ④ 2.22

풀이 $\varepsilon_R = \dfrac{T_2}{T_1 - T_2} = \dfrac{253}{313 - 253} = 4.22$

07 성능계수가 3.2인 냉동기가 20톤의 냉동을 하기 위하여 공급해야 할 동력은 몇 kW인가?

① 14.14 ② 18.14
③ 20.14 ④ 24.14

풀이 1RT = 3.862kW

성적계수$(\varepsilon_R) = \dfrac{Q_\text{저}}{W}$

$3.2 = \dfrac{20 \times 3.862}{\text{kW}}$

$\therefore$ 동력(kW) $= \dfrac{20 \times 3.862}{3.2} = 24.14$

정답 01 ③ 02 ② 03 ③ 04 ① 05 ③ 06 ② 07 ④

08 100℃와 50℃ 사이에서 냉동기를 작동한다면 최대로 도달할 수 있는 성능계수는 약 얼마 정도인가?

① 6.46 ② 7.46
③ 8.46 ④ 9.46

풀이 성능계수(COP) $= \dfrac{T_2}{T_1 - T_2}$

$= \dfrac{323}{373 - 323}$

$= 6.46$

09 역카르노 사이클(Carnot Cycle)은 어떠한 과정으로 이루어졌는가?

① 등온팽창 → 단열팽창 → 등온압축 → 단열압축
② 등온팽창 → 단열압축 → 등온압축 → 단열팽창
③ 등온팽창 → 등온압축 → 단열압축 → 단열팽창
④ 단열팽창 → 등온압축 → 단열팽창 → 등압팽창

10 공기냉동 사이클을 역으로 작용시키면 무슨 사이클이 되는가?

① 오토 사이클   ② 카르노 사이클
③ 사바테 사이클 ④ 브레이턴 사이클

풀이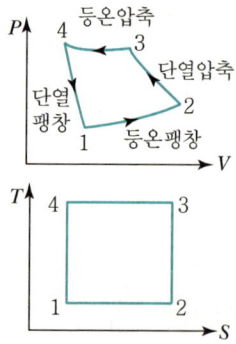

11 이론증기압축 냉동 사이클에서 냉매의 순회 경로로 맞는 것은?

① 팽창밸브 → 응축기 → 압축기 → 증발기
② 증발기 → 압축기 → 응축기 → 팽창밸브
③ 증발기 → 응축기 → 팽창밸브 → 압축기
④ 응축기 → 팽창밸브 → 압축기 → 증발기

풀이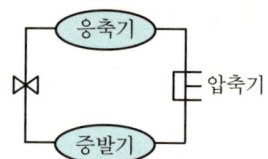

12 냉장고가 저온체에서 1,255kJ/h의 율로 열을 흡수하여 고온체에 1,700kJ/h의 율로 열을 방출하면 냉장고의 성능계수는 얼마인가?

① 1.82 ② 2.82
③ 3.82 ④ 8.32

풀이 성능계수$(\varepsilon_R) = \dfrac{Q_2}{Q_1 - Q_2}$

$= \dfrac{1,255}{1,700 - 1,255} = 2.82$

13 표준 공기 냉동 사이클에서 냉동효과가 일어나는 과정은?

① 등온과정 ② 정압과정
③ 단열과정 ④ 정적과정

풀이 등압팽창 : $q_2 = C_v(T_1 - T_2)$

14 성적계수가 4.8, 압축기일의 열상당량이 235kJ/kg인 냉동기의 냉동톤당 냉매순환량은 얼마인가?

① 0.8kg/h   ② 8.4kg/h
③ 12.26kg/h ④ 16.26kg/h

정답 08 ① 09 ② 10 ④ 11 ② 12 ② 13 ② 14 ③

풀이 성능계수$(\varepsilon_R) = \dfrac{Q}{W}$

동력$(W) = \dfrac{Q}{\varepsilon_R} = \dfrac{1\text{RT}}{4.8} = \dfrac{3.862}{4.8} = 0.8\text{kW}$

∴ 냉매순환량$(m) = \dfrac{0.8}{235} \times 3{,}600$
$= 12.26\text{kg/h}$

15 20℃의 물로 0℃의 얼음을 매시간 30kg 만드는 냉동기의 능력은 몇 냉동톤인가?(단, 물의 잠열은 335kJ/kg, 물의 비열은 4.18kJ/kg이다.)

① 0.9RT   ② 1.2RT
③ 3.15RT ④ 3.35RT

풀이 $1\text{RT} = 3.862\text{kW}$

$Q = mC\Delta T + m \times 335 = 12{,}558\text{kJ/h}$

$12{,}558\text{kJ/h} = 3.488\text{kW}$

∴ 냉동톤 $= \dfrac{3.488}{3.862} = 0.9\text{RT}$

16 냉동 용량 5냉동톤인 냉동기의 성능계수가 3이다. 이 냉동기를 작동하는 데 필요한 동력(kW)은 얼마인가?

① 3.87   ② 4.78
③ 3.49   ④ 6.44

풀이 동력$(W) = \dfrac{Q_저}{\varepsilon_R} = \dfrac{5 \times 3.862}{3} = 6.44$

17 역카르노 사이클로 작동하는 냉동기가 30kW의 일을 받아서 저온체로부터 85kJ/s의 열을 흡수한다면 고온체로 방출하는 열량(kJ/s)은 얼마인가?

① 2.8   ② 28
③ 85   ④ 115

풀이 $\varepsilon_n = 1 + \varepsilon_R$

$\dfrac{Q_고}{W} = 1 + \dfrac{Q_저}{W}$

방출열량$(Q_고) = W\left(1 + \dfrac{Q_저}{W}\right)$
$= 30\left(1 + \dfrac{85}{30}\right) = 115\text{kJ/s}$

18 증기압축식 냉동기의 냉매순환 순서로 맞는 것은?

① 증발기 → 압축기 → 응축기 → 팽창밸브
② 증발기 → 응축기 → 팽창밸브 → 압축기
③ 압축기 → 응축기 → 증발기 → 팽창밸브
④ 압축기 → 증발기 → 팽창밸브 → 응축기

풀이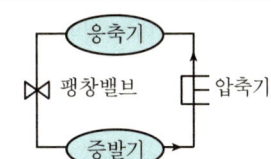

19 냉매의 순환량을 조절하는 것은?

① 증발기   ② 응축기
③ 압축기   ④ 팽창밸브

20 1냉동톤은?

① 1kW   ② 3.86kW
③ 3,330kcal/h ④ 1,000kcal/h

풀이 $1\text{RT} = 3.862\text{kW}$
$= 5.18\text{PS}$
$= 3{,}320\text{kcal/h}$

정답 15 ① 16 ④ 17 ④ 18 ① 19 ④ 20 ②

21 냉매의 압력이 감소되면 증발온도는?

① 불변
② 올라간다.
③ 내려간다.
④ 알 수 없다.

풀이 냉매
- 냉동 사이클 내를 순환하는 동작유체
- 냉동공간 또는 냉동물질로부터 열흡수
- 다른 공간 또는 다른 물질로 열을 운반

22 냉동장치 중 가장 압력이 낮은 곳은?

① 팽창밸브 직후
② 수액기
③ 토출밸브 직후
④ 응축기

23 냉동능력 표시방법 중 틀린 것은?

① 1냉동톤의 능력을 내는 냉매의 순환량
② 냉매 1kg이 흡수하는 열량
③ 압축기 입구증기의 체적당 흡수량
④ 1시간에 냉동기가 흡수하는 열량

풀이 냉동능력 : 증발기에서 시간당 제거할 수 있는 열량(kcal/hr)

24 프레온이 포함하는 공통된 원소는?

① 질소
② 산소
③ 불소
④ 유황

25 공기 냉동 사이클은 어느 사이클의 역사이클인가?

① 오토 사이클
② 카르노 사이클
③ 디젤 사이클
④ 브레이턴 사이클

풀이 공기 냉동 Cycle ↔ 브레이턴 Cycle

26 증기압축 냉동 사이클에서 틀린 것은?

① 증발기에서 증발과정은 등압·등온과정이다.
② 압축과정은 단열과정이다.
③ 응축과정은 등압·등적과정이다.
④ 팽창밸브는 교축과정이다.

27 냉동장치의 압축기에서 나온 고압증기는 어디로 가는가?

① 팽창밸브
② 증발기
③ 응축기
④ 수액기

풀이 증발기 → 압축기 → 응축기 → 팽창밸브

28 냉동기의 압축기의 역할은?

① 냉매를 강제 순환시킨다.
② 냉매가스의 열을 제거한다.
③ 냉매를 쉽게 응축할 수 있게 해준다.
④ 냉매액의 온도를 높인다.

29 다음 중 엔탈피가 일정한 곳은?

① 팽창밸브
② 압축기
③ 증발기
④ 응축기

풀이 ① 팽창밸브
- 교축과정
- 엔탈피 불변
- 비가역 과정

30 다음 중 엔트로피가 일정한 곳은?

① 팽창밸브
② 응축기
③ 증발기
④ 압축기

정답 21 ③ 22 ① 23 ① 24 ③ 25 ④ 26 ③ 27 ③ 28 ③ 29 ① 30 ④

31 증발기와 응축기의 열출입량은?

① 같다.
② 응축기가 크다.
③ 증발기가 크다.
④ 경우에 따라 다르다.

풀이 성능계수는 항상 1보다 크므로 응축기 즉 고온체의 열량이 증발기, 저온체의 열량보다 크다.

32 냉동장치 내에서 순환되는 냉매의 상태는?

① 기체상태로 순환
② 액체상태로 순환
③ 액체와 기체로 순환
④ 기체와 액체, 때로는 고체로 순환

33 압력이 상승하면 냉매의 증발 잠열과 비체적은?

① 증가, 감소
② 감소, 증가
③ 감소, 감소
④ 증가, 증가

34 열펌프란 무엇인가?

① 열에너지를 이용하여 물을 퍼올리는 장치
② 열을 공급하여 저온을 유지하는 장치
③ 동력을 이용하여 저온을 유지하는 장치
④ 동력을 이용하여 고온체에 열을 공급하는 장치

35 냉동기에서 응축온도가 일정할 때 증발온도가 높을수록 동작계수는 어떻게 되는가?

① 증가
② 감소
③ 불변
④ 알 수 없다.

풀이 $\varepsilon_R = \dfrac{Q_{저}}{W} = \dfrac{저}{고 - 저}$

증발기는 저온체이므로 온도가 높을수록 동작계수는 증가한다.

36 방에 냉장고를 가동시켜 놓고 냉장고 문을 열어 놓으면 방의 온도는 어떻게 되는가?

① 올라간다.
② 내려간다.
③ 알 수 없다.
④ 불변

풀이 증발기의 흡입열량보다 응축기의 방출열량이 크다.

37 냉매가 팽창밸브를 통과한 후의 상태가 아닌 것은?

① 엔탈피 일정
② 엔트로피 일정
③ 온도 강하
④ 압력 강하

38 냉동기의 동작계수는?

① 저온체에서 흡수한 열량과 공급된 일과의 비
② 고온체에서 방출한 열량과 공급된 일의 비
③ 저온체에서 흡수한 열량과 고온체에 방출한 열의 비
④ 열기관의 열효율과 같다.

풀이 동작계수 = $\dfrac{저온체에서\ 흡수한\ 열량}{고온체에서\ 버린\ 열량 - 저온체에서\ 흡수한\ 열량}$

39 온도 T_2인 저온체에서 흡수한 열량이 q_2, 온도 T_1인 고온체에 버린 열량이 q_1일 때 동작계수는?

① $\dfrac{q_1 - q_2}{q_1}$
② $\dfrac{T_1 - T_2}{T_1}$
③ $\dfrac{q_2}{q_1 - q_2}$
④ $\dfrac{T_1}{T_2 - T_1}$

정답 31 ② 32 ③ 33 ② 34 ④ 35 ① 36 ① 37 ② 38 ① 39 ③

40 응축기의 역할은?

① 고압증기의 열을 제거, 액화시킨다.
② 배출압력을 증가시킨다.
③ 압축기의 동력을 절약시킨다.
④ 냉매를 압축기에서 수액기로 순환시킨다.

41 이상적인 냉매 식별방법은?

① 불꽃으로 판별한다.
② 냄새를 맡아본다.
③ 암모니아 걸레를 쓴다.
④ 계기 및 온도계를 비교해 본다.

42 냉매의 구비조건이 아닌 것은?

① 증발잠열이 커야 한다.
② 열전도율이 좋을 것
③ 비체적이 클 것
④ 비가연성일 것

풀이 상온에서 응축액화가 용이하며 증발잠열이 커야 한다. 비열비가 작고 열전도율이 좋아야 하며 비체적은 작아야 한다.

43 역카르노 사이클로 동작되는 냉동기에서 응축기 온도가 40℃, 증발기 온도가 −20℃이면 동작계수는 얼마인가?

① 6.76   ② 5.36
③ 4.22   ④ 3.65

풀이 동작계수 = $\dfrac{\text{저온체}}{\text{고온체} - \text{저온체}}$

$\varepsilon_R = \dfrac{-20 + 273}{40 + 20} = 4.22$

44 냉장고가 저온체에서 1,255kJ/h의 율로 열을 흡수하여 고열원에 1,675kJ/h의 율로 열을 방출하면 동작계수는 얼마인가?

① 3   ② 3.5
③ 4   ④ 4.5

풀이 동작계수(ε_R) = $\dfrac{\text{저온체}}{\text{고온체} - \text{저온체}}$

$= \dfrac{1,225}{1,675 - 1,255} = 2.99$

45 암모니아 냉동기의 응축기 입구의 엔탈피가 1,885kJ/kg이면 이 냉동기의 냉동효과는 얼마인가?(단, 압축기 입구의 엔탈피는 1,675kJ/kg이고, 증발기 입구에서의 엔탈피는 400kJ/kg이다.)

① 4   ② 6,070
③ 1,275   ④ 6.07

풀이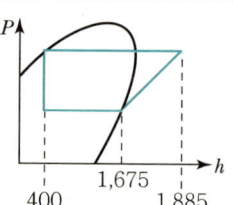

성능계수(ε_R) = $\dfrac{1,675 - 400}{1,885 - 1,675} = 6.07$

$1,675 - 400 = 1,275$

46 냉장고에 F12가 80kg/h의 율로 순환되는데 증발기에 들어갈 때 엔탈피가 71kJ/kg이고 나올 때 엔탈피가 150kJ/kg이라면 이 냉장고의 용량은 얼마인가?

① 1,450kcal/h   ② 1,930kJ/s
③ 0.725냉동톤   ④ 0.456냉동톤

풀이 $80(150 - 71) = 6,320$kJ/h $= 1.76$kW

∴ 냉장고 열량 = $\dfrac{1.76}{3.862} = 0.456$RT

정답 40 ① 41 ④ 42 ③ 43 ③ 44 ① 45 ③ 46 ④

47 동작계수가 3.2인 냉동기가 20냉동톤의 냉동을 막기 위하여 공급해야 할 동력은 얼마인가?

① 24kW ② 27kW
③ 32kW ④ 35kW

 성적계수$(\varepsilon_R) = \dfrac{20 \times 3.862}{W}$

∴ 공급동력$(W) = \dfrac{20 \times 3.862}{3.2} = 24.14$kW

※ 1RT = 3,320kcal/h

48 5RT인 냉동기의 동작계수가 4이다. 이 냉동기를 동작시키는 데 필요한 동력은 얼마인가?

① 5PS ② 8PS
③ 10PS ④ 15PS

 $\varepsilon_R = \dfrac{Q}{W}$ (1RT = 3,320kcal/h)

$W = \dfrac{Q}{\varepsilon_R} = \dfrac{5 \times 3,320 \times 4.18}{3,600 \times 4} = 4.81$ kW

∴ $4.81 \times \dfrac{3,600}{3,320} = 5$PS

49 제빙공장에서 1시간 동안에 0℃의 물로 0℃의 얼음을 1ton 만드는 데 40kW의 열이 소요된다면 이 냉동기의 동작계수는 얼마인가?(단, 얼음의 융해잠열은 335kJ/kg이다.)

① 2.33 ② 2.78
③ 3.45 ④ 4.63

풀이 동작계수$(\varepsilon_R) = \dfrac{1,000 \times 335}{40 \times 3,600} = 2.326$

50 브라인의 순환량이 10kg/min이고, 증발기 입구온도와 출구온도의 차가 20℃이다. 압축기의 실제 소요마력이 3PS일 때 이 냉동기의 동작계수는 얼마인가?(단, 브라인의 비열은 3.4kJ/kg·K이다.)

① 3.26 ② 4.63
③ 5.13 ④ 5.27

풀이 1kW = 1.36PS, 1min = 60sec

동력$(Q) = mC_p\Delta T$

$= \dfrac{10 \times 3.4 \times 20}{60} = 11.33$kW

∴ 동작계수$(\varepsilon_R) = \dfrac{11.33 \times 1.36}{3} = 5.13$

51 0℃와 100℃ 사이에서 역카르노 사이클로 작동하는 냉동기가 1사이클당 21kJ의 열을 흡수하였다면 이 냉동기의 1사이클당 동작계수는 얼마인가?

① 5.27 ② 2.73
③ 1.77 ④ 1.5

풀이 동작계수$(\varepsilon_R) = \dfrac{T_2}{T_1 - T_2} = \dfrac{273}{100 - 0} = 2.73$

52 압축기 실린더와 팽창기 실린더에서 냉매인 공기의 상태변화가 가역 단열변화를 하는 공기냉동 사이클에서 저압이 0.2MPa이고, 고압이 1MPa일 때 이 사이클의 동작계수는 얼마인가?(단, $k=1.4$)

① 1.71 ② 2.53
③ 3.62 ④ 4.91

풀이 역브레이턴 사이클이므로

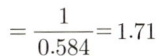
$\dfrac{T_3}{T_2} = \left(\dfrac{P_3}{P_2}\right)^{\frac{k-1}{k}} = \left(\dfrac{1}{0.2}\right)^{\frac{0.4}{1.4}} = 1.584$

동작계수$(\varepsilon_R) = \dfrac{T_2}{T_3 - T_2} = \dfrac{1}{\dfrac{T_3}{T_2} - 1}$

$= \dfrac{1}{0.584} = 1.71$

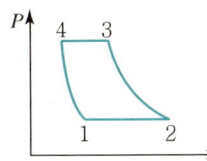

정답 47 ① 48 ① 49 ① 50 ③ 51 ② 52 ①

53 공기냉동 사이클에서 압축실린더 입구의 온도가 0℃이고 출구온도가 70℃이며 팽창실린더 입구의 온도가 11℃이고 출구온도가 −30℃라면 공기 1kg당 냉동효과(kJ/kg)는 얼마인가?(단, 공기의 등압비열은 1.0kJ/kg · K이다.)

① 10.65 ② 11.82
③ 30   ④ 58.7

풀이 냉동효과(Q) $= mC_p \Delta T$
$\qquad\qquad = 1 \times 1.0 \times (0+30)$
$\qquad\qquad = 30 \text{kJ/kg}$

54 15℃의 물로 0℃의 얼음을 매시간 50kg 만드는 냉동기의 능력은 몇 냉동톤인가?(단, 물의 융해잠열은 335kJ/kg이다.)

① 1.43RT ② 2.52RT
③ 3.26RT ④ 4.27RT

풀이 동력(Q) $= \dfrac{50 \times 335 + 50 \times 4.18 \times 15}{3,600}$
$\qquad\qquad = 5.52 \text{kW}$

$\therefore$ 냉동톤 $= \dfrac{5.52}{3.862} = 1.43 \text{RT}$

정답 53 ③ 54 ①

PART 03 계측방법

ENGINEER ENERGY MANAGEMENT

CHAPTER 01 계측일반과 온도계측
CHAPTER 02 유량계측
CHAPTER 03 압력계측
CHAPTER 04 액면계측
CHAPTER 05 가스의 분석 및 측정
CHAPTER 06 자동제어 회로 및 장치

CHAPTER 001 계측일반과 온도계측

SECTION 01 계측일반(계량과 측정)

1. 계측과 계측기

1) 계측과 제어의 목적

① 조업조건의 안정화
② 열설비의 고효율화
③ 안전위생관리
④ 작업인원 절감

2) 계측기기의 보전

① 검사 및 수리
② 정기점검 및 일상점검
③ 보존관리자의 교육
④ 예비부품 및 예비계기 상비
⑤ 관련자료의 정비기록 등

> **Reference** 계측기기의 선택
> - 측정범위
> - 측정대상 및 사용조건
> - 계측기기가 구비하고 있는 기구
> - 정도
> - 설치장소의 주위조건

3) 계측기의 구비조건

① 구조가 간단하고 취급이 용이할 것
② 보수가 용이할 것
③ 견고하고 신뢰성이 있을 것
④ 원거리 지시 및 기록이 가능하고 연속적 측정이 가능할 것
⑤ 경제적일 것
⑥ 구입이 용이하며 경제적일 것

2. 계측단위

1) 기본단위(Fundamental Unit)

기본량	이름	단위	기본량	이름	단위
길이	meter	m	온도	Kelvin	K
질량	kilogram	kg	물질량	mole	mol
시간	second	s	광도	candela	cd
전류	Ampere	C/s			

2) 유도단위(조립단위, Drived Unit)

유도량	SI 유도단위	
	명칭	유도단위
넓이	제곱미터	m^2
부피	세제곱미터	m^3
속력, 속도	미터 매 초	m/s
가속도	미터 매 초 제곱	m/s^2
파동수	역 미터	m^{-1}
밀도, 질량밀도	킬로그램 매 세제곱미터	kg/m^3
비(比)부피	세제곱미터 매 킬로그램	m^3/kg
전류밀도	암페어 매 제곱미터	A/m^2
자기장의 세기	암페어 매 미터	A/m
(물질량의) 농도	몰 매 세제곱미터	mol/m^3

3) 보조단위

배량, 분량	호칭법	기호	배량, 분량	호칭법	기호
10^{12}	테라	T	10^{-2}	센티	c
10^9	기가	G	10^{-3}	밀리	m
10^6	메가	M	10^{-6}	마이크로	μ
10^3	킬로	k	10^{-9}	나노	n
10^2	헥토	h	10^{-12}	피코	p
10	데카	da	10^{-15}	펨토	f
10^{-1}	데시	d	10^{-18}	아토	a

4) 특수단위

습도, 비중, 입도, 인장강도, 내화도, 굴절도

5) 절대단위계

① 기본단위

양	차원	CGS 단위계	MKS 단위계	중력단위계(FPS)
질량	M	g_f	kg	lb_f(힘)
길이	L	cm	m	in, ft
시간	T	sec	sec, hr	sec, hr

② 중력단위계에서는 절대단위계 질량(M), 길이(L), 시간(T)인 질량 대신 힘(F)이 기본단위다.
③ CGS 단위계에서는 물리량이 유도할 때 길이, 질량, 시간(cm, g, s)의 단위를 나타낸다.

6) 국제단위계(SI)

① 기본단위 : 길이(m), 질량(kg), 시간(s)
② 힘 : N(뉴턴), $1kg_f = 9.81N$이다.

7) 공학단위계(FMLT)

조합단위계이며 기계공학(중력단위), 화학공학(절대단위계와 중력단위 병용)

3. 측정과 오차

1) 측정

(1) 정의

물리적 양을 기기를 사용하여 그 단위를 비교하여 헤아리는 것

(2) 측정방법

① 직접 : 측정하려는 양을 측정기기와 비교하여 측정하는 것(길이, 시간, 무게 등)
② 간접 : 측정하려는 양과 일정한 관계를 가지고 있는 다른 양을 계산과정을 통하여 측정값을 구하는 것

2) 오차(Error)

측정값과 참값과의 차이를 절대오차 또는 오차라고 한다.

(1) 계통오차

측정값에 어떤 일정한 영향을 주는 원인에 의해서 생기는 오차(원인을 알 수 있는 오차)
① 측정기기(계기) 자체의 오차(고유오차)
② 측정자 습관에 의한 오차(개인오차)
③ 온도, 습도 등 환경조건에 의한 오차(이론오차)

(2) 과오에 의한 오차

측정자의 부주의에 의한 오차로 눈금을 잘못 읽거나 기록을 잘못하는 경우 등이 있다.

(3) 우연오차

계측상태의 미소 변화에 따른 오차(흩어짐의 원인이 되는 오차)
① 관측자의 주위의 동요등에 의한 오차
② 온도, 습도, 진동, 미소공기유동, 조명 등에 의한 오차
- 원인 : 측정기의 산포, 측정자에 의한 오차, 측정환경에 의한 오차
- 특징 : 원인을 알 수 없어 원인제거가 되지 않는다.

4. 기차와 공차

1) 기차

계측기가 가지고 있는 고유의 오차로서 제작 당시부터 어쩔 수 없이 가진 오차

2) 공차

계량기가 가지고 있는 기차의 최대허용한도를 일종의 사회규범 또는 규정에 의하여 정한 것

(1) 검정공차

정확한 계량기 공급을 위해 계량기 수리 또는 수입 시 계량법으로 명시한 공차

(2) 사용공차

계량기 사용 시 계량법으로 명시된 공차(최대 한도는 검정공차와 같거나 3/2배 또는 2배) 값이다.

3) 정밀도

우연오차가 적을수록 정밀도가 높다.

4) 정확도

계통오차가 작으면 정확도가 높다.

5) 정도

측정결과의 정확도와 정밀도를 포함한 종합적인 결과가 좋음을 뜻한다. 즉, 측정결과에 대한 신뢰도를 수량적으로 표시한 척도

6) 감도

① 계측기가 측정량의 변화에 민감한 정도를 말하며, 측정량의 변화에 대한 지시량 변화의 비(감도 = 지시량의 변화/측정량의 변화)이다.
② 감도가 좋으면 측정시간이 길어지고 측정범위가 좁아진다.
③ 감도의 표시는 지시계의 감도와 눈금너비 또는 눈금량으로 표시한다.

5. 측정방법

1) 편위법

스프링저울 등 측정량이 원인이 되어 그 직접적인 결과로 생기는 지시로부터 측정량을 구하는 방법 (정밀도는 낮으나 조작이 간단함)

2) 영위법

천칭을 이용하듯이 측정결과는 별도로 크기를 조정할 수 있는 같은 양(종류)을 준비하고 미리 알고 있는 양과 측정량을 평형시켜 알고 있는 양의 크기로부터 측정량을 알아내는 방법이다. (편위법보다 정밀도가 높다.)

3) 치환법

천칭이나 다이얼게이지 등 지시량과 미리 알고 있는 양으로부터 측정량을 알아내는 방법이다.

4) 보상법

측정량과 크기가 거의 같은 미리 알고 있는 양을 준비하여 측정량과 그 미리 알고 있는 양의 차이로서 측정량을 알아내는 방법이다.

6. 계측기의 구조 및 특성

1) 구조

① 검출부
② 전달부
③ 수신부

2) 계기의 특성

(1) 정특성

측정량이 시간적인 변화가 없을 때 측정량의 크기와 계측기의 지시와의 대응관계(측정량이 큰 경우와 작은 경우에 계측기 오차가 나는 것은 히스테리시스 오차)

(2) 동특성

측정량이 시간에 따라 변동하고 있을 때 계기의 지시치는 그 변동에 충실하게 다룰 수 없고 이 측정량의 변동에 대하여 계측기의 지시가 어떻게 변하는지의 대응관계이다. 시간적인 뒤짐과 동오차가 생기게 된다.

SECTION 02 온도계의 종류 및 특징

1. 온도계 선정 시 유의사항

① 견고하고 내구성이 있을 것
② 취급하기 쉽고 측정이 간편할 것
③ 온도의 측정범위 및 정밀도가 적당할 것
④ 지시나 기록 등을 쉽게 할 수 있을 것
⑤ 피측온도체와의 화학반응 등에 의한 온도계에 영향이 없을 것
⑥ 피측온 물체의 크기가 온도계 크기에 비해 적당할 것

2. 온도계의 종류 및 특징

1) 접촉식 온도계

온도계의 감온부를 측정하고자 하는 대상에 직접 접촉하는 방식의 온도계이다.

[접촉식 온도계의 특징]
- 측정오차가 비교적 적다.
- 피측정체의 내부온도만을 측정한다.
- 이동물체의 온도 측정이 곤란하다.
- 온도변화에 대한 반응이 늦다.(측정시간 지연)
- 1,000℃ 이하의 저온 측정용으로 사용된다.

(1) 유리제 온도계(Glass Thermometer)

온도계 내 액체의 열팽창에 의한 변위를 계측한다.

① 수은 온도계 : 수은(Hg)의 비열은 0.033kcal/kg℃로 비열이 작고 열전도율이 크기 때문에 응답성이 빠르다. 또한 모세관 현상이 적다. 사용온도는 −35~360℃이며, 불활성 기체를 사용하는 경우 750℃이다.

② 알코올 온도계 : 저온용으로 많이 사용되며 표면장력이 작아 모세관 현상이 크다. 사용온도는 −150~100℃이다.

③ 베크만 온도계 : 모세관 상부에 수은을 고이게 하여 측정온도에 따라 수은의 양을 조절하여 미소 범위의 온도변화를 정밀하게 측정할 수 있다. 단, 온도계를 읽을 때 시차에 주의하여야 한다. 사용온도는 150℃이며, 0.01℃까지 측정 가능하다.

(2) 바이메탈 온도계(Bimetal Thermometer)

열팽창계수가 다른 2종 박판의 금속을 맞붙인 것으로 온도변화에 의하여 휘어지는 변위를 지시하는 구조가 간단하며 내구성이 있어 자동온도조절, 지시, 기록장치에 많이 사용된다. 외형상 나선형, 와권형, 요철형, 원호형이 있다.

[특징]
- 현장 지시용으로 많이 사용된다.
- 응답이 늦고 히스테리시스(Hysteresis) 오차가 발생한다.
- 유리온도계보다 견고하다.
- 사용온도는 −50~500℃, 정도는 ±1% 정도이다.

(3) 압력식 온도계(Pressure Thermometer)

밀폐관 내에 수은과 같은 액체 또는 기체를 넣은 것으로 온도변화에 따른 체적변화를 압력변화로 변환하여 계측하는 온도계로서 이 압력식 온도계는 대개의 경우 자력으로 동작한다.

[특징]
- 연속기록이 가능하기 때문에 자동제어 등이 가능하다.
- 감온부, 도압부, 감압부로 구성된다.
- 진동이나 충격에 강하다.
- 금속의 피로에 의하여 관이 파열될 수 있다.
- 외기온도에 의한 영향으로 온도지시가 느리다.

① 액체압력식 온도계
  ㉠ 모세관으로 된 도압부 길이를 50m까지 길게 할 수 있다.
  ㉡ 사용봉입액은 수은(-30~600℃), 알코올(200℃), 아닐린(400℃) 등을 사용한다.

② 증기압력식 온도계
  ㉠ 봉입기체의 온도에 따른 증기압의 변화를 이용한다.
  ㉡ 프레온(비점 -30℃), 에틸에테르(비점 34.6℃), 톨루엔, 아닐린, 에틸알코올, 염화메틸 등을 사용하며, 측정범위는 -40℃~300℃이다.

③ 기체압력식 온도계
  ㉠ 온도변화에 따른 기체(불활성 가스인 헬륨, 네온, 질소)의 체적변화를 이용한다.
  ㉡ 고온에서 기체가 금속에 침입할 수 있으며, -130℃~420℃ 이하에 사용한다.
  ㉢ 모세관 길이는 50~90m까지 할 수 있다.
  ㉣ 순수한 기체만을 봉입한 온도계는 일명 아네로이드형 온도계라 한다.

> **Reference** 고체 팽창식 압력계
> - 선팽창계수가 큰 황동의 온도에 따른 변위를 이용한다.
> - 구조가 간단하며 보수가 용이하다.
> - On-Off 제어용(온도, 경보 등)으로 사용된다.
> - 압력식 온도계에 포함되지 않는다.

(4) 저항온도계(Resistance Thermometer)

온도가 증가함에 따라 도체 또는 반도체인 직경 0.03~0.1mm 정도 금속저항체로서 저항이 증가하는 성질을 이용(측온저항의 변화)한 온도계이며 자동제어 자동기록이 가능하다.

[특징]
- 온도의 지시, 기록, 조절용으로 원격측정용에 적합하다.
- 별도의 전원이 불필요하다.
- 측온저항체가 가늘어 진동 등에 의하여 단선될 수 있다.
- 500℃ 이하의 정밀 측정에 적합하다.
- 표준 저항값은 25Ω, 50Ω, 100Ω(백금) 등을 사용한다.

① 측온 저항체의 구비조건
  ㉠ 일정온도에서 일정저항을 가져야 한다.
  ㉡ 내열성이 있어야 한다.
  ㉢ 저항온도계수가 크며 규칙적이어야 한다.
  ㉣ 물리화학적으로 안정되며 동일 특성을 갖는 재료이어야 한다.

② 측온저항

$$R = R_o(1 + \alpha t)$$

여기서, R : 온도 측정 시 저항(Ω), R_o : 온도계 저항체의 저항(Ω)
    α : 저항온도계수, t : 측정온도(임의의 온도 – 기준온도)

③ 측온저항체의 종류 및 특징
  ㉠ 백금(Pt) 저항온도계
    - 정밀측정용으로 안정성 및 재현성이 뛰어나다.
    - 고온에서 열화가 적으며 저항온도계수가 작다.
    - 온도측정 시 시간지연이 크며 가격이 고가이다.
    - −200~500℃에서 사용된다.

  ㉡ 니켈(Ni) 저항온도계
    - 상온에서 안정성이 있다.
    - 사용온도가 −50~150℃로 좁다.
    - 저항온도계수가 커서(0.6%/deg) 백금 다음으로 많이 사용된다.
    - 가격이 저렴하다.
    - 사용범위가 좁다.

ⓒ 동(Cu) 저항온도계
- 가격이 싸고 비례성이 좋다.
- 저항률이 낮아 선을 길게 감을 필요가 있다.
- 0~120℃에서 사용된다.
- 고온에서 산화하므로 상온 부근의 온도측정에 사용한다.

ⓒ 서미스터(Thermister) 저항온도계
- 니켈(Ni), 망간(Mn), 코발트(Co), 철(Fe), 구리(Cu) 등의 금속산화물의 분말을 혼합 소결시켜 만든 반도체로 응답이 빠르다.
- 전기저항이 온도에 따라 크게 변화한다.(저항온도계수가 다른 금속에 비하여 크다.)
- 사용범위는 −100~300℃이며, 온도계수가 백금의 10배 정도이다.

(5) 열전대 온도계(Thermoelectric Thermometer)
자유전자밀도가 다른 두 금속선을 접합시켜 양 접점에 온도를 다르게 하면 온도차에 의하여 열기전력이 발생되는 원리, 즉 제벡(Seebeck Effect) 효과를 이용한다.

① 열전대 온도계의 구성
ⓐ **열전대** : 열기전력을 일으키는 한 쌍의 금속선
(백금, 로듐−백금, 크로멜−알루멜, 철−콘스탄탄, 동−콘스탄탄)
ⓑ **보호관** : 열전대를 보호하기 위하여 측온개소에 삽입되는 것
ⓒ **보상도선** : 열전대 단자로부터 기준접점까지의 최대거리(동, 동−니켈합금선)
ⓓ **두 접합점** : 측온접점(측정부 삽입), 냉접점(냉각기에 삽입해 0℃로 유지)
ⓔ **구리도선** : 기준접점에서 지시계까지의 최대거리
ⓕ **지시계** : 전위차계
ⓖ **냉접점** : 열전대의 측온 접점에 대해 냉접점을 기준온도를 유지해야 하므로 듀어병에 얼음과 증류수의 혼합물을 채운 냉각기에 사용(반드시 0℃를 유지한다.)

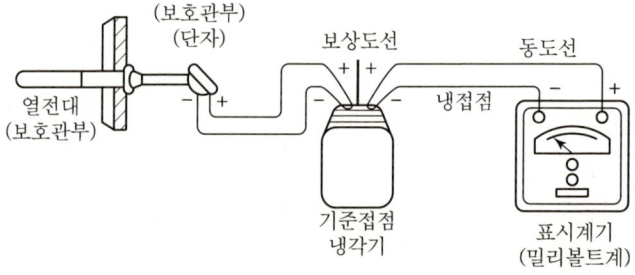

② 열전대 온도계의 구비조건
　　㉠ 열기전력이 크고 온도 증가에 따라 연속적으로 상승할 것
　　㉡ 열기전력이 안정되며 장시간 사용에도 이력현상이 없을 것
　　㉢ 내열성과 내식성이 있을 것
　　㉣ 재생성과 가공성이 좋으며 가격이 저렴할 것
　　㉤ 전기저항, 저항온도 계수 및 열전도율이 작을 것
　　㉥ 보호관 단자에서 냉접점까지는 가격이 비싼 열전대 대신 동선이나 구리-니켈 합금선 등의 보상도선 이용이 가능하여야 한다.

③ 열전대 온도계의 특성
　　㉠ 원격측정 및 자동제어 적용이 용이하다.
　　㉡ 접촉식 온도계 중에서 가장 고온 측정이 가능하다.
　　㉢ 측정 시 전원이 불필요하다.
　　㉣ 전위차계 또는 밀리볼트계를 사용하기 때문에 공업용에는 자동평형기록계를 사용한다.
　　㉤ 측정범위와 회로의 저항에 영향이 적은 전위차계를 사용한다.
　　㉥ 냉접점 및 보상도선으로 인한 오차가 발생되기 쉽다.
　　㉦ 정확한 온도, 고온, 연속기록이 가능하며 경보 및 제어가 가능하여 실험실, 공장용으로 널리 쓰인다.

④ 열전대 온도계의 종류와 특징

종류	기호	사용금속 (+)	사용금속 (−)	사용온도	특징
백금 −백금로듐	PR R타입	백금로듐 (Pt87, Rh13)	순백금	0~1,600	• 고온 측정에 유리하다. • 산화성 분위기에 강하고, 환원성 분위기에 약하다.
크로멜 −알루멜	CA K타입	크로멜 (Ni90, Cr10)	알루멜 (Ni94, Mn2, Si1, Al3)	−20~ 1,200	• 열기전력이 크다. • 환원성 분위기에 강하고, 산화성 분위기에 약하다.
철 −콘스탄탄	IC J타입	순철(Fe)	콘스탄탄 (Cu55, Ni45)	−20~800	• 열기전력이 가장 크다. • 환원성 분위기에 강하고, 산화성 분위기에 약하다.
동 −콘스탄탄	CC T타입	순동(Cu)	콘스탄탄 (Cu55, Ni45)	−200~350	• 저온용으로 사용한다. • 열기전력이 크다. • 저항 및 온도계수가 작다.

※ 보상도선 : 열전대와 거의 같은 기전력 특성을 갖는 전선을 보상도선이라 하며 주로 동(Cu)과 동-니켈 합금의 조합으로 되어 있다.

⑤ 열전대 온도계의 취급상 주의사항
  ㉠ 계기의 충격을 피하고 일광, 먼지, 습기 등에 주의한다.
  ㉡ 도선을 접속하기 전에 지시계의 0점 조정을 정확히 한다.
  ㉢ 지시계와 열전대의 결합을 확인한다.(단자 +, -를 보상도선의 +, -와 일치)
  ㉣ 사용온도 한계에 주의한다.
  ㉤ 열전대 삽입길이는 보호관 바깥지름의 1.5배 이상으로 한다.
  ㉥ 표준계기로 정기적인 교정을 한다.
  ㉦ 눈금을 읽을 때 시차에 주의하며 정면에서 읽는다.

⑥ 보호관
  열전대를 기계적 화학적으로 보호하기 위하여 보호관(금속, 비금속 사용)에 넣어 사용한다.

⑦ 기타 열전대 온도계
  ㉠ 흡인식 열전대 온도계 : 물체로부터 방사열을 받거나 반대로 낮은 온도의 물체에 방사열을 줌으로써 생기는 오차를 방지한다.
  ㉡ 시이드 열전대 온도계 : 열전대 보호관 속에 산화마그네슘(MgO), 산화알루미늄(Al_2O_3)을 넣은 것으로 매우 가늘게 만든 보호관으로 가요성이 있다.
  ㉢ 표면온도계 : 열전대의 냉접점을 손으로 잡았을 경우에 열접점을 물체의 표면에 접촉시켜서 표면 온도를 측정한다.

2) 비접촉식 온도계

(1) 광고온계(Optical Pyrometer)

고온물체로부터 방사되는 특정 파장($0.65\mu m$)을 온도계 속으로 통과시켜 온도계 내의 전구 필라멘트의 휘도를 육안(가스광선)으로 직접 비교하여 온도 측정

① 특징
  방사온도계에 비해 방사율에 대한 보정량이 적다.

② 측정 시 주의사항 및 특성
  • 비접촉식 온도계 중 가장 정도가 높다.
  • 구조가 간단하고 휴대가 편리하지만 측정인력이 필요하다.
  • 측정온도 범위는 700~3,000℃이며 900℃ 이하의 경우 오차가 발생한다.
  • 측정에 시간 지연이 있으며 연속측정이나 자동제어에 응용할 수 없다.
  • 광학계의 먼지 흡입 등을 점검한다.(적외선 물질을 흡수하면 오차 발생)

- 개인차가 있으므로 여러 사람이 모여서 측정한다.
- 측정체와의 사이에 먼지, 스모그(연기) 등이 적도록 주의한다.

(2) 방사온도계(Radiation Pyrometer)

물체로부터 방사되는 모든 파장의 전방사 에너지를 측정하여 온도를 계측하는 것으로 이동물체의 온도측정이나 비교적 높은 온도의 측정에 사용된다. 렌즈는 석영 등을 사용하고 석영은 $3\mu m$ 정도까지 적외선 방사를 잘 투과시킨다.

[특징]
- 구조가 간단하고 견고하다.
- 피측정물과 접촉하지 않기 때문에 측정조건이 까다롭지 않다.
- 방사율에 의한 보정량이 크지만 연속측정이 가능하고 기록이나 자동제어가 가능하다.
- 1,000℃ 이상의 고온에 사용하며 이동물체의 온도측정이 가능하다.(50~3,000℃ 측정)
- 발신기를 이용하여 기록 및 제어가 가능하다.
- 거리계수, 측정체, 온도계의 거리에 영향을 받는다.
- 측온체와의 사이에 수증기나 연기 등의 영향을 받는다.
- 방사 발신기 자체에 의한 오차가 발생하기 쉽다.
- $Q = 4.88 \times$ 방사율 $\times \left(\dfrac{T}{100}\right)^4$ kcal/m²h로 표시한다.(스테판-볼츠만 법칙)

(3) 광전관 온도계(Photoelectric Pyrometer)

광고온계의 수동측정이라는 결점을 보완한 자동화한 온도계로 2개의 광전관과 자동평형계기를 배열한 구조

[특징]
- 응답속도가 빠르고 온도의 연속측정 및 기록이 가능하며 자동제어도 가능하다.
- 이동물체의 온도 측정이 가능하다.
- 개인오차가 없으나 구조가 복잡하다.
- 온도측정범위는 700~3,000℃이다.
- 700℃ 이하 측정 시에는 오차가 발생한다.
- 정도는 ±10~15deg로서 광고온계와 같다.

(4) 색온도계

색온도계는 일반적으로 물체는 600℃ 이상 되면 파장 0.4~0.7μm 범위 가시광선이 발광하기 시작하므로 고온체를 보면서 필터를 조절하여 고온체의 색을 시야에 있는 다른 기준색과 합치시켜 온도를 알아내는 방법

[특징]
- 방사율의 영향이 적어 휴대와 취급이 간편하다.
- 광흡수에 영향이 적으며 응답이 빠르다.
- 구조가 복잡하며 주위로부터 빛 반사의 영향을 받는다.(단, 고장은 적다.)
- 750℃ 정도부터 측정이 가능하며 기록조절용으로 사용된다.

▼ 고온도와 색의 관계

온도(℃)	색	온도(℃)	색
600	어두운 색	1,500	눈부신 황백색
800	붉은색	2,000	매우 눈부신 흰색
1,000	오렌지색	2,500	푸른기가 있는 흰백색
1,200	노란색		

(5) 기타 온도계

① 제겔콘 : 내화물의 온도 측정
② 서모컬러 : 도료의 일종으로 열의 분포상태를 알 수 있으며, 50~460℃까지 온도 측정

CHAPTER 001 출제예상문제

01 SI 기본단위를 바르게 표현한 것은?
① 시간 : 분
② 질량 : 그램
③ 길이 : 밀리미터
④ 전류 : 암페어

[풀이] SI 기본단위
- 시간 : 초(s)
- 질량 : kg
- 길이 : m

02 국제단위계(SI)에서 길이단위의 설명으로 틀린 것은?
① 기본단위이다.
② 기호는 K이다.
③ 명칭은 미터이다.
④ 빛이 진공에서 1/229792458초 동안 진행한 경로의 길이이다.

[풀이]
- SI 단위계에서 온도의 단위는 캘빈(K)이 기본이고 길이는 m가 기본이다.
- SI 기본단위 : 질량(kg), 시간(s), 전류(A), 열역학 온도(K), 물질량(mol), 광도(cd)

03 다음 중 유도단위에 속하지 않는 것은?
① 비열
② 압력
③ 습도
④ 열량

[풀이] 습도는 유도단위에 해당하지 않는다.

04 스프링저울 등 측정량이 원인이 되어 그 직접적인 결과로 생기는 지시로부터 측정량을 구하는 방법으로 정밀도는 낮으나 조작이 간단한 것은?
① 영위법
② 치환법
③ 편위법
④ 보상법

[풀이] 스프링저울 : 편위법 이용(측정량이 원인이 되어서 그 직접적인 결과로 생기는 지시로부터 측정량을 구한다.)

05 측정하고자 하는 상태량과 독립적 크기를 조정할 수 있는 기준량과 비교하여 측정, 계측하는 방법은?
① 보상법
② 편위법
③ 치환법
④ 영위법

[풀이] 영위법 : 미리 알고 있는 양과 측정량을 평형시켜 알고 있는 양의 크기로부터 측정량을 알아내는 방법이며 편위법보다 정밀도가 높다(천칭으로 질량 측정).

06 측정량과 크기가 거의 같은 미리 알고 있는 양의 분동을 준비하여 분동과 측정량의 차이로부터 측정량을 구하는 방식은?
① 편위법
② 보상법
③ 치환법
④ 영위법

[풀이] 보상법 : 측정량과 크기가 거의 같은 미리 알고 있는 양의 분동을 준비하여 분동과 측정량의 차이로부터 측정량을 알아내는 측정방법이다.

07 다음 중 계량단위에 대한 일반적인 요건으로 가장 적절하지 않은 것은?
① 정확한 기준이 있을 것
② 사용하기 편리하고 알기 쉬울 것
③ 대부분의 계량단위를 60진법으로 할 것
④ 보편적이고 확고한 기반을 가진 안정된 원기가 있을 것

[풀이] 대부분의 계량단위는 10진법이다.

정답 01 ④ 02 ② 03 ③ 04 ③ 05 ④ 06 ② 07 ③

08 SI단위계에서 물리량과 기호가 틀린 것은?

① 질량 : kg   ② 온도 : ℃
③ 물질량 : mol   ④ 광도 : cd

풀이 SI 단위
- 온도 : K
- 길이 : m
- 전류 : A
- 시간 : s

09 원인을 알 수 없는 오차로서 측정할 때마다 측정값이 일정하지 않고 분포현상을 일으키는 오차는?

① 과오에 의한 오차   ② 계통적 오차
③ 계량기 오차   ④ 우연 오차

풀이 우연 오차 : 원인을 알 수 없는 오차이다.

10 오차와 관련된 설명으로 틀린 것은?

① 흩어짐이 큰 측정을 정밀하다고 한다.
② 오차가 적은 계량기는 정확도가 높다.
③ 계측기가 가지고 있는 고유의 오차를 기차라고 한다.
④ 눈금을 읽을 때 시선의 방향에 따른 오차를 시차라고 한다.

풀이
- 흩어짐이 적은 측정기기가 정밀하다(정밀도).
- 정밀도가 좋으려면 우연오차가 적어야 한다.
- 정확도는 계통오차가 작을수록 높다.

11 국제단위계(SI)를 분류한 것으로 옳지 않은 것은?

① 기본단위   ② 유도단위
③ 보조단위   ④ 응용단위

풀이 국제단위계(SI)
- 기본단위
- 유도단위
- 보조단위

12 다음 각 물리량에 대한 SI 유도단위의 기호로 틀린 것은?

① 압력 – Pa   ② 에너지 – cal
③ 일률 – W   ④ 자기선속 – Wb

풀이 에너지 – J(줄)

13 다음 중 온도는 국제단위계(SI 단위계)에서 어떤 단위에 해당하는가?

① 보조단위   ② 유도단위
③ 특수단위   ④ 기본단위

풀이 SI 기본단위
길이, 질량, 시간, 온도, 전류, 광도, 물질량 등

14 다음 계측기 중 열관리용에 사용되지 않는 것은?

① 유량계
② 온도계
③ 다이얼 게이지
④ 부르동관 압력계

풀이
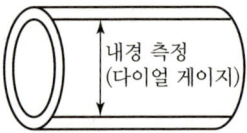

15 다음 중 단위에 따른 차원식으로 틀린 것은?

① 동점도 : $L^2 T^{-1}$
② 압력 : $ML^{-1}T^{-2}$
③ 가속도 : LT^{-2}
④ 일 : MLT^{-2}

풀이 일의 차원 : FL
(무게 F, 질량 M, 길이 L, 시간 T)

정답 08 ② 09 ④ 10 ① 11 ④ 12 ② 13 ④ 14 ③ 15 ④

16 다음 중 계통오차(Systematic Error)가 아닌 것은?

① 계측기오차
② 환경오차
③ 개인오차
④ 우연오차

🔵 **풀이** 오차의 종류
- 과오에 의한 오차
- 계통적 오차(계측기오차, 환경오차, 개인적 오차)
- 우연오차
- 기차

17 계측에 있어 측정의 참값을 판단하는 계의 특성 중 동특성에 해당하는 것은?

① 감도
② 직선성
③ 히스테리시스 오차
④ 응답

🔵 **풀이** 응답
계측기기 계측에 있어 측정의 참값을 판단하는 계의 동특성이다.

18 불규칙하게 변하는 주변 온도와 기압 등이 원인이 되며, 측정 횟수가 많을수록 오차의 합이 0에 가까운 특징이 있는 오차의 종류는?

① 개인오차
② 우연오차
③ 과오오차
④ 계통오차

🔵 **풀이** 우연오차(산포)
원인을 알 수가 없는 오차이다. 측정 횟수가 많을수록 오차가 0에 가깝다. 주위 온도, 기압의 영향을 받는 오차이다.

19 열전대 온도계의 보호관으로 석영관을 사용하였을 때의 특징으로 틀린 것은?

① 급랭, 급열에 잘 견딘다.
② 기계적 충격에 약하다.
③ 산성에 대하여 약하다.
④ 알칼리에 대하여 약하다.

🔵 **풀이** 보호관
- 자기관 : 급랭, 급열에 약하며, 알칼리에 약하다.
- 카보런덤관 : 다공질로서 급랭, 급열에 강하다.
- 석영관 : 급랭, 급열에 잘 견디고, 알칼리에는 약하나 산에는 강하다.

20 다음 측정 관련 용어에 대한 설명으로 틀린 것은?

① 측정량 : 측정하고자 하는 양
② 값 : 양의 크기를 함께 표현하는 수와 기준
③ 제어편차 : 목표치에 제어량을 더한 값
④ 양 : 수와 기준으로 표시할 수 있는 크기를 갖는 현상이나 물체 또는 물질의 성질

🔵 **풀이** 제어편차
목표치에서 제어량을 뺀 값이다.

21 국제단위계(SI)에서 길이의 설명으로 틀린 것은?

① 기본단위이다.
② 기호는 m이다.
③ 명칭은 미터이다.
④ 소리가 진공에서 1/229792458초 동안 진행한 경로의 길이이다.

🔵 **풀이** 빛의 파장을 이용한 길이표준제안(기본단위)
1m는 크립톤−86(^{86}Kr) 원자의 준위 $2p_{10}$과 $5d_5$ 사이의 전이에 대응하는 스펙트럼선 파장의 1650763.73배로 결정

22 광고온계의 특징에 대한 설명으로 옳은 것은?

① 비접촉식 온도 측정법 중 가장 정밀도가 높다.
② 넓은 측정온도범위(0~3,000℃)를 갖는다.
③ 측정이 자동적으로 이루어져 개인오차가 발생하지 않는다.
④ 방사온도계에 비하여 방사율에 대한 보정량이 크다.

정답 16 ④ 17 ④ 18 ② 19 ③ 20 ③ 21 ④ 22 ①

풀이 **광고온계**
- 측정범위 : 700~3,000℃
- 측정정도 : 10~15℃
- 비접촉식 온도계 중 가장 정밀도가 높다.
- 연속측정이나 자동제어에는 이용이 불가능하다.

23 다음 열전대의 종류 중 측정온도에 대한 기전력의 크기로 옳은 것은?
① IC>CC>CA>PR
② IC>PR>CC>CA
③ CC>CA>PR>IC
④ CC>IC>CA>PR

풀이 열전대 온도계의 기전력 크기
- IC(철-콘스탄탄) : 열기전력이 가장 크다.
- CC(구리-콘스탄탄) : 열기전력이 크다.
- CA(크로멜-알루멜) : 열기전력이 보통이다.
- PR(백금-백금로듐) : 열기전력이 보통이다.

24 2,000℃까지 고온 측정이 가능한 온도계는?
① 방사 온도계
② 백금저항 온도계
③ 바이메탈 온도계
④ Pt-Rh 열전식 온도계

풀이 온도계의 측정범위
- 백금저항 온도계 : -200~500℃
- 바이메탈 온도계 : -50~500℃
- 백금-백금로듐 온도계 : 0~1,600℃
- 방사 온도계 : 50~3,000℃

25 다음 중 접촉식 온도계가 아닌 것은?
① 저항온도계   ② 방사온도계
③ 열전온도계   ④ 유리온도계

풀이 **방사고온계(비접촉식)**
- 측정범위 50~3,000℃
- 방사율의 보정량이 크다.
- 이동물체의 표면 고온을 측정한다.
- 자동제어, 자동기록이 가능하다.

26 열전대 온도계에 대한 설명으로 옳은 것은?
① 흡습 등으로 열화된다.
② 밀도차를 이용한 것이다.
③ 자기가열에 주의해야 한다.
④ 온도에 대한 열기전력이 크며 내구성이 좋다.

풀이 열전대 온도계의 구비조건은 열기전력이 크고 온도 상승에 따른 연속적 상승이 가능할 것

27 바이메탈 온도계의 특징으로 틀린 것은?
① 구조가 간단하다.
② 온도 변화에 대하여 응답이 빠르다.
③ 오래 사용 시 히스테리시스 오차가 발생한다.
④ 온도자동조절이나 온도보상장치에 이용된다.

풀이 **바이메탈 고체 팽창식 온도계**
현장지시용 및 자동제어용 온도계로서 측정범위는 -56℃~500℃이다. 온도 변화에 대하여 응답이 느리다.

28 다음 중 열전대 온도계에서 사용되지 않는 것은?
① 동-콘스탄탄   ② 크로멜-알루멜
③ 철-콘스탄탄   ④ 알루미늄-철

풀이 열전대 온도계
- 동-콘스탄탄(-200~350℃) : T형
- 크로멜-알루멜(0~1,200℃) : K형
- 철-콘스탄탄(-200~800℃) : J형
- 백금-백금로듐(0~1,600℃) : R형

정답 23 ① 24 ④ 25 ② 26 ④ 27 ② 28 ④

29 베크만 온도계에 대한 설명으로 옳은 것은?

① 빠른 응답성의 온도를 얻을 수 있다.
② 저온용으로 적합하여 약 −100℃까지 측정할 수 있다.
③ −60~350℃ 정도의 측정온도 범위인 것이 보통이다.
④ 모세관의 상부에 수은을 봉입한 부분에 대해 측정온도에 따라 남은 수은의 양을 가감하여 그 온도 부분의 온도차를 0.01℃까지 측정할 수 있다.

풀이 베크만 수은 계량형 온도계
- 미세한 온도차(0.01~0.005℃) 측정
- 최고 150℃까지 측정
- 구조가 간단하여 즉시 눈금을 읽을 수 있음
- 모세관 상부에 보조기구를 설치하여 수은 양을 조절할 수 있고 실험, 시험용 및 열량계로도 사용 가능

30 열전대 온도계의 보호관으로 사용되는 다음 재료 중 상용 사용 온도가 높은 순으로 옳게 나열된 것은?

① 석영관>자기관>동관
② 석영관>동관>자기관
③ 자기관>석영관>동관
④ 동관>자기관>석영관

풀이 보호관의 사용 온도 : 자기관(1,450℃)>석영관(1,000℃)>동관(400℃)

31 광고온계의 사용상 주의점이 아닌 것은?

① 광학계의 먼지, 상처 등을 수시로 점검한다.
② 측정자 간의 오차가 발생하지 않고 정확하다.
③ 측정하는 위치와 각도를 같은 조건으로 한다.
④ 측정체와의 사이에 연기나 먼지 등이 생기지 않도록 주의한다.

풀이 광고온계(비접촉식 온도계)
700~3,000℃ 측정이 가능하나 개인오차가 발생한다(800℃ 이하 온도는 휘도 저하로 온도 측정 시 오차가 발생하며 여러 번 측정하여 오차를 줄인다).

32 다음 중 바이메탈 온도계의 측온 범위는?

① −200~200℃ ② −30~360℃
③ −50~500℃ ④ −100~700℃

풀이 바이메탈 온도계(선팽창계수 이용)는 접촉식 온도계이며, 측정온도 범위는 −50~500℃이다.

33 다음 중 비접촉식 온도계는?

① 색온도계 ② 저항온도계
③ 압력식 온도계 ④ 유리온도계

풀이 비접촉식 온도계에는 색온도계, 광고온도계, 광전관식 온도계, 방사고온계 등이 있다.

34 열전온도계에 대한 설명으로 틀린 것은?

① 접촉식 온도계에서 비교적 낮은 온도 측정에 사용한다.
② 열기전력이 크고 온도 증가에 따라 연속적으로 상승해야 한다.
③ 기준접점의 온도를 일정하게 유지해야 한다.
④ 측온 저항체와 열전대는 소자를 보호관 속에 넣어 사용한다.

풀이 열전온도계(P−R)는 0~1,600℃까지 측정이 가능하여 접촉식 온도계 중 가장 고온을 측정한다.

35 전기저항 온도계의 특징에 대한 설명으로 틀린 것은?

① 원격측정에 편리하다.
② 자동제어의 적용이 용이하다.
③ 1,000℃ 이상의 고온 측정에서 특히 정확하다.
④ 자기 가열 오차가 발생하므로 보정이 필요하다.

풀이
- 전기저항식 온도계 : 백금온도계, 니켈온도계, 구리온도계, 서미스터 온도계
- 측정범위 : −200℃~500℃ 정도

정답 29 ④ 30 ③ 31 ② 32 ③ 33 ① 34 ① 35 ③

36 비접촉식 온도측정 방법 중 가장 정확한 측정을 할 수 있으나 연속측정이나 자동제어에 응용할 수 없는 것은?

① 광고온도계 ② 방사온도계
③ 압력식 온도계 ④ 열전대 온도계

풀이 광고온도계
700~3,000℃ 온도를 측정하며 고온에서 정도가 높으나 연속측정이나 제어에는 이용이 불가하다.

37 Thermister(서미스터)의 특징이 아닌 것은?

① 소형이며 응답이 빠르다.
② 온도계수가 금속에 비하여 매우 작다.
③ 흡습 등에 의하여 열화되기 쉽다.
④ 전기저항체 온도계이다.

풀이 서미스터 전기저항 온도계는 -100~300℃까지 측정하는 소결용 반도체 온도계이다. 저항변화가 커서 백금 등 금속에 비하여 온도계수가 크므로 약간의 온도변화도 감지된다.

38 전기 저항식 온도계 중 백금(Pt) 측온 저항체에 대한 설명으로 틀린 것은?

① 0℃에서 500Ω을 표준으로 한다.
② 측정온도는 최고 약 500℃ 정도이다.
③ 저항온도계수는 작으나 안정성이 좋다.
④ 온도 측정 시 시간 지연의 결점이 있다.

풀이 전기 저항식 온도계
0℃에서 저항 이용 : 25Ω, 50Ω, 100Ω, 200Ω의 기준값

39 응답이 빠르고 감도가 높으며, 도선저항에 의한 오차를 적게 할 수 있으나, 재현성이 없고 흡습 등으로 열화되기 쉬운 특징을 가진 온도계는?

① 광고온계
② 열전대 온도계
③ 서미스터 저항체 온도계
④ 금속 측온 저항체 온도계

풀이 서미스터 전기저항 온도계
- 재질 : 금속산화물(니켈, 망간, 코발트, 철, 구리)
- 온도계수가 크다.
- 응답이 빠르다.
- 재현성이 없다.
- 소결반도체로서 온도변화에 대한 온도계수가 크다.
- 흡습 등으로 열화되기 쉽다.

40 다음 중 1,000℃ 이상의 고온을 측정하는 데 적합한 온도계는?

① CC(동-콘스탄탄)열전온도계
② 백금저항 온도계
③ 바이메탈 온도계
④ 광고온계

풀이 고온측정용 온도계
- 광고온도계
- 광전관 온도계
- 방사(복사) 온도계

41 가스온도를 열전대 온도계를 써서 측정할 때 주의해야 할 사항으로 틀린 것은?

① 열전대는 측정하고자 하는 곳에 정확히 삽입하며 삽입된 구멍에 냉기가 들어가지 않게 한다.
② 주위의 고온체로부터의 복사열의 영향으로 인한 오차가 생기지 않도록 해야 한다.
③ 단자의 +, -를 보상도선의 -, +와 일치하도록 연결하여 감온부의 열팽창에 의한 오차가 발생하지 않도록 한다.
④ 보호관의 선택에 주의한다.

풀이 열전대 온도계 연결
- 단자 ⊕ : 보상도선 ⊕
- 단자 ⊖ : 보상도선 ⊖

정답 36 ① 37 ② 38 ① 39 ③ 40 ④ 41 ③

42 다음 중 사용온도 범위가 넓어 저항온도계의 저항체로서 가장 우수한 재질은?

① 백금 ② 니켈
③ 동 ④ 철

풀이 저항온도계 종류(측정범위)
- 백금(−200~500℃)
- 니켈(−50~150℃)
- 동(0~120℃)
- 서미스터 소결물(−100~300℃)

43 고온물체로부터 방사되는 특정파장을 온도계 속으로 통과시켜 온도계 내의 전구 필라멘트의 휘도를 육안으로 직접 비교하여 온도를 측정하는 것은?

① 열전온도계 ② 광고온계
③ 색온도계 ④ 방사온도계

풀이 광고온계
고온물체로부터 방사되는 특정파장을 온도계 속으로 통과시켜 온도계 내의 전구 필라멘트의 휘도를 육안으로 직접(수동식) 비교하여 온도 700~3,000℃까지 측정하는 비접촉식 온도계이다(자동식은 광전관식 온도계이다). 에너지의 특정한 $0.65\mu m$의 광파장의 방사에너지를 이용한다.

44 색온도계의 특징이 아닌 것은?

① 방사율의 영향이 크다.
② 광흡수에 영향이 적다.
③ 응답이 빠르다.
④ 구조가 복잡하며 주위로부터 빛 반사의 영향을 받는다.

풀이 비접촉식 방사온도계의 특성은 방사율의 영향이 크다는 것이다.

45 화씨(℉)와 섭씨(℃)의 눈금이 같게 되는 온도는 몇 ℃인가?

① 40℃ ② 20℃
③ −20℃ ④ −40℃

풀이 $t(℃) = \dfrac{5}{9}(t_F - 32) = \dfrac{5}{9}(-40 - 32) = -40℃$

46 화염검출방식으로 가장 거리가 먼 것은?

① 화염의 열을 이용
② 화염의 빛을 이용
③ 화염의 색을 이용
④ 화염의 전기전도성을 이용

풀이 화염검출기 종류
- 스택 스위치(화염의 발열체)
- 플레임 아이(광전관식)
- 플레임 로드(전기전도성)

47 다음 열전대의 구비조건으로 가장 적절하지 않은 것은?

① 열기전력이 크고 온도 증가에 따라 연속적으로 상승할 것
② 저항온도계수가 높을 것
③ 열전도율이 작을 것
④ 전기저항이 작을 것

풀이 전기저항식 온도계는 온도에 의한 전기저항의 변화(온도계수)가 커야 한다.

48 측온저항체의 구비조건으로 틀린 것은?

① 호환성이 있을 것
② 저항의 온도계수가 작을 것
③ 온도와 저항의 관계가 연속적일 것
④ 저항 값이 온도 이외의 조건에서 변하지 않을 것

정답 42 ① 43 ② 44 ① 45 ④ 46 ③ 47 ② 48 ②

풀이 측온저항(R) = $R_o[1+a(t-t_o)]$
여기서, a : 전기저항 온도계수
- 니켈저항온도계 : 온도계수가 0.6(%/deg)도 커서 감도가 좋다.
- 저항온도계 : 백금, 니켈, 구리, 서미스터 등

49 시스(Sheath) 열전대의 특징이 아닌 것은?

① 응답속도가 빠르다.
② 국부적인 온도측정에 적합하다.
③ 피측온체의 온도저하 없이 측정할 수 있다.
④ 매우 가늘어서 진동이 심한 곳에는 사용할 수 없다.

풀이 시스 열전대
- 열전대 보호관 속에 MgO, Al$_2$O$_3$ 등을 넣은 것으로 매우 가늘고 가요성으로 만든 보호관이다.
- 관의 직경은 0.25~12mm 정도로서 그 특징은 ①, ②, ③ 등이다.

50 수은 및 알코올 온도계를 사용하여 온도를 측정할 때 계측의 기본원리는 무엇인가?

① 비열　　　　② 열팽창
③ 압력　　　　④ 점도

풀이 수은, 알코올 액주식 온도계 계측의 기본 원리는 액주의 열팽창을 이용한다.

51 다음 중에서 비접촉식 온도측정방법이 아닌 것은?

① 광고온계　　　② 색온도계
③ 서미스터　　　④ 광전관식 온도계

풀이 서미스터 접촉식 온도계
니켈, 코발트, 망간, 철, 구리 등의 금속산화물을 이용하여 만든 저항식 온도계이다. 측정범위는 -100~300℃이다.

52 방사온도계의 발신부를 설치할 때 다음 중 어떠한 식이 성립하여야 하는가?(단, l : 렌즈로부터 수열판까지의 거리, d : 수열판의 직경, L : 렌즈로부터 물체까지의 거리, D : 물체의 직경이다.)

① $\dfrac{L}{D} < \dfrac{l}{d}$　　② $\dfrac{L}{D} > \dfrac{l}{d}$

③ $\dfrac{L}{D} = \dfrac{l}{d}$　　④ $\dfrac{L}{l} < \dfrac{d}{D}$

풀이 방사고온계(비접촉식 온도계)
- 관계식 : $\dfrac{L}{D} < \dfrac{l}{d}$
- 측정범위 : 50~3,000℃ 연속측정이 가능하고 기록이나 제어가 용이하며 이동물체의 온도측정이 가능하다.

53 다음 중 가장 높은 온도를 측정할 수 있는 온도계는?

① 저항 온도계　　② 열전대 온도계
③ 유리제 온도계　④ 광전관 온도계

풀이 ① 저항 온도계 : -200~300℃
② 열전대 온도계 : -200~1,600℃
③ 유리제 온도계 : -100~600℃
④ 광전관 비접촉식 온도계 : 700~3,000℃

54 온도계의 동작 지연에 있어서 온도계의 최초 지시치가 T_o(℃), 측정한 온도가 x(℃)일 때, 온도계 지시치 T(℃)와 시간 τ와의 관계식은?(단, λ는 시정수이다.)

① $\dfrac{dT}{d\tau} = \dfrac{x-T_o}{\lambda}$　　② $\dfrac{dT}{d\tau} = \dfrac{\lambda}{x-T_o}$

③ $\dfrac{dT}{d\tau} = \dfrac{\lambda-x}{T_o}$　　④ $\dfrac{dT}{d\tau} = \dfrac{T_o}{\lambda-x}$

풀이 온도계의 동작지연
$\dfrac{dT}{d\tau} = \dfrac{x-T_o}{\lambda}$

정답　49 ④　50 ②　51 ③　52 ①　53 ④　54 ①

55 흡습염(염화리튬)을 이용하여 습도 측정을 위해 대기 중의 습도를 흡수하면 흡수체 표면에 포화용액층을 형성하게 되는데, 이 포화용액과 대기와의 증기 평형을 이루는 온도를 측정하는 방법은?

① 흡습법
② 이슬점법
③ 건구습도계법
④ 습구습도계법

풀이 이슬점법 온도 측정
　흡수제 염화리튬을 이용하여 습도와 함께 포화용액과 대기와의 평형을 이루는 온도 측정법이다.

56 다음에서 열전온도계 종류가 아닌 것은?

① 철과 콘스탄탄을 이용한 것
② 백금과 백금·로듐을 이용한 것
③ 철과 알루미늄을 이용한 것
④ 동과 콘스탄탄을 이용한 것

풀이 열전대 온도계

형별	열전대	측정온도(℃)
R	백금-백금·로듐	0~1,600
K	크로멜-알루멜	-20~1,200
J	철-콘스탄탄	-20~800
T	동-콘스탄탄	-180~350

57 다음 중 압력식 온도계를 이용하는 방법으로 가장 거리가 먼 것은?

① 고체 팽창식　　② 액체 팽창식
③ 기체 팽창식　　④ 증기 팽창식

풀이 압력식 온도계는 ②, ③, ④이고 고체 팽창식은 바이메탈 온도계이다.

58 다음 중 1,000℃ 이상인 고온체의 연속측정에 가장 적합한 온도계는?

① 저항 온도계
② 방사 온도계
③ 바이메탈식 온도계
④ 액체압력식 온도계

풀이 고온계의 측정범위
　• 광 고온계 : 700~3,000℃
　• 방사 고온계 : 50~3,000℃
　• 광전관 고온계 : 700~3,000℃
　• 색온도계 : 700~3,000℃

59 복사온도계에서 전복사에너지는 절대온도의 몇 승에 비례하는가?

① 2　　　　　　② 3
③ 4　　　　　　④ 5

풀이 스테판-볼츠만의 법칙

흑체복사력$(E_b) = \sigma \cdot T^4 = C_b \left(\dfrac{T}{100}\right)^4$

여기서, $\sigma = 5.669 \times 10^{-8} \text{W/m}^2\text{K}^4$
스테판-볼츠만의 흑체복사정수$(C_b) = 5.669 \text{W/m}^2\text{K}^4$

60 다음 중 광고온계의 측정원리는?

① 열에 의한 금속 팽창을 이용하여 측정
② 이종금속 접합점의 온도 차에 따른 열기전력을 측정
③ 피측정물의 전 파장의 복사 에너지를 열전대로 측정
④ 피측정물의 휘도와 전구의 휘도를 비교하여 측정

풀이 광고온계(비접촉식)
　피측정물의 휘도(0.65μm의 적외선 파장)와 전구의 휘도를 측정하여 700~3,000℃까지 측정한다. 단, 700℃ 이하의 낮은 온도 측정은 어렵다.

정답 55 ②　56 ③　57 ①　58 ②　59 ③　60 ④

61 −200~500℃의 측정범위를 가지며 측온저항체 소선으로 주로 사용되는 저항소자는?

① 구리선 ② 백금선
③ Ni선   ④ 서미스터

풀이 ① 구리선 : 측정범위 0~120℃
② 백금 측온 저항온도계 : 측정범위 −200~500℃, 저항체 직경 0.01~0.2mm 정도 사용
③ Ni선 : 측정범위 −50~150℃
④ 서미스터 : 측정범위 −100~300℃

62 열전대 온도계의 보호관 중 상용 사용온도가 약 1,000℃이며, 내열성, 내산성이 우수하나 환원성 가스에 기밀성이 약간 떨어지는 것은?

① 카보런덤관 ② 자기관
③ 석영관   ④ 황동관

풀이 ① 자기관 : 사용온도 1,450℃
② 카보런덤관 : 사용온도 1,600℃
③ 석영관 : 사용온도 1,000℃(내열성, 내산성이 우수하고 기밀성은 떨어진다.)
④ 황동관 : 사용온도 400℃

63 방사고온계의 장점이 아닌 것은?

① 고온 및 이동물체의 온도측정이 쉽다.
② 측정시간의 지연이 작다.
③ 발신기를 이용한 연속기록이 가능하다.
④ 방사율에 의한 보정량이 작다.

풀이 방사고온계(비접촉식 온도계)의 특성
• 측정범위 : 50~3,000℃
• 방사율의 보정량이 크다.
• 온도계를 수랭이나 공랭으로 냉각시켜야 오차가 적다.
• 기타 특성은 문제 보기의 ①, ②, ③ 등이다.

64 액체의 팽창하는 성질을 이용하여 온도를 측정하는 것은?

① 수은온도계
② 저항온도계
③ 서미스터 온도계
④ 백금−로듐 열전대 온도계

풀이 수은온도계
수은이나 알코올 등의 액체의 팽창하는 성질을 이용하는 액주식 온도계이다.

65 1,000℃ 이상인 고온의 노 내 온도측정을 위해 사용되는 온도계로 가장 적합하지 않은 것은?

① 제겔콘(Seger Cone) 온도계
② 백금저항온도계
③ 방사온도계
④ 광고온계

풀이 ① 제겔콘 온도계 : 1,580~2,000℃(또는 600~2,000℃)
② 백금저항온도계 : −200~500℃
③ 방사온도계 : 50~3,000℃
④ 광고온계 : 700~3,000℃

66 열전대 온도계에서 열전대선을 보호하는 보호관 단자로부터 냉접점까지는 보상도선을 사용한다. 이때 보상도선의 재료로서 가장 적합한 것은?

① 백금로듐
② 알루멜
③ 철선
④ 동−니켈 합금

풀이 열전대 온도계
제벡 효과를 이용한 온도계로 열전대와 보상도선을 사용한다.

정답 61 ② 62 ③ 63 ④ 64 ① 65 ② 66 ④

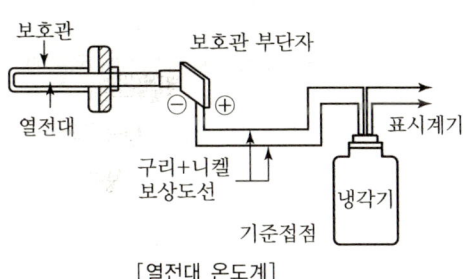

[열전대 온도계]

67 점도 1Pa·s와 같은 값은?

① 1kg/m·s ② 1P
③ 1kgf·s/m² ④ 1cP

 • 점성계수의 단위 : Pa·s, kg/m·s, N·s/m²
• $Pa = \dfrac{kg \cdot m/s^2}{m^2} = kg/m \cdot s^2$
$Pa \cdot s = (kg/m \cdot s^2) \times s = kg/m \cdot s$ 가 된다.

68 광고온계의 측정온도 범위로 가장 적합한 것은?

① 100~300℃ ② 100~500℃
③ 700~2,000℃ ④ 4,000~5,000℃

풀이 비접촉식 광고온계
• 측정 범위는 700~2,000℃, 700~3,000℃ 정도이다(비접촉식 중 정도가 가장 좋다).
• 700℃ 이하는 측정 시 오차가 발생한다(저온에서는 발광 에너지가 낮으므로).

69 다음 온도계 중 비접촉식 온도계로 옳은 것은?

① 유리제 온도계 ② 압력식 온도계
③ 전기저항식 온도계 ④ 광고온계

풀이 비접촉식 온도계
• 광고온계
• 광전관식 온도계
• 적외선온도계
• 방사온도계

70 0℃에서 저항이 80Ω이고 저항온도계수가 0.002인 저항온도계를 노 안에 삽입했더니 저항이 160Ω이 되었을 때 노 안의 온도는 약 몇 ℃인가?

① 160℃ ② 320℃
③ 400℃ ④ 500℃

풀이 노 안의 온도 $t = t_0 + \dfrac{1}{a}\left(\dfrac{R_t}{R_o} - 1\right)$
$= 0 + \dfrac{1}{0.002}\left(\dfrac{160}{80} - 1\right) = 500℃$

71 열전대 온도계 보호관 중 내열강 SEH-5에 대한 설명으로 옳지 않은 것은?

① 내식성, 내열성 및 강도가 좋다.
② 자기관에 비해 저온 측정에 사용된다.
③ 유황가스 및 산화염에도 사용이 가능하다.
④ 상용온도는 800℃이고 최고 사용 온도는 850℃까지 가능하다.

풀이 내열강 금속보호관(니켈-크롬강)의 사용온도는 1,000℃이고 최고 사용온도는 1,200℃이다.

72 특정 파장을 온도계 내에 통과시켜 온도계 내의 전구 필라멘트의 휘도를 육안으로 직접 비교하여 온도를 측정하므로 정밀도는 높지만 측정인력이 필요한 비접촉 온도계는?

① 광고온계 ② 방사온도계
③ 열전대온도계 ④ 저항온도계

풀이 광고온계(비접촉식 온도계)
• 특정한 파장 : 0.65μm 적색 단색광
• 방사에너지(휘도 이용)
• 측정온도 : 700~3,000℃
• 표준전구의 필라멘트 휘도 비교

정답 67 ① 68 ③ 69 ④ 70 ④ 71 ④ 72 ①

73 물체의 온도를 측정하는 방사고온계에서 이용하는 원리는?

① 제벡 효과
② 필터 효과
③ 윈-프랑크의 법칙
④ 스테판-볼츠만의 법칙

풀이) 방사에너지 $(Q) = 4.88 \times \varepsilon \left(\dfrac{T}{100}\right)^4 (kcal/m^2h)$

여기서, ε : 방사율
※ 스테판-볼츠만의 법칙을 이용하며 측정범위는 50~3,000℃

74 측온 저항체의 설치방법으로 틀린 것은?

① 내열성, 내식성이 커야 한다.
② 유속이 가장 빠른 곳에 설치하는 것이 좋다.
③ 가능한 한 파이프 중앙부의 온도를 측정할 수 있게 한다.
④ 파이프 길이가 아주 짧을 때에는 유체의 방향으로 굴곡부에 설치한다.

풀이) 측온 저항체 온도계는 온도와 전기저항과의 저항을 측정하여 온도계수를 보고 온도를 측정하므로 유속이 느린 곳의 물질의 온도 측정에 사용된다.

75 서미스터의 재질로서 적합하지 않은 것은?

① Ni
② Co
③ Mn
④ Pb

풀이) 서미스터 저항온도계 재질은 ①, ②, ③ 외 철(Fe), 구리(Cu) 등이 있다.

76 다음 중 백금-백금·로듐 열전대 온도계에 대한 설명으로 가장 적절한 것은?

① 측정 최고온도는 크로멜-알루멜 열전대보다 낮다.
② 열기전력이 다른 열전대에 비하여 가장 높다.
③ 안정성이 양호하여 표준용으로 사용된다.
④ 200℃ 이하의 온도측정에 적당하다.

풀이) 백금-백금·로듐 온도계(열전대 온도계)
- 1,600℃까지 측정이 가능하다.
- 산화성 분위기에는 강하나 환원성 분위기에는 약하다.
- 금속증기에도 약하다.
- 안정성이 양호하며 표준용으로 사용한다.

77 다음 중 압력식 온도계가 아닌 것은?

① 액체팽창식 온도계
② 열전 온도계
③ 증기압식 온도계
④ 가스압력식 온도계

풀이) 열전대 온도계
- 제벡 효과(Seebeck)를 이용하는 열전대 온도계는 온도에 대한 열기전력이 크며 내구성이 좋다.
- J형(I-C 온도계), K형(C-A 온도계), T형(구리-콘스탄탄), R형(백금-백금로듐) 등이 있다.

78 서미스터 온도계의 특징이 아닌 것은?

① 소형이며 응답이 빠르다.
② 저항온도계수가 금속에 비하여 매우 작다.
③ 흡습 등에 의하여 열화되기 쉽다.
④ 전기저항체 온도계이다.

풀이) 서미스터 반도체 전기저항식 온도계(금속산화물 분말 혼합용)
- 저항온도계수가 금속에 비하여 가장 크다.
- 재현성이 좋지 않고 자기가열에 주의하여야 한다.
- 합금체 : Ni, Co, Mn, Fe, Cu 등
- -200~500℃ 측정

79 열전대 온도계에 대한 설명으로 틀린 것은?

① 보호관 선택 및 유지관리에 주의한다.
② 단자의 (+)와 보상도선의 (-)를 결선해야 한다.
③ 주위의 고온체로부터 복사열의 영향으로 인한 오차가 생기지 않도록 주의해야 한다.
④ 열전대는 측정하고자 하는 곳에 정확히 삽입하여 삽입한 구멍을 통하여 냉기가 들어가지 않게 한다.

정답 73 ④ 74 ② 75 ④ 76 ③ 77 ② 78 ② 79 ②

풀이 보호관부 단자 이음
- ⊕단자 : 보상도선 ⊕ 도선
- ⊖단자 : 보상도선 ⊖ 도선

80 내열성이 우수하고 산화분위기 중에서도 강하며, 가장 높은 온도까지 측정이 가능한 열전대의 종류는?

① 구리 – 콘스탄탄
② 철 – 콘스탄탄
③ 크로멜 – 알루멜
④ 백금 – 백금 · 로듐

풀이 열전대 온도계의 측정범위
① 구리 – 콘스탄탄 : -200~350℃(300℃ 이상이면 산화분위기에 약하다)
② 철 – 콘스탄탄 : -200~800℃(산화분위기에 약하다)
③ 크로멜 – 알루멜 : 0~1,200℃(환원분위기에 강하다)
④ 백금 – 백금 · 로듐 : 0~1,600℃(산화분위기에 강하다)

81 시스(Sheath) 열전대 온도계에서 열전대가 있는 보호관 속에 충전되는 물질로 구성된 것은?

① 실리카, 마그네시아
② 마그네시아, 알루미나
③ 알루미나, 보크사이트
④ 보크사이트, 실리카

풀이 시스 열전대 온도계

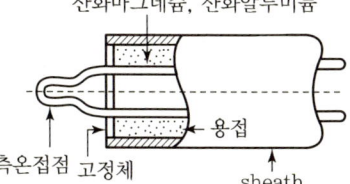

82 색온도계에 대한 설명으로 옳은 것은?

① 온도에 따라 색이 변하는 일원적인 관계로부터 온도를 측정한다.
② 바이메탈 온도계의 일종이다.
③ 유체의 팽창 정도를 이용하여 온도를 측정한다.
④ 기전력의 변화를 이용하여 온도를 측정한다.

풀이 색온도계
600℃ 이상의 발광물질의 온도 측정(비접촉식)에 사용된다. 온도가 높아지면 단파장의 성분이 많아지는 물체의 특성을 이용하는 온도계로서 구조가 복잡하고 응답은 빠르나 주위로부터의 빛 반사에 영향을 받는다.

83 저항온도계에 관한 설명 중 틀린 것은?

① 구리는 -200~500℃에서 사용한다.
② 시간지연이 적어 응답이 빠르다.
③ 저항선의 재료로는 저항온도계수가 크며, 화학적으로나 물리적으로 안정한 백금, 니켈 등을 쓴다.
④ 저항온도계는 금속의 가는 선을 절연물에 감아서 만든 측온저항체의 저항치를 재서 온도를 측정한다.

풀이 구리측온 저항온도계 사용온도 범위
- 백금측온 : -200~500℃
- 니켈측온 : -50~150℃
- 구리측온 : 0~120℃

84 방사고온계로 물체의 온도를 측정하니 1,000℃였다. 전방사율이 0.7이면 진온도는 약 몇 ℃인가?

① 1,119
② 1,196
③ 1,284
④ 1,392

풀이 방사온도계
전방사율(ε) = 0.7, 1,000 + 273 = 1,273K
진온도 $T = \dfrac{R}{\sqrt[4]{\varepsilon}} = \dfrac{1,273}{\sqrt[4]{0.7}} = 1,392\text{K}$
∴ 1,392 - 273 = 1,119℃

정답 80 ④ 81 ② 82 ① 83 ① 84 ①

85 서로 다른 2개의 금속판을 접합시켜서 만든 바이메탈 온도계의 기본 작동원리는?

① 두 금속판의 비열의 차
② 두 금속판의 열전도도의 차
③ 두 금속판의 열팽창계수의 차
④ 두 금속판의 기계적 강도의 차

풀이 바이메탈 온도계
- -50~500℃ 측정, 황동-인바, 모넬메탈-니켈강 등의 서로 다른 2개의 금속판을 접합시켜서 열팽창계수 차를 이용하여 만든 온도계
- 관의 두께는 0.1~0.2mm 형상은 원호형, 나선형

86 열전대(Thermocouple)는 어떤 원리를 이용한 온도계인가?

① 열팽창률차   ② 전위차
③ 압력차   ④ 전기저항차

풀이 열전대 온도계 : 제벡 효과 이용(전위차)
※ 열전대 온도계의 종류

형별	온도계 종류	측정온도(℃)
R	백금-백금·로듐	0~1,600
K	크로멜-알루멜	-20~1,200
J	철-콘스탄탄	-20~800
T	동-콘스탄탄	-180~350

87 다음 중에서 측온저항체로 사용되지 않는 것은?

① Cu   ② Ni
③ Pt   ④ Cr

풀이 저항온도계의 저항체
- 백금(Pt)
- 니켈(Ni)
- 구리(Cu)
- 서미스터(Ni, Co, Mn, Fe, Cu)
※ 서미스터는 저항체에 큰 전류가 흐르면 줄열에 의해 자기가열이 일어난다.

88 측정온도범위가 약 0~700℃ 정도이며, (-)측이 콘스탄탄으로 구성된 열전대는?

① J형   ② R형
③ K형   ④ S형

풀이 열전대 온도계

구분	+측	-측	측정온도범위
J형	순철	콘스탄탄, 니켈	-20~800℃
K형	크로멜	알루멜	-20~1,200℃
T형	순동	콘스탄탄	-180~350℃
R형	백금로듐	백금	0~1,600℃

89 저항온도계에 활용되는 측온 저항체 종류에 해당되는 것은?

① 서미스터(Thermistor) 저항온도계
② 철-콘스탄탄(IC) 저항온도계
③ 크로멜(Chromel) 저항온도계
④ 알루멜(Alumel) 저항온도계

풀이 저항온도계의 저항체
- 백금 : -200~500℃
- 니켈 : -50~150℃
- 구리 : 0~120℃
- 서미스터(소결 반도체 : Ni, Co, Mn, Fe, Cu 사용) : -100~300℃
※ 0℃ 표준저항치 : 25Ω, 50Ω, 100Ω

정답 85 ③ 86 ② 87 ④ 88 ① 89 ①

CHAPTER 002 유량계측

SECTION 01 유량계의 분류

1. 유량측정방법

유량측정방법에는 용적유량 측정 $Q(\text{m}^3/\text{s})$, 중량유량 측정 $\dot{G}(\text{kg}_\text{f}/\text{s})$, 적산유량 측정, 순간유량, 질량유량 $\dot{M}(\text{kg}_\text{m}/\text{s})$ 측정 등의 방법이 있다.

2. 유량계 측정방법 및 원리

측정방법	측정원리	종류
속도수두	전압과 정압의 차에 의한 유속 측정	피토관
유속식	프로펠러나 터빈의 회전수 측정	바람개비형, 터빈형
차압식	교축기구 전후의 차압 측정	오리피스, 벤투리, 플로노즐
용적식	일정한 용기에 유체를 도입시켜 측정	오벌식, 가스미터, 루트식, 로터리팬, 로터리피스톤
면적식	차압을 일정하게 하고 교축기구의 면적을 변화	플로트형(로터미터), 게이트형, 피스톤형
와류식	와류의 생성속도 검출	칼만식, 델타, 스와르미터
전자식	도전성 유체에 자장을 형성시켜 기전력 측정	전자유량계
열선식	유체에 의한 가열선의 흡수열량 측정	미풍계, Thermal 유량계, 토마스미터
초음파식	도플러 효과 이용	초음파 유량계

SECTION 02 유량계의 종류 및 특징

1. 피토관(Pitot Tube)식 유량계(유속식 유량계)

유체 중에 피토관을 설치하여 전압과 정압에 의하여 측정된 동압으로부터 유량을 계측할 수 있다.

1) 속도수두 측정법

베르누이 방정식에 의한 유속

$$\frac{P_1}{\gamma_1} + \frac{v_1^2}{2g} + Z_1 = \frac{P_2}{\gamma_2} + \frac{v_2^2}{2g} + Z_2$$

$Z_1 = Z_2$이고, $v_2 = 0$, $\gamma_1 = \gamma_2$이면

$$v_1 = \sqrt{2g\frac{(P_2 - P_1)}{\gamma}} = \sqrt{2gh\left(\frac{\gamma_s}{\gamma} - 1\right)}$$

$$\frac{(P_2 - P_1)}{\gamma} = h\left(\frac{\gamma_s}{\gamma} - 1\right)$$

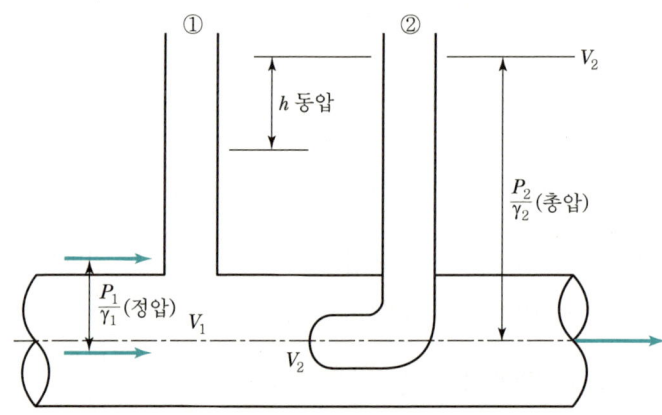

| 피토관 |

$$유량(Q) = A \cdot v = A \cdot C\sqrt{2g\frac{(P_2 - P_1)}{\gamma}}$$

여기서, P_1 : 1지점의 압력(kg_f/m^2)
P_2 : 2지점의 압력(kg_f/m^2)
γ : 비중량(kg_f/m^3)
C : 유량계수
A : 관의 단면적(m^2)
g : 중력가속도($9.8m/s^2$)

2) 피토관의 특징(베르누이의 법칙 이용)

① 기체의 유속 5m/s 이상인 경우 시험용으로 사용된다.
② 비행기의 속도 측정, 송풍기의 풍량 측정, 수력발전소의 유량 측정에 활용된다.
③ 피토관의 단면적은 관 단면적의 1% 이하가 되어야 하고 유입측은 관지름의 20배 이상의 직관거리가 필요하다.
④ 피토관의 앞부분은 유체흐름방향과 평행하게 설치한다.
⑤ 더스트나 미스트 등이 많은 유체측정에는 부적당하다.
⑥ 피토관은 사용 유체의 압력에 충분한 강도를 가져야 한다.

2. 차압식 유량계

측정관로 내에 교축기구(오리피스, 플로노즐, 벤투리관)를 설치하여 교축기구 전·후 압력차를 이용하여 베르누이의 정리를 이용하여 유속과 유량을 계측하는 장치로서 유량은 차압의 제곱근에 비례한다.

1) 오리피스(Orifice)

오리피스미터는 피토관과 같이 베르누이 방정식에 의하여 계산할 수 있다.
① 오리피스의 종류는 베나탭, 코너탭, 플랜지탭이 있다.(동심 오리피스, 편심 오리피스가 있다.)
② 제작 및 설치가 쉽고 경제적이다.
③ 압력손실이 크고 내구성이 부족하다.
④ 정도는 2% 이내이다. 그리고 레이놀즈수가 작아지면 유량계수는 증가한다.

2) 플로노즐(Flow-Nozzle)

① 노즐의 교축을 완만하게 하여 압력손실을 줄인 것으로 내구성이 있다.
② 고압($50~300kg_f/cm^2$)의 유체에서 레이놀즈수가 클 때 사용한다.
③ 오리피스에 비해 구조가 복잡하고 가공이 어렵다.
④ 레이놀즈수가 작아지면 유량계수도 감소한다.
⑤ 압력손실은 중간 정도이고 고압유체, 슬러리 유체 측정도 가능하다.

3) 벤투리(Venturi)

① 단면의 축소부와 확대부 형상이 원추형이다.
② 압력손실이 가장 적고 측정 정도가 높다.
③ 구조가 복잡하고 대형이며 설치 시 파이프를 절단해야 한다.

④ 값이 고가이며 설치장소를 크게 차지한다.
⑤ 입구와 출구각은 각각 20°와 7° 정도이다.
⑥ 조리개부가 유선형에 가까우며 축류의 영향도 비교적 적고 고압부의 정압공은 직관부에 설치하고 저압 측의 정압공은 조리개부에 설치한다.

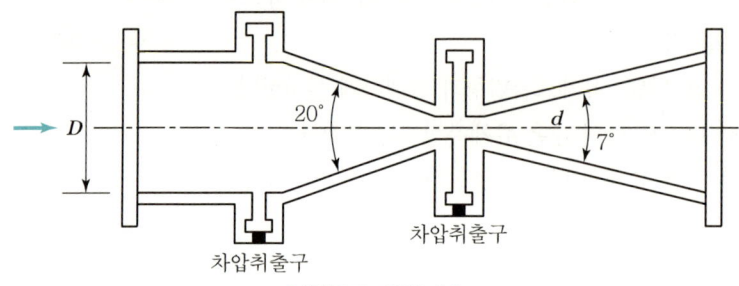

| 벤투리 유량계 |

4) 압력손실의 크기 비교

오리피스 > 플로노즐 > 벤투리

5) 차압식 유량계 취급 시 주의사항

① 교축장치를 통과할 때의 유체는 단일상이이어야 한다.
② 레이놀즈수가 10^5 정도 이하에서는 유량계수가 무너진다.
③ 측정범위를 넓게 잡을 수 없다.
④ 저유량에서는 정도가 저하한다.
⑤ 맥동 유체나 고점도 액체의 측정은 오차가 발생한다.

3. 면적식 유량계(순간식 유량계)

베르누이에 의한 면적식 유량계는 차압식 유량계와는 달리 교축기구 전후의 압력차를 일정하게 하고 면적을 변화시켜 유량을 측정하는 기구로 플로트식(부자식, 로터미터), 피스톤식, 게이트식이 있다.

① 유체의 밀도에 따라 보정해야 한다.
② 압력손실이 적고 균등 유량눈금을 얻는다.
③ 기체 및 액체뿐만 아니라 부식성 유체나 슬러리(Slurry)의 유량측정이 가능하다.
④ 정도는 ±1~2% 내로 정밀측정에 부적당하다.
⑤ 수직배관만이 사용가능하다.
⑥ 소유량이나 고점도 유체의 측정이 가능하다.

⑦ 액체, 기체 측정용이며 순간유량 측정계이다.
⑧ 플로트가 오염된다.
⑨ 100mm 구경 이상 대형의 값은 비싸다.

$$유량(Q) = (S-S_o)\sqrt{\frac{2P}{C \cdot P}} = (S-S_o) = \sqrt{\frac{2W}{C \cdot \rho \cdot S_o}}$$

여기서, S_o : 부자의 유효 횡단면적
ρ : 유체밀도, C : 보정계수, P : 차압
W : 부자중량에서 유체의 부력을 뺀 값

4. 용적식 유량계

유체가 흐르는 용기 내에 일정한 공간을 만들어 유체를 흐르게 하여 운동체의 회전 횟수를 연속 측정하는 방식으로 유체의 밀도에는 무관하고 체적유량을 적산하는 유량계로 이용된다. 종류에는 오벌식(Oval), 루트식, 드럼식, 로터리피스톤식이 있다.

[특징]
- 적산정도($\pm 0.2 \sim 0.5\%$)가 높아 상업 거래용으로 사용된다.
- 측정유체의 맥동에 의한 영향이 적다.
- 유량계 이전에 여과기를 설치한다.
- 고점도의 유체 유량 측정에 사용된다.
- 압력손실이 적으며 설치가 간단하지만 구조가 복잡하다.
- 고형물의 혼입을 막기 위해 입구 측에 반드시 여과기가 필요하다.

1) 로터리 피스톤형 유량계

원통 속의 로터리 피스톤의 회전을 회전기어에 의해 적산, 즉 그 왕복수에서 통과체적을 알 수 있으며, 정도는 $\pm 0.5\%$이다. 피스톤 재질은 스테인리스, 주철, 실루민 등을 사용한다.

2) 회전자형 유량계

밀폐된 케이스 내에 비원형의 회전자를 설치한 것으로 전후의 압력차에 의해 피측정물이 회전자를 흐를 때의 회전수를 계측하는 유량계로서 정도는 0.5% 이내이다.
① 회전자의 형상에 따라 오벌(Oval)기어식과 루트(Root)형이 있다.
② 점성이 큰 액체 또는 기체의 유량측정이 가능하다.
③ 측정유체의 맥동에 의한 영향이 적다.

3) 드럼형 가스미터 유량계

가스 및 공기 등의 유량적산에 사용되며 회전드럼의 회전수에 의하여 유량을 계측, 건식과 습식이 있다. 습식 가스미터는 계량실이 4개인 드럼이 1개, 건식가스미터는 2개의 드럼이 있다.
① 습식 가스미터기(드럼형)
② 건식 가스미터기(격막식)

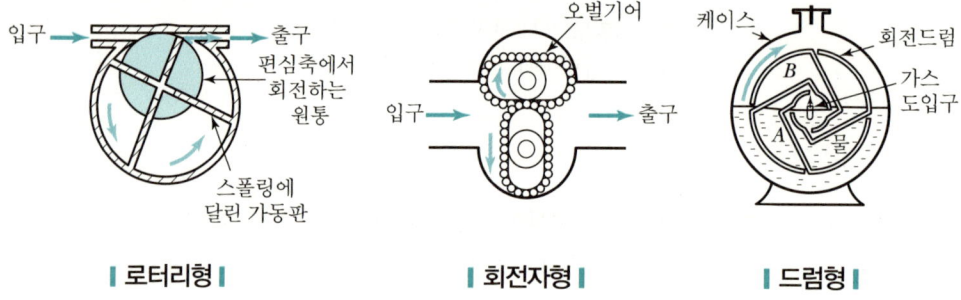

| 로터리형 | 회전자형 | 드럼형 |

5. 와류식 유량계

인위적으로 와류를 일으켜 와류의 소용돌이 발생수가 유속과 비례한다는 사실을 응용한 유량계로 델타, 스와르메타, 칼만 유량계가 있다. 압력손실이 적고 측정범위가 넓으며 연도와 같이 부식성 있는 유체의 유량측정에는 퍼지식 와류 유량계가 사용된다.
특징은 가동부분이 없고 흐름 속에 놓여진 원주 배후에 생기는 카르만 와열은 레이놀즈수의 범위에서 유속과 관계된 정해진 발생수를 나타낸다.(소용돌이 발생수로 유속측정)

6. 전자식 유량계(순간식 유량계)

패러데이의 전자유도법칙에 의하여 전기도체가 자계 내에서 자력선을 짜를 때 기전력이 발생하는 원리를 이용한 것으로 유량은 기전력에 비례한다. 즉 고체나 유체가 자계 내를 움직일 때(자속을 Cutting할 때) 전압이 발생한다.(기전력 E는 유속 V에 비례한다.)

[특징]
① 응답이 매우 빠르며 압력손실이 전혀 없다.
② 고점도의 액체나 슬러지를 포함한 액체 측정이 가능하다.
③ 도전성 액체의 유량 측정만 가능하며, 마찰손실이 없다.
④ 미소 기전력을 증폭하는 증폭기가 필요하다.
⑤ 유리 등으로 라이닝하여 내식성이 있으나 고가이다.

⑥ 공업용 액체는 거의 유량측정이 가능하나 증기와 같은 유체는 도전율이 너무 낮아 측정이 곤란하다.
(고성능 증폭장치가 필요하며 가격이 비싸다.)
⑦ 액체의 성상이나 부식 등에 영향을 받지 않는다.
⑧ 감도가 높고 정도가 비교적 좋으며 유속의 측정범위에 제한이 없다.

7. 열선유량계(유속식 유량계 일종)

저항선에 전류를 공급하여 열을 발생시키고 유체를 통과하면 저항선의 온도변화로 유속을 측정하여 유량을 계측하는 방법(미풍계, 토마스미터, Thermal 유량계)의 유량계이다.

[특징]
① 변동하는 유체의 속도측정이 가능하다.
② 흩어짐의 측정이 가능하다.
③ 국부적인 흐름의 측정이 가능하다.
④ 유속식 유량계이다.

8. 임펠러식 유량계(날개바퀴식)

날개바퀴, 프로펠러 등의 회전속도와 유속과의 관계를 고려하여 유량을 측정한다.

[특징]
① 기상 쪽에서는 로빈슨 풍속계(1~50m/s)가 많이 사용된다. 최근에는 프로펠러 형식의 것도 사용된다.(유속식 유량계의 일종)
② 물의 사용량 측정으로는 워싱턴형, 월트맨형이 사용된다.
③ 수(水)량 미터의 대부분은 이 형식의 것에 적산기구를 첨부해 사용된다.

9. 초음파 유량계

도플러 효과(Doppler Effect)를 이용한 것으로 초음파가 유체속을 진행할 때 유속의 변화에 따라 주파수 변화를 계측하는 방법(유체의 흐름에 따라 초음파 발사)

[특징]
① 대유량 측정용으로 적합하다.
② 비전도성 액체의 유량측정이 가능하다.(기체 사용도 가능하다.)
③ 압력손실이 없다.

10. 연도와 같은 악조건하에서의 유량측정기

① 퍼지식 유량계(연속측정용)
② 아뉴바 유량계(연속측정용)
③ 서멀 유량계(연속측정용)
④ 고온용 열선 풍속계식 유량계(휴대용)
⑤ 웨스턴형 유량계(휴대용)
⑥ 피토관 유량계(휴대용)

> **Reference** 유량계산
>
> (1) 피토관 유속 $(V) = \sqrt{2g\left(\dfrac{\rho_1 - \rho_2}{\gamma}\right)R} = \sqrt{2g\Delta h}$ [m/s]
>
> (2) 벤투리미터 유량 $(Q) = A_2 V_2 = \dfrac{C \cdot A_2}{\sqrt{1 - \left(\dfrac{A_2}{A_1}\right)^2}} \sqrt{2g\left(\dfrac{\rho_1 - \rho_2}{\gamma}\right)R}$ [m³/s]
>
> (3) 오리피스 유량 $(Q) = \dfrac{\pi}{4}d^2 \times \dfrac{C_o}{\sqrt{1-m^2}} \sqrt{2g\left(\dfrac{\rho_1 - \rho_2}{\gamma}\right)}$ [m³/s]
>
> 여기서, C_o : 오리피스계수 A_2 : 단면적
> ρ_1 : 마노미터 유체밀도 V_2 : 유속
> ρ_2 : 유체밀도 R : 마노미터 읽음
> $2g$: 2×9.8 m : 개구비 $\left(\dfrac{A_2}{A_1}\right)^2$
> Δh : 압력차 γ : 유체의 비중량(밀도)

CHAPTER 002 출제예상문제

01 전자유량계의 특징으로 틀린 것은?
① 응답이 빠른 편이다.
② 압력손실이 거의 없다.
③ 높은 내식성을 유지할 수 있다.
④ 모든 액체의 유량 측정이 가능하다.

풀이 전자유량계
패러데이의 전자유도법칙을 이용한다. 유량계로서 도전성이 있는 유체의 유량만 측정이 가능하다.

02 관로에 설치된 오리피스 전후의 압력차는?
① 유량의 제곱에 비례한다.
② 유량의 제곱근에 비례한다.
③ 유량의 제곱에 반비례하다.
④ 유량의 제곱근에 반비례한다.

풀이 $Q = K \cdot \sqrt{\Delta P}$
$\therefore \Delta P = \frac{1}{K} \cdot Q^2, \quad \Delta P \propto Q^2$
차압식의 유량은 유압(차압)의 평방근에 비례한다. 차압은 유량의 제곱에 비례한다(유량은 관직경의 제곱에 비례한다).

03 유량 측정에 쓰이는 Tap 방식이 아닌 것은?
① 베나 탭   ② 코너 탭
③ 압력 탭   ④ 플랜지 탭

풀이 차압식 유량계(오리피스)의 탭
• 베나 탭
• 코너 탭
• 플랜지 탭

04 순간차를 측정하는 유량계에 속하지 않는 것은?
① 오벌(Oval) 유량계
② 벤투리(Venturi) 유량계
③ 오리피스(Orifice) 유량계
④ 플로노즐(Flow-nozzle) 유량계

풀이 오벌 유량계, 루트식 유량계, 가스미터기 등은 용적식 유량계이다(회전자의 적산유량계).

05 전자유량계에서 안지름이 4cm인 파이프에 3L/s의 액체가 흐르고, 자속밀도 1,000gauss의 평등자계 내에 있다면 이때 검출되는 전압은 약 몇 mV인가?(단, 자속분포의 수정계수는 1이고, 액체의 비중은 1이다.)
① 5.5   ② 7.5
③ 9.5   ④ 11.5

풀이 전자식 유량계(패러데이의 전자유도 법칙 이용)
기전력(E) = 자속밀도×길이×속도 = BLV
길이(L) = 4cm = 0.04m
단면적(A) = $\frac{\pi}{4}d^2 = \frac{3.14}{4} \times 4^2 = 12.56\text{cm}^2$
유속(V) = $\frac{3}{12.56}$ = 0.2388cm/s
$\therefore$ 전압 = 1,000×0.04×0.2388 = 9.5mV

06 지름이 400mm인 관 속을 5kg/s로 공기가 흐르고 있다. 관 속의 압력은 200kPa, 온도는 23℃, 공기의 기체상수 R이 287J/(kg·K)라 할 때 공기의 평균 속도는 약 몇 m/s인가?
① 2.4   ② 7.7
③ 16.9   ④ 24.1

정답 01 ④ 02 ① 03 ③ 04 ① 05 ③ 06 ③

[풀이] 관의 단면적 $(A) = \dfrac{3.14}{4} \times (0.4)^2 = 0.1256 \text{m}^2$

$5\text{kg/s} = 22.4\text{m}^3 \times \dfrac{5}{29} = 3.862 \text{m}^3/\text{s}$ (공기유량)

$3.862 \times \dfrac{100}{200} \times \dfrac{23+273}{273} = 2.1219 \text{m}^3/\text{s}$ (변화 후 체적)

$\therefore$ 유속 $= \dfrac{2.1219}{0.1256} = 16.9 \text{m/s}$

07 유량 측정기기 중 유체가 흐르는 단면적이 변함으로써 직접 유체의 유량을 읽을 수 있는 기기, 즉 압력차를 측정할 필요가 없는 장치는?

① 피토 튜브 ② 로터미터
③ 벤투리미터 ④ 오리피스미터

[풀이] 로터미터
면적 유량계로서 부자의 변위에 의한 순간유량을 측정한다.

08 온도의 정의 정점 중 평형수소의 삼중점은 얼마인가?

① 13.80K ② 17.04K
③ 20.24K ④ 27.10K

[풀이]
- 평형수소의 3중점 : 13.81K
- 평형수소의 26/76 기압의 비점 : 17.042K
- 평형수소의 비점 : 20.24K
- 네온의 비점 : 27.102K

09 피토관 유량계에 관한 설명이 아닌 것은?

① 흐름에 대해 충분한 강도를 가져야 한다.
② 더스트가 많은 유체측정에는 부적당하다.
③ 피토관의 단면적은 관 단면적의 10% 이상이어야 한다.
④ 피토관을 유체흐름의 방향으로 일치시킨다.

[풀이] 피토관 유속식 유량계는 관의 단면적과 $\dfrac{1}{8} \sim \dfrac{1}{4}$ 정도 일치한다.

10 관로의 유속을 피토관으로 측정할 때 마노미터의 수주가 50cm였다. 이때 유속은 약 몇 m/s인가?

① 3.13 ② 2.21
③ 1.0   ④ 0.707

[풀이] 유속 $(V) = K\sqrt{2gh} = \sqrt{2 \times 9.8 \times 0.5} = 3.13 \text{m/s}$

11 차압식 유량계의 종류가 아닌 것은?

① 벤투리 ② 오리피스
③ 터빈 유량계 ④ 플로노즐

[풀이]
- 차압식 유량계 : 오리피스, 벤투리, 플로노즐
- 터빈 유량계 : 용적식 유량계

12 유량계의 교정방법 중 기체 유량계의 교정에 가장 적합한 방법은?

① 막식가스 미터기를 사용하여 교정한다.
② 기준 탱크를 사용하여 교정한다.
③ 기준 유량계를 사용하여 교정한다.
④ 기준 체적관을 사용하여 교정한다.

[풀이] 기체의 유량계 교정원리 : 기준 체적관을 사용하여 교정한다.

13 마노미터의 종류 중 압력 계산 시 유체의 밀도에는 무관하고 단지 마노미터 액의 밀도에만 관계되는 마노미터는?

① Open-end 마노미터
② Sealed-end 마노미터
③ 차압(Differential) 마노미터
④ Open-end 마노미터와 Sealed-end 마노미터

[풀이] 차압식 마노미터
유체의 밀도에는 무관하고 단지 마노미터 내부 액의 밀도에만 관계되는 마노미터이다.

정답 07 ② 08 ① 09 ③ 10 ① 11 ③ 12 ④ 13 ③

14 차압식 유량계에 대한 설명으로 옳지 않은 것은?

① 관로에 오리피스, 플로노즐 등이 설치되어 있다.
② 정도(精度)가 좋으나, 측정범위가 좁다.
③ 유량은 압력차의 평방근에 비례한다.
④ 레이놀즈수 10^5 이상에서 유량계수가 유지된다.

풀이 차압식 유량계
- Orifice
- Venture Meter
- Flow-nozzle

※ 유량이 적으면 정도가 떨어진다.

15 유속 10m/s의 물속에 피토관을 세울 때 수주의 높이는 약 몇 m인가?(단, 여기서 중력가속도 $g = 9.8\text{m/s}^2$이다.)

① 0.51 ② 5.1
③ 0.12 ④ 1.2

풀이 유속(V) = $\sqrt{2gh}$, $10 = \sqrt{2 \times 9.8 \times h}$

높이(h) = $\dfrac{V^2}{2 \cdot g} = \dfrac{10^2}{2 \times 9.8} = 5.1\text{m}$

16 다음 중 차압식 유량계가 아닌 것은?

① 오리피스(Orifice)
② 벤투리관(Venturi)
③ 로터미터(Rotameter)
④ 플로노즐(Flow-nozzle)

풀이 차압식 유량계는 ①, ②, ④이며 로터미터 유량계는 면적식 유량계이다.

17 다음 유량계 중 유체압력 손실이 가장 적은 것은?

① 유속식(Impeller식) 유량계
② 용적식 유량계
③ 전자식 유량계
④ 차압식 유량계

풀이 전자식 유량계(패러데이 법칙 유량계)
- 유체의 흐름을 교란시키지 않고 압력손실이 거의 없다.
- 감도가 높고 정도가 비교적 좋다.
- 액체의 도전율 값에 좌우되지 않는다.
- 유속의 측정범위에 제한이 없다.

18 다음 중 용적식 유량계에 해당하는 것은?

① 오리피스미터 ② 습식 가스미터
③ 로터미터   ④ 피토관

풀이
- 용적식 가스미터 및 유량계 : 건식, 습식 가스미터기, 오벌형, 터빈형, 루트식
- 면적식 유량계 : 로터미터(부자형, 피스톤형)
- 유속식 유량계 : 피토관

19 다음 중 스로틀(Throttle) 기구에 의하여 유량을 측정하지 않는 유량계는?

① 오리피스미터 ② 플로노즐
③ 벤투리미터   ④ 오벌미터

풀이 오벌기어식 미터기
기어의 회전이 유량에 비례하는 원리를 이용한 용적식 유량계이다.

20 전자유량계로 유량을 측정하기 위해서 직접 계측하는 것은?

① 유체에 생기는 과전류에 의한 온도 상승
② 유체에 생기는 압력 상승
③ 유체 내에 생기는 와류
④ 유체에 생기는 기전력

풀이 전자유량계(Q) = $C \times D \times \dfrac{E}{H}$, $E = \varepsilon BDV \times 10^{-8}$

여기서, E : 기전력, ε : 자속분포의 수정계수
B : 자속밀도, V : 유체속도, D : 관경
압력손실이 없는 유량계로서 슬러지나 고점도 액체의 측정이 가능하다.

정답 14 ② 15 ② 16 ③ 17 ③ 18 ② 19 ④ 20 ④

21 다음 중 오리피스(Orifice), 벤투리관(Venturi Tube)을 이용하여 유량을 측정하고자 할 때 필요한 값으로 가장 적절한 것은?

① 측정기구 전후의 압력차
② 측정기구 전후의 온도차
③ 측정기구 입구에 가해지는 압력
④ 측정기구의 출구 압력

풀이 차압식 유량계
- 오리피스
- 플로노즐
- 벤투리미터

$Q(\text{유량}) = 0.01252a \times \varepsilon \times \beta^2 \times Dt^2$
$\times \sqrt{\dfrac{P_1 - P_2}{\gamma_1}} \ (\text{m}^3/\text{s})$

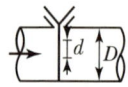 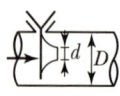 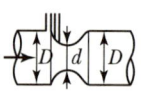

[오리피스]   [노즐]   [벤투리미터]

22 다음 유량계 종류 중에서 적산식 유량계는?

① 용적식 유량계   ② 차압식 유량계
③ 면적식 유량계   ④ 동압식 유량계

풀이 적산식 측정유량계는 정밀도가 우수하며, 용적식 유량계(상업거래용)가 대표적이다.

23 보일러 공기예열기의 공기유량을 측정하는 데 가장 적합한 유량계는?

① 면적식 유량계
② 차압식 유량계
③ 열선식 유량계
④ 용적식 유량계

풀이
- 공기예열기는 열선식 유량계로 유량을 측정한다.
- 열선식 : 유체의 온도를 전열로 일정온도 상승시키는 데 필요한 전기량을 측정한다.

24 유로에 고정된 교축기구를 두어 그 전후의 압력차를 측정하여 유량을 구하는 유량계의 형식이 아닌 것은?

① 벤투리미터   ② 플로노즐
③ 로터미터   ④ 오리피스

풀이 로터미터
- 면적식 유량계
- 플로트식이다.
- 압력손실이 적고 측정치는 균등유량 눈금을 얻을 수 있다.

25 전자유량계의 특징이 아닌 것은?

① 유속검출에 지연시간이 없다.
② 유체의 밀도와 점성의 영향을 받는다.
③ 유로에 장애물이 없고 압력손실, 이물질 부착의 염려가 없다.
④ 다른 물질이 섞여 있거나 기포가 있는 액체도 측정이 가능하다.

풀이 전자식 유량계(패러데이의 기전력 이용 유량계)
액체의 물리적 구성이나 성상, 즉 불순물의 혼합, 점성, 비중, 밀도의 영향을 받지 않는다.

26 용적식 유량계에 대한 설명으로 틀린 것은?

① 측정유체의 맥동에 의한 영향이 적다.
② 점도가 높은 유량의 측정은 곤란하다.
③ 고형물의 혼입을 막기 위해 입구 측에 여과기가 필요하다.
④ 종류에는 오벌식, 루트식, 로터리 피스톤식 등이 있다.

풀이 용적식 유량계(점도가 높아도 사용 가능)
- 로터리 피스톤형   • 로터리 베인형
- 오벌기어형   • 루트형
- 가스미터기   • 디스크형, 피스톤형

정답 21 ① 22 ① 23 ③ 24 ③ 25 ② 26 ②

27 관로의 유속을 피토관으로 측정할 때 수주의 높이가 30cm이었다. 이때 유속은 약 몇 m/s인가?

① 1.88 ② 2.42
③ 3.88 ④ 5.88

풀이 유속(V) = $\sqrt{2gh}$ = $\sqrt{2 \times 9.8 \times 0.3}$ = 2.42m/s

28 다음 중 유량측정의 원리와 유량계를 바르게 연결한 것은?

① 유체에 작용하는 힘 – 터빈 유량계
② 유속변화로 인한 압력차 – 용적식 유량계
③ 흐름에 의한 냉각효과 – 전자기 유량계
④ 파동의 전파 시간차 – 조리개 유량계

풀이
- 터빈 유량계 : 용적식 또는 유속식 유량계이다.
- 용적식 유량계 : 체적식 유량계(유체에 작용하는 힘 이용)
- 전자식 유량계 : 기전력이 발생하는 패러데이의 법칙 이용
- 조리개 유량계 : 면적식 유량계, 차압식

29 직경 80mm인 원관 내에 비중 0.9인 기름이 유속 4m/s로 흐를 때 질량유량은 약 몇 kg/s인가?

① 18 ② 24
③ 30 ④ 36

풀이 유량(Q) = 단면적×유속(m³/s)
$$= \frac{3.14}{4} \times (0.08)^2 \times 4 = 0.020096 \, m^3/s$$
$\therefore \dot{m} = 0.020096 \times 0.9 \times 10^3 = 18 kg/s$
※ $1m^3 = 1,000kg$(물의 경우)

30 유체의 와류를 이용하여 측정하는 유량계는?

① 오벌 유량계 ② 델타 유량계
③ 로터리피스톤 유량계 ④ 로터미터

풀이 와류식 유량계
카르만 와열(渦列)은 레이놀즈수의 범위에서 유속과 관계된 정해진 발생 수를 나타낸다. 즉, 소용돌이 발생 수를 알면 유속을 알 수 있는 원리를 이용한 유량계로서 델타 유량계, 스와르메타 유량계, 카르만 유량계가 있다.

31 유량계에 대한 설명으로 틀린 것은?

① 플로트형 면적유량계는 정밀측정이 어렵다.
② 플로트형 면적유량계는 고점도 유체에 사용하기 어렵다.
③ 플로 노즐식 교축유량계는 고압유체의 유량 측정에 적합하다.
④ 플로 노즐식 교축유량계는 노즐의 교축을 완만하게 하여 압력 손실을 줄인 것이다.

풀이 플로트형 면적식 유량계
소유량이나 고점도 유체 측정이 가능하다. 특히 슬러리나 부식성 유체 측정도 가능하다. 또한 균등 유량의 눈금이 얻어지고 압력 손실이 적다.

32 초음파 유량계의 특징이 아닌 것은?

① 압력 손실이 없다.
② 대유량 측정용으로 적합하다.
③ 비전도성 액체의 유량 측정이 가능하다.
④ 미소 기전력을 증폭하는 증폭기가 필요하다.

풀이 초음파 유량계는 흐르는 유체에 초음파를 발사하여 초음파의 유속이 도달하는 시간(t_1)을 이용한다.

33 유량 측정에 사용되는 오리피스가 아닌 것은?

① 베나탭 ② 게이지탭
③ 코너탭 ④ 플랜지탭

풀이 오리피스 차압식 유량계 Tap
- Corner Tap
- Vena Tap
- Flange Tap

정답 27 ② 28 ① 29 ① 30 ② 31 ② 32 ④ 33 ②

34 차압식 유량계에 관한 설명으로 옳은 것은?

① 유량은 교축기구 전후의 차압에 비례한다.
② 유량은 교축기구 전후의 차압의 제곱근에 비례한다.
③ 유량은 교축기구 전후의 차압의 근삿값이다.
④ 유량은 교축기구 전후의 차압에 반비례한다.

풀이 차압식 유량계(오리피스, 플로노즐, 벤투리미터)의 유량은 교축기구 전후의 차압의 제곱근에 비례한다.

35 피토관에 의한 유속 측정식은 다음과 같다.

$$v = \sqrt{\frac{2g(P_1 - P_2)}{\gamma}}$$

이때 P_1, P_2의 각각의 의미는?(단, v는 유속, g는 중력가속도이고, γ는 비중량이다.)

① 동압과 전압을 뜻한다.
② 전압과 정압을 뜻한다.
③ 정압과 동압을 뜻한다.
④ 동압과 유체압을 뜻한다.

풀이 피토관 유속식 유량계

유량(Q) = $Av_1 = A \cdot C_v \sqrt{2g\dfrac{P_1 - P_2}{\gamma}}$ (m³/sec)

여기서, v_1 : 유속(=유량/단면적), A : 단면적
g : 중력가속도, 9.8m/s², C_v : 유량계수
P_1 : 전압, P_2 : 정압
$P_1 - P_2$ (전압 – 정압 = 동압)

36 관 속을 흐르는 유체가 층류로 되려면?

① 레이놀즈수가 4,000보다 많아야 한다.
② 레이놀즈수가 2,100보다 작아야 한다.
③ 레이놀즈수가 4,000이어야 한다.
④ 레이놀즈수와는 관계가 없다.

풀이 층류
레이놀즈수(Re)가 2,100보다 작아야 하며 그 이상은 난류이다.

37 피토관에 대한 설명으로 틀린 것은?

① 5m/s 이하의 기체에서는 적용하기 힘들다.
② 먼지나 부유물이 많은 유체에는 부적당하다.
③ 피토관의 머리 부분은 유체의 방향에 대하여 수직으로 부착한다.
④ 흐름에 대하여 충분한 강도를 가져야 한다.

풀이 피토관

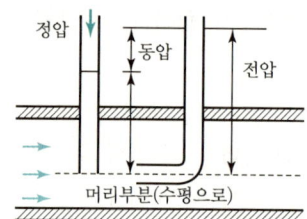

38 오리피스에 의한 유량측정에서 유량에 대한 설명으로 옳은 것은?

① 압력차에 비례한다.
② 압력차의 제곱근에 비례한다.
③ 압력차에 반비례한다.
④ 압력차의 제곱근에 반비례한다.

풀이 차압식 유량계
- 오리피스, 플로노즐, 벤투리미터
- 유량측정에서 유량은 압력차(차압)의 제곱근에 비례한다.(베르누이 정리 이용 유량계)

유량(Q) = $\dfrac{\pi d^2}{4} \times C \times \dfrac{1}{\sqrt{1-m^2}}$
$\times \sqrt{2gh\left(\dfrac{\gamma_o}{\gamma} - 1\right)}$ (m³/s)

39 용적식 유량계에 대한 설명으로 옳은 것은?

① 적산유량의 측정에 적합하다.
② 고점도에는 사용할 수 없다.
③ 발신기 전후에 직관부가 필요하다.
④ 측정유체의 맥동에 의한 영향이 크다.

정답 34 ② 35 ② 36 ② 37 ③ 38 ② 39 ①

풀이 용적식 유량계(로터리피스톤형, 로터리베인형, 피스톤형, 디스크형, 오벌기어형, 루트형, 건식 가스미터기, 습식 가스미터기)는 정도가 높고 상거래용으로 사용된다. 고점도 유체의 측정이 가능하고 유량의 맥동에 의한 영향이 작다.

40 부자식(Float) 면적유량계에 대한 설명으로 틀린 것은?

① 압력손실이 적다.
② 정밀측정에는 부적합하다.
③ 대유량의 측정에 적합하다.
④ 수직배관에만 적용이 가능하다.

풀이 면적식 부자식 유량계
테이퍼관을 사용하며, 부자는 상류와 하류의 차압에 의해 $P = P_1 - P_2 = C \times \frac{1}{2} \rho V^2$

여기서, C : 보정계수, ρ : 밀도, V : 유속

$\therefore Q = (S - S_o) \times \sqrt{\dfrac{2P}{C \cdot \rho}} = (S - S_o)\sqrt{\dfrac{2W}{C \cdot \rho \cdot S_o}}$

여기서, S : 횡단면적
S_o : 부자의 유효횡단면적
W : 부자의 중량에서 유체에 의한 부력을 뺀 값

※ 일반적으로 소유량 측정에 용이하다.

41 다음 유량계 중에서 압력손실이 가장 적은 것은?

① Float형 면적 유량계
② 열전식 유량계
③ Rotary Piston형 용적식 유량계
④ 전자식 유량계

풀이 전자식 유량계
기전력을 이용한 유량계로서 압력손실이 전혀 없고 맥동현상도 없다. 고점도 유체의 유량측정이 가능하고 응답이 빠르나 가격이 비싸다.

42 다음 중 면적식 유량계는?

① 오리피스미터 ② 로터미터
③ 벤투리미터 ④ 플로노즐

풀이 유량계
- 차압식 : 오리피스, 플로노즐, 벤투리미터
- 면적식 : 게이트식, 로터미터

43 가스미터의 표준기로도 이용되는 가스미터의 형식은?

① 오벌형 ② 드럼형
③ 다이어프램형 ④ 로터리 피스톤형

풀이 가스미터 표준기
습식형이며 대표적으로 드럼형을 많이 이용한다.

44 안지름 1,000mm의 원통형 물탱크에서 안지름 150mm인 파이프로 물을 수송할 때 파이프의 평균 유속이 3m/s이었다. 이때 유량(Q)과 물탱크 속의 수면이 내려가는 속도(V)는 약 얼마인가?

① $Q = 0.053 \text{m}^3/\text{s}$, $V = 6.75 \text{cm/s}$
② $Q = 0.831 \text{m}^3/\text{s}$, $V = 6.75 \text{cm/s}$
③ $Q = 0.053 \text{m}^3/\text{s}$, $V = 8.31 \text{cm/s}$
④ $Q = 0.831 \text{m}^3/\text{s}$, $V = 8.31 \text{cm/s}$

풀이 원통형 물탱크 내용적 $(V) = \dfrac{\pi}{6} D^3 = \dfrac{3.14}{6} \times 1^3$
$= 0.5233 \text{m}^3$

물수송량 $(Q) = A \times V = \dfrac{\pi}{4} d^2 \times V$
$= \dfrac{3.14}{4} \times 0.15^2 \times 3 = 0.053 \text{m}^3/\text{s}$

45 오벌(Oval)식 유량계로 유량을 측정할 때 지시값의 오차 중 히스테리시스 차의 원인이 되는 것은?

① 내부 기어의 마모 ② 유체의 압력 및 점성
③ 측정자의 눈의 위치 ④ 온도 및 습도

정답 40 ③ 41 ④ 42 ② 43 ② 44 ① 45 ①

풀이 오벌기어식 유량계로 측정 시 지시값의 오차는 내부 기어의 마모에 의한 히스테리시스 차의 원인이 되는 용적식 유량계이다.

46 상온, 1기압에서 공기유속을 피토관으로 측정할 때 동압이 100mmAq이면 유속은 약 몇 m/s인가?(단, 공기의 밀도는 1.3kg/m³이다.)
① 3.2   ② 13.2
③ 38.8   ④ 50.5

풀이 $V = \sqrt{2g\left(\dfrac{\rho_1 - \rho}{\gamma}\right)h}$

여기서, $h = 100\text{mm} = 0.1\text{m}$, 밀도 $= 1,000\text{kg/m}^3$

∴ $V = \sqrt{2 \times 9.8 \left(\dfrac{1,000 - 1.3}{1.3}\right) \times 0.1} = 38.8\text{m/s}$

47 베르누이 정리를 응용하며 유량을 측정하는 방법으로 액체의 전압과 정압과의 차로부터 순간치 유량을 측정하는 유량계는?
① 로터미터   ② 피토관
③ 임펠러   ④ 휘트스톤 브리지

풀이
• 피토관 = 전압 − 정압 = 동압
• 전압 = 정압 + 동압

유속 $= \sqrt{2g\left(\dfrac{P_s - P_o}{r}\right)}$ (m/s)

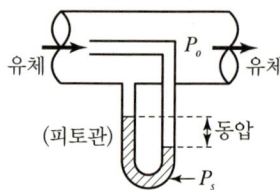

48 피토관으로 측정한 동압이 10mmH₂O일 때 유속이 15m/s 이었다면 동압이 20mmH₂O일 때의 유속은 약 몇 m/s인가?(단, 중력가속도는 9.8m/s²이다.)
① 18   ② 21.2
③ 30   ④ 40.2

풀이 유속$(V_2) = V_1 \times \dfrac{\sqrt{4p}}{\sqrt{\Delta p}} = 15 \times \dfrac{\sqrt{20}}{\sqrt{10}} = 21.2\text{m/s}$

49 지름이 10cm 되는 관 속을 흐르는 유체의 유속이 16m/s이었다면 유량은 약 몇 m³/s인가?
① 0.125   ② 0.525
③ 1.605   ④ 1.725

풀이 유량$(Q) =$ 단면적$\left(\dfrac{\pi}{4}d^2\right) \times$ 유속
$= \dfrac{3.14}{4} \times (0.1)^2 \times 16$
$= 0.1256\text{m}^3/\text{s}(125.6\text{L/s})$

50 차압식 유량계에 있어 조리개 전후의 압력 차이가 P_1에서 P_2로 변할 때, 유량은 Q_1에서 Q_2로 변했다. Q_2에 대한 식으로 옳은 것은?(단, $P_2 = 2P_1$이다.)
① $Q_2 = Q_1$ ② $Q_2 = \sqrt{2}\,Q_1$
③ $Q_2 = 2Q_1$ ④ $Q_2 = 4Q_1$

풀이 차압식 유량계 : $Q_2 = \sqrt{2}\,Q_1$
유량계수, 압축계수, 조리개의 넓이, 중력가속도, 유체의 비중량이 일정하면 차압의 크기$(P_2 - P_1)$에 따라 유량이 변화함을 알 수 있다.

51 관로에 설치된 오리피스 전후의 차압이 1,936mmH₂O일 때 유량이 22m³/h이다. 차압이 1,024mmH₂O이면 유량은 몇 m³/h인가?
① 15   ② 16
③ 17   ④ 18

풀이 차압식 유량계의 유량은 차압의 제곱근에 비례한다.
∴ 유량$(\theta) = \dfrac{\sqrt{1,024}}{\sqrt{1,936}} \times 22 = 16\,\text{m}^3/\text{h}$

정답 46 ③ 47 ② 48 ② 49 ① 50 ② 51 ②

52 차압식 유량계에서 압력차가 처음보다 4배 커지고 관의 지름이 $\frac{1}{2}$로 되었다면 나중 유량(Q_2)과 처음 유량(Q_1)의 관계를 옳게 나타낸 것은?

① $Q_2 = 0.71 \times Q_1$ ② $Q_2 = 0.5 \times Q_1$
③ $Q_2 = 0.35 \times Q_1$ ④ $Q_2 = 0.25 \times Q_1$

풀이 압력차 4배 증가, 관의 지름 $\frac{1}{2}$ 축소

차압식 유량계 유량(Q), 관경(D), 차압(ΔP)을 이용

$Q = 0.01252 maD^2 \sqrt{2g\dfrac{\Delta P}{\gamma}}$ (m³/s)

여기서, m : 개구비, D : 관 직경
a : 유량계수, γ : 유체비중량

$\Delta P \to 4\Delta P$, $D \to \dfrac{1}{2}D$이므로 바뀐 계수만 식에 대입
하여 계산하면 $\sqrt{4} \times \left(\dfrac{1}{2}\right)^2 = \dfrac{1}{2}$로 $\dfrac{1}{2}Q$가 된다.

∴ $Q_2 = 0.5 \times Q_1$

※ 차압식 : 오리피스미터, 벤투리미터, 플로노즐

53 직각으로 굽힌 유리관의 한쪽을 수면 바로 밑에 넣고 다른 쪽은 연직으로 세워 수평방향으로 0.5m/s의 속도로 움직이면 물은 관 속에서 약 몇 m 상승하는가?

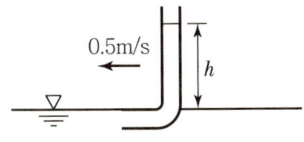

① 0.01 ② 0.02
③ 0.03 ④ 0.04

풀이 유속(V) = $\sqrt{2gh}$, $0.5 = \sqrt{2 \times 9.8 \cdot h}$

∴ $h = \dfrac{V^2}{2g} = \dfrac{0.5^2}{2 \times 9.8} = 0.01$m

54 레이놀즈수를 나타낸 식으로 옳은 것은?(단, D는 관의 내경, μ는 유체의 점도, ρ는 유체의 밀도, U는 유체의 속도이다.)

① $\dfrac{D\mu U}{\rho}$ ② $\dfrac{DU\rho}{\mu}$
③ $\dfrac{D\mu\rho}{U}$ ④ $\dfrac{\mu\rho U}{U}$

풀이 레이놀즈수(Re) 식

$Re = \dfrac{DU\rho}{\mu}$

$= \dfrac{\text{관의 내경} \times \text{유체의 유속} \times \text{유체의 밀도}}{\text{유체의 점도}}$

※ Re가 2,100 이하이면 층류 흐름이다.

55 지름이 각각 0.6m, 0.4m인 파이프가 있다. (1)에서의 유속이 8m/s이면 (2)에서의 유속(m/s)은 얼마인가?

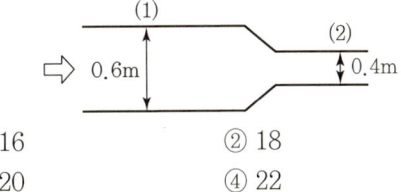

① 16 ② 18
③ 20 ④ 22

풀이 단면적(1) = $\dfrac{\pi}{4}d^2 = \dfrac{3.14}{4} \times (0.6)^2 = 0.2826$m²

단면적(2) = $\dfrac{\pi}{4}d^2 = \dfrac{3.14}{4} \times (0.4)^2 = 0.1256$m²

∴ (2)에서 유속(m/s) = $\dfrac{0.2826}{0.1256} \times 8 = 18$m/s

56 오리피스 유량계에 대한 설명으로 틀린 것은?

① 베르누이의 정리를 응용한 계기이다.
② 기체와 액체에 모두 사용이 가능하다.
③ 유량계수 C는 유체의 흐름이 층류이거나 와류의 경우 모두 같고 일정하며 레이놀즈수와 무관하다.
④ 제작과 설치가 쉬우며, 경제적인 교축기구이다.

정답 52 ② 53 ① 54 ② 55 ② 56 ③

[풀이] 차압식 유량계
- 종류 : 벤투리미터, 플로노즐, 오리피스
- 유량계수(C) : 검정에 의해 결정되나 보통 그 값은 0.9~1의 범위이다.

57 차압식 유량계에서 교축 상류 및 하류에서의 압력이 P_1, P_2일 때 체적 유량이 Q_1이라면, 압력이 각각 처음보다 2배만큼씩 증가했을 때 Q_2는 얼마인가?

① $Q_2 = 2Q_1$ ② $Q_2 = \dfrac{1}{2}Q_1$

③ $Q_2 = \sqrt{2}\,Q_1$ ④ $Q_2 = \dfrac{1}{\sqrt{2}}Q_1$

[풀이] $Q = A \cdot V = \dfrac{\pi}{4}d^2 \times V'$

$V' = \sqrt{2gh}\,(\text{m/s}),\ V^2 = \dfrac{2g(P_t - P_s)}{r}$

∴ $Q_2 = \sqrt{2}\,Q_1$

58 전자유량계의 특징에 대한 설명 중 틀린 것은?

① 압력 손실이 거의 없다.
② 내식성 유지가 곤란하다.
③ 전도성 액체에 한하여 사용할 수 있다.
④ 미소한 측정전압에 대하여 고성능의 증폭기가 필요하다.

[풀이] 전자유량계
전기도체가 자계 내에서 자력선을 자를 때 기전력이 발생한다는 패러데이의 법칙을 이용한 유량계로서 유전율이 낮은 증기와 같은 유체는 측정이 곤란하다. 점도가 높은 유체나 슬러리에 대하여 정도가 높다.

59 전자 유량계에 대한 설명으로 틀린 것은?

① 응답이 매우 빠르다.
② 제작 및 설치비용이 비싸다.
③ 고점도 액체는 측정이 어렵다.
④ 액체의 압력에 영향을 받지 않는다.

[풀이]
- 전자식 유량계(패러데이 법칙 이용)는 불순물의 혼합, 점성, 비중, 부식 등에 영향을 받지 않는다.
- 감도가 높고 정도가 비교적 적다.

60 내경이 50mm인 원관에 20℃ 물이 흐르고 있다. 층류로 흐를 수 있는 최대 유량은 약 몇 m³/s인가?(단, 임계 레이놀즈수(Re)는 2,320이고, 20℃일 때 동점성계수(ν) = 1.0064×10^{-6} m²/s이다.)

① 5.33×10^{-5} ② 7.36×10^{-5}
③ 9.16×10^{-5} ④ 15.23×10^{-5}

[풀이]
- 유속(V) = $\dfrac{2{,}320 \times 1.0064 \times 10^{-6}}{0.05}$
  = 0.04669696 m/s
- 유량(Q) = 단면적 × 유속(m/s) = $A \times V$ (m³/s)

A (단면적) = $\dfrac{\pi}{4}d^2 = \dfrac{3.14}{4} \times (0.05)^2$
  = 0.0019625 m²

∴ $Q = 0.04669696 \times 0.0019625$
  = 9.16×10^{-5} m³/s

정답 57 ③ 58 ② 59 ③ 60 ③

CHAPTER 003 압력계측

SECTION 01 압력측정방법

1. 기계식

1) 액체식(1차 압력계)
링밸런스식(환상천평), 침종식, 피스톤식, 유자관식, 경사관식

2) 탄성식(2차 압력계)
부르동관식, 벨로스식, 다이어프램식(금속, 비금속)

2. 전기식(2차 압력계)
저항선식, 압전식, 자기변형식

3. 표준(기준)분동식 압력계

4. 압력의 단위
N/m^2(Pa), mmHg, mmH_2O, kgf/cm^2, bar 등이 사용된다.

SECTION 02 기계식 압력계

1. 액체식(액주식) 압력계

액주관 내 물이나 수은(Hg)을 봉입, 압력차에 의한 액주의 높이로 압력을 측정하는 방식으로 액의 비중량과 높이에 의하여 계산 가능하다.

$$P = \gamma \cdot h$$

여기서, P : 압력(kgf/m^2)
γ : 비중량(kgf/m^3)
h : 높이(m)

> **Reference** 액주식 압력계 액의 구비조건
>
> - 온도변화에 의한 밀도 변화가 적을 것
> - 화학적으로 안정하고 휘발성, 흡수성이 적을 것
> - 항상 액면은 수평을 만들고 액주의 높이를 정확히 읽을 수 있을 것
> - 점성이나 팽창계수가 적을 것
> - 모세관 현상이 작을 것

1) U자식 압력계

U자형의 유리관에 물, 기름, 수은 등을 넣어 한쪽 관에 측정하고자 하는 대상 압력을 도입 U자관 양쪽 액의 높이차에 의해 압력(10~2,000mmAq)을 측정한다. U자관의 크기는 특수 용도의 것을 제외하고는 보통 2m 정도이다.(통풍력계로 많이 사용)

$$P_1 - P_2 = \gamma h$$

여기서, γ : 액의 비중량(kg$_f$/m³)
h : 액의 높이차(m)

2) 경사관식 압력계

U자관을 변형한 것으로서 측정관을 경사시켜 눈금을 확대하므로 미세압을 정밀측정하며 U자관보다 정밀한 측정이 가능

$$P_1 - P_2 = \gamma h, \quad h = x \sin\theta$$
$$P_1 - P_2 = \gamma \cdot x \sin\theta$$
$$P_1 = P_2 + \gamma \cdot h = P_2 + \gamma \cdot x \sin\theta$$

여기서, P_1 : 측정하려는 압력, 도입압력, P_2 : 경사관의 압력
γ : 액의 비중량(kg$_f$/m³), θ : 적은 관의 경사각

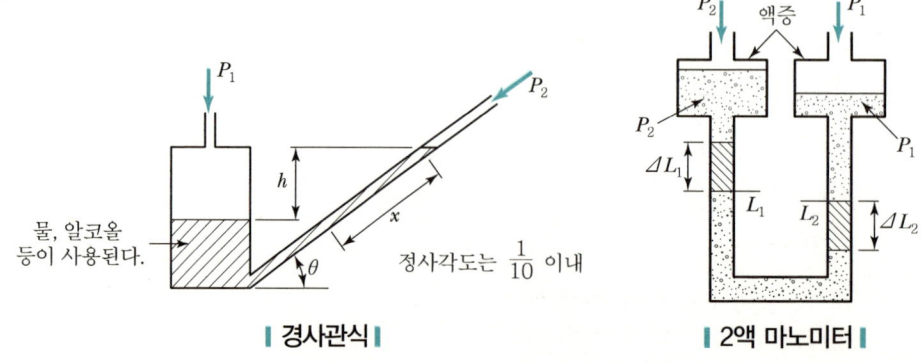

| 경사관식 | | 2액 마노미터 |

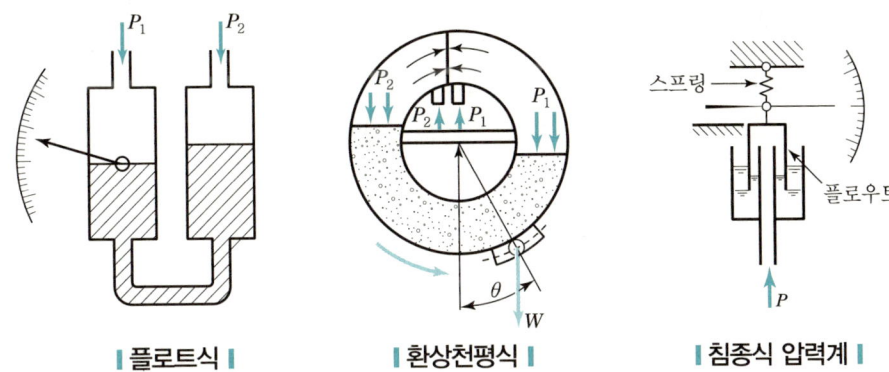

| 플로트식 | 환상천평식 | 침종식 압력계 |

3) 2액 마노미터 압력계

압력계의 감도를 크게 하고 미소압력을 측정하기 위하여 비중이 다른 2액을 사용[물(1)+클로로포름(1.47)]하여 압력을 측정한다. 물과 톨루엔 사용도 가능하다.

4) 플로트 액주형 압력계

액의 변화를 플로트로 기계적 또는 전기적으로 변환하여 압력을 측정하며, U자관식과 비슷하다.

5) 환상 천평식 압력계(링밸런스식 압력계)

링 밸런스 압력계라고도 하며 원형관 내에 수은 또는 기름을 넣고 상부에 격벽을 두면 경계로 발생하는 압력차로 의하여 회전하며 추의 복원력과 회전력이 평형을 이룰 때 환상체는 정지한다. 원환의 내부에는 바로 위에 격벽이 있어서 액체와의 사이에 2실로 되어 있고 개개의 압력에 하나는 대기압, 또 하나는 측정하고자 하는 압력에 연결된다.

(1) 특징

① 원격전송이 가능하고 회전력이 크므로 기록이 쉽다.
② 평형추의 증감이나 취부장치의 이동에 의하여 측정범위를 변경할 수 있다.
③ 측정범위는 25~3,000mmAq이다.
④ 저압가스의 압력측정에 사용된다.

(2) 설치 및 취급상 주의사항

① 진동 및 충격이 없는 장소에 수평 또는 수직으로 설치한다.
② 온도변화(0~40℃)가 적은 장소에 설치한다.
③ 부식성 가스나 습기가 적은 장소에 설치한다.
④ 압력원과 가까운 장소에 설치하며, 도압관은 굵고 짧게 한다.
⑤ 보수점검이 원활한 장소에 설치한다.

6) 침종식 압력계

종 모양의 플로트를 액중에 담근 것으로 압력에 의한 플로트의 편위가 그 내부 압력에 비례하는 것을 이용한 것으로 금속제의 침종을 띄워 스프링을 지시하는 단종식과 복종식이 있다. 사용액은 수은, 물, 기름 등이고 정도는 ±1~2%이다.

(1) 특징
① 진동 및 충격의 영향이 적다.
② 미소 차압의 측정과 저압가스의 유량 측정이 가능하다.
③ **측정범위** : 단종(100mmAq 이하), 복종(5~30mmAq)

(2) 설치 및 취급상 주의사항
① 봉입액(수은, 기름, 물)을 청정하게 세정하고 교환하여 유지하여야 한다.
② 봉입액의 양을 일정하게 한다.
③ 계기는 수평으로 설치한다.
④ 과대 압력 또는 큰 차압측정은 피해야 한다.

2. 탄성식 압력계

탄성체에 힘을 가할 때 변형량을 계측하는 것으로, 힘은 압력과 면적에 비례하고 힘의 변화는 탄성체의 변위에 비례하는 것을 이용한 계측 압력계로서 후크법칙에 의한 원리를 이용한다.

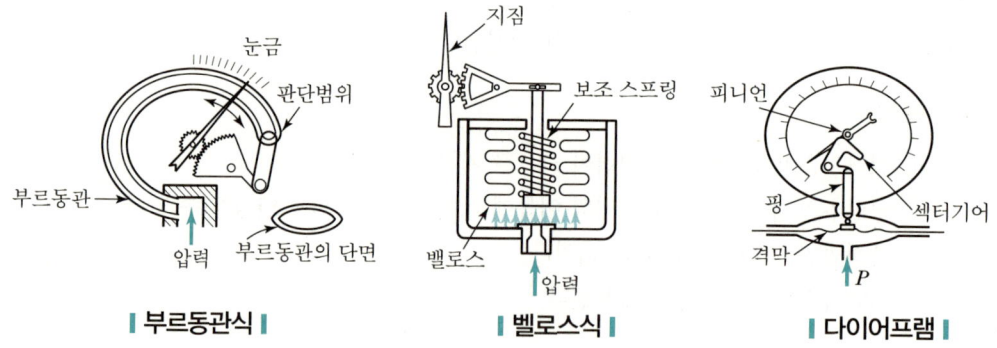

| 부르동관식 | | 벨로스식 | | 다이어프램 |

1) 부르동관식(Bourdon) 압력계

단면이 편평형인 관을 원호상으로 구부린 가장 보편화되어 있는 압력계로 부르동관 내 압력이 대기압보다 클 경우 곡률 반경이 커지면서 지시계 지침을 회전시킨다. 부르동관 형식으로는 C형, 와선형, 나선형이 있다.

(1) 측정범위
　① **압력계** : 0~3,000kgf/cm²이며, 보편적으로 2.5~1,000kgf/cm²에 사용
　② **진공계** : 0~760mmHg

(2) 재료
　① **저압용** : 황동, 인청동, 알루미늄 등
　② **고압용** : 스테인리스강, 합금강 등

(3) 취급상 주의사항
　① 급격한 온도변화 및 충격을 피한다.
　② 동결되지 않도록 한다.
　③ 사이폰관 내 물의 온도가 80℃ 이상 되지 않도록 한다.

2) 벨로스식(Bellows)압력계(진공압 및 차압 측정용)

주름형상의 원형 금속을 벨로스라 하며 벨로스와 히스테리시스를 방지하기 위하여 스프링을 조합한 구조로 자동제어장치의 압력 검출용으로 사용된다. 압력에 의한 벨로스의 변위를 링크기구로 확대 지시하도록 되어 있고, 측정범위는 0.01~10kg/cm²(0.1~1,000kPa)로 재질은 인청동, 스테인리스이다. 벨로스 자체도 탄성이 있지만 압력이 가해지면 히스테리시스 현상에 의해 원위치로 돌아가기 어렵기 때문에 스프링을 조합하여 제작한다.

3) 다이어프램식(Diaphragm) 압력계(격막식 압력계)

얇은 고무 또는 금속막을 이용하여 격실을 만들고 압력변화에 따른 다이어프램의 변위를 링크, 섹터, 피니언에 의하여 지침에 전달하여 지시계로 나타내는 방식

[특징]
- 감도가 좋으며 정확성이 높다.
- 재료 : 금속막(베릴륨, 구리, 인청동, 양은, 스테인리스 등), 비금속막(고무, 가죽)
- 측정범위는 20~5,000mmAq이다.
- 부식성 액체에도 사용이 가능하고 먼지 등을 함유한 액체도 측정이 가능하다.
- 점도가 높은 액체에도 사용이 가능하고 연소로의 통풍계로도 널리 사용된다.

4) 2개의 파상격막을 이어 붙인 압력계(기압계, 고온계로 사용)

SECTION 03 전기식 압력계

압력을 직접 측정하지 않고 압력 자체를 전기저항, 전압 등의 전기적 양으로 변환하여 측정하는 계기

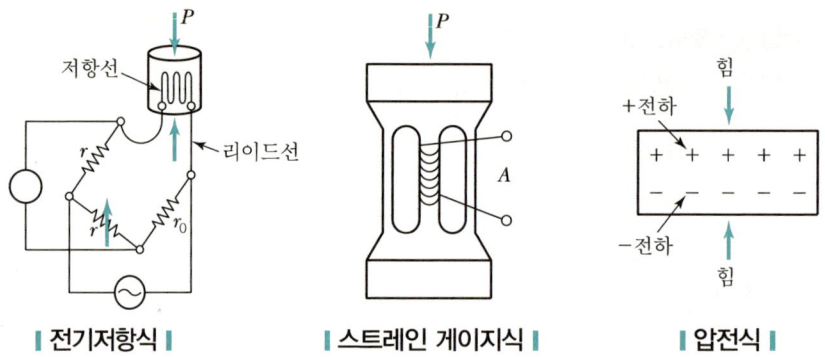

| 전기저항식 | | 스트레인 게이지식 | | 압전식 |

1) 저항선식

저항선(구리-니켈)에 압력을 가하면 선의 단면적이 감소하여 저항이 증가하는 현상을 이용한 게이지로 검출부가 소형이며 응답속도가 빠르며 $0.01 \sim 100 kg_f/cm^2$의 압력에 사용

2) 스트레인 게이지(Strain Gauge) 압력계

강자성체에 기계적 힘을 가하면 자화상태가 변화하는 자기변형을 이용한 압력계로 수백기압의 초고압용 압력계로 이용된다.

3) 압전식(Piezo) 압력계

수정이나 티탄산 바륨 등은 외력을 받을 때 기전력이 발생하는 압전현상을 이용한 것으로 피에조(Piezo)식 압력계라 한다.

[특징]
- 원격측정이 용이하며 반응속도와 빠르다.
- 지시, 기록, 자동제어와 결속이 용이하다.
- 정밀도가 높고 측정이 안정적이다.
- 구조가 간단하며 소형이다.
- 가스폭발 등 급속한 압력변화 측정에 유리하다.
- 응답이 빨라서 백만분의 일초 정도이며 급격한 압력 변화를 측정한다.

SECTION 04 표준 분동식 압력계(피스톤 압력계)

분동에 의하여 압력을 측정하는 형식으로 다른 탄성압력계의 기준, 교정 또는 검정용 표준기로 사용된다. 측정범위는 $2 \sim 4,000 \text{kg}_f/\text{cm}^2$이며 사용기름에 따라 달라진다.(정밀도는 0.1%)

$$압력(P) = \frac{램의\ 중량 + 분동\ 중량}{램의\ 단면적}$$

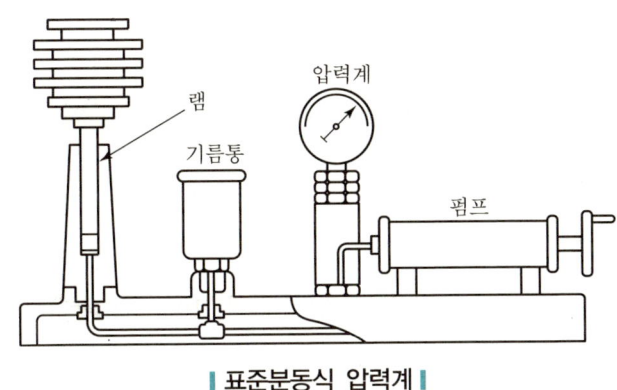

┃ 표준분동식 압력계 ┃

SECTION 05 기타 압력계

1. 아네로이드식 압력계(빈통압력계)

동심원 파상원판을 2장 겹쳐서 외주의 합친 것을 납땜하여 기밀하게 만든 것으로서 양은과 그 밖의 박판으로 만든 것을 체임버라 한다. 주로 기압측정에 사용되며, 휴대가 간편하고 내부의 바이메탈은 온도를 보정한다. 측정범위는 약 $10 \sim 3,000 \text{mmH}_2\text{O}$이다.

2. 진공압력계

대기압 이하의 압력을 측정하는 계기이다. 저진공에는 U자관이나 탄성식이 사용되지만 고진공에는 기체의 성질을 이용한 진공계가 사용된다.

1) 맥클라우드(MacLeod) 진공계

1Torr = 1mmHg

10^{-4}Torr까지 측정

2) 열전도형 진공계

① 피라니 진공계 : $10 \sim 10^{-5}$Torr까지 측정
② 서미스터 진공계
③ 열전대 진공계 : $1 \sim 10^{-5}$Torr까지 측정

3) 전리 진공계

$10^{-3} \sim 10^{-10}$Torr까지 측정

4) 방전전리를 이용한 진공계

① 가이슬러관 : 10^{-3}mmHg까지, 어두운 암실에서는 10^{-4}mmHg까지 측정
② 열전자 전기진공계 : 10^{-11}mmHg 정도까지 측정
③ α선 전리진공계 : 10^{-3}mmHg 정도까지 측정

CHAPTER 003 출제예상문제

01 다음 중 압전 저항효과를 이용한 압력계는?

① 액주형 압력계
② 아네로이드 압력계
③ 박막식 압력계
④ 스트레인 게이지식 압력계

풀이 스트레인 게이지 압력계는 압전의 저항효과를 이용한다(전기식 압력계).

02 측온 저항체에 큰 전류가 흐를 때 줄열에 의해 측정하고자 하는 온도보다 높아지는 현상인 자기가열(自己加熱) 현상이 있는 온도계는?

① 열전대 온도계
② 압력식 온도계
③ 서미스터 온도계
④ 광고온계

풀이 서미스터 저항온도계는 자기가열에 주의하여야 한다.

03 액주형 압력계 중 경사관식 압력계의 특징에 대한 설명으로 옳은 것은?

① 일반적으로 U자관보다 정밀도가 낮다.
② 눈금을 확대하여 읽을 수 있는 구조이다.
③ 통풍계로는 사용할 수 없다.
④ 미세압 측정이 불가능하다.

풀이 경사관식 압력계
- 유입액 : 물, 알코올 등
- 경사각도 : $\frac{1}{10}$ 이내가 좋다.
- 측정범위 : $10 \sim 50 mmH_2O$
- 눈금 확대가 가능하여 U자관 압력계보다 정밀한 측정이 가능하다.

04 보일러의 계기에 나타난 압력이 $6kg/cm^2$이다. 이를 절대압력으로 표시할 때 가장 가까운 값은 몇 kg/cm^2인가?

① 3
② 5
③ 6
④ 7

풀이 절대압력(abs) = 게이지 압력 + 대기압
$= 6 + 1 = 7 kg/cm^2$

05 다음 중 파스칼의 원리를 가장 바르게 설명한 것은?

① 밀폐 용기 내의 액체에 압력을 가하면 압력은 모든 부분에 동일하게 전달된다.
② 밀폐 용기 내의 액체에 압력을 가하면 압력은 가한 점에만 전달된다.
③ 밀폐 용기 내의 액체에 압력을 가하면 압력은 가한 반대편으로만 전달된다.
④ 밀폐 용기 내의 액체에 압력을 가하면 압력은 가한 점으로부터 일정 간격을 두고 차등적으로 전달된다.

풀이 파스칼의 원리
밀폐 용기 내의 액체에 압력을 가하면 압력은 모든 부분에 동일하게 전달된다.

06 다이어프램 압력계의 특징이 아닌 것은?

① 점도가 높은 액체에 부적합하다.
② 먼지가 함유된 액체에 적합하다.
③ 대기압과의 차가 적은 미소압력의 측정에 사용한다.
④ 다이어프램으로 고무, 스테인리스 등의 탄성체 박판이 사용된다.

정답 01 ④ 02 ③ 03 ② 04 ④ 05 ① 06 ①

[풀이] **다이어프램식 압력계(탄성식 압력계)**
- 미소한 측정용(1~2,000mmH₂O)으로 금속식은 0.01~20kg/cm² 범위를 측정하며 부식성 액체에 사용이 가능하다.
- 응답속도가 빠르고 부식성 유체의 측정이 가능하다.
- 온도의 영향을 받기 쉽다.

07 액주에 의한 압력측정에서 정밀측정을 위한 보정으로 반드시 필요로 하지 않는 것은?

① 모세관 현상의 보정   ② 중력의 보정
③ 온도의 보정   ④ 높이의 보정

[풀이] **액주에 의한 압력측정 보정의 종류**
- 모세관에 의한 보정
- 중력의 보정
- 온도의 보정

08 벨로스(Bellows) 압력계에서 Bellows 탄성의 보조로 코일 스프링을 조합하여 사용하는 주된 이유는?

① 감도를 증대시키기 위하여
② 측정압력 범위를 넓히기 위하여
③ 측정지연 시간을 없애기 위하여
④ 히스테리시스 현상을 없애기 위하여

[풀이]
- 탄성식 벨로스 압력계에서 보조 코일스프링을 조합하여 사용하는 것은 히스테리시스 현상의 예방을 위한 것이다.
- 일반적인 미압 측정용 : 0.01~10kg/cm²

09 U자관 압력계에 사용되는 액주의 구비조건이 아닌 것은?

① 열팽창계수가 작을 것
② 모세관 현상이 적을 것
③ 화학적으로 안정될 것
④ 점도가 클 것

[풀이] 유자관 저압력계 사용 액주(물, 수은)는 점도, 모세관 현상, 열팽창계수가 작아야 한다.

10 램, 실린더, 기름탱크, 가압펌프 등으로 구성되어 있으며 다른 압력계의 기준기로 사용되는 것은?

① 환상스프링식 압력계
② 부르동관식 압력계
③ 액주형 압력계
④ 분동식 압력계

[풀이] **분동식 압력계(기준압력계) 부속기구**
램, 실린더, 기름탱크, 가압펌프 등
(사용 기름 : 경유, 스핀들유, 피마자유, 모빌유)

11 액주식 압력계에서 액주에 사용되는 액체의 구비조건으로 틀린 것은?

① 모세관 현상이 클 것
② 점도나 팽창계수가 작을 것
③ 항상 액면을 수평으로 만들 것
④ 증기에 의한 밀도 변화가 되도록 적을 것

[풀이] 액주식 압력계(U자관, 단관식, 경사관식, 호르단형, 폐관식, 환산천평식)는 모세관 현상이 적어야 한다.

12 다이어프램식 압력계의 압력증가 현상에 대한 설명으로 옳은 것은?

① 다이어프램에 가해진 압력에 의해 격막이 팽창한다.
② 링크가 아래 방향으로 회전한다.
③ 섹터기어가 시계방향으로 회전한다.
④ 피니언은 시계방향으로 회전한다.

[풀이] **다이어프램식 압력계(탄성식의 격막식)**
㉠ 격막
- 금속(베릴륨, 구리, 인청동, 스테인리스 등)
- 비금속(가죽, 특수고무, 천연고무 등)
㉡ 격막식은 피니언(시계바늘)이 시계방향으로 회전한다.

정답 07 ④ 08 ④ 09 ④ 10 ④ 11 ① 12 ④

13 U자관 압력계에 대한 설명으로 틀린 것은?

① 측정 압력은 1~1,000kPa 정도이다.
② 주로 통풍력을 측정하는 데 사용된다.
③ 측정의 정도는 모세관 현상의 영향을 받으므로 모세관 현상에 대한 보정이 필요하다.
④ 수은, 물, 기름 등을 넣어 한쪽 또는 양쪽 끝에 측정압력을 도입한다.

풀이 U자관(액주식) 압력계
- 측정 범위 : 10~2,000mmH$_2$O
- 측정 정도 : 0.5mmH$_2$O
※ 1atm=101.325kPa=10,332mmH$_2$O

14 다음 중 탄성 압력계의 탄성체가 아닌 것은?

① 벨로즈   ② 다이어프램
③ 리퀴드 벌브   ④ 부르동관

풀이
- 탄성식 압력계는 부르동관식, 다이어프램식, 벨로스식의 3가지 탄성체가 대표적이다.
- 부르동관(C형, 와권형, 나선형)의 재질은 저압용인 인청동, 황동, 니켈청동이 있고 고압용인 니켈강이 있다.

15 금속의 전기저항 값이 변화되는 것을 이용하여 압력을 측정하는 전기저항 압력계의 특성으로 맞는 것은?

① 응답속도가 빠르고 초고압에서 미압까지 측정한다.
② 구조가 간단하여 압력 검출용으로 사용한다.
③ 먼지의 영향이 적고 변동에 대한 적응성이 적다.
④ 가스폭발 등 급속한 압력변화를 측정하는 데 사용한다.

풀이 전기저항식 압력계(자기변형, 피에조)는 물체에 압력을 가하면 발생한 전기량은 압력에 비례하는 원리를 이용하여 압력을 측정한다. 응답이 빨라서 백만 분의 일 초 정도이며 급격한 압력 변화를 측정하는 데 유효하다.

16 다음 중 가장 높은 압력을 측정할 수 있는 압력계는?

① 부르동관 압력계   ② 다이어프램식 압력계
③ 벨로스식 압력계   ④ 링밸런스식 압력계

풀이 압력계 측정압력(mmAg)
① 부르동관 : 0~3,000kgt/cm²
② 다이어프램식 : 25~5,000mmAg
③ 벨로스식 : 0.01~10kgt/cm²
④ 링밸런스식 : 25~3,000mmAg

17 다음 중 탄성 압력계에 속하는 것은?

① 침종 압력계   ② 피스톤 압력계
③ U자관 압력계   ④ 부르동관 압력계

풀이
- 탄성식 압력계 : 부르동관, 벨로스, 다이어프램
- 액주식 압력계 : 침종식, 피스톤식, U자관식

18 액주식 압력계에 필요한 액체의 조건으로 틀린 것은?

① 점성이 클 것   ② 열팽창계수가 작을 것
③ 성분이 일정할 것   ④ 모세관현상이 작을 것

풀이 액주식 압력계에서 액체(물, 수은 등)의 조건은 점성이 적을 것

19 액주식 압력계에 사용되는 액체의 구비조건으로 틀린 것은?

① 온도 변화에 의한 밀도 변화가 커야 한다.
② 액면은 항상 수평이 되어야 한다.
③ 점도와 팽창계수가 작아야 한다.
④ 모세관 현상이 적어야 한다.

풀이 액주식 압력계의 액체는 온도 변화에 의한 밀도(kg/L) 변화가 적어야 한다.

정답 13 ①　14 ③　15 ①　16 ①　17 ④　18 ①　19 ①

20 압력 측정에 사용되는 액체의 구비조건 중 틀린 것은?

① 열팽창계수가 클 것
② 모세관 현상이 작을 것
③ 점성이 작을 것
④ 일정한 화학성분을 가질 것

풀이 액주식 압력계
- 액체(수은, 물)를 사용하며 단관식, U자관, 경사관식, 2액 마노미터, 플로트식이 있다.
- 압력계 내부 액체는 열팽창계수가 작아야 한다.
- 물, 수은 외에도 물-톨루엔, 물-클로로포름 등도 사용된다.

21 압력센서인 스트레인 게이지의 응용원리로 옳은 것은?

① 온도의 변화   ② 전압의 변화
③ 저항의 변화   ④ 금속선의 굵기 변화

풀이 전기식 압력계
- 전기저항식 : 전기저항 이용
- 압전기식(피에조식 압력계) : 전기기전력 이용
- 자기 스트레인 게이지 : 전기저항 이용

22 링밸런스식 압력계에 대한 설명으로 옳은 것은?

① 도압관은 가늘고 긴 것이 좋다.
② 측정 대상 유체는 주로 액체이다.
③ 계기를 압력원에 가깝게 설치해야 한다.
④ 부식성 가스나 습기가 많은 곳에서도 정밀도가 좋다.

풀이 링밸런스식 액주식 압력계
- 봉입액체는 수은, 물, 기름이다.
- 측정범위는 25~3,000mmH₂O(정밀도는 ±1~2%)이다.
- 원격전송이 가능하며, 수직·수평으로 설치하고, 지시치는 눈의 높이로 설정한다.
- 계기를 압력원에 가깝게 설치해야 오차가 줄어든다.

23 램, 실린더, 기름탱크, 가압펌프 등으로 구성되어 있으며 탄성식 압력계의 일반교정용으로 주로 사용되는 압력계는?

① 분동식 압력계   ② 격막식 압력계
③ 침종식 압력계   ④ 벨로스식 압력계

풀이 분동식 압력계
- 탄성식 2차 압력계 교정용
- 압력계 구성은 램, 실린더, 기름탱크, 가압펌프 등
- 측정범위는 기름에 따라 다르며 0.2~400MPa 정도 측정이 가능하다.

24 다음 중 미세한 압력 차를 측정하기에 적합한 액주식 압력계는?

① 경사관식 압력계   ② 부르동관 압력계
③ U자관식 압력계   ④ 저항선 압력계

풀이 경사관식 압력계
정밀한 측정이 가능하며 경사각도는 $\frac{1}{10}$ 정도 이내가 가장 좋다.

25 다음 중 사하중계(Dead Weight Gauge)의 주된 용도는?

① 압력계 보정   ② 온도계 보정
③ 유체 밀도 측정   ④ 기체 무게 측정

풀이 사하중계의 주된 용도는 압력계의 보정이다.

26 다음 각 압력계에 대한 설명으로 틀린 것은?

① 벨로즈 압력계는 탄성식 압력계이다.
② 다이어프램 압력계의 박판재료로 인청동, 고무를 사용할 수 있다.
③ 침종식 압력계는 압력이 낮은 기체의 압력 측정에 적당하다.
④ 탄성식 압력계의 일반 교정용 시험기로는 전기식 표준압력계가 주로 사용된다.

정답 20 ① 21 ③ 22 ③ 23 ① 24 ① 25 ① 26 ④

풀이 ㉠ 표준 분동식 압력계
- 탄성식 압력계의 교정용 시험기이다.
- 측정범위 : 50MPa
- 사용기름 : 경유, 스핀들유, 피마자유, 마진유, 모빌유
㉡ 탄성식 압력계의 종류
- 부르동관식
- 벨로스식
- 다이어프램식

27 분동식 압력계에서 300MPa 이상 측정할 수 있는 것에 사용되는 액체로 가장 적합한 것은?

① 경유 ② 스핀들유
③ 피마자유 ④ 모빌유

풀이 분동식 압력계 내부 오일액
- 경유 : 4~10MPa
- 스핀들유 : 10~100MPa
- 피마자유 : 10~100MPa
- 모빌유 : 300MPa 이상

28 액주식 압력계의 종류가 아닌 것은?

① U자관형 ② 경사관식
③ 단관형 ④ 벨로스식

풀이 탄성식 압력계
- 벨로스식
- 부르동관식
- 다이어프램식

29 환상천평식(링밸런스식) 압력계에 대한 설명으로 옳은 것은?

① 경사관식 압력계의 일종이다.
② 히스테리시스 현상을 이용한 압력계이다.
③ 압력에 따른 금속의 신축성을 이용한 것이다.
④ 저압가스의 압력 측정이나 드래프트 게이지로 주로 이용된다.

풀이 환상천평식 압력계는 25~3,000mmAq의 저압가스나 통풍력 게이지로 사용한다(봉입액 : 물, 기름, 수은 등).

30 탄성 압력계에 속하지 않는 것은?

① 부자식 압력계 ② 다이어프램 압력계
③ 벨로스 압력계 ④ 부르동관 압력계

풀이 부자식
직접식 액면계(플로트식 액면계)

31 압력을 측정하는 계기가 그림과 같을 때 용기 안에 들어있는 물질로 적절한 것은?

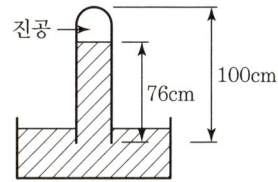

① 알코올 ② 물
③ 공기 ④ 수은

풀이 1atm = 76cmHg
= 10.33mH$_2$O
= 1.033kg/cm^2
= 101,325Pa

32 대기압 750mmHg에서 계기압력이 325kPa이다. 이때 절대압력은 약 몇 kPa인가?

① 223 ② 327
③ 425 ④ 501

풀이 절대압력(abs) = 게이지압 + 대기압
대기압 = 760mmHg = 101.3kPa
$\therefore$ abs = $101.3 \times \dfrac{750}{760} + 325 ≒ 425$kPa

정답 27 ④ 28 ④ 29 ④ 30 ① 31 ④ 32 ③

33 다음 액주계에서 γ, γ_1이 비중량을 표시할 때 압력(P_x)을 구하는 식은?

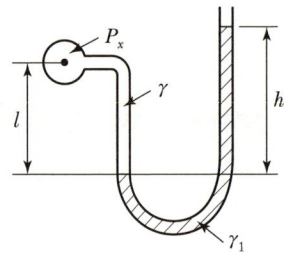

① $P_x = \gamma_1 h + \gamma l$
② $P_x = \gamma_1 h - \gamma l$
③ $P_x = \gamma_1 l - \gamma h$
④ $P_x = \gamma_1 l + \gamma h$

 액주계 비중량이 주어진 경우 압력(P_x)
$P_x = \gamma_1 h - \gamma l$

34 압력 측정을 위해 지름 1cm의 피스톤을 갖는 사하중계(Dead Weight)를 이용할 때, 사하중계의 추, 피스톤 그리고 팬(Pan)의 전체 무게가 6.14 kgf 라면 게이지압력은 약 몇 kPa인가?(단, 중력가속도는 9.81m/s^2이다.)

① 76.7 ② 86.7
③ 767   ④ 867

 면적$(A) = \dfrac{3.14}{4} \times (1)^2 = 0.785\text{cm}^2$

압력$(P) = \dfrac{6.14}{0.785} = 7.82\text{kgf/cm}^2$

1kgf/cm² = 98kPa

∴ $P = 7.82 \times 98 ≒ 767\text{kPa}$

※ 1atm = 760mmHg = 101.3kPa = 0.1MPa
　1at = 735.6mmHg = 98kPa
　1kgf = 9.81N

35 국소대기압이 740mmHg인 곳에서 게이지압력이 0.4bar일 때 절대압력(kPa)은?

① 100 ② 121
③ 139 ④ 156

 대기압 = $1.033 \times \dfrac{740}{760} = 1.0058\text{kg/cm}^2$

1atm = 101.325(kPa) = 1.013bar = 1.033kg/cm²

$1.033 \times \dfrac{0.4}{1.013} = 0.4078\text{kg/cm}^2$

∴ $101.325 \times \left(\dfrac{1.0058 + 0.4078}{1.033}\right) = 139\text{kPa}$

36 수지관 속에 비중이 0.9인 기름이 흐르고 있다. 아래 그림과 같이 액주계를 설치하였을 때 압력계의 지시값은 몇 kg/cm²인가?

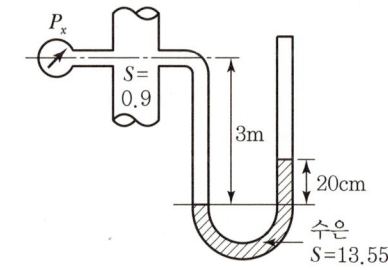

① 0.001 ② 0.01
③ 0.1   ④ 1.0

 비중 0.9 = 900kg/m³
수은 = 13,550kg/m³(13.55)

$20 \times \dfrac{1.033}{76} = 0.271\text{kg/cm}^2$ (압력차)

$3 \times \dfrac{1}{10} \times 0.9 = 0.27\text{kg/cm}^2$ (높이차)

∴ 압력계 지시값 = 0.271 - 0.27 = 0.001kg/cm²

※ 10mH₂O = 1kg/cm²
　76cmHg = 1,033kg/cm²

정답 33 ② 34 ③ 35 ③ 36 ①

37 다음 그림과 같은 U자관에서 유도되는 식은?

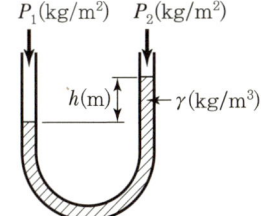

① $P_1 = P_2 - h$ ② $h = \gamma(P_1 - P_2)$
③ $P_1 + P_2 = \gamma h$ ④ $P_1 = P_2 + \gamma h$

풀이 U자관(P_1) 압력 = $P_2 + \gamma h\,(\mathrm{kg/m^2})$

38 다음 그림과 같은 경사관식 압력계에서 P_2는 50kg/m²일 때 측정압력 P_1은 약 몇 kg/m²인가? (단, 액체의 비중은 1이다.)

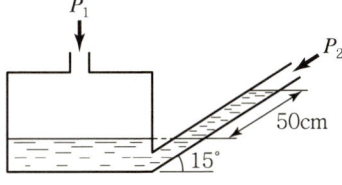

① 130 ② 180
③ 320 ④ 530

풀이 $P_1 = P_2 + rx\sin\theta$
　　　$= 50 + 1{,}000 \times 0.5 \times \sin 15°$
　　　$\fallingdotseq 180\,\mathrm{kg/m^2}$
　※ 물을 기준으로 한 액체의 비중은 1,000kg/m³이다.

정답 37 ④ 38 ②

CHAPTER 004 액면계측

액위의 측정방법은 직접법과 간접법의 두 종류로 구분되고 있다.

SECTION 01 액면측정방법

1. 직접측정

액면의 위치를 직접 관측에 의하여 측정하는 방법으로 직관식(유리관식), 검척식, 플로트식(부자식)이 있다.

2. 간접측정

압력이나 기타 방법에 의하여 액면위치와 일정 관계가 있는 양을 측정하는 것으로 차압식, 저항 전극식, 초음파식, 방사선식, 음향식 등의 액면계가 있다.

3. 액면계의 구비조건

① 연속 측정 및 원격측정이 가능할 것
② 가격이 싸고 보수가 용이할 것
③ 고온 및 고압에 견딜 것
④ 자동제어장치에 적용이 가능할 것
⑤ 구조가 간단하며 내식성이 있고 정도가 높을 것
⑥ 온도, 압력 등의 조건변화에 견딜 것
⑦ 액면 상하의 고, 저에 의한 경보가 간단하며 적용이 용이할 것

SECTION 02 액면계의 종류 및 특징

1. 직접측정식

1) 유리관식(직관식) 액면계

유리관(細管)또는 플라스틱의 투명한 세관을 측정 탱크에 설치하여 탱크 내 액면변화를 계측

2) 검척식 액면계

개방형 탱크나 저수조의 액면을 자로 직접 계측

3) 부자식(Float)액면계

밀폐탱크나 개방탱크 겸용으로서 액면에 플로트(부자)를 띄워 액면의 상·하 움직임을 플로트의 변위로 나타내는 형식으로 공기압 또는 전기량으로 전송이 가능하다.
Wire나 Chain을 사용하는 방법과 lever을 사용하는 방법이 있다. 액면 위의 변동폭이 25~50cm 정도까지 사용되며 구조가 간단하고 고압, 고온밀폐탱크(500℃, 1,000psi)의 압력까지 측정 사용이 가능하고 조작력이 크기 때문에 자력조절에도 사용된다.

2. 간접측정식

1) 압력검출식 액면계

탱크 내에 압력계를 설치하여 액면을 측정하는 장치로 비교적 저점도의 액체 측정용으로 기포식과 다이어프램식이 있다.(개방탱크나 밀폐식 탱크에 사용 가능)

2) 차압식

기준 수위에서 압력과 측정액면에서의 압력차를 비교하여 액위를 측정하는 것으로 고압밀폐 탱크에 사용된다. 종류로는 다이어프램식과 U자관식이 있고 정압을 측정함으로써 액위를 구할 수 있다. 자동제어 부착이 용이하고 U자관식은 수은의 레벨을 이용한다. 다이어프램식은 압력변화를 공기압 신호로 변환하여 액면을 측정한다.

3) 편위식

디스플레이스먼트 액면계라 하며 액중에 잠겨 있는 플로트의 깊이에 의한 부력으로부터 토크튜브 (Torque Tube)의 회전각이 변화하여 액면을 지시하며 일명 아르키메데스의 원리를 이용하여 액면을 측정하는 방식이다.

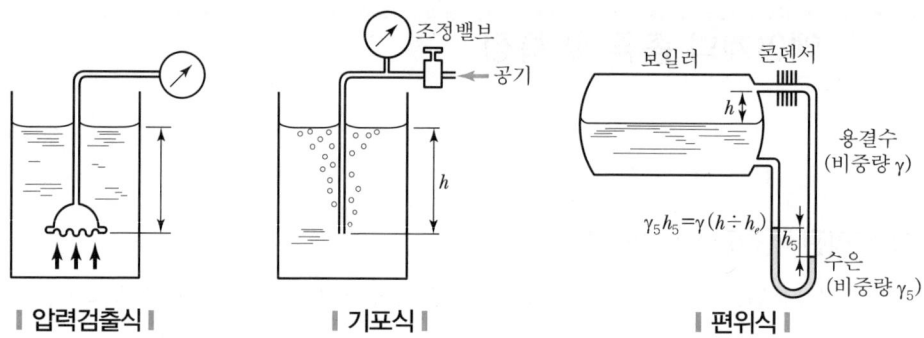

| 압력검출식 | | 기포식 | | 편위식 |

4) 정전용량식

동심원통형의 전극인 검출소자(Probe)를 액 중에 넣어 이때 액 위에 따른 정전용량의 변화를 측정하여 액면의 높이를 측정한다.

5) 전극식

전도성 액체 내부에 전극을 설치하여 낮은 전압을 이용 액면을 검지하여 자동 급·배수 제어장치에 이용(일반적으로 고유저항은 온도가 상승하면 감소하고 온도가 하강하면 증가한다.)

[특징]
- 고유저항이 큰 액체에는 사용이 어렵다.
- 내식성 재료의 전극봉이 필요하다.
- 저압변동이 큰 곳에서 사용해서는 안 된다.

6) 초음파식

측정에 시간을 요하지 않는 관계로 여러 소의 액면을 한 장치로 측정할 수 있고 완전히 밀폐된 고압 탱크와 부식성 액체에 대해서도 측정이 가능하고 측정범위가 매우 넓고 정도가 높은 액면계이다. 그러나 긴 거리는 통과할 수 없고 초음파는 수정이나 티탄산, 바륨 등에 발진 회로를 써서 10Kc~5Mc 진동을 주어서 얻는다.

(1) 초음파진동식

기체 또는 액체에 초음파를 사용하여 진동막의 진동변화를 측정

[특징]
- 형상이 단순하며 용기 내 삽입되는 부분이 적다.
- 가동부가 없으며 용도가 다양하다.
- 진동막에 액체나 거품의 부착은 오차 발생의 원인이 된다.

(2) 초음파 레벨식

가청주파수 이상의 음파를 액면에 발사시켜 반사되는 시간을 측정한다.

[특징]
- 액체가 직접 접촉하지 않고 측정이 가능하다.
- 이물질에 대한 영향이 적다.
- 청량음료나 유유탱크의 레벨베어에 사용된다.
- 부식성 유체(산, 알칼리)나 고점성 액체의 레벨 계측이 가능하다.

7) 기포식 액면계(Purge Type 액면계)

퍼지식 액면계로 액조 속에 관을 삽입하고 이 관을 통해 압축공기를 보낸다. 압력을 조절해서 공기가 관 끝에서 기포를 일으키게 하면 압축공기의 압력은 액압력과 동등하다고 생각되므로 압축공기를 압력을 측정하여 액면을 측정한다. 공기 압력은 0.6~0.9MPa을 이용한다.

8) γ선 액면계(방사선식 액면계)

γ선 액면계는 동위원소에서 나오는 γ선은 액면상 또는 탱크 밑바닥에서 방사시켜 그것을 측정함으로써 액위를 측정한다. 그 종류는 플로트식, 투과식, 추종식이 있으며 밀폐된 고압탱크나 부식성 액체의 탱크 등에서도 액면 측정이 가능하며 방사선으로는 ^{60}Co 등의 γ선이 사용된다. 고온·고압의 액체 측정이 가능하고 고점도 부식성 액체 측정도 가능하며, 정도는 ±1cm이다.

> **Reference** 직접식 · 간접식 액면계
>
> (1) 직접식 ─ 유리관식 액면계
> ├ 부자식 액면계
> └ 편위식 액면계
>
> (2) 간접식 ─ 기포식 액면계
> ├ 차압식 액면계
> ├ 음향식 액면계
> ├ 방사선식 액면계(γ선식)
> └ 초음파식 액면계(펄스 이용)

CHAPTER 04 출제예상문제

01 부자(Float)식 액면계의 특징으로 틀린 것은?
① 원리 및 구조가 간단하다.
② 고압에도 사용할 수 있다.
③ 액면이 심하게 움직이는 곳에 사용하기 좋다.
④ 액면 상·하한계에 경보용 리밋 스위치를 설치할 수 있다.

풀이 부자식(플로트식) 액면계
개방형 탱크 내 액면을 측정한다. 액면이 고정되어 있는 곳에 액면의 높이 차를 측정한다. 즉, 액면의 상하 운동에 의한 액면을 측정한다.

02 다음 중 액면 측정방법으로 가장 거리가 먼 것은?
① 유리관식   ② 부자식
③ 차압식   ④ 박막식

풀이 액면계 : 유리관식, 검척식, 부자식, 차압식, 편위식, 방사선식

03 서로 맞서 있는 2개 전극 사이의 정전용량은 전극 사이에 있는 물질 유전율의 함수이다. 이러한 원리를 이용한 액면계는?
① 정전용량식 액면계   ② 방사선식 액면계
③ 초음파식 액면계   ④ 중추식 액면계

풀이 정전용량식 액면계
서로 맞서 있는 2개의 전극 사이의 정전용량은 전극 사이에 있는 물질 유전율의 함수임을 이용한 간접식 액면계이다. 탱크 안의 전극을 이용하여 액의 위치 변화에 의한 정전용량 변화를 이용하여 액면을 측정한다.

04 다음 중 액면 측정방법이 아닌 것은?
① 액압측정식
② 정전용량식
③ 박막식
④ 부자식

풀이 박막식(격막식) : 다이어프램식 탄성식 압력계

05 정전용량식 액면계의 특징에 대한 설명 중 틀린 것은?
① 측정범위가 넓다.
② 구조가 간단하고 보수가 용이하다.
③ 유전율이 온도에 따라 변화되는 곳에도 사용할 수 있다.
④ 습기가 있거나 전극에 피측정체를 부착하는 곳에는 부적당하다.

풀이 정전용량식 액면계
측정물의 유전율(전기장)을 이용하여 탱크 안에 전극을 넣고 액유변화에 의한 전극을 탱크 사이의 정전용량 변화를 측정하여 액면 측정

06 다음 중 직접식 액위계에 해당하는 것은?
① 정전용량식
② 초음파식
③ 플로트식
④ 방사선식

풀이 직접식 액면계
• 검척식
• 부자식(플로트식)
• 유리관식

정답 01 ③　02 ④　03 ①　04 ③　05 ③　06 ③

07 액면계에 대한 설명으로 틀린 것은?

① 유리관식 액면계는 경유탱크의 액면을 측정하는 것이 가능하다.
② 부자식은 액면이 심하게 움직이는 곳에는 사용하기 곤란하다.
③ 차압식 유량계는 정밀도가 좋아서 액면 제어용으로 가장 많이 사용된다.
④ 편위식 액면계는 아르키메데스의 원리를 이용하는 액면계이다.

풀이 차압식 액면계
차압식 액면계는 압력검출형이고 U자관, 힘평형식, 변위평형식 등이 있으며 정밀도는 보통이다. 차압식 액면계보다는 부자식 액면계가 많이 사용된다.

08 측정하고자 하는 액면을 직접 자로 측정, 자의 눈금을 읽음으로써 액면을 측정하는 방법의 액면계는?

① 검척식 액면계
② 기포식 액면계
③ 직관식 액면계
④ 플로트식 액면계

풀이 검척식 직접식 액면계
액면을 직접 자로 측정하고 자의적인 눈금을 읽어서 측정한다.

09 아르키메데스의 부력 원리를 이용한 액면측정기기는?

① 차압식 액면계 ② 퍼지식 액면계
③ 기포식 액면계 ④ 편위식 액면계

풀이 편위식 액면계
일명 Displacement 액면계라고 하며 회전각이 변화하여 회전각에 따라 액위를 지시하는, 즉 아르키메데스의 부력에 의한 플로트의 길이(h_1)인 반경의 원통에서 길이 h_2까지 들어 있는 부력에 의한 액면계이다.

10 다음 중 간접식 액면측정 방법이 아닌 것은?

① 방사선식 액면계 ② 초음파식 액면계
③ 플로트식 액면계 ④ 저항전극식 액면계

풀이 플로트식 액면계(부자식, 직접식)
밀폐식 탱크와 개방용 탱크에 공용되며 조작력이 크기 때문에 자력 조절에도 사용된다.

11 기준 수위에서의 압력과 측정 액면계에서 압력의 차이로부터 액위를 측정하는 방식으로 고압 밀폐형 탱크의 측정에 적합한 액면계는?

① 차압식 액면계 ② 편위식 액면계
③ 부자식 액면계 ④ 유리관식 액면계

풀이 차압식 액면계(햄프슨식)
액화 산소 등과 같은 극저온의 저장탱크 액면 측정에 유리하며 일정한 액면 기준을 유지하고 있는 기준기의 정압과 탱크 내의 유체의 부압과 압력차를 이용한다.

12 그림과 같이 수은을 넣은 차압계를 이용하는 액면계에 있어 수은면의 높이 차(h)가 50.0mm일 때 상부의 압력 취출구에서 탱크 내 액면까지의 높이(H)는 약 몇 mm인가?(단, 액의 밀도(ρ)는 999 kg/m³이고, 수은의 밀도(ρ_0)는 13,550kg/m³이다.)

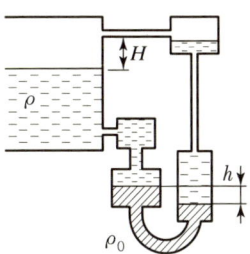

① 578 ② 628
③ 678 ④ 728

풀이 $H = \left(\dfrac{r_o}{r} - 1\right) = \left(\dfrac{13,550}{999} - 1\right) \times 50 = 628\text{mm}$

13 염화리튬이 공기 수증기압과 평형을 이룰 때 생기는 온도저하를 저항온도계로 측정하여 습도를 알아내는 습도계는?

① 듀셀 노점계
② 아스만 습도계
③ 광전관식 노점계
④ 전기저항식 습도계

풀이 듀셀 노점계
염화리튬이 공기수증기압과 평형을 이룰 때 생기는 온도 저하를 저항온도계로 측정하여 알아내는 습도계
※ 염화리튬(리튬이온 + 염화이온) : LiCl(흡습용해성의 고체결정체)

14 다음 각 습도계의 특징에 대한 설명으로 틀린 것은?

① 노점 습도계는 저습도를 측정할 수 있다.
② 모발 습도계는 2년마다 모발을 바꾸어 주어야 한다.
③ 통풍 건습구 습도계는 2.5~5m/s의 통풍이 필요하다.
④ 저항식 습도계는 직류전압을 사용하여 측정한다.

풀이 전기저항식 습도계
염화리튬이나 교류전압을 사용한다(저온도의 측정이 가능하고 응답이 빠르다). 연속기록, 원격측정, 자동제어에 이용된다.

15 2개의 수은 유리온도계를 사용하는 습도계는?

① 모발 습도계   ② 건습구 습도계
③ 냉각식 습도계 ④ 저항식 습도계

풀이 건습구 습도계
2개의 유리 수은 온도계를 사용한다. 구조나 취급이 간단하고 휴대하기 편리하며 가격이 싸다.

16 저항식 습도계의 특징으로 틀린 것은?

① 저온도의 측정이 가능하다.
② 응답이 늦고 정도가 좋지 않다.
③ 연속기록, 원격측정, 자동제어에 이용된다.
④ 교류전압에 의하여 저항치를 측정하여 상대습도를 표시한다.

풀이 전기 저항식 습도계
감도가 좋고 좁은 범위의 상대습도 측정에 유리하다. 염화리튬 용액을 절연판에 바르고 전주를 놓아 저항치를 측정하여 상대습도 측정, 그 특징은 ①, ③, ④ 등이다.

17 다음 중 습도계의 종류로 가장 거리가 먼 것은?

① 모발 습도계
② 듀셀 노점계
③ 초음파식 습도계
④ 전기저항식 습도계

풀이 초음파식 액면계
초음파를 발산시켜 진동막의 진동 변화를 측정하여 액면을 측정하는 간접식 액면계이다.

18 휴대용으로 상온에서 비교적 정밀도가 좋은 아스만 습도계는 다음 중 어디에 속하는가?

① 저항 습도계
② 냉각식 노점계
③ 간이 건습구 습도계
④ 통풍형 건습구 습도계

풀이 통풍형 건습구 습도계
3~5m/s의 일정한 풍속을 이용하며, 독일의 아스만이 휴대용으로 발명한 건습구 습도계이다. 비교적 정밀도가 좋고 통풍장치 부착이 필요하다.

정답 13 ① 14 ④ 15 ② 16 ② 17 ③ 18 ④

19 물을 함유한 공기와 건조공기의 열전도율 차이를 이용하여 습도를 측정하는 것은?

① 고분자 습도 센서
② 염화리튬 습도 센서
③ 서미스터 습도 센서
④ 수정진동자 습도 센서

풀이 서미스터 반도체 저항온도계(서미스터 습도 센서)
물을 함유한 공기와 건조공기의 열전도율 차이를 이용하여 습도를 측정한다.

20 다음 중 수분 흡수법에 의해 습도를 측정할 때 흡수제로 사용하기에 가장 적절하지 않은 것은?

① 오산화인
② 피크린산
③ 실리카겔
④ 황산

풀이 피크린산
Picric Acid($C_6H_3N_3O_7$)의 수용액은 강산성, 불안정하고 폭발성을 가진 가연성 물질이다. 페놀의 니트로화에 의해 얻어진다. 비극성 용매에는 용해되나 극성 용매에는 잘 녹지 않는다.

21 실온 22℃, 습도 45%, 기압 765mmHg인 공기의 증기분압(P_w)은 약 몇 mmHg인가?(단, 공기의 가스상수는 29.27kg·m/kg·K, 22℃에서 포화압력(P_s)은 18.66mmHg이다.)

① 4.1
② 8.4
③ 14.3
④ 20.7

풀이 공기 중의 습도 : 45%
공기 중 수증기 포화압력 : 18.66mmHg
∴ 증기분압(P_w) = 18.66×0.45 = 8.4mmHg

22 단열식 열량계로 석탄 1.5g을 연소시켰더니 온도가 4℃ 상승하였다. 통 내의 유량이 2,000g, 열량계의 물당량이 500g일 때 이 석탄의 발열량은 약 몇 J/g인가?(단, 물의 비열은 4.19J/g·K이다.)

① 2.23×10^4
② 2.79×10^4
③ 4.19×10^4
④ 6.98×10^4

풀이 단열식 열량계를 통한 발열량

$$= \frac{\text{내통수 비열} \times \text{상승온도} \times (\text{내통수량} + \text{수당량}) - \text{발열보정}}{\text{시료}} \times \frac{100}{100 - \text{수분}}$$

$$= \frac{4.19 \times 4 \times (2,000 + 500)}{1.5} = 27,933 \text{J/g} (2.79 \times 10^4)$$

23 20L인 물의 온도를 15℃에서 80℃로 상승시키는 데 필요한 열량은 약 몇 kJ인가?

① 4,200
② 5,400
③ 6,300
④ 6,900

풀이 물의 비열 = 1kcal/kg℃
현열(Q) = $G \times C_p \times \Delta t$
　　　　 = 20 × 1 × (80 - 15) = 1,300kcal
1kcal = 4.186kJ
∴ 1,300 × 4.186 ≒ 5,441.8kJ
※ 물은 4℃에서 1L가 1kg이나 언급이 없으면 4℃가 아닌 경우도 이렇게 가정한다.

24 2.2kΩ의 저항에 220V의 전압이 사용되었다면 1초당 발생한 열량은 몇 W인가?

① 12
② 22
③ 32
④ 42

풀이 2.2kΩ = 2,200Ω, $H = 0.24I^2Rt$ (cal)

$$P = IV = \frac{V^2}{R}$$

∴ 발생열량 = $\frac{(220)^2}{2,200}$ = 22W/s

정답 19 ③ 20 ② 21 ② 22 ② 23 ② 24 ②

25 액체와 고체연료의 열량을 측정하는 열량계는?

① 봄브식
② 융커스식
③ 클리브랜드식
④ 타그식

풀이 ㉠ 열량계
- 단열식(봄브식) : 액체 · 고체연료용
- 융커스식, 시그마식 : 기체연료용

㉡ 인화점계
- 타그식 : 인화점 시험(인화점 80℃ 이하 석유)
- 크리브랜드 : 인화점 시험(인화점 80℃ 이상 석유)

26 다음 중 융해열을 측정할 수 있는 열량계는?

① 금속 열량계
② 융커스형 열량계
③ 시차주사 열량계
④ 디페닐에테르 열량계

풀이 융해열 측정 열량계
- 시차주사 열량계 사용(Differential Scanning Calorimetry)
- 소량으로 측정이 가능하고 조작이 간편하며 자동화가 된다.

27 하겐 – 포아젤의 법칙을 이용한 점도계는?

① 세이볼트 점도계
② 낙구식 점도계
③ 스토머 점도계
④ 맥미첼 점도계

풀이 세이볼트 점도계
하겐 – 포아젤의 법칙을 이용한 점도계
(점도 : 절대점도, 동점도)

28 공기 중에 있는 수증기 양과 그때의 온도에서 공기 중에 최대로 포함할 수 있는 수증기의 양을 백분율로 나타낸 것은?

① 절대습도
② 상대습도
③ 포화증기압
④ 혼합비

풀이 상대습도(H_R)
$$= \frac{\text{온도 } T \text{에서 그 수증기 분압}}{\text{온도 } T \text{에서 그 수증기 포화압력}} \times 100\%$$

정답 25 ① 26 ③ 27 ① 28 ②

가스의 분석 및 측정

SECTION 01 가스분석방법

가스분석은 계측이 간접적이며 정성적인 선택성이 나쁜 것이 많다. 가스는 온도나 압력에 의해 영향을 받기 때문에 항상 조건을 일정하게 한 후 검사가 이루어져야 한다.

1) 연소가스 분석목적

① 연료의 연소상태 파악
② 연소가스의 조성 파악
③ 공기비 파악 및 열손실 방지
④ 열정산 시 참고자료

2) 연소가스의 조성

CO_2, CO, SO_2, NH_3, H_2O, N_2 등

3) 시료채취 시 주의사항

① 연소가스 채취 시 흐르는 가스의 중심에서 채취한다.
② 시료 채취 시 공기의 침입이 없어야 한다.
③ 가스성분과 화학적 반응을 일으키는 재료는 사용하지 않는다.(600℃ 이상에서는 철판 사용금지)
④ 채취 배관을 짧게 하여 시간지연을 최소로 한다.
⑤ 드레인 배출장치를 설치한다.
⑥ 시료가스 채취는 연도의 중심부에서 실시한다.
⑦ 채취구의 위치는 연소실 출구의 연도에서 하고 연도 굴곡 부분이나 가스가 교차되는 부분 및 유속변화가 급격한 부분은 피한다.

> **Reference**
>
> **가스 채취관의 재료**
> • 고온가스 : 석영관
> • 저온가스 : 철금속관
>
> **시료가스의 흐름**
> 1차 필터(아람담) → 가스냉각기(냉각수) → 2차 필터(석면, 솜)

SECTION 02 가스분석계의 종류 및 특징

1. 화학적 가스분석계

화학반응을 이용한 성분분석

1) 측정방법에 따른 구분

① 체적 감소에 의한 방법 : 오르사트식, 헴펠식 가스분석계
② 연속측정방법 : 자동화학식 CO_2계
③ 연소열법에 의한 방법 : 연소식 O_2계, 미연소계(H_2+CO)

2) 오르사트(Orzat)식 가스분석계

시료가스를 흡수제에 흡수시켜 흡수 전후의 체적변화를 측정하여 조성을 정량하는 방법이며 100cc 체적의 뷰렛과 수준병, 고무관, 흡수병, 연결관으로 구성되어 있다.

(1) 분석순서 및 흡수제의 종류

① 분석순서 : $CO_2 \rightarrow O_2 \rightarrow CO$
② 흡수제의 종류
- CO_2 : KOH 30% 수용액(순수한 물 70cc + KOH 30g 용해)
- O_2 : 알칼리성 피로갈롤(용액 200cc + 15~20g의 피로갈롤 용해)
- CO : 암모니아성 염화제1동 용액(암모니아 100cc 중 +7g의 염화제1동 용해)
- 질소(N_2) = 100 − (CO_2 + O_2 + CO)

(2) 특징

① 구조가 간단하며 취급이 용이하다.(내열성 초자 유리로 제작한다.)
② 숙련되면 고정도를 얻는다.
③ 수분은 분석할 수 없다.
④ 분석순서를 달리하면 오차가 발생한다.

3) 자동화학식 CO_2계

오르사트 가스 분석법과 원리는 같으나 유리실린더를 이용 연속적으로 가스를 흡수시켜 가스의 용적변화로 측정하며 KOH 30% 수용액에 CO_2를 흡수시켜 시료가스의 용적의 감소를 측정하여 CO_2 농도를 측정한다.

[특징]
- 선택성이 좋다.
- 흡수제 선택으로 O_2와 CO 분석이 가능하다.
- 측정치를 연속적으로 얻는다.
- 조성가스가 많아도 높게 측정되며, 유리부분이 많아 파손되기는 쉽다.

4) 연소열식 O_2계(연소식 O_2계)

측정해야 할 가스와 H_2 등의 가연성 가스를 혼합하고 촉매에 의한 연소를 시켜 반응열이 산소 농도에 따라 비례하는 것을 이용한다.(O_2가스 측정용 촉매 : 파라디움)

[특징]
- 가연성 H_2가 필요하다.
- 원리가 간단하고 취급이 용이하다.
- 측정가스의 유량변화는 오차의 원인이 된다.
- 선택성이 있다.
- 오리피스나 마노미터 및 열전대가 필요하다.

5) 미연소가스계(CO+H_2 가스 분석)

시료 중 미연소 가스에 O_2를 공급하고 백금을 촉매로 연소시켜 온도상승에 의한 휘트스톤브리지회로의 측정 셀 저항선의 저항변화로부터 측정한다.

[특징]
- 측정실과 비교실의 온도를 동일하게 유지한다.
- 산소를 별도로 준비하여야 한다.
- 백금선 촉매의 열적 작용이 심하므로 내구성에 유의하여야 한다.
- 휘트스톤브리지회로를 사용한다.

2. 물리적 가스분석계

가스의 비중, 열전도율, 자성 등에 의하여 측정하는 방법

1) 열전도율형 CO_2계

전기식 CO_2계라 하며 CO_2의 열전도율이 공기보다 매우 적다는 것을 이용한 것으로 CO_2 분석에 많이 사용된다. 측정가스를 도입하는 셀과 공기를 채운 비교셀 속에 백금선을 치고 약 100℃의 정전류를 가열여 전기저항치를 증가시키므로 CO_2 농도로 지시한다.

(1) 특징

① 원리나 장치가 비교적 간단하다.(단, 측정실과 비교실의 온도를 동일하게 유지하여야 한다.)
② 열전도율이 큰 수소가 혼입되면 측정오차의 영향이 크다.
③ N_2, O_2, CO의 농도가 변해도 CO_2 측정오차는 거의 없다.

(2) 취급 시 주의사항

① 1차 여과기 막힘에 주의할 것
② 계기 내 온도상승을 방지할 것
③ 가스 유속을 일정하게 유지할 것
④ 브리지의 전류 공급을 점검할 것
⑤ H_2 가스의 혼입을 막아야 한다.
⑥ 가스압력 변동은 지시에 영향을 주므로 온도 및 압력 변동이 없어야 한다.

2) 밀도식 CO_2계

CO_2의 밀도가 공기보다 1.5배 크다는 것을 이용하여 가스의 밀도차에 의해 수동 임펠러의 회전토크가 달라져 레버와 링크에 의해 평형을 이루어 CO_2 농도를 지시하도록 되어 있다.

[특징]
- 보수와 취급이 용이하고 구조적으로 견고하다.
- 측정가스와 공기의 압력과 온도가 같으면 오차를 일으키지 않는다.
- CO_2 이외의 가스조성이 달라지면 측정오차에 영향을 준다.

3) 가스 크로마토그래피(Gas Chromatograph)법

흡착제를 충전한 통 한쪽에 시료를 이동시킬 때 친화력이 각 가스마다 다르기 때문에 이동속도차이로 분리되어 측정실내로 들어오면서 측정하는 것으로 O_2와 NO_2를 제외한 다른 성분가스를 모두 분석할 수 있다. 분석 시에는 고체 충전제를 넣어 놓고 캐리어가스인 H_2, N_2, He 등의 혼합된 시료가스를 컬럼 속에 통하게 하여 측정한다.

[특징]
- 여러 종류의 가스분석이 가능하다.
- 선택성이 좋고 고감도 측정이 가능하다.
- 시료가스의 경우 수 cc로 충분하다.
- 캐리어 가스가 필요하다.
- 동일가스의 연속 측정이 불가능하다.
- 적외선 가스분석계에 비하여 응답속도가 느리다.
- SO_2 및 NO_2 가스는 분석이 불가능하다.

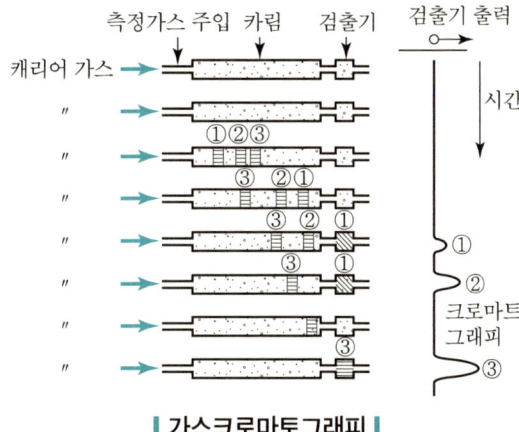

| 가스크로마토그래피 |

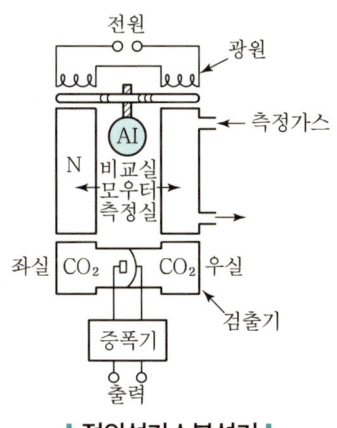

| 적외선가스분석기 |

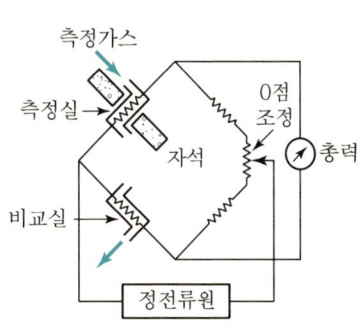

| 자기식 O_2계 |

4) 적외선 가스분석계

적외선 스펙트럼의 차이를 이용하여 분석하며 N_2, O_2, H_2 이원자 분자가스 및 단원자분자의 경우를 제외한 대부분의 가스를 분석할 수 있다.

[특징]
- 선택성이 우수하다.
- 측정농도 범위가 넓고 저농도 분석에 적합하다.
- 연속분석이 가능하다.
- 측정가스의 먼지나 습기의 방지에 주의가 필요하다.

5) 자기식 O_2계

산소의 경우 강자성체에 속하기 때문에 산소(O_2)가 자장에 대해 흡인되는 성질을 이용한 것이다.

[특징]
- 가동부분이 없어 구조가 간단하고 취급이 용이하다.
- 시료가스의 유량, 점성, 압력 변화에 대하여 측정오차가 생기지 않는다.
- 유리로 피복된 열선은 촉매작용을 방지한다.
- 감도가 크고 정도는 1% 내외이다.
- 분석계에서 자기풍의 세기는 산소(O_2)의 농도에 비례하고 열선의 온도는 자기풍 세기에 반비례하는 법칙을 이용한다.

6) 세라믹식 O_2계(지르코니아 O_2계)

지르코니아(ZrO_2)를 원료로 한 세라믹 파이프를 850℃ 이상 유지하면서 가스를 통과시키면 산소이온만 통과하여 산소농담전자가 만들어진다. 이때 농담전지의 기전력을 측정하여 O_2 농도를 분석한다.

[특징]
- 측정범위가 넓고 응답이 신속하다.
- 지르코니아 온도를 850℃ 이상 유지한다.(전기히터 필요)
- 시료가스의 유량이나 설치장소, 온도변화에 대한 영향이 없다.
- 자동제어 장치와 결속이 가능하다.
- 가연성 가스 혼입은 오차를 발생시킨다.
- 연속측정이 가능하다.

7) 갈바니아 전기식 O_2계

수산화칼륨(KOH)에 이종 금속을 설치한 후 시료가스를 통과시키면 시료가스 중 산소가 전해액에 녹아 각각의 전극에서 산화 및 환원반응이 일어나 전류가 흐르는 현상을 이용한 것이다.

[특징]
- 응답속도가 빠르다.
- 고농도의 산소분석은 곤란하며 저농도의 산소분석에 적합하다.
- 휴대용으로 적당하다.
- 자동제어장치와 결합이 쉽다.

8) 용액 도전율식 가스분석계

시료가스를 흡수용액에 흡수시켜 용액의 도전율 변화를 이용하여 가스농도를 측정한다. 선택성이 있고 저농도 가스 분석이 가능하며, 대기오염 관리에 사용된다.

SECTION 03 매연농도 측정

1. 링겔만 농도표

링겔만 농도표는 백치에 10mm 간격의 굵은 흑선을 바둑판 모양으로 그린 것으로 농도비율에 따라 0~5번까지 6종으로 구분된다. 관측자는 링겔만 농도표와 연돌상부 30~45cm 지점의 배기가스와 비교하여 매연 농도율을 계산할 수 있다. 농도 1도당 매연 농도율은 20%이다. (매연 농도 비탁표 2번은 매연 40%)

$$매연\ 농도(\%) = \frac{매연\ 농도치}{측정시간(분)} \times 20$$

2. 로버트 농도표

링겔만 농도표와 비슷하지만 4종으로 되어 있다.

3. 자동매연 측정장치

광전관을 사용한다.

SECTION 04 온·습도 측정

1. 온도

1) 건구온도(Dry Bulb Temperature : DB)

보통 온도계로 지시하는 온도

2) 습구온도(Wet Bulb Temperature : WB)

온도계 감온부를 젖은 헝겊으로 감싸고 측정한 온도(증발잠열에 의한 온도)

3) 노점온도(Dewpoint Temperature : DT)

습공기 수증기 분압이 일정한 상태에서 수분의 증감 없이 냉각할 때 수증기가 응축하기 시작하여 이슬이 맺는 온도

2. 습도

1) 절대습도(Specific Humidity)

건조공기 1kg에 대한 수증기 중량 비

$$절대습도(\psi) = \left(\frac{습가스 중의 수분}{습가스 중의 건가스}\right) \times 100 [\%]$$

2) 상대습도(Relative Humidity)

습공기 수증기 분압(p)과 동일온도의 포화습공기 수증기 분압(P_S)과의 비

$$\psi = \left(\frac{p}{p_S}\right) \times 100 [\%]$$

3) 포화도(비교습도)

습공기 절대습도(x)와 포화습공기 절대습도(x_s)와의 비, 즉 포화습도에 대한 습가스의 절대습도의 비가 포화도이다.

$$r = \left(\frac{x}{x_s}\right) \times 100 [\%]$$

3. 습도계 및 노점계 종류

1) 전기식 건습구 습도계
① 습구를 항상 적셔 놓아야 하는 단점이 있다.
② 저온측정은 곤란하다.
③ 실내온도를 측정하는 데 많이 사용된다.

2) 전기저항식 습도계
① 기체의 압력, 풍속에 의한 오차가 없다.
② 구조 및 측정회로가 간단하며 저습도 측정에 적합하다.
③ 응답이 빠르고 온도계수가 크다.
④ 경년 변화가 있는 결점이 있다.

3) 듀셀 전기 노점계
① 저습도의 측정에 적당하다.
② 구조가 간단하고 고장이 적다.
③ 고압 하에서는 사용이 가능하나 응답이 늦은 결점이 있다.

4) 광전관식 노점 습도계
① 경년 변화가 적고 기체의 온도에 영향을 받지 않는다.
② 저습도의 측정이 가능하다.
③ 점도가 높다.

5) 모발습도계
① 습도의 증감에 따라 규칙적으로 신축하는 모발의 성질을 이용한다.
② 안정성이 좋지 않고 응답시간이 길다.
③ 사용은 간편하다.
④ 실내 습도조절용, 제어용으로 많이 사용된다.
⑤ 보통 10~20개 정도의 머리카락을 묶어서 사용하며, 수명은 2년 정도이다.

6) 건습구 습도계
① 건구와 습구온도계로 이루어진다.
② 상대습도의 표에 의해 구한다.
③ 자연통풍에 의한 간이 건습구 습도계와 온도계의 감온부에 풍속 3~5m/sec 통풍을 행하는 통풍건습구 습도계(Assmann형, 기상대형, 저항온도계식)가 있다.

CHAPTER 005 출제예상문제

01 가스크로마토그래피의 특징에 대한 설명으로 틀린 것은?

① 미량성분의 분석이 가능하다.
② 분리성능이 좋고 선택성이 우수하다.
③ 1대의 장치로는 여러 가지 가스를 분석할 수 없다.
④ 응답속도가 다소 느리고 동일한 가스의 연속측정이 불가능하다.

풀이 가스크로마토그래피 가스 분석계
H_2, N_2, He, Ar 등의 캐리어 가스(Carrier Gas)가 필요하다. SO_2, NO_2 등을 제외하고는 전부 가스분석이 가능하다.

02 오르자트식 가스분석계로 측정하기 어려운 것은?

① O_2　　　　② CO_2
③ CH_4　　　④ CO

풀이 오르자트식 가스분석계를 이용한 측정(화학적 가스분석) 순서
$CO_2 \rightarrow O_2 \rightarrow CO$ 순이다.

03 2원자 분자를 제외한 CO_2, CO, CH_4 등의 가스를 분석할 수 있으며, 선택성이 우수하고 저농도의 분석에 적합한 가스 분석법은?

① 적외선법　　② 음향법
③ 열전도율법　④ 도전율법

풀이 적외선법
2원자 분자의 가스를 제외한 가스의 분석이 가능하며 선택성이 우수하고 가스의 저농도의 분석에 적합하다.

04 다음 중 가스의 열전도율이 가장 큰 것은?

① 공기　　　② 메탄
③ 수소　　　④ 이산화탄소

풀이 수소(H_2)는 열전도도가 매우 크고 열에 대해 안정하다.

05 기체연료의 시험방법 중 CO의 흡수액은?

① 발연 황산액
② 수산화칼륨 30% 수용액
③ 알칼리성 피로갈롤 용액
④ 암모니아성 염화제1동 용액

풀이 ① 중탄화수소(기체연료)의 분석 흡수액
② CO_2 분석 흡수액
③ O_2 분석 흡수액
④ CO 분석 흡수액

06 화학적 가스분석계인 연소식 O_2계의 특징이 아닌 것은?

① 원리가 간단하다.
② 취급이 용이하다.
③ 가스의 유량 변동에도 오차가 없다.
④ O_2 측정 시 팔라듐계가 이용된다.

풀이 연소식 산소(O_2)계
수소(H_2) 등의 사용연료가스가 필요하며, 측정용 가스의 유량 변동은 측정오차에 영향을 미친다.

07 연소 가스 중의 CO와 H_2의 측정에 주로 사용되는 가스 분석계는?

① 과잉공기계　　② 질소가스계
③ 미연소가스계　④ 탄산가스계

정답 01 ③　02 ③　03 ①　04 ③　05 ④　06 ③　07 ③

풀이 미연소가스 분석계
CO, H₂ 측정

08 가스분석방법 중 CO_2의 농도를 측정할 수 없는 방법은?

① 자기법
② 도전율법
③ 적외선법
④ 열도전율법

풀이 자기식(O_2) 계
산소에 자기풍을 일으키고 이것을 검출하여 자화율이 큰 산소의 분석계이다.

09 다음 중 가스분석 측정법이 아닌 것은?

① 오르사트법
② 적외선 흡수법
③ 플로노즐법
④ 가스크로마토그래피법

풀이 차압식 유량계
- 벤투리 미터
- 플로노즐
- 오리피스

10 물리적 가스분석계의 측정법이 아닌 것은?

① 밀도법
② 세라믹법
③ 열전도율법
④ 자동오르자트법

풀이 화학적인 가스분석계
- 자동 오르자트법
- 헴펠식
- 연소열법
- 게겔법

11 다음 가스분석방법 중 물리적 성질을 이용한 것이 아닌 것은?

① 밀도법
② 연소열법
③ 열전도율법
④ 가스크로마토그래프법

풀이 화학식 가스 분석계
- 오르자트법
- 헴펠법
- 연소열법
- 미연소 가스계
- 자동화학식계

12 헴펠식(Hempel Type) 가스분석장치에 흡수되는 가스와 사용하는 흡수제의 연결이 잘못된 것은?

① CO – 차아황산소다
② O_2 – 알칼리성 피로갈롤 용액
③ CO_2 – 30% KOH 수용액
④ C_mH_n – 진한 황산

풀이
- 헴펠식 가스분석에서 CO 가스 분석 시 흡수제 : 암모니아성 염화제1동 용액
- 차아황산소다(Sadium hydrosulfite) : 환원 표백제로서 물에는 쉽게 녹고 알콜에는 녹지 않는다. 아황산 표백제 중 강한 환원력을 가진다. 습한 공기에서는 아황산염과 황산염으로 분해된다.

13 다음 연소가스 중 미연소가스계로 측정 가능한 것은?

① CO
② CO_2
③ NH_3
④ CH_4

풀이
- 미연소 가스 분석계 측정가스 : CO 가스
- 연소식 O_2계 측정가스 : H_2 가스

14 가스 크로마토그래피법에서 사용하는 검출기 중 수소염 이온화검출기를 의미하는 것은?

① ECD
② FID
③ HCD
④ FTD

정답 08 ① 09 ③ 10 ④ 11 ② 12 ① 13 ① 14 ②

풀이
- FID : 수소이온화 검출기
- TCD : 열전도도형 검출기
- ECD : 전자 포획 이온화 검출기

15 세라믹식 O_2계의 특징으로 틀린 것은?

① 연속측정이 가능하며, 측정범위가 넓다.
② 측정부의 온도유지를 위해 온도 조절용 전기로가 필요하다.
③ 측정가스의 유량이나 설치장소 주위의 온도 변화에 의한 영향이 적다.
④ 저농도 가연성가스의 분석에 적합하고 대기오염 관리 등에서 사용된다.

풀이 세라믹 산소계
산소농담전지를 이용하여 기전력을 측정한 후 산소(O_2)를 측정한다(세라믹의 주원료 : ZrO_2).

16 열전도율형 CO_2 분석계의 사용 시 주의사항에 대한 설명 중 틀린 것은?

① 브리지의 공급 전류의 점검을 확실하게 한다.
② 셀의 주위 온도와 측정가스 온도는 거의 일정하게 유지시키고 온도의 과도한 상승을 피한다.
③ H_2를 혼입시키면 정확도를 높이므로 같이 사용한다.
④ 가스의 유속을 일정하게 하여야 한다.

풀이 열전도율형 가스분석계인 CO_2계 가스 분석계는 CO_2의 분자량이 44로(밀도=$\frac{44}{29}$=1.52) 무거운 것을 이용하여 CO_2 가스 분석을 한다.
단, 열전도율이 큰 수소(H_2) 가스가 혼입되면 오차의 영향이 크다.

17 중유를 사용하는 보일러의 배기가스를 오르자트 가스분석계의 가스뷰렛에 시료 가스양을 50mL 채취하였다. CO_2 흡수피펫을 통과한 후 가스뷰렛에 남은 시료는 44mL이었고, O_2 흡수피펫에 통과한 후에는 41.8mL, CO 흡수피펫에 통과한 후 남은 시료량은 41.4mL이었다. 배기가스 중에 CO_2, O_2, CO는 각각 몇 vol%인가?

① 6, 2.2, 0.4
② 12, 4.4, 0.8
③ 15, 6.4, 1.2
④ 18, 7.4, 1.8

풀이 가스뷰렛 총 50mL 용적에 의한
$CO_2 = 50 - 44 = 6$mL
$O_2 = 44 - 41.8 = 2.2$mL
$CO = 0.4$mL

$\therefore\ CO_2 = \frac{6}{50} \times 100 = 12\%$

$O_2 = \frac{2.2}{50} \times 100 = 4.4\%$

$CO = \frac{0.4}{50} \times 100 = 0.8\%$

18 다음 중 화학적 가스 분석계에 해당하는 것은?

① 고체 흡수제를 이용하는 것
② 가스의 밀도와 점도를 이용하는 것
③ 흡수용액의 전기전도도를 이용하는 것
④ 가스의 자기적 성질을 이용하는 것

풀이 오르사트 화학적 가스 분석계(고체흡수제 이용)
- KOH 30% 수용액(CO_2)
- 차아황산소다, 황인, 알칼리성 피로갈롤(O_2)
- 암모니아성 염화제1동 용액(CO)

19 가스 채취 시 주의하여야 할 사항에 대한 설명으로 틀린 것은?

① 가스의 구성 성분의 비중을 고려하여 적정위치에서 측정하여야 한다.
② 가스 채취구는 외부에서 공기가 잘 통할 수 있도록 하여야 한다.
③ 채취된 가스의 온도, 압력의 변화로 측정오차가 생기지 않도록 한다.
④ 가스성분과 화학반응을 일으키지 않는 관을 이용하여 채취한다.

정답 15 ④ 16 ③ 17 ② 18 ① 19 ②

풀이 연소가스 분석 시 가스 채취구는 외부에서 공기가 통하지 못하게 하여야 농도측정이 정확하게 된다.

20 일반적으로 오르자트 가스분석기로 어떤 가스를 분석할 수 있는가?

① CO_2, SO_2, CO
② CO_2, SO_2, O_2
③ SO_2, CO, O_2
④ CO_2, O_2, CO

풀이 오르자트 화학적 분석계의 가스분석 순서
CO_2, O_2, CO 순이다.

21 산소의 농도를 측정할 때 기전력을 이용하여 분석, 계측하는 분석계는?

① 자기식 O_2계
② 세라믹식 O_2계
③ 연소식 O_2계
④ 밀도식 O_2계

풀이 세라믹 O_2계
산소의 농도 측정 시 850℃ 이상 유지에서 산소이온 통과로 산소농담전지가 만들어지고 기전력(E)이 얻어진다.

22 가스열량 측정 시 측정 항목에 해당되지 않는 것은?

① 시료가스의 온도
② 시료가스의 압력
③ 실내온도
④ 실내습도

풀이 가스열량 측정 시 측정항목
• 시료가스 온도
• 시료가스 압력
• 실내온도

23 가스 크로마토그래피는 기체의 어떤 특성을 이용하여 분석하는 장치인가?

① 분자량 차이
② 부피 차이
③ 분압 차이
④ 확산속도 차이

풀이 가스 크로마토그래피 분석계는 기체의 확산속도 차이를 이용하여 가스를 분석한다. 캐리어 가스로는 H_2, N_2, He이 필요하다. 분리능력과 선택성이 우수하다.

24 가스의 상자성을 이용하여 만든 세라믹식 가스 분석계는?

① O_2 가스계
② CO_2 가스계
③ SO_2 가스계
④ 가스크로마토그래피

풀이 자기식 산소계는 다른 가스에 비해 강한 상자성체이므로 자장에 흡인되는 성질을 이용하여 자장을 형성시켜 자기풍을 일으켜 전류로써 O_2 양을 측정하는 가스 분석계이다.

25 기체 크로마토그래피에 대한 설명으로 틀린 것은?

① 캐리어 기체로는 수소, 질소 및 헬륨 등이 사용된다.
② 충전재로는 활성탄, 알루미나 및 실리카겔 등이 사용된다.
③ 기체의 확산속도 특성을 이용하여 기체의 성분을 분리하는 물리적인 가스분석기이다.
④ 적외선 가스분석기에 비하여 응답속도가 빠르다.

풀이 가스 크로마토그래피법은 캐리어 가스(N_2, H_2, He, Ar)가 필요하며 SO_2, NOx 가스는 분석이 불가능하다.

정답 20 ④ 21 ② 22 ④ 23 ④ 24 ① 25 ④

26 다음 중 물리적 가스 분석계와 거리가 먼 것은?

① 가스 크로마토그래프법
② 자동오르자트법
③ 세라믹식
④ 적외선 흡수식

풀이 화학적 가스 분석계
  • 자동오르자트법   • 헴펠식
  • 자동화학식 CO_2계   • 연소식 O_2계

27 가스 크로마토그래피의 구성요소가 아닌 것은?

① 검출기   ② 기록계
③ 컬럼(분리관)   ④ 지르코니아

풀이 지르코니아(ZrO_2)를 주원료로 한 특수 세라믹은 온도 850℃ 이상에서 산소(O_2) 이온만 통과시키는 특수한 성질을 이용한 세라믹 산소계로 O_2 농도 가스 분석기이다.

28 가스 크로마토그래피는 다음 중 어떤 원리를 응용한 것인가?

① 증발   ② 증류
③ 건조   ④ 흡착

풀이 가스 크로마토그래피는 활성탄, 알루미나, 실리카겔 등의 고체 충진제에 혼합시료가스를 투입하면 흡수 또는 흡착에 의해 통과하는 가스의 속도 차이를 분석한다(혼합가스 분석을 위한 캐리어 가스 : H_2, N_2, He 등).

29 흡착제에서 관을 통해 각각 기체의 독자적인 이동속도에 의해 분리시키는 방법으로, CO_2, CO, N_2, H_2, CH_4 등을 모두 분석할 수 있어 분리 능력과 선택성이 우수한 가스분석계는?

① 밀도법   ② 기체 크로마토그래피법
③ 세라믹법   ④ 오르자트법

풀이 기체 크로마토그래피법은 기체의 이동속도에 의해 분리시키며 거의 대부분의 가스나 기체 분석이 가능하며 분리능력과 선택성이 우수한 가스분석계이다.

30 다음 가스분석법 중 흡수식인 것은?

① 오르자트법   ② 밀도법
③ 자기법   ④ 음향법

풀이 흡수식 가스분석
오르자트법, 헴펠법, 자동화학식, 게겔법

31 가스분석계의 특징에 관한 설명으로 틀린 것은?

① 적정한 시료가스의 채취장치가 필요하다.
② 선택성에 대한 고려가 필요 없다.
③ 시료가스의 온도 및 압력의 변화로 측정오차를 유발할 우려가 있다.
④ 계기의 교정에는 화학분석에 의해 검정된 표준 시료 가스를 이용한다.

풀이 가스분석계는 반드시 가스 성분 선택성에 대한 고려가 필요하다.

32 다음 중 가스 크로마토그래피의 흡착제로 쓰이는 것은?

① 미분탄   ② 활성탄
③ 유연탄   ④ 신탄

풀이 가스 크로마토그래피 가스분석계
  • 흡착제 : 실리카겔, 활성탄, 활성알루미나, 합성제 올라이트
  • 컬럼 : 흡착제를 채운 길쭉한 통
  • 캐리어 가스 : H_2, He, N_2, Ar 등
  • 종류 : ECD, FID, FPD, TCD, FTD 등

정답 26 ② 27 ④ 28 ④ 29 ② 30 ① 31 ② 32 ②

33 세라믹(Ceramic)식 O_2계의 세라믹 주원료는?

① Cr_2O_3 ② Pb
③ P_2O_5 ④ ZrO_2

풀이 세라믹 산소(O_2) 측정용 물리적 가스분석기의 세라믹에서 지르코니아(ZrO_2)를 주원료로 한 세라믹의 온도를 높여서 O_2 이온을 측정한다.

34 가스분석계에서 연소가스 분석 시 비중을 이용하여 가장 측정이 용이한 기체는?

① NO_2 ② O_2
③ CO_2 ④ H_2

풀이 밀도가 큰 이산화탄소(분자량 44)는 연소가스 분석 시 비중을 이용하여 측정이 용이하다.

이산화탄소의 비중 $= \dfrac{44}{29} = 1.52$

※ 밀도식 CO_2계로 사용된다.

풀이 밀도식 가스분석계의 CO_2 밀도

$= \dfrac{질량}{체적} = \dfrac{44 kg/kmol}{22.4 m^3} = 1.964 kg/m^3$

35 가스 크로마토그래피의 구성요소가 아닌 것은?

① 유량계 ② 컬럼 검출기
③ 직류증폭장치 ④ 캐리어 가스통

풀이 가스 크로마토그래피의 구성요소
- 유량조절밸브
- 캐리어 가스 고압용기
- 검출기
- 분리관
- 압력계
- 시료도입장치
- 감압장치
- 기록계

※ 3대 구성요소 : 분리관, 검출기, 기록계

36 다음 가스 분석계 중 화학적 가스분석계가 아닌 것은?

① 밀도식 CO_2계 ② 오르자트식
③ 헴펠식 ④ 자동화학식 CO_2계

정답 33 ④ 34 ③ 35 ③ 36 ①

CHAPTER 006 자동제어 회로 및 장치

SECTION 01 자동제어의 개요

1. 자동제어의 정의

제어란 어떤 대상을 어떤 조건에 적합하도록 조작을 가하여 조정하는 역할을 제어라 하며, 조작방법에 따라 제어를 사람이 직접 행하는 것을 수동제어, 기계장치가 행하는 제어를 자동제어라 한다.

1) 제어방법에 의한 분류

(1) 정치제어 : 목표값이 일정한 제어

(2) 추치제어 : 목표값이 변화하는 제어

① 추종제어 : 목표값이 시간적으로 변화한다.(자기조정제어)
② 비율제어 : 목표값에 따른 양과 일정한 비율관계에서 변화되는 제어
③ 프로그램 제어 : 목표값이 미리 정한 시간적 변화에 따라 변화하는 제어
④ 캐스케이드 제어 : 2개의 제어계를 조합하여 1차 조절계로 측정하고 그 조작 출력으로 2차 조절계의 목표치를 설정하는 방법의 제어(외란의 영향, 낭비시간, 지연이 큰 프로세스에 적용)

2) 제어량의 성질에 의한 분류

(1) 프로세스 제어
생산공장 등에서 공장의 조건을 일정하게 유지하거나 시간적으로 일정한 변화의 규격에 따르게 하는 제어(온도, 유량, 압력, 농도, 습도 등 공업 프로세스 제어)

(2) 다변수 제어
연료 공급, 연소용 공기 공급, 보일러 압력, 급수량 변화 등을 각각 자동으로 제어하여 발생증기량을 부하 변동에 따르게 하는 제어

(3) 서보 기구
작은 압력에 대응해서 큰 출력을 발생시키는 장치

2. 자동제어의 이점

① 작업능률이 향상된다.
② 원료나 연료의 경제적인 운영을 할 수 있다.
③ 작업에 따른 위험 부담을 감소한다.
④ 제품의 균일화 및 품질향상을 기할 수 있다.
⑤ 인건비를 절약한다.
⑥ 사람이 할 수 없는 힘든 조작도 할 수 있다.

> **Reference** 제어계의 설계 또는 조절 시 주의사항
>
> - 제어동작이 발진상태가 되지 않을 것
> - 신속하게 제어동작을 종료할 것
> - 제어량이나 조작량을 과대하게 넘지 않을 것
> - 잔류편차가 요구되는 정도 사이에서 억제할 것

3. 피드백 제어계의 구성

1) 목푯값

외부로부터 가하는 설정값으로 제어량의 목표가 되는 값

2) 제어계

제어의 대상이 되는 기기나 계통 전체의 제어대상

3) 기준입력

제어계를 동작시키는 기준 즉 목표치가 설정부에 의하여 변화된 입력신호를 말하는데 목표치는 주 피드백 신호와 같은 종류의 신호로 변환된다.

4) 비교부

검출부에서 검출된 제어량과 목표값을 비교하는 부분(제어편차 존재)

5) 제어량

제어대상에 관한 목적량, 즉 제어되는 양으로서 측정하여 피드백시켜 기준입력과 비교된다.

6) 동작신호

기준입력과 피드백량을 비교한 제어량과의 차이로 제어동작을 일으키는 신호

7) 외란

제어계의 상태를 교란하는 외적 작용(가스유출량, 탱크의 주위온도, 가스공급압력, 가스공급온도, 목표치의 변경 등)

8) 검출부

압력, 온도, 유량 등 제어량을 검출하여 이것을 기준입력과 비교할 수 있도록 이 값을 공기압, 유압, 전기 등 신호로 변환하여 비교부에 전송

9) 조절부

기준입력과 검출부의 출력과의 차로 주어지는 동작신호를 조작신호로 변화하여 조작부에 전송

10) 조작부

조절부로부터 나오는 조작신호를 조작량으로 변환하여 제어대상에 가하는 기능

4. 자동 제어의 구분

1) 시퀀스 제어(Sequence Control)

미리 정해진 순서에 의하여 제어의 각 단계를 실행하는 정성적 자동 제어(개회로)

2) 피드백 제어(Feed Back Control)

결과가 원인이 되어 제어의 각 단계를 반복 실행하는 정량적 자동 제어(폐회로)

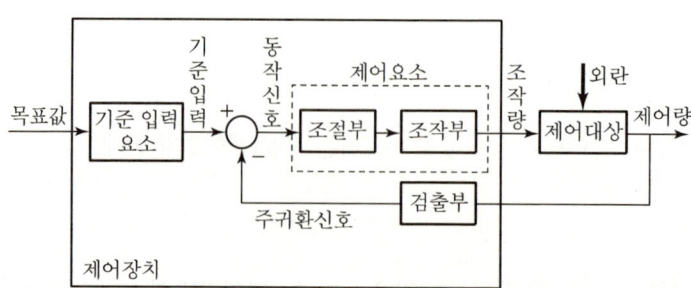

5. 목표값에 따른 자동제어의 종류

1) 정치제어(Constant Value Control)

목표값이 시간변화에 변화하지 않고 항상 일정한 값을 유지하는 제어

2) 추치제어(Variable Value Control)

목표값이 시간변화에 따라 변화하는 제어

① 추종제어(Followup Control) : 목표값이 시간에 따라 임의로 변화하는 방식의 제어
② 프로그램 제어 : 목표값이 시간변화에 따라 미리 정해진 프로그램에 의하여 순차적으로 변화하는 제어
③ 비율제어 : 목표값이 어떤 변화하는 양과 일정한 비율로 변화하는 제어(유량, 공기비)

3) 캐스케이드 제어(Cascade-Control)

2개의 제어계를 조합하여 1차 제어장치의 제어량을 측정하여 제어명령을 발하고 2차 제어장치의 목표치로 설정하는 제어(외란의 영향을 최소화하고 시스템 전체의 지연을 적게 하여 제어효과를 개선하므로 출력 측 낭비시간이나 시간지연이 큰 프로세서 제어에 적합)

6. 블록선도와 등가변환

1) 직렬결합(Series Connection)

제1요소의 출력신호가 제2요소의 입력신호로 되는 경우

$X(s) \rightarrow \boxed{G_1(s)} \xrightarrow{Y(s)} \boxed{G_2(s)} \rightarrow Z(s)$ $X(s) \rightarrow \boxed{F(s)} \rightarrow Z(s)$

$F(s) = G_1(s) \cdot G_2(s)$

$$\text{전달함수 } G(s) = \frac{Z(s)}{X(s)} = G_1(s)G_2(s)$$

2) 병렬결합(Parallel Connection)

몇 개의 요소가 입력 측에서 인출되어 출력 측에서 가합 연결된 경우

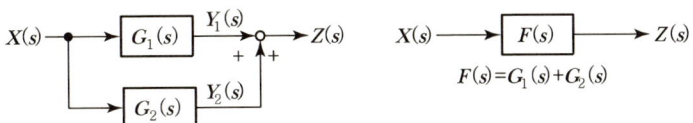

$F(s) = G_1(s) + G_2(s)$

$$Z(s) = Y_1(s) + Y_2(s)$$
$$= G_1(s)X(s) + G_2(s)X(s)$$
$$= [G_1(s) + G_2(s)]X(s)$$

합성전달함수 $G(s) = \dfrac{Z(s)}{X(s)} = G_1(s) \pm G_2(s)$

3) 피드백 결합(Feedback Connection)

출력신호를 피드백하여 제어계의 입력신호에 더하거나(정피드백) 빼는(부피드백) 경우의 제어

|부피드백|　　　　　　　|정피드백|

(1) 부피드백의 경우

$$C(s) = G(s)E(s)$$
$$= G(s)[R(s) - B(s)]$$
$$= G(s)[R(s) - H(s)C(s)]$$
$$C(s)[1 + G(s)H(s)] = G(s)R(s)$$

따라서,

전달함수 $G_o(s) = \dfrac{C(s)}{R(s)} = \dfrac{G(s)}{1 \pm G(s)H(s)}$

(2) 정피드백의 경우

전달함수 $G_o(s) = \dfrac{C(s)}{R(s)} = \dfrac{G(s)}{1 \pm G(s)H(s)}$

SECTION 02 제어동작의 특성

1. 불연속 동작

제어동작이 불연속적으로 일어나는 동작으로 On-Off 동작, 다위치 동작 등이 있다.

1) On-Off 동작(2위치 동작)

On과 Off 두 개의 값 중 한 가지를 택하여 제어하는 방식

[특징]
① 설정값 부근에서 제어량이 일정치 않다.
② 사이클링 현상을 일으킨다.
③ 목표값을 중심으로 진동현상이 나타난다.

2) 다위치 동작

3개 이상의 정해진 값 중 한 가지를 택하여 제어하는 방식

3) 불연속 속도동작(부동제어)

제어량 편차에 따라 조작단을 일정한 속도로 정작동이나 역작동 방향으로 움직이게 하는 동작
① **정작동** : 제어량이 목표치보다 증가함에 따라서 조절계의 출력이 증가하는 방향으로 동작되는 경우이다.
② **역작동** : 제어량이 목표치보다 증가함에 따라서 조절계의 출력이 감소하는 방향으로 동작되는 경우이다.

2. 연속동작

연속적인 제어동작으로 P 동작, I 동작, D 동작, PI 동작, PD 동작, PID 동작이 있다.

1) 비례동작(P 동작)

출력신호 $y(t)$가 동작신호 e에 비례하는 제어로서 조작량이 동작신호의 값에 비례하는 동작(비례대가 0%이면 온-오프 동작이 된다.)

$$Y = K_P \cdot e$$

여기서, Y : 조작량, K_P : 비례정수, e : 편차량

① 전달함수 $G(s) = \dfrac{Y(s)}{X(s)} = K$

② 특징
- 잔류편차(Off-Set)가 생긴다.
- 부하변동이 적은 제어에 이용된다.
- 프로세스의 반응속도가 느리거나 보통이다.

2) 적분동작(I 동작)

조작량(Y)가 동작신호(e)의 적분을 비례하는 제어(제어량에 편차가 생겼을 경우 편차의 적분차를 가감하여 조작단의 이동속도가 비례하는 동작)

$$Y = K_P \int \varepsilon dt$$

여기서, K_P : 비례상수, ε : 편차

① 전달함수 $G(s) = \dfrac{Y(s)}{X(s)} = \dfrac{1}{T(s)}$

② 특징
- Off-Set이 제거된다.(잔류편차 제거)
- 진동하는 경향이 있다.
- 제어의 안정성이 낮다.

③ 적분동작이 좋은 결과를 얻는 경우
- 전달지연과 불감시간이 작을 때
- 제어대상의 속응도가 클 때
- 제어대상의 평형성을 가질 때
- 측정지연이 작고 조절지연이 작을 때

3) 미분동작(D 동작)

조작량($y(t)$)이 동작신호($x(t)$)의 미분값에 비례하는 동작(제어편차 변화속도에 비례한 조작량을 내는 제어 동작)

$$y(t) = KT_o \dfrac{d(x(t))}{dt}$$

여기서, T_o : 미분시간

① 전달함수 $G(s) = \dfrac{Y(s)}{X(s)} = KS$

② 특징
- 진동을 제거한다.(안정이 빨라진다.)
- 출력이 제어편차의 시간변화에 비례한다.
- 단독사용이 없고 P동작이나 PI동작과 결합하여 사용한다.
- 응답초과량(Over Shoot)이 감소한다.

4) 비례적분동작(PI 동작)

P동작에서 발생하는 잔류편차를 제거하기 위한 제어

$$y(t) = K\left(x(t) + \dfrac{1}{T_i}\int x(t)dt\right)$$

여기서, K : 비례감도(Gain)

T_i : 적분시간 $\left(T_i = \dfrac{K_P}{K_I}\right)$

$\dfrac{1}{T_i}$: 리셋률

[특징]
- 반응속도가 빠른 프로세스나 느린 프로세스에 사용된다.
- 부하변화가 커도 잔류편차가 남지 않는다.
- 급변 시에는 큰 진동이 생긴다.
- 전달 느림이나 쓸모없는 시간이 크면 사이클링의 주기가 커진다.

5) 비례미분동작(PD 동작)

비례동작과 미분동작을 조합한 제어

$$y(t) = K\left(x(t) + T_D\,\dfrac{d(x(t))}{dt}\right)$$

[특징]
- 제어의 안정성을 높인다.
- 편차에 대한 직접적인 효과는 없다.
- 변화속도가 큰 곳에는 크게 작용한다.
- 속응성이 높아진다.

6) 비례적분미분동작(PID 동작)

PI 동작, PD 동작이 가지는 결점을 제거할 목적으로 결합한 동작인 비례, 적분, 미분동작을 조합한 복합제어(D 동작으로 응답을 촉진시키고 동작의 안정화를 도모한다.)

$$y(t) = K\left(x(t) + \frac{1}{T_i}\int x(t)dt + T_D \frac{dx(t)}{dt}\right)$$

SECTION 03 보일러 자동제어

1. 보일러 자동제어의 종류

보일러 자동제어(ABC : Automatic Boiler Control)는 크게 나누어서 자동연소제어, 급수제어, 과열증기 온도제어, 증기압력제어 등으로 구분할 수 있다.

1) 자동연소제어(ACC : Automatic Combustion Control)

증기보일러의 증기압력 또는 온수보일러의 온수온도, 노내압력 등을 적정하게 유지하기 위하여 연소량과 공기량을 가감하는 제어

2) 자동급수제어(FWC : Feed Water Control)

연속 운전 중인 보일러의 경우 부하변동에 따라 수위변동이 심하다. 따라서 증기발생으로 인한 저감수량 대비하여 급수를 연속적으로 공급하여 적정수위를 유지하기 위한 제어

제어방식	검출요소	조절부	조작부	제어대상
단요소식	• 수위	수위조절기	급수조작부	보일러수위제어
2요소식	• 수위 • 증기량			
3요소식	• 수위(레벨) • 증기량(유량발신) • 급수량(유량발신)			

3) 증기온도제어(STC : Steam Temperature Control)

과열증기온도제어는 댐퍼앵글, 버너의 각도 등을 조절하여 전열면을 통과하는 전열량을 제어
※ 과열기의 종류 : 복사(방사)과열기, 대류과열기, 방사대류과열기

▼ 제어에 따른 제어량과 조작량

제어장치	제어량	조작량
자동연소제어(ACC)	증기압력 또는 온수온도	연료량 & 공기량
	노내 압력	연소가스양
급수제어(FWC)	보일러 드럼 수위	급수량
증기온도제어(STC)	과열증기온도	전열량

4) 증기압력제어

증기압력을 검출하여 설정압력에 따라 연료량과 공기량을 가감하는 제어

5) 중유의 온도, 압력, 분무용증기, 유면제어

로컬 제어를 이용한다.

2. 인터록(Interlock)

어떤 조건이 충족되지 않으면 다음 동작을 중지하는 것으로 압력초과, 프리퍼지, 불착화 또는 실화, 저수위, 저연소 인터록이 있으며 그 밖에 배기가스 상한스위치, 관체 온도조절스위치 등도 인터록 기능을 한다.

1) 압력초과 인터록

설정 제한압력 초과 시 연료 차단

2) 프리퍼지 인터록(포스트퍼지 등)

점화 전 노 내 미연소가스를 퍼지(Purge)하지 않은 경우 연료 차단(송풍기의 동작 여부 확인)

3) 불착화 또는 실화 인터록

착화버너의 소염에 의하여 주버너 점화 시 일정 시간 내 점화되지 않거나 운전 중 실화되는 경우 연료 차단

4) 저수위 인터록

보일러 수위가 안전수위 이하가 되는 경우 연료 차단

5) 저연소 인터록

운전 중 연소상태가 불량하거나 연소 초기 및 연소정지 시 최대부하의 30% 정도로 저연소 전환 시 연소전환이 제대로 안 되는 경우 연료 차단

3. 신호전달방법(조절계)

1) 공기압식

① 배관이 용이하며 위험성이 없다.
② 취급이 용이하다.
③ 전송지연이 있으며 전송거리가 짧다.
④ 희망특성을 얻기 어렵고 제습 및 제진이 요구된다.
⑤ 공기압 $0.2 \sim 1 kg_f/cm^2$, 전송거리 100m 이내이다.
⑥ 동조 동력원이 필요하다.

2) 유압식

① 조작력이 크며 응답이 빠르다.
② 전송지연이 적고 부식 염려가 없다.
③ 희망 특성을 얻는다.
④ 기름 누설로 인한 인화 위험성이 있다.
⑤ 온도변화에 따른 기름의 유동저항을 고려해야 한다.
⑥ 유압 $0.2 \sim 1 kg_f/cm^2$, 전송거리 300m 이내이다.

3) 전기식

① 배선이 용이하며 또한 배선 변경이 용이하고 복잡한 신호 및 대규모 설비에 적합하다.
② 신호지연이 없다.
③ 전송거리가 수km이다.
④ 취급기술을 요한다.
⑤ 방폭이 요구되는 곳은 방폭시설이 필요하다.

⑥ 습도에 주의해야 한다.
⑦ 제작회사에 따라 전류가 10~50mA(DC) 또는 4~20mA(DC)로 서로 다르다.
⑧ 컴퓨터 등과의 접속이 우수하다.

4. 신호조절기

1) 공기압식 조절기

① 조작장치에는 플래퍼 노즐과 파일럿 밸브가 있다.
② 조작장치를 가동하지 못하는 경우 공기식 증폭기가 필요하다.

2) 유압식 조절기

① 강대한 조작력이 요구되는 곳에 사용된다.
② 수기압 정도의 유압원이 필요하다.

3) 전류신호전송기

① 4~20mA(DC) 또는 10~50mA(DC)가 전류로 통일신호로 삼는다.
② 전송거리를 길게 해도 지연이 생길 염려가 없다.

> **Reference** 피드백 제어계의 기본 구성

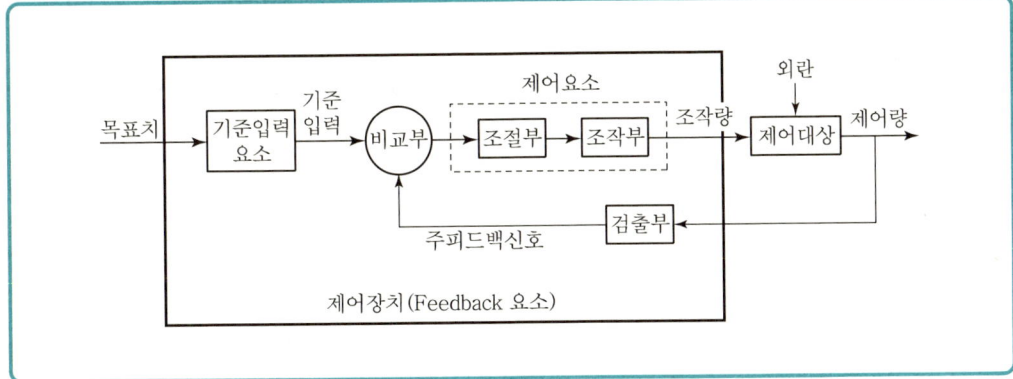

CHAPTER 006 출제예상문제

01 불연속 제어로서 탱크의 액위를 제어하는 방법으로 주로 이용되는 것은?

① P 동작 ② PI 동작
③ PD 동작 ④ 온-오프 동작

풀이 불연속동작
- 온-오프 동작(2위치 동작)
- 다위치 동작
- 간헐 동작

02 다음에서 설명하는 제어동작은?

- 부하 변화가 커도 잔류편차가 생기지 않는다.
- 급변할 때 큰 진동이 생긴다.
- 전달이 느리거나 쓸모없는 시간이 크면 사이클링의 주기가 커진다.

① D 동작 ② PI 동작
③ PD 동작 ④ P 동작

풀이 PI(비례적분) 동작
- 잔류편차가 생기지 않는다.
- 급변화 시 큰 진동이 생긴다.
- 전달이 느리거나 쓸모없는 시간이 크면 사이클링의 주기가 커진다.

03 자동제어의 일반적인 동작순서로 옳은 것은?

① 검출 → 판단 → 비교 → 조작
② 검출 → 비교 → 판단 → 조작
③ 비교 → 검출 → 판단 → 조작
④ 비교 → 판단 → 검출 → 조작

풀이 자동제어 동작순서
검출(온도계, 유량계 등) → 비교(목표치) → 판단(조절부) → 조작(밸브 등)

04 자동제어에서 동작신호의 미분값을 계산하여 이것과 동작신호를 합한 조작량의 변화를 나타내는 동작은?

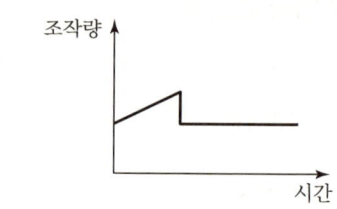

① I 동작 ② P 동작
③ PD 동작 ④ PID 동작

풀이
- 비례동작
- 적분동작
- 미분동작
- 비례적분동작
- 비례미분동작
- 비례적분미분동작

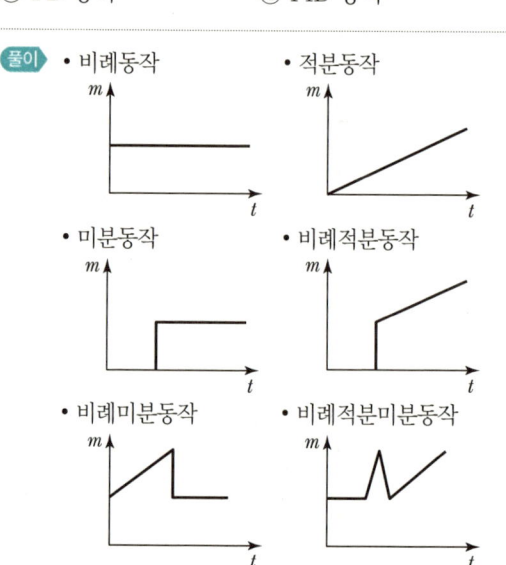

05 1차 제어장치가 제어량을 측정하여 제어 명령을 발하고 2차 제어장치가 이 명령을 바탕으로 제어량을 조절할 때, 다음 중 측정제어로 가장 적절한 것은?

① 추치제어
② 프로그램 제어
③ 캐스케이드 제어
④ 시퀀스 제어

정답 01 ④ 02 ② 03 ② 04 ③ 05 ③

풀이 ㉠ 제어방법
- 정치제어
- 추치제어
- 캐스케이드 제어(측정제어)

㉡ 캐스케이드 제어 : 2개의 제어계로 조합하며 1차 제어장치가 제어량을 측정하여 제어명령을 내리고 2차 제어장치가 이 명령을 바탕으로 제어량을 조절한다.

06 폐루프를 형성하여 출력 측의 신호를 입력 측에 되돌리는 제어를 의미하는 것은?

① 뱅뱅 ② 리셋
③ 시퀀스 ④ 피드백

풀이

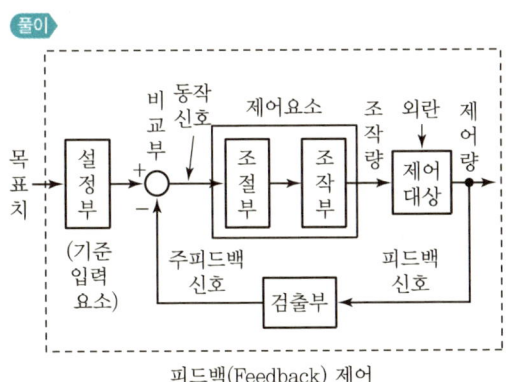

피드백(Feedback) 제어

07 다음 용어에 대한 설명으로 옳지 않은 것은?

① 측정량 : 측정하고자 하는 양
② 값 : 양의 크기를 함께 수화 기준
③ 제어편차 : 목표치에 제어량을 더한 값
④ 양 : 수와 기준으로 표시할 수 있는 크기를 갖는 현상이나 물체 또는 물질의 성질

풀이 제어편차는 목표치에서 제어량을 뺀 값이다.

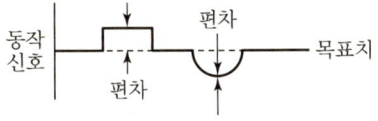

08 제어 시스템에서 응답이 계단변화가 도입된 후에 얻게 될 최종적인 값을 얼마나 초과하게 되는지를 나타내는 척도는?

① 오프셋 ② 쇠퇴비
③ 오버슈트 ④ 응답시간

풀이 오버슈트
제어 시스템에서 응답이 계단변화가 도입된 후에 얻게 될 최종적인 값을 얼마나 초과하게 되는지를 나타내는 척도를 말한다.

09 편차의 정(+), 부(-)에 의해서 조작신호가 최대, 최소가 되는 제어동작은?

① 온-오프동작 ② 다위치동작
③ 적분동작 ④ 비례동작

풀이 온-오프 제어동작(2위치 동작 : 불연속동작)
조작신호가 최대, 최소가 제어된다.

10 제벡(Seebeck) 효과에 대하여 가장 바르게 설명한 것은?

① 어떤 결정체를 압축하면 기전력이 일어난다.
② 성질이 다른 두 금속의 접점에 온도 차를 두면 열기전력이 일어난다.
③ 고온체로부터 모든 파장의 전방사에너지는 절대온도의 4승에 비례하여 커진다.
④ 고체가 고온이 되면 단파장 성분이 많아진다.

풀이

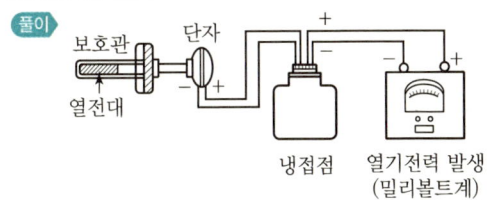

정답 06 ④ 07 ③ 08 ③ 09 ① 10 ②

11 2개의 제어계를 조합하여 1차 제어장치의 제어량을 측정하여 제어명령을 발하고 2차 제어장치의 목표치로 설정하는 제어방법은?

① On-Off 제어 ② Cascade 제어
③ Program 제어 ④ 수동제어

풀이 캐스케이드 제어
2개의 제어계인 1차, 2차 제어장치로 구성된다.

12 자동제어에서 전달함수의 블록선도를 그림과 같이 등가변환시킨 것으로 적합한 것은?

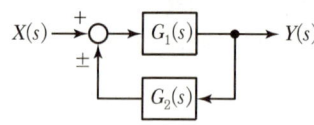

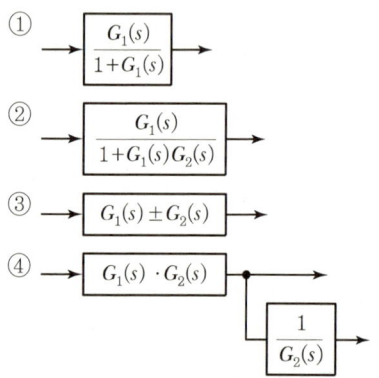

풀이 $(X(s) - Y(s)G_2)G_1 = Y(s)$

$\therefore \dfrac{Y}{x} = \dfrac{G_1(s)}{1 + G_1(s)G_2(s)}$

13 다음 제어방식 중 잔류편차(Offset)를 제거하여 응답시간이 가장 빠르며 진동이 제거되는 제어방식은?

① P ② I
③ PI ④ PID

풀이
- P동작(비례동작) : 잔류편차 발생
- I동작(적분동작)
- D동작(미분동작)
- PID동작(연속복합동작)

14 자동제어시스템의 입력신호에 따른 출력변화의 설명으로 과도응답에 해당되는 것은?

① 1차보다 응답속도가 느린 지연요소
② 정상상태에 있는 계에 격한 변화의 입력을 가했을 때 생기는 출력의 변화
③ 입력변화에 따른 출력에 지연이 생겨 시간의 경과 후 어떤 일정한 값에 도달하는 요소
④ 정상상태에 있는 요소의 입력을 스텝형태로 변화할 때 출력이 새로운 값에 도달 스텝입력에 의한 출력의 변화 상태

풀이 ㉠ 자동제어 과도응답(Transient Response)
정상상태에 있는 계에 격한 변화의 입력을 가했을 때 생기는 출력의 변화이다.
㉡ 응답
- 과도응답(임펄스응답, 스텝응답)
- 주파수응답

15 공기압식 조절계에 대한 설명으로 틀린 것은?

① 신호로 사용되는 공기압은 약 $0.2 \sim 1.0 \, \text{kg/cm}^2$이다.
② 관로저항으로 전송지연이 생길 수 있다.
③ 실용상 2,000m 이내에서는 전송지연이 없다.
④ 신호 공기압은 충분히 제습, 제진한 것이 요구된다.

풀이
- 조절계 중 공기압식 신호전송기 사용거리는 100~150m 이내이다.
- ③은 전기식 조절계이다.

정답 11 ② 12 ② 13 ④ 14 ② 15 ③

16 조절계의 제어작동 중 제어편차에 비례한 제어동작은 잔류편차(Offset)가 생기는 결점이 있는데, 이 잔류편차를 없애기 위한 제어동작은?

① 비례동작　　② 미분동작
③ 2위치동작　　④ 적분동작

[풀이] 적분동작(I동작) : $Y = K_1 \int e\,dt$
- 잔류편차(Offset)가 제어된다.
- 제어의 안정성이 떨어진다.
- 일반적으로 진동하는 경향이 있다.

17 피드백 제어에 대한 설명으로 틀린 것은?

① 고액의 설비비가 요구된다.
② 운영하는 데 비교적 고도의 기술이 요구된다.
③ 일부 고장이 있어도 전체 생산에 영향을 미치지 않는다.
④ 수리가 비교적 어렵다.

[풀이] 제어에서 일부 고장이 있으면 전체 생산에 영향을 미친다.

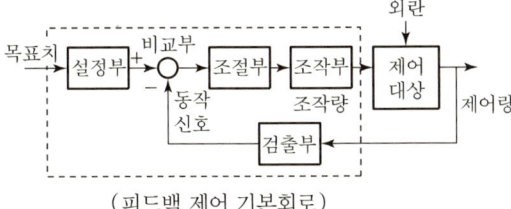

(피드백 제어 기본회로)

18 1차 지연요소에서 시정수(T)가 클수록 응답속도는 어떻게 되는가?

① 응답속도가 빨라진다.
② 응답속도가 느려진다.
③ 응답속도가 일정해진다.
④ 시정수와 응답속도는 상관이 없다.

[풀이] 1차 지연요소(자동제어)에서 $Y = 1 - e^{-\frac{t}{T}}$ (t : 시간)에서 시정수 T가 클수록 응답속도가 느려지고 작아지면 시간 지연이 적고 응답이 빠르다.

19 피드백(Feedback) 제어계에 관한 설명으로 틀린 것은?

① 입력과 출력을 비교하는 장치는 반드시 필요하다.
② 다른 제어계보다 정확도가 증가된다.
③ 다른 제어계보다 제어 폭이 감소된다.
④ 급수제어에 사용된다.

[풀이] 피드백 제어계는 다른 제어계보다 제어 폭이 증가된다.

20 단요소식 수위제어에 대한 설명으로 옳은 것은?

① 발전용 고압 대용량 보일러의 수위제어에 사용되는 방식이다.
② 보일러의 수위만을 검출하여 급수량을 조절하는 방식이다.
③ 부하변동에 의한 수위변화 폭이 대단히 적다.
④ 수위조절기의 제어동작은 PID 동작이다.

[풀이] 보일러
- 단요소식 : 수위 검출
- 2요소식 : 수위, 증기량 검출
- 3요소식 : 수위, 증기량, 급수량 검출

21 자동연소제어장치에서 보일러 증기압력의 자동제어에 필요한 조작량은?

① 연료량과 증기압력
② 연료량과 보일러 수위
③ 연료량과 공기량
④ 증기압력과 보일러 수위

[풀이] 보일러 자동제어

제어장치의 명칭	제어량	조작량
ACC 연소제어	증기압력	연료량
		공기량
	노 내 압력	연소가스양
FWC 급수제어	보일러 수위	급수량
STC 증기온도제어	증기온도	전열량

정답　16 ④　17 ③　18 ②　19 ③　20 ②　21 ④

22 다음 중 자동제어에서 미분동작을 설명한 것으로 가장 적절한 것은?

① 조절계의 출력변화가 편차에 비례하는 동작
② 조절계의 출력변화의 크기와 지속시간에 비례하는 동작
③ 조절계의 출력변화가 편차의 변화 속도에 비례하는 동작
④ 조작량이 어떤 동작 신호의 값을 경계로 하여 완전히 전개 또는 전폐되는 동작

풀이 미분동작(D동작 : Derivative Action)

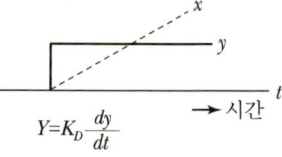

$Y = K_D \dfrac{dy}{dt}$

출력편차의 시간변화에 비례하여 제어편차가 검출될 때 편차가 변화하는 속도에 비례해 조작량을 증가하도록 작용하는 제어동작이다.(Y : 출력, K_D : 비례상수).

23 제어량에 편차가 생겼을 경우 편차의 적분 차를 가감해서 조작량의 이동속도가 비례하는 동작으로서 잔류편차가 제어되나 제어 안정성은 떨어지는 특징을 가진 동작은?

① 비례동작 ② 적분동작
③ 미분동작 ④ 다위치동작

풀이 자동제어 연속동작 적분동작(I 동작)
제어편차량이 생겼을 경우 편차의 적분 차를 가감해서 잔류편차를 제거한다. 단, 제어의 안정성은 떨어진다.

24 1차 지연 요소에서 시정수 T가 클수록 응답속도는 어떻게 되는가?

① 일정하다. ② 빨라진다.
③ 느려진다. ④ T와 무관하다.

풀이 • 프로세스 제어의 난이 정도를 표시하는 값으로 L(Dead Time)과 T(Time Constant)의 비인 L/T가 사용되는데 이 값이 크면 제어가 어렵다.
• T : 시정수 목표치의 63.2%에 도달하는 시간을 말하며 T의 값이 커지면 제어가 용이해진다.

25 적분동작(I 동작)에 대한 설명으로 옳은 것은?

① 조작량이 동작신호의 값을 경계로 완전 개폐되는 동작
② 출력 변화가 편차의 제곱근에 반비례하는 동작
③ 출력 변화가 편차의 제곱근에 비례하는 동작
④ 출력 변화의 속도가 편차에 비례하는 동작

풀이 제어동작
• 온-오프 동작(2위치 동작)
• P 동작 : 제어편차량이 검출되면 그것에 비례하여 조작량을 가감하는 비례조절동작
• I 동작 : 제어편차량의 시간적분에 비례한 속도로 조작량을 가감하는 적분동작(적분조절동작)
• D 동작 : 제어편차가 검출될 때 편차가 변화하는 속도의 미분에 비례하여 조작량을 가감하는 미분조절동작

26 다음 열교환기 제어에 해당하는 제어의 종류로 옳은 것은?

유체의 온도를 제어하는 데 온도조절의 출력으로 열교환기에 유입되는 증기의 유량을 제어하는 유량조절기의 설정치를 조절한다.

① 추종제어 ② 프로그램 제어
③ 정치제어 ④ 캐스케이드 제어

풀이 목표값에 따른 자동제어
• 추치제어 : 추종제어, 비율제어, 프로그램 제어
• 정치제어
• 캐스케이드 제어 : 측정제어이며 2개의 제어계를 조합하여 1차 제어가 제어량을 측정하고 2차 제어가 명령을 바탕으로 제어량을 조절한다.

정답 22 ③ 23 ② 24 ③ 25 ④ 26 ④

27 다음 중 자동 조작 장치로 쓰이지 않는 것은?

① 전자개폐기 ② 안전밸브
③ 전동밸브   ④ 댐퍼

풀이 안전밸브는 스프링, 레버, 중추로 작동한다.

28 미리 정해진 순서에 따라 순차적으로 진행하는 제어방식은?

① 시퀀스 제어   ② 피드백 제어
③ 피드포워드 제어 ④ 적분 제어

풀이 시퀀스 제어(Sequence Control)
미리 정해진 순서에 따라서 제어의 각 단계를 차례로 진행시키는 제어

29 피드백 제어에 대한 설명으로 틀린 것은?

① 폐회로로 구성된다.
② 제어량에 대한 수정동작을 한다.
③ 미리 정해진 순서에 따라 순차적으로 제어한다.
④ 반드시 입력과 출력을 비교하는 장치가 필요하다.

풀이 시퀀스 제어 : 미리 정해진 순서에 따라 순차적으로 제어한다.

30 피드백 제어에 대한 설명으로 틀린 것은?

① 폐회로방식이다.
② 다른 제어계보다 정확도가 증가한다.
③ 보일러 점화 및 소화 시에 제어한다.
④ 다른 제어계보다 제어폭이 증가한다.

풀이 시퀀스 정성적 제어 : 보일러 점화 시나 소화 시에 제어한다.

31 다음과 같이 자동제어에서 응답속도를 빠르게 하고 외란에 대해 안정적으로 제어하려 한다. 이때 추가해야 할 제어 동작은?

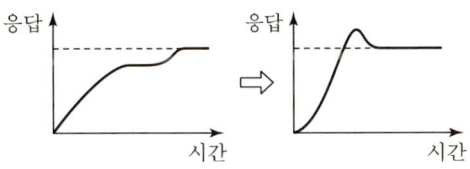

① 다위치 동작 ② P 동작
③ I 동작   ④ D 동작

풀이
• 비례(P) 동작
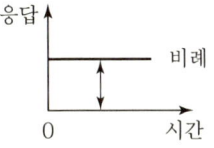

• 비례적분(PI) 동작
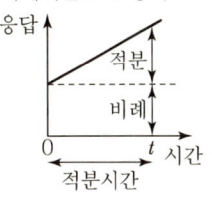

• 비례적분미분(PID) 동작 : 응답속도가 빠르며 잔류편차가 제거되고 외란에 대해 안정적이다.
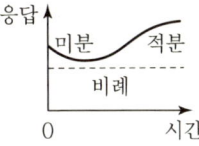

32 출력 측의 신호를 입력 측에 되돌려 비교하는 제어방법은?

① 인터록(Interlock)
② 시퀀스(Sequence)
③ 피드백(Feedback)
④ 리셋(Reset)

풀이
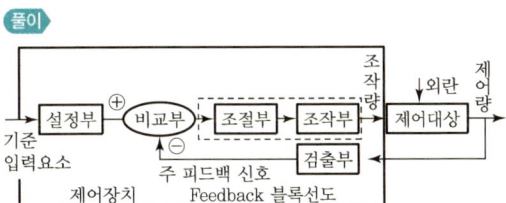

정답 27 ② 28 ① 29 ③ 30 ③ 31 ④ 32 ③

33 다음은 피드백 제어계의 구성을 나타낸 것이다. ( ) 안에 가장 적절한 것은?

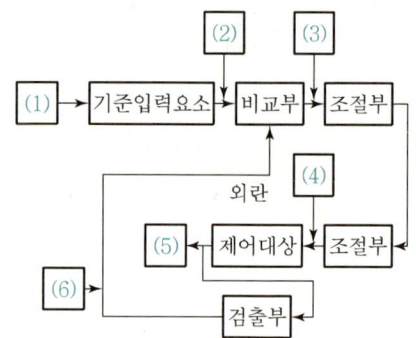

① (1) 조작량, (2) 동작신호, (3) 목표치, (4) 기준입력신호, (5) 제어편차, (6) 제어량
② (1) 목표치, (2) 기준입력신호, (3) 동작신호, (4) 조작량, (5) 제어량, (6) 주피드백 신호
③ (1) 동작신호, (2) 오프셋, (3) 조작량, (4) 목표치, (5) 제어량, (6) 설정신호
④ (1) 목표치, (2) 설정신호, (3) 동작신호, (4) 오프셋, (5) 제어량, (6) 주피드백 신호

풀이 ● 피드백 제어 기본회로

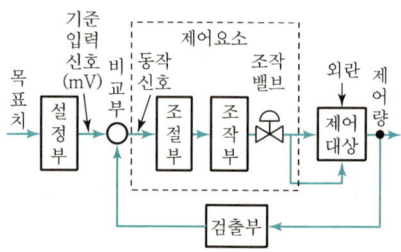

34 다음 중 공기식 전송을 하는 계장용 압력계의 공기압 신호는 몇 kg/cm²인가?

① 0.2~1.0　　② 1.5~2.5
③ 3~5　　　　④ 4~20

풀이 ● 공기식 전송기 공기압 신호 : 0.2~1.0kg/cm²
　　● 전기식 : 4~20mA, 또는 10~50mADC 사용

35 제어시스템에서 조작량이 제어 편차에 의해서 정해진 두 개의 값이 어느 편인가를 택하는 제어방식으로 제어결과가 다음과 같은 동작은?

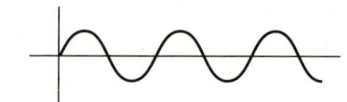

① 온-오프 동작　　② 비례동작
③ 적분동작　　　　④ 미분동작

풀이 온-오프 동작(2위치 동작) : 불연속 동작

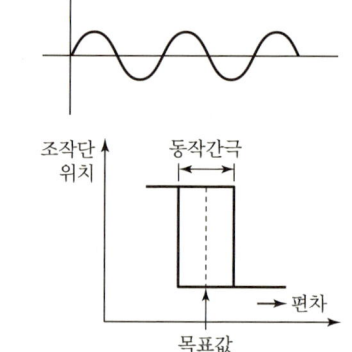

36 다음 중 송풍량을 일정하게 공급하려고 할 때 가장 적당한 제어방식은?

① 프로그램 제어　　② 비율제어
③ 추종제어　　　　④ 정치제어

풀이 정치제어는 목표값이 시간에 따라 일정한 값을 가진다.

37 노 내압을 제어하는 데 필요하지 않은 조작은?

① 급수량　　② 공기량
③ 연료량　　④ 댐퍼

풀이 급수제어
● 조작량 : 급수량
● 제어량 : 수위

정답　33 ②　34 ①　35 ①　36 ④　37 ①

38 보일러의 자동제어에서 제어장치의 명칭과 제어량의 연결이 잘못된 것은?

① 자동연소 제어장치 – 증기압력
② 자동급수 제어장치 – 보일러수위
③ 과열증기온도 제어장치 – 증기온도
④ 캐스케이드 제어장치 – 노내 압력

풀이 캐스케이드 제어(Cascade Control) : 측정제어
- 2개의 제어계 조합
- 1차 제어는 제어량 측정, 2차 제어는 제어량 조절

39 다음 비례적분 동작에 대한 설명에서 ( ) 안에 들어갈 알맞은 용어는?

> 비례 동작에 발생하는 ( )을(를) 제거하기 위해 적분 동작과 결합한 제어

① 오프셋   ② 빠른 응답
③ 지연   ④ 외란

풀이 비례적분(PI) 동작
오프셋(편차)을 제거하는 동작이다.

40 자동제어의 특성에 대한 설명으로 틀린 것은?

① 작업능률이 향상된다.
② 작업에 따른 위험 부담이 감소된다.
③ 인건비는 증가하나 시간이 절약된다.
④ 원료나 연료를 경제적으로 운영할 수 있다.

풀이 자동제어는 인건비가 감소하고 시간이 절약되며 그 외에도 ①, ②, ④의 특성을 지닌다.

41 자동제어에서 비례동작에 대한 설명으로 옳은 것은?

① 조작부를 측정값의 크기에 비례하여 움직이게 하는 것
② 조작부를 편차의 크기에 비례하여 움직이게 하는 것
③ 조작부를 목푯값의 크기에 비례하여 움직이게 하는 것
④ 조작부를 외란의 크기에 비례하여 움직이게 하는 것

풀이 비례(P) 동작 : 조작부를 편차의 크기에 비례하여 움직이게 하나 잔류편차가 발생한다.

42 자동제어계에서 응답을 나타낼 때 목표치를 기준한 앞뒤의 진동으로 시간의 지연을 필요로 하는 시간적 동작의 특성을 의미하는 것은?

① 동특성   ② 스텝응답
③ 정특성   ④ 과도응답

풀이 동특성
- 자동제어 응답에서 목표치를 기준한 앞뒤의 진동으로 시간의 지연을 필요로 하는 시간적 동작의 특성이다.
- 입력을 변화시켰을 때 출력을 변화시키는 성질이다.

43 보일러의 자동제어에서 인터록 제어의 종류가 아닌 것은?

① 고온도   ② 저연소
③ 불착화   ④ 압력초과

풀이 보일러의 인터록 제어
- 저연소 인터록   • 압력초과 인터록
- 저수위 인터록   • 프리퍼지 인터록
- 불착화 인터록   • 온도상한스위치 인터록

44 보일러의 자동제어 중에서 ACC가 나타내는 것은 무엇인가?

① 연소제어   ② 급수제어
③ 온도제어   ④ 유압제어

풀이 보일러 자동제어(ABC) 종류
- 연소제어 : ACC
- 급수제어 : FWC
- 증기온도 제어 : STC

정답 38 ④ 39 ① 40 ③ 41 ② 42 ① 43 ① 44 ①

45 자동제어계와 직접 관련이 없는 장치는?

① 기록부　　② 검출부
③ 조절부　　④ 조작부

풀이 피드백 기본회로

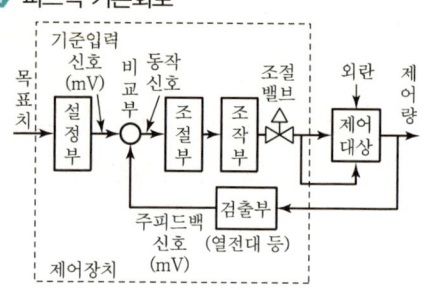

46 다음 중 그림과 같은 조작량 변화 동작은?

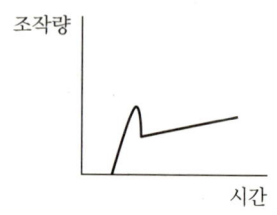

① PI 동작　　② ON-OFF 동작
③ PID 동작　　④ PD 동작

풀이

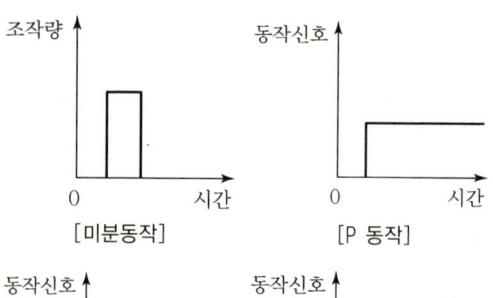

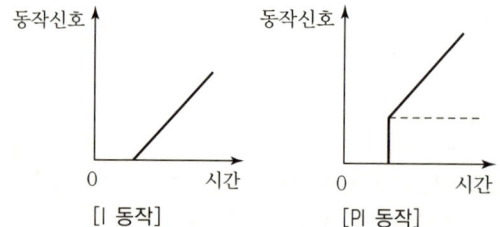

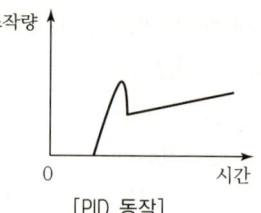

[PID 동작]

47 기준입력과 주 피드백 신호와의 차에 의해서 일정한 신호를 조작요소에 보내는 제어장치는?

① 조절기　　② 전송기
③ 조작기　　④ 계측기

풀이 조절기

기준입력과 주 피드백 신호와의 차에 의해서 신호를 조작요소에 보내는 제어장치이다.
- 종류 : 공기압식, 전기식, 유압식
- 자동제어 동작순서 : 검출, 비교, 판단, 조작

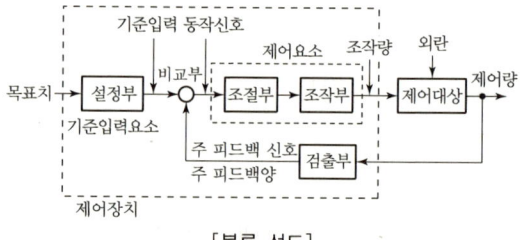

[블록 선도]

48 다음 중 비례동작만 사용할 경우와 비교할 때 적분동작을 같이 사용하면 제거할 수 있는 문제로 옳은 것은?

① 오프셋　　② 외란
③ 안정성　　④ 빠른 응답

풀이
- 비례(P)동작 : 잔류편차가 발생한다.
- 적분(I)동작 : 오프셋(잔류편차)이 제거된다.
- 미분(D)동작 : 진동이 제어되어 빨리 안정된다.

정답　45 ①　46 ③　47 ①　48 ①

PART 04

ENGINEER ENERGY MANAGEMENT

열설비 재료 및 관계법규

CHAPTER 01 요로
CHAPTER 02 내화재
CHAPTER 03 배관, 단열재 및 보온재
CHAPTER 04 에너지법과 에너지이용 합리화법
CHAPTER 05 신재생 및 기타 에너지
CHAPTER 06 저탄소 녹색성장

CHAPTER 001 요로

SECTION 01 요(Kiln) 로(Furnace) 일반

요(Kiln)란 물체를 가열소성하며 주로 비금속 재료를 취급하나 노(Furnace)는 물체를 가열 용융하며 주로 금속류를 취급한다.

1. 요로 분류

1) 가열방법에 의한 분류

① 직접가열 : 강재 가열로(가공을 위한 가열)
② 간접가열 : 강재 소둔로(강재의 내부조직 변화 및 변형의 제거)

2) 가열열원에 의한 분류

① 연료의 발열반응을 이용
② 연료의 환원반응을 이용
③ 전열을 이용

3) 조업방법에 의한 분류

(1) 연속식 요
- 터널식 요 : 도자기 제조용
- 윤요 : 시멘트, 벽돌제조

(2) 반연속식 요
- 셔틀요 : 도자기 제조용
- 등요 : 옹기, 석기제품 제조

(3) 불연속식 요
- 승염식 요(오름 불꽃) : 석회석 제조
- 횡염식 요(옆 불꽃) : 토관류 제조
- 도염식 요(꺾임 불꽃) : 내화벽돌, 도자기 제조

4) 제품 종에 의한 분류

(1) 시멘트 소성요

회전요, 윤요, 선요

(2) 도자기 제조용

터널요, 셔틀요, 머플요, 등요

(3) 유리용융용

탱크로, 도가니로

(4) 석회소성용

입식요, 유동요, 평상원형요

SECTION 02 요(Kiln)의 구조 및 특징

1. 불연속 요

가마내기를 하기 위해서는 불을 끄고 가마를 냉각한 후 작업한다.(단속적)

1) 횡염식요(Horizontal Draft Kiln) : 옆 불꽃가마

아궁이에서 발생한 불꽃이 소성실 내에 들어가 수평방향으로 진행하면서 피가열체를 가열하는 방식으로 중국의 경덕전가마, 뉴캐슬가마, 자주가마 등이 있다.

[특징]
- 가마 내 온도분포가 고르지 못하다.
- 가마 내 입출구 온도차가 크다.
- 소성온도에 적당한 피소성품을 배열한다.
- 토관류 및 도자기 제조에 적합하다.

2) 승염식요(Up Draft Kiln) : 오름불꽃가마

아궁이에서 발생한 불꽃이 소성실 내를 상승하면서 피가열체를 가열하는 방식이다.

[특징]
- 구조가 간단하나 설비비 및 보수비가 비싸다.

- 가마 내 온도가 불균일하다.
- 고온소성에 부적합하다.
- 1층 가마, 2층 가마가 있고 도자기 제조에 사용된다.

3) 도염식요(Down Draft Kiln) : 꺾임 불꽃가마

연소불꽃이 천장에 부딪친 다음 바닥의 흡입구멍을 통하여 배출되는 구조로서 원요와 각요가 있다.

[특징]
- 가마 내 온도분포가 균일하다.
- 연료소비가 적다.
- 흡입공기구멍 화교(Fire Bridge) 등이 있다.
- 가마내기 재임이 편리하다.
- 도자기, 내화벽돌 등, 연삭지석, 소성에 적합하다.

2. 반연속식 요

요업제품을 넣어 소성실에서 한정된 구간까지는 연속적인 소성작업이 가능하지만 이후 소성작업이 끝나면 불을 끄고 냉각 이후 가마내기, 재임을 하는 가마이다.

1) 등요(오름가마)

언덕의 경사도가 $\frac{3}{10} \sim \frac{5}{10}$ 정도인 소성실을 4~5개 인접시켜 설치된 구조로 앞의 소성실의 폐가스와 냉각공기가 보유한 열을 뒷 소성실에서 이용하도록 한 가마로 반연속요의 대표적이다.

[특징]
- 가마의 경사도에 따라 통풍력의 영향을 받는다.
- 내화 점토로만 축요한다.
- 벽 두께가 얇다.
- 소성실 내 온도분포가 불균일하다.
- 토기, 옹기 소성용이다.

2) 셔틀요(Shuttle Kiln)

단가마의 단점을 줄이기 위하여 대차식으로 된 셔틀요를 사용하는 형식으로 1개의 가마에 2개의 대차를 사용한다.

[특징]
- 작업이 간편하고 조업주기를 단축할 수 있다.
- 요체의 보유열을 이용할 수 있어 경제적이다.
- 일종의 불연속요이다.

3. 연속식 요

가마내기 및 재임을 연속적으로 할 수 있도록 만든 가마로서 여러 개의 단가마를 연도로서 연결한 형태의 가마이고 3~4개의 소성실을 거쳐서 폐가스가 배출된다.

[특징]
- 대량생산이 가능하다.
- 작업능률이 향상된다.
- 열효율이 높고 연료비가 절약된다.

1) 윤요(Ring Kiln)

고리모양의 가마로서 12~18개의 소성실을 설치한 구조로 종이 칸막이를 옮겨가며 연속적으로 가마내기 및 재임이 가능하다.

(1) 종류
해리슨형, 호프만형, 복스형, 지그재그형

(2) 특징
- 소성실모양은 원형과 타원형 구조로 두 가지가 있다.
- 배기가스 현열을 이용하여 제품을 예열시킨다.
- 가마의 길이는 보통 80m 정도이다.
- 벽돌, 기와, 타일 등 건축자재의 소성가마로 이용된다.
- 제품의 현열을 이용하여 연소성 2차 공기를 예열시킨다.

2) 연속실 가마

윤요의 개량형으로 여러 개의 도염식 가마를 설치한 것이다.

[특징]
- 각소성실이 벽으로 칸막이 되어 있다.
- 윤요보다 고온소성이 가능하다.

- 소성실마다 온도조절이 가능하다.
- 꺾임 불꽃 소성이다.
- 내화벽돌 소성용 가마이다.

3) 터널요(Tunnel Kiln)

가늘고 긴 터널형의 가마로 피열물을 실은 레일 위의 대차는 연소가스 진행의 레일 위를 진행하면서 예열 → 소성 → 냉각과정을 통하여 제품이 완성된다.

(1) 터널요의 특징

① 장점
- 소성이 균일하며 제품의 품질이 좋다.
- 소성시간이 짧으며 대량생산이 가능하다.
- 열효율이 높고 인건비가 절약된다.
- 자동온도제어가 쉽다.
- 능력에 비하여 설치면적이 적다.
- 배기가스의 현열을 이용하여 제품을 예열시킨다.

② 단점
- 능력에 비하여 건설비가 비싸다.
- 제품을 연속처리해야 하므로 생산 조정이 곤란하다.
- 제품의 품질, 크기, 형상에 제한을 받는다.
- 작업자의 기술이 요망된다.

(2) 용도

산화염 소성인 위생도기, 건축용 도기 및 벽돌

(3) 터널요의 구성

① 예열대 : 대차입구부터 소성대 입구까지
② 소성대 : 가마의 중앙부 아궁이
③ 냉각대 : 소성대 출구부터 대차출구까지
④ 대차 : 운반차(피소성 운반차)
⑤ 푸셔 : 대차를 밀어넣는 장치

4) 반터널요

터널을 3~5개 방으로 구분하고 각 소성실의 온도범위를 정하고 대차를 단속적으로 이동하여 제품을 소성하며 대표적으로 도자기, 건축용 도기소성, 건축용 벽돌소성 용도로 사용한다.

4. 시멘트 제조용 요

시멘트 제조용 가마는 건식인 회전가마와 선가마가 있고 회전가마는 선가마보다 노 내 온도의 분포가 균일하다. (습식 가마는 긴 가마, 짧은 가마가 있다.)

1) 회전요(Rotaty Kiln)

회전요는 건조, 가소, 소성, 용융작업 등을 연속적으로 할 수 있어 시멘트 클링커의 소성은 물론 석회소성 및 화학공업까지 광범위하게 사용된다.

[특징]
- 건식법, 습식법, 반건식법이 있다.
- 열효율이 비교적 불량하다.
- 기계적 고장을 일으킬 수 있다.
- 기계적 응력에 저항성이 있어야 한다.
- 원료와 연소가스의 방향이 반대이다.
- 경사도가 5% 정도이다.
- 외부는 20mm 정도의 강판과 내부는 내화재로 구성된다.

2) 선가마(견요)

[특징]
- 석회석 클링커 제조용이다.
- 직화식으로 상부에서 연료를 넣고, 화염은 오름불꽃가마이다.
- 제품의 여열을 이용하며, 연속요이다.

5. 머플가마(간접가열가마 : 2중 가마)

단가마의 일종이며 직화식이 아닌 간접 가열식 가마를 말한다. 주로 꺾임 불꽃가마이다.

SECTION 03 노(Furnace)의 구조 및 특징

1. 철강용로

1) 배소로
광석이 용해되지 않을 정도로 가열하여 제련상 유리한 상태로 변화시키는 것

2) 괴상화용로(소결로)
분상의 철광석을 괴상화시켜 용광로의 능률을 향상시키기 위하여 사용

3) 용광로(고로)
제련에 가장 중요한 노의 하나로 제철공장에서 선철을 제조하는 데 사용하는 노로서 크기 용량은 1일 동안 출선량을 톤으로 표시한다.

(1) 용광로의 종류
① **철피식** : 노흉부를 철피로 보강하고 하중을 6~8개 지주로 지탱한다.
② **철대식** : 노 상층부의 하중을 철탑으로 지지한다. 노의 흉부는 철대를 두르고 6~8개 지주로 지탱한다.
③ **절충식** : 노 상층부 하중을 철탑으로 지지하고 노흉부 하중은 철피로 지지한다.

(2) 열풍로
고로의 입구에 병렬로 설치되어 있으며 용광로 1기당 3~4기 정도로 설치하며 고로가스를 사용하여 공기를 800~1,300℃ 정도로 예열 후 용광로로 송풍하는 기능으로 전열식과 축열식 등의 열풍로가 있다.
- 종류 : 환열식, 마클아식, 축열식, 카우버식

4) 혼선로
고로와 제철공장 사이의 중간에서 용융선철을 일시 저장하는 노로 보조버너를 설치하여 출선 시 일정온도를 유지한다.(황분이 제거된다.)

2. 제강로
용광로에서 나온 신철 중의 불순물을 제거하고 탄소량을 감소시켜 강을 만드는 것으로 평로, 전로, 전기로로 구분된다.

1) 평로

연소열로 선철과 고철을 용융시켜 강을 제조하는 것으로 일종의 반사형 형태이며 노의 양쪽에 축열실을 가지고 있으며 일종의 반사로로서 그 크기용량은 1회 출강량을 톤으로 표시한다.

(1) 평로의 종류 및 특성

① 염기성 평로
- 염기성 내화재를 사용한다.
- 양질의 강을 얻는다.(순철 제조용)

② 산성 평로(탈황, 탈인이 힘든 제강로)
- 규석질 내화물을 사용한다.
- 석회를 함유한 슬래그가 생성된다.

(2) 축열실

배기가스의 현열을 흡수하여 공기의 연료 예열에 이용할 수 있도록 한 장치로 연소온도를 높이고 연료소비량을 줄일 수 있다. 수직식과 수평식이 있으며 축열식 벽돌은 샤모트벽돌, 고알루미나질 벽돌이 사용된다.

2) 전로

용융선철을 강철로 만들기 위하여 고압의 공기나 순수 산소를 취입시켜 산화열에 의해 선철 중의 불순물을 산화시켜 제련하는 (용량 표시는 1회 출탕량을 톤으로 표시하는)노로서 노체가 270° 이상 기울어진다.

① 베세머 전로 : 산성전로(Si 제거, 고규소 저인선제강, 고탄소강 제조)
② 토마스 전로 : 염기성 전로(인, 황 제거, 저규소 고인선제강, 연강제조용)
③ LD 전로 : 순산소 전로(산소를 1MPa 정도로 공급)
④ 칼도 전로 : 베세머 전로와 비슷(노가 15~20° 경사지며 순산소를 0.3MPa로 공급하여 수냉파이프를 통해 제강하고 노체의 회전속도는 30rpm 정도)

3) 전기로

전기로는 고온을 얻을 수 있을 뿐만 아니라 온도제어가 자유롭고 취급이 편리하다.
① 전기로
② 아크로
③ 유도로

3. 주물용해로

1) 큐폴라(용선로)

주물 용해로이며 노 내에 코크스를 넣고 그 위에 지금(소재금속), 코크스, 석회석, 선철을 넣은 후 송풍하여 연소시켜 주철을 용해한다. 이 용선로는 대량의 쇳물을 얻고 다른 용해로보다 효율이 좋고 용해시간이 빠르며 용량표시는 1시간당 용해량을 톤으로 표시한다.

2) 반사로

낮은 천장을 가열하여 천정 복사열에 의하여 구리, 납, 알루미늄, 은 등을 제련

3) 도가니로

동합금, 경합금 등의 비철금속 용해로로 사용하며 흑연도가니와 주철제 도가니가 있다.
- 용량 : 1회 용해할 수 있는 구리의 중량(kg)으로 표시한다.

4. 금속가열 및 열처리로

1) 균열로

강괴를 균일 가열하기 위하여 사용하는 노

2) 연속가열로

강편을 압연 온도까지 가열하기 위하여 사용되는 노

3) 단조용 가열로

금속의 단조를 위한 가열로

4) 열처리로

금속재료의 내부응력을 제거하여 기계적 성질을 변화시키는 노이다.
① 풀림로 : 열경화된 재료를 가열한 후 서서히 냉각하여 강의 입도를 미세화하여 내부응력을 제거하는 것
② 불림로 : 단조, 압연, 소성가공으로 거칠어진 조직을 미세화하고 내부응력을 제거하는 것
③ 담금질로 : 재료를 일정온도로 가열한 후 물, 기름 등에 급랭시켜 재료의 경도를 높이는 것
④ 뜨임로 : 단금질 재료는 취성이 증가하기 때문에 적정온도로 가열하여 응력을 제거

⑤ **침탄로** : 침탄재(숯)을 침탄로에 넣어 재료 표면에 탄소를 침투시켜 표면의 경도를 높이고 담금질한 재료를 재가열하여 강인성을 부여하는 것
⑥ **질화로** : 500~550℃ 암모니아 가스 기류 속에 넣고 50~100시간 가열 후 150℃ 이하까지 서랭

5) 연소식 열처리로

가스, 경유, 중유 등의 연료를 연소하여 열처리하는 방법으로 직화식 또는 레이디언튜브를 사용하는 방법이 있다.

5. 환열기, 축열기

1) 환열기(레큐퍼레이터)

역할은 공기예열기와 비슷하며 고온가스와 저온가스의 상호 열교환에 의하여 이루어지며 금속으로 시공되는 경우가 많다.

(1) 재질 : 금속
① 연소가스온도가 600℃ 정도 이하인 비교적 저온일 경우에 금속 재료를 사용한다.
② 누설이 없다.
③ 열전도도가 좋다.
④ 내열성이나 내식성이 좋지 않다.

(2) 장점
① 온도가 일정하고 열손실이 적다.
② 전환이 필요 없다.

(3) 단점
① 가열온도가 낮고 회수열량이 적다.
② 구조가 복잡하고 구축비가 많이 든다.

2) 축열기

내화재로 구축하고 내화재가 가열되며 공기나 연료용 가스를 예열 열교환하는 장치이다.

(1) 축열실
① 공기 예열온도가 1,000~1,200℃의 고온용으로 연소용 공기의 예열용이다.
② 평로나 균열로 등의 연소용 공기의 예열에 사용한다.

(2) 페블히터(Pebble Heater)

전열매체가 이동하는 형식이다. 탑 정상에서 송입된 페블을 연소기로 가열하여 하반부에서 고온의 페블 내에 공기를 통과시켜 예열한다. 페블의 온도가 하강하면 끄집어낸 후 다시 탑 정상으로 송입한다.

SECTION 04 축요

1. 지반의 선택 및 설계순서

1) 지반의 선택

① 지반이 튼튼한 곳
② 지하수가 생기지 않는 곳
③ 배수 및 하수처리가 잘되는 곳
④ 가마의 제조 및 조립이 편리한 곳
• 지반의 적부시험 : 지하탐사, 토질시험, 지내력 시험

2) 가마의 설계순서

① 피열물의 성질을 결정한다.
② 피열물의 양을 결정한다.
③ 이론적으로 소요될 열량을 결정한다.
④ 사용연료량을 결정한다.
⑤ 경제적 인자를 결정한다.
⑥ 부속설비를 설계한다.

2. 축요

1) 기초공사

가마의 하중에 견딜 수 있는 충분한 두께의 석재지반 및 콘크리트 지반을 시공한다.

2) 벽돌쌓기

길이쌓기, 넓이쌓기, 영국식, 네덜란드식, 프랑스식 등이 있으며 측벽의 경우 강도를 고려하여 붉은 벽돌이나 철강재로 보강한다.(한 장 쌓기, 한 장 반 쌓기, 두 장 쌓기로 벽돌을 쌓는다.)

> **Reference** 주의사항
>
> - 가마바닥은 충분한 두께로 한다.
> - 불순물을 제거 후 쌓는다.
> - 내화벽돌이나 단열벽돌은 건조한 것을 사용하며 보통벽돌의 경우 물에 적셔 사용한다.
> - 가마벽은 외면을 강철판으로 보강한다.

3) 천장

노의 천장은 편평형과 아치형으로 있으나 아치형이 강도상 유리하다.

4) 가마의 보강

강철재료를 이용하여 가마조임을 한다.

5) 굴뚝시공

자연통풍 시 굴뚝의 높이가 중요하며 강제통풍 시는 적당히 한다.

> **Reference**
>
> - 담금질(quenching) : 퀜칭
> - 뜨임(tempering) : 템퍼링
> - 풀림(annealing) : 어닐링
> - 불림(normalizing) : 노멀라이징

CHAPTER 001 출제예상문제

01 다음 중 피가열물이 연소가스에 의해 오염되지 않는 가마는?
① 직화식 가마   ② 반머플가마
③ 머플가마   ④ 직접식 가마

풀이 머플가마
- 단 가마의 일종이다. 직화식 가마가 아닌 간접가열식 가마이다(주로 꺾임 불꽃가마이다).
- 피가열물이 간접식이라서 연소가스에 의해 오염되지 않는다. 제품의 가격이 비싸나 제품이 우수하다.

02 가마를 축조할 때 단열재를 사용함으로써 얻을 수 있는 효과로 틀린 것은?
① 작업 온도까지 가마의 온도를 빨리 올릴 수 있다.
② 가마의 벽을 얇게 할 수 있다.
③ 가마 내의 온도 분포가 균일하겐 된다.
④ 내화벽돌의 내·외부 온도가 급격히 상승한다.

풀이
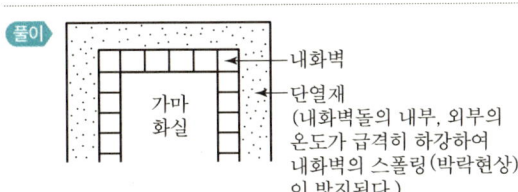
(내화벽돌의 내부, 외부의 온도가 급격히 하강하여 내화벽의 스폴링(박락현상)이 방지된다.)

03 요로의 정의가 아닌 것은?
① 전열을 이용한 가열장치
② 원재료의 산화반응을 이용한 장치
③ 연료의 환원반응을 이용한 장치
④ 열원에 따라 연료의 발열반응을 이용한 장치

풀이 요로
물체를 가열, 용융, 소성하는 장치로서 화학적 물리적 변화를 강제적으로 행하게 하는 장치이다.

04 요로 내에서 생성된 연소가스의 흐름에 대한 설명으로 틀린 것은?
① 가열물의 주변에 저온 가스가 체류하는 것이 좋다.
② 같은 흡입 조건하에서 고온 가스는 천장 쪽으로 흐른다.
③ 가연성 가스를 포함하는 연소가스는 흐르면서 연소가 진행된다.
④ 연소가스는 일반적으로 가열실 내에 충만되어 흐르는 것이 좋다.

풀이 요로 내에서 연소가스는 가열물의 주변에 고온의 가스가 체류하는 것이 좋다.

05 요로에 대한 설명으로 틀린 것은?
① 재료를 가열하여 물리적 및 화학적 성질을 변화시키는 가열장치이다.
② 석탄, 석유, 가스, 전기 등의 에너지를 다량으로 사용하는 설비이다.
③ 사용목적은 연료를 가열하여 수증기를 만들기 위함이다.
④ 조업방식에 따라 불연속식, 반연속식, 연속식으로 분류된다.

풀이 요로
물체를 가열, 용융, 소성하는 장치로서 화학적·물리적 변화를 강제적으로 행하게 하는 장치이다. 그 특징은 ①, ②, ④와 같다.
- 요(Kiln) : 도자기, 벽돌 등
- 로(Furnace) : 용선 제조, 제강, 특수강, 비철금속

06 다음 중 제강로가 아닌 것은?
① 고로   ② 전로
③ 평로   ④ 전기로

정답 01 ③ 02 ④ 03 ② 04 ① 05 ③ 06 ①

풀이 고로(용광로)
- 선철을 제조한다.
- 종류 : 철피식, 철대식, 절충식

07 선철을 강철로 만들기 위하여 고압 공기나 산소를 취입시키고, 산화열에 의해 노 내 온도를 유지하며 용강을 얻는 노(Furnace)는?

① 평로 ② 고로
③ 반사로 ④ 전로

풀이 전로
- 선철을 강철로 만들기 위하여 고압 공기나 산소를 취입시키고, 산화열에 의해 노 내 온도를 유지하며 용강을 얻는 노이다.
- 염기성 전로, 산성 전로, 순산소 전로, 칼도법

08 제철 및 제강공정 중 배소로의 사용 목적으로 가장 거리가 먼 것은?

① 유해성분의 제거
② 산화도의 변화
③ 분상광석의 괴상으로의 소결
④ 원광석의 결합수의 제거와 탄산염의 분해

풀이 배소로
- 사용 목적 : 유해성분 제거, 산화도의 변화, 원광석의 결합수의 제거와 탄산염의 분해
- 배소로는 광석을 용해하지 않을 정도로 가열하여 연소성 유기물을 제거한다.

09 다음 중 용광로의 원료 중 코크스의 역할로 옳은 것은?

① 탈황작용 ② 흡탄작용
③ 매용제(媒熔劑) ④ 탈산작용

풀이 ㉠ 용광로의 종류
  • 철피식 • 철대식 • 절충식

㉡ 철광석, 망간광석, 석회석, 코크스(흡탄작용)
㉢ 철강제 가열로의 연소가스는 환원성 분위기이어야 한다.

10 용광로에 장입하는 코크스의 역할이 아닌 것은?

① 철광석 중의 황분을 제거
② 가스 상태로 선철 중에 흡수
③ 선철을 제조하는 데 필요한 열원을 공급
④ 연소 시 환원성 가스를 발생시켜 철의 환원을 도모

풀이 코크스
열원으로 사용되는 연료이며 연소 시 발생하는 CO, H_2 등의 환원성 가스로 산화철(FeO)을 환원한다. 또한 탄소의 일부가 가스 상태로 선철 중에 흡수되는 흡탄작용을 일어나게 하여 선철이 제조된다.
※ 망간광석 : 황분을 제거(탈황)하고, 탈산작용을 돕는다.

11 제강 평로에서 채용되고 있는 배열회수방법으로서 배기가스의 현열을 흡수하여 공기나 연료가스 예열에 이용될 수 있도록 한 장치는?

① 축열실 ② 환열기
③ 폐열 보일러 ④ 판형 열교환기

풀이 축열실
제강 평로에서 채용하고 있는 배열회수방법으로서 배기가스의 현열을 흡수하여 공기나 연료가스 예열에 이용될 수 있도록 한 장치이다. 내화벽돌로 샤모트 벽돌, 고알루미나질 벽돌이 채용된다.

12 다음 중 전기로에 해당되지 않는 것은?

① 푸셔로 ② 아크로
③ 저항로 ④ 유도로

풀이
- 푸셔 : 연속터널요에서 노 안으로 대차를 밀어넣는 장치이다.
- 전기로 : 저항가마, 아크가마(전호도), 유도가마

정답 07 ④ 08 ③ 09 ② 10 ① 11 ① 12 ①

13 용선로(Cupola)에 대한 설명으로 틀린 것은?

① 대량생산이 가능하다.
② 용해 특성상 용탕에 탄소, 황, 인 등의 불순물이 들어가기 쉽다.
③ 다른 용해로에 비해 열효율이 좋고 용해시간이 빠르다.
④ 동합금, 경합금 등 비철금속 용해로로 주로 사용된다.

풀이 용선로(큐폴라)
고철이나 주철(무쇠)을 용해하는 노이다(동합금, 경합금은 용선로나 제강로가 아닌 도가니로에 해당된다).

14 단조용 가열로에서 재료에 산화스케일이 가장 많이 생기는 가열방식은?

① 반간접식　　　② 직화식
③ 무산화 가열방식　　④ 급속 가열방식

풀이 ㉠ 가열로 : 압연공장에서 압연하기에 적당한 온도로 가열하기 위하여 사용되는 노이다.
㉡ 단조용 가열로
　• 반간접식
　• 직화식(재료에 산화스케일이 가장 많이 생긴다.)
　• 무산화 가열방식
　• 급속 가열방식

15 중유 소성을 하는 평로에서 축열실의 역할로서 가장 옳은 것은?

① 제품을 가열한다.
② 급수를 예열한다.
③ 연소용 공기를 예열한다.
④ 포화증기를 가열하여 과열증기로 만든다.

풀이 ㉠ 축열실
　• 평로, 균열로 등으로 연소용 공기의 예열에 사용된다.
　• 구조와 강도상 제약이 적고 공기의 예열온도는 1,000~1,200℃ 정도이므로 고온용이다.

㉡ 환열기(리큐퍼레이터)
　• 일종의 공기 예열기로 고온 가스와 저온 가스의 상호 열교환이 이루어지며 금속 시공이 많은 편이다(연소 가스 온도 약 600℃ 이하용).
　• 고온 공업에서 환열기를 설치하여 열효율을 향상시킨다.

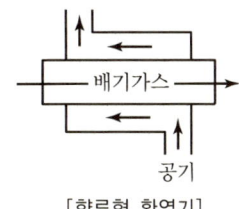

[향류형 환열기]

16 용광로에서 선철을 만들 때 사용되는 주원료 및 부재료가 아닌 것은?

① 규선석　　　② 석회석
③ 철광석　　　④ 코크스

풀이 용광로(고로)에서의 선철 제조 시 주원료, 부재료
석회석, 철광석, 코크스 등

17 공업용로에 있어서 폐열회수장치로 가장 적합한 것은?

① 댐퍼　　　② 백필터
③ 바이패스 연도　　④ 리큐퍼레이터

풀이 리큐퍼레이터
고온 가스와 저온 가스의 상호 열교환이 이루어지므로 금속으로 시공되는 환열기이다. 열교환장치로, 폐열회수장치이며 병류형, 향류형, 직교류형이 있다.

18 산화 탈산을 방지하는 공구류의 담금질에 가장 적합한 로는?

① 용융염류 가열로　　② 직접저항 가열로
③ 간접저항 가열로　　④ 아크 가열로

정답 13 ④ 14 ② 15 ③ 16 ① 17 ④ 18 ①

풀이 용융염류 가열로
산화나 탈산을 방지하는 공구류의 담금질(열처리)에 적합한 로이다.

19 다음 중 노체 상부로부터 노구(Throat), 샤프트(Shaft), 보시(Bosh), 노상(Hearth)으로 구성된 노(爐)는?

① 평로　　　② 고로
③ 전로　　　④ 코크스로

풀이 고로(용광로) 구성
- 노구
- 보시
- 샤프트
- 노상

20 다음 중 용광로에 장입되는 물질 중 탈황 및 탈산을 위해 첨가하는 것으로 가장 적당한 것은?

① 철광석　　　② 망간광석
③ 코크스　　　④ 석회석

풀이 용광로(고로)
- 종류 : 철피식, 철대식, 절충식
- 선철을 제조한다.
- 탈황, 탈산을 위해 망간(Mn)광석을 첨가한다.
- 용량표시는 1일 동안 선철 출선량을 톤(ton)으로 한다.

21 다음 중 전로법에 의한 제강 작업 시의 열원은?

① 가스의 연소열
② 코크스의 연소열
③ 석회석의 반응열
④ 용선 내의 불순원소의 산화열

풀이 전로제강법 : 강철제조로(용선 내 불순원소의 산화열을 이용하여 강철 제조)

22 용광로에서 코크스가 사용되는 이유로 가장 거리가 먼 것은?

① 열량을 공급한다.
② 환원성 가스를 생성시킨다.
③ 일부의 탄소는 선철 중에 흡수된다.
④ 철광석을 녹이는 용제 역할을 한다.

풀이
- 코크스 : 점결탄을 고온건류하여 얻는다(야금용). 종류로는 야금용, 가스용, 반성용 등이 있다.
- 용광로 : 선철의 용제

23 용광로를 고로라고도 하는데, 이는 무엇을 제조하는 데 사용되는가?

① 주철　　　② 주강
③ 선철　　　④ 포금

풀이 용광로(고로) : 선철 제조용
- 종류 : 철피식, 철대식, 절충식
- 용량 표시 : 24시간 총 선철량으로 톤으로 표시

24 열처리로 경화된 재료를 변태점 이상의 적당한 온도로 가열한 다음 서서히 냉각하여 강의 입도를 미세화하여 조직을 연화, 내부응력을 제거하는 로는?

① 머플로　　　② 소성로
③ 풀림로　　　④ 소결로

풀이 풀림처리(소둔 : Annealing)
열처리로 경화된 재료를 변태점 이상의 적당한 온도로 가열한 다음 서서히 냉각하여 강의 입도를 미세화하여 조직을 연화, 내부 응력을 제거한다(뜨임온도보다 약간 높은 온도).

25 다음 중 연속식 요가 아닌 것은?

① 등요　　　② 윤요
③ 터널요　　　④ 고리가마

풀이 반연속요 : 등요, 셔틀요(Shuttle Kiln)

정답　19 ②　20 ②　21 ④　22 ④　23 ③　24 ③　25 ①

26 윤요(Ring Kiln)에 대한 설명으로 옳은 것은?

① 석회소성용으로 사용된다.
② 열효율이 나쁘다.
③ 소성이 균일하다.
④ 종이 칸막이가 있다.

풀이 윤요(Ring Kiln)
고리가마이며 고리 주위에 소성실이 12~18개 정도이다(종이 칸막이를 옮겨 다니면서 일부는 소성가마 내기, 재임 등을 연속적으로 한다).
- 건축자재 소성에 사용된다.
- 열효율이 높다.
- 소성이 균일하지 못하다.

27 다음 중 터널 요에 대한 설명으로 옳은 것은?

① 예열, 소성, 냉각이 연속적으로 이루어지며 대차의 진행방향과 같은 방향으로 연소가스가 진행된다.
② 소성시간이 길기 때문에 소량생산에 적합하다.
③ 인건비, 유지비가 많이 든다.
④ 온도조절의 자동화가 쉽지만 제품의 품질, 크기, 형상 등에 제한을 받는다.

풀이 터널 요

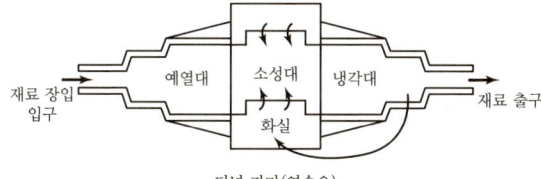

터널 가마(연속요)

- 구성요소 : 예열대, 소성대, 냉각대
- 부대장치 : 대차, 푸셔, 샌드실, 공기재순환장치
- 연소가스는 소성대 굴뚝으로 배기된다.
- 인건비, 유지비가 불연속요보다 적게 든다.
- 소성시간이 짧아서 대량 생산용이다.

28 도염식 요는 조업방법에 의해 분류할 경우 어떤 형식인가?

① 불연속식
② 반연속식
③ 연속식
④ 불연속식과 연속식의 절충형식

풀이 불연속요
도염식 요, 승염식 요, 횡염식 요

29 터널가마의 일반적인 특징이 아닌 것은?

① 소성이 균일하여 제품의 품질이 좋다.
② 온도 조절의 자동화가 쉽다.
③ 열효율이 좋아 연료비가 절감된다.
④ 사용연료의 제한을 받지 않고 전력소비가 적다.

풀이 터널가마(연속요)
대차 이동에 관한 전력소비가 크고 사용연료의 제한을 받으므로 고급연료가 필요하다.

30 회전가마(Rotary Kiln)에 대한 설명으로 틀린 것은?

① 일반적으로 시멘트, 석회석 등의 소성에 사용된다.
② 온도에 따라 소성대, 가소대, 예열대, 건조대 등으로 구분된다.
③ 소성대에는 황산염이 함유된 클링커가 용융되어 내화벽돌을 침식시킨다.
④ 시멘트 클링커의 제조방법에 따라 건식법, 습식법, 반건식법으로 분류된다.

풀이 시멘트 제조용 가마
- 직접가열식, 간접가열식, 회전용융형
- 건식가마(회전가마) : 긴가마, 짧은가마
- 긴가마(건조대, 예열대, 소성대)

정답 26 ④ 27 ④ 28 ① 29 ④ 30 ③

31 소성가마 내 열의 전열방법으로 가장 거리가 먼 것은?

① 복사
② 전도
③ 전이
④ 대류

풀이 내화벽돌 등 소성가마(요)의 전열방법은 전도, 대류, 복사에 의한다.

32 요의 구조 및 형상에 의한 분류가 아닌 것은?

① 터널요
② 셔틀요
③ 횡요
④ 승염식 요

풀이 구조 및 형상에 따른 요의 분류
터널요, 회전요, 등요, 윤요, 각요, 견요, 반터널요, 셔틀요, 연속식 가마

승염식 요(불연속가마 요)
- 오름불꽃 가마이다.
- 1층가마, 2층가마로 구분한다.

33 작업이 간편하고 조업주기가 단축되며 요체의 보유열을 이용할 수 있어 경제적인 반연속식 요는?

① 셔틀요
② 윤요
③ 터널요
④ 도염식 요

풀이 ㉠ 반연속식 요
- 등요
- 셔틀요(대차 이용 요)
㉡ 연속식 요
- 윤요
- 터널요
- 석회소성요

34 연속가마, 반연속가마, 불연속가마의 구분방식은 어떤 것인가?

① 온도상승속도
② 사용목적
③ 조업방식
④ 전열방식

풀이 조업방식의 요의 구분(가마구분)
- 연속가마
- 반연속가마
- 불연속가마

35 연소가스(화염)의 진행방향에 따라 요로를 분류할 때의 종류로 옳은 것은?

① 연속식 가마
② 도염식 가마
③ 직화식 가마
④ 셔틀 가마

풀이 도염식 요(꺾임 불꽃가마)
연소가스의 진행방향에 따라 요로를 분류할 때의 불연속 요이다. 사용용도는 도자기, 내화벽돌, 연삭지석, 소성에 사용된다.

36 도염식 가마(Down Draft Kiln)에서 불꽃의 진행방향으로 옳은 것은?

① 불꽃이 올라가서 가마천장에 부딪쳐 가마바닥의 흡입구멍으로 빠진다.
② 불꽃이 처음부터 가마바닥과 나란하게 흘러 굴뚝으로 나간다.
③ 불꽃이 연소실에서 위로 올라가 천장에 닿아서 수평으로 흐른다.
④ 불꽃의 방향이 일정하지 않으나 대개 가마 밑에서 위로 흘러나간다.

풀이 도염식 연소가마의 불꽃 이동 경로

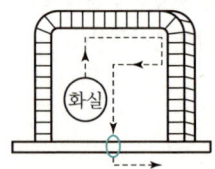

37 견요의 특성에 대한 설명으로 틀린 것은?

① 석회석 클링커 제조에 널리 사용된다.
② 하부에서 연료를 장입하는 형식이다.
③ 제품의 예열을 이용하여 연소용 공기를 예열한다.
④ 이동 화상식이며 연속요에 속한다.

풀이 견요(선가마)
석회적 클링커 제조에 널리 사용되는 수직가마이다. 상부에서 원료를 장입하고 화염은 오름불꽃, 직화식 형태인 가마이다.

38 다음 중 연속가열로의 종류가 아닌 것은?

① 푸셔식 가열로   ② 워킹-빔식 가열로
③ 대차식 가열로   ④ 회전로상식 가열로

풀이 대차는 반연속요나 연속터널요에 요의 장입물을 레일로 밀어넣는 것으로, 피소성품의 운반용 대기차이다.

39 다음 중 셔틀 요(Shuttle Kiln)는 어디에 속하는가?

① 반연속 요   ② 승염식 요
③ 연속 요   ④ 불연속 요

풀이 반연속 요
등요, 셔틀 요

40 축요(築窯) 시 가장 중요한 것은 적합한 지반(地盤)을 고르는 것이다. 다음 중 지반의 적부시험으로 틀린 것은?

① 지내력시험   ② 토질시험
③ 팽창시험   ④ 지하탐사

풀이 지반 적부시험

41 요로를 균일하게 가열하는 방법이 아닌 것은?

① 노 내 가스를 순환시켜 연소가스양을 많게 한다.
② 가열시간을 되도록 짧게 한다.
③ 장염이나 축차연소를 행한다.
④ 벽으로부터의 방사열을 적절히 이용한다.

풀이 요로 내 피열물을 균일하게 가열하려면 어느 정도 가열시간이 길어야 한다.

42 터널가마(Tunnel Kiln)의 특징에 대한 설명 중 틀린 것은?

① 연속식 가마이다.
② 사용 연료에 제한이 없다.
③ 대량생산이 가능하고 유지비가 저렴하다.
④ 노 내 온도 조절이 용이하다.

풀이 터널 가마는 사용 연료에 제약이 많다.

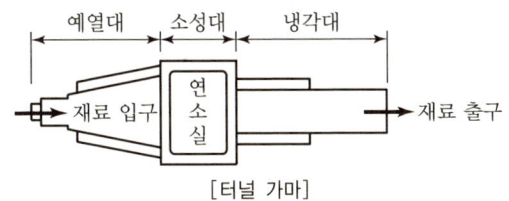

[터널 가마]

43 연소실의 연도를 축조하려 할 때 유의사항으로 가장 거리가 먼 것은?

① 넓거나 좁은 부분의 차이를 줄인다.
② 가스 정체 공극을 만들지 않는다.
③ 가능한 한 굴곡 부분을 여러 곳에 설치한다.
④ 댐퍼로부터 연도까지의 길이를 짧게 한다.

풀이 연도는 직선, 수평으로 하며 굴곡 부분은 피한다.

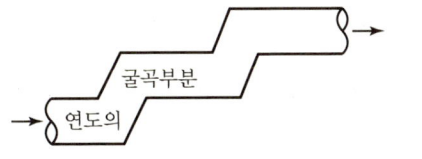

44 가스로 중 주로 내열강재의 용기를 내부에서 가열하고 그 용기 속에 열처리품을 장입하여 간접가열하는 로를 무엇이라고 하는가?

① 레토르트로 ② 오븐로
③ 머플로   ④ 라디안트튜브로

풀이 머플로(간접가열식 가마)는 고급제품을 만들며 열충격이나 균열발생을 방지하기 위한 가마로서 용기 속에서 열처리품을 장입한다.

45 소성이 균일하고 소성시간이 짧고 일반적으로 열효율이 좋으며 온도조절의 자동화가 쉬운 특징의 연속식 가마는?

① 터널 가마   ② 도염식 가마
③ 승염식 가마 ④ 도염식 둥근가마

풀이 연속식 터널 가마
- 내화물 제조 시 소성이 균일하고 소성시간이 짧다.
- 일반적으로 열효율이 좋고 온도조절의 자동화가 용이하다.
- 구성 : 예열대, 소성대, 냉각대

46 다음 중 불연속식 요에 해당하지 않는 것은?

① 횡염식 요   ② 승염식 요
③ 터널 요   ④ 도염식 요

풀이 연속식 요
- 터널 요 • 윤요(고리요) • 석회소성요

47 도염식 가마의 구조에 해당되지 않는 것은?

① 흡입구   ② 대차
③ 지연도   ④ 화교

풀이
- 대차 사용 가마 : 반연속식 가마, 연속식 터널요에서 사용
- 도염식 가마 : 불연속식 가마(꺾임 불꽃가마)

48 시멘트 제조에 사용하는 회전가마(Rotary Kiln)는 다음 여러 구역으로 구분된다. 다음 중 탄산염 원료가 주로 분해 구역은?

① 예열대   ② 하소대
③ 건조대   ④ 소성대

풀이 하소대 : 탄산염 원료 분해 구역

49 터널가마에서 샌드실(Sand Seal) 장치가 마련되어 있는 주된 이유는?

① 내화벽돌 조각이 아래로 떨어지는 것을 막기 위하여
② 열 절연의 역할을 하기 위하여
③ 찬바람이 가마 내로 들어가지 않도록 하기 위하여
④ 요차를 잘 움직이게 하기 위하여

풀이 샌드실(Sand Seal)
- 연속요의 터널가마 부속장치인 샌드실은 열의 절연을 위해 사용한다.
- 노 내 고온부의 열이 레일 위치부, 즉 저온부로 이동하지 않도록 하는 장치이다.

정답 44 ③ 45 ① 46 ③ 47 ② 48 ② 49 ②

CHAPTER 002 내화재

SECTION 01 내화물 일반

내화물이란 비금속 무기재료로 고온에서 불연성, 난연성 재료로서 SK26(1,580℃) 이상의 내화도를 가지며 공업 또는 요업요로 등의 고온 내화벽에 사용되는 것을 말한다.

1. 내화물의 기능

① 요로 내의 고열을 차단
② 열 방산을 막아 효율적 열 이용
③ 요로의 안정성 유지

2. 내화물의 구비조건

① 사용온도에 연화 및 변형이 적을 것
② 팽창수축이 적을 것
③ 사용온도에 충분한 압축강도를 가질 것
④ 내마멸성 내침식성이 클 것
⑤ 고온에서 수축팽창이 적을 것
⑥ 사용온도에 적합한 열전도율을 가질 것
⑦ 내스폴링성이 크고 온도 급변화에 충분히 견딜 것

3. 내화물의 분류

1) 화학조성에 의한 분류

① 산성 내화물(RO_2) : 규산질(SiO_2)이 주원료이다.
② 중성 내화물(R_2O_3) : 크롬질(Cr_2O_3), 알루미나질(Al_2O_3)이 주원료이다.
③ 염기성 내화물(RO) : 고토질(MgO), 석회질(CaO)과 같은 물질이 주원료이다.

2) 열처리에 의한 분류

① 소성 내화물 : 내화벽돌(소성에 의하여 소결시킨 내화물)
② 불소성 내화물 : 열처리를 하지 않은 내화물(화학적 결합제를 사용하여 결합시킨 것)
③ 용융내화물 : 원료를 전기로에서 용해하여 주조한 내화물

4. 내화물의 시험항목

1) 내화도

열반응 온도의 정도로 시편을 만들어 노 중에서 가열하여 굴곡 연화되는 정도를 제게르콘(Seger Cone) 표준시편과 비교하여 측정한다.

① 제게르콘(Seger Cone) 번호를 내화도로 표시하며 SK 26의 용융온도는 1,580℃이다. 제게르콘 추는 SK 022~01, SK1~20, SK 26~42번까지 59종이 있다.)
② SK 30 : 1,670℃, SK 35 : 1,770℃, SK 40 : 1,920℃, SK 42 : 2,000℃

2) 내화물의 비중

$$참비중 = \frac{무게}{참부피}, \quad 겉보기 비중 = \frac{무게}{참부피 \times 밀봉기공}$$

※ 비중이 크면 기공률이 작고 압축강도가 크며 열전도율이 크다.

3) 열적 성질(내화물의 재료적 평가기준)

(1) 열적 팽창

내화물의 열에 대한 팽창과 수축
① 열간 선팽창 : 일시적 열팽창으로 온도변화에 따라 신축
② 잔존 선팽창 : 영구적 열팽창으로 팽창 후 원상태로 되지 않는 현상

(2) 하중 연화점

축요 후 하중을 받는 내화재를 가열하였을 때 평소보다 더 낮은 온도에서 변형하는 온도

(3) 박락현상(Spalling : 스폴링)

불균일한 가열 또는 냉각 등으로 발생하는 열팽창의 차에 의하여 내화재의 변형과 균열이 생기는 현상이다. 열적(열팽창) 스폴링, 조직적(화학적) 스폴링, 기계적(축요불량) 스폴링으로 구분할 수 있다.

4) 슬래킹(Slaking) 현상

마그네시아 또는 돌로마이트를 포함한 내화벽돌은 수증기의 작용을 받는 경우 체적변화로 분화가 되어 떨어져 나가는 노벽의 균열과 붕괴하는 현상으로 소화성이다.

5) 버스팅(Bursting) 현상

크롬철광을 원료로 하는 내화물은 1,600℃ 이상에서 산화철을 흡수한 후 표면이 부풀어 오르고 떨어져 나가는 현상

5. 내화물 제조공정

1) 분쇄

미분쇄기에 의해 0.1mm 이하의 크기로 분쇄하는 과정

2) 혼련

분쇄원료에 물이나 첨가제를 사용하여 혼합하는 과정

3) 성형

혼련 후 배포한 원료를 일정한 형상으로 만드는 과정

4) 건조

성형내화물의 수분을 제거하는 과정으로 터널식 건조장치를 주로 사용한다.

5) 소성

원료에 열화학적 변화를 일으켜서 내화물로서의 강도를 가지게 하는 과정

6) 소결

소지를 소성할 때 짙어지는 현상

SECTION 02 내화물 특성

1. 산성내화물

1) 규석질 내화물(벽돌)

이산화규소, 규석 및 석영을 870℃ 이상 가열하여 안정화시키고 분쇄 후 결합제를 가하여 성형한다. (평로용, 전기로용, 코크스로용, 유리공업로용) 원료는 이산화규소(SiO_2), 석영, 규사, 규석 등이다.

[특징]
- 내화도(SK 31~34)와 하중연화점온도(1,750℃)가 높다.
- 고온강도가 매우 크다.
- 고온에서 팽창계수가 적고 안정하다.
- 열전도율이 비교적 높다.
- 용도는 가마 천정용, 산성 제강로 등에 사용된다.
- 비중이 작다.

2) 반규석질 내화물

규석과 샤모트로 만든 벽돌로서 이산화규소(SiO_2)를 50~80% 함유하고 있다.

[특징]
- 규석 내화물과 점토질 내화물의 혼합형이다.
- 내화도 SK 28~30이다.
- 저온에서 강도가 크며 가격이 싸다.
- 수축 팽창이 적으며 내스폴링성이 크다.
- 야금로, 배소로, 저온용 벽돌 등에 사용된다.

3) 납석질 내화물

납석을 주원료로 한다. ($Al_2O_2 + 4SiO_2 + H_2O$)

[특징]
- 내화도 SK 26~34이며 하중연화점온도가 낮다.
- 흡수율이 작고 압축 및 고온강도가 크다.
- 슬래그 등의 침입에 의하여 내식성이 우수하다.
- 가열에 의한 잔존 수축이 적고 열전전도도가 적다.

- 일반요로, 큐폴라의 내장형, 금속공업 등에 사용된다.
- 일산화탄소에 대한 안정도가 크다.
- 압축강도가 크다.

4) 샤모트질 내화물

내화점토를 SK 10~13 정도로 하소하여 분쇄하여 만든 벽돌을 샤모트 벽돌이라 한다.(소성 시에 균열을 방지하기 위해 샤모트한다.)

[특징]
- 내화도 SK 28~34이다.
- 성분범위가 넓고 제적이 쉽다.
- 가소성이 없어 10~30% 생점토를 첨가한다.
- 고온강도가 낮으며 가격이 싸다.
- 열팽창, 열전도가 작다.
- 보일러 등 일반 가마에 많이 사용된다.

2. 염기성 내화물

1) 마그네시아 내화물

원료는 해수 마그네시아 마그네사이트 수활성 등이며 마그네시아를 주원료로 하며 소성마그네시아 내화물과 성형과정 후 소성과정을 거치지 않고 건조하는 불소성 마그네시아(메탈케이스, 스틸클라드)내화물로 구분한다.

[소성 마그네시아의 특징]
- 내화도 SK 36 이상으로 높다.
- 염기성 제강로, 전기제강로, 비철금속제강로, 시멘트 소성가마 등에 이용된다.
- 슬래킹 현상이 발생한다.
- 하중연화점이 높고 비중 및 열전도도는 크다.
- 열팽창이 크나, 내스폴링성이 적다.

2) 크롬마그네시아 내화물(마그크로질)

크롬철강과 마그네시아를 주원료로 한다. 즉, 마그네시아 클링커에 크롬철광을 혼합성형하여 SK 17~20 정도로 소성한 것이다.

[특징]
- 내화도(SK 42)와 하중연화점이 높다.
- 용융온도가 2,000℃ 이상이다.
- 염기성 슬래그에 대한 저항이 크다.
- 염기성 평로, 전기로, 시멘트회전로 등에 이용된다.
- 내스폴링성이 크고 조직이 치밀하고 무겁다.
- 버스팅 현상이 발생하나 슬랙에 대한 저항성은 크다.

3) 돌로마이트 내화물(벽돌)

백운석을 주원료로 하여 1,600℃ 정도로 소성하여 제조하며 돌로마이트는 탄산칼슘($CaCO_3$)과 탄산마그네슘($MgCO_3$)을 주원료로 염기성 제강로에 사용된다.

[특징]
- 내화도가 SK 36~39이며 하중연화점이 높다.
- 염기성 슬래그에 대한 저항이 크다.(단, 산화분위기에는 약하다.)
- 내스폴링성이 크다.(내침식성은 있으나 내슬래킹성이 약하다.)
- 염기성 제강로, 시멘트소성가공, 전기로 등에 사용된다.

4) 폴스테라이트 내화물

감람석, 사문암 등에 마그네시아 클링커를 배합하여 만든 벽돌이며, 주물사로 이용하기도 한다.

[특징]
- 내화도(SK 36 이상)와 하중연화점이 높다.
- 내식성이 좋고 기공률이 크다.
- 반사로, 저주파 유도전기로, 염기성 평로, 제강로, 비철금속 용해로 등에 사용된다.
- 소화성이 없고 소성온도는 1,500℃ 내외이다.
- 고온에서 용적변화가 적고 열전도율이 낮다.

3. 중성내화물

1) 고알루미나질 내화물(고알루미나질 샤모트벽돌, 전기 용융 고알루미나질 벽돌)

50% 이상의 알루미나를 함유한 내화물이다.($Al_2O_3 + SiO_3$계 내화물)

[특징]
- 내화도 SK 35~38이다.

- 내식성 내마모성이 매우 크다.
- 고온에서 부피변화가 적다.
- 급열 또는 급랭에 대한 저항이 적다.
- 유리가마, 화학공업용로, 회전가마, 터널가마 등에 사용된다.
- 주원료는 고알루미나질 혈암, 보크사이트, 다이아스포어, 실리마나이트, 합성멀라이트, 커런덤 등이다.

2) 크롬질 내화물

크롬철강(Cr_2O_3+FeO)을 분쇄하여 점결제를 혼합하여 성형 및 건조한 내화물이다.

[특징]
- 내화도(SK 38)가 높다.
- 마모에 대한 저항성이 크다.
- 하중연화점이 낮고 스폴링이 쉽게 발생한다.
- 산성 노재와 염기성 노재의 접촉부에 사용하여 서로 침식을 방지한다.
- 고온에서 버스팅 현상이 발생한다.

3) 탄화규소질 내화물

탄화규소(SiC)를 주원료로 사용한다.(규소 65%+탄소 30%, 기타 알루미나)

[특징]
- 내화도와 하중연화점이 상당히 높다.
- 고온에서 산화되기 쉽다.
- 전기 및 열전도율이 높다.
- 내스폴링성이 크고 열팽창계수가 적다.
- 전기저항 발열체, 열교환실의 내화재 등에 사용된다.

4) 탄소질 내화물

무정형 탄소 및 결정형 흑연, 코크스, 무연탄이 주원료로 사용되며 타르 또는 피치 같은 탄소질이나 점토류를 점결제로 사용하여 소성한 내화물이다.

[특징]
- 내화도와 전기 및 열전도율이 높다.
- 화학적 침식에 잘 견디며 수축이 적다.

- 내스폴링성이 강하다.
- 용광로의 노 바닥, 큐폴라의 내장, 도가니 등에 사용된다.
- 공기 중에서 온도가 상승되면 산화한다.
- 재가열 시 수축이 적다.

4. 부정형 내화물

일정한 모양 없이 시공현장에서 원료에 물을 가하여 필요한 모양으로 성형한다.

1) 캐스터블 내화물

알루미나 시멘트를 배합한 내화콘크리트(소결시킨 내화성 골재 + 수경성 알루미나 시멘트)로, 내화성 골재는 저온용(점토질, 샤모트), 고온용(고알루미나질, 크롬질, 크롬마그네시아질)이 있다.

[특징]
- 접합부 없이 축요한다.
- 잔존수축이 크고 열팽창이 작다.
- 내스폴링성이 크고 열전도율이 작다.
- 사용용도는 보일러로, 연도 및 소둔로의 천정 등에 사용된다.
- 소성이 불필요하고 가마의 열손실이 적다.
- 시공 후 24시간만에 사용온도로 상승하여 사용이 가능하다.

2) 플라스틱 내화물

내화골재에 시공성 및 고온에서의 강도를 가지게 하기 위하여 가소성 점토 및 물유리(규산소다)와 유기질 결합제를 첨가하여 시공하고, 종류는 점토질 플라스틱 내화물, 특수 플라스틱 내화물이 있다.

[특징]
- 캐스터블보다 고온에 사용된다.
- 소결력이 좋고 내식성이 크다.
- 팽창 및 수축이 적으며 내스폴링성이 크다.
- 하중 연화온도가 높다.
- 내식성·내마모성이 크다.
- 내화도가 SK 35~37이다.
- 해머로 두들겨 사용한다.
- 보일러 수관벽, 버너 입구, 가마의 응급보수 등에 사용된다.

3) 내화 모르타르

내화 시멘트라 하며 내화벽돌의 접합용이나 노벽 손상 시 보수용으로 사용되며 경화방법에 따라 열경화성, 기경성, 수경성 모르타르로 구분된다. 슬랙이 침식하기 쉬운 부분에 보호하고 냉공기의 유입을 방지하며 내화벽돌 결합용이다.

5. 특수내화물

1) 지르콘 내화물

$ZrSiO_4$(지르콘) 원광을 1,800℃ 정도에서 SiO_2를 휘발시키고 정제시켜 강하게 굽고 물, 유리 등의 결합제를 혼합하여 성형 소성한 내화물이다.

[특징]
- 이상 팽창 및 수축이 없고 열팽창계수가 적다.
- 내스폴링성이 크고 산화용재에 강하다.
- 사용용도는 실험용도가니, 대형 가마, 연소관 등에 사용된다.

2) 지르코니아질 내화물

천연광석인 지르코니아를 화학적으로 정제한 후 산화마그네슘(MgO)을 소량 배합하여 강한 열에 구어 분쇄한 후 결합제를 섞어 소성한 것으로 2,400℃ 이상의 고온에 사용된다. 열팽창계수기 적고 열전도율이 적으며 용융점이 2,700℃로 높다. 또한 내스폴링성이 크고 염기성이나 산성 광재에 견딘다.

3) 베릴리아질 내화물

산화 BeO인 베릴리아를 원료로 하며 용융점이 2,500℃로 높기 때문에 원자로의 감속제, 로켓연소실의 내장제로 사용된다. 열의 양도체이며 온도 급변화 시에는 강하지만 산성에는 약하고 염기성에는 강하다.

4) 토리아질 내화물

산화 ThO_2(산화토륨)인 토리아를 원료로 하며 용융점이 3,000℃로 높다. 사용온도는 원자로, 특수금속용융내화물, 가스터빈용 초순도금속의 용융내화물에 사용된다. 백금이나 토륨 등의 용융에 사용하며 열팽창계수가 크고 염기성에는 강하나 내스폴링성이 적고 탄소와 고온에서 탄화물을 만든다.

출제예상문제

01 내화물에 대한 설명으로 틀린 것은?
① 샤모트질 벽돌은 카올린을 미리 SK10~14 정도로 1차 소성하여 탈수 후 분쇄한 것으로서 고온에서 광물상을 안정화한 것이다.
② 제겔콘 22번의 내화도는 1,530℃이며, 내화물은 제겔콘 26번 이상의 내화도를 가진 벽돌을 말한다.
③ 중성질 내화물은 고알루미나질, 탄소질, 탄화규소질, 크롬질 내화물이 있다.
④ 용융내화물은 원료를 일단 용융상태로 한 다음에 주조한 내화물이다.

풀이
- 제겔콘 26 : 내화도 1,580℃
- 제겔콘 42 : 내화도 2,000℃
- 제겔콘 21~25번은 내화도가 없다.

02 내화물의 구비조건으로 틀린 것은?
① 사용온도에서 연화, 변형되지 않을 것
② 상온 및 사용온도에서 압축강도가 클 것
③ 열에 의한 팽창 수축이 클 것
④ 내마모성 및 내침식성을 가질 것

풀이 내화물(산성, 중성, 염기성 벽돌)은 열에 의한 팽창 수축이 적어야 한다.

03 내화물의 분류방법으로 적합하지 않은 것은?
① 원료에 의한 분류 ② 형상에 의한 분류
③ 내화도에 의한 분류 ④ 열전도율에 의한 분류

풀이 내화물의 분류
①, ②, ③ 외에 조성광물, 용도, 가열처리, 화학조성, 내화도, 원료의 종류 등으로 분류한다.

04 내화물의 구비조건으로 틀린 것은?
① 상온에서 압축강도가 작을 것
② 내마모성 및 내침식성을 가질 것
③ 재가열 시 수축이 적을 것
④ 사용온도에서 연화 변형하지 않을 것

풀이 내화물(내화벽돌)은 상온에서 압축강도가 커야 한다.

05 내화물 사용 중 온도의 급격한 변화 혹은 불균일한 가열 등으로 균열이 생기거나 표면이 박리되는 현상을 무엇이라 하는가?
① 스폴링
② 버스팅
③ 연화
④ 수화

풀이 스폴링(박락 현상)
- 내화벽돌 사용 중 온도의 급격한 변화, 혹은 불균일한 가열, 조직의 불균일 등으로 내화벽 표면 일부가 떨어져 나가는 박리 현상이다.
- 종류 : 열적 스폴링, 기계적 스폴링, 조직적 스폴링

06 노재의 화학적 성질을 잘못 짝지은 것은?
① 샤모트질 벽돌 : 산성
② 규석질 벽돌 : 산성
③ 돌로마이트질 벽돌 : 염기성
④ 크롬질 벽돌 : 염기성

풀이 크롬질 벽돌
중성 내화물 벽돌(크롬철광+점결제)이며 내화도가 SK38(1,850℃)이고 하중연화점이 낮다.

정답 01 ② 02 ③ 03 ④ 04 ① 05 ① 06 ④

07 소성 내화물의 제조공정으로 가장 적절한 것은?

① 분쇄 → 혼련 → 건조 → 성형 → 소성
② 분쇄 → 혼련 → 성형 → 건조 → 소성
③ 분쇄 → 건조 → 혼련 → 성형 → 소성
④ 분쇄 → 건조 → 성형 → 소성 → 성형

풀이 소성 내화물 제조공정
원료 분쇄 → 혼련 → 성형 → 건조 → 소성

08 내화물 SK-26번이면 용융온도 1,580℃에 견디어야 한다. SK-30번이라면 약 몇 ℃에 견디어야 하는가?

① 1,460℃   ② 1,670℃
③ 1,780℃   ④ 1,800℃

풀이
• SK 26 : 1,580℃
• SK 30 : 1,670℃
• SK 42 : 2,000℃

09 내화물의 스폴링(Spalling) 시험방법에 대한 설명으로 틀린 것은?

① 시험체는 표준형 벽돌을 110±5℃에서 건조하여 사용한다.
② 전 기공률 45% 이상의 내화벽돌은 공랭법에 의한다.
③ 시험편을 노 내에 삽입 후 소정의 시험온도에 도달하고 나서 약 15분간 가열한다.
④ 수냉법의 경우 노 내에서 시험편을 꺼내어 재빠르게 가열면 측을 눈금의 위치까지 물에 잠기게 하여 약 10분간 냉각한다.

풀이 스폴링 시험(내화물 박락시험)
• 수냉법(시험체의 한 끝을 소정온도로 일정시간 가열한 후 수중에서 급랭한다. 이것을 반복하여 시험한다.)
• 공랭법(고온법)
• 패널스폴링 시험법(가장 실제적인 방법)

10 내화물의 부피비중을 바르게 표현한 것은? (단, W_1 : 시료의 건조중량(kg), W_2 : 함수시료의 수중중량(kg), W_3 : 함수시료의 중량(kg)이다.)

① $\dfrac{W_1}{W_3 - W_2}$ ② $\dfrac{W_3}{W_1 - W_2}$

③ $\dfrac{W_3 - W_2}{W_1}$ ④ $\dfrac{W_2 - W_3}{W_1}$

풀이
• 부피비중 : $\dfrac{W_1}{W_3 - W_2}$
• 겉보기 비중 : $\dfrac{W_1}{W_1 - W_2}$
• 흡수율 : $\dfrac{W_3 - W_1}{W_3} \times 100(\%)$

11 샤모트(Chamotte) 벽돌에 대한 설명으로 옳은 것은?

① 일반적으로 기공률이 크고 비교적 낮은 온도에서 연화되며 내스폴링성이 좋다.
② 흑연질 등을 사용하며 내화도와 하중 연화점이 높고 열 및 전기전도도가 크다.
③ 내식성과 내마모성이 크며 내화도는 SK 35 이상으로 주로 고온부에 사용된다.
④ 하중 연화점이 높고 가소성이 커 염기성 제강로에 주로 사용된다.

풀이 샤모트(Chamotte) 내화벽돌
• 내화점토를 SK 10~13 정도로 하소하여 분쇄한 것(샤모트, 소분)으로, 보일러 등 일반가마용이다.
• 일반적으로 기공률이 크고 비교적 낮은 온도에서 연화되며 내스폴링성이 크다.
• 내화도 : SK 28 ~ 34
• 가소성이 없어서 10 ~ 30% 생점토를 가하여 벽돌 제작

정답 07 ② 08 ② 09 ④ 10 ① 11 ①

12 다음 중 규석벽돌로 쌓은 가마 속에서 소성하기에 가장 적절하지 못한 것은?

① 규석질 벽돌 ② 샤모트질 벽돌
③ 납석질 벽돌 ④ 마그네시아질 벽돌

> **풀이** 마그네시아질 벽돌은 염기성 슬랙이나 용융금속에 대하여 저항성이 크기 때문에 산성벽돌인 규석벽돌로 쌓은 가마에서는 소성하기가 어렵다.

13 크롬이나 크롬마그네시아 벽돌이 고온에서 산화철을 흡수하여 표면이 부풀어 오르고 떨어져 나가는 현상은?

① 버스팅(Bursting) ② 스폴링(Spalling)
③ 슬래킹(Slaking) ④ 큐어링(Curing)

> **풀이** 버스팅 현상
> 크롬이나 크롬마그네시아 벽돌 등 Cr 철광을 원료로 하는 내화물이 1,600℃ 이상의 온도에서 산화철을 흡수하여 표면이 부풀어 오르고 떨어져 나가는 현상이다.

14 샤모트(Chamotte) 벽돌의 원료로서 샤모트 이외에 가소성 생점토(生粘土)를 가하는 주된 이유는?

① 치수 안정을 위하여
② 열전도성을 좋게 하기 위하여
③ 성형 및 소결성을 좋게 하기 위하여
④ 건조 소실, 수축을 미연에 방지하기 위하여

> **풀이** 샤모트 벽돌(산성벽돌)에서 가소성 생점토를 첨가하는 이유로 ①, ②, ④ 외에 가소성을 부여하여 제작이 용이하게 하기 위함이 있다.

15 염기성 내화벽돌이 수증기의 작용을 받아 생성되는 물질이 비중 변화에 의하여 체적 변화를 일으켜 노벽에 균열이 발생하는 현상은?

① 스폴링(Spalling) ② 필링(Peeling)
③ 슬래킹(Slaking) ④ 스웰링(Swelling)

> **풀이** 슬래킹 현상
> 염기성 내화벽돌이 수증기의 작용을 받아 생성되는 물질이 비중변화에 의하여 체적 변화를 일으켜 노벽에 균열이 발생하는 현상
> ※ 염기성 벽돌 : 마그네시아, 포스테라이트, 마그네시아·크롬질, 돌로마이트질

16 염기성 슬래그나 용융금속에 대한 내침식성이 크므로 염기성 제강로의 노재로 주로 사용되는 내화벽돌은?

① 마그네시아질 ② 규석질
③ 샤모트질 ④ 알루미나질

> **풀이** ㉠ 염기성
> • 마그네시아질
> • 크롬-마그네시아질
> • 돌로마이트질
> • 포스테라이트질
> ㉡ 규석질, 샤모트질 : 산성
> ㉢ 알루미나질 : 중성

17 산성 내화물이 아닌 것은?

① 규석질 내화물
② 납석질 내화물
③ 샤모트질 내화물
④ 마그네시아 내화물

> **풀이** 염기성 내화물
> • 마그네시아
> • 돌로마이트
> • 크롬-마그네시아
> • 포스테라이트질

정답 12 ④ 13 ① 14 ③ 15 ③ 16 ① 17 ④

18 다음 중 MgO – SiO$_2$계 내화물은?

① 마그네시아질 내화물
② 돌로마이트질 내화물
③ 마그네시아−크롬질 내화물
④ 포스테라이트질 내화물

풀이
- 마그네시아 : MgO계
- 돌로마이트 : CaO, MgO계
- 포스테라이트 : MgO, SiO$_2$계
- 크롬질 : (Fe·Mg)O, (Cr·Al$_2$)O$_3$계

19 실리카(Silica) 전이특성에 대한 설명으로 옳은 것은?

① 규석(Quartz)은 상온에서 가장 안정된 광물이며 상압에서 573℃ 이하 온도에서 안정된 형이다.
② 실리카(Silica)의 결정형은 규석(Quartz), 트리디마이트(Tridymite), 크리스토발라이트(Cristo−balite), 카올린(Kaoline)의 4가지 주형으로 구성된다.
③ 결정형이 바뀌는 것을 전이라고 하며 전이속도를 빠르게 작용토록 하는 성분을 광화제라 한다.
④ 크리스토발라이트(Cristobalite)에서 용융실리카(Fused Silica)로 전이에 따른 부피변화 시 20%가 수축한다.

풀이 실리카(SiO$_2$)
이산화규소이며 규석질 산성 내화물이다.
- 전이 : 결정형이 바뀌는 것
- 광화제 : 전이속도를 빠르게 작용하도록 하는 성분
- 실리카(SiO$_2$) : SK 31~34용
- 1,470℃에서 크리스토발라이트로 체적변화 발생 (석영이다.)

20 중성내화물 중 내마모성이 크며 스폴링을 일으키기 쉬운 것으로 염기성 평로에서 산성 벽돌과 염기성 벽돌을 섞어서 축로할 때 서로의 침식을 방지하는 목적으로 사용하는 것은?

① 탄소질 벽돌
② 크롬질 벽돌
③ 탄화규소질 벽돌
④ 포스테라이트 벽돌

풀이 중성 크롬질 내화물은 내스폴링성이 비교적 적고 SK38 정도 내화벽이며 산성 소재와 염기성 소재의 접촉부나 균열로에 사용한다. 크롬철광+내화점토 2~5%로 성형건조한다.

21 지르콘(ZrSiO$_4$) 내화물의 특징에 대한 설명 중 틀린 것은?

① 열팽창률이 작다.
② 내스폴링성이 크다.
③ 염기성 용재에 강하다.
④ 내화도는 일반적으로 SK 37~38 정도이다.

풀이 지르콘 내화물
지르콘(ZrSiO$_2$) 철광을 1,800℃ 정도에서 SiO$_2$(규석질)를 휘발시키고 정제시켜 강하게 굽고 가루에 물, 유리, 기타 결합제를 가한 특수 내화물이며 염기성이 아닌 산화용재에 강하다.

22 다음 중 중성 내화물에 속하는 것은?

① 납석질 내화물
② 고알루미나질 내화물
③ 반규석질 내화물
④ 샤모트질 내화물

풀이
- 산성 내화물 : 납석질, 반규석질, 샤모트질
- 중성질 : 고알루미나질, 탄소질, 탄화규소질, 크롬질

정답 18 ④ 19 ③ 20 ② 21 ③ 22 ②

23 고알루미나(High Alumina)질 내화물의 특성에 대한 설명으로 옳은 것은?

① 급열, 급랭에 대한 저항성이 적다.
② 고온에서 부피 변화가 크다.
③ 하중 연화온도가 높다.
④ 내마모성이 적다.

[풀이] 고알루미나질(중성내화물)은 하중 연화온도가 1,600℃ 정도로 높고, 내스폴링성이 크며, 열전도율이 크고, 용적변화가 적고, 기계적 강도가 매우 크다.

24 고알루미나질 내화물의 특징에 대한 설명으로 거리가 가장 먼 것은?

① 중성 내화물이다.
② 내식성, 내마모성이 적다.
③ 내화도가 높다.
④ 고온에서 부피 변화가 적다.

[풀이]
- 고알루미나 중성 내화물은 내스폴링성이 크고 산성, 염기성 슬래그 용융물에 대한 내침식성이 크다.
- 기공률이 극히 낮고 조직이 매우 치밀하다.
- 내화도는 SK 38 이상이며, 화학성분은 $Al_2O_3 - SiO_2$계이다.

25 다음 중 산성 내화물에 속하는 벽돌은?

① 고알루미나질   ② 크롬-마그네시아질
③ 마그네시아질   ④ 샤모트질

[풀이]
- ①, ②, ③ 내화물 : 염기성
- 샤모트질, 규석질, 반규석질, 납석질 : 산성 내화물

26 두께 230mm의 내화벽돌이 있다. 내면의 온도가 320℃이고 외면의 온도가 150℃일 때 이 벽면 10m²에서 손실되는 열량(W)은?(단, 내화벽돌의 열전도율은 0.96W/m·℃이다.)

① 710   ② 1,632
③ 7,096   ④ 14,391

[풀이] 열량손실(Q) = 면적×열관류율×온도차
$$= \frac{면적 \times 열전도율 \times 온도차}{벽체두께}$$
$$= \frac{10 \times 0.96 \times (320-150)}{0.23}$$
$$= 7,096W$$

※ 230mm = 0.23m

27 포스테라이트에 대한 설명으로 옳은 것은?

① 주성분은 Mg_2SiO_4이다.
② 내식성이 나쁘고 기공률은 작다.
③ 돌로마이트에 비해 소화성이 크다.
④ 하중연화점은 크나 내화도는 SK28로 작다.

[풀이] 포스테라이트 염기성 벽돌
- 주원료 : 고토 감람석
- 주성분 : Mg_2SiO_4
- 조성광물 : 포스테라이트

28 마그네시아 또는 돌로마이트를 원료로 하는 내화물이 수증기의 작용을 받아 $Ca(OH)_2$나 $Mg(OH)_2$를 생성하게 된다. 이때 체적변화로 인해 노벽에 균열이 발생하거나 붕괴하는 현상을 무엇이라고 하는가?

① 버스팅   ② 스폴링
③ 슬래킹   ④ 에로존

[풀이] 슬래킹(소화성 현상)
마그네시아, 돌로마이트 등 염기성 내화벽돌에서 저장 중 H_2O를 흡수하여 체적의 변화로 노벽에 균열이 발생하거나 붕괴하는 현상

정답 23 ③ 24 ② 25 ④ 26 ③ 27 ① 28 ③

29 셔틀요(Shuttle Kiln)의 특징으로 틀린 것은?

① 가마의 보유열보다 대차의 보유열이 열 절약의 요인이 된다.
② 급랭파가 생기지 않을 정도의 고온에서 제품을 꺼낸다.
③ 가마 1개당 2대 이상의 대차가 있어야 한다.
④ 작업이 불편하여 조업하기가 어렵다.

[풀이] 셔틀요나 등요는 반연속요이므로 작업이나 조업하기가 불연속요에 비하여 매우 용이하다.

30 다음 중 내화 모르타르의 분류에 속하지 않는 것은?

① 열경성 ② 화경성
③ 기경성 ④ 수경성

[풀이] 내화 모르타르
- 열경화성(열을 받으면 단단해짐)
- 기경성(공기 중 건조하면 단단해짐)
- 수경성(물속에서 더 단단해짐)

31 내화 모르타르의 구비조건으로 틀린 것은?

① 시공성 및 접착성이 좋아야 한다.
② 화학성분 및 광물조성이 내화벽돌과 유사해야 한다.
③ 건조, 가열 등에 의한 수축 팽창이 커야 한다.
④ 필요한 내화도를 가져야 한다.

[풀이] 건조, 가열 등에 의한 수축 팽창이 작아야 한다.

32 캐스터블 내화물의 특징이 아닌 것은?

① 소성할 필요가 없다.
② 접합부 없이 노체를 구축할 수 있다.
③ 사용 현장에서 필요한 형상으로 성형할 수 있다.
④ 온도의 변동에 따라 스폴링을 일으키기 쉽다.

[풀이] 캐스터블 내화물(내화성 골재+수경성 알루미나시멘트)의 특성은 ①, ②, ③ 외 내스폴링성이 크다.

정답 29 ④ 30 ② 31 ③ 32 ④

배관, 단열재 및 보온재

SECTION 01 배관의 종류 및 용도

1. 강관(Steel Pipe)

1) 강관의 특징

① 내충격성 굴요성이 크며 인장강도가 크다.
② 관의 접합이 쉬우며 연관이나 주철관보다 가격이 저렴하다.
③ 부식에 약하다.
④ 물, 공기, 기름, 가스, 공기, 수도용 등에 사용된다.

2) 강관의 규격기호

구분	종류	KS 기호	용도
배관용	배관용 탄소강관	SPP	10kgf/cm² 이하에 사용
	압력배관용 탄소강관	SPPS	350℃ 이하, 10~100kgf/cm²까지 사용
	고압배관용 탄소강관	SPPH	350℃ 이하, 100kgf/cm² 이상에 사용
	고온배관용 탄소강관	SPHT	350℃ 이상에 사용
	배관용 아크용접 탄소강	SPW	10kgf/cm² 이하에 사용
	배관용 합금강관	SPA	주로 고온용
	배관용 스테인리스 강관	STS×T	내식용, 내열용, 저온용
	저온배관용 강관	SPLT	빙점 이하의 저온도배관
수도용	수도용 아연도금 강관	SPPW	SPP관에 아연 도금한 관, 정수두 100m 이하의 수도관
	수도용 도복장 강관	STPW	정수두 100m 이하 급수배관용
열전달용	보일러 열교환기용 탄소강관	STBH	관의 내외면에 열의 접촉을 목적으로 하는 장소에 사용
	보일러 열교환기용 합금강관	STHA	보일러의 수관, 연관, 과열관, 공기예열관 등
	보일러 열교환기용 스테인리스 강관	STS×TB	보일러의 수관, 연관, 과열관, 공기예열관 등
	저온열교환기용 강관	STLT	빙점 이하에서 사용
구조용	일반구조용 탄소강관	SPS	토목, 건축, 철탑에 사용
	기계구조용 탄소강관	STM	기계, 항공기, 자동차, 자전거에 사용

3) 관의 표시법

(1) 배관용 탄소강관

상표	규격	관종류	제조방법	호칭방법	제조년	길이
G-Yun	ⓚ	SPP	E	25A	2009	6

(2) 수도용 탄소강관

상표	규격	관종류	제조방법	호칭방법	제조년	길이
OMF	ⓚ	SPPW	E	20A	2009	6

(3) 압력배관용 강관

상표	규격	관종류	제조방법	제조년	호칭방법	스케줄	길이
G-Yun	ⓚ	SPPS	SA	2006	50A	Sch.40	6

(4) 제조방법 기호

기호	용도	기호	용도
E	전기저항용접관	A	아크 용접관
B	단접관	SA	열간가공 Seamless관

4) 스케줄 번호(SCH)

스케줄 번호란 관의 두께를 나타내는 번호이다.

$$\mathrm{SCH} = 10 \times \frac{P}{S}$$

여기서, P : 사용압력($\mathrm{kgf/cm^2}$)

S : 허용응력($\mathrm{kgf/mm^2}$)

5) 강관의 접합

(1) 나사이음

50A 이하의 소구경

(2) 용접접합
① 접합강도가 크고 누수 염려가 없다.
② 중량이 가볍다.
③ 유체저항손실이 적고, 유지보수가 절감된다.
④ 보온피복이 용이하다.

(3) 플랜지접합
① 관지름이 65A 이상인 것
② 배관의 중간이나 밸브 등 및 교환이 빈번한 곳에 이용된다.

6) 배관부속품
① 동일 직경관의 직선연결 : 소켓, 니플, 유니언, 플랜지
② 배관의 방향 등 유로의 변화 : 엘보, 밴드
③ 관의 도중에서 관의 분기 : 티, 크로스, 가지관
④ 이경관의 연결 : 리듀서, 부싱, 이경소켓, 이경티
⑤ 관 끝을 막을 때 : 플러그, 캡

2. 동관(Cooper Tube)

1) 동관의 특징
① 유연성이 크고 가공하기가 용이하다.
② 내식성이 우수하며 외부충격에 약하다.
③ 저온취성이 적으며 마찰손실이 적다.
④ 담수에는 내식성이 크나 연수에는 부식된다.
⑤ 탄산가스를 포함한 공기 중에는 푸른 녹색이 생긴다.
⑥ 급유관, 급수관, 급탕관, 압력배관, 냉매관, 열교환기용으로 사용된다.
⑦ 열전도율이 크다.
⑧ 가격이 비싸다.
⑨ 비철금속이다.

2) 동관의 표준치수

동관의 표준치수는 K, L, M형의 3가지가 있다.
① K : 의료배관용
② L, M : 의료배관, 급수배관, 급탕배관, 난방배관

> **Reference**
>
> **동관의 기계적 성질**
> - 연질(O) : 인장강도 $21kg/mm^2$ 이상
> - 반열질(OL) : 인장강도 $21kg/mm^2$ 이상
> - 반경질$\left(\frac{1}{2}H\right)$: 인장강도 $25\sim33kg/mm^2$ 이상
> - 경질(H) : 인장강도 $32kg/mm^2$ 이상
>
> **동관의 외경산출방법**
> 동관의 외경 = 호칭경(인치) $\times 25.4 + \frac{1}{8} \times 25.4$

3) 동관의 접합

① **압축접합**(Flare Joint) : 20A 이하용이며 동관의 점검 및 분해가 필요한 경우
② **용접접합**(Welding Joint) : 연납(솔더링), 경납(브레이징)으로 나눈다.
③ **플랜지 접합**(Flange Joint)

3. 주철관(Cast Iron Pipe)

주철관은 수도용, 배수용, 가스용, 광산용으로 사용된다.

1) 특징

① 내구성, 내마모성, 내식성이 크다.(내식성이 강해 지중매설시 부식이 적다.)
② 인장에 약하고 압축에 강하다.($10kg_f/cm^2$ 이하에 적합)
③ 수도관, 배수관, 오수관, 통기관 등에 사용된다.

2) 주철관의 접합

① 소켓이음(Socket Joint) : 관의 소켓부에 납과 얀을 넣어 접합한다.
② 플랜지 이음(Flange Joint) : 고압 및 펌프 주위 배관에 이용된다.
③ 빅토릭 이음(Victoric Joint) : 가스배관용으로 고무링과 금속제 컬러로 구성된다.
④ 기계적 이음(Mechanical Joint) : 수도관 접합에 이용되며 가요성이 풍부하여 지층변화에도 누수되지 않는다.
⑤ 타이톤 접합(Tyton Joint) : 원형의 고무링 하나만으로 접합한다.

4. 연관(Lead Pipe)

연관은 수도관, 기구배수관, 가스배관, 화학공업용 배관에 사용된다.

1) 특징

① 전연성이 풍부하고 굴곡이 용이하다.
② 상온가공이 용이하며 내식성이 뛰어나다.
③ 해수나 천연수에 안전하게 사용할 수 있으나 초산, 농염산, 증류수 등에 침식된다.
④ 비중이 커서 수평배관 시 늘어진다.
⑤ 위생배관, 화학배관, 가스배관 등에 사용된다.
⑥ 산에는 강하나 알칼리에는 약하다.

2) 연관의 접합

① 납땜 접합 : 토치램프로 녹여 접합
② 플라스탄 접합 : 납 60%+주석 40% 합금, 용융점 232℃

5. 비금속관

① 원심력 철근콘크리트관(흄관)
② 철근콘크리트관
③ 석면시멘트관

6. 경질염화비닐관(PVC)

사용온도(-10~60℃)는 비교적 낮으나 내식성, 내알칼리성, 내산성이 크며 전기 절연성이 크다.

SECTION 02 밸브의 종류 및 배관지지

1. 밸브의 종류

1) 글로브밸브(Glove Valve)

① 구형밸브이다.
② 개폐양정이 짧다.
③ 디스크의 리프트량에 따라 유량을 제어한다.(유량조절이 용이하다.)
④ 압력손실이 크기 때문에 Y형 글로브 밸브를 사용하는 것이 유리하다.
⑤ 가볍고 가격이 싸다.
⑥ 유체의 흐름방향과 평행하게 밸브가 개폐된다.

2) 앵글밸브(Angle Valve)

① 엘보+글로브밸브
② 직각으로 굽어지는 장소에 사용한다.
③ 흐름의 방향이 90°로 변화한다.
④ 유체의 저항을 막는다.

3) 게이트 밸브(Gate Valve : Sluice Valve : 슬루스 밸브)

① 유량조절용으로 부적합하며, 유체흐름 차단용 밸브로 사용된다.
② 전개 또는 전폐용이다.
③ 조작이 가벼우며 대형밸브로 사용된다.
④ 밸브 리프트가 커서 개폐에 시간이 소요된다.
⑤ 드레인이 체류해서는 안 되는 난방 배관용에 적합하며 압력손실이 적다.
⑥ 디스크의 구조에 따라 웨지게이트, 페럴렐 슬라이드, 더블 디스크게이트, 제수밸브 등이 있다.

4) 콕밸브(Cock Valve)

① 유체저항이 적으며 유로를 완전 개폐할 수 있다.
② 원추상의 디스크가 90°로 회전하여 전개 또는 전폐한다.
③ 기밀유지가 어려워 고압·대용량에 부적당하다.
④ 2방콕, 3방콕, 4방콕 등이 있다.

5) 체크밸브(Check Valve)

① 유체 역류 방지용 밸브

② 종류

    ㉠ 리프트형 : 수평배관용

    ㉡ 스윙형 : 수평 또는 수직배관용

    ㉢ 스몰렌스키(Smolensky Check Valve)

6) 감압밸브

① 고압과 저압관 사이에 설치하여 부하 측이 압력을 일정하게 유지시킨다.

② 종류

    ㉠ 작동방법에 따라 : 피스톤식, 다이어프램식, 벨로스식

    ㉡ 구조에 따라 : 스프링식, 추식

2. 신축이음(Expansion Joint)

증기나 온수 배관의 팽창과 수축을 흡수하는 장치

1) 미끄럼형(Sleeve Type)

슬리브의 미끄럼에 의해 신축을 흡수하며 온수 또는 저압배관용

2) 벨로스형(Bellows Type)

벨로스의 변형에 의해 흡수, $10\,kg_f/cm^2$ 이하의 증기배관

3) 만곡형(Loop Type)

① 루프관의 휨에 의해 흡수, 옥외 고압배관용

② 설치공간이 크며 신축에 따른 자체 응력이 생긴다.

③ 곡률반경은 관 지름의 6배 이상이 좋다.

4) 스위블형(Swivel Type)

2개 이상의 엘보를 연결하여 비틀림에 의해 흡수, 저압증기난방에서 방열기 배관용 또는 온수난방용

 **흡수량의 크기**

루프형 > 슬리브형 > 벨로스형 > 스위블형

| 미끄럼형 | | 벨로스형 | | 루프형 |

3. 배관지지 기구

1) 행거(Hanger)

배관을 천장에 고정한다.

① **콘스턴트 행거**(Constant Hanger) : 배관의 상·하 이동을 허용하면서 관지지력을 일정하게 유지(지정 이동거리 범위 내에서 사용)
② **리지드 행거**(Rigid Hanger) : 빔에 턴버클을 연결하여 파이프 아래를 받쳐 달아 올린 구조로 상하변위가 없다.(수직방향에 변위가 없는 곳에 사용)
③ **스프링 행거**(Spring Hanger) : 배관에서 발생하는 소음과 진동을 흡수하기 위하여 턴버클 대신 스프링을 설치한 것

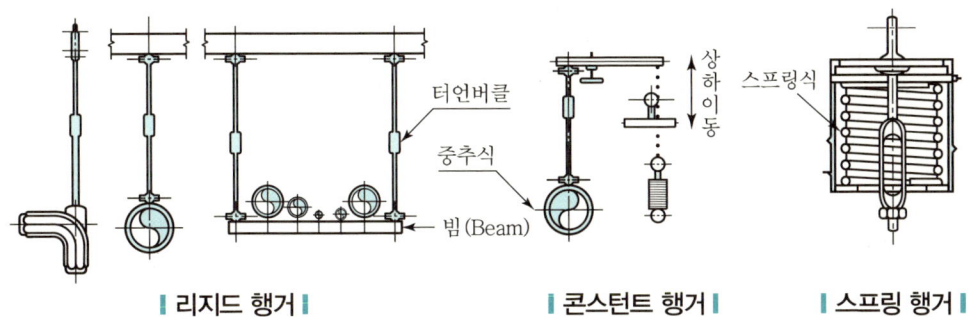

| 리지드 행거 | | 콘스턴트 행거 | | 스프링 행거 |

2) 서포트(Support)

배관의 하중을 아래에서 위로 지지하는 지지쇠이다.

① **롤러 서포트** : 배관의 축 방향이동을 허용하는 지지대로서 롤러가 관을 받친다.
② **리지드 서포트** : 파이프의 하중변화에 따라 상하 이동을 허용하는 지지대
③ **스프링 서포트** : 파이프의 하중변화에 따라 상하 이동을 허용하는 지지대
④ **파이프슈** : 배관의 곡관부 및 수평부분에 관으로 영구히지지

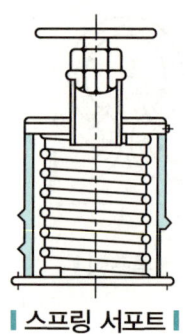 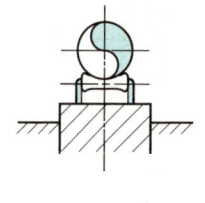 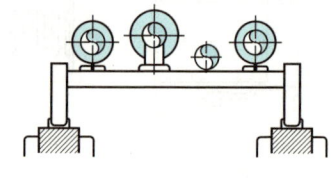

| 스프링 서포트 | 롤러 서포트 | 리지드 서포트 |

3) 리스트레인트(Restraint)

열팽창에 의한 배관의 좌우 배관의 움직임을 제한하거나 고정한다.

① 앵커(Anchor) : 관의 이동 및 회전을 방지하기 위하여 배관을 완전고정
② 스토퍼(Stopper) : 일정한 방향의 이동과 관의 회전을 구속
③ 가이드(Guide) : 관의 축과 직각 방향의 이동을 구속한다. 배관 라인의 축방향의 이동을 허용하는 안내 역할도 담당한다.

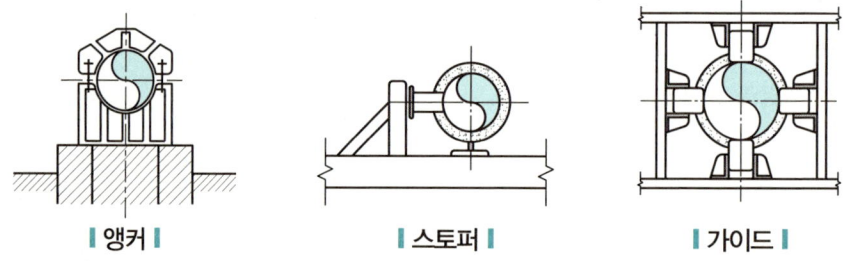

| 앵커 | 스토퍼 | 가이드 |

SECTION 03 단열재 및 보온재

1. 단열재 및 보온재의 구비조건

① 열전도율이 작을 것
② 다공질이며 기공이 균일할 것
③ 비중이 작을 것
④ 장시간 사용 시 변질되지 않을 것
⑤ 흡수성이 적을 것

> **Reference** 단열 및 보온효과

- 열전도도가 작아진다.
- 에너지 소비가 감소한다.
- 노 내 온도가 균일하게 된다.
- 에너지의 효율적 이용이 가능하다.
- 축열 용량이 작아진다.

2. 내화, 단열, 보온재의 구분

① 내화재 : 1,580℃ 이상에 사용
② 내화단열재 : 1,300℃ 이상에 사용
③ 단열재 : 800~1,200℃에 사용
④ 무기질 보온재 : 200~800℃에 사용(통상 500~800℃ 사이)
⑤ 유기질 보온재 : 100~200℃에 사용(통상 500℃ 이하용)
⑥ 보냉재 : 100℃ 이하에 사용한다.

▼ 무기질 보온재 특성

종류	안전사용온도 (℃)	열전도율 (kcal/mh℃)	특징
탄산마그네슘	250 이하	0.042~0.05	염기성 탄산마그네슘 85% + 석면 15%
유리섬유 (그라스울)	300 이하	0.036~0.042	• 용융유리를 섬유화 • 흡음률이 크며, 흡습성이 크다.(방습 필요) • 보냉, 보온재로 사용
규조토	500 이하	0.083~0.097	• 규조토 분말에 석면 혼합 • 접착성은 좋으나 건조시간이 필요하다.
석면 (아스베스토스)	350~550	0.048~0.065	• 800℃ 정도에서 강도, 보온성 상실 • 진동을 받는 부분이나 곡관부에 사용
암면	400 이하	0.039~0.048	• 안산암, 현무암 등을 용융 후 섬유화 • 흡수성이 적다. • 알칼리에는 강하나 강산에는 약하다. • 풍화의 염려가 적다.
펄라이트	650 이하	0.05~0.065	흑요석, 진주암 등을 팽창시켜 다공질화
세라믹화이버	1,300 이하	0.035~0.06	실리카울 및 고석회질 사용

▼ 유기질 보온재 특성

종류	안전사용온도 (℃)	열전도율 (kcal/mh℃)	특징
폼류	80 이하	0.03 이하	• 염화비닐폼, 경질폴리우레탄폼, 폴리스틸렌폼 • 보온, 보냉재로 사용
펠트	100 이하	0.042~0.05	• 우모, 양모 • 곡면 시 공용, 방습 필요(부식)
텍스	120 이하	0.057~0.058	• 톱밥, 목재, 펄프 • 실내벽, 천장 등의 보온 및 방음
탄화콜크	130 이하	0.046~0.049	• 코르크 입자를 가열 제조 • 냉장고, 보온, 보냉재로 사용

3. 보온효율

$$\eta_i = \frac{Q_b - Q_i}{Q_b} \times 100 [\%]$$

여기서, Q_b : 보온하지 않은 나관손실(kcal/h)
Q_i : 보온 후 손실(kcal/h)

CHAPTER 003 출제예상문제

01 강관이음방법이 아닌 것은?

① 나사이음   ② 용접이음
③ 플랜지이음 ④ 플레어이음

풀이 동관의 이음
- 플레어이음(압축이음)
- 용접접합
- 분기관접합

02 산 등의 화학약품을 차단하는 데 주로 사용하며 내약품성, 내열성의 고무로 만든 것을 밸브시트에 밀어붙여 기밀용으로 사용하는 밸브는?

① 다이어프램 밸브   ② 슬루스 밸브
③ 버터플라이 밸브   ④ 체크 밸브

풀이
- 다이어프램 밸브(격막용 밸브) : 산 등의 화학약품을 차단하는 데 주로 사용하며 내약품성, 내열성의 고무로 만든 것을 밸브시트에 밀어붙여 기밀용으로 사용하는 밸브이다.
- 슬루스 밸브(게이트 밸브) : 유량 조절이 불가능하다.
- 버터플라이 밸브 : 집게형, 기어형이 있다.
- 체크 밸브(역류 방지 밸브) : 리프트형, 스윙형이 있다.

03 다음 중 배관의 신축이음에 대한 설명으로 틀린 것은?

① 슬리브형은 단식과 복식의 2종류가 있으며, 고온, 고압에 사용한다.
② 루프형은 고압에 잘 견디며, 주로 고압증기의 옥외 배관에 사용한다.
③ 벨로즈형은 신축으로 인한 응력을 받지 않는다.
④ 스위블형은 온수 또는 저압증기의 배관에 사용하며, 큰 신축에 대하여는 누설의 염려가 있다.

풀이 벨로즈형 배관의 신축이음에는 단식, 복식이 있다.

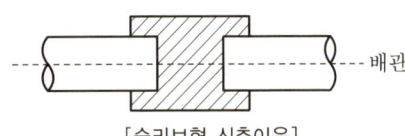

[슬리브형 신축이음]

04 감압밸브에 대한 설명으로 틀린 것은?

① 작동방식에는 직동식과 파일럿식이 있다.
② 증기용 감압밸브의 유입 측에는 안전밸브를 설치하여야 한다.
③ 감압밸브를 설치할 때는 직관부를 호칭경의 10배 이상으로 하는 것이 좋다.
④ 감압밸브를 2단으로 설치할 경우에는 1단의 설정압력을 2단보다 높게 하는 것이 좋다.

풀이 감압밸브 안전밸브 위치 선정

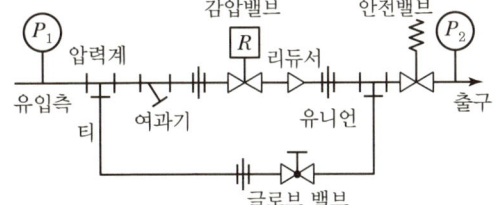

05 관의 신축량에 대한 설명으로 옳은 것은?

① 신축량은 관의 열팽창계수, 길이, 온도차에 반비례한다.
② 신축량은 관의 길이, 온도차에는 비례하지만 열팽창계수에는 반비례한다.
③ 신축량은 관의 열팽창계수, 길이, 온도차에 비례한다.
④ 신축량은 관의 열팽창계수에 비례하고 온도차와 길이에 반비례한다.

정답 01 ④ 02 ① 03 ① 04 ② 05 ③

풀이 관의 신축

신축량 = $\alpha \times L \times \Delta t$

관의 신축량(약 0.12mm)은 관의 열팽창계수(α), 길이(L), 온도차(Δt)에 비례한다.

06 길이 7m, 외경 200mm, 내경 190mm의 탄소강관에 360℃ 과열증기를 통과시키면 이때 늘어나는 관의 길이는 몇 mm인가?(단, 주위온도는 20℃이고, 관의 선팽창계수는 0.000013mm/mm·℃이다.)

① 21.15
② 25.71
③ 30.94
④ 36.48

풀이 1m=1,000mm, 7m=7,000mm
∴ 선팽창 길이(l)
 =7,000×0.000013×(360−20)
 =30.94mm

07 배관설비의 지지를 위한 필요조건에 관한 설명으로 틀린 것은?

① 온도의 변화에 따른 배관신축을 충분히 고려하여야 한다.
② 배관 시공 시 필요한 배관기울기를 용이하게 조정할 수 있어야 한다.
③ 배관설비의 진동과 소음을 외부로 쉽게 전달할 수 있어야 한다.
④ 수격현상 및 외부로부터 진동과 힘에 대하여 견고하여야 한다.

풀이 배관설비의 진동·소음은 외부로 쉽게 전달하지 못하게 브레이스 등으로 차단한다.

08 글로브밸브(Globe Valve)에 대한 설명으로 틀린 것은?

① 유량조절이 용이하므로 자동조절밸브 등에 응용시킬 수 있다.
② 유체의 흐름방향이 밸브 몸통 내부에서 변한다.
③ 디스크 형상에 따라 앵글밸브, Y형 밸브, 니들밸브 등으로 분류된다.
④ 조작력이 작아 고압의 대구경 밸브에 적합하다.

풀이 글로브밸브(유량조절밸브)
조작력이 커서 저압의 소구경 밸브에 적합하며, 증기라인에 주증기 밸브로 많이 사용한다. 유체의 저항은 크나 가볍고 가격이 싸다(압력손실이 크다).

09 85℃의 물 120kg의 온탕에 10℃의 물 140kg을 혼합하면 약 몇 ℃의 물이 되는가?

① 44.6
② 56.6
③ 66.9
④ 70.0

풀이 $(85-x)\times120=(x-10)\times140$
∴ $x=44.6$

10 버터플라이 밸브의 특징에 대한 설명으로 틀린 것은?

① 90° 회전으로 개폐가 가능하다.
② 유량조절이 가능하다.
③ 완전 열림 시 유체저항이 크다.
④ 밸브몸통 내에서 밸브대를 축으로 하여 원판형태의 디스크의 움직임으로 개폐하는 밸브이다.

풀이 버터플라이 밸브는 유량조절이 가능하며 완전 열림 시 유체의 저항이 작다.

정답 06 ③ 07 ③ 08 ④ 09 ① 10 ③

11 파이프의 열변형에 대응하기 위해 설치하는 이음은?

① 가스이음   ② 플랜지이음
③ 신축이음   ④ 소켓이음

풀이) 신축이음 : 파이프의 열변형, 팽창 방지용

12 원관을 흐르는 층류에 있어서 유량의 변화는?

① 관의 반지름의 제곱에 반비례해서 변한다.
② 압력강하에 반비례하여 변한다.
③ 점성계수에 비례하여 변한다.
④ 관의 길이에 반비례해서 변한다.

풀이) 원관에서 흐르는 층류상태 유량변화 : 관의 길이에 반비례해서 변한다.

13 배관용 강관 기호에 대한 명칭이 틀린 것은?

① SPP : 배관용 탄소 강관
② SPPS : 압력 배관용 탄소 강관
③ SPPH : 고압 배관용 탄소 강관
④ STS : 저온 배관용 탄소 강관

풀이)
• STS : 배관용 스테인리스 강관
• SPLT : 저온 배관용 탄소 강관
• SPHT : 고온 배관용 탄소 강관

14 고압배관용 탄소강관(KS D 3564)의 호칭지름의 기준이 되는 것은?

① 배관의 안지름
② 배관의 바깥지름
③ 배관의 $\dfrac{안지름 + 바깥지름}{2}$
④ 배관나사의 바깥지름

풀이) 고압배관용 탄소강관(SPPH)의 호칭지름은 외경 기준

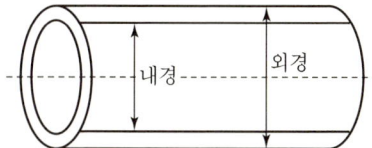

15 유체가 관 내를 흐를 때 생기는 마찰로 인한 압력손실에 대한 설명으로 틀린 것은?

① 유체의 흐르는 속도가 빨라지면 압력손실도 커진다.
② 관의 길이가 짧을수록 압력손실은 작아진다.
③ 비중량이 큰 유체일수록 압력손실이 작다.
④ 관의 내경이 커지면 압력손실은 작아진다.

풀이) 관 내 유체의 비중량(kg/m^3)이 클수록 압력손실이 크다.

16 다이어프램 밸브(Diaphragm Valve)에 대한 설명으로 틀린 것은?

① 화학약품을 차단함으로써 금속 부분의 부식을 방지한다.
② 기밀을 유지하기 위한 패킹을 필요로 하지 않는다.
③ 저항이 적어 유체의 흐름이 원활하다.
④ 유체가 일정 이상의 압력이 되면 작동하여 유체를 분출시킨다.

풀이) 다이어프램 밸브(Diaphragm Valve)
둑(Weir)과 고무로 만들어진 다이어프램이 구조로 된 밸브이다. 각종 가스류나 침식성의 산·알칼리류, 묽은 죽 형상의 물질을 포함하고 있는 유체 또는 압력손실을 줄이려는 배관 등에 사용한다.

④는 안전밸브나 방출밸브의 기능에 대한 설명이다.

정답 11 ③ 12 ④ 13 ④ 14 ② 15 ③ 16 ④

17 옥내 온도는 15℃, 외기 온도가 5℃일 때 콘크리트 벽(두께 10cm, 길이 10m 및 높이 5m)을 통한 열손실이 1,700W라면 외부 표면 열전달계수(W/m²·℃)는?(단, 내부 표면 열전달계수는 9.0 W/m²·℃이고 콘크리트 열전도율은 0.87W/m·℃이다.)

① 12.7   ② 14.7
③ 16.7   ④ 18.7

풀이 열전달계수 손실량 $Q = 1,700W$
두께 $b_1 = 10cm = 0.1m$
면적 $A = $ 가로 × 세로
손실열량 $Q = \dfrac{(t_1 - t_2) \times A}{\dfrac{1}{a_1} + \dfrac{b_1}{\lambda} + \dfrac{1}{a_2}}$

외부표면 열전달계수 a_2
$= \dfrac{1}{\dfrac{A \cdot \Delta t}{Q} - \left(\dfrac{1}{a_1} - \dfrac{b_1}{\lambda}\right)}$
$= \dfrac{1}{\dfrac{(10 \times 5) \times (15-5)}{1,700} - \left(\dfrac{1}{9.0} + \dfrac{0.1}{0.87}\right)}$
$= 14.7 W/m^2 \cdot ℃$

18 관로의 마찰손실수두의 관계에 대한 설명으로 틀린 것은?

① 유체의 비중량에 반비례한다.
② 관 지름에 반비례한다.
③ 유체의 속도에 비례한다.
④ 관 길이에 비례한다.

풀이 마찰손실수두(H)
$H = \lambda \times \dfrac{L}{D} \times \dfrac{V^2}{2g}$, $V = \dfrac{4Q}{\pi D^2}$
여기서, λ : 마찰손실계수
L : 관의 길이
D : 관의 지름
V : 유속

19 배관의 축 방향 응력 σ(kPa)를 나타낸 식은?(단, d : 배관의 내경(mm), p : 배관의 내압(kPa), t : 배관의 두께(mm)이며, t는 충분히 얇다.)

① $\sigma = \dfrac{p\pi d}{4t}$ ② $\sigma = \dfrac{pd}{4t}$
③ $\sigma = \dfrac{p\pi d}{2t}$ ④ $\sigma = \dfrac{pd}{2t}$

풀이 • 축 방향 응력(σ) = $\dfrac{pd}{4t}$
• 원주 방향 응력(σ) = $\dfrac{pd}{2t}$

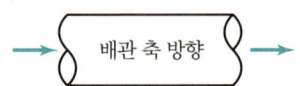
배관 축 방향

20 배관 내 유체의 흐름을 나타내는 무차원 수인 레이놀즈 수(Re)의 층류흐름 기준은?

① $Re < 1,000$ ② $Re < 2,100$
③ $2,100 < Re$ ④ $2,100 < Re < 4,000$

풀이 층류
레이놀즈 수(Re)가 2,100 이하인 유체 흐름이다.

21 열팽창에 의한 배관의 측면 이동을 구속 또는 제한하는 장치가 아닌 것은?

① 앵커   ② 스토퍼
③ 브레이스   ④ 가이드

풀이 • 지지대(리지드 레인트) : 앵커, 스톱, 가이드
• 브레이스 : 펌프에서 진동이나 방진을 도와준다.

22 다음 중 배관의 호칭법으로 사용되는 스케줄 번호를 산출하는 데 직접적인 영향을 미치는 것은?

① 관의 외경   ② 관의 사용온도
③ 관의 허용응력   ④ 관의 열팽창계수

정답 17 ② 18 ③ 19 ② 20 ② 21 ③ 22 ③

풀이 관의 스케줄 번호 $= 10 \times \dfrac{P}{S}$

여기서, S : 허용응력
P : 사용압력

※ 역류방지용(⇥)

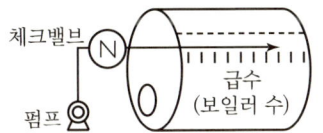

23 일반적으로 압력 배관용에 사용되는 강관의 온도 범위는?

① 800℃ 이하 ② 750℃ 이하
③ 550℃ 이하 ④ 350℃ 이하

풀이 SPP(배관용 탄소강관)이나 압력 배관용 탄소강관(SPPS)의 사용온도범위 : 350℃ 이하

24 볼밸브의 특징에 대한 설명으로 틀린 것은?

① 유로가 배관과 같은 형상으로 유체의 저항이 적다.
② 밸브의 개폐가 쉽고 조작이 간편하여 자동조작 밸브로 활용된다.
③ 이음쇠 구조가 없기 때문에 설치공간이 작아도 되며 보수가 쉽다.
④ 밸브대가 90° 회전하므로 패킹과의 원주방향 움직임이 크기 때문에 기밀성이 약하다.

풀이 볼밸브는 90° 회전이므로 패킹과의 원주방향 움직임이 적어서 기밀성이 강화된다.

25 유체의 역류를 방지하기 위한 것으로 밸브의 무게와 밸브의 양면 간 압력차를 이용하여 밸브를 자동으로 작동시켜 유체가 한쪽 방향으로만 흐르도록 한 밸브는?

① 슬루스밸브 ② 회전밸브
③ 체크밸브   ④ 버터플라이밸브

풀이 체크밸브
• 스윙식
• 리프트식
• 판형

26 주철관에 대한 설명으로 틀린 것은?

① 제조방법은 수직법과 원심력법이 있다.
② 수도용, 배수용, 가스용으로 사용된다.
③ 인성이 풍부하여 나사이음과 용접이음에 적합하다.
④ 주철은 인장강도에 따라 보통 주철과 고급주철로 분류된다.

풀이 주철관
충격에 약하고 인성이 부족하며 소켓이음에 유리하다. 부식이 없고 보통주철, 고급주철로 구분한다.

27 매끈한 원관 속을 흐르는 유체의 레이놀즈수가 1,800일 때의 관마찰계수는?

① 0.013 ② 0.015
③ 0.036 ④ 0.053

풀이 달시 – 바이스바하 식(층류일 때)

관마찰계수$(\lambda) = \dfrac{64}{Re} = \dfrac{64}{1,800} = 0.036$

28 고압 증기의 옥외 배관에 가장 적당한 신축이음 방법은?

① 오프셋형 ② 벨로즈형
③ 루프형   ④ 슬리브형

풀이 루프형 신축 조인트(곡관형)
• 옥외 배관용
• 대형 배관용

정답 23 ④ 24 ④ 25 ③ 26 ③ 27 ③ 28 ③

29 고압 배관용 탄소강관에 대한 설명으로 틀린 것은?

① 관의 소재로는 킬드강을 사용하여 이음매 없이 제조된다.
② KS 규격 기호로 SPPS라고 표기한다.
③ 350°C 이하, 100kg/cm² 이상 압력범위에서 사용이 가능하다.
④ NH₃ 합성용 배관, 화학공업의 고압유체 수송용에 사용한다.

풀이 • 압력배관용 : SPPS(10~100kg/cm²)
• 고압배관용 : SPPH(100kg/cm² 이상)

30 다음 강관의 표시기호 중 배관용 합금강 강관은?

① SPPH
② SPHT
③ SPA
④ STA

풀이 • SPPH : 고압배관용 탄소강관
• SPHT : 고온배관용 탄소강관
• SPA : 배관용 합금강 강관
• STA : 구조용 합금강 강관
• SPP : 일반배관용 탄소강관

31 사용압력이 비교적 낮은 증기, 물 등의 유체 수송관에 사용하며, 백관과 흑관으로 구분되는 강관은?

① SPP
② SPPH
③ SPPY
④ SPA

풀이 SPP
• 일반용 배관 탄소강관 : 1MPa 이하 배관용
• 증기, 가스, 기체, 물 등의 수송 강관

32 기밀을 유지하기 위한 패킹이 불필요하고 금속 부분이 부식될 염려가 없어, 산 등의 화학약품을 차단하는 데 주로 사용하는 밸브는?

① 앵글 밸브
② 체크 밸브
③ 다이어프램 밸브
④ 버터플라이 밸브

풀이 다이어프램 밸브
기밀을 유지하기 위한 패킹이 불필요하고 금속 부분이 부식될 염려가 없다. 화학약품의 약품 차단에 주로 사용된다.

33 다이어프램 밸브(Diaphragm Valve)의 특징이 아닌 것은?

① 유체의 흐름이 주는 영향이 비교적 적다.
② 가열을 유지하기 위한 패킹이 불필요하다.
③ 주된 용도가 유체의 역류를 방지하기 위한 것이다.
④ 산 등의 화학약품을 차단하는 데 사용하는 밸브이다.

풀이 주된 용도는 유체의 압력손실을 줄이기 위한 것이다.

34 전기와 열의 양도체로서 내식성, 굴곡성이 우수하고 내압성도 있어 열교환기의 내관 및 화학공업용으로 사용되는 관은?

① 동관
② 강관
③ 주철관
④ 알루미늄관

풀이 동관(구리관)
전기와 열의 양도체로서 내식성, 굴곡성이 우수하고 내압성도 있어 열교환기의 내관 및 화학공업용으로 사용되는 비철금속관이다.

35 밸브의 몸통이 둥근 달걀형 밸브로서 유체의 압력 감소가 크므로 압력이 필요하지 않을 경우나 유량 조절용이나 차단용으로 적합한 밸브는?

① 글로브 밸브
② 체크 밸브
③ 버터플라이 밸브
④ 슬루스 밸브

정답 29 ② 30 ③ 31 ① 32 ③ 33 ③ 34 ① 35 ①

풀이
글로브 밸브 (유량 조절용)　슬루스 밸브　체크 밸브

36 다음은 보일러의 급수밸브 및 체크밸브 설치 기준에 관한 설명이다. ( ) 안에 알맞은 것은?

> 급수밸브 및 체크밸브의 크기는 전열면적 $10m^2$ 이하의 보일러에서는 호칭 (㉠) 이상, 전열면적 $10m^2$를 초과하는 보일러에서는 호칭 (㉡) 이상이어야 한다.

① ㉠ 5A, ㉡ 10A　② ㉠ 10A, ㉡ 15A
③ ㉠ 15A, ㉡ 20A　④ ㉠ 20A, ㉡ 30A

풀이 급수밸브, 체크밸브 크기
보일러 전열면적 $10m^2$ 이하에서는 호칭 15A 이상, $10m^2$ 초과 시에는 호칭 20A 이상이어야 한다.

37 보온재 내 공기 이외의 가스를 사용하는 경우 가스분자량이 공기의 분자량보다 적으면 보온재의 열전도율의 변화는?

① 동일하다.　② 낮아진다.
③ 높아진다.　④ 높아지다가 낮아진다.

풀이 분자량이 공기분자량(29)보다 작으면 열전도율이 높아진다.

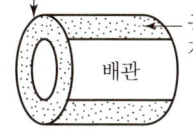
보온재 / 공기 외의 다공질 가스일 경우 / 배관

38 보온재 시공 시 주의해야 할 사항으로 가장 거리가 먼 것은?

① 사용개소의 온도에 적당한 보온재를 선택한다.
② 보온재의 열전도성 및 내열성을 충분히 검토한 후 선택한다.
③ 사용처의 구조 및 크기 또는 위치 등에 적합한 것을 선택한다.
④ 가격이 가장 저렴한 것을 선택한다.

풀이 보온재 시공 시 주의사항은 ①, ②, ③ 외에 어느 정도 강도가 있고 수명이 연장되고 가격이 경제적이어야 하며 내구성 내식성 내열성 및 열전도율이 작아야 한다. 또한 부피비중이 가벼워야 한다.

39 보온 단열재의 재료에 따른 구분에서 약 850~1,200℃ 정도까지 견디며, 열 손실을 줄이기 위해 사용되는 것은?

① 단열재　② 보온재
③ 보냉재　④ 내화 단열재

풀이 단열재
- 850~1,200℃ 정도까지 견디며 열손실을 줄이는 데 사용한다(내화단열재 : 1,300~1,500℃).
- 단열재의 종류 : 규조토질, 점토질(내화단열재)

40 다음 보온재 중 최고안전사용온도가 가장 낮은 것은?

① 유리섬유　② 규조토
③ 우레탄폼　④ 펄라이트

풀이 최고안전사용온도
- 유리섬유 : 300℃ 이하
- 규조토 : 500℃ 이하
- 우레탄폼 : 80℃ 이하
- 펄라이트 : 1,100℃ 이하

41 보온재의 구비조건으로 가장 거리가 먼 것은?

① 밀도가 작을 것
② 열전도율이 작을 것
③ 재료가 부드러울 것
④ 내열, 내약품성이 있을 것

정답　36 ③　37 ③　38 ④　39 ①　40 ③　41 ③

[풀이] 보온재는 부드러운 것보다는 어느 정도 강도가 있어야 한다. 기타 ①, ②, ④의 특성이 요구된다.

42 보온재의 열전도율에 대한 설명으로 틀린 것은?

① 재료의 두께가 두꺼울수록 열전도율이 낮아진다.
② 재료의 밀도가 클수록 열전도율이 낮아진다.
③ 재료의 온도가 낮을수록 열전도율이 낮아진다.
④ 재질 내 수분이 적을수록 열전도율이 낮아진다.

[풀이] 보온재는 재료의 밀도(kg/m³)가 작을수록 열전도율이 낮아진다.

43 규산칼슘 보온재에 대한 설명으로 가장 거리가 먼 것은?

① 규산에 석회 및 석면 섬유를 섞어서 성형하고 다시 수증기로 처리하여 만든 것이다.
② 플랜트 설비의 탑조류, 가열로, 배관류 등의 보온공사에 많이 사용된다.
③ 가볍고 단열성과 내열성은 뛰어나지만 내산성이 적고 끓는 물에 쉽게 붕괴된다.
④ 무기질 보온재로 다공질이며 최고 안전 사용온도는 약 650℃ 정도이다.

[풀이] 규산칼슘 보온재의 특징
- ①, ②, ④ 외에도 접착제를 사용하지 않고 압축강도가 크다.
- 내수성이 크다.
- 열전도율이 0.05~0.065kcal/m·h·℃이다.

44 점토질 단열재의 특징으로 틀린 것은?

① 내스폴링성이 작다.
② 노벽이 얇아져서 노의 중량이 적다.
③ 내화재와 단열재의 역할을 동시에 한다.
④ 안전사용온도는 1,300~1,500℃ 정도이다.

[풀이] 점토질 단열재는 내스폴링성이 크다.

45 보온재의 열전도계수에 대한 설명으로 틀린 것은?

① 보온재의 함수율이 크게 되면 열전도계수도 증가한다.
② 보온재의 기공률이 클수록 열전도계수는 작아진다.
③ 보온재의 열전도계수가 작을수록 좋다.
④ 보온재의 온도가 상승하면 열전도계수는 감소된다.

[풀이] 보온재는 온도가 상승하면 열전도계수가 커지면서 열손실이 발생하므로 철저한 보온이 필요하다.
- 함수율 : 수분흡수율

46 보온재의 열전도율에 대한 설명으로 옳은 것은?

① 열전도율이 클수록 좋은 보온재이다.
② 보온재 재료의 온도에 관계없이 열전도율은 일정하다.
③ 보온재 재료의 밀도가 작을수록 열전도율은 커진다.
④ 보온재 재료의 수분이 적을수록 열전도율은 작아진다.

[풀이] 보온재의 기능
- 열전도율이 작을 것(수분이나 수분이 적을 것)
- 재료에 따라 온도에 따라 열전도율이 다를 것
- 보온재의 밀도가 작을수록(다공질) 열전도율이 작아진다.

47 다음 중 최고사용온도가 가장 낮은 보온재는?

① 유리면 보온재
② 페놀 폼
③ 펄라이트 보온재
④ 폴리에틸렌 폼

정답 42 ② 43 ③ 44 ① 45 ④ 46 ④ 47 ④

풀이 보온재사용온도
- 유리면 : 300℃ 이하
- 페놀폼 : 480℃ 이하
- 펄라이트 : 1,100℃ 이하
- 폴리에틸렌 : 80℃ 이하

48 보온재의 열전도율에 대한 설명으로 옳은 것은?

① 배관 내 유체의 온도가 높을수록 열전도율은 감소한다.
② 재질 내 수분이 많을 경우 열전도율은 감소한다.
③ 비중이 클수록 열전도율은 감소한다.
④ 밀도가 작을수록 열전도율은 감소한다.

풀이 밀도가 작은 보온재는 균일화 다공질 층으로 공기구멍이 많아서 열전도율이 감소하여 열손실이 방지된다.

49 단열효과에 대한 설명으로 틀린 것은?

① 열확산계수가 작아진다.
② 열전도계수가 작아진다.
③ 노 내 온도가 균일하게 유지된다.
④ 스폴링 현상을 촉진시킨다.

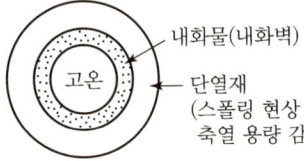

50 무기질 보온재에 대한 설명으로 틀린 것은?

① 일반적으로 안전사용온도 범위가 넓다.
② 재질 자체가 독립기포로 안정되어 있다.
③ 비교적 강도가 높고 변형이 적다.
④ 최고 사용온도가 높아 고온에 적합하다.

풀이 유기질 보온재
재질 자체가 독립기포로 된 다공성이라서 안정되어 있다.

51 다음 중 고온용 보온재가 아닌 것은?

① 우모펠트 ② 규산칼슘
③ 세라믹 파이버 ④ 펄라이트

풀이 우모펠트
저온에서 사용하는 유기질 보온재로 안전사용온도는 120℃, 열전도율은 일반적으로 0.042~0.040kcal/mh℃이다. 방습처리가 필요한 보온재이다.

52 규조토질 단열재의 안전사용온도는?

① 300~500℃ ② 500~800℃
③ 800~1,200℃ ④ 1,200~1,500℃

풀이 규조토질 단열재 안전사용온도
- 저온용 : 800~1,200℃
- 고온용 : 1,300~1,500℃
※ 단열재 종류 : 규조토질, 점토질

53 보온이 안 된 어떤 물체의 단위면적당 손실열량이 1,600kJ/m²이었는데, 보온한 후에 단위면적당 손실열량이 1,200kJ/m²라면 보온효율은 얼마인가?

① 1.33 ② 0.75
③ 0.33 ④ 0.25

풀이 보온 후 열손실 = 1,600 - 1,200 = 400kJ/m²
∴ 보온효율 = $\frac{400}{1,600} \times 100 = 25\%(0.25)$

정답 48 ④ 49 ④ 50 ② 51 ① 52 ③ 53 ④

54 고온용 무기질 보온재로서 경량이고 기계적 강도가 크며 내열성, 내수성이 강하고 내마모성이 있어 탱크, 노벽 등에 적합한 보온재는?

① 암면
② 석면
③ 규산칼슘
④ 탄산마그네슘

> **풀이** 규산칼슘 무기질 보온재
> • 안전사용온도 : 650℃
> • 압축강도와 곡강도가 높고 반영구적이다. 내구성, 내수성이 우수하고 노벽, 탱크, 화학공업용 탑류, 제철, 발전소 등에 사용한다.

55 보온을 두껍게 하면 방산열량(Q)은 적게 되지만 보온재의 비용(P)은 증대된다. 이때 경제성을 고려한 최소치의 보온재 두께를 구하는 식은?

① $Q+P$
② Q^2+P
③ $Q+P^2$
④ Q^2+P^2

> **풀이** 경제성을 고려한 보온재의 최소두께
> $= Q$(방산열량) $+ P$(보온재의 비용)

56 다음 중 보랭재가 구비해야 할 조건이 아닌 것은?

① 탄력성이 있고 가벼워야 한다.
② 흡수성이 적어야 한다.
③ 열전도율이 작아야 한다.
④ 복사열의 투과에 대한 저항성이 없어야 한다.

> **풀이** 보랭재(100℃ 이하 보온)는 복사열의 투과에 대한 저항성이 커야 한다.

57 다음 보온재 중 재질이 유기질 보온재에 속하는 것은?

① 우레탄 폼
② 펄라이트
③ 세라믹 파이버
④ 규산칼슘 보온재

> **풀이** 유기질 보온재
> • 우레탄 폼(폼류)
> • 콜크(탄화콜크)
> • 펠트류
> • 텍스류

58 고온용 무기질 보온재로서 석영을 녹여 만들며, 내약품성이 뛰어나고, 최고사용온도가 1,100℃ 정도인 것은?

① 유리섬유(Glass Wool)
② 석면(Asbestos)
③ 펄라이트(Pearlite)
④ 세라믹 파이버(Ceramic Fiber)

> **풀이** 세라믹 파이버
> 무기질 보온재이며 안전사용온도는 1,300℃이고 융해석영을 섬유상으로 만든 실리카울이나 고석화질로 만든다.

59 단열재를 사용하지 않는 경우의 방출열량이 350W이고, 단열재를 사용할 경우의 방출열량이 100W라 하면 이때의 보온효율은 약 몇 %인가?

① 61
② 71
③ 81
④ 91

> **풀이** 이득열량 $= 350W - 100W = 250W$
> 보온효율 $= \dfrac{250}{350} \times 100 = 71\%$

60 보온재의 구비 조건으로 틀린 것은?

① 불연성일 것
② 흡수성이 클 것
③ 비중이 작을 것
④ 열전도율이 작을 것

> **풀이**
> • 보온재는 흡수성이나 흡습성이 없어야 열손실이 방지된다.
> • 물은 비열이 커서 열용량이 크다.

정답 54 ③ 55 ① 56 ④ 57 ① 58 ④ 59 ② 60 ②

61 다음 보온재 중 최고안전사용온도가 가장 높은 것은?

① 석면 ② 펄라이트
③ 폼 글라스 ④ 탄화마그네슘

풀이
- 펄라이트 보온재 : 1,100℃
- 폼 글라스 : 300℃
- 석면 : 350~550℃
- 탄화마그네슘 : 250℃ 이하

62 두께 230mm의 내화벽돌, 114mm의 단열벽돌, 230mm의 보통벽돌로 된 노의 평면 벽에서 내벽면의 온도가 1,200℃이고 외벽면의 온도가 120℃일 때, 노벽 1m²당 열손실(W)은?(단, 내화벽돌, 단열벽돌, 보통벽돌의 열전도도는 각각 1.2, 0.12, 0.6W/m·℃이다.)

① 376.9 ② 563.5
③ 708.2 ④ 1,688.1

풀이 전도전열량(Q)

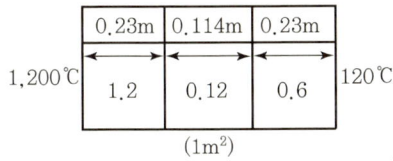

$$Q = \frac{A \times (t_1 - t_2)}{\frac{b_1}{\lambda_1} + \frac{b_2}{\lambda_2} + \frac{b_3}{\lambda_3}} = \frac{1 \times (1,200 - 120)}{\frac{0.23}{0.2} + \frac{0.114}{0.12} + \frac{0.23}{0.6}}$$

$$= 708.2W$$

63 외경 65mm의 증기관이 두께 10mm 보온관에 수평으로 설치되어 있다. 증기관의 보온된 표면온도는 55℃, 외기온도는 20℃일 때 관의 열 손실량(W)은?(단, 열전도율은 0.058kcal/mh℃, 관의 길이가 1m에서의 손실이며, 복사열은 무시한다.)

① 29.5 ② 36.6
③ 55.3 ④ 60.0

풀이 평균표면적(F_m) $= \dfrac{F_2 - F_1}{\ln\left(\dfrac{F_2}{F_1}\right)} = \dfrac{F_2 - F_1}{2.3\log\left(\dfrac{F_2}{F_1}\right)}$

$= \dfrac{3.14 \times L(r_1 - r_2)}{2.3\log\left(\dfrac{r_1}{r_2}\right)}$

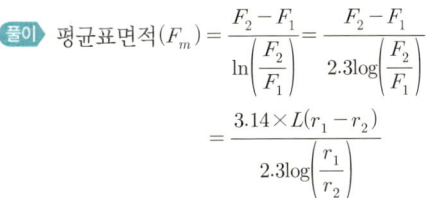

$Q = \lambda \times \dfrac{2\pi L(t_1 - t_2)}{\ln\left(\dfrac{r_2}{r_1}\right)}$

$= 0.058 \times \dfrac{2 \times \pi \times 1 \times (55 - 20)}{\ln\left(\dfrac{42.5}{32.5}\right)}$

$= 47.55\text{kcal/h}$

$\therefore 47.55 \times \dfrac{4.186 \times 10^3 \text{J}}{3,600\text{s}} = 55.29\text{W}$

정답 61 ② 62 ③ 63 ③

CHAPTER 004 에너지법과 에너지이용 합리화법

SECTION 01 에너지법

1. 에너지법

1) 용어의 뜻(제2조)

① 에너지 : 연료, 열, 전기
② 연료 : 석유, 가스, 석탄, 그 밖에 열을 발생하는 열원(제품의 원료로 사용되는 것은 제외)
③ 에너지사용시설 : 에너지를 사용하는 공장·사업장 등의 시설이나 에너지를 전환하여 사용하는 시설
④ 에너지사용자 : 에너지사용시설의 소유자 또는 관리자
⑤ 에너지공급설비 : 에너지를 생산, 전환, 수송 또는 저장하기 위하여 설치하는 설비
⑥ 에너지공급자 : 에너지를 생산, 수입, 전환, 수송, 저장 또는 판매하는 사업자
⑦ 에너지사용기자재 : 열사용기자재나 그 밖에 에너지를 사용하는 기자재
⑧ 열사용기자재 : 연료 및 열을 사용하는 기기, 축열식 전기기기와 단열성 자재로서 산업통상자원부령으로 정하는 것

2) 지역에너지계획(제7조)

① 수립권자 : 특별시장, 광역시장, 특별자치시장, 도지사 또는 특별자치도지사
② 수립주기 : 5년마다
③ 계획기간 : 5년 이상 수립, 시행하여야 함

3) 비상시 에너지수급계획의 수립(제8조)

① 수립권자 : 산업통상자원부장관
② 비상계획 사항
　㉠ 국내외 에너지 수급의 추이와 전망에 관한 사항
　㉡ 비상시 에너지 소비 절감을 위한 대책에 관한 사항
　㉢ 비상시 비축 에너지의 활용 대책에 관한 사항
　㉣ 비상시 에너지의 할당, 배급 등 수급조정 대책에 관한 사항

　　　　ⓜ 비상시 에너지 수급 안정을 위한 국제협력 대책에 관한 사항
　　　　ⓗ 비상계획의 효율적 시행을 위한 행정계획에 관한 사항

4) 에너지기술개발계획(제11조)

① 수립권자 : 대통령령으로 정함
② 수립주기 : 5년마다
③ 계획기간 : 10년 이상
④ 에너지기술개발계획 사항
　㉠ 에너지의 효율적 사용을 위한 기술개발에 관한 사항
　㉡ 신재생에너지 등 환경친화적인 에너지에 관련된 기술개발에 관한 사항
　㉢ 에너지 사용에 따른 환경오염을 줄이기 위한 기술개발에 관한 사항
　㉣ 온실가스 배출을 줄이기 위한 기술개발에 관한 사항
　㉤ 개발된 에너지기술의 실용화의 촉진에 관한 사항
　㉥ 국제 에너지기술 협력의 촉진에 관한 사항
　㉦ 에너지기술에 관련된 인력, 정보, 시설 등 기술개발자원의 확대 및 효율적 활용에 관한 사항

5) 한국에너지기술평가원의 사업(제13조)

① 에너지기술개발사업의 기획, 평가 및 관리
② 에너지기술 분야 전문인력 양성사업의 지원
③ 에너지기술 분야의 국제협력 및 국제 공동연구사업의 지원
④ 그 밖에 에너지기술 개발과 관련하여 대통령령으로 정하는 사업

2. 에너지법 시행령

1) 에너지 관련 시민단체의 주된 사업(제2조)

① 에너지 절약과 이용 효율화에 관한 사업
② 에너지와 관련된 환경 개선에 관한 사업
③ 에너지와 관련된 환경친화적 시민운동에 관한 사업
④ 에너지와 관련된 법령과 제도의 연구, 개선에 관한 사업
⑤ 에너지와 관련된 사회적 갈등 조정과 예방에 관한 사업

2) 한국에너지기술평가원의 사업 중 대통령령으로 정하는 사업(제11조)

① 에너지기술개발사업의 중장기 기술 기획
② 에너지기술의 수요조사, 동향분석 및 예측
③ 에너지기술에 관한 정보·자료의 수집, 분석, 보급 및 지도
④ 에너지기술에 관한 정책수립의 지원
⑤ 에너지기술개발사업비의 운용, 관리
⑥ 에너지기술개발사업 결과의 실증연구 및 시범적용
⑦ 에너지기술에 관한 학술, 전시, 교육 및 훈련
⑧ 그 밖에 산업통상자원부장관이 에너지기술 개발과 관련하여 필요하다고 인정하는 사업

3. 에너지법 시행규칙

1) 에너지 및 에너지자원기술, 전문인력의 양성 지원대상(제3조)

① 지원을 할 수 있는 주체 : 산업통상자원부장관
② 지원을 받을 수 있는 대상
  ㉠ 국공립 연구기관
  ㉡ 특정연구기관
  ㉢ 정부출연연구기관
  ㉣ 대학, 대학원, 산업대학, 산업대학원, 전문대학
  ㉤ 과학기술 분야 정부출연기관
  ㉥ 그 밖에 에너지 및 에너지자원기술 분야의 전문인력을 양성하기 위하여 산업통상자원부장관이 필요하다고 인정하는 기관 또는 단체

2) 에너지 통계자료의 제출대상(제4조)

① 산업통상자원부장관이 자료의 제출을 요구할 수 있는 에너지사용자
  ㉠ 중앙행정기관, 지방자치단체 및 그 소속기관
  ㉡ 공공기관
  ㉢ 지방직영기업, 지방공사, 지방공단
  ㉣ 에너지공급자와 에너지공급자로 구성된 법인, 단체
  ㉤ 에너지다소비사업자
  ㉥ 자가소비를 목적으로 에너지를 수입하거나 전환하는 에너지사용자
② 자료제출기한 : 60일 이내

[별표]
〈개정 2022.11.21.〉

에너지열량 환산기준(제5조제1항 관련)

구분	에너지원	단위	총발열량			순발열량		
			MJ	kcal	석유환산톤 (10^{-3}toe)	MJ	kcal	석유환산톤 (10^{-3}toe)
석유	원유	kg	45.7	10,920	1.092	42.8	10,220	1.022
	휘발유	L	32.4	7,750	0.775	30.1	7,200	0.720
	등유	L	36.6	8,740	0.874	34.1	8,150	0.815
	경유	L	37.8	9,020	0.902	35.3	8,420	0.842
	바이오디젤	L	34.7	8,280	0.828	32.3	7,730	0.773
	B-A유	L	39.0	9,310	0.931	36.5	8,710	0.871
	B-B유	L	40.6	9,690	0.969	38.1	9,100	0.910
	B-C유	L	41.8	9,980	0.998	39.3	9,390	0.939
	프로판(LPG1호)	kg	50.2	12,000	1.200	46.2	11,040	1.104
	부탄(LPG3호)	kg	49.3	11,790	1.179	45.5	10,880	1.088
	나프타	L	32.2	7,700	0.770	29.9	7,140	0.714
	용제	L	32.8	7,830	0.783	30.4	7,250	0.725
	항공유	L	36.5	8,720	0.872	34.0	8,120	0.812
	아스팔트	kg	41.4	9,880	0.988	39.0	9,330	0.933
	윤활유	L	39.6	9,450	0.945	37.0	8,830	0.883
	석유코크스	kg	34.9	8,330	0.833	34.2	8,170	0.817
	부생연료유1호	L	37.3	8,900	0.890	34.8	8,310	0.831
	부생연료유2호	L	39.9	9,530	0.953	37.7	9,010	0.901
가스	천연가스(LNG)	kg	54.7	13,080	1.308	49.4	11,800	1.180
	도시가스(LNG)	Nm^3	42.7	10,190	1.019	38.5	9,190	0.919
	도시가스(LPG)	Nm^3	63.4	15,150	1.515	58.3	13,920	1.392
석탄	국내무연탄	kg	19.7	4,710	0.471	19.4	4,620	0.462
	연료용 수입무연탄	kg	23.0	5,500	0.550	22.3	5,320	0.532
	원료용 수입무연탄	kg	25.8	6,170	0.617	25.3	6,040	0.604
	연료용 유연탄(역청탄)	kg	24.6	5,860	0.586	23.3	5,570	0.557
	원료용 유연탄(역청탄)	kg	29.4	7,030	0.703	28.3	6,760	0.676
	아역청탄	kg	20.6	4,920	0.492	19.1	4,570	0.457
	코크스	kg	28.6	6,840	0.684	28.5	6,810	0.681
전기 등	전기(발전기준)	kWh	8.9	2,130	0.213	8.9	2,130	0.213
	전기(소비기준)	kWh	9.6	2,290	0.229	9.6	2,290	0.229
	신탄	kg	18.8	4,500	0.450	–	–	–

비고
1. "총발열량"이란 연료의 연소과정에서 발생하는 수증기의 잠열을 포함한 발열량을 말한다.
2. "순발열량"이란 연료의 연소과정에서 발생하는 수증기의 잠열을 제외한 발열량을 말한다.
3. "석유환산톤"(toe : ton of oil equivalent)이란 원유 1톤(t)이 갖는 열량으로 10^7kcal를 말한다.
4. 석탄의 발열량은 인수식(引受式)을 기준으로 한다. 다만, 코크스는 건식(乾式)을 기준으로 한다.
5. 최종 에너지사용자가 사용하는 전력량 값을 열량 값으로 환산할 경우에는 1kWh=860kcal를 적용한다.
6. 1cal=4.1868J이며, 도시가스 단위인 Nm^3은 0℃ 1기압(atm) 상태의 부피 단위(m^3)를 말한다.
7. 에너지원별 발열량(MJ)은 소수점 아래 둘째 자리에서 반올림한 값이며, 발열량(kcal)은 발열량(MJ)으로부터 환산한 후 1의 자리에서 반올림한 값이다. 두 단위 간 상충될 경우 발열량(MJ)이 우선한다.

SECTION 02 에너지이용 합리화법

1. 에너지이용 합리화법

1) 목적(제1조)
① 에너지의 수급을 안정시키고 에너지의 합리적이고 효율적인 이용 증진
② 에너지 소비로 인한 환경피해를 줄임
③ 국민경제의 건전한 발전 및 국민복지의 증진
④ 지구온난화의 최소화

2) 용어의 뜻(제2조)
① 에너지경영시스템 : 에너지사용자 또는 에너지공급자가 에너지이용효율을 개선할 수 있는 경영목표를 설정하고 이를 달성하기 위하여 인적, 물적 자원을 일정한 절차와 방법에 따라 체계적이고 지속적으로 관리하는 경영활동체제
② 에너지관리시스템 : 에너지사용을 효율적으로 관리하기 위하여 센서·계측장비, 분석 소프트웨어 등을 설치하고 에너지사용량을 실시간으로 모니터링하여 필요시 에너지사용을 제어할 수 있는 통합관리시스템
③ 에너지진단 : 에너지를 사용하거나 공급하는 시설에 대한 에너지 이용실태와 손실요인 등을 파악하여 에너지이용효율의 개선 방안을 제시하는 모든 행위

3) 에너지이용 합리화 기본계획 사항(제4조)
① 에너지절약형 경제구조로의 전환
② 에너지이용효율의 증대
③ 에너지이용 합리화를 위한 기술개발
④ 에너지이용 합리화를 위한 홍보 및 교육
⑤ 에너지원 간 대체
⑥ 열사용기자재의 안전관리
⑦ 에너지이용 합리화를 위한 가격예시제의 시행에 관한 사항
⑧ 에너지의 합리적인 이용을 통한 온실가스 배출을 줄이기 위한 대책
⑨ 기타 산업통상자원부령으로 정하는 사항

4) 수급안정을 위한 조치사항(제7조)

① 지역별 · 주요 수급자별 에너지 할당
② 에너지공급설비의 가동 및 조업
③ 에너지의 비축과 저장
④ 에너지의 도입, 수출입 및 위탁가공
⑤ 에너지공급자 상호 간의 에너지의 교환 또는 분배 사용
⑥ 에너지의 유통시설과 그 사용 및 유통경로
⑦ 에너지의 배급
⑧ 에너지의 양도 · 양수의 제한 또는 금지
⑨ 에너지사용의 시기, 방법 및 에너지사용기자재의 사용 제한 또는 금지 등 대통령령으로 정하는 사항
⑩ 그 밖에 에너지수급을 안정시키기 위하여 대통령령으로 정하는 사항

5) 금융, 세제상의 지원 대상(제14조)

① 에너지절약형 시설투자
② 에너지절약형 기자재의 제조, 설치, 시공
③ 그 밖에 에너지이용 합리화와 이를 통한 온실가스 배출의 감축에 관한 사업과 우수한 에너지절약 활동 및 성과

6) 효율관리기자재의 지정 고시사항(제15조)

① 에너지의 목표소비효율 또는 목표사용량의 기준
② 에너지의 최저소비효율 또는 최대사용량의 기준
③ 에너지의 소비효율 또는 사용량의 표시
④ 에너지의 소비효율 등급기준 및 등급표시
⑤ 에너지의 소비효율 또는 사용량의 측정방법
⑥ 그 밖에 효율관리기자재의 관리에 필요한 사항으로서 산업통상자원부령으로 정하는 사항

7) 효율관리기자재의 사후관리(제16조)

① 산업통상자원부장관은 각 효율관리기자재가 고시한 내용에 적합하지 아니하면 그 효율관리기자재의 제조업자, 수입업자 또는 판매업자에게 일정한 기간을 정하여 그 시정을 명할 수 있다.
② 산업통상자원부장관은 효율관리기자재가 고시한 최저소비효율기준에 미달하거나 최대사용량 기준을 초과하는 경우에는 해당 효율관리기자재의 제조업자, 수입업자 또는 판매업자에게 그

생산이나 판매의 금지를 명할 수 있다.
③ 산업통상자원부장관은 효율관리기자재가 규정에 따라 고시한 내용에 적합하지 아니한 경우에는 그 사실을 공표할 수 있다.

8) 대기전력(소비전력)의 저감이 필요하다고 인정되는 에너지사용기자재의 고시사항(제18조)

① 대기전력저감대상제품의 각 제품별 적용범위
② 대기전력 저감기준
③ 대기전력의 측정방법
④ 대기전력 저감성이 우수한 대기전력저감대상제품
⑤ 그 밖에 대기전력저감대상제품의 관리에 필요한 사항으로서 산업통상자원부령으로 정하는 사항

9) 고효율에너지기자재의 인증(제22조)

① 고효율에너지인증대상기자재의 고시사항
  ㉠ 고효율에너지인증대상기자재의 각 기자재별 적용범위
  ㉡ 고효율에너지인증대상기자재의 인증 기준, 방법 및 절차
  ㉢ 고효율에너지인증대상기자재의 성능 측정방법
  ㉣ 에너지이용의 효율성이 우수한 고효율에너지인증대상기자재의 인증 표시
  ㉤ 그 밖에 고효율에너지인증대상기자재의 관리에 필요한 사항으로서 산업통상자원부령으로 정하는 사항
② 고효율에너지기자재의 인증 표시를 하려면 인증기준에 적합한지 여부에 대하여 산업통상자원부장관이 지정하는 시험기관의 측정을 받아 인증을 받아야 한다.
③ 고효율에너지기자재 시험기관으로 지정 신청할 수 있는 기관
  ㉠ 국가가 설립한 시험·연구기관
  ㉡ 특정연구기관육성법에 따른 특정연구기관
  ㉢ 국가표준기본법에 따라 시험·검사기관으로 인정받은 기관
  ㉣ ㉠ 및 ㉡의 연구기관과 동등 이상의 시험능력이 있다고 산업통상자원부장관이 인정하는 기관

10) 고효율에너지기자재의 사후관리(제23조)

① 거짓이나 그 밖의 부정한 방법으로 인증을 받은 경우 인증을 취소한다.
② 고효율에너지기자재가 인증기준에 미달하는 경우 인증을 취소하거나 6개월 이내의 기간을 정하여 인증을 사용하지 못하도록 명할 수 있다.

11) 시험기관의 지정취소(제24조)

① 지정을 취소하여야 하는 경우
  ㉠ 거짓이나 그 밖의 부정한 방법으로 지정을 받은 경우
  ㉡ 업무정지 기간 중에 시험업무를 행한 경우
② 지정을 취소하거나 6개월 이내의 기간을 정하여 시험업무의 정지를 명할 수 있는 경우
  ㉠ 정당한 사유 없이 시험을 거부하거나 지연하는 경우
  ㉡ 산업통상자원부장관이 정하여 고시하는 측정방법을 위반하여 시험한 경우

12) 에너지절약전문기업의 지원(제25조)

정부는 제3자로부터 위탁을 받아 다음 각 호의 어느 하나에 해당하는 사업을 하는 자로서 산업통상자원부장관에게 등록을 한 자(에너지절약전문기업)가 에너지절약사업과 이를 통한 온실가스의 배출을 줄이는 사업을 하는 데에 필요한 지원을 할 수 있다.
① 에너지사용시설의 에너지절약을 위한 관리·용역사업
② 에너지절약형 시설투자에 관한 사업
③ 그 밖에 대통령령으로 정하는 에너지절약을 위한 사업

13) 에너지절약전문기업의 등록취소 또는 지원중단 조건(제26조)

① 거짓이나 그 밖의 부정한 방법으로 등록을 한 경우
② 거짓이나 그 밖의 부정한 방법으로 지원을 받거나 지원받은 자금을 다른 용도로 사용한 경우
③ 에너지절약전문기업으로 등록한 업체가 그 등록의 취소를 신청한 경우
④ 타인에게 자기의 성명이나 상호를 사용하여 사업을 수행하게 하거나 등록증을 대여한 경우
⑤ 등록기준에 미달하게 된 경우
⑥ 산업통상자원부장관, 시·도지사, 한국에너지공단 등에 보고를 하지 아니하거나 거짓으로 보고한 경우 또는 검사를 거부, 방해, 기피한 경우
⑦ 정당한 사유 없이 등록한 후 3년 이내에 사업을 시작하지 아니하거나 3년 이상 계속하여 사업수행실적이 없는 경우

14) 에너지절약전문기업의 등록제한(제27조)

등록이 취소된 에너지절약전문기업은 등록취소일부터 2년이 지나지 아니하면 한국에너지공단에 등록을 할 수 없다.

15) 에너지 자발적 협약체결기업의 지원(제28조)

① 정부는 에너지사용자 또는 에너지공급자로서 에너지의 절약과 합리적인 이용을 통한 온실가스의 배출을 줄이기 위한 목표와 그 이행방법 등에 관한 계획을 자발적으로 수립하여 이를 이행하기로 정부나 지방자치단체와 약속한 자가 에너지절약형 시설이나 그 밖에 대통령령으로 정하는 시설 등에 투자하는 경우에는 그에 필요한 지원을 할 수 있다.
② 자발적 협약의 목표, 이행방법의 기준과 평가에 관하여 필요한 사항은 환경부장관과 협의하여 산업통상자원부령으로 정한다.

16) 에너지다소비사업자의 신고(제31조)

① 에너지사용량이 대통령령으로 정하는 기준량 이상인 자(에너지다소비사업자)는 다음 각 호의 사항을 산업통상자원부령으로 정하는 바에 따라 매년 1월 31일까지 그 에너지사용시설이 있는 지역을 관할하는 시·도지사에게 신고하여야 한다.
  ㉠ 전년도의 분기별 에너지사용량, 제품생산량
  ㉡ 해당 연도의 분기별 에너지사용예정량, 제품생산예정량
  ㉢ 에너지사용기자재의 현황
  ㉣ 전년도의 분기별 에너지이용 합리화 실적 및 해당 연도의 분기별 계획
  ㉤ ㉠~㉣까지의 사항에 관한 업무를 담당하는 자(에너지관리자)의 현황
② 산업통상자원부장관 및 시·도지사는 에너지다소비사업자가 신고한 사항을 확인하기 위하여 필요한 경우 다음 각 호의 어느 하나에 해당하는 자에 대하여 에너지다소비사업자에게 공급한 에너지의 공급량 자료를 제출하도록 요구할 수 있다.
  ㉠ 한국전력공사
  ㉡ 한국가스공사
  ㉢ 도시가스사업자
  ㉣ 한국지역난방공사
  ㉤ 그 밖에 대통령령으로 정하는 에너지공급기관 또는 관리기관

17) 에너지진단(제32조)

① 에너지다소비사업자는 산업통상자원부장관이 지정하는 에너지진단전문기관으로부터 3년 이상의 범위에서 대통령령으로 정하는 기간마다 그 사업장에 대하여 에너지진단을 받아야 한다.
② 산업통상자원부장관은 자체에너지절감실적이 우수하다고 인정되는 에너지다소비사업자에 대하여는 에너지진단을 면제하거나 에너지진단주기를 연장할 수 있다.
③ 산업통상자원부장관은 에너지다소비사업자가 에너지진단을 받기 위하여 드는 비용의 전부 또는 일부를 지원할 수 있다.

18) 진단기관의 지정취소(제33조)

① 산업통상자원부장관은 진단기관의 지정을 받은 자가 거짓이나 그 밖의 부정한 방법으로 지정을 받은 경우에 해당하면 그 지정을 취소하여야 한다.
② 지정을 취소하거나 그 업무를 정지할 수 있는 경우
　㉠ 에너지관리기준에 비추어 현저히 부적절하게 에너지진단을 하는 경우
　㉡ 평가 결과 진단기관으로서 적절하지 아니하다고 판단되는 경우
　㉢ 지정기준에 적합하지 아니하게 된 경우
　㉣ 산업통상자원부나 시·도지사 등에게 보고를 하지 아니하거나 거짓으로 보고한 경우 및 검사를 거부, 방해 또는 기피한 경우
　㉤ 정당한 사유 없이 3년 이상 계속하여 에너지진단업무 실적이 없는 경우

19) 개선명령(제34조)

산업통상자원부장관은 에너지관리지도 결과 에너지가 손실되는 요인을 줄이기 위하여 필요하다고 인정하면 에너지다소비사업자에게 에너지손실요인의 개선을 명할 수 있다.

20) 목표에너지원단위의 설정(제35조)

산업통상자원부장관은 에너지의 이용효율을 높이기 위하여 필요하다고 인정하면 관계 행정기관의 장과 협의하여 에너지를 사용하여 만드는 제품의 단위당 에너지사용목표량 또는 건축물의 단위면적당 에너지사용목표량(목표에너지원단위)을 정하여 고시하여야 한다.

21) 폐열의 이용(제36조)

에너지사용자는 사업장 안에서 발생하는 폐열을 이용하기 위하여 노력하여야 하며, 사업장 안에서 이용하지 아니하는 폐열을 타인이 사업장 밖에서 이용하기 위하여 공급받으려는 경우에는 이에 적극 협조하여야 한다.

22) 냉난방온도제한건물의 지정(제36조의2)

산업통상자원부장관은 에너지의 절약 및 합리적인 이용을 위하여 필요하다고 인정하면 냉난방온도의 제한온도 및 제한기간을 정하여 다음 각 호의 건물 중에서 냉난방온도를 제한하는 건물을 지정할 수 있다.
① 국가에서 필요한 건물
② 지방자치단체 건물
③ 공공기관 건물

④ 에너지다소비사업자의 에너지사용시설 중 에너지사용량이 대통령령으로 정하는 기준량 이상인 건물

23) 특정열사용기자재(제37조~제38조)

① 열사용기자재 중 제조, 설치·시공 및 사용에서의 안전관리, 위해방지 또는 에너지이용의 효율관리가 특히 필요하다고 인정되는 것으로서 산업통상자원부령으로 정하는 열사용기자재(특정열사용기자재)의 설치, 시공이나 세관을 업으로 하는 자는 건설산업기본법에 따라 시·도지사에게 등록하여야 한다.
② 산업통상자원부장관은 시공업자가 고의 또는 과실로 특정열사용기자재의 설치, 시공 또는 세관을 부실하게 함으로써 시설물의 안전 또는 에너지효율 관리에 중대한 문제를 초래하면 시·도지사에게 그 등록을 말소하거나 그 시공업의 전부 또는 일부를 정지하도록 요청할 수 있다.

24) 검사대상기기 검사(제39조)

① 검사대상기기 제조업자는 그 검사대상기기의 제조에 관하여 시·도지사의 검사를 받아야 한다.
② 시·도지사에게 검사를 받아야 하는 자
  ㉠ 검사대상기기를 설치하거나 개조하여 사용하려는 자
  ㉡ 검사대상기기의 설치장소를 변경하여 사용하려는 자
  ㉢ 검사대상기기를 사용중지한 후 재사용하려는 자
③ 시·도지사는 검사에 합격된 검사대상기기의 제조업자나 설치자에게는 지체 없이 그 검사의 유효기간을 명시한 검사증을 내주어야 한다.
④ 검사의 유효기간이 끝나는 검사대상기기를 계속 사용하려는 자는 산업통상자원부령으로 정하는 바에 따라 다시 시·도지사의 검사를 받아야 한다.
⑤ 검사대상기기설치자는 다음 각 호의 어느 하나에 해당하면 산업통상자원부령으로 정하는 바에 따라 시·도지사에게 신고하여야 한다.
  ㉠ 검사대상기기를 폐기한 경우
  ㉡ 검사대상기기의 사용을 중지한 경우
  ㉢ 검사대상기기의 설치자가 변경된 경우

25) 검사대상기기관리자의 선임(제40조)

① 검사대상기기설치자는 검사대상기기의 안전관리, 위해방지 및 에너지이용의 효율을 관리하기 위하여 검사대상기기관리자를 선임하여야 한다.
② 검사대상기기설치자는 검사대상기기관리자를 선임한 후 시·도지사에게 신고하여야 한다.

③ 검사대상기기설치자는 검사대상기기관리자를 선임 또는 해임하거나 검사대상기기관리자가 퇴직한 경우에는 해임이나 퇴직 이전에 다른 검사대상기기관리자를 선임하여야 한다.

26) 검사대상기기 사고의 통보 및 조사(제40조의2)

검사대상기기설치자는 다음 각 호의 사고 발생 시 지체 없이 사고의 일시·내용 등 산업통상자원부령으로 정하는 사항을 한국에너지공단에 통보하여야 한다.
① 사람이 사망한 사고
② 사람이 부상당한 사고
③ 화재 또는 폭발 사고
④ 그 밖에 검사대상기기가 파손된 사고로서 산업통상자원부령으로 정하는 사고

27) 한국에너지공단의 사업(제57조)

① 에너지이용 합리화 및 이를 통한 온실가스의 배출을 줄이기 위한 사업과 국제협력
② 에너지기술의 개발, 도입, 지도 및 보급
③ 에너지이용 합리화, 신에너지 및 재생에너지의 개발과 보급, 집단에너지공급사업을 위한 자금의 융자 및 지원
④ 에너지절약전문기업의 제25조제1항 각 호의 사업
⑤ 에너지진단 및 에너지관리제도
⑥ 신에너지 및 재생에너지 개발사업의 촉진
⑦ 에너지관리에 관한 조사, 연구, 교육 및 홍보
⑧ 에너지이용 합리화사업을 위한 토지·건물 및 시설 등의 취득·설치·운영·대여 및 양도
⑨ 집단에너지사업의 촉진을 위한 지원 및 관리
⑩ 에너지사용기자재, 에너지관리기자재 효율관리 및 열사용기자재의 안전관리
⑪ 사회취약계층의 에너지이용 지원
⑫ 산업통상자원부장관, 시·도지사, 그 밖의 기관 등이 위탁하는 에너지이용 합리화와 온실가스의 배출을 줄이기 위한 사업

28) 교육(제65조)

① 산업통상자원부장관은 에너지관리의 효율적인 수행과 특정열사용기자재의 안전관리를 위하여 에너지관리자, 시공업의 기술인력 및 검사대상기기관리자에 대하여 교육을 실시하여야 한다.
② 에너지관리자, 시공업의 기술인력 및 검사대상기기관리자는 교육을 받아야 한다.
③ 에너지다소비사업자, 시공업자 및 검사대상기기설치자는 그가 선임 또는 채용하고 있는 에너지관리자, 시공업의 기술인력 또는 검사대상기기관리자로 하여금 교육을 받게 해야 한다.

29) 한국에너지공단에 위탁 가능한 업무사항(제69조)

① 공공사업주관자, 민간사업주관자의 에너지사용계획의 검토
② 사업주관자의 에너지사용계획의 이행 여부의 점검 및 실태 파악
③ 검사기관의 효율관리기자재의 측정결과 신고의 접수
④ 대기전력경고표지대상제품의 측정결과 신고의 접수
⑤ 대기전력저감대상제품의 측정결과 신고의 접수
⑥ 고효율에너지기자재의 인증 신청의 접수 및 인증
⑦ 고효율에너지기자재의 인증취소 또는 인증사용정지 명령
⑧ 에너지절약전문기업의 등록
⑨ 온실가스배출 감축실적의 등록 및 관리
⑩ 에너지다소비사업자 신고의 접수
⑪ 에너지관리진단기관의 관리, 감독
⑫ 에너지다소비사업자의 에너지관리지도
⑬ 진단기관의 관리·감독
⑭ 냉난방온도의 유지·관리 여부에 대한 점검 및 실태 파악
⑮ 검사대상기기의 검사, 검사증의 교부 및 검사대상기기 폐기 등의 신고의 접수
⑯ 수입업자의 검사대상기기의 검사 및 검사증의 교부
⑰ 검사대상기기관리자의 선임·해임 또는 퇴직신고의 접수 및 검사대상기기관리자의 선임기한 연기에 관한 승인

30) 벌칙(제72조~제76조)

① 2년 이하의 징역 또는 2천만 원 이하의 벌금 사항
  ㉠ 대통령령으로 정하는 에너지사용자, 에너지공급자의 에너지저장시설의 보유 또는 저장의무 부과 시 정당한 이유 없이 이를 거부하거나 이행하지 아니한 자 및 조정, 명령 등의 조치를 위반한 자
  ㉡ 한국에너지공단에서 근무한 자로서 직무상 알게 된 비밀을 누설하거나 도용한 자
② 1년 이하의 징역 또는 1천만 원 이하의 벌금 사항
  ㉠ 검사대상기기의 검사를 받지 아니한 자
  ㉡ 검사에 불합격한 검사대상기기를 사용한 자
  ㉢ 검사를 받지 않고 검사대상기기를 수입한 자
③ 2천만 원 이하의 벌금 사항
  효율관리기자재의 최저소비효율 위반자나 최대연료소비량을 초과한 효율관리기자재의 생산

또는 판매 금지명령을 위반한 자
④ 1천만 원 이하의 벌금 사항
검사대상기기관리자를 한국에너지공단에 선임하지 아니한 자
⑤ 500만 원 이하의 벌금 사항
  ㉠ 효율관리기자재 제조업자 또는 수입업자는 효율관리시험기관의 측정결과를 산업통상자원부장관에게 신고하여야 하는데, 에너지사용량의 측정결과를 신고하지 아니한 자
  ㉡ 대기전력경고표지대상제품에 대한 측정결과를 신고하지 아니한 자
  ㉢ 대기전력경고표지를 하지 아니한 자
  ㉣ 대기전력저감우수제품이 아닌데도 우수제품임을 표시하거나 거짓 표시를 한 자
  ㉤ 대기전력저감우수제품이 대기전력저감기준에 미달하게 된 경우 제조업자 또는 수입업자에게 일정한 기간을 정하여 그 시정을 명하는데, 정당한 사유 없이 이행하지 아니한 자
  ㉥ 고효율에너지기자재의 인증을 받지 아니한 자가 고효율에너지기자재의 인증을 받은 것으로 허위 표시한 자

2. 에너지이용 합리화법 시행령

1) 에너지이용 합리화 기본계획(제3조)

① 에너지이용 합리화에 관한 기본계획 수립권자 : 산업통상자원부장관
② 기본계획 수립주기 : 5년마다

2) 에너지이용 합리화 실시계획의 추진상황 평가업무 대행기관(제11조의2)

① 정부출연연구기관
② 과학 분야 정부출연기관
③ 한국에너지공단

3) 에너지저장의무 부과대상자(제12조)

① 에너지저장의무 부과대상자
  ㉠ 전기사업자
  ㉡ 도시가스사업자
  ㉢ 석탄가공업자
  ㉣ 집단에너지사업자
  ㉤ 연간 2만 석유환산톤(2만 티오이) 이상의 에너지를 사용하는 자
② 산업통상자원부장관이 에너지저장의무 부과 시 고시사항

㉠ 대상자
㉡ 저장시설의 종류 및 규모
㉢ 저장하여야 할 에너지의 종류 및 저장 의무량
㉣ 그 밖에 필요한 사항

4) 에너지수급 안정을 위한 조치(제13조)

산업통상자원부장관은 에너지수급의 안정을 위한 조치를 하는 경우에는 그 사유, 기간 및 대상자 등을 정하여 조치 예정일 7일 이전에 에너지사용자, 에너지공급자 또는 에너지사용기자재의 소유자와 관리자에게 예고하여야 한다.

5) 에너지이용 효율화 조치 등의 내용(제15조)

① 에너지절약 및 온실가스배출 감축을 위한 제도, 시책의 마련 및 정비
② 에너지절약 및 온실가스배출 감축 관련 홍보 및 교육
③ 건물 및 수송 부문의 에너지이용 합리화 및 온실가스배출 감축

6) 에너지공급자의 수요관리투자계획(제16조)

① 대통령령으로 정하는 에너지공급자
  ㉠ 한국전력공사
  ㉡ 한국가스공사
  ㉢ 한국지역난방공사
  ㉣ 그 밖에 대량의 에너지를 공급하는 자로서 에너지 수요관리투자를 촉진하기 위하여 산업통상자원부장관이 특히 필요하다고 인정하여 지정하는 자
② 투자계획에 포함되는 사항
  ㉠ 장·단기 에너지 수요 전망
  ㉡ 에너지절약 잠재량의 추정 내용
  ㉢ 수요관리의 목표 및 그 달성 방법
  ㉣ 그 밖에 수요관리의 촉진을 위하여 필요하다고 인정하는 사항

7) 에너지사용계획의 제출 등(제20조)

① 사업주관자의 에너지사용계획 제출 대상 사업
  ㉠ 도시개발사업
  ㉡ 산업단지개발사업

ⓒ 에너지개발사업
ⓡ 항만건설사업
ⓜ 철도건설사업
ⓑ 공항건설사업
ⓢ 관광단지개발사업
ⓞ 개발촉진지구개발사업 또는 지역종합개발사업
② 공공사업주관자의 에너지사용계획 제출 대상 사업
㉠ 연간 2천5백 티오이 이상의 연료 및 열을 사용하는 시설
㉡ 연간 1천만 킬로와트시 이상의 전력을 사용하는 시설
③ 민간사업주관자의 에너지사용계획 제출 대상 사업
㉠ 연간 5천 티오이 이상의 연료 및 열을 사용하는 시설
㉡ 연간 2천만 킬로와트시 이상의 전력을 사용하는 시설

8) 에너지사용계획의 내용(제21조)

① 도시개발계획이나 산업단지개발사업 등 에너지사용계획에 포함사항
㉠ 사업의 개요
㉡ 에너지 수요예측 및 공급계획
㉢ 에너지 수급에 미치게 될 영향 분석
㉣ 에너지 소비가 온실가스의 배출에 미치게 될 영향 분석
㉤ 에너지이용 효율 향상 방안
㉥ 에너지이용의 합리화를 통한 온실가스의 배출감소 방안
㉦ 사후관리계획
② 공공사업주관자, 민간사업주관자 등 사업주관자가 제출한 에너지사용계획 중 에너지 수요예측 및 공급계획 등 대통령령으로 정한 사항을 변경하려는 경우의 기준은 제출한 계획의 100분의 10 이상 증가하는 경우를 말한다.

9) 에너지사용계획 · 수립대행자의 요건(제22조)

에너지사용계획의 수립대행자의 자격은 산업통상자원부장관이 정하여 고시하는 인력을 갖춘 다음의 기관을 말한다.
① 국공립연구기관
② 정부출연연구기관
③ 대학부설 에너지 관계 연구소
④ 엔지니어링사업자

⑤ 기술사무소의 개설등록을 한 기술사
⑥ 에너지절약전문기업

10) 에너지절약형 시설투자 등(제27조)

① 에너지절약형 시설투자, 에너지절약형 기자재의 제조·설치·시공에 해당하는 사항 중 다음 각 호의 시설투자에 한하여 금융·세제상의 지원이 가능하다.
  ㉠ 노후 보일러 및 산업용 요로 등 에너지다소비 설비의 대체
  ㉡ 집단에너지사업, 열병합발전사업, 폐열이용사업과 대체연료사용을 위한 시설 및 기기류의 설치
  ㉢ 그 밖에 에너지절약 효과 및 보급 필요성이 있다고 산업통상자원부장관이 인정하는 에너지 절약형 시설투자, 에너지절약형 기자재의 제조, 설치, 시공
② 그 밖에 금융·세제상의 지원을 받을 수 있는 사업
  ㉠ 에너지원의 연구개발사업
  ㉡ 에너지이용 합리화 및 이를 통하여 온실가스배출을 줄이기 위한 에너지절약시설 설치 및 에너지기술개발사업
  ㉢ 기술용역 및 기술지도사업
  ㉣ 에너지 분야에 관한 신기술·지식집약형 기업의 발굴·육성을 위한 지원사업

11) 에너지절약을 위한 사업(제29조)

① 신에너지 및 재생에너지의 개발 및 보급사업
② 에너지절약형 시설 및 기자재의 연구개발사업

12) 에너지절약전문기업의 등록(제30조)

에너지절약전문기업으로 등록을 하려는 자는 산업통상자원부령으로 정하는 등록신청서를 산업통상자원부장관에게 제출하여야 한다.

13) 자발적 협약체결기업의 기준에서 그 밖에 대통령령으로 정하는 시설(제31조)

① 에너지절약형 공정개선을 위한 시설
② 에너지이용 합리화를 통한 온실가스의 배출을 줄이기 위한 시설
③ 그 밖에 에너지절약이나 온실가스의 배출을 줄이기 위하여 필요하다고 산업통상자원부장관이 인정하는 시설
④ ①~③의 시설과 관련된 기술개발

14) 온실가스배출 감축 관련 교육훈련 대상(제33조)

① 산업계의 온실가스배출 감축 관련 업무담당자
② 정부 등 공공기관의 온실가스배출 감축 관련 업무담당자
③ 교육훈련의 내용
    ㉠ 기후변화협약과 대응 방안
    ㉡ 기후변화협약 관련 국내외 동향
    ㉢ 온실가스배출 감축 관련 정책 및 감축 방법에 관한 사항

15) 에너지다소비사업자 중 대통령령으로 정하는 기준량 이상인 자(제35조)

연료, 열 및 전력의 연간 사용량 합계(연간 에너지사용량)가 2천 티오이(2,000TOE) 이상인 자

16) 에너지진단비용 지원 대상자(제38조)

① 중소기업
② 연간 에너지사용량이 1만 티오이 미만인 사용자

17) 에너지다소비사업자의 개선명령 요건 및 절차(제40조)

① 산업통상자원부장관이 에너지다소비사업자에게 개선명령을 할 수 있는 경우는 에너지관리지도 결과 10% 이상의 에너지효율 개선이 기대되고 효율 개선을 위한 투자의 경제성이 있다고 인정되는 경우로 한다.
② 에너지다소비사업자는 개선명령을 받은 경우에는 개선명령일부터 60일 이내에 개선계획을 수립하여 산업통상자원부장관에게 제출하여야 한다.

18) 냉난방온도의 제한 대상 건물(제42조의2)

① 냉난방온도의 제한 대상 건물로서 대통령령으로 정하는 기준량 이상인 건물이란 연간 에너지사용량이 2천 티오이 이상인 건물을 말한다.
② 산업통상자원부 고시를 하려는 경우에는 해당 고시 내용을 고시예정일 7일 이전에 통지 대상자에게 예고하여야 한다.

19) 시정조치 명령의 방법(제42조의3)

산업통상자원부장관은 냉난방온도제한건물의 관리기관이 냉난방온도를 적합하게 유지·관리하지 아니하면 필요한 조치를 하도록 권고하거나 시정조치를 명할 수 있는데, 시정조치 명령은 다음 각 호의 사항을 구체적으로 밝힌 서면으로 하여야 한다.

① 시정조치 명령의 대상 건물 및 대상자
② 시정조치 명령의 사유 및 내용
③ 시정기한

20) 권한의 위임(제50조)

산업통상자원부장관은 과태료의 부과, 징수에 관한 권한을 시·도지사에게 위임한다.

21) 업무의 위탁(제51조)

① 산업통상자원부장관 또는 시·도지사는 다음 각 호의 업무를 한국에너지공단에 위탁한다.
  ㉠ 사업주관자가 제출한 에너지사용계획의 검토
  ㉡ 사업주관자의 이행 여부의 점검 및 실태파악
  ㉢ 효율관리기자재의 측정 결과 신고의 접수
  ㉣ 대기전력경고표지대상제품의 측정 결과 신고의 접수
  ㉤ 대기전력저감대상제품의 측정 결과 신고의 접수
  ㉥ 고효율에너지기자재 인증 신청의 접수 및 인증
  ㉦ 고효율에너지기자재의 인증취소 또는 인증사용 정지명령
  ㉧ 에너지절약전문기업의 등록
  ㉨ 온실가스배출 감축실적의 등록 및 관리
  ㉩ 에너지다소비사업자 신고의 접수
  ㉪ 에너지관리진단기관의 관리, 감독
  ㉫ 에너지다소비사업자의 에너지관리지도
  ㉬ 진단기관의 평가 및 그 결과의 공개
  ㉭ 건축물 냉난방온도의 유지·관리 여부에 대한 점검 및 실태 파악
  ㉮ 검사대상기기(보일러, 압력용기, 철금속가열로)의 검사
  ㉯ 검사대상기기 검사 후 검사증의 발급
  ㉰ 검사대상기기의 폐기, 사용 중지, 설치자 변경 및 검사의 전부 또는 일부가 면제된 검사대상기기의 설치에 대한 신고의 접수
  ㉱ 검사대상기기관리자의 선임, 해임 또는 퇴직신고의 접수
② 산업통상자원부장관 또는 시·도지사는 다음 각 호의 업무를 한국에너지공단 또는 국가표준기본법에 따라 인정받은 시험·검사기관 중 산업통상자원부장관이 지정하여 고시하는 기관에 위탁한다.
  ㉠ 검사대상기기의 검사
  ㉡ 검사대상기기 검사 후 검사증 발급

ⓒ 수입 검사대상기기의 검사

ⓔ 전시회, 박람회를 위하여 수입한 검사대상기기의 검사증 발급

3. 에너지이용 합리화법 시행규칙

1) 열사용기자재(제1조의2)

에너지이용 합리화법에 따른 열사용기자재 중 다음의 열사용기자재는 제외한다.

① 전기사업법에 따른 발전소의 발전전용 보일러 및 압력용기(집단에너지사업법의 적용을 받는 경우는 열사용기자재에 포함)
② 철도사업을 하기 위하여 설치하는 기관차 및 철도차량용 보일러
③ 고압가스법 및 액화석유가스법에 따라 검사를 받는 보일러(캐스케이드 보일러는 제외) 및 압력용기
④ 선박안전법에 따라 검사를 받는 선박용 보일러 및 압력용기
⑤ 전기생활용품안전법 및 의료기기법의 적용을 받는 2종 압력용기
⑥ 기타 산업통상자원부장관이 인정하는 수출용 열사용기자재

2) 공공사업주관자 및 민간사업주관자가 제출한 에너지사용계획의 검토기준(제3조)

① 에너지의 수급 및 이용 합리화 측면에서 해당 사업의 실시 또는 시설 설치의 타당성
② 부문별·용도별 에너지 수요의 적절성
③ 연료·열 및 전기의 공급체계, 공급원 선택 및 관련 시설 건설계획의 적절성
④ 해당 사업에 있어서 용지의 이용 및 시설의 배치에 관한 효율화 방안의 적절성
⑤ 고효율에너지이용 시스템 및 설비 설치의 적절성
⑥ 에너지이용의 합리화를 통한 온실가스(이산화탄소만 해당) 배출감소 방안의 적절성
⑦ 폐열의 회수·활용 및 폐기물 에너지이용계획의 적절성
⑧ 신재생에너지이용계획의 적절성
⑨ 사후 에너지관리계획의 적절성

3) 이행계획의 작성(제5조)

공공사업주관자는 이행계획을 작성하여 산업통상자원부장관에게 제출하여야 하는데, 이행계획에는 다음 사항이 포함되어야 한다.

① 산업통상자원부장관으로부터 요청받은 조치의 내용
② 이행 주체
③ 이행 방법
④ 이행 시기

4) 효율관리기자재의 종류(제7조)

① 전기냉장고
② 전기냉방기
③ 전기세탁기
④ 조명기기
⑤ 삼상유도전동기
⑥ 자동차
⑦ 그 밖에 산업통상자원부장관이 그 효율의 향상이 특히 필요하다고 인정하여 고시하는 기자재 및 설비

5) 효율관리기자재 자체측정의 승인신청(제8조)

효율관리기자재에 대한 자체측정의 승인을 받으려는 자는 효율관리기자재 자체승인 승인신청서에 다음 각 호의 서류를 첨부하여 산업통상자원부장관에게 제출하여야 한다.
① 시험설비 현황(시험설비의 목록 및 사진을 포함)
② 전문인력 현황(시험 담당자의 명단 및 재직증명서를 포함)
③ 국가표준기본법에 따른 시험·검사기관 인정서 사본(해당되는 경우에만 첨부)

6) 효율관리기자재 측정 결과의 신고(제9조)

효율관리기자재의 제조업자 또는 수입업자는 효율관리시험기관으로부터 측정 결과를 통보받은 날 또는 자체측정을 완료한 날부터 각각 90일 이내에 그 측정 결과를 한국에너지공단에 신고하여야 한다.

7) 평균에너지소비효율의 산정 방법(제12조)

① 효율관리기자재의 평균에너지소비효율의 개선 기간은 개선명령을 받은 날부터 다음 해 12월 31일까지로 한다.
② 효율관리기자재의 개선명령을 받은 자는 개선명령을 받은 날부터 60일 이내에 개선명령 이행계획을 수립하여 산업통상자원부장관에게 제출하여야 한다.
③ 개선명령이행계획을 제출한 자는 개선명령의 이행 상황을 매년 6월 말과 12월 말에 산업통상자원부장관에게 보고하여야 한다. 다만, 개선명령이행계획을 제출한 날부터 90일이 지나지 아니한 경우에는 그 다음 보고 기간에 보고할 수 있다.
④ 평균에너지소비효율의 개선계획이 미흡하다고 인정되는 경우 조정·보완을 요청받은 자는 정당한 사유가 없으면 30일 이내에 개선명령이행계획을 조정·보완하여 산업통상자원부장관에게 제출하여야 한다.

8) 대기전력경고표지대상제품(제14조)

프린터, 복합기, 전자레인지, 팩시밀리, 복사기, 스캐너, 오디오, DVD플레이어, 라디오카세트, 도어폰, 유무선전화기, 비데, 모뎀, 홈 게이트웨이

9) 대기전력 자체측정의 승인신청(제15조)

대기전력 저감(경고표지) 대상제품 자체측정 승인신청서에는 다음 각 호의 서류를 첨부하여 산업통상자원부장관에게 제출하여야 한다.
① 시험설비 현황(시험설비의 목록 및 사진을 포함)
② 전문인력 현황(시험 담당자의 명단 및 재직증명서를 포함)
③ 국가표준기본법에 따른 시험·검사기관 인정서 사본(해당되는 경우에만 첨부)

10) 측정 결과의 신고(제16조, 제18조)

① 대기전력경고표지대상제품의 제조업자 또는 수입업자는 대기전력시험기관으로부터 측정 결과를 통보받은 날 또는 자체측정을 완료한 날부터 각각 60일 이내에 그 측정결과를 한국에너지공단에 신고하여야 한다.
② 대기전력저감우수제품의 표시를 하려는 제조업자 또는 수입업자는 측정 결과를 통보받은 날 또는 자체측정을 완료한 날부터 각각 60일 이내에 그 측정 결과를 한국에너지공단에 신고하여야 한다.

11) 대기전력저감우수제품의 시정명령(제19조)

산업통상자원부장관은 대기전력저감우수제품이 대기전력저감기준에 미달하는 경우 제조업자 또는 수입업자에게 6개월 이내의 기간을 정하여 시정을 명할 수 있다.

12) 고효율에너지인증대상기자재의 종류(제20조)

① 펌프
② 산업건물용 보일러
③ 무정전전원장치
④ 폐열회수형 환기장치
⑤ 발광다이오드(LED) 등 조명기기
⑥ 그 밖에 산업통상자원부장관이 특히 에너지이용의 효율성이 높아 보급을 촉진할 필요가 있다고 인정하여 고시하는 기자재 및 설비

13) 에너지절약전문기업 등록신청(제24조~제25조)

① 신청서의 첨부서류
  ㉠ 사업계획서
  ㉡ 보유장비명세서 및 기술인력명세서(자격증명서 사본을 포함)
  ㉢ 감정평가법인 등이 평가한 자산에 대한 감정평가서(개인인 경우만 해당)
  ㉣ 공인회계사가 검증한 최근 1년 이내의 재무상태표(법인인 경우만 해당)
② 한국에너지공단은 신청을 받은 후에 등록기준에 적합하다고 인정하면 에너지절약전문기업 등록증을 신청인에게 발급하여야 한다.

14) 에너지사용량 신고(제27조)

에너지다소비사업자(연간 2천 티오이 이상 사용자)가 에너지사용량을 신고하려는 경우에는 신고서에 다음 각 호의 서류를 첨부하여야 한다.
① 사업장 내 에너지사용시설 배치도
② 에너지사용시설 현황(시설의 변경이 있는 경우로 한정)
③ 제품별 생산공정도

15) 냉난방온도의 제한(제31조의2~4)

① 산업통상자원부장관은 냉난방온도제한건물의 관리기관 또는 에너지다소비업자가 건물의 냉난방온도를 제한온도에 적합하게 유지·관리하기 위하여 제한온도 기준을 정한다.
  ㉠ 냉방 : 26℃ 이상(판매시설 및 공항의 경우 25℃ 이상)
  ㉡ 난방 : 20℃ 이하
② 냉난방온도를 제한하는 건물에서 제외되는 건물
  ㉠ 의료기관의 실내구역
  ㉡ 식품 등의 품질관리를 위해 냉난방온도의 제한온도 적용이 적절하지 않은 구역
  ㉢ 숙박시설 중 객실 내부구역
  ㉣ 산업직접활성화 및 공장설립에 따른 공장, 건축법에 따른 공동주택
③ 냉난방온도제한건물의 관리기관 및 에너지다소비사업자는 냉난방온도를 관리하는 책임자(관리책임자)를 지정하여야 한다.

16) 검사대상기기 용접검사신청서의 첨부서류(제31조의14)

① 용접 부위도 1부
② 검사대상기기의 설계도면 2부
③ 검사대상기기의 강도계산서 1부

17) 보일러 및 압력용기의 경우 검사대상기기 설치검사 신청서의 첨부서류(제31조의17)

① 용접검사증 1부
② 구조검사증 1부
③ 일부 검사면제가 되는 경우 검사면제 확인서 1부

18) 검사대상기기 계속사용검사의 신청 및 연기(제31조의19~20)

① 검사대상기기 계속사용검사신청서는 검사유효기간 만료 10일 전까지 한국에너지공단이사장에게 신청한다.
② 검사대상기기 계속사용검사 연기는 검사유효기간의 만료일이 속하는 연도의 말까지 연기할 수 있다. 다만, 만료일이 9월 1일 이후인 경우에는 4개월 이내에서 계속사용검사를 연기할 수 있다.
③ 계속사용검사가 연기된 것으로 보는 경우
   ㉠ 검사대상기기의 설치자가 검사유효기간이 지난 후 1개월 이내에서 검사시기를 지정하여 검사를 받으려는 경우로서 검사유효기간 만료일 전에 검사신청을 하는 경우
   ㉡ 기업활동 규제완화에 관한 특별조치법에 따라 계속사용검사, 성능검사를 동시에 검사를 신청하는 경우
   ㉢ 계속사용검사 중 운전성능검사를 받으려는 경우로서 검사유효기간이 지난 후 해당 연도 말까지의 범위에서 검사시기를 지정하여 검사유효기간 만료일 전까지 검사신청을 하는 경우

19) 검사통지(제31조의21)

① 한국에너지공단이사장 또는 검사기관의 장은 검사신청을 받은 경우 검사신청인이 검사신청을 한 날부터 7일 이내의 날을 검사일로 지정하여 검사신청인에게 알려야 한다.
② 검사에 합격한 경우 검사신청인에게 검사증을 검사일부터 7일 이내에 발급하여야 한다.
③ 검사에 불합격한 검사대상기기에 대해서는 불합격사유를 작성하여 검사일 후 7일 이내에 검사신청인에게 알려야 한다.

20) 검사에 필요한 조치(제31조의22)

① 한국에너지공단이사장 또는 검사기관의 장은 검사를 받는 자에게 그 검사의 종류에 따라 다음 각 호 중 필요한 사항에 대한 조치를 하게 할 수 있다.
   ㉠ 기계적 시험의 준비
   ㉡ 비파괴검사의 준비
   ㉢ 검사대상기기의 정비
   ㉣ 수압시험의 준비

　　　　ⓜ 안전밸브 및 수면측정장치의 분해, 정비
　　　　ⓗ 검사대상기기의 피복물 제거
　　　　ⓢ 조립식 검사대상기기의 조립 해체
　　　　ⓞ 운전성능 측정의 준비
　　② 검사를 받는 자는 그 검사대상기기의 관리자로 하여금 검사 시 참여하도록 하여야 한다.

21) 검사대상기기의 폐기신고 및 설치자 변경신고(제31조의23~24)

검사대상기기의 설치자가 사용 중인 검사대상기기를 폐기한 경우, 설치자의 변경이 된 경우에는 그 폐기한 날, 설치자가 변경된 날부터 15일 이내에 신고서를 한국에너지공단이사장에게 제출하여야 한다.

22) 검사면제기기의 설치신고(제31조의25)

① 검사대상기기 중 설치검사가 면제되는 보일러를 설치신고대상기기라고 한다.
② 설치신고대상기기의 설치자는 이를 설치한 날부터 30일 이내에 설치신고서에 첨부서류를 갖추어 한국에너지공단이사장에게 제출하여야 한다.

23) 검사대상기기관리자의 선임기준(제31조의27)

① 검사대상기기(보일러, 압력용기, 철금속가열로)관리자의 선임기준은 1구역마다 1인 이상으로 한다.
② 1구역의 기준
　　㉠ 검사대상기기관리자가 한 시야로 볼 수 있는 범위
　　㉡ 중앙통제·관리설비를 갖추어 검사대상기기관리자 1명이 통제·관리할 수 있는 범위
　　㉢ 캐스케이드 보일러 또는 압력용기의 경우 검사대상기기관리자 1명이 관리할 수 있는 범위

24) 검사대상기기관리자 선임신고(제31조의28)

① 검사대상기기의 설치자는 검사대상기기관리자의 선임·해임·퇴직의 경우 신고서에 자격증수첩과 관리할 검사대상기기 검사증을 첨부하여 한국에너지공단이사장에게 제출하여야 한다.
② 신고는 신고 사유가 발생한 날부터 30일 이내에 하여야 한다.

25) 검사대상기기 관리대행기관의 지정(제31조의29)

기업활동 규제완화에 관한 특별조치법에 따라 검사대상기기 관리대행기관은 지정요건을 갖추어 산업통상자원부장관의 지정을 받은 자로 한다.

26) 붙박이에너지사용기자재의 종류(제31조의30)

① 전기냉장고
② 전기세탁기
③ 식기세척기
④ 기타 산업통상자원부장관이 국토교통부장관과 협의를 거쳐 고시하는 에너지사용기자재

27) 검사대상기기 사고의 일시·내용 등 산업통상자원부령으로 정하는 사항(제31조의31)

① 통보자의 소속, 성명 및 연락처
② 사고 발생 일시 및 장소
③ 사고 내용
④ 인명 및 재산의 피해현황

[별표 1]
〈개정 2022.1.21.〉

열사용 기자재(제1조의2 관련)

구분	품목명	적용범위
보일러	강철제 보일러, 주철제 보일러	다음 각 호의 어느 하나에 해당하는 것을 말한다. 1. 1종 관류보일러 : 강철제 보일러 중 헤더(여러 관이 붙어 있는 용기)의 안지름이 150밀리미터 이하이고, 전열면적이 5제곱미터 초과 10제곱미터 이하이며, 최고사용압력이 1MPa 이하인 관류보일러(기수분리기를 장치한 경우에는 기수분리기의 안지름이 300밀리미터 이하이고, 그 내부 부피가 0.07세제곱미터 이하인 것만 해당한다) 2. 2종 관류보일러 : 강철제 보일러 중 헤더의 안지름이 150밀리미터 이하이고, 전열면적이 5제곱미터 이하이며, 최고사용압력이 1MPa 이하인 관류보일러(기수분리기를 장치한 경우에는 기수분리기의 안지름이 200밀리미터 이하이고, 그 내부 부피가 0.02세제곱미터 이하인 것에 한정한다) 3. 제1호 및 제2호 외의 금속(주철을 포함한다)으로 만든 것. 다만, 소형 온수보일러·구멍탄용 온수보일러·축열식 전기보일러 및 가정용 화목보일러는 제외한다.
	소형 온수보일러	전열면적이 14제곱미터 이하이고, 최고사용압력이 0.35MPa 이하의 온수를 발생하는 것. 다만, 구멍탄용 온수보일러·축열식 전기보일러·가정용 화목보일러 및 가스사용량이 17kg/h(도시가스는 232.6킬로와트) 이하인 가스용 온수보일러는 제외한다.
	구멍탄용 온수보일러	「석탄산업법 시행령」 제2조제2호에 따른 연탄을 연료로 사용하여 온수를 발생시키는 것으로서 금속제만 해당한다.
	축열식 전기보일러	심야전력을 사용하여 온수를 발생시켜 축열조에 저장한 후 난방에 이용하는 것으로서 정격(기기의 사용조건 및 성능의 범위)소비전력이 30킬로와트 이하이고, 최고사용압력이 0.35MPa 이하인 것
	캐스케이드 보일러	「산업표준화법」 제12조제1항에 따른 한국산업표준에 적합함을 인증받거나 「액화석유가스의 안전관리 및 사업법」 제39조제1항에 따라 가스용품의 검사에 합격한 제품으로서, 최고사용압력이 대기압을 초과하는 온수보일러 또는 온수기 2대 이상이 단일 연통으로 연결되어 서로 연동되도록 설치되며, 최대 가스사용량의 합이 17kg/h(도시가스는 232.6킬로와트)를 초과하는 것
	가정용 화목보일러	화목(火木) 등 목재연료를 사용하여 90℃ 이하의 난방수 또는 65℃ 이하의 온수를 발생하는 것으로서 표시 난방출력이 70킬로와트 이하로서 옥외에 설치하는 것
태양열집열기		태양열집열기
압력용기	1종 압력용기	최고사용압력(MPa)과 내부 부피(㎥)를 곱한 수치가 0.004를 초과하는 다음 각 호의 어느 하나에 해당하는 것 1. 증기, 그 밖의 열매체를 받아들이거나 증기를 발생시켜 고체 또는 액체를 가열하는 기기로서 용기 안의 압력이 대기압을 넘는 것 2. 용기 안의 화학반응에 따라 증기를 발생시키는 용기로서 용기 안의 압력이 대기압을 넘는 것 3. 용기 안의 액체의 성분을 분리하기 위하여 해당 액체를 가열하거나 증기를 발생시키는 용기로서 용기 안의 압력이 대기압을 넘는 것 4. 용기 안의 액체의 온도가 대기압에서의 끓는점을 넘는 것

구분	품목명	적용범위
압력용기	2종 압력용기	최고사용압력이 0.2MPa를 초과하는 기체를 그 안에 보유하는 용기로서 다음 각 호의 어느 하나에 해당하는 것 1. 내부 부피가 0.04세제곱미터 이상인 것 2. 동체의 안지름이 200밀리미터 이상(증기헤더의 경우에는 동체의 안지름이 300밀리미터 초과)이고, 그 길이가 1천 밀리미터 이상인 것
요로(窯爐 : 고온가열장치)	요업요로	연속식유리용융가마 · 불연속식유리용융가마 · 유리용융도가니가마 · 터널가마 · 도염식가마 · 셔틀가마 · 회전가마 및 석회용선가마
	금속요로	용선로 · 비철금속용융로 · 금속소둔로 · 철금속가열로 및 금속균열로

[별표 2]
〈개정 2022.1.26.〉

대기전력저감대상제품(제13조제1항 관련)

1. 삭제 〈2022.1.26.〉
2. 삭제 〈2022.1.26.〉
3. 프린터
4. 복합기
5. 삭제 〈2012.4.5.〉
6. 삭제 〈2014.2.21.〉
7. 전자레인지
8. 팩시밀리
9. 복사기
10. 스캐너
11. 삭제 〈2014.2.21.〉
12. 오디오
13. DVD플레이어
14. 라디오카세트
15. 도어폰
16. 유무선전화기
17. 비데
18. 모뎀
19. 홈 게이트웨이
20. 자동절전제어장치
21. 손건조기
22. 서버
23. 디지털컨버터
24. 그 밖에 산업통상자원부장관이 대기전력의 저감이 필요하다고 인정하여 고시하는 제품

[별표 3]
〈개정 2016.12.9.〉

에너지진단의 면제 또는 에너지진단주기의 연장 범위(제29조제2항 관련)

대상사업자	면제 또는 연장 범위
1. 에너지절약 이행실적 우수사업자	
가. 자발적 협약 우수사업장으로 선정된 자(중소기업인 경우)	에너지진단 1회 면제
나. 자발적 협약 우수사업장으로 선정된 자(중소기업이 아닌 경우)	1회 선정에 에너지진단주기 1년 연장
1의2. 에너지경영시스템을 도입한 자로서 에너지를 효율적으로 이용하고 있다고 산업통상자원부장관이 정하여 고시하는 자	에너지진단주기 2회마다 에너지진단 1회 면제
2. 에너지절약 유공자	에너지진단 1회 면제
3. 에너지진단 결과를 반영하여 에너지를 효율적으로 이용하고 있는 자	1회 선정에 에너지진단주기 3년 연장
4. 지난 연도 에너지사용량의 100분의 30 이상을 친에너지형 설비를 이용하여 공급하는 자	에너지진단 1회 면제
5. 에너지관리시스템을 구축하여 에너지를 효율적으로 이용하고 있다고 산업통상자원부장관이 고시하는 자	에너지진단주기 2회마다 에너지진단 1회 면제
6. 목표관리업체로서 온실가스·에너지 목표관리 실적이 우수하다고 산업통상자원부장관이 환경부장관과 협의한 후 정하여 고시하는 자	에너지진단주기 2회마다 에너지진단 1회 면제

비 고
1. 에너지절약 유공자에 해당되는 자는 1개의 사업장만 해당한다.
2. 제1호, 제1호의2 및 제2호부터 제6호까지의 대상사업자가 동시에 해당되는 경우에는 어느 하나만 해당되는 것으로 한다.
3. 제1호가목 및 나목에서 "중소기업"이란 「중소기업기본법」 제2조에 따른 중소기업을 말한다.
4. 에너지진단이 면제되는 "1회"의 시점은 다음 각 목의 구분에 따라 최초로 에너지진단주기가 도래하는 시점을 말한다.
　가. 제1호가목의 경우 : 중소기업이 자발적 협약 우수사업장으로 선정된 후
　나. 제2호의 경우 : 에너지절약 유공자 표창을 수상한 후
　다. 제4호의 경우 : 100분의 30 이상의 에너지사용량을 친에너지형 설비를 이용하여 공급한 후

[별표 3의3]
〈개정 2021.10.12.〉

검사대상기기(제31조의6 관련)

구분	검사대상기기	적용범위
보일러	강철제 보일러, 주철제 보일러	다음 각 호의 어느 하나에 해당하는 것은 제외한다. 1. 최고사용압력이 0.1MPa 이하이고, 동체의 안지름이 300밀리미터 이하이며, 길이가 600밀리미터 이하인 것 2. 최고사용압력이 0.1MPa 이하이고, 전열면적이 5제곱미터 이하인 것 3. 2종 관류보일러 4. 온수를 발생시키는 보일러로서 대기개방형인 것
	소형 온수보일러	가스를 사용하는 것으로서 가스사용량이 17kg/h(도시가스는 232.6킬로와트)를 초과하는 것
	캐스케이드 보일러	별표 1에 따른 캐스케이드 보일러의 적용범위에 따른다.
압력용기	1종 압력용기, 2종 압력용기	별표 1에 따른 압력용기의 적용범위에 따른다.
요로	철금속가열로	정격용량이 0.58MW를 초과하는 것

[별표 3의4]
〈개정 2022.1.21.〉

검사의 종류 및 적용대상(제31조의7 관련)

검사의 종류		적용대상	근거 법조문
제조 검사	용접검사	동체·경판(동체의 양 끝부분에 부착하는 판) 및 이와 유사한 부분을 용접으로 제조하는 경우의 검사	법 제39조제1항 및 법 제39조의2제1항
	구조검사	강판·관 또는 주물류를 용접·확대·조립·주조 등에 따라 제조하는 경우의 검사	
설치검사		신설한 경우의 검사(사용연료의 변경에 의하여 검사대상이 아닌 보일러가 검사대상으로 되는 경우의 검사를 포함한다)	
개조검사		다음 각 호의 어느 하나에 해당하는 경우의 검사 1. 증기보일러를 온수보일러로 개조하는 경우 2. 보일러 섹션의 증감에 의하여 용량을 변경하는 경우 3. 동체·돔·노통·연소실·경판·천정판·관판·관모음 또는 스테이의 변경으로서 산업통상자원부장관이 정하여 고시하는 대수리의 경우 4. 연료 또는 연소방법을 변경하는 경우 5. 철금속가열로로서 산업통상자원부장관이 정하여 고시하는 경우의 수리	법 제39조제2항제1호
설치장소 변경검사		설치장소를 변경한 경우의 검사. 다만, 이동식 검사대상기기를 제외한다.	법 제39조제2항제2호
재사용검사		사용중지 후 재사용하고자 하는 경우의 검사	법 제39조제2항제3호
계속사용 검사	안전검사	설치검사·개조검사·설치장소 변경검사 또는 재사용검사 후 안전부문에 대한 유효기간을 연장하고자 하는 경우의 검사	법 제39조제4항
	운전성능 검사	다음 각 호의 어느 하나에 해당하는 기기에 대한 검사로서 설치검사 후 운전성능부문에 대한 유효기간을 연장하고자 하는 경우의 검사 1. 용량이 1t/h(난방용의 경우에는 5t/h) 이상인 강철제 보일러 및 주철제 보일러 2. 철금속가열로	

[별표 3의5]
〈개정 2023.12.20.〉

검사대상기기의 검사유효기간(제31조의8제1항 관련)

검사의 종류		검사유효기간
설치검사		1. 보일러 : 1년. 다만, 운전성능 부문의 경우에는 3년 1개월로 한다. 2. 캐스케이드 보일러, 압력용기 및 철금속가열로 : 2년
개조검사		1. 보일러 : 1년 2. 캐스케이드 보일러, 압력용기 및 철금속가열로 : 2년
설치장소 변경검사		1. 보일러 : 1년 2. 캐스케이드 보일러, 압력용기 및 철금속가열로 : 2년
재사용검사		1. 보일러 : 1년 2. 캐스케이드 보일러, 압력용기 및 철금속가열로 : 2년
계속사용검사	안전검사	1. 보일러 : 1년 2. 캐스케이드 보일러 및 압력용기 : 2년
	운전성능검사	1. 보일러 : 1년 2. 철금속가열로 : 2년

비고
1. 보일러의 계속사용검사 중 운전성능검사에 대한 검사유효기간은 해당 보일러가 산업통상자원부장관이 정하여 고시하는 기준에 적합한 경우에는 2년으로 한다.
2. 설치 후 3년이 지난 보일러로서 설치장소 변경검사 또는 재사용검사를 받은 보일러는 검사 후 1개월 이내에 운전성능검사를 받아야 한다.
3. 개조검사 중 연료 또는 연소방법의 변경에 따른 개조검사의 경우에는 검사유효기간을 적용하지 않는다.
4. 다음 각 목의 구분에 따른 검사대상기기의 검사에 대한 검사유효기간은 각 목의 구분에 따른다. 다만, 계속사용검사 중 운전성능검사에 대한 검사유효기간은 제외한다.
    가. 「고압가스 안전관리법」제13조의2제1항에 따른 안전성향상계획과 「산업안전보건법」제44조제1항에 따른 공정안전보고서 모두를 작성하여야 하는 자의 검사대상기기(보일러의 경우에는 제품을 제조·가공하는 공정에만 사용되는 보일러만 해당한다. 이하 나목에서 같다) : 4년. 다만, 산업통상자원부장관이 정하여 고시하는 바에 따라 8년의 범위에서 연장할 수 있다.
    나. 「고압가스 안전관리법」제13조의2제1항에 따른 안전성향상계획과 「산업안전보건법」제44조제1항에 따른 공정안전보고서 중 어느 하나를 작성하여야 하는 자의 검사대상기기 : 2년. 다만, 산업통상자원부장관이 정하여 고시하는 바에 따라 6년의 범위에서 연장할 수 있다.
    다. 「의약품 등의 안전에 관한 규칙」별표 3에 따른 생물학적 제제 등을 제조하는 의약품제조업자로서 같은 표에 따른 제조 및 품질관리 기준에 적합한 자의 압력용기 : 4년
    라. 「집단에너지사업법」제9조에 따라 사업 허가를 받은 자가 사용하는 같은 법 시행규칙 제2조제1호가목에 따른 열발생설비 중 터빈에서 나온 열을 활용하는 보일러 : 2년
5. 제31조의25제1항에 따라 설치신고를 하는 검사대상기기는 신고 후 2년이 지난 날에 계속사용검사 중 안전검사(재사용검사를 포함한다)를 하며, 그 유효기간은 2년으로 한다.
6. 법 제32조제2항에 따라 에너지진단을 받은 운전성능검사대상기기가 제31조의9에 따른 검사기준에 적합한 경우에는 에너지진단 이후 최초로 받는 운전성능검사를 에너지진단으로 갈음한다(비고 4에 해당하는 경우는 제외한다).

[별표 3의6]

〈개정 2022.1.21.〉

검사의 면제대상 범위(제31조의13제1항제1호 관련)

검사대상 기기명	대상범위	면제되는 검사
강철제 보일러, 주철제 보일러	1. 강철제 보일러 중 전열면적이 5제곱미터 이하이고, 최고사용압력이 0.35MPa 이하인 것 2. 주철제 보일러 3. 1종 관류보일러 4. 온수보일러 중 전열면적이 18제곱미터 이하이고, 최고사용압력이 0.35MPa 이하인 것	용접검사
	주철제 보일러	구조검사
	1. 가스 외의 연료를 사용하는 1종 관류보일러 2. 전열면적 30제곱미터 이하의 유류용 주철제 증기보일러	설치검사

	1. 전열면적 5제곱미터 이하의 증기보일러로서 다음 각 목의 어느 하나에 해당하는 것
	  가. 대기에 개방된 안지름이 25밀리미터 이상인 증기관이 부착된 것
	  나. 수두압(水頭壓)이 5미터 이하이며 안지름이 25밀리미터 이상인 대기에 개방된 U자형 입관이 보일러의 증기부에 부착된 것
	2. 온수보일러로서 다음 각 목의 어느 하나에 해당하는 것
	  가. 유류·가스 외의 연료를 사용하는 것으로서 전열면적이 30제곱미터 이하인 것
	  나. 가스 외의 연료를 사용하는 주철제 보일러
		계속사용검사

소형 온수보일러	가스사용량이 17kg/h(도시가스는 232.6kW)를 초과하는 가스용 소형 온수보일러	제조검사
캐스케이드 보일러	캐스케이드 보일러	제조검사
1종 압력용기, 2종 압력용기	1. 용접이음(동체와 플랜지와의 용접이음은 제외한다)이 없는 강관을 동체로 한 헤더 2. 압력용기 중 동체의 두께가 6밀리미터 미만인 것으로서 최고사용압력(MPa)과 내부 부피(m^3)를 곱한 수치가 0.02 이하(난방용의 경우에는 0.05 이하)인 것 3. 전열교환식인 것으로서 최고사용압력이 0.35MPa 이하이고, 동체의 안지름이 600밀리미터 이하인 것	용접검사
	1. 2종 압력용기 및 온수탱크 2. 압력용기 중 동체의 두께가 6밀리미터 미만인 것으로서 최고사용압력(MPa)과 내부 부피(m^3)를 곱한 수치가 0.02 이하(난방용의 경우에는 0.05 이하)인 것 3. 압력용기 중 동체의 최고사용압력이 0.5MPa 이하인 난방용 압력용기 4. 압력용기 중 동체의 최고사용압력이 0.1MPa 이하인 취사용 압력용기	설치검사 및 계속 사용검사
철금속가열로	철금속가열로	제조검사, 사용검사 및 계속사용검사 중 안전검사

[별표 3의9]
〈개정 2018.7.23.〉

검사대상기기관리자의 자격 및 조종범위(제31조의26제1항 관련)

관리자의 자격	관리범위
에너지관리기능장 또는 에너지관리기사	용량이 30t/h를 초과하는 보일러
에너지관리기능장, 에너지관리기사 또는 에너지관리산업기사	용량이 10t/h를 초과하고 30t/h 이하인 보일러
에너지관리기능장, 에너지관리기사, 에너지관리산업기사 또는 에너지관리기능사	용량이 10t/h 이하인 보일러
에너지관리기능장, 에너지관리기사, 에너지관리산업기사, 에너지관리기능사 또는 인정검사대상기기관리자의 교육을 이수한 자	1. 증기보일러로서 최고사용압력이 1MPa 이하이고, 전열면적이 10제곱미터 이하인 것 2. 온수발생 및 열매체를 가열하는 보일러로서 용량이 581.5킬로와트 이하인 것 3. 압력용기

비 고
1. 온수발생 및 열매체를 가열하는 보일러의 용량은 697.8킬로와트를 1t/h로 본다.
2. 제31조의27제2항에 따른 1구역에서 가스 연료를 사용하는 1종 관류보일러의 용량은 이를 구성하는 보일러의 개별 용량을 합산한 값으로 한다.
3. 계속사용검사 중 안전검사를 실시하지 않는 검사대상기기 또는 가스 외의 연료를 사용하는 1종 관류보일러의 경우에는 검사대상기기관리자의 자격에 제한을 두지 아니한다.
4. 가스를 연료로 사용하는 보일러의 검사대상기기관리자의 자격은 위 표에 따른 자격을 가진 사람으로서 제31조의26제2항에 따라 산업통상자원부장관이 정하는 관련 교육을 이수한 사람 또는 「도시가스사업법 시행령」 별표 1에 따른 특정가스사용시설의 안전관리 책임자의 자격을 가진 사람으로 한다.

[별표 4]
〈개정 2015.7.29.〉

에너지관리자에 대한 교육(제32조제1항 관련)

교육과정	교육기간	교육대상자	교육기관
에너지관리자 기본교육과정	1일	법 제31조제1항제1호부터 제4호까지의 사항에 관한 업무를 담당하는 사람으로 신고된 사람	한국에너지공단

비 고
1. 에너지관리자 기본교육과정의 교육과목 및 교육수수료 등에 관한 세부사항은 산업통상자원부장관이 정하여 고시한다.
2. 에너지관리자는 법 제31조제1항에 따라 같은 항 제1호부터 제4호까지의 업무를 담당하는 사람으로 최초로 신고된 연도(年度)에 교육을 받아야 한다.
3. 에너지관리자 기본교육과정을 마친 사람이 동일한 에너지다소비사업자의 에너지관리자로 다시 신고되는 경우에는 교육대상자에서 제외한다.

[별표 4의2]
〈개정 2018.7.23.〉

시공업의 기술인력 및 검사대상기기관리자에 대한 교육(제32조의2제1항 관련)

구분	교육과정	교육기간	교육대상자	교육기관
시공업의 기술인력	1. 난방시공업 제1종 기술자과정	1일	「건설산업기본법 시행령」 별표 2에 따른 난방시공업 제1종의 기술자로 등록된 사람	법 제41조에 따라 설립된 한국열관리시공협회 및 「민법」 제32조에 따라 국토교통부장관의 허가를 받아 설립된 전국보일러설비협회
시공업의 기술인력	2. 난방시공업 제2종·제3종 기술자과정	1일	「건설산업기본법 시행령」 별표 2에 따른 난방시공업 제2종 또는 난방시공업 제3종의 기술자로 등록된 사람	법 제41조에 따라 설립된 한국열관리시공협회 및 「민법」 제32조에 따라 국토교통부장관의 허가를 받아 설립된 전국보일러설비협회
검사대상 기기관리자	1. 중·대형 보일러 관리자과정	1일	법 제40조제1항에 따른 검사대상기기관리자로 선임된 사람으로서 용량이 1t/h(난방용의 경우에는 5t/h)를 초과하는 강철제 보일러 및 주철제 보일러의 관리자	공단 및 「민법」 제32조에 따라 산업통상자원부장관의 허가를 받아 설립된 한국에너지기술인협회
검사대상 기기관리자	2. 소형 보일러·압력용기 관리자과정	1일	법 제40조제1항에 따른 검사대상기기관리자로 선임된 사람으로서 제1호의 보일러 관리자 과정의 대상이 되는 보일러 외의 보일러 및 압력용기 관리자	공단 및 「민법」 제32조에 따라 산업통상자원부장관의 허가를 받아 설립된 한국에너지기술인협회

비 고
1. 난방시공업 제1종 기술자과정 등에 대한 교육과목, 교육수수료 및 교육 통지 등에 관한 세부사항은 산업통상자원부장관이 정하여 고시한다.
2. 시공업의 기술인력은 난방시공업 제1종·제2종 또는 제3종의 기술자로 등록된 날부터, 검사대상기기관리자는 법 제40조제1항에 따른 검사대상기기관리자로 선임된 날부터 6개월 이내에, 그 후에는 교육을 받은 날부터 3년마다 교육을 받아야 한다.
3. 위 교육과정 중 난방시공업 제1종 기술자과정을 이수한 경우에는 난방시공업 제2종·제3종기술자과정을 이수한 것으로 보며, 중·대형 보일러 관리자과정을 이수한 경우에는 소형 보일러·압력용기 관리자과정을 이수한 것으로 본다.
4. 산업통상자원부장관은 제도의 변경, 기술의 발달 등 안전관리환경의 변화로 효율 향상을 위하여 추가로 교육하려는 경우에는 교육의 기관·기간·과정 등에 관한 사항을 미리 고시하여야 한다.

CHAPTER 004 출제예상문제

01 다음 중 에너지이용 합리화법령에 따라 에너지다소비사업자에게 에너지관리 개선명령을 할 수 있는 경우는?
① 목표원단위보다 과다하게 에너지를 사용하는 경우
② 에너지관리지도 결과 10% 이상의 에너지효율 개선이 기대되는 경우
③ 에너지 사용실적이 전년도보다 현저히 증가한 경우
④ 에너지 사용계획 승인을 얻지 아니한 경우

풀이 에너지다소비사업자의 에너지진단 결과 10% 이상의 에너지효율 개선이 기대되는 경우 개선명령을 할 수 있다.

02 에너지이용 합리화법에 따라 산업통상자원부장관이 국내외 에너지 사정의 변동으로 에너지 수급에 중대한 차질이 발생될 경우 수급안정을 위해 취할 수 있는 조치 사항이 아닌 것은?
① 에너지의 배급
② 에너지의 비축과 저장
③ 에너지의 양도·양수의 제한 또는 금지
④ 에너지 수급의 안정을 위하여 산업통상자원부령으로 정하는 사항

풀이 ④는 산업통상자원부령이 아닌 대통령령으로 한다.

03 에너지이용 합리화법상 에너지다소비사업자의 신고와 관련하여 다음 (　)에 들어갈 수 없는 것은?(단, 대통령령은 제외한다.)

산업통상자원부장관 및 시·도지사는 에너지다소비사업자가 신고한 사항을 확인하기 위하여 필요한 경우 (　)에 대하여 에너지다소비사업자에게 공급한 에너지의 공급량 자료를 제출하도록 요구할 수 있다.

① 한국전력공사　② 한국가스공사
③ 한국가스안전공사　④ 한국지역난방공사

풀이 한국가스안전공사는 가스의 안전관리와 관련된 기관이다.

04 에너지이용 합리화법의 목적으로 가장 거리가 먼 것은?
① 에너지의 합리적 이용을 증진
② 에너지 소비로 인한 환경피해 감소
③ 에너지원의 개발
④ 국민 경제의 건전한 발전과 국민복지의 증진

풀이 에너지이용 합리화법 제1조 목적에는 ①, ②, ④와 '지구온난화의 최소화에 이바지함'이 있다.

05 에너지이용 합리화법령상 특정열사용기자재 설치·시공 범위가 아닌 것은?
① 강철제 보일러 세관
② 철금속가열로의 시공
③ 태양열 집열기 배관
④ 금속균열로의 배관

풀이 에너지이용 합리화법 시행규칙 별표 3의2
금속균열로 : 해당 기기의 설치를 위한 시공이 범위이다.

06 에너지이용 합리화법령에서 정한 검사대상 기기의 계속사용검사에 해당하는 것은?
① 운전성능검사　② 개조검사
③ 구조검사　④ 설치검사

정답　01 ②　02 ④　03 ③　04 ③　05 ④　06 ①

풀이 검사대상기기 : 산업용 보일러, 압력용기
㉠ 계속사용검사
  • 운전안전검사
  • 운전성능검사
㉡ 제조검사
  • 용접검사
  • 구조검사
㉢ 개조검사
㉣ 설치검사
㉤ 설치장소변경검사

07 에너지이용 합리화법령에서 정한 에너지사용자가 수립하여야 할 자발적 협약이행계획에 포함되지 않는 것은?

① 협약 체결 전년도의 에너지 소비 현황
② 에너지 관리체제 및 관리방법
③ 전년도의 에너지사용량·제품생산량
④ 효율향상목표 등의 이행을 위한 투자계획

풀이 에너지이용 합리화법 시행규칙 제26조에 의거한 각 호의 사항은 ①, ②, ④ 외에도 에너지를 사용하여 만드는 제품의 부가가치 등의 단위당 에너지이용효율 향상 목표 또는 온실가스배출 감축 목표 및 그 이행방법 등이다.

08 에너지이용 합리화법령상 에너지사용계획을 수립하여 제출하여야 하는 사업주관자로서 해당되지 않는 사업은?

① 항만건설사업   ② 도로건설사업
③ 철도건설사업   ④ 공항건설사업

풀이 에너지이용 합리화법 시행령 제20조에 의거하여 사업주관자는 ①, ③, ④ 및 도시개발사업, 산업단지개발사업, 에너지개발사업, 관광단지개발사업, 개발촉진지구개발사업 등의 에너지사용계획을 수립하여 제출하여야 한다.

09 에너지이용 합리화법상 에너지이용 합리화 기본계획에 따라 실시계획을 수립하고 시행하여야 하는 대상이 아닌 것은?

① 기초지방자치단체장
② 관계 행정기관의 장
③ 특별자치도지사
④ 도지사

풀이 에너지이용 합리화법 제6조 에너지이용 합리화 실시계획에서 실시계획을 수립하고 시행하여야 하는 대상은 관계 행정기관의 장과 특별시장, 광역시장, 도지사 또는 특별자치도지사(시·도지사)이다.
※ 에너지이용 합리화법 제4조 에너지이용 합리화 기본계획에서 산업통상자원부장관은 에너지를 합리적으로 이용하게 하기 위하여 기본계획을 수립하여야 한다.

10 에너지이용 합리화법령에 따라 에너지절약전문기업의 등록신청 시 등록신청서에 첨부해야 할 서류가 아닌 것은?

① 사업계획서
② 보유장비명세서
③ 기술인력명세서(자격증명서 사본 포함)
④ 감정평가업자가 평가한 자산에 대한 감정평가서(법인인 경우)

풀이 첨부서류는 ①, ②, ③ 외에도 개인인 경우에는 ④의 감정평가서가 필요하고 법인인 경우에는 공인회계사 또는 세무사가 검증한 최근 1년 이내의 대차대조표가 필요하다.

11 에너지이용 합리화법에서 목표에너지원단위란 무엇인가?

① 연료의 단위당 제품 생산목표량
② 제품의 단위당 에너지사용목표량
③ 제품의 생산목표량
④ 목표량에 맞는 에너지사용량

정답 07 ③ 08 ② 09 ① 10 ④ 11 ②

풀이 목표에너지원단위는 제품의 단위당 에너지 사용의 목표량을 말한다.

12 에너지이용 합리화법에 따라 에너지다소비사업자가 그 에너지사용시설이 있는 지역을 관할하는 시·도지사에게 신고하여야 할 사항에 해당되지 않는 것은?

① 전년도의 분기별 에너지사용량·제품생산량
② 에너지 사용기자재의 현황
③ 사용 에너지원의 종류 및 사용처
④ 해당 연도의 분기별 에너지사용예정량·제품생산 예정량

풀이 ①, ②, ④ 외에 에너지이용 합리화법 제31조에 의하여 전년도의 분기별 에너지이용 합리화 실적 및 해당 연도의 분기별 계획과 에너지관리자의 현황이 해당된다.

13 에너지이용 합리화법령에 따라 에너지다소비사업자에게 에너지손실요인의 개선명령을 할 수 있는 자는?

① 산업통상자원부장관
② 시·도지사
③ 한국에너지공단이사장
④ 에너지관리진단기관협회장

풀이 에너지다소비사업자에게 에너지손실요인의 개선명령을 할 수 있는 자는 산업통상자원부장관이다.

14 에너지이용 합리화법령에 따라 산업통상자원부령으로 정하는 광고매체를 이용하여 효율관리기자재의 광고를 하는 경우에는 그 광고내용에 동법에 따른 에너지소비효율등급 또는 에너지소비효율을 포함하여야 한다. 이때 효율관리기자재 관련 업자에 해당하지 않는 것은?

① 제조업자
② 수입업자
③ 판매업자
④ 수리업자

풀이 효율관리기자재 수리업자는 에너지소비효율등급, 에너지소비효율을 표시해야 할 의무가 없다.

15 에너지이용 합리화법에 따른 에너지 사용 안정을 위한 에너지 저장의무 부과대상자에 해당되지 않는 사업자는?

① 전기사업법에 따른 전기사업자
② 석탄산업법에 따른 석탄가공업자
③ 집단에너지사업법에 따른 집단에너지사업자
④ 액화석유가스법에 따른 액화석유가스사업자

풀이 액화석유가스사업자는 에너지이용 합리화법이 아닌 액화석유가스의 안전관리 및 사업법에 기준한다.

16 다음 열사용기자재에 대한 설명으로 가장 적절한 것은?

① 연료 및 열을 사용하는 기기, 축열식 전기기기와 단열성 자재를 말한다.
② 일명 특정 열사용기자재라고도 한다.
③ 연료 및 열을 사용하는 기기만을 말한다.
④ 기기의 설치 및 시공에 있어 안전관리, 위해방지 또는 에너지이용의 효율관리가 특히 필요하다고 인정되는 기자재를 말한다.

풀이 열사용기자재는 축열식 전기기기와 연료 및 열을 사용하는 기기 등을 말한다.

17 에너지이용 합리화법에 따라 에너지이용 합리화에 관한 기본계획 사항에 포함되지 않는 것은?

① 에너지 절약형 경제구조로의 전환
② 에너지이용 합리화를 위한 기술개발
③ 열사용기자재의 안전관리
④ 국가에너지정책목표를 달성하기 위하여 대통령령으로 정하는 사항

풀이 기본계획은 ①, ②, ③ 외에 기타 에너지원 간 대체, 에너지이용 효율의 증대, 에너지이용 합리화를 위한 홍보 및 교육 등이 있다.

18 에너지이용 합리화법에서 정한 에너지다소비 사업자의 에너지관리기준이란?

① 에너지를 효율적으로 관리하기 위하여 필요한 기준
② 에너지관리 현황 조사에 대한 필요한 기준
③ 에너지 사용량 및 제품 생산량에 맞게 에너지를 소비하도록 만든 기준
④ 에너지관리 진단 결과 손실요인을 줄이기 위하여 필요한 기준

풀이 에너지다소비 사업자(연간 석유 환산 2,000TOE 이상 사용자)의 에너지관리기준은 에너지를 효율적으로 관리하기 위하여 필요한 기준을 의미한다.

19 에너지이용 합리화법에 따라 에너지다소비 사업자가 산업통상자원부령으로 정하는 바에 따라 신고하여야 하는 사항이 아닌 것은?

① 전년도의 분기별 에너지 사용량 · 제품 생산량
② 해당 연도의 분기별 에너지 사용예정량 · 제품 생산예정량
③ 에너지사용기자재의 현황
④ 에너지이용효과 · 에너지수급체계의 영향분석 현황

풀이 석유 환산 2,000TOE 이상 사용하는 에너지다소비 사업자는 관할 시도지사에게 ①, ②, ③ 및 다음 사항을 신고한다.
- 전년도의 에너지이용합리화 실적 및 해당 연도의 계획
- 에너지관리자 현황 등

20 에너지이용 합리화법령에 따라 자발적 협약 체결기업에 대한 지원을 받기 위해 에너지사용자와 정부 간 자발적 협약의 평가기준에 해당하지 않는 것은?

① 계획 대비 달성률 및 투자실적
② 에너지이용 합리화 자금 활용실적
③ 자원 및 에너지의 재활용 노력
④ 에너지절감량 또는 에너지의 합리적인 이용을 통한 온실가스배출 감축량

풀이 자발적 협약체결 평가기준
문제의 보기 ①, ③, ④ 외 기타 에너지 절감 또는 에너지의 합리적인 이용을 통한 온실가스 배출 감축에 관한 사항 등

21 에너지이용 합리화법령에 따라 사용연료를 변경함으로써 검사대상이 아닌 보일러가 검사대상으로 되었을 경우에 해당되는 검사는?

① 구조검사
② 설치검사
③ 개조검사
④ 재사용검사

풀이 설치검사(시행규칙 별표 3-4 검사의 종류 및 적용 대상)
- 검사대상기기(보일러 등)를 신설한 경우
- 사용연료 변경에 의하여 검사대상이 아닌 보일러가 검사대상으로 되는 경우의 검사를 포함한다.

22 에너지이용 합리화법령상 에너지절약전문기업의 사업이 아닌 것은?

① 에너지사용시설의 에너지절약을 위한 관리 · 용역사업
② 에너지절약형 시설투자에 관한 사업
③ 신에너지 및 재생에너지원의 개발 및 보급사업
④ 에너지절약 활동 및 성과에 대한 금융상 · 세제상의 지원

정답 18 ① 19 ④ 20 ② 21 ② 22 ④

[풀이] 에너지절약 활동 및 성과에 대한 금융상·세제상의 지원은 정부에서 한다.

23 에너지이용 합리화법에 따라 에너지이용 합리화 기본계획에 포함되지 않는 것은?

① 에너지이용 합리화를 위한 기술개발
② 에너지의 합리적인 이용을 통한 공해성분(SOx, NOx)의 배출을 줄이기 위한 대책
③ 에너지이용 합리화를 위한 가격예시제의 시행에 관한 사항
④ 에너지이용 합리화를 위한 홍보 및 교육

[풀이] 기본계획은 ①, ③, ④ 외에 다음 내용을 포함한다.
- 에너지이용효율의 증대
- 에너지원 간 대체
- 열사용기자재의 안전관리
- 에너지의 합리적인 이용을 통한 온실가스의 배출을 줄이기 위한 대책
- 에너지절약형 경제구조로의 전환

24 보일러 운전 및 성능에 대한 설명으로 틀린 것은?

① 보일러 송출증기의 압력을 낮추면 방열손실이 감소한다.
② 보일러의 송출압력이 증가할수록 가열에 이용할 수 있는 증기의 응축잠열은 작아진다.
③ LNG를 사용하는 보일러의 경우 총 방열량의 약 10%는 배기가스 내부의 수증기에 흡수된다.
④ LNG를 사용하는 보일러의 경우 배기가스로부터 발생되는 응축수의 pH는 11~12 범위에 있다.

[풀이] 보일러 운전 후 LNG가스(CH_4)의 배기가스 중 수증기(H_2O)가 응축하면 pH가 4 정도이며 산성으로 변화한다.

25 에너지이용 합리화법에 따라 대통령령으로 정하는 일정 규모 이상의 에너지를 사용하는 사업을 실시하거나 시설을 설치하려는 경우 에너지사용계획을 수립하여, 사업 실시 전 누구에게 제출하여야 하는가?

① 대통령
② 시·도지사
③ 산업통상자원부장관
④ 에너지 경제연구원장

[풀이] 에너지이용 합리화법 제10조에 의거 공공사업주관자나 민간사업주관자가 대통령령으로 정하는 일정 규모 이상의 에너지를 사용하는 경우 그 평가에 관한 에너지 사용계획을 수립하여 사업실시 전 산업통상자원부장관에게 제출하여야 한다.

26 에너지이용 합리화법에 따라 검사대상기기의 검사유효 기간으로 틀린 것은?

① 보일러의 개조검사는 2년이다.
② 보일러의 계속사용검사는 1년이다.
③ 압력용기의 계속사용검사는 2년이다.
④ 보일러의 설치장소 변경검사는 1년이다.

[풀이]
- 개조검사 기간은 1년이다.
- 검사권자 : 한국에너지공단
- 개조검사 : 연소방법 개선, 증기보일러를 온수보일러로 개조 등

27 에너지원별 에너지열량 환산기준으로 총발열량(kcal)이 가장 높은 연료는?(단, 1L 또는 1kg 기준이다.)

① 휘발유
② 항공유
③ B-C유
④ 천연가스

[풀이] 발열량(kcal/kg)
- 휘발유 : 8,000
- 항공유 : 8,750
- B-C유 : 9,900
- 천연가스 : 13,000

정답 23 ② 24 ③ 25 ③ 26 ① 27 ④

28 에너지이용 합리화법에 따라 고효율에너지 인증대상 기자재에 해당되지 않는 것은?

① 펌프
② 무정전 전원장치
③ 가정용 가스보일러
④ 발광다이오드 등 조명기기

풀이 고효율에너지 인증대상 기자재는 ①, ②, ④ 외에 폐열회수 환기장치, 산업건물용 보일러 등이 있다.

29 에너지이용 합리화법에 따라 최대 1천만 원 이하의 벌금에 처할 대상자에 해당되는 않는 자는?

① 검사대상기기 관리자를 정당한 사유 없이 선임하지 아니한 자
② 검사대상기기의 검사를 정당한 사유 없이 받지 아니한 자
③ 검사에 불합격한 검사대상기기를 임의로 사용한 자
④ 최저소비효율기준에 미달된 효율관리기자재를 생산한 자

풀이 ①, ②, ③에 해당하는 자는 1천만원 이하의 벌금 또는 1년 이하의 징역에 처하고, ④의 해당자에게는 과태료 부과 또는 개선명령을 통보한다.

30 에너지법령상 에너지원별 에너지열량 환산기준으로 총발열량이 가장 낮은 연료는?(단, 1L 기준이다.)

① 윤활유
② 항공유
③ B-C유
④ 휘발유

풀이 연료의 고위(총)발열량(kcal/L)
• 윤활유 : 9,550
• 항공유 : 8,720
• B-C유 : 9,960
• 휘발유 : 7,810

31 에너지이용 합리화법령상 검사대상기기에 대한 검사의 종류가 아닌 것은?

① 계속사용검사
② 개방검사
③ 개조검사
④ 설치장소 변경검사

풀이 검사대상기기 : 산업용 보일러, 압력용기
㉠ 계속사용검사
 • 운전안전검사 • 운전성능검사
㉡ 제조검사
 • 용접검사 • 구조검사
㉢ 개조검사
㉣ 설치검사
㉤ 설치장소변경검사

32 에너지이용 합리화법령에 따라 에너지사용계획에 대한 검토 결과 공공사업주관자가 조치 요청을 받은 경우, 이를 이행하기 위하여 제출하는 이행계획에 포함되어야 할 내용이 아닌 것은?(단, 산업통상자원부장관으로부터 요청받은 조치의 내용은 제외한다.)

① 이행주체
② 이행방법
③ 이행장소
④ 이행시기

풀이 에너지사용계획 검토결과 공공사업주관자가 조치 요청을 받은 경우 제출하는 이행계획에 포함되는 내용
• 이행주체 • 이행방법 • 이행시기

33 에너지이용 합리화법상의 "목표에너지원 단위"란?

① 열사용기기당 단위시간에 사용할 열의 사용목표량
② 각 회사마다 단위기간 동안 사용할 열의 사용목표량
③ 에너지를 사용하여 만드는 제품의 단위당 에너지 사용목표량
④ 보일러에서 증기 1톤을 발생할 때 사용할 연료의 사용목표량

정답 28 ③ 29 ④ 30 ④ 31 ② 32 ③ 33 ③

[풀이] **목표에너지원 단위**
에너지를 사용하여 만드는 제품의 단위당 에너지 사용목표량

34 에너지이용 합리화법상의 효율관리기자재에 속하지 않는 것은?

① 전기철도 ② 삼상유도전동기
③ 전기세탁기 ④ 자동차

[풀이] 효율관리기자재(에너지이용 합리화법 시행규칙 제7조 규정)에서 전기철도는 제외한다. ②, ③, ④ 외에 전기냉방기, 조명기기, 전기냉장고 등이 해당된다.

35 에너지이용 합리화법령에 따라 효율관리기자재의 제조업자 또는 수입업자는 효율관리시험기관에서 해당 효율관리기자재의 에너지 사용량을 측정받아야 한다. 이 시험기관은 누가 지정하는가?

① 과학기술정보통신부장관
② 산업통상자원부장관
③ 기획재정부장관
④ 환경부장관

[풀이] 효율관리기자재 시험기관 지정권자 : 산업통상자원부장관

36 에너지이용 합리화법에 따라 에너지 저장의무를 부과할 수 있는 대상자가 아닌 자는?

① 전기사업법에 의한 전기사업자
② 도시가스사업법에 의한 도시가스사업자
③ 풍력사업법에 의한 풍력사업자
④ 석탄산업법에 의한 석탄가공업자

[풀이] 에너지이용 합리화법 시행령 제12조에 의해 에너지 저장의무 부과대상자에서 풍력사업자는 제외된다.

37 다음 중 에너지이용 합리화법령 에너지이용 합리화 기본계획에 포함될 사항이 아닌 것은?

① 열사용기자재의 안전관리
② 에너지절약형 경제구조로의 전환
③ 에너지이용 합리화를 위한 기술개발
④ 한국에너지공단의 운영 계획

[풀이] **기본계획(법 제4조)**
보기 ①, ②, ③ 외에 다음 사항을 포함한다.
• 에너지이용효율의 증대
• 에너지원 간 대체
• 에너지이용 합리화를 위한 홍보 및 교육 등

38 에너지이용 합리화법령상 특정열사용기자재와 설치·시공범위 기준이 바르게 연결된 것은?

① 강철제 보일러 : 해당 기기의 설치·배관 및 세관
② 태양열 집열기 : 해당 기기의 설치를 위한 시공
③ 비철금속 용융로 : 해당 기기의 설치·배관 및 세관
④ 축열식 전기보일러 : 해당 기기의 설치를 위한 시공

[풀이] 특정열사용기자재 설치·시공 범위(시행규칙 별표 3-2)
• 해당 기기의 설치·배관 및 세관 : 보일러, 태양열 집열기, 압력용기
• 해당 기기의 설치를 위한 시공 : 요업요로(가마), 금속요로(용선로, 비철금속용융로, 금속소둔로, 철금속가열로, 금속균열로)

39 에너지이용 합리화법령상 산업통상자원부장관 또는 시·도지사가 한국에너지공단 이사장에게 권한을 위탁한 업무가 아닌 것은?

① 에너지관리지도
② 에너지사용계획의 검토
③ 열사용기자재 제조업의 등록
④ 효율관리기자재의 측정 결과 신고의 접수

정답 34 ① 35 ② 36 ③ 37 ④ 38 ① 39 ③

풀이 열사용기자재 제조업의 등록권자는 시장 또는 도지사이다.

40 에너지이용 합리화법령상 시공업자단체에 대한 설명으로 틀린 것은?

① 시공업자는 산업통상자원부장관의 인가를 받아 시공업자단체를 설립할 수 있다.
② 시공업자단체는 개인으로 한다.
③ 시공업자는 시공업자단체에 가입할 수 있다.
④ 시공업자단체는 시공업에 관한 사항을 정부에 건의할 수 있다.

풀이 에너지이용 합리화법 제41조에서 시공업자단체의 설립은 법인으로 하여야 한다.

41 에너지이용 합리화법령상 규정된 특정열사용기자재 품목이 아닌 것은?

① 축열식 전기보일러 ② 태양열 집열기
③ 철금속 가열기 ④ 용광로

풀이 요로
- 금속요로(용광로, 제강로 등)
- 요업요로

42 에너지이용 합리화법령상 특정열사용기자재의 설치·시공이나 세관(洗罐)을 업으로 하는 자는 어떤 법령에 따라 누구에게 등록하여야 하는가?

① 건설산업기본법, 시·도지사
② 건설산업기본법, 과학기술정보통신부장관
③ 건설기술진흥법, 시장·구청장
④ 건설기술진흥법, 산업통상자원부장관

풀이 특정열사용기자재의 설치·시공·세관을 업으로 하는 자는 건설산업기본법에 따라서 시·도지사에게 등록한다.

43 에너지이용 합리화법에 따라 열사용기자재 관리에 대한 설명으로 틀린 것은?

① 계속사용검사는 검사유효기간의 만료일이 속하는 연도의 말까지 연기할 수 있으며, 연기하려는 자는 검사대상기기 검사연기 신청서를 한국에너지공단이사장에게 제출하여야 한다.
② 한국에너지공단이사장은 검사에 합격한 검사대상기기에 대해서 검사 신청인에게 검사일부터 7일 이내에 검사증을 발급하여야 한다.
③ 검사대상기기관리자의 선임신고는 신고 사유가 발생한 날로부터 20일 이내에 하여야 한다.
④ 검사대상기기의 설치자가 사용 중인 검사대상기기를 폐기한 경우에는 폐기한 날부터 15일 이내에 검사대상기기 폐기신고서를 한국에너지공단이사장에게 제출하여야 한다.

풀이 검사대상기기관리자의 선임신고는 신고 사유가 발생한 날로부터 30일 이내에 한국에너지공단에 신고한다.

44 에너지이용 합리화법에 따라 특정열사용기자재의 설치·시공이나 세관을 업으로 하는 자는 어디에 등록을 하여야 하는가?

① 행정안전부장관
② 한국열관리시공협회
③ 한국에너지공단이사장
④ 시·도지사

풀이 특정열사용기자재의 설치, 시공, 세관(국토교통부령 전문건설업)을 하고자 하는 자는 시장, 도지사에게 등록하여야 한다.

45 에너지이용 합리화법에 따라 대기전력 경고표지 대상 제품인 것은?

① 디지털 카메라 ② 텔레비전
③ 셋톱박스 ④ 유무선전화기

정답 40 ② 41 ④ 42 ① 43 ③ 44 ④ 45 ④

풀이 대기전력 경고표지 대상 제품
컴퓨터, 모니터, 프린터, 팩시밀리, 복사기, 스캐너, 복합기, 자동절전제어 장치, 오디오, DVD 플레이어, 라디오카세트, 전자레인지, 도어폰, 유무선전화기, 비데, 모뎀, 홈게이트웨이, 손건조기, 서버, 디지털컨버터, 유무선공유기

46 에너지법에서 정한 에너지에 해당하지 않는 것은?

① 열
② 연료
③ 전기
④ 원자력

풀이 핵연료 및 원자력은 에너지법에서 정한 에너지에서 제외된다.

47 에너지이용 합리화법에 따라 검사대상기기의 검사유효기간 기준으로 틀린 것은?

① 검사유효기간은 검사에 합격한 날의 다음 날부터 계산한다.
② 검사에 합격한 날이 검사유효기간 만료일 이전 60일 이내인 경우 검사유효기간 만료일의 다음 날부터 계산한다.
③ 검사를 연기한 경우의 검사유효기간은 검사유효기간 만료일의 다음 날부터 계산한다.
④ 산업통상자원부장관은 검사대상기기의 안전관리 또는 에너지효율 향상을 위하여 부득이하다고 인정할 때에는 검사유효기간을 조정할 수 있다.

풀이 시행규칙 제31조의8에 따라 ②는 60일이 아닌 30일 이내인 경우이다.

48 에너지이용 합리화법에 따른 에너지 저장의무 부과대상자가 아닌 것은?

① 전기사업자
② 석탄생산자
③ 도시가스사업자
④ 연간 2만 석유환산톤 이상의 에너지를 사용하는 자

풀이 에너지 저장의무 부과대상자는 시행령 제12조에 따라 ①, ③, ④ 외에 석탄가공업자, 집단에너지사업자 등이다.

49 다음은 에너지이용 합리화법에서의 보고 및 검사에 관한 내용이다. ㉠, ㉡에 들어갈 내용을 옳게 나열한 것은?

공단이사장 또는 검사기관의 장은 매달 검사대상기기의 검사 실적을 다음 달 (㉠)일까지 (㉡)에게 보고하여야 한다.

① ㉠ 5   ㉡ 시·도지사
② ㉠ 10 ㉡ 시·도지사
③ ㉠ 5   ㉡ 산업통상자원부장관
④ ㉠ 10 ㉡ 산업통상자원부장관

풀이 공단이사장 또는 검사기관의 장은 매달 검사대상기기의 검사 실적을 다음 달 10일까지 시·도지사에게 보고하여야 한다.

50 에너지이용 합리화법에 따른 한국에너지공단의 사업이 아닌 것은?

① 에너지의 안정적 공급
② 열사용기자재의 안전관리
③ 신에너지 및 재생에너지 개발사업의 촉진
④ 집단에너지 사업의 촉진을 위한 지원 및 관리

풀이 에너지의 안정적 공급은 국가의 책무이다.

51 에너지이용 합리화법에 따라 효율관리기자재의 제조업자가 광고매체를 이용하여 효율관리기자재의 광고를 하는 경우에 그 광고내용에 포함시켜야 할 사항은?

① 에너지 최고효율
② 에너지 사용량
③ 에너지 소비효율
④ 에너지 평균소비량

정답 46 ④ 47 ② 48 ② 49 ② 50 ① 51 ③

풀이 에너지이용 합리화법 제15조 관련
효율관리기자재의 제조업자가 광고내용에 포함해야 하는 사항은 에너지의 소비효율 또는 사용량의 표시, 에너지 소비효율 등급기준 및 등급표시, 에너지의 최대사용량 기준 등이다.

52 에너지이용 합리화법에 따라 시공업의 기술인력 및 검사대상기기관리자에 대한 교육과정과 교육기간의 연결로 틀린 것은?

① 난방시공업 제1종기술자 과정 : 1일
② 난방시공업 제2종기술자 과정 : 1일
③ 소형보일러 · 압력용기관리자 과정 : 1일
④ 중 · 대형 보일러관리자 과정 : 2일

풀이 시행규칙 별표 12에 따른 중 · 대형보일러관리자 과정 교육기간 : 1일

53 에너지이용 합리화법에 따른 양벌규정 사항에 해당되지 않는 것은?

① 에너지 저장시설의 보유 또는 저장의무의 부과 시 정당한 이유 없이 이를 거부하거나 이행하지 아니한 자
② 검사대상기기의 검사를 받지 아니한 자
③ 검사대상기기관리자를 선임하지 아니한 자
④ 공무원이 효율관리기자재 제조업자 사무소의 서류를 검사할 때 검사를 방해한 자

풀이 에너지법 제77조 양벌규정에 따라 제72~76조에 해당하는 경우 양벌규정에 속한다.
① 제72조
② 제73조
③ 제75조

54 에너지이용 합리화법의 목적이 아닌 것은?

① 에너지의 합리적인 이용을 증진
② 국민경제의 건전한 발전에 이바지
③ 지구온난화의 최소화에 이바지
④ 신재생에너지의 기술개발에 이바지

풀이 에너지이용 합리화법 제1조에 따라 ①, ②, ③ 외에 국민복지의 증진, 지구온난화의 최소화에 이바지하는 것이 목적이다.

55 에너지이용 합리화법에 따라 검사대상기기 관리대행기관으로 지정(변경지정) 받으려는 자가 첨부하여 제출해야 하는 서류가 아닌 것은?

① 장비명세서
② 기술인력명세서
③ 변경사항을 증명할 수 있는 서류(변경지정의 경우만 해당)
④ 향후 3년간의 안전관리대행 사업계획서

풀이 별지 제26호의2 서식에 의거하여 첨부서류는 ①, ②, ③ 및 향후 1년간의 안전관리대행 사업계획서가 필요하다.

56 다음 중 에너지이용 합리화법에 따라 산업통상자원부장관 또는 시 · 도지사가 한국에너지공단 이사장에게 위탁한 업무가 아닌 것은?

① 에너지사용계획의 검토
② 에너지절약전문기업의 등록
③ 냉난방온도의 유지 · 관리 여부에 대한 점검 및 실태 파악
④ 에너지이용 합리화 기본계획의 수립

풀이 에너지이용 합리화 기본계획은 산업통상자원부장관이 수립한다.

정답 52 ④ 53 ④ 54 ④ 55 ④ 56 ④

CHAPTER 04. 에너지법과 에너지이용 합리화법

57 에너지법에서 정한 용어의 정의에 대한 설명으로 틀린 것은?

① 에너지란 연료·열 및 전기를 말한다.
② 연료란 석유·가스·석탄, 그 밖에 열을 발생하는 열원을 말한다.
③ 에너지사용자란 에너지를 전환하여 사용하는 자를 말한다.
④ 에너지사용기자재란 열사용기자재나 그 밖에 에너지를 사용하는 기자재를 말한다.

풀이 에너지사용시설
  에너지를 사용하는 공장, 사업장 등의 시설이나 에너지를 전환하여 사용하는 시설을 말한다.

58 에너지이용 합리화법에 따라 에너지 절약형 시설투자 시 세제지원이 되는 시설투자가 아닌 것은?

① 노후 보일러 등 에너지다소비 설비의 대체
② 열병합발전사업을 위한 시설 및 기기류의 설치
③ 5% 이상의 에너지절약 효과가 있다고 인정되는 설비
④ 산업용 요로 설비의 대체

풀이 에너지법 제14조 및 에너지이용합리화법 시행령 제27조에 의거 세제지원대상항목은 ①, ②, ④의 경우이다. 또는 10% 이상의 에너지 절약 효과가 있다고 인정되는 설비이다.

59 다음 중 에너지이용 합리화법에 따른 에너지사용계획의 수립대상 사업이 아닌 것은?

① 고속도로건설사업
② 관광단지개발사업
③ 항만건설사업
④ 철도건설사업

풀이 에너지사용계획 수립대상 : 관광단지개발사업, 항만건설사업, 철도건설사업

60 에너지이용 합리화법령에 따른 에너지이용 합리화 기본계획에 포함되어야 할 내용이 아닌 것은?

① 에너지 이용 효율의 증대
② 열사용기자재의 안전관리
③ 에너지 소비 최대화를 위한 결제구조로의 전환
④ 에너지원 간 대체

풀이 에너지이용 합리화법 제4조
  에너지이용 합리화 기본계획에는 ①, ②, ④ 외에 '에너지 절약형 경제구조로의 전환을 수립한다'가 있다.

61 에너지이용 합리화법상 온수 발생 용량이 0.5815MW를 초과하며 10t/h 이하인 보일러에 대한 검사대상기기관리자의 자격을 모두 고른 것은?

ㄱ. 에너지관리기능장
ㄴ. 에너지관리기사
ㄷ. 에너지관리산업기사
ㄹ. 에너지관리기능사
ㅁ. 인정검사대상기기관리자의 교육을 이수한 자

① ㄱ, ㄴ
② ㄱ, ㄴ, ㄷ
③ ㄱ, ㄴ, ㄷ, ㄹ
④ ㄱ, ㄴ, ㄷ, ㄹ, ㅁ

풀이 • 0.5815MW = 580,000W = 580kW
  • 1kWh = 860kcal

62 에너지이용 합리화법에 따라 에너지이용 합리화 기본계획에 대한 설명으로 틀린 것은?

① 기본계획에는 에너지이용효율의 증대에 관한 사항이 포함되어야 한다.
② 기본계획에는 에너지절약형 경제구조로의 전환에 관한 사항이 포함되어야 한다.
③ 산업통상자원부장관은 기본계획을 수립하기 위하여 필요하다고 인정하는 경우 관계 행정기관의 장에게 필요자료 제출을 요청할 수 있다.
④ 시·도지사는 기본계획을 수립하려면 관계행정기관의 장과 협의한 후 산업통상자원부장관의 심의를 거쳐야 한다.

정답 57 ③ 58 ③ 59 ① 60 ③ 61 ③ 62 ④

풀이 시·도지사는 매년 에너지이용 합리화 기본계획을 수립하고 그 계획을 해당 연도 1월 31일까지 그리고 그 시행계획을(결과물) 다음 연도 2월 말까지 각각 산업통상자원부장관에게 제출하여야 한다.

63 에너지이용 합리화법에 따라 산업통상자원부장관은 에너지 사정 등의 변동으로 에너지 수급에 중대한 차질이 발생할 우려가 있다고 인정되면 필요한 범위에서 에너지 사용자, 공급자 등에게 조정·명령, 그 밖에 필요한 조치를 할 수 있다. 이에 해당되지 않는 항목은?

① 에너지의 개발
② 지역별, 주요 수급자별 에너지 할당
③ 에너지의 비축
④ 에너지의 배급

풀이 에너지이용 합리화법 제7조 수급안정을 위한 조치에 포함되는 사항
- 에너지 공급설비의 가동 및 조업
- 에너지의 도입 수출입 및 위탁가공
- 에너지의 양도, 양수의 제한 또는 금지

64 에너지이용 합리화법에 따라 에너지다소비사업자의 신고에 대한 설명으로 옳은 것은?

① 에너지다소비사업자는 매년 12월 31일까지 사무소가 소재하는 지역을 관할하는 시·도지사에게 신고하여야 한다.
② 에너지다소비사업자의 신고를 받은 시·도지사는 이를 매년 2월 말일까지 산업통상자원부장관에게 보고하여야 한다.
③ 에너지다소비사업자의 신고에는 에너지를 사용하여 만드는 제품·부가가치 등의 단위당 에너지이용효율 향상목표 또는 온실가스배출 감소목표 및 이행방법을 포함하여야 한다.
④ 에너지다소비사업자는 연료·열의 연간 사용량의 합계가 2,000티오이 이상이고, 전력의 연간 사용량이 400만 킬로와트시 이상인 자를 의미한다.

풀이 ① 매년 1월 31일까지 신고
④ 연료 및 전력의 합계가 연간 2,000티오이 이상 사용자를 의미

65 에너지이용 합리화법상 검사대상기기설치자가 해당 기기의 검사를 받지 않고 사용하였을 경우 벌칙기준으로 옳은 것은?

① 2년 이하의 징역 또는 2천만 원 이하의 벌금
② 1년 이하의 징역 또는 1천만 원 이하의 벌금
③ 2천만 원 이하의 과태료
④ 1천만 원 이하의 과태료

풀이 검사대상기기설치자가 해당 기기의 검사를 받지 않으면 에너지이용 합리화법 제73조에 의거하여 1년 이하의 징역 또는 1천만 원 이하의 벌금을 부과한다.

66 에너지이용 합리화법령에 따라 산업통상자원부장관은 에너지 수급 안정을 위하여 에너지 사용자에게 필요한 조치를 할 수 있는데 이 조치의 해당 사항이 아닌 것은?

① 지역별, 주요 수급자별 에너지 할당
② 에너지 공급설비의 정지명령
③ 에너지의 비축과 저장
④ 에너지사용기자재의 사용 제한 또는 금지

풀이 에너지이용 합리화법 제7조(수급안정)에 의거 에너지공급설비의 가동 및 조업 외에 ①, ③, ④가 수급안정을 위한 조치이다.

67 에너지법에서 정한 열사용기자재의 정의에 대한 내용이 아닌 것은?

① 연료를 사용하는 기기
② 열을 사용하는 기기
③ 단열성 자재 및 축열식 전기기기
④ 폐열 회수장치 및 전열장치

정답 63 ① 64 ② 65 ② 66 ② 67 ④

풀이
- 폐열회수장치는 열효율을 높이는 장치이다.
- 폐열회수장치 : 과열기, 재열기, 절탄기, 공기예열기

68 에너지이용 합리화법에 따라 검사대상기기 검사 중 개조검사의 적용 대상이 아닌 것은?
① 온수보일러를 증기보일러로 개조하는 경우
② 보일러 섹션의 증감에 의하여 용량을 변경하는 경우
③ 동체·경판·관판·관모음 또는 스테이의 변경으로서 산업통상자원부장관이 정하여 고시하는 대수리의 경우
④ 연료 또는 연소방법을 변경하는 경우

풀이 개조검사
- 증기보일러를 온수보일러로 개조하는 검사
- 검사권자 : 한국에너지공단

69 에너지이용 합리화법령에서 에너지 사용의 제한 또는 금지에 대한 내용으로 틀린 것은?
① 에너지 사용의 시기 및 방법의 제한
② 에너지 사용 시설 및 에너지 사용 기자재에 사용할 에너지의 지정 및 사용 에너지의 전환
③ 특정 지역에 대한 에너지 사용의 제한
④ 에너지 사용 설비에 관한 사항

풀이 에너지이용 합리화법 시행령 제14조
에너지 사용 제한 또는 금지에서는 ①, ②, ③ 외에 에너지 사용 시설 및 에너지 사용 기자재에 사용할 에너지의 지정 및 사용 에너지의 전환이 정하는 사항이다.

70 에너지이용 합리화법상 특정열사용기자재 및 설치·시공범위에 해당하지 않는 품목은?
① 압력용기
② 태양열 집열기
③ 태양광 발전장치
④ 금속요로

풀이 태양광 발전장치는 전기사업법을 적용한다.

71 에너지이용 합리화법에 의해 에너지사용의 제한 또는 금지에 관한 조정·명령, 기타 필요한 조치를 위반한 자에 대한 과태료 기준은 얼마인가?
① 50만 원 이하
② 100만 원 이하
③ 300만 원 이하
④ 500만 원 이하

풀이 에너지이용 합리화법 제78조(과태료) 제4항 제1호에 따라 300만 원 이하 과태료를 부과한다.

72 에너지이용 합리화법령상 효율관리기자재에 대한 에너지소비효율등급을 거짓으로 표시한 자에 해당하는 과태료는?
① 3백만 원 이하
② 5백만 원 이하
③ 1천만 원 이하
④ 2천만 원 이하

풀이 과태료
효율관리기자재에 대한 에너지효율등급을 거짓으로 표시한 자는 2천만 원 이하의 과태료 부과

73 에너지이용 합리화법에 따라 연간 에너지사용량이 30만 티오이인 자가 구역별로 나누어 에너지 진단을 하고자 할 때 에너지 진단주기는?
① 1년
② 2년
③ 3년
④ 5년

풀이 ㉠ 석유환산 20만톤 이상 에너지 진단주기(TOE 진단일시주기)
- 전체진단 : 5년마다
- 구역별 부분진단 : 3년마다(부분진단은 에너지 사용량 10만 TOE 이상을 기준으로 나누어 순차적으로 실시한다.)

㉡ 석유환산 20만톤 미만인 업체 : 전체진단 5년마다

정답 68 ① 69 ④ 70 ③ 71 ③ 72 ④ 73 ③

74 에너지이용 합리화법령상 검사에 불합격된 검사대상기기를 사용한 자의 벌칙 기준은?

① 5백만 원 이하의 벌금
② 1년 이하의 징역 또는 1천만 원 이하의 벌금
③ 2년 이하의 징역 또는 2천만 원 이하의 벌금
④ 3천만 원 이하의 벌금

[풀이] 불합격된 검사대상기기(보일러, 압력용기, 요로) 사용자에 대한 벌칙
1년 이하의 징역 또는 1천만 원 이하의 벌금에 처한다.

75 에너지이용 합리화법령에 따라 검사대상기기관리자는 선임된 날부터 얼마 이내에 교육을 받아야 하는가?

① 1개월   ② 3개월
③ 6개월   ④ 1년

[풀이] 검사대상기기관리자는 선임된 날로부터 6개월 이내에 교육을 받아야 한다.

76 에너지법에 의한 에너지 총조사는 몇 년 주기로 시행하는가?

① 2년   ② 3년
③ 4년   ④ 5년

[풀이] 에너지 총조사기간
• 기본조사 : 3년
• 간이조사 : 필요한 경우

77 에너지법에 따른 용어의 정의에 대한 설명으로 틀린 것은?

① 에너지사용시설이란 에너지를 사용하는 공장·사업장 등의 시설이나 에너지를 전환하여 사용하는 시설을 말한다.
② 에너지사용자란 에너지를 사용하는 소비자를 말한다.
③ 에너지공급자란 에너지를 생산·수입·전환·수송·저장 또는 판매하는 사업자를 말한다.
④ 에너지란 연료·열 및 전기를 말한다.

[풀이] 에너지 사용자는 에너지를 사용하는 사업주나 관리자를 말한다.

78 에너지이용 합리화법령상 검사의 종류가 아닌 것은?

① 설계검사   ② 제조검사
③ 계속사용검사 ④ 개조검사

[풀이] 에너지이용 합리화법령상 검사의 종류
• 제조검사(용접검사, 구조검사)
• 설치검사
• 개조검사
• 설치장소변경검사
• 재사용검사
• 계속사용검사(안전검사, 운전성능검사)

79 에너지이용 합리화법령상 열사용기자재에 해당하는 것은?

① 금속요로   ② 선박용 보일러
③ 고압가스 압력용기 ④ 철도차량용 보일러

[풀이] 고압가스용 압력용기, 선박용 보일러, 철도차량용 보일러는 에너지법에서 제외되는 열사용기자재이다.
※ 요로
• 요(킬른) : 연속가마, 불연속가마, 반연속가마
• 로 : 용광로, 제강로, 균열로, 반사로, 혼선로 (금속요로)

80 에너지이용 합리화법에 따른 특정열사용기자재 품목에 해당하지 않는 것은?

① 강철제 보일러   ② 구멍탄용 온수보일러
③ 태양열 집열기   ④ 태양광 발전기

정답 74 ② 75 ③ 76 ② 77 ② 78 ① 79 ① 80 ④

풀이 태양광 발전기는 전기사업법에 해당된다. 다만, 태양열집열기는 특정열사용기자재 범위에 속한다.

81 에너지이용 합리화법에 따라 에너지사용계획을 수립하여 산업통상자원부장관에게 제출하여야 하는 민간사업주관자의 기준은?

① 연간 5백만 킬로와트시 이상의 전력을 사용하는 시설을 설치하려는 자
② 연간 1천만 킬로와트시 이상의 전력을 사용하는 시설을 설치하려는 자
③ 연간 1천5백만 킬로와트시 이상의 전력을 사용하는 시설을 설치하려는 자
④ 연간 2천만 킬로와트시 이상의 전력을 사용하는 시설을 설치하려는 자

풀이 ④는 민간사업주관자가 산업통상자원부장관에게 에너지 사용 계획을 수립하여 제출해야 하는 사용시설이다.

82 에너지이용 합리화법에서 정한 에너지절약 전문기업 등록의 취소요건이 아닌 것은?

① 규정에 의한 등록기준에 미달하게 된 경우
② 사업수행과 관련하여 다수의 민원을 일으킨 경우
③ 동법에 따른 에너지절약전문기업에 대한 업무에 관한 보고를 하지 아니하거나 거짓으로 보고한 경우
④ 정당한 사유 없이 등록 후 3년 이상 계속하여 사업수행실적이 없는 경우

풀이 에너지이용 합리화법 제25조 에너지절약전문기업의 지원 및 제26조 에너지절약전문기업의 등록취소 등에서 ①, ③, ④에 해당되면 등록의 취소요건이 된다. 그 외 기타 에너지절약전문기업에 내준 등록증을 대여한 경우 등이 해당된다.

83 에너지이용 합리화법에 따라 공공사업주관자는 에너지사용계획의 조정 등 조치 요청을 받은 경우에는 산업통상자원부령으로 정하는 바에 따라 조치 이행계획을 작성하여 제출하여야 한다. 다음 중 이행계획에 반드시 포함되어야 하는 항목이 아닌 것은?

① 이행 예산   ② 이행 주체
③ 이행 방법   ④ 이행 시기

풀이 에너지이용 합리화법 제11조, 시행령 제23조, 시행규칙 제5조 이행계획사항
- 이행주체
- 이행방법
- 이행시기

84 에너지이용 합리화법에서 규정한 수요관리 전문기관에 해당하는 것은?

① 한국가스안전공사
② 한국에너지공단
③ 한국전력공사
④ 전기안전공사

풀이 수요관리 전문기관 : 한국에너지공단

85 에너지이용 합리화법에 따른 특정열 사용 기자재가 아닌 것은?

① 주철제 보일러
② 금속 소둔로
③ 2종 압력용기
④ 석유난로

풀이 석유난로는 열사용 기자재에서 제외된다(에너지이용 합리화법 시행규칙 별표 3-2 참고).

정답 81 ④ 82 ② 83 ① 84 ② 85 ④

86 에너지이용 합리화법령에 따라 인정검사대상기기관리자의 교육을 이수한 자가 관리할 수 없는 검사대상기기는?

① 압력용기
② 열매체를 가열하는 보일러로서 용량이 581.5kW 이하인 것
③ 온수를 발생하는 보일러로서 용량이 581.5kW 이하인 것
④ 증기보일러로서 최고사용압력이 2MPa 이하이고, 전열면적이 5m² 이하인 것

풀이 1MPa 이하, 전열면적 5m² 이하의 제2종 관류보일러인 경우 인정검사대상기기관리자의 교육을 이수한 자가 관리할 수 있다.

87 에너지이용 합리화법에서 에너지의 절약을 위해 정한 "자발적 협약"의 평가 기준이 아닌 것은?

① 계획 대비 달성률 및 투자실적
② 자원 및 에너지의 재활용 노력
③ 에너지 절약을 위한 연구개발 및 보급 촉진
④ 에너지 절감량 또는 에너지의 합리적인 이용을 통한 온실가스 배출 감축량

풀이 자발적 협약 평가기준은 ①, ②, ④ 외에도 기타 에너지 절감 또는 에너지의 합리적인 이용을 통한 온실가스 배출 감축에 관한 사항을 포함한다.

88 에너지법에 따른 지역에너지계획에 포함되어야 할 사항이 아닌 것은?

① 해당 지역에 대한 에너지 수급의 추이와 전망에 관한 사항
② 해당 지역에 대한 에너지의 안정적 공급을 위한 대책에 관한 사항
③ 해당 지역에 대한 에너지 효율적 사용을 위한 기술개발에 관한 사항
④ 해당 지역에 대한 미활용 에너지원의 개발·사용을 위한 대책에 관한 사항

풀이 에너지법 제7조에 의거 지역에너지계획의 수립에 포함사항은 ①, ②, ④ 외에 신재생에너지 등 친환경적 에너지 사용을 위한 대책에 관한 사항이 포함된다.

89 에너지이용 합리화법령에 따라 검사대상기기 관리대행기관으로 지정을 받기 위하여 산업통상자원부장관에게 제출하여야 하는 서류가 아닌 것은?

① 장비명세서
② 기술인력 명세서
③ 기술인력 고용계약서 사본
④ 향후 1년간 안전관리대행 사업계획서

풀이 에너지이용 합리화법 시행규칙 제31조의 29에 의거한 지정신청서류는 ①, ②, ④ 외에도 '변경사항을 증명할 수 있는 서류(변경지정의 경우에만 해당) 및 별표 3의10 지정요건 장비'가 필요하다.

90 에너지이용 합리화법에 따라 에너지공급자의 수요관리 투자계획에 대한 설명으로 틀린 것은?

① 한국지역난방공사는 수요관리투자계획 수립대상이 되는 에너지공급자이다.
② 연차별 수요관리투자계획은 해당 연도 개시 2개월 전까지 제출하여야 한다.
③ 제출된 수요관리투자 계획을 변경하는 경우에는 그 변경한 날부터 15일 이내에 변경사항을 제출하여야 한다.
④ 수요관리투자계획 시행 결과는 다음 연도 6월 말일까지 산업통상자원부장관에게 제출하여야 한다.

풀이 수요관리투자계획 시행 결과는 다음 연도 2월 말까지 산업통상자원부 장관에게 투자계획을 제출한다.

정답 86 ④　87 ③　88 ③　89 ③　90 ④

91 에너지이용 합리화법령상 산업통상자원부장관이 에너지저장의무를 부과할 수 있는 대상자의 기준으로 틀린 것은?

① 연간 1만 석유환산톤 이상의 에너지를 사용하는 자
② 「전기사업법」에 따른 전기사업자
③ 「석탄산업법」에 따른 석탄가공업자
④ 「집단에너지사업법」에 따른 집단에너지사업자

풀이 연간 2만 톤 석유환산 톤 이상이어야 에너지저장의무 부과대상자이다.

92 에너지이용 합리화법에 따라 검사대상기기의 설치자가 사용 중인 검사대상기기를 폐기한 경우에는 폐기한 날부터 최대 며칠 이내에 검사대상기기 폐기신고서를 한국에너지공단 이사장에게 제출하여야 하는가?

① 7일   ② 10일
③ 15일   ④ 20일

풀이 검사대상기기 폐기 및 사용중지 신고 제출기한은 15일이다.

93 에너지이용 합리화법에 따라 효율관리기자재의 제조업자가 효율관리시험기관으로부터 측정결과를 통보받은 날 또는 자체 측정을 완료한 날부터 그 측정결과를 며칠 이내에 한국에너지공단에 신고하여야 하는가?

① 15일   ② 30일
③ 60일   ④ 90일

풀이 효율관리기자재의 제조업자는 효율관리시험기관으로부터 측정결과를 통보받은 날로부터 한국에너지공단에 90일 이내에 신고하여야 한다.

94 에너지법에 따라 지역에너지계획은 몇 년 이상을 계획 기간으로 하여 수립·시행하는가?

① 3년   ② 5년
③ 7년   ④ 10년

풀이 국가에너지이용합리화 기본계획
5년마다 산업통상자원부장관이 계획하고 지역에너지계획은 시·도지사가 5년마다 계획한다.

95 에너지이용 합리화법에 따라 산업통상자원부장관은 에너지를 합리적으로 이용하게 하기 위하여 몇 년마다 에너지이용 합리화에 관한 기본계획을 수립하여야 하는가?

① 2년   ② 3년
③ 5년   ④ 10년

풀이 에너지이용 합리화 기본계획은 산업통상자원부장관이 5년마다 수립한다(계획기간 : 20년).

96 에너지이용 합리화법에 따라 검사대상기기 관리자의 신고사유가 발생한 경우 발생한 날로부터 며칠 이내에 신고하여야 하는가?

① 7일   ② 15일
③ 30일   ④ 60일

풀이 검사대상기기(보일러, 압력용기)관리자는 사유가 발생한 날로부터 30일 이내에 한국에너지공단에 신고하여야 한다.

97 에너지법령에 의한 에너지 총조사는 몇 년 주기로 시행하는가?(단, 간이조사는 제외한다.)

① 2년   ② 3년
③ 4년   ④ 5년

풀이 간이조사가 아닌 정기적 에너지 총조사는 3년마다 시행한다(간이조사 : 필요한 경우 수시로).

정답 91 ① 92 ③ 93 ④ 94 ② 95 ③ 96 ③ 97 ②

98 에너지이용 합리화법령에 따라 에너지절약전문기업의 등록이 취소된 에너지절약전문기업은 원칙적으로 등록 취소일로부터 최소 얼마의 기간이 지나면 다시 등록을 할 수 있는가?

① 1년 ② 2년
③ 3년 ④ 5년

풀이 에너지절약전문기업(ESCO)은 등록이 취소되면 2년이 경과되어야 한국에너지공단에 재신청이 가능하다.

99 에너지이용 합리화법령상 산업통상자원부장관이 에너지다소비사업자에게 개선명령을 할 수 있는 경우는 에너지관리지도 결과 몇 % 이상의 에너지 효율 개선이 기대될 때로 규정하고 있는가?

① 10 ② 20
③ 30 ④ 50

풀이 산업통상자원부장관의 에너지다소비사업장에 대한 개선명령
에너지이용 합리화법 시행령 제40조 개선명령의 요건 및 절차에 의해 에너지관리지도 결과 10% 이상의 에너지 효율 개선이 기대되고 효율의 개선을 위한 투자의 경제성이 있다고 인정되는 경우

100 다음 중 에너지이용 합리화법령에 따른 검사 대상기기에 해당하는 것은?

① 정격용량이 0.5MW인 철금속가열로
② 가스사용량이 20kg/h인 소형 온수보일러
③ 최고사용압력이 0.1MPa이고, 전열면적이 4m²인 강철제 보일러
④ 최고사용압력이 0.1MPa이고, 동체 안지름이 300mm이며, 길이가 500mm인 강철제 보일러

풀이 ① 정격용량이 0.58MW를 초과하는 철금속가열로
③ 최고사용압력이 0.1MPa 초과이고, 전열면적이 5m² 초과인 강철제 보일러
④ 최고사용압력이 0.1MPa 초과이고, 동체 안지름이 300mm 초과이며, 길이가 600mm 초과인 강철제 보일러

101 에너지이용 합리화법령상 최고사용압력(MPa)과 내부 부피(m³)을 곱한 수치가 0.004를 초과하는 압력용기 중 1종 압력용기에 해당되지 않는 것은?

① 증기를 발생시켜 액체를 가열하며 용기 안의 압력이 대기압을 초과하는 압력용기
② 용기 안의 화학반응에 의하여 증기를 발생하는 것으로 용기 안의 압력이 대기압을 초과하는 압력용기
③ 용기 안의 액체의 성분을 분리하기 위하여 해당 액체를 가열하는 것으로 용기 안의 압력이 대기압을 초과하는 압력용기
④ 용기 안의 액체의 온도가 대기압에서의 비점을 초과하지 않는 압력용기

풀이 용기 안의 액체의 온도가 대기압에서의 비점을 초과하는 압력용기가 문제의 1종 압력용기에 해당된다.

102 에너지이용 합리화법령상 에너지사용계획을 수립하여 산업통상자원부장관에게 제출하여야 하는 공공사업주관자가 설치하려는 시설기준으로 옳은 것은?

① 연간 1천 티오이 이상의 연료 및 열을 사용하는 시설
② 연간 2천 티오이 이상의 연료 및 열을 사용하는 시설
③ 연간 2천5백 티오이 이상의 연료 및 열을 사용하는 시설
④ 연간 1만 티오이 이상의 연료 및 열을 사용하는 시설

정답 98 ② 99 ① 100 ② 101 ④ 102 ③

㉠ 공공사업주관자
- 연간 2천5백 티오이 이상의 연료 및 열을 사용하는 시설
- 연간 1천만 킬로와트시 이상의 전력을 사용하는 시설

㉡ 민간사업주관자
- 연간 5천 티오이 이상의 연료 및 열을 사용하는 시설
- 연간 2천만 킬로와트시 이상의 전력을 사용하는 시설

103 에너지이용 합리화법령에 따라 에너지관리산업기사 자격을 가진 자는 관리가 가능하나, 에너지관리기능사 자격을 가진 자는 관리할 수 없는 보일러 용량의 범위는?

① 5t/h 초과 10t/h 이하
② 10t/h 초과 30t/h 이하
③ 20t/h 초과 40t/h 이하
④ 30t/h 초과 60t/h 이하

 • 보일러 용량 10t/h 초과~30t/h 이하 : 에너지관리산업기사 이상
• 30t/h 초과 : 기사, 기능장 등의 자격증 취득자

104 에너지이용 합리화법령상 검사대상기기의 검사유효기간에 대한 설명으로 옳은 것은?

① 설치 후 3년이 지난 보일러로서 설치장소 변경검사 또는 재사용검사를 받은 보일러는 검사 후 1개월 이내에 운전성능검사를 받아야 한다.
② 보일러의 계속사용검사 중 운전성능검사에 대한 검사유효기간은 해당 보일러가 산업통상자원부장관이 정하여 고시하는 기준에 적합한 경우에는 3년으로 한다.
③ 개조검사 중 연료 또는 연소방법의 변경에 따른 개조검사의 경우에는 검사유효기간을 1년으로 한다.
④ 철금속가열로의 재사용검사의 검사유효기간은 1년으로 한다.

 • 보일러성능검사 : 설치 후 3년 이내에 최초로 운전성능검사를 받는다(안전검사는 1년 이내).
• 개조검사는 개조가 끝난 후에 1년 이내에 개조검사를 받는다.
• 철금속가열로 등 요업용로는 운전성능검사, 계속사용검사는 2년 이내에 받는다(재사용검사 등).

105 에너지이용 합리화법령상 검사대상기기에 해당되지 않는 것은?

① 2종 관류보일러
② 정격용량이 1.2MW인 철금속가열로
③ 도시가스 사용량이 300kW인 소형온수보일러
④ 최고사용압력이 0.3MPa, 내부 부피가 0.04m^3인 2종 압력용기

풀이 전열면적 5m^2 이하, 최고사용압력 0.1MPa 이하나 최고사용압력 1MPa 이하, 전열면적 5m^2 이하 관류보일러(제2종)는 검사대상기기에서 제외한다.

106 에너지이용 합리화법령상 검사대상기기 검사 중 용접검사 면제 대상 기준이 아닌 것은?

① 압력용기 중 동체의 두께가 8mm 미만인 것으로서 최고사용압력(MPa)과 내부 부피(m^3)를 곱한 수치가 0.02 이하인 것
② 강철제 또는 주철제 보일러이며, 온수 보일러 중 전열면적이 18m^2 이하이고, 최고사용압력이 0.35 MPa 이하인 것
③ 강철제 보일러 중 전열면적이 5m^2 이하이고, 최고사용압력이 0.35MPa 이하인 것
④ 압력용기 중 전열교환식인 것으로서 최고사용압력이 0.35MPa 이하이고, 동체의 안지름이 600mm 이하인 것

풀이 제1, 2종 압력용기 용접검사 면제 기준
전열교환식은 0.35MPa 이하이고, 동체의 안지름이 600mm 이하인 것

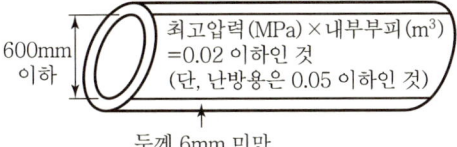

107 에너지이용 합리화법에 따라 냉난방온도의 제한 대상 건물에 해당하는 것은?

① 연간 에너지사용량이 5백 티오이 이상인 건물
② 연간 에너지사용량이 1천 티오이 이상인 건물
③ 연간 에너지사용량이 1천 5백 티오이 이상인 건물
④ 연간 에너지사용량이 2천 티오이 이상인 건물

풀이 에너지다소비사업자는 연간 석유환산 에너지 사용량이 2천 티오이 이상인 사용자다.

108 다음은 보일러의 급수밸브 및 체크밸브 설치 기준에 관한 설명이다. ( ) 안에 알맞은 것은?

급수밸브 및 체크밸브의 크기는 전열면적 10m² 이하의 보일러에서는 관의 호칭 (㉠) 이상, 전열면적 10m²를 초과하는 보일러에서는 호칭 (㉡) 이상이어야 한다.

① ㉠ 5A   ㉡ 10A
② ㉠ 10A ㉡ 15A
③ ㉠ 15A ㉡ 20A
④ ㉠ 20A ㉡ 30A

풀이 전열면적
- 10m² 이하 : 15A 이상
- 10m² 초과 : 20A 이상

109 에너지이용 합리화법에 따라 에너지다소비사업자는 연료·열 및 전력의 연간 사용량의 합계가 얼마 이상인 자를 나타내는가?

① 1천 티오이 이상인 자
② 2천 티오이 이상인 자
③ 3천 티오이 이상인 자
④ 5천 티오이 이상인 자

풀이
- 에너지다소비사업자 : 대통령령으로 정하는 연간 에너지사용량이 2천 티오이(TOE) 이상인 자
- 1TOE : 10^7 kcal
- 원유 1kg : 고위발열량(총발열량 기준) 44.9MJ(10,730kcal)=0.001073TOE
- TOE(석유환산톤) : Ton of Oil Equivalent

110 에너지이용 합리화법에 따라 검사를 받아야 하는 검사대상기기 중 소형 온수보일러의 적용범위 기준은?

① 가스사용량이 10kg/h를 초과하는 보일러
② 가스사용량이 17kg/h를 초과하는 보일러
③ 가스사용량이 21kg/h를 초과하는 보일러
④ 가스사용량이 25kg/h를 초과하는 보일러

풀이 소형 온수보일러
가스사용량이 17kg/h를 초과하거나 도시가스 사용량이 232.6kW(20만 kcal/h)를 초과하는 보일러

111 에너지이용 합리화법에 따른 열사용기자재 중 제2종 압력용기의 적용범위로 옳은 것은?

① 최고사용압력이 0.1MPa을 초과하는 기체를 그 안에 보유하는 용기로서 내부 부피가 0.05m³ 이상인 것
② 최고사용압력이 0.2MPa을 초과하는 기체를 그 안에 보유하는 용기로서 내부 부피가 0.04m³ 이상인 것
③ 최고사용압력이 0.1MPa을 초과하는 기체를 그 안에 보유하는 용기로서 내부 부피가 0.03m³ 이상인 것
④ 최고사용압력이 0.2MPa을 초과하는 기체를 그 안에 보유하는 용기로서 내부 부피가 0.02m³ 이상인 것

정답 107 ④ 108 ③ 109 ② 110 ② 111 ②

> **풀이** 제2종 압력용기는 ② 외에 동체 안지름이 200mm 이상, 그 길이가 1,000mm 이상인 것(증기헤더의 경우에는 동체 안지름이 300mm 초과)

112 에너지이용 합리화법에 따라 용접검사가 면제되는 대상범위에 해당되지 않는 것은?

① 주철제 보일러
② 강철제 보일러 중 전열면적이 5m² 이하이고, 최고사용압력이 0.35MPa 이하인 것
③ 압력용기 중 동체의 두께가 6mm 미만인 것으로서 최고사용압력(MPa)과 내부 부피(m³)를 곱한 수치가 0.02 이하인 것
④ 온수보일러로서 전열면적이 20m² 이하이고, 최고사용압력이 0.3MPa 이하인 것

> **풀이** 온수보일러가 용접 검사 면제가 되려면 전열면적 18m² 이하이고 최고사용압력이 0.35MPa 이하인 것이어야 한다.

113 에너지이용 합리화법에 따라 소형 온수보일러의 적용범위에 대한 설명으로 옳은 것은?(단, 구멍탄용 온수보일러·축열식 전기보일러 및 가스 사용량이 17kg/h 이하인 가스용 온수보일러는 제외한다.)

① 전열면적이 10m² 이하이며, 최고사용압력이 0.35MPa 이하의 온수를 발생하는 보일러
② 전열면적이 14m² 이하이며, 최고사용압력이 0.35MPa 이하의 온수를 발생하는 보일러
③ 전열면적이 10m² 이하이며, 최고사용압력이 0.45MPa 이하의 온수를 발생하는 보일러
④ 전열면적이 14m² 이하이며, 최고사용압력이 0.45MPa 이하의 온수를 발생하는 보일러

> **풀이** 가스용 온수보일러 기준(검사대상기기)
> ㉠ 가스사용량 17kg/h 초과
> ㉡ 도시가스 232.6kW 초과(20만kcal/h 초과)용

- 전열면적 14m² 이하
- 최소사용압력 0.35MPa 이하

114 에너지이용 합리화법에 따른 검사 대상기기에 해당하지 않는 것은?

① 가스 사용량이 17kg/h를 초과하는 소형 온수보일러
② 정격용량이 0.58MW를 초과하는 철금속가열로
③ 온수를 발생시키는 보일러로서 대기개방형인 주철제 보일러
④ 최고사용압력이 0.2MPa를 초과하는 증기를 보유하는 용기로서 내용적이 0.004m³ 이상인 용기

> **풀이** 최고사용압력 0.2MPa(2kg/cm²) 초과로서 그 내용적이 0.04m³ 이상인 것만 검사대상기기이다.

115 에너지이용 합리화법에서 정한 열사용 기자재의 적용 범위로 옳은 것은?

① 전열면적이 20m² 이하인 소형 온수보일러
② 정격소비전력이 50kW 이하인 축열식 전기보일러
③ 1종 압력용기로서 최고사용압력(MPa)과 부피(m³)를 곱한 수치가 0.01을 초과하는 것
④ 2종 압력용기로서 최고사용압력이 0.2MPa을 초과하는 기체를 그 안에 보유하는 용기로서 내부 부피가 0.04m³ 이상인 것

> **풀이** ① 전열면적이 14m² 이하이고, 최고사용압력이 0.35MPa 이하인 소형 온수보일러
> ② 정격소비전력이 30kW 이하이고, 최고사용압력이 0.35MPa 이하인 축열식 전기보일러
> ③ 1종 압력용기로서 최고사용압력(MPa)과 부피(m³)를 곱한 수치가 0.004를 초과하고 다음의 어느 하나에 해당하는 것
> • 증기 그 밖의 열매체를 받아들이거나 증기를 발생시켜 고체 또는 액체를 가열하는 기기로서 용기 안의 압력이 대기압을 넘는 것
> • 용기 안의 화학반응에 따라 증기를 발생시키는 용기로서 용기 안의 압력이 대기압을 넘는 것

정답 112 ④ 113 ② 114 ② 115 ④

- 용기 안의 액체의 성분을 분리하기 위하여 해당 액체를 가열하거나 증기를 발생시키는 용기로서 용기 안의 압력이 대기압을 넘는 것
- 용기 안의 액체의 온도가 대기압에서의 비점을 넘는 것

116 에너지이용 합리화법에 따라 용접검사가 면제되는 대상 범위에 해당되지 않는 것은?

① 용접이음이 없는 강관을 동체로 한 헤더
② 최고사용압력이 0.35MPa 이하이고, 동체의 안지름이 600mm인 전열교환식 1종 압력용기
③ 전열면적이 30m² 이하의 유류용 강철제 증기보일러
④ 전열면적이 18m² 이하이고, 최고사용압력이 0.35MPa인 온수보일러

풀이 강철제 보일러는 전열면적이 5m² 이하이고 최고사용압력이 0.35MPa 이하인 경우에만 용접검사(제조검사)가 면제된다. 따라서 ③은 면제 대상 범위에서 제외된다.

117 에너지이용 합리화법에 따라 매년 1월 31일까지 전년도의 분기별 에너지사용량·제품생산량을 신고하여야 하는 대상은 연간 에너지사용량의 합계가 얼마 이상인 경우 해당되는가?

① 1천 티오이
② 2천 티오이
③ 3천 티오이
④ 5천 티오이

풀이 에너지이용 합리화법 시행령 제35조
에너지다소비사업자는 연간 석유환산 2천 티오이 이상인 자를 말한다.
※ TOE : Ton of Oil Equivalent
1TOE = 10^7 kcal

118 에너지이용 합리화법에 따라 온수발생 및 열매체를 가열하는 보일러의 용량은 몇 kW를 1t/h로 구분하는가?

① 477.8
② 581.5
③ 697.8
④ 789.5

풀이 1kWh = 860kcal
증기 1t/h = 697.8만kcal
697.8×860 = 60만kcal/h

119 아래는 에너지이용 합리화법령상 에너지의 수급 차질에 대비하기 위하여 산업통상자원부장관이 에너지저장의무를 부과할 수 있는 대상자의 기준이다. ( ) 안에 들어갈 용어는?

연간 ( ) 석유환산톤 이상의 에너지를 사용하는 자

① 1천
② 5천
③ 1만
④ 2만

풀이 연간 2만 TOE(석유환산톤) 이상의 에너지를 사용하는 자에게는 에너지 수급 차질을 대비하여 산업통상자원부장관이 에너지저장의무를 부과할 수 있다.

120 에너지이용 합리화법령에 따라 에너지사용량이 대통령령이 정하는 기준량 이상이 되는 에너지다소비사업자는 전년도의 분기별 에너지사용량·제품생산량 등의 사항을 언제까지 신고하여야 하는가?

① 매년 1월 31일
② 매년 3월 31일
③ 매년 6월 30일
④ 매년 12월 31일

풀이 에너지다소비사업자(연간 석유환산 2,000TOE 이상 사용자)는 매년 전년도 분기별 사항을 1월 31일까지 시장, 도지사에게 신고하여야 한다.

정답 116 ③ 117 ② 118 ③ 119 ④ 120 ①

121 에너지이용 합리화법령상 연간 에너지사용량이 20만 티오이 이상인 에너지다소비사업자의 사업장이 받아야 하는 에너지진단 주기는 몇 년인가?(단, 에너지진단은 전체진단이다.)

① 3년   ② 4년
③ 5년   ④ 6년

풀이 20만 티오이 이상 에너지다소비사업자의 에너지진단 전체진단 주기는 5년이다. 단, 부분진단은 3년마다 실시한다.

122 에너지이용 합리화법령상 에너지사용계획의 협의대상사업 범위 기준으로 옳은 것은?

① 택지의 개발사업 중 면적이 10만 m^2 이상
② 도시개발사업 중 면적이 30만 m^2 이상
③ 공항개발사업 중 면적이 20만 m^2 이상
④ 국가산업단지의 개발사업 중 면적이 5만 m^2 이상

풀이 에너지사용계획의 협의대상사업 범위 기준
도시개발사업 중 면적이 30만 m^2 이상

123 다음 중 에너지이용 합리화법에 따라 에너지관리산업기사의 자격을 가진 자가 관리할 수 없는 보일러는?

① 용량이 10t/h인 보일러
② 용량이 20t/h인 보일러
③ 용량이 581.5kW인 온수 발생 보일러
④ 용량이 40t/h인 보일러

풀이 에너지관리산업기사는 30t/h 이하의 보일러 운전이 가능하다(30t/h 초과 보일러 : 에너지관리기사, 에너지관리기능장).

124 에너지이용 합리화법에 따라 인정검사대상기기 관리자의 교육을 이수한 자의 관리범위에 해당하지 않는 것은?

① 용량이 3t/h인 노통 연관식 보일러
② 압력용기
③ 온수를 발생하는 보일러로서 용량이 300kW인 것
④ 증기 보일러로서 최고사용 압력이 0.5MPa이고 전열면적이 9m^2인 것

풀이 인정검사대상기기 관리자의 관리범위
- 압력 1MPa 이하(10kg/cm^2 이하)
- 전열면적 10m^2 이하
- 온수보일러 0.58MW 이하(580kW 이하)
- 압력용기 1종, 2종

125 에너지이용 합리화법령상 검사대상기기의 계속사용검사 유효기간 만료일이 9월 1일 이후인 경우 계속사용검사를 연기할 수 있는 기간 기준은 몇 개월 이내인가?

① 2개월   ② 4개월
③ 6개월   ④ 10개월

풀이 검사연기
- 9월 1일 이전 연기 : 연말까지
- 9월 1일 이후 : 4개월 이내

126 에너지이용 합리화법에 따라 평균에너지 소비효율의 산정방법에 대한 설명으로 틀린 것은?

① 기자재의 종류별 에너지소비효율의 산정방법은 산업통상자원부장관이 정하여 고시한다.
② 평균에너지 소비효율은
$$\frac{\text{기자재 판매량}}{\sum \left[\frac{\text{기자재 종류별 국내판매량}}{\text{기자재 종류별 에너지소비효율}}\right]} \text{이다.}$$
③ 평균에너지소비효율의 개선기간은 개선명령을 받은 날부터 다음해 1월 31일까지로 한다.
④ 평균에너지소비효율의 개선명령을 받은 자는 개선명령을 받은 날부터 60일 이내에 개선명령 이행계획을 수립하여 제출하여야 한다.

풀이 시행규칙 제12조에 의거하여 평균에너지 소비효율의 개선 기간은 개선명령을 받은 날로부터 다음해 12월 31일까지로 한다.

정답 121 ③ 122 ② 123 ④ 124 ① 125 ② 126 ③

127 에너지이용 합리화법령에 따라 인정검사대상기기 관리자의 교육을 이수한 사람의 관리범위 기준은 증기 보일러로서 최고사용압력이 1MPa 이하이고 전열면적이 최대 얼마 이하일 때인가?

① $1m^2$
② $2m^2$
③ $5m^2$
④ $10m^2$

풀이 인정검사대상기기 관리자 교육 이수자
관류형 증기 보일러에서 최고사용압력 1MPa 이하($10kg_f/cm^2$)이고 전열면적 $10m^2$ 이하용 관리자이다.

128 에너지이용 합리화법령상 검사대상기기관리자를 해임한 경우 한국에너지공단 이사장에게 그 사유가 발생한 날부터 신고해야 하는 기간은 며칠 이내인가?(단, 국방부장관이 관장하고 있는 검사대상기기관리자는 제외한다.)

① 7일
② 10일
③ 20일
④ 30일

풀이 검사대상기기관리자의 해임, 선임, 퇴직의 경우 그 사유가 발생한 날로부터 30일 이내에 한국에너지공단에 신고하여야 한다.

129 에너지이용 합리화법에서 정한 에너지 저장시설의 보유 또는 저장의무의 부과 시 정당한 이유 없이 이를 거부하거나 이행하지 아니한 자에 대한 벌칙 기준은?

① 500만 원 이하의 벌금
② 1천만 원 이하의 벌금
③ 1년 이하의 징역 또는 1천만 원 이하의 벌금
④ 2년 이하의 징역 또는 2천만 원 이하의 벌금

풀이 에너지이용 합리화법 제72조 벌칙사항에 따라 에너지 저장시설의 이행을 위반하면 2년 이하의 징역 또는 2천만 원 이하의 벌금을 부과한다.

130 에너지이용 합리화법에 따라 냉난방온도의 제한온도 기준 및 건물의 지정기준에 대한 설명으로 틀린 것은?

① 공공기관의 건물은 냉방온도 26℃ 이상, 난방온도 20℃ 이하의 제한온도를 둔다.
② 판매시설 및 공항은 냉방온도의 제한온도는 25℃ 이상으로 한다.
③ 숙박시설 중 객실 내부 구역은 냉방온도의 제한온도는 25℃ 이상으로 한다.
④ 의료법에 의한 의료기관의 실내구역은 제한온도를 적용하지 않을 수 있다.

풀이 제한온도 제외구역
- 의료기관 실내구역
- 식품관리에 적용이 적절하지 않은 경우
- 산업통상자원부 장관이 고시하는 구역

숙박시설의 객실 내부구역은 제한온도 제외구역에 해당한다.

131 에너지이용 합리화법에 따라 검사대상 기기의 설치자가 변경된 경우 새로운 검사대상 기기의 설치자는 그 변경일부터 최대 며칠 이내에 검사대상 기기 설치자 변경신고서를 제출하여야 하는가?

① 7일
② 10일
③ 15일
④ 20일

풀이 검사대상 기기(보일러, 압력용기, 철금속가열로 등) 설치자는 설치자 변경 시 15일 이내에 한국에너지공단이사장에게 변경신고서를 제출한다.

132 신재생에너지법령상 바이오에너지가 아닌 것은?

① 식물의 유지를 변환시킨 바이오디젤
② 생물유기체를 변환시켜 얻어지는 연료
③ 폐기물의 소각열을 변환시킨 고체의 연료
④ 쓰레기매립장의 유기성 폐기물을 변환시킨 매립지가스

정답 127 ④ 128 ④ 129 ④ 130 ③ 131 ③ 132 ③

[풀이] ③은 폐기물에너지이다.

133 신재생에너지법령상 신재생에너지 중 의무 공급량이 지정되어 있는 에너지 종류는?
① 해양에너지　　② 지열에너지
③ 태양에너지　　④ 바이오에너지

[풀이] 신재생에너지
- 신에너지 : 석탄액화가스화, 수소에너지, 연료전지
- 재생에너지 : 태양열, 태양광, 풍력, 수력, 폐기물, 바이오, 해양에너지, 지열 등
※ 태양광발전에너지는 의무공급량이 지정되어 있다.

정답 133 ③

CHAPTER 005 신재생 및 기타 에너지

SECTION 01 신재생에너지

신재생에너지라 함은 「신에너지 및 재생에너지 개발, 이용, 보급 촉진법」 제2조 제1호의 규정에 따른 에너지이다.
- 신에너지 : 수소에너지, 연료전지, 석탄을 액화·가스화한 에너지, 중질잔사유를 가스화한 에너지
- 재생에너지 : 태양열, 태양광, 풍력, 수력, 해양에너지, 지열에너지, 폐기물에너지, 바이오에너지

1) 신재생에너지

기존의 화석에너지를 변환시켜 이용하거나 햇빛, 물, 지열, 강수, 생물유기체 등을 포함하는 재생 가능한 에너지를 변환시켜 이용하는 에너지로서 다음과 같은 에너지가 신·재생에너지이다.
① 태양에너지
② 생물자원을 변환시켜 이용하는 바이오에너지
③ 풍력에너지
④ 수력에너지
⑤ 연료전지
⑥ 석탄을 액화, 가스화한 에너지 및 중질잔사유를 가스화한 에너지
⑦ 해양에너지
⑧ 폐기물에너지
⑨ 지열에너지
⑩ 수소에너지
⑪ 그 밖에 석유, 석탄, 원자력 또는 천연가스가 아닌 에너지로서 대통령령으로 정하는 에너지

SECTION 02 신재생에너지의 종류

1. 태양에너지

1) 태양열에너지의 장점

① 무공해로서 청정에너지이며 CO_2 저감 등 환경 개선에 기여한다.
② 태양열에너지 사용으로 석유 등 화석에너지 사용량을 절감한다.
③ 기술 국산화로 보급이 용이하다.
④ 다른 동력 에너지원이 불필요하다.
⑤ 1차적으로 생산되는 열에너지를 바로 사용이 가능하다.

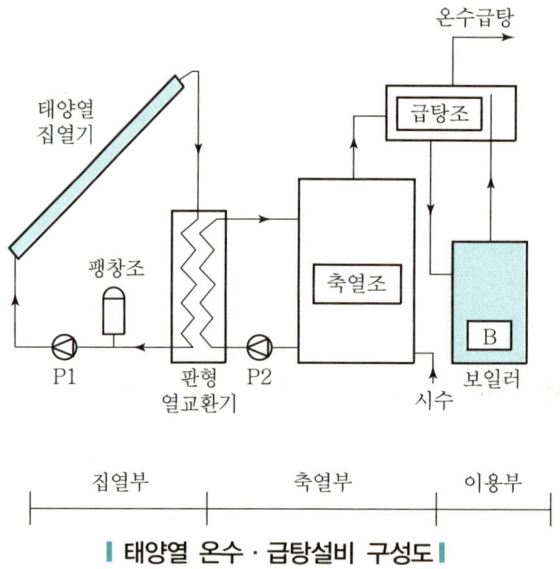

| 태양열 온수 · 급탕설비 구성도 |

2) 태양열에너지의 단점

① 단위면적당 공급받을 수 있는 에너지량이 적다.
② 흐린 날이나 비오는 날에는 일사량이 적다.
③ 초기 설치비용이 높아 오일값에 비해 비경제적이다.
④ 계절별, 시간별 변화가 심하다.

3) 태양에너지의 활용

① 태양광 : 전기 생산
② 태양열 발전 : 난방 및 급탕온수에 사용
③ 태양열 주택 : 남측으로 향해 있는 곳의 바깥쪽을 유리창으로 만들고 그 안에 집열벽을 두어 낮 동안의 태양열을 모으고 이 열로 데워진 공기가 순환되어 난방이 되고 밤에는 집열벽에 모아진 열이 벽체를 통해 방안으로 전달되어 난방이 된다.

4) 태양열 시스템

① 시스템 : 집열부, 축열부, 이용부
㉠ 집열부 : 태양의 에너지를 모아 열로 변환하는 장치
㉡ 축열부 : 집열부를 거쳐 흡수된 열에너지를 저장하였다가 약간 흐린날 태양에너지가 부족하거나 급탕부하가 증가하는 시간대에 이용부에서 사용할 수 있도록 열저장 및 취출용으로 사용된다.
㉢ 이용부 : 건물의 냉난방 및 급탕, 산업공정, 농수산분야, 열발전 등에 활용이 가능한 기술로서 활용온도에 따라 시스템이 구분된다.

Reference

- 집열부의 종류 : 평판형(가장 많이 사용), 포물경형, 집광형
- 이용부 : 자연형, 강제순환형 등

▼ 태양열이용기술의 분류

구분	자연형		강제순환형	
	저온용		중온용	고온용
활용온도	60℃ 이하	100℃ 이하	300℃ 이하	300℃ 이상
집열부	자연형 시스템 공기식 집열기	평판형 집열기	PTC형 집열기 CPC형 집열기 진공관형 집열기	Dish형 집열기 Power Tower 태양로
축열부	Tromb Wall (자갈, 현열)	저온축열 (현열, 잠열)	중온축열 (잠열, 화학)	고온축열 (화학)
이용분야	건물공간 난방	냉난방, 급탕, 농수산 (건조, 난방)	건물 및 농수산 분야 냉 · 난방, 담수화, 산업공정열, 열발전	산업공정열, 열발전, 우주용, 광화학, 촉매폐수처리, 신물질 제조

5) 집열시스템(집열부)

(1) 자연형

① 저온용
  ㉠ 60℃ 이하용은 공기식 집열기
  ㉡ 100℃ 이하용은 평판형 집열기

(2) 강제순환형

① 중온용 : 300℃ 이하용은 PTC형, CPC형, 진공관형 등의 집열기 사용
② 고온용 : 300℃ 이상용은 Dish형, Power Tower, 태양로 등의 집열기 사용

> **자연형 시스템**
> 집열부와 축열부가 상하로 분리된다. 그 사이를 열매체 이동관으로 연결시킨 구조로 집열부에서 가열된 열매체는 비중차이에 의해 상승하여 축열부로 유입된다. 축열부 내에서는 온도차에 의해 하부에 모인 저온 열매체가 압력차에 의해 집열부 쪽으로 하강하여 태양열을 집열한다. 즉, 자연대류에 의해 열매체를 가열 저장하는 형태로서 60℃ 내외의 건물 난방용이다.
>
> **강제순환형 시스템**
> 집열부와 축열부가 완전히 분리되어 있고 대개 집열부는 지붕에 설치하고 축열부는 지상에 설치하며 열매체는 강제순환을 위하여 펌프가 사용된다. 저온용은 100℃ 이하, 난방용 중온용은 300℃ 이하 산업공정분야에 사용되고 300℃ 이상의 고온용은 열발전분야에 활용된다.

6) 태양광발전시스템

햇빛을 반도체 소자인 태양전지 판에 쏘이면 전기가 발생하는 원리(광전자 효과)를 이용한다.

(1) 태양광 발전시스템 구성

① 태양전지로 구성된 모듈
② 제어기
③ 축전지
④ 인버터

(2) 태양전지 종류

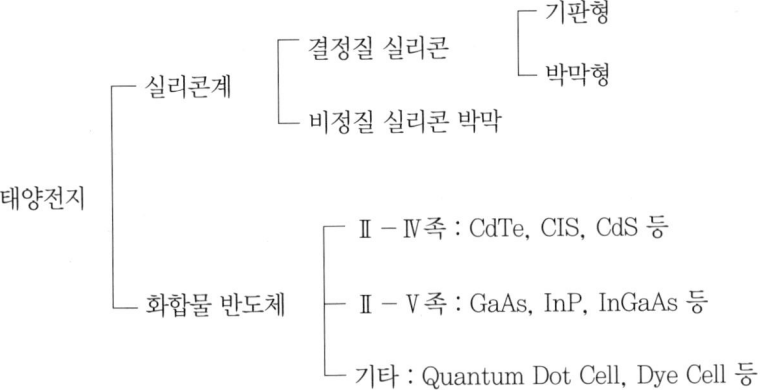

(3) 태양전지 구분(시스템 이용방법에 따른 구분)
   ① **독립형 시스템** : 산간, 벽지 및 섬 등의 원격지와 주택에 설치
   ② **계통연계형 시스템** : 외부의 전선에 연결하여 사용되고 남은 잉여전력을 전력회사에 판매
   ③ **복합발전형(하이브리드) 시스템** : 태양광 발전기에 디젤발전, 풍력발전 등을 복합적으로 연결하여 발전생산

(4) 전력조절장치와 인버터
   ① 태양광발전에 필요한 태양전지(실리콘계, 화합물 반도체)에서는 기본적으로 직류전압, 직류전류가 생산되며 독립형 태양광발전시스템에서 축전지에 저장되거나 혹은 인버터를 통해 직류를 교류로 변환시켜 전력계통으로 보내지며 이는 전적으로 직류조절장치를 통해 이루어진다. 직류조절장치는 태양광 발전시스템이 최적화된 상태로 운전되고 연결된 전기장치와 안전 및 최적운전이 가능하도록 구성되어야 한다.

   ② **직류조절장치의 구성**
      ㉠ DC/AC(Converters Inverters)
      ㉡ DC/DC(Converters, Charge Controller)

   ③ **직류가 교류로 변환하는 장치의 조건**
      ㉠ 전력변환회로의 입력전류의 리플이 매우 작아야 한다.
      ㉡ 변환효율이 어떤 부하에도 높아야 한다.

④ 태양광 발전의 출력을 최대로 하기 위한 방법
  ㉠ 정전압 제어법
  ㉡ 비선형 함수발생기에 의한 방법
  ㉢ 임피던스 비교법
  ㉣ 최대 전력 추종법

(5) 태양전지 모듈 구성

태양전지 응용제품의 전력용량에 따라서 모듈화라는 과정을 거친다. 태양전지를 각각 전기적으로 연결하도록 배선재료인 탭을 달아서 이를 모두 연결화하는 회로를 구성한다. 최종적인 태양전지 모듈 상용제품의 외관을 출력과 단결정 다결정 실리콘 태양전지 모듈로 구분한다.

2. 풍력에너지

1) 풍력발전의 원리

풍력발전이란 자연의 바람으로 풍차를 돌리고 이것을 증속기어장치 등을 이용해 속도를 높여 발전기를 돌리는 발전방식이다. 풍력발전은 발전기를 풍속에 관계없이 일정한 속도로 회전시킬 필요가 있기 때문에 제어를 하기 위해 풍속에 따라서 풍차 날개의 기울기를 바꿔서 이용한다. 즉, 공기의 유동이 가진 운동에너지의 공기역학적 특성을 이용하여 회전자 로터를 회전시켜 기계적인 에너지로 변환시키고 약 30%의 풍력에너지가 이 기계적 에너지로 전기를 얻는 기술이 풍력발전이다.

2) 풍력발전시스템

① 기계동력전달시스템
  ㉠ 회전자(Blade) : 회전날개
  ㉡ 허브(Hub) : 회전날개를 고정지지한다.
  ㉢ 증속장치(Gear Box) : 주축과 주축으로부터 전달된 회전동력을 발전기의 동기속도에 맞게 한다.
② 발전기(지면에 대한 회전축의 방향에 따라 수평형, 수직형이 있다.)
③ 발전기 제어장치 및 요(Yaw) 제어장치
④ 출력제어장치
⑤ 안전장치
⑥ 중앙 감시제어장치 감시시스템
⑦ 지지타워대
⑧ **풍력기** : 수평축(프로펠러형), 수직형(다리우스형)

3) 기타 장치해설

▼ 풍력발전 시스템의 분류

구조상 분류(회전축 방향)	• 수평축 풍력발전시스템(프로펠러형) • 수직축 풍력발전시스템(다리우스형)
운전방식상 분류	• 정속운전(Fixed Rotor Speed Turbine) • 가변속운전(Variable Rotor Speed Turbine)
출력제어방식상 분류	• 실속제어방식(Stall Regulated Type) • 피치제어방식(Grid Regulated Type)
전력사용방식상 분류	• 계통연계(Grid Connected Type) • 독립 및 복합운전(Stand-alone and Hybrid Type)

① 요 제어장치 : 바람의 방향변화를 추적하여 기계동력전달시스템의 방향과 일치시키도록 요잉(Yawing)시키는 장치로서 제어감시시스템장치이다.
② 발전기 : 전기시스템으로 발생된 기계적 회전동력을 전기동력으로 변환하는 발전기로서 전기시스템
③ 발전기 제어장치 : 유도형, 동기형 및 영구자석형 등 발전기의 형태에 따라 발전기의 정상출력 및 과출력을 제어한다. 하나의 전기시스템이다.
④ 발전기에 의해 생산된 전력을 계통에 안정된 품질을 유지하며 공급하는 인버터 또는 컨버터 등의 계통연계장치와 기타 역률 보상장치 및 Soft-starter 등의 전기시스템
⑤ 요 제동기(Yaw Brake) : 비상 점검 시의 회전자 및 발전기의 제동과 일정방향의 유지를 위하는 제어감시시스템의 제동장치
⑥ 중앙제어 감시장치 : 풍력발전시스템의 안전운전감시를 위한 안전장치와 전시스템의 운전감시와 제어를 통한 안전운전을 보장하는 장치이다.

4) 풍력발저시스템(구조상의 분류, 회전축방향)

① 주축이 지면에 대해 수평시스템인 "수평축 풍력발전시스템"
② 주축이 수직시스템인 "수직축 풍력발전시스템"

5) 풍력발전시스템 운전방식 분류

① 정속운전

정속운전은 발전기의 형식에 따라 회전자의 운전방식이 정속운전과 관계되며 발전기가 농형유도기기일 경우 발전기와 회전자의 회전속도가 구속되어 일정 회전속도를 유지하며 운전하는 방식이다.

② 가변속운전

권선형 유도발전기가 동기발전기 또는 영구자석발전기를 사용시 일정범위 이상으로 회전자의 가능 회전속도 운전범위가 허용되는 방식이다.

6) 풍력발전시스템 출력제어방식 분류

① 실속제어방식

과속시(과풍속) 날개에 발생하는 실속현상에 의해 날개에 작용하는 회전토크를 제어하는 소동적 방식의 출력제어방식

② 피치제어방식

능동적으로 날개의 피치각을 유압기기나 전동기기로서 제어하여 날개의 변환효율을 제어함으로써 과출력을 제어한다.

7) 풍력발전시스템 전력사용방식 분류

① 계통연계

한전계통과 연계운전에 의한 방식

② 독립 및 복합운전

미전화 섬이나 도서 낙도 등지에서 독립적인 전원 형태의 독립형 발전방식 또는 디젤과 기타의 타 전원과 복합연계 운전의 복합운전방식이다.

3. 지열에너지

1) 지열이란

토양, 지하수, 지표수 등 모든 지중에 저장된 태양 복사에너지를 말하며 지구에 도달하는 전체 태양 복사에너지 중 약 47%를 차지하는 열을 의미한다.

(1) 지열에너지의 특성

① 지중에 분포한다.
② 연중 자원 상태 변화가 거의 없이 일정하다.
③ 전 국토 모든 곳에 큰 차이가 없다.
④ 이용상태에 따라 한시적인 상태변화만이 있을 뿐으로 원상태로 재복구된다.
⑤ 태양에너지 51% 정도가 지중이나 해양에 흡수되어 보존되어 있다가 우주로 방사되며 또한 지구 중심부에서 핵분열시 열에너지가 지구 표면을 통과하여 영속적으로 우주에 방사된다.

(2) 지열의 분류

① **천부지열** : 지표로부터 약 200m까지 저장된 지열이다. 일반적으로 온도는 약 10~20℃ 정도이다.
② **심부지열** : 지하 200m 아래 존재하는 지열에너지로서 약 40~150℃ 이상의 온도이다.

(3) 지열원 사용기기

① **지열원 냉난방시스템** : 주로 물 대 공기방식의 히트펌프를 사용하고 있다.
② **지열원 냉난방시스템 적용 사용처** : 소규모 사무실, 모델하우스, 레스토랑, 레저시설 등

2) 지열원 냉난방시스템

① 수직형 지중열교환기 채택방식
② 수평중 지중열교환 채택방식

3) 지열원 냉난방시스템

(1) 종류

물 대 물 타입, 물 대 공기 타입이 있다.

(2) 원리

① 지열원 냉난방시스템은 크게 지중열 교환기 및 열펌프(히트펌프)로 구성된다.
② 냉방사이클로 작동하는 지열원 열펌프는 실내에서 흡수한 열을 지중 열교환기를 통해 지중으로 방출한다.
③ 난방사이클인 경우 지중열교환기는 지중에서 열을 흡수하여 실내로 공급한다.

(3) 지열원 히트펌프 구성

① **지열원 히트펌프** : 지중 열교환기, 부동액순환펌프, 실내용히트펌프, 실내측 분배장치, 연결배관으로 구성된다.

② 실내용 히트펌프는 압축기, 증발기, 응축기, 4방밸브, 팽창밸브로 구성된 후 하나의 유닛(Unit)에 들어 있는 패키지형이다.

③ 지중 열교환기와 열펌프를 순환하는 작동유체로 물을 사용하나 겨울철 동파방지를 위해 부동액을 주로 사용한다.

④ 지열원 냉난방시스템 구분
  ㉠ 토양이용 히트펌프
  ㉡ 지하수이용 히트펌프
  ㉢ 지표수이용 히트펌프
  ㉣ 복합지열원 히트펌프

4) 지열원을 이용한 지열에너지 특성

(1) 장점

① 외기의 급격한 변화에도 영향을 받지 않고 일정하게 온도를 유지한다.
② 효율이 높은 에너지절약시스템이다.
③ 약간의 전기를 제외하면 전적으로 자연계 지열로부터 무한정 얻어진다.
④ 상용 공기열원 히트펌프보다 에너지 소비량이 적고 대기 중에 노출되는 기기가 없으며 사용되는 냉매의 양이 적다.
⑤ 시스템 설계 및 적용이 유연하다.
⑥ 운전비용이 저렴하고 환경부하가 감소된다.

(2) 단점

① 설치비용이 높고 부동액의 사용으로 인한 반송동력이 증가한다.
② 개방형 시스템의 열원이 문제된다.

4. 수소에너지

1) 수소에너지 특성

① 수소는 무한정인 물 또는 유기물질을 원료로 하여 제조할 수 있으며 사용 후에 다시 물로 재순환된다. 수소는 가스나 액체로서 쉽게 수송이 가능하며 고압가스, 액체수소, 금속수소화물 등의 다양한 형태로 저장이 용이하다.

② 연료로 사용 시 극소량의 질소산화물(NOx)을 제외하고는 연소 시 공해물질이 생성되지 않으며 환경오염의 우려가 없다.
③ 수소의 이용분야는 산업용의 기초소재로부터 일반연료 수소자동차, 수소비행기, 연료전지 등에서 거의 모든 분야에 적용된다.
④ 현재 수소는 기체로 저장하고 있으나 단위부피당 수소저장 밀도가 너무 낮아 경제성과 안전성이 부족하여 액체나 고체저장법의 연구가 필요하다.
⑤ 수소는 무한정인 물(水)을 원료로 하여 제조가 가능하며 사용 후 다시 물(H_2O)로 재순환이 가능하다. 고도 자원의 고갈 우려가 없으나 경제성이 낮아서 충분한 제조기술이 요망된다.

2) 수소에너지 제조

① 수소에너지 제조는 태양광 및 촉매에 의한 전해방법, 제올라이트법, 전기방법 이용
② 화석연료로부터 생산하는 방법 및 대체 에너지로부터 생산
③ 물로부터 수소를 추출하는 방법

5. 바이오에너지

1) 바이오매스

① 들판을 가득 매운 곡식, 과일나무, 울창한 산림자원 등이 바이오매스이다. 그러나 신재생에너지에서는 이들을 그대로 태워서 열과 빛을 얻거나 혹은 이들을 좀 더 편리하게 이용할 수 있는 형태의 에너지인 가스, 알코올 등으로 바꾸어 에너지가 필요한 곳에 사용한다.
즉 화학공학, 생물공학, 유전공학 기술들을 사용하면 여러 종류의 바이오매스들을 메탄올, 에탄올이나 도시가스와 비슷한 메탄가스, 수소가스 그리고 전기로 바꿀 수 있다. 이렇게 만들어진 알코올이나 가스 혹은 왕겨탄 같은 연료를 바이오 연료라 한다.
② 썩을 수 있는 유기물들을 모두 바이오매스라 볼 수 있으며 다음과 같은 여러 종류의 바이오에너지 원료의 종류가 있다.
　㉠ 농산물과 그 부산물 : 볏짚, 보릿짚, 콩대, 옥수수대, 참깨줄기, 고추줄기, 왕겨탄
　㉡ 축산물과 그 부산물 : 소, 돼지, 염소, 닭, 오리 등 가축의 배설물이나 우지(소기름), 돈지(돼지기름) 등
　㉢ 임산물과 그 부산물 : 나무, 장작, 참나무 숯, 톱밥
　㉣ 도시쓰레기 및 산업쓰레기

▼ 바이오에너지 기술분류

대분류		중분류
바이오 액체연료 생산기술	연료바이오에탄올 생산기술	당질계, 전분질계, 목질계
	바이오디젤 생산기술	바이오디젤 전환 및 엔진적용 기술
	바이오매스 액화기(열적전환)	바이오매스 액화, 연소, 엔진이용기술
바이오매스 가스화 기술	혐기소화에 의한 메탄가스화 기술	유기성 폐수의 메탄가스화 기술 및 매립지 가스 이용기술(LFG)
	바이오매스 가스화기술 (열전전환)	바이오매스 열분해, 가스화, 가스화발전기술
	바이오매스 수소생산기술	생물학적 바이오 수소 생산기술
바이오매스 생산, 가공 기술	에너지 작물 기술	에너지 작물재배, 육종, 수집, 운반, 가공기술
	생물학적 CO_2 고정화 기술	바이오매스 재배, 산림녹화, 미세조류 배양기술
	바이오 고형연료 생산 이용기술	바이오 고형연료 생산 및 이용기술 (왕겨탄, 바이오칩, RDF(폐기물연료)) 등

2) 바이오매스의 활용

(1) 축산물의 폐기물 메탄 가스화공장

농장에서 키우는 가축들의 배설물과 같은 폐기물들을 메탄가스화 공장으로 운반하여 메탄가스 제조

(2) 난방이용 및 건초발전

버려지는 마른 풀인 건초들을 모아서 난방연료로 사용하거나 건초를 사용하여 발전을 한다.

(3) 자동차 연료

옥수수와 같은 바이오매스를 액화시켜 바이오에탄올을 만들어 자동차 연료로 사용하고 또한 대두(콩), 해바라기와 같은 바이오매스로부터 기름성분을 추출하여 바이오 디젤을 만들어 자동차연료로 사용한다.

(4) 목재 연료

목공소나 제재소에 사용하고 남은 조각난 나무들을 모아서 압축하여 연료로 사용한다.

3) 국내 바이오에너지 사용

① 하수에서 발생되는 슬러지 및 생활폐기물 축산분뇨 등을 발효시켜 메탄가스를 발생시킨다.
② 매립지의 생활폐기물에서 나오는 LFG가스로 가스엔진을 구동하여 LFG발전이나 지역난방 열 공급설비로 사용
③ 곡물에서 나오는 식물성 유지를 원료로 하여 에스테르화하여 자동차 연료로 사용

6. 해양에너지(조력, 조류, 수온차, 밀도차 이용)

1) 해양에너지 종류

① 조력
② 파력
③ 해양온도차
④ 바람, 파랑, 해류, 항류 같은 유체의 흐름
⑤ 밀도차

2) 해양에너지 발전활용

(1) 조력발전

조석을 동력원으로 하여 해수면의 상승 및 하강현상을 이용 전기를 생산하는 발전방식이다. 일정 중량의 부체가 받는 부력을 이용하는 부체식, 조위의 상승하강에 따라 밀실에 공기를 압축시키는 압축공기식과 방조제를 축조하여 해수저수지 즉 조지(潮池)를 형성하여 발전하는 조지식으로 나눌 수 있다.

(2) 조류발전

조석현상을 이용하는 점은 조력발전과 동일하나 조력발전은 댐을 만들어서 댐 내외의 수위차를 이용하여 발전을 하는 데 반해 조류발전은 흐름이 빠른 곳을 선정하여 그 지점에 수차 발전기를 설치하고 자연적인 조류의 흐름을 이용하여 수차발전기를 가동시켜 발전하는 것이 조류발전이다.
따라서 조력댐 없이 발전에 필요한 수차발전기만을 설치하기 때문에 비용은 적게 드나 발전적지를 선정하는 데는 어려움이 많고 발전을 조절할 수 있는 조력발전에 비하여 자연적인 흐름의 세기에 따라 발전량이 좌우된다는 단점이 있다. 그러나 해수유통이 자유롭고 해양환경에 미치는 영향이 거의 없어 환경친화적이다.

(3) 파력발전

파력발전이란 입사하는 파랑에너지를 터빈같은 원동기의 구동력으로 변환하여 발전하는 방식이다.

① 수력에너지로의 변환방식은 파랑에너지를 물의 위치에너지로 변환하는 방법으로 파랑이 월파되면서 얻어지는 저수지와 해면 사이의 수두차로 저낙차 터빈을 회전시키는 것과 위치에너지와 수류에너지를 병용하여 저낙차로 발전하는 것이 있다.

② 전기에너지로의 변환방식은 파랑의 상하운동 또는 수평운동에 의한 입사에너지를 이용하여 기계를 작동시키는 것으로서 기계운동력으로 변환된 에너지는 다시 펌프유압, 공기압으로 변환되거나 또는 그대로 발전기에 입력되는 것 등이 있다.

③ 공기에너지로의 변환방식은 공기실을 설치하여 내부의 공기가 파랑의 상하운동에 의하여 압축, 팽창될 때에 생기는 공기의 흐름으로 터빈을 움직이는 것으로 공진효과를 이용하여 파랑의 상하운동을 증폭시킬 수도 있다.

(4) 해양온도차 발전

해양의 표층수는 태양에너지로 가열되어 수온이 높고 심층부의 수온은 상대적으로 낮다. 따라서 해면 표층의 해수를 고온원으로 하고 심층의 해수를 저온으로 하여 그 사이에서 열사이클을 행하면 에너지를 추출할 수 있다.

① 해양의 표층수와 표층수의 온도차를 이용하는 것이 해양온도차발전이다.
② 발전방식
　㉠ 개방사이클방식 : 작동유체가 해수이다.
　㉡ 폐쇄사이클방식 : 해수가 아닌 암모니아, 프로판, 부탄 같은 것을 작동유체로 한다.

7. 소수력에너지

1) 소수력의 정의

소수력이란 일반적으로 10,000kW 이하의 수력발전을 의미한다.

(1) 소수력의 특징

① 설치지점 확보가 용이하다.
② 민원에 의한 보상 등의 소지가 적다.
③ 생태계 훼손이 미미하다.
④ 원유의 절감으로 에너지 수급이 안정된다.
⑤ 청정에너지 사용이 가능하다.
⑥ 타 대체에너지에 비해 에너지 밀도가 높다.
⑦ 타 에너지원에 비해 경제성이 우수하다.

(2) 소수력의 응용

① **하수처리장의 이용방안** : 하수처리장에서 방류수를 이용한 발전

② **정수장의 이용방안** : 취수댐으로부터 착수정까지 자연유하시키는 정수장의 경우 취수댐과 착수정 사이의 낙차를 이용한 발전

③ **농업용 저수지의 이용방안** : 농업용 저수지 관개 시 표면수를 취수하여 사용한다.
  ㉠ Cone 밸브 전단에 Y자관을 설치하여 수차발전기를 설치하는 방법
  ㉡ 사이폰관 이용방법

④ **농업용 보의 이용방안** : 보의 높이는 위치에 따라 다르지만 대부분 2m 이하로 다소 낙차에 한계가 있다.

⑤ **다목적 댐의 용수로와 조정지의 이용**
  대형 다목적 댐의 경우 하천의 유량을 유지하기 위하여 항상 일정한 유량을 하천유지 용수로 방출할 때 다목적 댐의 하천유지용수 조정지를 이용한 소수력발전이 가능

⑥ **기타 이용방안**
  ㉠ 양식장의 순환수 이용
  ㉡ 화력발전소의 냉각수 및 양수발전소의 하부댐 이용

2) 소수력 발전방식에 따른 분류

(1) 수로식 또는 자연유하식

수로식 소수력발전소는 하천을 따라서 완경사의 수로를 결정하고 하천의 급경사와 굴곡 등을 이용하여 낙차를 얻는 방식이다. 수로식은 일반적으로 하천의 경사가 급한 상·중류에 적합한 방식이며 댐은 원류식을 채택하는 경우가 많다.

(2) 댐식 또는 저수식

댐식 소수력 발전소는 주로 댐에 의해서 낙차를 얻는 형식으로 발전소는 댐에 근접해서 건설하고 일반적으로 하천경사가 작은 중, 하류로서 유량이 풍부한 지점이 유리하다.

3) 소수력 발전에 필요한 수차

(1) 종류

① **중력수차** : 물레방아와 같이 단순히 중력에 의해 회전한다.

② **충격수차** : 저유량 고낙차에 적합한 형으로 물의 에너지 전체를 운동에너지로 바꿔 이 충격으로 회전력을 얻는다.

③ 반동수차 : 저낙차와 중낙차에 사용되는 형태로 물이 수차를 통과할 때 압력과 속도를 동시에 감소시켜 회전력을 얻는다.

▼ 수차의 종류 및 특징

수차의 종류			특징
충격수차	펠톤(Pelton) 수차		수차가 물에 완전히 잠기지 않고, 물은 운동에너지로 변환되어 수차의 일부방향에서만 공급된다.
	튜고(Turgo) 수차		
	오스버그(Ossberger) 수차		
	프란시스(Francis) 수차		수차의 일부방향에서만 공급된다.
반동수차	프로펠러 수차	카플란(Kaplan) 수차	수차가 물에 완전히 잠긴다.
		튜블러(Tubular) 수차	수차가 물에 완전히 잠기고, 수차의 축방향에서 물이 공급된다.
		벌브(Bulb) 수차	
		림(Rim) 수차	

8. 폐기물 자원화 기술

1) 폐기물 대체에너지화 기술

(1) 폐기물 대체에너지 제조 및 이용특성

① **폐기물 고형연료(RDF)** : 종이, 나무, 플라스틱 등의 가연성 폐기물을 파쇄, 분리, 건조, 성형 등의 공정을 거쳐 제조된 고체연료
② **폐유 정제유** : 자동차 폐윤활유 등의 폐유를 이온정제법, 열분해정제법, 감압증류법 등의 공정으로 정제하여 생산된 재생유
③ **플라스틱 열분해 연료유** : 플라스틱 합성수지, 고무, 타이어 등의 고분자 폐기물을 열분해하여 생산되는 청정연료유
④ **폐기물 연료가스** : 폐기물을 열분해하고 가스화하여 생산되거나 매립지로부터 나오는 가연성 연료가스
⑤ **폐기물 소각열** : 가연성 폐기물 소각열 회수에 의한 스팀생산 및 발전, 시멘트 퀼른 및 철강석 소성로 등에서 열원으로 이용
⑥ **기타 폐기물 에너지** : 위의 ①~⑤ 외에 폐기물에서 얻을 수 있는 고상, 액상, 기상의 에너지 이용이 가능한 물질

9. 연료전지 에너지

1) 연료전지 원리

연료전지란 전기화학반응을 이용하여 연료가 가지고 있는 화학에너지를 연소과정 없이 직접 전기에너지로 변환시키는 전기화학 발전장치이다. 기존의 발전방식은 터빈이나 엔진구동은 연료를 연소시켜 발전기를 돌리는 것과는 달리 연소나 기계적인 구동없이 연료에서 직접 전기에너지를 얻어낸다.

(1) 특징

① 기계적인 구동부분이 필요 없다.
② 환경친화적이다.
③ 부산물로 물과 열을 얻게 된다.
④ 획기적인 에너지의 효율향상을 도모할 수 있다.
⑤ CO_2 발생량도 화력발전에 비해 60% 가량 적게 배출된다.
⑥ 연료전지 발전은 에너지의 70~80% 정도로 화력발전 40%에 비하여 에너지 효율이 높다.
⑦ 용도가 다양하다.

(2) 수소와 산소의 전기화학반응에 의한 전기생산 및 온수생산 시스템

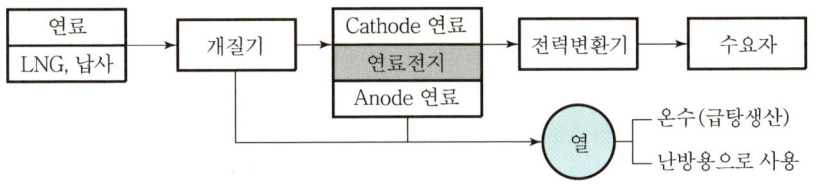

2) 전기화학반응에 따른 종류 구분

연료전지는 사용되는 전해질 및 전기화학반응의 종류에 따라 5가지로 구분한다.
① PAFC　　② MCFC　　③ AFC
④ SOFC　　⑤ PEMFC

▼ 연료전지의 종류 및 특성

구분	PAFC 인산형염 연료전지	MCFC 용융탄산염형 연료전지	AFC	SOFC 고체산화물 연료전지	PEMFC 고분자 전해질 연료전지
Anode 연료	H_2(W/CO_2)	H_2(W/CO)	순수소	H_2(W/CO)	순수소
Cathode 연료	Air	Air(W/CO_2)	순산소	Air	산소
운전온도(℃)	200℃ 이하	650℃	100℃ 이하	800~1,000℃	100℃ 이하
Bectrode	Carton	Metal Based	Metal Carbon	Ceramics	Carton
Bectrolyte	O−H_3PO_3	$KLiCO_3$	NaOH/KOH	ZrO_2−Y_2O_3	Nafion
Catalyst	Pt	Ni/NiO	Pt/Pt−Au	NiO−ZrO_3	Pt, Ni
내부압력	<120psi	<120psi	60psi	Atm	60psi
Bectrolyte Support	SiC	$LiAlO_2$	Asbestos	Bectrolyte	Bectrolyte
Configuration	Bipolar	Bipolar	Monor Bipolar	Mono or Bipolar	Mono or Bipolar
STACK 재료	Graphite	Metal & Polymer	Polymer	Graphite Tubular & Monolithic Cells	Graphite Tubular & Monolithic Cells
	Neares to Commerciali−zation	Next Neares to Commerciali−zation	Apollo & Columbia Space Fights	Third Generation Technology	Gemini Space Fights
Cell Votage	<0.80	<0.85	<0.97	<0.90	<0.95

전해질의 이온전도가 비교적 높은 온도에서 일어나는 고체산화물 및 용융 탄산염 연료전지와 비교적 저온에서 운전되는 인산, 알칼리 및 고분자 연료전지가 있다.
- 고온형 연료전지는 주로 대형 발전소 및 복합발전소형으로 개발되고 있다.
- 저온형 연료전지들 중에서 인산형은 주로 분산형 발전 및 발전소용으로 개발되고 있다.
- 고분자 연료전지는 작동온도가 낮고 비교적 사람의 접근성이 용이하므로 주거지의 소형 비상발전용이나 이동 및 수송용으로 개발되고 있다.

저탄소 녹색성장

SECTION 01 온실가스 감축

1) 기후변화

사람의 활동으로 인하여 온실가스의 농도가 변함으로써 상당기간 관찰되어 온 자연적인 기후 변동에 추가적으로 일어나는 기후체계 변화

2) 지구온난화

사람의 활동에 수반하여 발생하는 온실가스가 대기 중에 축적되어 온실가스 농도를 증가시킴으로써 지구 전체적으로 지표 및 대기의 온도가 추가적으로 상승하는 현상

3) 온실가스 배출

사람의 활동에 수반하여 발생하는 온실가스를 대기 중에 배출, 방출 또는 누출시키는 직접배출과 다른 사람으로부터 공급된 전기 또는 열을 사용함으로써 온실가스가 배출되도록 하는 간접배출이다.

4) 온실가스

이산화탄소(CO_2), 메탄(CH_4), 이산화질소(N_2O), 수소불화탄소(HFC_S), 과불화탄소(PFC_S), 육불화황(SF_6)

5) 온실가스 배출량

① 고정연소 온실가스 배출량(CO_2^e)
- 연료의 소비량 × 발열량 × 환산계수 × 온실가스 배출계수
  (환산계수 = 1kcal = 4.1868kJ, 1ton = 1,000kg, 1TJ = 10^9kJ)
- CO_2^e로 환산 = 온실가스 배출량 × GWP 지수(지구온난화지수)
- 온실가스 배출계수 = kg CO_2/TJ
- TOE를 tCO_2로 환산하는 방법
  연료사용량(kL) × 석유환산계수 × 이산화탄소 배출계수 = tCO_2

6) 교토의정서(교토메커니즘)

① 교토의정서

온실가스 감축에 대한 법적 구속력이 있는 국제협약으로 전 세계 국가들이 지구 변화 방지를 위해 노력하겠다고 합의한 기후협약과는 달리 이를 이행하기 위하여 누가 얼마만큼 어떻게 줄이는가에 대한 구체적 방법을 명시하였다.

- 온실가스 배출원 : 에너지 연소, 산업공정, 농축산업의 폐기물

② 교토메커니즘(온실가스 감축수단 도입)

- 청정개발체제(CDM ; Clean Development Mechanism)
- 배출권 거래제(ET ; Emisson Trading)
- 공동이행제도(JI ; Joint Implementation)

PART 05

ENGINEER ENERGY MANAGEMENT

열설비 설계

CHAPTER 01 보일러의 종류 및 특성
CHAPTER 02 급수처리 및 보일러안전관리
CHAPTER 03 열공학설계
CHAPTER 04 전열과 열교환

보일러의 종류 및 특성

SECTION 01 보일러의 종류 및 특성

1. 보일러 개요

보일러란 밀폐된 원통형 용기 또는 수관 내에 물 또는 열매체를 넣어 가열원에 의하여 대기압 이상의 온수 또는 증기를 발생하는 장치로 주요구성은 보일러 본체, 연소장치, 부속장치로 구분할 수 있다.

1) 보일러본체

물을 증발하는 관군 또는 드럼으로 이루어진다.

2) 연소장치

연료를 연소하는 장치로 버너 또는 화격자

3) 부속장치

보일러를 안전하고 효율적으로 운전할 수 있는 각종 장치

2. 보일러의 종류 및 특성

1) 구조별 분류

원통형 보일러	입형		입형횡관, 입형다관, 코크란 보일러
	횡형	노통	코니시, 랭커셔 보일러
		연관	횡연관, 기관차 보일러, 기관차형 보일러
		노통연관	스코치, 하우덴 존슨, 노통연관 패키지 보일러
수관식 보일러	자연순환식		바브콕, 쓰네기치, 다쿠마, 2동 D형 보일러
	강제순환식		베록스, 라몬트 보일러
	관류		벤슨, 슐저, 소형관류 보일러
주철제보일러	온수, 증기		주철제 섹셔널 보일러
특수보일러	특수열매체		열매체 : 수은, 다우삼, 모빌섬, 카네크롤
	특수연료		연료 : 바케스, 펌프원목껍질, 흑액, 소다회수
	폐열		리히, 하이네 보일러
	간접가열		슈미트, 레프러 보일러

2) 원통형 보일러

(1) 입형 보일러의 특징

① 구조가 간단하여 취급이 쉽다.
② 설치면적이 작으며 소용량에 적합하다.
③ 이동이 쉬우며 가격이 싸다.
④ 전열면적이 적고 효율이 낮다.
⑤ 증발량이 적으며 습증기가 발생한다.
⑥ 청소나 검사, 수리가 비교적 곤란하다.
⑦ 내화물 쌓기가 없다.
⑧ 보일러의 종류 : 입형횡관 보일러, 입형연관 보일러, 코크란 보일러

(2) 횡형 보일러의 특징

① 노통 보일러
  ㉠ 구조가 간단하여 제작이 쉽다.
  ㉡ 부하변동에 대한 압력변화가 적다.
  ㉢ 급수처리가 쉬우며 청소 및 보수가 용이하다.
  ㉣ 원통형보일러는 구조상 고압대용량에 부적합하며 파열 시 재해가 크다.
  ㉤ 보유수량이 많아 증기발생 소요시간이 길다.
  ㉥ 내분식 보일러로 연소실 크기에 제한을 받는다.
  ㉦ 수면이 넓어서 기수공발이 적다.
  ㉧ 열효율이 나쁘고 설치면적이 크다.
  ㉨ 종류 : 코니시 보일러(노통이 1개), 랭커셔 보일러(노통이 2개)

② 연관 보일러
  ㉠ 노통보일러보다 효율이 높다.
  ㉡ 노통보일러에 비하여 보유수량이 적으며 전열면적이 넓어 증기발생 소요시간이 짧다.
  ㉢ 연관을 바둑판 모양으로 설치한 이유는 물의 순환을 양호하게 하기 위함이며 구조가 복잡하여 제작 및 청소가 곤란하다.
  ㉣ 외분식 보일러로 연소실 설계가 자유롭고 연료의 선택범위가 넓다.
  ㉤ 종류 : 횡연관 외분식 보일러, 기관차 보일러, 케와니 보일러(기관차형 보일러)

③ 노통연관보일러
  ㉠ 동체에 노통과 연관이 함께 설치된 혼합식 구조
  ㉡ 전열면적이 넓어 원통형 보일러 중 효율이 가장 높다.(단, 비수방지관이 필요하다.)

ⓒ 내분식 보일러이므로 열손실이 적다.
ⓓ 구조상 노통, 연관식 보일러와 같이 고압대용량에 부적합하며 파열시 재해가 수관식에 비해 크다.
ⓔ 내분식 보일러로 연소실 크기에 제한을 받는다.
ⓕ 종류 : 노통연관 패키지 보일러, 선박용 보일러(스코치 보일러, 하우덴 존슨 보일러, 부르동 카프스 보일러)

④ 내분식 · 외분식 보일러의 차이점

구분	내분식	외분식
연소실 위치	드럼 내부에 위치	드럼 외부에 위치
연소실 흡수	양호	복사열손실
연소실 개조	불가능	가능
연소실 크기	좁다, 크기에 한계	넓게 할 수 있다.
연료의 선택범위	좁다.	넓다(저질연료연소 가능)
연소온도 및 연소효율	낮다.	높다.

3) 수관식 보일러

작은 다수의 수관 또는 드럼으로 구성된 고압 대용량 보일러로 난방, 산업, 화력발전에 사용된다.

▼ 수관식 보일러의 장단점

특성	장점	단점
• 다수의 작은 관과 드럼으로 구성 • 전열면적이 넓다. • 보유수량이 적다. • 고압 대용량 보일러이다.	• 고압 대용량에 적합 • 증기발생이 빠르다. • 열효율이 높다. • 수관배열이 용이하다. • 파열시 재해가 적다. • 설치면적이 적다.	• 제작이 어렵다. • 가격이 고가이다. • 수처리 철저(스케일 부착이 심하다.) • 청소가 어렵다. • 부하변동에 적응이 어렵다. • 급수에 의한 오염이 심하다. • 기수공발 현상이 심하다.

(1) 자연순환식 수관 보일러

① 바브콕, 쓰네기치, 다쿠마, 2동 D형, 야로우 보일러
② 보일러수의 비중차에 의한 순환
③ 직관식과 곡관식으로 구분

> **Reference** 보일러수 순환촉진방법
> - 수관의 직경을 크게 하다.
> - 수관의 경사각을 크게 한다.(다쿠마 보일러는 관의 경사도가 45°이다.)
> - 2중 강수관으로 한다.(승수관, 강수관으로 구분한다.)

(2) 강제순환식 수관 보일러

압력이 증가할수록 포화수와 포화증기의 비중차가 감소하여 수(水) 순환이 곤란하기 때문에 보일러수 순환 향상을 위하여 강제순환펌프 또는 라몬트 노즐을 설치한 보일러

① 베록스, 라몬트 보일러가 대표적이다.
② 수관의 배치가 자유롭다.
③ 용량에 비하여 소형으로 할 수 있다.
④ 유지 및 동력비가 많이 든다.
⑤ 시동시간이 단축되고 관경이 적고 수관 내 유속이 빠르다.
⑥ 용량에 비해 소형제작이 가능하다.

(3) 관류 보일러

단관식, 다관식 보일러로 구분되며 초임계 압력하에서도 증기를 얻을 수 있다.

① 벤슨보일러, 슐처 보일러가 있다.
② 드럼 없이 관으로만 구성한다.
③ 완벽한 급수처리가 필요하고 기수분리기를 반드시 부착시킨다.
④ 급수 → 예열 → 증발 → 과열의 순서로 과열증기를 생산할 수 있다.
⑤ 부하변동 시 압력변화가 커서 자동제어로 운전하여야 한다.
⑥ 순환비 $= \dfrac{순환수량}{증기발생량}$

4) 주철제 보일러

5~20개 정도의 섹션을 조합한 보일러로 충격이나 고압에 약하기 때문에 저압증기 또는 온수보일러로 사용된다.

① 섹션의 조합으로 용량 증감이 자유롭다.
② 조립식이므로 운반이 편리하며 사고 시 재해가 적다.
③ 내식성 및 내열성이 있으며 복잡한 구조의 설계가 가능하다.
④ 내부구조가 복잡하여 청소가 어렵다.
⑤ 열 충격에 의한 균열이 생기기 쉽다.
⑥ 고압 대용량에 부적합하다.

5) 특수보일러

가열방법, 연료, 열매체 등의 사용으로 일반보일러와 차이가 있는 보일러를 특수 보일러라 한다. 다우섬이나 각종 공업용 요로에서 나온 고온의 폐열을 이용하는 보일러이다.

(1) 열매체 보일러
① 저압에서 고온의 열매를 얻을 수 있다.
② 동결우려는 없으나 휘발성, 자극성이 강하기 때문에 주의를 요한다.
③ **열매체의 종류** : 수은, 다우삼, 모빌섬, 카네크롤, 세큐리티 등의 열매체 사용

(2) 특수 연료보일러
일반보일러 연료인 증유, 경유 등이 아니라 사탕수수 찌꺼기인 바케스, 나무껍질인 바아크, 소오다 회수, 펄프폐액인 흑액 등을 연료로 사용하는 보일러

(3) 폐열 보일러
① 별도의 연소장치 없이 연도로 구성
② 디젤기관, 가스터빈, 요로 등에서 발생하는 폐열을 이용
③ 리보일러, 하이네보일러가 있다.

(4) 간접가열보일러(2중 증발 보일러)
① 급수처리가 곤란한 경우에 대비하여 고안된 보일러
② 슈미트, 레프러 보일러가 대표적이다.
③ 1차 보일러는 연소실이 부착되며 2차 보일러는 드럼(동)으로 만든다.
④ 급수에 의한 장해가 없다.
⑤ 급수처리 비용이 들지 않는다.

SECTION 02 보일러 부속장치

1. 급수장치

보일러가 안전수위 내에서 운전되도록 급수펌프 등을 통해 양질의 물을 공급하는 장치

1) 급수계통

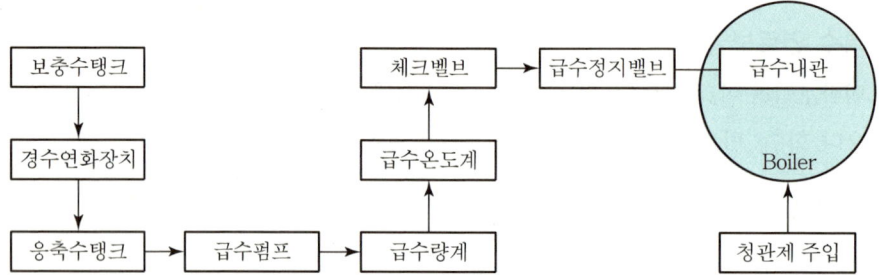

2) 보충수 탱크

원수 탱크로 설치위치에 따라 건물 상부 또는 지하 기계실에 위치하며 응축수 탱크의 부족수를 보충하는 기능의 물탱크로서 평소에 물을 확보하여 둔다.

3) 경수연화장치

수지탱크에 연결하여 보급수에 포함되어 있는 경도성분인 칼슘이온(Ca^{2+}) 또는 마그네슘이온(Mg^{2+}) 성분을 연화하여 슬러지 및 스케일 생성을 방지한다.

4) 급수탱크(응축수 탱크)

보일러 운전 시 급수를 과부족 없이 공급할 수 있도록 일정량의 물을 보유하고 있는 탱크로 증기보일러에서 증기잠열을 이용한 후 증기트랩을 통해 응축된 물을 회수, 저장하기 때문에 응축수 탱크라고도 한다.

5) 급수펌프

(1) 급수펌프 설치일반

보일러에는 2세트(주펌프, 보조펌프) 이상의 급수장치가 있어야 한다.

(2) 급수펌프의 종류

　① **원심펌프** : 볼류트, 터빈 펌프
　② **왕복펌프** : 워싱턴, 웨어, 플런저 펌프
　③ **와류펌프** : 웨스코 펌프
　④ **기타** : 인젝터, 환원기 등

(3) 급수펌프의 특징

　① **원심펌프(Centrifugal Pump)**
　　임펠러의 회전운동에너지를 와류실에서 압력에너지로 바꾸어 급수

　　㉠ 볼류트 펌프(Volute Pump)
　　　• 저양정, 순환펌프에 사용하는 펌프이다.
　　　• 저압보일러 급수펌프로 사용

　　㉡ 터빈 펌프(Turbine Pump)
　　　• 임펠러와 케이싱 사이에 가이드 베인 설치
　　　• 고압, 고양정용(20m 이상의 양정에 사용)
　　　• 보일러 급수용

　　㉢ 급수펌프의 소요동력

$$\text{PS} = \frac{\gamma \cdot Q \cdot H}{75 \cdot \eta},\ \text{kW} = \frac{\gamma \cdot Q \cdot H}{102 \cdot \eta}$$

　　　여기서, γ : 유체의 비중량($\text{kg}_\text{f}/\text{m}^3$)
　　　　　　　Q : 송수량(m^3/sec)
　　　　　　　H : 전양정(m)
　　　　　　　η : 펌프의 효율(%)

> **Reference 펌프의 이상 현상**
>
> • **공동현상(Cavitation)** : 펌프의 흡입압력이 관내 유체의 온도에 상당하는 포화증기압보다 낮아지면 액체는 증발을 일으키며 기포를 발생하는 현상으로 소음과 진동 또는 부식을 수반한다.
> • **맥동현상(Surging)** : 펌프의 송출압력과 송출량이 주기적으로 변화하여 압력계 지침 등이 흔들리는 현상

② 왕복펌프

피스톤 또는 플런저의 왕복운동에 의한 용적변화를 이용

㉠ 워싱턴 펌프(Worthington Pump)
- 증기에 의한 구동펌프(단, 증기 실린더 단면적이 물 측 실린더 단면적보다 크다.)
- 피스톤의 왕복운동에 의한 정량적 펌프(동력이 필요 없다.)

㉡ 웨어 펌프(Wear Pump)

워싱턴펌프와 흡사하며 증기에 의한 구동으로 동력이 필요 없다.

㉢ 플런저 펌프(Plunger Pump)
- 플런저의 왕복운동으로 급수하는 펌프이다.
- 증기운전 및 동력운전 방식 두 가지가 있다.

③ 와류펌프(마찰펌프)

원심펌프와 회전펌프의 중간구조

㉠ 웨스코 펌프
- 고양정, 저유량용 펌프이다.
- 소용량 보일러 급수용으로 사용한다.

④ 인젝터(Injector)

인젝터는 증기의 열에너지를 속도에너지로 변화하여 다시 압력에너지로 바꾸어 급수하는 비동력 급수장치(비상시 급수장치)

- 메트로 폴리탄형(65℃ 이하), 그레샴형(50℃ 이하) 두 종류가 있다.
- 노즐 구성 : 증기노즐, 혼합노즐, 토출노즐

㉠ 장점
- 구조가 간단하며 취급이 용이하다.
- 동력이 불필요하다.
- 설치장소를 적게 차지한다.
- 급수예열효과가 있다.
- 가격 저렴하다.

㉡ 단점
- 급수조절이 곤란하고 증기압이 낮으면 급수가 불능된다.
- 흡입양정이 낮고 급수온도가(50~65℃ 이상) 높으면 급수가 곤란하다.

> **Reference** 인젝터 작동불량원인
> - 급수온도가 높은 경우
> - 증기압이 너무 낮거나 높은 경우
> - 습증기를 공급하는 경우
> - 흡입관 공기누입
> - 인젝터 과열 및 노즐 마모

  ⓒ 인젝터 작동순서
    ㉠ 인젝터 출구밸브 개방(토출밸브)
    ㉡ 인젝터 흡수밸브 개방
    ㉢ 인젝터 증기밸브 개방
    ㉣ 인젝터 핸들개방

  ⓔ 인젝터 정지순서
    ㉠ 핸들을 차단
    ㉡ 증기밸브 차단
    ㉢ 흡수밸브 차단
    ㉣ 인젝터 출구밸브 차단(토출밸브)

⑤ **환원기(리턴 탱크)**
보일러 수면에서 탱크까지의 수두압과 보일러에서 공급한 증기압력에 의한 급수장치

⑥ **급수량계(임펠러식)**
보일러 급수량을 계측하는 장치로 용량 1ton/h 이상의 보일러에 설치한다.
(급수량＝증기발생량)

⑦ **급수온도계**
보일러 급수입구에 급수온도계를 설치하여 급수온도를 측정한다.

⑧ **체크밸브(Check Valve)**
유체의 흐름을 한 방향으로만 흐르게 하는 밸브(역류방지 밸브)로 최고사용압력 0.1MPa 미만의 보일러인 경우에는 생략이 가능하다.

  ㉠ 종류
    - 스윙식(Swing Type) : 수평 및 수직배관에 설치 가능
    - 리프트식(Lift Type) : 수평배관만 설치 가능

⑨ 급수정지밸브(Feed Water Stop Valve)

급수라인에 있어 보일러 인접부에 설치하는 것으로 유체가 밸브 디스크를 밀어올리는 구조로 사용 시에는 개방하고 보일러 정지 시에는 폐쇄가 가능한 밸브이다.

⑩ 급수내관(Distributing Pipe)

급수에 의한 보일러 재료의 열응력 생성 방지기능 기기로 보일러에 한 곳으로만 집중으로 급수하면 부동팽창이 발생하기 때문에 급수를 분산시키는 관으로 보일러 안전저수위 아래 50mm 지점에 급수하며 내관을 통과하면서 급수가 예열되며 급수를 산포시킨다.

2. 송기장치

보일러에서 급수된 물이 연료의 연소열에 의해 발생된 증기가 사용처까지 이송하는 데 필요한 장치

1) 송기계통

주증기밸브 → 감압밸브 → 신축이음 → 증기헤더 → 증기트랩 → 응축수탱크 등을 송기계통장치라 하고 건조증기를 취출하기 위하여 기수분리기, 비수방지관을 설치한다.

2) 비수방지관(증기내관 : Antipriming Pipe)

원통형 보일러 취출구에 설치하며 송기 시 증기의 급격한 이동으로 인한 드럼 내부가 부압현상으로 수면수가 비산되어 증기와 함께 송기관에 흐르는 것을 방지하는 장치로서 건조증기를 취출할 수 있다.(비수방지관 전체구멍의 면적은 증기출구 단면적의 1.5배 이상이어야 한다.)

> **Reference** 송기 시 이상현상
>
> - 비수현상(Priming) : 송기 시 물방울이 수면 위로 비산하는 현상
> - 포밍(Foaming) : 급수 내에 녹아있는 용해고형물이나 부유물 유지분 등의 불순물로 인한 수면상부에 거품을 형성하는 현상
> - 기수공발(Carry Over) : 비수현상에 의해 물방울이 거품이나 실리카와 함께 보일러외부 송기관 내에 흐르는 현상
> - 수격작용(Water Hammer) : 관내 응축수의 유속이 급격히 변화되었을 때 생기는 압력변화로 인한 워터해머 현상으로 관굴곡부를 타격하는 현상으로 심한 소음과 파열을 동반한다.

3) 기수분리기(Steam Separator)

증기 내에 포함되어 있는 수분을 분리하여 양질의 건조증기를 얻기 위한 장치로 보일러 내부 또는 외부에 설치하며 특히 수관식 보일러 및 대형 원통형보일러 배관에 설치한다.

[종류]
- 사이크론식 : 원심력을 이용한다.
- 배플식 : 증기의 방향전환을 이용한다.
- 건조스크린식 : 여러 겹의 금속망 이용
- 스크레버식 : 파도형 장애판 이용

4) 주증기 밸브(Main Steam Valve)

보일러에서 발생된 증기를 사용처로 송기 및 차단하는 밸브

[종류]
- 글로브 밸브 : 수평 및 수직 배관에 설치되며 배관방법에 차이가 있으나 보편적으로 소형보일러의 주증기기밸브로 설치된다.
- 앵글글로브 밸브 : 증기흐름이 90° 방향으로 흐르며 대형보일러의 주증기밸브로 증기드럼출구에 설치된다.

5) 증기축열기(Stram Accumulator)

용량이 큰 보일러 운전 중 사용처 부하가 감소하는 경우 여유분의 증기를 물탱크인 축열기에 저장한 후 과부하 시 공급하므로 부하에 대응하는 장치로서 열의 이용도가 매우 높고 정압식과 변압식이 있다.

6) 감압밸브(Pressure Reducing Valve)

감암밸브는 고압측과 저압관 사이에 설치하여 보일러에서 발생된 고압의 증기를 부하 측 사용처에 일정한 증기압으로 전환하는 장치

(1) 주요 기능
- 고압의 증기를 저압의 증기로 전환할 수 있다.
- 부하(사용처) 측 압력을 일정하게 유지한다.
- 헤더와 헤더를 연결하므로 고압과 저압의 증기를 동시 사용이 가능하다.
- 부하변동에 따른 증기의 소비량을 줄일 수 있다.

(2) 종류
- 작동방법에 따라 : 벨로스형, 다이어프램형, 피스톤형
- 구조에 따라 : 스프링식, 추식

7) 신축이음(Expansion Joint)

배관 내 흐르는 유체의 온도에 따라 변화하는 관의 팽창과 수축 즉 신축작용을 흡수하는 장치

(1) 미끄럼형(Sleeve Type)

슬리브의 미끄럼형에 의해 신축을 흡수하며 온수 또는 저압 배관용

(2) 벨로스형(Bellows Type)

주름통인 벨로스의 변형에 의해 흡수, 1MPa 이하의 증기배관용

(3) 만곡형(Loop Type)
- 루프관의 휨에 의해 흡수, 옥외 고압배관에 사용하는 신축이음이다.
- 설치공간이 크며 신축에 따른 자체 응력이 생긴다.
- 곡률반경은 관 지름의 6배 이상이 좋다.
- 신축곡관길이 $L = 73\sqrt{D \cdot \Delta l}$

  여기서, L : 신축곡관길이(mm)
  D : 관의 외경(mm)
  Δl : 흡수해야 할 배관의 신축길이(mm)

(4) 스위블형(Swivel Type)

2개 이상의 엘보를 연결하여 주관에서 분기되는 분기점에 설치하여(온수난방, 저압증기용)비틀림에 의해 흡수, 방열기 배관용 등

> **Reference** 흡수량의 크기
>
> 루프형 > 슬리브형 > 벨로스형 > 스위블형

8) 증기헤더(Steam Header)

보일러에서 만들어진 증기를 한 곳에 모아 사용처로 분배하는 압력용기로서 송기 및 정지가 편리하고 불필요한 배관에 송기하지 않아 열손실이 감소하며 증기의 과부족을 일부 해소하며 급수요에 응할 수 있다.

9) 증기트랩(Steam Trap)

증기 사용 설비 내에 설치하여 증기와 응축수를 구분하여 밸브를 개폐 또는 조절하여 응축수만을 자동 배출하여 관 내 수격작용을 방지하는 장치

(1) 증기트랩의 구비조건

- 내구력이 있을 것
- 송기 정지 후에도 응축수 빼기가 가능할 것
- 유량 유압이 변화해도 동작이 확실할 것
- 내마모성, 내식성이 있을 것
- 공기를 자동 배출할 수 있을 것
- 마찰저항이 적을 것

(2) 증기트랩의 고장

① 증기트랩이 차가울 때 원인
- 밸브고장
- 여과기 막힘
- 기계식은 압력이 높다.
- 플로트식은 플로트에 구멍 발생
- 배압이 높다.

② 트랩이 뜨거울 때 원인
- 트랩의 용량 부족
- 배압이 높은 경우
- 밸브에 이물질 혼입
- 밸로스 손상
- 밸브의 마모
- 바이메탈 변형

③ 증기 트랩의 고장 탐지법
- 점검용 청진기 오디폰 사용
- 작동음으로 판단
- 냉각이나 가열상태로 판단

(3) 증기트랩의 종류

① **기계식 트랩** : 증기와 응축수 사이의 밀도차, 즉 부력차를 이용

　㉠ 플로트식(Float Type)
- 다량의 드레인을 처리한다.
- 증기누설이 거의 없다.
- 워터해머에 약하며 공기빼기가 불필요하다.

　㉡ 버킷식(Bucket Type)
- 상향식과 하향식으로 구분된다.
- 관말 트랩용이 보편적이다.
- 가동 시 공기빼기를 해야 하며, 겨울철 동결 우려가 있다.

② **온도조절식 트랩** : 증기와 응축수의 온도차를 이용한 트랩으로서 방열기 트랩으로 많이 사용

　㉠ 압력평형식 : 증기의 포화온도보다 조금 낮은 온도에서 증발하는 액체를 봉입(벨로스식, 다이어프램식)

　㉡ 바이메탈식 : 열을 받으면 팽창하는 성질이 다른 두 개의 금속을 접합

③ **열역학적 트랩** : 증기와 응축수의 열역학, 즉 운동에너지 차에 의한 작동

　㉠ 디스크식
- 소형이며 워터해머에 강하다.
- 고압용에 부적합하나 과열증기 사용에 적합하다.
- 작동이 빈번하며 증기누출이 있다.

　㉡ 오리피스식

3. 폐열회수장치(배열회수장치)

보일러 또는 기타 연소장치에서 발생된 연소가스의 연소열을 사용목적을 위해 이용한 후 버려지는 배기가스의 폐열을 회수하는 장치로 연료절약 및 열효율을 향상시킬 수 있다.

1) 과열기(Super Heater)

보일러에서 발생된 포화증기를 압력 변화 없이 가열하여 600℃ 이내 정도 고온의 가열증기를 만드는 장치

(1) 과열증기 사용 시 장점
- 폐열을 회수할 경우 이론상의 열효율이 상승된다.
- 증기의 마찰저항이 감소된다.
- 수격작용이 방지된다.
- 같은 압력의 포화증기에 비해 엔탈피가 많다.

(2) 과열증기 사용 시 단점
- 가열장치에 큰 열응력이 발생된다.
- 과열기 전열면에 바나지움에 의해 고온부식이 발생할 수 있다.(V_2O_5, 용융온도 500℃ 이상)
- 과열증기 온도조절에 어려움이 있다.
- 제품의 손상우려가 있다.

(3) 과열증기 온도조절방법
- 연소가스양의 증감으로 조절한다.
- 배기가스를 재순환시킨다.
- 화염의 위치를 이동시킨다.
- 과열저감기를 사용한다.

(4) 과열기의 분류

전열방식에 따라(설치위치)	열가스 흐름에 따라(증기와 가스흐름)
• 복사(방사) : 연소실 또는 노벽에 설치 • 대류(접촉) : 연도에 설치 • 복사·대류 : 연소실과 연도의 중간에 설치	• 병류형 : 동일흐름 • 향류형 : 반대흐름 • 혼류형 : 병류와 향류의 조합형

2) 재열기(Reheater)

과열기에서 만들어진 과열증기는 고압터빈을 지나면서 열에너지가 운동에너지로 변화되고 터빈출구에서 저압의 습증기가 되는데 이 습증기를 빼내어서 다시 재열기에서 재가열시킨 후 저압의 과열증기가 된다. 즉 터빈 출구에서 저압의 습증기를 저압의 과열증기로 만드는 장치를 재열기라 하며 터빈 효율 향상 및 터빈의 부식을 방지하여 증기원동소의 기기 수명을 연장하는 데 그 사용목적이 있다.

3) 절탄기(Economizer)

급수예열기라고도 하며 보일러 내부로 급수하기 전에 지하수나 상수도 물인 급수가 연도에 설치되어 있는 열교환기(절탄기)를 경유하면서 배기가스 열을 회수하여 가열된 급수로 만드는 장치

(1) 절탄기 설치 시 장점
- 보일러 효율을 향상시킬 수 있다.
- 보일러 동 또는 관수의 온도차가 적어 열응력 발생방지
- 수중의 불순물을 일부제거할 수 있다.
- 증기발생이 빠르기 때문에 보일러 증발능력이 증가한다.
- ※ 급수온도가 10℃ 상승하면 보일러 효율이 1.5% 향상된다.

4) 공기예열기(Air Preheater)

연도에 열교환기를 설치하여 연소용 공기가 연소실로 공급하기 전에 배기가스열을 회수하여 연소용 공기를 200~400℃로 가열하는 장치이다. 종류로는 증기식, 온수식, 가스식이 있으며, 그중 배기가스식이 가장 많다.

(1) 공기예열기의 종류
① 전열식(전도식) : 금속전열면을 경계로 배기가스의 열을 공기에 전달하는 방식
  - 강관식 : 구조가 튼튼하고 설치가 간단하다.
  - 강판식 : 소형이며 강도가 약하며 제작이 어렵다.

② 재생식(융그스트룸식) : 금속판을 일정시간 열가스와 접촉시킨 후 회전시켜 공기와 열교환하는 장치

(2) 공기예열기 설치 시 장점
- 적은 공기비로 연소가 가능하고 수분이 많은 저질탄의 연료도 용이하게 연소된다.
- 전열 효율 및 연소효율의 향상으로 보일러 효율 증가
- 저질연료의 연소가 가능하다.
- 연소실 용적을 적게 할 수 있다.
- 보일러 열효율을 약 5% 증가한다.(연소용 공기가 25℃ 상승하면 효율이 1% 증가)

> **Reference** 절탄기와 공기예열기 설치 시 단점
> - 통풍저항 증가(통풍력 저하)
> - 저온부식 발생($S+O_2 \rightarrow SO_2$, $SO_2+1/2O_2 \rightarrow SO_3$, $SO_4+H_2O \rightarrow H_2SO_4$(황산))
> - 연도 청소 곤란

4. 안전장치

1) 안전밸브(Safety Valve)

보일러 운전 시 증기압력이 규정압력을 초과하는 경우 자동으로 증기를 외부로 분출하여 압력을 정상화시켜 압력초과로 인한 보일러 파열로 인해 인명과 재산을 기계적으로 보호하는 장치이다.

(1) 설치기준

증기보일러는 2개 이상의 안전밸브를 설치하며, 크기는 25A 이상으로 한다.(단, 전열면적 $50m^2$ 이하의 경우 1개 이상 설치가능)

(2) 안전밸브의 종류

① 스프링식 : 스프링 장력에 의한 작동압력제어

양정에 따라	양정	분출용량(kg_f/h) 계산식
저양정식	$\frac{1}{40} \sim \frac{1}{15}$	$E_1 = \dfrac{(1.03P+1)SC}{22}$
고양정식	$\frac{1}{15} \sim \frac{1}{7}$	$E_2 = \dfrac{(1.03P+1)SC}{10}$
전양정	$\frac{1}{7}$ 이상	$E_3 = \dfrac{(1.03P+1)SC}{5}$
전양식	1.05배 이상	$E_4 = \dfrac{(1.03P+1)AC}{2.5}$

분출량의 크기 : $E_1 < E_2 < E_3 < E_4$

여기서, S : 밸브시트의 면적(mm^2), P : 분출압력(kg_f/cm^2)
C : 계수(증기압력 $120kg_f/cm^2$ 이하이거나 증기온도 280℃ 이하의 경우 1)
A : 안전밸브의 최소증기 통로면적(mm^2)

② 중추식 : 추의 무게에 의한 작동압력제어

$$W = P \times A$$

여기서, W : 추의 무게(kg_f), P : 압력(kg_f/cm^2), A : 밸브의 단면적(cm^2)

③ 지렛대식 : 추의 위치에 따라 작동압력 제어

$$W = P \times A \times \frac{l}{L}$$

여기서, l : 지지점과 밸브 중심거리(cm)
L : 지지점과 추와의 거리(cm)

(3) 안전밸브의 누설원인

- 스프링의 장력 감쇄
- 밸브의 조정압력이 낮은 경우
- 밸브와 시트부에 이물질이 있는 경우
- 밸브와 시트부 가공불량
- 변좌의 마모가 있거나 변좌에 밸브 축이 이완되었을 때

2) 화염검출기(Flame Detector)

화염검출기는 화염의 유무 또는 화염의 상태를 감지하여 소화나 실화시 신호를 연소안전제어기(Protect Relay)로 전달하는 기능을 하며 화염검출 신호에 따라 연소의 지속 또는 연료차단신호를 전자밸브에 보낸다.

(1) 화염검출기의 종류

- 플레임 아이(Flame Eye) : 화염에서 발생하는 빛(방사선)을 검출한다.
- 플레임 로드(Flame Rod) : 화염이 가지는 전기전도성을 이용한다.
- 스택스위치(Steak Switch) : 화염의 열을 이용(바이메탈), 화염의 발열체 이용

(2) 플레임 아이 종류

황화 카드뮴 광도전셀, 황화납 광도전셀, 적외선 및 자외선 광전관

3) 고저수위검출기(Water Level Detector)

보일러의 수위를 검출하여 신호로 변환하고 변환된 신호는 급수펌프조작, 저수위경보, 연료차단에 영향을 준다. 일명 고저수위 경보기라고도 한다.

(1) 수위검출기의 종류

- 플로트식(Float Type) : 맥도널식으로 부자를 이용
- 전극식(Electrode Type) : 관수의 전기전도성 이용
- 열팽창식(코프스식) : 금속관의 열팽창 이용
- 차압식

4) 증기압력제어기(압력차단 스위치)

보일러 운전 시 압력을 설정함에 따라 자동으로 보일러 기동과 정지 및 연료량과 공기량을 제어하는 연소제어기능의 압력조절기와 설정압력에서 연소를 On-Off시키는 압력제한기가 있다.

5) 방폭문(폭발구)

연소실 내 미연가스로 인한 가스 폭발 시나 역화현상에 의하여 폭발압력을 보일러 외부로 배출시켜 보일러 파열을 방지하는 장치이다.

6) 가용전(Fusible Plug)

노통 또는 전열면 상부에 구멍을 뚫어 용융점이 낮은 합금(가용전)을 설치, 운전 중 이상 과열 시 금속이 녹아내려 화력을 약화시킨다. 주석과 납의 비율이 10 : 3이면 용융온도가 150℃, 3 : 3이면 200℃, 3 : 10이면 250℃의 용융점을 갖는다.

7) 전자밸브(Solenoid Valve)

자동화 보일러의 안전장치로 널리 사용되고 있으며 운전 중 밸브는 개방되어 있으나 보일러 파열에 영향을 주는 저수위, 프리퍼지, 불착화 또는 실화, 저연소, 압력 초과 시 인터록이 발생되는 경우에는 연료를 차단하는 장치이다.

5. 기타 부속장치

1) 수트블로어 장치(Soot Blower System)

전열면에 부착되어 있는 그을음이나 재를 고압의 증기, 공기 등을 분사하여 제거하는 장치

(1) 시기 및 효과

시기	효과
• 전열면 매연 부착 시 • 배기가스 온도 상승 시 • 보일러 능률 저하 시 • 연료소비량 증가 시 • 통풍저항 증가 시	• 적정 배기가스 온도 확보 • 보일러 능률 확보 • 연료소비량 감소 • 통풍저항 감소

(2) 주의사항

① 그을음을 제거하는 시기는 부하가 가벼운 시기를 선택한다.
② 소화한 직후 고온의 연소실 내에서는 하여서는 안 된다.
③ 그을음 제거 시 흡출 통풍을 증가시킨 후 실시한다.
④ 증기를 이용하는 경우 드레인을 충분히 한다.
⑤ 국부 전열면에 장시간 청소하지 않는다.
⑥ 보일러 부하가 50% 이하일 경우 작업하지 않는다.

2) 압력계

압력계는 보일러 또는 증기 사용처 등 안전한 운전관리를 필요로 하는 곳에 설치한다.

(1) 압력계의 눈금 및 크기
① 압력계의 눈금판은 바깥지름은 100mm 이상으로 한다.
② 압력계의 최고눈금은 보일러의 최고사용압력의 3배 이하로 하되 1.5배보다 작아서는 안 된다.

(2) 압력계와 연결된 증기관
① 동관 또는 황동관 : 6.5mm 이상
② 강관 : 12.7mm 이상
③ 증기온도가 210℃ 이상인 경우 황동관 또는 동관을 사용하여서는 안 된다.
④ 사이폰관의 안지름은 6.5mm 이상이며 내부에는 물을 채우고 80℃ 이상이 되지 않도록 한다.

3) 수면계

증기보일러에 설치하는 계측장치로 보일러 내부 수위를 외부로 지시하는 기능

(1) 수면계 개수
증기보일러에는 2개 이상의 유리수면계를 부착하여야 한다.

(2) 수면계 부착위치
유리수면계는 보일러 안전한 운전을 위하여 수주관에 부착한다.

▼ 보일러 종류에 따른 수면계유리하단의 위치

보일러 종류	수면계 유리 하단부 위치(보일러 안전저수위와 일치)
직립형 보일러	연소실 천정판 최고부 위 75mm
직립형 연관 보일러	연소실 천정판 최고부 연관 길이의 $\frac{1}{3}$
수평 연관 보일러	연관의 최고부 위 75mm
노통 보일러	노통 최고부 위 100mm
노통 연관 보일러	연관의 최고부 위 75mm, 다만, 연관 최고부분보다 노통 윗면이 높은 경우 노통 최고부 위 100mm

(3) 수면계 종류 및 특징

종류	특징
유리수면계	$10kg_f/cm^2$ 이하의 저압보일러용
평형반사식 수면계	$25kg_f/cm^2$ 이하의 보일러용
평형투시식 수면계	$45\sim75kg_f/cm^2$ 이하 보일러용
2색 수면계	증기부 : 적색, 수부 : 녹색
차압식 수면계	원격지시 수면계
멀티포트식 수면계	$210kg_f/cm^2$ 이하의 고압보일러용

(4) 수면계 점검시기
  ① 보일러 가동 전
  ② 2개의 수면계 수위가 상이할 때
  ③ 운전 중 수면계 수위 움직임이 둔할 때
  ④ 플라이밍 포밍 발생 시

(5) 수면계 점검순서
  ① 증기 측 밸브와 물 측 밸브를 닫는다.
  ② 드레인 밸브를 개방한다.
  ③ 물 밸브를 열고 확인 후 닫는다.
  ④ 증기밸브를 열고 확인 후 닫는다.
  ⑤ 드레인 밸브를 닫는다.
  ⑥ 증기밸브를 서서히 개방한 후 마지막으로 물 밸브를 개방한다.

6. 열교환기의 종류 및 특성

열교환기는 석유화학 공업배관, 고분자화학, 일반화학 공업배관, 비료화학 공업배관, 각종 화학장치, 냉난방 분야에 널리 사용된다.

1) 열교환기의 종류 및 특성

[종류]
  ① 다관원통형 : 고정관판형, 유동두형, U자관형, 케틀형
  ② 이중관식
  ③ 단관식 : 트롬본형, 탱크형, 코일형
  ④ 공랭식
  ⑤ 특수식 : 플레이트식, 소용돌이식, 재킷식, 비금속제, 스파이럴형

2) 열교환기 특성

(1) 다관형 열교환기(셸 앤드 튜브형)

원통형 드럼 속에 다수의 전열관을 배열한 형식으로 석유화학공업에 사용된다.

① 고정관판식

관판을 드럼 양쪽에 고정한 형식으로 튜브 내 청소는 가능하지만 튜브의 청소는 곤란한 형식

② 유동두식

전열관이 2장의 관판을 지지하는 구조로 튜브의 인출이 가능하며 청소, 수리가 쉬우며 부식성 및 불순물을 포함한 유체, 고압유체의 사용이 가능하다.

③ U자관식 열교환기

튜브는 열팽창흡수가 가능하며 구조가 간단하여 경제적이다.

(2) 이중관식 열교환기

동심의 2중관을 구성하여 내관과 외관 사이에 유체를 통과하여 열교환하는 구조로 다관식 열교환기에 비하여 고장이 적고 제작이 쉽다.

(3) 단관식 열교환기

구조가 간단하여 경제적이며 누설의 염려가 적어 고온 및 고압유체에 적합하지만 압력손실이 크다.

(4) 판형 열교환기

① 플레이트식 열교환기

얇은 판을 파상 가공하여 여러 장을 겹쳐 배열한 구조로 플레이트를 경계로 서로 다른 유체를 통과시켜 열교환하는 구조로 전열능력이 우수하다.

(5) 스파이럴 열교환기

2장의 금속판을 나선형으로 감고 양쪽 통로에 유체를 통과시켜 열교환하는 방식으로 열팽창에 대한 염려가 적으며 내부 청소 및 수리가 편리하다.

CHAPTER 001 출제예상문제

01 노통 보일러 중 원통형의 노통이 2개 설치된 보일러를 무엇이라고 하는가?

① 라몬트 보일러
② 바브콕 보일러
③ 다우섬 보일러
④ 랭커셔 보일러

풀이 보일러의 종류
- 수관식 보일러 : 라몬트, 바브콕
- 열매체 보일러 : 다우섬

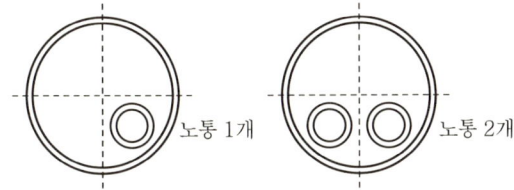

[코니시 보일러]   [랭커셔 보일러]

02 보일러에 대한 용어의 정의 중 잘못된 것은?

① 1종 관류보일러 : 강철제 보일러 중 전열면적이 $5m^2$ 이하이고 최고사용압력이 0.35MPa 이하인 것
② 설계압력 : 보일러 및 그 부속품 등의 강도계산에 사용되는 압력으로서 가장 가혹한 조건에서 결정한 압력
③ 최고사용온도 : 설계압력을 정할 때 설계압력에 대응하여 사용조건으로부터 정해지는 온도
④ 전열면적 : 한쪽 면이 연소가스 등에 접촉하고 다른 면이 물에 접촉하는 부분의 면을 연소가스 등의 쪽에서 측정한 면적

풀이 제1종 관류보일러
- 전열면적 $5m^2$ 초과
- 증기압력 1MPa 이하

03 연료 1kg이 연소하여 발생하는 증기량의 비를 무엇이라고 하는가?

① 열발생률   ② 증발배수
③ 전열면 증발률   ④ 증기량 발생률

풀이 증발배수
- 증발배수(kg/kg) = $\dfrac{\text{증기발생량}(kg)}{\text{연료 사용 } 1kg}$
- 숫자가 크면 성능이 우수하다.

04 열매체보일러에 대한 설명으로 틀린 것은?

① 저압으로 고온의 증기를 얻을 수 있다.
② 겨울철에도 동결의 우려가 적다.
③ 물이나 스팀보다 전열특성이 좋으며, 열매체 종류와 상관없이 사용온도한계가 일정하다.
④ 다우섬, 모빌섬, 카네크롤 보일러 등이 이에 해당한다.

풀이 열매체(다우섬 등)는 물이나 스팀보다 전열특성이 좋으나 열매체는 종류마다 사용온도가 다르다.
- KSK – 260 : 100~350℃
- KSK – 280 : 100~340℃
- KSK – 330 : 0~330℃
- 다우섬 A : 100~399℃
- 모빌섬 : 0~280℃

05 노통연관식 보일러의 특징에 대한 설명으로 옳은 것은?

① 외분식이므로 방산손실열량이 크다.
② 고압이나 대용량 보일러로 적당하다.
③ 내부청소가 간단하므로 급수처리가 필요 없다.
④ 보일러의 크기에 비하여 전열면적이 크고 효율이 좋다.

정답 01 ④ 02 ① 03 ② 04 ③ 05 ④

풀이 수관식 보일러는 보일러 크기에 비하여 전열면적이 크고 효율이 높다(수관식 보일러는 수관이 전열면이다).

06 원통형 보일러의 노통이 편심으로 설치되어 관수의 순환작용을 촉진시켜 줄 수 있는 보일러는?

① 코르니시 보일러 ② 라몬트 보일러
③ 케와니 보일러   ④ 기관차 보일러

풀이 동심노통과 편심노통의 차이점

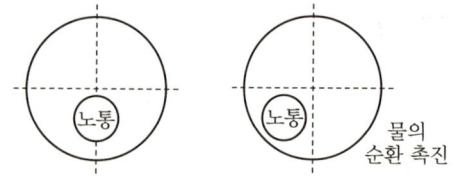

[동심노통]   [편심노통(코르니시 보일러)]

07 프라이밍 현상을 설명한 것으로 틀린 것은?

① 절탄기의 내부에 스케일이 생긴다.
② 안전밸브, 압력계의 기능을 방해한다.
③ 위터해머(Water Hammer)를 일으킨다.
④ 수면계의 수위가 요동해서 수위를 확인하기 어렵다.

풀이 프라이밍은 보일러 본체 부하 증대 등에 의하여 증기 발생 시 증기 내부에 물방울이 흡입되는 비수현상이다. 절탄기는 연도에 설치한다.

08 다음 각 보일러의 특징에 대한 설명 중 틀린 것은?

① 입형 보일러는 좁은 장소에도 설치할 수 있다.
② 노통 보일러는 보유수량이 적어 증기발생 소요시간이 짧다.
③ 수관 보일러는 구조상 대용량 및 고압용에 적합하다.
④ 관류 보일러는 드럼이 없어 초고압 보일러에 적합하다.

풀이 노통 보일러

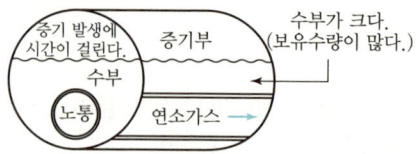

09 열정산에 대한 설명으로 틀린 것은?

① 원칙적으로 정격부하 이상에서 정상상태로 적어도 2시간 이상의 운전결과에 따른다.
② 발열량은 원칙적으로 사용 시 연료의 총발열량으로 한다.
③ 최대 출열량을 시험할 경우에는 반드시 최대 부하에서 시험을 한다.
④ 증기의 건도는 98% 이상인 경우에 시험함을 원칙으로 한다.

풀이 ㉠ 열정산 부하 시험 : 최대 부하가 아닌 정격부하에서 시험을 한다.
㉡ 열정산
  • 입열(입열과 출열은 항상 같아야 한다.)
  • 출열
  • 순환열(공기예열기 흡수열량, 축열기의 흡수열량, 환열기의 흡수열량)
㉢ 입열
  • 연료의 현열
  • 연소용 공기의 현열
  • 연료의 연소열
㉣ 출열
  • 증기나 온수의 보유열량
  • 불완전 연소에 의한 열손실
  • 미연탄소분에 의한 열손실
  • 배기가스의 보유열
  • 재의 현열

10 노통 보일러에 갤러웨이 관을 직각으로 설치하는 이유로 적절하지 않은 것은?

① 노통을 보강하기 위하여
② 보일러수의 순환을 돕기 위하여
③ 전열면적을 증가시키기 위하여
④ 수격작용을 방지하기 위하여

풀이 수격작용 방지법
• 배관에 기울기 적용
• 증기트랩 부착

11 프라이밍 및 포밍의 발생 원인이 아닌 것은?

① 보일러를 고수위로 운전할 때
② 증기부하가 적고 증발수면이 넓을 때
③ 주증기밸브를 급히 열었을 때
④ 보일러수에 불순물, 유지분이 많이 포함되어 있을 때

풀이 증기부하가 크고 증발수면적이 좁으면 프라이밍(비수), 포밍이 발생한다.

[노통연관식 보일러]

12 횡연관식 보일러에서 연관의 배열을 바둑판 모양으로 하는 주된 이유는?

① 보일러 강도 증가
② 증기발생 억제
③ 물의 원활한 순환
④ 연소가스의 원활한 흐름

풀이 횡연관식 보일러 연관의 배열은 물의 원활한 순환을 위해 바둑판 모양으로 한다.

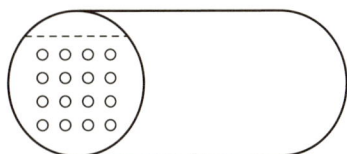

13 보일러의 용량을 산출하거나 표시하는 값으로 틀린 것은?

① 상당증발량
② 보일러마력
③ 재열계수
④ 전열면적

풀이 보일러 용량 산출/표시 값
문제 보기의 ①, ②, ④ 외 상당방열면적, 정격출력 등

14 자연순환식 수관보일러에서 물의 순환에 관한 설명으로 틀린 것은?

① 순환을 높이기 위하여 수관을 경사지게 한다.
② 발생증기의 압력이 높을수록 순환력이 커진다.
③ 순환을 높이기 위하여 수관 직경을 크게 한다.
④ 순환을 높이기 위하여 보일러수의 비중차를 크게 한다.

풀이 수관식(자연순환식) 보일러는 압력이 높으면 보일러수의 온도가 높아서 밀도(kg/m³)가 감소하여 보일러수의 순환이 느려진다.

15 보일러의 열정산 시 출열 항목이 아닌 것은?

① 배기가스에 의한 손실열
② 발생증기 보유열
③ 불완전연소에 의한 손실열
④ 공기의 현열

정답 10 ④　11 ②　12 ③　13 ③　14 ②　15 ④

풀이 열정산 입열 항목
- 연료의 연소열
- 공기의 현열
- 연료의 현열
- 분입증기에 의한 입열

풀이 관류보일러(다관식은 드럼이 없다.)
- 슐저 보일러
- 벤손 보일러
- 소형 관류보일러
- 가와사키 보일러

16 다음 중 보일러 본체의 구조가 아닌 것은?
① 노통   ② 노벽
③ 수관   ④ 절탄기

풀이 보일러의 구조(수관식)

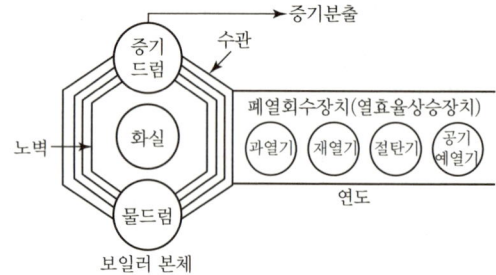

19 연관식 패키지 보일러와 랭커셔 보일러의 장단점에 대한 비교 설명으로 틀린 것은?
① 열효율은 연관식 패키지 보일러가 좋다.
② 부하변동에 대한 대응성은 랭커셔 보일러가 적다.
③ 설치 면적당의 증발량은 연관식 패키지 보일러가 크다.
④ 수처리는 연관식 패키지 보일러가 더 간단하다.

풀이 랭커셔 보일러와 연관식 패키지 보일러

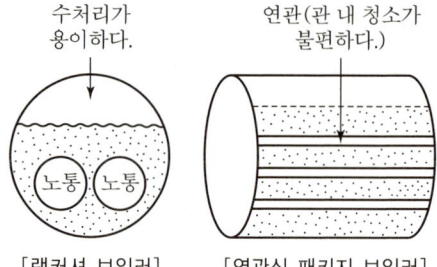

[랭커셔 보일러]   [연관식 패키지 보일러]

17 보일러의 성능시험 시 측정은 매 몇 분마다 실시하여야 하는가?
① 5분   ② 10분
③ 15분   ④ 20분

풀이
- 성능시험 측정 : 10분마다 실시
- 성능시험에서 증기건도는 0.98
- 성능시험에서 압력의 변동은 ±7% 이내
- 성능시험에서 유량계 오차는 ±1% 범위 내

20 보일러 운전 중 경판의 적절한 탄성을 유지하기 위한 완충 폭을 무엇이라고 하는가?
① 애덤슨 조인트   ② 브리딩 스페이스
③ 용접 간격   ④ 그루빙

풀이 브리딩 스페이스

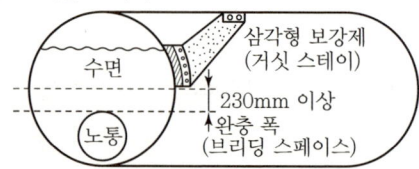

18 다음 보일러 중에서 드럼이 없는 구조의 보일러는?
① 야로우 보일러   ② 슐저 보일러
③ 타쿠마 보일러   ④ 베록스 보일러

정답 16 ④ 17 ② 18 ② 19 ④ 20 ②

21 보일러의 효율 향상을 위한 운전 방법으로 틀린 것은?

① 가능한 한 정격부하로 가동되도록 조업을 계획한다.
② 여러 가지 부하에 대해 열정산을 행하여, 그 결과로 얻은 결과를 통해 연소를 관리한다.
③ 전열면의 오손, 스케일 등을 제거하여 전열효율을 향상시킨다.
④ 블로 다운을 조업중지 때마다 행하여, 이상 물질이 보일러 내에 없도록 한다.

풀이 분출(슬러지 배출 블로)를 자주하면 온수배출이 심하여 열손실이 증가하고 급수사용량이 증가하여 효율이 감소한다.

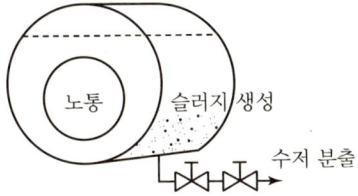

22 랭커셔 보일러에 대한 설명으로 틀린 것은?

① 노통이 2개이다.
② 부하변동 시 압력변화가 적다.
③ 연관보일러에 비해 전열면적이 작고 효율이 낮다.
④ 급수처리가 까다롭고 가동 후 증기 발생시간이 길다.

풀이 랭커셔 보일러 특징은 ①, ②, ③이며 급수처리는 용이하나 가동 후 증기발생은 수관식에 비해 길다.

23 보일러의 성능 계산 시 사용되는 증발률(kg/m² · h)에 대한 설명으로 옳은 것은?

① 실제 증발량에 대한 발생 증기 엔탈피와의 비
② 연료 소비량에 대한 상당 증발량과의 비
③ 상당 증발량에 대한 실제 증발량과의 비
④ 전열 면적에 대한 실제 증발량과의 비

풀이 전열면의 증발률(kg/m² · h) = $\dfrac{\text{실제 증발량(kg/h)}}{\text{전열 면적(m}^2)}$

24 보일러 수랭관과 연소실벽 내에 설치된 방사과열기의 보일러 부하에 따른 과열온도 변화에 대한 설명으로 옳은 것은?

① 보일러의 부하증대에 따라 과열온도는 증가하다가 최대 이후 감소한다.
② 보일러의 부하증대에 따라 과열온도는 감소하다가 최소 이후 증가한다.
③ 보일러의 부하증대에 따라 과열온도는 증가한다.
④ 보일러의 부하증대에 따라 과열온도는 감소한다.

풀이 보일러부하가 증대하면 방사과열기 과열온도는 감소한다(과열온도=과열증기온도-포화증기온도).

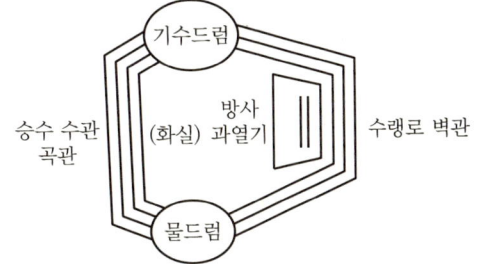

25 평형노통과 비교한 파형노통의 장점이 아닌 것은?

① 청소 및 검사가 용이하다.
② 고열에 의한 신축과 팽창이 용이하다.
③ 전열면적이 크다.
④ 외압에 대한 강도가 크다.

풀이 평형노통과 파형노통

청소나 검사가 용이하다.   청소나 검사가 불편하다.

정답 21 ④   22 ④   23 ④   24 ④   25 ①

26 노통보일러의 설명으로 틀린 것은?

① 구조가 비교적 간단하다.
② 노통에는 파형과 평형이 있다.
③ 내분식 보일러의 대표적인 보일러이다.
④ 코르니시 보일러와 랭커셔 보일러의 노통은 모두 1개이다.

`풀이` 보일러의 노통

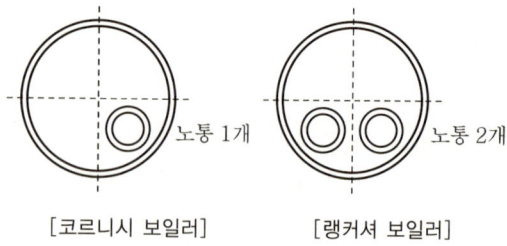

[코르니시 보일러]   [랭커셔 보일러]

27 입형 보일러의 특징에 대한 설명으로 틀린 것은?

① 설치 면적이 좁다.
② 전열면적이 작고 효율이 낮다.
③ 증발량이 적으며 습증기가 발생한다.
④ 증기실이 커서 내부 청소 및 검사가 쉽다.

`풀이` 입형(버티컬형) 수직 보일러는 소형 보일러로서 증기실이 작고 내부 청소와 검사 및 수리가 매우 불편하고 습증기 발생이 심각하다.

28 노통보일러에서 브리딩 스페이스란 무엇을 말하는가?

① 노통과 거싯 스테이와의 거리
② 관군과 거싯 스테이 사이의 거리
③ 동체와 노통 사이의 최소거리
④ 거싯 스테이 간의 거리

`풀이` 브리딩 스페이스

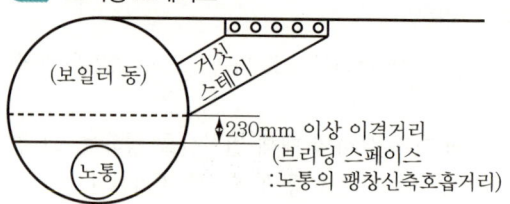

230mm 이상 이격거리
(브리딩 스페이스
: 노통의 팽창신축호흡거리)

29 수관식 보일러에 대한 설명으로 틀린 것은?

① 증기 발생의 소요시간이 짧다.
② 보일러 순환이 좋고 효율이 높다.
③ 스케일의 발생이 적고 청소가 용이하다.
④ 드럼이 작아 구조적으로 고압에 적당하다.

`풀이` 원통형 보일러
수관식 보일러에 비해 스케일 발생이 적고 청소나 점검이 용이하다.

30 코르시니 보일러의 노통을 한쪽으로 편심 부착시키는 주된 목적은?

① 강도상 유리하므로
② 전열면적을 크게 하기 위하여
③ 내부 청소를 간편하게 하기 위하여
④ 보일러 물의 순환을 좋게 하기 위하여

`풀이`

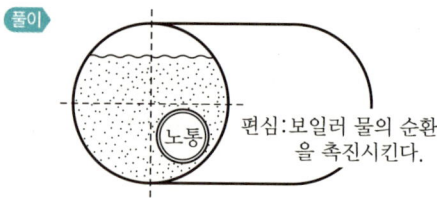

편심: 보일러 물의 순환을 촉진시킨다.

31 강제순환식 보일러의 특징에 대한 설명으로 틀린 것은?

① 증기발생 소요시간이 매우 짧다.
② 자유로운 구조의 선택이 가능하다.

`정답` 26 ④ 27 ④ 28 ① 29 ③ 30 ④ 31 ④

③ 고압보일러에 대해서도 효율이 좋다.
④ 동력소비가 적어 유지비가 비교적 적게 든다.

[풀이] 강제순환식 보일러에는 라몬트보일러, 베록스보일러 등이 있고 노즐이나 순환펌프로 보일러수를 강제 순환시키므로 동력 소비가 증가한다.

32 보일러 운전 시 캐리오버(Carry Over)를 방지하기 위한 방법으로 틀린 것은?

① 주증기 밸브를 서서히 연다.
② 관수의 농축을 방지한다.
③ 증기관을 냉각한다.
④ 과부하를 피한다.

[풀이] 캐리오버(기수공발)를 방지하려면 증기관을 보온하여 온도하강이 발생하지 않도록 해야 한다.
  ※ 기수공발 : 보일러 동 내부에서 화합물이나 비수(물방울)가 함께 보일러 외부 증기배관으로 이송되는 현상

33 전열면에 비등기포가 생겨 열유속이 급격하게 증대하며, 가열면상에 서로 다른 기포의 발생이 나타나는 비등과정을 무엇이라고 하는가?

① 단상액체 자연대류 ② 핵비등
③ 천이비등   ④ 포밍

[풀이] 핵비등
전열면에 비등기포가 생겨 열유속이 급격하게 증대하며 가열면상에 서로 다른 기포의 발생이 나타나는 비등이다.

34 다음 중 특수열매체 보일러에서 가열 유체로 사용되는 것은?

① 폴리아미드   ② 다우섬
③ 덱스트린   ④ 에스테르

[풀이] 특수열매체 보일러의 열매체
  • 다우섬
  • 카네크롤
  • 모빌섬
  • 세큐리티

35 소용량 주철제 보일러에 대한 설명에서 ( ) 안에 들어갈 내용으로 옳은 것은?

소용량 주철제 보일러는 주철제 보일러 중 전열면적이 (㉠)m² 이하이고 최고사용압력이 (㉡)MPa 이하인 보일러이다.

① ㉠ 4   ㉡ 0.1
② ㉠ 5   ㉡ 0.1
③ ㉠ 4   ㉡ 0.5
④ ㉠ 5   ㉡ 0.5

[풀이] 소용량 보일러(강철제, 주철제) 기준
  • 최고사용압력 : 0.1MPa(1kgf/cm²) 이하
  • 전열면적 : 5m² 이하

36 수관식 보일러에 속하지 않는 것은?

① 코르니시 보일러
② 바브콕 보일러
③ 라몬트 보일러
④ 벤손 보일러

[풀이] 원통형 보일러 : 저압용 보일러

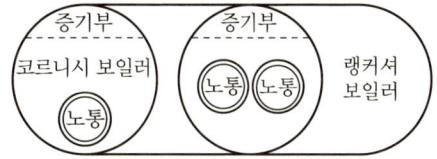

정답 32 ③ 33 ② 34 ② 35 ② 36 ①

37 보일러의 형식에 따른 종류의 연결로 틀린 것은?

① 노통식 원통보일러 – 코르니시 보일러
② 노통연관식 원통보일러 – 라몬트 보일러
③ 자연순환식 수관보일러 – 다쿠마 보일러
④ 관류보일러 – 슐저 보일러

> 풀이 강제순환식 수관보일러
> • 라몬트 노즐 보일러
> • 베록스 보일러

38 순환식(자연 또는 강제) 보일러가 아닌 것은?

① 다쿠마 보일러   ② 야로 보일러
③ 벤손 보일러   ④ 라몬트 보일러

> 풀이 벤손 보일러, 슐저 보일러는 관류식 수관 보일러(순환식이 아닌 상승식 수관 보일러)에 해당한다.

39 노통 보일러의 수면계 최저 수위 부착 기준으로 옳은 것은?

① 노통 최고부위 50mm
② 노통 최고부위 100mm
③ 연관의 최고부위 10mm
④ 연소실 천장판 최고부위 연관길이의 1/3

> 풀이
>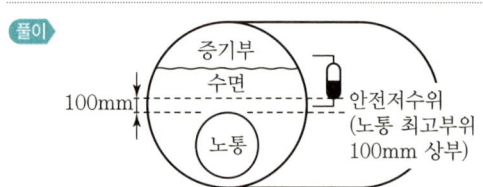

40 노통보일러에서 갤러웨이관(Galloway Tube)을 설치하는 이유가 아닌 것은?

① 전열면적의 증가   ② 물의 순환 증가
③ 노통의 보강   ④ 유동저항 감소

> 풀이 갤러웨이관(횡관)의 설치 목적은 ①, ②, ③ 외에 열효율 향상 등이 있다.
>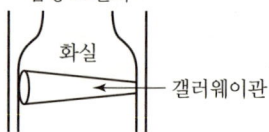

41 강제 순환식 수관 보일러는?

① 라몬트(Lamont) 보일러
② 다쿠마(Takuma) 보일러
③ 슐저(Sulzer) 보일러
④ 벤손(Benson) 보일러

> 풀이 강제 순환식 수관 보일러
> • 라몬트 노즐 보일러
> • 베록스 보일러

42 수관보일러에서 수냉노벽의 설치 목적으로 가장 거리가 먼 것은?

① 고온의 연소열에 의해 내화물이 연화, 변형되는 것을 방지하기 위하여
② 물의 순환을 좋게 하고 수관의 변형을 방지하기 위하여
③ 복사열을 흡수시켜 복사에 의한 열손실을 줄이기 위하여
④ 절연면적을 증가시켜 전열효율을 상승시키고, 보일러 효율을 높이기 위하여

> 풀이 수냉로 수관벽의 설치 목적은 ①, ③, ④이다.
>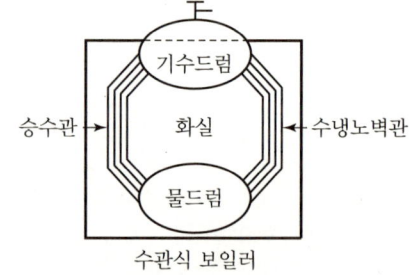
> 수관식 보일러

정답 37 ② 38 ③ 39 ② 40 ④ 41 ① 42 ②

43 수관식과 비교하여 노통연관식 보일러의 특징으로 옳은 것은?

① 설치 면적이 크다.
② 연소실을 자유로운 형상으로 만들 수 있다.
③ 파열 시 비교적 위험하다.
④ 청소가 곤란하다.

풀이 노통연관식은 수관식에 비해 수부가 크고 CO가스가 빈번하게 발생하여 파열 시 피해가 크나 증기의 질이 좋다.

44 다음 중 증기관의 크기를 결정할 때 고려해야 할 사항으로 가장 거리가 먼 것은?

① 가격   ② 열손실
③ 압력강하   ④ 증기온도

풀이 증기관의 크기 결정 요소
 • 가격
 • 열손실
 • 압력강하
 (증기온도는 압력에 따라 다르다.)

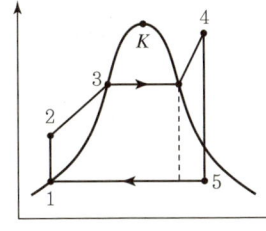

(1) 1 → 2 (단열압축 : 급수펌프)
(2) 2 → 3 → 4 (정압가열 : 보일러)
(3) 4 → 5 (단열팽창 : 증기터빈)
(4) 5 → 1 (정압방열 : 복수기)

[랭킨사이클 선도]

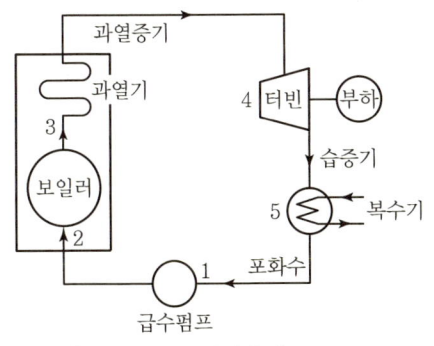

[증기원동소 랭킨사이클]

45 보일러의 성능 시험방법 및 기준에 대한 설명으로 옳은 것은?

① 증기건도의 기준은 강철제 또는 주철제로 나누어 정해져 있다.
② 측정은 매 1시간마다 실시한다.
③ 수위는 최초 측정치에 비해서 최종 측정치가 적어야 한다.
④ 측정기록 및 계산양식은 제조사에서 정해진 것을 사용한다.

풀이 보일러 성능시험 기준
 • 측정시간 : 매 10분마다
 • 수위 : 일정하게 유지한다.
 • 측정기록 계산양식 : 열정산에 의한다.
 • 증기건도 : 강철제(98%), 주철제(97%)

46 수관 보일러와 비교한 원통 보일러의 특징에 대한 설명으로 틀린 것은?

① 구조상 고압용 및 대용량에 적합하다.
② 구조가 간단하고 취급이 비교적 용이하다.
③ 전열면적당 수부의 크기는 수관보일러에 비해 크다.
④ 형상에 비해서 전열면적이 작고 열효율은 낮은 편이다.

풀이 구조상 수관식은 고압, 대용량 보일러이다.

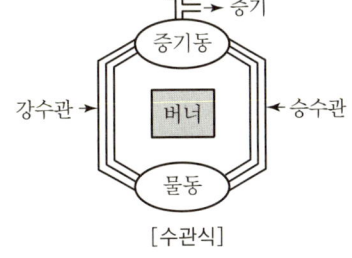

[수관식]

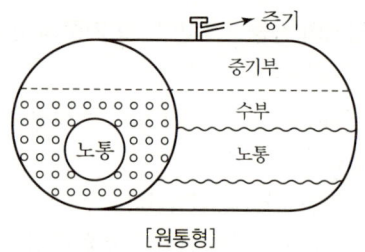
[원통형]

47 수관보일러의 특징에 대한 설명으로 옳은 것은?

① 최대 압력이 1MPa 이하인 중소형 보일러에 적용이 일반적이다.
② 연소실 주위에 수관을 비치하여 구성한 수냉벽을 노에 구성한다.
③ 수관의 특성상 기수분리의 필요가 없는 드럼리스 보일러의 특징을 갖는다.
④ 열량을 전열면에서 잘 흡수시키기 위해 2패스, 3패스, 4패스 등의 흐름 구성을 갖도록 설계한다.

풀이 ▶ 수관식 보일러

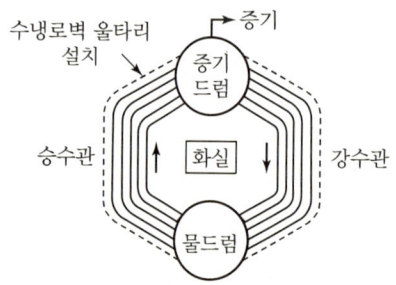

- 1MPa 이상 고압용
- 대용량 보일러
- 기수분리기 장착(건조증기 취출)
- 강수관, 승수관으로 분리
- 수냉로 벽 설치
- 2~4패스용 보일러(노통연관 원통형 보일러)

48 히트파이프의 열교환기에 대한 설명으로 틀린 것은?

① 열저항이 적어 낮은 온도하에서도 열회수 가능
② 전열면적을 크게 하기 위해 핀튜브 사용
③ 수평, 수직, 경사구조로 설치 가능
④ 별도 구동장치의 동력이 필요

풀이 ▶ 히트파이프(Heat Pipe : 전열관)
- 진공의 관 내에 적당한 양의 액체를 봉입한 기구이며 이것으로 같은 단면적을 갖는 금속봉에 비하면 상당히 많은 열을 전달할 수 있다.
- 본체 재료로는 구리, 스테인리스, 세라믹스, 텅스텐 등, 안벽은 다공질의 파이버 등이 사용된다. 내부 휘발성 물질은 메탄올, 아세톤, 물, 수은 등이 있다.

49 다음 중 수관식 보일러의 장점이 아닌 것은?

① 드럼이 작아 구조상 고온 고압의 대용량에 적합하다.
② 연소실 설계가 자유롭고 연료의 선택범위가 넓다.
③ 보일러수의 순환이 좋고 전열면 증발률이 크다.
④ 보유수량이 많아 부하변동에 대하여 압력변동이 적다.

풀이 ▶ 보일러의 구조

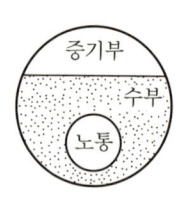
원통 보일러
(보유수가 많다.)

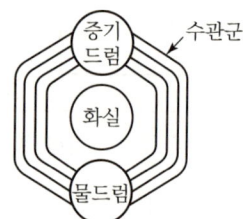
수관 보일러(드럼이 작아서 보유수가 적다.)

정답 47 ② 48 ④ 49 ④

50 긴 관의 일단에서 급수를 펌프로 압입하여 도중에서 가열, 증발, 과열을 한꺼번에 시켜 과열 증기로 내보내는 보일러로서 드럼이 없고, 관만으로 구성된 보일러는?

① 이중 증발 보일러 ② 특수 열매 보일러
③ 연관 보일러   ④ 관류 보일러

풀이 관류 보일러

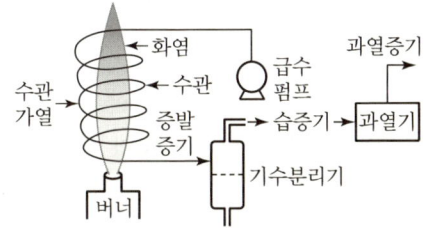

51 일반적인 주철제 보일러의 특징으로 적절하지 않은 것은?

① 내식성이 좋다.
② 인장 및 충격에 강하다.
③ 복잡한 구조라도 제작이 가능하다.
④ 좁은 장소에서도 설치가 가능하다.

풀이 주철은 탄소(C) 함량이 많아서 인장이나 충격에 약하다.

52 보일러 장치에 대한 설명으로 틀린 것은?

① 절탄기는 연료 공급을 적당히 분배하여 완전연소를 위한 장치이다.
② 공기 예열기는 연소 가스의 예열로 공급 공기를 가열시키는 장치이다.
③ 과열기는 포화증기를 가열시키는 장치이다.
④ 재열기는 원동기에서 팽창한 포화증기를 재가열시키는 장치이다.

풀이 보일러 장치

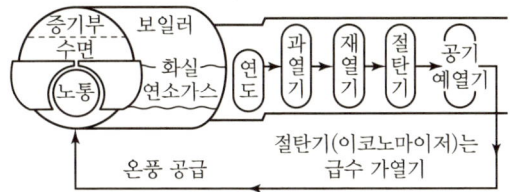

53 프라이밍 및 포밍 발생 시 조치사항에 대한 설명으로 틀린 것은?

① 안전밸브를 전개하여 압력을 강하시킨다.
② 증기 취출을 서서히 한다.
③ 연소량을 줄인다.
④ 수위를 안정시킨 후 보일러수의 농도를 낮춘다.

풀이 프라이밍(비수), 포밍(거품)이 발생하면 캐리오버(기수공발)가 발생하므로 주증기밸브나 안전밸브 등을 차단한다(단, 압력 초과 시는 안전밸브를 개방시킨다).

54 다음 중 보일러 안전장치로 가장 거리가 먼 것은?

① 방폭문   ② 안전밸브
③ 체크밸브 ④ 고저수위경보기

풀이

55 다음 중 사이펀관이 직접 부착된 장치는?

① 수면계   ② 안전밸브
③ 압력계   ④ 어큐뮬레이터

정답 50 ④ 51 ② 52 ① 53 ① 54 ③ 55 ③

풀이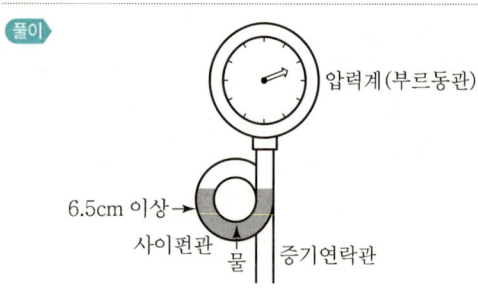

56 고압증기터빈에서 팽창되어 압력이 저하된 증기를 가열하는 보일러의 부속장치는?

① 재열기   ② 과열기
③ 절탄기   ④ 공기예열기

풀이 **재열기**
과열증기가 고압증기터빈에서 팽창되어 압력이 저하된 증기를 재가열하는 부속장치

57 플래시 탱크의 역할로 옳은 것은?

① 저압의 증기를 고압의 응축수로 만든다.
② 고압의 응축수를 저압의 증기로 만든다.
③ 고압의 증기를 저압의 응축수로 만든다.
④ 저압의 응축수를 고압의 증기로 만든다.

풀이 **플래시 탱크**
고압 보일러에서 고온의 응축수를 저압의 증기 생산에 의해 증기로 회수하고 일부는 응축수 상태로 재사용한다.

58 급수펌프인 인젝터의 특징에 대한 설명으로 틀린 것은?

① 구조가 간단하여 소형에 사용된다.
② 별도의 소요동력이 필요하지 않다.
③ 송수량의 조절이 용이하다.
④ 소량의 고압증기로 다량의 급수가 가능하다.

풀이 소형 급수설비인 인젝터는 송수량의 조절이 불가능하다.

59 연소실의 체적을 결정할 때 고려사항으로 가장 거리가 먼 것은?

① 연소실의 열부하
② 연소실의 열발생률
③ 연소실의 연소량
④ 내화벽돌의 내압강도

풀이 • 연소실을 구축할 때 내화벽돌의 내압강도를 고려한다.
• 내화벽돌(SK26 : 1,580℃, SK42 : 2,000℃)

60 보일러의 부속장치 중 여열장치가 아닌 것은?

① 공기예열기   ② 송풍기
③ 재열기   ④ 절탄기

풀이 • 여열장치 : 과열기, 재열기, 절탄기, 공기예열기
• 통풍장치 : 압입통풍, 흡입통풍, 평형통풍

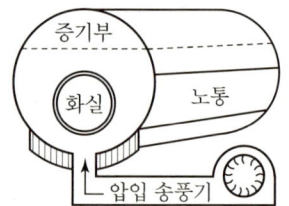

61 보일러수의 분출시기가 아닌 것은?

① 보일러 가동 전 관수가 정지되었을 때
② 연속운전일 경우 부하가 가벼울 때
③ 수위가 지나치게 낮아졌을 때
④ 프라이밍 및 포밍이 발생할 때

정답 56 ① 57 ② 58 ③ 59 ④ 60 ② 61 ③

풀이 보일러수의 분출

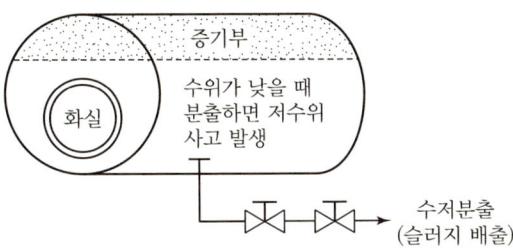

62 수증기관에 만곡관을 설치하는 주된 목적은?

① 증기관 속의 응결수를 배제하기 위하여
② 열팽창에 의한 관의 팽창작용을 흡수하기 위하여
③ 증기의 통과를 원활히 하고 급수의 양을 조절하기 위하여
④ 강수량의 순환을 좋게 하고 급수량의 조절을 쉽게 하기 위하여

풀이 만곡관

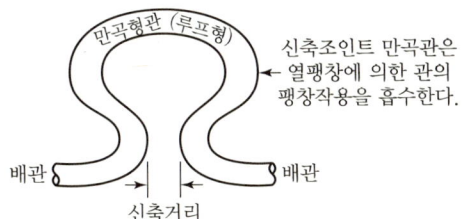

63 인젝터의 장단점에 관한 설명으로 틀린 것은?

① 급수를 예열하므로 열효율이 좋다.
② 급수온도가 55℃ 이상으로 높으면 급수가 잘 된다.
③ 증기압이 낮으면 급수가 곤란하다.
④ 별도의 소요동력이 필요 없다.

풀이 인젝터 소형 급수 설비(동력 : 증기스팀)의 급수온도가 50℃ 이상이면 급수불량이 된다(압력이 0.2 MPa 이하이면 급수가 불량해진다).

64 연소실에서 연도까지 배치된 보일러 부속설비의 순서를 바르게 나타낸 것은?

① 과열기 → 절탄기 → 공기 예열기
② 절탄기 → 과열기 → 공기 예열기
③ 공기 예열기 → 과열기 → 절탄기
④ 과열기 → 공기 예열기 → 절탄기

풀이 보일러 부속설비

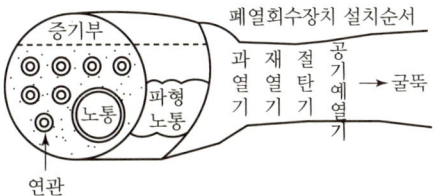

65 저압용으로 내식성이 크고, 청소하기 쉬운 구조이며, 증기압이 2kg/cm² 이하의 경우에 사용되는 절탄기는?

① 강관식
② 이중관식
③ 주철관식
④ 황동관식

풀이 • 여열장치 절탄기(급수예열기) : 강관제(고압용), 주철제(저압용)
• 급수온도 10℃ 상승 시 보일러 효율 1.5% 향상

66 바이메탈 트랩에 대한 설명으로 옳은 것은?

① 배기능력이 탁월하다.
② 과열증기에도 사용할 수 있다.
③ 개폐온도의 차가 적다.
④ 밸브폐색의 우려가 있다.

풀이 온도조절트랩
• 벨로스형(배기능력이 탁월하다.)
• 바이메탈형(배기능력이 탁월하다.)
• 팽창형

정답 62 ② 63 ② 64 ① 65 ③ 66 ①

67 상향 버킷식 증기트랩에 대한 설명으로 틀린 것은?

① 응축수의 유입구와 유출구의 차압이 없어도 배출이 가능하다.
② 가동 시 공기 빼기를 하여야 하며 겨울철 동결 우려가 있다.
③ 배관계통에 설치하여 배출용으로 사용된다.
④ 장치의 설치는 수평으로 한다.

풀이 상향 버킷식 증기트랩은 배기능력이 빈약하여 유입구와 유출구의 차압이 있어야 응축수 배출이 가능한 기계식 트랩이다(대형이며 동결의 우려가 있고 체크밸브가 부착된다).

68 다음 중 기수분리의 방법에 따른 분류로 가장 거리가 먼 것은?

① 장애판을 이용한 것
② 그물을 이용한 것
③ 방향전환을 이용한 것
④ 압력을 이용한 것

풀이 기수분리기(건조증기 취출기) 분류
㉠ 배관설치용
 • 방향 전환 이용
 • 장애판 이용
 • 원심력 이용
 • 여러 겹의 그물 이용
㉡ 보일러 동(드럼) 내부 설치용
 • 장애판 조립
 • 파도형 다수 강판 이용
 • 원심력 분리기 이용

69 보일러에서 연소용 공기 및 연소가스가 통과하는 순서로 옳은 것은?

① 송풍기 → 절탄기 → 과열기 → 공기예열기 → 연소실 → 굴뚝
② 송풍기 → 연소실 → 공기예열기 → 과열기 → 절탄기 → 굴뚝
③ 송풍기 → 공기예열기 → 연소실 → 과열기 → 절탄기 → 굴뚝
④ 송풍기 → 연소실 → 공기 예열기 → 절탄기 → 과열기 → 굴뚝

풀이
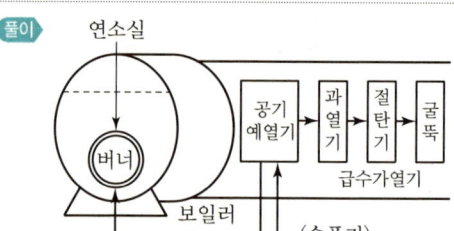

70 보일러에서 사용하는 안전밸브의 방식으로 가장 거리가 먼 것은?

① 중추식
② 탄성식
③ 지렛대식
④ 스프링식

풀이 탄성식 등은 부르동관 압력계 등에 사용이 가능하다.
※ 탄성식 압력계 : 부르동관, 다이어프램식, 벨로스식 등

71 오일 버너로서 유량 조절 범위가 가장 넓은 버너는?

① 스팀 제트
② 로터리 버너
③ 유압분무식 버너
④ 고압공기식 버너

풀이 유량 조절 범위
 ① 스팀 제트 1 : 5
 ② 로터리식 1 : 5
 ③ 유압분무식 1 : 1.5
 ④ 고압공기식 1 : 10

정답 67 ① 68 ④ 69 ③ 70 ② 71 ④

72 보일러 응축수 탱크의 가장 적절한 설치위치는?

① 보일러 상단부와 응축수 탱크의 하단부를 일치시킨다.
② 보일러 하단부와 응축수 탱크의 하단부를 일치시킨다.
③ 응축수 탱크는 응축수 회수배관보다 낮게 설치한다.
④ 응축수 탱크는 송출 증기관과 동일한 양정을 갖는 위치에 설치한다.

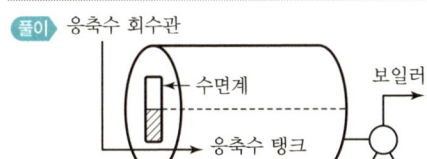

73 인젝터의 작동순서로 옳은 것은?

㉠ 인젝터의 정지밸브를 연다.
㉡ 증기밸브를 연다.
㉢ 급수밸브를 연다.
㉣ 인젝터의 핸들을 연다.

① ㉠ → ㉡ → ㉢ → ㉣
② ㉠ → ㉢ → ㉡ → ㉣
③ ㉣ → ㉡ → ㉢ → ㉠
④ ㉣ → ㉢ → ㉡ → ㉠

풀이
• 인젝터(급수설비)의 작동순서
  ㉠ → ㉢ → ㉡ → ㉣
• 인젝터 정지순서
  ㉣ → ㉡ → ㉢ → ㉠

74 보일러수의 분출 목적이 아닌 것은?

① 프라이밍 및 포밍을 촉진한다.
② 물의 순환을 촉진한다.
③ 가성취화를 방지한다.
④ 관수의 pH를 조절한다.

풀이 보일러수의 분출(수저, 수면 분출)
프라이밍(비수), 포밍(거품)을 방지한다.

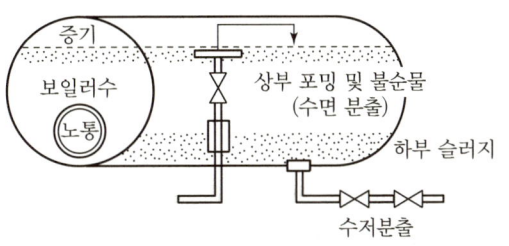

[원통형 보일러]

75 연도 등의 저온의 전열면에 주로 사용되는 수트 블로어의 종류는?

① 삽입형
② 예열기 클리너형
③ 로터리형
④ 건형(Gun Type)

풀이 수트 블로어의 설치위치(로터리형)

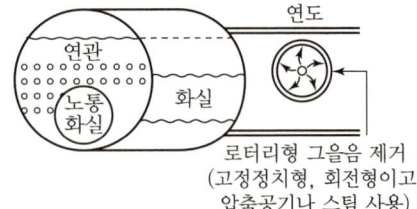

로터리형 그을음 제거
(고정정치형, 회전형이고
압축공기나 스팀 사용)

76 증기트랩장치에 관한 설명으로 옳은 것은?

① 증기관의 도중이나 상단에 설치하여 압력의 급상승 또는 급히 물이 들어가는 경우 다른 곳으로 빼내는 장치이다.
② 증기관의 도중이나 말단에 설치하여 증기의 일부가 응축되어 고여 있을 때 자동적으로 빼내는 장치이다.
③ 보일러 동에 설치하여 드레인을 빼내는 장치이다.
④ 증기관의 도중이나 말단에 설치하여 증기를 함유한 침전물을 분리시키는 장치이다.

정답 72 ③ 73 ② 74 ① 75 ③ 76 ②

풀이

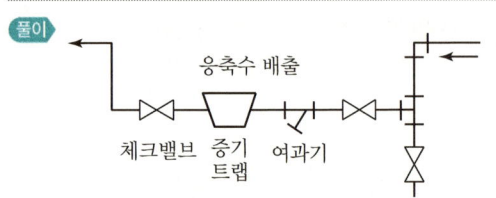

77 노 앞과 연도 끝에 통풍 팬을 설치하여 노 내의 압력을 임의로 조절할 수 있는 방식은?

① 자연통풍식 ② 압입통풍식
③ 유인통풍식 ④ 평형통풍식

풀이

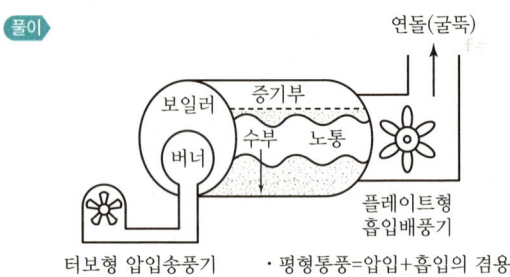

・평형통풍=압입+흡입의 겸용

78 줄-톰슨계수(Joule-Thomson Coefficient, μ)에 대한 설명으로 옳은 것은?

① μ의 부호는 열량의 함수이다.
② μ의 부호는 온도의 함수이다.
③ μ가 (−)일 때 유체의 온도는 교축과정 동안 내려간다.
④ μ가 (+)일 때 유체의 온도는 교축과정 동안 일정하게 유지된다.

풀이 줄-톰슨계수(줄-톰슨효과)

$$\mu = \left(\frac{\partial T}{\partial P}\right)h$$

고압의 가스나 유체가 밸브나 노즐을 통과할 때 단열 팽창이 일어난다. 이 경우 엔탈피는 일정, 동작유체의 온도는 압력강하에 비례하여 감소한다. 이때의 계수가 줄-톰슨계수이다.

79 다음의 특징을 가지는 증기트랩의 종류는?

• 다량의 드레인을 연속적으로 처리할 수 있다.
• 증기누출이 거의 없다.
• 가동 시 공기빼기를 할 필요가 없다.
• 수격작용에 다소 약하다.

① 플로트식 트랩 ② 버킷형 트랩
③ 바이메탈식 트랩 ④ 디스크식 트랩

풀이 기계식 증기트랩
• 플로트식(볼식, 레버식) : 다량 연속식
• 버킷식(상향, 하향식)

80 과열기에 대한 설명으로 틀린 것은?

① 포화증기를 과열증기로 만드는 장치이다.
② 포화증기의 온도를 높이는 장치이다.
③ 고온부식이 발생하지 않는다.
④ 연소가스의 저항으로 압력손실이 크다.

풀이 보일러 장치

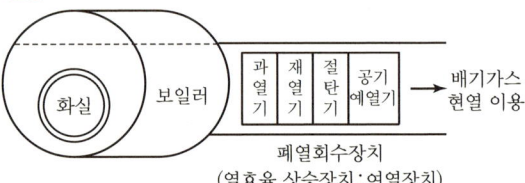

81 스팀 트랩(Steam Trap)을 부착 시 얻는 효과가 아닌 것은?

① 베이퍼록 현상을 방지한다.
② 응축수로 인한 설비의 부식을 방지한다.
③ 응축수를 배출함으로써 수격작용을 방지한다.
④ 관 내 유체의 흐름에 대한 마찰저항을 감소시킨다.

풀이
• 베이퍼록 : 유체의 압력이 저하하면 액에서 기포로 전환하여 발생하는 것
• 스팀 트랩 : 응축수 제거장치

정답 77 ④ 78 ② 79 ① 80 ③ 81 ①

82 보일러의 연소가스에 의해 보일러 급수를 예열하는 장치는?

① 절탄기 ② 과열기
③ 재열기 ④ 복수기

풀이 절탄기(이코노마이저)
폐열회수장치이며 연소가스 현열로 보일러용 급수를 예열하여 열효율을 높인다.

83 공기예열기 설치에 따른 영향으로 틀린 것은?

① 연소효율을 증가시킨다.
② 과잉공기량을 줄일 수 있다.
③ 배기가스 저항이 줄어든다.
④ 질소산화물에 의한 대기오염의 우려가 있다.

풀이 연도 및 부속장치

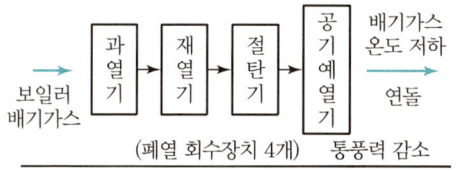

84 보일러 연소량을 일정하게 하고 저부하 시 잉여증기를 축적시켰다가 갑작스런 부하변동이나 과부하 등에 대처하기 위해 사용되는 장치는?

① 탈기기
② 인젝터
③ 재열기
④ 어큐뮬레이터

풀이 증기축열기(어큐뮬레이터)
당일 저부하 시 남는 잉여증기를 물탱크에 넣어서 보온한 후에 고부하 시 배수하여 보일러에서 재사용하여 열효율을 증가시키는 증기이송장치

85 보일러에 설치된 기수분리기에 대한 설명으로 틀린 것은?

① 발생된 증기 중에서 수분을 제거하고 건포화증기에 가까운 증기를 사용하기 위한 장치이다.
② 증기부의 체적이나 높이가 작고 수면의 면적이 증발량에 비해 작은 때는 기수공발이 일어날 수 있다.
③ 압력이 비교적 낮은 보일러의 경우는 압력이 높은 보일러보다 증기와 물의 비중량 차이가 극히 작아 기수분리가 어렵다.
④ 사용원리는 원심력을 이용한 것, 스크러버를 지나게 하는 것, 스크린을 사용하는 것 또는 이들의 조합을 이루는 것 등이 있다.

풀이 압력이 높으면 증기의 온도가 높고 밀도(비중량)가 작아서 증기와 물의 비중량 차이가 적어서 반드시 건조 증기 취출을 위해 기수분리기가 설치된다.

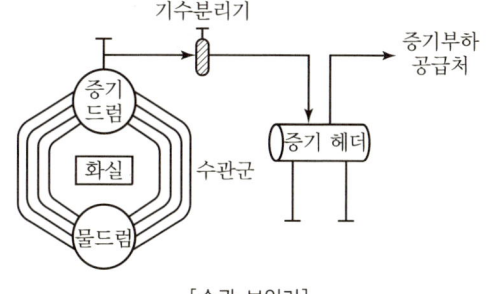

[수관 보일러]

86 다음 급수펌프 종류 중 회전식 펌프는?

① 워싱턴펌프
② 피스톤펌프
③ 플런저펌프
④ 터빈펌프

풀이 회전식(원심식) 펌프
• 터빈펌프
• 볼류트펌프

정답 82 ① 83 ③ 84 ④ 85 ③ 86 ④

87 보일러의 부대장치 중 공기예열기 사용 시 나타나는 특징으로 틀린 것은?

① 과잉공기가 많아진다.
② 가스온도 저하에 따라 저온부식을 초래할 우려가 있다.
③ 보일러 효율이 높아진다.
④ 질소산화물에 의한 대기오염의 우려가 있다.

풀이 공기예열기 사용 시 과잉공기가 감소한다.

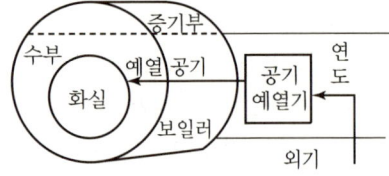

88 다음 중 보일러의 전열효율을 향상시키기 위한 장치로 가장 거리가 먼 것은?

① 수트 블로어 ② 인젝터
③ 공기예열기 ④ 절탄기

풀이 인젝터
보일러 증기를 이용한 무동력 소형 급수설비(일종의 소형 급수펌프 장치)

89 과열증기의 특징에 대한 설명으로 옳은 것은?

① 관 내 마찰저항이 증가한다.
② 응축수로 되기 어렵다.
③ 표면에 고온부식이 발생하지 않는다.
④ 표면의 온도를 일정하게 유지한다.

풀이 과열증기는 응축수로 되기 어렵다.

90 인젝터의 특징으로 틀린 것은?

① 급수온도가 높으면 작동이 불가능하다.
② 소형 저압보일러용으로 사용된다.
③ 구조가 간단하다.
④ 열효율은 좋으나 별도의 소요 동력이 필요하다.

풀이 인젝터(소형 급수설비)
• 증기를 이용하여 급수하며 열효율이 좋고 소요동력이 필요 없다.
• 증기압 0.2~1MPa이 적당하다.
• 전기 정전 시 잠시 이용한다.

91 보일러에 설치된 과열기의 역할로 틀린 것은?

① 포화증기의 압력증가
② 마찰저항 감소 및 관내 부식 방지
③ 엔탈피 증가로 증기소비량 감소 효과
④ 과열증기를 만들어 터빈의 효율 증대

풀이 보일러 과열기

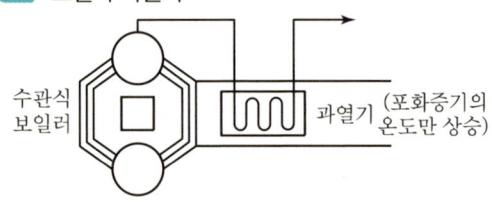

92 방사과열기에 대한 설명 중 틀린 것은?

① 주로 고온, 고압 보일러에서 접촉 과열기와 조합해서 사용한다.
② 화실의 천장부 또는 노벽에 설치한다.
③ 보일러 부하와 함께 증기온도가 상승한다.
④ 과열온도의 변동을 적게 하는 데 사용된다.

풀이 방사과열기
과열증기를 생산하며 압력은 일정하나 증기온도가 상승한다. 다만, 보일러 부하와는 상관이 없다.

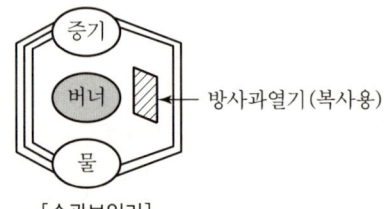

[수관보일러]

정답 87 ① 88 ② 89 ② 90 ④ 91 ① 92 ③

93 과열기에 대한 설명으로 틀린 것은?
① 보일러에서 발생한 포화증기를 가열하여 증기의 온도를 높이는 장치이다.
② 저압 보일러의 효율을 상승시키기 위하여 주로 사용된다.
③ 증기의 열에너지가 커 열손실이 많아질 수 있다.
④ 고온부식의 우려와 연소가스의 저항으로 압력손실이 크다.

[풀이] 포화수 → 포화습증기 → 가열 → 건조포화증기 → 가열 → 과열증기(압력은 변동이 없고 온도만 높인다.)
※ 과열증기 : 엔탈피가 크고 이론상 열효율이 높다.

94 보일러에서 과열기의 역할로 옳은 것은?
① 포화증기의 압력을 높인다.
② 포화증기의 온도를 높인다.
③ 포화증기의 압력과 온도를 높인다.
④ 포화증기의 압력은 낮추고 온도를 높인다.

[풀이] 보일러 과열기

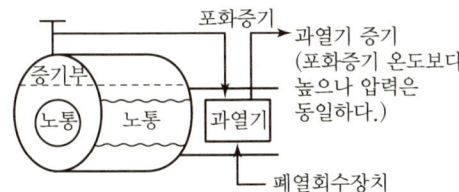

95 급수온도 20℃인 보일러에서 증기압력이 1MPa이며 이때 온도 300℃의 증기가 1t/h씩 발생될 때 상당증발량은 약 몇 kg/h인가?(단, 증기압력 1MPa에 대한 300℃의 증기엔탈피는 3,052kJ/kg, 20℃에 대한 급수엔탈피는 83kJ/kg이다.)
① 1,315 ② 1,565
③ 1,895 ④ 2,325

[풀이] 상당증발량(W_e)
$$= \frac{증기발생량 \times (증기엔탈피 - 급수엔탈피)}{2,257(\text{kJ/kg})}$$
$$= \frac{1 \times 10^3 \times (3,052 - 83)}{2,257} = 1,315 \text{kgf/h}$$

96 수관식 보일러에 급수되는 TDS가 2,500 μS/cm이고 보일러수의 TDS는 5,000μS/cm이다. 최대 증기발생량이 10,000kg/h라고 할 때 블로다운양(kg/h)은?
① 2,000 ② 4,000
③ 8,000 ④ 10,000

[풀이] 분출량 $= \frac{W(1-R)d}{r-d} = \frac{wd}{r-d}$
$$= \frac{10,000 \text{kg/h} \times 2,500 \mu\text{S/cm}}{5,000 \mu\text{S/sm} - 2,500 \mu\text{S}}$$
$$= 10,000 \text{kg/h}$$

97 실제증발량이 1,800kg/h인 보일러에서 상당증발량은 약 몇 kg/h인가?(단, 증기엔탈피와 급수엔탈피는 각각 2,780kJ/kg, 80kJ/kg이다.)
① 1,210 ② 1,480
③ 2,020 ④ 2,150

[풀이] 상당증발량(W_e) $= \frac{W(h_2 - h_1)}{2,256}$
$$= \frac{1,800 \times (2,780 - 80)}{2,256}$$
$$= 2,150 \text{kgf/h}$$

98 증발량이 1,200kg/h이고 상당증발량이 1,400kg/h일 때 사용 연료가 140kg/h이고, 비중이 0.8kg/L이면 상당증발배수는 얼마인가?
① 8.6   ② 10
③ 10.7 ④ 12.5

풀이 상당증발배수 = $\dfrac{\text{상당증발량(kg}_f\text{/h)}}{\text{연료소비량(kg}_f\text{/h)}}$

$= \dfrac{1,400}{140} = 10\,\text{kg/kg}$

99 상당증발량이 5.5t/h, 연료소비량이 350kg/h인 보일러의 효율은 약 몇 %인가?(단, 효율산정 시 연료의 저위발열량 기준으로 하며, 값은 40,000kJ/kg 이다.)

① 38 ② 52
③ 65 ④ 89

풀이 1t = 1,000kg, 물의 증발열 = 2,256kJ/kg

효율(η) = $\dfrac{\text{증기이용열}}{\text{공급열}} \times 100$

$= \dfrac{5.5 \times 10^3 \times 2,256}{350 \times 40,000} \times 100 = 89\%$

100 증기 10t/h를 이용하는 보일러의 에너지 진단 결과가 아래 표와 같다. 이때 공기비 개선을 통한 에너지 절감률(%)은?

명칭	결과값
입열합계(kcal/kg−연료)	9,800
개선 전 공기비	1.8
개선 후 공기비	1.1
배기가스온도(℃)	110
이론공기량(Nm³/kg−연료)	10.696
연소공기 평균비열(kcal/kg·℃)	0.31
송풍공기온도(℃)	20
연료의 저위발열량(kcal/Nm³)	9,540

① 1.6 ② 2.1
③ 2.8 ④ 3.2

풀이 • 공기비 조절 전 손실열
 $10.696 \times 0.31 \times (1.8-1) \times (110-20)$
 $= 238.73\,\text{kcal/kg}$
• 공기비 조절 후 손실열
 $10.696 \times 0.31 \times (1.1-1) \times (110-20)$
 $= 29.84\,\text{kcal/kg}$

101 보일러의 발생증기가 보유한 열량이 3.2×10^6 kcal/h일 때 이 보일러의 상당증발량은?

① 2,500kg/h ② 3,512kg/h
③ 5,937kg/h ④ 6,847kg/h

풀이 열량 = $3.2 \times 10^6 = 3,200,000\,\text{kcal/h}$
물의 증발잠열(100℃에서) = 539 kcal/kg

$\therefore \dfrac{3,200,000}{539} = 5,937\,\text{kg/h}$

102 24,500kW의 증기원동소에 사용하고 있는 석탄의 발열량이 7,200kcal/kg이고 원동소의 열효율이 23%이라면, 매 시간당 필요한 석탄의 양(ton/h)은?(단, 1kW는 860kcal/h로 한다.)

① 10.5 ② 12.7
③ 15.3 ④ 18.2

풀이 1kWh = 860kcal, 1톤 = 1,000kg
24,500kW = 21,070,000kcal/h

103 보일러의 증발량이 20ton/h이고, 보일러 본체의 전열면적이 450m²일 때, 보일러의 증발률(kg/m²·h)은?

① 24 ② 34
③ 44 ④ 54

풀이 전열면의 증발률 = $\dfrac{\text{시간당 증발량(kg)}}{\text{전열면적}}$

$= \dfrac{20 \times 10^3}{450} = 44\,\text{kg/m}^2\text{h}$

104 온수보일러에 있어서 급탕량이 500kg/h이고 공급 주관의 온수온도가 80℃, 환수 주관의 온수온도가 50℃이라 할 때, 이 보일러의 출력은?(단, 물의 평균비열은 1kcal/kg·℃이다.)

① 10,000kcal/h ② 12,500kcal/h
③ 15,000kcal/h ④ 17,500kcal/h

 99 ④ 100 ② 101 ③ 102 ② 103 ③ 104 ③

풀이 보일러 출력
$= 500 \text{kg/h} \times 1 \text{kcal/kg} \cdot \text{℃} \times (80-50)\text{℃}$
$= 15,000 \text{kcal/h}$
※ $\dfrac{15,000\text{kcal/h} \times 4.186\text{kJ/kcal}}{3,600\text{kJ/h}} = 17.45\text{kW}$

105 보일러 송풍장치의 회전수 변환을 통한 급기 풍량 제어를 위하여 2극 유도전동기에 인버터를 설치하였다. 주파수가 55Hz일 때 유도전동기의 회전수는?

① 1,650rpm ② 1,800rpm
③ 3,300rpm ④ 3,600rpm

풀이 유도전동기의 동기속도(N_s)
$\dfrac{120f}{P} = \dfrac{120 \times 55}{2} = 3,300 \text{rpm}$

106 연료 1kg이 연소하여 발생하는 증기량의 비를 무엇이라고 하는가?

① 열발생률 ② 환산증발배수
③ 전열면 증발률 ④ 증기량 발생률

풀이 환산증발 배수(환산증발량/연료소비량)
연소실열발생률(kcal/m³h), 전열면 증발률(kg/m²h), 증기발생량(kg/m²h), 증발배수(kg/kg)

107 증발량 2ton/h, 최고사용압력이 10kg/cm², 급수온도 20℃, 최대 증발률이 25kg/m²·h인 원통 보일러에서 평균 증발률을 최대 증발률의 90%로 할 때, 평균 증발량(kg/h)은?

① 1,200 ② 1,500
③ 1,800 ④ 2,100

풀이 증발량 2ton/h = 2,000kg/h
평균 증발량 = 2,000 × 0.9 = 1,800kg/h

108 10kg/cm²의 압력하에 2,000kg/h로 증발하고 있는 보일러의 급수온도가 20℃일 때 환산증발량은?(단, 발생증기의 엔탈피는 600kcal/kg이다.)

① 2,152kg/h ② 3,124kg/h
③ 4,562kg/h ④ 5,260kg/h

풀이 환산증발량(w_e)(kg/h)
$w_e = \dfrac{\text{증기량}(\text{엔탈피} - \text{급수온도})}{539}$
$= \dfrac{2,000(600-20)}{539} = 2,152\text{kg/h}$

109 어떤 연료 1kg당 발열량이 6,320kcal이다. 이 연료 50kg/h을 연소시킬 때 발생하는 열이 모두 일로 전환된다면 이때 발생하는 동력은?

① 300PS ② 400PS
③ 500PS ④ 600PS

풀이 1PS-h = 632kcal(동력값)
50kg/h × 6,320kcal/kg = 316,000kcal/h
∴ $\dfrac{316,000}{632} = 500\text{PS}$

110 외경 76mm, 내경 68mm, 유효길이 4,800mm의 수관 96개로 된 수관식 보일러가 있다. 이 보일러의 시간당 증발량은 약 몇 kg/h인가?(단, 수관 이외 부분의 전열면적은 무시하며, 전열면적 1m²당 증발량은 26.9kg/h이다.)

① 2,660 ② 2,760
③ 2,860 ④ 2,960

풀이 수관의 면적(A) = πDLN
$= 3.14 \times 0.076 \times 4.8 \times 96$
$= 109.965\text{m}^2$
∴ $109.965 \times 26.9 = 2,958\text{kg/h}$

정답 105 ③ 106 ② 107 ③ 108 ① 109 ③ 110 ④

CHAPTER 002 급수처리 및 보일러안전관리

SECTION 01 급수관리

보일러용 급수에는 5대 불순물인 염류, 유지분, 알칼리분, 가스분, 산분이 있다.

1. 수중의 불순물

1) 수중의 고형분

물에 용해되어 있는 성분으로 탄산염($CaCO_3$, $MgCO_3$), 황산염($CaSO_4$, $MgSO_4$), 규산염(SiO_2) 등이 있다.

2) 고형협잡물

물에 녹지 않고 수면에 떠 있거나 침전하는 물질로 흙, 모래, 유지분 등이 있다.

3) 용존가스

수중에 녹아 있는 가스성분으로 산소, 탄산가스, 암모니아, 황화수소 등이 있다.

2. 수질의 판정기준

1) 농도의 단위

(1) ppm(parts per million)

물 1kg 중에 포함되어 있는 물질의 용질 mg수(mg/kg)를 ppm으로 표시하며, 이것은 중량의 100만분율로 표시함을 알 수 있다.

(2) ppb(parts per billion)

물 1kg 중에 포함되어 있는 물질의 용질 μg수(μg/kg)를 ppb로 표시하며, 이것은 중량 10억 분율로 표시함을 알 수 있다. ppm보다 용질의 농도가 작을 때 사용한다.
(또는 1ton 중에 함유된 물질의 mg수(mg/m^3)로 표시할 수 있다.)

(3) 탁도

증류수 1L 중에 카올린($Al_2O_3 + 2SiO_2 + 2H_2O$) 1mg이 함유되었을 때 탁도 1도라 한다.

2) 경도

수중에 녹아 있는 칼슘과 마그네슘의 비율을 표시한 것

(1) 칼슘 정도

① CaO 경도(독일경도 : dH) : 물 100cc 중에 산화칼슘(CaO)의 함유량(mg)으로 나타낸다. 1mg 함유 시 1°dH로 표시한다.

② $CaCO_3$ 경도(ppm) : 물 1L 중에 탄산칼슘($CaCO_3$)의 함유량(mg)으로 나타낸다.
즉, 수중의 칼슘이온과 마그네슘 이온의 농도를 $CaCO_3$ 농도로 환산하여 ppm 단위로 표시한다.

(2) 마그네슘 경도

① MaO 경도(dH)
물 100cc 중에 산화마그네슘(MgO)의 함유량(mg)으로 나타낸다.

② $MgCO_3$ 경도(ppm)
물 1L 중에 탄산마그네슘($MgCO_3$)의 함유량(mg)으로 나타낸다.

(3) MgO과 CaO의 환산관계

분자량은 MgO 40.31, CaO 56.08이므로
MgO 1mg = CaO 1.4mg

(4) 경수와 연수

① 경수에는 영구경수(비탄산염경도 성분)와 일시경수(중탄산염경수로서 가열하면 연수가 된다.)가 있다.
② 연수는 경도 성분이 적고 비누가 잘 풀리는 물
③ 연수는 경도 10 이하 경수는 경도 10 초과

3) pH(수소이온농도)

pH란 산성, 중성, 알칼리성을 판별하는 척도로서 수소이온(H^+)과 수산이온(OH^-)의 농도에 따라 결정된다.

구분	H^+과 OH^-의 크기	pH
산성	$[H^+]>[OH^-]$	7 이하
중성	$[H^+]=[OH^-]$	7
알칼리성	$[H^+]<[OH^-]$	7 이상

$k = [H^+] \times [OH^-]$

상온 25℃에서 물의 이온적(k) = $[H^+] \times [OH^-] = 10^{-14}$

중성의 물에서 $[H^+]$와 $[OH^-]$의 값은 같으므로 $[H^+] = [OH^-] = 10^{-7}$

$pH = \log \dfrac{1}{[H^+]} = -\log[H^+] = -\log 10^{-7} = 7$

[보일러 급수 및 보일러수의 적정 pH]
- 보일러 급수 : 8~9
- 보일러수(동 또는 관수 내) : 10.5~12 이하

4) 알칼리도(산소비량)

물에 알칼리성 물질이 어느 정도 용해되어 있는지를 알기 위한 것으로 특정 pH에 도달하기까지 필요한 산의 양을 알칼리도라 한다. 수중의 수산화물 탄산염, 중탄산염 등의 알칼리분을 표시하는 방법으로 산의 소비량을 epm 또는 $CaCO_3$ppm으로 표시한다.

5) 도전율

용액의 단면 1cm², 길이 1cm의 액체가 25℃에서 가지는 전기저항(물에 녹아 있는 고형물의 양을 나타내는 데 이용)

3. 불순물의 장해

1) 스케일(Scale)

급수 중의 염류 등이 동 저면이나 수관 내면에 슬러지 형태로 침전되어 있거나 고착된 물질이며 주로 경도성분인 칼슘, 마그네슘, 황산염, 규산염이다. 탄산염은 연질 스케일이나 황산염 및 규산염은 경질스케일이다. 또한 슬러지성분은 탄산마그네슘, 수산화마그네슘, 인산칼슘이 주축을 이룬다.

① 스케일의 장해
- 전열효율 저하로 보일러 효율 저하
- 연료소비량 증가 및 증기발생 소요시간 증가
- 전열면 부식 및 순환불량
- 배기가스 온도 상승 및 전열면의 과열로 보일러 파열사고 발생

2) 부식

(1) 일반부식

pH가 낮은 경우, 즉 H^+ 농도가 높은 경우 철의 표면을 덮고 있던 수산화제1철($Fe(OH)_2$)이 중화되면서 부식이 진행될 뿐만 아니라 용존가스(O_2, CO_2)와 반응하여 물 또는 중탄산철($Fe(HCO_3)_2$)이 되어 부식을 일으킨다.

$Fe + 2H_2CO_3 \rightarrow Fe(HCO_3)_2 + H_2$

(2) 점식(Pitting)

강표면의 산화철이 파괴되면서 강이 양극, 산화철이 음극이 되면서 전기화학적으로 부식을 일으킨다. 점식을 방지하려면 용존산소 제거, 아연판매달기, 방청도장, 보호피막, 약한 전류통전을 실시한다.

(3) 가성취화

수중의 알칼리성 용액인 수산화나트륨(NaOH)에 의하여 응력이 큰 금속표면에서 생기는 미세균열

> **Reference** 가성취화 현상이 집중되는 곳
> - 리벳 등의 응력이 집중되어 있는 곳
> - 겹침 이음부분
> - 주로 인장응력을 받는 부분
> - 곡률반경이 작은 노통의 플랜지 부분

(4) 알칼리 부식

수중에 OH^- 이 증가하여 수산화제1철이 용해하면서 부식되는 현상으로 pH 12 이상에서 발생한다.

(5) 염화마그네슘에 의한 부식

수중의 염화마그네슘($MgCl_2$)이 180℃ 이상에서 가수분해되면서 염소성분이 수중의 수소와 결합하여 강한 염산(2HCl)이 되어 전열면을 부식시킨다.

4. 급수처리

1) 외처리(1차 처리방법)

보일러 급수전 처리방법으로 기계적 처리, 화학적 처리, 전기적 처리방법으로 구분된다.

(1) 용해고형물 처리

① **약품 첨가법** : 수중의 경도 성분을 불용성 화합물로 침전 여과하여 제거하는 방법으로 석회소다법, 가성소다법, 인산소다법 등이 있다.
② **증류법** : 우물물, 바닷물을 가열하여 증류수로 만들어 사용하는 방법
③ **이온교환법** : 이온교환수지층에 급수하여 급수가 가진 이온과 수지가 가진 이온을 교환방법
④ **제오라이트 처리법**

(2) 고형협잡물 처리(기계적 방법)

① **침강법** : 비중이 큰 협잡물을 자연 침강하여 처리하는 방법
② **여과법** : Filter를 사용하여 부유물이나 유지분을 거르는 방법
③ **응집법** : 콜로이드 상태의 미세입자의 경우 침강이나 여과법으로 처리가 곤란하므로 황산알루미늄 또는 폴리염화 알루미늄 등 응집제를 사용하여 제거하는 방법

(3) 용존가스 처리

① **기폭법** : 공기 중에 물을 유하시키는 강수방식과 용수 중에 공기를 혼입하는 방법으로 물에 녹아 있는 CO_2, NH_3 등의 가스뿐만 아니라 철이나 망간 등의 물질을 처리할 수 있다.
② **탈기법** : 진공탈기법과 가열탈기법이 있으며, CO_2, O_2 등의 용존가스를 제거할 수 있다.

2) 내처리(2차 처리방법)

보일러 급수과정에서 소량의 청관제를 공급하여 급수 중에 포함되어 있는 유해성분을 보일러 내에서 화학적 방법으로 처리하는 것을 내처리라 한다.

3) 보일러 청관제(급수처리 내처리용)

(1) 청관제 선택 시 주의사항

① 수질분석
② 스케일 성분을 조사한다.
③ 슬러지 생성을 관찰한다.
④ 청관제의 주요성분을 파악한다.
⑤ 보일러 수에 청관제를 소량 공급하여 pH 변화를 측정한다.

(2) 청관제의 종류와 기능

① **pH 알칼리도 조정제** : 보일러수의 적정한 pH 유지는 부식 및 스케일 생성을 방지할 수 있기 때문에 급수 pH를 검사하여 적합한 조정제를 공급한다.

▼ pH 조정제

pH	pH 조정제
낮은 경우	가성소다($NaOH$), 탄산소다(Na_2CO_3), 암모니아(NH_3)
높은 경우	황산(H_2SO_4), 인산(H_3PO_4)

※ 탄산나트륨은 수온이 높아지면 가수분해하여 CO_2와 산화나트륨이 생성되므로 고압보일러에는 사용불가

② **경수 연화제** : 수중의 경도 성분을 불용성 화합물인 슬러지 형태로 만드는 기능의 약제로서 탄산소다, 인산소다, 수산화나트륨이 사용된다.

③ **슬러지 조정제** : 슬러지가 전열면에 부착되어 스케일이 되는 것을 방지하며 저압보일러용인 전분, 탄닌, 리그닌을 사용한다.

④ **탈산소제** : 보일러수 내 녹아 있는 용존산소를 제거한다. 약제로는 아황산나트륨, 탄닌, 히드라진을 사용한다.(저압보일러용은 아황산나트륨, 고압보일러용은 히드라진 사용)

⑤ **가성취화 방지제** : pH 12 이상에서 발생하는 알칼리 부식을 방지하기 위하여 질산소다, 인산소다, 탄닌, 리그닌 등을 사용한다.

⑥ **기포 포밍 방지제** : 동 내 거품을 신속히 제거하기 위한 방지제이며 고급지방산 에스테르, 폴리아미드, 고급 지방산 알코올, 프탈산 아미드가 사용된다.

5. 보일러수의 분출

1) 분출의 목적과 시기

분출의 목적	분출시기
• 보일러수의 농축 방지 • 스케일 생성 방지 • 프라이밍 또는 포밍 방지 • pH 조절 • 관수의 신진대사를 이룩 • 슬러지분 등 폐액 배출	• 보일러 가동 전 • 프라이밍, 포밍 발생 시 • 보일러수의 농축 시 • 고수위 운전 시 • 매화를 한 보일러는 점화 전 • 연속적인 보일러는 부하가 가장 가벼울 때

2) 분출의 종류

① 수면분출 : 동 내부에 떠 있는 부유물이나 유지물 등을 드레인(연속분출)

② 수저분출 : 동저면의 침전물, 농축수를 드레인(간헐분출)

3) 분출량 계산

$$분출량(W) = \frac{G(1-R)m_i}{m_o - m_i} \text{[kg/day]}$$

여기서, G : 급수량(kg/day)

R : 응축수 회수율 $\left(\dfrac{응축수량}{증발량} \times 100\right)$

m_i : 급수 중 불순물 농도(ppm)

m_o : 관수 또는 보일러 수의 불순물 농도(ppm)

SECTION 02 보일러 취급 안전관리

1. 보일러 사고

1) 강도 부족에 의한 사고

① 용접불량

② 재료불량
  ㉠ 라미네이션(Lamination) : 강판 내 기포 또는 가스 등에 의하여 철판이나 관이 2장으로 분리되는 현상
  ㉡ 블리스터(Blister) : 라미네이션 이후 화염이 접촉되는 곳에서의 팽출현상이 발생하여 외부로 부풀어 오르는 현상

③ 구조불량

2) 취급 부주의에 의한 사고

① 압력초과 : 제한압력 초과 시 보일러 파열

② 이상감수 : 저수위 운전으로 인한 보일러 파열
③ 미연소 가스폭발 : 프리퍼지 불량 등으로 인한 노 내 잔류가스에 의한 가스폭발로 보일러 파열
④ 수처리 불량 : 부식에 의한 강도저하 또는 스케일에 의한 과열 발생
⑤ 과열 : 이상감수, 스케일 생성, 보일러수의 농축, 보일러수의 순환불량 등은 보일러 과열을 초래하여 재료의 강도 저하로 변형 또는 파열을 초래한다.
⑥ 압궤 : 노통이나 연관 등이 외압에 의하여 내부로 짓눌려지는 현상
⑦ 팽출 : 연관보일러 본체 동 하부나 수관 등이 내압에 의하여 외부로 부풀어 오르는 현상

2. 보일러 청소 및 세관

1) 외부청소

연소실에서의 전열면이나 연도 등의 청소를 의미하며 와이어 브러시, 수트 블로어를 이용한다.

2) 내부청소

동 또는 수관 내부에 부착되어 있는 스케일을 제거하기 위한 청소를 의미하며 기계적 방법과 화학적 방법으로 구분된다.

(1) 기계적 방법

스케일 해머, 튜브클리닉, 스케일 커터, 와이어 브러시 등의 기계 공구를 이용하여 스케일 제거

(2) 화학적 방법(보일러 세관)

화학약품을 투입하여 스케일과 유지분 등을 용해하여 제거하는 방법

① 산세관

주로 무기산인 염산을 이용한 세관법으로 경질 스케일(황산염, 규산염)을 제거하기 위하여 용해 촉진제인 불화수소산과 산에 의한 부식 억제제인 인히비터를 첨가하고 약액을 펌프에 의하여 순환, 스케일을 제거한 후 중화 방청제를 사용하여 방청 처리한다. 순환법과 침적법이 있고 산 세관제로 사용약품은 염산, 황산, 연산, 질산, 광산이 있다.

② 알칼리세관

가성소다 또는 탄산소다 암모니아, 인산소다 등을 단독 또는 혼합하여 계면활성제를 사용하여 보일러수를 강알칼리화하여 스케일을 제거하는 방법이다. 혼합하여 세관하나 가성취화 발생을 우려하여 질산나트륨이나 인산나트륨을 첨가한다.(구연산 등을 사용하면 중성 세관이라 한다.)

3. 보일러 보존

1) 만수보존(단기습식 보존법)

① 2~3개월의 단기보존 시에 한다.
② 보일러 청소
③ 물을 충만 후 가열하여 용존 가스 제거
④ pH 12가 되도록 약제를 첨가한 후 밀폐 보존
⑤ 겨울철 동결에 주의
⑥ 약품 사용
  ㉠ 관수 1,000kg당 가성소다 및 탄산소다 등을 0.3~0.7kg 사용
  ㉡ 관수 1,000kg당 암모니아 0.83g 투입
  ㉢ 용존산소 제거제 아황산소다 및 히드라진 100ppm 정도 유지

2) 건조보존법(밀폐건조보존법)

① 6개월 이상 휴지 시 장기보존에 사용하는 보존법
② 보일러 청소 후 수분을 제거한다.
③ 흡습제를 활용하여 제습 후 밀폐 보존한다.
④ 동결위험이 없다.
⑤ 수분제거 후 질소충전을 병행하면 보존을 장기화할 수 있다.
⑥ 약품은 1~2주마다 상태를 점검한다.
⑦ 고압 대용량 보일러는 질소봉입 건조법이 좋다.
⑧ **흡습제** : 생석회, 실리카겔, 활성 알루미나, 염화칼슘 등
⑨ 기타 방수제 및 기화성 방청제를 투입한다.

4. 폐열회수장치의 부식(보일러 외부부식)

1) 저온부식(황분부식)

(1) 절탄기와 공기예열기에서 저온부식 발생

$$S + O_2 \rightarrow SO_2(\text{아황산}),\ SO_2 + \frac{1}{2}O_2 \rightarrow SO_3(\text{무수황산})$$

$$SO_3 + H_2O \rightarrow H_2SO_4(\text{진한 황산 발생으로 부식 발생})$$

(2) 저온부식 방지법

- 황분이 적은 연료 사용
- 과잉공기를 적게 하여 연소시킬 것
- 수산화마그네슘 등을 이용하여 노점온도(150℃)를 낮출 것
- 연소배기가스온도가 너무 낮지 않게 할 것
- 내식성 재료 사용
- 연소초기에 배기가스는 바이패스배관으로 배출할 것
- 절탄기나 공기예열기에 공급되는 급수나 공기의 온도를 높게 유지한다.

2) 고온부식(바나듐부식)

① 과열기나 재열기에 550~650℃ 부근에서 바나지움에 의해 고온에서 부식 발생

② 부식인자는 SO_2, Na_2O, V_2O_5 등

③ 융점
  - V_2S_5 : 670℃
  - Na_2O, V_2O_5 : 630℃
  - $5Na_2O$, V_2O_4, HV_2O_5 : 535℃

④ 고온부식방지법
  - 연료 중 바나듐, 나트륨, 황분을 제거한다.
  - 첨가제를 가하여 바나듐의 융점을 높인다.
  - 전열면에 내식재료나 내식처리를 한다.
  - 공기비를 적게 하여 융점이 높은 바나듐산화물을 생성시킨다.
  - 전열면의 표면온도가 높아지지 않도록 설계한다.

CHAPTER 002 출제예상문제

01 다음 중 고압보일러용 탈산소제로서 가장 적합한 것은?

① $(C_6H_{10}O_5)_n$
② Na_2SO_3
③ N_2H_4
④ $NaHSO_3$

풀이 급수처리 탈산소제
급수 중 산소(O_2) 제거
- 저압용 : 아황산소다·히드라진(공용)
- 고압용 : 히드라진(N_2H_4)

02 급수처리 방법 중 화학적 처리방법은?

① 이온교환법 ② 가열연화법
③ 증류법   ④ 여과법

풀이 화학적 급수처리 방법
- 중화법(pH 조정)
- 연화법(이온교환법)
- 탈기법, 기폭법(O_2, CO_2 등 제거)
- 염소처리법, 증류법

03 다음 중 보일러 내처리에 사용하는 pH 조정제가 아닌 것은?

① 수산화나트륨
② 탄닌
③ 암모니아
④ 제3인산나트륨

풀이 슬러지 조정제
탄닌, 리그린, 전분(녹말)이며 CO_2가 발생하므로 저압보일러에 사용한다.

04 증기보일러에 수질관리를 위한 급수처리 또는 스케일 부착방지 및 제거를 위한 시설을 해야 하는 용량 기준은 몇 t/h 이상인가?

① 0.5   ② 1
③ 3   ④ 5

풀이 보일러 용량 1톤 이상(600,000kcal/h)이면 급수처리 또는 스케일 부착 방지시설을 설치해야 한다.

05 급수처리에서 양질의 급수를 얻을 수 있으나 비용이 많이 들어 보급수의 양이 적은 보일러 또는 선박보일러에서 해수로부터 청수(Pure Water)를 얻고자 할 때 주로 사용하는 급수처리방법은?

① 증류법   ② 여과법
③ 석회소다법 ④ 이온교환법

풀이 급수처리 용존물 처리(화학적 방법)
- 중화법 • 연화법 • 기폭법 • 탈기법
- 증류법(양질의 급수, 비용부담)

06 epm(equivalents per million)에 대한 설명으로 옳은 것은?

① 물 1L에 함유되어 있는 불순물의 양을 mg으로 나타낸 것
② 물 1톤에 함유되어 있는 불순물의 양을 mg으로 나타낸 것
③ 물 1L 중에 용해되어 있는 물질을 mg당량수로 나타낸 것
④ 물 1gallon 중에 함유된 grain의 양을 나타낸 것

풀이
- ppm(mg/kg, g/ton) : 100만분율
- ppb(mg/ton) : 10억분율
- epm(meq/L) : 100만 단위 중량당량 중 1
- 탁도 : 증류수 1L 중 카올린 1mg 함유

정답 01 ③ 02 ① 03 ② 04 ② 05 ① 06 ③

07 물의 탁도에 대한 설명으로 옳은 것은?

① 카올린 1g이 증류수 1L 속에 들어 있을 때의 색과 같은 색을 가지는 물을 탁도 1도의 물이라 한다.
② 카올린 1mg이 증류수 1L 속에 들어 있을 때의 색과 같은 색을 가지는 물을 탁도 1도의 물이라 한다.
③ 탄산칼슘 1g이 증류수 1L 속에 들어 있을 때의 색과 같은 색을 가지는 물을 탁도 1도의 물이라 한다.
④ 탄산칼슘 1mg이 증류수 1L 속에 들어 있을 때의 색과 같은 색을 가지는 물을 탁도 1도의 물이라 한다.

풀이 물의 탁도 1도
카올린 1mg이 증류수 1L 속에 들어 있을 때의 색과 같은 색을 가지는 탁도이다.
※ 카올린 : $Al_2O_3 \cdot 2SiO_2 \cdot 2H_2O$(현탁성 점토)

08 보일러수에 녹아 있는 기체를 제거하는 탈기기가 제거하는 대표적인 용존 가스는?

① O_2 ② H_2SO_4
③ H_2S ④ SO_2

풀이 보일러수의 기체 제거
• 탈기법 : 용존 산소(O_2) 제거
• 기폭법 : 용존 이산화탄소(CO_2) 제거

09 보일러의 전열면에 부착된 스케일 중 연질 성분인 것은?

① $Ca(HCO_3)_2$
② $CaSO_4$
③ $CaCl_2$
④ $CaSiO_3$

풀이 중탄산칼슘[$Ca(HCO_3)_2$] + 열
→ $CaCO_3↓ + H_2O + CO_2↑$

10 다음 중 보일러 내처리를 위한 pH 조정제가 아닌 것은?

① 수산화나트륨   ② 암모니아
③ 제1인산나트륨   ④ 아황산나트륨

풀이 탈산소제(청관제)
• 아황산나트륨(저압보일러용)
• 히드라진(고압보일러용)

11 급수 불순물과 그에 따른 보일러 장해와의 연결이 틀린 것은?

① 철 – 수지산화
② 용존산소 – 부식
③ 실리카 – 캐리오버
④ 경도성분 – 스케일 부착

풀이 Fe(철분) : 부식을 초래(일반부식, 전면부식)
$Fe \rightleftarrows Fe^{2+} + 2e^-$, $H_2O \rightleftarrows H^+ + OH^-$
$Fe^{2+} + 2OH \rightleftarrows Fe(OH)_2$
pH가 낮으면 $Fe + 2H_2O \rightarrow Fe(OH)_2 + H_2$
용존산소가 있으면
$4Fe(OH)_2 + O_2 \rightarrow 2H_2O \rightarrow 4Fe(OH)_2 + O_2 \rightarrow 2H_2O$

12 급수에서 ppm 단위에 대한 설명으로 옳은 것은?

① 물 1mL 중에 함유된 시료의 양을 g으로 표시한 것
② 물 100mL 중에 함유된 시료의 양을 mg으로 표시한 것
③ 물 1,000mL 중에 함유된 시료의 양을 g으로 표시한 것
④ 물 1,000mL 중에 함유된 시료의 양을 mg으로 표시한 것

풀이 1ppm($\frac{1}{10^6}$) : 물 1,000mL 중에 함유된 시료의 양을 mg으로 표시

정답 07 ② 08 ① 09 ① 10 ④ 11 ① 12 ④

13 다음 중 용해경도성분 제거방법으로 적절하지 않은 것은?

① 침전법　　② 소다법
③ 석회법　　④ 이온법

풀이 침전법
고체협잡물(모래 등)의 제거법이다.

14 보일러에 스케일이 1mm 두께로 부착되었을 때 연료의 손실은 몇 %인가?

① 0.5　　② 1.1
③ 2.2　　④ 4.7

풀이 일반적으로 보일러에 스케일이 1mm 두께로 부착되면 연료의 손실은 약 2.2%이다.

15 보일러의 급수처리방법에 해당되지 않는 것은?

① 이온교환법　　② 응집법
③ 희석법　　　　④ 여과법

풀이 보일러 급수의 외처리법
㉠ 고체 협잡물 처리
　• 침강법
　• 응집법
　• 여과법
㉡ 용존 가스체 처리
　• 탈기법(산소 제거)
　• 기폭법(이산화탄소, 철분 제거)
㉢ 용해 고형물 처리
　• 이온교환법
　• 증류법
　• 약품처리법

16 스케일(Scale)에 대한 설명으로 틀린 것은?

① 스케일로 인하여 연료 소비가 많아진다.
② 스케일은 규산칼슘, 황산칼슘이 주성분이다.
③ 스케일은 보일러에서 열전달을 저하시킨다.
④ 스케일로 인하여 배기가스의 온도가 낮아진다.

풀이 스케일이 부착되면 화실의 열을 수관으로 전달하지 못하므로 전열을 방해하여 배기가스 온도만 상승한다.

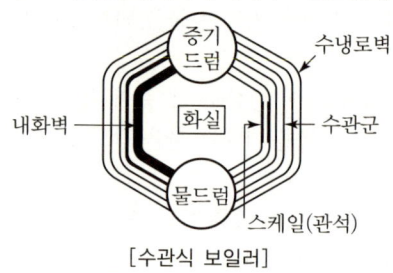

[수관식 보일러]

17 원통형 보일러의 내면이나 관벽 등 전열면에 스케일이 부착될 때 발생되는 현상이 아닌 것은?

① 열전달률이 매우 작아 열전달 방해
② 보일러의 파열 및 변형
③ 물의 순환속도 저하
④ 전열면의 과열에 의한 증발량 증가

풀이 보일러 내면·전열면 스케일 부착 시 전열면의 과열로 파열의 원인이 되고 열전달 방해로 증발량이 감소한다.

18 수질(水質)을 나타내는 ppm의 단위는?

① 1만 분의 1 단위　　② 십만 분의 1 단위
③ 백만 분의 1 단위　　④ 1억 분의 1 단위

풀이 ppm : 미량농도단위, $\dfrac{1}{10^6}$ (백만 분의 1 단위)

19 보일러 수 1,500kg 중 불순물 30g이 검출되었다. 이는 몇 ppm인가?(단, 보일러 수의 비중은 1이다.)

① 20　　② 30
③ 50　　④ 60

정답　13 ①　14 ③　15 ③　16 ④　17 ④　18 ③　19 ①

풀이) $1kg = 1,000g$, $1,500kg = 1,500,000g$,
$1ppm = \dfrac{1}{10^6}$

∴ $10^6 \times \dfrac{30}{1,500,000} = 20ppm$

20 보일러에서 스케일 및 슬러시의 생성 시 나타나는 현상에 대한 설명으로 가장 거리가 먼 것은?

① 스케일이 부착되면 보일러 전열면을 과열시킨다.
② 스케일이 부착되면 배기가스 온도가 떨어진다.
③ 보일러에 연결한 코크, 밸브, 그 외의 구멍을 막히게 한다.
④ 보일러 전열 성능을 감소시킨다.

풀이) 보일러에서 스케일(관석)이 쌓이면 열전달 방해로 열이 물로 전달이 어려워서 그대로 배기되어 연돌로 배출하므로 배기가스온도가 떨어지지 않는다.

21 보일러 급수 중에 함유되어 있는 칼슘(Ca) 및 마그네슘(Mg)의 농도를 나타내는 척도는?

① 탁도   ② 경도
③ BOD   ④ pH

풀이) 경도 : 급수 중 Ca, Mg의 농도를 환산한 수치로 그 크기에 따라 경수와 연수를 구분한다.

22 다음 중 보일러의 탈산소제로 사용되지 않는 것은?

① 탄닌   ② 하이드라진
③ 수산화나트륨   ④ 아황산나트륨

풀이)
• 수산화나트륨(가성소다) : pH 알칼리 조정제로 사용
• 산소제거제(탈산소제) : 탄닌, 하이드라진, 아황산나트륨

23 보일러수 5ton 중에 불순물이 40g 검출되었다. 함유량은 몇 ppm인가?

① 0.008   ② 0.08
③ 8   ④ 80

풀이) $1ppm = \dfrac{1}{10^6}$, $1톤 = 1,000L$, $1g = 1,000mg$,
$1L = 1,000cc(g)$

함유량(ppm) $= \dfrac{40}{5 \times (1,000 \times 1,000)} = 8 \times 10^{-6}$

∴ 8ppm

24 보일러 급수처리 방법에서 수중에 녹아있는 기체 중 탈기기 장치에서 분리, 제거하는 대표적 용존 가스는?

① O_2, CO_2 ② SO_2, CO
③ NO_3, CO ④ NO_2, CO_2

풀이)
• 탈기법 : O_2, CO_2 제거
• 폭기법 : CO_2, Fe 제거

25 보일러수로서 가장 적절한 pH는?

① 5 전후   ② 7 전후
③ 11 전후   ④ 14 이상

풀이)
• 보일러수 pH : 9~11 전후
• 급수 pH : 7~9 전후

26 보일러수 내의 산소를 제거할 목적으로 사용하는 약품이 아닌 것은?

① 탄닌   ② 아황산 나트륨
③ 가성소다   ④ 히드라진

풀이) 가성소다(NaOH)
경수연화제, pH 조정제, 알칼리 조정제

정답 20 ② 21 ② 22 ③ 23 ③ 24 ① 25 ③ 26 ③

27 이온 교환체에 의한 경수의 연화 원리에 대한 설명으로 옳은 것은?

① 수지의 성분과 Na형의 양이온과 결합하여 경도성분 제거
② 산소 원자와 수지가 결합하여 경도성분 제거
③ 물속의 음이온과 양이온이 동시에 수지와 결합하여 경도성분 제거
④ 수지가 물속의 모든 이물질과 결합하여 경도성분 제거

풀이 수지의 성분과 나트륨(Na)형의 양이온과 결합하여 경도성분을 제거하고 경수를 연수로 만드는 화학적 급수처리법이다.

28 원수(原水) 중의 용존 산소를 제거할 목적으로 사용되는 약제가 아닌 것은?

① 탄닌 ② 히드라진
③ 아황산나트륨 ④ 폴리아미드

풀이 폴리아미드(Polyamide)는 포밍(거품)방지제로 내수성, 내약품성이 뛰어나다.

29 보일러수 처리의 약제로서 pH를 조정하여 스케일을 방지하는 데 주로 사용되는 것은?

① 리그닌 ② 인산나트륨
③ 아황산나트륨 ④ 탄닌

풀이 pH 알칼리도 조정제 : 가성소다, 제3인산나트륨, 탄산소다(고압보일러에는 사용 불가) 등

30 관석(Scale)에 대한 설명으로 틀린 것은?

① 규산칼슘, 황산칼슘 등이 관석의 주성분이다.
② 관석에 의해 배기가스의 온도가 올라간다.
③ 관석에 의해 관내수의 순환이 불량해진다.
④ 관석의 열전도율이 아주 높아 전열면이 과열되어 각종 부작용을 일으킨다.

풀이 스케일(관석)은 열전도율이 아주 낮아서 보일러수가 그 열을 흡수하지 못하므로 전열면이 과열된다.

31 보일러수의 처리방법 중 탈기장치가 아닌 것은?

① 가압 탈기장치 ② 가열 탈기장치
③ 진공 탈기장치 ④ 막식 탈기장치

풀이 보일러수 처리 시 O_2를 제거하는 탈기장치의 종류는 ②, ③, ④이다.

32 급수 및 보일러수의 순도 표시방법에 대한 설명으로 틀린 것은?

① ppm의 단위는 100만분의 1의 단위이다.
② epm은 당량농도라 하고 용액 1kg 중에 용존되어 있는 물질의 mg 당량수를 의미한다.
③ 알칼리도는 수중에 함유하는 탄산염 등의 알칼리성 성분의 농도를 표시하는 척도이다.
④ 보일러수에서는 재료의 부식을 방지하기 위하여 pH가 7인 중성을 유지하여야 한다.

풀이 보일러수
- 급수 : pH 7~9
- 보일러수 : pH 9~12 이하

33 최고사용압력이 3MPa 이하인 수관보일러의 급수 수질에 대한 기준으로 옳은 것은?

① pH(25℃) : 8.0~9.5, 경도 : 0mg $CaCO_3$/L, 용존산소 : 0.1mg O/L 이하
② pH(25℃) : 10.5~11.0, 경도 : 2mg $CaCO_3$/L, 용존산소 : 0.1mg O/L 이하
③ pH(25℃) : 8.5~9.6, 경도 : 0mg $CaCO_3$/L, 용존산소 : 0.007mg O/L 이하
④ pH(25℃) : 8.5~9.6, 경도 : 2mg $CaCO_3$/L, 용존산소 : 1mg O/L 이하

정답 27 ① 28 ④ 29 ② 30 ④ 31 ① 32 ④ 33 ①

[풀이] **수관보일러 수질(급수)**
압력 3MPa 이하 온도 25℃에서
- pH : 8.0~9.5
- 경도 : 0mg CaCO₃/L
- 용존산소 : 0.1mg O/L

34 NaOH 8g을 200L의 수용액에 녹이면 pH는?
① 9
② 10
③ 11
④ 12

[풀이] $pH = -\log[H^+]$
여기서, p는 마이너스 로그($-\log$)를 뜻한다.
물 200L = 200kg
NaOH 1kmol = 40kg(1mol = 40g)
NaOH $\frac{8g}{40g}$ = 0.2M

$[OH^-] = \frac{0.2}{200} = 0.001$

$pOH = \log\frac{1}{[H^+]} = \log\frac{1}{0.001} = 3$

∴ pH = 14 − pOH = 14 − 3 = 11

35 물의 탁도(Turbidity)에 대한 설명으로 옳은 것은?
① 증류수 1L 속에 정제카올린 1mg을 함유하고 있는 색과 동일한 색의 물을 탁도 1도의 물로 한다.
② 증류수 1L 속에 정제카올린 1g을 함유하고 있는 색과 동일한 색의 물을 탁도 1도의 물로 한다.
③ 증류수 1L 속에 황산칼슘 1mg을 함유하고 있는 색과 동일한 색의 물을 탁도 1도의 물로 한다.
④ 증류수 1L 속에 황산칼슘 1g을 함유하고 있는 색과 동일한 색의 물을 탁도 1도의 물로 한다.

[풀이] **탁도 1도**
증류수 1L 속에 정제카올린 1mg을 함유하고 있는 색과 동일한 물이다.

36 다음 중 스케일의 주성분에 해당되지 않는 것은?
① 탄산칼슘
② 규산칼슘
③ 탄산마그네슘
④ 과산화수소

[풀이] **스케일**
- 탄산칼슘
- 규산칼슘
- 탄산마그네슘

※ 과산화수소 : H_2O_2이며 수소와 산소의 화합물이다. 물보다 점성이 크고 표백제, 비닐중합의 원료이다.

37 보일러·슬러지 중에 염화마그네슘이 용존되어 있을 경우 180℃ 이상에서 강의 부식을 방지하기 위한 적정 pH는?
① 5.2±0.7
② 7.2±0.7
③ 9.2±0.7
④ 11.2±0.7

[풀이] 염화마그네슘($MgCl_2$)의 슬러지가 물속에 용존되어 180℃ 이상에서 강의 부식을 방지하기 위한 적정 pH 값은 11.2±0.7 정도이다.

38 저온부식의 방지방법이 아닌 것은?
① 과잉공기를 적게 하여 연소한다.
② 발열량이 높은 황분을 사용한다.
③ 연료첨가제(수산화마그네슘)를 이용하여 노점온도를 낮춘다.
④ 연소 배기가스의 온도가 너무 낮지 않게 한다.

[풀이] 저온부식인자 황(S)
$S + O_2 \rightarrow SO_2$
$SO_2 + \frac{1}{2}O_2 \rightarrow SO_3$
$SO_3 + H_2O \rightarrow H_2SO_4$ (진한 황산 : 저온부식)

정답 34 ③ 35 ① 36 ④ 37 ④ 38 ②

39 물을 사용하는 설비에서 부식을 초래하는 인자로 가장 거리가 먼 것은?

① 용존 산소
② 용존 탄산가스
③ pH
④ 실리카

> 풀이 실리카(SiO₂)
> 급수 중의 칼슘성분과 결합하여 규산칼슘을 생성한다. 실리카 함유량이 많은 스케일은 대단히 경질이기 때문에 기계적, 화학적으로는 제거하기가 어려운 스케일이다.

40 점식(Pitting) 부식에 대한 설명으로 옳은 것은?

① 연료 내의 유황성분이 연소할 때 발생하는 부식이다.
② 연료 중에 함유된 바나듐에 의해서 발생하는 부식이다.
③ 산소농도차에 의한 전기 화학적으로 발생하는 부식이다.
④ 급수 중에 함유된 암모니아가스에 의해 발생하는 부식이다.

> 풀이 점식(피팅)
> 급수 등의 포함된 용존산소(O_2)에 의한 부식이다. 보일러 등의 수면 부근에서 발생한다.

41 보일러 부하의 급변으로 인하여 동 수면에서 작은 입자의 물방울이 증기와 혼입하여 튀어 오르는 현상을 무엇이라고 하는가?

① 캐리오버   ② 포밍
③ 프라이밍   ④ 피팅

42 점식(Pitting)에 대한 설명으로 틀린 것은?

① 진행속도가 아주 느리다.
② 양극반응의 독특한 형태이다.
③ 스테인리스강에서 흔히 발생한다.
④ 재료 표면의 성분이 고르지 못한 곳에 발생하기 쉽다.

> 풀이 프라이밍(비수)
> 보일러 부하의 급변으로 동 수면에서 작은 입자의 물방울이 증기와 혼입되어 튀어 오르는 현상(외부로 이송되면 캐리오버이다.)

> 풀이 점식(피팅)
> • 용존산소에 의해 발생하는 보일러 동체 내의 부식이다.
> • 용존산소(O_2)가 많으면 부식의 진행속도가 빠르다.

43 최고사용압력이 1MPa인 수관보일러의 보일러수 수질관리 기준으로 옳은 것은?(단, pH는 25℃ 기준으로 한다.)

① pH 7~9, M알칼리도 100~800mgCaCO₃/L
② pH 7~9, M알칼리도 80~600mgCaCO₃/L
③ pH 11~11.8, M알칼리도 100~800mgCaCO₃/L
④ pH 11~11.8, M알칼리도 80~600mgCaCO₃/L

> 풀이 25℃에서 압력 1MPa 이하 보일러의 수질관리 기준
> • pH 11.0~11.8
> • M알칼리도 100~800mgCaCO₃/L

44 다음 중 보일러수의 pH를 조절하기 위한 약품으로 적당하지 않은 것은?

① NaOH   ② Na₂CO₃
③ Na₃PO₄   ④ Al₂(SO₄)₃

풀이 pH 알칼리도 조정제
- 가성소다(NaOH)
- 탄산소다(Na_2CO_3) : 저압 보일러용
- 제3인산나트륨(Na_3PO_4)

45 해수 마그네시아 침전 반응을 바르게 나타낸 식은?

① $3MgO \cdot 2SiO_2 \cdot 2H_2O + 3CO_2$
  $\rightarrow 3MgCO_3 + 2SO_2 + 2H_2O$
② $CaCO_3 + MgCO_3 \rightarrow CaMg(CO_3)_2$
③ $CaMg(CO_3)_2 + MgCO_3$
  $\rightarrow 2MgCO_3 + CaCO_3$
④ $MgCO_3 + Ca(OH)_2$
  $\rightarrow Mg(OH)_2 + CaCO_3$

풀이
- 해수 마그네시아 침전
  $MgCO_3 + Ca(OH)_2 \rightarrow Mg(OH)_2 + CaCO_3$
- 전경도 $CaCO_3$ ppm
  =마그네슘경도(Mg^{2+} ppm)+칼슘경도(Ca^{2+} ppm)

46 보일러의 과열에 의한 압궤(Collapse)의 발생부분이 아닌 것은?

① 노통 상부   ② 화실 천장
③ 연관   ④ 거싯스테이

풀이
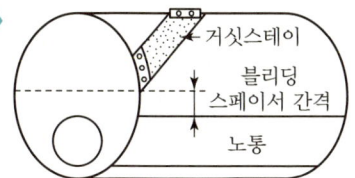

㉠ 팽출 : 횡연관보일러 동저부, 수관
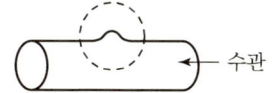

㉡ 압궤 : 노통, 연소실, 관판 등
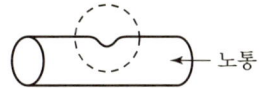

47 프라이밍 및 포밍 발생 시의 조치에 대한 설명으로 틀린 것은?

① 안전밸브를 전개하여 압력을 강하시킨다.
② 증기 취출을 서서히 한다.
③ 연소량을 줄인다.
④ 저압운전을 하지 않는다.

풀이 프라이밍(비수 : 물방울의 솟음), 포밍(물거품 발생)이 보일러 운전 중 발생하면 보일러의 주증기밸브를 차단시킨다.
※ 안전밸브 : 증기압력에 관계되는 안전장치

48 저온가스 부식을 억제하기 위한 방법이 아닌 것은?

① 연료 중의 유황성분을 제거한다.
② 첨가제를 사용한다.
③ 공기예열기 전열면 온도를 높인다.
④ 배기가스 중 바나듐의 성분을 제거한다.

풀이 ㉠ 저온부식
- 부식인자 : 황(S), 진한 황산(H_2SO_4)
- 발생처 : 절탄기, 공기예열기
- 150℃ 이하에서 발생

㉡ 고온부식
- 부식인자 : 바나듐(V), 나트륨(Na)
- 발생처 : 과열기, 재열기
- 535℃ 이상에서 발생

정답 45 ④ 46 ④ 47 ① 48 ④

49 보일러의 만수보존법에 대한 설명으로 틀린 것은?

① 밀폐 보존방식이다.
② 겨울철 동결에 주의하여야 한다.
③ 보통 2~3개월의 단기보존에 사용된다.
④ 보일러수는 pH 6 정도 유지되도록 한다.

풀이 보일러 단기보존 급수처리
보일러수는 pH 10.5~11.8 정도의 약알칼리로 보존하여 부식을 방지한다.

50 보일러의 스테이를 수리·변경하였을 경우 실시하는 검사는?

① 설치검사   ② 대체검사
③ 개조검사   ④ 개체검사

풀이 개조검사 실시 기준
• 증기보일러를 온수보일러로 개조하는 경우
• 보일러 섹션의 증감에 의하여 용량을 변경하는 경우
• 동체, 돔, 노통, 연소실, 경판, 천장판, 관판, 관모음(헤더) 또는 스테이의 변경으로 산업통상자원부장관이 정하여 고시하는 대수리의 경우
• 연료 또는 연소방법의 변경
• 철금속가열로서 산업통상자원부장관이 정하여 고시하는 경우

51 프라이밍이나 포밍의 방지대책에 대한 설명으로 틀린 것은?

① 주증기밸브를 급히 개방한다.
② 보일러수를 농축시키지 않는다.
③ 보일러수 중의 불순물을 제거한다.
④ 과부하가 되지 않도록 한다.

풀이 프라이밍(비수), 포밍(거품)을 방지하려면 주증기밸브를 서서히 열어야 한다.

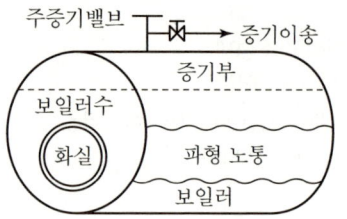

52 압력용기에 대한 수압시험의 압력기준으로 옳은 것은?

① 최고 사용압력이 0.1MPa 이상의 주철제 압력용기는 최고 사용압력의 3배이다.
② 비철금속제 압력용기는 최고 사용압력의 1.5배의 압력에 온도를 보정한 압력이다.
③ 최고 사용압력이 1MPa 이하의 주철제 압력용기는 0.1MPa이다.
④ 법랑 또는 유리 라이닝한 압력용기는 최고사용압력의 1.5배의 압력이다.

풀이 ① 최고 사용압력 0.1MPa 이상의 주철계 압력용기는 최고 사용압력의 2배이다.
③ 최고 사용압력 1MPa 이하의 주철계 압력용기는 0.2MPa이다.
④ 법랑 또는 유리 라이닝한 압력용기는 최고 사용압력이다.

53 다음에서 설명하는 보일러 보존방법은?

• 보존기간이 6개월 이상인 경우 적용한다.
• 1년 이상 보존할 경우 방청도료를 도포한
• 약품의 상태는 1~2주마다 점검하여야 한다.
• 동 내부의 산소제거는 숯불 등을 이용한다.

① 석회밀폐 건조보존법
② 만수보존법
③ 질소가스 봉입보존법
④ 가열건조법

정답 49 ④ 50 ③ 51 ① 52 ② 53 ①

풀이 보일러 휴지법

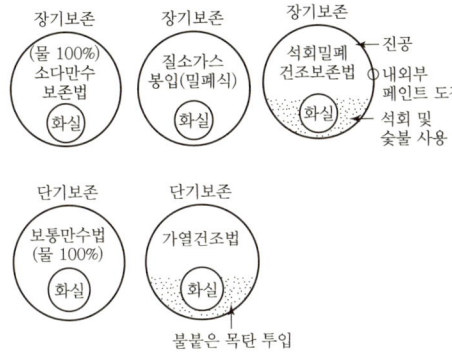

54 부식 중 점식에 대한 설명으로 틀린 것은?

① 전기화학적으로 일어나는 부식이다.
② 국부부식으로서 그 진행상태가 느리다.
③ 보호피막이 파괴되었거나 고열을 받은 수열면 부분에 발생되기 쉽다.
④ 수중 용존산소를 제거하면 점식 발생을 방지할 수 있다.

풀이
- 점식 : 용존 산소(O_2)에 의한 부식
- 국부부식 : 전열면 내면이나 외면에 얼룩모양의 국부부식

55 다음 중 보일러수를 pH 10.5~11.5의 약알칼리로 유지하는 주된 이유는?

① 첨가된 염산이 강재를 보호하기 때문에
② 보일러의 부식 및 스케일 부착을 방지하기 위하여
③ 과잉 알칼리성이 더 좋으나 약품이 많이 소요되므로 원가를 절약하기 위하여
④ 표면에 딱딱한 스케일이 생성되어 부식을 방지하기 때문에

풀이
- 보일러 급수 : pH 7~9
- 보일러수 : pH 10.5~12 이하(약알칼리로 사용)

56 보일러의 노통이나 화실과 같은 원통 부분이 외측으로부터의 압력에 견딜 수 없게 되어 눌려 찌그러져 찢어지는 현상을 무엇이라 하는가?

① 블리스터
② 압궤
③ 팽출
④ 라미네이션

풀이
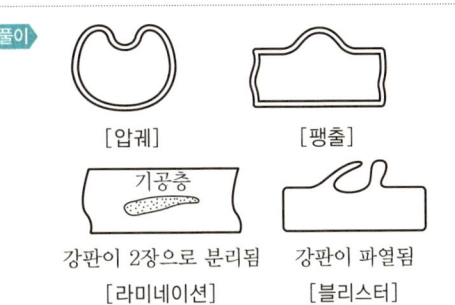

57 보일러 설치·시공기준상 보일러를 옥내에 설치하는 경우에 대한 설명으로 틀린 것은?

① 불연성 물질의 격벽으로 구분된 장소에 설치한다.
② 보일러 동체 최상부로부터 천장, 배관 등 보일러 상부에 있는 구조물까지의 거리는 0.3m 이상으로 한다.
③ 연도의 외측으로부터 0.3m 이내에 있는 가연성 물체에 대하여는 금속 이외의 불연성 재료로 피복한다.
④ 연료를 저장할 때에는 소형 보일러의 경우 보일러 외측으로부터 1m 이상 거리를 두거나 반격벽으로 할 수 있다.

풀이 상부와의 거리
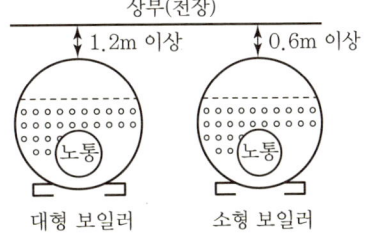

정답 54 ② 55 ② 56 ② 57 ②

58 보일러의 내부청소 목적에 해당하지 않는 것은?

① 스케일 슬러지에 의한 보일러 효율 저하 방지
② 수면계 노즐 막힘에 의한 장해 방지
③ 보일러수 순환 저해 방지
④ 수트 블로어에 의한 매연 제거

> **풀이** 보일러의 수트 블로어는 연소실의 그을음 제거기이므로 내부가 아닌 외부청소법이다.

59 일반적으로 보일러에 사용되는 중화방청제가 아닌 것은?

① 암모니아　　　② 히드라진
③ 탄산나트륨　　④ 포름산나트륨

> **풀이** 포름산나트륨($NaHCO_2$)
> 환원제로서 유기합성, 염색공업, 귀금속 침전제로 사용한다. 백색 단사 결정계의 결정성 분말이다.

60 보일러 안전사고의 종류가 아닌 것은?

① 노통, 수관, 연관 등의 파열 및 균열
② 보일러 내의 스케일 부착
③ 동체, 노통, 화실의 압궤 및 수관, 연관 등 전열면의 팽출
④ 연도나 노 내의 가스폭발, 역화 그 외의 이상연소

> **풀이** 보일러 내 전열면적부의 스케일 부착 1mm : 연료 손실 약 2.2%

61 보일러의 과열 방지 대책으로 가장 거리가 먼 것은?

① 보일러 수위를 낮게 유지할 것
② 고열 부분에 스케일 슬러지 부착을 방지할 것
③ 보일러수를 농축하지 말 것
④ 보일러수의 순환을 좋게 할 것

> **풀이** 수위가 안전저수위 이하로 이상 감수가 생기면 보일러 폭발이 발생한다(과열이 증가한다).

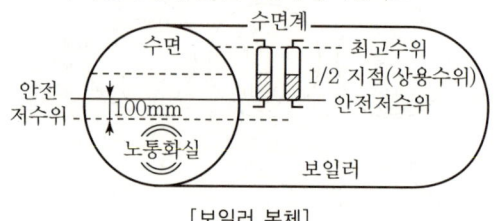

[보일러 본체]

62 열사용 설비는 많은 전열면을 가지고 있는데 이러한 전열면이 오손되면 전열량이 감소하고, 열설비의 손상을 초래한다. 이에 대한 방지대책으로 틀린 것은?

① 황분이 적은 연료를 사용하여 저온부식을 방지한다.
② 첨가제를 사용하여 배기가스의 노점을 상승시킨다.
③ 과잉공기를 적게 하여 저공기비 연소를 시킨다.
④ 내식성이 강한 재료를 사용한다.

> **풀이** 전열면의 오손을 방지하기 위하여 첨가제를 사용하여 배기가스의 노점을 낮추면 저온부식(황산에 의한 부식)을 방지할 수 있다.

63 최고사용압력이 1.5MPa를 초과한 강철제 보일러의 수압시험압력은 그 최고사용압력의 몇 배로 하는가?

① 1.5　　　　　② 2
③ 2.5　　　　　④ 3

> **풀이** 수압시험 압력
> • 0.43MPa 이하 : 2배
> • 0.43MPa 초과~1.5MPa 이하
> 　: $P \times 1.3$배 $+ 0.3$MPa
> • 1.5MPa 초과 : 1.5배

정답　58 ④　59 ①　60 ②　61 ①　62 ②　63 ①

64 보일러 사고의 원인 중 제작상의 원인으로 가장 거리가 먼 것은?

① 재료불량　　② 구조 및 설계불량
③ 용접불량　　④ 급수처리불량

풀이 보일러 운전 중 급수처리불량, 점화불량, 압력초과, 가스폭발 등은 보일러 취급상의 원인이다.

65 라미네이션의 재료가 외부로부터 강하게 열을 받아 소손되어 부풀어 오르는 현상을 무엇이라고 하는가?

① 크랙　　② 압궤
③ 블리스터　　④ 만곡

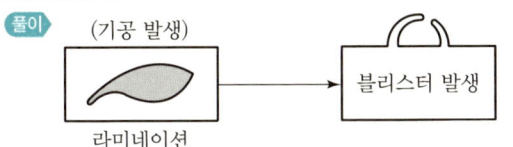

66 보일러 사용 중 저수위 사고의 원인으로 가장 거리가 먼 것은?

① 급수펌프가 고장이 났을 때
② 급수내관이 스케일로 막혔을 때
③ 보일러의 부하가 너무 작을 때
④ 수위 검출기가 이상이 있을 때

풀이 보일러의 수위

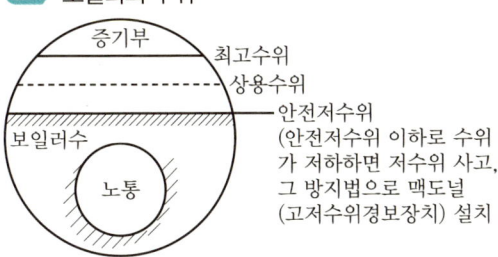

67 압력용기를 옥내에 설치하는 경우에 관한 설명으로 옳은 것은?

① 압력용기와 천장과의 거리는 압력용기 본체 상부로부터 1m 이상이어야 한다.
② 압력용기의 본체와 벽과의 거리는 최소 1m 이상이어야 한다.
③ 인접한 압력용기와의 거리는 최소 1m 이상이어야 한다.
④ 유독성 물질을 취급하는 압력용기는 1개 이상의 출입구 및 환기장치가 있어야 한다.

풀이 압력용기의 이격거리

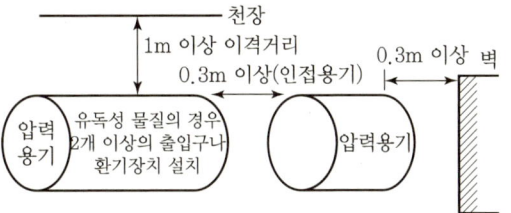

68 보일러 재료로 이용되는 대부분의 강철제는 200~300℃에서 최대의 강도를 유지하나, 몇 ℃ 이상이 되면 재료의 강도가 급격히 저하되는가?

① 350℃　　② 450℃
③ 550℃　　④ 650℃

풀이 보일러 재료로 이용하는 강철제는 350℃ 이상 상승하면 강도가 급격하게 저하한다.

69 프라이밍 및 포밍이 발생한 경우 조치방법으로 틀린 것은?

① 압력을 규정압력으로 유지한다.
② 보일러수의 일부를 분출하고 새로운 물을 넣는다.
③ 증기밸브를 열고 수면계의 수위 안정을 기다린다.
④ 안전밸브, 수면계의 시험과 압력계 연락관을 취출하여 본다.

정답　64 ④　65 ③　66 ③　67 ①　68 ①　69 ③

- 프라이밍 : 비수, 물방울 혼입
- 포밍 : 물거품 발생
- 캐리오버(기수공발) 현상을 방지하기 위하여 증기밸브를 닫고 수면계 수위의 안정을 도모한다.

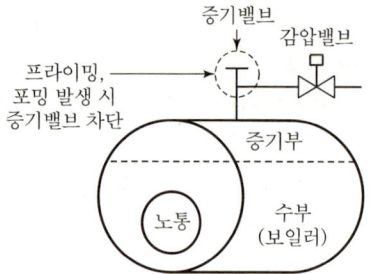

70 노통 보일러의 평형 노통을 일체형으로 제작하면 강도가 약해지는 결점이 있다. 이러한 결점을 보완하기 위하여 몇 개의 플랜지형 노통으로 제작하는데 이때의 이음부를 무엇이라 하는가?

① 브리딩 스페이스 ② 거싯 스테이
③ 평형 조인트 ④ 애덤슨 조인트

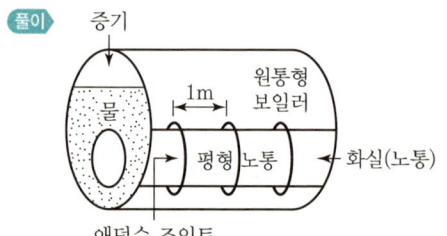

71 계속사용검사기준에 따라 설치한 날로부터 15년 이내인 보일러에 대한 순수처리 수질기준으로 틀린 것은?

① 총경도(mg CaCO₃/L) : 0
② pH(298K{25℃}에서) : 7~9
③ 실리카(mg SiO₂/L) : 흔적이 나타나지 않음
④ 전기 전도율(298K{25℃}에서의) : 0.05μS/cm 이하

풀이 검사의 특례에서 순수처리 각 수질기준
전기전도율(15년 이내인 보일러)은 298K(25℃)에서 0.5μS/cm 이하를 요구한다.

72 보일러에서 발생하는 저온부식의 방지 방법이 아닌 것은?

① 연료 중의 황 성분을 제거한다.
② 배기가스의 온도를 노점온도 이하로 유지한다.
③ 과잉공기를 적게 하여 배기가스 중의 산소를 감소시킨다.
④ 전열 표면에 내식재료를 사용한다.

풀이 절탄기, 공기예열기 등의 저온부식을 방지하려면 배기가스의 온도를 노점온도 이상으로 유지한다(150℃ 이상).

73 보일러 운전 시 유지해야 할 최저 수위에 관한 설명으로 틀린 것은?

① 노통연관보일러에서 노통이 높은 경우에는 노통 상면보다 75mm 상부(플랜지 제외)
② 노통연관보일러에서 연관이 높은 경우에는 연관 최상위보다 75mm 상부
③ 횡연관 보일러에서 연관 최상위보다 75mm 상부
④ 입형 보일러에서 연소실 천정판 최고부보다 75mm 상부(플랜지 제외)

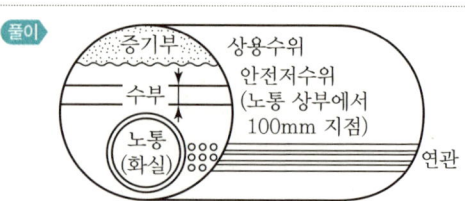

74 보일러 설치공간의 계획 시 바닥으로부터 보일러 동체의 최상부까지의 높이가 4.4m라면, 바닥으로부터 상부 건축구조물까지의 최소높이는 얼마 이상을 유지하여야 하는가?

① 5.0m 이상 ② 5.3m 이상
③ 5.6m 이상 ④ 5.9m 이상

풀이

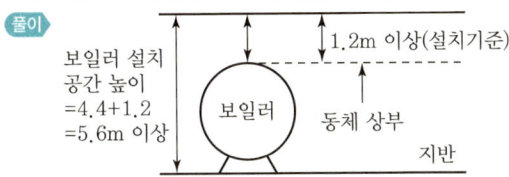

보일러 설치공간 높이
=4.4+1.2
=5.6m 이상

75 보일러의 성능시험방법 및 기준에 대한 설명으로 옳은 것은?

① 증기건도의 기준은 강철제 또는 주철제로 나누어 정해져 있다.
② 측정은 매 1시간마다 실시한다.
③ 수위는 최초 측정치에 비해서 최종 측정치가 적어야 한다.
④ 측정기록 및 계산양식은 제조사에서 정해진 것을 사용한다.

풀이 ㉠ 보일러 열정산에서 건도(증기건조도)
• 강철제 : 0.98 이상
• 주철제 : 0.97 이상
㉡ 증기는 건도가 높을수록 질이 좋다.
㉢ 측정은 10분마다 한다.

76 노통 보일러에 두께 13mm 이하의 경판을 부착하였을 때 거싯 스테이의 하단과 노통 상단과의 완충폭(브리딩 스페이스)은 몇 mm 이상으로 하여야 하는가?

① 230mm ② 260mm
③ 280mm ④ 300mm

풀이 경판 두께

• 13mm 이하 : 230mm 이상
• 15mm 이하 : 260mm 이상
• 17mm 이하 : 280mm 이상
• 19mm 이하 : 300mm 이상
• 19mm 초과 : 320mm 이상

77 보일러 설치검사기준에 대한 사항 중 틀린 것은?

① 5t/h 이하의 유류보일러의 배기가스 온도는 정격부하에서 상온과의 차가 300℃ 이하이어야 한다.
② 저수위안전장치는 사고를 방지하기 위해 먼저 연료를 차단한 후 경보를 울리게 해야 한다.
③ 수입보일러의 설치검사의 경우 수압시험은 필요하다.
④ 수압시험 시 공기를 빼고 물을 채운 후 천천히 압력을 가하여 규정된 시험수압에 도달된 후 30분이 경과된 뒤에 검사를 실시하여 검사가 끝날 때까지 그 상태를 유지한다.

풀이

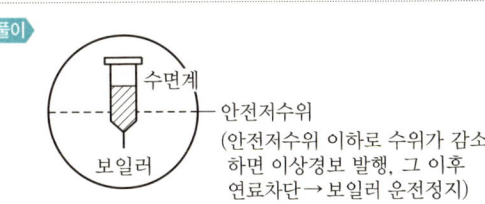

안전저수위
(안전저수위 이하로 수위가 감소하면 이상경보 발행, 그 이후 연료차단 → 보일러 운전정지)

78 보일러에 부착되어 있는 압력계의 최고눈금은 보일러 최고사용압력의 최대 몇 배 이하의 것을 사용해야 하는가?

① 1.5배 ② 2.0배
③ 3.0배 ④ 3.5배

풀이 압력계의 눈금은 보일러 최고사용압력의 1.5배 이상~3배 이하의 것을 사용한다.

79 보일러의 일상점검 계획에 해당하지 않는 것은?

① 급수배관 점검 ② 압력계 상태점검
③ 자동제어장치 점검 ④ 연료의 수요량 점검

풀이 보일러 연료의 수요량은 1주일, 30일 정도마다 실시한다.

80 보일러의 전열면적이 10m² 이상 15m² 미만인 경우 방출관의 안지름은 최소 몇 mm 이상이어야 하는가?

① 10 ② 20
③ 30 ④ 50

풀이 온수보일러 방출관(mm)

전열면적	10 미만	10~15 미만	15 이상 20 미만
안지름	20 이상	30 이상	40 이상

81 가스용 보일러의 배기가스 중 이산화탄소에 대한 일산화탄소의 비는 얼마 이하여야 하는가?

① 0.001 ② 0.002
③ 0.003 ④ 0.005

풀이 가스용 보일러의 CO비(CO/CO_2) : 0.002 이하

82 보일러 수압시험에서 시험수압은 규정된 압력의 몇 % 이상 초과하지 않도록 하여야 하는가?

① 3% ② 6%
③ 9% ④ 12%

풀이 수압시험 설정에서 6% 이상 초과하지 않도록 주의한다.

83 압력용기의 설치상태에 대한 설명으로 틀린 것은?

① 압력용기의 본체는 바닥보다 30mm 이상 높이 설치되어야 한다.
② 압력용기를 옥내에 설치하는 경우 유독성 물질을 취급하는 압력용기는 2개 이상의 출입구 및 환기장치가 되어 있어야 한다.
③ 압력용기를 옥내에 설치하는 경우 압력용기의 본체와 벽과의 거리는 0.3m 이상이어야 한다.
④ 압력용기의 기초가 약하여 내려앉거나 갈라짐이 없어야 한다.

풀이

84 입형 횡관 보일러의 안전저수위로 가장 적당한 것은?

① 하부에서 75mm 지점
② 횡관 전 길이의 1/3 높이
③ 화격자 하부에서 100mm 지점
④ 화실 천장판에서 상부 75mm 지점

풀이 안전저수위
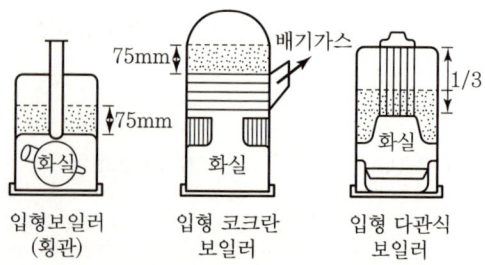

정답 79 ④ 80 ③ 81 ② 82 ② 83 ① 84 ④

85 급수조절기를 사용할 경우 수압시험 또는 보일러를 시동할 때 조절기가 작동하지 않게 하거나, 모든 자동 또는 수동제어 밸브 주위에 수리, 교체하는 경우를 위하여 설치하는 설비는?

① 블로오프관　　② 바이패스관
③ 과열 저감기　　④ 수면계

풀이
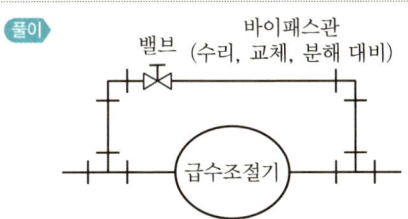

86 보일러 설치·시공기준상 대형보일러를 옥내에 설치할 때 보일러 동체 최상부에서 보일러실 상부에 있는 구조물까지의 거리는 얼마 이상이어야 하는가?(단, 주철제 보일러는 제외한다.)

① 60cm　　② 1m
③ 1.2m　　④ 1.5m

풀이
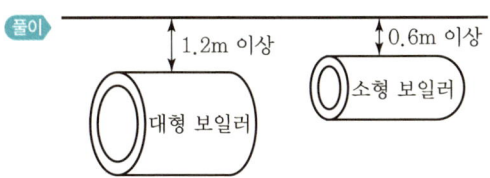

87 보일러를 사용하지 않고, 장기간 휴지상태로 놓을 때 부식을 방지하기 위해서 채워두는 가스는?

① 이산화탄소　　② 질소가스
③ 아황산가스　　④ 메탄가스

풀이
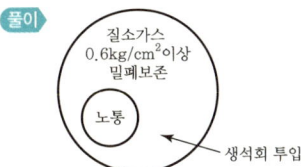
보일러 장기휴지 기간이 6개월 이상인 경우(건조 보존)

88 증기 및 온수보일러를 포함한 주철제 보일러의 최고사용압력이 0.43MPa 이하일 경우의 수압시험 압력은?

① 0.2MPa로 한다.
② 최고사용압력의 2배의 압력으로 한다.
③ 최고사용압력의 2.5배의 압력으로 한다.
④ 최고사용압력의 1.3배에 0.3MPa를 더한 압력으로 한다.

CHAPTER 003 열공학설계

SECTION 01 강도설계

1. 동체설계

1) 내압을 받는 동체의 응력

내압을 받는 동체의 경우 동체 길이방향의 응력(σ_l)과 원주방향의 응력(σ_r)이 존재하며 원주방향의 응력은 동체방향의 응력의 2배임을 다음과 같이 증명할 수 있다.(단, 동체의 두께가 동체 지름의 10% 이하인 원통을 얇은 원통이라고 한다.)

(1) 길이방향의 응력(σ_l)

$$\frac{\pi D^2}{4} P = \pi D t \sigma_l$$

$$\sigma_l = \frac{PD}{4t}$$

(2) 원주방향의 응력(σ_r)

$$PDl = 2tl\sigma_r$$

$$\sigma_r = \frac{PD}{2t}$$

여기서, P : 최고사용압력($\text{kg}_\text{f}/\text{cm}^2$)
D : 동체 안지름(cm)
t : 동체두께(cm)
l : 동체길이(cm)
σ_r, σ_l : 원주방향과 길이방향의 인장응력($\text{kg}_\text{f}/\text{cm}^2$)

(3) σ_l과 σ_r의 관계

$$\sigma_r = 2\sigma_l$$

2) 동체 두께의 제한

동체 최소두께는 다음의 값 이상이어야 한다.
① 안지름 900mm 이하인 것은 6mm(다만, 스테이를 부착하는 경우 8mm)
② 안지름 900mm를 초과하고, 1,350mm 이하인 것은 8mm
③ 안지름 1,350mm를 초과하고 1,850mm 이하인 것은 10mm
④ 안지름 1,850mm를 초과하는 것은 12mm 이상

3) 내압 동체의 최소두께

내면에 압력을 받는 원통부, 동체 등의 최소두께는 다음 식에 따른다.

$$t = \frac{PDS}{2\sigma_a \eta} + a = \frac{PD}{2\sigma_a x \eta} + a$$

① 바깥지름을 기준으로 하는 경우(ASME 규격)

$$t = \frac{PD_o}{22\sigma_a x \eta + 2kP} + \alpha$$

② 안지름을 기준으로 하는 경우(ASME 규격)

$$t = \frac{PD}{2\sigma_a x \eta + 2P(1-k)} + \alpha$$

만약 $k = 1$인 경우 다음과 같이 식을 표현할 수 있다.

$$t = \frac{PD}{2\sigma_a x \eta} + \alpha = \frac{PDS}{2\sigma_a \eta} + \alpha$$

여기서, t : 원통부의 최소두께(mm)
P : 최고사용압력(MPa, kg$_f$/mm^2)
D : 동체의 안지름(mm)
D_o : 동체의 바깥지름(mm)
σ_a : 재료의 허용인장응력(N/mm^2)
η : 길이방향 이음의 효율 또는 구멍이 있는 부분의 효율
α : 부식 여유로서 1mm 이상으로 한다.
k : 동체의 증기(온수보일러는 물 또는 열매)온도 또는 재질에 대응하는 값
σ : 인장응력
S : 안전율 : $\frac{\sigma}{\sigma_a}$
x : 안전율의 역수$\left(\frac{1}{S}\right)$로서 인장강도에 대한 허용인장응력의 비

▼ 열매온도에 대응하는 k값

재료 \ 온도 K(℃)	753(480) 이하	783(510)	803(535)	833(565)	863(590)	893(620) 이상
페라이트강	0.4	0.5	0.7	0.7	0.7	0.7
오스테나이트강	0.4	0.4	0.4	0.4	0.5	0.7

4) 내압 구형 용기의 최소두께

내면에 압력을 받는 구형 용기의 최소두께는 다음 식에 따른다.

① 동체의 두께가 안쪽 반지름의 0.356배 이하인 경우

$$t = \frac{PD}{4\sigma x\eta - 0.4P} + \alpha, \quad P = \frac{4\sigma x\eta(t-a)}{D_i + 0.4(t-a)}$$

② 동체의 두께가 안쪽 반지름의 0.356배를 초과하고 또한 온도가 648K(375℃) 이하인 경우

$$t = R(3\sqrt{Z} - 1) + \alpha$$

$$Z = \frac{2(\sigma_a x\eta + P)}{2\sigma x\eta - P}, \quad P = \frac{200\sigma x\eta(Z-1)}{Z+2}, \quad Z = \left(\frac{t-a}{R} + 1\right)^3$$

여기서, t : 동체의 최소두께(mm), P : 최고사용압력(MPa, kg$_f$/cm^2)
D_i : 동체의 안지름(mm), σ : 재료의 허용인장응력(N/mm^2)
η : 동체이음효율, R : 구형체의 안쪽 지름(mm)
α : 부식 여유로서 1mm 이상으로 한다.
x : 안전율의 역수 $\left(\dfrac{1}{S}\right)$ 로서 인장강도에 대한 허용인장응력의 비

2. 경판

경판이란 동체원통부의 양 끝을 막는 마구리판이며 그 구조모양에 따라 접시형, 평경판, 반타원형경판, 반구형경판이 있다.

1) 경판의 두께 제한

경판의 최소두께는 전반구형인 것을 제외하고 계산상 필요한 이음매 없는 동체판의 두께 이상이어야 한다.
다만, 어떠한 경우도 6mm 이상으로 하고 스테이를 부착하는 경우에는 8mm 이상으로 한다.

2) 경판 모양의 제한

경판 모양은 전반구형인 것을 제외하고 다음에 따른다.

(1) 접시형 경판의 경우

$r > 50\,\text{mm},\ r \geq 3t,\ l \geq 2t$

다만, l은 38mm를 초과할 필요는 없다.

① 노통이 없는 것 : $R \leq D,\ r \geq 0.06D$

② 노통이 있는 것 : $R \leq 1.5D,\ r \geq 0.04D$, R이 D 또는 $1.5D$보다 큰 경우에는 평경판으로 간주한다.

(2) 반타원형 경판의 경우

① $\dfrac{a}{b} \leq 3,\ l \geq 2t$

다만, l은 38mm를 초과할 필요는 없다.

② 경판이 반타원체에 근사한 모양일 때 그 내면은 타원의 긴지름을 경판의 안지름, 짧은 지름의 $\dfrac{1}{2}R$ 경판의 깊이로 하는 타원체의 바깥쪽에 있고, 또한 이 타원체로부터의 편차는 경판 안지름의 0.0125배 이하이어야 한다.

(3) 평경판의 경우

$r \geq 3t,\ l \geq 2t$

다만, l은 38mm를 초과할 필요는 없다.

여기서, t : 경판의 두께(mm)
D : 경판의 바깥지름(mm)
l : 경판 플랜지의 평행부를 용접선에서 측정한 길이(mm)
r : 경판의 구석둥글기의 내면의 반지름(mm)
a : 반타원체형 경판 내면의 긴 지름(mm)
b : 반타원형체형 경판 내면의 짧은 지름(mm)
R : 접시형 경판의 중앙부 내면의 반지름(mm)

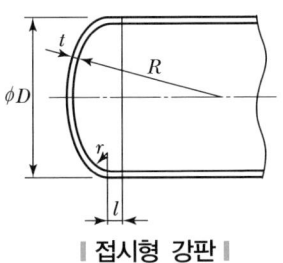
∥ 접시형 강판 ∥

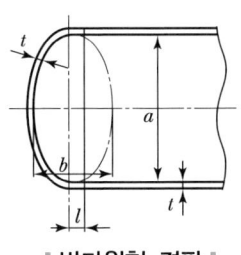
∥ 반타원형 경판 ∥

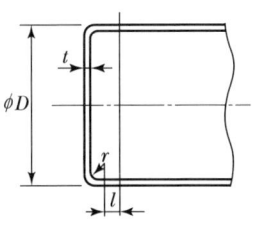
∥ 평경판 ∥

3) 스테이가 없는 접시형 또는 전반구형 경판의 최소두께

오목면에 압력을 받는 스테이가 없는 접시형 또는 전반구형경판의 최소두께는 다음 식에 따른다.

(1) 구멍이 없는 경우

$$t = \frac{PRW}{2\sigma_a\eta - 0.2P} + \alpha$$

(2) 접시형 경판에서 노통이 부착될 경우

$$t = \frac{PR}{1.5\sigma_a\eta} + \alpha$$

여기서, t : 경판의 최소두께(mm)
P : 최고사용압력(MPa, kg_f/cm^2)
R : 전반구형 경판 안쪽면의 반지름 또는 접시형 경판 중앙부에서의 안쪽면 반지름 (mm)
σ_a : 재료의 허용인장응력(N/mm^2)
η : 경판 자체의 이음효율
W : 다음 계산식에 의해 산정하는 경판 형상에 관한 계수
　－접시형인 경우　$W = \frac{1}{4}\left(3 + \sqrt{\frac{R}{r}}\right)$
　　r은 접시형 경판 구석 둥글기 안쪽 반지름(mm)
　－전반구형인 경우　$W = 1$
α : 부식여유이며, 1mm 이상으로 한다.

4) 오목면에 압력을 받는 반타원체형 경판의 최소두께

오목면에 압력을 받는 반타원체형 경판의 최소두께는 다음 식에 따른다.

(1) 구멍이 없는 경우

$$t = \frac{PDV}{2\sigma_a\eta - 0.2P} + \alpha$$

여기서, V : 모양에 관한 계수
$$V = \frac{1}{6}\left[2 + \left(\frac{D}{2h}\right)^2\right]$$
h는 경판 안쪽면에서의 짧은 지름의 $\frac{1}{2}$

3. 평판의 강도

1) 스테이에 의하여 지지되지 않는 평판의 강도

스테이로 지지되지 않는 평경판, 뚜껑판, 또는 밑반 등 평판의 두께

(1) 원형 평판의 경우

$$t = d\sqrt{\frac{CP}{100\sigma_a}} + \alpha$$

(2) 원형 이외 평판의 경우

$$t = d\sqrt{\frac{ZCP}{100\sigma_a}} + \alpha$$

여기서, t : 경판의 최소두께(mm), P : 최고사용압력(MPa, kgf/cm²)
d : 측정한 지름(mm), σ_a : 부식여유이며, 1mm 이상으로 한다.
Z : 평판 형상에 관한 정수
 - 원형 평판 : 1
 - 원형 이외의 평판 : $3.4 - 2.4\frac{d}{D}$ (최대 2.5)
D는 최소 스팬에 직각으로 측정한 최대 스팬(mm)
C : 평판의 부착방법에 따라 정해지는 상수

4. 관판

관판의 확관부착부는 완전한 고리형을 이룬 접촉면의 두께가 10mm 이상이어야 한다.

1) 연관 보일러 관판의 최소두께(연관의 바깥지름의 38~102mm의 경우 계산식)

$$t = 5 + \frac{d}{D}$$

여기서, t : 관판의 최소두께(mm), d : 관 구멍의 지름(mm)

▼ 연관보일러 관판의 최소두께

관판의 바깥지름(mm)	관판의 최소두께(mm)
1,350 이하	10
1,350 초과 1,850 이하	12
1,850을 초과하는 것	14

2) 연관보일러의 연관의 최소피치

$$p = \left(1 + \frac{4.5}{l}\right)d$$

여기서, p : 연관의 최소피치(mm)
t : 관판의 두께(mm)
d : 관 구멍의 지름(mm)

3) 연소실 관판의 강도

$$t = \frac{PSP'}{1,900(P'-d)}, \quad P = \frac{1,900(P'-d)}{SP'}$$

여기서, t : 관판의 최소두께(mm)
P : 최고사용압력(MPa)
P' : 연관의 수평피치(mm)
S : 관판과 이것과 맞서는 연소실 판과의 간격(mm)
d : 연관의 안지름

5. 화실 및 노통

1) 화실 및 노통용 판의 두께 제한

(1) 최소두께 제한

플랜지가 있는 화실판 또는 노통판의 두께는 8mm 이상으로 하여야 한다.

(2) 최고두께 제한

평형노통, 파형노통, 화실 및 직립보일러 화실판의 최고두께는 22mm 이하이어야 한다.

2) 원통화실 또는 평형 노통의 최소두께

$$t = \frac{PD}{240}\left(1 + \sqrt{1 + \frac{Cl}{(l+D)}}\right) + \alpha, \quad P = \frac{2,400(t-2)}{\left\{2 + \frac{C}{2,400} \times \left(\frac{D}{t-2}\right) \times \left(\frac{l}{l+D}\right)\right\}D}$$

여기서, t : 판의 최소두께(mm)
P : 최고사용압력(MPa)
D : 화실 또는 노통의 안지름(mm)
l : 유효지지부에 최대거리(mm)
C : 수평형 노통에 대해서는 75, 수직형 노통은 45로 한다.
α : 부식여유 1mm 이상으로 한다.

3) 애덤슨 링이 있는 평형 수평 노통의 플랜지

플랜지의 굽힘 반지름은 화염 쪽에서 측정한 판 두께의 3배 이상이어야 한다.

4) 파형노통

파형노통은 외압에 강하고 열에 의한 신축에 대해서 탄력성이 크며 평형노통에 비해 전열면적이 14% 크다.

(1) 파형노통의 종류

파형 노통의 종류별 피치 및 골의 깊이는 다음과 같아야 한다.

▼ 파형노통의 종류별 피치 및 골의 깊이

노통의 종류	피치(mm)	골의 깊이(mm)
모리슨형	200 이하	38 이상
데이톤형	200 이하	38 이상
폭스형	200 이하	38 이상
파브스형	230 이하	35 이상
리즈포즈형	200 이하	57 이상
브라운형	230 이하	41 이상

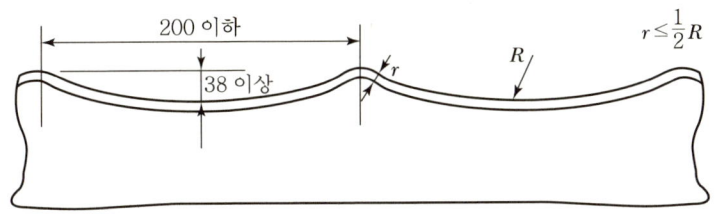

| 모리슨형 |

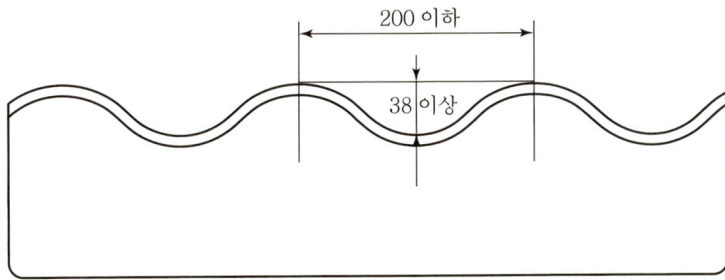

| 폭스형 |

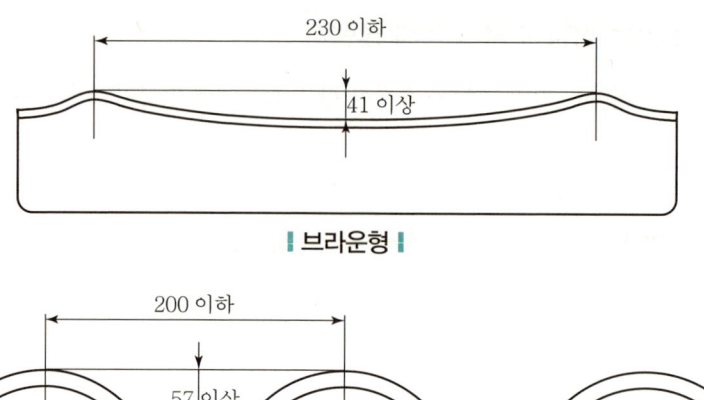

|브라운형|

|리즈포즈형|

(2) 파형노통의 최소두께

파형노통으로서 그 끝의 평형부 길이가 230mm 미만인 것에 판의 최소두께는 다음 계산식으로 계산한다.

$$t = \frac{PD}{C}, \quad P = \frac{Ct}{D}$$

여기서, P : 최고사용압력(MPa, kgf/cm²)
t : 노통의 최소두께(mm)
D : 노통의 파형부에서는 최대내경과 최소내경의 평균치(모리슨형 노통에서는 최소내경에 50mm를 더한 값)
C : 상수로서 다음에서 정하는 값

노통의 종류	C
파형의 피치가 200mm 이하인 모리슨형 노통으로, 작은 파형의 노통 내면 측의 바깥 반지름 r이 큰 파형의 노통 외면 측의 안쪽 반지름 R의 $\frac{1}{2}$ 이하이고, 골의 깊이가 32mm 이상인 것	1,100
파형의 피치가 200mm 이하인 폭스형 노통으로 골의 깊이가 38mm 이상인 것	985
파형의 피치가 230mm 이하인 브라운형 노통으로 골의 깊이가 41mm 이상인 것	985
파형의 피치가 200mm 이하의 리즈포즈형 노통이고 골의 깊이가 57mm 이상인 경우	1,220

5) 스테이(Stay)

① 스테이의 종류는 봉스테이, 경사스테이, 스테이볼트, 거싯스테이, 도그스테이, 관스테이가 있다.

② 스테이 피치의 제한

스테이를 판에 나사박음하여 한쪽 끝 또는 양쪽 끝을 코킹하였을 경우, 스테이의 수평 및 수직 방향의 피치는 다음의 값을 초과해서는 안 된다.
- 스테이를 정사각형으로 배치한 경우 : 216mm
- 스테이를 직사각형으로 배치한 경우 : 260mm. 다만 이 경우 스테이의 수평 및 수직방향의 평균피치를 곱한 면적은 $216 \times 216(mm^2)$를 초과해서는 안 된다.

$$스테이의\ 최소단면적(A) = \frac{1.1W}{\sigma X}$$

여기서, A : 최소단면적(mm^2)
W : 스테이의 지지하중(경사스테이는 제외한다.)
σ : 재료의 인장강도(kg/mm^2)
X : 인장강도에 대한 허용인장응력의 비율 $\frac{1}{5}$ 값

③ 완충폭(브레이징 스페이스)

노통보일러에 거싯스테이를 부착할 경우 경판과의 부착부 하단과 노통 상부 사이에는 완충폭은 다음 표와 같다.

▼ 노통보일러의 완충폭

경판의 두께(mm)	완충폭(mm) (브레이징 스페이스)	경판의 두께(mm)	완충폭(mm) (브레이징 스페이스)
13 이하	230 이상	19 이하	300 이상
15 이하	260 이상	19 초과	320 이상
17 이하	280 이상		

6) 맨홀, 청소구멍 및 검사구멍과 그 크기

보일러에는 내부의 청소와 검사에 필요한 맨홀, 청소구멍 및 검사구멍을 설치해야 한다. 다만, 특수한 보일러에서 필요가 없는 것은 제외한다.

① 맨홀의 크기는 긴 지름 375mm 이상, 짧은 지름 275mm, 이상의 타원형 또는 긴 원형 혹은 안 지름 375mm 이상의 원형으로 하여야 한다.

② 청소 또는 검사를 하기 위하여 손을 넣을 필요가 있는 구멍(이하 손 구멍이라 한다.)의 크기는 긴 지름 90mm 이상, 짧은 지름 70mm 이상인 타원형이나 또는 지름 90mm 이상인 원형(각형으로 할 때에는 안치수 90mm 이상)으로 하여야 한다. 또 검사구멍은 지름 30mm 이상의 원형으로 하여야 한다.

③ 타원형 구멍의 방향
타원형의 맨홀을 설치 시에는 그 짧은 지름의 축을 동체 축에 평행하게 둔다.

SECTION 02 관 설계(Pipe 설계)

1. 파이프 내경(구경관)

1) 관내 유량과 관경

① $Q = A \cdot v_m = \dfrac{\pi D^2}{4} V = \dfrac{\pi}{4}\left(\dfrac{D}{1,000}\right)^2 V (\text{m}^3/\text{s})$

② $D = 2,000\sqrt{\dfrac{Q}{\pi V}} = 1,128\sqrt{\dfrac{Q}{V}}\ (\text{mm})$

여기서, Q : 유량(m³/s)
A : 관의 단면적(m²)
V : 유체의 평균유속(m/s)
D : 파이프 안지름(mm)

2) 파이프의 강도

$$t = \dfrac{PD}{2\sigma_a \eta} + \alpha = \dfrac{PDS}{2\sigma_a \eta} + \alpha = \dfrac{PD}{2\sigma_a \eta} + c$$

여기서, t : 파이프의 두께(mm)　　　P : 파이프의 내압(MPa, kgf/cm²)
D : 파이프의 내경(mm)　　σ_a : 재료의 허용인장응력(N/mm²)
η : 이음의 효율　　　　　c : 부식여유(mm)
σ : 인장강도(kgf/mm²)　　S : 안전율 $= \dfrac{\sigma}{\sigma_a}$
σ_a : 허용인장강도 $= \dfrac{\sigma}{c}$

3) 파이프의 열응력(σ_r)

$$l' - l = \alpha(t - t_o)l$$
$$\sigma_r = \alpha(t - t_o)E$$

여기서, $l' - l$: 늘어난 길이(mm)
α : 선팽창계수
t_o : 처음온도(℃)
t : 나중온도(℃)
σ_r : 열응력(kg$_f$/mm^2)
E : 종탄성계수(kg$_f$/mm^2)

2. 관의 용도에 따른 강도 및 규정

1) 연관의 최소두께

(1) 연관의 바깥지름 150m 이하인 경우

$$t = \frac{Pd}{700} + 1.5$$

여기서, t : 연관의 최소두께(mm)
P : 최고사용압력(MPa, kg$_f$/cm)
d : 연관의 바깥지름(mm)

(2) 연관의 바깥지름 150mm를 초과하는 경우

$$t = \frac{PD}{2,400}\left(1 + \sqrt{1 + \frac{Cl}{P(l+D)}}\right) + \alpha$$

여기서, t : 관의 최소두께
P : 최고사용압력(MPa, kg$_f$/cm^2)
D : 화실 또는 노통의 안지름(mm)
l : 유효 지지부의 최대거리(mm)
C : 수평형 노통에 대해서는 75, 수직형 노통은 45로 한다.
α : 부식여유 1mm 이상으로 한다.

2) 수관, 과열관, 재열관, 절탄기용 강관 등의 최소두께

(1) 바깥지름 127mm 이하의 경우

$$t = \frac{Pd}{200\sigma_a + P} + 0.005d + \alpha$$

여기서, t : 강관의 최소두께(mm)
P : 최고사용압력(MPa, kg_f/cm^2)
d : 강관의 바깥지름(mm)
σ_a : 재료의 허용인장응력(N/mm², kg_f/mm^2)
α : 부식여유(mm)
- 롤확관 : 1
- 관모음, 동체 : 0

▼ 관의 바깥지름에 따른 관의 두께

관의 바깥지름	두께(mm)
38.1 이하	2.3
38.1 초과 50.8 이하	2.6
50.8 초과 76.2 이하	2.9
76.2 초과 101.6 이하	3.5
101.6 초과 127 이하	4.0

(2) 바깥지름 127mm 초과하는 경우는 증기관의 최소 두께 계산식을 활용한다.

3) 연관, 수관, 과열관, 재열관 및 절탄기용 강관 등의 두께 최소값

▼ 강관의 최소두께

관의 바깥지름	두께(mm)
38.1 이하	2.0
38.1 초과 50.8 이하	2.3
50.8 초과 76.2 이하	2.6
76.2 초과 101.6 이하	3.2
101.6 초과 127 이하	3.5
127을 초과하는 것	4.0

4) 증기관의 최소두께

$$t = \frac{Pd}{200\sigma_a\eta + 2kP} + \alpha$$

여기서, t : 증기관의 최소두께(mm)
P : 관이 사용되는 장소에서의 최고사용압력(MPa, kg$_f$/cm²)으로 0.7MPa 미만에서는 0.7MPa로 한다.
d : 증기관의 바깥지름(mm)
σ_a : 재료의 허용인장응력(N/mm², kg$_f$/mm²)
η : 이음의 효율, k : 0.8, 1.0, 1.4 등의 계수
α : 0 또는 1.65, 나사산의 높이 등으로 한다.

5) 급수관의 최소두께

(1) 보일러 본체로부터 급수 체크밸브까지의 사이에는 보일러 최고사용압력의 1.25배 또는 보일러의 최고사용압력에 1.5MPa(15kgf/cm²)를 더한 압력 중 작은 쪽의 압력, 다만 관류보일러에서는 보일러 입구의 최고사용압력으로 한다.

(2) 보일러의 급수 체크밸브로부터 그 급수관에 부착한 스톱밸브 또는 가감 밸브 사이(바이패스가 있는 경우는 이것을 포함한다.)에서는 급수에 지장 없는 압력

(3) 급수밸브 크기(설치검사 기준)

전열면적	급수관의 최소치수
10m² 이하	바깥지름 15A 이상
10m² 초과하는 것	바깥지름 20A 이상

6) 분출관의 최소두께

보일러 본체로부터 분출밸브(분출밸브가 2개 있는 경우에는 보일러로부터 먼 것)까지의 분출관의 최소두께는 증기관의 최소두께식을 따른다. 다만, P는 보일러 최고사용압력의 1.25배 또는 보일러 최고사용압력에 1.5MPa(15kg/cm²)를 더한 압력 중 작은 쪽의 압력으로 하고 0.7MPa(7kg$_f$/cm²) 미만인 경우는 0.7MPa(7kg$_f$/cm²)로 한다.

▼ 분출밸브 크기(설치검사기준)

전열면적	분출관의 최소치수
10m² 이하	바깥지름 20mm 이상
10m² 초과하는 것	바깥지름 25mm 이상

7) 절탄기용 주철관의 최소두께

$$t = \frac{PD}{200\sigma_a - 1.2P} + \alpha, \quad P = \frac{200\sigma_a(t-a)}{1.2(t-a)} + \alpha$$

여기서, t : 주철관의 최소두께(mm)
P : 급수에 지장이 없는 압력(kg_f/cm^2), 토출밸브의 분출압력(kg/cm^2)
D : 주철관의 안지름(mm)
σ_a : 재료의 허용인장응력(N/mm^2, kg_f/mm^2)
α : 부식여유
  – 핀을 부착하지 않은 것 : 4mm
  – 핀을 부착한 것 : 2mm

8) 온수발생보일러(액상식 열매체 보일러 포함)

온수발생보일러에는 압력이 보일러의 최고사용압력(열매체 보일러의 경우에는 최고사용압력 및 최고사용온도)에 달하면 즉시 작동하는 방출밸브 또는 안전밸브를 1개 이상 갖추어야 한다.

(1) 방출밸브 또는 안전밸브의 크기

① 액상식 열매체 보일러 및 온도 393K(120℃) 이하의 온수발생보일러에는 방출밸브를 설치하여야 하며 그 지름은 20mm 이상으로 하고 보일러의 압력이 보일러의 최고사용압력에 그 10%(그 값이 0.035MPa(0.35kg$_f$/cm^2) 미만인 경우에는 0.035MPa(0.35kg$_f$/cm^2)로 한다.)를 더한 값을 초과하지 않도록 지름과 개수를 정하여야 한다.

② 온도 393 K(120℃)를 초과하는 온수발생보일러에는 안전밸브를 설치하여야 하며, 그 크기는 호칭지름 20mm 이상으로 한다. 다만, 환산증발량은 열출력을 보일러의 최고사용압력에 상당하는 포화증기의 엔탈피와 급수 엔탈피의 차로 나눈 값(kg/h)으로 한다.

(2) 방출관의 크기

전열면적(m²)	방출관의 안지름(mm)
10 미만	25 이상
10 이상~15 미만	30 이상
15 이상~20 미만	40 이상
20 이상	50 이상

SECTION 03 리벳이음의 설계

1. 리벳이음(Rivet Joint)

1) 주로 힘의 전달과 강도를 요하는 곳
철근 구조물, 교량

2) 강도와 기밀을 요하는 곳
보일러, 압력용기

3) 주로 기밀을 요하는 곳
물탱크

2. 리벳의 종류 및 분류

1) 리벳의 종류

① 리벳 머리모양에 따른 분류 : 둥근머리리벳, 접시머리리벳, 남비머리리벳, 둥근접시머리리벳
② 용도에 의한 분류 : 보일러용 리벳, 용기용 리벳, 구조용 리벳
③ 특수리벳 : 침두리벳, 관리벳, 죔리벳

2) 이음의 분류

(1) 강판의 배치에 의한 분류

① 겹치기 이음(Lap Joint)
체결하고자 하는 강판을 서로 포개어 이음하는 것으로 가스와 액체용기의 이음이나 보일러의 원주방향 이음에 사용된다.

② 맞대기 이음(Butt Join)
체결하고자 하는 금속 양쪽에 덮개판을 맞대어 리벳이음한 것으로 보일러의 길이방향 이음에 사용된다.

(2) 목적에 의한 분류

① 보일러용 리벳이음 : 강도, 기밀용
② 저압용 리벳이음 : 기밀용
③ 구조용 리벳이음 : 강도용

(3) 줄의 수에 의한 분류

① 1줄 리벳
② 2줄 리벳
③ 3줄 리벳

3. 리벳이음 작업

1) 코킹

기밀을 유지하기 위하여 정과 같은 공구를 활용하여 리벳머리의 주위와 강판의 가장자리를 때리는 작업

2) 풀더링

코킹 작업 이후 더욱 기밀을 완전하게 하기 위한 작업

4. 리벳이음의 강도와 효율

1) 리벳이음의 강도계산

(1) 리벳의 전단강도(1면 전단 리벳이음)

$$W = \frac{\pi d^2}{4}\tau, \quad \tau = \frac{4W}{\pi d^2}$$

(2) 리벳 구멍 사이의 강판의 절단

$$W = (p-d)t\sigma_t, \quad \sigma_t = \frac{W}{(p-d)t}$$

(3) 리벳구멍의 압궤

$$W = dt\sigma_c, \quad \sigma_c = \frac{W}{td}$$

(4) 강판이 절개되는 경우

$$W = \frac{\sigma_t}{3} \times \frac{t(2e-d)^2}{d}$$

(5) 강판의 가장자리 전단

$$W = 2et\tau', \quad \tau' = \frac{W}{2et}$$

여기서, W : 인장하중(kg)
p : 리벳의 피치(mm)
t : 강판두께(mm)
d : 리벳의 지름 또는 리벳 구멍의 지름(mm)
e : 리벳중심에서 강판 끝까지의 거리
τ : 리벳의 전단응력(kgf/mm^2)
σ_t : 강판의 인장응력(kgf/mm^2)
σ_c : 리벳 또는 강판의 압축응력(kgf/mm^2)
σ_b : 강판의 굽힘응력(kgf/mm^2)
τ' : 강판의 전단응력(kg/cm^2)

5. 리벳이음의 효율

1) 강판효율

$$\eta_s = \frac{1\text{피치 폭에서 구멍이 있는 강판의 인장강도}}{1\text{피치 폭에서 강판의 인장강도}} = \frac{P-d}{P} = 1 - \frac{d}{P}$$

2) 리벳효율

$$\eta_r = \frac{1\text{피치 폭에서 내에 있는 리벳의 전단강도}}{1\text{피치 폭에서 강판의 인장강도}} = \frac{n\frac{\pi d^2}{4}\tau}{Pt\sigma_t} = \frac{n\pi d^2 \tau}{4Pt\sigma_t}$$

여기서, n : 1피치 내에 있는 리벳의 전단면수
P : 바깥쪽 열의 리벳구멍의 피치(mm)
d : 리벳구멍의 지름(mm)
τ : 리벳재료의 전단강도(kg/mm^2)
σ : 판의 인장강도(kg/mm^2)
t : 판의 두께(mm)

SECTION 04 용접이음의 설계

1. 용접이음 특징

① 기밀성 및 수밀성이 좋다.
② 사용판 두께에 제한이 없으며 이음효율이 높고 제작비가 싸다.
③ 재질이 균일하고 견고하다.
④ 변형이 쉽고 잔류응력이 남는다.
⑤ 용접부의 방사선 검사 등 비파괴검사가 어렵다.

2. 용접의 종류 및 분류

1) 용접의 종류

(1) 산소아세틸렌 용접(Oxi-acetylene Welding)

산소(O_2)와 아세틸렌(C_2H_2)을 혼합 연소 시 발생하는 고온의 화염으로 용접하며 전진법 후진법이 있다.

(2) 아크 용접

전기회로에 있는 2개의 금속이나 단자를 서로 접촉하여 전류를 공급하면 두 면 사이에 발생하는 아크의 고열에 의하여 용접하며 금속아크 용접과 탄소아크 용접으로 나눈다.

(3) 브레이즈 용접(Braze Welding)

일종의 저온용접으로 모재를 용융시키지 않고 용가재만을 접합부에 용융하는 가스용접법으로 고열에 의한 영향을 최소화한 용접

(4) 테르밋 용접(Thermit Welding)

외부에서 열을 가하지 않고 산화철과 알루미늄 분말을 3 : 1 비율로 혼합 시 발열반응에 의한 용접으로, 치차, 축, 프레임, 레일 등의 접합에 이용

2) 맞대기 용접이음

① 맞대기 용접 끝벌림 형상

판의 두께(mm)	끝벌림의 형상
1~5	I형
6~16 이하	V형(R형 또는 J형)
12~38	X형 또는 U형(K형, 양면 J형)
19 이상	H형

※ ( ) 안의 끝벌림은 특별한 경우에 사용한다.

3) 용접부의 종류

(1) 그루브 용접(Groove Welding)

그루브 부분에 용접하는 것으로 그루부의 형상에 따라 I, V, U, X, H형으로 구분할 수 있다.

(2) 필렛용접(Fillet Welding)

직교하는 두 면에 삼각형 모양의 용착금속으로 용접하는 것

(3) 플러그 용접(Plug Welding)

접합할 모재의 한쪽에 구멍을 뚫고 여기에 용착금속을 채워 다른 쪽의 모재와 용착시켜 접합하는 용접

(4) 비드 용접(Bead Welding)

그루브가 없이 모재에 홈을 만들지 않고 서로 맞대어 그 위에 비드를 용착하는 용접

3. 용접이음의 강도와 효율

1) 용접이음의 강도계산

> **Reference** 기호
> - W : 하중(kgf)
> - t : 목부의 두께(mm)
> - σ : 용접부의 인장응력(kgf/mm²)
> - h : 모재의 두께(mm)
> - l : 용접길이(mm)

(1) 맞대기 용접이음

$$W = tl\sigma, \quad \sigma = \frac{P}{tl} = \frac{P}{hl}$$

(2) 겹치기 필렛용접

목두께$(t) = f \cdot \cos 45° = 0.707f$

전단응력$(\sigma) = \dfrac{W}{2tl} = \dfrac{0.707\,W}{fl}$

전면필렛 용접의 응력$(\sigma) = \dfrac{1.414\,W}{lf}$

$f = h$로 하면, $\sigma = \dfrac{1.414\,W}{lh}$

(3) T형 필렛용접 ($f = h$)

$$\sigma = \frac{W}{2tl} = \frac{0.707\,W}{hl}$$

2) 용접이음의 효율

$$\eta = k_1 \cdot k_2$$

여기서, η : 용접이음효율
k_1 : 형상계수
k_2 : 용접계수

▼ 정하중에 대한 형상계수(k_1)

이음의 종류	하중의 종류	k_1	k_2
맞대기용접	인장	0.75	양호한 용접인 경우 : 1
	압축	0.85	
	굽힘	0.80	
	전단	0.65	
필렛용접	모든 경우	0.65	

4. 용접부의 방사선검사

1) 동체판 및 경판의 길이이음과 둘레이음은 용접부의 전 길이에 대하여 실시하고 방사선 시험기의 성능은 판 두께의 2% 결함이 검출될 수 있어야 한다.

2) 용접부 덧살의 높이

모재 두께(mm)	덧살의 높이(mm)
12 이하	1.5 이하
12 초과~25 이하	2.5 이하
25 초과~50 이하	3 이하
50 초과	4 이하

5. 용접이음의 강도계산

1) 맞대기 용접이음

$$P = tl\sigma, \quad \sigma = \frac{P}{tl} = \frac{P}{hl}$$

2) T형 필렛용접이음

$$\sigma_t = \frac{P}{2tl} = \frac{P}{2(f/\sqrt{2})l} = \frac{0.707P}{fl} = \frac{0.707P}{hl}$$

3) 겹치기 필렛용접이음

$$t = f\cos 45° = 0.707f$$

$$\sigma_1 = \frac{P}{A} = \frac{P}{2tl} = \frac{0.707P}{lf} \text{(그림 a의 경우)}$$

$$\sigma_1 = \frac{P}{tl} = \frac{\sqrt{2}\,P}{lf} = \frac{1.414P}{lf}$$

$f = h$로 하면, $\sigma_1 = \dfrac{1.414P}{lh}$ (그림 b의 경우)

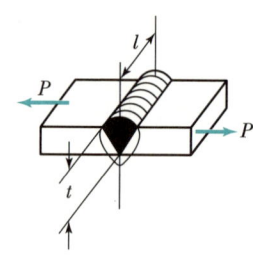

▎맞대기 용접▎

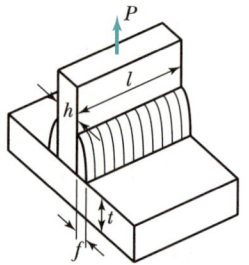

▎T형 필렛용접▎

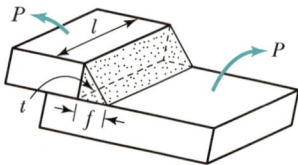

▎필렛 용접(a)▎

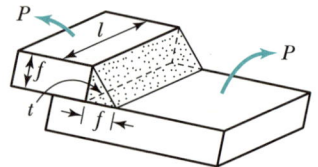

▎필렛 용접(b)▎

여기서, P : 하중(kg)
  σ_t : 인장응력(kg/mm^2)
  h : 모재의 두께(mm)
  σ_1 : 전단응력(kg/mm^2)
  t : 목부의 두께(mm)
  l : 용접길이(mm)
  σ : 응력(kg/mm^2)

CHAPTER 003 출제예상문제

01 유량 7m³/s의 주철제 도수관의 지름(mm)은?(단, 평균유속(V)은 3m/s이다.)

① 680 ② 1,312
③ 1,723 ④ 2,163

풀이 유량(Q) = 관의 단면적(m²) × 유속(m/s)

지름(d) = $\sqrt{\dfrac{4Q}{\pi V}} = \sqrt{\dfrac{4 \times 7}{3.14 \times 3}}$

= 1.723m(1,723mm)

※ 7 = 단면적 × 3, 단면적 = 2.333m²

02 수관식 보일러에서 핀패널식 튜브가 한쪽 면에 방사열, 다른 면에는 접촉열을 받을 경우 열전달계수를 얼마로 하여 전열면적을 계산하는가?

① 0.4 ② 0.5
③ 0.7 ④ 1.0

풀이 핀패널식 수관식 보일러의 열전달계수(전열면적 계산)
- 한쪽 면에 방사열, 다른 면에는 접촉열을 받는 경우 : 0.7
- 양쪽 면에 방사열을 받는 경우 : 1.0
- 양쪽 면에 접촉열을 받는 경우 : 0.4

03 용접봉 피복제의 역할이 아닌 것은?

① 용융금속의 정련작용을 하며 탈산제 역할을 한다.
② 용융금속의 급랭을 촉진시킨다.
③ 용융금속에 필요한 원소를 보충해 준다.
④ 피복제의 강도를 증가시킨다.

풀이 용접봉의 피복제는 용융금속의 급랭을 완화시켜 용착금속의 접합을 용이하게 한다.

04 유체의 압력손실은 배관 설계 시 중요한 인자이다. 압력손실과의 관계로 틀린 것은?

① 압력손실은 관마찰계수에 비례한다.
② 압력손실은 유속의 제곱에 비례한다.
③ 압력손실은 관의 길이에 반비례한다.
④ 압력손실은 관의 내경에 반비례한다.

풀이 압력손실
압력손실은 관의 길이에 비례한다.

05 결정조직을 조정하고 연화시키기 위한 열처리 조작으로 용접에서 발생한 잔류응력을 제거하기 위한 것은?

① 뜨임(Tempering) ② 풀림(Annealing)
③ 담금질(Quenching) ④ 불림(Normalizing)

풀이 풀림 열처리(소둔, Annealing)
- 내부 잔류응력 제거, 재질의 연화, 결정립 크기의 조절, 펄라이트 구상화
- 723~910℃ 범위에서 가열하여 금속의 성질 개선

06 최고사용압력 1.5MPa, 파형 형상에 따른 정수(C)를 1,100으로 할 때 노통의 평균지름이 1,100mm인 파형 노통의 최소 두께는?

① 10mm ② 15mm
③ 20mm ④ 25mm

풀이 파형 노통의 최소 두께(t)

$t = \dfrac{P \cdot D}{C} = \dfrac{(1.5 \times 10) \times 1,100}{1,100} = 15mm$

※ 1.5MPa × 10 = 15kg/cm²

정답 01 ③ 02 ③ 03 ② 04 ③ 05 ② 06 ②

07 노통식 보일러에서 파형부의 길이가 230mm 미만인 파형 노통의 최소 두께(t)를 결정하는 식은?(단, P는 최고 사용압력(MPa), D는 노통 파형부에서의 최대 내경과 최소 내경의 평균치(mm), C는 노통의 종류에 따른 상수이다.)

① $10PD$ ② $\dfrac{10P}{D}$
③ $\dfrac{C}{10PD}$ ④ $\dfrac{10PD}{C}$

풀이 두께(t) = $\dfrac{10 \times P \times D}{C}$ (mm)

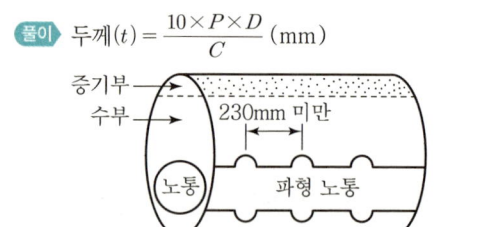

08 보일러와 압력용기에서 일반적으로 사용되는 계산식에 의해 산정되는 두께에 부식 여유를 포함한 두께를 무엇이라 하는가?

① 계산 두께   ② 실제 두께
③ 최소 두께   ④ 최대 두께

풀이 보일러, 압력용기(계산상 두께 + 부식여유두께 : 최소 두께)

09 태양열 보일러가 800W/m²의 비율로 열을 흡수한다. 열효율이 9%인 장치로 12kW의 동력을 얻으려면 전열면적(m²)의 최소 크기는 얼마이어야 하는가?

① 0.17   ② 1.35
③ 107.8   ④ 166.7

풀이 12kW = 12,000W
800×0.09 = 72W 흡수
∴ 태양열 전열면적 = $\dfrac{12,000}{72}$ = 166.7(ea)

10 유속을 일정하게 하고 관의 직경을 2배로 증가시켰을 경우 유량은 어떻게 변하는가?

① 2배로 증가   ② 4배로 증가
③ 6배로 증가   ④ 8배로 증가

풀이 $\dfrac{\frac{3.14}{4} \times 2^2}{\frac{3.14}{4} \times 1^2}$ = 4배

11 노통 연관 보일러의 노통 바깥면과 이에 가장 가까운 연관의 면과는 얼마 이상의 틈새를 두어야 하는가?

① 5mm   ② 10mm
③ 20mm   ④ 50mm

풀이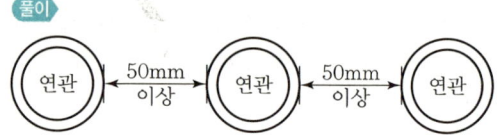

12 증기압력 120kPa의 포화증기(포화온도 104.25℃, 증발잠열 2,245kJ/kg)를 내경 52.9mm, 길이 50m인 강관을 통해 이송하고자 할 때 트랩 선정에 필요한 응축수량(kg)은?(단, 외부온도 0℃, 강관의 질량 300kg, 강관비열 0.46kJ/kg·℃이다.)

① 4.4   ② 6.4
③ 8.4   ④ 10.4

풀이 응축수량 $G = \dfrac{Q}{r}$
$Q = 300 \times 0.46 \times (104.25 - 0) = 14,386.5$ kJ
$r = 2,245$ kJ/kg
∴ $G = \dfrac{14,386.5}{2,245} = 6.4082$ kg

정답 07 ④ 08 ③ 09 ④ 10 ② 11 ④ 12 ②

13 강판의 두께가 20mm이고, 리벳의 직경이 28.2mm이며, 피치 50.1mm인 1줄 겹치기 리벳 조인트가 있다. 이 강판의 효율은?

① 34.7% ② 43.7%
③ 53.7% ④ 63.7%

풀이 리벳이음의 강판효율(η) $= 1 - \dfrac{d}{p} = 1 - \left(\dfrac{28.2}{50.1}\right)$
$= 0.437(43.7\%)$

14 육용 강재 보일러의 구조에 있어서 동체의 최소 두께 기준으로 틀린 것은?

① 안지름이 900mm 이하인 것은 4mm
② 안지름이 900mm 초과, 1,350mm 이하인 것은 8mm
③ 안지름이 1,350mm 초과, 1,850mm 이하인 것은 10mm
④ 안지름이 1,850mm를 초과하는 것은 12mm

풀이 안지름이 900mm 이하인 동체의 최소 두께는 6mm (단, 스테이를 부착한 경우에는 8mm)

15 다음 그림과 같은 V형 용접이음의 인장응력(σ)을 구하는 식은?

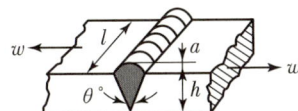

① $\sigma = \dfrac{W}{hl}$ ② $\sigma = \dfrac{2W}{hl}$
③ $\sigma = \dfrac{W}{ha}$ ④ $\sigma = \dfrac{W}{2hl}$

풀이 V형 이음 용접 시
인장응력(σ) $= \dfrac{W}{h \cdot l}$ (kg/mm²)
여기서, W : 하중(kg)
h : 모재두께(mm)
l : 용접길이(mm)

16 내경이 150mm인 연동제 파이프의 인장강도가 80MPa이라 할 때, 파이프의 최고사용압력이 4,000kPa이면 파이프의 최소두께(mm)는?(단, 이음효율은 1, 부식여유는 1mm, 안전계수는 1로 한다.)

① 2.63 ② 3.71
③ 4.75 ④ 5.22

풀이 $t = \dfrac{Pd}{2\sigma_a} + c(\text{mm})$

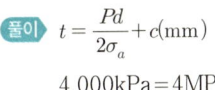

$4,000\text{kPa} = 4\text{MPa}$
$t = \dfrac{4 \times 150}{2 \times 80} + 1 = 4.75\text{mm}$

17 노통보일러에 거싯스테이를 부착할 경우 경판과의 부착부 하단과 노통 상부 사이에는 완충폭(브리딩 스페이스)이 있어야 한다. 이때 경판의 두께가 20mm인 경우 완충폭은 최소 몇 mm 이상이어야 하는가?

① 230 ② 280
③ 320 ④ 350

풀이 경판두께에 따른 브리딩 스페이스(mm)

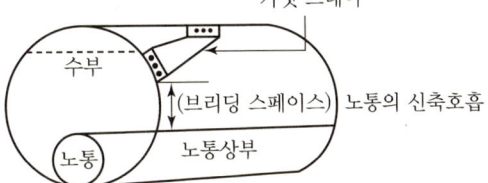

- 13mm 이하(230 이상)
- 15mm 이하(260 이상)
- 17mm 이하(280 이상)
- 19mm 이하(300 이상)
- 19mm 초과(320 이상)

정답 13 ② 14 ① 15 ① 16 ③ 17 ③

18 지름 5cm의 파이프를 사용하여 매 시간 4t의 물을 공급하는 수도관이 있다. 이 수도관에서의 물의 속도(m/s)는?(단, 물의 비중은 1이다.)

① 0.12
② 0.28
③ 0.56
④ 0.93

[풀이] 4t/h = 4,000kg/h = 4m³/h
유량(θ) = 단면적×유속, 1시간=3,600초
유속(V) = $\dfrac{유량(m^3/h)}{단면적 \times 3,600}$(m/s)
단면적(A) = $\dfrac{3.14}{4} \times (0.05)^2 = 0.0019625 m^2$
∴ $V = \dfrac{4}{0.0019625 \times 3,600} = 0.56 m/s$

19 테르밋(Thermit) 용접에서 테르밋이란 무엇과 무엇의 혼합물인가?

① 붕사와 붕산의 분말
② 탄소와 규소의 분말
③ 알루미늄과 산화철의 분말
④ 알루미늄과 납의 분말

[풀이] 테르밋 용접
알루미늄과 산화철의 분말을 이용하여(약 3 : 1 정도 혼합) 만든 테르밋제에 과산화바륨과 마그네슘의 혼합분말로 된 점화제를 용기에 넣고 이것을 불로 붙여서 약 1,100℃ 이상의 고온을 이용하여 강력한 반응으로 테르밋의 온도가 2,800℃에 달하면 용접이 된다(레일, 커넥팅 로드, 크랭크 샤프트, 선박의 강봉용접).

20 보일러 동체, 드럼 및 일반적인 원통형 고압용기의 동체두께(t)를 구하는 계산식으로 옳은 것은?(단, P는 최고사용압력, D는 원통 안지름, σ는 허용인장응력(원주방향)이다.)

① $t = \dfrac{PD}{\sqrt{2}\sigma}$
② $t = \dfrac{PD}{\sigma}$
③ $t = \dfrac{PD}{2\sigma}$
④ $t = \dfrac{PD}{4\sigma}$

[풀이] 원통형 고압용기 두께(t)
$t = \dfrac{PD}{2\sigma}$(mm)

21 안지름이 30mm, 두께가 2.5mm인 절탄기용 주철관의 최소 분출압력(MPa)은?(단, 재료의 허용인장응력은 80MPa이고 핀 붙이를 하였다.)

① 0.92
② 1.14
③ 1.31
④ 2.61

[풀이]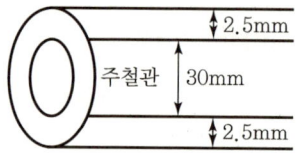

분출압력(P) = $\dfrac{2 \cdot \alpha_a(t-a)}{1.2(t-a)+D}$
= $\dfrac{2 \times 80 \times (2.5-2)}{1.2 \times (2.5-2)+30} = 2.61 MPa$

※ a : 핀 붙이는 2mm, 핀이 안 붙은 것은 4mm이다.

22 다이어프램 밸브의 특징에 대한 설명으로 틀린 것은?

① 역류를 방지하기 위한 것이다.
② 유체의 흐름에 주는 저항이 적다.
③ 기밀(氣密)할 때 패킹이 불필요하다.
④ 화학약품을 차단하여 금속 부분의 부식을 방지한다.

[풀이] 체크밸브
역류방지용, 급수설비용

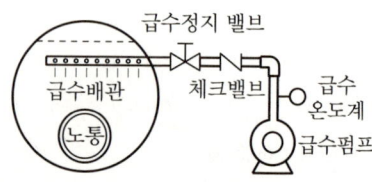

23 용접이음에 대한 설명으로 틀린 것은?

① 두께의 한도가 없다.
② 이음효율이 우수하다.
③ 폭음이 생기지 않는다.
④ 기밀성이나 수밀성이 낮다.

풀이 용접이음은 강도가 크고 기밀성이나 수밀성이 큰 이음이다.

24 그림과 같은 노냉수벽의 전열면적(m^2)은? (단, 수관의 바깥지름 30mm, 수관의 길이 5m, 수관의 수 200개이다.)

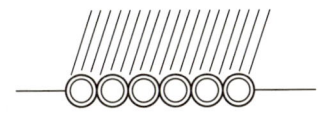

① 24　　② 47
③ 72　　④ 94

풀이 수냉로벽 전열면적(F)

$= \pi DLN = 3.14 \times \left(\dfrac{30}{10^3}\right) \times 5 \times 200 = 94.2 m^2$

한쪽 면만 열을 흡수하는 형태이므로

전열면적 $= \dfrac{94.2}{2} = 47.1 m^2$

25 맞대기 용접이음에서 질량이 120kg, 용접부의 길이가 3cm, 판의 두께가 2mm라 할 때 용접부의 인장응력은 약 몇 MPa인가?

① 4.9　　② 19.6
③ 196　　④ 490

풀이 용접부 인장응력

재료에 인장하중이 걸렸을 때 재료 내에 생기는 응력으로 인장력을 단면적으로 나눈 값이다.

$120 kgf = \sigma \times (2 \times 30) mm^2$

$\sigma = \dfrac{120}{60} = 2 kgf/mm^2$

$\therefore \dfrac{2 kgf/mm^2 \times 0.101325 MPa}{\left(\dfrac{1m}{1,000mm}\right)^2 \times 10,332 kgf/m^2} = 19.61 MPa$

26 보일러에서 용접 후에 풀림처리를 하는 주된 이유는?

① 용접부의 열응력을 제거하기 위해
② 용접부의 균열을 제거하기 위해
③ 용접부의 연신율을 증가시키기 위해
④ 용접부의 강도를 증가시키기 위해

풀이 강판 용접 후 풀림 열처리의 목적은 용접부의 열응력을 제거하여 인성을 부여하기 위함이다.

27 2중관 열교환기에서 열관류율(K)의 근사식은?(단, F_i: 내관 내면적, F_o: 내관 외면적, α_i: 내관 내면과 유체 사이의 경막계수, α_o: 내관 외면과 유체 사이의 경막계수, 전열계산은 내관 외면 기준일 때이다.)

① $\dfrac{1}{\left(\dfrac{1}{\alpha_i F_i} + \dfrac{1}{\alpha_o F_o}\right)}$　　② $\dfrac{1}{\left(\dfrac{1}{\alpha_i \dfrac{F_i}{F_o}} + \dfrac{1}{\alpha_o}\right)}$

③ $\dfrac{1}{\left(\dfrac{1}{\alpha_i} + \dfrac{1}{\alpha_o \dfrac{F_i}{F_o}}\right)}$　　④ $\dfrac{1}{\left(\dfrac{1}{\alpha_o F_i} + \dfrac{1}{\alpha_i F_o}\right)}$

풀이

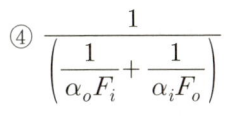

열관류율(k) $= \dfrac{1}{\left(\dfrac{1}{\alpha_i F_i} + \dfrac{1}{\alpha_o F_o}\right)}$ (kcal/$m^2 h℃$)

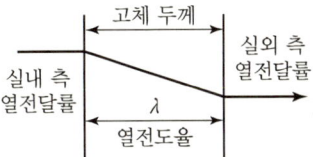

정답 23 ④　24 ②　25 ②　26 ①　27 ①

28 직경 200mm 철관을 이용하여 매분 1,500L의 물을 흘려보낼 때 철관 내의 유속(m/s)은?

① 0.59 ② 0.79
③ 0.99 ④ 1.19

풀이 $1,500 \text{L/min} = 1.5 \text{m}^3/\text{min} = 0.025 \text{m}^3/\text{s}$

단면적 $(A) = \dfrac{3.14}{4} \times (0.2)^2 = 0.0314 \text{m}^2$

∴ 유속 $= \dfrac{Q}{A} = \dfrac{0.025}{0.0314} = 0.79 \text{m/s}$

29 배관용 탄소강관을 압력용기의 부분에 사용할 때에는 설계압력이 몇 MPa 이하일 때 가능한가?

① 0.1 ② 1
③ 2   ④ 3

풀이 배관용 탄소강관(SPP)은 최고사용압력 1MPa(10 kg/cm²) 이하, 350℃ 이하에서 안전한 배관이다 (물, 공기, 급수, 오일 배관용).

30 두께 10mm의 판을 지름 18mm의 리벳으로 1열 리벳 겹치기 이음할 때, 피치는 최소 몇 mm 이상이어야 하는가?(단, 리벳구멍의 지름은 21.5mm이고, 리벳의 허용 인장응력은 40N/mm², 허용 전단응력은 36N/mm²으로 하며, 강판의 인장응력과 전단응력은 같다.)

① 40.4 ② 42.4
③ 44.4 ④ 46.4

풀이 1줄 겹치기 이음 최소 피치(P)

$P = D + \dfrac{\pi d^2 \tau}{4 t \sigma_t}$

$= 21.5 + \dfrac{3.14 \times 18^2 \times 36}{4 \times 10 \times 40}$

$= 44.4 \text{mm}$ 이상

31 연관의 바깥지름이 75mm인 연관보일러 관판의 최소 두께는 몇 mm 이상이어야 하는가?

① 8.5   ② 9.5
③ 12.5 ④ 13.5

풀이 관판의 두께 $(t) = 5 + \dfrac{d}{10} = 5 + \dfrac{75}{10} = 12.5 \text{mm}$

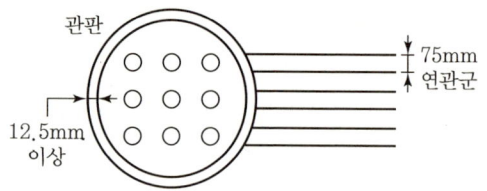

32 내압을 받는 보일러 동체의 최고 사용압력은?(단, t : 두께(mm), P : 최고 사용압력(MPa), D_i : 동체 내경(mm), η : 길이 이음 효율, σ_a : 허용 인장응력(MPa), α : 부식여유, k : 온도상수이다.)

① $P = \dfrac{2\sigma_a \eta (t-\alpha)}{D_i + (1-k)(t-\alpha)}$

② $P = \dfrac{2\sigma_a \eta (t-\alpha)}{D_i + 2(1-k)(t-\alpha)}$

③ $P = \dfrac{4\sigma_a \eta (t-\alpha)}{D_i + 2(1-k)(t-\alpha)}$

④ $P = \dfrac{4\sigma_a \eta (t-\alpha)}{D_i + (1-k)(t-\alpha)}$

풀이 내압을 받는 최고 사용압력(P)[ASME 규격(안지름 기준)]

$P = \dfrac{2\sigma_a \eta (t-\alpha)}{D_i + 2(1-k)(t-\alpha)}$ (MPa)

33 100kN의 인장하중을 받는 한쪽 덮개판 맞대기 리벳이음이 있다. 리벳의 지름이 15mm, 리벳의 허용전단력이 60MPa일 때 최소 몇 개의 리벳이 필요한가?

① 10　　② 8
③ 6　　④ 4

풀이 하중 $(W) = n\tau \dfrac{\pi d^2}{4}$

$n = \dfrac{4W}{\pi \tau d^2} = \dfrac{4 \times 100 \times 10^3}{3.14 \times 6 \times 15^2} \times \dfrac{N}{(10^3 \text{mm})^2}$

$= 9.44(\text{EA})$

34 연관 보일러에서 연관의 최소피치를 구하는데 사용하는 식은?(단, p는 연관의 최소피치(mm), t는 관 판의 두께(mm), d는 관 구멍의 지름(mm)이다.)

① $p = \left(1 + \dfrac{t}{4.5}\right)d$　　② $p = (1+d)\dfrac{4.5}{t}$

③ $p = \left(1 + \dfrac{4.5}{t}\right)d$　　④ $p = \left(1 + \dfrac{d}{4.5}\right)t$

풀이

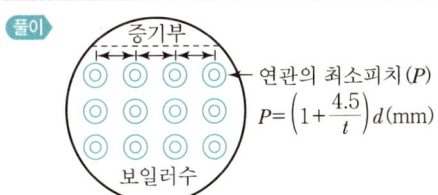

연관의 최소피치 (P)
$P = \left(1 + \dfrac{4.5}{t}\right)d(\text{mm})$

35 그림과 같이 가로×세로×높이가 3m×1.5m×0.03m인 탄소강판이 놓여 있다. 강판의 열전도율은 43W/m·K이고, 탄소강판 아래 면에 열유속 700W/m²를 가한 후, 정상상태가 되었다면 탄소강판의 윗면과 아랫면의 표면온도 차이는 약 몇 ℃인가? (단, 열유속은 아래에서 위 방향으로만 진행한다.)

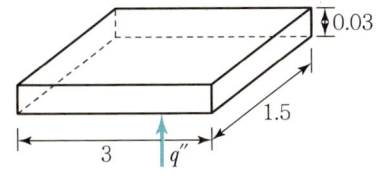

① 0.243　　② 0.264
③ 0.488　　④ 1.973

풀이 $Q = \dfrac{\lambda}{b} \times A \times \Delta t (\text{W/h})$

저항 $(R) = \dfrac{43}{0.03} = 1,440(\text{m} \cdot \text{K/W})$

∴ 온도차 $= \dfrac{700}{1,440} = 0.486℃$

※ $Q = 700 \times (3 \times 1.5) = 3,150 \text{W/h}$

주요 단위
- 열유속 : W/m², kcal/m²h
- 열관류율 : W/m²K, kcal/m²h℃
- 열전도율 : W/mK, kcal/mh℃
- 열전달률 : W/m²K, kcal/m²h℃

36 내경 200mm, 외경 210mm의 강관에 증기가 이송되고 있다. 증기 강관의 내면온도는 240℃, 외면온도는 25℃이며, 강관의 길이는 5m일 경우 발열량(kW)은 얼마인가?(단, 강관의 열전도율은 50W/m·℃, 강관의 내외면의 온도는 시간 경과에 관계없이 일정하다.)

① 6.6×10^3
② 6.9×10^3
③ 7.3×10^3
④ 7.6×10^3

풀이

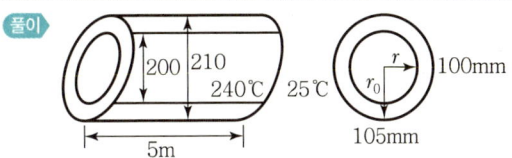

$200\text{mm} = 0.2\text{m}, \ 210\text{mm} = 0.21\text{m}$

$Q = \dfrac{2\pi l(t_1 - t_2)}{\dfrac{1}{\lambda} \times \ln\left(\dfrac{r_o}{r}\right)} = \dfrac{2 \times 3.14 \times 5(240-25)}{\dfrac{1}{50} \times \ln\left(\dfrac{0.105}{0.1}\right)}$

$≒ 6,918,425\text{W} ≒ 6.9 \times 10^3 \text{kW}$

정답　33 ①　34 ③　35 ③　36 ②

37 육용강제 보일러에서 길이 스테이 또는 경사 스테이를 핀 이음으로 부착할 경우, 스테이 휠 부분의 단면적은 스테이 소요 단면적의 얼마 이상으로 하여야 하는가?

① 1.0배 ② 1.25배
③ 1.5배 ④ 1.75배

풀이) 경사스테이 휠 부분의 단면적은 스테이 소요 단면적의 1.25배 이상이다.

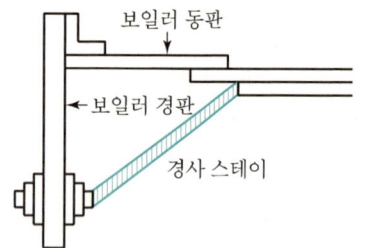

38 맞대기 용접은 용접방법에 따라서 그루브를 만들어야 한다. 판의 두께가 50mm 이상인 경우에 적합한 그루브의 형상은?(단, 자동용접은 제외한다.)

① V형 ② R형
③ H형 ④ A형

풀이) 맞대기 용접 Groove의 형상에 따른 판의 두께
- I형 : 1~5mm
- V형, R형, J형 : 6~16mm
- X형, K형, 양면 J형, U형 : 12~38mm
- H형 : 19mm 이상

39 지름이 d(cm), 두께가 t(cm)인 얇은 두께의 밀폐된 원통 안에 압력 P(MPa)가 작용할 때 원통에 발생하는 원주방향의 인장응력(MPa)을 구하는 식은?

① $\dfrac{\pi dP}{2t}$ ② $\dfrac{\pi dP}{4t}$
③ $\dfrac{dP}{2t}$ ④ $\dfrac{dP}{4t}$

풀이) 원주방향 $\dfrac{dP}{2t}$ → 축방향 $\left(\dfrac{dP}{4t}\right)$

40 파형 노통의 최소두께가 10mm, 노통의 평균지름이 1,200mm일 때, 최고사용압력은 약 몇 MPa인가?(단, 끝의 평형부 길이가 230mm 미만이며, 정수 C는 985이다.)

① 0.56 ② 0.63
③ 0.82 ④ 0.95

풀이) 파형 노통 두께 $(t) = \dfrac{PD}{C}$

$P(\text{압력}) = \dfrac{t \cdot C}{D} = \dfrac{10 \times 985}{1,200}$
$= 8.2 \text{kgf/cm}^2 = 0.82 \text{MPa}$

41 관판의 두께가 20mm이고, 관 구멍의 지름이 51mm인 연관의 최소 피치(mm)는 얼마인가?

① 35.5 ② 45.5
③ 52.5 ④ 62.5

풀이) $P = \left(1 + \dfrac{4.5}{t}\right)d = \left(1 + \dfrac{4.5}{20}\right) \times 51 = 62.5 \text{mm}$

42 평노통, 파형노통, 화실 및 직립 보일러 화실판의 최고 두께는 몇 mm 이하이어야 하는가? (단, 습식 화실 및 조합노통 중 평노통은 제외한다.)

① 12 ② 22
③ 32 ④ 42

풀이) 평노통, 파형노통, 직립(입형) 보일러 화실판의 최고 두께 : 22mm 이하

정답 37 ② 38 ③ 39 ③ 40 ③ 41 ④ 42 ②

43 다음 무차원수에 대한 설명으로 틀린 것은?

① Nusselt 수는 열전달계수와 관계가 있다.
② Prandtl 수는 동점성계수와 관계가 있다.
③ Reynolds 수는 층류 및 난류와 관계가 있다.
④ Stanton 수는 확산계수와 관계가 있다.

풀이 Stanton 수
전열에서 '너셀수'에 대한 '레이놀즈수×프란틀수'의 비, 즉 $\left(\dfrac{너셀수}{레이놀즈수\times프란틀수}\right)$이다.
일명 열전달계수라고 한다.

44 다음 그림의 용접이음에서 생기는 인장응력은 약 몇 kgf/cm²인가?

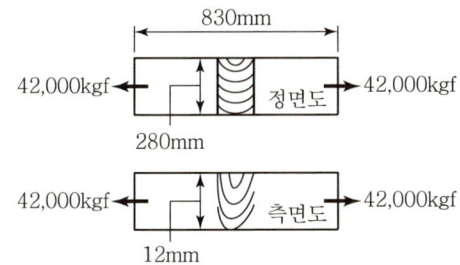

① 1,250 ② 1,400
③ 1,550 ④ 1,600

풀이 인장응력$(\sigma) = \dfrac{P}{t\cdot l} = \dfrac{42,000}{12\times 280}$
$= 12.5\text{kg/mm}^2(1,250\text{kg/cm}^2)$

45 파이프의 내경 D(mm)를 유량 Q(m³/s)와 평균속도 V(m/s)로 표시한 식으로 옳은 것은?

① $D = 1,128\sqrt{\dfrac{Q}{V}}$ ② $D = 1,128\sqrt{\dfrac{\pi V}{Q}}$
③ $D = 1,128\sqrt{\dfrac{Q}{\pi V}}$ ④ $D = 1,128\sqrt{\dfrac{V}{Q}}$

풀이 파이프 내경$(D) = 1,128\sqrt{\dfrac{Q}{V}}$
유량$(Q) = $ 파이프 단면적×유속(m³/s)

46 동체의 안지름이 2,000mm, 최고사용압력이 12kg/cm²인 원통보일러 동판의 두께(mm)는?(단, 강판의 인장강도 40kg/mm², 안전율 4.5, 용접부의 이음효율(η) 0.71, 부식여유는 2mm이다.)

① 12 ② 16
③ 19 ④ 21

풀이 $t = \dfrac{P\cdot D}{200\eta\sigma_a - 1.2P}$
$= \dfrac{12\times 2,000}{200\times 0.71\times \left(40\times\dfrac{1}{4.5}\right) - 1.2\times 12} + 2$
$\fallingdotseq 21\text{mm}$

47 수관 1개의 길이가 2,200mm, 수관의 내경이 60mm, 수관의 두께가 4mm인 수관 100개를 갖는 수관 보일러의 전열면적은 약 몇 m²인가?

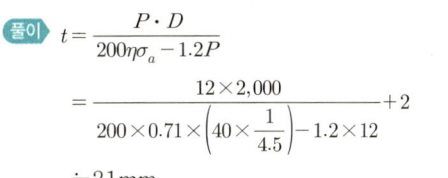

① 42 ② 47
③ 52 ④ 57

풀이 수관의 전열면적$(A) = \pi DLN$
1m = 10³mm
외경$(D) = $ 내경 + (두께×2)
$\therefore \dfrac{(2,200\times(60+4\times 2)\times 100)\times 3.14}{10^3\times 10^3} = 47\text{m}^2$

48 보일러의 모리슨형 파형 노통에서 노통의 최소 안지름이 950mm, 최고사용압력을 1.1MPa이라 할 때 노통의 최소 두께는 몇 mm인가?(단, 평형부 길이가 230mm 미만이며, 상수 C는 1,100이다.)

① 5 ② 8
③ 10 ④ 13

정답 43 ④ 44 ① 45 ① 46 ④ 47 ② 48 ③

> **풀이** 파형 노통

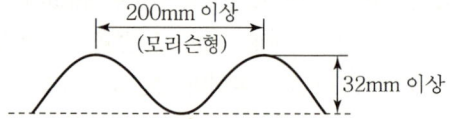

노통의 최소 두께(t)

$$\frac{PD}{C} = \frac{(1.1 \times 950) \times 10}{1,100} = 10.45$$

※ 1MPa=10kgf/cm²

49 연도(굴뚝) 설계 시 고려사항으로 틀린 것은?
① 가스유속을 적당한 값으로 한다.
② 적절한 굴곡저항을 위해 굴곡부를 많이 만든다.
③ 급격한 단면 변화를 피한다.
④ 온도강하가 적도록 한다.

> **풀이** 연도나 굴뚝에서는 직선으로 설치한다. 굴곡부가 많으면 배기가스의 저항으로 압력손실이 크다.

50 보일러의 강도 계산에서 보일러 동체 속에 압력이 생기는 경우 원주방향의 응력은 축방향 응력의 몇 배 정도인가?(단, 동체 두께는 매우 얇다고 가정한다.)
① 2배   ② 4배
③ 8배   ④ 16배

> **풀이** 원주방향 $\left(\frac{PD}{2t}\right)$, 축방향 $\left(\frac{PD}{4t}\right)$
> ∴ σ(응력비) = 2 : 1

51 육용강제 보일러에서 오목면에 압력을 받는 스테이가 없는 접시형 경판으로 노통을 설치할 경우, 경판의 최소 두께(mm)를 구하는 식으로 옳은 것은?(단, P : 최고사용압력(MPa), R : 접시모양 경판의 중앙부에서의 내면 반지름(mm), σ_a : 재료의 허용인장응력(MPa), η : 경판 자체의 이음효율, A : 부식여유(mm)이다.)

① $t = \dfrac{PR}{1.5\sigma_a\eta} + A$ ② $t = \dfrac{1.5PR}{(\sigma_a + \eta)A}$

③ $t = \dfrac{PA}{1.5\sigma_a\eta} + R$ ④ $t = \dfrac{AR}{\sigma_a\eta} + 1.5$

> **풀이** 노통 설치형의 경우 접시형 경판 최소 두께(t)
> $t = \dfrac{PR}{1.5\sigma_a\eta} + A$

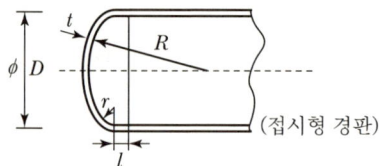

(접시형 경판)

52 내압을 받는 어떤 원통형 탱크의 압력이 0.3MPa, 직경이 5m, 강판 두께가 10mm이다. 이 탱크의 이음 효율을 75%로 할 때, 강판의 인장응력(N/mm²)은 얼마인가?(단, 탱크의 반경방향으로 두께에 응력이 유기되지 않는 이론값을 계산한다.)
① 200   ② 100
③ 20   ④ 10

> **풀이** $t = \dfrac{PD}{20\sigma\eta - 2P} + a$
>
> $\sigma = \dfrac{PD}{t} + 2P$, 1kgf = 9.81N
>
> $\sigma = \dfrac{\dfrac{0.3 \times 5 \times 10^3}{10} + 2 \times 0.3}{20 \times 0.75} = 10.0401 \text{kgf/mm}^2$
>
> ∴ $10.0401 \times 9.81 = 100 \text{N/mm}^2$

정답 49 ② 50 ① 51 ① 52 ②

53 외경 30mm, 벽두께 2mm의 관 내측과 외측의 열전달계수는 모두 3,000W/m²·K이다. 관 내부온도가 외부보다 30℃만큼 높고, 관의 열전도율이 100W/m·K일 때 관의 단위길이당 열손실량은 약 몇 W/m인가?

① 2,979   ② 3,324
③ 3,824   ④ 4,174

풀이

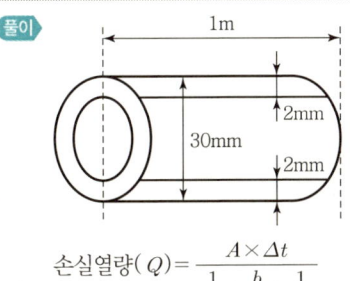

손실열량$(Q) = \dfrac{A \times \Delta t}{\dfrac{1}{a_1} + \dfrac{b}{\lambda} + \dfrac{1}{a_2}}$

$\Delta t = 30℃$ (온도차)
$\gamma_0 = 3.0\text{mm} = 0.03\text{m}$
$\gamma = 30 - (2+2) = 26\text{mm}(0.026\text{m})$

평균면적$(A) = \pi \left[\dfrac{\gamma_0 - \gamma}{\ln\left(\dfrac{\gamma_0}{\gamma}\right)} \right]$

$= 3.14 \times \left[\dfrac{0.03 - 0.026}{\ln\left(\dfrac{0.03}{0.026}\right)} \right] \times 1 = 0.0877\text{m}^2$

$\therefore Q = \left(\dfrac{0.0877 \times 30}{\dfrac{1}{3,000} + \dfrac{0.002}{100} + \dfrac{1}{3,000}} \right) \times 1 = 3,824\text{W/m}$

54 그림과 같이 내경과 외경이 D_i, D_o일 때, 온도는 각각 T_i, T_o, 관 길이가 L인 중공 원관이 있다. 관 재질에 대한 열전도율을 k라 할 때, 열저항 R을 나타낸 식으로 옳은 것은?(단, 전열량(W)은 $Q = \dfrac{T_i - T_o}{R}$로 나타낸다.)

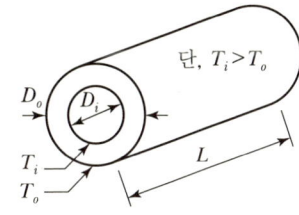

① $\dfrac{D_o - D_i}{2}$ ② $\dfrac{D_o - D_i}{2\pi(D_o - D_i)Lk}$

③ $\dfrac{D_o - D_i}{2\pi(D_o + D_i)Lk}$ ④ $\dfrac{\ln\dfrac{D_o}{D_i}}{2\pi Lk}$

풀이

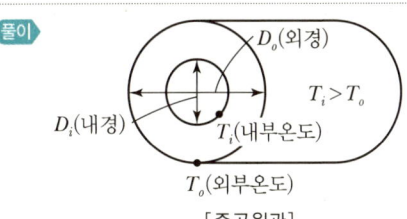

[중공원관]

$\therefore$ 열저항$(R) = \dfrac{\ln\dfrac{D_o}{D_i}}{2\pi Lk}$

55 일반적으로 리벳이음과 비교할 때 용접이음의 장점으로 옳은 것은?

① 이음효율이 좋다.
② 잔류응력이 발생되지 않는다.
③ 진동에 대한 감쇠력이 높다.
④ 응력집중에 대하여 민감하지 않다.

풀이 용접이음 특성
- 이음효율이 좋다.
- 잔류응력이 발생한다.
- 진동에 의한 감쇠력이 약화된다.
- 응력집중에 대하여 민감하다.

정답 53 ③ 54 ④ 55 ①

56 피복 아크 용접에서 루트 간격이 크게 되었을 때 보수하는 방법으로 틀린 것은?

① 맞대기 이음에서 간격이 6mm 이하일 때에는 이음부의 한쪽 또는 양쪽에 덧붙이를 하고 깎아내어 간격을 맞춘다.
② 맞대기 이음에서 간격이 16mm 이상일 때에는 판의 전부 혹은 일부를 바꾼다.
③ 필릿 용접에서 간격이 1.5~4.5mm일 때에는 그대로 용접해도 좋지만 벌어진 간격만큼 각장을 작게 한다.
④ 필릿 용접에서 간격이 1.5mm 이하일 때에는 그대로 용접한다.

 풀이

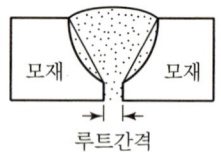

- 맞대기 필릿용접(F ; Flat Position) : 아래 보기 자세 용접
- 루트간격이 1.5~4.5mm 정도의 크기일 때는 벌어진 간격만큼 각장을 크게 한다.

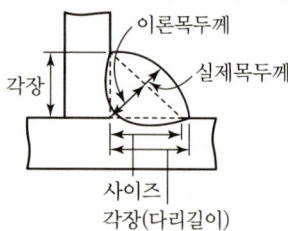

57 지름이 d, 두께가 t인 얇은 살두께의 원통 안에 압력 P가 작용할 때 원통에 발생하는 길이 방향의 인장응력은?

① $\dfrac{\pi dP}{4t}$ ② $\dfrac{\pi dP}{t}$
③ $\dfrac{dP}{4t}$ ④ $\dfrac{dP}{2t}$

풀이 응력

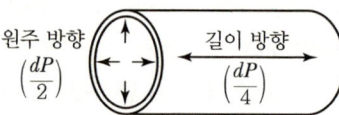

58 맞대기 용접은 용접방법에 따라 그루브를 만들어야 한다. 판 두께 10mm에 할 수 있는 그루브의 형상이 아닌 것은?

① V형 ② R형
③ H형 ④ J형

풀이 H홈 형상 그루브
맞대기 용접 : 두꺼운 판(20~30mm 초과)에 사용하는 그루브

59 연관의 안지름이 140mm이고, 두께가 5mm일 때 연관의 최고사용압력은 약 몇 MPa인가?

① 1.12 ② 1.63
③ 2.25 ④ 2.83

풀이 연관의 최고사용압력(P)
$t = \dfrac{PD}{700} + 1.5$
$P = \dfrac{700(t-1.5)}{d} = \dfrac{700(5-1.5)}{(140+5)}$
$= 16.89 \text{kg}_f/\text{cm}^2 = 1.68 \text{MPa}$

60 용접부에서 부분 방사선 투과시험의 검사길이 계산은 몇 mm 단위로 하는가?

① 50 ② 100
③ 200 ④ 300

풀이 방사선 투과시험
- 판두께의 2% 결함을 검출한다.
- 300mm 단위로 부분 방사선 투과시험(부분 방사선 투과시험)

CHAPTER 04 전열과 열교환

SECTION 01 열전달의 기본형태

1. 평면에서의 열유동

1) 대류열전달(Convection Heat Transfer)

고체면을 접하는 액체 또는 기체와의 열이동

$$Q_a = \frac{1}{R_a} \cdot \Delta T = \alpha \cdot A \cdot \Delta T = a \cdot A(t - t_w)[\text{kcal/h} = \text{W}]$$

여기서, a : 대류전달계수($\text{kcal/m}^2\text{h}℃ = \text{W/m}^2℃$)
A : 대류전달면적(m^2)
t : 유체온도(℃)
t_w : 고체표면의 온도

2) 평판의 열전도(Heat Conduction)

고체를 경계로 한 양쪽면에서의 열이동

$$Q_c = \frac{1}{R_c} \cdot \Delta T = \lambda \frac{A \cdot \Delta T}{l} = \frac{\lambda \Delta}{l} \Delta T = \frac{\lambda A}{l}(T_1 - T_2)[\text{kcal/h} = \text{W}]$$

여기서, λ : 열전도율($\text{kcal/mh}℃ = \text{W/m}^2℃$)
A : 열전도면적(m^2)
l : 길이(m)
$T_1 - T_2$: 온도차(℃)

3) 열복사(Thermal Radiation)

전자파에 의한 에너지 이동(매질 없이도 가능)

$$Q_r = \sigma \cdot A \cdot T^4 = \varepsilon \cdot \sigma \cdot A \left[\left(\frac{T_2}{100}\right)^4 - \left(\frac{T_1}{100}\right)^4 \right] [\text{kcal/h} = \text{W}]$$

여기서, σ : 스테판-볼츠만 상수($5.669 \times 10^{-8} \text{W/m}^2\text{K}^4 = 4.88 \text{kcal/m}^2\text{hK}^4$)
A : 복사전열면적(m^2)
ε : 복사율(흑도)
T_2 : 고온의 K
T_1 : 저온의 K
C_b : 흑체복사정수($5.669 \text{W/m}^2\text{K}^4$)

4) 원형관의 열전도

$$Q = \frac{2\pi L(t_1 - t_2)}{\dfrac{1}{K}\ln\dfrac{r_2}{r_1}} [\text{kcal/h}]$$

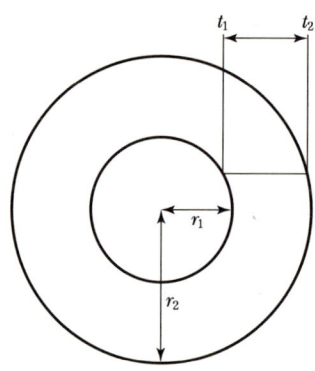

여기서, K : 열전도율(kcal/mh℃ = W/m℃)
L : 원형관의 길이(m)
r_1 : 내반경(m)
r_2 : 외반경
$t_1 - t_2$: 온도차
Q : 열전도 손실열량(kcal/h = W)

5) 열관류(K)

$$K = \frac{1}{\dfrac{1}{a_1} + \dfrac{\delta}{K'} + \dfrac{1}{a_2}} [\text{kcal/m}^2\text{h℃} = \text{W/m}^2\text{℃}]$$

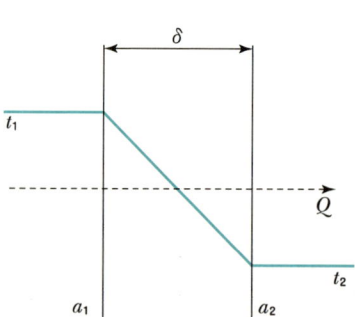

여기서, δ : 두께(m)
K' : 열전도율(kcal/mh℃ = W/m℃)
a_1, a_2 : 내측, 외측 열전달률
(kcal/m²h℃ = W/m²)
K : 열관류율(kcal/m²hK = W/m²℃)

6) 열관류에 의한 손실열량(Q)

$$Q = 면적 \times 열관류율 \times 온도차 \times 방위에 따른 부가계수 [kcal/h]$$

> **Reference** SI 단위의 열전달 단위
>
> - 열전달률 : W/m^2K
> - 열전도저항 : $m^2℃/W$
> - 열전도율 : $W/m℃$
> - 열유속 : W/m^2
> - 복사전열량 : W/m^2
> - 열전달계수 : W/m^2K
> - 전열량 : W/m^2
> - 복사정수 : W/m^2K^4

SECTION 02 열교환기 전열

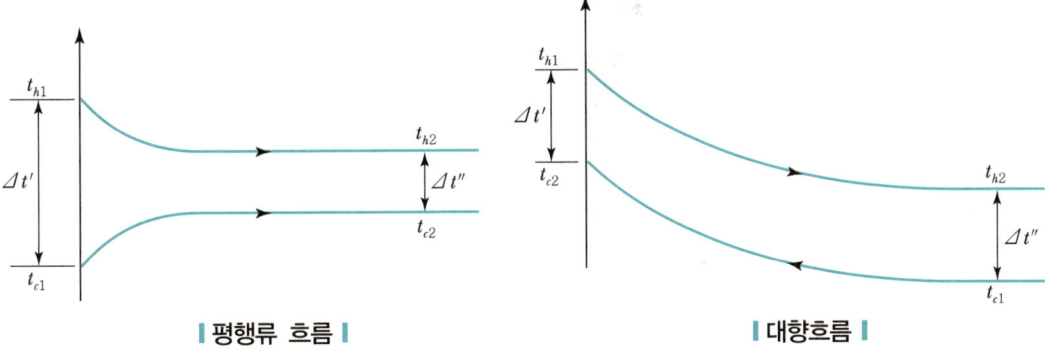

| 평행류 흐름 | | 대향흐름 |

- 전열량(Q) = $K \cdot A \cdot \Delta t_m$
- 산술평균온도차 = $\dfrac{\Delta t' - \Delta t''}{2}$
- 대수평균온도차 = $\dfrac{\Delta t' - \Delta t''}{\ln \Delta t' - \ln \Delta t''} = \dfrac{\Delta t' - \Delta t''}{\ln \dfrac{\Delta t'}{\Delta t''}}$

여기서, Δt_m : 대수평균온도차(℃)
  K : 열관류율(kcal/m²h℃)
  A : 열교환면적(m²)

CHAPTER 004 출제예상문제

01 판형 열교환기의 일반적인 특징에 대한 설명으로 틀린 것은?

① 구조상 압력손실이 적고 내압성은 크다.
② 다수의 파형이나 반구형의 돌기를 프레스 성형하여 판을 조합한다.
③ 전열면의 청소나 조립이 간단하고, 고점도에도 적용할 수 있다.
④ 판의 매수 조절이 가능하여 전열면적 증감이 용이하다.

풀이 판형(플레이트형)의 열교환기는 지역난방 등에서 사용하며 압력손실이 다소 크다. 기타 특징은 ②, ③, ④와 같다.

02 금속판을 전열체로 하여 유체를 가열하는 방식으로 열팽창에 대한 염려가 없고 플랜지 이음으로 되어 있어 내부수리가 용이한 열교환기 형식은?

① 유동두식
② 플레이트식
③ 융그스트롬식
④ 스파이럴식

풀이 스파이럴식 열교환기
금속판을 전열체로 하여 유체를 가열하는 방식으로 열팽창에 대한 염려가 없고 플랜지 이음으로 되어 있어 내부수리가 용이한 열교환기이다.

03 열의 이동에 대한 설명으로 틀린 것은?

① 전도란 정지하고 있는 물체 속을 열이 이동하는 현상을 말한다.
② 대류란 유동 물체가 고온 부분에서 저온 부분으로 이동하는 현상을 말한다.
③ 복사란 전자파의 에너지 형태로 열이 고온 물체에서 저온 물체로 이동하는 현상을 말한다.
④ 열관류란 유체가 열을 받으면 밀도가 작아져서 부력이 생기기 때문에 상승현상이 일어나는 것을 말한다.

풀이 ④의 설명은 열관류가 아닌 열대류작용의 설명이다.
- 열관류율 : kcal/m²h℃
- 대류열전달 대류열 : kcal/h
- 복사 전열 : kcal/h

04 외경 30mm의 철관에 두께 15mm의 보온재를 감은 증기관이 있다. 관 표면의 온도가 100℃, 보온재의 표면온도가 20℃인 경우 관의 길이 15m인 관의 표면으로부터의 열손실(W)은?(단, 보온재의 열전도율은 0.06W/m·℃이다.)

① 312
② 464
③ 542
④ 653

풀이

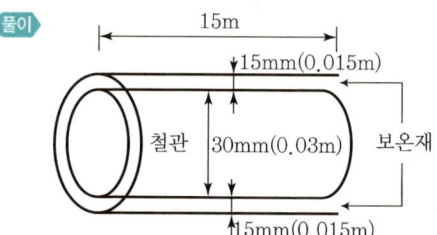

열전도 손실$(Q) = \dfrac{2\pi(T_1 - T_2)L}{\dfrac{1}{\lambda} \times \ln\left(\dfrac{r_2}{r_1}\right)}$

$\therefore Q = \dfrac{2 \times \pi \times (100-20) \times 15}{\dfrac{1}{0.06} \times \ln\left(\dfrac{0.015+0.015}{0.015}\right)} = 653\,\text{W}$

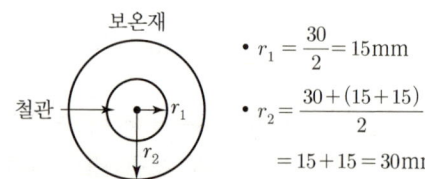

- $r_1 = \dfrac{30}{2} = 15\,\text{mm}$
- $r_2 = \dfrac{30+(15+15)}{2}$
  $= 15+15 = 30\,\text{mm}$

정답 01 ① 02 ④ 03 ④ 04 ④

05 열교환기의 격벽을 통해 정상적으로 열교환이 이루어지고 있을 경우 단위시간에 대한 교환열량 $\dot{q}$(열 유속, kcal/m²·h)의 식은?(단, $\dot{Q}$는 열교환량(kcal/h), A는 전열면적(m²)이다.)

① $\dot{q} = A\dot{Q}$ ② $\dot{q} = \dfrac{A}{\dot{Q}}$

③ $\dot{q} = \dfrac{\dot{Q}}{A}$ ④ $\dot{q} = A(\dot{Q}-1)$

풀이 열교환기의 단위시간당 교환열량
$q = \dfrac{Q}{A}$ (kcal/m²h)

06 서로 다른 고체 물질 A, B, C인 3개의 평판이 서로 밀착되어 복합체를 이루고 있다. 정상 상태에서의 온도 분포가 그림과 같을 때, 어느 물질의 열전도가 가장 작은가?(단, 온도 $T_1=1{,}000℃$, $T_2=800℃$, $T_3=550℃$, $T_4=250℃$ 이다.)

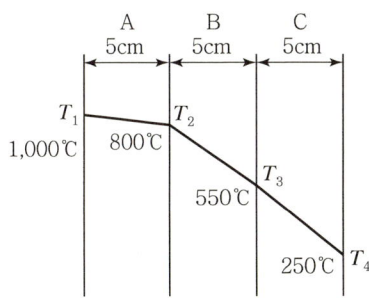

① A   ② B
③ C   ④ 모두 같다.

풀이 두께가 동일할 때 온도가 낮을수록 물질의 열전도가 작아진다.

07 외경과 내경이 각각 6cm, 4cm이고 길이가 2m인 강관이 두께 2cm인 단열재로 둘러싸여 있다. 이때 관으로부터 주위 공기로의 열손실이 400W라 하면 관 내벽과 단열재 외면의 온도 차는?(단, 주어진 강관과 단열재의 열전도율은 각각 15W/m·℃, 0.2W/m·℃이다.)

① 53.5℃   ② 82.2℃
③ 120.6℃   ④ 155.6℃

풀이 $\dfrac{6}{2}=3\text{cm}=0.03\text{m}$, $\dfrac{10}{2}=5\text{cm}=0.05\text{m}$

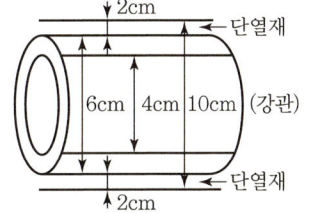 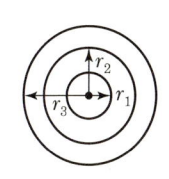

08 아래 벽체구조의 열관류율(kcal/h·m²·℃)은?(단, 내측 열전도저항 값은 0.05m²·h·℃/kcal 이며, 외측 열전도저항 값은 0.13m²·h·℃/kcal 이다.)

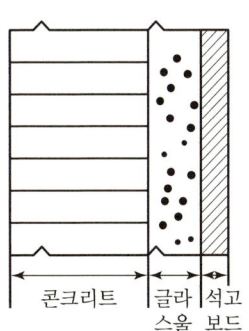

재료	두께(mm)	열전도율(kcal/h·m·℃)
내측		
㉠ 콘크리트	200	1.4
㉡ 글라스울	75	0.033
㉢ 석고보드	20	0.21
외측		

① 0.37   ② 0.57
③ 0.87   ④ 0.97

정답 05 ③ 06 ③ 07 ② 08 ①

풀이 열관류율(K) = $\dfrac{1}{\dfrac{1}{a_1}+\dfrac{b_1}{\lambda_1}+\dfrac{b_2}{\lambda_2}+\dfrac{b_3}{\lambda_3}+\dfrac{1}{a_2}}$

$\dfrac{1}{a_1}=0.05$, $\dfrac{1}{a_2}=0.13$

∴ $K = \dfrac{1}{0.05+\left(\dfrac{0.2}{1.4}+\dfrac{0.075}{0.033}+\dfrac{0.02}{0.21}\right)+0.13}$

$= 0.37\,\text{kcal/m}^2\cdot\text{h}\cdot\text{℃}$

09 내부로부터 155mm, 97mm, 224mm의 두께를 가지는 3층의 노벽이 있다. 이들의 열전도율(W/m·℃)은 각각 0.121, 0.069, 1.21이다. 내부의 온도 710℃, 외벽의 온도 23℃일 때, 1m²당 열손실량(W/m²)은?

① 58 ② 120
③ 239 ④ 564

풀이 전도열손실(Q) = $\dfrac{A(t_1-t_2)}{\dfrac{d_1}{a_1}+\dfrac{d_2}{a_2}+\dfrac{d_3}{a_3}}$

$= \dfrac{1\times(710-23)}{\dfrac{0.155}{0.121}+\dfrac{0.097}{0.069}+\dfrac{0.224}{1.21}}$

$= \dfrac{687}{2.871} = 239\,\text{W/m}^2$

10 열교환기에서 입구와 출구의 온도차가 각각 $\Delta\theta'$, $\Delta\theta''$일 때 대수평균온도차($\Delta\theta_m$)의 식은? (단, $\Delta\theta' > \Delta\theta''$이다.)

① $\dfrac{\ln\dfrac{\Delta\theta'}{\Delta\theta''}}{\Delta\theta'-\Delta\theta''}$
② $\dfrac{\ln\dfrac{\Delta\theta''}{\Delta\theta'}}{\Delta\theta'-\Delta\theta''}$
③ $\dfrac{\Delta\theta'-\Delta\theta''}{\ln\dfrac{\Delta\theta'}{\Delta\theta''}}$
④ $\dfrac{\Delta\theta'-\Delta\theta''}{\ln\dfrac{\Delta\theta''}{\Delta\theta'}}$

풀이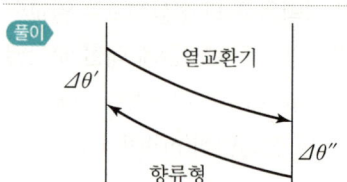

대수평균온도차(ΔQ_m) = $\dfrac{\Delta Q' - \Delta Q''}{\ln\dfrac{\Delta\theta'}{\Delta\theta''}}$

11 동일 조건에서 열교환기의 온도효율이 높은 순서대로 나열한 것은?

① 향류 > 직교류 > 병류 ② 병류 > 직교류 > 향류
③ 직교류 > 향류 > 병류 ④ 직교류 > 병류 > 향류

풀이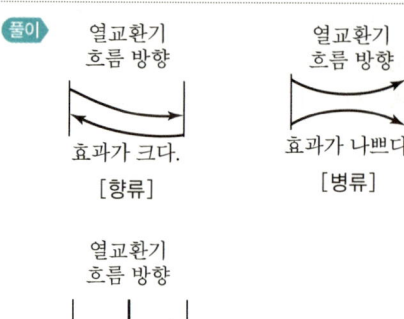

12 가로 50cm, 세로 70cm인 300℃로 가열된 평판에 20℃의 공기를 불어주고 있다. 열전달계수가 25W/m²·℃일 때 열전달량은 몇 kW인가?

① 2.45 ② 2.72
③ 3.34 ④ 3.96

풀이 열전달량(Q) = $A\times K\times\Delta t$

$= \left(\dfrac{50\times 70}{10^4}\right)\times 25\times(300-20)$

$= 24,500\,\text{W}(2.45\,\text{kW})$

정답 09 ③ 10 ③ 11 ① 12 ①

13 대향류 열교환기에서 고온 유체의 온도는 T_{H1}에서 T_{H2}로, 저온 유체의 온도는 T_{C1}에서 T_{C2}로 열교환에 의해 변화된다. 열교환기의 대수평균온도차(LMTD)를 옳게 나타낸 것은?

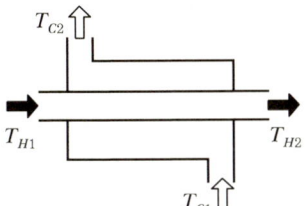

① $\dfrac{T_{H1} - T_{H2} + T_{C2} - T_{C1}}{\ln\left(\dfrac{T_{H1} - T_{C1}}{T_{H2} - T_{C2}}\right)}$

② $\dfrac{T_{H1} + T_{H2} - T_{C1} - T_{C2}}{\ln\left(\dfrac{T_{H1} - T_{H2}}{T_{C2} - T_{C1}}\right)}$

③ $\dfrac{T_{H2} - T_{H1} + T_{C2} - T_{C1}}{\ln\left(\dfrac{T_{H1} - T_{C2}}{T_{H2} - T_{C1}}\right)}$

④ $\dfrac{T_{H1} - T_{H2} + T_{C1} - T_{C2}}{\ln\left(\dfrac{T_{H1} - T_{C2}}{T_{H2} - T_{C1}}\right)}$

풀이 대향류형 열교환기(LMTD)

$\text{LMTD} = \dfrac{\Delta t_1 - \Delta t_2}{\ln\left(\dfrac{\Delta t_1}{\Delta t_2}\right)}$

$= \dfrac{(T_{H1} - T_{H2}) + (T_{C1} - T_{C2})}{\ln\left(\dfrac{T_{H1} - T_{C2}}{T_{H2} - T_{C1}}\right)}$ (℃)

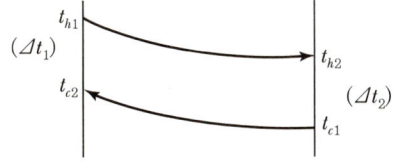

14 지름이 5cm인 강관(50W/m·K) 내에 98K의 온수가 0.3m/s로 흐를 때, 온수의 열전달계수(W/m²·K)는?(단, 온수의 열전도도는 0.68W/m·K이고, Nu수(Nusselt Number)는 160이다.)

① 1,238 ② 2,176
③ 3,184 ④ 4,232

풀이 $Nu = \dfrac{a \cdot D}{k} = \dfrac{경계층\ 내에서\ 열전달률 \times 원관지름}{유체의\ 열전도율}$

∴ 열전달계수$(a) = 160 \times \dfrac{0.68}{0.05} = 2,176\,\text{W/m}^2 \cdot \text{K}$

15 흑체로부터의 복사에너지는 절대온도의 몇 제곱에 비례하는가?

① $\sqrt{2}$ ② 2
③ 3 ④ 4

풀이 복사열량(Q)

$Q = 4.88 \cdot \varepsilon \cdot C_b \left[\left(\dfrac{T_1}{100}\right)^4 - \left(\dfrac{T_2}{100}\right)^4\right]$ (kcal/h)

16 두께 25mm인 철판의 넓이 1m²당 전열량이 매시간 2,000kcal가 되려면 양면의 온도차는 얼마이어야 하는가?(단, 철판의 열전도율은 50kcal/m·h·℃이다.)

① 1℃ ② 2℃
③ 3℃ ④ 4℃

풀이 전열량$(Q) = \lambda \times \dfrac{A(t_1 - t_2)}{b}$

$2,000 = 50 \times \dfrac{1 \times (t_1 - t_2)}{\left(\dfrac{25}{10^3}\right)}$

∴ $t_1 - t_2 = \dfrac{2,000 \times \left(\dfrac{25}{10^3}\right)}{1 \times 50} = 1℃$

정답 13 ④ 14 ② 15 ④ 16 ①

17 "어떤 주어진 온도에서 최대 복사강도에서의 파장($\lambda_{\max}$)은 절대온도에 반비례한다"와 관련된 법칙은?

① Wien의 법칙
② Planck의 법칙
③ Fourier의 법칙
④ Stefan-Boltzmann의 법칙

풀이 빈(Wien)의 법칙
어떤 주어진 온도에서 최대 복사강도에서의 파장은 절대온도에 반비례한다는 법칙

18 주위 온도가 20℃, 방사율이 0.3인 금속 표면의 온도가 150℃인 경우에 금속 표면으로부터 주위로 대류 및 복사가 발생될 때의 열유속(Heat Flux)은 약 몇 W/m²인가?(단, 대류열전달계수는 $h=20$ W/m²·K, 스테판-볼츠만 상수는 $\sigma=5.7\times10^{-8}$ W/m²·K⁴이다.)

① 3,020 ② 3,330
③ 4,270 ④ 4,630

풀이
• 복사열손실(Q) = $A_1 \cdot \varepsilon \cdot (T_1^4 - T_2^4)$
  = $5.7\times10^{-8}\times0.3\times[(150+273)^4-(20+273)^4]$
  = 422W/m²
• 대류열손실(Q) = $20\times(150-20) = 2,600$W/m²
∴ 총 열유속 = 복사 + 대류 = 422 + 2,600
  = 3,022W/m²

19 유량 2,200kg/h인 80℃의 벤젠을 40℃까지 냉각시키고자 한다. 냉각수 온도를 입구 30℃, 출구 45℃로 하여 대향류열교환기 형식의 이중관식 냉각기를 설계할 때 적당한 관의 길이(m)는? (단, 벤젠의 평균비열은 1,884J/kg·℃, 관 내경 0.0427m, 총괄전열계수는 600W/m²·℃이다.)

① 8.7   ② 18.7
③ 28.6 ④ 38.7

풀이

```
80 ──────┐
         │ 40
45 ◄─대향류형
         │ 30
```

$\Delta t_1 = 80-45 = 35$

$\Delta t_2 = 40-30 = 10$

• $LMTD = \Delta t_m = \dfrac{\Delta t_1 - \Delta t_2}{\ln\left(\dfrac{\Delta t_1}{\Delta t_2}\right)} = \dfrac{35-10}{\ln\left(\dfrac{35}{10}\right)} ≒ 20℃$

• 600W = 0.6kW
  $0.6\times3,600 = 2,160$kJ/h

• 벤젠 냉각 열량(Q) = $2,200\times\dfrac{1,884}{10^3}\times(80-40)$
  = 165,792kJ/h

∴ 이중관식 면적(F) = $\dfrac{165,792}{2,160\times20} = 3.83$m²

$3.83 = 3.14\times d\times L = 3.14\times0.0427\times L$

∴ 관의 길이(L) = $\dfrac{3.83}{3.14\times0.0427} = 28.6$m

20 어느 가열로에서 노벽의 상태가 다음과 같을 때 노벽을 관류하는 열량(kcal/h)은 얼마인가? (단, 노벽의 상하 및 둘레가 균일하며, 평균방열면적 120.5m², 노벽의 두께 45cm, 내벽표면온도 1,300℃, 외벽표면온도 175℃, 노벽재질의 열전도율 0.1kcal/m·h·℃이다.)

① 301.25   ② 30,125
③ 13.556   ④ 13,556

풀이 단층의 열전도에 의한 손실열량(Q)

$Q = \dfrac{A(t_1-t_2)\times\lambda}{b}$, 45cm = 0.45m

∴ $Q = \dfrac{120.5(1,300-175)\times0.1}{0.45} = 30,125$kcal/h

정답 17 ① 18 ① 19 ③ 20 ②

21 이중 열교환기의 총괄전열계수가 69kcal/m²·h·℃일 때, 더운 액체와 찬 액체를 향류로 접속시켰더니 더운 면의 온도가 65℃에서 25℃로 내려가고 찬 면의 온도가 20℃에서 53℃로 올라갔다. 단위면적당의 열교환량은?

① 498kcal/m²·h
② 552kcal/m²·h
③ 2,415kcal/m²·h
④ 2,760kcal/m²·h

풀이 향류형 대수평균온도차 = $\dfrac{12-5}{\ln\dfrac{12}{5}}$ = 8℃

∴ 열교환량 = 69 × 8 = 552kcal/m²h

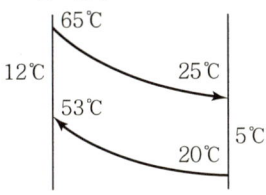

22 내화벽의 열전도율이 0.9kcal/m·h·℃인 재질로 된 평면 벽의 양측 온도가 800℃와 100℃이다. 이 벽을 통한 단위면적당 열전달량이 1,400 kcal/m²·h일 때, 벽두께(cm)는?

① 25
② 35
③ 45
④ 55

풀이 고체벽 열전달량(Q) = $\lambda \times \dfrac{A(t_1-t_2)}{S}$

$1,400 = 0.9 \times \dfrac{1\times(800-100)}{S}$

두께(S) = $\dfrac{1\times(800-100)\times 0.9}{1,400}$ = 0.45m (45cm)

23 노벽의 두께가 200mm이고, 그 외측은 75mm의 보온재로 보온되어 있다. 노벽의 내부온도가 400℃이고, 외측온도가 38℃일 경우 노벽의 면적이 10m²라면 열손실은 약 몇 W인가?(단, 노벽과 보온재의 평균 열전도율은 각각 3.3W/m·℃, 0.13W/m·℃이다.)

① 4,678
② 5,678
③ 6,678
④ 7,678

풀이 열전도 손실열량(Q)

$Q = \dfrac{A(t_1-t_2)}{\dfrac{b_1}{\lambda_1}+\dfrac{b_2}{\lambda_2}} = \dfrac{10\times(400-38)}{\dfrac{0.2}{3.3}+\dfrac{0.075}{0.13}}$ = 5,678W

24 두께 20cm의 벽돌의 내측에 10mm의 모르타르와 5mm의 플라스터 마무리를 시행하고, 외측은 두께 15mm의 모르타르 마무리를 시공하였다. 아래 계수를 참고할 때, 다층벽의 총 열관류율 (W/m²·℃)은?

- 실내측벽 열전달계수 h_1 = 8W/m²·℃
- 실외측벽 열전달계수 h_2 = 20W/m²·℃
- 플라스터 열전도율 λ_1 = 0.5W/m·℃
- 모르타르 열전도율 λ_2 = 1.3W/m·℃
- 벽돌 열전도율 λ_3 = 0.65W/m·℃

① 1.99
② 4.57
③ 8.72
④ 12.31

풀이 열관류율(k) = $\dfrac{1}{\text{저항}(R)}$

= $\dfrac{1}{\dfrac{1}{h_1}+\dfrac{b_1}{\lambda_1}+\dfrac{b_2}{\lambda_2}+\dfrac{b_3}{\lambda_3}+\dfrac{1}{h_2}}$

= $\dfrac{1}{\dfrac{1}{8}+\dfrac{0.005}{0.5}+\dfrac{0.01}{1.3}+\dfrac{0.2}{0.65}+\dfrac{1}{20}}$

= 1.99W/m²·℃

25 이상적인 흑체에 대하여 단위 면적당 복사에너지 E와 절대온도 T의 관계식으로 옳은 것은? (단, σ는 스테판-볼츠만 상수이다.)

① $E = \sigma T^2$
② $E = \sigma T^4$
③ $E = \sigma T^6$
④ $E = \sigma T^8$

정답 21 ② 22 ③ 23 ② 24 ① 25 ②

풀이
- 복사에너지 $E = \sigma T^4$
- 스테판–볼츠만의 상수 $C_b = 5.67 W/m^2K^4$

26 방열 유체의 전열 유닛 수(NTU)가 3.5, 온도차가 105℃이고, 열교환기의 전열효율이 1일 때 대수평균온도차(LMTD)는?

① 22.3℃ ② 30℃
③ 62℃   ④ 367.5℃

풀이 대수평균온도차 $= \dfrac{105}{3.5} = 30℃$

27 그림과 같이 가로×세로×높이가 3×1.5×0.03m인 탄소 강판이 놓여 있다. 열전도계수(K)가 43W/m·K이며, 표면온도는 20℃였다. 이때 탄소 강판 아랫면에 열유속($q'' = q/A$) 600kcal/m²·h을 가할 경우, 탄소강판에 대한 표면온도 상승[ΔT(℃)]은?

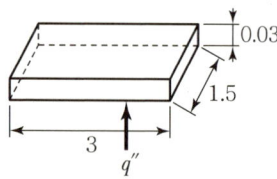

① 0.243℃ ② 0.264℃
③ 0.486℃ ④ 1.973℃

풀이 43W×0.86kcal/W = 36.98kcal
높이 = 0.03m
∴ 표면온도 상승(ΔT) $= \dfrac{600}{36.98} \times 0.03 = 0.486℃$

28 두께 150mm인 적벽돌과 100mm인 단열벽돌로 구성되어 있는 내화벽돌의 노벽이 있다. 적벽돌과 단열벽돌의 열전도율은 각각 1.4W/m·℃, 0.07W/m·℃일 때 단위 면적당 손실열량은 약 몇 W/m²인가?(단, 노 내 벽면의 온도는 800℃이고, 외벽면의 온도는 100℃이다.)

① 336 ② 456
③ 587 ④ 635

풀이 열전도 단위 면적당 열손실(Q)
$$Q = \dfrac{A \times \Delta t}{\dfrac{b_1}{\lambda_1} + \dfrac{b_2}{\lambda_2}} = \dfrac{1 \times (800 - 100)}{\dfrac{0.15}{1.4} + \dfrac{0.1}{0.07}}$$
$$= \dfrac{700}{1.53} = 456 W/m^2$$

29 보일러 전열면에서 연소가스가 1,000℃로 유입하여 500℃로 나가며 보일러수의 온도는 210℃로 일정하다. 열관류율이 150kcal/m²·h·℃일 때, 단위면적당 열교환량(kcal/m²·h)은?(단, 대수평균온도차를 활용한다.)

① 21,118 ② 46,812
③ 67,135 ④ 74,839

풀이 대수평균온도차 $= \dfrac{790 - 290}{\ln\left(\dfrac{790}{290}\right)}$

$1,000 - 500 = 500$
$\begin{pmatrix} 1,000 - 210 = 790℃ \\ 500 - 210 = 290℃ \end{pmatrix}$

∴ 교환량 $= 150 \times \dfrac{790 - 290}{\ln\left(\dfrac{790}{290}\right)} = 74,839 kcal/m^2 h$

정답 26 ② 27 ③ 28 ② 29 ④

부록 1

과년도 기출문제

ENGINEER ENERGY MANAGEMENT

2017년 기출문제
2018년 기출문제
2019년 기출문제
2020년 기출문제
2021년 기출문제
2022년 기출문제

2017년 1회 기출문제

1과목 연소공학

01 프로판(C_3H_8) 5Nm³를 이론산소량으로 완전연소시켰을 때의 건연소 가스량은 몇 Nm³인가?

① 5
② 10
③ 15
④ 20

해설
기체연료 이론 건연소가스량(G_{od}) : 건연소는 CO_2 값
$C_3H_8 + 5O_2 \rightarrow 3CO_2 + 4H_2O$
$G_{od} = (1-0.21) \times A_o + CO_2$

이론공기량(A_o) = 이론산소량 $\times \dfrac{1}{0.21}$

∴ 건연소 가스량(CO_2) = $3 \times 5 = 15Nm^3$

02 다음 집진장치 중에서 미립자 크기에 관계없이 집진효율이 가장 높은 장치는?

① 세정 집진장치
② 여과 집진장치
③ 중력 집진장치
④ 원심력 집진장치

해설
집진효율
㉠ 세정식 : 80~95%
㉡ 여과식 : 90~99%
㉢ 중력식 : 40~60%
㉣ 원심식 : 75~95%

03 연소 시 100℃에서 500℃로 온도가 상승하였을 경우 500℃의 열복사에너지는 100℃에서의 열복사에너지의 약 몇 배가 되겠는가?

① 16.2
② 17.1
③ 18.5
④ 19.3

해설
복사에너지는 절대온도의 4승에 비례한다.
∴ $\left(\dfrac{500+273}{100+273}\right)^4 \fallingdotseq 18.5$배

04 고체연료의 연료비를 식으로 바르게 나타낸 것은?

① $\dfrac{고정탄소(\%)}{휘발분(\%)}$
② $\dfrac{회분(\%)}{휘발분(\%)}$
③ $\dfrac{고정탄소(\%)}{회분(\%)}$
④ $\dfrac{가연성\ 성분\ 중\ 탄소(\%)}{유리\ 수소(\%)}$

해설
고체연료의 연료비 = (고정탄소/휘발분)
• 고체연료의 공업분석 : 고정탄소, 수분, 회분, 휘발분 발생

05 일산화탄소 1Nm³를 연소시키는 데 필요한 공기량(Nm³)은 약 얼마인가?

① 2.38
② 2.67
③ 4.31
④ 4.76

해설
일산화탄소(CO) 연소용 공기량
공기량(A_o) = 이론산소량(O_o) $\times \dfrac{1}{0.21}$
$CO + 0.5O_2 \rightarrow CO_2$
∴ $A_o = 0.5 \times \dfrac{1}{0.21} = 2.38Nm^3/Nm^3$

정답 01 ③ 02 ② 03 ③ 04 ① 05 ①

06 기체연료의 특징으로 틀린 것은?

① 연소효율이 높다.
② 고온을 얻기 쉽다.
③ 단위 용적당 발열량이 크다.
④ 누출되기 쉽고 폭발의 위험성이 크다.

해설
일부의 가스는 단위 체적당(Nm^3) 발열량이 크다. (다만, 비중이 큰 중질가스 외는 단위 용적당 발열량이 적다.)

07 기체 연료의 저장방식이 아닌 것은?

① 유수식   ② 고압식
③ 가열식   ④ 무수식

해설
기체 연료 저장 홀더
㉠ 저압식 : 유수식, 무수식
㉡ 고압식

08 어떤 열설비에서 연료가 완전연소하였을 경우 배기가스 내의 과잉 산소 농도가 10%이었다. 이때 연소기기의 공기비는 약 얼마인가?

① 1.0   ② 1.5
③ 1.9   ④ 2.5

해설
공기비$(m) = \dfrac{실제공기량}{이론공기량} = \dfrac{21}{21-(O_2)}$

$\therefore m = \dfrac{21}{21-10} ≒ 1.9$

09 부탄(C_4H_{10}) 1kg의 이론 습배기가스량은 약 몇 Nm^3/kg인가?

① 10   ② 13
③ 16   ④ 19

해설
이론 습배기가스량(Nm^3/Nm^3)×가스비체적=(Nm^3/kg)
$C_4H_{10} + 6.5O_2 \rightarrow 4CO_2 + 5H_2O$
이론 습배기가스량(G_{ow})
$G_{ow} = (1-0.21)A_o + CO_2 + H_2O(Nm^3/Nm^3)$
$= \left\{(1-0.21) \times \dfrac{6.5}{0.21} + 9\right\} \times \dfrac{22.4}{58} ≒ 13(Nm^3/kg)$

• 프로판 분자량 : 44
• 부탄 분자량 : 58

10 코크스 고온 건류온도(℃)는?

① 500~600   ② 1,000~1,200
③ 1,500~1,800   ④ 2,000~2,500

해설
코크스
역청탄, 즉 점결탄을 고온 건류하여 얻은 잔사(용도 : 제철공업용, 가정용 등)
㉠ 건류 : 공기의 공급없이 가열하여 열분해시키는 조작
㉡ 건류온도
 • 고온건류 : 1,000℃ 내외
 • 저온건류 : 500~600℃ 내외

11 액화석유가스를 저장하는 가스설비의 내압 성능에 대한 설명으로 옳은 것은?

① 최대압력의 1.2배 이상의 압력으로 내압시험을 실시하여 이상이 없어야 한다.
② 최대압력의 1.5배 이상의 압력으로 내압시험을 실시하여 이상이 없어야 한다.
③ 상용압력의 1.2배 이상의 압력으로 내압시험을 실시하여 이상이 없어야 한다.
④ 상용압력의 1.5배 이상의 압력으로 내압시험을 실시하여 이상이 없어야 한다.

해설
액화석유가스(LPG)의 저장설비 내압시험
상용압력의 1.5배 이상 압력으로 실시

정답 06 ③ 07 ③ 08 ③ 09 ② 10 ② 11 ④

12 메탄 50V%, 에탄 25V%, 프로판 25V%가 섞여 있는 혼합 기체의 공기 중에서의 연소하한계는 약 몇 %인가?(단, 메탄, 에탄, 프로판의 연소하한계는 각각 5V%, 3V%, 2.1V%이다.)

① 2.3 ② 3.3
③ 4.3 ④ 5.3

해설

가스연료의 연소하한계($\frac{100}{L}$) 계산식

∴ 연소하한계 $= \dfrac{100(\%)}{\left(\dfrac{50}{5}\right)+\left(\dfrac{25}{3}\right)+\left(\dfrac{25}{2.1}\right)} = 3.3(\%)$

13 환열실의 전열면적(m^2)과 전열량(kcal/h) 사이의 관계는?(단, 전열면적은 F, 전열량은 Q, 총괄 전열계수는 V이며, Δt_m은 평균온도차이다.)

① $Q = F/\Delta t_m$
② $Q = F \times \Delta t_m$
③ $Q = F \times V \times \Delta t_m$
④ $Q = V/(F \times \Delta t_m)$

해설

환열실(레큐퍼레이터)
전열량(Q) = 전열면적×총괄 전열계수×평균온도차

14 탄소의 발열량은 약 몇 kcal/kg인가?

$$C+O_2 \rightarrow CO_2 + 97,600 \text{kcal/kmol}$$

① 8,133 ② 9,760
③ 48,800 ④ 97,600

해설

$\dfrac{C}{12\text{kg}} + \dfrac{O_2}{32\text{kg}} \rightarrow \dfrac{CO_2}{44\text{kg}}$

∴ $\dfrac{97,600}{12} = 8,133 \text{kcal/kg} = (97,600 \text{kcal/kmol})$

• 분자량 : 탄소(12), 산소(32), 탄산가스(44)

15 고체연료의 일반적인 특징으로 옳은 것은?

① 점화 및 소화가 쉽다.
② 연료의 품질이 균일하다.
③ 완전연소가 가능하며 연소효율이 높다.
④ 연료비가 저렴하고 연료를 구하기 쉽다.

해설

고체연료는 일반적으로 점화나 소화가 불편하고 연료의 품질이 균일하지 못하며 불완전연소가 심하여 연소효율이 낮다.

16 연소가스의 조성에서 O_2를 옳게 나타낸 식은?(단, L_o : 이론 공기량, G : 실제 습연소가스량, m : 공기비이다.)

① $\dfrac{L_o}{G} \times 100$

② $\dfrac{0.21 L_o}{G} \times 100$

③ $\dfrac{(m-1)L_o}{G} \times 100$

④ $\dfrac{0.21(m-1)L_o}{G} \times 100$

해설

연소가스조성에서 산소(O_2)계산
$\dfrac{0.21(m-1)L_o}{G} \times 100(\%)$

• 공기 중 산소는 21%이다.

17 고체연료의 연소방식으로 옳은 것은?

① 포트식 연소 ② 화격자 연소
③ 심지식 연소 ④ 증발식 연소

해설

고체연료의 연소방식
㉠ 화격자 연소방식(수분식, 기계식)
㉡ 유동층 연소방식
㉢ 미분탄 연소방식

정답 12 ② 13 ③ 14 ① 15 ④ 16 ④ 17 ②

18 CO_{2max}는 19.0%, CO_2는 10.0%, O_2는 3.0%일 때 과잉공기계수(m)는 얼마인가?

① 1.25　　② 1.35
③ 1.46　　④ 1.90

해설
과잉공기계수(공기비 : m)
$$m = \frac{CO_{2max}}{CO_2} = \frac{19.0}{10.0} = 1.90$$

19 1mol의 이상기체가 40℃, 35atm으로부터 1atm까지 단열 가역적으로 팽창하였다. 최종 온도는 약 몇 K가 되는가?(단, 비열비는 1.67이다.)

① 75　　② 88
③ 98　　④ 107

해설
단열변화 최종 온도 $= T \times \left(\frac{P_2}{P_1}\right)^{\frac{k-1}{k}}$
$= (40+273) \times \left(\frac{1}{35}\right)^{\frac{1.67-1}{1.67}}$
$= 75K(-198℃)$

20 중유 1kg 속에 수소 0.15kg, 수분 0.003kg이 들어 있다면 이 중유의 고발열량이 10^4 kcal/kg일 때, 이 중유 2kg의 총 저위발열량은 약 몇 kcal인가?

① 12,000　　② 16,000
③ 18,400　　④ 20,000

해설
$10^4 = 10,000$ kcal/kg
저위발열량(H_l) = 고위발열량(H_h) $- W_g$(연소시 생성된 수증기 열량)
$H_l = H_h - 600(9H + W)$
$= \{10,000 - 600(9 \times 0.15 + 0.003)\} \times 2$
$≒ 18,400$ kcal
- $W_g = 600(9H + W)$

2과목　열역학

21 50℃의 물의 포화액체와 포화증기의 엔트로피는 각각 0.703kJ/(kg·K), 8.07kJ/(kg·K)이다. 50℃ 습증기의 엔트로피가 4kJ/(kg·K)일 때 습증기의 건도는 약 몇 %인가?

① 31.7　　② 44.8
③ 51.3　　④ 62.3

해설
습포화증기 엔트로피(x_s)
x_s = 포화수 엔트로피 + 건도(건포화증기 엔트로피 - 포화수 엔트로피)
$= 0.703 + x(8.07 - 0.703) = 4$
∴ $x = 0.448(44.8\%)$

22 스로틀링(Throttling) 밸브를 이용하여 Joule-Thomson 효과를 보고자 한다. 압력이 감소함에 따라 온도가 반드시 감소하려면 Joule-Thomson 계수 μ는 어떤 값을 가져야 하는가?

① $\mu = 0$　　② $\mu > 0$
③ $\mu < 0$　　④ $\mu \neq 0$

해설
줄-톰슨 계수(μ)는 항상 0보다 커야 한다.
$\mu = \left(\frac{\partial T}{\partial P}\right)_h$
줄-톰슨 계수는 약 0.6℃$\left(\frac{kg}{cm^2}\right)$

23 이상적인 증기압축식 냉동장치에서 압축기 입구를 1, 응축기 입구를 2, 팽창밸브 입구를 3, 증발기 입구를 4로 나타낼 때 온도(T)-엔트로피(S) 선도(수직축 T, 수평축 S)에서 수직선으로 나타나는 과정은?

① 1-2 과정　　② 2-3 과정
③ 3-4 과정　　④ 4-1 과정

정답　18 ④　19 ①　20 ③　21 ②　22 ②　23 ①

해설

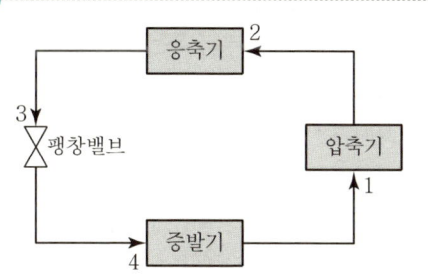

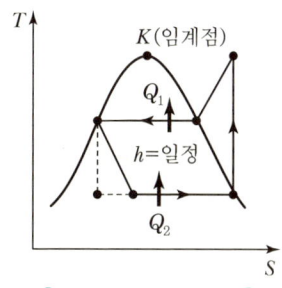

| 증기압축식 냉동장치 |

24 이상기체로 구성된 밀폐계의 변화과정을 나타낸 것 중 틀린 것은?(단, δq는 계로 들어온 순열량, dh는 엔탈피 변화량, δw는 계가 한 순일, du는 내부에너지의 변화량, ds는 엔트로피 변화량을 나타낸다.)

① 등온과정에서 $\delta q = \delta w$
② 단열과정에서 $\delta q = 0$
③ 정압과정에서 $\delta q = ds$
④ 정적과정에서 $\delta q = du$

해설
이상기체로 구성된 밀폐계의 변화과정
정압과정(δq) = du (가열량은 모두 엔탈피 변화로 나타난다.)

25 공기의 기체상수가 0.287kJ/(kg·K)일 때 표준상태(0℃, 1기압)에서 밀도는 약 몇 kg/m³인가?

① 1.29 ② 1.87
③ 2.14 ④ 2.48

해설
표준상태 공기 1kmol=22.4m³=29kg
∴ 밀도(ρ) = $\frac{29}{22.4}$ = 1.29kg/m³

26 랭킨(Rankine) 사이클에서 재열을 사용하는 목적은?

① 응축기 온도를 높이기 위해서
② 터빈 압력을 높이기 위해서
③ 보일러 압력을 낮추기 위해서
④ 열효율을 개선하기 위해서

해설
재열 사이클(Reheating cycle)
습증기의 습도를 감소시키기 위하여 팽창 도중의 증기를 터빈으로부터 뽑아내어 다시 가열시켜 과열도를 높이면 사이클의 이론적 열효율 증가, 날개의 부식을 방지한다.

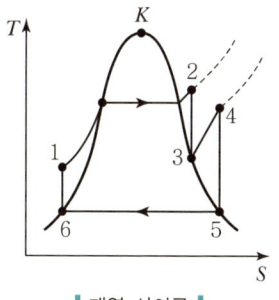

| 재열 사이클 |

27 불꽃 점화기관의 기본 사이클인 오토사이클에서 압축비가 10이고, 기체의 비열비가 1.4일 때 이 사이클의 효율은 약 몇 %인가?

① 43.6 ② 51.4
③ 60.2 ④ 68.5

해설
오토사이클(Otto Cycle, 내연기관 사이클)
효율(η_o) = $1 - \left(\frac{1}{\varepsilon}\right)^{k-1} = 1 - \left(\frac{1}{10}\right)^{1.4-1} = 0.6018 = 60.2\%$

정답 24 ③   25 ①   26 ④   27 ③

28 110kPa, 20℃의 공기가 정압과정으로 온도가 50℃만큼 상승한 다음(즉 70℃가 됨), 등온과정으로 압력이 반으로 줄어들었다. 최종 비체적은 최초 비체적의 약 몇 배인가?

① 0.585　　② 1.17
③ 1.71　　　④ 2.34

해설

PVT(압력이 반으로 줄면 $\frac{1}{2}=0.5$)

- 정압과정 : $\frac{T_2}{T_1}=\frac{V_2}{V_1}$
- 등온과정 : $\frac{P_2}{P_1}=\frac{V_1}{V_2}$

$\therefore \frac{273+70}{273+20}\times\frac{1}{0.5}=2.34$배

29 초기 조건이 100kPa, 60℃인 공기를 정적과정을 통해 가열한 후 정압에서 냉각과정을 통하여 500kPa, 60℃로 냉각할 때 이 과정에서 전체 열량의 변화는 약 몇 kJ/kmol인가?(단, 정적 비열은 20kJ/(kmol·K), 정압비열은 28kJ/(kmol·K)이며, 이상기체로 가정한다.)

① −964　　　② −1,964
③ −10,656　④ −20,656

해설

$60+273=333K$, $\left(\frac{500}{100}\right)=\left(\frac{5}{1}\right)$

㉠ 정적 변화 : 부피 변화가 없어서 일(W) = 0
   즉, $Q=du$(가해준 열이 내부에너지 변화), $PV=nRT$, V는 변화가 없으나 압력은 변화, 즉 P가 증가해서 T가 증가

㉡ 정압 변화 : 체적 증가, 온도 증가, 압력 일정
   $q_1=mC_V(T_2-T_1)$,
   $T_2=T_1\times\frac{P_2}{P_1}=\frac{5}{1}\times(273+60)=1,665K$
   $\therefore q_1=20\times(1,665-333)=26,640kJ$
   $q_2=-mC_P(T_2-T_1)$
   　$=-28\times(1,665-333)=-37,296kJ$
   $\therefore$ 전체열량변화(Q) $=q_1+q_2=26,640-37,296$
   　　　　　　　　　　　　$=-10,656kJ/kmol$

30 최저온도, 압축비 및 공급 열량이 같을 경우 사이클의 효율이 큰 것부터 작은 순서대로 옳게 나타낸 것은?

① 오토사이클 > 디젤사이클 > 사바테사이클
② 사바테사이클 > 오토사이클 > 디젤사이클
③ 디젤사이클 > 오토사이클 > 사바테사이클
④ 오토사이클 > 사바테사이클 > 디젤사이클

해설

가열량이 일정한 경우 사이클의 효율
$\eta_o > \eta_s > \eta_d$

31 냉매가 구비해야 할 조건 중 틀린 것은?

① 증발열이 클 것
② 비체적이 작을 것
③ 임계온도가 높을 것
④ 비열비(정압비열/정적비열)가 클 것

해설

냉매는 비열비(K)가 크면 토출가스의 온도가 상승하여 열손실이 증대한다.

32 보일러로부터 압력 1MPa로 공급되는 수증기의 건도가 0.95일 때 이 수증기 1kg당의 엔탈피는 약 몇 kcal인가?(단, 1MPa에서 포화액의 비엔탈피는 181.2kcal/kg, 포화증기의 비엔탈피는 662.9kcal/kg이다.)

① 457.6　　② 638.8
③ 810.9　　④ 1,120.5

해설

습증기 엔탈피 = 포화수 엔탈피 + 건도(포화증기 엔탈피 − 포화수 엔탈피)
　　　　　= 181.2 + 0.95(662.9−181.2)
　　　　　= 638.8kcal/kg

정답　28 ④　29 ③　30 ④　31 ④　32 ②

33 Gibbs의 상률(상법칙, phase rule)에 대한 설명 중 틀린 것은?

① 상태의 자유도와 혼합물을 구성하는 성분 물질의 수, 그리고 상의 수에 관계되는 법칙이다.
② 평형이든 비평형이든 무관하게 존재하는 관계식이다.
③ Gibbs의 상률은 강도성 상태량과 관계한다.
④ 단일성분의 물질이 기상, 액상, 고상 중 임의의 2상이 공존할 때 상태의 자유도는 1이다.

해설

$P+F=C+2$
여기서, P : 공존상의 수
F : 자유도
C : 계가 구성하는 독립적인 화학물질의 수

- 깁스의 상의 규칙 : 1878년 평형조건을 사용해서 J.W. Gibbs에 의해 유도된 규칙. 계에서 공존상 P의 수는 다음처럼 주어진다.($P+F=C+2$)

34 열역학 제2법칙에 관한 다음 설명 중 옳지 않은 것은?

① 100%의 열효율을 갖는 열기관은 존재할 수 없다.
② 단일열원으로부터 열을 전달받아 사이클 과정을 통해 모두 일로 변화시킬 수 있는 열기관이 존재할 수 있다.
③ 열은 저온부로부터 고온부로 자연적으로 전달되지 않는다.
④ 고립계에서 엔트로피는 항상 증가하거나 일정하게 보존된다.

해설

열역학 제2법칙
단일열원으로부터 열을 전달받아 사이클 과정을 통해 모두 일로 변화시킬 수 있는 열기관은 존재할 수 없다.

35 1MPa, 400℃인 큰 용기 속의 공기가 노즐을 통하여 100kPa까지 등엔트로피 팽창을 한다. 출구속도는 약 몇 m/s인가?(단, 비열비는 1.4이고 정압비열은 1.0kJ/(kg·K)이며, 노즐 입구에서의 속도는 무시한다.)

① 569 ② 805
③ 910 ④ 1,107

해설

출구속도

$$V_2 = \sqrt{\frac{2K}{K-1} \times R \times T_1 \left(1 - \left(\frac{P_2}{P_1}\right)^{\frac{K-1}{K}}\right)}$$

$$= \sqrt{\frac{2 \times 1.4}{1.4-1} \times 287 \times (400+27) \times \left[1 - \left(\frac{100}{1,000}\right)^{\frac{1.4-1}{1.4}}\right]}$$

$= 805 \text{m/s}$

- 공기의 기체상수 : 287(J/kg·K)

36 온도가 400℃인 열원과 300℃인 열원 사이에서 작동하는 카르노 열기관이 있다. 이 열기관에서 방출되는 300℃의 열은 또 다른 카르노 열기관으로 공급되어, 300℃의 열원과 100℃의 열원 사이에서 작동한다. 이와 같은 복합 카르노 열기관의 전체 효율은 약 몇 %인가?

① 44.57% ② 59.43%
③ 74.29% ④ 29.72%

해설

효율$(\eta_c) = 1 - \frac{T_L}{T_H} = 1 - \frac{300+273}{400+273} = 0.1485$

$400+273 = 673K$, $100+273 = 373K$

$\therefore \eta_c$(복합효율)$= 1 - \frac{373}{673} = 0.4457(44.57\%)$

정답 33 ② 34 ② 35 ② 36 ①

37 온도가 각각 −20℃, 30℃인 두 열원 사이에서 작동하는 냉동사이클이 이상적인 역카르노 사이클을 이루고 있다. 냉동기에 공급된 일이 15kW이면 냉동용량(냉각열량)은 약 몇 kW인가?

① 2.5   ② 3.0
③ 76   ④ 91

해설
$273 - 20 = 253K$, $273 + 30 = 303K$
성적계수$(COP) = \dfrac{T_2}{T_1 - T_2} = \dfrac{253}{303 - 253} = 5.06$
∴ 냉동용량 = COP × 공급일 = $5.06 \times 15 ≒ 76kW$

38 이상기체 5kg이 250℃에서 120℃까지 정적과정으로 변화한다. 엔트로피 감소량은 약 몇 kJ/K인가?(단, 정적비열은 0.653kJ/(kg·K)이다.)

① 0.933   ② 0.439
③ 0.274   ④ 0.187

해설
㉠ $250 - 120 = 130℃$(온도변화)
㉡ $250 + 273 = 523K$
㉢ $120 + 273 = 393K$
엔트로피 변화$(\Delta S) = C_V \ln\left(\dfrac{T_2}{T_1}\right)$
$= 0.653 \times \ln\left(\dfrac{250+273}{120+273}\right) \times 5$
$= 0.933kJ/K$

39 압력이 200kPa로 일정한 상태로 유지되는 실린더 내의 이상기체가 체적 0.3m³에서 0.4m³로 팽창될 때 이상기체가 한 일의 양은 몇 kJ인가?

① 20   ② 40
③ 60   ④ 80

해설
등압변화 = 팽창일$(_1W_2) = P(V_2 - V_1)$
$= 200 \times (0.4 - 0.3) = 20kJ$

40 500K의 고온 열저장조와 300K의 저온열저장조 사이에서 작동되는 열기관이 낼 수 있는 최대효율은?

① 100%   ② 80%
③ 60%   ④ 40%

해설
최대효율 $= 1 - \dfrac{T_1}{T_2} = 1 - \dfrac{300}{500} = 0.4(40\%)$

3과목 계측방법

41 열전대 온도계에 대한 설명으로 옳은 것은?

① 흡습 등으로 열화된다.
② 밀도차를 이용한 것이다.
③ 자기가열에 주의해야 한다.
④ 온도에 대한 열기전력이 크며 내구성이 좋다.

해설
열전대 온도계의 구비조건은 열기전력이 크고 온도 상승에 따른 연속적 상승이 가능할 것

42 지름이 400mm인 관속을 5kg/s로 공기가 흐르고 있다. 관속의 압력은 200kPa, 온도는 23℃, 공기의 기체상수 R이 287J/(kg·K)라 할 때 공기의 평균 속도는 약 몇 m/s인가?

① 2.4   ② 7.7
③ 16.9   ④ 24.1

해설
관의 단면적$(A) = \dfrac{3.14}{4} \times (0.4)^2 = 0.1256m^2$
$5kg/s = 22.4m^3 \times \dfrac{5}{29} = 3.862m^3/s$ (공기유량)
$3.862 \times \dfrac{100}{200} \times \dfrac{23+273}{273} = 2.1219m^3/s$ (변화 후 체적)
∴ 유속 $= \dfrac{2.1219}{0.1256} = 16.9m/s$

정답 37 ③ 38 ① 39 ① 40 ④ 41 ④ 42 ③

43 다음 열전대의 종류 중 측정온도에 대한 기전력의 크기로 옳은 것은?

① IC>CC>CA>PR
② IC>PR>CC>CA
③ CC>CA>PR>IC
④ CC>IC>CA>PR

해설
열전대 온도계의 기전력 크기
㉠ IC(철-콘스탄탄) : 열기전력이 가장 크다.
㉡ CC(구리-콘스탄탄) : 열기전력이 크다.
㉢ CA(크로멜-알루멜) : 열기전력이 보통이다.
㉣ PR(백금-백금로듐) : 열기전력이 보통이다.

44 2,000℃까지 고온 측정이 가능한 온도계는?

① 방사 온도계
② 백금저항 온도계
③ 바이메탈 온도계
④ Pt-Rh 열전식 온도계

해설
㉠ 백금저항 온도계 : -200~500℃
㉡ 바이메탈 온도계 : -50~500℃
㉢ 백금-백금로듐 온도계 : 0~1,600℃
㉣ 방사 온도계 : 50~3,000℃

45 다음 그림과 같은 경사관식 압력계에서 P_2는 50kg/m²일 때 측정압력 P_1은 약 몇 kg/m²인가?(단, 액체의 비중은 1이다.)

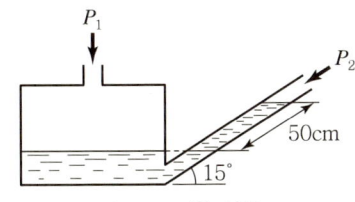

① 130
② 180
③ 320
④ 530

해설
$P_1 = P_2 + rx\sin\theta$
$= 50 + 1,000 \times 0.5 \times \sin 15 ≒ 180 kg/m^2$
• 액체의 비중은 물이 기준이다.(1,000kg/m³)

46 SI 기본단위를 바르게 표현한 것은?

① 시간 : 분
② 질량 : 그램
③ 길이 : 밀리미터
④ 전류 : 암페어

해설
SI 기본단위
㉠ 시간 : 초(s)
㉡ 질량 : kg
㉢ 길이 : m

47 전자유량계의 특징으로 틀린 것은?

① 응답이 빠른 편이다.
② 압력손실이 거의 없다.
③ 높은 내식성을 유지할 수 있다.
④ 모든 액체의 유량 측정이 가능하다.

해설
전자유량계
패러데이의 전자유도법칙을 이용한다. 유량계로서 도전성이 있는 유체의 유량만 측정이 가능하다.

48 오르자트식 가스분석계로 측정하기 어려운 것은?

① O_2
② CO_2
③ CH_4
④ CO

해설
오르자트식 가스분석계를 이용한 측정(화학적 가스분석)
• $CO_2 \rightarrow O_2 \rightarrow CO$ 순

정답 43 ① 44 ① 45 ② 46 ④ 47 ④ 48 ③

49 불연속 제어로서 탱크의 액위를 제어하는 방법으로 주로 이용되는 것은?

① P 동작
② PI 동작
③ PD 동작
④ 온-오프 동작

[해설]
불연속동작
㉠ 온-오프 동작(2 위치 동작)
㉡ 다위치 동작
㉢ 간헐 동작

50 관로에 설치된 오리피스 전후의 압력차는?

① 유량의 제곱에 비례한다.
② 유량의 제곱근에 비례한다.
③ 유량의 제곱에 반비례한다.
④ 유량의 제곱근에 반비례한다.

[해설]
차압식 유량계
㉠ 벤투리미터
㉡ 플로노즐
㉢ 오리피스
※ ①항은 오리피스 전후의 압력차
Q(유량)$= C \cdot A \sqrt{2gh}$ (m³/s)
유량은 측정압력의 평방근에 비례한다.

51 염화리튬이 공기 수증기압과 평형을 이룰 때 생기는 온도저하를 저항온도계로 측정하여 습도를 알아내는 습도계는?

① 듀셀 노점계
② 아스만 습도계
③ 광전관식 노점계
④ 전기저항식 습도계

[해설]
듀셀 노점계
염화리튬이 공기수증기압과 평형을 이룰 때 생기는 온도 저하를 저항온도계로 측정하여 알아내는 습도계
• 염화리튬(리튬이온+염화이온) : LiCl(흡습용해성의 고체 결정체)

52 유량 측정에 쓰이는 Tap 방식이 아닌 것은?

① 베나 탭
② 코너 탭
③ 압력 탭
④ 플랜지 탭

[해설]
차압식 유량계(오리피스)의 탭
㉠ 베나 탭
㉡ 코너 탭
㉢ 플랜지 탭

53 다음에서 설명하는 제어동작은?

• 부하 변화가 커도 잔류편차가 생기지 않는다.
• 급변할 때 큰 진동이 생긴다.
• 전달이 느리거나 쓸모없는 시간이 크면 사이클링의 주기가 커진다.

① D 동작
② PI 동작
③ PD 동작
④ P 동작

[해설]
PI(비례적분) 동작
㉠ 잔류편차가 생기지 않는다.
㉡ 급변시 큰 진동이 생긴다.
㉢ 전달이 느리거나 쓸모없는 시간이 크면 사이클링의 주기가 커진다.

54 제어 시스템에서 응답이 계단변화가 도입된 후에 얻게 될 최종적인 값을 얼마나 초과하게 되는지를 나타내는 척도는?

① 오프셋
② 쇠퇴비
③ 오버슈트
④ 응답시간

[해설]
오버슈트
제어 시스템에서 응답이 계단변화가 도입된 후에 얻게 될 최종적인 값을 얼마나 초과하게 되는지를 나타내는 척도를 말한다.

정답 49 ④ 50 ① 51 ① 52 ③ 53 ② 54 ③

55 다음 온도계 중 측정범위가 가장 높은 것은?

① 광온도계
② 저항온도계
③ 열전온도계
④ 압력온도계

해설
고온측정계
㉠ 광온도계(광고온도계) : 700 ~ 3,000℃
㉡ 방사온도계 : 50 ~ 3,000℃
㉢ 광전관식 온도계 : 700 ~ 3,000℃

56 기체연료의 시험방법 중 CO의 흡수액은?

① 발연 황산액
② 수산화칼륨 30% 수용액
③ 알칼리성 피로갈롤 용액
④ 암모니아성 염화제1동 용액

해설
① 중탄화수소(기체연료)의 분석 흡수액
② CO_2 분석 흡수액
③ O_2 분석 흡수액
④ CO 분석 흡수액

57 차압식 유량계의 종류가 아닌 것은?

① 벤투리
② 오리피스
③ 터빈 유량계
④ 플로노즐

해설
㉠ 차압식 유량계
 • 오리피스
 • 벤투리
 • 플로노즐
㉡ 터빈유량계 : 용적식 유량계

58 단열식 열량계로 석탄 1.5g을 연소시켰더니 온도가 4℃ 상승하였다. 통 내의 유량이 2,000g, 열량계의 물당량이 500g일 때 이 석탄의 발열량은 약 몇 J/g인가?(단, 물의 비열은 4.19J/g · K이다.)

① 2.23×10^4
② 2.79×10^4
③ 4.19×10^4
④ 6.98×10^4

해설
단열식 열량계를 통한 발열량

$$= \frac{\text{내통수 비열} \times \text{상승온도} \times (\text{내통수량} + \text{수당량}) - \text{발열보정}}{\text{시료}}$$

$$\times \frac{100}{100 - \text{수분}}$$

$$= \frac{4.19 \times 4 \times (2,000+500)}{1.5} = 27,933 \text{J/g} (2.79 \times 10^4)$$

59 2원자 분자를 제외한 CO_2, CO, CH_4 등의 가스를 분석할 수 있으며, 선택성이 우수하고 저농도의 분석에 적합한 가스 분석법은?

① 적외선법
② 음향법
③ 열전도율법
④ 도전율법

해설
적외선법
2원자 분자의 가스를 제외한 가스의 분석이 가능하며 선택성이 우수하고 가스의 저농도의 분석에 적합하다.

60 국제단위계(SI)에서 길이단위의 설명으로 틀린 것은?

① 기본단위이다.
② 기호는 K이다.
③ 명칭은 미터이다.
④ 빛이 진공에서 1/229792458초 동안 진행한 경로의 길이이다.

해설
㉠ SI 단위계에서 온도의 단위는 캘빈(K)이 기본이고 길이는 m가 기본이다.
㉡ SI 기본단위 : 질량(kg), 시간(s), 전류(A), 열역학 온도(K), 물질량(mol), 광도(cd)

정답 55 ① 56 ④ 57 ③ 58 ② 59 ① 60 ②

4과목 열설비재료 및 관계법규

61 샤모트(chamotte) 벽돌에 대한 설명으로 옳은 것은?

① 일반적으로 기공률이 크고 비교적 낮은 온도에서 연화되며 내스폴링성이 좋다.
② 흑연질 등을 사용하며 내화도와 하중 연화점이 높고 열 및 전기전도도가 크다.
③ 내식성과 내마모성이 크며 내화도는 SK 35 이상으로 주로 고온부에 사용된다.
④ 하중 연화점이 높고 가소성이 커 염기성 제강로에 주로 사용된다.

해설
샤모트(Chamotte) 내화벽돌
내화점토를 SK 10~13 정도로 하소하여 분쇄한 것(샤모트, 소분)으로, 보일러 등 일반가마용이며 일반적으로 기공률이 크고 비교적 낮은 온도에서 연화되며 내스폴링성이 크다.
• 내화도 : SK 28 ~ 34
• 가소성이 없어서 10 ~ 30% 생점토를 가하여 벽돌 제작

62 에너지이용 합리화법에 따라 최대 1천만 원 이하의 벌금에 처할 대상자에 해당되는 않는 자는?

① 검사대상기기 조종자를 정당한 사유 없이 선임하지 아니한 자
② 검사대상기기의 검사를 정당한 사유 없이 받지 아니한 자
③ 검사에 불합격한 검사대상기기를 임의로 사용한 자
④ 최저소비효율기준에 미달된 효율관리기자재를 생산한 자

해설
①, ②, ③항 해당자는 1천만원 이하의 벌금 또는 1년 이하의 징역에 처하고, ④항 해당자는 과태료부과 또는 개선명령을 통보한다.

63 배관설비의 지지를 위한 필요조건에 관한 설명으로 틀린 것은?

① 온도의 변화에 따른 배관신축을 충분히 고려하여야 한다.
② 배관 시공 시 필요한 배관기울기를 용이하게 조정할 수 있어야 한다.
③ 배관설비의 진동과 소음을 외부로 쉽게 전달할 수 있어야 한다.
④ 수격현상 및 외부로부터 진동과 힘에 대하여 견고하여야 한다.

해설
배관설비의 진동·소음은 외부로 쉽게 전달하지 못하게 브레이스 등으로 차단한다.

64 길이 7m, 외경 200mm, 내경 190mm의 탄소강관에 360℃ 과열증기를 통과시키면 이때 늘어나는 관의 길이는 몇 mm인가?(단, 주위온도는 20℃이고, 관의 선팽창계수는 0.000013mm/mm·℃이다.)

① 21.15 ② 25.71
③ 30.94 ④ 36.48

해설
1m=1,000mm, 7m=7,000mm
∴ 선팽창 길이(ℓ)=7,000×0.000013×(360−20)
　　　　　　＝30.94mm

65 에너지이용 합리화법에 따라 에너지사용계획을 수립하여 산업통상자원부장관에게 제출하여야 하는 민간사업주관자의 기준은?

① 연간 5백만 킬로와트시 이상의 전력을 사용하는 시설을 설치하려는 자
② 연간 1천만 킬로와트시 이상의 전력을 사용하는 시설을 설치하려는 자

정답 61 ① 62 ④ 63 ③ 64 ③ 65 ④

③ 연간 1천5백만 킬로와트시 이상의 전력을 사용하는 시설을 설치하려는 자
④ 연간 2천만 킬로와트시 이상의 전력을 사용하는 시설을 설치하려는 자

[해설]
④항은 민간사업주관자가 산업통상자원부장관에게 에너지 사용 계획을 수립하여 제출해야 하는 사용시설이다.

66 관의 신축량에 대한 설명으로 옳은 것은?
① 신축량은 관의 열팽창계수, 길이, 온도차에 반비례한다.
② 신축량은 관의 열팽창계수, 길이, 온도차에 비례한다.
③ 신축량은 관의 길이, 온도차에는 비례하지만 열팽창계수에는 반비례한다.
④ 신축량은 관의 열팽창계수에 비례하고 온도차와 길이에 반비례한다.

[해설]
관(배관)의 신축량(mm)은 관의 열팽창계수, 관의 길이, 온도차에 비례한다.

67 에너지이용 합리화법에 따라 인정검사대상 기기조종자의 교육을 이수한 자가 조종할 수 없는 것은?
① 압력용기
② 용량이 581.5킬로와트인 열매체를 가열하는 보일러
③ 용량 700킬로와트의 온수 발생 보일러
④ 최고사용압력이 1MPa 이하이고, 전열면적이 10제곱미터 이하인 증기보일러

[해설]
용량 1kW-h=860kcal
700×860=602,000kcal/h
50만 kcal/h 초과 온수보일러는 기능사자격증 이상이 필요하다.

68 에너지이용 합리화법상의 "목표에너지원 단위"란?
① 열사용기기당 단위시간에 사용할 열의 사용목표량
② 각 회사마다 단위기간 동안 사용할 열의 사용목표량
③ 에너지를 사용하여 만드는 제품의 단위당 에너지 사용목표량
④ 보일러에서 증기 1톤을 발생할 때 사용할 연료의 사용목표량

[해설]
목표에너지원 단위
에너지를 사용하여 만드는 제품의 단위당 에너지 사용목표량

69 에너지이용 합리화법상의 효율관리기자재에 속하지 않는 것은?
① 전기철도   ② 삼상유도전동기
③ 전기세탁기   ④ 자동차

[해설]
효율관리기자재(에너지이용 합리화법 시행규칙 제7조 규정)에서 전기철도는 제외한다. (②, ③, ④항 외에 전기냉방기, 조명기기, 전기냉장고 등이 해당된다.)

70 가마를 축조할 때 단열재를 사용함으로써 얻을 수 있는 효과로 틀린 것은?
① 작업 온도까지 가마의 온도를 빨리 올릴 수 있다.
② 가마의 벽을 얇게 할 수 있다.
③ 가마 내의 온도 분포가 균일하겐 된다.
④ 내화벽돌의 내·외부 온도가 급격히 상승한다.

[해설]
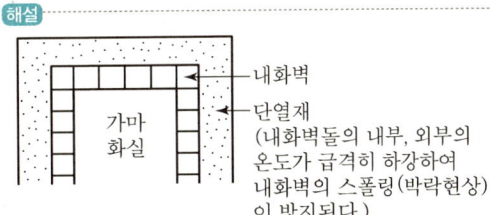
내화벽
단열재
(내화벽돌의 내부, 외부의 온도가 급격히 하강하여 내화벽의 스폴링(박락현상)이 방지된다.)

정답 66 ② 67 ③ 68 ③ 69 ① 70 ④

71 에너지이용 합리화법에 따라 검사대상기기 조종자의 신고사유가 발생한 경우 발생한 날로부터 며칠 이내에 신고하여야 하는가?

① 7일
② 15일
③ 30일
④ 60일

해설
검사대상기기(보일러, 압력용기) 조종자는 사유가 발생한 날로부터 30일 이내에 한국에너지공단에 신고하여야 한다.

72 다음은 보일러의 급수밸브 및 체크밸브 설치 기준에 관한 설명이다. ( ) 안에 알맞은 것은?

> 급수밸브 및 체크밸브의 크기는 전열면적 $10m^2$ 이하의 보일러에서는 관의 호칭 (가) 이상, 전열면적 $10m^2$를 초과하는 보일러에서는 호칭 (나) 이상이어야 한다.

① 가 : 5A, 나 : 10A
② 가 : 10A, 나 : 15A
③ 가 : 15A, 나 : 20A
④ 가 : 20A, 나 : 30A

해설
전열면적
㉠ $10m^2$ 이하 : 15A 이상
㉡ $10m^2$ 초과 : 20A 이상

73 에너지이용 합리화법에 따라 산업통상자원부장관은 에너지를 합리적으로 이용하게 하기 위하여 몇 년마다 에너지이용 합리화에 관한 기본계획을 수립하여야 하는가?

① 2년
② 3년
③ 5년
④ 10년

해설
에너지이용 합리화 기본계획(산업통상자원부장관)은 5년마다 수립한다.(계획기간 : 20년)

74 산성 내화물이 아닌 것은?

① 규석질 내화물
② 납석질 내화물
③ 샤모트질 내화물
④ 마그네시아 내화물

해설
염기성 내화물
㉠ 마그네시아
㉡ 돌로마이트
㉢ 크롬-마그네시아
㉣ 포스테라이트질

75 고압 배관용 탄소강관에 대한 설명으로 틀린 것은?

① 관의 소재로는 킬드강을 사용하여 이음매 없이 제조된다.
② KS 규격 기호로 SPPS라고 표기한다.
③ 350℃ 이하, $100kg/cm^2$ 이상 압력범위에서 사용이 가능하다.
④ NH_3 합성용 배관, 화학공업의 고압유체 수송용에 사용한다.

해설
㉠ 압력배관용 : SPPS($10 \sim 100kg/cm^2$)
㉡ 고압배관용 : SPPH($100kg/cm^2$ 이상)

76 크롬이나 크롬마그네시아 벽돌이 고온에서 산화철을 흡수하여 표면이 부풀어 오르고 떨어져 나가는 현상은?

① 버스팅(bursting)
② 스폴링(spalling)
③ 슬래킹(slaking)
④ 큐어링(curing)

해설
버스팅 현상
크롬 벽돌, 마그네시아 벽돌이 고온에서 산화철을 흡수하여 표면이 부풀어 오르고 박락(떨어져 나가는 현상) 현상이 발생하는 이다.

정답 71 ③ 72 ③ 73 ③ 74 ④ 75 ② 76 ①

77 내화물의 구비조건으로 틀린 것은?

① 상온에서 압축강도가 작을 것
② 내마모성 및 내침식성을 가질 것
③ 재가열 시 수축이 적을 것
④ 사용온도에서 연화 변형하지 않을 것

해설
내화물(내화벽돌)은 상온에서 압축강도가 커야 한다.

78 에너지이용 합리화법에 따라 에너지 저장의무를 부과할 수 있는 대상자가 아닌 자는?

① 전기사업법에 의한 전기사업자
② 도시가스사업법에 의한 도시가스사업자
③ 풍력사업법에 의한 풍력사업자
④ 석탄산업법에 의한 석탄가공업자

해설
에너지이용 합리화법 시행령 제12조에 의해 에너지 저장의무 부과대상자에서 풍력사업자는 제외된다.

79 배관의 신축이음에 대한 설명으로 틀린 것은?

① 슬리브형은 단식과 복식의 2종류가 있으며 고온, 고압에 사용한다.
② 루프형은 고압에 잘 견디며, 주로 고압증기의 옥외 배관에 사용한다.
③ 벨로스형은 신축으로 인한 응력을 받지 않는다.
④ 스위블형은 온수 또는 저압증기의 배관에 사용하며, 큰 신축에 대하여는 누설의 염려가 있다.

해설
고온, 고압의 신축이음은 루프형(곡관형) 신축이음이다.

80 에너지이용 합리화법에 따른 특정열 사용 기자재가 아닌 것은?

① 주철제 보일러   ② 금속 소둔로
③ 2종 압력용기   ④ 석유난로

해설
석유난로는 열사용 기자재에서 제외된다. (에너지이용 합리화법 시행규칙 별표 3-2 참고)

5과목 열설비설계

81 급수에서 ppm 단위에 대한 설명으로 옳은 것은?

① 물 1mL 중에 함유된 시료의 양을 g으로 표시한 것
② 물 100mL 중에 함유된 시료의 양을 mg으로 표시한 것
③ 물 1,000mL 중에 함유된 시료의 양을 g으로 표시한 것
④ 물 1,000mL 중에 함유된 시료의 양을 mg으로 표시한 것

해설
1ppm $\left(\dfrac{1}{10^6}\right)$ 단위

∴ 물 1,000mL 중 불순물 함유 1mg을 표시한다.
• 1mL = 1,000mg

82 그림과 같이 가로×세로×높이가 3×1.5×0.03m인 탄소 강판이 놓여 있다. 열전도계수(K)가 43W/m·K이며, 표면온도는 20℃였다. 이때 탄소강판 아랫면에 열유속($q'' = q/A$) 600kcal/m²·h을 가할 경우, 탄소강판에 대한 표면온도 상승[ΔT(℃)]은?

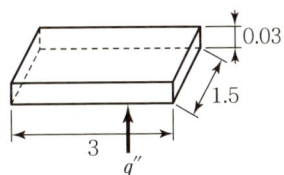

① 0.243℃   ② 0.264℃
③ 0.486℃   ④ 1.973℃

정답 77 ① 78 ③ 79 ① 80 ④ 81 ④ 82 ③

해설
㉠ 43W×0.86kcal/W = 36.98kcal
㉡ 높이 0.03m
∴ 표면온도 상승(ΔT) = $\dfrac{600}{36.98} \times 0.03 = 0.486℃$

83 금속판을 전열체로 하여 유체를 가열하는 방식으로 열팽창에 대한 염려가 없고 플랜지 이음으로 되어 있어 내부수리가 용이한 열교환기 형식은?

① 유동두식 ② 플레이트식
③ 융그스트롬식 ④ 스파이럴식

해설
스파이럴식 열교환기
금속판을 전열체로 하여 유체를 가열하는 방식으로 열팽창에 대한 염려가 없고 플랜지 이음으로 되어 있어 내부수리가 용이한 열교환기이다.

84 보일러의 용량을 산출하거나 표시하는 값으로 적합하지 않은 것은?

① 상당증발량 ② 보일러 마력
③ 전열면적 ④ 재열계수

해설
보일러 용량 산출 표시값
㉠ 상당증발량 ㉡ 보일러 마력
㉢ 전열면적 ㉣ 상당방열면적
㉤ 정격출력

85 강제 순환식 수관 보일러는?

① 라몬트(Lamont) 보일러
② 다쿠마(Takuma) 보일러
③ 슐저(Sulzer) 보일러
④ 벤슨(Benson) 보일러

해설
강제 순환식 수관 보일러
㉠ 라몬트 노즐 보일러
㉡ 베록스 보일러

86 연료 1kg이 연소하여 발생하는 증기량의 비를 무엇이라고 하는가?

① 열발생률
② 환산증발배수
③ 전열면 증발률
④ 증기량 발생률

해설
환산증발 배수(환산증발량/연료소비량)
연소실열발생률(kcal/m³h), 전열면 증발률(kg/m²h), 증기발생량(kg/m²h), 증발배수(kg/kg)

87 저온부식의 방지방법이 아닌 것은?

① 과잉공기를 적게 하여 연소한다.
② 발열량이 높은 황분을 사용한다.
③ 연료첨가제(수산화마그네슘)를 이용하여 노점 온도를 낮춘다.
④ 연소 배기가스의 온도가 너무 낮지 않게 한다.

해설
S(황) + O_2 → SO_2(아황산)
$SO_2 + H_2O$ → H_2SO_3
$H_2SO_3 + 1/2O_2$ → H_2SO_4 (저온부식 발생 : 절탄기, 공기예열기)

88 보일러 송풍장치의 회전수 변환을 통한 급기풍량 제어를 위하여 2극 유도전동기에 인버터를 설치하였다. 주파수가 55Hz일 때 유도전동기의 회전수는?

① 1,650rpm ② 1,800rpm
③ 3,300rpm ④ 3,600rpm

해설
유도전동기의 동기속도(N_s) = $\dfrac{120f}{P} = \dfrac{120 \times 55}{2} = 3,300\text{rpm}$

정답 83 ④ 84 ④ 85 ① 86 ② 87 ② 88 ③

89 보일러의 성능시험방법 및 기준에 대한 설명으로 옳은 것은?

① 증기건도의 기준은 강철제 또는 주철제로 나누어 정해져 있다.
② 측정은 매 1시간마다 실시한다.
③ 수위는 최초 측정치에 비해서 최종 측정치가 적어야 한다.
④ 측정기록 및 계산양식은 제조사에서 정해진 것을 사용한다.

해설
보일러 열정산에서 건도(증기건조도)
㉠ 강철제 : 0.98 이상
㉡ 주철제 : 0.97 이상
• 증기는 건도가 높을수록 질이 좋다.
• 측정은 10분마다 한다.

90 동일 조건에서 열교환기의 온도효율이 높은 순서대로 나열한 것은?

① 향류 > 직교류 > 병류
② 병류 > 직교류 > 향류
③ 직교류 > 향류 > 병류
④ 직교류 > 병류 > 향류

해설

㉠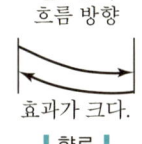
효과가 크다.
| 향류 |

㉡
효과가 나쁘다.
| 병류 |

㉢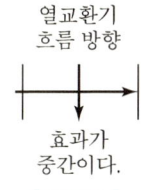
효과가 중간이다.
| 직교류 |

91 어떤 연료 1kg당 발열량이 6,320kcal이다. 이 연료 50kg/h을 연소시킬 때 발생하는 열이 모두 일로 전환된다면 이때 발생하는 동력은?

① 300PS ② 400PS
③ 500PS ④ 600PS

해설
1PS−h=632kcal(동력값)
50kg/h×6,320kcal/kg=316,000kcal/h
$\therefore \dfrac{316,000}{632} = 500PS$

92 유체의 압력손실은 배관 설계 시 중요한 인자이다. 압력손실과의 관계로 틀린 것은?

① 압력손실은 관마찰계수에 비례한다.
② 압력손실은 유속의 제곱에 비례한다.
③ 압력손실은 관의 길이에 반비례한다.
④ 압력손실은 관의 내경에 반비례한다.

해설
압력손실
압력손실은 관의 길이에 비례한다.

93 공기예열기의 효과에 대한 설명으로 틀린 것은?

① 연소효율을 증가시킨다.
② 과잉공기량을 줄일 수 있다.
③ 배기가스 저항이 줄어든다.
④ 저질탄 연소에 효과적이다.

해설
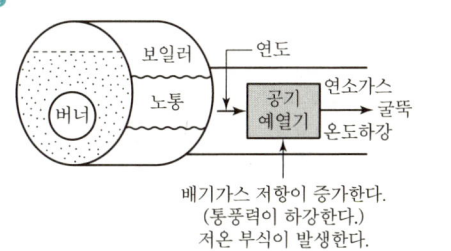

정답 89 ① 90 ① 91 ③ 92 ③ 93 ③

94 이중 열교환기의 총괄전열계수가 69kcal/m²·h·℃일 때, 더운 액체와 찬 액체를 향류로 접속시켰더니 더운 면의 온도가 65℃에서 25℃로 내려가고 찬 면의 온도가 20℃에서 53℃로 올라갔다. 단위면적당의 열교환량은?

① 498kcal/m²·h
② 552kcal/m²·h
③ 2,415kcal/m²·h
④ 2,760kcal/m²·h

해설

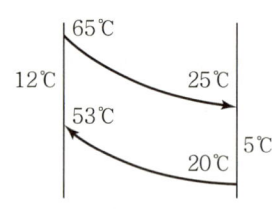

향류 대수온도차 $= \dfrac{12-5}{\ln\dfrac{12}{5}} = 8℃$

∴ 열교환량 $= 69 \times 8 = 552\,kcal/m^2h$

95 연관식 패키지 보일러와 랭커셔 보일러의 장단점에 대한 비교 설명으로 틀린 것은?

① 열효율은 연관식 패키지 보일러가 좋다.
② 부하변동에 대한 대응성은 랭커셔 보일러가 적다.
③ 설치 면적당의 증발량은 연관식 패키지 보일러가 크다.
④ 수처리는 연관식 패키지 보일러가 더 간단하다.

해설

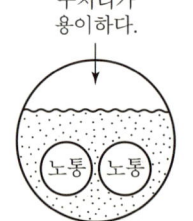
| 랭커셔 보일러 |

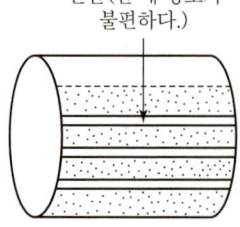
| 연관식 패키지 보일러 |

96 인젝터의 작동순서로 옳은 것은?

㉮ 인젝터의 정지변을 연다.
㉯ 증기변을 연다.
㉰ 급수변을 연다.
㉱ 인젝터의 핸들을 연다.

① ㉮ → ㉯ → ㉰ → ㉱
② ㉮ → ㉰ → ㉯ → ㉱
③ ㉱ → ㉯ → ㉰ → ㉮
④ ㉱ → ㉰ → ㉯ → ㉮

해설
㉠ 인젝터(급수설비)의 작동순서 : ㉮ → ㉰ → ㉯ → ㉱
㉡ 인젝터 정지순서 : ㉱ → ㉯ → ㉰ → ㉮ (작동의 반대)

97 프라이밍 및 포밍 발생 시의 조치에 대한 설명으로 틀린 것은?

① 안전밸브를 전개하여 압력을 강하시킨다.
② 증기 취출을 서서히 한다.
③ 연소량을 줄인다.
④ 저압운전을 하지 않는다.

해설
프라이밍(비수 : 물방울의 솟음), 포밍(물거품 발생)이 보일러 운전 중 발생하면 보일러의 주 증기밸브를 차단시킨다. (안전밸브 : 증기압력에 관계되는 안전장치)

98 방열 유체의 전열 유닛 수(NTU)가 3.5, 온도차가 105℃이고, 열교환기의 전열효율이 1일 때 대수평균온도차(LMTD)는?

① 22.3℃
② 30℃
③ 62℃
④ 367.5℃

해설
대수평균온도차 $= \dfrac{105}{3.5} = 30℃$

정답 94 ② 95 ④ 96 ② 97 ① 98 ②

99 보일러수로서 가장 적절한 pH는?

① 5 전후
② 7 전후
③ 11 전후
④ 14 이상

해설

㉠ 보일러수 pH : 9~11 전후
㉡ 급수 pH : 7~9 전후

100 노통식 보일러에서 파형부의 길이가 230mm 미만인 파형 노통의 최소 두께(t)를 결정하는 식은?(단, P는 최고 사용압력(MPa), D는 노통 파형부에서의 최대 내경과 최소 내경의 평균치(mm), C는 노통의 종류에 따른 상수이다.)

① $10PD$
② $\dfrac{10P}{D}$
③ $\dfrac{C}{10PD}$
④ $\dfrac{10PD}{C}$

해설

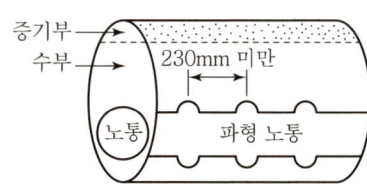

두께(t) = $\dfrac{10 \times P \times D}{C}$ (mm)

정답 99 ③ 100 ④

2017년 2회 기출문제

1과목 연소공학

01 액체연료의 미립화 시 평균 분무입경에 직접적인 영향을 미치는 것이 아닌 것은?

① 액체연료의 표면장력 ② 액체연료의 점성계수
③ 액체연료의 탁도 ④ 액체연료의 밀도

해설
탁도는 '증류수 1L에 카올린 1mg이 섞여 있을 때 물의 흐린 정도'를 나타내는 것으로, 수질분석에 주로 사용된다.

02 연돌의 통풍력은 외기온도에 따라 변화한다. 만일 다른 조건이 일정하게 유지되고 외기 온도만 높아진다면 통풍력은 어떻게 되겠는가?

① 통풍력은 감소한다.
② 통풍력은 증가한다.
③ 통풍력은 변화하지 않는다.
④ 통풍력은 증가하다 감소한다.

해설
외기온도가 높아지면 배기가스 온도와의 밀도차이가 적어져서 통풍력이 감소한다.

03 집진장치 중 하나인 사이클론의 특징으로 틀린 것은?

① 원심력 집진장치이다.
② 다량의 물 또는 세정액을 필요로 한다.
③ 함진가스의 충돌로 집진기의 마모가 쉽다.
④ 사이클론 전체로서의 압력손실은 입구 헤드의 4배 정도이다.

해설
다량의 물 또는 세정액이 필요한 집진장치는 습식(회전식, 유수식, 가압수식)이고, 사이클론 집진장치는 건식(원심식)이다.

04 증기운 폭발의 특징에 대한 설명으로 틀린 것은?

① 폭발보다 화재가 많다.
② 연소에너지의 약 20%만 폭풍파로 변한다.
③ 증기운의 크기가 클수록 점화될 가능성이 커진다.
④ 점화위치가 방출점에서 가까울수록 폭발위력이 크다.

해설
증기운 폭발(UVCE)
대기 중에 다량의 가연성 가스나 인화성 액체가 유출 시 대기 중의 공기와 혼합하여 폭발성의 증기구름이 생기는데, 이때 착화원에 의한 화구를 형성하여 폭발하는 형태이다. (점화위치가 방출점에서 멀어지면 폭발력이 커진다.)

05 보일러의 열정산 시 출열에 해당하지 않는 것은?

① 연소배가스 중 수증기의 보유열
② 불완전연소에 의한 손실열
③ 건연소배가스의 현열
④ 급수의 현열

해설
열정산 시 입열
• 급수의 현열
• 연료의 현열
• 연료의 연소열

06 연소를 계속 유지시키는 데 필요한 조건에 대한 설명으로 옳은 것은?

① 연료에 산소를 공급하고 착화온도 이하로 억제한다.
② 연료에 발화온도 미만의 저온 분위기를 유지시킨다.
③ 연료에 산소를 공급하고 착화온도 이상으로 유지한다.
④ 연료에 공기를 접촉시켜 연소속도를 저하시킨다.

정답 01 ③ 02 ① 03 ② 04 ④ 05 ④ 06 ③

07
비중이 0.8(60°F/60°F)인 액체연료의 API도는?

① 10.1
② 21.9
③ 36.8
④ 45.4

해설

액체연료 비중시험 API도

$$API = \frac{141.5}{(60°F/60°F) \text{ 비중}} - 131.5$$

$$\therefore \frac{141.5}{0.8} - 131.5 = 45.4$$

08
다음의 혼합가스 1Nm³의 이론 공기량(Nm³/Nm³)은?(단, C_3H_8 : 70%, C_4H_{10} : 30%이다.)

① 24
② 26
③ 28
④ 30

해설

혼합가스 C_3H_8 70%, C_4H_{10} 30%

이론 공기량 = 이론산소량 × $\frac{1}{0.21}$

$C_3H_8 + 5O_2 \rightarrow 3CO_2 + 4H_2O$
$C_4H_{10} + 6.5O_2 \rightarrow 4CO_2 + 5H_2O$

$\therefore (5 \times 0.7 + 6.5 \times 0.3) \times \frac{1}{0.21} = 26 Nm^3/Nm^3$

09
액체연료 연소장치 중 회전식 버너의 특징에 대한 설명으로 틀린 것은?

① 분무각은 10~40° 정도이다.
② 유량조절범위는 1 : 5 정도이다.
③ 자동제어에 편리한 구조로 되어 있다.
④ 부속설비가 없으며 화염이 짧고 안정한 연소를 얻을 수 있다.

해설

회전식 버너(수평로터리 버너)의 분무각도는 30~80° 정도이며 에어노즐 각도로 조절한다.

10
일반적인 천연가스에 대한 설명으로 가장 거리가 먼 것은?

① 주성분은 메탄이다.
② 발열량은 비교적 높다.
③ 프로판가스보다 무겁다.
④ LNG는 대기압하에서 비등점이 −162℃인 액체이다.

해설

- 천연가스(메탄, CH_4) 분자량 : 16
- 프로판가스(C_3H_8) 분자량 : 44
- 공기의 분자량 : 29

$\therefore$ 공기 중 천연가스 비중 = $\frac{16}{29}$ = 0.55

공기 중 프로판가스 비중 = $\frac{44}{29}$ = 1.52

11
200kg의 물체가 10m의 높이에서 지면으로 떨어졌다. 최초의 위치 에너지가 모두 열로 변했다면 약 몇 kcal의 열이 발생하겠는가?

① 2.5
② 3.6
③ 4.7
④ 5.8

해설

일의 양 = $\frac{1}{427}$ kcal/kg · m $\therefore 200 \times 10 \times \frac{1}{427} = 4.7$ kcal

12
연료의 발열량에 대한 설명으로 틀린 것은?

① 기체 연료는 그 성분으로부터 발열량을 계산할 수 있다.
② 발열량의 단위는 고체와 액체 연료의 경우 단위중량당(통상 연료 kg당) 발열량으로 표시한다.
③ 고위발열량은 연료의 측정열량에 수증기 증발잠열을 포함한 연소열량이다.
④ 일반적으로 액체 연료는 비중이 크면 체적당 발열량은 감소하고, 중량당 발열량은 증가한다.

해설

일반적으로 액체연료는 비중이 크면 중량이 무겁고 1kg 중량당 발열량이 증가한다.

정답 07 ④ 08 ② 09 ① 10 ③ 11 ③ 12 ④

13 최소 점화에너지에 대한 설명으로 틀린 것은?

① 혼합기의 종류에 의해서 변한다.
② 불꽃 방전 시 일어나는 에너지의 크기는 전압의 제곱에 비례한다.
③ 최소 점화에너지는 연소속도 및 열전도가 작을수록 큰 값을 갖는다.
④ 가연성 혼합기체를 점화시키는 데 필요한 최소 에너지를 최소 점화에너지라 한다.

해설
최소 점화에너지는 연소속도 및 열전도가 작을수록 작은 값을 갖는다.

- 최소 점화에너지(E) $= \frac{1}{2}CV^2$

 여기서, C : 방전전극과 병렬 연결한 축전기의 전용량
     V : 불꽃전압
- 단위 : J

14 다음 중 분젠식 가스버너가 아닌 것은?

① 링버너   ② 슬릿버너
③ 적외선버너 ④ 블라스트버너

해설
④ 강제 혼합식 버너(공기와 연료 혼합)에 해당한다.

15 다음 중 열정산의 목적이 아닌 것은?

① 열효율을 알 수 있다.
② 장치의 구조를 알 수 있다.
③ 새로운 장치설계를 위한 기초자료를 얻을 수 있다.
④ 장치의 효율 향상을 위한 개조 또는 운전조건의 개선 등의 자료를 얻을 수 있다.

해설
보일러 장치의 구조는 설계과정에서 확정된다.

16 다음 중 일반적으로 연료가 갖추어야 할 구비조건이 아닌 것은?

① 연소 시 배출물이 많아야 한다.
② 저장과 운반이 편리해야 한다.
③ 사용 시 위험성이 적어야 한다.
④ 취급이 용이하고 안전하며 무해하여야 한다.

해설
연료는 연소 시 배출물(재)이 적어야 한다.

17 어떤 연도가스의 조성이 아래와 같을 때 과잉공기의 백분율이 얼마인가?(단, CO_2는 11.9%, CO는 1.6%, O_2는 4.1%, N_2는 82.4%이고 공기 중 질소와 산소의 부피비는 79 : 21이다.)

① 15.7%   ② 17.7%
③ 19.7%   ④ 21.7%

해설
과잉공기 백분율 = (공기비 - 1) × 100(%)

공기비(m) $= \dfrac{N_2}{N_2 - 3.76(O_2 - 0.5CO)}$

$\therefore \left(\dfrac{82.4}{82.4 - 3.76(4.1 - 0.5 \times 1.6)} - 1\right) \times 100 = 17.7\%$

18 연료를 공기 중에서 연소시킬 때 질소산화물에서 가장 많이 발생하는 오염물질은?

① NO   ② NO_2
③ N_2O ④ NO_3

해설
연료의 연소 시 고온에서 NO_X(녹스)가 발생하는데, 그중 NO의 비율이 가장 높다.

정답 13 ③ 14 ④ 15 ② 16 ① 17 ② 18 ①

19 연소장치의 연소효율(E_c)식이 아래와 같을 때 H_2는 무엇을 의미하는가?(단, H_c : 연료의 발열량, H_1 : 연재 중의 미연탄소에 의한 손실이다.)

$$E_c = \frac{H_c - H_1 - H_2}{H_c}$$

① 전열손실 ② 현열손실
③ 연료의 저발열량 ④ 불완전연소에 따른 손실

해설
H_2(CO 불완전연소에 따른 손실)

20 고위발열량이 9,000kcal/kg인 연료 3kg이 연소할 때의 총저위발열량은 몇 kcal인가?(단, 이 연료 1kg당 수소분은 15%, 수분은 1%의 비율로 들어 있다.)

① 12,300 ② 24,552
③ 43,882 ④ 51,888

해설
저위발열량(HL)＝고위발열량－600(9H＋W)
∴ {9,000－600(9×0.15＋0.01)}×3＝24,552kcal

2과목 열역학

21 체적이 3L, 질량이 15kg인 물질의 비체적(cm³/g)은?

① 0.2 ② 1.0
③ 3.0 ④ 5.0

해설
3L＝3,000g(3,000cc), 15kg＝15,000g
∴ 비체적＝$\frac{3,000}{15,000}$＝0.2cm³/g

22 압력 1MPa, 온도 400℃의 이상기체 2kg이 가역단열과정으로 팽창하여 압력이 500kPa로 변화한다. 이 기체의 최종온도는 약 몇 ℃인가?(단, 이 기체의 정적비열은 3.12kJ/(kg·K), 정압비열은 5.21kJ/(kg·K)이다.)

① 237 ② 279
③ 510 ④ 622

해설
단열변화(T_2) ＝ $T_1 \times \left(\frac{P_2}{P_1}\right)^{\frac{k-1}{k}}$

비열비(k) ＝ $\frac{5.21}{3.12}$ ＝ 1.67

1MPa＝10kg/cm²＝980kPa

∴ $(273+400) \times \left(\frac{500}{980}\right)^{\frac{1.67-1}{1.67}}$ ＝513K(≒237℃)

23 랭킨 사이클의 순서를 차례대로 옳게 나열한 것은?

① 단열압축 → 정압가열 → 단열팽창 → 정압냉각
② 단열압축 → 등온가열 → 단열팽창 → 정적냉각
③ 단열압축 → 등적가열 → 등압팽창 → 정압냉각
④ 단열압축 → 정압가열 → 단열팽창 → 정적냉각

해설
랭킨 사이클(단열압축 → 정압가열 → 단열팽창 → 정압냉각)
· 단열압축(펌프 일량) · 정압가열 : 보일러 일량
· 단열팽창(터빈 일량) · 정압냉각 : 복수기 일량

24 다음 중 열역학적 계에 대한 에너지 보존의 법칙에 해당하는 것은?

① 열역학 제0법칙 ② 열역학 제1법칙
③ 열역학 제2법칙 ④ 열역학 제3법칙

해설
에너지 보존의 법칙 : 열역학 제1법칙
· 일의 열당량(A) ＝ $\frac{1}{427}$ kcal/kg·m
· 열의 일당량(J) ＝ 427kg·m/kcal

정답 19 ④ 20 ② 21 ① 22 ① 23 ① 24 ②

25 성능계수가 4.8인 증기압축 냉동기의 냉동능력 1kW당 소요동력(kW)은?

① 0.21
② 1.0
③ 2.3
④ 4.8

해설
성능계수(COP) = 4.8
소요동력 = $\dfrac{냉동능력}{성능계수} = \dfrac{1}{4.8} = 0.21$

26 역카르노 사이클로 운전되는 냉방장치가 실내온도 10℃에서 30kW의 열량을 흡수하여 20℃ 응축기에서 방열한다. 이때 냉방에 필요한 최소 동력은 약 몇 kW인가?

① 0.03
② 1.06
③ 30
④ 60

해설
10 + 273 = 283K, 20 + 273 = 293K
∴ $30 \times \dfrac{293 - 283}{283} = 1.06\,\text{kW}$

27 이상기체 1kg의 압력과 체적이 각각 P_1, V_1에서 P_2, V_2로 등온 가역적으로 변할 때 엔트로피 변화(ΔS)는?(단, R은 기체상수이다.)

① $\Delta S = R\ln\dfrac{P_1}{P_2}$
② $\Delta S = \dfrac{V_1}{V_2}\ln R$
③ $\Delta S = R\ln\dfrac{V_1}{V_2}$
④ $\Delta S = \dfrac{P_1}{P_2}\ln R$

해설
가역변화 엔트로피(ΔS)
SI단위에서 $S_2 - S_1 = R\ln\dfrac{V_2}{V_1} = R\ln\dfrac{P_1}{P_2}$

28 다음 가스 동력 사이클에 대한 설명으로 틀린 것은?

① 오토 사이클의 이론 열효율은 작동유체의 비열비와 압축비에 의해서 결정된다.
② 카르노 사이클의 최고 및 최저 온도와 스털링 사이클의 최고 및 최저온도가 서로 같을 경우 두 사이클의 이론 열효율은 동일하다.
③ 디젤 사이클에서 가열과정은 정적과정으로 이루어진다.
④ 사바테 사이클의 가열과정은 정적과 정압과정이 복합적으로 이루어진다.

해설
③ 디젤 사이클에서 가열과정은 정압가열 과정으로 이루어진다.

29 다음 중 어떤 압력 상태의 과열 수증기 엔트로피가 가장 작은가?(단, 온도는 동일하다고 가정한다.)

① 5기압
② 10기압
③ 15기압
④ 20기압

해설
과열 수증기 온도가 동일한 가운데 엔트로피가 작은 것은 압력이 높을 때이다. $\Delta S = \dfrac{\delta Q}{T}$ 이므로 증기는 압력이 높을수록 증발잠열이 감소한다.

30 물의 삼중점(triple point)의 온도는?

① 0K
② 273.16℃
③ 73K
④ 273.16K

해설
물의 삼중점
• 온도 : 0.0098℃(273.15 + 0.0098 = 273.16K)
• 압력 : 4.579mmHg

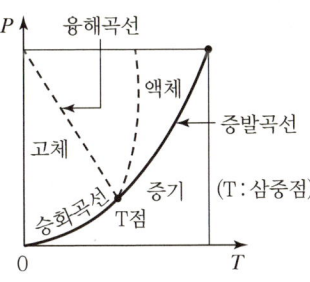

31 이상기체가 등온과정에서 외부에 하는 일에 대한 관계식으로 틀린 것은?(단, R은 기체상수이고, 계에 대해서 m은 질량, V는 부피, P는 압력을 나타낸다. 또한 하첨자 "1"은 변경 전, 하첨자 "2"는 변경 후를 나타낸다.)

① $P_1 V_1 \ln \dfrac{V_2}{V_1}$ ② $P_1 V_1 \ln \dfrac{P_2}{P_1}$

③ $mRT \ln \dfrac{P_1}{P_2}$ ④ $mRT \ln \dfrac{V_2}{V_1}$

해설

등온과정 외부일(공업일)

공업일 $(W_t) = P_1 V_1 \ln \dfrac{P_1}{P_2} = mRT_1 \ln \dfrac{P_1}{P_2}$

$= P_1 V_1 \ln \dfrac{V_2}{V_1} = mRT \ln \dfrac{P_1}{P_2}$

32 100℃ 건포화증기 2kg이 온도 30℃인 주위로 열을 방출하여 100℃ 포화액으로 되었다. 전체(증기 및 주위)의 엔트로피 변화는 약 얼마인가? (단, 100℃에서의 증발잠열은 2,257kJ/kg이다.)

① -12.1kJ/K ② 2.8kJ/K
③ 12.1kJ/K ④ 24.2kJ/K

해설

엔트로피 변화(ΔS)

$\Delta S = \dfrac{\delta Q}{T} = \left\{ \left(\dfrac{2,257}{273+30}\right) - \left(\dfrac{2,257}{273+100}\right) \right\} \times 2 = 2.8\text{kJ/K}$

33 증기 동력 사이클의 구성 요소 중 복수기(condenser)가 하는 역할은?

① 물을 가열하여 증기로 만든다.
② 터빈에 유입되는 증기의 압력을 높인다.
③ 증기를 팽창시켜서 동력을 얻는다.
④ 터빈에서 나오는 증기를 물로 바꾼다.

해설

복수기(콘덴서)
터빈에서 나오는 증기를 물로 바꾼다. 즉, 증기를 냉각해 응축수로 회수한다.(물은 펌프로 급수되고 열교환된 외부 물은 난방, 급탕 지역에서 사용)

34 대기압이 100kPa인 도시에서 두 지점의 계기압력비가 "5 : 2"라면 절대 압력비는?

① 1.5 : 1
② 1.75 : 1
③ 2 : 1
④ 주어진 정보로는 알 수 없다.

해설

압력비는 압축기에서만 나타난다.(응축압력/증발압력)

35 이상기체의 단위질량당 내부에너지 u, 엔탈피 h, 엔트로피 s에 관한 다음의 관계식 중에서 모두 옳은 것은?(단, T는 온도, p는 압력, v는 비체적을 나타낸다.)

① $Tds = du - vdp$, $Tds = dh - pdv$
② $Tds = du + pdv$, $Tds = dh - vdp$
③ $Tds = du - vdp$, $Tds = dh + pdv$
④ $Tds = du + pdv$, $Tds = dh + vdp$

해설

이상기체 단위질량당 관계식
$Tds = du + pdv$, $Tds = dh - vdp$

36 오존층 파괴와 지구 온난화 문제로 인해 냉동장치에 사용하는 냉매의 선택에 있어서 주의를 요한다. 이와 관련하여 다음 중 오존파괴지수가 가장 큰 냉매는?

① R-134a ② R-123
③ 암모니아 ④ R-11

해설
냉매의 오존파괴지수(ODP) 크기 순서
R-11, R-12 > R-113 > R-115 > R-22
※ 대체 냉매(R-12=HFC-134a, R-11=HCFC-123)

37 체적 4m³, 온도 290K의 어떤 기체가 가역 단열과정으로 압축되어 체적 2m³, 온도 340K로 되었다. 이상기체라고 가정하면 기체의 비열비는 약 얼마인가?

① 1.091 ② 1.229
③ 1.407 ④ 1.667

해설
비열비(k)=(정압비열/정적비열)

단열과정= $\dfrac{T_2}{T_1} = \left(\dfrac{V_1}{V_2}\right)^{n-1} = 290 \times \left(\dfrac{4}{2}\right)^{n-1} = 340K$

∴ $n(k) = 1 + \left\{\dfrac{\ln\left(\dfrac{290}{340}\right)}{\ln\left(\dfrac{2}{4}\right)}\right\} = 1.229$

38 다음 중 이상적인 교축 과정(throttling process)은?

① 등온 과정 ② 등엔트로피 과정
③ 등엔탈피 과정 ④ 정압 과정

해설
교축 과정
압력이 강하하며 등엔탈피 과정이 된다. 비가역변화이므로 엔트로피는 항상 증가한다.

39 피스톤이 장치된 용기 속의 온도 100℃, 압력 200kPa, 체적 0.1m³의 이상기체 0.5kg이 압력이 일정한 과정으로 체적이 0.2m³으로 되었다. 이때 전달된 열량은 약 몇 kJ인가?(단, 이 기체의 정압비열은 5kJ/(kg·K)이다.)

① 200 ② 250
③ 746 ④ 933

해설
등압과정 일량

$T_2 = T_1 \times \left(\dfrac{V_2}{V_1}\right) = (100+273) \times \left(\dfrac{0.2}{0.1}\right) = 746K$

내부에너지 변화량(ΔU) = $C_p(T_2 - T_1) = 5 \times (746-373)$
$= 1,865kJ$

∴ $1,865 \times 0.5 = 933kJ$

40 그림과 같이 작동하는 열기관 사이클(cycle)은?(단, γ는 비열비이고, P는 압력, V는 체적, T는 온도, S는 엔트로피이다.)

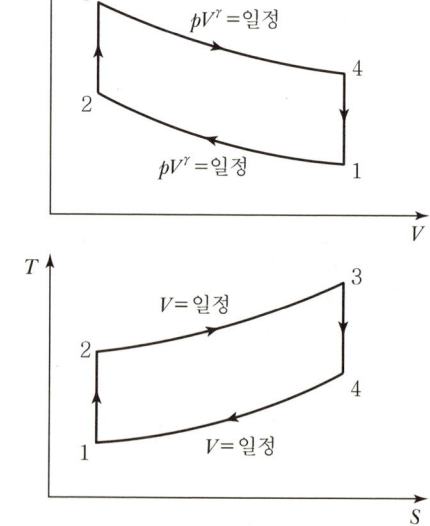

① 스털링(Stirling) 사이클
② 브레이턴(Brayton) 사이클
③ 오토(Otto) 사이클
④ 카르노(Carnot) 사이클

해설

오토 사이클
- 1 → 2 : 단열압축
- 3 → 4 : 단열팽창
- 2 → 3 : 정적연소
- 4 → 1 : 정적방열

등온사이클(내연기관 사이클) : 정적가열, 정적방열, 단열압축, 단열 팽창 4개의 사이클이다.

3과목 계측방법

41 피토관 유량계에 관한 설명이 아닌 것은?

① 흐름에 대해 충분한 강도를 가져야 한다.
② 더스트가 많은 유체측정에는 부적당하다.
③ 피토관의 단면적은 관 단면적의 10% 이상이어야 한다.
④ 피토관을 유체흐름의 방향으로 일치시킨다.

해설

피토관 유속식 유량계는 관의 단면적과 $\frac{1}{8} \sim \frac{1}{4}$ 정도 일치한다.

42 온도의 정의 정점 중 평형수소의 삼중점은 얼마인가?

① 13.80K   ② 17.04K
③ 20.24K   ④ 27.10K

해설

- 평형수소의 3중점 : 13.81K
- 평형수소의 26/76 기압의 비점 : 17.042K
- 평형수소의 비점 : 20.24K
- 네온의 비점 : 27.102K

43 물을 함유한 공기와 건조공기의 열전도율 차이를 이용하여 습도를 측정하는 것은?

① 고분자 습도센서   ② 염화리튬 습도센서
③ 서미스터 습도센서 ④ 수정진동자 습도센서

해설

서미스터 습도센서
습공기와 건조공기와의 열전도율 차를 이용하는 습도계

44 다음 각 습도계의 특징에 대한 설명으로 틀린 것은?

① 노점 습도계는 저습도를 측정할 수 있다.
② 모발 습도계는 2년마다 모발을 바꾸어 주어야 한다.
③ 통풍 건조구 습도계는 2.5~5m/s의 통풍이 필요하다.
④ 저항식 습도계는 직류전압을 사용하여 측정한다.

해설

전기저항식 습도계
염화리튬이나 교류전압을 사용한다.(저온도의 측정이 가능하고 응답이 빠르다.) 연속기록, 원격측정, 자동제어에 이용된다.

45 부자(float)식 액면계의 특징으로 틀린 것은?

① 원리 및 구조가 간단하다.
② 고압에도 사용할 수 있다.
③ 액면이 심하게 움직이는 곳에 사용하기 좋다.
④ 액면 상·하한계에 경보용 리밋 스위치를 설치할 수 있다.

해설

부자식(플로트식) 액면계
개방형 탱크 내 액면을 측정한다.(액면이 고정되어 있는 곳에 액면의 높이 차를 측정한다. 즉, 액면의 상하운동에 의한 액면을 측정한다.)

46 다음 중 접촉식 온도계가 아닌 것은?

① 저항온도계   ② 방사온도계
③ 열전온도계   ④ 유리온도계

해설

방사고온계(비접촉식)
- 측정범위 50 ~ 3,000℃
- 방사율의 보정량이 크다.
- 이동물체의 표면 고온을 측정한다.
- 자동제어, 자동기록이 가능하다.

정답 41 ③ 42 ① 43 ③ 44 ④ 45 ③ 46 ②

47 순간치를 측정하는 유량계에 속하지 않는 것은?

① 오벌(Oval) 유량계
② 벤투리(Venturi) 유량계
③ 오리피스(Orifice) 유량계
④ 플로우노즐(Flow-nozzle) 유량계

해설
오벌 유량계, 루트식 유량계, 가스미터기 등은 용적식 유량계이다.(회전자의 적산유량계)

48 바이메탈 온도계의 특징으로 틀린 것은?

① 구조가 간단하다.
② 온도 변화에 대하여 응답이 빠르다.
③ 오래 사용 시 히스테리시스 오차가 발생한다.
④ 온도자동조절이나 온도보상장치에 이용된다.

해설
바이메탈 고체 팽창식 온도계
현장지시용, 자동제어용 온도계로서 측정범위는 −56℃~500℃이다.(온도 변화에 대하여 응답이 느리다.)

49 가스크로마토그래피의 특징에 대한 설명으로 틀린 것은?

① 미량성분의 분석이 가능하다.
② 분리성능이 좋고 선택성이 우수하다.
③ 1대의 장치로는 여러 가지 가스를 분석할 수 없다.
④ 응답속도가 다소 느리고 동일한 가스의 연속측정이 불가능하다.

해설
가스크로마토그래피 가스 분석계
H_2, N_2, He, Ar 등의 캐리어 가스(Carrier Gas)가 필요하다. SO_2, NO_2 등을 제외하고는 전부 가스분석이 가능하다.

50 자동제어의 일반적인 동작순서로 옳은 것은?

① 검출 → 판단 → 비교 → 조작
② 검출 → 비교 → 판단 → 조작
③ 비교 → 검출 → 판단 → 조작
④ 비교 → 판단 → 검출 → 조작

해설
자동제어 동작순서
검출(온도계, 유량계 등) → 비교(목표치) → 판단(조절부) → 조작(밸브 등)

51 램, 실린더, 기름탱크, 가압펌프 등으로 구성되어 있으며 탄성식 압력계의 일반교정용으로 주로 사용되는 압력계는?

① 분동식 압력계 ② 격막식 압력계
③ 침종식 압력계 ④ 벨로즈식 압력계

해설
분동식 압력계 : 램, 실린더, 기름탱크(경유, 스핀들유, 피마자유, 마진유, 모벤유 등 사용) 등이 필요하며 탄성식(2차 압력계) 압력계의 교정용에 쓰인다.

52 보일러의 자동제어 중에서 ACC가 나타내는 것은 무엇인가?

① 연소제어 ② 급수제어
③ 온도제어 ④ 유압제어

해설
보일러 자동제어(ABC) 종류
• 연소제어 : ACC
• 급수제어 : FWC
• 증기온도 제어 : STC

53 화학적 가스분석계인 연소식 O_2계의 특징이 아닌 것은?

① 원리가 간단하다.
② 취급이 용이하다.
③ 가스의 유량 변동에도 오차가 없다.
④ O_2 측정 시 팔라듐계가 이용된다.

해설
연소식 산소(O_2)계
수소(H_2) 등의 사용연료가스가 필요하며, 측정용 가스의 유량 변동은 측정오차에 영향을 미친다.

정답 47 ① 48 ② 49 ③ 50 ② 51 ① 52 ① 53 ③

54 다음 중 유도단위에 속하지 않는 것은?

① 비열 ② 압력
③ 습도 ④ 열량

해설
습도는 유도단위에 해당하지 않는다.

55 자동제어계와 직접 관련이 없는 장치는?

① 기록부 ② 검출부
③ 조절부 ④ 조작부

해설

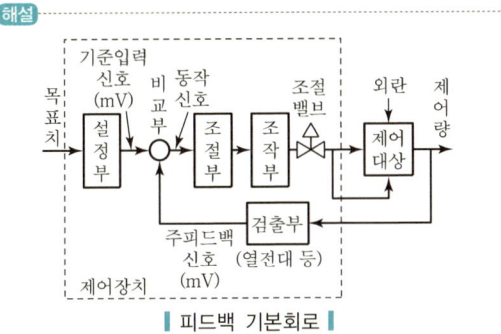

│ 피드백 기본회로 │

56 관로의 유속을 피토관으로 측정할 때 마노미터의 수주가 50cm였다. 이때 유속은 약 몇 m/s인가?

① 3.13 ② 2.21
③ 1.0   ④ 0.707

해설
유속$(V) = K\sqrt{2gh} = \sqrt{2 \times 9.8 \times 0.5} = 3.13 \text{m/s}$

57 유량 측정기기 중 유체가 흐르는 단면적이 변함으로써 직접 유체의 유량을 읽을 수 있는 기기, 즉 압력차를 측정할 필요가 없는 장치는?

① 피토 튜브 ② 로터 미터
③ 벤투리 미터 ④ 오리피스 미터

해설
로터 미터
면적 유량계로서 부자의 변위에 의한 순간유량을 측정한다.

58 광고온계의 사용상 주의점이 아닌 것은?

① 광학계의 먼지, 상처 등을 수시로 점검한다.
② 측정자 간의 오차가 발생하지 않고 정확하다.
③ 측정하는 위치와 각도를 같은 조건으로 한다.
④ 측정체와의 사이에 연기나 먼지 등이 생기지 않도록 주의한다.

해설
광고온계(비접촉식 온도계)
700~3,000℃ 측정이 가능하나 개인오차가 발생한다.(800℃ 이하 온도는 휘도 저하로 온도 측정 시 오차가 발생하며 여러 번 측정하여 오차를 줄인다.)

59 열전대 온도계의 보호관으로 사용되는 다음 재료 중 상용 사용 온도가 높은 순으로 옳게 나열된 것은?

① 석영관>자기관>동관
② 석영관>동관>자기관
③ 자기관>석영관>동관
④ 동관>자기관>석영관

해설
보호관=자기관(1,450℃)>석영관(1,000℃)>동관(400℃)

60 측정하고자 하는 상태량과 독립적 크기를 조정할 수 있는 기준량과 비교하여 측정, 계측하는 방법은?

① 보상법 ② 편위법
③ 치환법 ④ 영위법

해설
영위법
미리 알고 있는 양과 측정량을 평형시켜 알고 있는 양의 크기로부터 측정량을 알아내는 방법이며 편위법보다 정밀도가 높다.(천칭으로 질량 측정)

정답 54 ③ 55 ① 56 ① 57 ② 58 ② 59 ③ 60 ④

4과목 열설비재료 및 관계법규

61 다음 보온재 중 최고안전사용온도가 가장 높은 것은?

① 석면
② 펄라이트
③ 폼 글라스
④ 탄화마그네슘

해설
- 펄라이트 보온재 : 1,100℃
- 폼 글라스 : 300℃
- 석면 : 350~550℃
- 탄화마그네슘 : 250℃ 이하

62 에너지이용 합리화법에 따라 냉난방온도의 제한 대상 건물에 해당하는 것은?

① 연간 에너지사용량이 5백 티오이 이상인 건물
② 연간 에너지사용량이 1천 티오이 이상인 건물
③ 연간 에너지사용량이 1천 5백 티오이 이상인 건물
④ 연간 에너지사용량이 2천 티오이 이상인 건물

해설
에너지다소비사업자는 연간 석유환산 에너지 사용량이 2천 티오이 이상인 사용자다.

63 중성내화물 중 내마모성이 크며 스폴링을 일으키기 쉬운 것으로 염기성 평로에서 산성 벽돌과 염기성 벽돌을 섞어서 축로할 때 서로의 침식을 방지하는 목적으로 사용하는 것은?

① 탄소질 벽돌
② 크롬질 벽돌
③ 탄화규소질 벽돌
④ 포스테라이트 벽돌

해설
중성 크롬질 내화물은 내 스폴링성이 비교적 적고 SK38 정도 내화벽이며 산성 소재와 염기성 소재의 접촉부나 균열로에 사용한다.(크롬철광+내화점토 2~5%로 성형건조한다.)

64 에너지이용 합리화법에 따라 산업통상자원부장관은 에너지이용 합리화에 관한 기본계획을 몇 년마다 수립하여야 하는가?

① 3년
② 5년
③ 7년
④ 10년

65 용광로를 고로라고도 하는데, 이는 무엇을 제조하는 데 사용되는가?

① 주철
② 주강
③ 선철
④ 포금

해설
용광로(고로) : 선철 제조용
- 종류 : 철피식, 철대식, 절충식
- 용량 표시 : 24시간 총 선철량으로 톤으로 표시

66 노재의 화학적 성질을 잘못 짝지은 것은?

① 샤모트질 벽돌 : 산성
② 규석질 벽돌 : 산성
③ 돌로마이트질 벽돌 : 염기성
④ 크롬질 벽돌 : 염기성

해설
크롬질 벽돌
중성 내화물 벽돌(크롬철광+점결제)이며 내화도가 SK38 (1,850℃)이고 하중연화점이 낮다.

67 다음 중 에너지이용 합리화법에 따라 에너지관리산업기사의 자격을 가진 자가 조종할 수 없는 보일러는?

① 용량이 10t/h인 보일러
② 용량이 20t/h인 보일러
③ 용량이 581.5kW인 온수 발생 보일러
④ 용량이 40t/h인 보일러

정답 61 ② 62 ④ 63 ② 64 ② 65 ③ 66 ④ 67 ④

> **해설**
>
> 에너지관리산업기사는 30t/h 이하의 보일러 운전이 가능하다.(30t/h 초과 보일러 : 에너지관리기사, 에너지관리기능장)

68 윤요(Ring kiln)에 대한 설명으로 옳은 것은?

① 석회소성용으로 사용된다.
② 열효율이 나쁘다.
③ 소성이 균일하다.
④ 종이 칸막이가 있다.

> **해설**
>
> 윤요(Ring Kiln)
> 고리가마이며 고리 주위에 소성실이 12~18개 정도이다.(종이 칸막이를 옮겨 다니면서 일부는 소성가마 내기, 재임 등을 연속적으로 한다.)
> - 건축자재 소성에 사용된다.
> - 열효율이 높다.
> - 소성이 균일하지 못하다.

69 글로브밸브(globe valve)에 대한 설명으로 틀린 것은?

① 유량조절이 용이하므로 자동조절밸브 등에 응용시킬 수 있다.
② 유체의 흐름방향이 밸브 몸통 내부에서 변한다.
③ 디스크 형상에 따라 앵글밸브, Y형 밸브, 니들밸브 등으로 분류된다.
④ 조작력이 작아 고압의 대구경 밸브에 적합하다.

> **해설**
>
> 글로브밸브(유량조절밸브)
> 조작력이 커서 저압의 소구경 밸브에 적합하다. 증기라인에 주증기 밸브로 많이 사용한다. 유체의 저항은 크나 가볍고 가격이 싸다.(압력손실이 크다.)

70 배관용 강관의 기호로서 틀린 것은?

① SPP : 일반배관용 탄소강관
② SPPS : 압력배관용 탄소강관
③ SPHT : 고온배관용 탄소강관
④ STS : 저온배관용 탄소강관

> **해설**
>
> ④ STS : 스테인리스 강관

71 다음 중 연속식 요가 아닌 것은?

① 등요　　② 윤요
③ 터널요　④ 고리가마

> **해설**
>
> 반연속요 : 등요, 셔틀요(Shuttle kiln)

72 에너지이용 합리화법에 따라 에너지 수급안정을 위해 에너지 공급을 제한 조치하고자 할 경우, 산업통상자원부장관은 조치 예정일 며칠 전에 이를 에너지공급자 및 에너지 사용자에게 예고하여야 하는가?

① 3일　　② 7일
③ 10일　④ 15일

73 온수탱크의 나면과 보온면으로부터 방산열량을 측정한 결과 각각 1,000kcal/m²·h, 300kcal/m²·h이었을 때, 이 보온재의 보온효율(%)은?

① 30　　② 70
③ 93　　④ 233

> **해설**
>
> $1,000 - 300 = 700 \text{kcal/m}^2\text{h}$
>
> $\therefore \text{효율}(\eta) = \dfrac{700}{1,000} \times 100 = 70\%$

정답 68 ④　69 ④　70 ④　71 ①　72 ②　73 ②

74 내화 모르타르의 구비조건으로 틀린 것은?

① 시공성 및 접착성이 좋아야 한다.
② 화학성분 및 광물조성이 내화벽돌과 유사해야 한다.
③ 건조, 가열 등에 의한 수축 팽창이 커야 한다.
④ 필요한 내화도를 가져야 한다.

해설
건조, 가열 등에 의한 수축 팽창이 작아야 한다.

75 다이어프램 밸브(diaphragm valve)의 특징이 아닌 것은?

① 유체의 흐름이 주는 영향이 비교적 적다.
② 가열을 유지하기 위한 패킹이 불필요하다.
③ 주된 용도가 유체의 역류를 방지하기 위한 것이다.
④ 산 등의 화학약품을 차단하는 데 사용하는 밸브이다.

해설
③ 주된 용도는 유체의 압력손실을 줄이기 위한 것이다.

76 에너지이용 합리화법에 따라 검사대상기기의 적용범위에 해당하는 것은?

① 최고사용압력이 0.05MPa이고, 동체의 안지름이 300mm이며, 길이가 500mm인 강철제보일러
② 정격용량이 0.3MW인 철금속가열로
③ 내용적 0.05m³, 최고사용압력이 0.3MPa인 기체를 보유하는 2종 압력용기
④ 가스사용량이 10kg/h인 소형온수보일러

해설
제2종 압력용기(검사기기)
최고사용압력 0.2MPa 초과, 내용적이 0.04m³ 이상인 것은 검사대상기기에 속한다.
검사기기에 속하려면, ①은 600mm 초과, ②는 0.58MW 초과, ④는 17kg/h 초과이어야 한다.

77 에너지이용 합리화법에 따라 검사를 받아야 하는 검사대상기기 중 소형온수보일러의 적용범위 기준은?

① 가스사용량이 10kg/h를 초과하는 보일러
② 가스사용량이 17kg/h를 초과하는 보일러
③ 가스사용량이 21kg/h를 초과하는 보일러
④ 가스사용량이 25kg/h를 초과하는 보일러

해설
소형온수보일러
가스사용량이 17kg/h를 초과하거나 도시가스 사용량이 232.6kW(20만 kcal/h)를 초과하는 보일러

78 요로의 정의가 아닌 것은?

① 전열을 이용한 가열장치
② 원재료의 산화반응을 이용한 장치
③ 연료의 환원반응을 이용한 장치
④ 열원에 따라 연료의 발열반응을 이용한 장치

해설
요로는 원재료의 화학적·물리적 변화를 강제로 행하게 하는 장치이다.

79 에너지이용 합리화법에 따라 에너지다소비사업자가 그 에너지사용시설이 있는 지역을 관할하는 시·도지사에게 신고하여야 하는 사항이 아닌 것은?

① 전년도의 분기별 에너지사용량·제품생산량
② 해당 연도의 분기별 에너지사용예정량·제품생산예정량
③ 내년도의 분기별 에너지이용 합리화 계획
④ 에너지사용기자재의 현황

해설
에너지다소비사업자(연간 석유사용량 2,000티오이 이상 사용자)는 매년 시도지사에게 ①, ②, ④항 외에도 전년도의 에너지이용합리화 실적 및 해당연도의 계획을 1월 31일까지 시도지사에게 신고한다.

정답 74 ③ 75 ③ 76 ③ 77 ② 78 ② 79 ③

80 에너지이용 합리화법에 따라 에너지다소비 사업자에게 에너지손실요인의 개선명령을 할 수 있는 자는?

① 산업통상자원부장관
② 시·도지사
③ 한국에너지공단이사장
④ 에너지관리진단기관협회장

5과목 열설비설계

81 노통 보일러의 수면계 최저 수위 부착 기준으로 옳은 것은?

① 노통 최고부위 50mm
② 노통 최고부위 100mm
③ 연관의 최고부위 10mm
④ 연소실 천장판 최고부위 연관길이의 1/3

> 해설

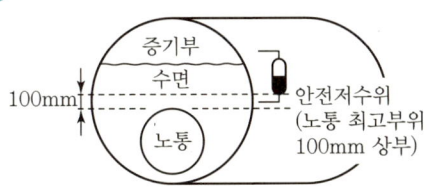

82 증기 및 온수보일러를 포함한 주철제 보일러의 최고사용압력이 0.43MPa 이하일 경우의 수압시험 압력은?

① 0.2MPa로 한다.
② 최고사용압력의 2배의 압력으로 한다.
③ 최고사용압력의 2.5배의 압력으로 한다.
④ 최고사용압력의 1.3배에 0.3MPa를 더한 압력으로 한다.

83 수관식 보일러에서 핀패널식 튜브가 한쪽 면에 방사열, 다른 면에는 접촉열을 받을 경우 열전달계수를 얼마로 하여 전열면적을 계산하는가?

① 0.4 ② 0.5
③ 0.7 ④ 1.0

> 해설

핀패널식 수관식 보일러의 열전달계수(전열면적 계산)
• 한쪽 면에 방사열, 다른 면에는 접촉열을 받는 경우 : 0.7
• 양쪽 면에 방사열을 받는 경우 : 1.0
• 양쪽 면에 접촉열을 받는 경우 : 0.4

84 순환식(자연 또는 강제) 보일러가 아닌 것은?

① 다쿠마 보일러
② 야로우 보일러
③ 벤손 보일러
④ 라몬트 보일러

> 해설

벤손 보일러, 슐저 보일러는 관류식 수관 보일러(순환식이 아닌 상승식 수관 보일러)에 해당한다.

85 다음 [그림]의 용접이음에서 생기는 인장응력은 약 몇 kgf/cm²인가?

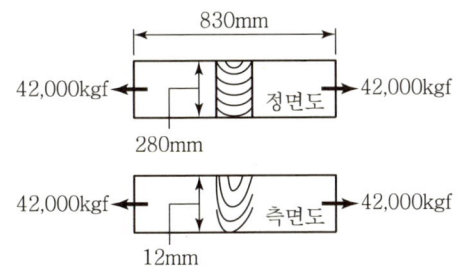

① 1,250 ② 1,400
③ 1,550 ④ 1,600

> 해설

인장응력 $(\sigma) = \dfrac{P}{t \cdot \ell} = \dfrac{42,000}{12 \times 280}$
$= 12.5 \text{kg/mm}^2 (1,250 \text{kg/cm}^2)$

86 보일러 부하의 급변으로 인하여 동 수면에서 작은 입자의 물방울이 증기와 혼입하여 튀어 오르는 현상을 무엇이라고 하는가?

① 캐리오버 ② 포밍
③ 프라이밍 ④ 피팅

해설
프라이밍(비수)
보일러 부하의 급변으로 동 수면에서 작은 입자의 물방울이 증기와 혼입되어 튀어 오르는 현상(외부로 이송되면 캐리오버이다.)

87 노통 보일러에 두께 13mm 이하의 경판을 부착하였을 때 가셋 스테이의 하단과 노통 상단과의 완충폭(브레이징 스페이스)은 몇 mm 이상으로 하여야 하는가?

① 230mm ② 260mm
③ 280mm ④ 300mm

해설

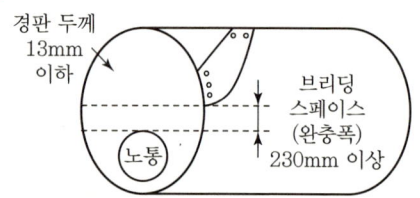

- 13mm 이하 : 230mm 이상
- 15mm 이하 : 260mm 이상
- 17mm 이하 : 280mm 이상
- 19mm 이하 : 300mm 이상
- 19mm 초과 : 320mm 이상

88 수관식과 비교하여 노통연관식 보일러의 특징으로 옳은 것은?

① 설치 면적이 크다.
② 연소실을 자유로운 형상으로 만들 수 있다.
③ 파열 시 비교적 위험하다.
④ 청소가 곤란하다.

해설
노통연관식은 수관식에 비해 수부가 크고 CO가스가 빈번하게 발생하여 파열 시 피해가 크나 증기의 질이 좋다.

89 전열면에 비등 기포가 생겨 열유속이 급격하게 증대하며, 가열면상에 서로 다른 기포의 발생이 나타나는 비등과정을 무엇이라고 하는가?

① 단상액체 자연대류
② 핵비등(nucleate boiling)
③ 천이비등(transition boiling)
④ 포밍(foaming)

90 보일러의 열정산 시 출열 항목이 아닌 것은?

① 배기가스에 의한 손실열
② 발생증기 보유열
③ 불완전연소에 의한 손실열
④ 공기의 현열

해설
보일러의 열정산 시 입열 항목
- 공기의 현열
- 연료의 현열
- 연료의 연소열

91 과열기에 대한 설명으로 틀린 것은?

① 보일러에서 발생한 포화증기를 가열하여 증기의 온도를 높이는 장치이다.
② 저압 보일러의 효율을 상승시키기 위하여 주로 사용된다.
③ 증기의 열에너지가 커 열손실이 많아질 수 있다.
④ 고온부식의 우려와 연소가스의 저항으로 압력손실이 크다.

해설
포화수 → 포화습증기 → 가열 → 건조 포화 증기 → 가열 → 과열증기(압력은 변동이 없고 온도만 높인다.)
- 과열증기 : 엔탈피가 크고 이론상 열효율이 높다.

정답 86 ③ 87 ① 88 ③ 89 ② 90 ④ 91 ②

92 온수보일러에 있어서 급탕량이 500kg/h이고 공급 주관의 온수온도가 80℃, 환수 주관의 온수온도가 50℃이라 할 때, 이 보일러의 출력은? (단, 물의 평균비열은 1kcal/kg·℃이다.)

① 10,000kcal/h ② 12,500kcal/h
③ 15,000kcal/h ④ 17,500kcal/h

해설
보일러 출력 = 500kg/h × 1kcal/kg·℃ × (80−50)℃
= 15,000kcal/h

93 용접봉 피복제의 역할이 아닌 것은?

① 용융금속의 정련작용을 하며 탈산제 역할을 한다.
② 용융금속의 급랭을 촉진시킨다.
③ 용융금속에 필요한 원소를 보충해 준다.
④ 피복제의 강도를 증가시킨다.

해설
용접봉의 피복제는 용융금속의 급랭을 완화시켜 용착금속의 접합을 용이하게 한다.

94 보일러 수의 분출 목적이 아닌 것은?

① 물의 순환을 촉진한다.
② 가성취화를 방지한다.
③ 프라이밍 및 포밍을 촉진한다.
④ 관수의 pH를 조절한다.

해설

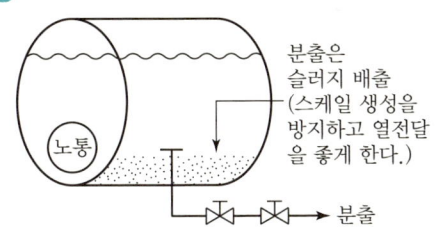

• 분출 : 프라이밍, 포밍이 방지된다.

95 보일러의 노통이나 화실과 같은 원통 부분이 외측으로부터의 압력에 견딜 수 없게 되어 눌려 찌그러져 찢어지는 현상을 무엇이라 하는가?

① 블리스터 ② 압궤
③ 팽출   ④ 라미네이션

해설

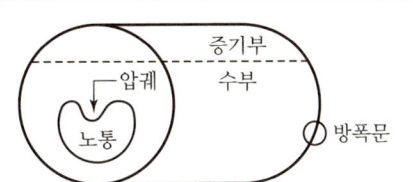

96 스팀 트랩(steam trap)을 부착 시 얻는 효과가 아닌 것은?

① 베이퍼록 현상을 방지한다.
② 응축수로 인한 설비의 부식을 방지한다.
③ 응축수를 배출함으로써 수격작용을 방지한다.
④ 관내 유체의 흐름에 대한 마찰 저항을 감소시킨다.

해설
• 베이퍼록 : 유체의 압력이 저하하면 액에서 기포로 전환하여 발생하는 것
• 스팀트랩 : 응축수 제거장치

97 스케일(scale)에 대한 설명으로 틀린 것은?

① 스케일로 인하여 연료소비가 많아진다.
② 스케일은 규산칼슘, 황산칼슘이 주성분이다.
③ 스케일로 인하여 배기가스의 온도가 낮아진다.
④ 스케일은 보일러에서 열전도의 방해물질이다.

해설
스케일이 발생하면 배기가스의 온도가 상승한다.(물에 열전달을 제대로 하지 못하기 때문이다.)

정답 92 ③ 93 ② 94 ③ 95 ② 96 ① 97 ③

98 보일러의 일상점검 계획에 해당하지 않는 것은?

① 급수배관 점검
② 압력계 상태점검
③ 자동제어장치 점검
④ 연료의 수요량 점검

해설
보일러 연료의 수요량은 1주일, 30일 정도마다 실시한다.

99 열교환기의 격벽을 통해 정상적으로 열교환이 이루어지고 있을 경우 단위시간에 대한 교환열량 $\dot{q}$(열 유속, kcal/m² · h)의 식은?(단, $\dot{Q}$는 열교환량(kcal/h), A는 전열면적(m²)이다.)

① $\dot{q} = A\dot{Q}$
② $\dot{q} = \dfrac{A}{\dot{Q}}$
③ $\dot{q} = \dfrac{\dot{Q}}{A}$
④ $\dot{q} = A(\dot{Q}-1)$

해설
열교환기의 단위시간당 교환열량$(q) = \dfrac{Q}{A}$ kcal/m²h

100 10kg/cm²의 압력하에 2,000kg/h로 증발하고 있는 보일러의 급수온도가 20℃일 때 환산증발량은?(단, 발생증기의 엔탈피는 600kcal/kg이다.)

① 2,152kg/h
② 3,124kg/h
③ 4,562kg/h
④ 5,260kg/h

해설
환산증발량(we)(kg/h)
$we = \dfrac{증기량(엔탈피 - 급수온도)}{539}$
$= \dfrac{2,000(600-20)}{539} = 2,152 \text{kg/h}$

정답 98 ④ 99 ③ 100 ①

2017년 4회 기출문제

1과목 연소공학

01 단일기체 10Nm³의 연소가스를 분석한 결과 CO_2 : 8Nm³, CO : 2Nm³, H_2O : 20Nm³을 얻었다면 이 기체연료는?

① CH_4 ② C_2H_2
③ C_2H_4 ④ C_2H_6

해설

$$\frac{CH_4(메탄)}{22.4m^3} + \frac{2O_2}{2\times22.4} \rightarrow \frac{CO_2}{22.4} + \frac{2H_2O}{2\times22.4}$$

• $H_2O = 10 \times \frac{2\times22.4}{22.4} = 20Nm^3$

• $CO_2, CO = 10 \times \frac{22.4}{22.4} = 10Nm^3 (CO_2\ 8Nm^3, CO\ 2Nm^3)$

02 공기를 사용하여 중유를 무화시키는 형식으로 아래의 조건을 만족하면서 부하 변동이 많은 데 가장 적합한 버너의 형식은?

- 유량 조절범위=1 : 10 정도
- 연소 시 소음 발생
- 점도가 커도 무화 가능
- 분무각도가 30° 정도로 작음

① 로터리식
② 저압기류식
③ 고압기류식
④ 유압식

해설

고압기류식 버너(공기, 증기로 중질유 무화)
• 유량 조절범위 : 1 : 10
• 분무각도 : 30°
• 점도가 커도 무화 가능, 연소 시 소음 발생

03 중량비로 탄소 84%, 수소 13%, 유황 2%의 조성으로 되어 있는 경유의 이론공기량은 약 몇 Nm³/kg인가?

① 5 ② 7
③ 9 ④ 11

해설

액체·고체 이론공기량(A_0)

$A_0 = 8.89C + 26.67\left(H - \frac{O}{8}\right) + 3.33S$

∴ $8.89 \times 0.84 + 26.67 \times 0.13 + 3.33 \times 0.02$
$= 11.6 Nm^3/kg$

04 산포식 스토커를 이용한 강제통풍일 때 일반적인 화격자 부하는 어느 정도인가?

① 90~110kg/m² · h
② 150~200kg/m² · h
③ 210~250kg/m² · h
④ 260~300kg/m² · h

해설

고체연료의 기계식 화상 스토커(산포식 스토커)
• 화격자 연소율 : 150~200kg/m² · h 연소 가능

05 기체연료의 체적 분석결과 H_2가 45%, CO가 40%, CH_4가 15%이다. 이 연료 1m³를 연소하는 데 필요한 이론공기량은 몇 m³인가?(단, 공기 중 산소 : 질소의 체적비는 1 : 3.77이다.)

① 3.12 ② 2.14
③ 3.46 ④ 4.43

정답 01 ① 02 ③ 03 ④ 04 ② 05 ③

해설

연소반응식 이론공기량 = $\left(\text{이론산소량} \times \dfrac{1}{0.21}\right)$

$H_2 + \dfrac{1}{2}O_2 \rightarrow H_2O \left(\dfrac{1}{2} = 0.5\right)$

$CO + \dfrac{1}{2}O_2 \rightarrow CO_2 \left(\dfrac{1}{2} = 0.5\right)$

$CH_4 + 2O_2 \rightarrow CO_2 + 2H_2O$

∴ $\{(0.5 \times 0.45) + (0.5 \times 0.4) + (2 \times 0.15)\} \times \dfrac{1}{0.21}$

$= 3.46 Nm^3$

- 공기 중 (질소 79%/산소 21%) = 3.77비

06 다음 중 연소온도에 직접적인 영향을 주는 요소로 가장 거리가 먼 것은?

① 공기 중의 산소 농도 ② 연료의 저위발열량
③ 연소실의 크기   ④ 공기비

해설
연소실의 용적(m^3, 크기)은 연소온도에 간접적인 영향을 준다.

07 공기나 연료의 예열효과에 대한 설명으로 옳지 않은 것은?

① 연소실 온도를 높게 유지
② 착화열을 감소시켜 연료 절약
③ 연소효율 향상과 연소상태의 안정
④ 이론공기량이 감소함

해설
이론공기량은 연료의 성분, 연료의 조성, 공기 중 수증기의 혼합비 등에 따라 영향을 받는다.

08 1차, 2차 연소 중 2차 연소에 대한 설명으로 가장 적절한 것은?

① 불완전연소에 의해 발생한 미연가스가 연도 내에서 다시 연소하는 것
② 공기보다 먼저 연료를 공급했을 경우 1차, 2차 반응에 의해서 연소하는 것
③ 완전연소에 의한 연소가스가 2차 공기에 의해서 폭발되는 것
④ 점화할 때 착화가 늦었을 경우 재점화에 의해서 연소하는 것

해설

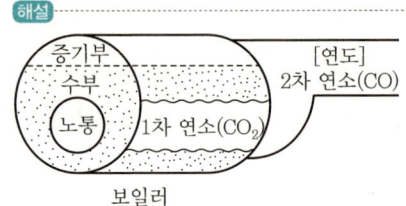

09 다음 중 연소범위에 대한 설명으로 옳은 것은?

① 온도가 높아지면 좁아진다.
② 압력이 상승하면 좁아진다.
③ 연소상한계 이상의 농도에서는 산소 농도가 너무 높다.
④ 연소하한계 이하의 농도에서는 가연성 증기의 농도가 너무 낮다.

해설

- 연소의 위험도 = $\dfrac{\text{폭발범위상한} - \text{폭발범위하한}}{\text{폭발범위하한}}$
- 폭발범위하한계(연소하한계) 이하는 가연성 증기 농도가 너무 낮고, 폭발범위 상한계 이상에서는 가연성 공기 농도가 너무 낮다.

10 다음 중 중유의 성질에 대한 설명으로 옳은 것은?

① 점도에 따라 1, 2, 3급 중유로 구분한다.
② 원소 조성은 H가 가장 많다.
③ 비중은 약 0.72~0.76 정도이다.
④ 인화점은 약 60~150℃ 정도이다.

해설
중유
- 점도에 따라 A, B, C급으로 분류한다.
- 조성 원소 : 탄소 84~87%로 가장 많다.
- 비중 : 0.83~0.88
- 인화점 : 60~150℃

정답 06 ③ 07 ④ 08 ① 09 ④ 10 ④

11 폭굉(Detonation)현상에 대한 설명으로 옳지 않은 것은?

① 확산이나 열전도의 영향을 주로 받는 기체역학적 현상이다.
② 물질 내에 충격파가 발생하여 반응을 일으킨다.
③ 충격파에 의해 유지되는 화학반응 현상이다.
④ 반응의 전파속도가 그 물질 내에서 음속보다 빠른 것을 말한다.

해설
폭굉은 보기의 ②, ③, ④항 외에 다음과 같은 특성을 갖는다.
- 화염의 전파속도 : 1,000~3,500m/s
- 정상연소보다 압력은 2배 상승(밀폐공간은 7~8배)
- C_2H_2 가스의 폭굉범위 : 공기 중 4.2~5.0, 산소 중 3.5~92%

12 연료시험에 사용되는 장치 중에서 주로 기체연료 시험에 사용되는 것은?

① 세이볼트(Saybolt) 점도계
② 톰슨(Thomson) 열량계
③ 오르자트(Orsat) 분석장치
④ 펜스키 마텐스(Pensky Martens) 장치

해설
기체연료의 화학적 가스분석기
- 오르자트법(CO_2, O_2, CO 분석)
- 헴펠법(CO_2, C_mH_n, O_2, CO 분석)
- 게겔법(저급탄화수소 분석)

13 다음 중 중유 첨가제의 종류에 포함되지 않는 것은?

① 슬러지 분산제
② 안티녹제
③ 조연제
④ 부식 방지제

해설
- 안티녹제 : 자동차용 연료첨가제(옥탄가 향상제)
- 옥탄가(Octane number) : 가솔린이 연소할 때 이상 폭발을 일으키지 않는 정도를 나타내는 수치

14 다음 중 집진장치의 특성에 대한 설명으로 옳지 않은 것은?

① 사이클론 집진기는 분진이 포함된 가스를 선회운동시켜 원심력에 의해 분진을 분리한다.
② 전기식 집진장치는 대치시킨 2개의 전극 사이에 고압의 교류전장을 가해 통과하는 미립자를 집진하는 장치이다.
③ 가스흡입구에 벤투리관을 조합하여 먼지를 세정하는 장치를 벤투리 스크러버라 한다.
④ 백 필터는 바닥을 위쪽으로 달아매고 하부에서 백 내부로 송입하여 집진하는 방식이다.

해설
전기식 집진장치 : 30,000~100,000V의 직류전장을 가해 통과시켜 0.05~20μm 정도 집진한다.(집진극 양극 – 침상방전극 음극 사용)
- 종류 : 코트렐(Cotrel)식
- 집진효율 : 90~99.9%

15 탄화수소계 연료(C_xH_y)를 연소시켜 얻은 연소생성물을 분석한 결과 CO_2 9%, CO 1%, O_2 8%, N_2 82%의 체적비를 얻었다. y/x의 값은 얼마인가?

① 1.52 ② 1.72
③ 1.92 ④ 2.12

해설
$C_xH_y + a(O_2 + 3.76N_2)$
$\rightarrow 9CO_2 + 1CO + 8O_2 + bH_2O + 82N_2$
- C : $x = 9 + 1 = 10$
- H : $y = 2b$, $y = 17.2 (8.6 \times 2 = 17.2)$
- O : $2a = 18 + 1 + 16 + b$, $b = 8.6$
- N : $2 \times 3.76a = 82 \times 2$, $a = 21.8$

∴ $C_xH_y = C_{10}H_{17.2}$, $\dfrac{y}{x}$의 값 $= \dfrac{17.2}{10} = 1.72$

정답 11 ① 12 ③ 13 ② 14 ② 15 ②

16 다음의 무게조성을 가진 중유의 저위발열량은 약 몇 kcal/kg인가?(단, 아래의 조성은 중유 1kg당 함유된 각 성분의 양이다.)

C : 84%, H : 13%, O : 0.5%, S : 2%, W : 0.5%

① 8,600   ② 10,590
③ 13,600 ④ 17,600

해설

저위발열량$(H_L) = 8,100C + 28,600\left(H - \dfrac{O}{8}\right) + 2,500S$

$\therefore H_L = 8,100 \times 0.84 + 28,600\left(0.13 - \dfrac{0.005}{8}\right) + 2,500 \times 0.02$
$= 6,804 + 3,700.125 + 50 = 10,556 \text{kcal/kg}$

또는 $8,100 \times 0.84 + 28,600 \times 0.13 + 2,500 \times 0.02 - (4,250 \times 0.005 + 600 \times 0.005)$
$= (6,804 + 3,718 + 50) - (24.25) = 10,548 \text{kcal/kg}$

17 다음 연소반응식 중 옳은 것은?

① $C_2H_6 + 3O_2 \rightarrow 2CO_2 + 4H_2O$
② $C_3H_8 + 5O_2 \rightarrow 2CO_2 + 6H_2O$
③ $C_4H_{10} + 6O_2 \rightarrow 4CO_2 + 5H_2O$
④ $CH_4 + 2O_2 \rightarrow CO_2 + 2H_2O$

해설

① $C_2H_6 + 3.5O_2 \rightarrow 2CO_2 + 3H_2O$
② $C_3H_8 + 5O_2 \rightarrow 3CO_2 + 4H_2O$
③ $C_4H_{10} + 6.5O_2 \rightarrow 4CO_2 + 5H_2O$

18 $(CO_2)_{max}$가 24.0%, (CO_2)가 14.2%, (CO)가 3.0%라면 연소가스 중의 산소는 약 몇 %인가?

① 3.8   ② 5.0
③ 7.1   ④ 10.1

해설

$CO_{2max} = \dfrac{21(CO_2 + CO)}{21 - (O_2) + 0.395 \times CO}$

$24 = \dfrac{21(14.2 + 3)}{21 - (O_2) + 0.395 \times 3}$

$21 - (O_2) = \dfrac{21(14.2 + 3)}{24} - (0.395 \times 3) = 13.863$

$\therefore$ 산소$(O_2) = 21 - 13.863 = 7.1$

19 다음 대기오염 방지를 위한 집진장치 중 습식 집진장치에 해당하지 않는 것은?

① 백필터   ② 충진탑
③ 벤투리 스크러버 ④ 사이클론 스크러버

해설

건식 집진장치
- 백필터(여과식)   • 원심식(사이클론식)
- 관성식   • 중력식

20 다음 중 착화온도가 가장 높은 연료는?

① 갈탄   ② 메탄
③ 중유   ④ 목탄

해설

착화온도
- 갈탄 : 300℃ 이하
- 메탄 : 505℃
- 중유 : 254~405℃
- 목탄 : 320~370℃

2과목 열역학

21 다음 중 압력이 일정한 상태에서 온도가 변하였을 때의 체적팽창계수 β에 관한 식으로 옳은 것은?(단, 식에서 V는 부피, T는 온도, P는 압력을 의미한다.)

① $\beta = -\dfrac{1}{P}\left(\dfrac{\partial P}{\partial T}\right)_V$ ② $\beta = -\dfrac{1}{V}\left(\dfrac{\partial V}{\partial P}\right)_T$

③ $\beta = \dfrac{1}{V}\left(\dfrac{\partial V}{\partial T}\right)_P$ ④ $\beta = \dfrac{1}{T}\left(\dfrac{\partial T}{\partial P}\right)_V$

해설

- 압력 일정 → 온도 변화
- 체적팽창계수$(\beta) = \dfrac{1}{V}\left(\dfrac{\partial V}{\partial T}\right)_P$

정답 16 ② 17 ④ 18 ③ 19 ① 20 ② 21 ③

22 이상적인 카르노(Carnot) 사이클의 구성에 대한 설명으로 옳은 것은?

① 2개의 등온과정과 2개의 단열과정으로 구성된 가역 사이클이다.
② 2개의 등온과정과 2개의 정압과정으로 구성된 가역 사이클이다.
③ 2개의 등온과정과 2개의 단열과정으로 구성된 비가역 사이클이다.
④ 2개의 등온과정과 2개의 정압과정으로 구성된 비가역 사이클이다.

해설
Carnot cycle(카르노 사이클)

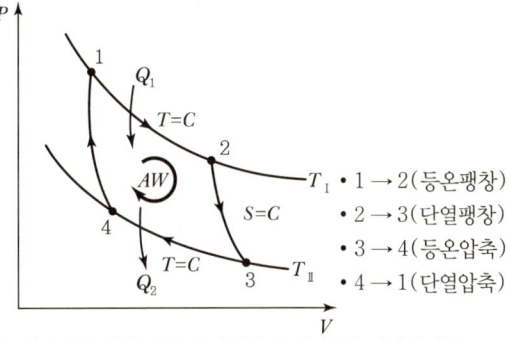

(2개의 등온변화, 2개의 단열과정 사이클) 가역사이클

23 폐쇄계에서 경로 A → C → B를 따라 110J의 열이 계로 들어오고 50J의 일을 외부에 할 경우 B → D → A를 따라 계가 되돌아 올 때 계가 40J의 일을 받는다면 이 과정에서 계는 얼마의 열을 방출 또는 흡수하는가?

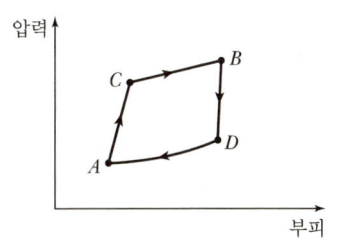

① 30J 방출   ② 30J 흡수
③ 100J 방출   ④ 100J 흡수

해설
- 110J : 계로 들어온다(A → C → B).
- 50J : 외부에 일을 한다.
- 40J : 일을 받는다(B → D → A).
∴ 110 − 50 + 40 = 100J 방출

24 다음 중 수증기를 사용하는 증기동력 사이클은?
① 랭킨 사이클   ② 오토 사이클
③ 디젤 사이클   ④ 브레이턴 사이클

해설
랭킨 사이클(수증기 동력 사이클)

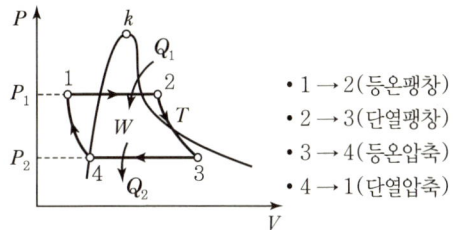

- 1 → 2(등온팽창)
- 2 → 3(단열팽창)
- 3 → 4(등온압축)
- 4 → 1(단열압축)

25 그림은 단열, 등압, 등온, 등적을 나타내는 압력(P) − 부피(V), 온도(T) − 엔트로피(S) 선도이다. 각 과정에 대한 설명으로 옳은 것은?

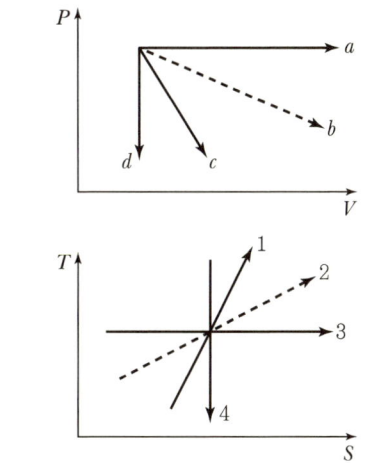

① a는 등적과정이고 4는 가역단열과정이다.
② b는 등온과정이고 3은 가역단열과정이다.
③ c는 등적과정이고 2는 등압과정이다.
④ d는 등적과정이고 4는 가역단열과정이다.

정답 22 ① 23 ③ 24 ① 25 ④

해설

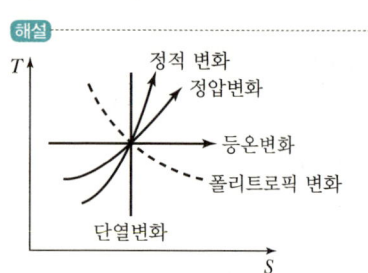

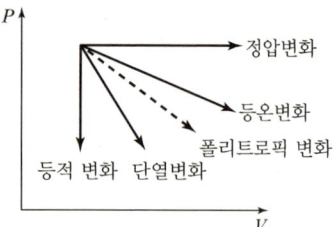

26 1MPa의 포화증기가 등온 상태에서 압력이 700kPa까지 내려갈 때 최종 상태는?

① 과열증기 ② 습증기
③ 포화증기 ④ 포화액

해설
$1MPa = 10^6 Pa = 1,000kPa$
등온변화 포화증기 $1,000kPa \to 700kPa$ 하강
- 포화증기 교축 : 압력강하 과열증기 발생
- 포화액 온도일정 압력상승 : 과냉액 발생
- 포화증기 단열압축 : 압력과 온도상승 과열증기 발생

27 이상기체 2kg을 정압과정으로 50℃에서 150℃로 가열할 때, 필요한 열량은 약 몇 kJ인가? (단, 이 기체의 정적 비열은 3.1kJ/(kg·K)이고, 기체상수는 2.1kJ/(kg·K)이다.)

① 210 ② 310
③ 620 ④ 1,040

해설
정압과정
$PVT = \dfrac{T_2}{T_1} = \dfrac{V_2}{V_1}$, $R = C_p - C_v$
정압비열(C_p) $= C_v + R = 3.1 + 2.1 = 5.2 kJ/kg \cdot K$

∴ 가열량(Q) $= G \cdot C_p (T_2 - T_1)$
$= 2 \times 5.2(150 - 50) = 1,040 kJ$

28 비가역 사이클에 대한 클라시우스(Clausius) 적분에 대하여 옳은 것은?(단, Q는 열량, T는 온도이다.)

① $\oint \dfrac{\delta Q}{T} > 0$ ② $\oint \dfrac{\delta Q}{T} \geq 0$
③ $\oint \dfrac{\delta Q}{T} = 0$ ④ $\oint \dfrac{\delta Q}{T} < 0$

해설
클라시우스 적분
㉠ 가역 사이클 ($\oint$) $= \dfrac{\delta\theta}{T} = 0$
㉡ 비가역 사이클 ($\oint$) $= \dfrac{\delta\theta}{T} \leq 0 = \dfrac{\delta\theta}{T} < 0$
- 비가역 과정 : 마찰, 혼합, 교축, 열이동, 자유팽창, 화학반응, 팽창, 압축
- 비가역 사이클에서는 마찰 등의 열손실로 방열량이 가역 사이클의 방열량보다 더 크므로 그 적분치는 0보다 작다.

29 다음 중 열역학 제1법칙을 설명한 것으로 가장 옳은 것은?

① 제3의 물체와 열평형에 있는 두 물체는 그들 상호 간에도 열평형에 있으며, 물체의 온도는 서로 같다.
② 열을 일로 변환할 때 또는 일을 열로 변환할 때 전체 계의 에너지 총량은 변하지 않고 일정하다.
③ 흡수한 열을 전부 일로 바꿀 수는 없다.
④ 절대 영도 즉, 0K에는 도달할 수 없다.

해설
열역학 제1법칙
㉠ 열량(Q) $= AW$, $A = \dfrac{1}{427}$(kcal/kg·m)
   (일의 열 상당량)
㉡ 일량(W) $= \dfrac{1}{A}Q = JQ$, $J = \dfrac{1}{A} = 427$(kg·m/kcal)
   (열의 일 상당량)
- 열 → 일, 일 → 열, 에너지 전환(에너지 보존의 법칙)

정답 26 ① 27 ④ 28 ④ 29 ②

30 일반적으로 사용되는 냉매로 가장 거리가 먼 것은?

① 암모니아　　② 프레온
③ 이산화탄소　④ 오산화인

해설
오산화인(P_2O_5)
인이 연소할 때 생기는 백색 가루이다. 일명 무수인산이라고 하며, 건조제로 사용한다.

31 다음 중 과열증기(superheated steam)의 상태가 아닌 것은?

① 주어진 압력에서 포화증기 온도보다 높은 온도
② 주어진 비체적에서 포화증기 압력보다 높은 압력
③ 주어진 온도에서 포화증기 비체적보다 낮은 비체적
④ 주어진 온도에서 포화증기 엔탈피보다 높은 엔탈피

해설
급수 → 포화수 → 포화증기 → 과열증기(압력일정, 온도상승)

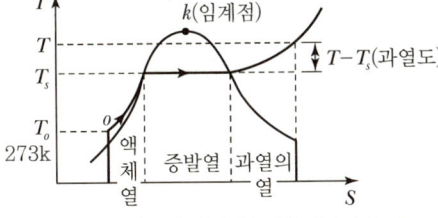

과열증기는 포화증기 비체적(m^3/kg)보다 높다.

32 저위발열량이 40,000kJ/kg인 연료를 쓰고 있는 열기관에서 이 열이 전부 일로 바꾸어지고, 연료소비량이 20kg/h이라면 발생되는 동력은 약 몇 kW인가?

① 110　　② 222
③ 316　　④ 820

해설
$1kW = 102 kg \cdot m/s$
$1kWh = 860 kcal = 3,600 kJ$
동력(kW) $= \dfrac{20 \times 40,000}{3,600} = 222$

33 N_2와 O_2의 기체상수는 각각 0.297kJ/(kg·K) 및 0.260kJ/(kg·K)이다. N_2가 0.7kg, O_2가 0.3kg인 혼합가스의 기체상수는 약 몇 kJ/(kg·K)인가?

① 0.213　　② 0.254
③ 0.286　　④ 0.312

해설
혼합가스의 기체상수(R) $= (0.297 \times 0.7) + (0.260 \times 0.3)$
$= 0.286 kJ/kg \cdot K$

34 밀폐계의 등온과정에서 이상기체가 행한 단위 질량당 일은?(단, 압력과 부피는 P_1, V_1에서 P_2, V_2로 변하며, T는 온도, R은 기체상수이다.)

① $RT \ln\left(\dfrac{P_1}{P_2}\right)$

② $\ln\left(\dfrac{V_1}{V_2}\right)$

③ $(P_2 - P_1)(V_2 - V_1)$

④ $R \ln\left(\dfrac{P_1}{P_2}\right)$

해설
밀폐계 등온과정 일량(W)
$W = RT \ln\left(\dfrac{P_1}{P_2}\right)$

35 성능계수가 5.0, 압축기에서 냉매의 단위 질량당 압축하는 데 요구되는 에너지는 200kJ/kg인 냉동기에서 냉동능력 1kW당 냉매의 순환량(kg/h)은?

① 1.8　　② 3.6
③ 5.0　　④ 20.0

해설
$1kWh = 860 kcal = 3,600 kJ$
냉매 순환량 $= \dfrac{3,600}{200 \times 5.0} = 3.6 (kg/h)$

정답 30 ④　31 ③　32 ②　33 ③　34 ①　35 ②

36 디젤 사이클에서 압축비가 20, 단절비(cut-off ratio)가 1.7일 때 열효율은 약 몇 %인가?(단, 비열비는 1.4이다.)

① 43　　② 66
③ 72　　④ 84

해설
디젤 내연기관 사이클
열효율(η_d) = $1 - \left(\dfrac{1}{\varepsilon}\right)^{k-1} \cdot \dfrac{\sigma^k - 1}{k(\sigma - 1)}$

∴ $1 - \left(\dfrac{1}{20}\right)^{1.4-1} \times \dfrac{1.7^{1.4} - 1}{1.4(1.7 - 1)} = 0.66(66\%)$

---

37 다음 중 랭킨 사이클의 열효율을 높이는 방법으로 옳지 않은 것은?

① 복수기의 압력을 상승시킨다.
② 사이클의 최고 온도를 높인다.
③ 보일러의 압력을 상승시킨다.
④ 재열기를 사용하여 재열 사이클로 운전한다.

해설
- 랭킨 사이클은 보일러 압력이 높고 복수기의 압력이 낮을수록 열효율이 증가한다.
- 터빈의 초온, 초압이 클수록, 터빈 출구에서 압력이 낮을수록 열효율이 증가한다.

---

38 온도와 관련된 설명으로 옳지 않은 것은?

① 온도 측정의 타당성에 대한 근거는 열역학 제0법칙이다.
② 온도가 0℃에서 10℃로 변화하면, 절대 온도는 0K에서 283.15K로 변화한다.
③ 섭씨온도는 물의 어는점과 끓는점을 기준으로 삼는다.
④ SI 단위계에서 온도의 단위는 켈빈 단위를 사용한다.

해설
K = ℃ + 273.15 = 10 + 273.15 = 283.15K
K = ℃ + 273.15 = 0 + 273.15 = 273.15K
∴ 283.15 − 273.15K = 10K 변화
※ 절대 0도 = 273.15K, 물의 3중점 = 273.16K(0.01℃)

---

39 압력이 100kPa인 공기가 정적 과정으로 200kPa의 압력이 되었다. 그 후 정압과정으로 비체적이 1m³/kg에서 2m³/kg으로 변하였다고 할 때 이 과정 동안의 총 엔트로피의 변화량은 약 몇 kJ/(kg·K)인가?(단, 공기의 정적비열은 0.7kJ/(kg·K), 정압비열은 1.0kJ/(kg·K)이다.)

① 0.31　　② 0.52
③ 1.04　　④ 1.18

해설
엔트로피 변화(ΔS)
100kPa → 200kPa, 1m³/kg → 2m³/kg

$\Delta S = G \cdot C_v \cdot \ln\dfrac{P_2}{P_1} + G \cdot C_p \cdot \ln\dfrac{V_2}{V_1}$

$= 0.7 \times \ln\dfrac{200}{100} + 1.0 \times \ln\dfrac{2}{1} = 1.18\,\text{kJ/kg·K}$

---

40 역카르노사이클로 작동하는 냉동사이클이 있다. 저온부가 −10℃로 유지되고, 고온부가 40℃로 유지되는 상태를 A상태라고 하고, 저온부가 0℃, 고온부가 50℃로 유지되는 상태를 B상태라 할 때, 성능계수는 어느 상태의 냉동사이클이 얼마나 높은가?

① A상태의 사이클이 약 0.8만큼 높다.
② A상태의 사이클이 약 0.2만큼 높다.
③ B상태의 사이클이 약 0.8만큼 높다.
④ B상태의 사이클이 약 0.2만큼 높다.

해설
COP(성적계수)

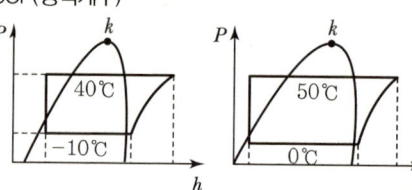

- $A = \dfrac{T_2}{T_1 - T_2} = \dfrac{273 - 10}{(273 + 40) - (273 - 10)} = 5.26$
- $B = \dfrac{T_2}{T_1 - T_2} = \dfrac{273 - 0}{(273 + 50) - (273 - 0)} = 5.46$

∴ 5.46 − 5.26 = 0.2 (B상태가 0.2COP가 높다.)

3과목 계측방법

41 다음 중 가스분석 측정법이 아닌 것은?

① 오르사트법
② 적외선 흡수법
③ 플로우 노즐법
④ 가스크로마토그래피법

[해설]
차압식 유량계
- 벤투리 미터
- 플로우 노즐
- 오리피스

42 마노미터의 종류 중 압력 계산 시 유체의 밀도에는 무관하고 단지 마노미터 액의 밀도에만 관계되는 마노미터는?

① open-end 마노미터
② sealed-end 마노미터
③ 차압(differential) 마노미터
④ open-end 마노미터와 sealed-end 마노미터

[해설]
차압식 마노미터
유체의 밀도에는 무관하고 단지 마노미터 내부 액의 밀도에만 관계되는 마노미터이다.

43 다음 중 바이메탈 온도계의 측온 범위는?

① $-200 \sim 200\,℃$
② $-30 \sim 360\,℃$
③ $-50 \sim 500\,℃$
④ $-100 \sim 700\,℃$

[해설]
바이메탈 온도계(선팽창계수 이용)는 접촉식 온도계이며, 측정 온도 범위는 $-50 \sim 500\,℃$이다.

44 수지관 속에 비중이 0.9인 기름이 흐르고 있다. 아래 그림과 같이 액주계를 설치하였을 때 압력계의 지시값은 몇 kg/cm^2인가?

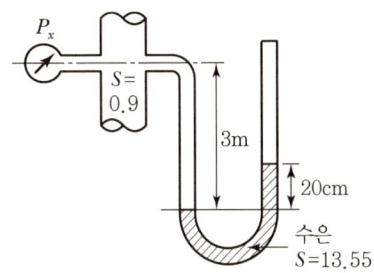

① 0.001
② 0.01
③ 0.1
④ 1.0

[해설]
비중 $0.9 = 900\,kg/m^3$, 수은 $= 13,550\,kg/m^3 (13.55)$

$20 \times \dfrac{1.033}{76} = 0.271\,kg/cm^2$ (압력차)

$3 \times \dfrac{1}{10} \times 0.9 = 0.27\,kg/cm^2$ (높이차)

∴ 압력계 지시값 $= 0.271 - 0.27 = 0.001\,kg/cm^2$

※ $10\,mH_2O = 1\,kg/cm^2$, $76\,cmHg = 1,033\,kg/cm^2$

45 연소 가스 중의 CO와 H_2의 측정에 주로 사용되는 가스 분석계는?

① 과잉공기계
② 질소가스계
③ 미연소가스계
④ 탄산가스계

[해설]
미연소가스 분석계
CO, H_2 측정

46 열전온도계에 대한 설명으로 틀린 것은?

① 접촉식 온도계에서 비교적 낮은 온도 측정에 사용한다.
② 열기전력이 크고 온도 증가에 따라 연속적으로 상승해야 한다.
③ 기준접점의 온도를 일정하게 유지해야 한다.
④ 측온 저항체와 열전대는 소자를 보호관 속에 넣어 사용한다.

정답 41 ③ 42 ③ 43 ③ 44 ① 45 ③ 46 ①

> **[해설]**
> 접촉식 온도계 중 열전온도계(P-R)
> R온도계이며 0~1,600℃까지 측정이 가능하여 접촉식 온도계 중 가장 고온을 측정한다.

47 다음 중 열전대 온도계에서 사용되지 않는 것은?

① 동-콘스탄탄
② 크로멜-알루멜
③ 철-콘스탄탄
④ 알루미늄-철

> **[해설]**
> 열전대 온도계
> • 동-콘스탄탄(-200~350℃) : T형
> • 크로멜-알루멜(0~1,200℃) : K형
> • 철-콘스탄탄(-200~800℃) : J형
> • 백금-백금로듐(0~1,600℃) : R형

48 미리 정해진 순서에 따라 순차적으로 진행하는 제어방식은?

① 시퀀스 제어
② 피드백 제어
③ 피드포워드 제어
④ 적분 제어

> **[해설]**
> 시퀀스 제어(Sequence control)
> 미리 정해진 순서에 따라서 제어의 각 단계를 차례로 진행시키는 제어

49 측정량과 크기가 거의 같은 미리 알고 있는 양의 분동을 준비하여 분동과 측정량의 차이로부터 측정량을 구하는 방식은?

① 편위법
② 보상법
③ 치환법
④ 영위법

> **[해설]**
> 보상법
> 측정량과 크기가 거의 같은 미리 알고 있는 양의 분동을 준비하여 분동과 측정량의 차이로부터 측정량을 알아내는 측정방법이다.

50 자동제어에서 동작신호의 미분값을 계산하여 이것과 동작신호를 합한 조작량의 변화를 나타내는 동작은?

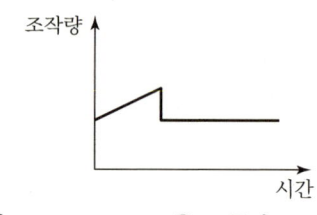

① I 동작
② P 동작
③ PD 동작
④ PID 동작

> **[해설]**
> ㉠ 비례동작
>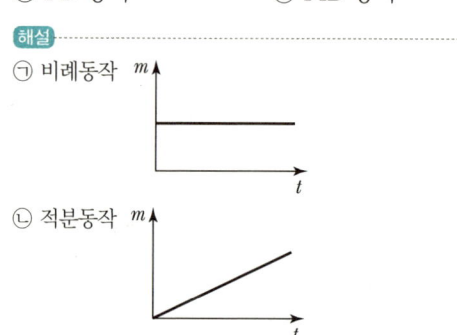
>
> ㉡ 적분동작
>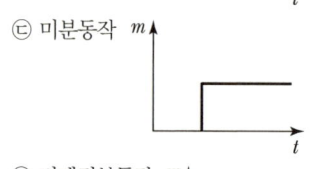
>
> ㉢ 미분동작
>
> ㉣ 비례적분동작
>
> ㉤ 비례미분(PD 동작)
>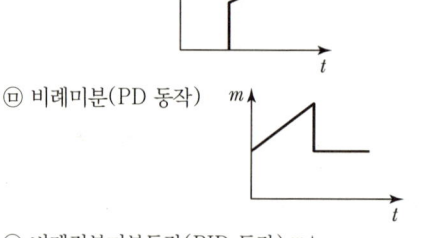
>
> ㉥ 비례적분미분동작(PID 동작)
>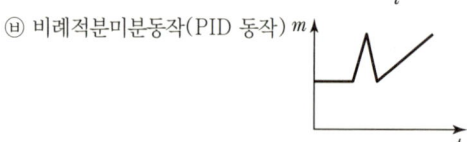

51 베크만 온도계에 대한 설명으로 옳은 것은?

① 빠른 응답성의 온도를 얻을 수 있다.
② 저온용으로 적합하여 약 -100℃까지 측정할 수 있다.
③ -60~350℃ 정도의 측정온도 범위인 것이 보통이다.
④ 모세관의 상부에 수은을 봉입한 부분에 대해 측정온도에 따라 남은 수은의 양을 가감하여 그 온도 부분의 온도차를 0.01℃까지 측정할 수 있다.

해설
베크만 수은 계량형 온도계
㉠ 미세한 온도차(0.01~0.005℃) 측정
㉡ 최고 150℃까지 측정
㉢ 구조가 간단하여 즉시 눈금을 읽을 수 있음
㉣ 모세관 상부에 보조기구를 설치하여 수은 양을 조절할 수 있고 실험, 시험용 및 열량계로도 사용 가능

52 차압식 유량계에 대한 설명으로 옳지 않은 것은?

① 관로에 오리피스, 플로우 노즐 등이 설치되어 있다.
② 정도(精度)가 좋으나, 측정범위가 좁다.
③ 유량은 압력차의 평방근에 비례한다.
④ 레이놀즈수 10^5 이상에서 유량계수가 유지된다.

해설
차압식 유량계
㉠ Oriffice
㉡ Venture meter
㉢ Flow-nozzle
※ 유량이 적으면 정도가 떨어진다.

53 다음 중 스로틀(Throttle) 기구에 의하여 유량을 측정하지 않는 유량계는?

① 오리피스미터   ② 플로우 노즐
③ 벤투리미터   ④ 오벌미터

해설
오벌기어식 미터기
기어의 회전이 유량에 비례하는 원리를 이용한 용적식 유량계이다.

54 관로의 유속을 피토관으로 측정할 때 수주의 높이가 30cm이었다. 이때 유속은 약 몇 m/s인가?

① 1.88   ② 2.42
③ 3.88   ④ 5.88

해설
유속(V) = $\sqrt{2gh}$ = $\sqrt{2 \times 9.8 \times 0.3}$ = 2.42m/s

55 유량계의 교정방법 중 기체 유량계의 교정에 가장 적합한 방법은?

① 막식가스 미터기를 사용하여 교정한다.
② 기준 탱크를 사용하여 교정한다.
③ 기준 유량계를 사용하여 교정한다.
④ 기준 체적관을 사용하여 교정한다.

해설
기체의 유량계 교정원리 : 기준 체적관을 사용하여 교정한다.

56 2.2kΩ의 저항에 220V의 전압이 사용되었다면 1초당 발생한 열량은 몇 W인가?

① 12   ② 22
③ 32   ④ 42

해설
2.2kΩ = 2,200Ω, $H = 0.24I^2Rt$ (cal)
$P = IV = \dfrac{V^2}{R}$
∴ 발생열량 = $\dfrac{(220)^2}{2,200}$ = 22W/S

57 가스분석방법 중 CO_2의 농도를 측정할 수 없는 방법은?

① 자기법   ② 도전율법
③ 적외선법   ④ 열도전율법

해설
자기식(O_2) 계
산소에 자기풍을 일으키고 이것을 검출하여 자화율이 큰 산소의 분석계이다.

정답 51 ④ 52 ② 53 ④ 54 ② 55 ④ 56 ② 57 ①

58 제어시스템에서 조작량이 제어 편차에 의해서 정해진 두 개의 값이 어느 편인가를 택하는 제어방식으로 제어결과가 다음과 같은 동작은?

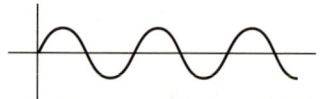

① 온-오프동작　② 비례동작
③ 적분동작　　　④ 미분동작

해설
온-오프동작(2위치 동작) : 불연속 동작

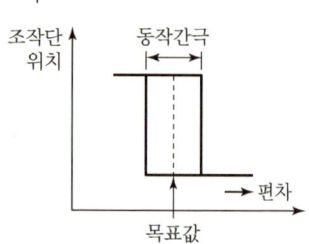

59 벨로우즈(Bellows) 압력계에서 Bellows 탄성의 보조로 코일 스프링을 조합하여 사용하는 주된 이유는?

① 감도를 증대시키기 위하여
② 측정압력 범위를 넓히기 위하여
③ 측정지연 시간을 없애기 위하여
④ 히스테리시스 현상을 없애기 위하여

해설
- 탄성식 벨로우즈 압력계에서 보조 코일스프링을 조합하여 사용하는 것은 히스테리시스 현상의 예방을 위한 것이다.
- 일반적인 미압 측정용 : 0.01~10kg/cm²

60 액체와 고체연료의 열량을 측정하는 열량계는?

① 봄브식　　　② 융커스식
③ 클리브랜드식　④ 타그식

해설
㉠ 열량계
- 단열식(봄브식) : 액체·고체연료용
- 융커스식, 시그마식 : 기체연료용
㉡ 인화점계
- 타그식 : 인화점 시험(인화점 80℃ 이하 석유)
- 크리브랜드식 : 인화점 시험(인화점 80℃ 이상 석유)

4과목 열설비재료 및 관계법규

61 내화물의 스폴링(spalling) 시험방법에 대한 설명으로 틀린 것은?

① 시험체는 표준형 벽돌을 110±5℃에서 건조하여 사용한다.
② 전 기공률 45% 이상의 내화벽돌은 공랭법에 의한다.
③ 시험편을 노 내에 삽입 후 소정의 시험온도에 도달하고 나서 약 15분간 가열한다.
④ 수냉법의 경우 노 내에서 시험편을 꺼내어 재빠르게 가열면 측을 눈금의 위치까지 물에 잠기게 하여 약 10분간 냉각한다.

해설
스폴링 시험(내화물 박락시험)
- 수냉법(시험체의 한 끝을 소정온도로 일정시간 가열한 후 수중에서 급랭한다. 이것을 반복하여 시험한다.)
- 공랭법(고온법)
- 패널스폴링 시험법(가장 실제적인 방법)

62 에너지이용 합리화법에 따라 고효율에너지 인증대상 기자재에 해당되지 않는 것은?

① 펌프
② 무정전 전원장치
③ 가정용 가스보일러
④ 발광다이오드 등 조명기기

해설
고효율에너지 인증대상 기자재는 ①, ②, ④항 외에 폐열회수 환기장치, 산업건물용 보일러 등이 있다.

정답 58 ① 59 ④ 60 ① 61 ④ 62 ③

63 내화물의 제조공정의 순서로 옳은 것은?

① 혼련 → 성형 → 분쇄 → 소성 → 건조
② 분쇄 → 성형 → 혼련 → 건조 → 소성
③ 혼련 → 분쇄 → 성형 → 소성 → 건조
④ 분쇄 → 혼련 → 성형 → 건조 → 소성

해설
내화물의 제조공정
분쇄 → 혼련 → 성형 → 건조 → 소성

64 에너지이용 합리화법에 따른 열사용기자재 중 제2종 압력용기의 적용범위로 옳은 것은?

① 최고사용압력이 0.1MPa을 초과하는 기체를 그 안에 보유하는 용기로서 내부 부피가 0.05m³ 이상인 것
② 최고사용압력이 0.2MPa을 초과하는 기체를 그 안에 보유하는 용기로서 내부 부피가 0.04m³ 이상인 것
③ 최고사용압력이 0.1MPa을 초과하는 기체를 그 안에 보유하는 용기로서 내부 부피가 0.03m³ 이상인 것
④ 최고사용압력이 0.2MPa을 초과하는 기체를 그 안에 보유하는 용기로서 내부 부피가 0.02m³ 이상인 것

해설
제2종 압력용기의 규정은 ②항 및 동체 안지름이 200mm 이상, 그 길이가 1,000mm 이상인 것(증기헤더의 경우에는 동체 안지름이 300mm 초과)

65 에너지이용 합리화법에 따라 에너지이용 합리화에 관한 기본계획 사항에 포함되지 않는 것은?

① 에너지 절약형 경제구조로의 전환
② 에너지이용 합리화를 위한 기술개발
③ 열사용기자재의 안전관리
④ 국가에너지정책목표를 달성하기 위하여 대통령령으로 정하는 사항

해설
기본계획은 ①, ②, ③항 외 기타 에너지원 간 대체, 에너지이용 효율의 증대, 에너지이용 합리화를 위한 홍보 및 교육 등이 있다.

66 다음 중 전로법에 의한 제강 작업 시의 열원은?

① 가스의 연소열
② 코크스의 연소열
③ 석회석의 반응열
④ 용선내의 불순원소의 산화열

해설
전로제강법 : 강철제조로
(열원 : 용선 내 불순원소의 산화열을 이용하여 강철 제조)

67 요로에 대한 설명으로 틀린 것은?

① 재료를 가열하여 물리적 및 화학적 성질을 변화시키는 가열장치이다.
② 석탄, 석유, 가스, 전기 등의 에너지를 다량으로 사용하는 설비이다.
③ 사용목적은 연료를 가열하여 수증기를 만들기 위함이다.
④ 조업방식에 따라 불연속식, 반연속식, 연속식으로 분류된다.

해설
요로
물체를 가열, 용융, 소성하는 장치로서 화학적·물리적 변화를 강제적으로 행하게 하는 장치이다. 그 특징은 ①, ②, ④항과 같다.
- 요(Kiln) : 도자기, 벽돌 등
- 로(Furnace) : 용선 제조, 제강, 특수강, 비철금속

68 에너지이용 합리화법에서 정한 에너지다소비 사업자의 에너지관리기준이란?

① 에너지를 효율적으로 관리하기 위하여 필요한 기준
② 에너지관리 현황 조사에 대한 필요한 기준
③ 에너지 사용량 및 제품 생산량에 맞게 에너지를 소비하도록 만든 기준
④ 에너지관리 진단 결과 손실요인을 줄이기 위하여 필요한 기준

해설
에너지다소비 사업자(연간 석유 환산 2,000TOE 이상 사용자)의 에너지관리기준은 에너지를 효율적으로 관리하기 위하여 필요한 기준을 의미한다.

정답 63 ④ 64 ② 65 ④ 66 ④ 67 ③ 68 ①

69 에너지이용 합리화법에 따라 산업통상자원부 장관이 국내외 에너지 사정의 변동으로 에너지 수급에 중대한 차질이 발생될 경우 수급안정을 위해 취할 수 있는 조치 사항이 아닌 것은?

① 에너지의 배급
② 에너지의 비축과 저장
③ 에너지의 양도·양수의 제한 또는 금지
④ 에너지 수급의 안정을 위하여 산업통상자원부령으로 정하는 사항

해설
에너지 수급안정 조치사항은 ①, ②, ③항 외에도 에너지 사용의 시기, 방법 및 에너지 사용 기자재의 사용 제한 또는 금지 등 대통령령으로 정하는 사항, 에너지 도입, 수출입 및 위탁가공, 에너지 공급자 상호 간의 에너지의 교환 또는 분배사용 등이 있다.

70 규산칼슘 보온재에 대한 설명으로 가장 거리가 먼 것은?

① 규산에 석회 및 석면 섬유를 섞어서 성형하고 다시 수증기로 처리하여 만든 것이다.
② 플랜트 설비의 탑조류, 가열로, 배관류 등의 보온공사에 많이 사용된다.
③ 가볍고 단열성과 내열성은 뛰어나지만 내산성이 적고 끓는 물에 쉽게 붕괴된다.
④ 무기질 보온재로 다공질이며 최고 안전 사용온도는 약 650℃ 정도이다.

해설
규산칼슘 보온재의 특징
• ①, ②, ④항 외에도 접착제를 사용하지 않고 압축강도가 크다.
• 내수성이 크다.
• 열전도율이 0.05~0.065kcal/m·h·℃이다.

71 에너지용 합리화법에서 에너지의 절약을 위해 정한 "자발적 협약"의 평가 기준이 아닌 것은?

① 계획 대비 달성률 및 투자실적
② 자원 및 에너지의 재활용 노력
③ 에너지 절약을 위한 연구개발 및 보급 촉진
④ 에너지 절감량 또는 에너지의 합리적인 이용을 통한 온실가스 배출 감축량

해설
자발적 협약 평가기준은 ①, ②, ④항 외에도 기타 에너지 절감 또는 에너지의 합리적인 이용을 통한 온실가스 배출 감축에 관한 사항을 포함한다.

72 보온을 두껍게 하면 방산열량(Q)은 적게 되지만 보온재의 비용(P)은 증대된다. 이때 경제성을 고려한 최소치의 보온재 두께를 구하는 식은?

① $Q+P$
② Q^2+P
③ $Q+P^2$
④ Q^2+P^2

해설
경제성을 고려한 보온재의 최소두께
$= Q+P$(방산열량+보온재의 비용)

73 고알루미나(high alumina)질 내화물의 특성에 대한 설명으로 옳은 것은?

① 급열, 급랭에 대한 저항성이 적다.
② 고온에서 부피 변화가 크다.
③ 하중 연화온도가 높다.
④ 내마모성이 적다.

해설
고알루미나질(중성내화물)은 하중 연화온도가 1,600℃ 정도로 높고, 내스폴링성이 크며, 열전도율이 크고, 용적변화가 적고, 기계적 강도가 매우 크다.

74 에너지이용 합리화법에 따라 검사대상 기기의 설치자가 변경된 경우 새로운 검사대상 기기의 설치자는 그 변경일부터 최대 며칠 이내에 검사대상 기기 설치자 변경신고서를 제출하여야 하는가?

① 7일
② 10일
③ 15일
④ 20일

정답 69 ④ 70 ③ 71 ③ 72 ① 73 ③ 74 ③

해설

검사대상 기기(보일러, 압력용기, 철금속가열로 등) 설치자는 설치자 변경 시 15일 이내에 한국에너지공단이사장에게 변경신고서를 제출한다.

75 배관 내 유체의 흐름을 나타내는 무차원 수인 레이놀즈 수(Re)의 층류흐름 기준은?

① $Re < 1,000$
② $Re < 2,100$
③ $2,100 < Re$
④ $2,100 < Re < 4,000$

해설

층류
레이놀즈 수(Re)가 2,100 이하인 유체 흐름이다.

76 다음 중 배관의 호칭법으로 사용되는 스케줄 번호를 산출하는 데 직접적인 영향을 미치는 것은?

① 관의 외경
② 관의 사용온도
③ 관의 허용응력
④ 관의 열팽창계수

해설

관의 스케줄 번호 = $10 \times \dfrac{P}{S}$

여기서, S : 허용응력
P : 사용압력

77 보온 단열재의 재료에 따른 구분에서 약 850~1,200℃ 정도까지 견디며, 열 손실을 줄이기 위해 사용되는 것은?

① 단열재
② 보온재
③ 보냉재
④ 내화 단열재

해설

단열재
- 850~1,200℃ 정도까지 견디며 열손실을 줄이는 데 사용한다.
  (내화단열재 : 1,300~1,500℃).
- 단열재의 종류 : 규조토질, 점토질(내화단열재)

78 터널가마(tunnel kiln)의 장점이 아닌 것은?

① 소성이 균일하여 제품의 품질이 좋다.
② 온도조절의 자동화가 쉽다.
③ 열효율이 좋아 연료비가 절감된다.
④ 사용연료의 제한을 받지 않고 전력소비가 적다.

해설

터널가마(연속요)
- 예열대, 소성대, 냉각대의 3대 구성요소로 이루어지며 부속장치로 대차, 푸셔, 샌드실, 공기순환장치가 있다.
- 사용연료에 제한을 받고 전력소비가 발생한다.

79 견요의 특징에 대한 설명으로 틀린 것은?

① 석회석 클링커 제조에 널리 사용된다.
② 하부에서 연료를 장입하는 형식이다.
③ 제품의 예열을 이용하여 연소용 공기를 예열한다.
④ 이동 화상식이며 연속요에 속한다.

해설

견요(선가마) : 시멘트 소성요(회전가마도 있다)
- 원료는 상부에서 장입한다. 연속요이며 제품의 여열을 이용하여 연소용 공기를 예열한다.
- 화염은 오름불꽃가마이며 직화식 가마이다.

80 에너지이용 합리화법에 따라 에너지다소비 사업자는 연료·열 및 전력의 연간 사용량의 합계가 얼마 이상인 자를 나타내는가?

① 1천 티오이 이상인 자
② 2천 티오이 이상인 자
③ 3천 티오이 이상인 자
④ 5천 티오이 이상인 자

해설

- 에너지 다소비 사업자 : 대통령령으로 정하는 연간 에너지사용량이 2천 티오이(TOE) 이상인 자이다.
- 1TOE : 10^7kcal
- 원유 1kg : 44.9MJ(10,730kcal) = 0.001073(TOE) 고위발열량(총발열량 기준)
- TOE(석유환산톤) : Ton of Oil Equivalent

정답 75 ② 76 ③ 77 ① 78 ④ 79 ② 80 ②

5과목　열설비설계

81　수관보일러에서 수냉 노벽의 설치 목적으로 가장 거리가 먼 것은?

① 고온의 연소열에 의해 내화물이 연화, 변형되는 것을 방지하기 위하여
② 물의 순환을 좋게 하고 수관의 변형을 방지하기 위하여
③ 복사열을 흡수시켜 복사에 의한 열손실을 줄이기 위하여
④ 절연면적을 증가시켜 전열효율을 상승시키고, 보일러 효율을 높이기 위하여

해설
수냉로 수관벽의 설치 목적은 ①, ③, ④항이다.

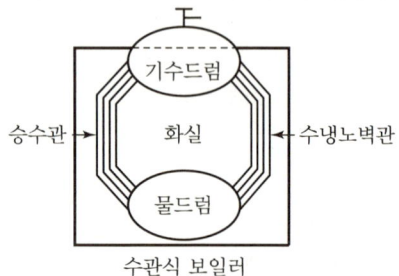

수관식 보일러

82　보일러에 부착되어 있는 압력계의 최고눈금은 보일러 최고사용압력의 최대 몇 배 이하의 것을 사용해야 하는가?

① 1.5배　　② 2.0배
③ 3.0배　　④ 3.5배

해설
압력계(1.5배 이상~3배 이하)

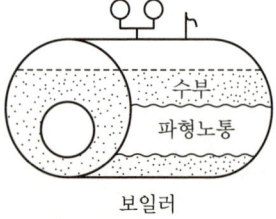

보일러

83　코르시니 보일러의 노통을 한쪽으로 편심 부착시키는 주된 목적은?

① 강도상 유리하므로
② 전열면적을 크게 하기 위하여
③ 내부 청소를 간편하게 하기 위하여
④ 보일러 물의 순환을 좋게 하기 위하여

해설

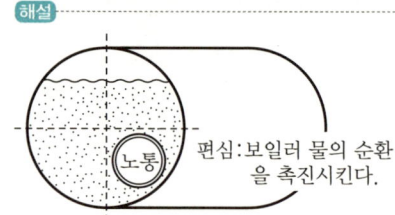

편심 : 보일러 물의 순환을 촉진시킨다.

84　다음 무차원수에 대한 설명으로 틀린 것은?

① Nusselt 수는 열전달계수와 관계가 있다.
② Prandtl 수는 동점성계수와 관계가 있다.
③ Reynolds 수는 층류 및 난류와 관계가 있다.
④ Stanton 수는 확산계수와 관계가 있다.

해설
Stanton 수
전열에서 '너셀수'에 대한 '레이놀즈수×프란틀수'의 비, 즉 $\left(\dfrac{\text{너셀 수}}{\text{레이놀즈 수}\times\text{프란틀 수}}\right)$이다.
일명 열전달계수라고 한다.

85　노통보일러에서 갤러웨이관(Galloway tube)을 설치하는 이유가 아닌 것은?

① 전열면적의 증가　② 물의 순환 증가
③ 노통의 보강　　　④ 유동저항 감소

해설

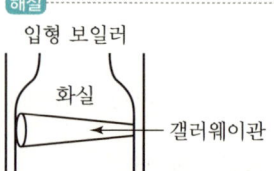

정답　81 ②　82 ③　83 ④　84 ④　85 ④

86 피복 아크 용접에서 루트 간격이 크게 되었을 때 보수하는 방법으로 틀린 것은?

① 맞대기 이음에서 간격이 6mm 이하일 때에는 이음부의 한쪽 또는 양쪽에 덧붙이를 하고 깎아내어 간격을 맞춘다.
② 맞대기 이음에서 간격이 16mm 이상일 때에는 판의 전부 혹은 일부를 바꾼다.
③ 필릿 용접에서 간격이 1.5~4.5mm일 때에는 그대로 용접해도 좋지만 벌어진 간격만큼 각장을 작게 한다.
④ 필릿 용접에서 간격이 1.5mm 이하일 때에는 그대로 용접한다.

해설

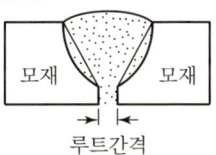

- 맞대기 필릿용접(F ; Flat Position) : 아래 보기자세 용접
- 루트간격이 1.5~4.5mm 정도의 크기일 때는 벌어진 간격만큼 각장을 크게 한다.

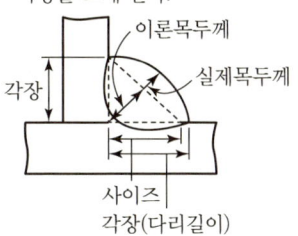

87 유량 7m³/s의 주철제 도수관의 지름(mm)은?(단, 평균유속(V)은 3m/s이다.)

① 680 ② 1,312
③ 1,723 ④ 2,163

해설

유량(Q) = 관의 단면적(m²)×유속(m/s)

지름(d) = $\sqrt{\dfrac{4Q}{\pi V}} = \sqrt{\dfrac{4 \times 7}{3.14 \times 3}} = 1.723\text{m}(1,723\text{mm})$

※ 7 = 단면적×3, 단면적 = 2.333m²

88 보일러 응축수 탱크의 가장 적절한 설치위치는?

① 보일러 상단부와 응축수 탱크의 하단부를 일치시킨다.
② 보일러 하단부와 응축수 탱크의 하단부를 일치시킨다.
③ 응축수 탱크는 응축수 회수배관보다 낮게 설치한다.
④ 응축수 탱크는 송출 증기관과 동일한 양정을 갖는 위치에 설치한다.

해설

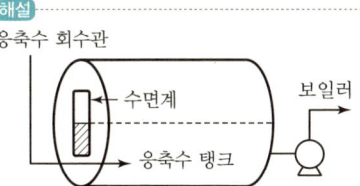

89 보일러수의 분출시기가 아닌 것은?

① 보일러 가동 전 관수가 정지되었을 때
② 연속운전일 경우 부하가 가벼울 때
③ 수위가 지나치게 낮아졌을 때
④ 프라이밍 및 포밍이 발생할 때

해설

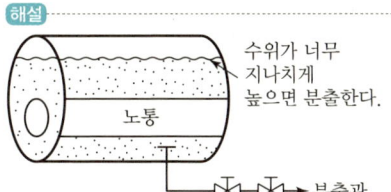

90 이온 교환체에 의한 경수의 연화 원리에 대한 설명으로 옳은 것은?

① 수지의 성분과 Na형의 양이온이 결합하여 경도 성분 제거
② 산소 원자와 수지가 결합하여 경도 성분 제거
③ 물속의 음이온과 양이온이 동시에 수지와 결합하여 경도 성분 제거
④ 수지가 물속의 모든 이물질과의 결합하여 경도 성분 제거

정답 86 ③ 87 ③ 88 ③ 89 ③ 90 ①

해설
㉠ 양이온 교환수지 : N형, H형(재생재 : NaCl, H₂SO₄)
㉡ 음이온 교환수지 : Cl형, OH형(NaCl, NaOH)
※ 경도 : 물 100cc당 CaO 1mg 함유(독일 경도 1°dH)

91 증발량 2ton/h, 최고사용압력이 10kg/cm², 급수온도 20℃, 최대 증발률이 25kg/m²·h인 원통 보일러에서 평균 증발률을 최대 증발률의 90%로 할 때, 평균 증발량(kg/h)은?

① 1,200 ② 1,500
③ 1,800 ④ 2,100

해설
증발량 2ton/h=2,000kg/h
평균 증발량=2,000×0.9=1,800(kg/h)

92 동체의 안지름이 2,000mm, 최고사용압력이 12kg/cm²인 원통보일러 동판의 두께(mm)는?(단, 강판의 인장강도 40kg/mm², 안전율 4.5, 용접부의 이음효율(η) 0.71, 부식여유는 2mm이다.)

① 12 ② 16
③ 19 ④ 21

해설
$$t = \frac{P \cdot D}{200\eta\sigma_a - 1.2P}$$
$$= \frac{12 \times 2,000}{200 \times 0.71 \times \left(40 \times \frac{1}{4.5}\right) - 1.2 \times 12} + 2$$
$$\fallingdotseq 21mm$$

93 아래 벽체구조의 열관류율(kcal/h·m²·℃)은?(단, 내측 열전도저항 값은 0.05m²·h·℃/kcal이며, 외측 열전도저항 값은 0.13m²·h·℃/kcal이다.)

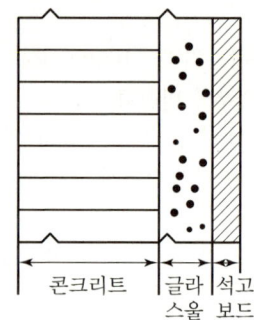

재료	두께(mm)	열전도율(kcal/h·m·℃)
내측		
㉠ 콘크리트	200	1.4
㉡ 글라스울	75	0.033
㉢ 석고보드	20	0.21
외측		

① 0.37 ② 0.57
③ 0.87 ④ 0.97

해설
열관류율(K) = $\dfrac{1}{\dfrac{1}{a_1} + \dfrac{b_1}{\lambda_1} + \dfrac{b_2}{\lambda_2} + \dfrac{b_3}{\lambda_3} + \dfrac{1}{a_2}}$

∴ $K = \dfrac{1}{0.05 + \left(\dfrac{0.2}{1.4} + \dfrac{0.075}{0.033} + \dfrac{0.02}{0.21}\right) + 0.13}$
= 0.37kcal/m²·h·℃

• $\dfrac{1}{a_1} = 0.05$, $\dfrac{1}{a_2} = 0.13$

• a_1, a_2 : kcal/m²·h·℃(실내, 실외 측 열전달률)

정답 91 ③ 92 ④ 93 ①

94 보일러의 과열에 의한 압궤(Collapse)의 발생부분이 아닌 것은?

① 노통 상부
② 화실 천장
③ 연관
④ 거싯스테이

> **해설**

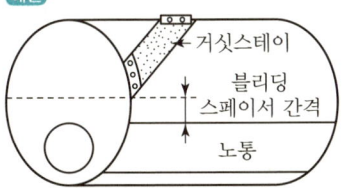

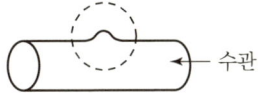

㉠ 팽출 : 횡연관보일러 동저부, 수관

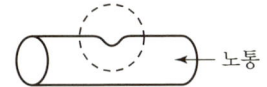

㉡ 압궤 : 노통, 연소실, 관판 등

95 보일러 설치공간의 계획 시 바닥으로부터 보일러 동체의 최상부까지의 높이가 4.4m라면, 바닥으로부터 상부 건축구조물까지의 최소높이는 얼마 이상을 유지하여야 하는가?

① 5.0m 이상
② 5.3m 이상
③ 5.6m 이상
④ 5.9m 이상

> **해설**
> 보일러 설치 공간 높이
> =4.4+1.2
> =5.6m 이상

96 결정조직을 조정하고 연화시키기 위한 열처리 조작으로 용접에서 발생한 잔류응력을 제거하기 위한 것은?

① 뜨임(Tempering)
② 풀림(Annealing)
③ 담금질(Quenching)
④ 불림(Normalizing)

> **해설**
> 풀림 열처리(소둔, Annealing)
> • 내부 잔류응력 제거, 재질의 연화, 결정립 크기의 조절, 펄라이트 구상화
> • 723℃~910℃ 범위에서 가열하여 금속의 성질 개선

97 최고사용압력 1.5MPa, 파형 형상에 따른 정수(C)를 1,100으로 할 때 노통의 평균지름이 1,100mm인 파형 노통의 최소 두께는?

① 10mm
② 15mm
③ 20mm
④ 25mm

> **해설**
> 파형 노통의 최소두께(t) = $\dfrac{P \cdot D}{C}$ mm
> $= \dfrac{(1.5 \times 10) \times 1{,}100}{1{,}100}$
> $= 15$mm
> ※ 1.5MPa×10 = 15kg/cm²

98 상향 버킷식 증기트랩에 대한 설명으로 틀린 것은?

① 응축수의 유입구와 유출구의 차압이 없어도 배출이 가능하다.
② 가동 시 공기 빼기를 하여야 하며 겨울철 동결 우려가 있다.
③ 배관계통에 설치하여 배출용으로 사용된다.
④ 장치의 설치는 수평으로 한다.

> **해설**
> 상향 버킷식 증기트랩은 배기능력이 빈약하여 유입구와 유출구의 차압이 있어야 응축수 배출이 가능한 기계식 트랩이다(대형이며 동결의 우려가 있고 체크밸브가 부착된다).

정답 94 ④ 95 ③ 96 ② 97 ② 98 ①

99 NaOH 8g을 200L의 수용액에 녹이면 pH는?

① 9
② 10
③ 11
④ 12

해설

pH = −log[H⁺]의 농도
여기서, p는 마이너스 로그(−log)를 뜻한다.

물 200L = 200kg
NaOH 1kmol = 40kg(1mol = 40g)
NaOH $\frac{8g}{40g}$ = 0.2M

[OH⁻] = $\frac{0.2}{200}$ = 0.001

pOH = $\log \frac{1}{[H^+]}$ = $\log \frac{1}{0.001}$ = 3

∴ pH = 14 − pOH = 14 − 3 = 11

100 프라이밍 및 포밍이 발생한 경우 조치방법으로 틀린 것은?

① 압력을 규정압력으로 유지한다.
② 보일러수의 일부를 분출하고 새로운 물을 넣는다.
③ 증기밸브를 열고 수면계의 수위 안정을 기다린다.
④ 안전밸브, 수면계의 시험과 압력계 연락관을 취출하여 본다.

해설

- 프라이밍 : 비수, 물방울 혼입
- 포밍 : 물거품 발생

발생이 심하면 캐리오버(기수공발) 현상을 방지하기 위하여 증기밸브를 닫고 수면계 수위의 안정을 도모한다.

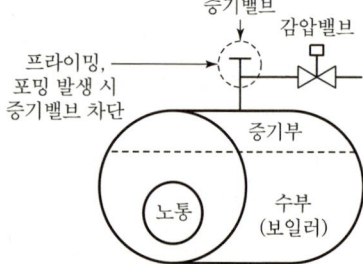

정답 99 ③ 100 ③

2018년 1회 기출문제

1과목 연소공학

01 고체연료 대비 액체연료의 성분 조성비는?

① H_2 함량이 적고 O_2 함량이 적다.
② H_2 함량이 크고 O_2 함량이 적다.
③ O_2 함량이 크고 H_2 함량이 크다.
④ O_2 함량이 크고 H_2 함량이 적다.

해설
㉠ 기체연료[CH_4] 등은 수소(H) 성분이 많다.
㉡ 고체·액체 연료는 탄소[C] 성분이 많다.
㉢ 액체 연료는 H_2 함량이 고체(석탄)보다는 많고 산소(O_2) 함량이 적다.

02 연돌에서 배출되는 연기의 농도를 1시간 동안 측정한 결과가 다음과 같을 때 매연의 농도율은 몇 %인가?

[측정결과]
- 농도 4도 : 10분
- 농도 3도 : 15분
- 농도 2도 : 15분
- 농도 1도 : 20분

① 25 ② 35
③ 45 ④ 55

해설
매연농도율(R)

$R = \dfrac{\text{총매연값}}{\text{측정시간}} \times 20$

$= \dfrac{4 \times 10 + 3 \times 15 + 2 \times 15 + 1 \times 20}{10 + 15 + 15 + 20} \times 20 = 45(\%)$

03 탄산가스최대량(CO_{2max})에 대한 설명 중 ( )에 알맞은 것은?

( )으로 연료를 완전연소시킨다고 가정을 할 경우에 연소가스 중의 탄산가스량을 이론 건연소가스량에 대한 백분율로 표시한 것이다.

① 실제공기량   ② 과잉공기량
③ 부족공기량   ④ 이론공기량

해설
$C + O_2 \rightarrow CO_2$
이론공기량으로 완전연소가 가능하다면 CO_2가 가장 많이 생성이 되고 CO나 기타 가스 발생이 감소한다.

04 연소 배기가스 중 가장 많이 포함된 기체는?

① O_2 ② N_2
③ CO_2 ④ SO_2

해설
배기가스 중 질소(N_2)가 가장 많이 배출된다. 이론공기량의 79%가 질소량이다.

05 '전압은 분압의 합과 같다'는 법칙은?

① 아마겟의 법칙   ② 뤼삭의 법칙
③ 돌턴의 법칙   ④ 헨리의 법칙

해설
전압 = 분압의 합이다(돌턴의 분압법칙).

06 액화석유가스(LPG)의 성질에 대한 설명으로 틀린 것은?

① 인화폭발의 위험성이 크다.
② 상온, 대기압에서는 액체이다.
③ 가스의 비중은 공기보다 무겁다.
④ 기화잠열이 커서 냉각제로도 이용 가능하다.

정답 01 ② 02 ③ 03 ④ 04 ② 05 ③ 06 ②

해설
액화석유가스(LPG)는 상온 대기압 하에서는 항상 기체로 존재한다.(프로판 비점 : -42.1℃, 부탄비점 : -0.5℃)

07 다음 중 매연의 발생 원인으로 가장 거리가 먼 것은?

① 연소실 온도가 높을 때
② 연소장치가 불량한 때
③ 연료의 질이 나쁠 때
④ 통풍력이 부족할 때

해설
연소실 온도가 높으면 소요공기량이 감소하고 완전연소가 가능하며 매연발생이 줄어든다.

08 일반적으로 기체연료의 연소방식을 크게 2가지로 분류한 것은?

① 등심연소와 분산연소
② 액면연소와 증발연소
③ 증발연소와 분해연소
④ 예혼합연소와 확산연소

해설
기체연료의 연소방식
㉠ 확산 연소방식
㉡ 예혼합 연소방식(역화의 우려가 있다.)

09 연소에 관한 용어, 단위 및 수식의 표현으로 옳은 것은?

① 화격자 연소율의 단위 : kg/m² · h
② 공기비 $(m) : \dfrac{이론공기량(A_0)}{실제공기량(A)}(m > 1.0)$
③ 이론연소가스량(고체연료인 경우) : Nm³/Nm³
④ 고체연료의 저위발열량(H_l)의 관계식 :
$H_l = H_h + 600(9H - W)(kcal/kg)$

해설
- 공기비(m) = (실제공기량/이론공기량)
- 고체연료 이론연소가스량 : Nm³/kg
- 고체연료의 저위발열량(H_l) : $H_h - 600(9H + W)$

10 연소관리에 있어 연소배기가스를 분석하는 가장 직접적인 목적은?

① 공기비 계산   ② 노내압 조절
③ 연소열량 계산   ④ 매연농도 산출

해설
배기가스 분석 목적은 공기비 파악(연소상태 점검 용이)
(공기비가 크면 배기가스량이 많이 발생하고 열손실이 커진다.)

11 코크스로 가스를 100Nm³ 연소한 경우 습연소 가스량과 건연소가스량의 차이는 약 몇 Nm³인가?(단, 코크스로가스의 조성(용량%)은 CO_2 3%, CO 8%, CH_4 30%, C_2H_4 4%, H_2 50% 및 N_2 5%)

① 108   ② 118
③ 128   ④ 138

해설
$CO + 1/2(O_2) \rightarrow CO_2$, $H_2 + 1/2(O_2) \rightarrow H_2O$
$CH_4 + 2O_2 \rightarrow CO_2 + 2H_2O$
$C_2H_4 + 3O_2 \rightarrow 2CO_2 + 2H_2O$

- 건연소가스량(G_{od})
 $= (1-0.21)A_0 + CH_4 + C_2H_4 + CO + CO_2 + N_2$
- 습연소가스량(G_{ow})
 $= (1-0.21)A_0 + CO_2 + CO + CH_4 + C_2H_4 + H_2 + N_2$
- 이론공기량(A_0) = 이론산소량 × $\dfrac{1}{0.21}$ = (0.5×0.08)
 $+ (2 \times 0.3) + (3 \times 0.04) + (0.5 \times 0.5) \times \dfrac{1}{0.21}$
 $= 4.81$ Nm³/Nm³

- 이론건배기가스량 $= (1-0.21) \times 4.81 + (1 \times 0.03)$
 $+ (1 \times 0.08) + (1 \times 0.3) + (2 \times 0.04) + (1 \times 0.05)$
 $= 4.4189$ Nm³/Nm³

정답 07 ① 08 ④ 09 ① 10 ① 11 ②

- 이론습배기가스량 = $(1-0.21) \times 4.81 + (1 \times 0.03)$
  $+ (1 \times 0.08) + (3 \times 0.3) + (4 \times 0.04) + (1 \times 0.5)$
  $+ (1 \times 0.05) = 5.5989 Nm^3/Nm^3$
- ∴ 습연소가스량, 건연소가스량의 차이값
  $= (5.5989 - 4.4189) \times 100 = 118 Nm^3$

12 석탄을 연소시킬 경우 필요한 이론산소량은 약 몇 Nm^3/kg인가?(단, 중량비 조성은 C : 86%, H : 4%, O : 8%, S : 2%이다.)

① 1.49　　② 1.78
③ 2.03　　④ 2.45

해설

고체연료이론산소량(O_0)
$= 1.867C + 5.6\left(H - \dfrac{O}{8}\right) + 0.7S$
$= 1.87 \times 0.86 + 5.6\left(0.04 - \dfrac{0.08}{8}\right) + 0.7 \times 0.02 = 1.79 Nm^3/kg$

13 불꽃연소(Flaming combustion)에 대한 설명으로 틀린 것은?

① 연소속도가 느리다.
② 연쇄반응을 수반한다.
③ 연소사면체에 의한 연소이다.
④ 가솔린의 연소가 이에 해당한다.

해설

불꽃연소는 연소속도가 매우 빠르다.

14 N_2와 O_2의 가스정수가 다음과 같을 때, N_2가 70%인 N_2와 O_2의 혼합가스의 가스정수는 약 몇 $kgf \cdot m/kg \cdot K$인가?(단, 가스정수는 N_2 : $30.26 kgf \cdot m/kg \cdot K$, O_2 : $26.49 kgf \cdot m/kg \cdot K$이다.)

① 19.24　　② 23.24
③ 29.13　　④ 34.47

해설

$N_2 = 70\%$, $O_2 = 100 - 70 = 30\%$,
∴ 가스정수(R)
$= 30.26 \times 0.7 + 26.49 \times 0.3 = 29.13 kgf \cdot m/kg \cdot K$

15 다음 대기오염물 제거방법 중 분진의 제거방법으로 가장 거리가 먼 것은?

① 습식세정법　　② 원심분리법
③ 촉매산화법　　④ 중력침전법

해설

집진장치
습식세정법, 원심분리법, 중력침전법, 전기식, 여과식 등

16 고체연료의 공업분석에서 고정탄소를 산출하는 식은?

① $100 - [수분(\%) + 회분(\%) + 질소(\%)]$
② $100 - [수분(\%) + 회분(\%) + 황분(\%)]$
③ $100 - [수분(\%) + 황분(\%) + 휘발분(\%)]$
④ $100 - [수분(\%) + 회분(\%) + 휘발분(\%)]$

해설

고체연료 고정탄소 $= 100 - (수분 + 회분 + 휘발분)$

17 세정 집진장치의 입자 포집원리에 대한 설명으로 틀린 것은?

① 액적에 입자가 충돌하여 부착한다.
② 입자를 핵으로 한 증기의 응결에 의하여 응집성을 증가시킨다.
③ 미립자의 확산에 의하여 액적과의 접촉을 좋게 한다.
④ 배기의 습도 감소에 의하여 입자가 서로 응집한다.

해설

습식집진장치(매연처리장치)의 특성은 ①, ②, ③항
㉠ 유수식 방식
㉡ 가압수식 방식
㉢ 회전식 방식

정답 12 ②　13 ①　14 ③　15 ③　16 ④　17 ④

18 다음 중 연료 연소 시 최대탄산가스농도(CO_{2max})가 가장 높은 것은?

① 탄소
② 연료유
③ 역청탄
④ 코크스로 가스

해설

탄소(C) + O_2 → CO_2
CO_{2max} 가 가장 많이 발생하려면 탄소(C) 함량이나 완전연소 시가 가장 많이 발생한다.

19 프로판가스 1kg을 연소시킬 때 필요한 이론 공기량은 약 몇 Sm^3/kg인가?

① 10.2
② 11.3
③ 12.1
④ 13.2

해설

중량당 이론 공기량(A_0) = 이론 산소량 × $\dfrac{1}{0.232}$ (Nm^3/kg)

$C_3H_8 + 5O_2 \rightarrow 3CO_2 + 4H_2O$

프로판 가스 분자량 = 44이므로 $22.4Nm^3 = 44kg$
공기 중 산소량은 중량비로 23.2%

이론 공기량(A_0) = $5 \times \dfrac{1}{0.21} \times \dfrac{22.4}{44}$ = 12.1Nm^3/kg

$5 \times \dfrac{1}{0.21} = 23.81 Nm^3/Nm^3$ (체적당 계산식)

20 다음 기체 중 폭발범위가 가장 넓은 것은?

① 수소
② 메탄
③ 벤젠
④ 프로판

해설

기체연료 폭발 범위
㉠ 수소 : 4~74%
㉡ 메탄 : 5~15%
㉢ 벤젠 : 1.3~7.9%
㉣ 프로판 : 2.1~9.5%

2과목 열역학

21 그림과 같은 압력-부피선도($P-V$선도)에서 A에서 C로의 정압과정 중 계는 50J의 일을 받아들이고 25J의 열을 방출하며, C에서 B로의 정적과정 중 75J의 열을 받아들인다면, B에서 A로의 과정이 단열일 때 계가 얼마의 일(J)을 하겠는가?

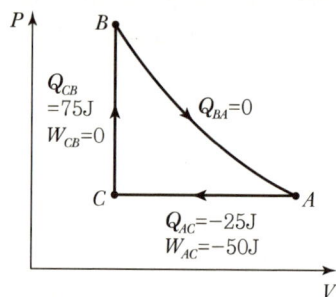

① 25J
② 50J
③ 75J
④ 100J

해설

받아들인 일
A → C과정 50J, C → B과정 75J
방출한 열 : 25J
∴ B - A로 단열일 : (50+75) - 25 = 100J

22 다음 엔트로피에 관한 설명으로 옳은 것은?

① 비가역 사이클에서 클라우시우스(clausius)의 적분은 영(0)이다.
② 두 상태 사이의 엔트로피 변화는 경로에는 무관하다.
③ 여러 종류의 기체가 서로 확산되어 혼합하는 과정은 엔트로피가 감소한다고 볼 수 있다.
④ 우주 전체의 엔트로피는 궁극적으로 감소되는 방향으로 변화한다.

해설

엔트로피
변화량이 경로에 관계 없이 결정되는 값이다. 즉 점함수(Point function)이다. 상태만의 함수로서 수량적으로 표시가 가능하다. 즉, 완전가스의 엔트로피는 상태량의 함수이다.

정답 18 ① 19 ③ 20 ① 21 ④ 22 ②

23 폴리트로픽 과정을 나타내는 다음 식에서 폴리트로픽 지수 n과 관련하여 옳은 것은?(단, P는 압력, V는 부피이고, C는 상수이다. 또한, k는 비열비이다.)

$$PV^n = C$$

① $n = \infty$: 단열과정 ② $n = 0$: 정압과정
③ $n = k$: 등온과정 ④ $n = 1$: 정적과정

해설
폴리트로픽 지수(n), 폴리트로픽 비열(C_n)

상태변화	지수(n)	비열(C_n)
정압변화	0	C_p
등온변화	1	∞
단열변화	K	0
정적변화	∞	C_v

24 어떤 연료의 1kg의 발열량이 36,000kJ이다. 이 열이 전부 일로 바뀌고, 1시간마다 30kg의 연료가 소비된다고 하면 발생하는 동력은 약 몇 kW인가?

① 4 ② 10
③ 300 ④ 1,200

해설
$1 \mathrm{kW} = 102 \mathrm{kg \cdot m/sec}$
$1 \mathrm{kWh} = 102 \mathrm{kg \cdot m/sec} \times 1 \mathrm{hr} \times 60 \mathrm{min/hr} \times \frac{1}{427}$
$\quad \mathrm{kcal/kg \cdot m} = 860 \mathrm{kcal/hr} = 3,600 \mathrm{kJ/hr}$
 동력 $= \frac{36,000 \times 30}{3,600} = 300 \mathrm{kW}$

25 다음 설명과 가장 관계되는 열역학적 법칙은?

- 열은 그 자신만으로는 저온의 물체로부터 고온의 물체로 이동할 수 없다.
- 외부에 어떠한 영향을 남기지 않고 한 사이클 동안에 계가 열원으로부터 받은 열을 모두 일로 바꾸는 것은 불가능하다.

① 열역학 제0법칙 ② 열역학 제1법칙
③ 열역학 제2법칙 ④ 열역학 제3법칙

해설
열역학 제2법칙
- 열은 그 자신만으로는 저온의 물체로부터 고온의 물체로 이동할 수 없다.
- 제2종 영구기관 : 입력과 출력이 같은 기관, 즉 열효율이 100%인 기관이며 열역학 제2법칙에 위배되는 기관

26 다음 중 일반적으로 냉매로 쓰이지 않는 것은?

① 암모니아 ② CO
③ CO_2 ④ 할로겐화탄소

해설
$CO + 1/2 O_2 \rightarrow CO_2$, CO : 불완전연소가스
$C + 1/2 O_2 \rightarrow CO$

27 카르노 사이클에서 최고 온도는 600K이고, 최저 온도는 250K일 때 이 사이클의 효율은 약 몇 %인가?

① 41 ② 49
③ 58 ④ 64

해설
카르노사이클(η_c) $= \frac{Aw}{Q_1} = 1 - \frac{Q_2}{Q_1} = 1 - \frac{T_2}{T_1}$
$= \frac{600 - 250}{600} = 0.58(58\%)$

28 CO_2 기체 20kg을 15℃에서 215℃로 가열할 때 내부에너지의 변화는 약 몇 kJ인가?(단, 이 기체의 정적비열은 0.67kJ/(kg·K)이다.)

① 134 ② 200
③ 2,680 ④ 4,000

해설
내부에너지 변화(Q)
$= G \cdot C_v \cdot (t_2 - t_1) = 20 \times 0.67 \times (215 - 15) = 2,680 \mathrm{kJ}$

정답 23 ② 24 ③ 25 ③ 26 ② 27 ③ 28 ③

29 그림과 같은 피스톤 – 실린더 장치에서 피스톤의 질량은 40kg이고, 피스톤 면적이 0.05m²일 때 실린더 내의 절대압력은 약 몇 bar인가?(단, 국소 대기압은 0.96bar이다.)

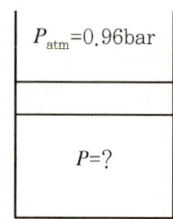

① 0.964
② 0.982
③ 1.038
④ 1.122

해설
1atm = 760mmHg = 1.0332kgf/cm² = 101,325Pa
= 1.01325bar

$\dfrac{40}{0.05} = 800\text{kgf/m}^2 = \dfrac{800}{10^4} = 0.08\text{kgf/cm}^2$

∴ 절대압력 $= \left(1.01325 \times \dfrac{0.08}{1.0332}\right) + 0.96 = 1.038\text{bar}$

30 처음 온도, 압축비, 공급 열량이 같을 경우 열효율의 크기를 옳게 나열한 것은?

① Otto cycle > Sabathe cycle > Diesel cycle
② Sabathe cycle > Diesel cycle > Otto cycle
③ Diesel cycle > Sabathe cycle > Otto cycle
④ Sabathe cycle > Otto cycle > Diesel cycle

해설
㉠ 온도, 압축비, 공급열량이 같은 경우 열효율
오토사이클 > 사바테사이클 > 디젤사이클
㉡ 가열량 및 최고 압력이 일정한 경우 열효율
오토사이클 > 사바테사이클 > 디젤사이클

31 증기 터빈의 노즐 출구에서 분출하는 수증기의 이론속도와 실제속도를 각각 C_t와 C_a라고 할 때 노즐효율 η_n의 식으로 옳은 것은?(단, 노즐 입구에서의 속도는 무시한다.)

① $\eta_n = \dfrac{C_a}{C_t}$
② $\eta_n = \left(\dfrac{C_a}{C_t}\right)^2$
③ $\eta_n = \sqrt{\dfrac{C_a}{C_t}}$
④ $\eta_n = \left(\dfrac{C_a}{C_t}\right)^3$

해설
증기터빈 노즐 효율$(\eta_n) = \left(\dfrac{C_a}{C_t}\right)^2$

32 냉장고가 저온체에서 30kW의 열을 흡수하여 고온체로 40kW의 열을 방출한다. 이 냉장고의 성능계수는?

① 2
② 3
③ 4
④ 5

해설
증발열량 = 30kW, 응축열량 = 40kW
압축열량 = 40 − 30 = 10kW
∴ 성적계수$(COP) = \dfrac{30}{10} = 3$

33 임계점(Critical Point)에 대한 설명 중 옳지 않은 것은?

① 액상, 기상, 고상이 함께 존재하는 점을 말한다.
② 임계점에서는 액상과 기상을 구분할 수 없다.
③ 임계압력 이상이 되면 상변화 과정에 대한 구분이 나타나지 않는다.
④ 물의 임계점에서의 압력과 온도는 약 22.09MPa, 374.14℃이다.

해설
①항 은 삼중점에 대한 설명이다.

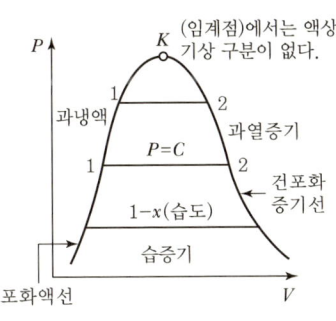

① $\eta = 1 - \dfrac{T_3 - T_2}{T_4 - T_1}$ ② $\eta = 1 - \dfrac{T_1 - T_2}{T_3 - T_4}$

③ $\eta = 1 - \dfrac{T_4 - T_1}{T_3 - T_2}$ ④ $\eta = 1 - \dfrac{T_3 - T_4}{T_1 - T_2}$

해설

브레이턴 사이클(Brayton cycle)
공기냉동사이클의 역사이클이다.
㉠ 1 → 2 : 단열압축(가역)   ㉡ 2 → 3 : 정압가열
㉢ 3 → 4 : 단열팽창   ㉣ 4 → 1 : 정압방열

$\therefore \eta = 1 - \dfrac{C_p(T_4 - T_1)}{C_p(T_3 - T_2)} = 1 - \dfrac{(T_4 - T_1)}{(T_3 - T_2)}$

$T_2 = T_1\left(\dfrac{P_2}{P_1}\right)^{\frac{k-1}{k}}$, $T_3 = T_4\left(\dfrac{P_3}{P_4}\right)^{\frac{k-1}{k}}$

34 −30℃, 200atm의 질소를 단열과정을 거쳐서 5atm까지 팽창했을 때의 온도는 약 얼마인가? (단, 이상기체의 가역과정이고 질소의 비열비는 1.41이다.)

① 6℃   ② 83℃
③ −172℃   ④ −190℃

해설

단열 과정 : $\dfrac{T_2}{T_1} = \left(\dfrac{V_1}{V_2}\right)^{k-1} = \left(\dfrac{P_2}{P_1}\right)^{\frac{k-1}{k}}$

$\therefore$ 팽창 후 온도$(T_2) = T_1 \times \left(\dfrac{P_2}{P_1}\right)^{\frac{k-1}{k}}$

$= \left\{(273-30) \times \left(\dfrac{5}{200}\right)^{\frac{1.41-1}{1.41}}\right\} - 273$

$= -190℃$

36 온도 30℃, 압력 350kPa에서 비체적이 0.449m³/kg인 이상기체의 기체상수는 몇 kJ/(kg·K)인가?

① 0.143   ② 0.287
③ 0.518   ④ 0.842

해설

$R = C_p - C_v$, $K = \dfrac{C_p}{C_v}$, $C_v = \dfrac{AR}{K-1}$, $C_p = KC_v = \dfrac{KAR}{K-1}$

$PV = GRT$

기체상수$(R) = \dfrac{P \cdot V}{G \cdot T} = \dfrac{350 \times 0.449}{1 \times (30+273)} = 0.518(\text{kJ/kg} \cdot \text{K})$

35 그림과 같은 브레이턴 사이클에서 효율(η)은?(단, P는 압력, v는 비체적이며, T_1, T_2, T_3, T_4는 각각의 지점에서의 온도이다. 또한, q_{in}과 q_{out}은 사이클에서 열이 들어오고 나감을 의미한다.)

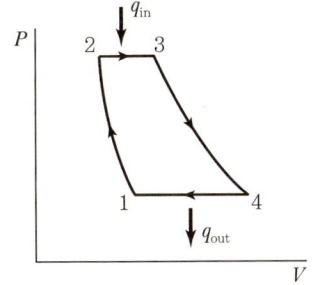

37 열펌프(heat pump) 사이클에 대한 성능계수(COP)는 다음 중 어느 것을 입력 일(work input)로 나누어 준 것인가?

① 고온부 방출열
② 저온부 흡수열
③ 고온부가 가진 총 에너지
④ 저온부가 가진 총 에너지

해설

히트펌프 성능계수$(\varepsilon_h) = \varepsilon_r + 1$
냉동기 성적계수$(\varepsilon_r) = \varepsilon_h - 1$

$\dfrac{Q_2}{Aw} = \dfrac{Q_2}{Q_1 - Q_2} = \dfrac{T_2}{T_1 - T_2}$

정답 34 ④ 35 ③ 36 ③ 37 ①

38 다음 괄호 안에 들어갈 말로 옳은 것은?

> 일반적으로 교축(throttling) 과정에서는 외부에 대하여 일을 하지 않고, 열교환이 없으며, 속도변화가 거의 없음에 따라 ( )(은)는 변하지 않는다고 가정한다.

① 엔탈피　　　② 온도
③ 압력　　　　④ 엔트로피

해설
교축과정(등 엔탈피과정)

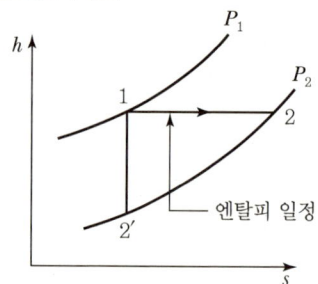

교축과정은 비가역변화(압력감소, 엔트로피는 항상 증가)

39 랭킨 사이클로 작동하는 증기 동력 사이클에서 효율을 높이기 위한 방법으로 거리가 먼 것은?

① 복수기에서의 압력을 상승시킨다.
② 터빈 입구의 온도를 높인다.
③ 보일러의 압력을 상승시킨다.
④ 재열 사이클(reheat cycle)로 운전한다.

해설
랭킨사이클(Rankine cycle)
㉠ 보일러 압력이 높고 복수기 압력이 낮을수록 열효율 증가
㉡ 터빈 출구의 압력이 낮을수록 열효율 증가(단, 터빈 출구의 온도가 낮으면 터빈 깃이 부식되므로 열효율 감소)

40 가역적으로 움직이는 열기관이 300℃의 고열원으로부터 200kJ의 열을 흡수하여 40℃의 저열원으로 열을 배출하였다. 이 때 40℃의 저열원으로 배출한 열량은 약 몇 kJ인가?

① 27　　　　② 45
③ 73　　　　④ 109

해설
$273+300=573K, 40+273=313K$
∴ 배출열량$(Q) = 200 \times \dfrac{313}{573} = 109kJ$

3과목　계측방법

41 불연속 제어동작으로 편차의 정(+), 부(-)에 의해서 조작신호가 최대, 최소가 되는 제어동작은?

① 미분 동작　　② 적분 동작
③ 비례 동작　　④ 온-오프 동작

해설
온-오프동작
㉠ 불연속 동작
㉡ 편차의 +, -에 의한 조작신호가 최대, 최소가 되는 동작

42 물리적 가스분석계의 측정법이 아닌 것은?

① 밀도법　　　② 세라믹법
③ 열전도율법　④ 자동오르자트법

해설
화학적인 가스분석계
㉠ 자동 오르자트법
㉡ 헴펠식
㉢ 연소열법
㉣ 게겔법

43 다음 중 압력식 온도계를 이용하는 방법으로 가장 거리가 먼 것은?

① 고체 팽창식　② 액체 팽창식
③ 기체 팽창식　④ 증기 팽창식

정답　38 ①　39 ①　40 ④　41 ④　42 ④　43 ①

해설
고체팽창식 온도계 : 바이메탈 온도계(원호형, 나선형)
㉠ 측정범위 : −50~500℃
㉡ 현장 지시용, 자동제어용으로 많이 사용한다.

44 유속 10m/s의 물속에 피토관을 세울 때 수주의 높이는 약 몇 m인가?(단, 여기서 중력가속도 $g = 9.8 m/s^2$이다.)

① 0.51 ② 5.1
③ 0.12 ④ 1.2

해설
유속 $(V) = \sqrt{2gh}$, $10 = \sqrt{2 \times 9.8 \times h}$
높이 $(h) = \dfrac{V^2}{2 \cdot g} = \dfrac{10^2}{2 \times 9.8} = 5.1 m$

45 내경이 50mm인 원관에 20℃ 물이 흐르고 있다. 층류로 흐를 수 있는 최대 유량은 약 몇 m³/s인가?(단, 임계 레이놀즈수(Re)는 2,320이고, 20℃일 때 동점계수(ν) = $1.0064 \times 10^{-6} m^2/s$이다.)

① 5.33×10^{-5} ② 7.36×10^{-5}
③ 9.16×10^{-5} ④ 15.23×10^{-5}

해설
- 유속 $(V) = \dfrac{2,320 \times 1.0064 \times 10^{-6}}{0.05} = 0.04669696 m/s$
- 유량 $(Q) = $ 단면적 × 유속(m/s) $= A \times V (m^3/s)$
  $A(단면적) = \dfrac{\pi}{4}d^2 = \dfrac{3.14}{4} \times (0.05)^2 = 0.0019625 m^2$
- ∴ 유량 $(Q) = 0.04669696 \times 0.0019625 = 9.16 \times 10^{-5} m^3/s$

46 다음 중 액면 측정 방법으로 가장 거리가 먼 것은?

① 유리관식 ② 부자식
③ 차압식   ④ 박막식

해설
액면계 : 유리관식, 검척식, 부자식, 차압식, 편위식, 방사선식

47 전기저항 온도계의 특징에 대한 설명으로 틀린 것은?

① 원격측정에 편리하다.
② 자동제어의 적용이 용이하다.
③ 1,000℃ 이상의 고온 측정에서 특히 정확하다.
④ 자기 가열 오차가 발생하므로 보정이 필요하다.

해설
- 전기저항식 온도계 : 백금온도계, 니켈온도계, 구리온도계, 서미스터 온도계
- 측정범위 : −200℃~500℃ 정도

48 피드백 제어에 대한 설명으로 틀린 것은?

① 폐회로방식이다.
② 다른 제어계보다 정확도가 증가한다.
③ 보일러 점화 및 소화 시에 제어한다.
④ 다른 제어계보다 제어폭이 증가한다.

해설
시퀀스 정성적 제어 : 보일러 점화 시나 소화 시에 제어한다.

49 서로 맞서 있는 2개 전극 사이의 정전용량은 전극 사이에 있는 물질 유전율의 함수이다. 이러한 원리를 이용한 액면계는?

① 정전용량식 액면계
② 방사선식 액면계
③ 초음파식 액면계
④ 중추식 액면계

해설
정전용량식 액면계
서로 맞서 있는 2개의 전극 사이의 정전용량은 전극 사이에 있는 물질 유전율의 함수임을 이용한 간접식 액면계이다. 탱크 안의 전극을 이용하여 액의 위치변화에 의한 정전용량 변화를 이용하여 액면을 측정한다.

정답 44 ② 45 ③ 46 ④ 47 ③ 48 ③ 49 ①

50 기준 수위에서의 압력과 측정 액면계에서 압력의 차이로부터 액위를 측정하는 방식으로 고압 밀폐형 탱크의 측정에 적합한 액면계는?

① 차압식 액면계   ② 편위식 액면계
③ 부자식 액면계   ④ 유리관식 액면계

해설
차압식 액면계(햄프슨식)
액화 산소 등과 같은 극저온의 저장탱크 액면 측정에 유리하며 일정한 액면 기준을 유지하고 있는 기준기의 정압과 탱크 내의 유체의 부압과 압력차를 이용한다.

51 SI단위계에서 물리량과 기호가 틀린 것은?

① 질량 : kg   ② 온도 : ℃
③ 물질량 : mol   ④ 광도 : cd

해설
㉠ 온도(K)   ㉡ 전류(A)
㉢ 길이(m)   ㉣ 시간(S)

52 다음 중 습도계의 종류로 가장 거리가 먼 것은?

① 모발 습도계   ② 듀셀 노점계
③ 초음파식 습도계 ④ 전기저항식 습도계

해설
초음파
액면계, 유량계로 사용한다.

53 액주에 의한 압력측정에서 정밀측정을 위한 보정으로 반드시 필요로 하지 않는 것은?

① 모세관 현상의 보정   ② 중력의 보정
③ 온도의 보정   ④ 높이의 보정

해설
액주에 의한 압력측정 보정의 종류
㉠ 모세관에 의한 보정
㉡ 중력의 보정
㉢ 온도의 보정

54 다음 중 1,000℃ 이상의 고온을 측정하는 데 적합한 온도계는?

① CC(동 – 콘스탄탄)열전온도계
② 백금저항 온도계
③ 바이메탈 온도계
④ 광고온계

해설
고온측정용 온도계
㉠ 광고온도계
㉡ 광전관온도계
㉢ 방사(복사)온도계

55 자동제어에서 전달함수의 블록선도를 그림과 같이 등가변환시킨 것으로 적합한 것은?

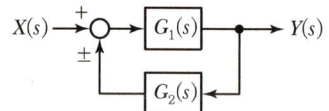

①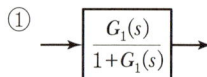

②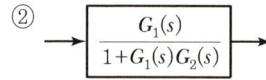

③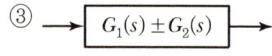

④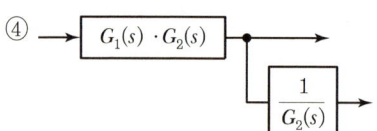

해설
$(X(s) - Y(s)G_2)G_1 = Y(s)$

$\therefore \dfrac{Y}{x} = \dfrac{G_1(s)}{1 + G_1(s)G_2(s)}$

정답 50 ① 51 ② 52 ③ 53 ④ 54 ④ 55 ②

56 다음 중 백금-백금·로듐 열전대 온도계에 대한 설명으로 가장 적절한 것은?

① 측정 최고온도는 크로멜-알루멜 열전대보다 낮다.
② 열기전력이 다른 열전대에 비하여 가장 높다.
③ 안정성이 양호하여 표준용으로 사용된다.
④ 200℃ 이하의 온도측정에 적당하다.

해설
백금-백금·로듐 온도계(열전대 온도계)
㉠ 1,600℃까지 측정이 가능하다.
㉡ 산화성 분위기에는 강하나 환원성 분위기에는 약하다.
㉢ 금속증기에도 약하다.
㉣ 안정성이 양호하며 표준용으로 사용한다.

57 다이어프램 압력계의 특징이 아닌 것은?

① 점도가 높은 액체에 부적합하다.
② 먼지가 함유된 액체에 적합하다.
③ 대기압과의 차가 적은 미소압력의 측정에 사용한다.
④ 다이어프램으로 고무, 스테인리스 등의 탄성체 박판이 사용된다.

해설
다이어프램식 압력계(탄성식 압력계)
㉠ 미소한 측정용($1\sim2,000mmH_2O$)으로 금속식은 $0.01\sim20kg/cm^2$ 측정하며 부식성 액체에 사용이 가능하다.
㉡ 응답속도가 빠르고 부식성 유체의 측정이 가능하다.
㉢ 온도의 영향을 받기 쉽다.

58 다음 중 차압식 유량계가 아닌 것은?

① 오리피스(orifice)
② 벤투리관(venturi)
③ 로터미터(rotameter)
④ 플로우 노즐(flow-nozzle)

해설
차압식 유량계는 ①, ②, ④항이며 로터미터 유량계는 면적식 유량계이다.

59 다음 유량계 중 유체압력 손실이 가장 적은 것은?

① 유속식(Impeller식) 유량계
② 용적식 유량계
③ 전자식 유량계
④ 차압식 유량계

해설
전자식 유량계(패러데이 법칙 유량계)
㉠ 유체의 흐름을 교란시키지 않고 압력손실이 거의 없다.
㉡ 감도가 높고 정도가 비교적 좋다.
㉢ 액체의 도전율 값에 좌우되지 않는다.
㉣ 유속의 측정범위에 제한이 없다.

60 2개의 수은 유리온도계를 사용하는 습도계는?

① 모발 습도계
② 건습구 습도계
③ 냉각식 습도계
④ 저항식 습도계

해설
건습구 습도계
2개의 유리 수은 온도계를 사용한다. 구조나 취급이 간단하고 휴대하기 편리하며 가격이 싸다.

4과목 열설비재료 및 관계법규

61 에너지이용합리화법에 따라 대통령령으로 정하는 일정 규모 이상의 에너지를 사용하는 사업을 실시하거나 시설을 설치하려는 경우 에너지사용계획을 수립하여, 사업 실시 전 누구에게 제출하여야 하는가?

① 대통령
② 시·도지사
③ 산업통상자원부장관
④ 에너지 경제연구원장

해설
에너지이용합리화법 제10조에 의거 공공사업주관자나 민간사업주관자가 대통령령으로 정하는 일정 규모 이상의 에너지를 사용하는 경우 그 평가에 관한 에너지 사용계획을 수립하여 사업 실시 전 산업통상자원부장관에게 제출하여야 한다.

정답 56 ③ 57 ① 58 ③ 59 ③ 60 ② 61 ③

62 관의 신축량에 대한 설명으로 옳은 것은?

① 신축량은 관의 열팽창계수, 길이, 온도차에 반비례한다.
② 신축량은 관의 길이, 온도차에는 비례하지만 열팽창계수에는 반비례한다.
③ 신축량은 관의 열팽창계수, 길이, 온도차에 비례한다.
④ 신축량은 관의 열팽창계수에 비례하고 온도차와 길이에 반비례한다.

해설

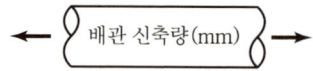

신축량은 관의 열팽창계수, 길이, 온도차에 비례한다.

63 유체가 관내를 흐를 때 생기는 마찰로 인한 압력손실에 대한 설명으로 틀린 것은?

① 유체의 흐르는 속도가 빨라지면 압력손실도 커진다.
② 관의 길이가 짧을수록 압력손실은 작아진다.
③ 비중량이 큰 유체일수록 압력손실이 작다.
④ 관의 내경이 커지면 압력손실은 작아진다.

해설
관내 유체의 비중량(kg/m^3)이 클수록 압력손실이 크다.

64 열팽창에 의한 배관의 측면 이동을 구속 또는 제한하는 장치가 아닌 것은?

① 앵커　　　　　② 스톱
③ 브레이스　　　④ 가이드

해설
브레이스(Brace)
펌프, 압축기 등에서 발생하는 진동, 밸브류 등의 급속 개폐에 따른 수격작용, 충격 및 지진 등에 의한 진동현상 제한 지지쇠 (방진기 : 진동방지용, 완충기 : 충격완화용)

65 제철 및 제강 공정 중 배소로의 사용 목적으로 가장 거리가 먼 것은?

① 유해성분의 제거
② 산화도의 변화
③ 분상광석의 괴상으로의 소결
④ 원광석의 결합수의 제거와 탄산염의 분해

해설
㉠ 배소로 : 광석이 용해되지 않을 정도로 가열하는 노
㉡ 괴상화 용로 : 분상의 철광석을 괴상화시켜 통풍이 잘되고 용광로의 능률을 향상시키는 노

66 에너지이용합리화법에 따라 용접검사가 면제되는 대상범위에 해당되지 않는 것은?

① 주철제보일러
② 강철제 보일러 중 전열면적이 $5m^2$ 이하이고, 최고사용압력이 0.35MPa 이하인 것
③ 압력용기 중 동체의 두께가 6mm 미만인 것으로서 최고사용압력(MPa)과 내부 부피(m^3)를 곱한 수치가 0.02 이하인 것
④ 온수보일러로서 전열면적이 $20m^2$ 이하이고, 최고사용압력이 0.3MPa 이하인 것

해설
온수보일러가 용접 검사 면제가 되려면 전열면적 $18m^2$ 이하이고 최고사용압력이 0.35MPa 이하인 것이어야 한다.

67 규조토질 단열재의 안전사용온도는?

① 300~500℃　　　② 500~800℃
③ 800~1,200℃　　④ 1,200~1,500℃

해설
규조토질 단열재 안전사용온도
㉠ 저온용 : 800~1,200℃
㉡ 고온용 : 1,300~1,500℃
※ 단열재 종류 : 규조토질, 점토질

정답　62 ③　63 ③　64 ③　65 ③　66 ④　67 ③

68 에너지원별 에너지열량 환산기준으로 총발열량(kcal)이 가장 높은 연료는?(단, 1L 또는 1kg 기준이다.)

① 휘발유 ② 항공유
③ B-C유 ④ 천연가스

해설
발열량(kcal/kg)
① 휘발유 : 8,000 ② 항공유 : 8,750
③ B-C유 : 9,900 ④ 천연가스 : 13,000

69 에너지이용 합리화법에 따른 에너지 사용 안정을 위한 에너지 저장의무 부과대상자에 해당되지 않는 사업자는?

① 전기사업법에 따른 전기사업자
② 석탄산업법에 따른 석탄가공업자
③ 집단에너지사업법에 따른 집단에너지사업자
④ 액화석유가스법에 따른 액화석유가스사업자

해설
액화석유가스사업자는 에너지이용 합리화법이 아닌 액화석유가스의 안전관리 및 사업법에 기준한다.

70 용광로에서 코크스가 사용되는 이유로 가장 거리가 먼 것은?

① 열량을 공급한다.
② 환원성 가스를 생성시킨다.
③ 일부의 탄소는 선철 중에 흡수된다.
④ 철광석을 녹이는 용제 역할을 한다.

해설
㉠ 코크스 : 점결탄을 고온건류하여 얻는다.(야금용)
  종류 : 야금용, 가스용, 반성용
㉡ 용광로 : 선철의 용제

71 내화물의 부피비중을 바르게 표현한 것은? (단, W_1 : 시료의 건조중량(kg), W_2 : 함수시료의 수중중량(kg), W_3 : 함수시료의 중량(kg)이다.)

① $\dfrac{W_1}{W_3 - W_2}$ ② $\dfrac{W_3}{W_1 - W_2}$
③ $\dfrac{W_3 - W_2}{W_1}$ ④ $\dfrac{W_2 - W_3}{W_1}$

해설
㉠ 부피비중 : $\dfrac{W_1}{W_3 - W_2}$
㉡ 겉보기 비중 : $\dfrac{W_1}{W_1 - W_2}$
㉢ 흡수율 : $\dfrac{W_3 - W_1}{W_3} \times 100(\%)$

72 다음 중 피가열물이 연소가스에 의해 오염되지 않는 가마는?

① 직화식 가마 ② 반머플가마
③ 머플가마 ④ 직접식 가마

해설
머플가마
- 단 가마의 일종이다. 직화식 가마가 아닌 간접가열식 가마이다.(주로 꺾임 불꽃가마이다.)
- 피가열물이 간접식이라서 연소가스에 의해 오염되지 않는다. 제품의 가격이 비싸나 제품이 우수하다.

73 에너지법에 따른 용어의 정의에 대한 설명으로 틀린 것은?

① 에너지사용시설이란 에너지를 사용하는 공장·사업장 등의 시설이나 에너지를 전환하여 사용하는 시설을 말한다.
② 에너지사용자란 에너지를 사용하는 소비자를 말한다.
③ 에너지공급자란 에너지를 생산·수입·전환·수송·저장 또는 판매하는 사업자를 말한다.
④ 에너지란 연료·열 및 전기를 말한다.

정답 68 ④ 69 ④ 70 ④ 71 ① 72 ③ 73 ②

해설
에너지 사용자는 에너지를 사용하는 사업주나 관리자를 말한다.

74 에너지이용합리화법에 따라 에너지이용합리화 기본계획에 포함되지 않는 것은?

① 에너지이용합리화를 위한 기술개발
② 에너지의 합리적인 이용을 통한 공해성분(SOx, NOx)의 배출을 줄이기 위한 대책
③ 에너지이용합리화를 위한 가격예시제의 시행에 관한 사항
④ 에너지이용합리화를 위한 홍보 및 교육

해설
기본계획은 ①, ③, ④항 외
- 에너지이용효율의 증대
- 에너지원 간 대체
- 열사용기자재의 안전관리
- 에너지의 합리적인 이용을 통한 온실가스의 배출을 줄이기 위한 대책
- 에너지절약형 경제구조로의 전환

75 에너지이용합리화법에 따라 효율관리기자재의 제조업자가 효율관리시험기관으로부터 측정결과를 통보받은 날 또는 자체 측정을 완료한 날부터 그 측정결과를 며칠 이내에 한국에너지공단에 신고하여야 하는가?

① 15일　　　　② 30일
③ 60일　　　　④ 90일

해설
효율관리기자재의 제조업자는 효율관리시험기관으로부터 측정결과를 통보받은 날로부터 한국에너지공단에 90일 이내에 신고하여야 한다.

76 에너지이용합리화법에 따른 특정열사용기자재 품목에 해당하지 않는 것은?

① 강철제 보일러
② 구멍탄용 온수보일러
③ 태양열 집열기
④ 태양광 발전기

해설
태양광 발전기는 전기사업법에 해당된다. 다만, 태양열집열기는 특정열사용기자재 범위에 속한다.

77 시멘트 제조에 사용하는 회전가마(rotary kiln)는 다음 여러 구역으로 구분된다. 다음 중 탄산염 원료가 주로 분해 구역은?

① 예열대　　　　② 하소대
③ 건조대　　　　④ 소성대

해설
하소대 : 탄산염 원료 분해 구역

78 내화물 SK-26번이면 용융온도 1,580℃에 견디어야 한다. SK-30번이라면 약 몇 ℃에 견디어야 하는가?

① 1,460℃　　　　② 1,670℃
③ 1,780℃　　　　④ 1,800℃

해설
- SK 26 : 1,580℃
- SK 30 : 1,670℃
- SK 42 : 2,000℃

79 에너지이용합리화법에 따라 에너지다소비사업자가 산업통상자원부령으로 정하는 바에 따라 신고하여야 하는 사항이 아닌 것은?

① 전년도의 분기별 에너지 사용량·제품 생산량
② 해당 연도의 분기별 에너지 사용예정량·제품생산예정량
③ 에너지사용기자재의 현황
④ 에너지이용효과·에너지수급체계의 영향분석 현황

정답 74 ② 75 ④ 76 ④ 77 ② 78 ② 79 ④

해설
석유 환산 2,000티.오.이 이상 사용하는 에너지다소비 사업자는 관할 시도지사에게 ①, ②, ③항 및
- 전년도의 에너지이용합리화 실적 및 해당 연도의 계획
- 에너지관리자 현황 등을 신고한다.

80 에너지법에 따라 지역에너지계획은 몇 년 이상을 계획 기간으로 하여 수립·시행하는가?

① 3년 ② 5년
③ 7년 ④ 10년

해설
국가에너지이용합리화 기본계획
5년마다 산업통상자원부장관이 계획하고 지역에너지계획은 시·도지사가 5년마다 계획한다.

5과목 열설비설계

81 내화벽의 열전도율이 0.9kcal/m·h·℃인 재질로 된 평면 벽의 양측 온도가 800℃와 100℃이다. 이 벽을 통한 단위면적당 열전달량이 1,400 kcal/m²·h일 때, 벽두께(cm)는?

① 25 ② 35
③ 45 ④ 55

해설
고체벽 열전달량 $(Q) = \lambda \times \dfrac{A(t_1 - t_2)}{S}$

$1,400 = 0.9 \times \dfrac{1 \times (800 - 100)}{S}$

두께 $(S) = \dfrac{1 \times (800 - 100) \times 0.9}{1,400} = 0.45 \text{m} (45 \text{cm})$

82 보일러에서 용접 후에 풀림처리를 하는 주된 이유는?

① 용접부의 열응력을 제거하기 위해
② 용접부의 균열을 제거하기 위해
③ 용접부의 연신률을 증가시키기 위해
④ 용접부의 강도를 증가시키기 위해

해설
용접 후 풀림 열처리 목적 : 용접부위의 열응력 제거

83 보일러 운전 및 성능에 대한 설명으로 틀린 것은?

① 보일러 송출증기의 압력을 낮추면 방열손실이 감소한다.
② 보일러의 송출압력이 증가할수록 가열에 이용할 수 있는 증기의 응축잠열은 작아진다.
③ LNG를 사용하는 보일러의 경우 총 방열량의 약 10%는 배기가스 내부의 수증기에 흡수된다.
④ LNG를 사용하는 보일러의 경우 배기가스로부터 발생되는 응축수의 pH는 11~12 범위에 있다.

해설
보일러 운전 후 LNG가스(CH_4)의 배기가스 중 수증기(H_2O)가 응축하면 pH가 4 정도이며 산성으로 변화한다.

84 보일러 내처리제와 그 작용에 대한 연결로 틀린 것은?

① 탄산나트륨 – pH 조정
② 수산화나트륨 – 연화
③ 탄닌 – 슬러지 조정
④ 암모니아 – 포밍방지

해설
포밍방지제
고급지방산 에스테르, 폴리아미드, 고급지방산 알코올, 프탈산 아미드 등

85 급수처리방법 중 화학적 처리방법은?

① 이온교환법 ② 가열연화법
③ 증류법 ④ 여과법

정답 80 ② 81 ③ 82 ① 83 ④ 84 ④ 85 ①

해설
화학적 급수처리
㉠ pH 조정법   ㉣ 탈기법
㉡ 연화 이온 교환법   ㉤ 염소처리법
㉢ 기폭법   ㉥ 증류법

86 보일러에서 연소용 공기 및 연소가스가 통과하는 순서로 옳은 것은?

① 송풍기 → 절탄기 → 과열기 → 공기예열기 → 연소실 → 굴뚝
② 송풍기 → 연소실 → 공기예열기 → 과열기 → 절탄기 → 굴뚝
③ 송풍기 → 공기예열기 → 연소실 → 과열기 → 절탄기 → 굴뚝
④ 송풍기 → 연소실 → 공기 예열기 → 절탄기 → 과열기 → 굴뚝

해설
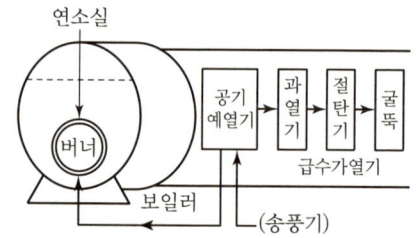

87 자연순환식 수관보일러에서 물의 순환에 관한 설명으로 틀린 것은?

① 순환을 높이기 위하여 수관을 경사지게 한다.
② 발생증기의 압력이 높을수록 순환력이 커진다.
③ 순환을 높이기 위하여 수관 직경을 크게 한다.
④ 순환을 높이기 위하여 보일러수의 비중차를 크게 한다.

해설
수관식(자연순환식) 보일러는 압력이 높으면 보일러수의 온도가 높아서 밀도가(kg/m³) 감소하여 보일러수의 순환이 느려진다.

88 최고사용압력이 1MPa인 수관보일러의 보일러수 수질관리 기준으로 옳은 것은?(단, pH는 25℃ 기준으로 한다.)

① pH 7~9, M알칼리도 100~800mgCaCO₃/L
② pH 7~9, M알칼리도 80~600mgCaCO₃/L
③ pH 11~11.8, M알칼리도 100~800mgCaCO₃/L
④ pH 11~11.8, M알칼리도 80~600mgCaCO₃/L

해설
물 25℃에서 물의 pH가 11.0~11.8에서(압력 1MPa 이하 보일러)
• M알칼리도 : 100~800mgCaCO₃/L

89 보일러 운전 시 유지해야 할 최저 수위에 관한 설명으로 틀린 것은?

① 노통연관보일러에서 노통이 높은 경우에는 노통 상면보다 75mm 상부(플랜지 제외)
② 노통연관보일러에서 연관이 높은 경우에는 연관 최상위보다 75mm 상부
③ 횡연관 보일러에서 연관 최상위보다 75mm 상부
④ 입형 보일러에서 연소실 천정판 최고부보다 75mm 상부(플랜지 제외)

해설
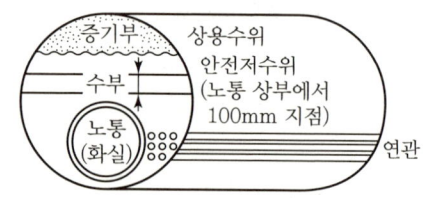

90 긴 관의 일단에서 급수를 펌프로 압입하여 도중에서 가열, 증발, 과열을 한꺼번에 시켜 과열증기로 내보내는 보일러로서 드럼이 없고, 관만으로 구성된 보일러는?

① 이중 증발 보일러   ② 특수 열매 보일러
③ 연관 보일러   ④ 관류 보일러

정답 86 ③ 87 ② 88 ③ 89 ① 90 ④

해설

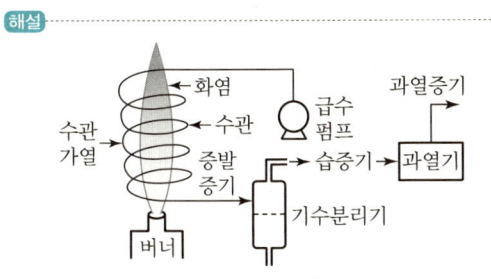

▌관류보일러▐

91 저온가스 부식을 억제하기 위한 방법이 아닌 것은?

① 연료 중의 유황 성분을 제거한다.
② 첨가제를 사용한다.
③ 공기예열기 전열면 온도를 높인다.
④ 배기가스 중 바나듐의 성분을 제거한다.

해설
보일러 과열기, 재열기 부식
고온부식은 바나듐이 용융하여 발생한다.
(550~650℃ 부근)
- V_2S_5 (670℃)
- Na_2O, V_2O_5 (630℃)
- $5Na_2O, V_2O_4, HV_2O_5$ (535℃)

92 태양열 보일러가 800W/m²의 비율로 열을 흡수한다. 열효율이 9%인 장치로 12kW의 동력을 얻으려면 전열면적(m²)의 최소 크기는 얼마이어야 하는가?

① 0.17   ② 1.35
③ 107.8 ④ 166.7

해설
12kW = 12000W
800 × 0.09 = 72W 흡수
∴ 태양열 전열면적 = $\frac{12,000}{72}$ = 166.7(ea)

93 내압을 받는 어떤 원통형 탱크의 압력은 3kg/cm², 직경은 5m, 강판 두께는 10mm이다. 이 탱크의 이음효율을 75%로 할 때, 강판의 인장강도(kg/mm²)는 얼마로 하여야 하는가?(단, 탱크의 반경방향으로 두께에 응력이 유기되지 않는 이론값을 계산한다.)

① 10   ② 20
③ 300 ④ 400

해설

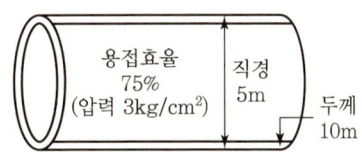

두께(t) = $\frac{PDS}{200\eta\sigma}$ = $\frac{3 \times 5 \times 10^3 \times 1}{200 \times 0.75 \times \sigma}$ = 10

∴ 인장강도(σ) = $\frac{3 \times 5 \times 10^3 \times 1}{200 \times 0.75 \times 10}$ = 10(kg/mm²)

안전율(S)이 주어지지 않으면 1로 본다.

94 연도(굴뚝) 설계 시 고려사항으로 틀린 것은?

① 가스유속을 적당한 값으로 한다.
② 적절한 굴곡저항을 위해 굴곡부를 많이 만든다.
③ 급격한 단면 변화를 피한다.
④ 온도강하가 적도록 한다.

해설
연도나 굴뚝에서는 직선으로 설치한다. 굴곡부가 많으면 배기가스의 저항으로 압력손실이 크다.

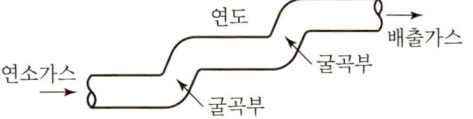

95 과열증기의 특징에 대한 설명으로 옳은 것은?

① 관내 마찰저항이 증가한다.
② 응축수로 되기 어렵다.
③ 표면에 고온부식이 발생하지 않는다.
④ 표면의 온도를 일정하게 유지한다.

정답 91 ④ 92 ④ 93 ① 94 ② 95 ②

해설

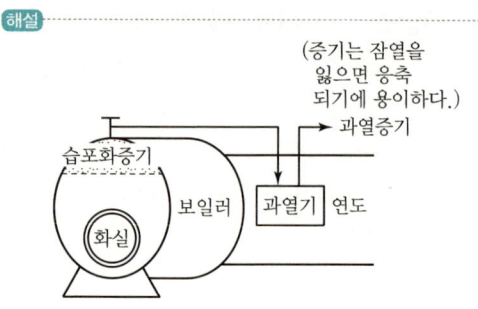

과열증기
포화온도보다 온도는 높으나 압력변동은 없다. 마찰저항이 적고 고온부식 발생, 표면의 온도일정유지가 어렵다.

96 프라이밍이나 포밍의 방지대책에 대한 설명으로 틀린 것은?

① 주증기 밸브를 급히 개방한다.
② 보일러수를 농축시키지 않는다.
③ 보일러수 중의 불순물을 제거한다.
④ 과부하가 되지 않도록 한다.

해설

주증기밸브는 항상 천천히 개방한다.

97 보일러수 5ton 중에 불순물이 40g 검출되었다. 함유량은 몇 ppm인가?

① 0.008   ② 0.08
③ 8   ④ 80

해설

$1\text{ppm} = \dfrac{1}{10^6}$, 1톤=1,000L, 1g=1,000mg, 1L=1,000cc(g)

함유량(ppm) = $\dfrac{40}{5 \times (1,000 \times 1,000)} = 8 \times 10^{-6}$

∴ 8ppm

98 2중관 열교환기에서 열관류율(K)의 근사식은?(단, F_i : 내관 내면적, F_o : 내관 외면적, α_i : 내관 내면과 유체 사이의 경막계수, α_o : 내관 외면과 유체 사이의 경막계수, 전열계산은 내관 외면 기준일 때이다.)

① $\dfrac{1}{\left(\dfrac{1}{\alpha_i F_i} + \dfrac{1}{\alpha_o F_o}\right)}$ ② $\dfrac{1}{\left(\dfrac{1}{\alpha_i \dfrac{F_i}{F_o}} + \dfrac{1}{\alpha_o}\right)}$

③ $\dfrac{1}{\left(\dfrac{1}{\alpha_i} + \dfrac{1}{\alpha_o \dfrac{F_i}{F_o}}\right)}$ ④ $\dfrac{1}{\left(\dfrac{1}{\alpha_o F_i} + \dfrac{1}{\alpha_i F_o}\right)}$

해설

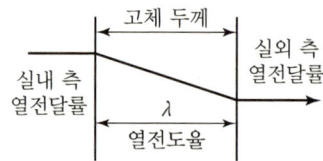

열관류율(k) = $\dfrac{1}{\left(\dfrac{1}{\alpha_i F_i} + \dfrac{1}{\alpha_o F_o}\right)}$ (kcal/m²h℃)

99 24,500kW의 증기원동소에 사용하고 있는 석탄의 발열량이 7,200kcal/kg이고 원동소의 열효율이 23%이라면, 매 시간당 필요한 석탄의 양(ton/h)은?(단, 1kW는 860kcal/h로 한다.)

① 10.5   ② 12.7
③ 15.3   ④ 18.2

해설

1kW-h=860kcal, 1톤=1,000kg
24,500kW=21,070,000kcal/h

정답 96 ① 97 ③ 98 ① 99 ②

$$23\% = \frac{21,070,000}{석탄소비량 \times 7,200} \times 100$$

$$석탄소비량 = \frac{21,070,000}{0.23 \times 7,200} = 12,723 \, (\text{kg/h})$$

$$\therefore \frac{12,723}{1,000} = 12.7 \, (\text{ton/h})$$

100 다음 중 증기관의 크기를 결정할 때 고려해야 할 사항으로 가장 거리가 먼 것은?

① 가격
② 열손실
③ 압력강하
④ 증기온도

> **해설**
> 증기관의 크기 결정 요소
> ㉠ 가격
> ㉡ 열손실
> ㉢ 압력강하
> (증기온도는 압력에 따라 다르다.)

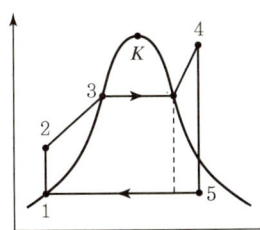

(1) 1 → 2(단열압축 : 급수펌프)
(2) 2 → 3 → 4(정압가열 : 보일러)
(3) 4 → 5(단열팽창 : 증기터빈)
(4) 5 → 1(정압방열 : 복수기)

│ 랭킨사이클 선도 │

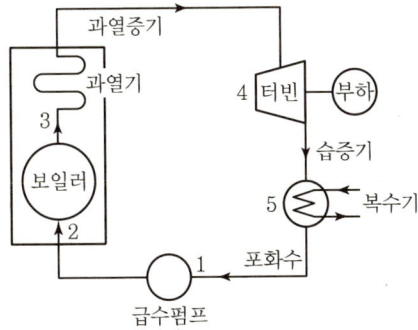

│ 증기원동소 랭킨사이클 │

정답 100 ④

2018년 2회 기출문제

1과목 연소공학

01 다음 중 연소 전에 연료와 공기를 혼합하여 버너에서 연소하는 방식인 예혼합연소방식 버너의 종류가 아닌 것은?

① 저압버너   ② 중압버너
③ 고압버너   ④ 송풍버너

해설
가스 사용 예혼합 연소방식(강제통풍방식) 버너
- 저압버너
- 고압버너
- 송풍버너

02 프로판(Propane)가스 2kg을 완전 연소시킬 때 필요한 이론공기량은 약 몇 Nm³인가?

① 6   ② 8
③ 16   ④ 24

해설
프로판 연소반응
$C_3H_8 + 5O_2 \rightarrow 3CO_2 + 4H_2O$
$C + O_2 \rightarrow CO_2, \ H_2 + \dfrac{1}{2}O_2 \rightarrow H_2O$
$C_3H_8 \ 1\text{kmol} = 22.4\text{Nm}^3 = 44\text{kg}(\text{분자량})$
이론공기량(A_0) = 이론산소량$(O_0) \times \dfrac{1}{0.21}$ (Nm³/Nm³)
중량당(A_0) = 이론공기량 × 비체적(m³/kg) = (Nm³/kg)
$= \left(5 \times \dfrac{1}{0.21}\right) \times \dfrac{22.4}{44} \times 2 = 24.24 \text{Nm}^3$

03 기체연료용 버너의 구성요소가 아닌 것은?

① 가스량 조절부   ② 공기/가스 혼합부
③ 보염부   ④ 통풍구

해설
공기투입 통풍구는 통풍장치 및 연소장치이다.

04 등유($C_{10}H_{20}$)를 연소시킬 때 필요한 이론공기량은 약 몇 Nm³/kg 인가?

① 15.6   ② 13.5
③ 11.4   ④ 9.2

해설
등유 이론공기량(A_0)
$C_{10}H_{20} + 15O_2 \rightarrow 10CO_2 + 10H_2O$ (Nm³/kg)
$A_0 = \left(15 \times \dfrac{1}{0.21}\right) \times \dfrac{22.4}{140} = 11.4(\text{Nm}^3/\text{kg})$
분자량($C = 12, \ H_2 = 2, \ 12 \times 10 + 20 \times 1 = 140$)

05 연도가스 분석결과 CO_2 12.0%, O_2 6.0%, CO 0.0%이라면 $CO_{2\max}$는 몇 %인가?

① 13.8   ② 14.8
③ 15.8   ④ 16.8

해설
탄산가스 최대량$(CO_{2\max})$
$CO_{2\max} = \dfrac{21 \times CO_2}{21 - O_2} = \dfrac{21 \times 12.0}{21 - 6.0} = 16.8(\%)$

06 연소상태에 따라 매연 및 먼지의 발생량이 달라진다. 다음 설명 중 잘못된 것은?

① 매연은 탄화수소가 분해 연소할 경우에 미연의 탄소 입자가 모여서 된 것이다.
② 매연의 종류 중 질소산화물 발생을 방지하기 위해서는 과잉공기량을 늘리고 노내압을 높게 한다.
③ 배기 먼지를 적게 배출하기 위한 건식 집진장치에는 사이클론, 멀티클론, 백필터 등이 있다.
④ 먼지 입자는 연료에 포함된 회분의 양, 연소방식, 생산물질의 처리방법 등에 따라서 발생하는 것이다.

해설
질소산화물(NOx)은 공해물질이며 독성의 기체이다. 그 발생을 방지하려면 과잉공기량을 적게 하고 노내 온도를 낮추고 연소 압력을 감소시켜야 한다.

정답 01 ② 02 ④ 03 ④ 04 ③ 05 ④ 06 ②

07 다음 중 중유연소의 장점이 아닌 것은?

① 회분을 전혀 함유하지 않으므로 이것에 의한 장해는 없다.
② 점화 및 소화가 용이하며, 화력의 가감이 자유로워 부하 변동에 적용이 용이하다.
③ 발열량이 석탄보다 크고, 과잉공기가 적어도 완전 연소시킬 수 있다.
④ 재가 적게 남으며, 발열량, 품질 등이 고체연료에 비해 일정하다.

[해설]
중유(A.B.C급)는 중질유라서 증발연소를 하지 못하고 중유 B.C급은 일반적으로 안개화(무화)하여 연소시킨다. 일부의 회분이 함유하고 클링커를 발생시킨다.(클링커 : 회분이 용융하여 전열면에 부착되는 덩어리로 전열을 방해한다.)

08 연소가스에 들어 있는 성분을 CO_2, C_mH_n, O_2, CO의 순서로 흡수 분리시킨 후 체적 변화로 조성을 구하고, 이어 잔류가스에 공기나 산소를 혼합, 연소시켜 성분을 분석하는 기체연료 분석방법은?

① 헴펠법 ② 치환법
③ 리비히법 ④ 에슈카법

[해설]
헴펠법 화학적 가스 분석계의 가스 측정순서(체적 변화 이용)
$CO_2 \rightarrow C_mH_n$(중탄화수소) $\rightarrow O_2 \rightarrow CO$

09 수소가 완전 연소하여 물이 될 때 수소와 연소용 산소와 물의 몰(mol)비는?

① 1 : 1 : 1 ② 1 : 2 : 1
③ 2 : 1 : 2 ④ 2 : 1 : 3

[해설]
수소 연소 : $H_2 + \frac{1}{2}O_2 \rightarrow H_2O$

$2H_2 + O_2 \rightarrow 2H_2O$

∴ (2 : 1 : 2)

10 연소가스 중의 질소산화물 생성을 억제하기 위한 방법으로 틀린 것은?

① 2단 연소
② 고온 연소
③ 농담 연소
④ 배기가스 재순환 연소

[해설]
질소산화물(N_2O)은 고온연소, 과잉공기에 의해 공해물질이 발생한다.

11 최소착화에너지(MIE)의 특징에 대한 설명으로 옳은 것은?

① 질소농도의 증가는 최소착화에너지를 감소시킨다.
② 산소농도가 많아지면 최소착화에너지는 증가한다.
③ 최소착화에너지는 압력 증가에 따라 감소한다.
④ 일반적으로 분진의 최소착화에너지는 가연성 가스보다 작다.

[해설]
최소점화에너지(E) = $\frac{1}{2}C \cdot V^2 = \frac{1}{2}Q \cdot V$

• E(방전에너지), C(방전극과 병렬연결한 축전기의 전용량), V(불꽃전압 볼트), Q(전기량)
• 최소점화 에너지가 작을수록 위험성이 커진다.
• 압력이 증가하면 최소점화에너지가 감소한다.

12 액체연료 1kg 중에 같은 질량의 성분이 포함될 때, 다음 중 고위발열량에 가장 크게 기여하는 성분은?

① 수소 ② 탄소
③ 황   ④ 회분

[해설]
고위발열량(H_h) = 저위발열량(H_L) + 600(9H+W)
H_2O증발열 (600kcal/kg)
수소(H_2) 1kg의 연소 시 34,000kcal/kg 발생(고위발열량)

정답 07 ① 08 ① 09 ③ 10 ② 11 ③ 12 ①

13 버너에서 발생하는 역화의 방지대책과 거리가 먼 것은?

① 버너 온도를 높게 유지한다.
② 리프트 한계가 큰 버너를 사용한다.
③ 다공 버너의 경우 각각의 연료분출구를 작게 한다.
④ 연소용 공기를 분할 공급하여 일차공기를 착화범위보다 적게 한다.

[해설]
버너보다 연소실, 화실, 노, 노통에서 온도를 높게 유지하여야 한다.

14 연소관리에 있어서 과잉공기량 조절 시 다음 중 최소가 되게 조절하여야 할 것은?(단, L_s : 배가스에 의한 열손실량, L_i : 불완전연소에 의한 열손실량, L_c : 연소에 의한 열손실량, L_r : 열복사에 의한 열손실량일 때를 나타낸다.)

① $L_s + L_i$
② $L_s + L_r$
③ $L_i + L_c$
④ L_i

[해설]
열손실
㉠ 배기가스 열손실 : 공기로 조절
㉡ 불완전 열손실(CO가스) : 공기로 조절
㉢ 미연탄소분에 의한 열손실
㉣ 복사열손실

15 보일러실에 자연환기가 안 될 때 실외로부터 공급하여야 할 공기는 벙커C유 1L당 최소 몇 Nm³이 필요한가?(단, 벙커 C유의 이론공기량은 10.24Nm³/kg, 비중은 0.96, 연소장치의 공기비는 1.3으로 한다.)

① 11.34
② 12.78
③ 15.69
④ 17.85

[해설]
연료의 실제 공기량(A) = 이론공기량×공기비(Nm³/kg)
　　　　　　　　　= (이론공기량×연료비중)×공기비(Nm³/l)
　　　　　　　　　= (10.24×0.96)×1.3 = 12.78(Nm³/l)

16 다음 중 분해폭발성 물질이 아닌 것은?

① 아세틸렌
② 히드라진
③ 에틸렌
④ 수소

[해설]
수소의 연소반응
$H_2 + (1/2)O_2 \rightarrow H_2O$ (화학반응)

17 과잉공기량이 연소에 미치는 영향으로 가장 거리가 먼 것은?

① 열효율
② CO 배출량
③ 노 내 온도
④ 연소 시 와류 형성

[해설]
연소 시 와류 형성은 화실 주위의 윈드박스의 역할이다.

18 다음 중 습식 집진장치의 종류가 아닌 것은?

① 멀티클론(multiclone)
② 제트 스크러버(jet scrubber)
③ 사이클론 스크러버(cyclone scrubber)
④ 벤투리 스크러버(venturi scrubber)

[해설]
건식(원심식) 집진매연장치
㉠ 사이클론식
㉡ 멀티 사이클론식

19 다음 석탄의 성질 중 연소성과 가장 관계가 적은 것은?

① 비열
② 기공률
③ 점결성
④ 열전도율

[해설]
- 석탄의 점결성은 코크스 제조와 관계된다.
- 역청탄 등은 온도 350℃ 이상에서 용해하여 굳어지는 성질이 점결성이며 연료로 사용하기에는 부적당하다.

[정답] 13 ① 14 ① 15 ② 16 ④ 17 ④ 18 ① 19 ③

20 미분탄 연소의 특징이 아닌 것은?

① 큰 연소실이 필요하다.
② 마모부분이 많아 유지비가 많이 든다.
③ 분쇄시설이나 분진처리시설이 필요하다.
④ 중유연소기에 비해 소요동력이 적게 필요하다.

해설
미분탄은 분쇄화(200메시 정도)하여 버너로 연소시킴으로써 동력 소비가 많다.

2과목 열역학

21 압력이 1,000kPa이고 온도가 400℃인 과열증기의 엔탈피는 약 몇 kJ/kg인가?(단, 압력이 1,000kPa일 때 포화온도는 179.1℃, 포화증기의 엔탈피는 2,775kJ/kg이고, 과열증기의 평균비열은 2.2kJ/(kg · K)이다.)

① 1,547 ② 2,452
③ 3,261 ④ 4,453

해설
과열증기 엔탈피(h_c'')
= 발생증기엔탈피 + 증기비열(과열증기온도 − 포화증기온도)
= 2,775 + 2.2(400 − 179.1) = 3,261(kJ/kg)
※ 발생증기엔탈피(h) = 포화수엔탈피 + 증발잠열(kJ/kg)

22 밀폐계에서 비가역 단열과정에 대한 엔트로피 변화를 옳게 나타낸 식은?(단, S는 엔트로피, C_P는 정압비열, T는 온도, R은 기체상수, P는 압력, Q는 열량을 나타낸다.)

① $dS = 0$
② $dS > 0$
③ $dS = C_P \dfrac{dT}{T} - R\dfrac{dP}{P}$
④ $dS = \dfrac{\delta Q}{T}$

해설
밀폐계 비가역 단열과정 엔트로피 변화(Δs)
$ds = \dfrac{\delta q}{T}$에서 $\Delta s = S_2 - S_1 = 0$

- 가역과정 $\oint \dfrac{\delta Q}{T} = 0$
- 비가역과정 $\oint \dfrac{\delta Q}{T} < 0$

23 이상기체 1mol이 그림의 b 과정(2 → 3과정)을 따를 때 내부에너지의 변화량은 약 몇 J인가?(단, 정적비열은 $1.5 \times R$이고, 기체상수 R은 8.314kJ/(kmol · K)이다.)

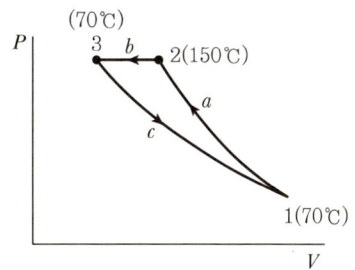

① −333 ② −665
③ −998 ④ −1662

해설
내부에너지 변화량(Δu)
∴ $\Delta u = 1.5 \times R = 1.5 \times 8.314 \times (70 - 150) = -998$(J)

24 다음 공기 표준 사이클(Air standard cycle) 중 두 개의 등온과정과 두 개의 정압과정으로 구성된 사이클은?

① 디젤(Diesel) 사이클
② 사바테(Sabathe) 사이클
③ 에릭슨(Ericsson) 사이클
④ 스털링(Stirling) 사이클

정답 20 ④ 21 ③ 22 ② 23 ③ 24 ③

해설

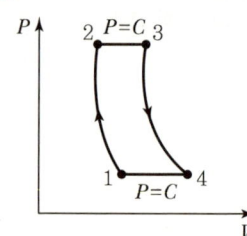

내연기관 사이클
(공기표준사이클)
- 1 → 2 (등온압축)
- 2 → 3 (정압연소)
- 3 → 4 (등온팽창)
- 4 → 1 (정압배기)

▎Ericsson cycle ▎

25 동일한 온도, 압력 조건에서 포화수 1kg과 포화증기 4kg을 혼합하여 습증기가 되었을 때 이 증기의 건도는?

① 20% ② 25%
③ 75% ④ 80%

해설
혼합증기 $= 1 + 4 = 5\text{kg}$

$\therefore$ 증기건도 $= \dfrac{5-1}{5} \times 100 = 80\%$

26 압력 200kPa, 체적 1.66m³의 상태에 있는 기체가 정압조건에서 초기 체적의 $\dfrac{1}{2}$로 줄었을 때 이 기체가 행한 일은 약 몇 kJ인가?

① -166 ② -198.5
③ -236 ④ -245.5

해설
일$(w) = \int_c \delta w = \int F \cdot ds$, [$\delta w$(미소량), F(힘), ds(변위)]

$\therefore w = 200 \times \left(\dfrac{1}{2} - 1\right) \times 1.66 = -166(\text{kJ})$

27 공기를 작동유체로 하는 Diesel cycle의 온도범위가 32~3,200℃이고 이 cycle의 최고 압력이 6.5MPa, 최초 압력이 160kPa일 경우 열효율은 약 얼마인가?(단, 공기의 비열비는 1.4이다.)

① 41.4% ② 46.5%
③ 50.9% ④ 55.8%

해설
내연기관 디젤사이클 열효율(η_d)

$\eta_d = 1 - \left(\dfrac{1}{\varepsilon}\right)^{k-1} \cdot \dfrac{\sigma^k - 1}{k(\sigma - 1)}$

σ(체절비=단절비), k(비열비), ε(압축비)

$\therefore \eta_d = 1 - \left(-\dfrac{1}{\left(\dfrac{6,500}{160}\right)}\right)^{1.4-1} \times \dfrac{3.95^{1.4} - 1}{1.4(3.95 - 1)}$

$= 0.509 (50.9\%)$

$T_2 = T_1\left(\dfrac{V_1}{V_2}\right)^{k-1} = T_2 = T_1\varepsilon^{k-1} = (273 + 32) \times \left(\dfrac{6,500}{160}\right)^{1.4-1}$

$= 1,342(\text{K})$

체절비$(\sigma) = \dfrac{273 + 3,200}{(273 + 32) \times 14.1^{1.4-1}} = 3.95$

압축비$(\varepsilon) = \left(\dfrac{6,500}{160}\right)^{\frac{1}{1.4}} = 14.1$, 1MPa = 1,000kPa

28 실린더 속에 100g의 기체가 있다. 이 기체가 피스톤의 압축에 따라서 2kJ의 일을 받고 외부로 3kJ의 열을 방출했다. 이 기체의 단위 kg당 내부에너지는 어떻게 변화하는가?

① 1kJ/kg 증가한다.
② 1kJ/kg 감소한다.
③ 10kJ/kg 증가한다.
④ 10kJ/kg 감소한다.

해설
100g = 0.1kg
전체 열량 = 2 + 3 = 5kJ
내부에너지 = 3 - 2 = 1(kJ) 감소

$\therefore$ 내부에너지 $= \dfrac{1}{0.1} = 10(\text{kJ/kg})$ 감소

29 냉동기에 사용되는 냉매의 구비조건으로 옳지 않은 것은?

① 응고점이 낮을 것

정답 25 ④ 26 ① 27 ③ 28 ④ 29 ③

② 액체의 표면장력이 작을 것
③ 임계점(critical point)이 낮을 것
④ 비열비가 작을 것

해설
냉매는 임계점이 높아야 액화가 용이하여 잠열을 사용할 수가 있다.

30 다음 온도(T) - 엔트로피(s) 선도에 나타난 랭킨(Rankine) 사이클의 효율을 바르게 나타낸 것은?

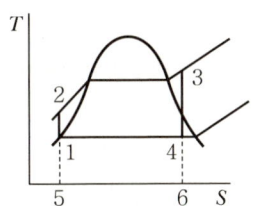

① $\dfrac{\text{면적 } 1-2-3-4-1}{\text{면적 } 5-2-3-6-5}$

② $1 - \dfrac{\text{면적 } 1-2-3-4-1}{\text{면적 } 5-2-3-6-5}$

③ $\dfrac{\text{면적 } 1-4-6-5-1}{\text{면적 } 5-2-3-6-5}$

④ $\dfrac{\text{면적 } 1-2-3-4-1}{\text{면적 } 5-1-4-6-5}$

해설

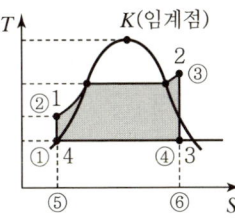

- 4 → 1 (단열압축)
- 1 → 2 (정압가열)
- 2 → 3 (단열팽창)
- 3 → 4 (정압방열)

| 랭킨사이클 |

31 어떤 기체의 이상기체상수는 2.08 kJ/(kg·K)이고 정압비열은 5.24 kJ/(kg·K)일 때, 이 가스의 정적비열은 약 몇 kJ/(kg·K)인가?

① 2.18 ② 3.16
③ 5.07 ④ 7.20

해설
$C_p - C_v = AR$, $C_p - C_v = R$(SI 단위)

$C_v = \dfrac{AR}{k-1}$, $C_p = kC_v = \dfrac{kAR}{k-1}$, 비열비($k$) = $\dfrac{C_p}{C_v}$

여기서, C_v : 정적비열, C_p : 정압비열

∴ $C_v = C_p - R = 5.24 - 2.08 = 3.16 \,(\text{kJ/kg·K})$

32 98.1kPa, 60℃에서 질소 2.3kg, 산소 1.8kg의 기체 혼합물이 등엔트로피 상태로 압축되어 압력이 343kPa로 되었다. 이때 내부에너지 변화는 약 몇 kJ인가?(단, 혼합 기체의 정적비열은 0.711kJ/(kg·K)이고, 비열비는 1.4이다.)

① 325 ② 417
③ 498 ④ 562

해설
등엔트로피(단열압축) 내부에너지 $du = \Delta u = C_v dT$

$\Delta u = u_2 - u_1 = C_v(T_2 - T_1)$

$T_2 = T_1 \times \left(\dfrac{P_2}{P_1}\right)^{\frac{k-1}{k}} = (273+60) \times \left(\dfrac{343}{98.1}\right)^{\frac{1.4-1}{1.4}}$

$= 476.17\,(\text{K})$

질량 = 2.3 + 1.8 = 4.1(kg), $T_1 = 60 + 273 = 333$(K)

∴ 내부에너지변화(Δu)
$= 4.1 \times 0.711 \times (476.17 - 333) = 417\,(\text{kJ})$

33 그림과 같은 카르노 냉동 사이클에서 성적 계수는 약 얼마인가?(단, 각 사이클에서의 엔탈피(h)는 $h_1 = h_4 = 98\,\text{kJ/kg}$, $h_2 = 231\,\text{kJ/kg}$, $h_3 = 282\,\text{kJ/kg}$이다.)

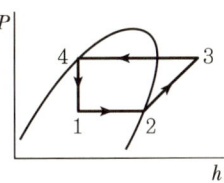

① 1.9 ② 2.3
③ 2.6 ④ 3.3

해설

카르노 사이클 성적계수(COP)

$$P = \frac{Aw}{Q_1} = 1 - \frac{Q_2}{Q_1} = 1 - \frac{T_2}{T_1}$$

압축기 일의 열량 = 3 - 2 = 282 - 231 = 51(kJ/kg)

증발기의 흡수열량 = 2 - 1 = 231 - 98 = 133(kJ/kg)

∴ 성적계수(COP) = $\frac{133}{51}$ = 2.60

34 일정한 질량유량으로 수평하게 증기가 흐르는 노즐이 있다. 노즐 입구에서 엔탈피는 3,205kJ/kg이고, 증기 속도는 15m/s이다. 노즐 출구에서의 증기 엔탈피가 2,994kJ/kg일 때 노즐 출구에서 증기의 속도는 약 몇 m/s인가?(단, 정상상태로서 외부와의 열교환은 없다고 가정한다.)

① 500　　　② 550
③ 600　　　④ 650

해설

노즐 출구속도(W_2)

$$W_2 = \phi \sqrt{2g \cdot \frac{k}{k-1} P_1 V_1 \left[1 - \left(\frac{P_2}{P_1}\right)^{\frac{k-1}{k}}\right]} \text{ (m/s)}$$

$$= \sqrt{2 \cdot g \cdot 102(h_1 - h_2)} \text{ (SI 단위)}$$

∴ $W_2 = \sqrt{2 \times 9.8 \times 102(3,205 - 2,994)}$ = 650(m/s)

※ 1kJ = 102kg·m/sec

35 비압축성 유체의 체적팽창계수 β에 대한 식으로 옳은 것은?

① $\beta = 0$　　② $\beta = 1$
③ $\beta > 0$　　④ $\beta > 1$

해설

물 등의 비압축성 유체의 체적팽창계수(β)는 0과 같다.

36 이상기체를 등온과정으로 초기 체적의 $\frac{1}{2}$로 압축하려 한다. 이때 필요한 압축일의 크기는?(단, m은 질량, R은 기체상수, T는 온도이다.)

① $\frac{1}{2}mRT \times \ln 2$　　② $mRT \times \ln 2$

③ $2mRT \times \ln 2$　　④ $mRT \times \left(\ln \frac{1}{2}\right)^2$

해설

이상기체 등온변화 압축일(W) = 공업일(W_t)

∴ $W_t = mRT \times \ln 2$

등온 변화에서 공업일(W_t) = 절대일($_1W_2$)이다.

37 표준 증기압축 냉동사이클을 설명한 것으로 옳지 않은 것은?

① 압축과정에서는 기체상태의 냉매가 단열압축되어 고온고압의 상태가 된다.
② 증발과정에서는 일정한 압력상태에서 저온부로부터 열을 공급받아 냉매가 증발한다.
③ 응축과정에서는 냉매의 압력이 일정하며 주위로의 열방출을 통해 냉매가 포화액으로 변한다.
④ 팽창과정은 단열상태에서 일어나며, 대부분 등엔트로피 팽창을 한다.

해설

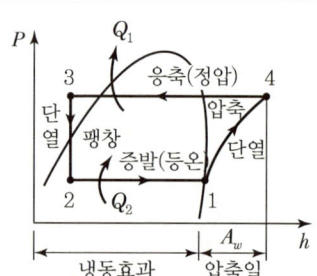

㉠ 1 → 4(압축기) : 단열압축
㉡ 4 → 3(응축기) : 정압방열
㉢ 3 → 2(팽창밸브) : 등엔탈피
㉣ 2 → 1(증발기) : 등온팽창

- 증기냉동 표준사이클에서 등엔트로피 과정은 단열압축과정이다.(팽창과정은 등엔탈피과정이다.)
- 증발기의 온도가 높을수록 성적계수는 증가한다.

정답 34 ④　35 ①　36 ②　37 ④

38 Rankine cycle 4개 과정으로 옳은 것은?

① 가역단열팽창 → 정압방열 → 가역단열압축 → 정압가열
② 가역단열팽창 → 가역단열압축 → 정압가열 → 정압방열
③ 정압가열 → 정압방열 → 가역단열압축 → 가역단열팽창
④ 정압방열 → 정압가열 → 가역단열압축 → 가역단열팽창

해설

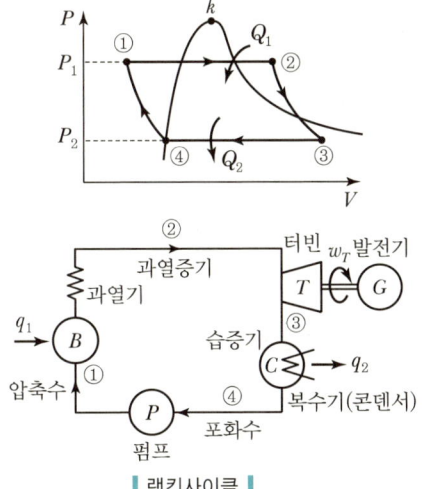

┃랭킨사이클┃

39 온도가 800K이고 질량이 10kg인 구리를 온도 290K인 100kg의 물 속에 넣었을 때 이 계 전체의 엔트로피 변화는 몇 kJ/K인가?(단, 구리와 물의 비열은 각각 0.398kJ/(kg·K), 4.185kJ/(kg·K)이고, 물은 단열된 용기에 담겨 있다.)

① -3.973
② 2.897
③ 4.424
④ 6.870

해설

평균 혼합온도(T_m)
$= \dfrac{10 \times 0.398 \times 800 + 100 \times 4.185 \times 290}{10 \times 0.398 + 100 \times 4.185}$
$= 294.80\text{K}(21.80℃)$

엔트로피 변화량$(\Delta S) = mS\dfrac{C_p dT}{T} = mC_p \ln\dfrac{T_2}{T_1}$

$\therefore \Delta S = 10 \times 0.398 \times \ln\dfrac{294.80}{800} + 100 \times 4.185 \times \ln\dfrac{294.80}{290}$
$= 2.897\text{kJ/K}$

40 다음 중 포화액과 포화증기의 비엔트로피 변화량에 대한 설명으로 옳은 것은?

① 온도가 올라가면 포화액의 비엔트로피는 감소하고 포화증기의 비엔트로피는 증가한다.
② 온도가 올라가면 포화액의 비엔트로피는 증가하고 포화증기의 비엔트로피는 감소한다.
③ 온도가 올라가면 포화액과 포화증기의 비엔트로피는 감소한다.
④ 온도가 올라가면 포화액과 포화증기의 비엔트로피는 증가한다.

해설

온도가 올라가면 포화수 엔탈피가 증가하고 증발잠열은 감소한다.

엔트로피$(dS) = \dfrac{\delta Q}{T}$, $\Delta S = S_2 - S_1 = \int_1^2 dS = \dfrac{\delta Q}{T}$ 하여 온도 상승 시 δQ 열량이 감소하므로 엔트로피는 감소한다.
(포화증기엔탈피 = 포화수엔탈피 + 증발잠열)

3과목 계측방법

41 다음 중 용적식 유량계에 해당하는 것은?

① 오리피스미터
② 습식가스미터
③ 로터미터
④ 피토관

해설

㉠ 용적식 가스미터 및 유량계 : 건식, 습식가스미터기, 오벌형, 터빈형, 루트식
㉡ 면적식 유량계 : 로터미터(부자형, 피스톤형)
㉢ 유속식 유량계 : 피토관

정답 38 ① 39 ② 40 ② 41 ②

42 다음 중 계량단위에 대한 일반적인 요건으로 가장 적절하지 않은 것은?

① 정확한 기준이 있을 것
② 사용하기 편리하고 알기 쉬울 것
③ 대부분의 계량단위를 60진법으로 할 것
④ 보편적이고 확고한 기반을 가진 안정된 원기가 있을 것

해설
대부분의 계량단위는 10진법이다.

43 베르누이 정리를 응용하며 유량을 측정하는 방법으로 액체의 전압과 정압과의 차로부터 순간치 유량을 측정하는 유량계는?

① 로터미터   ② 피토관
③ 임펠러   ④ 휘트스톤 브리지

해설
㉠ 피토관 = 전압 − 정압 = 동압
㉡ 전압 = 정압 + 동압

유속 = $\sqrt{2g\left(\dfrac{P_s - P_o}{r}\right)}$ (m/s)

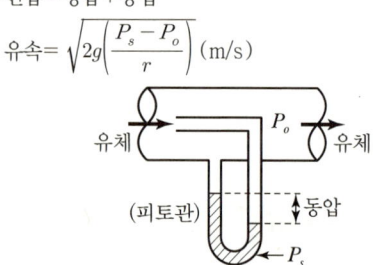

44 다음 중 공기식 전송을 하는 계장용 압력계의 공기압 신호는 몇 kg/cm² 인가?

① 0.2~1.0   ② 1.5~2.5
③ 3~5   ④ 4~20

해설
㉠ 공기식 전송기 공기압 신호 : 0.2~1.0kg/cm²
㉡ 전기식 : 4~20mA, 또는 10~50mADC 사용

45 다음 가스분석방법 중 물리적 성질을 이용한 것이 아닌 것은?

① 밀도법   ② 연소열법
③ 열전도율법   ④ 가스크로마토그래프법

해설
화학식 가스 분석계
㉠ 오르자트법
㉡ 헴펠법
㉢ 연소열법
㉣ 미연소 가스계
㉤ 자동화학식계

46 다음 그림과 같은 U자관에서 유도되는 식은?

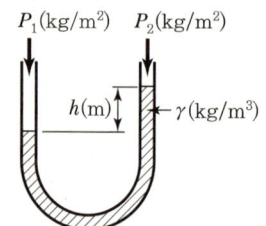

① $P_1 = P_2 - h$ ② $h = \gamma(P_1 - P_2)$
③ $P_1 + P_2 = \gamma h$ ④ $P_1 = P_2 + \gamma h$

해설
U자관(P_1) 압력 = $P_2 + \gamma h$ (kg/m²)

47 다음 중 송풍량을 일정하게 공급하려고 할 때 가장 적당한 제어방식은?

① 프로그램제어   ② 비율제어
③ 추종제어   ④ 정치제어

해설
정치제어는 목표값이 시간에 따라 일정한 값을 가진다.

정답 42 ③ 43 ② 44 ① 45 ② 46 ④ 47 ④

48 다음 중 비접촉식 온도계는?

① 색온도계　　② 저항온도계
③ 압력식 온도계　④ 유리온도계

해설
비접촉식 온도계에는 색온도계, 광고온도계, 광전관식 온도계, 방사고온계 등이 있다.

49 열전대 온도계 보호관 중 내열강 SEH-5에 대한 설명으로 옳지 않은 것은?

① 내식성, 내열성 및 강도가 좋다.
② 자기관에 비해 저온 측정에 사용된다.
③ 유황가스 및 산화염에도 사용이 가능하다.
④ 상용온도는 800℃이고 최고 사용 온도는 850℃까지 가능하다.

해설
내열강 금속보호관(니켈-크롬강)의 사용온도는 1,000℃이고 최고 사용온도는 1,200℃이다.

50 열전대 온도계의 보호관 중 상용 사용온도가 약 1,000℃이며, 내열성, 내산성이 우수하나 환원성 가스에 기밀성이 약간 떨어지는 것은?

① 카보런덤관　② 자기관
③ 석영관　　　④ 황동관

해설
㉠ 비금속 보호관 : 석영관(사용온도 1,000℃, 내열성, 내산성이 우수하고 기밀성은 떨어진다.)
㉡ 자기관(1,450℃)
㉢ 황동관(400℃)
㉣ 카보런덤관(1,600℃)

51 다음 중 가스의 열전도율이 가장 큰 것은?

① 공기　　② 메탄
③ 수소　　④ 이산화탄소

해설
수소(H_2)는 열전도도가 매우 크고 열에 대해 안정하다.

52 1차 제어장치가 제어량을 측정하여 제어 명령을 발하고 2차 제어장치가 이 명령을 바탕으로 제어량을 조절할 때, 다음 중 측정제어로 가장 적절한 것은?

① 추치제어　　　② 프로그램 제어
③ 캐스케이드 제어　④ 시퀀스 제어

해설
㉠ 제어방법
　• 정치제어
　• 추치제어
　• 캐스케이드 제어(측정제어)
㉡ 캐스케이드 제어 : 2개의 제어계로 조합하며 1차 제어장치가 제어량을 측정하여 제어명령을 내리고 2차 제어장치가 이 명령을 바탕으로 제어량을 조절한다.

53 폐루프를 형성하여 출력 측의 신호를 입력 측에 되돌리는 제어를 의미하는 것은?

① 뱅뱅　　② 리셋
③ 시퀀스　④ 피드백

해설
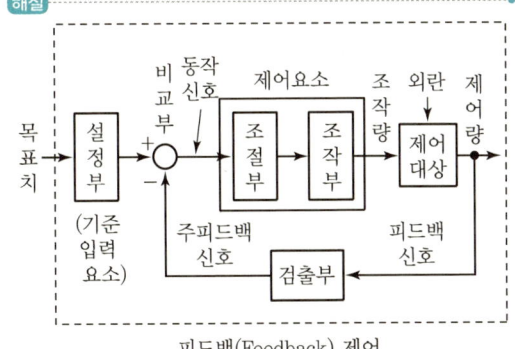

피드백(Feedback) 제어

54 20ℓ인 물의 온도를 15℃에서 80℃로 상승시키는 데 필요한 열량은 약 몇 kJ인가?

① 4,680　② 5,442
③ 6,320　④ 6,860

해설
• 물의 현열(Q) = 20 × 4.186 × (80 − 15) = 5,442kJ
• 물의 비율 : 4.186kJ/kg · K

정답　48 ①　49 ④　50 ③　51 ③　52 ③　53 ④　54 ②

55 U자관 압력계에 사용되는 액주의 구비조건이 아닌 것은?

① 열팽창계수가 작을 것
② 모세관 현상이 적을 것
③ 화학적으로 안정될 것
④ 점도가 클 것

해설
U자관 저압력계 사용 액주(물, 수은)는 점도, 모세관 현상, 열팽창계수가 적어야 한다.

56 온도계의 동작 지연에 있어서 온도계의 최초 지시치가 $T_o(℃)$, 측정한 온도가 $x(℃)$일 때, 온도계 지시치 $T(℃)$와 시간 τ와의 관계식은?(단, λ는 시정수이다.)

① $dT/d\tau = (x - T_o)/\lambda$
② $dT/d\tau = \lambda/(x - T_o)$
③ $dT/d\tau = (\lambda - x)/T_o$
④ $dT/d\tau = T_o/(\lambda - x)$

해설
온도계의 동작지연
$$\frac{dT}{d\tau} = \frac{(X - T_o)}{\lambda}$$

57 다음 용어에 대한 설명으로 옳지 않은 것은?

① 측정량 : 측정하고자 하는 양
② 값 : 양의 크기를 함께 수화 기준
③ 제어편차 : 목표치에 제어량을 더한 값
④ 양 : 수와 기준으로 표시할 수 있는 크기를 갖는 현상이나 물체 또는 물질의 성질

해설
제어편차는 목표치에서 제어량을 뺀 값이다.

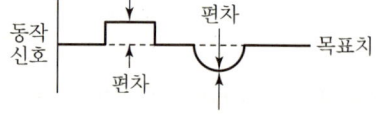

58 다음 집진장치 중 코트렐식과 관계가 있는 방식으로 코로나 방전을 일으키는 것과 관련 있는 집진기로 가장 적절한 것은?

① 전기식 집진기   ② 세정식 집진기
③ 원심식 집진기   ④ 사이클론 집진기

해설
전기식 집진장치
코트렐식이 대표적이다.(코로나 방전을 이용한다.)

59 다음 중 수분 흡수법에 의해 습도를 측정할 때 흡수제로 사용하기에 가장 적절하지 않은 것은?

① 오산화인   ② 피크린산
③ 실리카겔   ④ 황산

해설
피크린산(Picric acid)은 매실에 있는 성분이다.

60 다음 중 오리피스(orifice), 벤투리관(venturi tube)을 이용하여 유량을 측정하고자 할 때 필요한 값으로 가장 적절한 것은?

① 측정기구 전후의 압력차
② 측정기구 전후의 온도차
③ 측정기구 입구에 가해지는 압력
④ 측정기구의 출구 압력

해설
차압식 유량계
㉠ 오리피스
㉡ 플로우 노즐
㉢ 벤투리미터

$Q(유량) = 0.01252 a \times \varepsilon \times \beta^2 \times Dt^2 \times \sqrt{\dfrac{P_1 - P_2}{\gamma_1}}$ (m³/s)

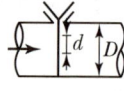
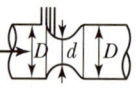

| 오리피스 | 노즐 | 벤투리미터 |

정답 55 ④ 56 ① 57 ③ 58 ① 59 ② 60 ①

4과목 열설비재료 및 관계법규

61 에너지이용합리화법에서 목표에너지원단위란 무엇인가?

① 연료의 단위당 제품 생산목표량
② 제품의 단위당 에너지사용목표량
③ 제품의 생산목표량
④ 목표량에 맞는 에너지사용량

[해설]
목표에너지원단위는 제품의 단위당 에너지 사용의 목표량을 말한다.

62 연료를 사용하지 않고 용선의 보유열과 용선 속 불순물의 산화열에 의해서 노 내 온도를 유지하며 용강을 얻는 것은?

① 평로　　　　　② 고로
③ 반사로　　　　④ 전로

[해설]
전로
제강로(강철제조로)이며 용선의 보유열과 용선 속 불순물의 산화열에 의해서 노 내 온도를 유지하며 용강을 얻은 노이다.

63 보온재 내 공기 이외의 가스를 사용하는 경우 가스분자량이 공기의 분자량보다 적으면 보온재의 열전도율의 변화는?

① 동일하다.
② 낮아진다.
③ 높아진다.
④ 높아지다가 낮아진다.

[해설]

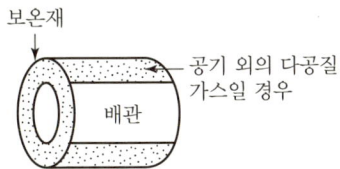

64 에너지법에서 정의하는 용어에 대한 설명으로 틀린 것은?

① "에너지사용자"란 에너지사용시설의 소유자 또는 관리자를 말한다.
② "에너지사용시설"이란 에너지를 사용하는 공장, 사업장 등의 시설이나 에너지를 전환하여 사용하는 시설을 말한다.
③ "에너지공급자"란 에너지를 생산, 수입, 전환, 수송, 저장, 판매하는 사업자를 말한다.
④ "연료"란 석유, 석탄, 대체에너지 기타 열 등으로 제품의 원료로 사용되는 것을 말한다.

[해설]
제품의 원료로 사용되는 연료는 에너지법 중 연료에서 제외된다.

65 연속가마, 반연속가마, 불연속가마의 구분 방식은 어떤 것인가?

① 온도상승속도　　② 사용목적
③ 조업방식　　　　④ 전열방식

[해설]
요로(가마)의 조업방식 분류
㉠ 연속가마(터널요, 윤요)
㉡ 반연속가마(등요, 셔틀요)
㉢ 불연속가마(횡염식, 승염식, 도염식)

66 터널가마에서 샌드실(Sand seal) 장치가 마련되어 있는 주된 이유는?

① 내화벽돌 조각이 아래로 떨어지는 것을 막기 위하여
② 열 절연의 역할을 하기 위하여
③ 찬바람이 가마 내로 들어가지 않도록 하기 위하여
④ 요차를 잘 움직이게 하기 위하여

[해설]
샌드실(Sand seal)
㉠ 연속요의 터널가마 부속장치인 샌드실은 열의 절연을 위해 사용한다.
㉡ 노 내 고온부의 열이 레일 위치부, 즉 저온부로 이동하지 않도록 하는 장치이다.

정답 61 ② 62 ④ 63 ③ 64 ④ 65 ③ 66 ②

67 외경 65mm의 증기관이 수평으로 설치되어 있다. 증기관의 보온된 표면온도는 55℃, 외기온도는 20℃일 때 관의 열 손실량(W)은?(단, 이때 복사열은 무시한다.)

① 29.5 ② 36.6
③ 44.0 ④ 60.0

해설

평균표면적(F_m) = $\dfrac{F_2 - F_1}{\ln\left(\dfrac{F_2}{F_1}\right)} = \dfrac{F_2 - F_1}{2.3\log\left(\dfrac{F_2}{F_1}\right)}$

$= \dfrac{3.14 \times L(r_1 - r_2)}{2.3\log\left(\dfrac{r_1}{r_2}\right)}$

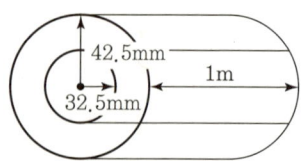

열손실(W) = $\lambda \cdot F_m \times \dfrac{t_1 - t_2}{b}$ (kcal/h)

열전달률 또는 보온재의 열전도율이 누락, 보온재 두께 누락

68 다음 중 중성 내화물에 속하는 것은?

① 납석질 내화물
② 고알루미나질 내화물
③ 반규석질 내화물
④ 샤모트질 내화물

해설

㉠ 산성 내화물 : 납석질, 반규석질, 샤모트질
㉡ 중성질 : 고알루미나질, 탄소질, 탄화규소질, 크롬질

69 에너지이용합리화법에 따라 인정검사 대상 기기 조종자의 교육을 이수한 자의 조종 범위에 해당하지 않는 것은?

① 용량이 3t/h인 노통 연관식 보일러
② 압력용기
③ 온수를 발생하는 보일러로서 용량이 300kW인 것
④ 증기 보일러로서 최고사용 압력이 0.5MPa이고 전열면적이 9m²인 것

해설

인정검사 대상기기 조종자 범위
㉠ 압력 1MPa 이하(10kg/cm² 이하)
㉡ 전열면적 10m² 이하
㉢ 온수보일러 0.58MW 이하(580kW 이하)
㉣ 압력용기 1종, 2종

70 관로의 마찰손실수두의 관계에 대한 설명으로 틀린 것은?

① 유체의 비중량에 반비례한다.
② 관 지름에 반비례한다.
③ 유체의 속도에 비례한다.
④ 관 길이에 비례한다.

해설

마찰손실수두(H)

$H = \lambda \times \dfrac{L}{D} \times \dfrac{V^2}{2g}$, $V = \dfrac{4Q}{\pi D^2}$

여기서, λ : 마찰손실계수
L : 관의 길이
D : 관의 지름
V : 유속

71 작업이 간편하고 조업주기가 단축되며 요체의 보유열을 이용할 수 있어 경제적인 반연속식 요는?

① 셔틀요 ② 윤요
③ 터널요 ④ 도염식 요

해설

㉠ 반연속요 : 셔틀요, 등요
㉡ 연속요 : 터널요, 윤요
㉢ 불연속요 : 등염식 요, 횡염식 요, 도염식 요

정답 67 ③ 68 ② 69 ① 70 ③ 71 ①

72 에너지이용합리화법에 따라 검사대상기기의 조종자의 해임신고는 신고 사유가 발생한 날로부터 며칠 이내에 하여야 하는가?

① 15일　　　② 20일
③ 30일　　　④ 60일

해설
검사대상기기 조종자(보일러, 압력용기 조종자)의 해임, 선임, 퇴직 신고는 사유가 발생한 날로부터 30일 이내에 한국에너지공단에 신고하여야 한다.

73 다음 열사용기자재에 대한 설명으로 가장 적절한 것은?

① 연료 및 열을 사용하는 기기, 축열식 전기기기와 단열성 자재를 말한다.
② 일명 특정 열사용기자재라고도 한다.
③ 연료 및 열을 사용하는 기기만을 말한다.
④ 기기의 설치 및 시공에 있어 안전관리, 위해방지 또는 에너지이용의 효율관리가 특히 필요하다고 인정되는 기자재를 말한다.

해설
열사용기자재는 축열식 전기기기와 연료 및 열을 사용하는 기기 등을 말한다.

74 보온재의 열전도율에 대한 설명으로 틀린 것은?

① 재료의 두께가 두꺼울수록 열전도율이 낮아진다.
② 재료의 밀도가 클수록 열전도율이 낮아진다.
③ 재료의 온도가 낮을수록 열전도율이 낮아진다.
④ 재질 내 수분이 적을수록 열전도율이 낮아진다.

해설
보온재는 재료의 밀도(kg/m^3)가 적을수록 열전도율이 낮아진다.

75 다이어프램 밸브(Diaphragm valve)에 대한 설명으로 틀린 것은?

① 화학약품을 차단함으로써 금속 부분의 부식을 방지한다.
② 기밀을 유지하기 위한 패킹을 필요로 하지 않는다.
③ 저항이 적어 유체의 흐름이 원활하다.
④ 유체가 일정 이상의 압력이 되면 작동하여 유체를 분출시킨다.

해설
다이어프램 밸브(Diaphragm valve)
둑(weir)과 고무로 만들어진 다이어프램이 구조로 된 밸브이다. 각종 가스류나 침식성의 산·알칼리류, 묽은 죽 형상의 물질을 포함하고 있는 유체 또는 압력손실을 줄이려는 배관 등에 사용한다.
④항은 안전밸브나 방출밸브의 기능에 대한 설명이다.

76 에너지이용합리화법에 따라 자발적 협약체결기업에 대한 지원을 받기 위해 에너지 사용자와 정부 간 자발적 협약의 평가기준에 해당하지 않는 것은?

① 에너지 절감량 또는 온실가스 배출 감축량
② 계획 대비 달성률 및 투자실적
③ 자원 및 에너지의 재활용 노력
④ 에너지이용합리화자금 활용실적

해설
자발적 협약체결기업에 대한 지원을 받기 위해 에너지 사용자와 정부 간 자발적 협약의 평가기준은 ①, ②, ③항이 된다.

77 다음 중 고온용 보온재가 아닌 것은?

① 우모펠트　　　② 규산칼슘
③ 세라믹 파이버　　　④ 펄라이트

해설
우모펠트
저온에서 사용하는 유기질 보온재이다.(안전사용온도는 120℃, 열전도율은 일반적으로 0.042~0.040kcal/mh℃이다.) 방습처리가 필요한 보온재이다.

정답 72 ③　73 ①　74 ②　75 ④　76 ④　77 ①

78 에너지이용합리화법에 따른 검사 대상기기에 해당하지 않는 것은?

① 가스 사용량이 17kg/h를 초과하는 소형 온수보일러
② 정격용량이 0.58MW를 초과하는 철금속가열로
③ 온수를 발생시키는 보일러로서 대기개방형인 주철제 보일러
④ 최고사용압력이 0.2MPa를 초과하는 증기를 보유하는 용기로서 내용적이 $0.004m^3$ 이상인 용기

해설
④항은 최고사용압력 0.2MPa(2kg/cm²) 초과로서 그 내용적이 $0.04m^3$ 이상인 것만 검사대상기기이다.

79 에너지이용합리화법에 따라 검사대상기기의 설치자가 사용 중인 검사대상기기를 폐기한 경우에는 폐기한 날부터 최대 며칠 이내에 검사대상기기 폐기신고서를 한국에너지공단 이사장에게 제출하여야 하는가?

① 7일
② 10일
③ 15일
④ 20일

해설
검사대상기기 폐기 및 사용중지 신고 제출기한은 15일이다.

80 에너지이용합리화법에 따라 냉난방온도의 제한온도 기준 및 건물의 지정기준에 대한 설명으로 틀린 것은?

① 공공기관의 건물은 냉방온도 26℃ 이상, 난방온도 20℃ 이하의 제한온도를 둔다.
② 판매시설 및 공항은 냉방온도의 제한온도는 25℃ 이상으로 한다.
③ 숙박시설 중 객실 내부 구역은 냉방온도의 제한온도는 25℃ 이상으로 한다.
④ 의료법에 의한 의료기관의 실내구역은 제한온도를 적용하지 않을 수 있다.

해설
제한온도 제외구역
㉠ 의료기관 실내구역
㉡ 식품관리에 적용이 적절하지 않은 경우
㉢ 산업통상자원부 장관이 고시하는 구역
③항의 제한온도는 제외된다.(숙박시설의 객실 내부구역)

5과목 열설비설계

81 다음 중 기수분리의 방법에 따른 분류로 가장 거리가 먼 것은?

① 장애판을 이용한 것
② 그물을 이용한 것
③ 방향전환을 이용한 것
④ 압력을 이용한 것

해설
기수분리기(건조증기 취출기) 분류
1. 배관설치용
   ㉠ 방향 전환 이용
   ㉡ 장애판 이용
   ㉢ 원심력 이용
   ㉣ 여러 겹의 그물 이용

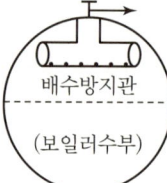
배수방지관
(보일러수부)

2. 보일러 동(드럼) 내부 설치용
   ㉠ 장애판 조립
   ㉡ 파도형 다수 강판 이용
   ㉢ 원심력 분리기 이용

82 맞대기 용접은 용접방법에 따라 그루브를 만들어야 한다. 판 두께 10mm에 할 수 있는 그루브의 형상이 아닌 것은?

① V형
② R형
③ H형
④ J형

해설
H홈 형상 그루브
맞대기 용접 : 두꺼운 판(20~30mm 초과)에 사용하는 그루브

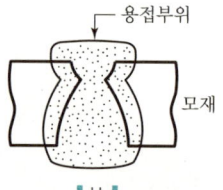

정답 78 ④ 79 ③ 80 ③ 81 ④ 82 ③

83 보일러와 압력용기에서 일반적으로 사용되는 계산식에 의해 산정되는 두께에 부식 여유를 포함한 두께를 무엇이라 하는가?

① 계산 두께　② 실제 두께
③ 최소 두께　④ 최대 두께

해설
보일러, 압력용기(계산상 두께+부식여유두께 : 최소 두께)

84 바이메탈 트랩에 대한 설명으로 옳은 것은?
① 배기능력이 탁월하다.
② 과열증기에도 사용할 수 있다.
③ 개폐온도의 차가 적다.
④ 밸브폐색의 우려가 있다.

해설
온도조절트랩
㉠ 벨로스형(배기능력이 탁월하다.)
㉡ 바이메탈형(배기능력이 탁월하다.)
㉢ 팽창형

85 보일러의 증발량이 20ton/h이고, 보일러 본체의 전열면적이 450m²일 때, 보일러의 증발률(kg/m²·h)은?
① 24　② 34
③ 44　④ 54

해설
전열면의 증발률
$= \dfrac{\text{시간당 증발량(kg)}}{\text{전열면적}} = \dfrac{20\times 10^3}{450} = 44(\text{kg/m}^2\text{h})$

86 히트파이프의 열교환기에 대한 설명으로 틀린 것은?
① 열저항이 적어 낮은 온도하에서도 열회수 가능
② 전열면적을 크게 하기 위해 핀튜브 사용
③ 수평, 수직, 경사구조로 설치 가능
④ 별도 구동장치의 동력이 필요

해설
히트파이프(heat pipe : 전열관)
진공의 관 내에 적당한 양의 액체를 봉입한 기구이며 이것으로 같은 단면적을 갖는 금속봉에 비하면 상당히 많은 열을 전달할 수가 있다.
(본체 재료 : 구리, 스테인리스, 세라믹스, 텅스텐 등, 안벽은 다공질의 파이버 등이 사용된다. 내부 휘발성 물질은 메탄올, 아세톤, 물, 수은 등)

87 열교환기에 입구와 출구의 온도차가 각각 $\Delta\theta'$, $\Delta\theta''$일 때 대수평균 온도차($\Delta\theta m$)의 식은?(단, $\Delta\theta' > \Delta\theta''$이다.)

① $\dfrac{\ln\dfrac{\Delta\theta'}{\Delta\theta''}}{\Delta\theta' - \Delta\theta''}$　② $\dfrac{\ln\dfrac{\Delta\theta''}{\Delta\theta'}}{\Delta\theta' - \Delta\theta''}$

③ $\dfrac{\Delta\theta' - \Delta\theta''}{\ln\dfrac{\Delta\theta'}{\Delta\theta''}}$　④ $\dfrac{\Delta\theta' - \Delta\theta''}{\ln\dfrac{\Delta\theta''}{\Delta\theta'}}$

해설

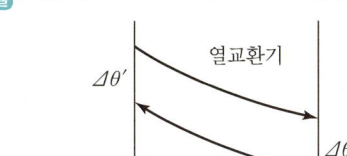

대수평균 온도차$(\Delta Q_m) = \dfrac{\Delta Q' - \Delta Q''}{\ln\dfrac{\Delta\theta'}{\Delta\theta''}}$

88 물의 탁도(turbidity)에 대한 설명으로 옳은 것은?
① 증류수 1L 속에 정제카올린 1mg을 함유하고 있는 색과 동일한 색의 물을 탁도 1도의 물로 한다.
② 증류수 1L 속에 정제카올린 1g을 함유하고 있는 색과 동일한 색의 물을 탁도 1도의 물로 한다.
③ 증류수 1L 속에 황산칼슘 1mg을 함유하고 있는 색과 동일한 색의 물을 탁도 1도의 물로 한다.

정답　83 ③　84 ①　85 ③　86 ④　87 ③　88 ①

④ 증류수 1L 속에 황산칼슘 1g을 함유하고 있는 색과 동일한 색의 물을 탁도 1도의 물로 한다.

해설
탁도 1도
증류수 1L 속에 정제카올린 1mg을 함유하고 있는 색과 동일한 물이다.

89 육용강제 보일러에서 길이 스테이 또는 경사 스테이를 핀 이음으로 부착할 경우, 스테이 휠 부분의 단면적은 스테이 소요 단면적의 얼마 이상으로 하여야 하는가?

① 1.0배　　② 1.25배
③ 1.5배　　④ 1.75배

해설
길이 스테이, 경사 스테이 핀 이음에서 스테이 휠 부분의 단면적은 스테이 소요 단면적의 1.25배 이상으로 한다.

90 증기 10t/h를 이용하는 보일러의 에너지 진단 결과가 아래 표와 같다. 이때 공기비 개선을 통한 에너지 절감률(%)은?

명칭	결과값
입열합계(kcal/kg-연료)	9,800
개선 전 공기비	1.8
개선 후 공기비	1.1
배기가스온도(℃)	110
이론공기량(Nm^3/kg-연료)	10.696
연소공기 평균비열(kcal/kg·℃)	0.31
송풍공기온도(℃)	20
연료의 저위발열량(kcal/Nm^3)	9,540

① 1.6　　② 2.1
③ 2.8　　④ 3.2

해설
㉠ 공기비 조절 전 손실열
　10.696×0.31×(1.8-1)×(110-20)=238.73kcal/kg
㉡ 공기비 조절 후 손실열
　10.696×0.31×(1.1-1)×(110-20)=29.84(kcal/kg)

$$\therefore 연질절감률 = \frac{238.73 - 29.84}{9,540} \times 100 = 2.1(\%)$$

91 저압용으로 내식성이 크고, 청소하기 쉬운 구조이며, 증기압이 2kg/cm^2 이하의 경우에 사용되는 절탄기는?

① 강관식　　② 이중관식
③ 주철관식　　④ 황동관식

해설
㉠ 여열장치 절탄기(급수예열기)
　: 강관제(고압용), 주철제(저압용)
㉡ 급수온도 10℃ 상승 : 보일러 효율 1.5% 향상

92 다음 [보기]에서 설명하는 보일러 보존방법은?

- 보존기간이 6개월 이상인 경우 적용한다.
- 1년 이상 보존할 경우 방청도료를 도포한
- 약품의 상태는 1~2주마다 점검하여야 한다.
- 동 내부의 산소제거는 숯불 등을 이용한다.

① 석회밀폐 건조보존법
② 만수보존법
③ 질소가스 봉입보존법
④ 가열건조법

해설
보일러 휴지법

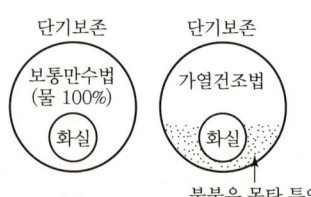

정답 89 ② 90 ② 91 ③ 92 ①

93 노통 보일러의 평형 노통을 일체형으로 제작하면 강도가 약해지는 결점이 있다. 이러한 결점을 보완하기 위하여 몇 개의 플랜지형 노통으로 제작하는데 이때의 이음부를 무엇이라 하는가?

① 브리징 스페이스 ② 가세트 스테이
③ 평형 조인트 ④ 아담슨 조인트

[해설]

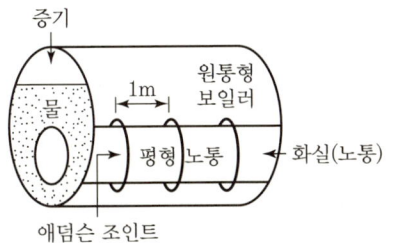

94 해수 마그네시아 침전 반응을 바르게 나타낸 식은?

① $3MgO \cdot 2SiO_2 \cdot 2H_2O + 3CO_2$
   $\rightarrow 3MgCO_3 + 25O_2 + 2H_2O$
② $CaCO_3 + MgCO_3 \rightarrow CaMg(CO_3)_2$
③ $CaMg(CO_3)_2 + MgCO_3$
   $\rightarrow 2MgCO_3 + CaCO_3$
④ $MgCO_3 + Ca(OH)_2 \rightarrow Mg(OH)_2 + CaCO_3$

[해설]
㉠ 해수 마그네시아 침전
 $MgCO_3 + Ca(OH)_2 \rightarrow Mg(OH)_2 + CaCO_3$
㉡ 전경도 $CaCO_3$ ppm
 $=$ 마그네슘 경도(Mg^{2+} ppm) + 칼슘 경도(Ca^{2+} ppm)

95 다음 중 인젝터의 시동순서로 옳은 것은?

㉮ 핸들을 연다.
㉯ 증기 밸브를 연다.
㉰ 급수 밸브를 연다.
㉱ 급수 출구관에 정지 밸브가 열렸는지 확인한다.

① ㉱ → ㉰ → ㉯ → ㉮
② ㉯ → ㉰ → ㉮ → ㉱
③ ㉰ → ㉯ → ㉱ → ㉮
④ ㉱ → ㉰ → ㉮ → ㉯

[해설]

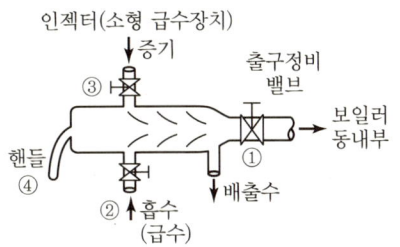

작동(시동)순서는 ㉱ ㉰ ㉯ ㉮ = ① ② ③ ④순이다.

96 원수(原水) 중의 용존 산소를 제거할 목적으로 사용되는 약제가 아닌 것은?

① 탄닌 ② 히드라진
③ 아황산나트륨 ④ 폴리아미드

[해설]
폴리아미드(polyamide)는 포밍(거품)방지제(내수성, 내약품성이 뛰어나다.)이다.

97 지름이 5cm인 강관(50W/m · K) 내에 98K의 온수가 0.3m/s로 흐를 때, 온수의 열전달계수(W/m² · K)는?(단, 온수의 열전도도는 0.68W/m · K이고, Nu수(Nusselt number)는 1600이다.)

① 1,238 ② 2,176
③ 3,184 ④ 4,232

[해설]
$Nu = \dfrac{a \cdot D}{k} = \dfrac{\text{경계층 내에서 열전달률} \times \text{원관지름}}{\text{유체의 열전도율}}$

$\therefore$ 열전달계수(a) $= 160 \times \dfrac{0.68}{0.05} = 2,176(W/m^2 \cdot K)$

정답 93 ④ 94 ④ 95 ① 96 ④ 97 ②

98 보일러 사고의 원인 중 제작상의 원인으로 가장 거리가 먼 것은?

① 재료불량 ② 구조 및 설계불량
③ 용접불량 ④ 급수처리불량

해설
급수처리불량, 저수위사고, 가스폭발 등은 보일러 취급상의 사고 원인이다.

99 급수처리에서 양질의 급수를 얻을 수 있으나 비용이 많이 들어 보급수의 양이 적은 보일러 또는 선박보일러에서 해수로부터 청수를 얻고자 할 때 주로 사용하는 급수처리 방법은?

① 증류법 ② 여과법
③ 석회소다법 ④ 이온교환법

해설
증류법(용존물 처리 : 기계적 방법)은 비용이 많이 들고 바다의 선박보일러에서 사용하는 급수처리법으로 (양질의 급수처리) 일명 순수제조법이다.

100 육용강제 보일러에서 오목면에 압력을 받는 스테이가 없는 접시형 경판으로 노통을 설치할 경우, 경판의 최소 두께(mm)를 구하는 식으로 옳은 것은?(단, P : 최고 사용압력(kg/cm²), R : 접시 모양 경판의 중앙부에서의 내면 반지름(mm), σ_a : 재료의 허용 인장응력(kg/mm²), η : 경판자체의 이음효율, A : 부식여유(mm)이다.)

① $t = \dfrac{PR}{150\sigma_a\eta} + A$ ② $t = \dfrac{150PR}{(\sigma_a + \eta)A}$

③ $t = \dfrac{PA}{150\sigma_a\eta} + R$ ④ $t = \dfrac{AR}{\sigma_a\eta} + 150$

해설
접시형 경판(스테이가 없고 오목면에 압력을 받는 경판의 최소 두께 t 계산)

두께$(t) = \dfrac{P \cdot R}{150 \times \sigma_a \times \eta} + A(\mathrm{mm})$

정답 98 ④ 99 ① 100 ①

2018년 4회 기출문제

1과목 연소공학

01 부탄가스의 폭발 하한값은 1.8Vol% 이다. 크기가 10m×20m×3m인 실내에서 부탄의 질량이 최소 약 몇 kg 일 때 폭발할 수 있는가?(단, 실내 온도는 25℃ 이다.)

① 24.1   ② 26.1
③ 28.5   ④ 30.5

해설

용적 $= 10 \times 20 \times 3 = 600 (m^3)$

표준량 $= 600 \times \dfrac{273}{273+25} = 550 (Nm^3)$

$550 \times \dfrac{1.8}{10^2} = 10 m^3$

∴ 폭발량$(G) = \dfrac{10}{22.4} \times 58 = 26 kg$

(부탄 $22.4m^3 = 1kmol = 58kg$)

02 순수한 CH_4를 건조 공기로 연소시키고 난 기체 화합물을 응축기로 보내 수증기를 제거시킨 다음, 나머지 기체를 Orsat법으로 분석한 결과, 부피비로 CO_2가 8.21%, CO 0.41%, O_2가 5.02%, N_2가 86.36%이었다. CH_4 1kg-mol 당 약 몇 kg-mol의 건조공기가 필요한가?

① 7.3   ② 8.5
③ 10.3   ④ 12.1

해설

메탄연소반응식: $CH_4 + 2O_2 \rightarrow CO_2 + 2H_2O$

이론공기량$(A_0) = 2 \times \dfrac{1}{0.21} = 9.52 Nm^3/Nm^3$

실제공기량$(A) = A_0 \times$공기비(m)

공기비$(m) = \dfrac{N_2}{N_2 - 3.76(O_2 - 0.5CO)}$

$= \dfrac{86.36}{86.36 - 3.76(5.02 - 0.5 \times 0.41)} = 1.26$

∴ 실제공기량$(A) = 9.52 \times 1.26 = 12 Nm^3/Nm^3$

03 체적이 $0.3m^3$인 용기 안에 메탄(CH_4)과 공기 혼합물이 들어있다. 공기는 메탄을 연소시키는 데 필요한 이론 공기량보다 20% 더 들어 있고, 연소 전 용기의 압력은 300kPa, 온도는 90℃이다. 연소 전 용기 안에 있는 메탄의 질량은 약 몇 g인가?

① 27.6   ② 33.7
③ 38.4   ④ 42.1

해설

$CH_4 + 2O_2 \rightarrow CO_2 + 2H_2O$

이론공기량 $= 2 \times \dfrac{1}{0.21} = 9.52 Nm^3/Nm^3$

실제공기량 $= 9.52 \times (1+0.2) = 11.4 Nm^3/Nm^3$

CH_4 $1mol = 22.4L = 16g$

메탄저장량 $= 11.4 \times \dfrac{273+90}{273} = 15 Nm^3$

∴ 메탄질량 $= \dfrac{15}{22.4} = 0.6 mol$

용기압력 $= \dfrac{300+100}{100} = 4 atm$

$4 \times 0.6 \times 16 = 38.4 g$

04 프로판가스(C_3H_8) $1Nm^3$을 완전연소시키는 데 필요한 이론공기량은 약 몇 Nm^3인가?

① 23.8   ② 11.9
③ 9.52   ④ 5

정답 01 ② 02 ④ 03 ③ 04 ①

해설

$C_3H_8 + 5O_2 \rightarrow 3CO_2 + 4H_2O$

이론공기량(A_0)

$= 산소량 \times \dfrac{1}{0.21} = 5 \times \dfrac{1}{0.21} = 23.8 \text{Nm}^3/\text{Nm}^3$

05 탄소 1kg의 연소에 소요되는 공기량은 약 몇 Nm³인가?

① 5.0 ② 7.0
③ 9.0 ④ 11.0

해설

탄소(C) 분자량 = 12
산소 분자량 = 32 = 22.4Nm³

∴ $\dfrac{22.4}{12} \times \dfrac{1}{0.21} = 9 \text{Nm}^3/\text{kg}$

06 연돌에서의 배기가스 분석 결과 CO_2 14.2%, O_2 4.5%, CO 0%일 때 탄산가스의 최대량 $CO_{2\max}$(%)는?

① 10.5 ② 15.5
③ 18.0 ④ 20.5

해설

$CO_{2\max} = \dfrac{21 \times CO_2}{21 - O_2} = \dfrac{21 \times 14.2}{21 - 4.5} = 18.0(\%)$

07 경유 1,000L를 연소시킬 때 발생하는 탄소량은 약 몇 TC인가?(단, 경유의 석유환산계수는 0.92 TOE/kL, 탄소배출계수는 0.837TC/TOE이다.)

① 77 ② 7.7
③ 0.77 ④ 0.077

해설

석유환산량 = $\dfrac{1,000}{10^3} \times 0.92 = 0.92(\text{TOE})$

(1kL = 1,000L)

∴ 탄소배출량(TC) = $0.92 \times 0.837 = 0.77$

08 표준 상태에서 고위발열량과 저위발열량의 차이는?

① 80cal/g ② 539kcal/mol
③ 9,200kcal/g ④ 9,702cal/mol

해설

$H_2 + \dfrac{1}{2}O_2 \rightarrow H_2O$

2kg   16kg   18kg(1kmol)
(2g)   (16g)   (18g)(1mol)

물 1g의 잠열 : 539cal/g(100℃에서)

∴ $18 \times 539 = 9,702(\text{cal/mol})$

09 연소기의 배기가스 연도에 댐퍼를 부착하는 이유로 가장 거리가 먼 것은?

① 통풍력을 조절한다.
② 과잉공기를 조절한다.
③ 배기가스의 흐름을 차단한다.
④ 주연도, 부연도가 있는 경우에는 가스의 흐름을 바꾼다.

해설

㉠ 공기댐퍼 : 과잉공기 조절, ㉡ 연도댐퍼 : 배기가스량 조절

10 다음과 같이 조성된 발생로 내 가스를 15%의 과잉공기로 완전 연소시켰을 때 건연소가스량 (Sm³/Sm³)은?(단, 발생로 가스의 조성은 CO 31.3%, CH_4 2.4%, H_2 6.3%, CO_2 0.7%, N_2 59.3%이다.)

① 1.99 ② 2.54
③ 2.87 ④ 3.01

해설

가스 연소반응식

· $CO + \dfrac{1}{2}O_2 \rightarrow CO_2$

· $CH_4 + 2O_2 \rightarrow CO_2 + 2H_2O$

· $H_2 + \dfrac{1}{2}O_2 \rightarrow H_2O$, (공기비 $m = 100 + 15 = 115\% = 1.15$)

정답 05 ③ 06 ③ 07 ③ 08 ④ 09 ③ 10 ①

- 실제 건연소가스량
$$G_d = (m-0.21)A_0 + CO + CO_2 + CH_4 + N_2$$
이론공기량 = 이론산소량 $\times \dfrac{1}{0.21}$

- 이론산소량(O_0)
$= 0.5 \times 0.313 + 2 \times 0.024 + 0.5 \times 0.063 = 0.236 Nm^3/Nm^3$

∴ $G_d = (1.15 - 0.21) \times \dfrac{0.236}{0.21} + (1 \times 0.313) + (1 \times 0.024)$
$\qquad + (1 \times 0.007) + (1 \times 0.593)$
$\quad = 1.99(Nm^3/Nm^3)$
(건연소에서는 H_2O 값은 삭제한다.)

11 다음 중 기상폭발에 해당되지 않는 것은?

① 가스폭발
② 분무폭발
③ 분진폭발
④ 수증기폭발

해설
수증기 폭발은 증기 압력 폭발(물리적 폭발)

12 다음 액체 연료 중 비중이 가장 낮은 것은?

① 중유　　　② 등유
③ 경유　　　④ 가솔린

해설
경질유 : 가솔린(휘발유), 등유, 경유 등

13 다음 기체연료에 대한 설명 중 틀린 것은?

① 고온연소에 의한 국부가열의 염려가 크다.
② 연소조절 및 점화, 소화가 용이하다.
③ 연료의 예열이 쉽고 전열효율이 좋다.
④ 적은 공기로 완전 연소시킬 수 있으며 연소효율이 높다.

해설
액체연료 : 고온 연소에서 국부가열의 염려가 크다.
(중유 C급 등의 연소)

14 석탄을 완전 연소시키기 위하여 필요한 조건에 대한 설명 중 틀린 것은?

① 공기를 예열한다.
② 통풍력을 좋게 한다.
③ 연료를 착화온도 이하로 유지한다.
④ 공기를 적당하게 보내 피연물과 잘 접촉시킨다.

해설
석탄은 항상 연료 착화온도 이상에서 (300℃ 내외) 연소시킨다.(고체연료는 착화온도가 높다.)

15 가스버너로 연료가스를 연소시키면서 가스의 유출속도를 점차 빠르게 하였다. 이때 어떤 현상이 발생하겠는가?

① 불꽃이 엉클어지면서 짧아진다.
② 불꽃이 엉클어지면서 길어진다.
③ 불꽃형태는 변함없으나 밝아진다.
④ 별다른 변화를 찾기 힘들다.

해설
가스의 유출 속도가 점차 빠르면 난류현상에 의해 불꽃이 엉클어지면서 짧아진다.

16 다음 석탄류 중 연료비가 가장 높은 것은?

① 갈탄
② 무연탄
③ 흑갈탄
④ 반역청탄

해설
고체 연료비 = $\dfrac{고정탄소}{휘발분}$

연료비(무연탄 > 반역청탄 > 흑갈탄 > 갈탄)
무연탄은 연료비가 12 이상으로 발열량이 높으나 점화가 어렵다.

정답　11 ④　12 ④　13 ①　14 ③　15 ①　16 ②

17 공기비 1.3에서 메탄을 연소시킨 경우 단열 연소온도는 약 몇 K인가?(단, 메탄의 저발열량은 49MJ/kg, 배기가스의 평균비열은 1.29kJ/kg·K이고 고온에서의 열분해는 무시하며, 연소 전 온도는 25℃이다.)

① 1,663 ② 1,932
③ 1,965 ④ 2,230

해설

$CH_4 + 2O_2 \rightarrow CO_2 + 2H_2O$

16kg : 2×32kg : 44kg : 2×18kg
1kg : 4kg : 2.75kg : 2.25kg

이론공기량(A_0) = $\dfrac{O_o}{0.232} = \dfrac{4}{0.232} = 17.2$kg/kg

실제공기량(A) = $(m - 0.232)A_o + CO_2 + H_2O$
= $(1.3 - 0.232) \times 17.2 + 2.75 + 2.25$
= 23.3kg/kg

∴ 연소온도(t) = $\dfrac{H_l}{G \times C_p} + t_o$

= $\dfrac{49\text{MJ/kg} \times 10^3 \text{kJ/kg}}{1.29 \times 23.3} + (273 + 25)$K

≒ 1,932K

18 내화재로 만든 화구에서 공기와 가스를 따로 연소실에 송입하여 연소시키는 방식으로 대형가마에 적합한 가스연료 연소장치는?

① 방사형 버너   ② 포트형 버너
③ 선회형 버너   ④ 건타입형 버너

해설

포트형 버너 : 가스 연소 장치이다.(공기와 가스를 따로 연소실에 투입하는 확산형 연소방식이며 대형가마용이다.)

19 다음 중 습한 함진가스에 가장 적절하지 않은 집진장치는?

① 사이클론   ② 멀티클론
③ 스크러버   ④ 여과식 집진기

해설

백필터 여과식은 집진장치에서 건식이므로 습한 함진가스(세정식 집진장치로 처리함)의 집진은 처리가 어렵다.

20 로터리 버너를 장시간 사용하였더니 노벽에 카본이 많이 붙어 있었다. 다음 중 주된 원인은?

① 공기비가 너무 컸다.
② 화염이 닿는 곳이 있었다.
③ 연소실 온도가 너무 높았다.
④ 중유의 예열 온도가 너무 높았다.

해설

로터리 중유 C급 버너 탄화물(카본)이 노벽에 부착하는 이유 : 화염의 접촉이 심한 원인에 의해 발생한다.

2과목 열역학

21 어떤 기체의 정압비열(C_p)이 다음 식으로 표현될 때 32℃와 800℃ 사이에서 이 기체의 평균 정압비열($\overline{C_p}$)은 약 몇 kJ/(kg·℃)인가?(단, C_p의 단위는 kJ/(kg·℃)이고, T의 단위는 ℃이다.)

$$C_p = 353 + 0.24T - 0.9 \times 10^{-4}T^2$$

① 353   ② 433
③ 574   ④ 698

해설

$Q = m \int_{T_1}^{T_2} C_p dT$

$\overline{C_p} = \dfrac{1}{T_2 - T_1} \int_{T_1}^{T_2}(353 + 0.24T - 0.9 \times 10^{-4}T^2)dT$

$= \dfrac{1}{800 - 32}\left[\left(353 \times 800 + 0.24 \times \dfrac{800^2}{2} - 0.9 \times 10^{-4} \times \dfrac{800^3}{3}\right) - \left(353 \times 32 + 0.24 \times \dfrac{32^2}{2} - 0.9 \times 10^{-4} \times \dfrac{32^3}{3}\right)\right]$

= 433kJ/kg·℃

정답 17 ② 18 ② 19 ④ 20 ② 21 ②

22 이상기체 상태식은 사용 조건이 극히 제한되어 있어서 이를 실제 조건에 적용하기 위한 여러 상태식이 개발되었다. 다음 중 실제 기체(real gas)에 대한 상태식에 속하지 않는 것은?

① 오일러(Euler) 상태식
② 비리얼(Virial) 상태식
③ 반데르발스(van der Waals) 상태식
④ 비티-브리지먼(Beattie-Bridgeman) 상태식

해설
오일러 : 허수를 사용함으로써 지수함수와 삼각함수의 관련을 보여온 오일러 공식
$e^{ix} = \cos x + i\sin x$
$e^{i\pi} + 1 = 0$

23 비열이 일정한 이상기체 1kg에 대하여 다음 중 옳은 식은?(단, P는 압력, V는 체적, T는 온도, C_p는 정압비열, C_v는 정적비열, U는 내부에너지이다.)

① $\Delta U = C_p \times \Delta T$
② $\Delta U = C_p \times \Delta V$
③ $\Delta U = C_v \times \Delta T$
④ $\Delta U = C_v \times \Delta P$

해설
정적상태 내부에너지변화(ΔU) = $C_v \times \Delta T$

24 다음 4개의 물질에 대해 비열비가 거의 동일하다고 가정할 때, 동일한 온도 T에서 음속이 가장 큰 것은?

① Ar(평균분자량 : 40g/mol)
② 공기(평균분자량 : 29g/mol)
③ CO(평균분자량 : 28g/mol)
④ H_2(평균분자량 : 2g/mol)

해설
비열비 동일, 분자량이 적을수록 동일 온도에서 음속이 빠르다.
Ar(아르곤) : 40
CO(일산화탄소) : 28
H_2(수소) : 2
공기(Air) : 29

25 건포화증기(dry saturated vapor)의 건도는 얼마인가?

① 0   ② 0.5
③ 0.7   ④ 1

해설
- 건포화증기(x)는 건도가 1이다.
- 포화수 건도(x)는 건도가 0이다.
- 습포화증기 건도(x)는 건도가 1 이하이다.

26 400K로 유지되는 항온조 내의 기체에 80kJ의 열이 공급되었을 때, 기체의 엔트로피 변화량은 몇 kJ/K인가?

① 0.01   ② 0.03
③ 0.2   ④ 0.3

해설
$\Delta S = \dfrac{\delta Q}{T} = \dfrac{80}{400} = 0.2 \text{(kJ/K)}$

27 0℃, 1기압(101.3kPa) 하에 공기 10m³가 있다. 이를 정압 조건으로 80℃까지 가열하는 데 필요한 열량은 약 몇 kJ인가?(단, 공기의 정압비열은 1.0kJ/(kg·K)이고, 정적비열은 0.71kJ/(kg·K)이며 공기의 분자량은 28.96kg/kmol이다.)

① 238   ② 546
③ 1,033   ④ 2,320

해설
공기질량 = $10 \times \dfrac{29}{22.4} = 12.91 \text{kg}$

∴ $Q = G \cdot C_p \cdot \Delta t = 12.91 \times 1.0 \times (80-0) = 1,033 \text{(kJ)}$

정답 22 ① 23 ③ 24 ④ 25 ④ 26 ③ 27 ③

28 피스톤이 설치된 실린더에 압력 0.3MPa, 체적 0.8m³인 습증기 4kg이 들어있다. 압력이 일정한 상태에서 가열하여 습증기의 건도가 0.9가 되었을 때 수증기에 의한 일은 몇 kJ인가?(단, 0.3MPa에서 비체적은 포화액이 0.001m³/kg, 건포화증기가 0.60m³/kg이다.)

① 205.5 ② 237.2
③ 305.5 ④ 408.1

해설

습포화 증기 비체적 $= \dfrac{0.8}{4} = 0.2\text{m}^3/\text{kg}$

처음의 건조도$(x) = \dfrac{0.2 - 0.001}{0.60 - 0.001} = 0.33(\%)$

- 건조도 향상 $= 0.9 - 0.33 = 0.57$
- 0.3MPa = 300kPa

∴ 일량$(W) = G \times x' \times (V_2 - V)$
$= 4 \times 0.57 \times 300 \times (0.60 - 0.001) = 408.1\text{kJ}$

29 제1종 영구기관이 실현 불가능한 것과 관계있는 열역학 법칙은?

① 열역학 제0법칙 ② 열역학 제1법칙
③ 열역학 제2법칙 ④ 열역학 제3법칙

해설

제1종 영구기관 : 입력보다 출력이 더 큰 기관(즉 열효율이 100% 이상인 기관)
열역학 제1법칙에 위배된다.

30 열펌프(heat pump)의 성능계수에 대한 설명으로 옳은 것은?

① 냉동 사이클의 성능계수와 같다.
② 가해준 일에 의해 발생한 저온체에서 흡수한 열량과의 비이다.
③ 가해준 일에 의해 발생한 고온체에 방출한 열량과의 비이다.
④ 열 펌프의 성능계수는 1보다 작다.

해설

열펌프(히트펌프) 성적계수(ε_h)

$$\varepsilon_h = \dfrac{\text{고온체로 방출한 열량}}{\text{공급열량}} = \dfrac{T_1}{T_1 - T_2} = \dfrac{Q_2}{A_w} = \dfrac{Q_1}{Q_1 - Q_2}$$

(∴ ε_h = 냉동기 성적계수 + 1)

31 증기압축 냉동사이클에서 증발기 입·출구에서의 냉매의 엔탈피는 각각 29.2, 306.8kcal/kg이다. 1시간에 1냉동 톤당의 냉매 순환량(kg/(h·RT))은 얼마인가?(단, 1냉동톤(RT)은 3,320 kcal/h이다.)

① 15.04 ② 11.96
③ 13.85 ④ 18.06

해설

냉매의 증발잠열 = 306.8 - 29.2 = 277.6(kcal/kg)

냉매 순환량 = $\dfrac{3,320}{277.6} = 11.96(\text{kg/h})$

32 증기터빈에서 증기 유량이 1.1kg/s이고, 터빈 입구와 출구의 엔탈피는 각각 3,100kJ/kg, 2,300kJ/kg이다. 증기 속도는 입구에서 15m/s, 출구에서는 60m/s이고, 이 터빈의 축 출력이 800 kW일 때 터빈과 주위 사이에서 발생하는 열전달량은?

① 주위로 78.1kW의 열을 방출한다.
② 주위로 95.8kW의 열을 방출한다.
③ 주위로 124.9kW의 열을 방출한다.
④ 주위로 168.4kW의 열을 방출한다.

해설

실제출력 = 800kW(1시간 = 3,600s), 1kW·h = 3,600kJ

손실전출력 $W = (h_1 - h_2) + \dfrac{V_i^2 - V_e^2}{2}$

$= 1.1 \times \left[(3,100 - 2,800) + \dfrac{(15^2 - 60^2)}{2} \times 10^{-3} \right] \times 3,600$

$= 3,161,317.5\text{kJ/h}$

∴ 주위 사이 발생열량 $= \dfrac{3,161,317.5 - (800 \times 3,600)}{3,600}$

$= 78.1\text{kW}$

정답 28 ④ 29 ② 30 ③ 31 ② 32 ①

33 다음 중 냉매가 구비해야할 조건으로 옳지 않은 것은?

① 비체적이 클 것
② 비열비가 작을 것
③ 임계점(critical point)이 높을 것
④ 액화하기가 쉬울 것

● 해설 ●
냉매는 비체적(m³/kg)이 적어야 냉매 순환이 용이하고 냉매 배관의 지름이 작아진다.

34 온도 127℃에서 포화수 엔탈피는 560kJ/kg, 포화증기의 엔탈피는 2,720kJ/kg일 때 포화수 1kg이 포화증기로 변화하는 데 따르는 엔트로피의 증가는 몇 kJ/K인가?

① 1.4
② 5.4
③ 9.8
④ 21.4

● 해설 ●
증발잠열 = 2,720 − 560 = 2,160kJ/kg
∴ $\Delta S = \dfrac{\delta Q}{T} = \dfrac{2,160}{127+273} = 5.4(kJ/K)$

35 다음 그림은 Otto cycle을 기반으로 작동하는 실제 내연기관에서 나타나는 압력(P)-부피(V) 선도이다. 다음 중 이 사이클에서 일(work) 생산과정에 해당하는 것은?

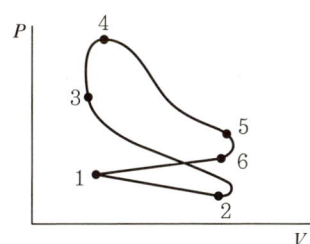

① 2 → 3
② 3 → 4
③ 4 → 5
④ 5 → 6

● 해설 ●
오토사이클(내연기관)

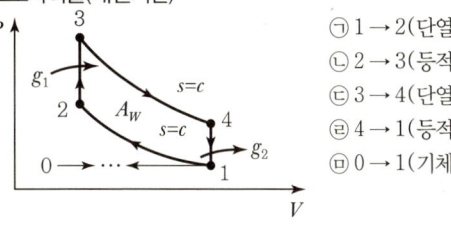

㉠ 1 → 2 (단열압축)
㉡ 2 → 3 (등적가열)
㉢ 3 → 4 (단열팽창)
㉣ 4 → 1 (등적방열)
㉤ 0 → 1 (기체흡입)

36 어떤 압축기에 23℃의 공기 1.2kg이 들어있다. 이 압축기를 등온과정으로 하여 100kPa에서 800kPa까지 압축하고자 할 때 필요한 일은 약 몇 kJ인가? (단, 공기의 기체상수는 0.287kJ/(kg·K)이다.)

① 212
② 367
③ 509
④ 673

● 해설 ●
등온압축(W_t) = $P_1 V_1 \ln \dfrac{P_1}{P_2}$ ($1.2 \times \dfrac{22.4}{28.8} \times \dfrac{23+273}{273} = 1.02 m^3$)

일(W) = $100 \times 1.02 \times \ln\left(\dfrac{800}{100}\right) = 212(kJ)$

37 다음 그림은 어떤 사이클에 가장 가까운가? (단, T는 온도, S는 엔트로피이며, 사이클 순서는 A → B → C → D → E → F → A 순으로 작동한다.)

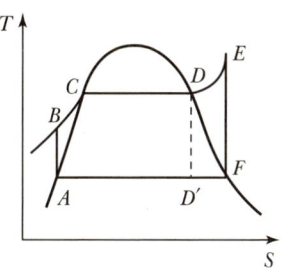

① 디젤 사이클
② 냉동 사이클
③ 오토 사이클
④ 랭킨 사이클

정답 33 ① 34 ② 35 ③ 36 ① 37 ④

해설

랭킨 사이클(Rankine cycle)

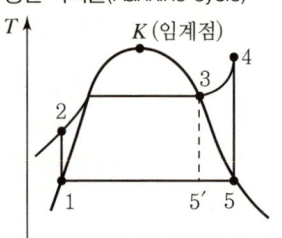

㉠ 1 → 2(단열압축)
㉡ 2 → 3 → 4(정압가열)
㉢ 4 → 5(단열팽창)
㉣ 5 → 1(정압방열)

38 보일러의 게이지 압력이 800kPa일 때 수은 기압계가 측정한 대기 압력이 856mmHg를 지시했다면 보일러 내의 절대압력은 약 몇 kPa인가?

① 810
② 914
③ 1,320
④ 1,656

해설

$1.033 \text{kg/cm}^2 = 1\text{atm} = 76\text{cmHg} = 760\text{mmHg}$
$= 101.325\text{kPa}$

$856 \times \dfrac{101.325}{760} = 114.13\text{kPa}$

∴ 절대압(abs) $= 800 + 114.13 = 914(\text{kPa})$

39 그림과 같이 역 카르노 사이클로 운전하는 냉동기의 성능계수(COP)는 약 얼마인가?(단, T_1는 24℃, T_2는 −6℃이다.)

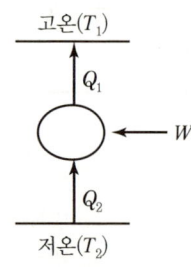

① 7.124
② 8.905
③ 10.048
④ 12.845

해설

$T_1 = 24 + 273 = 297\text{K}$
$T_2 = -6 + 273 = 267\text{K}$
$297 - 267 = 30\text{K}$

∴ $\text{COP} = \dfrac{T_2}{T_1 - T_2} = \dfrac{267}{30} = 8.9$

40 카르노사이클에서 온도 T의 고열원으로부터 열량 Q를 흡수하고, 온도 T_0의 저열원으로 열량 Q_0를 방출할 때, 방출열량 Q_0에 대한 식으로 옳은 것은?(단, η_c는 카르노사이클의 열효율이다.)

① $(1 - \dfrac{T_0}{T})Q$
② $(1 + \eta_c)Q$
③ $(1 - \eta_c)Q$
④ $(1 + \dfrac{T_0}{T})Q$

해설

카르노사이클(Carnot cycle)

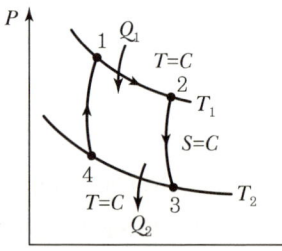

㉠ 1 → 2(등온팽창)
㉡ 2 → 3(단열팽창)
㉢ 3 → 4(등온압축)
㉣ 4 → 1(단열압축)
방출열량$(Q_0) = (1 - \eta_c)Q_1$

정답 38 ② 39 ② 40 ③

3과목 계측방법

41 다음 연소가스 중 미연소가스계로 측정 가능한 것은?
① CO
② CO_2
③ NH_3
④ CH_4

해설
- 미연소 가스 분석계 측정가스 : CO 가스
- 연소식 O_2계 측정가스 : H_2 가스

42 차압식 유량계에서 교축 상류 및 하류에서의 압력이 P_1, P_2일 때 체적 유량이 Q_1이라면, 압력이 각각 처음보다 2배만큼씩 증가했을 때 Q_2는 얼마인가?
① $Q_2 = 2Q_1$
② $Q_2 = \frac{1}{2}Q_1$
③ $Q_2 = \sqrt{2}Q_1$
④ $Q_2 = \frac{1}{\sqrt{2}}Q_1$

해설
$Q = A \cdot V = \frac{\pi}{4}d^2 \times V'$
$V' = \sqrt{2gh}\,(\text{m/s}),\ V'^2 = \frac{2g(P_t - P_s)}{r}$
∴ $Q_2 = \sqrt{2}Q_1$

43 다음 중 압력식 온도계가 아닌 것은?
① 고체팽창식
② 기체팽창식
③ 액체팽창식
④ 증기팽창식

해설
고체팽창식 온도계 : 바이메탈 온도계(선팽창계수 이용)
측정범위 : $-50 \sim 500℃$

44 저항식 습도계의 특징으로 틀린 것은?
① 저온도의 측정이 가능하다.
② 응답이 늦고 정도가 좋지 않다.
③ 연속기록, 원격측정, 자동제어에 이용된다.
④ 교류전압에 의하여 저항치를 측정하여 상대습도를 표시한다.

해설
전기 저항식 습도계
감도가 좋고 좁은 범위의 상대습도 측정에 유리하다. 염화리튬 용액을 절연판에 바르고 전주를 놓아 저항치를 측정하여 상대습도 측정, 그 특징은 ①, ③, ④항 등이다.

45 전기 저항식 온도계 중 백금(Pt) 측온 저항체에 대한 설명으로 틀린 것은?
① $0℃$에서 $500\,\Omega$을 표준으로 한다.
② 측정온도는 최고 약 $500℃$ 정도이다.
③ 저항온도계수는 작으나 안정성이 좋다.
④ 온도 측정 시 시간 지연의 결점이 있다.

해설
전기 저항식 온도계
$0℃$에서 저항이용 : $25\,\Omega$, $50\,\Omega$, $100\,\Omega$, $200\,\Omega$의 기준값

46 $-200 \sim 500℃$의 측정범위를 가지며 측온저항체 소선으로 주로 사용되는 저항소자는?
① 구리선
② 백금선
③ Ni선
④ 서미스터

해설
㉠ 백금 측온 저항온도계 측정 범위 : $-200 \sim 500℃$
　저항체 직경 : $0.01 \sim 0.2$mm 정도 사용
㉡ Ni선 : $-50 \sim 150℃$
㉢ 서미스터 : $-100 \sim 300℃$
㉣ 구리선 : $0 \sim 120℃$

정답 41 ① 42 ③ 43 ① 44 ② 45 ① 46 ②

47 헴펠식(Hempel type) 가스분석장치에 흡수되는 가스와 사용하는 흡수제의 연결이 잘못된 것은?

① CO – 차아황산소다
② O_2 – 알칼리성 피로갈롤용액
③ CO_2 – 30% KOH 수용액
④ C_mH_n – 진한 황산

해설
㉠ 헴펠식 가스분석에서
 CO 가스 분석 시 흡수제 : 암모니아성 염화제1동 용액
㉡ 차아황산소다(Sodium hydrosulfite) : 환원 표백제로서 물에는 쉽게 녹고 알콜에는 녹지 않는다.
 아황산 표백제 중 강한 환원력을 가진다.
 습한 공기에서는 아황산염과 황산염으로 분해된다.

48 시스(Sheath) 열전대의 특징이 아닌 것은?

① 응답속도가 빠르다.
② 국부적인 온도측정에 적합하다.
③ 피측온체의 온도저하 없이 측정할 수 있다.
④ 매우 가늘어서 진동이 심한 곳에는 사용할 수 없다.

해설
시스 열전대는 열전대 보호관 속에 MgO, Al_2O_3 등을 넣은 것으로 매우 가늘고 가요성으로 만든 보호관이다.
관의 직경은 0.25~12mm 정도로서 그 특징은 ①, ②, ③항 등이다.

49 다음 액주계에서 γ, γ_1이 비중량을 표시할 때 압력(P_x)을 구하는 식은?

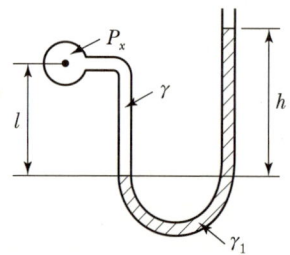

① $P_x = \gamma_1 h + \gamma l$
② $P_x = \gamma_1 h - \gamma l$
③ $P_x = \gamma_1 l - \gamma h$
④ $P_x = \gamma_1 l + \gamma h$

해설
액주계 비중량이 주어진 경우 압력(P_x)
$P_x = \gamma_1 h - \gamma l$

50 다음 중 가장 높은 온도를 측정할 수 있는 온도계는?

① 저항 온도계
② 열전대 온도계
③ 유리제 온도계
④ 광전관 온도계

해설
㉠ 저항 온도계 : -200~300℃
㉡ 열전대 온도계 : -200~1,600℃
㉢ 유리제 온도계 : -100~600℃
㉣ 광전관 비접촉식 온도계 : 700~3,000℃

51 스프링저울 등 측정량이 원인이 되어 그 직접적인 결과로 생기는 지시로부터 측정량을 구하는 방법으로 정밀도는 낮으나 조작이 간단한 것은?

① 영위법
② 치환법
③ 편위법
④ 보상법

해설
스프링저울 : 편위법 이용(측정량이 원인이 되어서 그 직접적인 결과로 생기는 지시로부터 측정량을 구한다.)

52 다음 유량계 종류 중에서 적산식 유량계는?

① 용적식 유량계
② 차압식 유량계
③ 면적식 유량계
④ 동압식 유량계

해설
적산식 측정유량계(정밀도가 우수함) : 용적식 유량계(상업거래용)

정답 47 ① 48 ④ 49 ② 50 ④ 51 ③ 52 ①

53 정전 용량식 액면계의 특징에 대한 설명 중 틀린 것은?

① 측정범위가 넓다.
② 구조가 간단하고 보수가 용이하다.
③ 유전율이 온도에 따라 변화되는 곳에도 사용할 수 있다.
④ 습기가 있거나 전극에 피측정체를 부착하는 곳에는 부적당하다.

해설
정전 용량식 액면계는 측정물의 유전율(전기장)을 이용하여 탱크 안에 전극을 넣고 액유변화에 의한 전극을 탱크 사이의 정전용량 변화를 측정하여 액면 측정

54 피토관으로 측정한 동압이 $10mmH_2O$일 때 유속이 15m/s 이었다면 동압이 $20mmH_2O$일 때의 유속은 약 몇 m/s인가?(단, 중력가속도는 $9.8m/s^2$이다.)

① 18   ② 21.2
③ 30   ④ 40.2

해설
유속(V_2) $= V_1 \times \dfrac{\sqrt{4p}}{\sqrt{\Delta p}} = 15 \times \dfrac{\sqrt{20}}{\sqrt{10}} = 21.2(m/s)$

55 보일러 공기예열기의 공기유량을 측정하는 데 가장 적합한 유량계는?

① 면적식 유량계
② 차압식 유량계
③ 열선식 유량계
④ 용적식 유량계

해설
공기예열기는 열선식 유량계로 유량을 측정한다.(열선식 : 유체의 온도를 전열로 일정온도 상승시키는 데 필요한 전기량을 측정한다.)

56 원인을 알 수 없는 오차로서 측정할 때마다 측정값이 일정하지 않고 분포현상을 일으키는 오차는?

① 과오에 의한 오차   ② 계통적 오차
③ 계량기 오차   ④ 우연 오차

해설
우연 오차 : 원인을 알 수 없는 오차이다.

57 편차의 정(+), 부(-)에 의해서 조작신호가 최대, 최소가 되는 제어동작은?

① 온·오프동작   ② 다위치동작
③ 적분동작   ④ 비례동작

해설
온·오프 제어동작(2위치 동작 : 불연속동작) 조작신호가 최대, 최소 제어된다.

58 가스 크로마토그래피법에서 사용하는 검출기 중 수소염 이온화검출기를 의미하는 것은?

① ECD   ② FID
③ HCD   ④ FTD

해설
㉠ FID : 수소이온화 검출기
㉡ TCD : 열전도도형 검출기
㉢ ECD : 전자 포획 이온화 검출기

59 출력 측의 신호를 입력 측에 되돌려 비교하는 제어방법은?

① 인터록(interlock)   ② 시퀀스(sequence)
③ 피드백(feedback)   ④ 리셋(reset)

해설
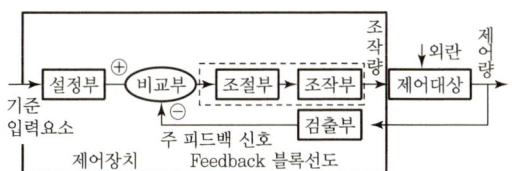
Feedback 블록선도

60 다음 제어방식 중 잔류편차(Offset)를 제거하여 응답시간이 가장 빠르며 진동이 제거되는 제어방식은?

① P ② I
③ PI ④ PID

해설
㉠ P동작(비례동작) : 잔류 편차 발생
㉡ I동작(적분동작)
㉢ D동작(미분동작)
㉣ PID동작(연속복합동작)

4과목 열설비재료 및 관계법규

61 에너지이용 합리화법에 따라 연간 에너지사용량이 30만 티오이인 자가 구역별로 나누어 에너지 진단을 하고자 할 때 에너지 진단주기는?

① 1년 ② 2년
③ 3년 ④ 5년

해설
• 석유환산 20만톤 이상 에너지 진단주기(TOE 진단일시주기)
  ㉠ 전체진단 : 5년마다
  ㉡ 구역별 부분진단 : 3년마다 (부분진단은 에너지 사용량 10만 TOE 이상을 기준으로 나누어 순차적으로 실시한다.)
• 석유환산 20만톤 미만인 업체 : 전체진단 5년마다

62 에너지이용 합리화법에 따라 에너지사용계획을 수립하여 산업 통상자원부장관에게 제출하여야 하는 사업주관자가 실시하려는 사업의 종류가 아닌 것은?

① 도시개발사업 ② 항만건설사업
③ 관광단지개발사업 ④ 박람회 조경사업

해설
사업의 종류 : ①, ②, ③항 외 산업단지 개발사업, 에너지개발사업, 철도건설사업, 공항건설사업 등

63 에너지이용 합리화법에 따라 검사대상기기의 검사유효 기간으로 틀린 것은?

① 보일러의 개조검사는 2년이다.
② 보일러의 계속사용검사는 1년이다.
③ 압력용기의 계속사용검사는 2년이다.
④ 보일러의 설치장소 변경검사는 1년이다.

해설
㉠ 개조검사 기간은 1년이다.
㉡ 검사권자 : 한국에너지공단
㉢ 개조검사 : 연소방법 개선, 증기보일러를 온수보일러로 개조 등

64 에너지이용 합리화법에 따라 가스를 사용하는 소형온수보일러인 경우 검사대상기기의 적용 기준은?

① 가스사용량이 시간당 17kg을 초과하는 것
② 가스사용량이 시간당 20kg을 초과하는 것
③ 가스사용량이 시간당 27kg을 초과하는 것
④ 가스사용량이 시간당 30kg을 초과하는 것

해설
소형온수보일러 기준(가스보일러의 경우 검사기기)
㉠ 가스사용량 : 17kg/h 초과 사용
㉡ 도시가스 : 232.6kW 초과 사용

65 에너지이용 합리화법에 따라 에너지 사용량이 대통령령으로 정하는 기준량 이상인 자는 산업통상자원부령으로 정하는 바에 따라 매년 언제까지 시·도지사에게 신고하여야 하는가?

① 1월 31일까지 ② 3월 31일까지
③ 6월 30일까지 ④ 12월 31일까지

해설
에너지사용량 신고 기준 : 연간 석유환산 2,000 TOE 이상 사용자(매년 석유환산 2,000 TOE 이상이면 시장, 도지사에게 1월 31일까지 에너지 사용량을 신고한다.)

정답 60 ④ 61 ③ 62 ④ 63 ① 64 ① 65 ①

66 다음 보온재 중 재질이 유기질 보온재에 속하는 것은?

① 우레탄폼 ② 펄라이트
③ 세라믹 파이버 ④ 규산칼슘 보온재

해설
유기질 보온재
㉠ 우레탄폼(폴리우레탄폼)
㉡ 콜크
㉢ 우모 및 양모
㉣ 합성수지(기포성 수지)
㉤ 폴리스틸렌폼

67 에너지이용 합리화법에 따라 열사용기자재 관리에 대한 설명으로 틀린 것은?

① 계속사용검사는 검사유효기간의 만료일이 속하는 연도의 말까지 연기할 수 있으며, 연기하려는 자는 검사대상기기 검사연기 신청서를 한국에너지공단이사장에게 제출하여야 한다.
② 한국에너지공단이사장은 검사에 합격한 검사대상기기에 대해서 검사 신청인에게 검사일부터 7일 이내에 검사증을 발급하여야 한다.
③ 검사대상기기관리자의 선임신고는 신고 사유가 발생한 날로부터 20일 이내에 하여야 한다.
④ 검사대상기기의 설치자가 사용 중인 검사대상기기를 폐기한 경우에는 폐기한 날부터 15일 이내에 검사대상기기 폐기신고서를 한국에너지공단이사장에게 제출하여야 한다.

해설
③항에서는 30일 이내에 한국에너지공단에 신고한다.

68 에너지법에서 정한 에너지에 해당하지 않는 것은?

① 열 ② 연료
③ 전기 ④ 원자력

해설
핵연료 및 원자력은 에너지법에서 정한 에너지에서 제외된다.

69 그림의 배관에서 보온하기 전 표면 열전달율(a)이 12.3kcal/m²·h·℃이었다. 여기에 글라스울 보온통으로 시공하여 방산열량이 28kcal/m·h가 되었다면 보온효율은 얼마인가?(단, 외기 온도는 20℃이다.)

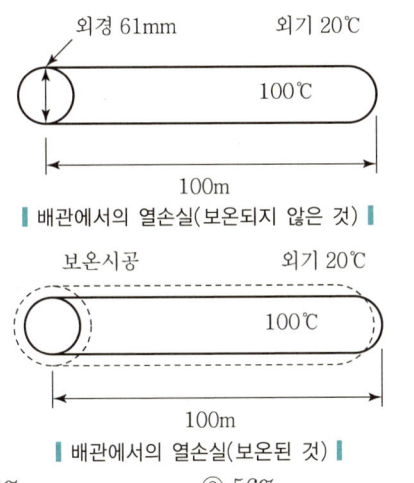

① 44% ② 56%
③ 85% ④ 93%

해설
- 전체면적(A) = πDL = $3.14 \times \frac{61}{10^3} \times 100 = 19.154(m^2)$
- 손실열 = $19.154 \times 12.3 = 235.5942$ kcal/h
  $235.5942 \times (100-20) = 18,847.536$ (kcal/h)
- 보온 후 손실열량 = $28 \times 100 = 2,800$ kcal/h
- ∴ 보온효율 = $\frac{18,847.536 - 2,800}{18,847.536} \times 100 = 85(\%)$

70 열처리로 경화된 재료를 변태점 이상의 적당한 온도로 가열한 다음 서서히 냉각하여 강의 입도를 미세화하여 조직을 연화, 내부응력을 제거하는 로는?

① 머플로 ② 소성로
③ 풀림로 ④ 소결로

정답 66 ① 67 ③ 68 ④ 69 ③ 70 ③

> **해설**
> 풀림처리(소둔 : Annealing) : 열처리로 경화된 재료를 변태점 이상의 적당한 온도로 가열한 다음 서서히 냉각하여 강의 입도를 미세화하여 조직을 연화, 내부 응력을 제거한다.(뜨임온도보다 약간 높은 온도)

71 원관을 흐르는 층류에 있어서 유량의 변화는?

① 관의 반지름의 제곱에 반비례해서 변한다.
② 압력강하에 반비례하여 변한다.
③ 점성계수에 비례하여 변한다.
④ 관의 길이에 반비례해서 변한다.

> **해설**

> 원관에서 흐르는 층류상태 유량변화
> : 관의 길이에 반비례해서 변한다.

72 에너지이용 합리화법에 따라 특정열사용기자재의 설치·시공이나 세관을 업으로 하는 자는 어디에 등록을 하여야 하는가?

① 행정안전부장관
② 한국열관리시공협회
③ 한국에너지공단이사장
④ 시·도지사

> **해설**
> 특정열사용기자재의 설치, 시공, 세관(국토교통부령 전문건설업)을 하고자 하는 자는 시장, 도지사에게 등록하여야 한다.

73 에너지이용 합리화법에 따라 에너지공급자의 수요관리 투자계획에 대한 설명으로 틀린 것은?

① 한국지역난방공사는 수요관리투자계획 수립대상이 되는 에너지공급자이다.
② 연차별 수요관리투자계획은 해당 연도 개시 2개월 전까지 제출하여야 한다.
③ 제출된 수요관리투자 계획을 변경하는 경우에는 그 변경한 날부터 15일 이내에 변경사항을 제출하여야 한다.
④ 수요관리투자계획 시행 결과는 다음 연도 6월 말일까지 산업통상자원부장관에게 제출하여야 한다.

> **해설**
> ④항에서는 2월 말까지 산업통상자원부 장관에게 투자계획을 제출한다.

74 샤모트(chamotte) 벽돌의 원료로서 샤모트 이외에 가소성 생점토(生粘土)를 가하는 주된 이유는?

① 치수 안정을 위하여
② 열전도성을 좋게 하기 위하여
③ 성형 및 소결성을 좋게 하기 위하여
④ 건조 소성, 수축을 미연에 방지하기 위하여

> **해설**
> ㉠ 샤모트 산성내화물은 샤모트 이외에 접착용 가소성 생점토를 가하는 주된 이유는 성형 및 소결성을 좋게 하기 위함이다.(샤모트 : 燒粉)
> ㉡ 주성분 : kaolin, Al_2O_3, $2SiO_2$, $2H_2O$

75 다음 중 노체 상부로부터 노구(throat), 샤프트(shaft), 보시(bosh), 노상(hearth)으로 구성된 노(爐)는?

① 평로
② 고로
③ 전로
④ 코크스로

> **해설**
> 고로(용광로) 구성
> ㉠ 노구
> ㉡ 샤프트
> ㉢ 보시
> ㉣ 노상

정답 71 ④ 72 ④ 73 ④ 74 ③ 75 ②

76 도염식요는 조업방법에 의해 분류할 경우 어떤 형식에 속하는가?

① 불연속식
② 반연속식
③ 연속식
④ 불연속식과 연속식의 절충형식

해설
불연속요 : ㉠ 도염식요
㉡ 승염식요
㉢ 횡염식요
반연속요 : 등요, 셔틀요(연속식과 불연속요의 절충형)

77 보온재 시공시 주의해야 할 사항으로 가장 거리가 먼 것은?

① 사용개소의 온도에 적당한 보온재를 선택한다.
② 보온재의 열전도성 및 내열성을 충분히 검토한 후 선택한다.
③ 사용처의 구조 및 크기 또는 위치 등에 적합한 것을 선택한다.
④ 가격이 가장 저렴한 것을 선택한다.

해설
보온재 시공시 주의사항은 ①, ②, ③항 외 어느 정도 강도가 있고 수명이 연장되고 가격이 경제적이어야 하며 내구성 내식성 내열성 및 열전도율이 작아야 한다. 또한 부피비중이 가벼워야 한다.

78 에너지이용 합리화법에 따라 대기전력 경고표지 대상 제품인 것은?

① 디지털 카메라
② 텔레비전
③ 셋톱박스
④ 유무선전화기

해설
대기전력 경고표지 대상 제품
컴퓨터, 모니터, 프린터, 팩시밀리, 복사기, 스캐너, 복합기, 자동절전제어 장치, 오디오, DVD 플레이어, 라디오카세트, 전자레인지, 도어폰, 유무선전화기, 비데, 모뎀, 홈게이트웨이, 손건조기, 서버, 디지털컨버터, 유무선공유기

79 요로 내에서 생성된 연소가스의 흐름에 대한 설명으로 틀린 것은?

① 가열물의 주변에 저온 가스가 체류하는 것이 좋다.
② 같은 흡입 조건하에서 고온 가스는 천장 쪽으로 흐른다.
③ 가연성 가스를 포함하는 연소가스는 흐르면서 연소가 진행된다.
④ 연소가스는 일반적으로 가열실 내에 충만되어 흐르는 것이 좋다.

해설
요로 내에서 연소가스는 가열물의 주변에 고온의 가스가 체류하는 것이 좋다.

80 일반적으로 압력 배관용에 사용되는 강관의 온도 범위는?

① 800℃ 이하
② 750℃ 이하
③ 550℃ 이하
④ 350℃ 이하

해설
SPP(배관용 탄소강관)이나 압력 배관용 탄소강관(SPPS)의 사용온도범위 : 350℃ 이하

5과목 열설비설계

81 연소실에서 연도까지 배치된 보일러 부속 설비의 순서를 바르게 나타낸 것은?

① 과열기 → 절탄기 → 공기 예열기
② 절탄기 → 과열기 → 공기 예열기
③ 공기 예열기 → 과열기 → 절탄기
④ 과열기 → 공기 예열기 → 절탄기

해설
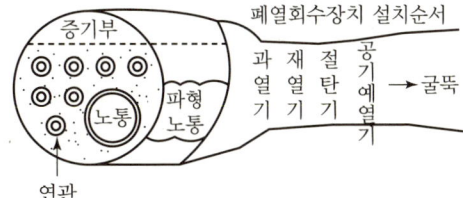

정답 76 ① 77 ④ 78 ④ 79 ① 80 ④ 81 ①

82 보일러의 발생증기가 보유한 열량이 3.2×10^6 Kcal/h일 때 이 보일러의 상당 증발량은?

① 2,500kg/h ② 3,512kg/h
③ 5,937kg/h ④ 6,847kg/h

[해설]
열량 $= 3.2 \times 10^6 = 3,200,000$ (kcal/h)
물의 증발잠열(100℃에서) $= 539$ kcal/kg
∴ $\dfrac{3,200,000}{539} = 5,937$ (kg/h)

83 다음 보일러 중에서 드럼이 없는 구조의 보일러는?

① 야로우 보일러   ② 슐저 보일러
③ 다쿠마 보일러   ④ 베록스 보일러

[해설]
관류보일러(다관식은 드럼이 없다.)
㉠ 슐저 보일러   ㉡ 벤손 보일러
㉢ 소형 관류보일러   ㉣ 가와사키 보일러

84 보일러 수 내의 산소를 제거할 목적으로 사용하는 약품이 아닌 것은?

① 탄닌   ② 아황산 나트륨
③ 가성소다   ④ 히드라진

[해설]
가성소다(NaOH) : 경수연화제, pH조정제, 알칼리조정제

85 보일러의 연소가스에 의해 보일러 급수를 예열하는 장치는?

① 절탄기   ② 과열기
③ 재열기   ④ 복수기

[해설]
절탄기(이코노마이저) : 폐열회수장치이며 연소가스 현열로 보일러용 급수를 예열하여 열효율을 높인다.
• economizer에서 급수온도 10℃ 상승 : 보일러 효율 1.5% 향상
• 종류 : 강관제, 주철제

86 압력용기를 옥내에 설치하는 경우에 관한 설명으로 옳은 것은?

① 압력용기와 천장과의 거리는 압력용기 본체 상부로부터 1m 이상이어야 한다.
② 압력용기의 본체와 벽과의 거리는 최소 1m 이상이어야 한다.
③ 인접한 압력용기와의 거리는 최소 1m 이상이어야 한다.
④ 유독성 물질을 취급하는 압력용기는 1개 이상의 출입구 및 환기장치가 있어야 한다.

[해설]

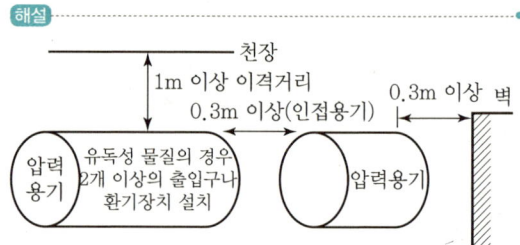

87 인젝터의 장·단점에 관한 설명으로 틀린 것은?

① 급수를 예열하므로 열효율이 좋다.
② 급수온도가 55℃ 이상으로 높으면 급수가 잘 된다.
③ 증기압이 낮으면 급수가 곤란하다.
④ 별도의 소요동력이 필요 없다.

[해설]
인젝터 소형 급수 설비(동력 : 증기스팀) : 급수온도가 50℃ 이상이면 급수불량이 된다.(압력이 0.2MPa 이하이면 급수가 불량해진다.)

88 보일러 안전사고의 종류가 아닌 것은?

① 노통, 수관, 연관 등의 파열 및 균열
② 보일러 내의 스케일 부착
③ 동체, 노통, 화실의 압궤 및 수관, 연관 등 전열면의 팽출
④ 연도나 노 내의 가스폭발, 역화 그 외의 이상연소

해설
보일러 전열면적의 스케일, 그을음 발생
㉠ 열전도 저하
㉡ 전열 방해
㉢ 강도 저하

89 서로 다른 고체 물질 A, B, C인 3개의 평판이 서로 밀착되어 복합체를 이루고 있다. 정상 상태에서의 온도 분포가 [그림]과 같을 때, 어느 물질의 열전도도가 가장 작은가?(단, 온도 $T_1 = 1,000℃$, $T_2 = 800℃$, $T_3 = 550℃$, $T_4 = 250℃$ 이다.)

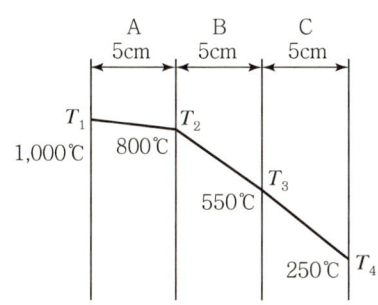

① A
② B
③ C
④ 모두 같다.

해설
단일 두께의 경우에서 온도가 저하될수록 물질의 열전도도가 작아진다.

90 열의 이동에 대한 설명으로 틀린 것은?

① 전도란 정지하고 있는 물체 속을 열이 이동하는 현상을 말한다.
② 대류란 유동 물체가 고온 부분에서 저온 부분으로 이동하는 현상을 말한다.
③ 복사란 전자파의 에너지 형태로 열이 고온 물체에서 저온 물체로 이동하는 현상을 말한다.
④ 열관류란 유체가 열을 받으면 밀도가 작아져서 부력이 생기기 때문에 상승현상이 일어나는 것을 말한다.

해설
④항의 설명은 열관류가 아닌 열대류작용의 설명이다.
• 열관류율 : $kcal/m^2h℃$
• 대류열전달 대류열 : $kcal/h$
• 복사 전열 : $kcal/h$

91 [그림]과 같이 폭 150mm, 두께 10mm의 맞대기 용접이음에 작용하는 인장응력은?

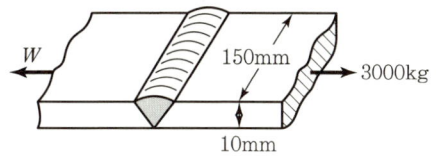

① $2kg/cm^2$
② $15kg/cm^2$
③ $100kg/cm^2$
④ $200kg/cm^2$

해설
$$인장응력 = \frac{W}{\ell \cdot t} = \frac{3,000}{\left(\frac{150 \times 10}{10^2}\right)} = 200kg/cm^2$$

(150mm = 15cm, 10mm = 1cm)

92 노통 연관 보일러의 노통 바깥면과 이에 가장 가까운 연관의 면과는 얼마 이상의 틈새를 두어야 하는가?

① 5mm ② 10mm
③ 20mm ④ 50mm

해설

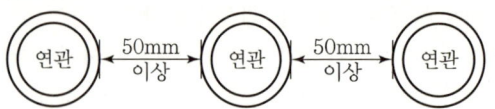

93 보일러 급수처리 방법에서 수중에 녹아있는 기체 중 탈기기 장치에서 분리, 제거하는 대표적 용존 가스는?

① O_2, CO_2 ② SO_2, CO
③ NO_3, CO ④ NO_2, CO_2

해설
㉠ 탈기법 : O_2, CO_2 제거
㉡ 폭기법 : CO_2, Fe 제거

94 보일러 사용 중 저수위 사고의 원인으로 가장 거리가 먼 것은?

① 급수펌프가 고장이 났을 때
② 급수내관이 스케일로 막혔을 때
③ 보일러의 부하가 너무 작을 때
④ 수위 검출기가 이상이 있을 때

해설

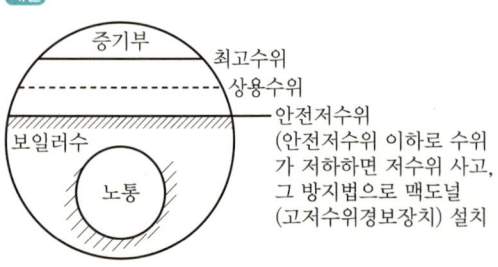

95 수증기관에 만곡관을 설치하는 주된 목적은?

① 증기관 속의 응결수를 배제하기 위하여
② 열팽창에 의한 관의 팽창작용을 흡수하기 위하여
③ 증기의 통과를 원활히 하고 급수의 양을 조절하기 위하여
④ 강수량의 순환을 좋게 하고 급수량의 조절을 쉽게 하기 위하여

해설

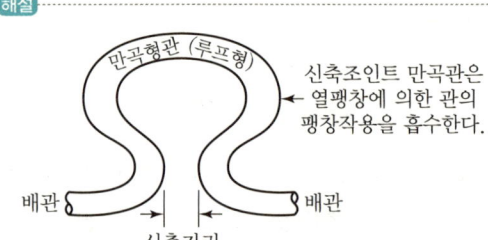

96 보일러의 성능시험 시 측정은 매 몇 분마다 실시하여야 하는가?

① 5분 ② 10분
③ 15분 ④ 20분

해설
㉠ 성능시험 측정 : 10분마다 실시
㉡ 성능시험에서 증기건도는 0.98
㉢ 성능시험에서 압력의 변동은 ±7% 이내
㉣ 성능시험에서 유량계 오차는 ±1% 범위 내

97 판형 열교환기의 일반적인 특징에 대한 설명으로 틀린 것은?

① 구조상 압력손실이 적고 내압성은 크다.
② 다수의 파형이나 반구형의 돌기를 프레스 성형하여 판을 조합한다.
③ 전열면의 청소나 조립이 간단하고, 고점도에도 적용할 수 있다.
④ 판의 매수 조절이 가능하여 전열면적 증감이 용이하다.

정답 92 ④ 93 ① 94 ③ 95 ② 96 ② 97 ①

해설
판형(플레이트형)의 열교환기는 지역난방 등에서 사용하며 압력손실이 다소 크다. 기타 특징은 ②, ③, ④항과 같다.

98 최고사용압력이 1.5MPa를 초과한 강철제 보일러의 수압시험압력은 그 최고사용압력의 몇 배로 하는가?

① 1.5
② 2
③ 2.5
④ 3

해설
수압시험 압력
㉠ 0.43MPa 이하 : 2배
㉡ 0.43MPa 초과~1.5MPa 이하 : P×1.3배+0.3MPa
㉢ 1.5MPa 초과 : 1.5배

99 노통보일러에서 브레이징 스페이스란 무엇을 말하는가?

① 노통과 가셋트 스테이와의 거리
② 관군과 가셋트 스테이 사이의 거리
③ 동체와 노통 사이의 최소거리
④ 가셋트 스테이간의 거리

해설

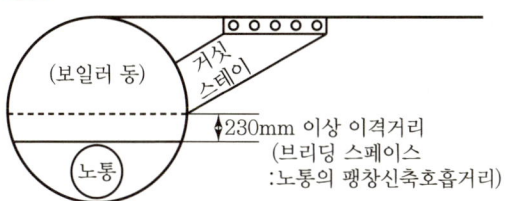

230mm 이상 이격거리
(브리딩 스페이스
: 노통의 팽창신축호흡거리)

100 두께 25mm인 철판의 넓이 1m²당 전열량이 매시간 2,000kcal가 되려면 양면의 온도차는 얼마여야 하는가?(단, 철판의 열전도율은 50kcal/m·h·℃이다.)

① 1℃
② 2℃
③ 3℃
④ 4℃

해설

전열량$(Q) = \lambda \times \dfrac{A(t_1 - t_2)}{b}$

$2,000 = 50 \times \dfrac{1 \times (t_1 - t_2)}{\left(\dfrac{25}{10^3}\right)}$

$\therefore (t_1 - t_2) = \dfrac{2,000 \times \left(\dfrac{25}{10^3}\right)}{1 \times 50} = 1(℃)$

정답 98 ① 99 ① 100 ①

2019년 1회 기출문제

1과목 연소공학

01 위험성을 나타내는 성질에 관한 설명으로 옳지 않은 것은?

① 착화온도와 위험성은 반비례한다.
② 비등점이 낮으면 인화 위험성이 높아진다.
③ 인화점이 낮은 연료는 대체로 착화온도가 낮다.
④ 물과 혼합하기 쉬운 가연성 액체는 물과의 혼합에 의해 증기압이 높아져 인화점이 낮아진다.

[해설]
가연성 액체는 물과의 혼합에 의해 증기압이 높아져서 인화점이 높아지므로 위험성이 감소한다.

02 다음 조성의 액체연료를 완전 연소시키기 위해 필요한 이론공기량은 약 몇 Sm^3/kg인가?

| C : 0.70kg, | H : 0.10kg, | O : 0.05kg |
| S : 0.05kg, | N : 0.09kg, | ash : 0.01kg |

① 8.9
② 11.5
③ 15.7
④ 18.9

[해설]
이론공기량(A_0)
$= 8.89C + 26.67\left(H - \dfrac{O}{8}\right) + 3.33S$
$= 8.89 \times 0.70 + 26.67\left(0.10 - \dfrac{0.05}{8}\right) + 3.33 \times 0.05$
$= 6.223 + 2.5003125 + 0.1665 = 8.9 \, (Sm^3/kg)$

03 중유의 탄수소비가 증가함에 따른 발열량의 변화는?

① 무관하다.
② 증가한다.
③ 감소한다.
④ 초기에는 증가하다가 점차 감소한다.

[해설]
• 탄소수소비 $= \dfrac{탄소}{수소}$

탄산수소비가 증가하면 발열량이 감소한다(탄수소비가 증가하면 발열량이 높은 수소보다 발열량이 낮은 탄소성분이 많아지기 때문이다.)
• 탄소 : 8,100kcal/kg, 수소 : 28,600kcal/kg

04 다음 기체연료 중 고위발열량(MJ/Sm^3)이 가장 큰 것은?

① 고로가스
② 천연가스
③ 석탄가스
④ 수성가스

[해설]
고위발열량(MJ/Sm^3)
㉠ 고로가스(3,780)
㉡ 천연가스(37,800)
㉢ 석탄가스(21,000)
㉣ 수성가스(11,130)

05 다음 연료의 발열량을 측정하는 방법으로 가장 거리가 먼 것은?

① 열량계에 의한 방법
② 연소방식에 의한 방법
③ 공업분석에 의한 방법
④ 원소분석에 의한 방법

[해설]
연소방식
㉠ 고체연료 연소방식
㉡ 액체연료 연소방식
㉢ 기체연료 연소방식

06 99% 집진을 요구하는 어느 공장에서 70% 효율을 가진 전처리 장치를 이미 설치하였다. 주처리 장치는 약 몇 %의 효율을 가진 것이어야 하는가?

① 98.7
② 96.7
③ 94.7
④ 92.7

정답 01 ④ 02 ① 03 ③ 04 ② 05 ② 06 ②

해설

$\eta_T = \eta_1 + \eta_2(1-\eta_1)$
$99 = 0.7 + \eta_2(1-0.7)$
주처리(η_2) $= 0.967(96.7\%)$

$\eta_2 = \dfrac{0.99-0.7}{1-0.7} = 0.967(96.7\%)$

07 고체 및 액체연료의 발열량을 측정할 때 정압 열량계가 주로 사용된다. 이 열량계 중에 2L의 물이 있는데 5g의 시료를 연소시킨 결과 물의 온도가 20℃ 상승하였다. 이 열량계의 열손실률을 10%라고 가정할 때, 발열량은 약 몇 cal/g인가?

① 4,800
② 6,800
③ 8,800
④ 10,800

해설

발열량

$= \dfrac{\text{내통수비열} \times \text{상승온도}(\text{내통수량}+\text{수당량}) - \text{발열보정}}{\text{시료}}$

$\times \dfrac{100}{100-\text{수분}} = \dfrac{1 \times 20 \times (2 \times 10^3)}{5} = 8,000$

∴ 발열량 $= \dfrac{8,000}{(1-0.1)} = 8,888 \,(\text{cal/g})$

물 1L = 1,000g

08 목탄이나 코크스 등 휘발분이 없는 고체연료에서 일어나는 일반적인 연소형태는?

① 표면연소
② 분해연소
③ 증발연소
④ 확산연소

해설

㉠ 표면연소 : 숯, 목탄, 코크스
㉡ 분해연소 : 석탄, 목재, 고체연료, 중유 등
㉢ 증발연소 : 경질유 액체연료
㉣ 확산연소 : 기체연료

09 저탄장 바닥의 구배와 실외에서의 탄층높이로 가장 적절한 것은?

① 구배 : 1/50~1/100, 높이 : 2m 이하
② 구배 : 1/100~1/150, 높이 : 4m 이하
③ 구배 : 1/150~1/200, 높이 : 2m 이하
④ 구배 : 1/200~1/250, 높이 : 4m 이하

해설

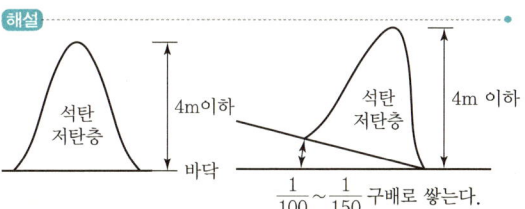

10 질량 기준으로 C 85%, H 12%, S 3%의 조성으로 되어 있는 중유를 공기비 1.1로 연소시킬 때 건연소가스양은 약 몇 Nm³/kg인가?

① 9.7
② 10.5
③ 11.3
④ 12.1

해설

건연소가스양(G_{od})

$= 8.89C + 21.07\left(H - \dfrac{O}{8}\right) + 3.33S + 0.8N$

$= 8.89 \times 0.85 + 21.07 \times 0.12 + 3.33 \times 0.03$

$= 7.5565 + 2.5284 + 0.0999 = 10.19 \,(\text{Nm}^3/\text{kg})$

∴ $10.19 \times 1.1 = 11.3 \,(\text{Nm}^3/\text{kg})$

11 기체연료가 다른 연료에 비하여 연소용 공기가 적게 소요되는 가장 큰 이유는?

① 확산연소가 되므로
② 인화가 용이하므로
③ 열전도도가 크므로
④ 착화온도가 낮으므로

해설

기체연료
㉠ 확산연소방식
㉡ 예혼합연소방식
(연소용 공기가 타 연료에 비하여 적게 소모된다)

정답 07 ③ 08 ① 09 ② 10 ③ 11 ①

12 통풍방식 중 평형통풍에 대한 설명으로 틀린 것은?

① 통풍력이 커서 소음이 심하다.
② 안정한 연소를 유지할 수 있다.
③ 노내 정압을 임의로 조절할 수 있다.
④ 중형 이상의 보일러에는 사용할 수 없다.

해설
중형 보일러(평형통풍방식)

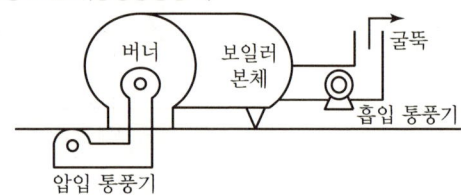

13 공기와 연료의 혼합기체의 표시에 대한 설명 중 옳은 것은?

① 공기비는 연공비의 역수와 같다.
② 연공비(fuel air ratio)라 함은 가연 혼합기 중의 공기와 연료의 질량비로 정의된다.
③ 공연비(air fuel ratio)라 함은 가연 혼합기 중의 연료와 공기의 질량비로 정의된다.
④ 당량비(equivalence ratio)는 실제연공비와 이론 연공비의 비로 정의된다.

해설
㉠ 공기비 = $\dfrac{\text{실제공기량}}{\text{이론공기량}}$ (항상 1보다 크다)
㉡ 연공비(AFR) = 공기비의 역수(공연비)
㉢ 등가비(ϕ)
  = $\dfrac{\{(\text{실제연료량})/(\text{산화제})\}\text{의 비}}{\{\text{완전연소를 위한 이상적 연료량}/(\text{산화제})\}\text{의 비}}$
㉣ 당량비 = $\dfrac{\text{실제연공비}}{\text{이론연공비}}$

14 보일러의 열효율[η] 계산식으로 옳은 것은?
(단, h_s : 발생증기, h_w : 급수의 엔탈피, G_a : 발생증기량, G_f : 연료소비량, H_l : 저위발열량이다.)

① $\eta = \dfrac{H_l \times G_f}{(h_s + h_w) G_a}$

② $\eta = \dfrac{(h_s - h_w) G_a}{H_l \times G_f}$

③ $\eta = \dfrac{(h_s + h_w) G_a}{H_l \times G_f}$

④ $\eta = \dfrac{(h_s - h_w) G_a G_f}{H_l}$

해설
보일러 열효율(η) 계산 = 유효열/공급열
$\eta = \dfrac{G_a(h_s - h_w)}{H_l \times G_f} \times 100(\%)$

15 석탄에 함유되어 있는 성분 중 ㉮수분, ㉯휘발분, ㉰황분이 연소에 미치는 영향으로 가장 적합하게 각각 나열한 것은?

① ㉮발열량 감소 ㉯연소 시 긴 불꽃 생성 ㉰연소기관의 부식
② ㉮매연발생 ㉯대기오염 감소 ㉰착화 및 연소방해
③ ㉮연소방해 ㉯발열량 감소 ㉰매연발생
④ ㉮매연발생 ㉯발열량 감소 ㉰점화방해

해설
석탄의 공업분석
㉠ 고정탄소(발열량 증가)
㉡ 수분, 휘발분(발열량 감소)
㉢ 황분(발열량 증가, 대기오염 증가)
㉣ 휘발분(점화에 도움)

16 다음 중 중유의 착화온도(℃)로 가장 적합한 것은?

① 250~300
② 325~400
③ 400~440
④ 530~580

정답 12 ④ 13 ③ 14 ② 15 ① 16 ④

해설
㉠ 중유의 착화온도 : 530~580(℃)
㉡ 중유의 인화점 : 60(℃) 이상

17 댐퍼를 설치하는 목적으로 가장 거리가 먼 것은?

① 통풍력을 조절한다.
② 가스의 흐름을 조절한다.
③ 가스가 새어나가는 것을 방지한다.
④ 덕트 내 흐르는 공기 등의 양을 제어한다.

해설
댐퍼
㉠ 흡입공기댐퍼
㉡ 배기가스 토출댐퍼
댐퍼의 설치목적은 ①, ②, ④항이다.

18 그림은 어떤 노의 열정산도이다. 발열량이 2,000kcal/Nm³인 연료를 이 가열로에서 연소시켰을 때 강재가 함유하는 열량은 약 몇 kcal/Nm³ 인가?

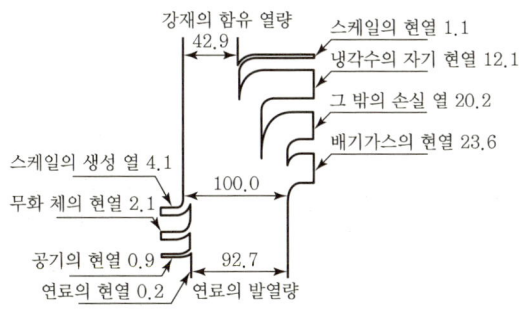

① 259.75
② 592.25
③ 867.43
④ 925.57

해설
공급열 = 92.7 + 4.1 + 2.1 + 0.9 + 0.2 = 100(%)
출열 = 42.9 + 1.1 + 12.1 + 20.2 + 23.6 = 99.9(%)
92.7% − 42.9% = 49.8(%)
$\dfrac{(2{,}000 \times 0.927)}{0.999} \times 0.498 = 925(\text{kcal/Nm}^3)$

19 증기의 성질에 대한 설명으로 틀린 것은?

① 증기의 압력이 높아지면 증발열이 커진다.
② 증기의 압력이 높아지면 비체적이 감소한다.
③ 증기의 압력이 높아지면 엔탈피가 커진다.
④ 증기의 압력이 높아지면 포화온도가 높아진다.

해설
증기의 성질
㉠ 압력이 높아지면 엔탈피 증가
㉡ 압력이 높아지면 잠열(kcal/kg) 감소
 (증발열 감소)

20 배기가스와 외기의 평균온도가 220℃와 25℃ 이고, 0℃, 1기압에서 배기가스와 대기의 밀도는 각각 0.770kg/m³와 1.186kg/m³일 때 연돌의 높이는 약 몇 m인가?(단, 연돌의 통풍력 $Z = 52.85$ mmH₂O 이다.)

① 60
② 80
③ 100
④ 120

해설
$$통풍력(Z) = 273H\left[\dfrac{\gamma_a}{273+t_a} - \dfrac{\gamma_g}{273+t_g}\right]$$
$$= 273 \times H\left[\dfrac{1.186}{273+25} - \dfrac{0.770}{273+220}\right] = 52.85$$
$$\therefore 연돌높이(H) = \dfrac{52.85}{273 \times \left[\dfrac{1.186}{298} - \dfrac{0.770}{493}\right]} = 80(\text{m})$$

2과목 열역학

21 다음 중 가스터빈의 사이클로 가장 많이 사용되는 사이클은?

① 오토 사이클
② 디젤 사이클
③ 랭킨 사이클
④ 브레이턴 사이클

정답 17 ③ 18 ④ 19 ① 20 ② 21 ④

해설
가스터빈의 사이클
㉠ 브레이턴 사이클(공기냉동 사이클의 역사이클)
㉡ 에릭슨 사이클   ㉢ 스터링 사이클
㉣ 앳킨슨 사이클   ㉤ 르누아 사이클

22 물체의 온도 변화 없이 상(phase, 相) 변화를 일으키는 데 필요한 열량은?

① 비열   ② 점화열
③ 잠열   ④ 반응열

해설
㉠ 잠열 : 물체의 온도 변화 없이 상 변화를 일으키는 데 필요한 열
㉡ 현열 : 물체의 상 변화는 없고 온도 변화 시에 필요한 열

23 압력이 1.2MPa이고 건도가 0.65인 습증기 10m³의 질량은 약 몇 kg인가?(단, 1.2MPa에서 포화액과 포화증기의 비체적은 각각 0.0011373m³/kg, 0.1662m³/kg이다.)

① 87.83   ② 92.23
③ 95.11   ④ 99.45

해설
$V = \dfrac{V}{G}$, $G = \dfrac{10}{0.108428} = 92.23\,(\text{kg})$

$V = V' + x(V'' - V')$
$= 0.0011373 + 0.65(0.1662 - 0.0011373)$
$= 0.108428\,(\text{m}^3/\text{kg})$

여기서, V : 습포화증기 비체적, V' : 포화액 비체적
V'' : 건포화증기 비체적, x : 증기건도,

24 100kPa의 포화액이 펌프를 통과하여 1,000kPa까지 단열압축된다. 이때 필요한 펌프의 단위질량당 일은 약 몇 kJ/kg인가?(단, 포화액의 비체적은 0.001m³/kg으로 일정하다.)

① 0.9   ② 1.0
③ 900   ④ 1,000

해설
펌프일(단열압축)
$W = V(P_2 - P_1) = 0.001(1,000 - 100) = 0.9\,(\text{kJ/kg})$

25 다음 중 랭킨 사이클의 과정을 옳게 나타낸 것은?

① 단열압축 → 정적가열 → 단열팽창 → 정압냉각
② 단열압축 → 정압가열 → 단열팽창 → 정적냉각
③ 단열압축 → 정압가열 → 단열팽창 → 정압냉각
④ 단열압축 → 정적가열 → 단열팽창 → 정적냉각

해설

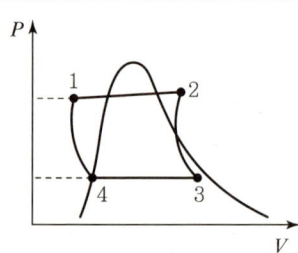

▎랭킨사이클(증기원동소)▎

㉠ 1 → 2 (정압가열)
㉡ 2 → 3 (가역단열팽창)
㉢ 3 → 4 (등압 · 등온방열, 냉각)
㉣ 4 → 1 (단열압축)

26 자동차 타이어의 초기 온도와 압력은 각각 15℃, 150kPa이었다. 이 타이어에 공기를 주입하여 타이어 안의 온도가 30℃가 되었다고 하면 타이어의 압력은 약 몇 kPa인가?(단, 타이어 내의 부피는 0.1m³이고, 부피변화는 없다고 가정한다.)

① 158   ② 177
③ 211   ④ 233

해설
정적과정 $\left(\dfrac{T_2}{T_1} = \dfrac{P_2}{P_1}\right)$

$\therefore P_2 = P_1 \times \left(\dfrac{T_2}{T_1}\right) = 150 \times \left(\dfrac{273+30}{273+15}\right) = 158\,(\text{kPa})$

27 랭킨사이클의 열효율 증대 방안으로 가장 거리가 먼 것은?

① 복수기의 압력을 낮춘다.
② 과열 증기의 온도를 높인다.
③ 보일러의 압력을 상승시킨다.
④ 응축기의 온도를 높인다.

해설
랭킨사이클의 열효율 증대 방안
㉠ 보일러 압력은 높이고 복수기의 압력은 낮춘다.
㉡ 터빈의 초온, 초압을 크게 한다.
㉢ 터빈 출구의 압력을 낮게 한다.

28 냉동사이클에서 냉매의 구비조건으로 가장 거리가 먼 것은?

① 임계온도가 높을 것
② 증발열이 클 것
③ 인화 및 폭발의 위험성이 낮을 것
④ 저온, 저압에서 응축이 잘 되지 않을 것

해설
냉매는 저온, 저압(팽창밸브)에서 응축이 용이해야 한다.
• 증발기 → 압축기 → 응축기(냉매응축) → 팽창밸브

29 노즐에서 가역단열 팽창에서 분출하는 이상기체가 있다고 할 때 노즐 출구에서의 유속에 대한 관계식으로 옳은 것은?(단, 노즐입구에서의 유속은 무시할 수 있을 정도로 작다고 가정하고, 노즐 입구의 단위질량당 엔탈피는 h_i, 노즐 출구의 단위질량당 엔탈피는 h_o이다.)

① $\sqrt{h_i - h_o}$ ② $\sqrt{h_o - h_i}$
③ $\sqrt{2(h_i - h_o)}$ ④ $\sqrt{2(h_o - h_i)}$

해설
노즐의 출구유속(W_2)
$W_2 = 91.48\sqrt{(h_1 - h_2)} = \sqrt{2(h_i - h_o)}$ (m/s)

30 물 1kg이 100℃의 포화액 상태로부터 동일 압력에서 100℃의 건포화증기로 증발할 때까지 2,280kJ을 흡수하였다. 이때 엔트로피의 증가는 약 몇 kJ/K인가?

① 6.1 ② 12.3
③ 18.4 ④ 25.6

해설
엔트로피 변화량(ΔS)
$\Delta S = \dfrac{\delta Q}{T} = \dfrac{2,280}{100+273} = 6.1 \text{kJ/K}$

31 $-50℃$인 탄산가스가 있다. 이 가스가 정압과정으로 0℃가 되었을 때 변경 후의 체적은 변경 전의 체적 대비 약 몇 배가 되는가?(단, 탄산가스는 이상기체로 간주한다.)

① 1.094배
② 1.224배
③ 1.375배
④ 1.512배

해설
• $T_1 = 273 - 50 = 223$K
• $T_2 = 273 + 0 = 273$K
∴ 체적비 $= \dfrac{273}{223} = 1.224$배

32 열역학 2법칙과 관련하여 가역 또는 비가역 사이클 과정 중 항상 성립하는 것은?(단, Q는 시스템에 출입하는 열량이고, T는 절대온도이다.)

① $\oint \dfrac{\delta Q}{T} = 0$
② $\oint \dfrac{\delta Q}{T} > 0$
③ $\oint \dfrac{\delta Q}{T} \geq 0$
④ $\oint \dfrac{\delta Q}{T} \leq 0$

정답 27 ④ 28 ④ 29 ③ 30 ① 31 ② 32 ④

해설

폐적분($\oint$)

㉠ 가역과정($\oint$) = $\oint \dfrac{\delta Q}{T} = 0$

㉡ 비가역과정($\oint$) = $\oint \dfrac{\delta Q}{T} < 0$

㉢ 클라우시우스 적분값(부등식) = $\oint \dfrac{\delta Q}{T} \leq 0$
(항상 성립한다.)

33 어느 밀폐계와 주위 사이에 열의 출입이 있다. 이것으로 인한 계와 주위의 엔트로피의 변화량을 각각 ΔS_1, ΔS_2로 하면 엔트로피 증가의 원리를 나타내는 식으로 옳은 것은?

① $\Delta S_1 > 0$
② $\Delta S_2 > 0$
③ $\Delta S_1 + \Delta S_2 > 0$
④ $\Delta S_1 - \Delta S_2 > 0$

해설

엔트로피 정의(ΔS) = $\dfrac{\delta Q}{T}$

등엔트로피(가역단열과정)
계와 엔트로피 변화량 = $\Delta S_1 + \Delta S_2 > 0$

34 디젤 사이클에서 압축비는 16, 기체의 비열비는 1.4, 체절비(또는 분사 단절비)는 2.5라고 할 때 이 사이클의 효율은 약 몇 %인가?

① 59%
② 62%
③ 65%
④ 68%

해설

디젤 사이클 열효율(η_d) : 정압사이클

$\eta_d = 1 - \left(\dfrac{1}{\varepsilon}\right)^{k-1} \cdot \dfrac{\sigma^k - 1}{k(\sigma - 1)}$

$\therefore\ 1 - \left\{\left(\dfrac{1}{16}\right)^{1.4-1} \times \dfrac{2.5^{1.4} - 1}{1.4(2.5 - 1)}\right\} = 0.59(59\%)$

35 비열비가 1.41인 이상기체가 1MPa, 500L에서 가역단열과정으로 120kPa로 변할 때 이 과정에서 한 일은 약 몇 kJ인가?

① 561
② 625
③ 715
④ 825

해설

1MPa = 1,000kPa, 500L = 0.5m³

단열팽창($_1W_2$) = $\dfrac{P_1 V_1}{k-1}\left[\left(1 - \dfrac{P_2}{P_1}\right)^{\frac{k-1}{k}}\right]$

$= \dfrac{1,000 \times 0.5}{1.4 - 1}\left[1 - \left(\dfrac{120}{1,000}\right)^{\frac{1.4-1}{1.4}}\right]$

$= 561\text{kJ}$

36 다음 중 용량성 상태량(extensive property)에 해당하는 것은?

① 엔탈피
② 비체적
③ 압력
④ 절대온도

해설

용량성(종량성) 상태량 : 내부에너지, 엔탈피, 엔트로피 등

37 어떤 열기관이 역카르노 사이클로 운전하는 열펌프와 냉동기로 작동될 수 있다. 동일한 고온열원과 저온열원 사이에서 작동될 때, 열펌프와 냉동기의 성능계수(COP)는 다음과 같은 관계식으로 표시될 수 있는데, ( ) 안에 알맞은 값은?

$$COP_{열펌프} = COP_{냉동기} + (\ \ \ )$$

① 0
② 1
③ 1.5
④ 2

해설

열펌프(히트펌프) 성적계수 = 1 + COP(냉동기 성적계수)

정답 33 ③ 34 ① 35 ① 36 ① 37 ②

38 냉동용량이 6RT(냉동톤)인 냉동기의 성능계수가 2.4이다. 이 냉동기를 작동하는 데 필요한 동력은 약 몇 kW인가?[단, 1RT(냉동톤)은 3.86kW이다.]

① 3.33　　② 5.74
③ 9.65　　④ 18.42

해설
냉동기 성능동력 = 6×3.86 = 23.16kW(냉동부하)
압축기 동력 = $\frac{23.16}{2.4}$ = 9.65kW

39 40m³의 실내에 있는 공기의 질량은 약 몇 kg인가?[단, 공기의 압력은 100kPa, 온도는 27℃이며, 공기의 기체상수는 0.287kJ/(kg·K)이다.]

① 93　　② 46
③ 10　　④ 2

해설
공기 1kmol(22.4Nm³=29kg)
$PV = mRT$, m(질량) $= \frac{PV}{RT}$
∴ $m = \frac{100 \times 40}{0.287 \times (27+273)} = 46$(kg)

40 이상기체에서 정적비열 C_v와 정압비열 C_p와의 관계를 나타낸 것으로 옳은 것은?(단, R은 기체상수이고, k는 비열비이다.)

① $C_v = k \times C_p$
② $C_v = \frac{1}{2} \times C_p$
③ $C_v = C_p + R$
④ $C_v = C_p - R$

해설
$C_p - C_v = R$
$C_p - R = C_v$
$R = C_p - C_v$

3과목　계측방법

41 다음 중 1,000℃ 이상인 고온체의 연속측정에 가장 적합한 온도계는?

① 저항 온도계　　② 방사 온도계
③ 바이메탈식 온도계　　④ 액체압력식 온도계

해설
고온계
㉠ 광 고온계(700~3,000℃)
㉡ 방사 고온계(50~3,000℃)
㉢ 광전관 고온계(700~3,000℃)
㉣ 색온도계(700~3,000℃)

42 응답이 빠르고 감도가 높으며, 도선저항에 의한 오차를 적게 할 수 있으나, 재현성이 없고 흡습 등으로 열화되기 쉬운 특징을 가진 온도계는?

① 광고온계
② 열전대 온도계
③ 서미스터 저항체 온도계
④ 금속 측온 저항체 온도계

해설
서미스터 전기저항 온도계
㉠ 재질 : 금속산화물(니켈, 망간, 코발트, 철, 구리)
㉡ 온도계수가 크다.
㉢ 응답이 빠르다.
㉣ 재현성이 없다.
㉤ 소결반도체로서 온도변화에 대한 온도계수가 크다.
㉥ 흡습 등으로 열화되기 쉽다.

43 2개의 제어계를 조합하여 1차 제어장치의 제어량을 측정하여 제어명령을 발하고 2차 제어장치의 목표치로 설정하는 제어방법은?

① on-off 제어　　② cascade 제어
③ program 제어　　④ 수동제어

해설
캐스케이드 제어
2개의 제어계인 1차, 2차 제어장치로 구성된다.

정답　38 ③　39 ②　40 ④　41 ②　42 ③　43 ②

44 오차와 관련된 설명으로 틀린 것은?

① 흩어짐이 큰 측정을 정밀하다고 한다.
② 오차가 적은 계량기는 정확도가 높다.
③ 계측기가 가지고 있는 고유의 오차를 기차라고 한다.
④ 눈금을 읽을 때 시선의 방향에 따른 오차를 시차라고 한다.

해설
㉠ 흩어짐이 적은 측정기기가 정밀하다(정밀도).
㉡ 정밀도가 좋으려면 우연오차가 적어야 한다.
㉢ 정확도는 계통오차가 작을수록 높다.

45 단요소식 수위제어에 대한 설명으로 옳은 것은?

① 발전용 고압 대용량 보일러의 수위제어에 사용되는 방식이다.
② 보일러의 수위만을 검출하여 급수량을 조절하는 방식이다.
③ 부하변동에 의한 수위변화 폭이 대단히 적다.
④ 수위조절기의 제어동작은 PID동작이다.

해설
보일러
• 단요소식 : 수위 검출
• 2요소식 : 수위, 증기량 검출
• 3요소식 : 수위, 증기량, 급수량 검출

46 램, 실린더, 기름탱크, 가압펌프 등으로 구성되어 있으며 다른 압력계의 기준기로 사용되는 것은?

① 환상스프링식 압력계
② 부르동관식 압력계
③ 액주형 압력계
④ 분동식 압력계

해설
분동식 압력계(기준압력계) 부속기구
램, 실린더, 기름탱크, 가압펌프 등
(사용기름 : 경유, 스핀들유, 피마자유, 모빌유)

47 다이어프램식 압력계의 압력증가 현상에 대한 설명으로 옳은 것은?

① 다이어프램에 가해진 압력에 의해 격막이 팽창한다.
② 링크가 아래 방향으로 회전한다.
③ 섹터기어가 시계방향으로 회전한다.
④ 피니언은 시계방향으로 회전한다.

해설
다이어프램식 압력계(탄성식의 격막식)
㉠ 격막
　• 금속(베릴륨, 구리, 인청동, 스테인리스 등)
　• 비금속(가죽, 특수고무, 천연고무 등)
㉡ 격막식은 피니언(시계바늘)이 시계방향으로 회전한다.

48 다음 중 직접식 액위계에 해당하는 것은?

① 정전용량식
② 초음파식
③ 플로트식
④ 방사선식

해설
직접식 액면계
㉠ 검척식
㉡ 부자식(플로트식)
㉢ 유리관식

49 다음 중 사용온도 범위가 넓어 저항온도계의 저항체로서 가장 우수한 재질은?

① 백금　　　　② 니켈
③ 동　　　　　④ 철

해설
저항온도계 종류
㉠ 백금(-200~500℃)
㉡ 니켈(-50~150℃)
㉢ 동(0~120℃)
㉣ 서미스터 소결물(-100~300℃)

정답 44 ① 45 ② 46 ④ 47 ④ 48 ③ 49 ①

50 지름이 10cm 되는 관 속을 흐르는 유체의 유속이 16m/s이었다면 유량은 약 몇 m³/s인가?

① 0.125 ② 0.525
③ 1.605 ④ 1.725

해설

유량(Q) = 단면적$\left(\dfrac{\pi}{4}d^2\right)$ × 유속

$= \dfrac{3.14}{4} \times (0.1)^2 \times 16$

$= 0.1256 \text{m}^3/\text{s} \, (125.6 \text{L/S})$

---

51 휴대용으로 상온에서 비교적 정도가 좋은 아스만(Asman) 습도계는 다음 중 어디에 속하는가?

① 저항 습도계
② 냉각식 노점계
③ 간이 건습구 습도계
④ 통풍형 건습구 습도계

해설

건습구 습도계
(간이 건습구 습도계, 통풍형 건습구 습도계)
㉠ 휴대가 편리하고 가격이 싸다.
㉡ 구조 및 취급이 간단하다.
㉢ 물이 필요하고 헝겊이 잠긴 방향과 바람에 따라 오차가 생기기 쉽다.

---

52 유로에 고정된 교축기구를 두어 그 전후의 압력차를 측정하여 유량을 구하는 유량계의 형식이 아닌 것은?

① 벤투리미터 ② 플로우 노즐
③ 로터미터 ④ 오리피스

해설

로터미터
㉠ 면적식 유량계
㉡ 플로트식이다.
㉢ 압력손실이 적고 측정치는 균등유량 눈금을 얻을 수 있다.

---

53 측정하고자 하는 액면을 직접 자로 측정, 자의 눈금을 읽음으로써 액면을 측정하는 방법의 액면계는?

① 검척식 액면계
② 기포식 액면계
③ 직관식 액면계
④ 플로트식 액면계

해설

검척식 직접식 액면계
액면을 직접 자로 측정하고 자의적인 눈금을 읽어서 측정한다.

---

54 고온물체로부터 방사되는 특정파장을 온도계 속으로 통과시켜 온도계 내의 전구 필라멘트의 휘도를 육안으로 직접 비교하여 온도를 측정하는 것은?

① 열전온도계 ② 광고온계
③ 색온도계 ④ 방사온도계

해설

광고온계
고온물체로부터 방사되는 특정파장을 온도계 속으로 통과시켜 온도계 내의 전구 필라멘트의 휘도를 육안으로 직접(수동식) 비교하여 온도 700~3,000℃까지 측정하는 비접촉식 온도계이다(자동식은 광전관식 온도계이다). 에너지의 특정한 $0.65\mu m$의 광파장의 방사에너지를 이용한다.

---

55 조절계의 제어작동 중 제어편차에 비례한 제어동작은 잔류편차(Offset)가 생기는 결점이 있는데, 이 잔류편차를 없애기 위한 제어동작은?

① 비례동작 ② 미분동작
③ 2위치동작 ④ 적분동작

해설

적분동작(I동작) : $Y = K_1 \int e\,dt$

㉠ 잔류편차(Offset)가 제어된다.
㉡ 제어의 안정성이 떨어진다.
㉢ 일반적으로 진동하는 경향이 있다.

정답 50 ①　51 ④　52 ③　53 ①　54 ②　55 ④

56 다음 열전대의 구비조건으로 가장 적절하지 않은 것은?

① 열기전력이 크고 온도 증가에 따라 연속적으로 상승할 것
② 저항온도 계수가 높을 것
③ 열전도율이 작을 것
④ 전기저항이 작을 것

해설
전기저항식 온도계는 온도에 의한 전기저항의 변화(온도계수)가 커야 한다.

57 전자유량계로 유량을 측정하기 위해서 직접 계측하는 것은?

① 유체에 생기는 과전류에 의한 온도 상승
② 유체에 생기는 압력 상승
③ 유체 내에 생기는 와류
④ 유체에 생기는 기전력

해설
전자유량계(Q) $= C \times D \times \dfrac{E}{H}$, $E = \varepsilon BDV \times 10^{-8}$

여기서, E(기전력), ε(자속분포의 수정계수)
B(자속밀도), V(유체속도), D(관경)

압력손실이 없는 유량계로서 슬러지나 고점도 액체의 측정이 가능하다.

58 다음 중 액면 측정방법이 아닌 것은?

① 액압측정식　② 정전용량식
③ 박막식　　　④ 부자식

해설
박막식(격막식) : 다이어프램식 탄성식 압력계

59 환상천평식(링밸런스식) 압력계에 대한 설명으로 옳은 것은?

① 경사관식 압력계의 일종이다.
② 히스테리시스 현상을 이용한 압력계이다.
③ 압력에 따른 금속의 신축성을 이용한 것이다.
④ 저압가스의 압력측정이나 드래프트게이지로 주로 이용된다.

해설
환상천평식 압력계는 25~3,000mmAq의 저압가스나 통풍력 게이지로 사용한다(봉입액 : 물, 기름, 수은 등).

60 Thermister(서미스터)의 특징이 아닌 것은?

① 소형이며 응답이 빠르다.
② 온도계수가 금속에 비하여 매우 작다.
③ 흡습 등에 의하여 열화되기 쉽다.
④ 전기저항체 온도계이다.

해설
서미스터 전기저항 온도계는 -100~300℃까지 측정하는 소결용 반도체 온도계이다.
저항변화가 커서 백금 등 금속에 비하여 온도계수가 크므로 약간의 온도변화도 감지된다.

4과목　열설비재료 및 관계법규

61 에너지이용 합리화법에 따른 한국에너지공단의 사업이 아닌 것은?

① 에너지의 안정적 공급
② 열사용기자재의 안전관리
③ 신에너지 및 재생에너지 개발사업의 촉진
④ 집단에너지 사업의 촉진을 위한 지원 및 관리

해설
에너지의 안정적 공급은 국가의 책무이다.

62 다음 중 용광로에 장입되는 물질 중 탈황 및 탈산을 위해 첨가하는 것으로 가장 적당한 것은?

① 철광석　　② 망간광석
③ 코크스　　④ 석회석

정답　56 ②　57 ④　58 ③　59 ④　60 ②　61 ①　62 ②

해설
용광로(고로)
㉠ 철피식
㉡ 철대식
㉢ 절충식
• 선철을 제조한다.
• 탈황, 탈산을 위해 망간(Mn)광석을 첨가한다.
• 용량표시는 1일 동안 선철 출선량을 톤(ton)으로 한다.

63 에너지이용 합리화법에 따라 매년 1월 31일까지 전년도의 분기별 에너지사용량 · 제품생산량을 신고하여야 하는 대상은 연간 에너지사용량의 합계가 얼마 이상인 경우 해당되는가?

① 1천 티오이
② 2천 티오이
③ 3천 티오이
④ 5천 티오이

해설
에너지이용합리화법 시행령 제35조
에너지 다소비 사업자 : 연간 석유환산 2천 티오이 이상인 자
(toe : ton of oil equivalent, 1toe : 10^7kcal)

64 도염식 가마의 구조에 해당되지 않는 것은?

① 흡입구   ② 대차
③ 지연도   ④ 화교

해설
㉠ 대차 사용 가마 : 반연속식 가마, 연속식 터널요에서 사용
㉡ 도염식 가마 : 불연속식 가마(꺾임 불꽃가마)

65 마그네시아 또는 돌로마이트를 원료로 하는 내화물이 수증기의 작용을 받아 $Ca(OH)_2$나 $Mg(OH)_2$를 생성하게 된다. 이때 체적변화로 인해 노벽에 균열이 발생하거나 붕괴하는 현상을 무엇이라고 하는가?

① 버스팅   ② 스폴링
③ 슬래킹   ④ 에로존

해설
슬래킹(소화성 현상)
마그네시아, 돌로마이트 등 염기성 내화벽돌에서 저장 중 H_2O를 흡수하여 체적의 변화로 노벽에 균열이 발생하거나 붕괴하는 현상

66 버터플라이 밸브의 특징에 대한 설명으로 틀린 것은?

① 90° 회전으로 개폐가 가능하다.
② 유량조절이 가능하다.
③ 완전 열림 시 유체저항이 크다.
④ 밸브몸통 내에서 밸브대를 축으로 하여 원판형태의 디스크의 움직임으로 개폐하는 밸브이다.

해설
버터플라이 밸브는 유량조절이 가능하며 완전 열림 시 유체의 저항이 작다.

67 에너지이용 합리화법에 따라 효율관리기자재의 제조업자가 광고매체를 이용하여 효율관리기자재의 광고를 하는 경우에 그 광고내용에 포함시켜야 할 사항은?

① 에너지 최고효율   ② 에너지 사용량
③ 에너지 소비효율   ④ 에너지 평균소비량

해설
에너지이용합리화법 제15조 관련
효율관리기자재의 제조업자가 광고내용에 포함해야 하는 사항은 에너지의 소비효율 또는 사용량의 표시, 에너지 소비효율 등급기준 및 등급표시, 에너지의 최대사용량 기준 등이다.

68 연소실의 연도를 축조하려 할 때 유의사항으로 가장 거리가 먼 것은?

① 넓거나 좁은 부분의 차이를 줄인다.
② 가스 정체 공극을 만들지 않는다.
③ 가능한 한 굴곡 부분을 여러 곳에 설치한다.
④ 댐퍼로부터 연도까지의 길이를 짧게 한다.

정답 63 ② 64 ② 65 ③ 66 ③ 67 ③ 68 ③

해설

연도는 직선, 수평으로 하며 굴곡 부분은 피한다.

69 85℃의 물 120kg의 온탕에 10℃의 물 140kg을 혼합하면 약 몇 ℃의 물이 되는가?

① 44.6
② 56.6
③ 66.9
④ 70.0

해설
$(85-x) \times 120 = (x-10) \times 140$
$x = 44.6$

70 에너지이용 합리화법에 따라 시공업의 기술인력 및 검사대상기기관리자에 대한 교육과정과 교육기간의 연결로 틀린 것은?

① 난방시공업 제1종기술자 과정 : 1일
② 난방시공업 제2종기술자 과정 : 1일
③ 소형보일러·압력용기관리자 과정 : 1일
④ 중·대형 보일러관리자 과정 : 2일

해설
시행규칙 별표12에 따른 중·대형보일러 관리자과정 교육기간 : 1일

71 에너지이용 합리화법에 따라 냉난방온도의 제한온도 기준 중 난방온도는 몇 ℃ 이하로 정해져 있는가?

① 18
② 20
③ 22
④ 26

해설
시행규칙 제31조의2 기준
㉠ 냉방 : 26℃ 이상
㉡ 난방 : 20℃ 이하

72 에너지이용 합리화법에 의해 에너지사용의 제한 또는 금지에 관한 조정·명령, 기타 필요한 조치를 위반한 자에 대한 과태료 기준은 얼마인가?

① 50만 원 이하
② 100만 원 이하
③ 300만 원 이하
④ 500만 원 이하

해설
에너지이용합리화법 제78조(과태료) 제4항 제1호에 따라 300만 원 이하 과태료를 부과한다.

73 가스로 중 주로 내열강재의 용기를 내부에서 가열하고 그 용기 속에 열처리품을 장입하여 간접가열하는 로를 무엇이라고 하는가?

① 레토르트로
② 오븐로
③ 머플로
④ 라디안트튜브로

해설
머플로(간접가열식 가마)는 고급제품을 만들며 열충격이나 균열발생을 방지하기 위한 가마로서 용기 속에서 열처리품을 장입한다.

74 에너지이용 합리화법에 따라 검사대상기기의 검사유효기간 기준으로 틀린 것은?

① 검사유효기간은 검사에 합격한 날의 다음 날부터 계산한다.
② 검사에 합격한 날이 검사유효기간 만료일 이전 60일 이내인 경우 검사유효기간 만료일의 다음 날부터 계산한다.
③ 검사를 연기한 경우의 검사유효기간은 검사유효기간 만료일의 다음 날부터 계산한다.
④ 산업통상자원부장관은 검사대상기기의 안전관리 또는 에너지효율 향상을 위하여 부득이하다고 인정할 때에는 검사유효기간을 조정할 수 있다.

정답 69 ① 70 ④ 71 ② 72 ③ 73 ③ 74 ②

해설
시행규칙 제31조의 8에 따라 ②항은 60일이 아닌 30일 이내인 경우이다.

75 파이프의 열변형에 대응하기 위해 설치하는 이음은?

① 가스이음
② 플랜지이음
③ 신축이음
④ 소켓이음

해설

신축이음(파이프의 열변형, 팽창방지용)

76 에너지이용 합리화법에 따른 에너지 저장의무 부과대상자가 아닌 것은?

① 전기사업자
② 석탄생산자
③ 도시가스사업자
④ 연간 2만 석유환산톤 이상의 에너지를 사용하는 자

해설
에너지 저장의무 부과대상자는 시행령 제12조에 따라 ①, ③, ④ 외 석탄가공업자, 집단에너지사업자 등이다.

77 에너지이용 합리화법의 목적이 아닌 것은?

① 에너지의 합리적인 이용을 증진
② 국민경제의 건전한 발전에 이바지
③ 지구온난화의 최소화에 이바지
④ 신재생에너지의 기술개발에 이바지

해설
에너지이용 합리화법 제1조에 따라 ①, ②, ③항 외 국민복지의 증진, 지구온난화의 최소화에 이바지하는 것이 목적이다.

78 에너지이용 합리화법에 따라 검사대상기기에 해당되지 않는 것은?

① 정격용량이 0.4MW인 철금속가열로
② 가스사용량이 18kg/h인 소형온수보일러
③ 최고사용압력이 0.1MPa이고, 전열면적이 $5m^2$인 주철제보일러
④ 최고사용압력이 0.1MPa이고, 동체의 안지름이 300mm이며, 길이가 600mm인 강철제보일러

해설
시행규칙 별표 3의3(시행규칙 제31조의6 관련)에 따라 철금속 가열로는 정격용량이 0.58MW(50만 kcal/h)를 초과해야 검사 대상기기에 속한다.

79 보온재의 열전도계수에 대한 설명으로 틀린 것은?

① 보온재의 함수율이 크게 되면 열전도계수도 증가한다.
② 보온재의 기공률이 클수록 열전도계수는 작아진다.
③ 보온재의 열전도계수가 작을수록 좋다.
④ 보온재의 온도가 상승하면 열전도계수는 감소된다.

해설
보온재는 온도가 상승하면 열전도계수가 커지면서 열손실이 발생하므로 철저한 보온이 필요하다.
• 함수율 : 수분흡수율

80 다음 보온재 중 최고 안전 사용온도가 가장 낮은 것은?

① 석면
② 규조토
③ 우레탄 폼
④ 펄라이트

해설
㉠ 석면 : 350~550℃(무기질)
㉡ 규조토 : 250~500℃(무기질)
㉢ 우레탄 폼 : 100~130℃(유기질)
㉣ 펄라이트 : 650℃(무기질)

정답 75 ③ 76 ② 77 ④ 78 ① 79 ④ 80 ③

5과목 열설비설계

81 "어떤 주어진 온도에서 최대 복사강도에서의 파장(λ_{max})은 절대온도에 반비례한다"와 관련된 법칙은?

① Wien의 법칙
② Planck의 법칙
③ Fourier의 법칙
④ Stefan-Boltzmann의 법칙

해설
빈(Wien)의 법칙
어떤 주어진 온도에서 최대 복사강도에서의 파장은 절대온도에 반비례한다는 법칙

82 연소실의 체적을 결정할 때 고려사항으로 가장 거리가 먼 것은?

① 연소실의 열부하
② 연소실의 열발생률
③ 연소실의 연소량
④ 내화벽돌의 내압강도

해설
㉠ 연소실을 구축할 때 내화벽돌의 내압강도를 고려한다.
㉡ 내화벽돌(SK26 : 1,580℃, SK42 : 2,000℃)

83 보일러 운전 시 캐리오버(carry-over)를 방지하기 위한 방법으로 틀린 것은?

① 주증기 밸브를 서서히 연다.
② 관수의 농축을 방지한다.
③ 증기관을 냉각한다.
④ 과부하를 피한다.

해설
캐리오버(기수공발)를 방지하려면 증기관을 보온하여 온도하강이 발생하지 않도록 해야 한다.
(기수공발 : 보일러 동 내부에서 화합물이나 비수(물방울)가 함께 보일러 외부 증기배관으로 이송되는 현상)

84 강제순환식 보일러의 특징에 대한 설명으로 틀린 것은?

① 증기발생 소요시간이 매우 짧다.
② 자유로운 구조의 선택이 가능하다.
③ 고압보일러에 대해서도 효율이 좋다.
④ 동력소비가 적어 유지비가 비교적 적게 든다.

해설
강제순환식 보일러에는 라몬트보일러, 베록스보일러 등이 있고 노즐이나 순환펌프로 보일러수를 강제 순환시키므로 동력 소비가 증가한다.

85 유속을 일정하게 하고 관의 직경을 2배로 증가시켰을 경우 유량은 어떻게 변하는가?

① 2배로 증가
② 4배로 증가
③ 6배로 증가
④ 8배로 증가

해설
$$\frac{\left\{\frac{3.14}{4}\times(2)^2\right\}}{\left\{\frac{3.14}{4}\times(1)^2\right\}}=4배$$

86 내경 250mm, 두께 3mm인 주철관에 압력 4kgf/cm²의 증기를 통과시킬 때 원주방향의 인장응력(kgf/mm²)은?

① 1.23
② 1.66
③ 2.12
④ 3.28

해설
원주방향 응력(σ_2) $= \frac{PD}{2t} = \frac{4\times 250}{2\times 3} \times \frac{1}{10^2} = 1.66(\text{kgf/mm}^2)$
1cm = 10mm, 1cm² = 100mm²

87 용접부에서 부분 방사선 투과시험의 검사길이 계산은 몇 mm 단위로 하는가?

① 50
② 100
③ 200
④ 300

정답 81 ① 82 ④ 83 ③ 84 ④ 85 ② 86 ② 87 ④

해설

방사선 투과시험
㉠ 판두께의 2% 결함을 검출한다.
㉡ 300mm 단위로 부분 방사선 투과시험
　 (부분 방사선 투과시험)

88 보일러의 파형노통에서 노통의 평균지름을 1,000mm, 최고사용압력을 11kgf/cm²라 할 때 노통의 최소두께(mm)는?(단, 평형부 길이는 230mm 미만이며, 정수 C는 1,100이다.)

① 5　　　　② 8
③ 10　　　④ 13

해설

노통 최소두께(t) $= \dfrac{PD}{C} = \dfrac{11 \times 1,000}{1,100} = 10(\text{mm})$

89 급수 및 보일러수의 순도 표시방법에 대한 설명으로 틀린 것은?

① ppm의 단위는 100만분의 1의 단위이다.
② epm은 당량농도라 하고 용액 1kg 중에 용존되어 있는 물질의 mg 당량수를 의미한다.
③ 알칼리도는 수중에 함유하는 탄산염 등의 알칼리성 성분의 농도를 표시하는 척도이다.
④ 보일러수에서는 재료의 부식을 방지하기 위하여 pH가 7인 중성을 유지하여야 한다.

해설

보일러수
㉠ 급수 : pH 7~9
㉡ 보일러수 : pH 9~12 이하

90 보일러를 사용하지 않고, 장기간 휴지상태로 놓을 때 부식을 방지하기 위해서 채워두는 가스는?

① 이산화탄소　　② 질소가스
③ 아황산가스　　④ 메탄가스

해설

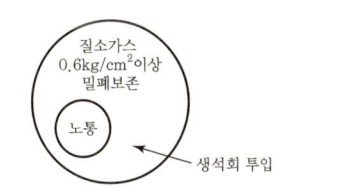

보일러 장기휴지 기간이 6개월 이상인 경우(건조 보존)

91 보일러 수랭관과 연소실벽 내에 설치된 방사 과열기의 보일러 부하에 따른 과열온도 변화에 대한 설명으로 옳은 것은?

① 보일러의 부하증대에 따라 과열온도는 증가하다가 최대 이후 감소한다.
② 보일러의 부하증대에 따라 과열온도는 감소하다가 최소 이후 증가한다.
③ 보일러의 부하증대에 따라 과열온도는 증가한다.
④ 보일러의 부하증대에 따라 과열온도는 감소한다.

해설

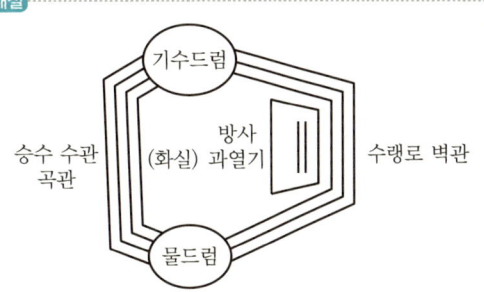

보일러부하가 증대하면 방사과열기 과열온도는 감소한다.
(과열온도=과열증기온도-포화증기온도)

92 압력용기의 설치상태에 대한 설명으로 틀린 것은?

① 압력용기의 본체는 바닥보다 30mm 이상 높이 설치되어야 한다.
② 압력용기를 옥내에 설치하는 경우 유독성 물질을 취급하는 압력용기는 2개 이상의 출입구 및 환기장치가 되어 있어야 한다.

정답 88 ③　89 ④　90 ②　91 ④　92 ①

③ 압력용기를 옥내에 설치하는 경우 압력용기의 본체와 벽과의 거리는 0.3m 이상이어야 한다.
④ 압력용기의 기초가 약하여 내려앉거나 갈라짐이 없어야 한다.

해설

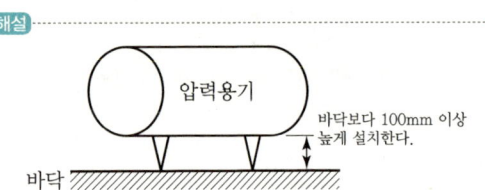

93 강판의 두께가 20mm이고, 리벳의 직경이 28.2mm이며, 피치 50.1mm인 1줄 겹치기 리벳 조인트가 있다. 이 강판의 효율은?

① 34.7% ② 43.7%
③ 53.7% ④ 63.7%

해설

리벳이음의 강판효율(η)

$\eta = 1 - \dfrac{d}{p} = 1 - \left(\dfrac{28.2}{50.1}\right) = 0.437(43.7\%)$

94 보일러수 처리의 약제로서 pH를 조정하여 스케일을 방지하는 데 주로 사용되는 것은?

① 리그닌 ② 인산나트륨
③ 아황산나트륨 ④ 탄닌

해설

pH 알칼리도 조정제
가성소다, 제3인산나트륨, 탄산소다 등
(단, 탄산소다는 고압보일러에는 사용 불가)

95 다음 중 보일러 안전장치로 가장 거리가 먼 것은?

① 방폭문
② 안전밸브
③ 체크밸브
④ 고저수위경보기

해설

급수장치

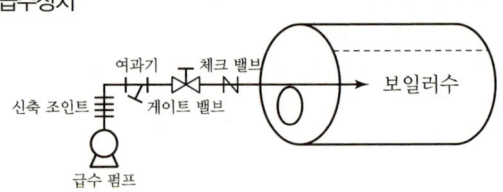

96 육용 강재 보일러의 구조에 있어서 동체의 최소 두께 기준으로 틀린 것은?

① 안지름이 900mm 이하인 것은 4mm
② 안지름이 900mm 초과, 1,350mm 이하인 것은 8mm
③ 안지름이 1,350mm 초과, 1,850mm 이하인 것은 10mm
④ 안지름이 1,850mm를 초과하는 것은 12mm

해설

안지름이 900mm 이하인 동체의 최소 두께는 6mm
(단, 스테이를 부착한 경우에는 8mm)

97 계속사용검사기준에 따라 설치한 날로부터 15년 이내인 보일러에 대한 순수처리 수질기준으로 틀린 것은?

① 총경도(mg $CaCO_3/l$) : 0
② pH(298K{25℃}에서) : 7~9
③ 실리카(mg SiO_2/l) : 흔적이 나타나지 않음
④ 전기 전도율(298K{25℃}에서의) : $0.05\mu s/cm$ 이하

해설

검사의 특례에서 순수처리 각 수질기준
전기전도율(15년 이내인 보일러)은 298K(25℃)에서 0.5 $\mu s/cm$ 이하를 요구한다.

98 급수조절기를 사용할 경우 수압시험 또는 보일러를 시동할 때 조절기가 작동하지 않게 하거나, 모든 자동 또는 수동제어 밸브 주위에 수리, 교체하는 경우를 위하여 설치하는 설비는?

정답 93 ② 94 ② 95 ③ 96 ① 97 ④ 98 ②

① 블로우 오프관 ② 바이패스관
③ 과열 저감기 ④ 수면계

해설

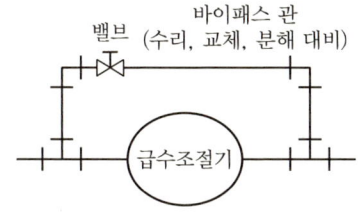

99 어느 가열로에서 노벽의 상태가 다음과 같을 때 노벽을 관류하는 열량(kcal/h)은 얼마인가?(단, 노벽의 상하 및 둘레가 균일하며, 평균 방열면적 120.5m², 노벽의 두께 45cm, 내벽표면온도 1,300℃, 외벽표면온도 175℃, 노벽재질의 열전도율 0.1kcal/m · h · ℃이다.)

① 301.25 ② 30,125
③ 13.556 ④ 13,556

해설
단층의 열전도에 의한 손실열량(Q)

$Q = \dfrac{A(t_1 - t_2) \times \lambda}{b}$, 45cm = 0.45m

∴ $Q = \dfrac{120.5(1,300 - 175) \times 0.1}{0.45} = 30,125\,(\text{kcal/h})$

100 보일러 재료로 이용되는 대부분의 강철제는 200~300℃에서 최대의 강도를 유지하나, 몇 ℃ 이상이 되면 재료의 강도가 급격히 저하되는가?

① 350℃ ② 450℃
③ 550℃ ④ 650℃

해설
보일러 재료로 이용하는 강철제는 350℃ 이상 상승하면 강도가 급격하게 저하한다.

정답 99 ② 100 ①

2019년 2회 기출문제

1과목 연소공학

01 여과 집진장치의 여과재 중 내산성, 내알칼리성 모두 좋은 성질을 갖는 것은?

① 테트론 ② 사란
③ 비닐론 ④ 글라스

해설
여과식 집진장치 여과재
㉠ 비닐론 : 내산성, 내알칼리성이 겸비된다.(기타 데비론, 카네카론 등)
㉡ 비닐론(Vinylon)은 합성섬유이다.

02 $C_m H_n$ $1Nm^3$를 완전 연소시켰을 때 생기는 H_2O의 양(Nm^3)은?(단, 분자식의 첨자 m, n과 답항의 n은 상수이다.)

① $\dfrac{n}{4}$ ② $\dfrac{n}{2}$
③ n ④ $2n$

해설
㉠ $C_3H_8 + 5O_2 \rightarrow 3CO_2 + 4H_2O + Q$
㉡ $C_mH_n + \left(m + \dfrac{n}{4}\right)O_2 \rightarrow mCO_2 + \dfrac{n}{2}H_2O + Q$

03 탄소 1kg을 완전 연소시키는 데 필요한 공기량(Nm^3)은?(단, 공기 중의 산소와 질소의 체적 함유 비를 각각 21%와 79%로 하며 공기 1kmol의 체적은 $22.4m^3$이다.)

① 6.75   ② 7.23
③ 8.89   ④ 9.97

해설
$C + O_2 \rightarrow CO_2$
$12kg + 22.4m^3 \rightarrow 22.4m^3$

이론공기량 = 이론산소량 × $\dfrac{1}{0.21}$

∴ $\dfrac{22.4}{12} \times \dfrac{1}{0.21} = 8.89(m^3)$

04 연료 중에 회분이 많을 경우 연소에 미치는 영향으로 옳은 것은?

① 발열량이 증가한다.
② 연소상태가 고르게 된다.
③ 클링커의 발생으로 통풍을 방해한다.
④ 완전연소되어 잔류물을 남기지 않는다.

해설
연료 중 회분(재)이 많으면 노내 고온에 의해 클링커 발생이 심하고 전열면이나 화실에 부착하여 통풍을 방해한다.

05 다음 중 고체연료의 공업분석에서 계산만으로 산출되는 것은?

① 회분   ② 수분
③ 휘발분   ④ 고정탄소

해설
탄소(C) + $O_2 \rightarrow CO_2$ + 8,100 kcal/kg
(공업분석 : 수분, 회분, 고정탄소, 휘발분)

06 다음 중 매연 생성에 가장 큰 영향을 미치는 것은?

① 연소속도   ② 발열량
③ 공기비   ④ 착화온도

해설
공기비(m) = $\dfrac{\text{실제공기량}}{\text{이론공기량}}$ (공기가 부족하면 매연 발생)
(m은 항상 1보다 크다.)

정답 01 ③ 02 ② 03 ③ 04 ③ 05 ④ 06 ③

07 탄소 87%, 수소 10%, 황 3%의 중유가 있다. 이때 중유의 탄산가스최대량(CO_{2max})는 약 몇 %인가?

① 10.23　　② 16.58
③ 21.35　　④ 25.83

해설

$$CO_{2max} = \frac{1.87C + 0.7S}{\text{이론건배기가스량}}$$

- 이론건배기가스량(G_{od})
  $= (1-0.21)A_0 + 1.87C + 0.7S$
  $= 0.79 \times 10.5119 + 1.867 \times 0.78 + 0.7 \times 0.03$
  $= 9.951740 \, Nm^3/kg$

- 이론공기량(A_0) $= 8.89C + 26.67\left(H - \frac{O}{8}\right) + 3.33S$
  $= 8.89 \times 0.87 + 26.67 \times 0.10 + 3.33 \times 0.03$
  $= 10.51119 \, Nm^3/kg$

$\therefore \dfrac{1.87 \times 0.87 + 0.7 \times 0.03}{9.951740} = 0.1658(16.58\%)$

08 도시가스의 호환성을 판단하는 데 사용되는 지수는?

① 웨베지수(Webbe Index)
② 듀롱지수(Dulong Index)
③ 릴리지수(Lilly Index)
④ 제이도비흐지수(Zeldovich Index)

해설

호환성(웨베지수) $= \dfrac{H}{\sqrt{d}} = \dfrac{\text{도시가스발열량}}{\sqrt{\text{도시가스비중}}}$

09 연소 설비에서 배출되는 다음의 공해물질 산성비의 원인이 되며 가성소다나 석회 등을 통해 제거할 수 있는 것은?

① SOx　　② NOx
③ CO　　④ 매연

해설

황산화물(SOx)은 공해물질 중 산성비의 원인이 된다.(가성소다나 석회를 통해 제거가 가능)

10 다음 기체연료 중 고발열량($kcal/Sm^3$)이 가장 큰 것은?

① 고로가스　　② 수성가스
③ 도시가스　　④ 액화석유가스

해설

고위발열량
㉠ 고로가스(900)
㉡ 수성가스(2,650)
㉢ 도시가스(4,500)
㉣ 액화석유가스(10,000)

11 보일러의 급수 및 발생증기의 엔탈피를 각 150, 670kcal/kg이라고 할 때 20,000kg/h의 증기를 얻으려면 공급열량은 약 몇 kcal/h인가?

① 9.6×10^6　　② 10.4×10^6
③ 11.7×10^6　　④ 12.2×10^6

해설

증발잠열 $= 670 - 150 = 520 \, kcal/kg$
$\therefore$ 공급열량 $= 520 \times 20,000 = 10,400,000 \, kcal/h = 10.4 \times 10^6$

12 액체의 인화점에 영향을 미치는 요인으로 가장 거리가 먼 것은?

① 온도　　② 압력
③ 발화지연시간　　④ 용액의 농도

해설

발화지연시간
어느 온도에서 가열하기 시작하여 발화에 이르기까지 걸리는 시간이다. 고온고압에서는 지연시간이 단축된다.

13 고부하의 연소설비에서 연료의 점화나 화염 안정화를 도모하고자 할 때 사용할 수 있는 장치로서 가장 적절하지 않은 것은?

① 분젠 버너　　② 파일럿 버너
③ 플라즈마 버너　　④ 스파크 플러그

정답 07 ②　08 ①　09 ①　10 ④　11 ②　12 ③　13 ①

해설

분젠버너
1차공기가 40~70%, 2차공기가 60~30%인 버너이다. 화염이 짧고 온도가 1,200~1,300℃로서 각종 현장의 버너로 사용하며 점화용은 불가하다.

14 어느 용기에서 압력(P)과 체적(V)의 관계가 $P = (50V + 10) \times 10^2$ kPa과 같을 때 체적이 $2m^3$에서 $4m^3$로 변하는 경우 일량은 몇 MJ인가? (단, 체적의 단위는 m^3이다.)

① 32   ② 34
③ 36   ④ 38

해설

$$W = \int_{V_1}^{V_2} PdV = \int_{V_1}^{V_2} (50V + 10) \times 10^2 dV$$
$$= \left\{10(V_2 - V_1) + 50 \frac{(V_2^2 - V_1^2)}{2}\right\} \times 10^2$$
$$= \left\{10(4-2) + \frac{50}{2}(4^2 - 2^2)\right\} \times 10^2$$
$$= 32,000 kJ = 32 MJ$$

15 다음 중 폭발의 원인이 나머지 셋과 크게 다른 것은?

① 분진 폭발   ② 분해 폭발
③ 산화 폭발   ④ 증기 폭발

해설

증기폭발
압력에 의한 물리적 폭발이다. (보일러 증기 드럼 폭발)

16 과잉 공기가 너무 많을 때 발생하는 현상으로 옳은 것은?

① 연소 온도가 높아진다.
② 보일러 효율이 높아진다.
③ 이산화탄소 비율이 많아진다.
④ 배기가스의 열손실이 많아진다.

해설

과잉 공기
㉠ 노내 온도 저하
㉡ 배기가스량 증가로 배기가스 열손실 증가
㉢ 배기가스 중 산소량 증가

17 연소 생성물(CO_2, N_2) 등의 농도가 높아지면 연소속도에 미치는 영향은?

① 연소속도가 빨라진다.
② 연소속도가 저하된다.
③ 연소속도가 변화 없다.
④ 처음에는 저하되나, 나중에는 빨라진다.

해설

불활성가스나 CO_2 등 연소 생성물이 혼입되면 공기량이 부족하여 연소속도가 저하된다.

18 $1Nm^3$의 메탄가스를 공기를 사용하여 연소시킬 때 이론 연소온도는 약 몇 ℃인가? (단, 대기 온도는 15℃이고, 메탄가스의 고발열량은 $39,767 kJ/Nm^3$이고, 물의 증발잠열은 $2,017.7 kJ/Nm^3$이고, 연소가스의 평균정압비열은 $1.423 kJ/Nm^3℃$이다.)

① 2,387
② 2,402
③ 2,417
④ 2,432

해설

연소온도(t) = $\frac{H_l}{G \times C_p} + t_a$

저위발열량(H_l) = $H_h - r = 39,767 - (2,017.7 \times 2)$
$= 35,731.6 kJ/Nm^3$

∴ $t = \frac{35,731.6}{10.54 \times 1.423} + 20 = 2,402℃$

• 연소반응식(G) = $CH_4 + 2O_2 \rightarrow CO_2 + 2H_2O$
  배기가스량(G) = $(1 - 0.21)A_o + CO_2 + 2H_2O$
  $= 0.79 \times \frac{2}{0.21} + 3 = 10.54 (Nm^3/Nm^3)$

정답 14 ① 15 ④ 16 ④ 17 ② 18 ②

19 연소 배기가스량의 계산식(Nm³/kg)으로 틀린 것은?(단, 습연소가스량 V, 건연소가스량 V', 공기비 m, 이론공기량 A이고, H, O, N, C, S는 원소, W는 수분이다.)

① $V = mA + 5.6H + 0.7O + 0.8N + 1.25W$
② $V = (m - 0.21)A + 1.87C + 11.2H + 0.7S + 0.8N + 25W$
③ $V' = mA - 5.6H - 0.7O + 0.8N$
④ $V' = (m - 0.21)A + 1.87C + 0.7S + 0.8N$

해설
$V' = mA + 5.6H - 0.7O + 0.8N$가 되어야 연소배기가스량이 된다.
• mA(공기비×이론공기량) = 실제공기량

20 열정산을 할 때 입열 항에 해당하지 않는 것은?

① 연료의 연소열 ② 연료의 현열
③ 공기의 현열   ④ 발생 증기열

해설
열정산 출열=발생 증기열, 배기가스손실열, 방사열손실, 불완전열손실 등

2과목 열역학

21 초기온도가 20℃인 암모니아(NH₃) 3kg을 정적과정으로 가열시킬 때, 엔트로피가 1.255kJ/K만큼 증가하는 경우 가열량은 약 몇 kJ인가?(단, 암모니아 정적비열은 1.56kJ/(kg·K)이다.)

① 62.2   ② 101
③ 238   ④ 422

해설
엔트로피변화(ΔS) = $\frac{\delta \theta}{T}$

정적변화(ΔS) = $S_2 - S_1 = C_v \ln \frac{T_2}{T_1} = C_v \ln \frac{V_2}{V_1}$

$1.255 = 3 \times 1.56 \times \ln\left(\frac{T_2}{273+20}\right)$, $T_2 = 383K$

∴ 가열량(θ) = $3 \times 1.56 \times (383 - 293) ≒ 422(kJ)$

22 오토(Otto)사이클을 온도-엔트로피(T-S) 선도로 표시하면 그림과 같다. 작동유체가 열을 방출하는 과정은?

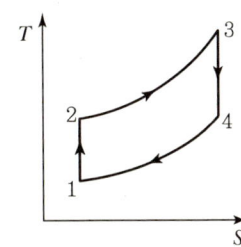

① 1 → 2과정   ② 2 → 3과정
③ 3 → 4과정   ④ 4 → 1과정

해설
정적 오토 내연사이클(공기표준사이클)
㉠ 1 → 2 : 단열압축
㉡ 2 → 3 : 등적가열
㉢ 3 → 4 : 단열팽창
㉣ 4 → 1 : 등적방열
이론열효율은 압축비만의 함수이다.

23 밀도가 800kg/m³인 액체와 비체적이 0.0015 m³/kg인 액체를 질량비 1:1로 잘 섞으면 혼합액의 밀도는 약 몇 kg/m³인가?

① 721   ② 727
③ 733   ④ 739

해설
밀도(ρ_1) = 800kg/m³, 비체적 = $\frac{1}{800}$ = 0.00125m³/kg

밀도(ρ_2) = $\frac{1}{0.0015}$ = 667kg/m³

∴ $\frac{0.00125 + 0.0015}{2}$ = 0.001375m³/kg

∴ 혼합액의 밀도(ρ) = $\frac{1}{0.001375}$ = 727kg/m³

정답 19 ③ 20 ④ 21 ④ 22 ④ 23 ②

24 성능계수(COP)가 2.5인 냉동기가 있다. 15 냉동톤(refrigeration ton)의 냉동 용량을 얻기 위해서 냉동기에 공급해야 할 동력(kW)은?(단, 1냉동톤은 3.861kW이다.)

① 20.5 ② 23.2
③ 27.5 ④ 29.7

해설
냉동용량 $= 15 \times 3.861 = 57.915\text{kW}$

$\therefore$ 성능계수$(Cop) = \dfrac{RT}{Cop} = \dfrac{57.915}{2.5} = 23.2(\text{kW})$

25 증기 압축 냉동사이클에서 압축기 입구의 엔탈피는 223kJ/kg, 응축기 입구의 엔탈피는 268kJ/kg, 증발기 입구의 엔탈피는 91kJ/kg인 냉동기의 성적계수는 약 얼마인가?

① 1.8
② 2.3
③ 2.9
④ 3.5

해설
성적계수$(COP) = \dfrac{냉동능력}{압축기동력} = \dfrac{223-91}{268-223} = 2.9$

26 다음과 관계있는 법칙은?

"계가 흡수한 열을 완전히 일로 전환할 수 있는 장치는 없다."

① 열역학 제3법칙
② 열역학 제2법칙
③ 열역학 제1법칙
④ 열역학 제0법칙

해설
열역학 제2법칙
계가 흡수한 열을 완전히 일로 전환할 수 있는 장치는 없다.

27 동일한 압력에서 100℃, 3kg의 수증기와 0℃ 3kg의 물의 엔탈피 차이는 약 몇 kJ인가?(단, 물의 평균정압비열은 4.184kJ/(kg·K)이고, 100℃에서 증발잠열은 2,250kJ/kg이다.)

① 8,005 ② 2,668
③ 1,918 ④ 638

해설
증발열 $= 3 \times 2,250 = 6,750\text{kJ}$
물의 엔탈비 $= 100 \times 4.184 = 418.4$
$6,750 + (418.4 \times 3) = 8,005(\text{kJ})$

28 압력 1MPa, 온도 210℃인 증기는 어떤 상태의 증기인가?(단, 1MPa에서의 포화온도는 179℃이다.)

① 과열증기 ② 포화증기
③ 건포화증기 ④ 습증기

해설
과열도 $= 210 - 179 = 31℃$
(과열도가 나와 있으므로 과열증기이다.)

29 디젤 사이클로 작동되는 디젤 기관의 각 행정의 순서를 옳게 나타낸 것은?

① 단열압축 → 정적가열 → 단열팽창 → 정적방열
② 단열압축 → 정압가열 → 단열팽창 → 정압방열
③ 등온압축 → 정적가열 → 등온팽창 → 정적방열
④ 단열압축 → 정압가열 → 단열팽창 → 정적방열

해설
디젤사이클

㉠ 0 → 1 (흡입)
㉡ 1 → 2 (단열압축)
㉢ 2 → 3 (정압가열)
㉣ 3 → 4 (단열팽창)
㉤ 4 → 1 (정적방열)

30 다음 과정 중 가역적인 과정이 아닌 것은?

① 과정은 어느 방향으로나 진행될 수 있다.
② 마찰을 수반하지 않아 마찰로 인한 손실이 없다.
③ 변화 경로의 어느 점에서도 역학적, 열적, 화학적 등의 모든 평형을 유지하면서 주위에 어떠한 영향도 남기지 않는다.
④ 과정은 이를 조절하는 값을 무한소만큼씩 변화시켜도 역행할 수는 없다.

해설
가역과정
사이클의 상태변화가 모든 가역변화로 이루어지는 사이클, 즉 열정평형을 유지하며 이루어지는 과정으로 계나 주위에 영향을 주거나 아무런 변화도 남기지 않고 이루어지며 역과정으로 원상태로 되돌려질 수 있는 과정이다.

31 1.5MPa, 250℃의 공기 5kg이 폴리트로픽 지수 1.3인 폴리트로픽 변화를 통해 팽창비가 5가 될 때까지 팽창하였다. 이때 내부에너지의 변화는 약 몇 kJ인가?(단, 공기의 정적비열은 0.72kJ/(kg·K)이다.)

① −1,002   ② −721
③ −144   ④ −72

해설
내부에너지변화(Δh) = $C_v(T_2 - T_1)$

$PV^n = C$, $\dfrac{T_2}{T_1} = \left(\dfrac{V_1}{V_2}\right)^{n-1}$

$T_2 = (250 + 273) \times \left(\dfrac{1}{5}\right)^{1.3-1} = 323K$

∴ 내부에너지 변화(Δh) = $5 \times 0.72 \times (323 - 523) = -720$

32 수증기를 사용하는 기본 랭킨사이클에서 응축기 압력을 낮출 경우 발생하는 현상에 대한 설명으로 옳지 않은 것은?

① 열이 방출되는 온도가 낮아진다.
② 열효율이 높아진다.
③ 터빈 날개의 부식 발생 우려가 커진다.
④ 터빈 출구에서 건도가 높아진다.

해설
응축기(복수기)의 압력이나 온도가 낮을수록 열효율이 증가하나 터빈의 깃이 부식되므로 열효율이 감소한다.(즉, 건도가 저하하기 때문에 부식된다.) 방지책은 재열사이클을 활용한다.

33 80℃의 물 100kg과 50℃의 물 50kg을 혼합한 물의 온도는 약 몇 ℃인가?(단, 물의 비열은 일정하다.)

① 70   ② 65
③ 60   ④ 55

해설
$Q = (80 \times 1 \times 100) + (50 \times 1 \times 50) = 10,500 \text{kcal}$

∴ 평균온도 = $\dfrac{10,500}{100 \times 1 + 50 \times 1} = 70℃$

34 열역학 제1법칙은 기본적으로 무엇에 관한 내용인가?

① 열의 전달   ② 온도의 정의
③ 엔트로피의 정의 ④ 에너지의 보존

해설
열역학 제1법칙 : 에너지보존의 법칙

일의 열당량 : $\dfrac{1}{427}$ (kcal/kg·m)

열의 일당량 : 427 (kg·m/kcal)

∴ 비엔탈피(δ_q) = $du + APdV$ (kcal/kg)

35 이상적인 가역 단열변화에서 엔트로피는 어떻게 되는가?

① 감소한다.
② 증가한다.
③ 변하지 않는다.
④ 감소하다 증가한다.

해설
• 가역 단열변화 : 엔트로피 불변
• 비가역 단열변화 : 엔트로피 증가

정답 30 ④ 31 ② 32 ④ 33 ① 34 ④ 35 ③

36 반지름이 0.55cm이고, 길이가 1.94cm인 원통형 실린더 안에 어떤 기체가 들어 있다. 이 기체의 질량이 8g이라면, 실린더 안에 들어 있는 기체의 밀도는 약 몇 g/cm³인가?

① 2.9
② 3.7
③ 4.3
④ 5.1

해설

㉠ $V = A \times L = \dfrac{3.14}{4} \times (0.55 \times 2)^2 \times 1.94 = 4.3 \text{g/cm}^3$

㉡ 또는 $\dfrac{8}{(0.55 \times 0.55) \times 3.14 \times 1.94} = 4.3 \text{g/cm}^3$

37 다음 사이클(cycle) 중 물과 수증기를 오가면서 동력을 발생시키는 플랜트에 적용하기 적합한 것은?

① 랭킨사이클
② 오토사이클
③ 디젤사이클
④ 브레이턴사이클

해설

랭킨사이클
물과 수증기를 오가면서 동력을 발생시키는 플랜트에 적용이 가능하다.(보일러 : 정압가열, 터빈 : 단열팽창, 복수기(콘덴서) : 정압방열, 급수펌프 : 단열압축)

38 압력 100kPa, 체적 3m³인 이상기체가 등엔트로피 과정을 통하여 체적이 2m³로 변하였다. 이 과정 중에 기체가 한 일은 약 몇 kJ인가?(단, 기체상수는 0.488kJ/(kg · K), 정적비열은 1.642kJ/(kg · K)이다.)

① -113
② -129
③ -137
④ -143

해설

등엔트로피(단열상태)

일량 $(W) = -\int VdP = \dfrac{(P_1 V_1 - P_2 V_2)}{k-1}$

(k : 비열비), $k = \dfrac{C_p}{C_v}$

$C_p = C_v + R = 1.642 + 0.488 = 2.139$ (정압비열)

$k = \dfrac{2.13}{1.642} = 1.297$

$T_2 = T_1 \times \left(\dfrac{V_1}{V_2}\right)^k = T_1 \times \left(\dfrac{P_2}{P_1}\right)^{\frac{k-1}{k}}$

$P_2 = P_1 \times \left(\dfrac{V_1}{V_2}\right)^k = 100 \times \left(\dfrac{3}{2}\right)^{1.297} = 169 \text{kPa}$

$\therefore \dfrac{(100 \times 3 - 169 \times 2)}{1.297 - 1} = -129 \text{(kJ)}$

39 카르노 사이클(Carnot cycle)로 작동하는 가역기관에서 650℃의 고열원으로부터 18,830kJ/min의 에너지를 공급받아 일을 하고 65℃의 저열원에 방열시킬 때 방열량은 약 몇 kW인가?

① 1.92
② 2.61
③ 115.0
④ 156.5

해설

$T_1 = 650 + 273 = 923 \text{K}$

$T_2 = 65 + 273 = 338 \text{K}$

효율$(\eta) = 1 - \dfrac{T_2}{T_1} = 1 - \dfrac{338}{923} = 0.6338$

$1 \text{kWh} = 3,600 \text{kJ}(1시간 = 60분)$

$18,830 \times 60 = 1,129,800 \text{kJ/h}$

$\therefore (1 - 0.6338) \times \dfrac{1,129,800}{3,600} = 115 \text{(kW)}$

40 냉동기의 냉매로서 갖추어야 할 요구조건으로 옳지 않은 것은?

① 비체적이 커야 한다.
② 불활성이고 안정적이어야 한다.
③ 증발온도에서 높은 잠열을 가져야 한다.
④ 액체의 표면장력이 작아야 한다.

정답 36 ③ 37 ① 38 ② 39 ③ 40 ①

> **해설**
> 냉매는 비체적(m³/kg)이 적어야 유속이 증가하고 관의 지름이 작아도 된다.

3과목 계측방법

41 국제단위계(SI)를 분류한 것으로 옳지 않은 것은?

① 기본단위 ② 유도단위
③ 보조단위 ④ 응용단위

> **해설**
> 국제단위계(SI)
> ㉠ 기본단위
> ㉡ 유도단위
> ㉢ 보조단위

42 색온도계의 특징이 아닌 것은?

① 방사율의 영향이 크다.
② 광흡수에 영향이 적다.
③ 응답이 빠르다.
④ 구조가 복잡하며 주위로부터 빛 반사의 영향을 받는다.

> **해설**
> 비접촉식 방사온도계의 특성은 방사율의 영향이 크다는 것이다.

43 탄성 압력계에 속하지 않는 것은?

① 부자식 압력계
② 다이어프램 압력계
③ 벨로스 압력계
④ 부르동관 압력계

> **해설**
> 부자식
> 직접식 액면계(플로트식 액면계)

44 다음 중 차압식 유량계가 아닌 것은?

① 플로우 노즐 ② 로터미터
③ 오리피스미터 ④ 벤투리미터

> **해설**
> 순간유량 면적식 유량계
> ㉠ 로터미터
> ㉡ 게이트식

45 용적식 유량계에 대한 설명으로 틀린 것은?

① 측정유체의 맥동에 의한 영향이 적다.
② 점도가 높은 유량의 측정은 곤란하다.
③ 고형물의 혼입을 막기 위해 입구 측에 여과기가 필요하다.
④ 종류에는 오벌식, 루트식, 로터리 피스톤식 등이 있다.

> **해설**
> 용적식유량계(점도가 높아도 사용 가능)
> ㉠ 로터리 피스톤형   ㉡ 로터리 베인형
> ㉢ 오벌기어형   ㉣ 루트형
> ㉤ 가스미터기   ㉥ 디스크형, 피스톤형

46 다음 중 파스칼의 원리를 가장 바르게 설명한 것은?

① 밀폐 용기 내의 액체에 압력을 가하면 압력은 모든 부분에 동일하게 전달된다.
② 밀폐 용기 내의 액체에 압력을 가하면 압력은 가한 점에만 전달된다.
③ 밀폐 용기 내의 액체에 압력을 가하면 압력은 가한 반대편으로만 전달된다.
④ 밀폐 용기 내의 액체에 압력을 가하면 압력은 가한 점으로부터 일정 간격을 두고 차등적으로 전달된다.

> **해설**
> 파스칼의 원리
> 밀폐 용기 내의 액체에 압력을 가하면 압력은 모든 부분에 동일하게 전달된다.

정답 41 ④ 42 ① 43 ① 44 ② 45 ② 46 ①

47 다음 중 화학적 가스 분석계에 해당하는 것은?

① 고체 흡수제를 이용하는 것
② 가스의 밀도와 점도를 이용하는 것
③ 흡수용액의 전기전도도를 이용하는 것
④ 가스의 자기적 성질을 이용하는 것

해설
오르사트 화학적 가스 분석계(고체흡수제 이용)
㉠ KOH 30% 수용액(CO_2)
㉡ 차아황산소다, 황인, 알칼리성 피로갈롤(O_2)
㉢ 암모니아성 염화제1동용액(CO)

48 측온저항체의 구비조건으로 틀린 것은?

① 호환성이 있을 것
② 저항의 온도계수가 작을 것
③ 온도와 저항의 관계가 연속적일 것
④ 저항 값이 온도 이외의 조건에서 변하지 않을 것

해설
측온저항(R) = $R_a[1+a(t-t_o)]$
(a : 전기저항 온도계수)
• 니켈저항온도계 : 온도계수가 0.6(%/deg)도 커서 감도가 좋다.
• 저항온도계 : 백금, 니켈, 구리, 서미스터 등

49 비접촉식 온도측정 방법 중 가장 정확한 측정을 할 수 있으나 연속측정이나 자동제어에 응용할 수 없는 것은?

① 광고온도계
② 방사온도계
③ 압력식 온도계
④ 열전대 온도계

해설
광고온도계
700~3,000℃ 온도를 측정하며 고온에서 정도가 높으나 연속측정이나 제어에는 이용이 불가하다.

50 화염검출방식으로 가장 거리가 먼 것은?

① 화염의 열을 이용
② 화염의 빛을 이용
③ 화염의 색을 이용
④ 화염의 전기전도성을 이용

해설
화염검출기 종류
① 스택 스위치(화염의 발열체)
② 플레임 아이(광전관식)
④ 플레임 로드(전기전도성)

51 가스온도를 열전대 온도계를 써서 측정할 때 주의해야 할 사항으로 틀린 것은?

① 열전대는 측정하고자 하는 곳에 정확히 삽입하며 삽입된 구멍에 냉기가 들어가지 않게 한다.
② 주위의 고온체로부터의 복사열의 영향으로 인한 오차가 생기지 않도록 해야 한다.
③ 단자의 +, -를 보상도선의 -, +와 일치하도록 연결하여 감온부의 열팽창에 의한 오차가 발생하지 않도록 한다.
④ 보호관의 선택에 주의한다.

해설
열전대 온도계 연결
• 단자 ⊕ : 보상도선 ⊕
• 단자 ⊖ : 보상도선 ⊖

52 공기압식 조절계에 대한 설명으로 틀린 것은?

① 신호로 사용되는 공기압은 약 0.2~1.0kg/cm²이다.
② 관로저항으로 전송지연이 생길 수 있다.
③ 실용상 2,000m 이내에서는 전송지연이 없다.
④ 신호 공기압은 충분히 제습, 제진한 것이 요구된다.

해설
조절계 중 공기압식 신호전송기 사용거리는 100~150(m) 이내이다.
③항은 전기식 조절계이다.

정답 47 ① 48 ② 49 ① 50 ③ 51 ③ 52 ③

53 다음 중 융해열을 측정할 수 있는 열량계는?

① 금속 열량계
② 융커스형 열량계
③ 시차주사 열량계
④ 디페닐에테르 열량계

해설
융해열 측정열량계
- 시차주사 열량 계사용(differential scanning calorimetry)
- 소량으로 측정이 가능하고 조작이 간편하며 자동화가 된다.

54 자동제어시스템의 입력신호에 따른 출력변화의 설명으로 과도응답에 해당되는 것은?

① 1차보다 응답속도가 느린 지연요소
② 정상상태에 있는 계에 격한 변화의 입력을 가했을 때 생기는 출력의 변화
③ 입력변화에 따른 출력에 지연이 생겨 시간의 경과 후 어떤 일정한 값에 도달하는 요소
④ 정상상태에 있는 요소의 입력을 스텝형태로 변화할 때 출력이 새로운 값에 도달 스텝입력에 의한 출력의 변화 상태

해설
㉠ 자동제어 과도응답 : 정상상태에 있는 계에 격한 변화의 입력을 가했을 때 생기는 출력의 변화이다.(transient response)
㉡ 응답 : ① 과도응답(임펄스응답, 스텝응답)
   ② 주파수응답

55 보일러의 계기에 나타난 압력이 6kg/cm²이다. 이를 절대압력으로 표시할 때 가장 가까운 값은 몇 kg/cm²인가?

① 3　　　　② 5
③ 6　　　　④ 7

해설
절대압력(abs) = 게이지 압력 + 대기압 = 6 + 1 = 7(kg/cm²)

56 세라믹식 O_2계의 특징으로 틀린 것은?

① 연속측정이 가능하며, 측정범위가 넓다.
② 측정부의 온도유지를 위해 온도 조절용 전기로가 필요하다.
③ 측정가스의 유량이나 설치장소 주위의 온도 변화에 의한 영향이 적다.
④ 저농도 가연성가스의 분석에 적합하고 대기오염관리 등에서 사용된다.

해설
세라믹 산소계
산소농담전지를 이용하여 기전력을 측정한 후 산소(O_2)를 측정한다.(세라믹의 주원료 : ZrO_2)

57 화씨(℉)와 섭씨(℃)의 눈금이 같게 되는 온도는 몇 ℃인가?

① 40
② 20
③ −20
④ −40

해설
$℃(t) = \dfrac{5}{9}(t_F - 32) = \dfrac{5}{9}(-40 - 32) = -40(℃)$

58 다음 중 자동제어에서 미분동작을 설명한 것으로 가장 적절한 것은?

① 조절계의 출력변화가 편차에 비례하는 동작
② 조절계의 출력변화의 크기와 지속시간에 비례하는 동작
③ 조절계의 출력변화가 편차의 변화 속도에 비례하는 동작
④ 조작량이 어떤 동작 신호의 값을 경계로 하여 완전히 전개 또는 전폐되는 동작

정답 53 ③　54 ②　55 ④　56 ④　57 ④　58 ③

해설

미분동작(D동작 : Derivative action)

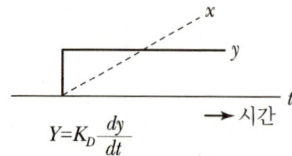

출력편차의 시간변화에 비례하여 제어편차가 검출될 때 편차가 변화하는 속도에 비례해 조작량을 증가하도록 작용하는 제어동작이다.(Y : 출력, K_D : 비례상수)

59 일반적으로 오르자트 가스분석기로 어떤 가스를 분석할 수 있는가?

① CO_2, SO_2, CO
② CO_2, SO_2, O_2
③ SO_2, CO, O_2
④ CO_2, O_2, CO

해설

오르자트 화학적 분석계 가스분석순서
CO_2, O_2, CO 순이다.

60 전자유량계의 특징이 아닌 것은?

① 유속검출에 지연시간이 없다.
② 유체의 밀도와 점성의 영향을 받는다.
③ 유로에 장애물이 없고 압력손실, 이물질 부착의 염려가 없다.
④ 다른 물질이 섞여 있거나 기포가 있는 액체도 측정이 가능하다.

해설

전자식 유량계(패러데이의 기전력 이용 유량계)
액체의 물리적 구성이나 성상, 즉 불순물의 혼합, 점성, 비중, 밀도의 영향을 받지 않는다.

4과목 열설비재료 및 관계법규

61 소성내화물의 제조공정으로 가장 적절한 것은?

① 분쇄 → 혼련 → 건조 → 성형 → 소성
② 분쇄 → 혼련 → 성형 → 건조 → 소성
③ 분쇄 → 건조 → 혼련 → 성형 → 소성
④ 분쇄 → 건조 → 성형 → 소성 → 성형

해설

소성내화물 제조공정
원료 분쇄 → 혼련 → 성형 → 건조 → 소성

62 에너지이용 합리화법에 따라 에너지 사용의 제한 또는 금지에 관한 조정·명령, 그 밖에 필요한 조치를 위반한 에너지 사용자에 대한 과태료 부과기준은?

① 300만 원 이하 ② 100만 원 이하
③ 50만 원 이하   ④ 10만 원 이하

해설

법 제78조 과태료에 의해 에너지 사용의 제한 또는 금지에 관한 조정, 명령 조치 위반자 과태료 부과는 300만 원 이하

63 소성이 균일하고 소성시간이 짧고 일반적으로 열효율이 좋으며 온도조절의 자동화가 쉬운 특징의 연속식 가마는?

① 터널 가마
② 도염식 가마
③ 승염식 가마
④ 도염식 둥근가마

해설

연속식 터널 가마
내화물 제조 시 소성이 균일하고 소성시간이 짧으며 일반적으로 열효율이 좋고 온도조절의 자동화가 용이하다.(구성 : 예열대, 소성대, 냉각대)

정답 59 ④ 60 ② 61 ② 62 ① 63 ①

64 내화물에 대한 설명으로 틀린 것은?

① 샤모트질 벽돌은 카올린을 미리 SK10~14 정도로 1차 소성하여 탈수 후 분쇄한 것으로서 고온에서 광물상을 안정화한 것이다.
② 제겔콘 22번의 내화도는 1,530℃이며, 내화물은 제겔콘 26번 이상의 내화도를 가진 벽돌을 말한다.
③ 중성질 내화물은 고알루미나질, 탄소질, 탄화규소질, 크롬질 내화물이 있다.
④ 용융내화물은 원료를 일단 용융상태로 한 다음에 주조한 내화물이다.

해설
㉠ 제겔콘 26 : 1,580(℃)
㉡ 제겔콘 42 : 2,000(℃)
㉢ 제겔콘 022 : 21~25번은 내화도가 없다.

65 에너지이용 합리화법에 따라 검사대상기기 관리대행기관으로 지정(변경지정) 받으려는 자가 첨부하여 제출해야 하는 서류가 아닌 것은?

① 장비명세서
② 기술인력명세서
③ 변경사항을 증명할 수 있는 서류(변경지정의 경우만 해당)
④ 향후 3년간의 안전관리대행 사업계획서

해설
별지 제26호의 2 서식에 의거하여 첨부서류는 ①, ②, ③항 및 향후 1년간의 안전관리대행 사업계획서가 필요하다.

66 에너지법에 따른 지역에너지계획에 포함되어야 할 사항이 아닌 것은?

① 해당 지역에 대한 에너지 수급의 추이와 전망에 관한 사항
② 해당 지역에 대한 에너지의 안정적 공급을 위한 대책에 관한 사항
③ 해당 지역에 대한 에너지 효율적 사용을 위한 기술개발에 관한 사항
④ 해당 지역에 대한 미활용 에너지원의 개발·사용을 위한 대책에 관한 사항

해설
에너지법 제7조에 의거 지역에너지계획의 수립에 포함사항은 ①, ②, ④항 외 신재생에너지 등 친환경적 에너지 사용을 위한 대책에 관한 사항이 포함된다.

67 실리카(silica) 전이특성에 대한 설명으로 옳은 것은?

① 규석(quartz)은 상온에서 가장 안정된 광물이며 상압에서 573℃ 이하 온도에서 안정된 형이다.
② 실리카(silica)의 결정형은 규석(quartz), 트리디마이트(tridymite), 크리스토발라이트(cristobalite), 카올린(kaoline)의 4가지 주형으로 구성된다.
③ 결정형이 바뀌는 것을 전이라고 하며 전이속도를 빠르게 작용토록 하는 성분을 광화제라 한다.
④ 크리스토발라이트(cristobalite)에서 용융실리카(fused silica)로 전이에 따른 부피변화 시 20%가 수축한다.

해설
실리카(SiO_2)
이산화규소이며 규석질 산성 내화물이다.
㉠ 전이 : 결정형이 바뀌는 것
㉡ 광화제 : 전이속도를 빠르게 작용하도록 하는 성분
㉢ 실리카(SiO_2) : SK 31~34용
㉣ 1,470℃에서 크리스토발라이트로 체적변화 발생(석영이다.)

68 에너지이용 합리화법에 따라 평균에너지 소비효율의 산정방법에 대한 설명으로 틀린 것은?

① 기자재의 종류별 에너지소비효율의 산정방법은 산업통상자원부장관이 정하여 고시한다.
② 평균에너지 소비효율은

$$\frac{기자재\ 판매량}{\Sigma\left[\frac{기자재\ 종류별\ 국내판매량}{기자재\ 종류별\ 에너지소비효율}\right]}$$

이다.

정답 64 ② 65 ④ 66 ③ 67 ③ 68 ③

③ 평균에너지소비효율의 개선기간은 개선명령을 받은 날부터 다음해 1월 31일까지로 한다.
④ 평균에너지소비효율의 개선명령을 받은 자는 개선명령을 받은 날부터 60일 이내에 개선명령 이행계획을 수립하여 제출하여야 한다.

해설
시행규칙 제12조에 의거하여 평균에너지 소비효율의 개선 기간은 개선명령을 받은 날로부터 다음해 12월 31일까지로 한다.

69 다음 중 MgO – SiO₂계 내화물은?

① 마그네시아질 내화물
② 돌로마이트질 내화물
③ 마그네시아 – 크롬질 내화물
④ 포스테라이트질 내화물

해설
㉠ 마그네시아 : MgO계
㉡ 돌로마이트 : CaO, MgO계
㉢ 포스테라이트 : MgO, SiO₂계
㉣ 크롬질 : (Fe·Mg)O, (Cr·Al₂)O₃계

70 노통연관보일러에서 파형노통에 대한 설명으로 틀린 것은?

① 강도가 크다.
② 제작비가 비싸다.
③ 스케일의 생성이 쉽다.
④ 열의 신축에 의한 탄력성이 나쁘다.

해설
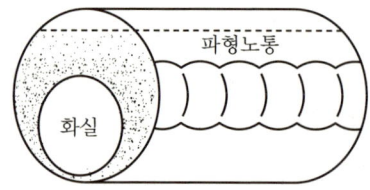

71 다음 중 에너지이용 합리화법에 따라 산업통상자원부장관 또는 시·도지사가 한국에너지공단 이사장에게 위탁한 업무가 아닌 것은?

① 에너지사용계획의 검토
② 에너지절약전문기업의 등록
③ 냉난방온도의 유지·관리 여부에 대한 점검 및 실태파악
④ 에너지이용 합리화 기본계획의 수립

해설
④항은 산업통상자원부장관이 수립한다.

72 에너지이용 합리화법에 따라 효율관리 기자재의 제조업자는 효율관리 시험기관으로부터 측정결과를 통보받은 날부터 며칠 이내에 그 측정결과를 한국에너지공단에 신고하여야 하는가?

① 15일   ② 30일
③ 60일   ④ 90일

해설
시험기관통보서는 한국에너지공단에 신고기간 90일 이내에 신고한다.

73 에너지이용 합리화법에 따라 소형 온수보일러의 적용범위에 대한 설명으로 옳은 것은?(단, 구멍탄용 온수보일러·축열식 전기보일러 및 가스사용량이 17kg/h 이하인 가스용 온수보일러는 제외한다.)

① 전열면적이 10m² 이하이며, 최고사용압력이 0.35MPa 이하의 온수를 발생하는 보일러
② 전열면적이 14m² 이하이며, 최고사용압력이 0.35MPa 이하의 온수를 발생하는 보일러
③ 전열면적이 10m² 이하이며, 최고사용압력이 0.45MPa 이하의 온수를 발생하는 보일러
④ 전열면적이 14m² 이하이며, 최고사용압력이 0.45MPa 이하의 온수를 발생하는 보일러

정답 69 ④ 70 ④ 71 ④ 72 ④ 73 ②

해설

가스용 온수보일러 기준(검사대상기기)
㉠ 가스 17kg/h 초과
㉡ 도시가스 232.6kW 초과(20만kcal/h 초과)용
• 전열면적 14m² 이하
 최소사용압력 0.35MPa 이하

74 에너지이용 합리화법에 따라 온수발생 및 열매체를 가열하는 보일러의 용량은 몇 kW를 1t/h로 구분하는가?

① 477.8
② 581.5
③ 697.8
④ 789.5

해설

1kW − h = 860kcal
증기 1t/h = 697.8만kcal
697.8 × 860 = 60만kcal/h

75 다음은 에너지이용 합리화법에서의 보고 및 검사에 관한 내용이다. ⓐ, ⓑ에 들어갈 단어를 나열한 것으로 옳은 것은?

> 공단이사장 또는 검사기관의 장은 매달 검사대상기기의 검사 실적을 다음 달 (ⓐ)일까지 (ⓑ)에게 보고하여야 한다.

① ⓐ : 5, ⓑ : 시 · 도지사
② ⓐ : 10, ⓑ : 시 · 도지사
③ ⓐ : 5, ⓑ : 산업통상자원부장관
④ ⓐ : 10, ⓑ : 산업통상자원부장관

해설

㉠ ⓐ : 10일까지
㉡ ⓑ : 시장 · 도지사

76 보온재의 열전도율이 작아지는 조건으로 틀린 것은?

① 재료의 두께가 두꺼워야 한다.
② 재료의 온도가 낮아야 한다.
③ 재료의 밀도가 높아야 한다.
④ 재료 내 기공이 작고 기공률이 커야 한다.

해설

재료의 밀도(kg/m³)가 높으면 공기층이 적어서 열전도가 증가한다.
• 열전도율 : kcal/mh℃

77 볼밸브의 특징에 대한 설명으로 틀린 것은?

① 유로가 배관과 같은 형상으로 유체의 저항이 적다.
② 밸브의 개폐가 쉽고 조작이 간편하여 자동조작밸브로 활용된다.
③ 이음쇠 구조가 없기 때문에 설치공간이 작아도 되며 보수가 쉽다.
④ 밸브대가 90° 회전하므로 패킹과의 원주방향 움직임이 크기 때문에 기밀성이 약하다.

해설

볼밸브는 90° 회전이므로 패킹과의 원주방향 움직임이 적어서 기밀성이 강화된다.

78 에너지이용 합리화법에 따른 양벌규정 사항에 해당되지 않는 것은?

① 에너지 저장시설의 보유 또는 저장의무의 부과 시 정당한 이유 없이 이를 거부하거나 이행하지 아니한 자
② 검사대상기기의 검사를 받지 아니한 자
③ 검사대상기기관리자를 선임하지 아니한 자
④ 공무원이 효율관리기자재 제조업자 사무소의 서류를 검사할 때 검사를 방해한 자

해설

에너지법 제77조 양벌규정에 따라 제72~76조에 해당하는 경우 양벌규정에 속한다.
①항 : 제72조
②항 : 제73조
③항 : 제75조

정답 74 ③ 75 ② 76 ③ 77 ④ 78 ④

79 내화물의 구비조건으로 틀린 것은?

① 사용온도에서 연화, 변형되지 않을 것
② 상온 및 사용온도에서 압축강도가 클 것
③ 열에 의한 팽창 수축이 클 것
④ 내마모성 및 내침식성을 가질 것

해설
내화물(산성, 중성, 염기성 벽돌)은 열에 의한 팽창 수축이 적어야 한다.

80 제강 평로에서 채용되고 있는 배열회수 방법으로서 배기가스의 현열을 흡수하여 공기나 연료가스 예열에 이용될 수 있도록 한 장치는?

① 축열실
② 환열기
③ 폐열 보일러
④ 판형 열교환기

해설
축열실
평로, 균열로 등의 연소용 공기 예열에 사용된다.(1,000~1,200℃ 정도이므로 고온용이다.)

5과목 열설비설계

81 최고사용압력이 3MPa 이하인 수관보일러의 급수 수질에 대한 기준으로 옳은 것은?

① pH(25℃) : 8.0~9.5, 경도 : 0mg CaCO$_3$/L, 용존산소 : 0.1mg O/L 이하
② pH(25℃) : 10.5~11.0, 경도 : 2mg CaCO$_3$/L, 용존산소 : 0.1mg O/L 이하
③ pH(25℃) : 8.5~9.6, 경도 : 0mg CaCO$_3$/L, 용존산소 : 0.007mg O/L 이하
④ pH(25℃) : 8.5~9.6, 경도 : 2mg CaCO$_3$/L, 용존산소 : 1mg O/L 이하

해설
수관보일러 수질(급수)
압력 3MPa 이하 온도 25℃에서
㉠ pH : 8.0~9.5
㉡ 경도 : 0mg CaCO$_3$/L
㉢ 용존산소 : 0.1mg O/L

82 맞대기 용접은 용접방법에 따라서 그루브를 만들어야 한다. 판의 두께가 50mm 이상인 경우에 적합한 그루브의 형상은?(단, 자동용접은 제외한다.)

① V형　　② H형
③ R형　　④ A형

해설
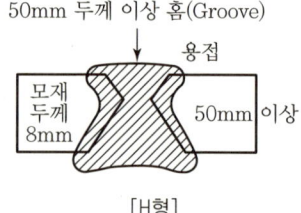
[H형]

83 육용강제 보일러에서 동체의 최소 두께로 틀린 것은?

① 안지름이 900mm 이하의 것은 6mm(단, 스테이를 부착할 경우)
② 안지름이 900mm 초과 1,350mm 이하의 것은 8mm
③ 안지름이 1,350mm 초과 1,850mm 이하의 것은 10mm
④ 안지름이 1,850mm 초과하는 것은 12mm

해설
육용강제 보일러 동체 최소 두께
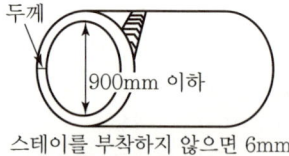
스테이를 부착하지 않으면 6mm, 스테이 부착의 경우 8mm

84 표면응축기의 외측에 증기를 보내며 관 속에 물이 흐른다. 사용하는 강관의 내경이 30mm, 두께가 2mm이고 증기의 전열계수는 6,000kcal/m²·h·℃, 물의 전열계수는 2,500kcal/m²·h·℃이다. 강관의 열전도가 35kcal/m·h·℃일 때 총괄전열계수(kcal/m²·h·℃)는?

① 16 ② 160
③ 1,603 ④ 16,031

해설

총괄계수$(K) = \dfrac{1}{R} = \dfrac{1}{\dfrac{1}{6,000} + \dfrac{0.002}{35} + \dfrac{1}{2,500}}$

$= 1,603(\text{kcal/m}^2\text{h}℃)$

85 내경 800mm이고, 최고사용압력이 12kg/cm²인 보일러의 동체를 설계하고자 한다. 세로이음에서 동체판의 두께(mm)는 얼마이어야 하는가?(단, 강판의 인장강도는 35kg/mm², 안전계수는 5, 이음효율은 85%, 부식여유는 1mm로 한다.)

① 7 ② 8
③ 9 ④ 10

해설

두께$(t) = \dfrac{P \cdot D_i}{200\sigma \times \eta - 1.2P} + a$

$= \dfrac{12 \times 800}{200 \times 35 \times \dfrac{1}{5} \times 0.85 - 1.2 \times 12} + 1$

$= \dfrac{9,600}{1,190 - 14.4} + 1 ≒ 10(\text{mm})$

86 보일러 전열면에서 연소가스가 1,000℃로 유입하여 500℃로 나가며 보일러수의 온도는 210℃로 일정하다. 열관류율이 150kcal/m²·h·℃일 때, 단위면적당 열교환량(kcal/m²·h)은?(단, 대수평균온도차를 활용한다.)

① 21,118 ② 46,812
③ 67,135 ④ 74,839

해설

대수평균온도차 $= \dfrac{790 - 290}{\ln\left(\dfrac{790}{290}\right)}$

$1,000 - 500 = 500$

$\begin{pmatrix} 1,000 - 210 = 790℃ \\ 500 - 210 = 290℃ \end{pmatrix}$

∴ 교환량 $= 150 \times \dfrac{790 - 290}{\ln\left(\dfrac{790}{290}\right)}$

$= 74,839(\text{kcal/m}^2\text{h})$

87 직경 200mm 철관을 이용하여 매분 1,500L의 물을 흘려보낼 때 철관 내의 유속(m/s)은?

① 0.59 ② 0.79
③ 0.99 ④ 1.19

해설

$1,500(\text{L/min}) = 1.5(\text{m}^3/\text{min}) = 0.025(\text{m}^3/\text{s})$

단면적$(A) = \dfrac{3.14}{4} \times (0.2)^2 = 0.0314(\text{m}^2)$

∴ 유속 $= \dfrac{Q}{A} = \dfrac{0.025}{0.0314} = 0.79(\text{m/s})$

88 다음 그림과 같은 V형 용접이음의 인장응력(σ)을 구하는 식은?

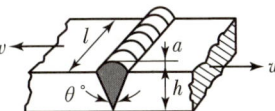

① $\sigma = \dfrac{W}{hl}$ ② $\sigma = \dfrac{2W}{hl}$

③ $\sigma = \dfrac{W}{ha}$ ④ $\sigma = \dfrac{W}{2hl}$

해설

V형 이음 용접 시

인장응력$(\sigma) = \dfrac{W}{h \cdot l}$ (kg/mm²)

- W(하중 : kg)
- h(모재두께 : mm)
- l(용접길이 : mm)

정답 84 ③ 85 ③ 86 ④ 87 ② 88 ①

89 라미네이션의 재료가 외부로부터 강하게 열을 받아 소손되어 부풀어 오르는 현상을 무엇이라고 하는가?

① 크랙　　　② 압궤
③ 블리스터　④ 만곡

해설

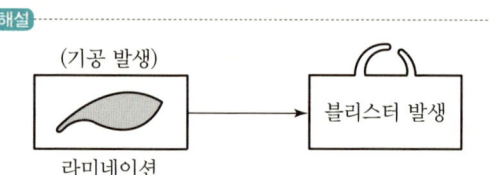

90 물의 탁도에 대한 설명으로 옳은 것은?

① 카올린 1g이 증류수 1L 속에 들어 있을 때의 색과 같은 색을 가지는 물을 탁도 1도의 물이라 한다.
② 카올린 1mg이 증류수 1L 속에 들어 있을 때의 색과 같은 색을 가지는 물을 탁도 1도의 물이라 한다.
③ 탄산칼슘 1g이 증류수 1L 속에 들어 있을 때의 색과 같은 색을 가지는 물을 탁도 1도의 물이라 한다.
④ 탄산칼슘 1mg이 증류수 1L 속에 들어 있을 때의 색과 같은 색을 가지는 물을 탁도 1도의 물이라 한다.

해설
탁도 1도란 물의 탁도는 증류수 1(L) 속의 카올린 1(mg)의 색을 가지는 것
- 카올린(Kaolin)은 화학식 $Al_2Si_2O_5(OH)_4$이다. 백도토 또는 자토라고 하며 도자기 주원료로 쓰인다.

91 보일러수에 녹아 있는 기체를 제거하는 탈기기가 제거하는 대표적인 용존 가스는?

① O_2　　　② H_2SO_4
③ H_2S　　④ SO_2

해설
탈기기
용존산소(O_2)나 CO_2를 제거하는 급수처리기기(점식을 방지한다.)

92 보일러 연소량을 일정하게 하고 저부하 시 잉여증기를 축적시켰다가 갑작스런 부하변동이나 과부하 등에 대처하기 위해 사용되는 장치는?

① 탈기기
② 인젝터
③ 재열기
④ 어큐뮬레이터

해설
증기축열기(어큐뮬레이터)
당일 저부하 시 남는 잉여증기를 물탱크에 넣어서 보온 후에 고부하 시 배수하여 보일러에서 재사용하여 열효율을 증가시키는 증기이송장치

93 다음 중 보일러수를 pH 10.5~11.5의 약알칼리로 유지하는 주된 이유는?

① 첨가된 염산이 강재를 보호하기 때문에
② 보일러의 부식 및 스케일 부착을 방지하기 위하여
③ 과잉 알칼리성이 더 좋으나 약품이 많이 소요되므로 원가를 절약하기 위하여
④ 표면에 딱딱한 스케일이 생성되어 부식을 방지하기 때문에

해설
㉠ 보일러 급수 : pH 7~9
㉡ 보일러수 : pH 10.5~12 이하(약알칼리로 사용)

94 다음 급수펌프 종류 중 회전식 펌프는?

① 워싱턴펌프
② 피스톤펌프
③ 플런저펌프
④ 터빈펌프

해설
회전식(원심식) 펌프
㉠ 터빈펌프
㉡ 볼류트펌프

정답 89 ③　90 ②　91 ①　92 ④　93 ②　94 ④

95 노 앞과 연도 끝에 통풍 팬을 설치하여 노 내의 압력을 임의로 조절할 수 있는 방식은?

① 자연통풍식 ② 압입통풍식
③ 유인통풍식 ④ 평형통풍식

해설

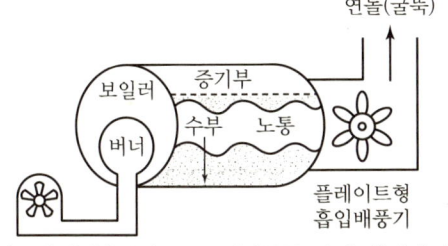

96 다음 보일러 부속장치와 연소가스의 접촉과정을 나타낸 것으로 가장 적합한 것은?

① 과열기 → 공기예열기 → 절탄기
② 절탄기 → 공기예열기 → 과열기
③ 과열기 → 절탄기 → 공기예열기
④ 공기예열기 → 절탄기 → 과열기

해설
보일러열효율증가장치(여열장치)
보일러 → 노통(화실) → 과열기 → 재열기 → 절탄기(급수가열기) → 공기예열기 → 굴뚝

97 보일러의 전열면적이 10m² 이상 15m² 미만인 경우 방출관의 안지름은 최소 몇 mm 이상이어야 하는가?

① 10 ② 20
③ 30 ④ 50

해설
온수보일러 방출관(mm)

전열면적	10 미만	10~15 미만	15 이상 20 미만
안지름	20 이상	30 이상	40 이상

98 보일러의 형식에 따른 종류의 연결로 틀린 것은?

① 노통식 원통보일러 – 코르니시 보일러
② 노통연관식 원통보일러 – 라몬트 보일러
③ 자연순환식 수관보일러 – 다쿠마 보일러
④ 관류보일러 – 슐저 보일러

해설
강제순환식 수관보일러
㉠ 라몬트 노즐 보일러
㉡ 베록스 보일러

99 부식 중 점식에 대한 설명으로 틀린 것은?

① 전기화학적으로 일어나는 부식이다.
② 국부부식으로서 그 진행상태가 느리다.
③ 보호피막이 파괴되었거나 고열을 받은 수열면 부분에 발생되기 쉽다.
④ 수중 용존산소를 제거하면 점식 발생을 방지할 수 있다.

해설
㉠ 점식 : 용존 산소(O_2)에 의한 부식
㉡ 국부부식 : 전열면 내면이나 외면에 얼룩모양의 국부부식

100 랭커셔 보일러에 대한 설명으로 틀린 것은?

① 노통이 2개이다.
② 부하변동 시 압력변화가 적다.
③ 연관보일러에 비해 전열면적이 작고 효율이 낮다.
④ 급수처리가 까다롭고 가동 후 증기 발생시간이 길다.

해설
랭커셔 보일러 특징은 ①, ②, ③항이며 급수처리는 용이하나 가동 후 증기발생은 수관식에 비해 길다.

정답 95 ④ 96 ③ 97 ③ 98 ② 99 ② 100 ④

2019년 4회 기출문제

1과목 연소공학

01 연소 배출가스 중 CO_2 함량을 분석하는 이유로 가장 거리가 먼 것은?

① 연소상태를 판단하기 위하여
② CO 농도를 판단하기 위하여
③ 공기비를 계산하기 위하여
④ 열효율을 높이기 위하여

해설
㉠ $CO + \frac{1}{2} O_2 \rightarrow CO_2$
㉡ 연소가스 CO_2 함량 분석 이유는 ①, ③, ④항이다.
㉢ CO 가스는 공기비 부족으로 불완전 연소

02 분무기로 노내에 분사된 연료에 연소용 공기를 유효하게 공급하여 연소를 좋게 하고, 확실한 착화와 화염의 안정을 도모하기 위해서 공기류를 적당히 조정하는 장치는?

① 자연통풍(Natural draft)
② 에어레지스터(Air register)
③ 압입 통풍 시스템(Forced draft system)
④ 유인 통풍 시스템(Induced draft system)

해설
에어레지스터 : 공기조절장치
㉠ 연소상태를 좋게 한다.
㉡ 착화를 안정시킨다.
㉢ 화염의 안정화
㉣ 공기류 적정 분배 조정

03 다음 중 층류연소속도의 측정방법이 아닌 것은?

① 비누거품법
② 적하수은법
③ 슬롯노즐버너법
④ 평면화염버너법

해설
수은법
흑연을 양극, 수은을 음극으로 한 전해조에서 식염수를 전기분해하여 염소 및 수산화나트륨을 만드는 대표적인 제조법이다.

04 연료를 구성하는 가연원소로만 나열된 것은?

① 질소, 탄소, 산소
② 탄소, 질소, 불소
③ 탄소, 수소, 황
④ 질소, 수소, 황

해설
㉠ 가연성 성분 : C, H, S
㉡ 불연성 성분 : 질소, 불소, 산소, CO_2, H_2O, SO_2, 공기 등

05 상온, 상압에서 프로판-공기의 가연성 혼합기체를 완전 연소시킬 때 프로판 1kg을 연소시키기 위하여 공기는 약 몇 kg이 필요한가?(단, 공기 중 산소는 23.15wt%이다.)

① 13.6
② 15.7
③ 17.3
④ 19.2

해설
프로판(C_3H_8) 1kmol = 44kg = 22.4m³
$C_3H_8 + 5O_2 \rightarrow 3CO_2 + 4H_2O$
(산소분자량 = 32kg = 22.4m³)
∴ 소요공기량 = 이론산소량 $\times \left(\frac{1}{0.2315}\right)$
$5 \times \frac{32}{44} \times \frac{1}{0.2315} = 15.7(kg)$

06 연소 시 배기가스량을 구하는 식으로 옳은 것은?(단, G : 배기가스량, G_o : 이론배기가스량, A_o : 이론공기량, m : 공기비이다.)

① $G = G_o + (m-1)A_o$
② $G = G_o + (m+1)A_o$

정답 01 ② 02 ② 03 ② 04 ③ 05 ② 06 ①

③ $G = G_o - (m+1)A_o$
④ $G = G_o + (1-m)/A_o$

해설
실제 연소가스량(G) = 이론배기가스량 + (공기비 − 1) × 이론공기량

07 연료의 조성(wt%)이 다음과 같을 때의 고위발열량은 약 몇 kcal/kg인가?(단, C, H, S의 고위발열량은 각각 8,100kcal/kg, 34,200kcal/kg, 2,500kcal/kg이다.)

> C : 47.20, H : 3.96, O : 8.36, S : 2.79,
> N : 0.61, H₂O : 14.54, Ash : 22.54

① 4,129
② 4,329
③ 4,890
④ 4,998

해설
- 재(회분 : Ash)
- 고위발열량(H_h) = $8,100C + 34,000\left(H - \dfrac{O}{8}\right) + 2,500S$

  $= 8,100 \times 0.472$
  $\quad + 34,000\left(0.0396 - \dfrac{0.0836}{8}\right)$
  $\quad + 2,500 \times 0.0279$
  $= 4,890\,(\text{kcal/kg})$

08 연소가스는 연돌에 200℃로 들어가서 30℃가 되어 대기로 방출된다. 배기가스가 일정한 속도를 가지려면 연돌 입구와 출구의 면적비를 어떻게 하여야 하는가?

① 1.56
② 1.93
③ 2.24
④ 3.02

해설
$T_1 = 200 + 273 = 473(K)$
$T_2 = 30 + 273 = 303(K)$
평균온도(T_3) = $\dfrac{473 + 303}{2} = 388(K)$
배기가스 유속 일정 면적비 = $\dfrac{473}{303} = 1.56$

09 다음 연소 범위에 대한 설명 중 틀린 것은?
① 연소 가능한 상한치와 하한치의 값을 가지고 있다.
② 연소에 필요한 혼합 가스의 농도를 말한다.
③ 연소 범위가 좁으면 좁을수록 위험하다.
④ 연소 범위의 하한치가 낮을수록 위험도는 크다.

해설
연소 범위(폭발범위)가 넓을수록 위험하다.
㉠ 메탄 폭발범위 : 5~15%
㉡ 프로판 폭발범위 : 2.1~9.5%
㉢ 아세틸렌 폭발범위 : 2.5~81%

10 액체연료의 유동점은 응고점보다 몇 ℃ 높은가?
① 1.5
② 2.0
③ 2.5
④ 3.0

해설
액체연료 유동점 : 액체연료 응고점 + 2.5℃

11 도시가스의 조성을 조사하니 H₂ 30v%, CO 6v%, CH₄ 40v%, CO₂ 24v%이었다. 이 도시가스를 연소하기 위해 필요한 이론산소량보다 20% 많게 공급했을 때 실제공기량은 약 몇 Nm³/Nm³인가?(단, 공기 중 산소는 21v%이다.)

① 2.6
② 3.6
③ 4.6
④ 5.6

해설
공기비(m) = 20 + 100 = 120% = 1.2
실제공기(A) = 이론공기량 × 공기비
이론공기량(A_o) = 이론산소량 × $\dfrac{1}{0.21}$ (Nm³)

- $H_2 + \dfrac{1}{2}O_2 \rightarrow H_2O$
- $CO + \dfrac{1}{2}O_2 \rightarrow CO_2$
- $CH_4 + 2O_2 \rightarrow CO_2 + 2H_2O$

이론산소량(O_0) = $0.5 \times 0.3 + 0.5 \times 0.06 + 2 \times 0.4$
$= 0.98\,\text{Nm}^3/\text{Nm}^3$

∴ 실제공기량(A) = $\dfrac{0.98}{0.21} \times 1.2 = 5.6\,(\text{Nm}^3/\text{Nm}^3)$

정답 07 ③ 08 ① 09 ③ 10 ③ 11 ④

12 배기가스 출구 연도에 댐퍼를 부착하는 주된 이유가 아닌 것은?

① 통풍력을 조절한다.
② 과잉공기를 조절한다.
③ 가스의 흐름을 차단한다.
④ 주연도, 부연도가 있는 경우에는 가스의 흐름을 바꾼다.

해설
연도댐퍼 설치목적(주된 이유는 ①, ③, ④항)

13 가연성 혼합 가스의 폭발한계 측정에 영향을 주는 요소로 가장 거리가 먼 것은?

① 온도 ② 산소농도
③ 점화에너지 ④ 용기의 두께

해설
용기의 두께는 용기의 강도와 관계된다.

14 액체연료의 미립화 방법이 아닌 것은?

① 고속기류 ② 충돌식
③ 와류식 ④ 혼합식

해설
가스연료 연소방식
㉠ 확산연소방식
㉡ 예혼합연소방식(내부, 외부형)

15 연돌 내의 배기가스 비중량 γ_1, 외기 비중량 γ_2, 연돌의 높이가 H일 때 연돌의 이론통풍력(Z)을 구하는 식은?

① $Z = \dfrac{H}{\gamma_1 - \gamma_2}$

② $Z = \dfrac{\gamma_2 - \gamma_1}{H}$

③ $Z = \dfrac{\gamma_2 - 2\gamma_1}{2H}$

④ $Z = (\gamma_2 - \gamma_1) \times H$

해설
• 이론통풍력(Z)
$Z = (\gamma_2 - \gamma_1) \times H \ (\mathrm{mmH_2O})$
• 실제통풍력(Z_1)
$Z_1 = (\gamma_2 - \gamma_1) \times H \times 0.8$

16 다음 분진의 중력침강속도에 대한 설명으로 틀린 것은?

① 점도에 반비례한다.
② 밀도차에 반비례한다.
③ 중력가속도에 비례한다.
④ 입자직경의 제곱에 비례한다.

해설
분진의 특성(밀도차에 비례)
㉠ 밀도가 크면 중력침강속도가 빠르다.
㉡ 밀도가 가벼우면 중력침강속도가 느려진다.

17 메탄(CH_4) 64kg을 연소시킬 때 이론적으로 필요한 산소량은 몇 kmol인가?

① 1 ② 2
③ 4 ④ 8

해설
메탄 $1\mathrm{kmol} = 16\mathrm{kg}$(분자량) $= 22.4\mathrm{m}^3$
• $CH_4 + 2O_2 \rightarrow CO_2 + 2H_2O$
$16\mathrm{kg} + (2 \times 32\mathrm{kg}) = 44\mathrm{kg} + (2 \times 18\mathrm{kg})$
$16\mathrm{kg} + 2 \times 22.4\mathrm{m}^3 = 22.4\mathrm{m}^3 + 2 \times 22.4\mathrm{m}^3$
∴ 요구하는 산소량 $= \dfrac{64}{16} \times 2 = 8(\mathrm{kmol})$

정답 12 ② 13 ④ 14 ④ 15 ④ 16 ② 17 ④

18 다음 중 연소효율(η_c)을 옳게 나타낸 식은? (단, H_L : 저위발열량, L_i : 불완전연소에 따른 손실열, L_C : 탄 찌꺼기 속의 미연탄소분에 의한 손실열이다.)

① $\dfrac{H_L - (L_C + L_i)}{H_L}$
② $\dfrac{H_L + (L_C - L_i)}{H_L}$
③ $\dfrac{H_L}{H_L + (L_C + L_i)}$
④ $\dfrac{H_L}{H_L - (L_C - L_i)}$

해설
연소효율 = $\dfrac{\text{저위발열량} - (\text{불완전손실} + \text{미연탄소분})}{\text{저위발열량}}$ (%)

19 A회사에 입하된 석탄의 성질을 조사하였더니 회분 6%, 수분 3%, 수소 5% 및 고위발열량이 6,000kcal/kg이었다. 실제 사용할 때의 저발열량은 약 몇 kcal/kg인가?

① 3,341
② 4,341
③ 5,712
④ 6,341

해설
석탄의 저위발열량(H_l)
$H_l = 8,100C + 28,600\left(H - \dfrac{O}{8}\right) + 2,500S - 600 \text{kcal/kg}$
산소가 없으면
$H_l = 8,100C + 28,600H + 2,500S - 600$
문제에서 고위발열량(H_h)이 주어졌으므로
∴ $H_l = H_h - 600(9H + W)$
　　$= 6,000 - 600(9 \times 0.05 + 0.03)$
　　$= 5,712 \text{kcal/kg}$

20 화염 면이 벽면 사이를 통과할 때 화염 면에서의 발열량보다 벽면으로의 열손실이 더욱 커서 화염이 더 이상 진행하지 못하고 꺼지게 될 때 벽면 사이의 거리는?

① 소염거리
② 화염거리
③ 연소거리
④ 점화거리

해설
소염거리
화염 면이 벽면 사이를 통과할 때 화염 면에서의 발열량보다 벽면으로의 열손실이 더욱 커서 화염이 소멸되는 현상에서 벽면 사이의 거리이다.

2과목　열역학

21 다음 중 엔트로피 과정에 해당하는 것은?
① 등적과정
② 등압과정
③ 가역단열과정
④ 가역등온과정

해설
가역단열과정 : 등엔트로피과정
단열변화 : 내부에너지변화량은 절대일량이다. 엔탈피변화량은 공업열과 같다. 열의 이동은 없다.

22 이상적인 교축과정(throttling process)에 대한 설명으로 옳은 것은?
① 압력이 증가한다.
② 엔탈피가 일정하다.
③ 엔트로피가 감소한다.
④ 온도는 항상 증가한다.

해설
교축과정
㉠ 엔탈피 일정
㉡ 엔트로피 증가
㉢ 비가역변화이다.

23 랭킨사이클로 작동되는 발전소의 효율을 높이려고 할 때 초압(터빈입구의 압력)과 배압(복수기 압력)은 어떻게 하여야 하는가?
① 초압과 배압 모두 올림
② 초압을 올리고 배압을 낮춤
③ 초압은 낮추고 배압을 올림
④ 초압과 배압 모두 낮춤

정답 18 ① 19 ③ 20 ① 21 ③ 22 ② 23 ②

해설
랭킨사이클의 열효율을 증가시키려면
㉠ 보일러압력은 증가, 복수기압력은 내린다.
㉡ 터빈의 초온이나 초압이 클수록 증가
- 터빈출구에서 온도를 낮추면 터빈의 깃을 부식시키므로 열효율이 감소한다.

24 다음 중 증발열이 커서 중형 및 대형의 산업용 냉동기에 사용하기에 가장 적정한 냉매는?

① 프레온-12   ② 탄산가스
③ 아황산가스   ④ 암모니아

해설
냉매의 잠열(-15℃에서 kcal/kg)
㉠ R-12 : 38.57
㉡ CO_2 : 65.3
㉢ SO_2 : 94.2
㉣ NH_3 : 313.5

25 압력 1,000kPa, 부피 1m³의 이상기체가 등온과정으로 팽창하여 부피가 1.2m³가 되었다. 이때 기체가 한 일(kJ)은?

① 82.3   ② 182.3
③ 282.3   ④ 382.3

해설
㉠ 정압 과정 절대일(W)
$$W = \int PdV = P(V_2 - V_1)$$
$$= 1,000 \times (1.2 - 1) = 200 (kJ)$$
㉡ 등온과정 절대일(W)
$$W = P_1 V_1 \ln \frac{V_2}{V_1} = 1,000 \times 1 \times \left(\frac{1.2}{1}\right)$$
$$= 182 (kJ)$$

26 열역학적계란 고려하고자 하는 에너지 변화에 관계되는 물체를 포함하는 영역을 말하는데 이 중 폐쇄계(closed system)는 어떤 양의 교환이 없는 계를 말하는가?

① 질량   ② 에너지
③ 일   ④ 열

해설
폐쇄계 영역은 질량의 교환이 없는 계이다.

27 피스톤이 장치된 용기 속의 온도 T_1[K], 압력 P_1[Pa], 체적 V_1[m³]의 이상기체 m[kg]이 있고, 정압과정으로 체적이 원래의 2배가 되었다. 이때 이상기체로 전달된 열량은 어떻게 나타내는가? (단, C_V는 정적비열이다.)

① $mC_V T_1$
② $2mC_V T_1$
③ $mC_V T_1 + P_1 V_1$
④ $mC_V T_1 + 2P_1 V_1$

해설
$_1W_2 = P(V_2 - V_1)$
$P(2V_1 - V_1) = P_1 V_1$
$\frac{P_1 \times 2V_1}{T_2}$, $T_2 = 2T_1 = mC_V(2T_1 - T_1) + {_1W_2}$
$\therefore mC_V T_1 + P_1 V_1$

28 카르노사이클에서 공기 1kg이 1사이클마다 하는 일이 100kJ이고 고온 227℃, 저온 27℃ 사이에서 작용한다. 이 사이클의 작동과정에서 생기는 저온 열원의 엔트로피 증가(kJ/K)는?

① 0.2   ② 0.4
③ 0.5   ④ 0.8

해설
엔트로피(Δs) = $\frac{\delta \theta}{T}$
$\therefore$ 엔트로피 증가량 = $\frac{(250)}{(227+273)} = 0.5 (kJ/K)$
저온에서 받은 열 = $\frac{100}{0.4} = 250 (kJ)$
- 효율 = $1 - \frac{(27+273)}{(227+273)} = 0.4$

정답 24 ④ 25 ② 26 ① 27 ③ 28 ③

29 열역학 제1법칙에 대한 설명으로 틀린 것은?

① 열은 에너지의 한 형태이다.
② 일을 열로 또는 열을 일로 변환할 때 그 에너지 총량은 변하지 않고 일정하다.
③ 제1종의 영구기관을 만드는 것은 불가능하다.
④ 제1종의 영구기관은 공급된 열에너지를 모두 일로 전환하는 가상적인 기관이다.

해설
제1종 영구기관
열역학 제1법칙을 위배하는 기관이다.(압력보다 출력이 더 큰 기관이다.)
· ④항은 제2종 영구기관이다.

30 카르노 열기관이 600K의 고열원과 300K의 저열원 사이에서 작동하고 있다. 고열원으로부터 300kJ의 열을 공급받을 때 기관이 하는 일(kJ)은 얼마인가?

① 150　　② 160
③ 170　　④ 180

해설
$\eta_c = \dfrac{\theta_a}{\theta_1} \times 100(\%)$

$\eta_c = 1 - \dfrac{T_2}{T_1} = 1 - \dfrac{300}{600} = 0.5$

∴ $300 \times 0.5 = 150(kJ)$

31 비열비 1.3의 고온 공기를 작동 물질로 하는 압축비 5의 오토사이클에서 최소 압력이 206 kPa, 최고압력이 5,400kPa일 때 평균유효압력(kPa)은?

① 594　　② 794
③ 1,190　　④ 1,390

해설
내연기관 오토사이클(η_o) 평균유효압력

$P_m = P_1 \times \dfrac{(\rho-1)(\varepsilon^k - \varepsilon)}{(k-1)(\varepsilon-1)}$

· ρ(압력비 = $\dfrac{P_3}{P_2}$), ε(압축비)

$P_2 = 206 \times 5^{1.3} = 1,669(kPa)$

$\rho = \dfrac{5,400}{1,669} = 3.24$

∴ $P_m = \dfrac{(3.24-1) \times (5^{1.3} - 5)}{(1.3-1) \times (5-1)} = 1,190(kPa)$

32 증기의 속도가 빠르고, 입출구 사이의 높이차도 존재하여 운동에너지 및 위치에너지를 무시할 수 없다고 가정하고, 증기는 이상적인 단열상태에서 개방시스템 내로 흘러 들어가 단위질량유량당 축일(w_s)를 외부로 제공하고 시스템으로부터 흘러나온다고 할 때, 단위질량유량당 축일을 어떻게 구할 수 있는가?(단, v는 비체적, P는 압력, V는 속도, g은 중력가속도, z는 높이를 나타내며, 하첨자 i는 입구, e는 출구를 나타낸다.)

① $w_s = \int_i^e P dv$

② $w_s = \int_i^e v dP$

③ $w_s = \int_i^e P dv + \dfrac{1}{2}(V_i^2 - V_e^2) + g(z_i - z_e)$

④ $w_s = -\int_i^e v dP + \dfrac{1}{2}(V_i^2 - V_e^2) + g(z_i - z_e)$

해설
증기의 단열상태에서 개방시스템의 단위질량유량당 축일(w_s)
$w_s = -\int_i^e v dP + \dfrac{1}{2}(V_i^2 - V_e^2) + g(z_i - z_e)$

33 랭킨사이클의 구성요소 중 단열 압축이 일어나는 곳은?

① 보일러　　② 터빈
③ 펌프　　④ 응축기

정답　29 ④　30 ①　31 ③　32 ④　33 ③

> **해설**

랭킨사이클
① 보일러 : 정압가열
② 복수기 : 등압, 등온방열
③ 급수펌프 : 단열압축

34 암모니아 냉동기의 증발기 입구의 엔탈피가 377kJ/kg, 증발기 출구의 엔탈피가 1,668kJ/kg이며 응축기 입구의 엔탈피가 1,894kJ/kg이라면 성능계수는 얼마인가?

① 4.44 ② 5.71
③ 6.90 ④ 9.84

> **해설**

냉매증발열 = 1,668 − 377 = 1,291
압축기동력소비열 = 1,894 − 1,668 = 226
∴ 성능계수(cop) = $\dfrac{1,291}{226}$ = 5.71

35 공기 표준 디젤사이클에서 압축비가 17이고 단절비(Cut-off ratio)가 3일 때 열효율(%)은? (단, 공기의 비열비는 1.4이다.)

① 52 ② 58
③ 63 ④ 67

> **해설**

η_{thd}(디젤사이클 효율)

$\eta_{thd} = 1 - \left(\dfrac{1}{\varepsilon}\right)^{k-1} \times \left(\dfrac{\sigma^k - 1}{k(\sigma - 1)}\right)$

∴ $\eta_{thd} = 1 - \left(\dfrac{1}{17}\right)^{1.4-1} \times \left(\dfrac{3^{1.4} - 1}{1.4(3-1)}\right) = 0.58(58\%)$

36 표준 증기 압축식 냉동사이클의 주요 구성요소는 압축기, 팽창밸브, 응축기, 증발기이다. 냉동기가 동작할 때 작동 유체(냉매)의 흐름의 순서로 옳은 것은?

① 증발기 → 응축기 → 압축기 → 팽창밸브 → 증발기
② 증발기 → 압축기 → 팽창밸브 → 응축기 → 증발기
③ 증발기 → 응축기 → 팽창밸브 → 압축기 → 증발기
④ 증발기 → 압축기 → 응축기 → 팽창밸브 → 증발기

> **해설**

증발기 → 압축기 → 응축기 → 팽창밸브(냉동기사이클)

37 애드벌룬에 어떤 이상기체 100kg을 주입하였더니 팽창 후의 압력이 150kPa, 온도 300K가 되었다. 애드벌룬의 반지름(m)은?(단, 애드벌룬은 완전한 구형(Sphere)이라고 가정하며, 기체상수는 250J/kg · K이다.)

① 2.29 ② 2.73
③ 3.16 ④ 3.62

> **해설**

$PV = GRT$, $V = \dfrac{GRT}{P}$

∴ $V = \dfrac{100 \times \left(\dfrac{250}{10^3}\right) \times 300}{150} = 50(\mathrm{m}^3)$

구형용기내용적(V_1) = $\dfrac{4}{3}\pi r^3 (\mathrm{m}^3)$

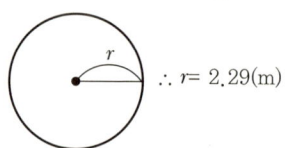

∴ $r = 2.29(\mathrm{m})$

• $V_1 = \dfrac{4}{3} \times 3.14 \times 2.29^3 = 50(\mathrm{m}^3)$

38 이상기체의 상태변화와 관련하여 폴리트로픽(Polytropic) 지수 n에 대한 설명으로 옳은 것은?

① '$n = 0$'이면 단열변화
② '$n = 1$'이면 등온변화
③ '$n =$ 비열비'이면 정적변화
④ '$n = \infty$'이면 등압변화

> **해설**

㉠ 0(정압변화)
㉡ 1(등온변화)
㉢ k(단열변화)
㉣ ∞(정적변화)

정답 34 ② 35 ② 36 ④ 37 ① 38 ②

39 80℃의 물(엔탈피 335kJ/kg)과 100℃의 건포화수증기(엔탈피 2,676kJ/kg)를 질량비 1 : 2로 혼합하여 열손실 없는 정상유동과정으로 95℃의 포화액-증기 혼합물 상태로 내보낸다. 95℃ 포화상태에서의 포화액 엔탈피가 398kJ/kg, 포화증기의 엔탈피가 2,668kJ/kg이라면 혼합실 출구의 건도는 얼마인가?

① 0.44 ② 0.58
③ 0.66 ④ 0.72

해설
- $398 - 335 = 63\text{kJ/kg}$
- $2,676 - 2,668 = 8\text{kJ/kg}$

∴ 건조도$(x) = \dfrac{335 - (63+8)}{398} = 0.66$

또는 $335 + 2 \times 2,676 = (1+2) \times \{398 + x(2,268 - 398)\}$
∴ $x = 0.66$

---

40 증기원동기의 랭킨사이클에서 열을 공급하는 과정에서 일정하게 유지되는 상태량은 무엇인가?

① 압력   ② 온도
③ 엔트로피   ④ 비체적

해설
랭킨사이클에서 증기압력은 불변, 온도는 변화 발생

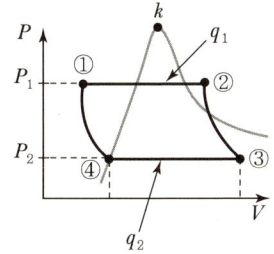

㉠ 1 → 2(정압가열)
㉡ 2 → 3(단열팽창)
㉢ 3 → 4(정압방열)
㉣ 4 → 1(단열압축)

3과목 계측방법

41 다음 중 가장 높은 압력을 측정할 수 있는 압력계는?

① 부르동관 압력계
② 다이어프램식 압력계
③ 벨로스식 압력계
④ 링밸런스식 압력계

해설
압력계 측정압력(mmAg)
㉠ 부르동관 : 0~3,000kgf/cm²
㉡ 다이어프램식 : 25~5,000mmAg
㉢ 벨로스식 : 0.01~10kgf/cm²
㉣ 링밸런스식 : 25~3,000mmAg

---

42 피드백(Feedback) 제어계에 관한 설명으로 틀린 것은?

① 입력과 출력을 비교하는 장치는 반드시 필요하다.
② 다른 제어계보다 정확도가 증가된다.
③ 다른 제어계보다 제어폭이 감소된다.
④ 급수제어에 사용된다.

해설
피드백 제어계는 다른 제어계보다 제어폭이 증가된다.

---

43 U자관 압력계에 대한 설명으로 틀린 것은?

① 측정 압력은 1~1,000kPa 정도이다.
② 주로 통풍력을 측정하는 데 사용된다.
③ 측정의 정도는 모세관 현상의 영향을 받으므로 모세관 현상에 대한 보정이 필요하다.
④ 수은, 물, 기름 등을 넣어 한쪽 또는 양쪽 끝에 측정압력을 도입한다.

해설
U자관(액주식) 압력계
㉠ 측정 범위 : 10~2,000(mmH₂O)
㉡ 측정 정도 : 0.5(mmH₂O)
- 1atm(101.325kPa) = 10,332(mmH₂O)

정답 39 ③ 40 ① 41 ① 42 ③ 43 ①

44 다음 중 유량측정의 원리와 유량계를 바르게 연결한 것은?

① 유체에 작용하는 힘 – 터빈 유량계
② 유속변화로 인한 압력차 – 용적식 유량계
③ 흐름에 의한 냉각효과 – 전자기 유량계
④ 파동의 전파 시간차 – 조리개 유량계

해설
㉠ 용적식 유량계 : 체적식 유량계(유체에 작용하는 힘 이용)
㉡ 전자식 유량계 : 기전력이 발생하는 패러데이의 법칙이용
㉢ 조리개 유량계 : 면적식 유량계, 차압식
• 터빈형 유량계 : 용적식 또는 유속식 유량계이다.

45 수은 및 알코올 온도계를 사용하여 온도를 측정할 때 계측의 기본원리는 무엇인가?

① 비열 ② 열팽창
③ 압력 ④ 점도

해설
수은, 알코올 액주식 온도계 계측의 기본 원리는 액주의 열팽창을 이용한다.

46 다음 각 물리량에 대한 SI 유도단위의 기호로 틀린 것은?

① 압력 - Pa   ② 에너지 - cal
③ 일률 - W   ④ 자기선속 - Wb

해설
SI유도단위에너지 : J(줄)

47 산소의 농도를 측정할 때 기전력을 이용하여 분석, 계측하는 분석계는?

① 자기식 O_2계   ② 세라믹식 O_2계
③ 연소식 O_2계   ④ 밀도식 O_2계

해설
세라믹 O_2계
산소의 농도 측정 시 850℃ 이상 유지에서 산소이온 통과로 산소 농담전지가 만들어지고 기전력(E)이 얻어진다.

48 아르키메데스의 부력 원리를 이용한 액면측정기기는?

① 차압식 액면계   ② 퍼지식 액면계
③ 기포식 액면계   ④ 편위식 액면계

해설
편위식 액면계
일명 Displacement 액면계라고 하며 회전각이 변화하여 회전각에 따라 액위를 지시하는, 즉 아르키메데스의 부력에 의한 플로트의 길이(h_1)인 반경의 원통에서 길이 h_2까지 들어 있는 부력에 의한 액면계이다.

49 다음 중 온도는 국제단위계(SI 단위계)에서 어떤 단위에 해당하는가?

① 보조단위   ② 유도단위
③ 특수단위   ④ 기본단위

해설
SI 기본단위
길이, 질량, 시간, 온도, 전류, 광도, 물질량 등

50 가스열량 측정 시 측정 항목에 해당되지 않는 것은?

① 시료가스의 온도   ② 시료가스의 압력
③ 실내온도   ④ 실내습도

해설
가스열량 측정 시 측정항목
㉠ 시료가스 온도
㉡ 시료가스 압력
㉢ 실내온도

51 방사온도계의 발신부를 설치할 때 다음 중 어떠한 식이 성립하여야 하는가?(단, l : 렌즈로부터 수열판까지의 거리, d : 수열판의 직경, L : 렌즈로부터 물체까지의 거리, D : 물체의 직경이다.)

① $\dfrac{L}{D} < \dfrac{l}{d}$ ② $\dfrac{L}{D} > \dfrac{l}{d}$

정답 44 ① 45 ② 46 ② 47 ② 48 ④ 49 ④ 50 ④ 51 ①

③ $\dfrac{L}{D} = \dfrac{l}{d}$ ④ $\dfrac{L}{l} < \dfrac{d}{D}$

해설
방사고온계(비접촉식 온도계)
$\left(\dfrac{L}{D} < \dfrac{l}{d}\right)$
- 측정범위 : 50~3,000℃ 연속측정이 가능하고 기록이나 제어가 용이하며 이동물체의 온도측정이 가능하다.

52 다음 중에서 비접촉식 온도측정방법이 아닌 것은?

① 광고온계 ② 색온도계
③ 서미스터 ④ 광전관식 온도계

해설
서미스터 접촉식 온도계
니켈, 코발트, 망간, 철, 구리 등의 금속산화물을 이용하여 만든 저항식 온도계이다. 측정범위는 -100~300℃이다.

53 1차 지연요소에서 시정수(T)가 클수록 응답속도는 어떻게 되는가?

① 응답속도가 빨라진다.
② 응답속도가 느려진다.
③ 응답속도가 일정해진다.
④ 시정수와 응답속도는 상관이 없다.

해설
1차 지연요소(자동제어)에서 $Y = 1 - e^{-\dfrac{t}{T}}$ (t : 시간)에서 시정수 T가 클수록 응답속도가 느려지고 작아지면 시간 지연이 적고 응답이 빠르다.

54 가스 채취 시 주의하여야 할 사항에 대한 설명으로 틀린 것은?

① 가스의 구성 성분의 비중을 고려하여 적정위치에서 측정하여야 한다.
② 가스 채취구는 외부에서 공기가 잘 통할 수 있도록 하여야 한다.
③ 채취된 가스의 온도, 압력의 변화로 측정오차가 생기지 않도록 한다.
④ 가스성분과 화학반응을 일으키지 않는 관을 이용하여 채취한다.

해설
연소가스 분석 시 가스 채취구는 외부에서 공기가 통하지 못하게 하여야 농도측정이 정확하게 된다.

55 직경 80mm인 원관 내에 비중 0.9인 기름이 유속 4m/s로 흐를 때 질량유량은 약 몇 kg/s인가?

① 18 ② 24
③ 30 ④ 36

해설
유량(Q) = 단면적 × 유속(m³/s)
$= \dfrac{3.14}{4} \times (0.08)^2 \times 4 = 0.020096 \, \text{m}^3/\text{s}$
$\therefore \dot{m} = 0.020096 \times 0.9 \times 10^3 = 18 \,(\text{kg/s})$
※ $1\text{m}^3 = 1,000\text{kg}$ (물의 경우)

56 염화리튬이 공기 수증기압과 평형을 이룰 때 생기는 온도저하를 저항온도계로 측정하여 습도를 알아내는 습도계는?

① 듀셀노점계 ② 아스만 습도계
③ 광전관식 노점계 ④ 전기저항식 습도계

해설
듀셀노점계
전기노점계이다. 노점계는 유리섬유에 함침(含浸)된 염화리튬 등의 수용액에 기체 중의 수증기압력과 평형할 때의 온도로부터 습도를 아는 노점계이다.

57 보일러의 자동제어에서 인터록 제어의 종류가 아닌 것은?

① 압력초과 ② 저연소
③ 고온도 ④ 불착화

정답 52 ③ 53 ② 54 ② 55 ① 56 ① 57 ③

해설
보일러인터록
압력초과, 저연소, 불착화, 프리퍼지, 저수위 등의 인터록이 있다.

58 다음 중 단위에 따른 차원식으로 틀린 것은?
① 동점도 : $L^2 T^{-1}$
② 압력 : $ML^{-1} T^{-2}$
③ 가속도 : LT^{-2}
④ 일 : MLT^{-2}

해설
일의 차원 : FL
(무게 F, 질량 M, 길이 L, 시간 T)

59 유체의 와류를 이용하여 측정하는 유량계는?
① 오벌 유량계
② 델타 유량계
③ 로터리피스톤 유량계
④ 로터미터

해설
와류식 유량계
카르만 와열(渦列)은 레이놀즈수의 범위에서 유속과 관계된 정해진 발생 수를 나타낸다. 즉, 소용돌이 발생 수를 알면 유속을 알 수 있는 원리를 이용한 유량계로서 델타 유량계, 스와르메타 유량계, 카르만 유량계가 있다.

60 액주에 의한 압력 측정에서 정밀 측정을 할 때 다음 중 필요하지 않은 보정은?
① 온도의 보정
② 중력의 보정
③ 높이의 보정
④ 모세관 현상의 보정

해설
액주의 압력 보정
㉠ 온도 보정
㉡ 중력의 보정
㉢ 모세관 보정

4과목 열설비재료 및 관계법규

61 유체의 역류를 방지하기 위한 것으로 밸브의 무게와 밸브의 양면 간 압력차를 이용하여 밸브를 자동으로 작동시켜 유체가 한쪽 방향으로만 흐르도록 한 밸브는?
① 슬루스밸브
② 회전밸브
③ 체크밸브
④ 버터플라이밸브

해설
체크밸브
㉠ 스윙식
㉡ 리프트식
㉢ 판형
• 역류방지용(—N—)

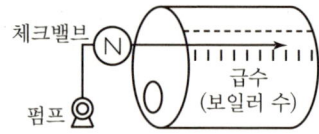

62 주철관에 대한 설명으로 틀린 것은?
① 제조방법은 수직법과 원심력법이 있다.
② 수도용, 배수용, 가스용으로 사용된다.
③ 인성이 풍부하여 나사이음과 용접이음에 적합하다.
④ 주철은 인장강도에 따라 보통 주철과 고급주철로 분류된다.

해설
주철관
충격에 약하고 인성이 부족하며 소켓이음에 유리하다.(부식이 없고 보통주철, 고급주철로 구분)

정답 58 ④ 59 ② 60 ③ 61 ③ 62 ③

63 다음 중 에너지이용 합리화법에 따라 에너지다소비사업자에게 에너지관리 개선명령을 할 수 있는 경우는?

① 목표원단위보다 과다하게 에너지를 사용하는 경우
② 에너지관리 지도결과 10% 이상의 에너지효율 개선이 기대되는 경우
③ 에너지 사용실적이 전년도보다 현저히 증가한 경우
④ 에너지 사용계획 승인을 얻지 아니한 경우

해설
에너지관리 개선명령
에너지 다소비사업자(연간 석유환산 2,000 T.O.E 이상 사용자)의 에너지 관리 지도결과 10% 이상의 에너지효율개선이 기대되는 경우

64 산화 탈산을 방지하는 공구류의 담금질에 가장 적합한 로는?

① 용융염류 가열로   ② 직접저항 가열로
③ 간접저항 가열로   ④ 아크 가열로

해설
용융염류 가열로
산화나 탈산을 방지하는 공구류의 담금질(열처리)에 적합한 로이다.

65 에너지이용 합리화법에 따라 용접검사가 면제되는 대상 범위에 해당되지 않는 것은?

① 용접이음이 없는 강관을 동체로 한 헤더
② 최고사용압력이 0.35MPa 이하이고, 동체의 안지름이 600mm인 전열교환식 1종 압력용기
③ 전열면적이 30m² 이하의 유류용 강철제 증기보일러
④ 전열면적이 18m² 이하이고, 최고사용압력이 0.35MPa인 온수보일러

해설
강철제 보일러는 전열면적이 5m² 이하이고 최고사용압력이 0.35MPa 이하인 경우에만 용접검사(제조검사)가 면제된다. 따라서 ③항은 면제 대상 범위에서 제외된다.

66 마그네시아질 내화물이 수증기에 의해서 조직이 약화되어 노벽에 균열이 발생하여 붕괴하는 현상은?

① 슬래킹 현상
② 더스팅 현상
③ 침식 현상
④ 스폴링 현상

해설
슬래킹(Slacking : 소화성)
마그네시아 벽돌이나 돌로마이트 벽돌에서 사용 중 H_2O를 흡수하여 체적 변화를 일으켜 벽돌이 분화하는 현상이다.

67 에너지이용 합리화법에 따라 에너지다소비사업자의 신고에 대한 설명으로 옳은 것은?

① 에너지다소비사업자는 매년 12월 31일까지 사무소가 소재하는 지역을 관할하는 시·도지사에게 신고하여야 한다.
② 에너지다소비사업자의 신고를 받은 시·도지사는 이를 매년 2월 말일까지 산업통상자원부장관에게 보고하여야 한다.
③ 에너지다소비사업자의 신고에는 에너지를 사용하여 만드는 제품·부가가치 등의 단위당 에너지이용 효율 향상목표 또는 온실가스배출 감소목표 및 이행방법을 포함하여야 한다.
④ 에너지다소비사업자는 연료·열의 연간 사용량의 합계가 2,000 티오이 이상이고, 전력의 연간 사용량이 400만 킬로와트시 이상인 자를 의미한다.

해설
에너지다소비사업자의 신고
- 제①항 : 매년 1월 31일까지
- 제④항 : 연료 및 전력의 합계가 연간 2,000티오이 이상 사용자
- 제③항은 제외

정답 63 ② 64 ① 65 ③ 66 ① 67 ②

68 셔틀요(Shuttle kiln)의 특징으로 틀린 것은?

① 가마의 보유열보다 대차의 보유열이 열 절약의 요인이 된다.
② 급랭파가 생기지 않을 정도의 고온에서 제품을 꺼낸다.
③ 가마 1개당 2대 이상의 대차가 있어야 한다.
④ 작업이 불편하여 조업하기가 어렵다.

해설
셔틀요 등 요는 반연속요이므로 작업이나 조업하기가 불연속요에 비하여 매우 용이하다.

69 두께 230mm의 내화벽돌, 114mm의 단열벽돌, 230mm의 보통벽돌로 된 노의 평면 벽에서 내벽면의 온도가 1,200℃이고 외벽면의 온도가 120℃일 때, 노벽 1m²당 열손실(W)은?(단, 내화벽돌, 단열벽돌, 보통벽돌의 열전도도는 각각 1.2, 0.12, 0.6W/m·℃이다.)

① 376.9 ② 563.5
③ 708.2 ④ 1,688.1

해설
전도전열량(Q)

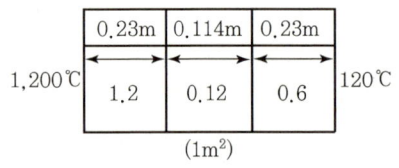

$$Q = \frac{A \times (t_1 - t_2)}{\frac{b_1}{\lambda_1} + \frac{b_2}{\lambda_2} + \frac{b_3}{\lambda_3}} = \frac{1 \times (1,200 - 120)}{\frac{0.23}{0.2} + \frac{0.114}{0.12} + \frac{0.23}{0.6}} = 708.2(W)$$

70 에너지이용 합리화법에 따라 에너지 저장의 무부과 대상자가 아닌 자는?

① 전기사업법에 따른 전기 사업자
② 석탄산업법에 따른 석탄가공업자
③ 액화가스사업법에 따른 액화가스 사업자
④ 연간 2만 석유환산톤 이상의 에너지를 사용하는 자

해설
제③항은 고압가스안전관리법에 해당된다. 다만 도시가스사업법 제2조 제2호에 따른 도시가스사업자는 해당된다.

71 다음 중 최고사용온도가 가장 낮은 보온재는?

① 유리면 보온재   ② 페놀 폼
③ 펄라이트 보온재 ④ 폴리에틸렌 폼

해설
보온재사용온도
㉠ 유리면 : 300℃ 이하
㉡ 페놀폼 : 480℃ 이하
㉢ 펄라이트 : 1,100℃ 이하
㉣ 폴리에틸렌 : 80℃ 이하

72 요로를 균일하게 가열하는 방법이 아닌 것은?

① 노내 가스를 순환시켜 연소 가스량을 많게 한다.
② 가열시간을 되도록 짧게 한다.
③ 장염이나 축차연소를 행한다.
④ 벽으로부터의 방사열을 적절히 이용한다.

해설
요로 내 피열물을 균일하게 가열하려면 어느 정도 가열시간이 길어야 한다.

73 에너지이용 합리화법에 따라 에너지 절약형 시설투자 시 세제지원이 되는 시설투자가 아닌 것은?

① 노후 보일러 등 에너지다소비 설비의 대체
② 열병합발전사업을 위한 시설 및 기기류의 설치
③ 5% 이상의 에너지절약 효과가 있다고 인정되는 설비
④ 산업용 요로 설비의 대체

해설
에너지법 제14조 및 에너지이용합리화법 시행령 제27조에 의거 세제지원대상항목은 ①, ②, ④항의 경우이다. 또는 10% 이상의 에너지 절약 효과가 있다고 인정되는 설비이다.

74 에너지이용 합리화법에 따라 에너지이용 합리화 기본계획에 대한 설명으로 틀린 것은?

① 기본계획에는 에너지이용효율의 증대에 관한 사항이 포함되어야 한다.
② 기본계획에는 에너지절약형 경제구조로의 전환에 관한 사항이 포함되어야 한다.
③ 산업통상자원부장관은 기본계획을 수립하기 위하여 필요하다고 인정하는 경우 관계 행정기관의 장에게 필요자료 제출을 요청할 수 있다.
④ 시·도지사는 기본계획을 수립하려면 관계행정기관의 장과 협의한 후 산업통상자원부장관의 심의를 거쳐야 한다.

해설
제④항은 시장, 도지사는 매년 에너지이용 합리화기본계획을 수립하고 그 계획을 해당연도 1월 31일까지 그리고 그 시행계획을(결과물) 다음 연도 2월 말까지 각각 산업통상자원부장관에게 제출하여야 한다.

75 에너지이용 합리화법에서 규정한 수요관리 전문기관에 해당하는 것은?

① 한국가스안전공사
② 한국에너지공단
③ 한국전력공사
④ 전기안전공사

해설
수요관리 전문기관 : 한국에너지공단

76 에너지이용 합리화법에 따라 공공사업주관자는 에너지사용계획의 조정 등 조치 요청을 받은 경우에는 산업통상자원부령으로 정하는 바에 따라 조치 이행계획을 작성하여 제출하여야 한다. 다음 중 이행계획에 반드시 포함되어야 하는 항목이 아닌 것은?

① 이행 예산
② 이행 주체
③ 이행 방법
④ 이행 시기

해설
에너지이용 합리화법 제11조, 시행령 제23조, 시행규칙 제5조
이행계획사항
㉠ 이행주체
㉡ 이행방법
㉢ 이행시기

77 보온재의 열전도율에 대한 설명으로 옳은 것은?

① 열전도율이 클수록 좋은 보온재이다.
② 보온재 재료의 온도에 관계없이 열전도율은 일정하다.
③ 보온재 재료의 밀도가 작을수록 열전도율은 커진다.
④ 보온재 재료의 수분이 적을수록 열전도율은 작아진다.

해설
보온재 기능
㉠ 열전도율이 적을 것(수분이나 수분이 적을 것)
㉡ 재료에 따라 온도에 따라 열전도율이 다를 것
㉢ 보온재의 밀도가 작을수록(다공질) 열전도율이 적어진다.

78 다음 중 에너지이용 합리화법에 따른 에너지사용계획의 수립대상 사업이 아닌 것은?

① 고속도로건설사업
② 관광단지개발사업
③ 항만건설사업
④ 철도건설사업

해설
에너지사용계획 수립대상 : 관광단지개발사업, 항만건설사업, 철도건설사업

79 다음 중 규석벽돌로 쌓은 가마 속에서 소성하기에 가장 적절하지 못한 것은?

① 규석질 벽돌
② 샤모트질 벽돌
③ 납석질 벽돌
④ 마그네시아질 벽돌

해설
마그네시아질 벽돌은 염기성 슬랙이나 용융금속에 대하여 저항성이 크기 때문에 산성벽돌인 규석벽돌로 쌓은 가마에서는 소성하기가 어렵다.

정답 74 ④ 75 ② 76 ① 77 ④ 78 ① 79 ④

80 에너지법에 의한 에너지 총조사는 몇 년 주기로 시행하는가?

① 2년 ② 3년
③ 4년 ④ 5년

> **해설**
> 에너지 총조사기간
> ㉠ 기본조사 : 3년
> ㉡ 간이조사 : 필요한 경우

5과목 열설비설계

81 보일러에서 스케일 및 슬러시의 생성 시 나타나는 현상에 대한 설명으로 가장 거리가 먼 것은?

① 스케일이 부착되면 보일러 전열면을 과열시킨다.
② 스케일이 부착되면 배기가스 온도가 떨어진다.
③ 보일러에 연결한 코크, 밸브, 그 외의 구멍을 막히게 한다.
④ 보일러 전열 성능을 감소시킨다.

> **해설**
> 보일러에서 스케일(관석)이 쌓이면 열전달 방해로 열이 물로 전달이 어려워서 그대로 배기되어 연돌로 배출하므로 배기가스 온도가 떨어지지 않는다.

82 보일러의 부대장치 중 공기예열기 사용 시 나타나는 특징으로 틀린 것은?

① 과잉공기가 많아진다.
② 가스온도 저하에 따라 저온부식을 초래할 우려가 있다.
③ 보일러 효율이 높아진다.
④ 질소산화물에 의한 대기오염의 우려가 있다.

> **해설**
> 공기예열기 사용 시 과잉공기가 감소한다.

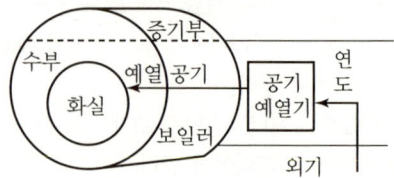

83 보일러 수 1,500kg 중 불순물 30g이 검출되었다. 이는 몇 ppm인가?(단, 보일러 수의 비중은 1이다.)

① 20 ② 30
③ 50 ④ 60

> **해설**
> $1kg = 1,000g$, $1,500kg = 1,500,000g$, $1ppm = \dfrac{1}{10^6}$
>
> $\therefore\ 10^6 \times \dfrac{30}{1,500,000} = 20(ppm)$

84 열사용 설비는 많은 전열면을 가지고 있는데 이러한 전열면이 오손되면 전열량이 감소하고, 열설비의 손상을 초래한다. 이에 대한 방지대책으로 틀린 것은?

① 황분이 적은 연료를 사용하여 저온부식을 방지한다.
② 첨가제를 사용하여 배기가스의 노점을 상승시킨다.
③ 과잉공기를 적게 하여 저공기비 연소를 시킨다.
④ 내식성이 강한 재료를 사용한다.

> **해설**
> 전열면의 오손을 방지하기 위하여 첨가제를 사용하여 배기가스의 노점을 낮추면 저온부식(황산에 의한 부식)을 방지할 수가 있다.

정답 80 ② 81 ② 82 ① 83 ① 84 ②

85 노통보일러에 거싯스테이를 부착할 경우 경판과의 부착부 하단과 노통 상부 사이에는 완충폭(브리딩 스페이스)이 있어야 한다. 이때 경판의 두께가 20mm인 경우 완충폭은 최소 몇 mm이상이어야 하는가?

① 230 ② 280
③ 320 ④ 350

해설

경판두께에 따른 브리딩스페이스(mm)

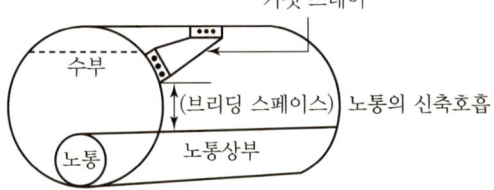

㉠ 13mm 이하(230 이상) ㉡ 15mm 이하(260 이상)
㉢ 17mm 이하(280 이상) ㉣ 19mm 이하(300 이상)
㉤ 19mm 초과(320 이상)

86 보일러의 효율 향상을 위한 운전 방법으로 틀린 것은?

① 가능한 정격부하로 가동되도록 조업을 계획한다.
② 여러 가지 부하에 대해 열정산을 행하여, 그 결과로 얻은 결과를 통해 연소를 관리한다.
③ 전열면의 오손, 스케일 등을 제거하여 전열효율을 향상시킨다.
④ 블로우 다운을 조업중지 때마다 행하여, 이상 물질이 보일러 내에 없도록 한다.

해설

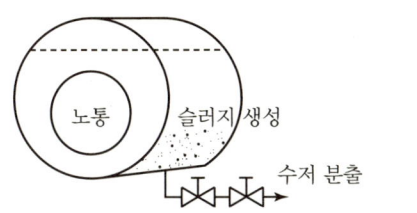

분출(슬러지 배출 블로우)를 자주하면 온수배출이 심하여 열손실이 증가하고 급수사용량이 증가하여 효율이 감소한다.

87 다음 [보기]의 특징을 가지는 증기트랩의 종류는?

[보기]
• 다량의 드레인을 연속적으로 처리할 수 있다.
• 증기누출이 거의 없다.
• 가동 시 공기빼기를 할 필요가 없다.
• 수격작용에 다소 약하다.

① 플로트식 트랩 ② 버킷형 트랩
③ 바이메탈식 트랩 ④ 디스크식 트랩

해설

기계식증기트랩
㉠ 플로트식(볼식, 레버식) : 다량 연속식
㉡ 버킷식(상향, 하향식)

88 지름 5cm의 파이프를 사용하여 매 시간 4t의 물을 공급하는 수도관이 있다. 이 수도관에서의 물의 속도(m/s)는?(단, 물의 비중은 1이다.)

① 0.12 ② 0.28
③ 0.56 ④ 0.93

해설

$4t/h = 4,000kg/h = 4m^3/h$
유량(θ) = 단면적 × 유속, 1시간 = 3,600초
유속(V) = $\dfrac{유량(m^3/h)}{단면적 \times 3,600}$ (m/s)

단면적(A) = $\dfrac{3.14}{4} \times (0.05)^2 = 0.0019625(m^2)$

$\therefore V = \dfrac{4}{0.0019625 \times 3,600} = 0.56(m/s)$

89 용접이음에 대한 설명으로 틀린 것은?

① 두께의 한도가 없다.
② 이음효율이 우수하다.
③ 폭음이 생기지 않는다.
④ 기밀성이나 수밀성이 낮다.

해설

용접이음은 강도가 크고 기밀성이나 수밀성이 큰 이음이다.

정답 85 ③ 86 ④ 87 ① 88 ③ 89 ④

90 내경이 150mm인 연동제 파이프의 인장강도가 80MPa이라 할 때, 파이프의 최고사용압력이 4,000kPa이면 파이프의 최소두께(mm)는?(단, 이음효율은 1, 부식여유는 1mm, 안전계수는 1로 한다.)

① 2.63   ② 3.71
③ 4.75   ④ 5.22

[해설]
$t = \dfrac{Pd}{2\sigma_a} + c(\text{mm})$, $4{,}000\text{kPa} = 4\text{MPa}$
$= \dfrac{4 \times 150}{2 \times 80} + 1 = 4.75(\text{mm})$

91 점식(pitting)부식에 대한 설명으로 옳은 것은?

① 연료 내의 유황성분이 연소할 때 발생하는 부식이다.
② 연료 중에 함유된 바나듐에 의해서 발생하는 부식이다.
③ 산소농도차에 의한 전기 화학적으로 발생하는 부식이다.
④ 급수 중에 함유된 암모니아가스에 의해 발생하는 부식이다.

[해설]

점식(피팅)
급수 등의 포함된 용존산소(O_2)에 의한 부식이다. 보일러 등의 수면 부근에서 발생한다.

92 다음 중 스케일의 주성분에 해당되지 않는 것은?

① 탄산칼슘   ② 규산칼슘
③ 탄산마그네슘   ④ 과산화수소

[해설]
스케일
㉠ 탄산칼슘
㉡ 규산칼슘
㉢ 탄산마그네슘
• 과산화수소 : H_2O_2이며 수소와 산소의 화합물이다. 물보다 점성이 크고 표백제, 비닐중합의 원료이다.

93 줄-톰슨계수(Joule-Thomson coefficient, μ)에 대한 설명으로 옳은 것은?

① μ의 부호는 열량의 함수이다.
② μ의 부호는 온도의 함수이다.
③ μ가 (-)일 때 유체의 온도는 교축과정 동안 내려간다.
④ μ가 (+)일 때 유체의 온도는 교축과정 동안 일정하게 유지된다.

[해설]
줄-톰슨계수(줄-톰슨효과)
$\mu = \left(\dfrac{\partial T}{\partial P}\right)h$
고압의 가스나 유체가 밸브나 노즐을 통과할 때 단열팽창이 일어난다. 이 경우 엔탈피는 일정, 동작유체의 온도는 압력강하에 비례하여 감소한다. 이때의 계수가 줄-톰슨계수이다.

94 물을 사용하는 설비에서 부식을 초래하는 인자로 가장 거리가 먼 것은?

① 용존 산소
② 용존 탄산가스
③ pH
④ 실리카

[해설]
실리카(SiO_2)
급수 중의 칼슘성분과 결합하여 규산칼슘을 생성한다. 실리카 함유량이 많은 스케일은 대단히 경질이기 때문에 기계적, 화학적으로는 제거하기가 어려운 스케일이다.

정답 90 ③ 91 ③ 92 ④ 93 ② 94 ④

95 보일러의 만수보존법에 대한 설명으로 틀린 것은?

① 밀폐 보존방식이다.
② 겨울철 동결에 주의하여야 한다.
③ 보통 2~3개월의 단기보존에 사용된다.
④ 보일러 수는 pH 6 정도 유지되도록 한다.

해설
보일러 단기 보존인 만수보존에서 pH는 약 10.5~11.8 정도로 보관한다. 소다 보존이며(가성소다, 아황산소다), 다만 고압보일러는 가성소다, 히드라진, 암모니아 등을 사용한다.

96 테르밋(thermit)용접에서 테르밋이란 무엇과 무엇의 혼합물인가?

① 붕사와 붕산의 분말
② 탄소와 규소의 분말
③ 알루미늄과 산화철의 분말
④ 알루미늄과 납의 분말

해설
테르밋 용접
알루미늄과 산화철의 분말을 이용하여(약 3 : 1 정도 혼합) 만든 테르밋제에 과산화바륨과 마그네슘의 혼합분말로 된 점화제를 용기에 넣고 이것을 불로 붙여서 약 1,100℃ 이상의 고온을 이용하여 강력한 반응으로 테르밋의 온도가 2,800℃에 달하면 용접이 된다.
(레일, 커넥팅로드, 크랭크샤프트, 선박의 강봉용접)

97 노통보일러 중 원통형의 노통이 2개 설치된 보일러를 무엇이라고 하는가?

① 랭커셔보일러   ② 라몬트보일러
③ 바브콕보일러   ④ 다우삼보일러

해설

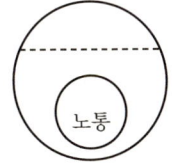
[코르니시 보일러]

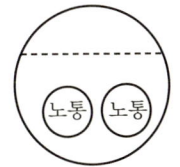
[랭커셔보일러]

98 흑체로부터의 복사에너지는 절대온도의 몇 제곱에 비례하는가?

① $\sqrt{2}$ ② 2
③ 3   ④ 4

해설
복사열량(Q)
$Q = 4.88 \cdot \varepsilon \cdot C_b \left[\left(\dfrac{T_1}{100} \right)^4 - \left(\dfrac{T_2}{100} \right)^4 \right] (\text{kcal/h})$

99 보일러 동체, 드럼 및 일반적인 원통형 고압용기의 동체두께(t)를 구하는 계산식으로 옳은 것은? (단, P는 최고사용압력, D는 원통 안지름, σ는 허용인장응력(원주방향)이다.)

① $t = \dfrac{PD}{\sqrt{2}\sigma}$ ② $t = \dfrac{PD}{\sigma}$

③ $t = \dfrac{PD}{2\sigma}$ ④ $t = \dfrac{PD}{4\sigma}$

해설
원통형 고압용기 두께(t)
$t = \dfrac{PD}{2\sigma} (\text{mm})$

100 아래 표는 소용량 주철제보일러에 대한 정의이다. (가), (나) 안에 들어갈 내용으로 옳은 것은?

주철제보일러 중 전열면적이 (가)m² 이하이고 최고사용압력이 (나)MPa 이하인 것

① (가) 4   (나) 1
② (가) 5   (나) 0.1
③ (가) 5   (나) 1
④ (가) 4   (나) 0.1

해설
소용량 주철제보일러 기준
㉠ 전열면적 5m² 이하
㉡ 최고사용압력 0.1MPa 이하

정답 95 ④ 96 ③ 97 ① 98 ④ 99 ③ 100 ②

2020년 1·2회 통합기출문제

1과목 연소공학

01 다음과 같은 질량조성을 가진 석탄의 완전연소에 필요한 이론공기량(kg/kg)은 얼마인가?

> C : 64.0%, H : 5.3%, S : 0.1%, O : 8.8%,
> N : 0.8%, ash : 12.0%, water : 9.0%

① 7.5 ② 8.8
③ 9.7 ④ 10.4

해설

고체중량당 이론공기량(kg/kg)
(분자량 : C=12, H=2, S=32, O_2=32)

$C = \dfrac{32}{12}$, $H = \dfrac{16}{2}$, $S = \dfrac{32}{32}$

공기 중 산소는 중량당 23.2%
A_0 (이론공기량)
= 이론산소량 $\times \dfrac{1}{0.232}$
= $\left\{\dfrac{32}{12} \times 0.64 + \dfrac{16}{2}\left(0.053 - \dfrac{0.088}{8}\right) + \dfrac{32}{32} \times 0.001\right\} \times \dfrac{1}{0.232}$
= 8.8 (kg/kg)

※ $A_0 = 11.5C + 34.49\left(H + \dfrac{O}{8}\right) + 4.31S$

02 링겔만 농도표의 측정 대상은?

① 배출가스 중 매연 농도
② 배출가스 중 CO 농도
③ 배출가스 중 CO_2 농도
④ 화염의 투명도

해설

링겔만 매연 농도표 : 배출가스 중 매연 농도 측정
(1도=20%, 2도=40%, 3도=60%, 4도=80%, 5도=100%)

03 다음 중 연소 시 발생하는 질소산화물(NOx)의 감소 방안으로 틀린 것은?

① 질소 성분이 적은 연료를 사용한다.
② 화염의 온도를 높게 연소한다.
③ 화실을 크게 한다.
④ 배기가스 순환을 원활하게 한다.

해설

화염의 온도를 높이면 질소와 산소의 반응 촉진으로 질소산화물(녹스)의 발생이 증가하여 대기오염을 유발시킨다.

04 연료의 일반적인 연소 반응의 종류로 틀린 것은?

① 유동층연소 ② 증발연소
③ 표면연소   ④ 분해연소

해설

• 유동층연소 : 미분탄의 연소반응
• 증발연소 : 액체연소
• 표면연소, 분해연소 : 고체연소

05 공기와 혼합 시 가연범위(폭발범위)가 가장 넓은 것은?

① 메탄   ② 프로판
③ 메틸알코올 ④ 아세틸렌

해설

가스의 폭발범위(가연범위)
㉠ 메탄(5~15%)
㉡ 프로판(2.1~9.5%)
㉢ 메틸알코올(7.3~36%)
㉣ 아세틸렌(2.1~81%)

정답 01 ② 02 ① 03 ② 04 ① 05 ④

06 11g의 프로판의 완전연소 시 생성되는 물의 질량(g)은?

① 44 ② 34
③ 28 ④ 18

[해설]
$C_3H_8 + 5O_2 \rightarrow 3CO_2 + 4H_2O$
44g   5×32g   3×44g   4×18g

물(H_2O)의 질량 = $\frac{4 \times 18}{44} \times 11 = 18(g/g)$

※ 분자량 : 프로판(44), 물(18), 이산화탄소(44)

---

07 다음 중 역화의 위험성이 가장 큰 연소방식으로서, 설비의 시동 및 정지 시에 폭발 및 화재에 대비한 안전 확보에 각별한 주의를 요하는 방식은?

① 예혼합 연소 ② 미분탄 연소
③ 분무식 연소 ④ 확산 연소

[해설]
가스 연소 : 확산 연소, 예혼합 연소
• 확산 연소 : CO 생성 우려
• 예혼합 연소 : 완전연소는 가능하나 혼합공기와 가스양의 밸런스가 불량이면 역화 발생

---

08 액체 연료에 대한 가장 적합한 연소방법은?

① 화격자 연소 ② 스토커 연소
③ 버너 연소   ④ 확산 연소

[해설]
액체 연료, 기체 연료 : 버너 연소가 가장 이상적이다.

---

09 연료의 발열량에 대한 설명으로 틀린 것은?

① 기체 연료는 그 성분으로부터 발열량을 계산할 수 있다.
② 발열량의 단위는 고체와 액체 연료의 경우 단위 중량당(통상 연료 kg당) 발열량으로 표시한다.
③ 고위발열량은 연료의 측정 열량에 수증기 증발잠열을 포함한 연소열량이다.
④ 일반적으로 액체 연료는 비중이 크면 체적당 발열량은 감소하고, 중량당 발열량은 증가한다.

[해설]
액체 연료의 발열량
일반적으로 액체 연료의 비중이 증가하면 체적당 발열량이 증가한다.
※ 발열량(kcal/kg)은 고위발열량, 저위발열량이 있다.

---

10 고체 연료의 연료비(fuel ratio)를 옳게 나타낸 것은?

① $\frac{고정 탄소(\%)}{휘 발분(\%)}$ ② $\frac{휘 발분(\%)}{고정 탄소(\%)}$
③ $\frac{고정 탄소(\%)}{수분(\%)}$ ④ $\frac{수분(\%)}{고정 탄소(\%)}$

[해설]
고체(석탄)의 연료비 = $\frac{고정탄소(\%)}{휘발분(\%)}$

㉠ 연료비가 크면 점화가 어려우나 발열량이 증가하고 연소속도가 느리다.
㉡ 연료비가 12 이상이면 질이 좋은 무연탄이 된다.

---

11 고체 연료의 연소방식으로 옳은 것은?

① 포트식 연소   ② 화격자 연소
③ 심지식 연소   ④ 증발식 연소

[해설]
고체연료의 연소방식 : 화격자 연소, 미분탄 연소, 유동층 연소

---

12 고체 연료의 연소가스 관계식으로 옳은 것은?
(단, G : 연소가스양, G_0 : 이론연소가스양, A : 실제공기량, A_0 : 이론공기량, a : 연소생성 수증기량)

① $G_0 = A_0 + 1 - a$ ② $G = G_0 - A + A_0$
③ $G = G_0 + A - A_0$ ④ $G_0 = A_0 - 1 + a$

[해설]
연소가스양(G) = 이론연소가스양 + 실제공기량 − 이론공기량
= $G_0 + A - A_0$

정답 06 ④ 07 ① 08 ③ 09 ④ 10 ① 11 ② 12 ③

13 백필터(bag-filter)에 대한 설명으로 틀린 것은?

① 여과면의 가스 유속은 미세한 더스트일수록 작게 한다.
② 더스트 부하가 클수록 집진율은 커진다.
③ 여포재에 더스트 일차 부착층이 형성되면 집진율은 낮아진다.
④ 백의 밑에서 가스백 내부로 송입하여 집진한다.

해설
여과식 집진장치(백필터 건식 집진장치)
여포재에 더스트 일차 부착층이 형성되면 집진율이 증가한다.

14 유압분무식 버너의 특징에 대한 설명으로 틀린 것은?

① 유량 조절 범위가 좁다.
② 연소의 제어범위가 넓다.
③ 무화 매체인 증기나 공기가 필요하지 않다.
④ 보일러 가동 중 버너 교환이 가능하다.

해설
㉠ 유압분무식 버너 : 유량 조절 범위가 약 1 : 2 정도로 제어범위가 좁다.
㉡ 기류식이나 회전분무식은 1 : 10~1 : 5 정도로 유량 조절 범위가 넓어서 연소의 제어범위가 넓다.

15 다음 중 배기가스와 접촉되는 보일러 전열면으로 증기나 압축공기를 직접 분사시켜서 보일러에 회분, 그을음 등 열전달을 막는 퇴적물을 청소하고 쌓이지 않도록 유지하는 설비는?

① 수트블로어
② 압입통풍 시스템
③ 흡입통풍 시스템
④ 평형통풍 시스템

해설
보일러 화실, 전열면의 회분, 그을음 제거용 처리설비는 수트블로어(압축공기식, 증기식)이다.
처리 시에는 내부의 수분을 제거하고 사용한다.

16 관성력 집진장치의 집진율을 높이는 방법이 아닌 것은?

① 방해판이 많을수록 집진효율이 우수하다.
② 충돌 직전 처리가스 속도가 느릴수록 좋다.
③ 출구가스 속도가 느릴수록 미세한 입자가 제거된다.
④ 기류의 방향 전환각도가 작고, 전환횟수가 많을수록 집진효율이 증가한다.

해설
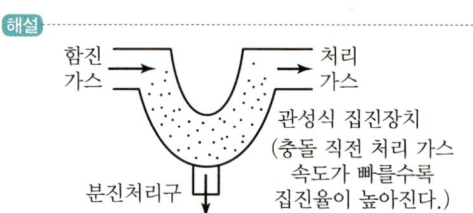
관성식 집진장치
(충돌 직전 처리 가스 속도가 빠를수록 집진율이 높아진다.)

17 보일러 연소장치에 과잉공기 10%가 필요한 연료를 완전연소할 경우 실제 건연소 가스양(Nm³/kg)은 얼마인가?(단, 연료의 이론 공기량 및 이론 건연소 가스양은 각각 10.5, 9.9(Nm³/kg)이다.)

① 12.03   ② 11.84
③ 10.95   ④ 9.98

해설
과잉공기량 = $10.5 \times 0.1 = 1.05$
실제 건연소 가스양(G_d) = $9.9 + 1.05 = 10.95 (Nm^3/kg)$

18 연소가스양 10Nm³/kg, 연소가스의 정압비열 1.34kJ/Nm³·℃인 어떤 연료의 저위발열량이 27,200kJ/kg이었다면 이론 연소온도(℃)는?(단, 연소용 공기 및 연료 온도는 5℃이다.)

① 1,000   ② 1,500
③ 2,000   ④ 2,500

해설
이론 연소온도 = $\dfrac{\text{연료의 저위발열양}}{\text{연소가스양} \times \text{정압비열}} + \text{기준온도}$
$= \dfrac{27,200}{10 \times 1.34} + 5 = 2,034.85(℃)$

정답 13 ③ 14 ② 15 ① 16 ② 17 ③ 18 ③

19 표준상태인 공기 중에서 완전연소비로 아세틸렌이 함유되어 있을 때 이 혼합기체 1L당 발열량(kJ)은 얼마인가?(단, 아세틸렌의 발열량은 1,308 kJ/mol이다.)

① 4.1 ② 4.5
③ 5.1 ④ 5.5

해설
1mol = 22.4L
아세틸렌의 연소반응식 : $C_2H_2 + 2.5O_2 \rightarrow 2CO_2 + H_2O$
이론 소요 공기량(A_0) = $\frac{2.5}{0.21} \times 22.4 = 267 Nm^3/mol$
혼합기체 공기량(A) = $22.4 + 267 = 289.4 Nm^3$
∴ 혼합기체 발열량 = $\frac{1,308}{289.4} = 4.5 kJ/L$

20 연소장치의 연소효율(E_c) 식이 아래와 같을 때 H_2는 무엇을 의미하는가?(단, H_c : 연료의 발열량, H_1 : 연재 중의 미연탄소에 의한 손실이다.)

$$E_c = \frac{H_c - H_1 - H_2}{H_c}$$

① 전열손실 ② 현열손실
③ 연료의 저발열량 ④ 불완전연소에 따른 손실

해설
㉠ H_1 : 연재 중의 미연탄소분(C) 손실
㉡ H_2 : 불완전연소에 따른 손실(CO)

2과목 열역학

21 이상기체를 가역단열팽창시킨 후의 온도는?

① 처음 상태보다 낮게 된다.
② 처음 상태보다 높게 된다.
③ 변함이 없다.
④ 높을 때도 있고 낮을 때도 있다.

해설
이상기체 가역단열팽창 : 처음 상태보다 온도가 낮아진다.

22 공기 100kg을 400℃에서 120℃로 냉각할 때 엔탈피(kJ) 변화는?(단, 일정 정압비열은 1.0kJ/kg · K이다.)

① -24,000 ② -26,000
③ -28,000 ④ -30,000

해설
냉각 시 배출열(Q) = $100 \times 1.0 \times (120 - 400)$
= $-28,000(kJ/kg \cdot K)$

23 성능계수가 2.5인 증기압축 냉동 사이클에서 냉동용량이 4kW일 때 소요일은 몇 kW인가?

① 1 ② 1.6
③ 4 ④ 10

해설
압축기 소요일 = $\frac{냉동용량}{성능계수} = \frac{4}{2.5} = 1.6 kW$

24 열역학 제2법칙을 설명한 것이 아닌 것은?

① 사이클로 작동하면서 하나의 열원으로부터 열을 받아서 이 열을 전부 일로 바꾸는 것은 불가능하다.
② 에너지는 한 형태에서 다른 형태로 바뀔 뿐이다.
③ 제2종 영구기관을 만든다는 것은 불가능하다.
④ 주위에 아무런 변화를 남기지 않고 열을 저온의 열원으로부터 고온의 열원으로 전달하는 것은 불가능하다.

해설
- 에너지는 한 형태에서 다른 형태로 바뀔 뿐이다라는 열역학 제1법칙이다.
- 제2법칙은 ①, ③, ④ 외에도 상태 변화의 과정이 가역인지 비가역인지를 제시하며, 제2종 영구기관(입력과 출력이 같은 기관)은 존재할 수 없다.

정답 19 ② 20 ④ 21 ① 22 ③ 23 ② 24 ②

25 다음 중 터빈에서 증기의 일부를 배출하여 급수를 가열하는 증기 사이클은?

① 사바테 사이클
② 재생 사이클
③ 재열 사이클
④ 오토 사이클

해설

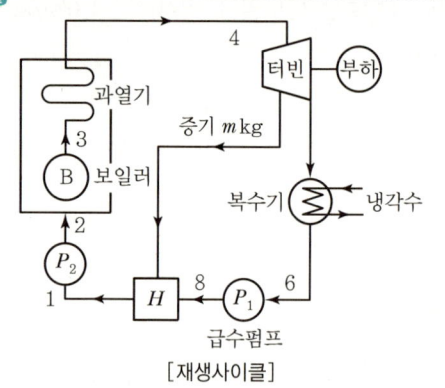

[재생사이클]

26 80℃의 물 50kg과 20℃의 물 100kg을 혼합하면 이 혼합된 물의 온도는 약 몇 ℃인가?(단, 물의 비열은 4.2kJ/kg · K이다.)

① 33
② 40
③ 45
④ 50

해설

혼합된 물의 온도를 x라 하면 혼합 시 작용하는 열량이 같으므로 다음 식이 성립한다.
$50 \times 4.2 \times (80-x) = 100 \times 4.2 \times (x-20)$
$3x = 120$
$x = \dfrac{120}{3} = 40$

27 랭킨사이클에서 각 지점의 엔탈피가 다음과 같을 때 사이클의 효율은 약 몇 %인가?

- 펌프 입구 : 190kJ/kg
- 보일러 입구 : 200kJ/kg
- 터빈 입구 : 2,900kJ/kg
- 응축기 입구 : 2,000kJ/kg

① 25
② 30
③ 33
④ 37

해설

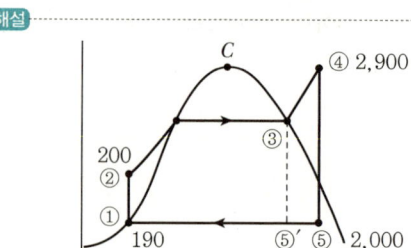

효율$(\eta_R) = \dfrac{(h_4 - h_5) - (h_2 - h_1)}{h_4 - h_2}$

$= \dfrac{(2,900 - 2,000) - (200 - 190)}{2,900 - 200}$

$= \dfrac{910}{2,700} = 0.33(33\%)$

28 냉동 사이클의 작동 유체인 냉매의 구비조건으로 틀린 것은?

① 화학적으로 안정될 것
② 임계온도가 상온보다 충분히 높을 것
③ 응축압력이 가급적 높을 것
④ 증발잠열이 클 것

해설

응축압력이 높으면 냉동능력 감소, 압축비 증가 발생(동력소비 증가)

29 압력 500kPa, 온도 240℃인 과열증기와 압력 500kPa의 포화수가 정상상태로 흘러들어와 섞인 후 같은 압력의 포화증기 상태로 흘러나간다. 1kg의 과열증기에 대하여 필요한 포화수의 양은 약 몇 kg인가?(단, 과열증기의 엔탈피는 3,063kJ/kg이고, 포화수의 엔탈피는 636kJ/kg, 증발열은 2,109kJ/kg이다.)

① 0.15
② 0.45
③ 1.12
④ 1.45

정답 25 ② 26 ② 27 ③ 28 ③ 29 ①

해설

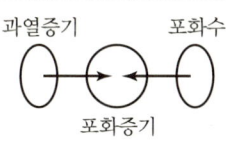

$$\therefore G = \frac{3,063 - (636 + 2,109)}{2,109} = 0.15 \text{kg}$$

30 30℃에서 150L의 이상기체를 20L로 가역단열압축시킬 때 온도가 230℃로 상승하였다. 이 기체의 정적비열은 약 몇 kJ/kg·K인가?(단, 기체상수는 0.287kJ/kg·K이다.)

① 0.17　　② 0.24
③ 1.14　　④ 1.47

해설

$C_p - C_v = AR$, $SI = R = C_p - C_v$, $K = \dfrac{C_p}{C_v}$, $C_v = \dfrac{AR}{K-1}$

단열변화에서 PVT 관계 $\dfrac{T_2}{T_1} = \left(\dfrac{V_1}{V_2}\right)^{k-1}$

$\ln\left(\dfrac{T_2}{T_1}\right) = (K-1) \times \ln\left(\dfrac{V_1}{V_2}\right)$

비열비$(K) = \dfrac{\ln\left(\dfrac{T_2}{T_1}\right)}{\ln\left(\dfrac{V_1}{V_2}\right)} + 1 = \dfrac{\ln\left(\dfrac{273+230}{273+30}\right)}{\ln\left(\dfrac{150}{20}\right)} + 1 = 1.25$

$\therefore$ 정적비열 $C_v = \dfrac{R}{K-1} = \dfrac{0.287}{1.25-1} = 1.14\text{kJ/kg·K}$

31 증기에 대한 설명 중 틀린 것은?

① 포화액 1kg을 정압하에서 가열하여 포화증기로 만드는 데 필요한 열량을 증발잠열이라 한다.
② 포화증기를 일정 체적하에서 압력을 상승시키면 과열증기가 된다.
③ 온도가 높아지면 내부에너지가 커진다.
④ 압력이 높아지면 증발잠열이 커진다.

해설
증기의 압력이 높아지면 증발잠열(kJ/kg)은 감소한다.

32 최고 온도 500℃와 최저 온도 30℃ 사이에서 작동되는 열기관의 이론적 효율(%)은?

① 6　　② 39
③ 61　　④ 94

해설

$T_1 = 500 + 273 = 773\text{K}$, $T_2 = 30 + 273 = 303\text{K}$

$\therefore \eta = \dfrac{A_w}{Q_1} = 1 - \dfrac{Q_2}{Q_1} = 1 - \dfrac{T_2}{T_1} = 1 - \left(\dfrac{303}{773}\right) = 0.61(61\%)$

33 비열이 $\alpha + \beta t + \gamma t^2$으로 주어질 때, 온도가 t_1으로부터 t_2까지 변화할 때의 평균 비열(C_m)의 식은?(단, α, β, γ는 상수이다.)

① $C_m = \alpha + \dfrac{1}{2}\beta(t_2+t_1) + \dfrac{1}{3}\gamma(t_2^2 + t_2 t_1 + t_1^2)$

② $C_m = \alpha + \dfrac{1}{2}\beta(t_2-t_1) + \dfrac{1}{3}\gamma(t_2^2 + t_2 t_1 + t_1^2)$

③ $C_m = \alpha - \dfrac{1}{2}\beta(t_2+t_1) + \dfrac{1}{3}\gamma(t_2^2 - t_2 t_1 - t_1^2)$

④ $C_m = \alpha - \dfrac{1}{2}\beta(t_2+t_1) - \dfrac{1}{3}\gamma(t_2^2 + t_2 t_1 - t_1^2)$

34 다음은 열역학 기본법칙을 설명한 것이다. 0법칙, 1법칙, 2법칙, 3법칙 순으로 옳게 나열된 것은?

> 가. 에너지 보존에 관한 법칙이다.
> 나. 에너지의 전달 방향에 관한 법칙이다.
> 다. 절대온도 0K에서 완전결정질의 절대 엔트로피는 0이다.
> 라. 시스템 A가 시스템 B와 열적평형을 이루고 동시에 시스템 C와도 열적평형을 이룰 때 시스템 B와 C의 온도는 동일하다.

① 가-나-다-라　　② 라-가-나-다
③ 다-라-가-나　　④ 나-가-라-다

정답 30 ③　31 ④　32 ③　33 ①　34 ②

해설
가. 에너지보존 : 제1법칙
나. 에너지전달 : 제2법칙
다. 절대온도 0K에서 완전결정질의 절대 엔트로피 : 제3법칙
라. 열적평형에서 온도 동일 : 제0법칙

해설
㉠ 강도성 상태량 : 물질의 질량에 관계없이 그 크기가 결정되는 상태량(온도, 압력, 비체적)
㉡ 종량성 상태량 : 물질의 질량에 따라 그 크기가 결정되는 상태량(체적, 내부에너지, 엔탈피, 엔트로피 등)

35 그림은 물의 압력-체적 선도($P-V$)를 나타낸다. A'ACBB' 곡선은 상들 사이의 경계를 나타내며, T_1, T_2, T_3는 물의 $P-V$ 관계를 나타내는 등온곡선들이다. 이 그림에서 점 C는 무엇을 의미하는가?

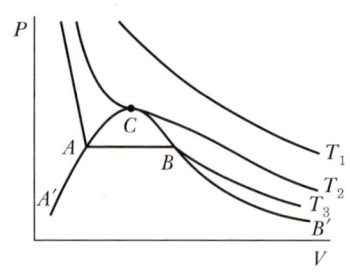

① 변곡점 ② 극대점
③ 삼중점 ④ 임계점

해설
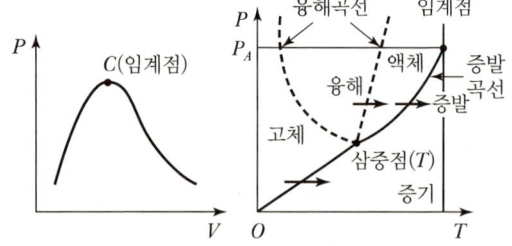

36 어떤 상태에서 질량이 반으로 줄면 강도성질(intensive property) 상태량의 값은?

① 반으로 줄어든다.
② 2배로 증가한다.
③ 4배로 증가한다.
④ 변하지 않는다.

37 카르노 냉동 사이클의 설명 중 틀린 것은?

① 성능계수가 가장 좋다.
② 실제적인 냉동 사이클이다.
③ 카르노 열기관 사이클의 역이다.
④ 냉동 사이클의 기준이 된다.

해설
역카르노사이클 : 실제적인 냉동 사이클이다.

38 비열비는 1.3이고 정압비열이 0.845kJ/kg·K인 기체의 기체상수(kJ/kg·K)는 얼마인가?

① 0.195 ② 0.5
③ 0.845 ④ 1.345

해설
정적비열 $C_v = C_p/K = 0.845/1.3 = 0.65$ kJ/kg·K
비열비 $K = \dfrac{0.845}{0.65} = 1.3$
∴ 기체상수 $R = C_p - C_v = 0.845 - 0.65 = 0.195$ kJ/kg·K

39 오토 사이클에서 열효율이 56.5%가 되려면 압축비는 얼마인가?(단, 비열비는 1.4이다.)

① 3 ② 4
③ 8 ④ 10

해설
내연기관 오토 사이클
열효율 $\eta_0 = 1 - \left(\dfrac{1}{\varepsilon}\right)^{k-1} = 1 - \left(\dfrac{1}{\varepsilon}\right)^{1.4-1} = 0.565$
∴ 압축비(ε) = 8

정답 35 ④ 36 ④ 37 ② 38 ① 39 ③

40 유체가 담겨 있는 밀폐계가 어떤 과정을 거칠 때 그 에너지 식은 $\Delta U_{12} = Q_{12}$으로 표현된다. 이 밀폐계와 관련된 일은 팽창일 또는 압축일 뿐이라고 가정할 경우 이 계가 거쳐 간 과정에 해당하는 것은?(단, U는 내부에너지를, Q는 전달된 열량을 나타낸다.)

① 등온과정 ② 정압과정
③ 단열과정 ④ 정적과정

해설
정적변화
㉠ 절대일($_1W_2$) = $\int_1^2 pdV = 0$
㉡ 공업일(W_t) = $-\int_1^2 Vdp = R(T-T_2)$
㉢ 열량(δq) = $du + ApdV = _1q_2 = \Delta u = u_2 - u_1$
※ 팽창일 = 절대일, 공업일 = 압축일

3과목 계측방법

41 피드백 제어에 대한 설명으로 틀린 것은?

① 고액의 설비비가 요구된다.
② 운영하는 데 비교적 고도의 기술이 요구된다.
③ 일부 고장이 있어도 전체 생산에 영향을 미치지 않는다.
④ 수리가 비교적 어렵다.

해설
제어에서 일부 고장이 있으면 전체 생산에 영향을 미친다.

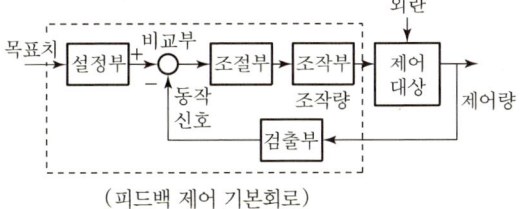

(피드백 제어 기본회로)

42 가스의 상자성을 이용하여 만든 세라믹식 가스 분석계는?

① O_2 가스계
② CO_2 가스계
③ SO_2 가스계
④ 가스크로마토그래피

해설
자기식 산소계는 다른 가스에 비해 강한 상자성체이므로 자장에 흡인되는 성질을 이용하여 자장을 형성시켜 자기풍을 일으켜 전류로써 O_2 양을 측정하는 가스 분석계이다.

43 하겐-포아젤의 법칙을 이용한 점도계는?

① 세이볼트 점도계 ② 낙구식 점도계
③ 스토머 점도계   ④ 맥미첼 점도계

해설
세이볼트 점도계 : 하겐-포아젤의 법칙을 이용한 점도계(점도 : 절대점도, 동점도)

44 적분동작(I 동작)에 대한 설명으로 옳은 것은?

① 조작량이 동작신호의 값을 경계로 완전 개폐되는 동작
② 출력 변화가 편차의 제곱근에 반비례하는 동작
③ 출력 변화가 편차의 제곱근에 비례하는 동작
④ 출력 변화의 속도가 편차에 비례하는 동작

해설
제어동작
• 온-오프 동작(2위치 동작)
• P 동작 : 제어편차량이 검출되면 그것에 비례하여 조작량을 가감하는 비례조절동작
• I 동작 : 제어편차량의 시간적분에 비례한 속도로 조작량을 가감하는 적분동작(적분조절동작)
• D 동작 : 제어편차가 검출될 때 편차가 변화하는 속도의 미분에 비례하여 조작량을 가감하는 미분조절동작

정답 40 ④ 41 ③ 42 ① 43 ① 44 ④

45 흡습염(염화리튬)을 이용하여 습도 측정을 위해 대기 중의 습도를 흡수하면 흡수체 표면에 포화용액층을 형성하게 되는데, 이 포화용액과 대기와의 증기 평형을 이루는 온도를 측정하는 방법은?

① 흡습법
② 이슬점법
③ 건구습도계법
④ 습구습도계법

해설
이슬점법 온도 측정
흡수제 염화리튬을 이용하여 습도와 함께 포화용액과 대기와의 평형을 이루는 온도 측정법이다.

46 실온 22℃, 습도 45%, 기압 765mmHg인 공기의 증기분압(P_w)은 약 몇 mmHg인가?(단, 공기의 가스상수는 29.27kg·m/kg·K, 22℃에서 포화압력(P_s)은 18.66mmHg이다.)

① 4.1 ② 8.4
③ 14.3 ④ 20.7

해설
공기 중의 습도 : 45%
공기 중 수증기 포화압력 : 18.66mmHg
∴ 증기분압(P_w)=18.66×0.45=8.4mmHg

47 다음 계측기 중 열관리용에 사용되지 않는 것은?

① 유량계
② 온도계
③ 다이얼 게이지
④ 부르동관 압력계

해설

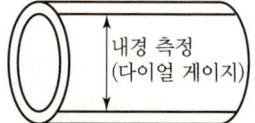

내경 측정
(다이얼 게이지)

48 압력을 측정하는 계기가 그림과 같을 때 용기 안에 들어있는 물질로 적절한 것은?

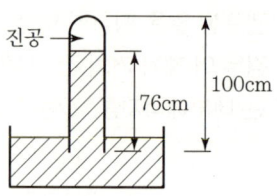

① 알코올   ② 물
③ 공기   ④ 수은

해설
1atm=76cmHg=10.33mH$_2$O=1.033kg/cm^2
=101,325Pa

49 다음에서 열전온도계 종류가 아닌 것은?

① 철과 콘스탄탄을 이용한 것
② 백금과 백금·로듐을 이용한 것
③ 철과 알루미늄을 이용한 것
④ 동과 콘스탄탄을 이용한 것

해설
열전대 온도계

형별	열전대	측정온도(℃)
R	백금-백금·로듐	0~1,600
K	크로멜-알루멜	-20~1,200
J	철-콘스탄탄	-20~800
T	동-콘스탄탄	-180~350

50 다음 중 계통오차(systematic error)가 아닌 것은?

① 계측기오차   ② 환경오차
③ 개인오차   ④ 우연오차

해설
오차의 종류
• 과오에 의한 오차
• 계통적 오차(계측기오차, 환경오차, 개인적 오차)
• 우연오차
• 기차

정답 45 ② 46 ② 47 ③ 48 ④ 49 ③ 50 ④

51 유량계에 대한 설명으로 틀린 것은?

① 플로트형 면적유량계는 정밀측정이 어렵다.
② 플로트형 면적유량계는 고점도 유체에 사용하기 어렵다.
③ 플로 노즐식 교축유량계는 고압유체의 유량 측정에 적합하다.
④ 플로 노즐식 교축유량계는 노즐의 교축을 완만하게 하여 압력 손실을 줄인 것이다.

해설
플로트형 면적식 유량계
소유량이나 고점도 유체 측정이 가능하다. 특히 슬러리나 부식성 유체 측정도 가능하다. 또한 균등 유량의 눈금이 얻어지고 압력 손실이 적다.

52 다음 중 광고온계의 측정원리는?

① 열에 의한 금속 팽창을 이용하여 측정
② 이종금속 접합점의 온도 차에 따른 열기전력을 측정
③ 피측정물의 전 파장의 복사 에너지를 열전대로 측정
④ 피측정물의 휘도와 전구의 휘도를 비교하여 측정

해설
광고온계(비접촉식)
피측정물의 휘도($0.65\mu m$의 적외선 파장)와 전구의 휘도를 측정하여 700~3,000℃까지 측정한다. 단, 700℃ 이하의 낮은 온도 측정은 어렵다.

53 전기저항 온도계의 특징에 대한 설명으로 틀린 것은?

① 자동기록이 가능하다.
② 원격측정이 용이하다.
③ 1,000℃ 이상의 고온 측정에서 특히 정확하다.
④ 온도가 상승함에 따라 금속의 전기저항이 증가하는 현상을 이용한 것이다.

해설
전기저항온도계(측온 저항체)는 백금, 니켈, 동, 서미스터(금속 소결소자 Ni, Co, Mn, Fe, Cu 이용) 등이 있고 일반적으로 500℃ 이하의 온도 측정용이다.

54 다음 중 자동 조작 장치로 쓰이지 않는 것은?

① 전자개폐기   ② 안전밸브
③ 전동밸브   ④ 댐퍼

해설
안전밸브는 스프링, 레버, 중추로 작동한다.

55 액주식 압력계에서 액주에 사용되는 액체의 구비조건으로 틀린 것은?

① 모세관 현상이 클 것
② 점도나 팽창계수가 작을 것
③ 항상 액면을 수평으로 만들 것
④ 증기에 의한 밀도 변화가 되도록 적을 것

해설
액주식 압력계(U자관, 단관식, 경사관식, 호르단형, 폐관식, 환산천평식)는 모세관 현상이 적어야 한다.

56 다음 중 물리적 가스 분석계와 거리가 먼 것은?

① 가스크로마토그래프법
② 자동 오르자트법
③ 세라믹식
④ 적외선 흡수식

해설
화학적 가스 분석계
㉠ 자동 오르자트법
㉡ 헴펠식
㉢ 자동화학식 CO_2계
㉣ 연소식 O_2계

57 다음 중 탄성 압력계의 탄성체가 아닌 것은?

① 벨로즈   ② 다이어프램
③ 리퀴드 벌브   ④ 부르동관

해설
• 탄성식 압력계는 부르동관식, 다이어프램식, 벨로스식의 3가지 탄성체가 대표적이다.
• 부르동관(C형, 와권형, 나선형)의 재질은 저압용인 인청동, 황동, 니켈청동이 있고 고압용인 니켈강이 있다.

정답 51 ② 52 ④ 53 ③ 54 ② 55 ① 56 ② 57 ③

58 초음파 유량계의 특징이 아닌 것은?

① 압력 손실이 없다.
② 대유량 측정용으로 적합하다.
③ 비전도성 액체의 유량 측정이 가능하다.
④ 미소 기전력을 증폭하는 증폭기가 필요하다.

해설
초음파 유량계는 흐르는 유체에 초음파를 발사하여 초음파의 유속이 도달하는 시간(t_1)을 이용한다.

59 차압식 유량계에서 압력 차가 처음보다 4배 커지고 관의 지름이 $\frac{1}{2}$로 되었다면 나중 유량(Q_2)과 처음 유량(Q_1)의 관계를 옳게 나타낸 것은?

① $Q_2 = 0.71 \times Q_1$
② $Q_2 = 0.5 \times Q_1$
③ $Q_2 = 0.35 \times Q_1$
④ $Q_2 = 0.25 \times Q_1$

해설
압력 차 4배 증가, 관의 지름 $\frac{1}{2}$ 축소
차압식 유량계 유량(Q), 관경(D), 차압(ΔP)을 이용
$Q = 0.01252 ma D^2 \sqrt{2g \frac{\Delta P}{\gamma}}$ m³/s
(m : 개구비, D : 관 직경, a : 유량계수, γ : 유체비 중량)
에서 $\Delta P \to 4\Delta P$, $D \to \frac{1}{2}D$이므로 바뀐 계수만 식에 대입하여 계산하면 $\sqrt{4} \times \left(\frac{1}{2}\right)^2 = \frac{1}{2}$로 $\frac{1}{2}Q$가 된다.
∴ $Q_2 = 0.5 \times Q_1$
※ 차압식 : 오리피스미터, 벤투리미터, 플로노즐

60 방사고온계로 물체의 온도를 측정하니 1,000℃였다. 전방사율이 0.7이면 진온도는 약 몇 ℃인가?

① 1,119
② 1,196
③ 1,284
④ 1,392

해설
방사온도계
전방사율(ε) = 0.7, 1,000 + 273 = 1,273K
진온도 $T = \frac{R}{\sqrt{\varepsilon}} = \frac{1,273}{\sqrt{0.7}} = 1,392$K ∴ 1,392 − 273 = 1,119℃

4과목 열설비재료 및 관계법규

61 매끈한 원관 속을 흐르는 유체의 레이놀즈수가 1,800일 때의 관마찰계수는?

① 0.013
② 0.015
③ 0.036
④ 0.053

해설
달시 – 바이스바하 식(층류일 때)
관마찰계수(λ) = $\frac{64}{Re} = \frac{64}{1,800} = 0.036$

62 사용압력이 비교적 낮은 증기, 물 등의 유체 수송관에 사용하며, 백관과 흑관으로 구분되는 강관은?

① SPP
② SPPH
③ SPPY
④ SPA

해설
SPP
• 일반용 배관 탄소강관 : 1MPa 이하 배관용
• 증기, 가스, 기체, 물 등의 수송 강관

63 축요(築窯) 시 가장 중요한 것은 적합한 지반(地盤)을 고르는 것이다. 다음 중 지반의 적부시험으로 틀린 것은?

① 지내력시험
② 토질시험
③ 팽창시험
④ 지하탐사

해설
지반 적부시험

64 밸브의 몸통이 둥근 달걀형 밸브로서 유체의 압력 감소가 크므로 압력이 필요하지 않을 경우나 유량 조절용이나 차단용으로 적합한 밸브는?

정답 58 ④ 59 ② 60 ① 61 ③ 62 ① 63 ③ 64 ①

① 글로브 밸브　② 체크 밸브
③ 버터플라이 밸브　④ 슬루스 밸브

해설

글로브 밸브 (유량 조절용)　슬루스 밸브　체크 밸브

65 에너지이용 합리화법에 따라 산업통상자원부장관은 에너지 사정 등의 변동으로 에너지 수급에 중대한 차질이 발생할 우려가 있다고 인정되면 필요한 범위에서 에너지 사용자, 공급자 등에게 조정·명령, 그 밖에 필요한 조치를 할 수 있다. 이에 해당되지 않는 항목은?

① 에너지의 개발
② 지역별, 주요 수급자별 에너지 할당
③ 에너지의 비축
④ 에너지의 배급

해설
에너지이용 합리화법 제7조 수급안정을 위한 조치에
• 에너지 공급설비의 가동 및 조업
• 에너지의 도입 수출입 및 위탁가공
• 에너지의 양도, 양수의 제한 또는 금지
가 포함된다.

66 에너지이용 합리화법상 온수 발생 용량이 0.5815MW를 초과하며 10t/h 이하인 보일러에 대한 검사대상기기관리자의 자격을 모두 고른 것은?

ㄱ. 에너지관리기능장
ㄴ. 에너지관리기사
ㄷ. 에너지관리산업기사
ㄹ. 에너지관리기능사
ㅁ. 인정검사대상기기관리자의 교육을 이수한 자

① ㄱ, ㄴ　② ㄱ, ㄴ, ㄷ
③ ㄱ, ㄴ, ㄷ, ㄹ　④ ㄱ, ㄴ, ㄷ, ㄹ, ㅁ

해설
• 0.5815MW=580,000W=580kW
　1kWh=860kcal

580×860=498,800kcal/h → 50만 이하용
• 인정검사 : 500,000kcal/h 이하 관리 가능(초과는 불가)
∴ ㄱ, ㄴ, ㄷ, ㄹ, ㅁ 자격증 모두 선임 가능

67 다음 중 내화 모르타르의 분류에 속하지 않는 것은?

① 열경성　② 화경성
③ 기경성　④ 수경성

해설
내화 모르타르
㉠ 열경화성(열을 받으면 단단해짐)
㉡ 기경성(공기 중 건조하면 단단해짐)
㉢ 수경성(물속에서 더 단단해짐)

68 염기성 슬래그나 용융금속에 대한 내침식성이 크므로 염기성 제강로의 노재로 주로 사용되는 내화벽돌은?

① 마그네시아질　② 규석질
③ 샤모트질　④ 알루미나질

해설
㉠ 염기성
　• 마그네시아질
　• 크롬-마그네시아질
　• 돌로마이트질
　• 포스테라이트질
㉡ 규석질, 샤모트질 : 산성
㉢ 알루미나질 : 중성

69 에너지법에서 정한 용어의 정의에 대한 설명으로 틀린 것은?

① 에너지란 연료·열 및 전기를 말한다.
② 연료란 석유·가스·석탄, 그 밖에 열을 발생하는 열원을 말한다.
③ 에너지사용자란 에너지를 전환하여 사용하는 자를 말한다.
④ 에너지사용기자재란 열사용기자재나 그 밖에 에너지를 사용하는 기자재를 말한다.

정답 65 ① 66 ③ 67 ② 68 ① 69 ③

> **해설**
>
> 에너지사용시설
> 에너지를 사용하는 공장, 사업장 등의 시설이나 에너지를 전환하여 사용하는 시설을 말한다.

70 에너지이용 합리화법에서 정한 열사용 기자재의 적용 범위로 옳은 것은?

① 전열면적이 20m² 이하인 소형 온수보일러
② 정격소비전력이 50kW 이하인 축열식 전기보일러
③ 1종 압력용기로서 최고사용압력(MPa)과 부피(m³)를 곱한 수치가 0.01을 초과하는 것
④ 2종 압력용기로서 최고사용압력이 0.2MPa을 초과하는 기체를 그 안에 보유하는 용기로서 내부 부피가 0.04m³ 이상인 것

> **해설**
>
> ① 전열면적이 14m² 이하이고, 최고사용입력이 0.35MPa 이하인 소형 온수보일러
> ② 정격소비전력이 30kW 이하이고, 최고사용압력이 0.35MPa 이하인 축열식 전기보일러
> ③ 1종 입력용기로서 최고사용압력(MPa)과 부피(m³)를 곱한 수치가 0.004를 초과하고 다음의 어느 하나에 해당하는 것
> • 증기 그 밖의 열매체를 받아들이거나 증기를 발생시켜 고체 또는 액체를 가열하는 기기로서 용기 안의 압력이 대기압을 넘는 것
> • 용기 안의 화학반응에 따라 증기를 발생시키는 용기로서 용기 안의 압력이 대기압을 넘는 것
> • 용기 안의 액체의 성분을 분리하기 위하여 해당 액체를 가열하거나 증기를 발생시키는 용기로서 용기 안의 압력이 대기압을 넘는 것
> • 용기 안의 액체의 온도가 대기압에서의 비점을 넘는 것

71 에너지이용 합리화법에서 정한 에너지 저장시설의 보유 또는 저장의무의 부과 시 정당한 이유 없이 이를 거부하거나 이행하지 아니한 자에 대한 벌칙 기준은?

① 500만 원 이하의 벌금
② 1천만 원 이하의 벌금
③ 1년 이하의 징역 또는 1천만 원 이하의 벌금
④ 2년 이하의 징역 또는 2천만 원 이하의 벌금

> **해설**
>
> 에너지이용 합리화법 제72조 벌칙사항에 따라 에너지 저장시설의 이행을 위반하면 2년 이하의 징역 또는 2천만 원 이하의 벌금을 부과한다.

72 에너지이용 합리화법에 따라 검사대상기기 검사 중 개조검사의 적용 대상이 아닌 것은?

① 온수보일러를 증기보일러로 개조하는 경우
② 보일러 섹션의 증감에 의하여 용량을 변경하는 경우
③ 동체·경판·관판·관모음 또는 스테이의 변경으로서 산업통상자원부장관이 정하여 고시하는 대수리의 경우
④ 연료 또는 연소방법을 변경하는 경우

> **해설**
>
> 개조검사
> • 증기보일러를 온수보일러로 개조하는 검사
> • 검사권자 : 한국에너지공단

73 에너지이용 합리화법상 특정열사용기자재 및 설치·시공범위에 해당하지 않는 품목은?

① 압력용기   ② 태양열 집열기
③ 태양광 발전장치   ④ 금속요로

> **해설**
>
> 태양광 발전장치 : 전기사업법을 적용한다.

74 에너지이용 합리화법상 검사대상기기설치자가 해당 기기의 검사를 받지 않고 사용하였을 경우 벌칙기준으로 옳은 것은?

① 2년 이하의 징역 또는 2천만 원 이하의 벌금
② 1년 이하의 징역 또는 1천만 원 이하의 벌금
③ 2천만 원 이하의 과태료
④ 1천만 원 이하의 과태료

> **해설**
>
> 검사대상기기설치자가 해당 기기의 검사를 받지 않으면 에너지이용 합리화법 제73조에 의거하여 1년 이하의 징역 또는 1천만 원 이하의 벌금을 부과한다.

정답 70 ④ 71 ④ 72 ① 73 ③ 74 ②

75 에너지이용 합리화법상 공공사업주관자는 에너지사용계획을 수립하여 산업통상자원부장관에게 제출하여야 한다. 공공사업주관자가 설치하려는 시설기준으로 옳은 것은?

① 연간 2,500TOE 이상의 연료 및 열을 사용, 또는 연간 2천만 kWh 이상의 전력을 사용
② 연간 2,500TOE 이상의 연료 및 열을 사용, 또는 연간 1천만 kWh 이상의 전력을 사용
③ 연간 5,000TOE 이상의 연료 및 열을 사용, 또는 연간 2천만 kWh 이상의 전력을 사용
④ 연간 5,000TOE 이상의 연료 및 열을 사용, 또는 연간 1천만 kWh 이상의 전력을 사용

해설
㉠ 공공사업주관자 기준은 ②항
㉡ 민간사업주관자 기준은 ③항

76 에너지법에서 정한 열사용기자재의 정의에 대한 내용이 아닌 것은?

① 연료를 사용하는 기기
② 열을 사용하는 기기
③ 단열성 자재 및 축열식 전기기기
④ 폐열 회수장치 및 전열장치

해설
• 폐열회수장치는 열효율을 높이는 장치이다.
• 폐열회수장치 : 과열기, 재열기, 절탄기, 공기예열기

77 공업용로에 있어서 폐열회수장치로 가장 적합한 것은?

① 댐퍼
② 백필터
③ 바이패스 연도
④ 리큐퍼레이터

해설
리큐퍼레이터
고온 가스와 저온 가스의 상호 열교환이 이루어지므로 금속으로 시공되는 환열기이다. 열교환장치로, 폐열회수장치이며 병류형, 향류형, 직교류형이 있다.

78 다음 중 산성 내화물에 속하는 벽돌은?

① 고알루미나질
② 크롬-마그네시아질
③ 마그네시아질
④ 샤모트질

해설
• ①, ②, ③ 내화물 : 염기성
• 샤모트질, 규석질, 반규석질, 납석질 : 산성 내화물

79 보온재의 열전도율에 대한 설명으로 옳은 것은?

① 배관 내 유체의 온도가 높을수록 열전도율은 감소한다.
② 재질 내 수분이 많을 경우 열전도율은 감소한다.
③ 비중이 클수록 열전도율은 감소한다.
④ 밀도가 작을수록 열전도율은 감소한다.

해설
밀도가 작은 보온재는 균일화 다공질 층으로 공기구멍이 많아서 열전도율이 감소하여 열손실이 방지된다.

80 다음 중 불연속식 요에 해당하지 않는 것은?

① 횡염식 요
② 승염식 요
③ 터널 요
④ 도염식 요

해설
연속식 요
㉠ 터널 요
㉡ 윤요(고리요)
㉢ 석회소성요

5과목 열설비설계

81 입형 횡관 보일러의 안전저수위로 가장 적당한 것은?

① 하부에서 75mm 지점
② 횡관 전 길이의 1/3 높이
③ 화격자 하부에서 100mm 지점
④ 화실 천장판에서 상부 75mm 지점

정답 75 ② 76 ④ 77 ④ 78 ④ 79 ④ 80 ③ 81 ④

해설

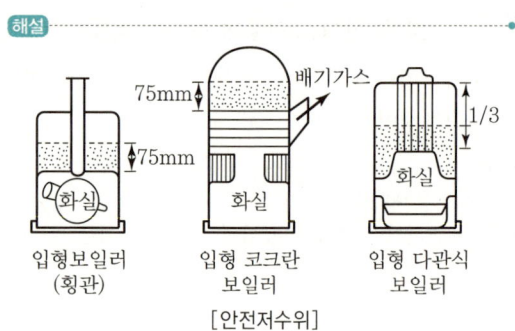
[안전저수위]

③ 과열기는 포화증기를 가열시키는 장치이다.
④ 재열기는 원동기에서 팽창한 포화증기를 재가열시키는 장치이다.

해설
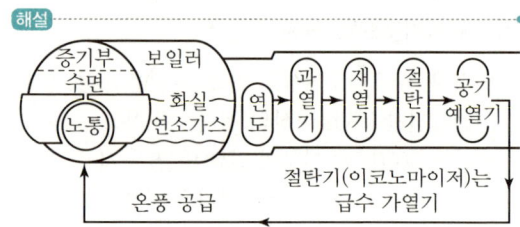

82 보일러 급수 중에 함유되어 있는 칼슘(Ca) 및 마그네슘(Mg)의 농도를 나타내는 척도는?

① 탁도 ② 경도
③ BOD ④ pH

해설
경도 : 급수 중 Ca, Mg의 농도를 환산한 수치로 그 크기에 따라 경수와 연수를 구분한다.

85 보일러수의 처리방법 중 탈기장치가 아닌 것은?

① 가압 탈기장치
② 가열 탈기장치
③ 진공 탈기장치
④ 막식 탈기장치

해설
보일러수 처리 시 O_2를 제거하는 탈기장치의 종류는 ②, ③, ④ 항이다.

83 보일러 운전 중 경판의 적절한 탄성을 유지하기 위한 완충 폭을 무엇이라고 하는가?

① 아담슨 조인트 ② 브레이징 스페이스
③ 용접 간격 ④ 그루빙

해설
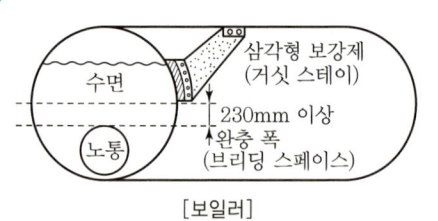
[보일러]

86 보일러의 과열 방지 대책으로 가장 거리가 먼 것은?

① 보일러 수위를 낮게 유지할 것
② 고열 부분에 스케일 슬러지 부착을 방지할 것
③ 보일러수를 농축하지 말 것
④ 보일러수의 순환을 좋게 할 것

해설
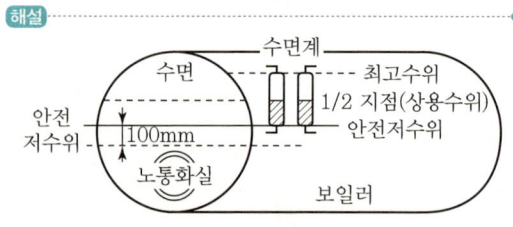
[보일러 본체]
수위가 안전저수위 이하로 이상 감수가 생기면 보일러 폭발이 발생한다.(과열이 증가한다.)

84 보일러 장치에 대한 설명으로 틀린 것은?

① 절탄기는 연료 공급을 적당히 분배하여 완전연소를 위한 장치이다.
② 공기 예열기는 연소 가스의 예열로 공급 공기를 가열시키는 장치이다.

정답 82 ② 83 ② 84 ① 85 ① 86 ①

87 최고사용압력이 3.0MPa 초과 5.0MPa 이하인 수관 보일러의 급수 수질기준에 해당하는 것은?(단, 25℃를 기준으로 한다.)

① pH : 7~9, 경도 : 0mg CaCO₃/L
② pH : 7~9, 경도 : 1mg CaCO₃/L 이하
③ pH : 8~9.5, 경도 : 0mg CaCO₃/L
④ pH : 8~9.5, 경도 : 1mg CaCO₃/L 이하

해설
수관보일러(3~5MPa 압력 이하 보일러) 급수 수질(25℃ 기준)
㉠ pH : 8~9.5(보일러수라면 11~11.8)
㉡ 경도 : 0mgCaCO₃/L 이하

88 다음 중 보일러 본체의 구조가 아닌 것은?

① 노통　　② 노벽
③ 수관　　④ 절탄기

해설
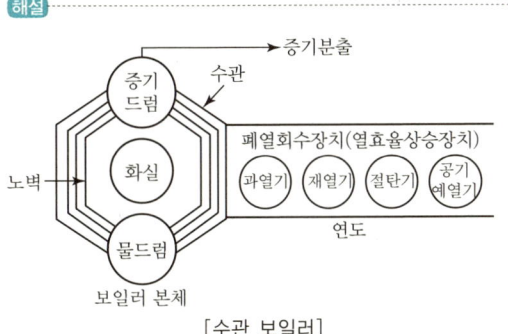
[수관 보일러]

89 보일러 수압시험에서 시험수압은 규정된 압력의 몇 % 이상 초과하지 않도록 하여야 하는가?

① 3%　　② 6%
③ 9%　　④ 12%

해설

수압시험 설정에서 6% 이상 초과하지 않도록 주의한다.

90 평형노통과 비교한 파형노통의 장점이 아닌 것은?

① 청소 및 검사가 용이하다.
② 고열에 의한 신축과 팽창이 용이하다.
③ 전열면적이 크다.
④ 외압에 대한 강도가 크다.

해설
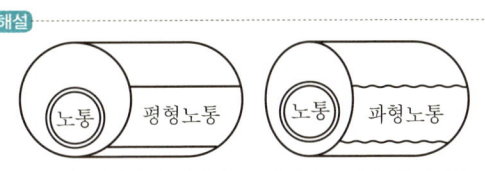
청소나 검사가 용이하다.　　청소나 검사가 불편하다.

91 내부로부터 155mm, 97mm, 224mm의 두께를 가지는 3층의 노벽이 있다. 이들의 열전도율(W/m · ℃)은 각각 0.121, 0.069, 1.21이다. 내부의 온도 710℃, 외벽의 온도 23℃일 때, 1m²당 열손실량(W/m²)은?

① 58　　② 120
③ 239　　④ 564

해설
전도열손실 $(Q) = \dfrac{A(t_1 - t_2)}{\dfrac{d_1}{a_1} + \dfrac{d_2}{a_2} + \dfrac{d_3}{a_3}}$

$= \dfrac{1 \times (710 - 23)}{\dfrac{0.155}{0.121} + \dfrac{0.097}{0.069} + \dfrac{0.224}{1.21}}$

$= \dfrac{687}{2.871} = 239 \text{W/m}^2$

92 다음 중 수관식 보일러의 장점이 아닌 것은?

① 드럼이 작아 구조상 고온 고압의 대용량에 적합하다.
② 연소실 설계가 자유롭고 연료의 선택범위가 넓다.
③ 보일러수의 순환이 좋고 전열면 증발률이 크다.
④ 보유수량이 많아 부하변동에 대하여 압력변동이 적다.

정답　87 ③　88 ④　89 ②　90 ①　91 ③　92 ④

해설

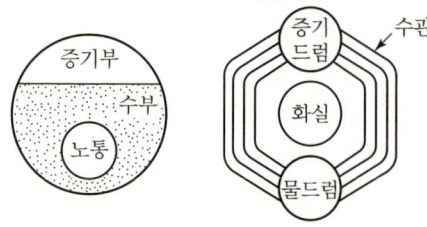

원통 보일러(보유수가 많다.)   수관 보일러(드럼이 작아서 보유수가 적다.)

93 다음 중 보일러의 탈산소제로 사용되지 않는 것은?

① 탄닌 ② 하이드라진
③ 수산화나트륨 ④ 아황산나트륨

해설
- 수산화나트륨(가성소다) : pH 알칼리 조정제로 사용
- 산소제거제(탈산소제) : 탄닌, 하이드라진, 아황산나트륨

94 외경과 내경이 각각 6cm, 4cm이고 길이가 2m인 강관이 두께 2cm인 단열재로 둘러싸여 있다. 이때 관으로부터 주위 공기로의 열손실이 400W라 하면 관 내벽과 단열재 외면의 온도 차는?(단, 주어진 강관과 단열재의 열전도율은 각각 15W/m·℃, 0.2W/m·℃이다.)

① 53.5℃ ② 82.2℃
③ 120.6℃ ④ 155.6℃

해설

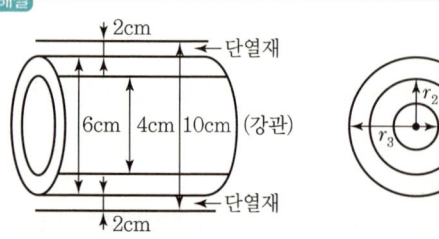

$\dfrac{6}{2} = 3\text{cm} = 0.03\text{m}, \dfrac{10}{2} = 5\text{cm} = 0.05\text{m}$

㉠ $\dfrac{\ln\left(\dfrac{0.05}{0.03}\right)}{2 \times 3.14(15) \times 2} = 0.00271\ ℃/W$

㉡ $\dfrac{\ln\left(\dfrac{0.05}{0.03}\right)}{2 \times 3.14(0.2) \times 2} = 0.2033\ ℃/W$

$R = 0.2033 + 0.00271 = 0.20606\ ℃/W$
∴ $400 \times 0.206 = 82.2\ ℃$

95 보일러의 과열에 의한 압궤의 발생 부분이 아닌 것은?

① 노통 상부 ② 화실 천장
③ 연관 ④ 거싯 스테이

해설
압궤발생부위 : 노통 상부, 화실, 천장, 연관 등

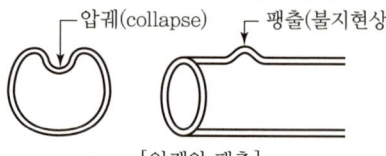

[압궤와 팽출]

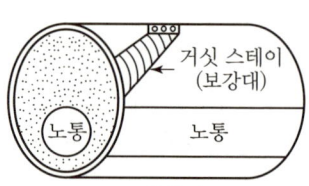

보일러
[보일러의 거싯 스테이]

96 보일러의 성능 시험방법 및 기준에 대한 설명으로 옳은 것은?

① 증기건도의 기준은 강철제 또는 주철제로 나누어 정해져 있다.
② 측정은 매 1시간마다 실시한다.
③ 수위는 최초 측정치에 비해서 최종 측정치가 적어야 한다.
④ 측정기록 및 계산양식은 제조사에서 정해진 것을 사용한다.

정답   93 ③   94 ②   95 ④   96 ①

해설

보일러 성능시험 기준
㉠ 측정시간 : 매 10분마다
㉡ 수위 : 일정하게 유지한다.
㉢ 측정기록 계산양식 : 열정산에 의한다.
㉣ 증기건도 : 강철제(98%), 주철제(97%)

97 보일러 설치 · 시공기준상 보일러를 옥내에 설치하는 경우에 대한 설명으로 틀린 것은?

① 불연성 물질의 격벽으로 구분된 장소에 설치한다.
② 보일러 동체 최상부로부터 천장, 배관 등 보일러 상부에 있는 구조물까지의 거리는 0.3m 이상으로 한다.
③ 연도의 외측으로부터 0.3m 이내에 있는 가연성 물체에 대하여는 금속 이외의 불연성 재료로 피복한다.
④ 연료를 저장할 때에는 소형 보일러의 경우 보일러 외측으로부터 1m 이상 거리를 두거나 반격벽으로 할 수 있다.

해설

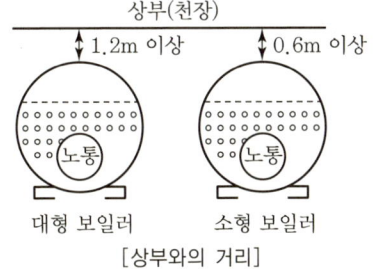

[상부와의 거리]

98 보일러에 설치된 기수분리기에 대한 설명으로 틀린 것은?

① 발생된 증기 중에서 수분을 제거하고 건포화증기에 가까운 증기를 사용하기 위한 장치이다.
② 증기부의 체적이나 높이가 작고 수면의 면적이 증발량에 비해 작은 때는 기수공발이 일어날 수 있다.
③ 압력이 비교적 낮은 보일러의 경우는 압력이 높은 보일러보다 증기와 물의 비중량 차이가 극히 작아 기수분리가 어렵다.
④ 사용원리는 원심력을 이용한 것, 스크러버를 지나게 하는 것, 스크린을 사용하는 것 또는 이들의 조합을 이루는 것 등이 있다.

해설

압력이 높으면 증기의 온도가 높고 밀도(비중량)가 작아서 증기와 물의 비중량 차이가 적어서 반드시 건조 증기 취출을 위해 기수분리기가 설치된다.

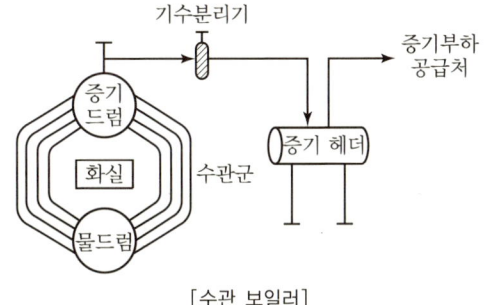

[수관 보일러]

99 안지름이 30mm, 두께가 2.5mm인 절탄기용 주철관의 최소 분출압력(MPa)은?(단, 재료의 허용인장응력은 80MPa이고 핀 붙이를 하였다.)

① 0.92 ② 1.14
③ 1.31 ④ 2.61

해설

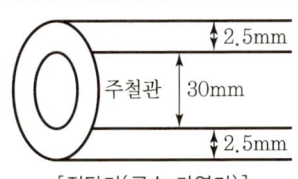

[절탄기(급수 가열기)]

분출압력(P) $= \dfrac{2 \cdot \alpha_a(t-a)}{1.2(t-a)+D}$

$= \dfrac{2 \times 80 \times (2.5-2)}{1.2 \times (2.5-2)+30} = 2.61 \text{MPa}$

※ a : 핀 붙이는 2mm, 핀이 안 붙은 것은 4mm이다.

정답 97 ② 98 ③ 99 ④

100 외경 30mm의 철관에 두께 15mm의 보온재를 감은 증기관이 있다. 관 표면의 온도가 100℃, 보온재의 표면온도가 20℃인 경우 관의 길이 15m인 관의 표면으로부터의 열손실(W)은?(단, 보온재의 열전도율은 0.06W/m·℃이다.)

① 312　　② 464
③ 542　　④ 653

해설

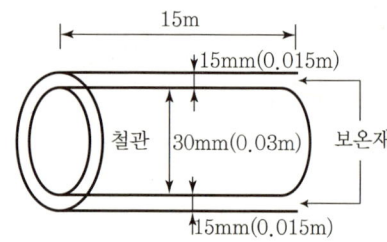

열전도 손실 $(Q) = \dfrac{2\pi(T_1 - T_2)L}{\dfrac{1}{\lambda} \times \ln\left(\dfrac{r_2}{r_1}\right)}$

∴ $Q = \dfrac{2 \times \pi \times (100 - 20) \times 15}{\dfrac{1}{0.06} \times \ln\left(\dfrac{0.015 + 0.015}{0.015}\right)} = 653\,\text{W}$

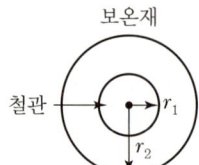

- $r_1 = \dfrac{30}{2} = 15\,\text{mm}$
- $r_2 = \dfrac{30 + (15 + 15)}{2}$
  $= 15 + 15 = 30\,\text{mm}$

정답　100 ④

2020년 3회 기출문제

1과목 연소공학

01 링겔만 농도표는 어떤 목적으로 사용되는가?

① 연돌에서 배출되는 매연 농도 측정
② 보일러수의 pH 측정
③ 연소가스 중의 탄산가스 농도 측정
④ 연소가스 중의 SOx 농도 측정

해설
링겔만 매연 농도표(0~5도)
농도 1도당 매연이 20%이며 연돌(굴뚝)에서 배출하는 매연 농도를 측정한다.

02 연소가스를 분석한 결과 CO_2 : 12.5%, O_2 : 3.0%일 때, $(CO_2)_{max}$%는?(단, 해당 연소가스에 CO는 없는 것으로 가정한다.)

① 12.62 ② 13.45
③ 14.58 ④ 15.03

해설
완전연소 시 $(CO_2)_{max}$
$= \dfrac{21 \times CO_2}{21 - O_2} = \dfrac{21 \times 12.5}{21 - 3} = 14.58$

03 화염 온도를 높이려고 할 때 조작방법으로 틀린 것은?

① 공기를 예열한다.
② 과잉공기를 사용한다.
③ 연료를 완전연소시킨다.
④ 노 벽 등의 열손실을 막는다.

해설
과잉공기가 화실에 투입되면 노 내 온도가 하강한다.(온도가 낮은 공기의 다량 투입이므로)

04 일반적인 정상연소의 연소속도를 결정하는 요인으로 가장 거리가 먼 것은?

① 산소농도 ② 이론공기량
③ 반응온도 ④ 촉매

해설
정상연소의 속도 결정 요인
㉠ 산소농도
㉡ 반응온도
㉢ 촉매
㉣ 실제 공기량

05 다음과 같은 조성의 석탄가스를 연소시켰을 때의 이론 습연소 가스양(Nm^3/Nm^3)은?

성분	CO	CO_2	H_2	CH_4	N_2
부피(%)	8	1	50	37	4

① 2.94 ② 3.94
③ 4.61 ④ 5.61

해설
가연성 가스 : CO, H_2, CH_4
이론 습연소 가스양(G_{ow}) = $(1-0.21)A_o + CO_2 + N_2 + CH_4$
$CO + \dfrac{1}{2}O_2 \rightarrow CO_2$ $\left(\dfrac{1}{2} \times 0.08 = 0.04\right)$
$H_2 + \dfrac{1}{2}O_2 \rightarrow H_2O$ $\left(\dfrac{1}{2} \times 0.5 = 0.25\right)$
$CH_4 + 2O_2 \rightarrow CO_2 + 2H_2O$ $(2 \times 0.37 = 0.74)$
$\therefore G_{ow} = 0.79 \times \left(\dfrac{0.04 + 0.25 + 0.74}{0.21}\right)$
$\quad\quad + 1 \times 0.01 + 1 \times 0.04 + 3 \times 0.37$
$\quad = 3.88 + 1.16$
$\quad = 5.04(Nm^3/Nm^3)$

정답 01 ① 02 ③ 03 ② 04 ② 05 ④

06 다음 연소가스의 성분 중 대기 오염 물질이 아닌 것은?

① 입자상 물질 ② 이산화탄소
③ 황산화물   ④ 질소산화물

〔해설〕
$C + O_2 \rightarrow CO_2$ (이산화탄소)
CO_2는 매연이나 독성물질은 아니다.(단 온실효과를 촉진시킨다.)

07 옥테인(C_8H_{18})이 과잉공기율 2로 연소 시 연소가스 중의 산소 부피비(%)는?

① 6.4   ② 10.1
③ 12.9 ④ 20.2

〔해설〕
$C_8H_{18} + 12.5O_2 \rightarrow 8CO_2 + 9H_2O$
이론 공기량(A_o) = $12.5 \times \dfrac{1}{0.21} = 59.54 Nm^3/Nm^3$
실제 공기량(A) = $A_o \times m = 59.54 \times 2 = 119.08 Nm^3/Nm^3$
∴ 산소 부피비 = $\dfrac{12.5}{119.08} = 10.4(\%)$

08 C_2H_6 $1Nm^3$를 연소했을 때의 건연소가스양(Nm^3)은?(단, 공기 중 산소의 부피비는 21%이다.)

① 4.5   ② 15.2
③ 18.1 ④ 22.4

〔해설〕
에틸렌(C_2H_6) + $3.5O_2 \rightarrow 2CO_2 + 3H_2O$
건연소 가스양(G_{od}) = $(1-0.21)A_o + CO_2$
∴ $G_{od} = 0.79 \times \dfrac{3.5}{0.21} + 2 = 15.2(Nm^3/Nm^3)$

09 연소장치의 연돌통풍에 대한 설명으로 틀린 것은?

① 연돌의 단면적은 연도의 경우와 마찬가지로 연소량과 가스의 유속에 관계한다.
② 연돌의 통풍력은 외기온도가 높아짐에 따라 통풍력이 감소하므로 주의가 필요하다.
③ 연돌의 통풍력은 공기의 습도 및 기압에 관계없이 외기온도에 따라 달라진다.
④ 연돌의 설계에서 연돌 상부 단면적을 하부 단면적보다 작게 한다.

〔해설〕
연돌의 통풍력은 공기의 습도나 기압에 의해 증감된다.

10 고체 연료 연소장치 중 쓰레기 소각에 적합한 스토커는?

① 계단식 스토커 ② 고정식 스토커
③ 산포식 스토커 ④ 하입식 스토커

〔해설〕
계단식 스토커(화격자 연소장치)
저질 석탄, 쓰레기 소각 등에 적합한 구조의 스토커이며 화격자가 30~40°인 계단식이다.

11 헵테인(C_7H_{16}) 1kg을 완전연소하는 데 필요한 이론 공기량(kg)은?(단, 공기 중 산소 질량비는 23%이다.)

① 11.64 ② 13.21
③ 15.30 ④ 17.17

〔해설〕
$\dfrac{C_7H_{16}}{100} + \dfrac{11O_2}{11 \times 32} \rightarrow \dfrac{7CO_2}{7 \times 44} + \dfrac{8H_2O}{8 \times 18}$
이론 산소량(O_o) = $32 \times 11 = 352(kg/kmol)$
헵테인 분자량 = $100(kg/kmol)$
이론 공기량(A_o) = $\dfrac{352}{0.23} \times \dfrac{1}{100} = 15.30(kg/kg)$
※ 분자량(C_7H_{16} : 100, O_2 : 32, CO_2 : 44, H_2O : 18)

12 액체 연료 중 고온 건류하여 얻은 타르계 중유의 특징에 대한 설명으로 틀린 것은?

① 화염의 방사율이 크다.
② 황의 영향이 적다.
③ 슬러지를 발생시킨다.
④ 석유계 액체 연료이다.

정답 06 ② 07 ② 08 ② 09 ③ 10 ① 11 ③ 12 ④

해설

타르계 중유
황의 함유량이 석유계 중유보다 적고 화염의 방사율이 크다. 석유계 연료와 혼합 시 슬러지를 발생시킨다.(석탄계 중유이다.)

13 고체 연료의 연료비를 식으로 바르게 나타낸 것은?

① $\dfrac{고정탄소(\%)}{휘발분(\%)}$

② $\dfrac{회분(\%)}{휘발분(\%)}$

③ $\dfrac{고정탄소(\%)}{회분(\%)}$

④ $\dfrac{가연성\ 성분\ 중\ 탄소(\%)}{유리수소(\%)}$

해설

연료비 = $\dfrac{고정탄소}{휘발분}$

고정탄소가 많으면 연료비가 커지며 연료비가 12 이상이면 가장 좋은 무연탄이다.

14 어떤 탄화수소 C_mH_n의 연소가스를 분석한 결과, 용적 %에서 CO_2 : 8.0%, CO : 0.9%, O_2 : 8.8%, N_2 : 82.3%이다. 이 경우의 공기와 연료의 질량비(공연비)는?(단, 공기 분자량은 28.96이다.)

① 6   ② 24
③ 36   ④ 162

해설

$C_mH_n + a(O_2 + 3.76N_2)$
$\rightarrow 8CO_2 + 0.9CO + 8.8O_2 + 82.3N + bH_2O$

C : $m = 8.9$
H : $n = 2b$
$O_2 : a = 8 + \left(\dfrac{0.9}{2}\right) + 8.8 + \left(\dfrac{b}{2}\right)$
$N_2 : 3.76a = 82.3$
∴ $a = 82.3 \div 3.76 = 21.9$
   $b = 18.6 \div 2 = 9.3$
   $m = 8 + 0.9 = 8.9$
   $n = 9.3 \times 2 = 18.6$

연소 반응식 : $C_{8.9}H_{18.6} + 21.9O_2 + 82.3N_2$
$\rightarrow 8CO_2 + 0.9CO + 8.8O_2 + 82.3N_2 + 9.3H_2O$

∴ 공연비 $\left(\dfrac{A}{F}\right) = \dfrac{21.9 \times 32 + 82.3 \times 28}{12 \times 8.9 + 18.6} = 24$

※ 산소분자량 : 32, 질소분자량 : 28

15 LPG 용기의 안전관리 유의사항으로 틀린 것은?

① 밸브는 천천히 열고 닫는다.
② 통풍이 잘되는 곳에 저장한다.
③ 용기의 저장 및 운반 중에는 항상 40℃ 이상을 유지한다.
④ 용기의 전락 또는 충격을 피하고 가까운 곳에 인화성 물질을 피한다.

해설

모든 가스는 항상 팽창을 대비하여 40℃ 이하를 유지하여야 한다.

16 연료비가 크면 나타나는 일반적인 현상이 아닌 것은?

① 고정탄소량이 증가한다.
② 불꽃은 단염이 된다.
③ 매연의 발생이 적다.
④ 착화온도가 낮아진다.

해설

연료비 $\left(\dfrac{고정탄소}{휘발분}\right)$가 크면 휘발분 성분이 적어서 착화온도가 높아진다.

17 연소가스 부피조성이 CO_2 : 13%, O_2 : 8%, N_2 : 79%일 때 공기과잉계수(공기비)는?

① 1.2   ② 1.4
③ 1.6   ④ 1.8

해설

공기비$(m) = \dfrac{N_2}{N_2 - 3.76(O_2 - 0.5CO)}$

$= \dfrac{79}{79 - 3.76(8 - 0.5 \times 0)}$

$= \dfrac{79}{79 - (3.76 \times 8)} = 1.6$

정답 13 ① 14 ② 15 ③ 16 ④ 17 ③

18 1Nm³의 질량이 2.59kg인 기체는 무엇인가?

① 메테인(CH_4) ② 에테인(C_2H_6)
③ 프로페인(C_3H_8) ④ 뷰테인(C_4H_{10})

해설

분자량

메테인 : 16kg/22.4Nm³, 에테인 : 30kg/22.4Nm³, 프로페인 : 44kg/Nm³, 뷰테인 : 58kg/22.4Nm³

$\left(\dfrac{16}{22.4}=0.71, \dfrac{30}{22.4}=1.34, \dfrac{44}{22.4}=1.964, \dfrac{58}{22.4}=2.59\right)$

※ 1kmol = 22.4Nm³

19 액체 연료의 미립화 시 평균 분무입경에 직접적인 영향을 미치는 것이 아닌 것은?

① 액체 연료의 표면장력
② 액체 연료의 점성계수
③ 액체 연료의 탁도
④ 액체 연료의 밀도

해설

중질유 액체 연료의 미립화 시 평균 분무입경에 직접적인 영향을 미치는 인자
㉠ 표면장력
㉡ 점성계수
㉢ 밀도

20 품질이 좋은 고체 연료의 조건으로 옳은 것은?

① 고정탄소가 많을 것
② 회분이 많을 것
③ 황분이 많을 것
④ 수분이 많을 것

해설

품질이 좋은 고체연료는 연료비가 커야 한다. 연료비가 크면 고정탄소량이 증가한다.

2과목 열역학

21 디젤 사이클에서 압축비가 20, 단절비(cut-off ratio)가 1.7일 때 열효율(%)은?(단, 비열비는 1.4이다.)

① 43 ② 66
③ 72 ④ 84

해설

디젤 사이클(내연기관 사이클)

$\therefore \eta_d = 1 - \left(\dfrac{1}{\varepsilon}\right)^{K-1} \times \dfrac{\sigma^{K-1}}{K(\sigma-1)}$

$= 1 - \left(\dfrac{1}{20}\right)^{1.4-1} \times \dfrac{1.7^{1.4-1}}{1.4(1.7-1)} = 0.66\ (66\%)$

22 열역학적 사이클에서 열효율이 고열원과 저열원의 온도만으로 결정되는 것은?

① 카르노 사이클 ② 랭킨 사이클
③ 재열 사이클 ④ 재생 사이클

해설

카르노 사이클

등온팽창 → 단열팽창 → 등온압축 → 단열압축

효율$(\eta_c) = \dfrac{A_w}{Q_1} = 1 - \dfrac{Q_2}{Q_1} = 1 - \dfrac{T_2}{T_1}$

여기서, T_1 : 고열원 온도
T_2 : 저열원 온도

23 비엔탈피가 326kJ/kg인 어떤 기체가 노즐을 통하여 단열적으로 팽창되어 비엔탈피가 322kJ/kg으로 되어 나간다. 유입 속도를 무시할 때 유출 속도(m/s)는?(단, 노즐 속의 유동은 정상류이며 손실은 무시한다.)

① 4.4 ② 22.5
③ 64.7 ④ 89.4

해설

1kJ = 102kg · m

$\therefore V = \sqrt{2gJ(h_1-h_2)} = \sqrt{2 \times 9.8 \times 102(326-322)}$
$= 89.4(m/s)$

정답 18 ④ 19 ③ 20 ① 21 ② 22 ① 23 ④

24 다음 $T-S$ 선도에서 냉동 사이클의 성능계수를 옳게 나타낸 것은?(단, u는 내부에너지, h는 엔탈피를 나타낸다.)

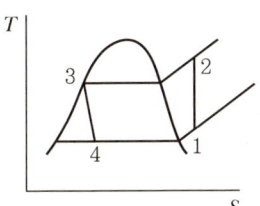

① $\dfrac{h_1 - h_4}{h_2 - h_1}$

② $\dfrac{h_2 - h_1}{h_1 - h_4}$

③ $\dfrac{u_1 - u_4}{u_2 - u_1}$

④ $\dfrac{u_2 - u_1}{u_1 - u_4}$

해설

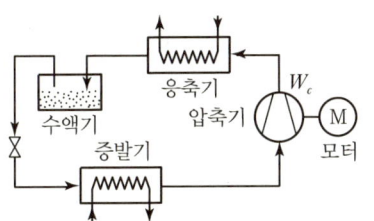

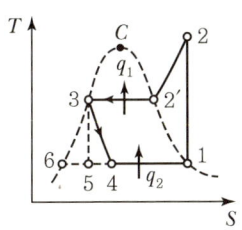

[증기압축냉동 사이클]

성능계수(COP) = $\dfrac{h_1 - h_4}{h_2 - h_1}$

25 열역학 제2법칙에 대한 설명이 아닌 것은?

① 제2종 영구기관의 제작은 불가능하다.
② 고립계의 엔트로피는 감소하지 않는다.
③ 열은 자체적으로 저온에서 고온으로 이동이 곤란하다.
④ 열과 일은 변환이 가능하며, 에너지 보존 법칙이 성립한다.

해설

열역학 제1법칙
• 열과 일은 변환이 가능하며, 에너지 보존 법칙이 성립한다.
• 절연계의 저장 에너지는 일정하다.
• 고립계의 엔트로피는 증가하거나 불변이다.

26 좋은 냉매의 특성으로 틀린 것은?

① 낮은 응고점
② 낮은 증기의 비열비
③ 낮은 열전달계수
④ 단위 질량당 높은 증발열

해설

냉매는 열전달계수가 커야 한다.
• 열전달계수 : $W/m^2 \cdot K$
• 열전도율 : $W/m \cdot ℃$

27 다음 중에서 가장 높은 압력을 나타내는 것은?

① 1atm
② 10kgf/cm²
③ 105Pa
④ 14.7psi

해설

• 1atm = 101,325Pa = 14.7psi = 1.033kfg/cm²
• 105Pa = 105 × $\dfrac{1.033 kgf/cm^2}{101,325}$ = 0.00107kgf/cm²

정답 24 ① 25 ④ 26 ③ 27 ②

28 랭킨 사이클에서 복수기 압력을 낮추면 어떤 현상이 나타나는가?

① 복수기의 포화온도는 상승한다.
② 열효율이 낮아진다.
③ 터빈 출구부에 부식 문제가 생긴다.
④ 터빈 출구부의 증기 건도가 높아진다.

랭킨 사이클
복수기 압력이 낮을수록 열효율이 증가한다. 터빈 출구에서 온도가 낮아지면 터빈 깃을 부식시키므로 열효율이 낮아진다.

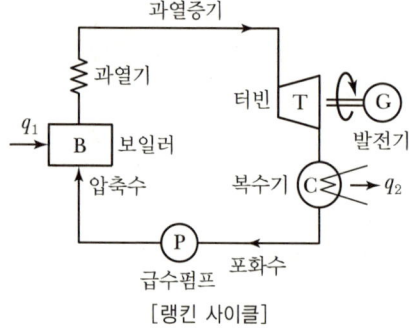
[랭킨 사이클]

29 다음 관계식 중에서 틀린 것은?(단, m은 질량, U는 내부에너지, H는 엔탈피, W는 일, C_p와 C_v는 각각 정압비열과 정적비열이다.)

① $dU = mC_v dT$
② $C_p = \dfrac{1}{m}\left(\dfrac{\partial H}{\partial T}\right)_p$
③ $\delta W = mC_p dT$
④ $C_v = \dfrac{1}{m}\left(\dfrac{\partial U}{\partial T}\right)_v$

내부에너지 변화량 $dU = mC_v dT$
엔탈피 변화량 $dH = mC_P dT$

30 유동하는 기체의 압력을 P, 속력을 V, 밀도를 ρ, 중력가속도를 g, 높이를 z, 절대온도를 T, 정적비열을 C_v라고 할 때, 기체의 단위 질량당 역학적 에너지에 포함되지 않는 것은?

① $\dfrac{P}{\rho}$ ② $\dfrac{V^2}{2}$
③ gz ④ $C_v T$

역학적 에너지
기계적 에너지(운동에너지, 위치에너지)

31 1kg의 이상기체($C_p = 1.0\,\text{kJ/kg·K}$, $C_v = 0.71\,\text{kJ/kg·K}$)가 가역단열과정으로 $P_1 = 1\text{MPa}$, $V_1 = 0.6\text{m}^3$에서 $P_2 = 100\text{kPa}$로 변한다. 가역단열과정 후 이 기체의 부피 V_2와 온도 T_2는 각각 얼마인가?

① $V_2 = 2.24\text{m}^3$, $T_2 = 1{,}000\text{K}$
② $V_2 = 3.08\text{m}^3$, $T_2 = 1{,}000\text{K}$
③ $V_2 = 2.24\text{m}^3$, $T_2 = 1{,}060\text{K}$
④ $V_2 = 3.08\text{m}^3$, $T_2 = 1{,}060\text{K}$

비열비(K) = $\dfrac{C_p}{C_v} = \dfrac{1.0}{0.71} = 1.408$, $1\text{MPa} = 1{,}000(\text{kPa})$

단열변화의 PVT 관계 $\dfrac{T_2}{T_1} = \left(\dfrac{V_1}{V_2}\right)^{K-1} = \left(\dfrac{P_2}{P_1}\right)^{\frac{K-1}{K}}$

$T_2 = T_1 \times \left(\dfrac{V_1}{V_2}\right)^{K-1} = T_1 \times \left(\dfrac{P_2}{P_1}\right)^{\frac{K-1}{K}}$

$V_2 = \dfrac{V_1}{\left(\dfrac{P_2}{P_1}\right)^{\frac{1}{K}}} = \dfrac{0.6}{\left(\dfrac{100}{1{,}000}\right)^{\frac{1}{1.408}}} = 3.08\text{m}^3$

정답 28 ③ 29 ③ 30 ④ 31 ④

32 그림은 랭킨 사이클의 온도-엔트로피($T-S$) 선도이다. 상태 1~4의 비엔탈피 값이 $h_1 = 192$ kJ/kg, $h_2 = 194$ kJ/kg, $h_3 = 2,802$ kJ/kg, $h_4 = 2,010$ kJ/kg이라면 열효율(%)은?

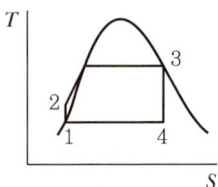

① 25.3 ② 30.3
③ 43.6 ④ 49.7

해설

랭킨 사이클(η_R)
㉠ 1 → 2 (단열압축)
㉡ 2 → 3 (정압가열)
㉢ 3 → 4 (단열팽창)
㉣ 4 → 1 (등온방열)

$\eta_R = \dfrac{2,802 - 2,010}{2,802 - 192} = \dfrac{h_3 - h_4}{h_3 - h_1} = 0.303 \,(30.3\%)$

33 그림에서 압력 P_1, 온도 t_s의 과열증기의 비엔트로피는 6.16kJ/kg·K이다. 상태 1로부터 2까지의 가역단열팽창 후, 압력 P_2에서 습증기로 되었으면 상태 2인 습증기의 건도 x는 얼마인가? (단, 압력 P_2에서 포화수, 건포화증기의 비엔트로피는 각각 1.30kJ/kg·K, 7.36kJ/kg·K이다.)

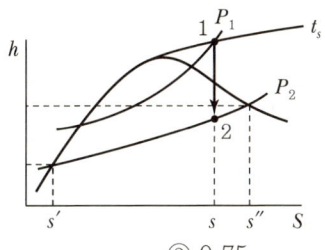

① 0.69 ② 0.75
③ 0.79 ④ 0.80

해설

6.16 − 1.30 = 4.86
7.36 − 1.30 = 6.06
∴ 건도(x) = $\dfrac{4.86}{6.06}$ = 0.80

• $S_X = s' + x(s'' - s')$

$x = \dfrac{S_X - s'}{s'' - s'}, \; x = \dfrac{V - V'}{V'' - V'}$

• 압력을 낮추면 건도가 감소한다.

34 압력 500kPa, 온도 423K의 공기 1kg이 압력이 일정한 상태로 변하고 있다. 공기의 일이 122kJ이라면 공기에 전달된 열량(kJ)은 얼마인가? (단, 공기의 정적비열은 0.7165kJ/kg·K, 기체상수는 0.287kJ/kg·K이다.)

① 426 ② 526
③ 626 ④ 726

해설

$V_1 = \dfrac{1 \times 0.287 \times 423}{500} = 0.2428 \text{m}^3$

$\dfrac{0.2428}{423} = \dfrac{0.4868}{T_2}$

$T_2 = 848\text{K}$

∴ 가열량(Q) = $1 \times (0.7165 + 0.287) \times (848 - 32) = 426\text{kJ}$

35 압력이 1,300kPa인 탱크에 저장된 건포화증기가 노즐로부터 100kPa로 분출되고 있다. 임계압력 P_c는 몇 kPa인가? (단, 비열비는 1.135이다.)

① 751 ② 643
③ 582 ④ 525

해설

임계압력(P_c) = $\left(\dfrac{2}{K+1}\right)^{\frac{K}{K-1}} \times P_1$

∴ $P_c = \left(\dfrac{2}{1.135 + 1}\right)^{\frac{1.135}{1.135 - 1}} \times 1,300 = 751 \text{(kPa)}$

정답 32 ② 33 ④ 34 ① 35 ①

36 압력이 일정한 용기 내에 이상기체를 외부에서 가열하였다. 온도가 T_1에서 T_2로 변화하였고, 기체의 부피가 V_1에서 V_2로 변하였다. 공기의 정압비열 C_p에 대한 식으로 옳은 것은?(단, 이 이상기체의 압력은 p, 전달된 단위 질량당 열량은 q이다.)

① $C_p = \dfrac{q}{p}$

② $C_p = \dfrac{q}{T_2 - T_1}$

③ $C_p = \dfrac{q}{V_2 - V_1}$

④ $C_p = p \times \dfrac{V_2 - V_1}{T_2 - T_1}$

해설
$T_1 \to T_2,\ V_1 \to V_2$
공기의 정압비열(C_p) $= \dfrac{q}{T_2 - T_1}$

37 최저 온도, 압축비 및 공급 열량이 같을 경우 사이클의 효율이 큰 것부터 작은 순서대로 옳게 나타낸 것은?

① 오토사이클 > 디젤사이클 > 사바테사이클
② 사바테사이클 > 오토사이클 > 디젤사이클
③ 디젤사이클 > 오토사이클 > 사바테사이클
④ 오토사이클 > 사바테사이클 > 디젤사이클

해설
내연기관 사이클 열효율 비교
㉠ 가열량 및 압축비 일정 : $\eta_o > \eta_s > \eta_d$
㉡ 가열량 및 압력이 일정 : $\eta_o < \eta_s < \eta_d$

38 다음 중 상온에서 비열비 값이 가장 큰 기체는?

① He   ② O_2
③ CO_2 ④ CH_4

해설
비열비(K)
㉠ He(헬륨) : 1.66
㉡ O_2(산소) : 1.4
㉢ CO_2(탄산가스) : 1.3
㉣ CH_2 : 1.3
※ 1원자 분자 : 1.66, 2원자 분자 : 1.4, 3원자 분자 : 1.3

39 $-35℃$, 22MPa의 질소를 가역단열과정으로 500kPa까지 팽창했을 때의 온도(℃)는?(단, 비열비는 1.41이고 질소를 이상기체로 가정한다.)

① -180 ② -194
③ -200 ④ -206

해설
단열변화의 PVT 관계 $\dfrac{T_2}{T_1} = \left(\dfrac{V_1}{V_2}\right)^{K-1} = \left(\dfrac{P_2}{P_1}\right)^{\frac{K-1}{K}}$

$T_2 = T_1 \left(\dfrac{P_2}{P_1}\right)^{\frac{K-1}{K}}$, $-35℃ + 273 = 238K$

$\therefore T_2 = 238 \times \left(\dfrac{500}{22 \times 10^3}\right)^{\frac{1.41-1}{1.41}} = 79.1942K(-194℃)$

40 역카르노사이클로 작동하는 냉장고가 있다. 냉장고 내부의 온도가 0℃이고 이곳에서 흡수한 열량이 10kW이고, 30℃의 외기로 열이 방출된다고 할 때 냉장고를 작동하는 데 필요한 동력(kW)은?

① 1.1   ② 10.1
③ 11.1   ④ 21.1

해설
성적계수(COP) $= \dfrac{Q_2}{Q_1 - Q_2} = \dfrac{T_2}{T_1 - T_2}$
$(0 + 273 = 273K,\ 30 + 273 = 303K)$
$COP = \dfrac{273}{303 - 273} = 9.1,\ 1kW = 3,600(kJ/h)$
$\therefore$ 동력(kW) $= \dfrac{10 \times 3,600}{9.1 \times 3,600} = 1.1$

정답 36 ② 37 ④ 38 ① 39 ② 40 ①

3과목 계측방법

41 국소대기압이 740mmHg인 곳에서 게이지 압력이 0.4bar일 때 절대압력(kPa)은?

① 100　　② 121
③ 139　　④ 156

해설

대기압 $= 1.033 \times \dfrac{740}{760} = 1.0058 (\text{kg/cm}^2)$

$1\text{atm} = 101.325(\text{kPa}) = 1.013\text{bar} = 1.033\text{kg/cm}^2$

$1.033 \times \dfrac{0.4}{1.013} = 0.4078 (\text{kg/cm}^2)$

$\therefore\ 101.325 \times \left(\dfrac{1.0058 + 0.4078}{1.033}\right) = 139(\text{kPa})$

42 0℃에서 저항이 80Ω이고 저항온도계수가 0.002인 저항온도계를 노 안에 삽입했더니 저항이 160Ω이 되었을 때 노 안의 온도는 약 몇 ℃인가?

① 160℃　　② 320℃
③ 400℃　　④ 500℃

해설

노 안의 온도 $t = t_0 + \dfrac{1}{a}\left(\dfrac{R_t}{R_0} - 1\right)$

$= 0 + \dfrac{1}{0.002}\left(\dfrac{160}{80} - 1\right) = 500℃$

43 차압식 유량계에 관한 설명으로 옳은 것은?

① 유량은 교축기구 전후의 차압에 비례한다.
② 유량은 교축기구 전후의 차압의 제곱근에 비례한다.
③ 유량은 교축기구 전후의 차압의 근삿값이다.
④ 유량은 교축기구 전후의 차압에 반비례한다.

해설
차압식 유량계(오리피스, 플로노즐, 벤투리미터)의 유량은 교축기구 전후의 차압의 제곱근에 비례한다.

44 금속의 전기저항 값이 변화되는 것을 이용하여 압력을 측정하는 전기저항 압력계의 특성으로 맞는 것은?

① 응답속도가 빠르고 초고압에서 미압까지 측정한다.
② 구조가 간단하여 압력 검출용으로 사용한다.
③ 먼지의 영향이 적고 변동에 대한 적응성이 적다.
④ 가스폭발 등 급속한 압력변화를 측정하는 데 사용한다.

해설
전기저항식 압력계(자기변형, 피에조)는 물체에 압력을 가하면 발생한 전기량은 압력에 비례하는 원리를 이용하여 압력을 측정한다. 응답이 빨라서 백만 분의 일 초 정도이며 급격한 압력 변화를 측정하는 데 유효하다.

45 다음 각 습도계의 특징에 대한 설명으로 틀린 것은?

① 노점 습도계는 저습도를 측정할 수 있다.
② 모발 습도계는 2년마다 모발을 바꾸어주어야 한다.
③ 통풍 건습구 습도계는 2.5~5m/s의 통풍이 필요하다.
④ 저항식 습도계는 직류전압을 사용하여 측정한다.

해설
통풍 건습구 습도계
• 온도계의 감온부에 풍속 3~5m/s의 통풍을 행하는 것
• 종류 : assmann형, 기상대형, 저항온도계식

46 기준입력과 주 피드백 신호와의 차에 의해서 일정한 신호를 조작요소에 보내는 제어장치는?

① 조절기　　② 전송기
③ 조작기　　④ 계측기

정답 41 ③　42 ④　43 ②　44 ①　45 ④　46 ①

해설

조절기

기준입력과 주 피드백 신호와의 차에 의해서 신호를 조작요소에 보내는 제어장치이다.
- 종류 : 공기압식, 전기식, 유압식
- 자동제어 동작순서 : 검출, 비교, 판단, 조작

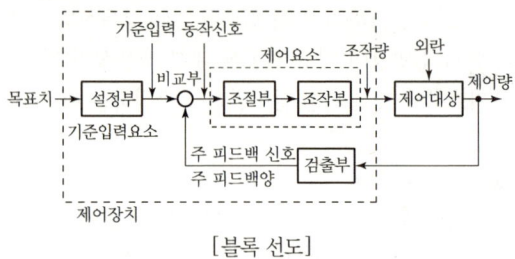

[블록 선도]

47 다음 온도계 중 비접촉식 온도계로 옳은 것은?

① 유리제 온도계
② 압력식 온도계
③ 전기저항식 온도계
④ 광고온계

해설

비접촉식 온도계
- 광고온도계
- 광전관식 온도계
- 적외선온도계
- 방사온도계

48 전자유량계의 특징에 대한 설명 중 틀린 것은?

① 압력 손실이 거의 없다.
② 내식성 유지가 곤란하다.
③ 전도성 액체에 한하여 사용할 수 있다.
④ 미소한 측정전압에 대하여 고성능의 증폭기가 필요하다.

해설

전자유량계

전기도체가 자계 내에서 자력선을 자를 때 기전력이 발생한다는 패러데이의 법칙을 이용한 유량계로서 유전율이 낮은 증기와 같은 유체는 측정이 곤란하다. 점도가 높은 유체나 슬러리에 대하여 정도가 높다.

49 가스크로마토그래피는 기체의 어떤 특성을 이용하여 분석하는 장치인가?

① 분자량 차이
② 부피 차이
② 분압 차이
④ 확산속도 차이

해설

가스크로마토그래피 가스 분석계는 기체의 확산속도 차이를 이용하여 가스를 분석한다. 캐리어가스로는 H_2, N_2, He이 필요하다. 분리능력과 선택성이 우수하다.

50 피토관에 의한 유속 측정식은 다음과 같다.

$$v = \sqrt{\frac{2g(P_1 - P_2)}{\gamma}}$$

이때 P_1, P_2의 각각의 의미는?(단, v는 유속, g는 중력가속도이고, γ는 비중량이다.)

① 동압과 전압을 뜻한다.
② 전압과 정압을 뜻한다.
③ 정압과 동압을 뜻한다.
④ 동압과 유체압을 뜻한다.

해설

피토관 유속식 유량계

$$유량(Q) = Av_1 = A \cdot C_v \sqrt{2g\frac{P_1 - P_2}{\gamma}} \text{ (m}^3\text{/sec)}$$

여기서, v_1 : 유속(=유량/단면적)
A : 단면적
g : 중력가속도, 9.8m/s²
C_v : 유량계수
P_1 : 전압, P_2 : 정압

$P_1 - P_2$ (전압-정압=동압)

51 다음 각 압력계에 대한 설명으로 틀린 것은?

① 벨로즈 압력계는 탄성식 압력계이다.
② 다이어프램 압력계의 박판재료로 인청동, 고무를 사용할 수 있다.
③ 침종식 압력계는 압력이 낮은 기체의 압력 측정에 적당하다.
④ 탄성식 압력계의 일반 교정용 시험기로는 전기식 표준압력계가 주로 사용된다.

정답 47 ④ 48 ② 49 ④ 50 ② 51 ④

해설
㉠ 표준 분동식 압력계
  • 탄성식 압력계의 교정용 시험기이다.
  • 측정범위 : 50MPa
  • 사용기름 : 경유, 스핀들유, 피마자유, 마진유, 모빌유
㉡ 탄성식 압력계의 종류
  • 부르동관식
  • 벨로즈식
  • 다이어프램식

52 서로 다른 2개의 금속판을 접합시켜서 만든 바이메탈 온도계의 기본 작동원리는?

① 두 금속판의 비열의 차
② 두 금속판의 열전도도의 차
③ 두 금속판의 열팽창계수의 차
④ 두 금속판의 기계적 강도의 차

해설
바이메탈 온도계
• −50∼500℃ 측정, 황동−인바, 모넬메탈−니켈강 등의 서로 다른 2개의 금속판을 접합시켜서 열팽창계수 차를 이용하여 만든 온도계
• 관의 두께는 0.1∼0.2mm 형상은 원호형, 나선형

53 자동연소제어장치에서 보일러 증기압력의 자동제어에 필요한 조작량은?

① 연료량과 증기압력
② 연료량과 보일러 수위
③ 연료량과 공기량
④ 증기압력과 보일러 수위

해설
보일러 자동제어

제어장치의 명칭	제어량	조작량
ACC 연소제어	증기압력	연료량
		공기량
	노 내 압력	연소 가스양
FWC 급수제어	보일러 수위	급수량
STC 증기온도제어	증기온도	전열량

54 제벡(Seebeck) 효과에 대하여 가장 바르게 설명한 것은?

① 어떤 결정체를 압축하면 기전력이 일어난다.
② 성질이 다른 두 금속의 접점에 온도 차를 두면 열기전력이 일어난다.
③ 고온체로부터 모든 파장의 전방사에너지는 절대온도의 4승에 비례하여 커진다.
④ 고체가 고온이 되면 단파장 성분이 많아진다.

해설
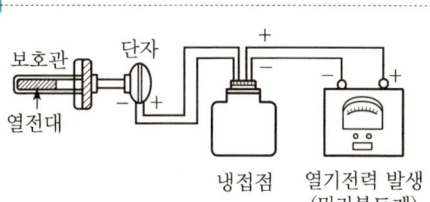

55 유량 측정에 사용되는 오리피스가 아닌 것은?

① 베나탭   ② 게이지탭
③ 코너탭   ④ 플랜지탭

해설
오리피스 차압식 유량계 Tap
• Corner Tap
• Vena Tap
• Flange Tap

56 유량계의 교정방법 중 기체 유량계의 교정에 가장 적합한 방법은?

① 밸런스를 사용하여 교정한다.
② 기준 탱크를 사용하여 교정한다.
③ 기준 유량계를 사용하여 교정한다.
④ 기준 체적관을 사용하여 교정한다.

해설
기체유량계 교정에 기준 체적관을 사용한다.

정답 52 ③ 53 ③ 54 ② 55 ② 56 ④

57 저항온도계에 활용되는 측온 저항체 종류에 해당되는 것은?

① 서미스터(thermistor) 저항온도계
② 철-콘스탄탄(IC) 저항온도계
③ 크로멜(chromel) 저항온도계
④ 알루멜(alumel) 저항온도계

해설
저항온도계의 저항체
㉠ 백금 : $-200 \sim 500℃$
㉡ 니켈 : $-50 \sim 150℃$
㉢ 구리 : $0 \sim 120℃$
㉣ 서미스터(소결 반도체 : Ni, Co, Mn, Fe, Cu 사용) : $-100 \sim 300℃$
※ 0℃ 표준저항치 : $25\Omega, 50\Omega, 100\Omega$

58 공기 중에 있는 수증기 양과 그때의 온도에서 공기 중에 최대로 포함할 수 있는 수증기의 양을 백분율로 나타낸 것은?

① 절대습도   ② 상대습도
③ 포화증기압 ④ 혼합비

해설
상대습도(H_R)
$= \dfrac{\text{온도 } T\text{에서 그 수증기 분압}}{\text{온도 } T\text{에서 그 수증기 포화압력}} \times 100(\%)$

59 다음 가스 분석계 중 화학적 가스 분석계가 아닌 것은?

① 밀도식 CO_2계
② 오르자트식
③ 헴펠식
④ 자동화학식 CO_2계

해설
밀도식 가스분석계의 CO_2 밀도
$= \dfrac{\text{질량}}{\text{체적}} = \dfrac{44\text{kg/kmol}}{22.4\text{m}^3} = 1.964\text{kg/m}^3$

60 가스크로마토그래피의 구성요소가 아닌 것은?

① 유량계   ② 컬럼 검출기
③ 직류증폭장치 ④ 캐리어 가스통

해설
가스크로마토그래피의 구성요소
㉠ 유량조절밸브
㉡ 캐리어 가스 고압용기
㉢ 검출기
㉣ 분리관
㉤ 압력계
㉥ 시료도입장치
㉦ 감압장치
㉧ 기록계
※ 3대 구성요소 : 분리관, 검출기, 기록계

4과목 열설비재료 및 관계법규

61 에너지이용 합리화법령에 따라 산업통상자원부장관은 에너지 수급 안정을 위하여 에너지 사용자에게 필요한 조치를 할 수 있는데 이 조치의 해당 사항이 아닌 것은?

① 지역별, 주요 수급자별 에너지 할당
② 에너지 공급설비의 정지명령
③ 에너지의 비축과 저장
④ 에너지사용기자재의 사용 제한 또는 금지

해설
에너지이용 합리화법 제7조(수급안정)에 의거 에너지공급설비의 가동 및 조업 외 ①, ③, ④항이 수급 안정을 위한 조치이다.

62 에너지이용 합리화법령에 따라 검사대상기기관리자는 선임된 날부터 얼마 이내에 교육을 받아야 하는가?

① 1개월   ② 3개월
③ 6개월   ④ 1년

해설
검사대상기기관리자는 선임된 날로부터 6개월 이내에 교육을 받아야 한다.

정답 57 ① 58 ② 59 ① 60 ③ 61 ② 62 ③

63 내화물 사용 중 온도의 급격한 변화 혹은 불균일한 가열 등으로 균열이 생기거나 표면이 박리되는 현상을 무엇이라 하는가?

① 스폴링
② 버스팅
③ 연화
④ 수화

해설
스폴링(박락 현상)
- 내화벽돌 사용 중 온도의 급격한 변화, 혹은 불균일한 가열, 조직의 불균일 등으로 내화벽 표면 일부가 떨어져 나가는 박리 현상이다.
- 종류 : 열적 스폴링, 기계적 스폴링, 조직적 스폴링

64 무기질 보온재에 대한 설명으로 틀린 것은?

① 일반적으로 안전사용온도 범위가 넓다.
② 재질 자체가 독립기포로 안정되어 있다.
③ 비교적 강도가 높고 변형이 적다.
④ 최고 사용온도가 높아 고온에 적합하다.

해설
유기질 보온재
재질 자체가 독립기포로 된 다공성이라서 안정되어 있다.

65 다음 밸브 중 유체가 역류하지 않고 한쪽 방향으로만 흐르게 하는 밸브는?

① 감압밸브
② 체크밸브
③ 팽창밸브
④ 릴리프밸브

해설
역류 방지 체크밸브(체크밸브 기호 :)
㉠ 스윙식
㉡ 리프트식
㉢ 해머리스식
㉣ 판형

66 에너지이용 합리화법령에서 에너지 사용의 제한 또는 금지에 대한 내용으로 틀린 것은?

① 에너지 사용의 시기 및 방법의 제한
② 에너지 사용 시설 및 에너지 사용 기자재에 사용할 에너지의 지정 및 사용 에너지의 전환
③ 특정 지역에 대한 에너지 사용의 제한
④ 에너지 사용 설비에 관한 사항

해설
에너지이용 합리화법 시행령 제14조
에너지 사용 제한 또는 금지에서는 ①, ②, ③항 외 에너지 사용 시설 및 에너지 사용 기자재에 사용할 에너지의 지정 및 사용 에너지의 전환이 정하는 사항이다.

67 단열효과에 대한 설명으로 틀린 것은?

① 열확산계수가 작아진다.
② 열전도계수가 작아진다.
③ 노 내 온도가 균일하게 유지된다.
④ 스폴링 현상을 촉진시킨다.

해설
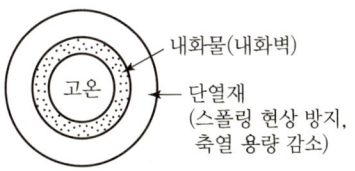

68 고압 증기의 옥외 배관에 가장 적당한 신축이음 방법은?

① 오프셋형
② 벨로즈형
③ 루프형
④ 슬리브형

해설
루프형 신축 조인트(곡관형)
- 옥외 배관용
- 대형 배관용

정답 63 ① 64 ② 65 ② 66 ④ 67 ④ 68 ③

69 중유 소성을 하는 평로에서 축열실의 역할로서 가장 옳은 것은?

① 제품을 가열한다.
② 급수를 예열한다.
③ 연소용 공기를 예열한다.
④ 포화증기를 가열하여 과열증기로 만든다.

해설
㉠ 축열실 : 평로, 균열로 등으로 연소용 공기의 예열에 사용된다. 구조와 강도상 제약이 적고 공기의 예열온도는 1,000~1,200℃ 정도이므로 고온용이다.
㉡ 환열기(리큐퍼레이터) : 일종의 공기 예열기다. 고온 가스와 저온 가스의 상호 열교환이 이루어지며 금속 시공이 많은 편이다.(연소 가스 온도 약 600℃ 이하용) 고온 공업에서 환열기를 설치하여 열효율을 향상시킨다.

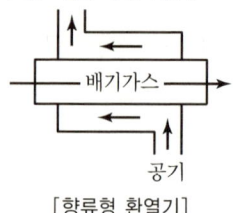

[향류형 환열기]

70 다음 중 셔틀 요(shuttle kiln)는 어디에 속하는가?

① 반연속 요　② 승염식 요
③ 연속 요　　④ 불연속 요

해설
반연속 요
등요, 셔틀 요

71 에너지이용 합리화법령에 따라 인정검사대상기기관리자의 교육을 이수한 자가 관리할 수 없는 검사대상기기는?

① 압력 용기
② 열매체를 가열하는 보일러로서 용량이 581.5kW 이하인 것
③ 온수를 발생하는 보일러로서 용량이 581.5kW 이하인 것
④ 증기보일러로서 최고사용압력이 2MPa 이하이고, 전열 면적이 5m² 이하인 것

해설
1MPa 이하, 전열면적 5m² 이하 제2종 관류보일러는 인정검사대상기기관리자의 교육을 이수한 자가 관리할 수가 있으나 2MPa 이하이면 에너지관리기능사 이상의 관리자가 필요하다.

72 에너지이용 합리화법령에 따른 에너지이용 합리화 기본계획에 포함되어야 할 내용이 아닌 것은?

① 에너지 이용 효율의 증대
② 열사용기자재의 안전관리
③ 에너지 소비 최대화를 위한 결제구조로의 전환
④ 에너지원 간 대체

해설
에너지이용 합리화법 제4조
에너지이용 합리화 기본계획에는 ①, ②, ④항 외 '에너지 절약형 경제구조로의 전환을 수립한다'가 있다.

73 단열재를 사용하지 않는 경우의 방출열량이 350W이고, 단열재를 사용할 경우의 방출열량이 100W라 하면 이때의 보온효율은 약 몇 %인가?

① 61　② 71
③ 81　④ 91

해설
이득열량 = 350W − 100W = 250W

보온효율 = $\dfrac{250}{350} \times 100 = 71(\%)$

74 에너지이용 합리화법령에 따라 검사대상기기 관리대행기관으로 지정을 받기 위하여 산업통상자원부장관에게 제출하여야 하는 서류가 아닌 것은?

정답　69 ③　70 ①　71 ④　72 ③　73 ②　74 ③

① 장비명세서
② 기술인력 명세서
③ 기술인력 고용계약서 사본
④ 향후 1년간 안전관리대행 사업계획서

해설
에너지이용 합리화법 시행규칙 제31조의 29에 의거한 지정신청 서류는 ①, ②, ④항 외에도 '변경사항을 증명할 수 있는 서류(변경지정의 경우에만 해당) 및 별표 3의 10 지정요건 장비'가 필요하다.

75 에너지이용 합리화법의 목적으로 가장 거리가 먼 것은?

① 에너지의 합리적 이용을 증진
② 에너지 소비로 인한 환경피해 감소
③ 에너지원의 개발
④ 국민 경제의 건전한 발전과 국민복지의 증진

해설
에너지이용 합리화법 제1조 목적에는 ①, ②, ④항과 '지구온난화의 최소화에 이바지함'이 있다.

76 에너지이용 합리화법령상 산업통상자원부장관이 에너지다소비사업자에게 개선명령을 할 수 있는 경우는 에너지관리지도 결과 몇 % 이상의 에너지 효율 개선이 기대될 때로 규정하고 있는가?

① 10 ② 20
③ 30 ④ 50

해설
산업통산자원부장관의 에너지다소비사업장에 대한 개선명령 에너지이용 합리화법 시행령 제40조 개선명령의 요건 및 절차에 의해 에너지관리지도 결과 10% 이상의 에너지 효율 개선이 기대되고 효율의 개선을 위한 투자의 경제성이 있다고 인정되는 경우

77 용광로에서 선철을 만들 때 사용되는 주원료 및 부재료가 아닌 것은?

① 규선석   ② 석회석
③ 철광석   ④ 코크스

해설
용광로(고로)에서의 선철 제조 시 주원료, 부재료
석회석, 철광석, 코크스 등

78 에너지이용 합리화법령상 특정열사용기자재 설치·시공 범위가 아닌 것은?

① 강철제 보일러 세관
② 철금속가열로의 시공
③ 태양열 집열기 배관
④ 금속균열로의 배관

해설
에너지이용 합리화법 시행규칙 별표 3의2
금속균열로 : 해당 기기의 설치를 위한 시공이 범위이다.

79 에너지이용 합리화법령에서 정한 에너지사용자가 수립하여야 할 자발적 협약이행계획에 포함되지 않는 것은?

① 협약 체결 전년도의 에너지 소비 현황
② 에너지 관리체제 및 관리방법
③ 전년도의 에너지사용량·제품생산량
④ 효율향상목표 등의 이행을 위한 투자계획

해설
에너지이용 합리화법 시행규칙 제26조에 의거한 각 호의 사항은 ①, ②, ④항 외에도 에너지를 사용하여 만드는 제품의 부가가치 등의 단위당 에너지이용효율 향상 목표 또는 온실가스배출 감축 목표 및 그 이행방법 등이다.

80 터널 가마(tunnel kiln)의 특징에 대한 설명 중 틀린 것은?

① 연속식 가마이다.
② 사용 연료에 제한이 없다.
③ 대량생산이 가능하고 유지비가 저렴하다.
④ 노 내 온도 조절이 용이하다.

정답 75 ③ 76 ① 77 ① 78 ④ 79 ③ 80 ②

해설
터널 가마는 사용 연료에 제약이 많다.

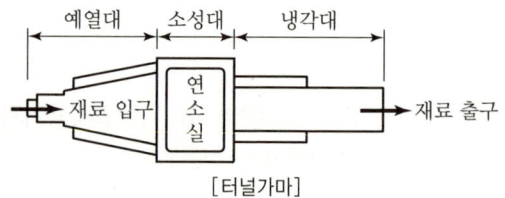
[터널가마]

5과목 열설비설계

81 연도 등의 저온의 전열면에 주로 사용되는 수트 블로어의 종류는?

① 삽입형 ② 예열기 클리너형
③ 로터리형 ④ 건형(gun type)

해설

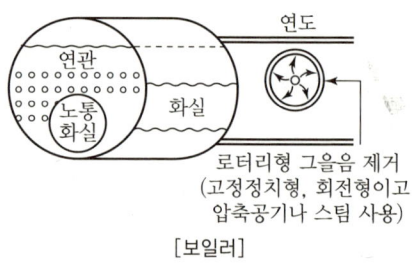
[보일러]

82 플래시 탱크의 역할로 옳은 것은?

① 저압의 증기를 고압의 응축수로 만든다.
② 고압의 응축수를 저압의 증기로 만든다.
③ 고압의 증기를 저압의 응축수로 만든다.
④ 저압의 응축수를 고압의 증기로 만든다.

해설
플래시 탱크
고압 보일러에서 고온의 응축수를 저압의 증기 생산에 의해 증기로 회수하고 일부는 응축수 상태로 재사용한다.

83 다이어프램 밸브의 특징에 대한 설명으로 틀린 것은?

① 역류를 방지하기 위한 것이다.
② 유체의 흐름에 주는 저항이 적다.
③ 기밀(氣密)할 때 패킹이 불필요하다.
④ 화학약품을 차단하여 금속 부분의 부식을 방지한다.

해설
체크밸브
역류방지용, 급수설비용

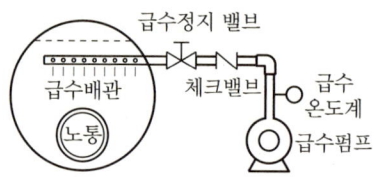

84 그림과 같은 노냉수벽의 전열면적(m²)은? (단, 수관의 바깥지름 30mm, 수관의 길이 5m, 수관의 수 200개이다.)

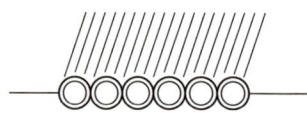

① 24 ② 47
③ 72 ④ 94

해설
수냉로벽 전열면적 F
$= \pi DLN = 3.14 \times \left(\dfrac{30}{10^3}\right) \times 5 \times 200 = 94.2(\text{m}^2)$

한쪽 면만 열을 흡수하는 형태이므로 전열면적 $= \dfrac{94.2}{2} = 47.1\text{m}^2$

85 지름이 d, 두께가 t인 얇은 살두께의 원통 안에 압력 P가 작용할 때 원통에 발생하는 길이 방향의 인장응력은?

① $\dfrac{\pi dP}{4t}$ ② $\dfrac{\pi dP}{t}$
③ $\dfrac{dP}{4t}$ ④ $\dfrac{dP}{2t}$

정답 81 ③ 82 ② 83 ① 84 ② 85 ③

해설
응력

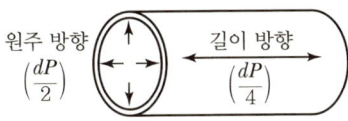

$$t = \frac{PD}{C} \text{ 또는 } \frac{10PD}{C}(\text{mm})$$

※ $1\text{MPa} = 10(\text{kg/cm}^2)$

86 스케일(scale)에 대한 설명으로 틀린 것은?
① 스케일로 인하여 연료 소비가 많아진다.
② 스케일은 규산칼슘, 황산칼슘이 주성분이다.
③ 스케일은 보일러에서 열전달을 저하시킨다.
④ 스케일로 인하여 배기가스의 온도가 낮아진다.

해설
스케일이 부착되면 화실의 열을 수관으로 전달하지 못하므로 전열을 방해하여 배기가스 온도만 상승한다.

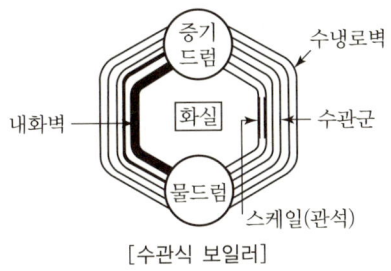

[수관식 보일러]

88 가로 50cm, 세로 70cm인 300℃로 가열된 평판에 20℃의 공기를 불어주고 있다. 열전달계수가 25W/m²·℃일 때 열전달량은 몇 kW인가?
① 2.45 ② 2.72
③ 3.34 ④ 3.96

해설
열전달량(Q) = $A \times K \times \Delta t$
$= \left(\frac{50 \times 70}{10^4}\right) \times 25 \times (300 - 20)$
$= 24,500\text{W}(2.45\text{kW})$

89 수질(水質)을 나타내는 ppm의 단위는?
① 1만 분의 1 단위 ② 십만 분의 1 단위
③ 백만 분의 1 단위 ④ 1억 분의 1 단위

해설
ppm : 미량농도단위, $\frac{1}{10^6}$ (백만 분의 1 단위)

87 노통연관식 보일러에서 평형부의 길이가 230mm 미만인 파형노통의 최소 두께(mm)를 결정하는 식은?[단, P는 최고 사용압력(MPa), D는 노통의 파형부에서의 최대 내경과 최소 내경의 평균치(모리슨형 노통에서는 최소 내경에 50mm를 더한 값)(mm), C는 노통의 종류에 따른 상수이다.]

① $10PDC$ ② $\frac{10PC}{D}$
③ $\frac{C}{10PD}$ ④ $\frac{10PD}{C}$

해설

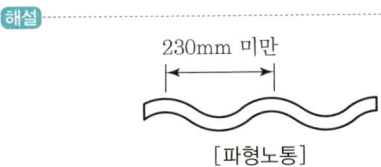

[파형노통]

90 유량 2,200kg/h인 80℃의 벤젠을 40℃까지 냉각시키고자 한다. 냉각수 온도를 입구 30℃, 출구 45℃로 하여 대향류열교환기 형식의 이중관식 냉각기를 설계할 때 적당한 관의 길이(m)는? (단, 벤젠의 평균비열은 1,884J/kg·℃, 관 내경 0.0427m, 총괄전열계수는 600W/m²·℃이다.)
① 8.7 ② 18.7
③ 28.6 ④ 38.7

해설

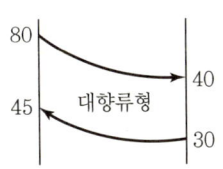

정답 86 ④ 87 ④ 88 ① 89 ③ 90 ③

$\Delta t_1 = 80 - 45 = 35$

$\Delta t_2 = 40 - 30 = 10$

- $LMTD = \Delta t_m = \dfrac{\Delta t_1 - \Delta t_2}{\ln\left(\dfrac{\Delta t_1}{\Delta t_2}\right)} = \dfrac{35 - 10}{\ln\left(\dfrac{35}{10}\right)} ≒ 20℃$

- $600W = 0.6kW$
  $0.6 \times 3,600 = 2,160(kJ/h)$

- 벤젠 냉각 열량$(Q) = 2,200 \times \dfrac{1,884}{10^3} \times (80 - 40)$
  $= 165,792(kJ/h)$

∴ 이중관식 면적$(F) = \dfrac{165,792}{2,160 \times 20} = 3.83(m^2)$

$3.83 = 3.14 \times d \times L = 3.14 \times 0.0427 \times L$

∴ 관의 길이$(L) = \dfrac{3.83}{3.14 \times 0.0427} = 28.6(m)$

91 가스용 보일러의 배기가스 중 이산화탄소에 대한 일산화탄소의 비는 얼마 이하여야 하는가?

① 0.001
② 0.002
③ 0.003
④ 0.005

> 해설
>
> 가스용 보일러의 CO비(CO/CO_2) : 0.002 이하

92 오일 버너로서 유량 조절 범위가 가장 넓은 버너는?

① 스팀 제트
② 유압분무식 버너
③ 로터리 버너
④ 고압공기식 버너

> 해설
>
> 유량 조절 범위
> - 스팀 제트 1 : 5
> - 유압분무식 1 : 1.5
> - 로터리식 1 : 5
> - 고압공기식 1 : 10

93 원통형 보일러의 내면이나 관벽 등 전열면에 스케일이 부착될 때 발생되는 현상이 아닌 것은?

① 열전달률이 매우 작아 열전달 방해
② 보일러의 파열 및 변형
③ 물의 순환속도 저하
④ 전열면의 과열에 의한 증발량 증가

> 해설
>
> 보일러 내면 · 전열면 스케일 부착
> 전열면의 과열로 파열의 원인이 되고 열전달 방해로 증발량이 감소한다.

94 배관용 탄소강관을 압력용기의 부분에 사용할 때에는 설계압력이 몇 MPa 이하일 때 가능한가?

① 0.1
② 1
③ 2
④ 3

> 해설
>
> 배관용 탄소강관(SPP)은 최고사용압력 1MPa(10kg/cm²) 이하, 350℃ 이하에서 안전한 배관이다.(물, 공기, 급수, 오일 배관용)

95 보일러의 급수처리방법에 해당되지 않는 것은?

① 이온교환법
② 응집법
③ 희석법
④ 여과법

> 해설
>
> 1. 보일러 급수의 외처리법
>   ㉠ 고체 협잡물 처리
>   - 침강법
>   - 응집법
>   - 여과법
>   ㉡ 용존 가스체 처리
>   - 탈기법(산소 제거)
>   - 기폭법(이산화탄소, 철분 제거)
>   ㉢ 용해 고형물 처리
>   - 이온교환법
>   - 증류법
>   - 약품처리법

정답 91 ② 92 ④ 93 ④ 94 ② 95 ③

2. 보일러 급수의 내처리법
   ㉠ pH 조정제 : 가성소다, 인산 제1·3 소다, 암모니아
   ㉡ 경수연화제 : 탄산소다, 인산소다
   ㉢ 슬러지 조정제 : 전분, 탄닌, 리그닌, 덱스트린
   ㉣ 탈산소제 : 탄닌, 아황산나트륨, 히드라진
   ㉤ 기포 방지제 : 폴리아미드, 알코올, 고급 지방산에스테르

96 수관식 보일러에 속하지 않는 것은?
① 코르니시 보일러 ② 바브콕 보일러
③ 라몬트 보일러 ④ 벤손 보일러

[해설]

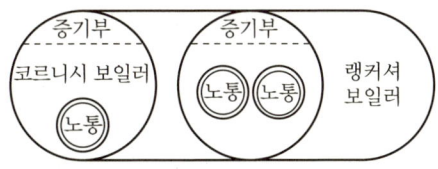

[원통형 보일러 : 저압용 보일러]

97 평노통, 파형노통, 화실 및 직립 보일러 화실판의 최고 두께는 몇 mm 이하이어야 하는가? (단, 습식 화실 및 조합노통 중 평노통은 제외한다.)
① 12 ② 22
③ 32 ④ 42

[해설]
평노통, 파형노통, 직립(입형) 보일러 화실판의 최고 두께 : 22mm 이하

98 다음 중 보일러의 전열효율을 향상시키기 위한 장치로 가장 거리가 먼 것은?
① 수트 블로어
② 인젝터
③ 공기예열기
④ 절탄기

[해설]
인젝터
- 보일러 증기를 이용한 무동력 소형 급수설비(일종의 소형 급수 펌프 장치)
- 2이상 ~10kg/cm² 증기 사용

99 보일러수의 분출 목적이 아닌 것은?
① 프라이밍 및 포밍을 촉진한다.
② 물의 순환을 촉진한다.
③ 가성취화를 방지한다.
④ 관수의 pH를 조절한다.

[해설]
보일러 분출(수저, 수면 분출)
프라이밍(비수), 포밍(거품)을 방지한다.

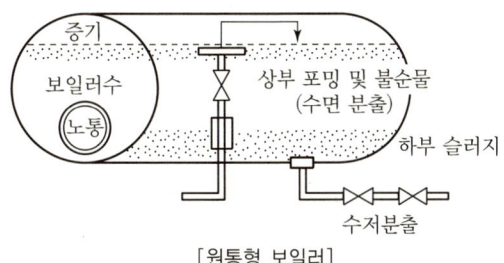

[원통형 보일러]

100 수관식 보일러에 대한 설명으로 틀린 것은?
① 증기 발생의 소요시간이 짧다.
② 보일러 순환이 좋고 효율이 높다.
③ 스케일의 발생이 적고 청소가 용이하다.
④ 드럼이 작아 구조적으로 고압에 적당하다.

[해설]
원통형 보일러
수관식 보일러에 비해 스케일 발생이 적고 청소나 점검이 용이하다.

정답 96 ① 97 ② 98 ② 99 ① 100 ③

2020년 4회 기출문제

1과목 연소공학

01 집진장치에 대한 설명으로 틀린 것은?
① 전기 집진기는 방전극을 음(陰), 집진극을 양(陽)으로 한다.
② 전기집진은 쿨롱(coulomb)력에 의해 포집된다.
③ 소형 사이클론을 직렬시킨 원심력 분리장치를 멀티 스크러버(multi-scrubber)라 한다.
④ 여과 집진기는 함진 가스를 여과제에 통과시키면서 입자를 분리하는 장치이다.

해설
㉠ 멀티 사이클론 : 소형 사이클론을 여러 개 직렬시킨 원심력 분리집진장치이다.
㉡ 스크러버 : 기수분리기(보일러 동체에 부착)

02 제조 기체연료에 포함된 성분이 아닌 것은?
① C   ② H_2
③ CH_4 ④ N_2

해설
C(탄소) : 고체·액체 연료의 성분이다.
※ 액화천연가스 LNG 주성분 : 메탄가스(CH_4)

03 저압공기 분무식 버너의 특징이 아닌 것은?
① 구조가 간단하여 취급이 간편하다.
② 공기압이 높으면 무화공기량이 줄어든다.
③ 점도가 낮은 중유도 연소할 수 있다.
④ 대형 보일러에 사용된다.

해설
중유 기류식 버너(증기, 공기 이용 분무 버너)
㉠ 고압기류식 버너 : 대형 보일러 분무 버너(고압 증기 사용)
㉡ 저압기류식 버너 : 중소형 보일러 분무 버너(저압의 공기 사용)

04 환열실의 전열면적(m^2)과 전열량(W) 사이의 관계는?(단, 전열면적은 F, 전열량은 Q, 총괄전열계수는 V이며, Δt_m은 평균온도차이다.)
① $Q = \dfrac{F}{\Delta t_m}$ ② $Q = F \times \Delta t_m$
③ $Q = F \times V \times \Delta t_m$ ④ $Q = \dfrac{V}{F \times \Delta t_m}$

해설
연속요로에서 환열실(리큐퍼레이터)의 전열량(Q)
Q = 전열면적 × 전열계수 × 평균온도차

05 효율이 60%인 보일러에서 12,000kJ/kg의 석탄을 150kg 연소시켰을 때의 열손실은 몇 MJ인가?
① 720   ② 1,080
③ 1,280   ④ 1,440

해설
열손실 = 100 - 60 = 40(%)
총연소열량 = 150 × 12,000 = 1,800,000(kJ)
∴ 손실열 = 1,800,000 × 0.4 = 720,000(kJ) = 720(MJ)
※ 1MJ = 1,000kJ

06 연료의 연소 시 CO_{2max}(%)는 어느 때의 값인가?
① 실제공기량으로 연소 시
② 이론공기량으로 연소 시
③ 과잉공기량으로 연소 시
④ 이론양보다 적은 공기량으로 연소 시

해설
이산화탄소 최대 발생량(CO_{2max})은 이론공기량으로 완전연소 시 발생한다.

정답 01 ③ 02 ① 03 ④ 04 ③ 05 ① 06 ②

07 중유에 대한 설명으로 틀린 것은?

① A중유는 C중유보다 점성이 작다.
② A중유는 C중유보다 수분 함유량이 작다.
③ 중유는 점도에 따라 A급, B급, C급으로 나뉜다.
④ C중유는 소형 디젤 기관 및 소형 보일러에 사용된다.

해설
㉠ 중유는 점도에 따라 A, B, C급으로 분류하고 점도가 매우 높은 C급 중유는 대형 산업용 보일러에 사용한다.
㉡ 소형 디젤 기관이나 소형 보일러 : 경유나 보일러 등유 사용

08 다음 각 성분의 조성을 나타낸 식 중에서 틀린 것은?(단, m : 공기비, L_o : 이론공기량, G : 가스양, G_o : 이론 건연소 가스양이다.)

① $(CO_2) = \dfrac{1.867C - (CO)}{G} \times 100$

② $(O_2) = \dfrac{0.21(m-1)L_o}{G} \times 100$

③ $(N_2) = \dfrac{0.8N + 0.79mL_o}{G} \times 100$

④ $(CO_2)_{max} = \dfrac{1.867C + 0.7S}{G_o} \times 100$

해설
배기가스 중 CO_2 양 계산식(%)
$CO_2 = \dfrac{1.867C + 0.7S}{G} \times 100(\%)$

09 다음 성분 중 연료의 조성을 분석하는 방법 중에서 공업분석으로 알 수 없는 것은?

① 수분(W)   ② 회분(A)
③ 휘발분(V) ④ 수소(H)

해설
㉠ 원소분석 : 탄소(C), 수소(H), 황(S), 산소(O), 질소(N)
㉡ 공업분석 : ①, ②, ③ 외 고정탄소(F)가 포함됨

10 액체 연료의 연소방법으로 틀린 것은?

① 유동층연소 ② 등심연소
③ 분무연소   ④ 증발연소

해설
유동층연소, 미분탄연소, 화격자 연소 : 고체 연료의 연소방법

11 이론 습연소 가스양 G_{ow}와 이론 건연소 가스양 G_{od}의 관계를 나타낸 식으로 옳은 것은?(단, H는 수소체적비, w는 수분체적비를 나타내고, 식의 단위는 Nm^3/kg이다.)

① $G_{od} = G_{ow} + 1.25(9H + w)$
② $G_{od} = G_{ow} - 1.25(9H + w)$
③ $G_{od} = G_{ow} + (9H + w)$
④ $G_{od} = G_{ow} - (9H - w)$

해설
이론 건연소 가스양(G_{od}) = $G_{ow} - 1.25(9H + w)$
- H_2O : $\dfrac{22.4Nm^3}{18kg} = 1.25$
- H_2 + $0.5O_2$ → H_2O
  2kg + 16kg → 19kg
  1kg + 8kg → 9kg

12 연소 가스와 외부 공기의 밀도 차에 의해서 생기는 압력 차를 이용하는 통풍 방법은?

① 자연 통풍 ② 평행 통풍
③ 압입 통풍 ④ 유인 통풍

해설
연소 가스의 밀도는 공기의 밀도(kg/m^3)보다 작다. 이것을 이용한 것이 자연 통풍력이다.

13 중유의 저위발열량이 41,860kJ/kg인 원료 1kg을 연소시킨 결과 연소열이 31,400kJ/kg이고 유효출열이 30,270kJ/kg일 때, 전열효율과 연소효율은 각각 얼마인가?

정답 07 ④ 08 ① 09 ④ 10 ① 11 ② 12 ① 13 ②

① 96.4%, 70% ② 96.4%, 75%
③ 72.3%, 75% ④ 72.3%, 96.4%

해설
실제 연소열 = 31,400

㉠ 연소효율 = $\dfrac{31,400}{41,860} \times 100 = 75(\%)$

㉡ 전열효율 = $\dfrac{30,270}{31,400} \times 100 = 96.4(\%)$

• 연소효율 = (연소열/발열량)
• 전열효율 = (유효출열/연소열)
• 열효율 = (유효출열/발열량)

14 기체 연료의 장점이 아닌 것은?

① 열효율이 높다.
② 연소의 조절이 용이하다.
③ 다른 연료에 비하여 제조 비용이 싸다.
④ 다른 연료에 비하여 회분이나 매연이 나오지 않고 청결하다.

해설
기체 연료는 다른 연료에 비하여 제조 비용이 많이 든다.

15 분젠 버너를 사용할 때 가스의 유출 속도를 점차 빠르게 하면 불꽃 모양은 어떻게 되는가?

① 불꽃이 엉클어지면서 짧아진다.
② 불꽃이 엉클어지면서 길어진다.
③ 불꽃의 형태는 변화 없고 밝아진다.
④ 아무런 변화가 없다.

해설
분젠 버너
㉠ 분젠 버너 사용 시 가스 유출 속도를 점차 빠르게 하면 불꽃이 엉클어지면서 난류상태로 불꽃이 짧아진다.
㉡ 분젠버너 연소 시 공급 공기량
• 1차 공기 : 40~70%
• 2차 공기 : 30~60%
㉢ 화염 길이가 짧고 청록색이며 화염 온도는 1,300℃이다.

16 메탄 50v%, 에탄 25v%, 프로판 25v%가 섞여 있는 혼합 기체의 공기 중에서 연소하한계는 약 몇 %인가?(단, 메탄, 에탄, 프로판의 연소하한계는 각각 5v%, 3v%, 2.1v%이다.)

① 2.3 ② 3.3
③ 4.3 ④ 5.3

해설
연소하한계 $L = \dfrac{100}{\dfrac{V_1}{L_1} + \dfrac{V_2}{L_2} + \dfrac{V_3}{L_3}}$

∴ $\dfrac{100}{\dfrac{50}{5} + \dfrac{25}{3} + \dfrac{25}{2.1}} = \dfrac{100}{30.24} = 3.3(\%)$

17 다음 중 굴뚝의 통풍력을 나타내는 식은? (단, h는 굴뚝 높이, γ_a는 외기의 비중량, γ_g는 굴뚝 속의 가스의 비중량, g는 중력가속도이다.)

① $h(\gamma_g - \gamma_a)$
② $h(\gamma_a - \gamma_g)$
③ $\dfrac{h(\gamma_g - \gamma_a)}{g}$
④ $\dfrac{h(\gamma_a - \gamma_g)}{g}$

해설
굴뚝(연돌)의 유체밀도에 의한 통풍력(Z) = $h(\gamma_a - \gamma_g)$
(화실의 연소상태에서 통풍력 측정)

18 B중유 5kg을 완전 연소시켰을 때 저위발열량은 약 몇 MJ인가?(B중유의 고위발열량은 41,900 kJ/kg, 중유 1kg에 수소 H는 0.2kg, 수증기 W는 0.1kg 함유되어 있다.)

① 96   ② 126
③ 156 ④ 186

정답 14 ③ 15 ① 16 ② 17 ② 18 ④

해설

저위발열량$(H_l) = H_h - 2,512(9H + W)$
$= 41,900 - 2,512(9 \times 0.2 + 0.1)$
$= 37,127.2 (kJ/kg)$

$\therefore H_l \times 5 = \dfrac{37,127.2 \times 5}{10^3} = 186 (MJ)$

※ $1MJ = 10^6 J = 10^3 kJ$

19 수소 1kg을 완전히 연소시키는 데 요구되는 이론산소량은 몇 Nm³인가?

① 1.86 ② 2.8
③ 5.6   ④ 26.7

해설

$H_2 \;+\; \dfrac{1}{2}O_2 \;\to\; H_2O$
2kg + 16kg → 18kg
22.4m³ + 11.2m³ → 22.4m³

$\therefore$ 이론산소량$(O_o) = \dfrac{11.2}{2} = 5.6 (Nm^3/kg)$

20 가연성 혼합기의 공기비가 1.0일 때 당량비는?

① 0   ② 0.5
③ 1.0 ④ 1.5

해설

공기비 = $\dfrac{\text{실제공기량}}{\text{이론공기량}}$

$\therefore$ 당량비 = $\dfrac{\text{이론 공기량}}{\text{실제 공기량}} = \dfrac{1}{\text{공기비}} = \dfrac{1}{1.0} = 1.0$

※ 당량비 : 화합물을 구성하는 각 원소의 당량 간 비율(등가비이다.)

2과목 열역학

21 임의의 과정에 대한 가역성과 비가역성을 논의하는 데 적용되는 법칙은?

① 열역학 제0법칙 ② 열역학 제1법칙
③ 열역학 제2법칙 ④ 열역학 제3법칙

해설

열역학 제2법칙
임의의 과정에 대한 가역성과 비가역성을 논의하는 데 적용되는 법칙

22 그림은 공기 표준 오토사이클이다. 효율 η에 관한 식으로 틀린 것은?(단, ε은 압축비, k는 비열비이다.)

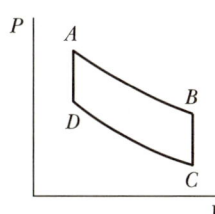

① $\eta = 1 - \dfrac{T_B - T_C}{T_A - T_D}$ ② $\eta = 1 - \varepsilon \left(\dfrac{1}{\varepsilon}\right)^k$

③ $\eta = 1 - \dfrac{T_B}{T_A}$ ④ $\eta = 1 - \dfrac{P_B - P_C}{P_A - P_D}$

해설

오토 사이클(정적 내연 사이클)

대표적인 효율$(\eta) = 1 - \dfrac{1}{\varepsilon^{k-1}} = 1 - \dfrac{T_B}{T_A}$
$= 1 - \dfrac{C_v(T_D - T_A)}{C_v(T_C - T_B)} = 1 - \dfrac{T_B - T_C}{T_A - T_D}$

압축비$(\varepsilon) = \sqrt[k-1]{\dfrac{1}{1-\eta}}$

23 랭킨사이클의 터빈 출구 증기의 건도를 상승시켜 터빈 날개의 부식을 방지하기 위한 사이클은?

① 재열 사이클 ② 오토 사이클
③ 재생 사이클 ④ 사바테 사이클

해설

재열 사이클
재열 사이클은 팽창일을 증대시키고 또 터빈 출구 증기의 건도를 떨어뜨리지 않는 수단으로서 팽창 도중의 증기를 뽑아내어 가열 장치로 보내 재가열한 후 다시 터빈에 보내는 사이클이다.

정답 19 ③ 20 ③ 21 ③ 22 ④ 23 ①

24 1mol의 이상기체가 25℃, 2MPa로부터 100kPa까지 가역단열적으로 팽창하였을 때 최종 온도(K)는?(단, 정적비열 C_v는 $\frac{3}{2}R$이다.)

① 60 ② 70
③ 80 ④ 90

해설
단열과정일 때
$$\frac{T_2}{T_1} = \left(\frac{V_1}{V_2}\right)^{k-1} = \left(\frac{P_2}{P_1}\right)^{\frac{k-1}{k}}, \ 2\text{MPa} = 2,000(\text{kPa})$$
$$T_2 = T_1 \left(\frac{V_2}{V_1}\right)^{k-1}$$
이상기체상수$(R) = \frac{8.314}{M} = \frac{8.314}{29} = 0.287(\text{kJ/kg}\cdot\text{K})$
정적비열$(C_v) = 0.287 \times \frac{3}{2} = 0.430(\text{kJ/kg}\cdot\text{K})$
비열비$(k) = \frac{C_p}{C_v} = \frac{0.430 + 0.287}{0.430} = 1.66$
$\therefore (25+273) \times \left(\frac{100}{2,000}\right)^{\frac{1.66-1}{1.66}} = 90(\text{K})$

25 분자량이 29인 1kg의 이상기체가 실린더 내부에 채워져 있다. 처음에 압력 400kPa, 체적 0.2m³인 이 기체를 가열하여 체적 0.076m³, 온도 100℃가 되었다. 이 과정에서 받은 일(kJ)은?(단, 폴리트로픽 과정으로 가열한다.)

① 90 ② 95
③ 100 ④ 104

해설
폴리트로픽 과정
㉠ 팽창절대일 = $\frac{P_1V_1 - P_2V_2}{n-1}$
㉡ 공업압축일 = $\frac{n(P_1V_1 - P_2V_2)}{n-1}$

$_1W_2 = \frac{1}{n-1} \times (P_1V_1 - P_2V_2) = \frac{P_1V_1}{n-1}\left\{1-\left(\frac{V_1}{V_2}\right)^{n-1}\right\}$
$= \frac{400 \times 0.2}{1.3-1}\left\{1-\left(\frac{0.2}{0.076}\right)^{1.3-1}\right\} = 90(\text{kJ})$

• $PV^n = C \ (n=1.3)$, 폴리트로픽 절대일 $(_1W_2)$

• 일(W) : 외부에서 일을 받은 일(−), 외부에서 일을 했을 때(+)
※ $\left(\frac{279\text{K}}{(100+200)\text{K}}\right)^{\frac{n}{n-1}} = \frac{0.076\text{m}^3}{0.2\text{m}^3}, \ n=1.3$

26 비열비(k)가 1.4인 공기를 작동유체로 하는 디젤엔진의 최고온도(T_3)가 2,500K, 최저온도(T_1)가 300K, 최고압력(P_3)이 4MPa, 최저압력(P_1)이 100 kPa일 때 차단비(cut off ratio : r_c)는 얼마인가?

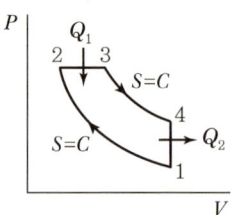

① 2.4 ② 2.9
③ 3.1 ④ 3.6

해설
σ = 단절비 = 차단비 = $\frac{V_3}{V_2} = \frac{T_3}{T_2} > 1$
1−2 과정은 단열과정이다.
$\frac{T_2}{T_1} = \left(\frac{P_2}{P_1}\right)^{\frac{k-1}{k}}, \ T_2 = \left(\frac{4,000}{100}\right)^{\frac{1.4-1}{1.4}} \times 300 = 860.7\text{K}$
$\therefore \sigma = \frac{T_3}{T_2} = \frac{2,500}{860.7} = 2.9$

27 정상상태에서 작동하는 개방 시스템에 유입되는 물질의 비엔탈피가 h_1이고, 이 시스템 내에 단위 질량당 열을 q만큼 전달해 주는 것과 동시에, 축을 통한 단위 질량당 일을 w만큼 시스템으로 가해 주었을 때 시스템으로부터 유출되는 물질의 비엔탈피 h_2를 옳게 나타낸 것은?(단, 위치에너지와 운동에너지는 무시한다.)

① $h_2 = h_1 + q - w$ ② $h_2 = h_1 - q - w$
③ $h_2 = h_1 + q + w$ ④ $h_2 = h_1$

정답 24 ④ 25 ① 26 ② 27 ③

해설
유출 물질의 비엔탈피 h_2(kJ/kg)
$h_2 = h_1 + q + w$

28 다음 중 오존층을 파괴하며 국제협약에 의해 사용이 금지된 CFC 냉매는?

① R-12
② HFO-1234yf
③ NH_3
④ CO_2

해설
사용이 금지된 프레온(CFC) 냉매: R-12, R-22 등

29 증기압축냉동 사이클의 증발기 출구, 증발기 입구에서 냉매의 비엔탈피가 각각 1,284kJ/kg, 122kJ/kg이면 압축기 출구 측에서 냉매의 비엔탈피(kJ/kg)는?(단, 성능계수는 4.4이다.)

① 1,316
② 1,406
③ 1,548
④ 1,632

해설
$1,284 - 122 = 1,162$(kJ/kg)
$\dfrac{1,162}{4.4} = 264$(kJ/kg) (압축기 일당량)
$\therefore x = 1,284 + 264 = 1,548$(kJ/kg)

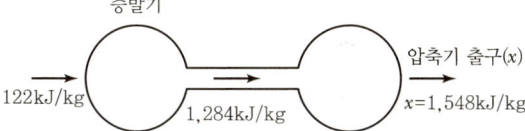

30 수증기를 사용하는 기본 랭킨사이클의 복수기 압력이 10kPa, 보일러 압력이 2MPa, 터빈 일이 792kJ/kg, 복수기에서 방출되는 열량이 1,800kJ/kg 일 때 열효율(%)은?(단, 펌프에서 물의 비체적은 $1.01 \times 10^{-3} m^3/kg$이다.)

① 30.5
② 32.5
③ 34.5
④ 36.5

해설
물의 비체적 $= 1.01 \times 10^{-3} m^3/kg = 1.01 L/kg$
2MPa = 2,000kPa
터빈 공급 열량(Q) $= 792 + 1,800 = 2,592$(kJ/kg)
열효율(η_R) $= \dfrac{792}{2,592} = 0.305$ (30.5%)

※ $\eta_R = \dfrac{\text{터빈일량} - \text{펌프일량}}{\text{가열량}} = \dfrac{(h_2 - h_3) - (h_1 - h_4)}{h_2 - h_1}$

(펌프일은 터빈일에 비해 대단히 적다. 즉 $h_1 \fallingdotseq h_4$이다.)

31 97℃로 유지되고 있는 항온조가 실내 온도 27℃인 방에 놓여 있다. 어떤 시간에 1,000kJ의 열이 항온조에서 실내로 방출되었다면 다음 설명 중 틀린 것은?

① 항온조 속의 물질의 엔트로피 변화는 약 -2.7kJ/K 이다.
② 실내 공기의 엔트로피의 변화는 약 3.3kJ/K이다.
③ 이 과정은 비가역적이다.
④ 항온조와 실내 공기의 총 엔트로피는 감소하였다.

해설
97℃에서 27℃로 1,000kJ의 열이 항온조에서 방출되므로
$\dfrac{1,000}{273+97} = 2.70$, $\dfrac{1,000}{273+27} = 3.33$
∴ 총 엔트로피 $= 2.70 + 3.33 = 6.03$ kJ/k
총 엔트로피가 증가하였다.

32 증기의 기본적 성질에 대한 설명으로 틀린 것은?

① 임계압력에서 증발열은 0이다.
② 증발잠열은 포화압력이 높아질수록 커진다.
③ 임계점에서는 액체와 기체의 상에 대한 구분이 없다.
④ 물의 3중점은 물과 얼음과 증기의 3상이 공존하는 점이며 이 점의 온도는 0.01℃이다.

해설
- 포화압력이 상승하면 엔탈피 증가, 증발잠열 감소
- 증기의 기본적 성질은 ①, ③, ④항에 따른다.
※ 1atm에서 잠열은 539(kcal/kg)이다.
  225.65atm에서 잠열은 0이다.

정답 28 ① 29 ③ 30 ① 31 ④ 32 ②

33 표준기압(101.3kPa), 20℃에서 상대습도 65%인 공기의 절대습도(kg/kg)는?(단, 건조 공기와 수증기는 이상기체로 간주하며, 각각의 분자량은 29, 18로 하고, 20℃의 수증기의 포화압력은 2.24kPa로 한다.)

① 0.0091 ② 0.0202
③ 0.0452 ④ 0.0724

해설

절대습도$(x) = 0.622 \dfrac{\phi P_s}{P - \phi P_s} = 0.622 \dfrac{P_w}{P_a}$

$\therefore x = 0.622 \times \dfrac{0.65 \times 2.24}{101.3 - 0.65 \times 2.24} = 0.0091 \, (\text{kg/kg})$

34 이상적인 표준 증기 압축식 냉동 사이클에서 등엔탈피 과정이 일어나는 곳은?

① 압축기 ② 응축기
③ 팽창밸브 ④ 증발기

해설

역카르노사이클(냉동 사이클)

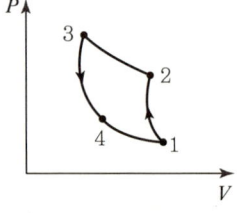

㉠ 1 → 2 : 단열압축(압축기)
㉡ 2 → 3 : 등온압축(응축기)
㉢ 3 → 4 : 단열팽창(팽창밸브)
㉣ 4 → 1 : 등온팽창(증발기)

팽창밸브 : 냉매의 등엔탈피 과정

35 열손실이 없는 단단한 용기 안에 20℃의 헬륨 0.5kg을 15W의 전열기로 20분간 가열하였다. 최종 온도(℃)는?(단, 헬륨의 정적비열은 3.116kJ/kg · K, 정압비열은 5.193kJ/kg · K이다.)

① 23.6 ② 27.1
③ 31.6 ④ 39.5

해설

1Wh = 0.86kcal, 15×0.86 = 12.9(kcal/h), 1W = 1J/s

소요열량$(Q) = \dfrac{15 \times 10^{-3} \times 20 \times 3{,}600}{60\text{min}} = 18\text{kJ}/20\text{min}$

(1kWh = 3,600kJ, 1시간 : 60분)

$\therefore 18 = 0.5\text{kg} \times 3.116\text{kJ/kg} \cdot \text{K} \times (t - 20)$

$t = \dfrac{18}{0.5 \times 3.116} + 20 = 31.6(\text{℃})$

36 이상기체가 등온과정에서 외부에 하는 일에 대한 관계식으로 틀린 것은?(단, R은 기체상수이고, 계에 대해서 m은 질량, V는 부피, P는 압력, T는 온도를 나타낸다. 하첨자 "1"은 변경 전, 하첨자 "2"는 변경 후를 나타낸다.)

① $P_1 V_1 \ln \dfrac{V_2}{V_1}$ ② $P_1 V_1 \ln \dfrac{P_2}{P_1}$

③ $mRT \ln \dfrac{P_1}{P_2}$ ④ $mRT \ln \dfrac{V_2}{V_1}$

해설

등온과정

㉠ 절대일 : $P_1 V_1 \ln\left(\dfrac{V_2}{V_1}\right)$

㉡ 공업일 : $P_1 V_1 \ln\left(\dfrac{P_1}{P_2}\right)$

37 초기의 온도, 압력이 100℃, 100kPa 상태인 이상기체를 가열하여 200℃, 200kPa 상태가 되었다. 기체의 초기상태 비체적이 0.5m³/kg일 때, 최종상태의 기체 비체적(m³/kg)은?

① 0.16 ② 0.25
③ 0.32 ④ 0.50

해설

비체적$(\nu) = \dfrac{V}{G}(\text{m}^3/\text{kg}_f)$

$0.5 - 0.5 \ln\left(\dfrac{200}{100}\right) \times \left(\dfrac{100}{200}\right) = 0.32(\text{m}^3/\text{kg})$

※ 기체는 고온 고압에서 비체적이 감소한다.

정답 33 ① 34 ③ 35 ③ 36 ② 37 ③

38 다음 중 강도성 상태량이 아닌 것은?

① 압력 　　② 온도
③ 비체적 　　④ 체적

해설
㉠ 강도성 : 온도, 압력, 전압 등
㉡ 종량성 : 체적, 내부 에너지, 엔탈피, 엔트로피 등

39 2kg, 30℃인 이상기체가 100kPa에서 300kPa까지 가역단열과정으로 압축되었다면 최종온도(℃)는?(단, 이 기체의 정적비열은 750J/kg·K, 정압비열은 1,000J/kg·K이다.)

① 99 　　② 126
③ 267 　　④ 399

해설

비열비$(k) = \dfrac{C_p}{C_v} = \dfrac{1,000}{750} = 1.333$,

$T_2 = T_1 \times \left(\dfrac{P_2}{P_1}\right)^{\frac{k-1}{k}} = (273+30) \times \left(\dfrac{300}{100}\right)^{\frac{0.333}{1.333}} = 399(\text{K})$

∴ ℃ = K − 273 = 399 − 273 = 126(℃)

40 100kPa, 20℃의 공기를 0.1kg/s의 유량으로 900kPa까지 등온 압축할 때 필요한 공기압축기의 동력(kW)은?(단, 공기의 기체상수는 0.287kJ/kg·K이다.)

① 18.5 　　② 64.5
③ 75.7 　　④ 185

해설

등온압축 : $P_1 V_1 \ln\left(\dfrac{V_2}{V_1}\right) = mRT \ln\left(\dfrac{P_1}{P_2}\right)$

유량 $V_1 = \dfrac{mRT_1}{P_1} = \dfrac{0.1 \times 0.287 \times (20+273)}{100} = 0.084(\text{m}^3/\text{s})$

$0.1 \times 0.287 \times (20+273) \times \ln\left(\dfrac{900}{100}\right) = 18.5(\text{kJ/s})$

1kWh = 3,600kJ, 1시간 = 3,600s

∴ $\dfrac{18.5 \times 3,600}{3,600} = 18.5(\text{kW})$

3과목　계측방법

41 지름이 각각 0.6m, 0.4m인 파이프가 있다. (1)에서의 유속이 8m/s이면 (2)에서의 유속(m/s)은 얼마인가?

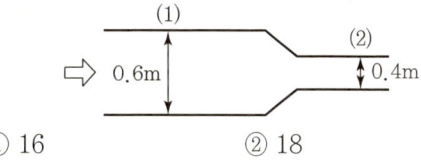

① 16 　　② 18
③ 20 　　④ 22

해설

단면적(1) = $\dfrac{\pi}{4}d^2 = \dfrac{3.14}{4} \times (0.6)^2 = 0.2826\text{m}^2$

단면적(2) = $\dfrac{\pi}{4}d^2 = \dfrac{3.14}{4} \times (0.4)^2 = 0.1256\text{m}^2$

∴ (2)에서 유속(m/s) = $\dfrac{0.2826}{0.1256} \times 8 = 18(\text{m/s})$

42 관 속을 흐르는 유체가 층류로 되려면?

① 레이놀즈수가 4,000보다 많아야 한다.
② 레이놀즈수가 2,100보다 작아야 한다.
③ 레이놀즈수가 4,000이어야 한다.
④ 레이놀즈수와는 관계가 없다.

해설
층류
레이놀즈수(Re)가 2,100보다 작아야 하며 그 이상은 난류이다.

43 제어량에 편차가 생겼을 경우 편차의 적분차를 가감해서 조작량의 이동속도가 비례하는 동작으로서 잔류편차가 제어되나 제어 안정성은 떨어지는 특징을 가진 동작은?

① 비례동작 　　② 적분동작
③ 미분동작 　　④ 다위치동작

해설
자동제어 연속동작 적분동작(I 동작)
제어편차량이 생겼을 경우 편차의 적분 차를 가감해서 잔류편차를 제거한다. 단, 제어의 안정성은 떨어진다.

정답 38 ④　39 ②　40 ①　41 ②　42 ②　43 ②

44 물을 함유한 공기와 건조공기의 열전도율 차이를 이용하여 습도를 측정하는 것은?

① 고분자 습도 센서
② 염화리튬 습도 센서
③ 서미스터 습도 센서
④ 수정진동자 습도 센서

해설
서미스터 반도체 저항온도계(서미스터 습도 센서)
물을 함유한 공기와 건조공기의 열전도율 차이를 이용하여 습도를 측정한다.

45 측정량과 크기가 거의 같은 미리 알고 있는 양의 분동을 준비하여 분동과 측정량의 차이로부터 측정량을 구하는 방식은?

① 편위법
② 보상법
③ 치환법
④ 영위법

해설
보상법
측정량과 크기가 거의 같은 미리 알고 있는 양의 분동을 준비하여 분동과 측정량의 차이로부터 측정량을 구하는 방식(보상법은 영위법을 혼용한 방식이나 치환법은 보상법과 원리적으로 같은 경우가 많다.)

46 방사율에 의한 보정량이 적고 비접촉법으로는 정확한 측정이 가능하나 사람 손이 필요한 결점이 있는 온도계는?

① 압력계형 온도계
② 전기저항 온도계
③ 열전대 온도계
④ 광고온계

해설
광고온계
방사고온계에 비하여 보정량이 적고 비접촉법으로 정확한 측정(700~3,000℃)이 가능하나 사람 손이 필요한 수동 방식이다. 개인오차가 발생한다.

47 가스 크로마토그래피의 구성요소가 아닌 것은?

① 검출기
② 기록계
③ 컬럼(분리관)
④ 지르코니아

해설
지르코니아(ZrO_2)를 주원료로 한 특수 세라믹은 온도 850℃ 이상에서 산소(O_2) 이온만 통과시키는 특수한 성질을 이용한 세라믹 산소계로 O_2 농도 가스 분석기이다.

48 열전대 온도계에서 열전대선을 보호하는 보호관 단자로부터 냉접점까지는 보상도선을 사용한다. 이때 보상도선의 재료로서 가장 적합한 것은?

① 백금로듐
② 알루멜
③ 철선
④ 동-니켈 합금

해설
열전대 온도계(제벡 효과 이용 온도계)
열전대와 보상도선을 이용하는 온도계이다.

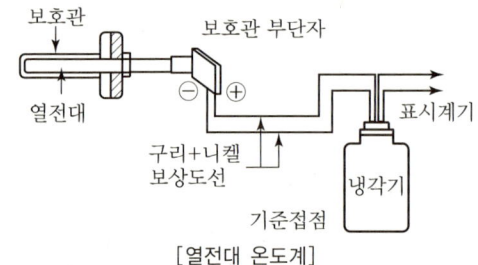

[열전대 온도계]

49 점도 1Pa·s와 같은 값은?

① 1kg/m·s
② 1P
③ 1kgf·s/m²
④ 1cP

해설
- 점성계수의 단위 : Pa·s, kg/m·s, N·s/m²
- $Pa = \dfrac{kg \cdot m/s^2}{m^2} = kg/m \cdot s^2$

$Pa \cdot s = (kg/m \cdot s^2) \times s = kg/m \cdot s$가 된다.

정답 44 ③ 45 ② 46 ④ 47 ④ 48 ④ 49 ①

50 자동제어계에서 응답을 나타낼 때 목표치를 기준한 앞뒤의 진동으로 시간의 지연을 필요로 하는 시간적 동작의 특성을 의미하는 것은?

① 동특성 ② 스텝응답
③ 정특성 ④ 과도응답

해설
동특성
자동제어 응답에서 목표치를 기준한 앞뒤의 진동으로 시간의 지연을 필요로 하는 시간적 동작의 특성이다.
입력을 변화시켰을 때 출력을 변화시키는 성질이다.

51 시스(sheath) 열전대 온도계에서 열전대가 있는 보호관 속에 충전되는 물질로 구성된 것은?

① 실리카, 마그네시아
② 마그네시아, 알루미나
③ 알루미나, 보크사이트
④ 보크사이트, 실리카

해설
시스 열전대 온도계

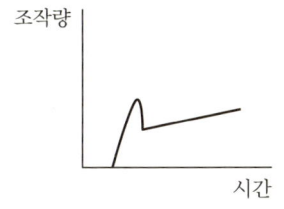

52 다음 중 그림과 같은 조작량 변화 동작은?

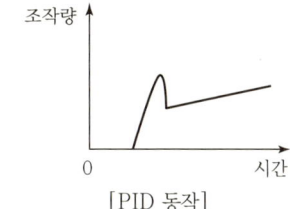

① PI 동작 ② ON-OFF 동작
③ PID 동작 ④ PD 동작

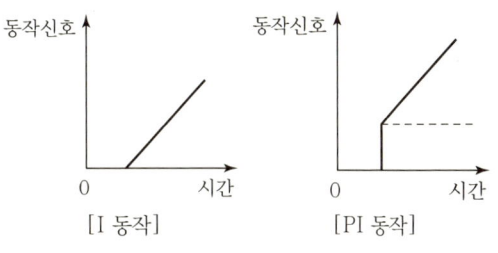

53 다음 중 간접식 액면측정 방법이 아닌 것은?

① 방사선식 액면계 ② 초음파식 액면계
③ 플로트식 액면계 ④ 저항전극식 액면계

해설
플로트식 액면계(부자식, 직접식)
밀폐식 탱크와 개방용 탱크에 공용되며 조작력이 크기 때문에 자력 조절에도 사용된다.

54 다음 중 미세한 압력 차를 측정하기에 적합한 액주식 압력계는?

① 경사관식 압력계 ② 부르동관 압력계
③ U자관식 압력계 ④ 저항선 압력계

해설
경사관식 압력계
정밀한 측정이 가능하며 경사각도는 $\frac{1}{10}$ 정도 이내가 가장 좋다.

정답 50 ① 51 ② 52 ③ 53 ③ 54 ①

유입액주로는 물이나 알콜이 사용된다. 측정범위는 10~50mmH₂O 이다.

$P_1 - P_2 = \gamma h, \ h = x \cdot \sin\theta$

$\therefore P_1 - P_2 = \gamma \cdot x \sin\theta$

55 분동식 압력계에서 300MPa 이상 측정할 수 있는 것에 사용되는 액체로 가장 적합한 것은?

① 경유
② 스핀들유
③ 피마자유
④ 모빌유

해설

분동식 압력계 내부 오일액
- 경유 : 4~10MPa
- 스핀들유 : 10~100MPa
- 피마자유 : 10~100MPa
- 모빌유 : 300MPa 이상

56 색온도계에 대한 설명으로 옳은 것은?

① 온도에 따라 색이 변하는 일원적인 관계로부터 온도를 측정한다.
② 바이메탈 온도계의 일종이다.
③ 유체의 팽창 정도를 이용하여 온도를 측정한다.
④ 기전력의 변화를 이용하여 온도를 측정한다.

해설

색온도계
600℃ 이상의 발광물질의 온도 측정(비접촉식)에 사용된다. 온도가 높아지면 단파장의 성분이 많아지는 물체의 특성을 이용하는 온도계로서 구조가 복잡하고 응답은 빠르나 주위로부터의 빛 반사에 영향을 받는다.

57 다음 중 사하중계(dead weight gauge)의 주된 용도는?

① 압력계 보정
② 온도계 보정
③ 유체 밀도 측정
④ 기체 무게 측정

해설

사하중계의 주된 용도는 압력계의 보정이다.

58 액체와 고체 연료의 열량을 측정하는 열량계는?

① 봄브식
② 융커스식
③ 클리브랜드식
④ 타그식

해설

㉠ 봄브식 : 고체 연료, 액체 연료 발열량 측정
㉡ 융커스식, 시그마식 : 기체 연료 발열량 측정
㉢ 클리브랜드식, 타그식 : 석유 제품이나 휘발성 가연물질 인화점 시험

59 오리피스 유량계에 대한 설명으로 틀린 것은?

① 베르누이의 정리를 응용한 계기이다.
② 기체와 액체에 모두 사용이 가능하다.
③ 유량계수 C는 유체의 흐름이 층류이거나 와류의 경우 모두 같고 일정하며 레이놀즈수와 무관하다.
④ 제작과 설치가 쉬우며, 경제적인 교축기구이다.

해설

차압식 유량계
㉠ 종류 : 벤투리미터, 플로노즐, 오리피스
㉡ 유량계수(C) : 검정에 의해 결정되나 보통 그 값은 0.9~1의 범위이다.

60 열전도율형 CO₂ 분석계의 사용 시 주의사항에 대한 설명 중 틀린 것은?

① 브리지의 공급 전류의 점검을 확실하게 한다.
② 셀의 주위 온도와 측정가스 온도는 거의 일정하게 유지시키고 온도의 과도한 상승을 피한다.
③ H₂를 혼입시키면 정확도를 높이므로 같이 사용한다.
④ 가스의 유속을 일정하게 하여야 한다.

해설

열전도율형 가스분석계인 CO₂계 가스 분석계는 CO₂의 분자량이 44로(밀도 = $\frac{44}{29}$ = 1.52) 무거운 것을 이용하여 CO₂ 가스 분석을 한다.
단, 열전도율이 큰 수소(H₂) 가스가 혼입되면 오차의 영향이 크다.

정답 55 ④ 56 ① 57 ① 58 ① 59 ③ 60 ③

4과목　열설비재료 및 관계법규

61　다음 강관의 표시기호 중 배관용 합금강 강관은?

① SPPH
② SPHT
③ SPA
④ STA

해설
㉠ SPPH : 고압배관용 탄소강관
㉡ SPHT : 고온배관용 탄소강관
㉢ SPA : 배관용 합금강 강관
㉣ STA : 구조용 합금강 강관
㉤ SPP : 일반배관용 탄소강관

62　기밀을 유지하기 위한 패킹이 불필요하고 금속 부분이 부식될 염려가 없어, 산 등의 화학약품을 차단하는 데 주로 사용하는 밸브는?

① 앵글 밸브
② 체크 밸브
③ 다이어프램 밸브
④ 버터플라이 밸브

해설
다이어프램 밸브
기밀을 유지하기 위한 패킹이 불필요하고 금속 부분이 부식될 염려가 없다. 화학약품의 약품 차단에 주로 사용된다.

63　전기와 열의 양도체로서 내식성, 굴곡성이 우수하고 내압성도 있어 열교환기의 내관 및 화학공업용으로 사용되는 관은?

① 동관
② 강관
③ 주철관
④ 알루미늄관

해설
동관(구리관)
전기와 열의 양도체로서 내식성, 굴곡성이 우수하고 내압성도 있어 열교환기의 내관 및 화학공업용으로 사용되는 비철금속관이다.

64　에너지이용 합리화법령상 최고사용압력(MPa)과 내부 부피(m^3)을 곱한 수치가 0.004를 초과하는 압력용기 중 1종 압력용기에 해당되지 않는 것은?

① 증기를 발생시켜 액체를 가열하며 용기 안의 압력이 대기압을 초과하는 압력용기
② 용기 안의 화학반응에 의하여 증기를 발생하는 것으로 용기 안의 압력이 대기압을 초과하는 압력용기
③ 용기 안의 액체의 성분을 분리하기 위하여 해당 액체를 가열하는 것으로 용기 안의 압력이 대기압을 초과하는 압력용기
④ 용기 안의 액체의 온도가 대기압에서의 비점을 초과하지 않는 압력용기

해설
용기 안의 액체의 온도가 대기압에서의 비점을 넘는 것이 문제의 1종 압력용기에 해당된다.

65　용선로(cupola)에 대한 설명으로 틀린 것은?

① 대량생산이 가능하다.
② 용해 특성상 용탕에 탄소, 황, 인 등의 불순물이 들어가기 쉽다.
③ 다른 용해로에 비해 열효율이 좋고 용해시간이 빠르다.
④ 동합금, 경합금 등 비철금속 용해로로 주로 사용된다.

해설
용선로(큐폴라)
고철이나 주철(무쇠)을 용해하는 노이다. (동합금, 경합금은 용선로나 제강로가 아닌 도가니로에 해당된다.)

66　에너지이용 합리화법령에 따라 인정검사대상기기 관리자의 교육을 이수한 사람의 관리범위 기준은 증기 보일러로서 최고사용압력이 1MPa 이하이고 전열면적이 최대 얼마 이하일 때인가?

① $1m^2$
② $2m^2$
③ $5m^2$
④ $10m^2$

정답　61 ③　62 ③　63 ①　64 ④　65 ④　66 ④

해설
인정검사대상기기 관리자 교육 이수자
관류형 증기 보일러에서 최고사용압력 1MPa 이하($10kg_f/cm^2$)이고 전열면적 $10m^2$ 이하용 관리자이다.

67 옥내 온도는 15℃, 외기 온도가 5℃일 때 콘크리트 벽(두께 10cm, 길이 10m 및 높이 5m)을 통한 열손실이 1,700W라면 외부 표면 열전달계수($W/m^2 \cdot ℃$)는?(단, 내부 표면 열전달계수는 $9.0W/m^2 \cdot ℃$이고 콘크리트 열전도율은 $0.87W/m \cdot ℃$이다.)

① 12.7 ② 14.7
③ 16.7 ④ 18.7

해설
열전달계수 손실량 $Q=1,700W$, 두께 $b_1=10cm=0.1m$, 면적 $A=$가로×세로

손실열량 $Q = \dfrac{(t_1-t_2) \times A}{\dfrac{1}{a_1}+\dfrac{b_1}{\lambda}+\dfrac{1}{a_2}}$

외부표면 열전달계수 a_2
$= \dfrac{1}{\dfrac{A \cdot \Delta t}{Q} - \left(\dfrac{1}{a_1} - \dfrac{b_1}{\lambda}\right)}$
$= \dfrac{1}{\dfrac{(10 \times 5) \times (15-5)}{1,700} - \left(\dfrac{1}{9.0}+\dfrac{0.1}{0.87}\right)} = 14.7(W/m^2 \cdot ℃)$

68 에너지이용 합리화법에서 정한 에너지절약 전문기업 등록의 취소요건이 아닌 것은?

① 규정에 의한 등록기준에 미달하게 된 경우
② 사업수행과 관련하여 다수의 민원을 일으킨 경우
③ 동법에 따른 에너지절약전문기업에 대한 업무에 관한 보고를 하지 아니하거나 거짓으로 보고한 경우
④ 정당한 사유 없이 등록 후 3년 이상 계속하여 사업수행실적이 없는 경우

해설
에너지이용 합리화법 제25조 에너지절약전문기업의 지원 및 제26조 에너지절약전문기업의 등록취소 등에서 ①, ③, ④항에 해당되면 등록의 취소요건이 된다. 그 외 기타 에너지절약전문기업에 내준 등록증을 대여한 경우 등

69 에너지이용 합리화법상 에너지이용 합리화 기본계획에 따라 실시계획을 수립하고 시행하여야 하는 대상이 아닌 것은?

① 기초지방자치단체장
② 관계 행정기관의 장
③ 특별자치도지사
④ 도지사

해설
에너지이용 합리화법 제6조 에너지이용 합리화 실시계획에서 실시계획을 수립하고 시행하여야 하는 대상은 관계 행정기관의 장과 특별시장, 광역시장, 도지사 또는 특별자치도지사(시·도지사)이다.
※ 에너지이용 합리화법 제4조 에너지이용 합리화 기본계획에서 산업통상자원부장관은 에너지를 합리적으로 이용하게 하기 위하여 기본계획을 수립하여야 한다.

70 에너지이용 합리화법에 따라 에너지다소비 사업자가 그 에너지사용시설이 있는 지역을 관할하는 시·도지사에게 신고하여야 할 사항에 해당되지 않는 것은?

① 전년도의 분기별 에너지사용량·제품생산량
② 에너지 사용기자재의 현황
③ 사용 에너지원의 종류 및 사용처
④ 해당 연도의 분기별 에너지사용예정량·제품생산 예정량

해설
①, ②, ④항 외에 에너지이용 합리화법 제31조에 의하여 전년도의 분기별 에너지이용 합리화 실적 및 해당 연도의 분기별 계획과 에너지관리자의 현황이 해당된다.

71 크롬이나 크롬마그네시아 벽돌이 고온에서 산화철을 흡수하여 표면이 부풀어 오르고 떨어져 나가는 현상은?

① 버스팅(bursting) ② 스폴링(spalling)
③ 슬래킹(slaking)   ④ 큐어링(curing)

정답 67 ② 68 ② 69 ① 70 ③ 71 ①

해설

버스팅 현상
크롬이나 크롬마그네시아 벽돌 등 Cr 철광을 원료로 하는 내화물이 1,600℃ 이상의 온도에서 산화철을 흡수하여 표면이 부풀어 오르고 떨어져 나가는 현상이다.

72 에너지이용 합리화법령상 에너지사용계획을 수립하여 제출하여야 하는 사업주관자로서 해당되지 않는 사업은?

① 항만건설사업 ② 도로건설사업
③ 철도건설사업 ④ 공항건설사업

해설

에너지이용 합리화법 시행령 제20조에 의거하여 사업주관자는 ①, ③, ④ 및 도시개발사업, 산업단지개발사업, 에너지개발사업, 관광단지개발사업, 개발촉진지구개발사업 등의 에너지사용계획을 수립하여 제출하여야 한다.

73 에너지이용 합리화법령상 산업통상자원부장관 또는 시·도지사가 한국에너지공단 이사장에게 권한을 위탁한 업무가 아닌 것은?

① 에너지관리지도
② 에너지사용계획의 검토
③ 열사용기자재 제조업의 등록
④ 효율관리기자재의 측정 결과 신고의 접수

해설

열사용기자재 제조업 등록권자 : 시장 또는 도지사이다.

74 요로의 정의가 아닌 것은?

① 전열을 이용한 가열장치
② 원재료의 산화반응을 이용한 장치
③ 연료의 환원반응을 이용한 장치
④ 열원에 따라 연료의 발열반응을 이용한 장치

해설

요로
물체를 가열, 용융, 소성하는 장치로서 화학적 물리적 변화를 강제적으로 행하게 하는 장치이다.

75 견요의 특성에 대한 설명으로 틀린 것은?

① 석회석 클링커 제조에 널리 사용된다.
② 하부에서 연료를 장입하는 형식이다.
③ 제품의 예열을 이용하여 연소용 공기를 예열한다.
④ 이동 화상식이며 연속요에 속한다.

해설

견요(선가마)
석회적 클링커 제조에 널리 사용되는 수직가마이다. 상부에서 원료를 장입하고 화염은 오름불꽃, 직화식 형태인 가마이다. 기타 특징은 ②, ③항 등이다.

76 다음 중 터널 요에 대한 설명으로 옳은 것은?

① 예열, 소성, 냉각이 연속적으로 이루어지며 대차의 진행방향과 같은 방향으로 연소가스가 진행된다.
② 소성시간이 길기 때문에 소량생산에 적합하다.
③ 인건비, 유지비가 많이 든다.
④ 온도조절의 자동화가 쉽지만 제품의 품질, 크기, 형상 등에 제한을 받는다.

해설

터널 요

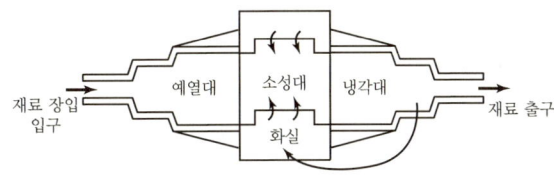

터널 가마(연속요)

㉠ 구성요소 : 예열대, 소성대, 냉각대
㉡ 부대장치 : 대차, 푸셔, 샌드실, 공기재순환장치
㉢ 연소가스는 소성대 굴뚝으로 배기된다.
㉣ 인건비, 유지비가 불연속요보다 적게 든다.
㉤ 소성시간이 짧아서 대량 생산용이다.

정답 72 ② 73 ③ 74 ② 75 ② 76 ④

77 에너지이용 합리화법령상 열사용기자재에 해당하는 것은?

① 금속요로 ② 선박용 보일러
③ 고압가스 압력용기 ④ 철도차량용 보일러

해설
고압가스용 압력용기, 선박용 보일러, 철도차량용 보일러 : 에너지법에서 제외되는 열사용기자재이다.
※ 요로
- 요(킬른) : 연속가마, 불연속가마, 반연속가마
- 로 : 용광로, 제강로, 균열로, 반사로, 혼선로(금속요로)

78 다음 중 연속가열로의 종류가 아닌 것은?

① 푸셔식 가열로 ② 워킹-빔식 가열로
③ 대차식 가열로 ④ 회전로상식 가열로

해설
대차는 반연속요나 연속터널요에 요의 장입물을 레일로 밀어넣는 것으로, 피소성품의 운반용 대기차이다.

79 지르콘(ZrSiO₄) 내화물의 특징에 대한 설명 중 틀린 것은?

① 열팽창률이 작다.
② 내스폴링성이 크다.
③ 염기성 용재에 강하다.
④ 내화도는 일반적으로 SK 37~38 정도이다.

해설
지르콘 내화물
지르콘(ZrSiO₂) 철광을 1,800℃ 정도에서 SiO₂(규석질)를 휘발시키고 정제시켜 강하게 굽고 가루에 물, 유리, 기타 결합제를 가한 특수 내화물이며 염기성이 아닌 산화용재에 강하다.

80 에너지이용 합리화법령에서 정한 검사대상기기의 계속사용검사에 해당하는 것은?

① 운전성능검사 ② 개조검사
③ 구조검사 ④ 설치검사

해설
검사대상기기 : 산업용 보일러, 압력용기
㉠ 계속사용검사
- 운전안전검사
- 운전성능검사
㉡ 제조검사
- 용접검사
- 구조검사
㉢ 개조검사
㉣ 설치검사
㉤ 설치장소변경검사

5과목 열설비설계

81 두께 10mm의 판을 지름 18mm의 리벳으로 1열 리벳 겹치기 이음할 때, 피치는 최소 몇 mm 이상이어야 하는가?(단, 리벳구멍의 지름은 21.5mm이고, 리벳의 허용 인장응력은 40N/mm², 허용 전단응력은 36N/mm²으로 하며, 강판의 인장응력과 전단응력은 같다.)

① 40.4 ② 42.4
③ 44.4 ④ 46.4

해설
1줄 겹치기 이음 최소 피치(P) 계산
$$P = D + \frac{\pi d^2 \tau}{4 t \sigma_t} = 21.5 + \frac{3.14 \times 18^2 \times 36}{4 \times 10 \times 40} = 44.4(\text{mm}) \text{ 이상}$$

82 증발량이 1,200kg/h이고 상당증발량이 1,400kg/h일 때 사용 연료가 140kg/h이고, 비중이 0.8kg/L이면 상당증발배수는 얼마인가?

① 8.6 ② 10
③ 10.7 ④ 12.5

해설
$$\text{상당증발배수} = \frac{\text{상당증발량}(\text{kg}_f/\text{h})}{\text{연료소비량}(\text{kg}_f/\text{h})} = \frac{1,400}{140} = 10(\text{kg/kg})$$

정답 77 ① 78 ③ 79 ③ 80 ① 81 ③ 82 ②

83 관석(scale)에 대한 설명으로 틀린 것은?

① 규산칼슘, 황산칼슘 등이 관석의 주성분이다.
② 관석에 의해 배기가스의 온도가 올라간다.
③ 관석에 의해 관내수의 순환이 불량해진다.
④ 관석의 열전도율이 아주 높아 전열면이 과열되어 각종 부작용을 일으킨다.

해설
스케일(관석)은 열전도율이 아주 낮아서 보일러수가 그 열을 흡수하지 못하므로 전열면이 과열된다.

84 입형 보일러의 특징에 대한 설명으로 틀린 것은?

① 설치 면적이 좁다.
② 전열면적이 작고 효율이 낮다.
③ 증발량이 적으며 습증기가 발생한다.
④ 증기실이 커서 내부 청소 및 검사가 쉽다.

해설
입형(버티컬형) 수직 보일러는 소형 보일러로서 증기실이 작고 내부 청소와 검사 및 수리가 매우 불편하고 습증기 발생이 심각하다.

85 보일러수의 분출시기가 아닌 것은?

① 보일러 가동 전 관수가 정지되었을 때
② 연속운전일 경우 부하가 가벼울 때
③ 수위가 지나치게 낮아졌을 때
④ 프라이밍 및 포밍이 발생할 때

해설

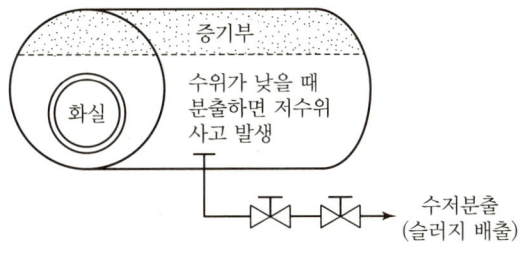

86 보일러에서 용접 후에 풀림처리를 하는 주된 이유는?

① 용접부의 열응력을 제거하기 위해
② 용접부의 균열을 제거하기 위해
③ 용접부의 연신율을 증가시키기 위해
④ 용접부의 강도를 증가시키기 위해

해설
강판 용접 후 풀림 열처리의 목적은 용접부의 열응력을 제거하여 인성을 부여하기 위함이다.

87 보일러의 노통이나 화실과 같은 원통 부분이 외측으로부터의 압력에 견딜 수 없게 되어 눌려 찌그러져 찢어지는 현상을 무엇이라 하는가?

① 블리스터
② 압궤
③ 팽출
④ 라미네이션

해설

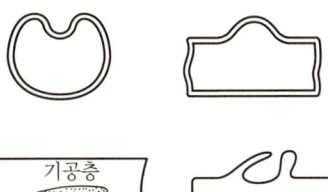

88 두께 150mm인 적벽돌과 100mm인 단열벽돌로 구성되어 있는 내화벽돌의 노벽이 있다. 적벽돌과 단열벽돌의 열전도율은 각각 1.4W/m·℃, 0.07W/m·℃일 때 단위 면적당 손실열량은 약 몇 W/m²인가?(단, 노 내 벽면의 온도는 800℃이고, 외벽면의 온도는 100℃이다.)

① 336
② 456
③ 587
④ 635

정답 83 ④ 84 ④ 85 ③ 86 ① 87 ② 88 ②

> **해설**
>
> 열전도 단위 면적당 열손실(Q)
>
> $Q = \dfrac{A \times \Delta t}{\dfrac{b_1}{\lambda_1} + \dfrac{b_2}{\lambda_2}} = \dfrac{1 \times (800-100)}{\dfrac{0.15}{1.4} + \dfrac{0.1}{0.07}} = \dfrac{700}{1.53} = 456(\text{W/m}^2)$

89 보일러의 일상점검 계획에 해당하지 않는 것은?

① 급수배관 점검
② 압력계 상태 점검
③ 자동제어장치 점검
④ 연료의 수요량 점검

> **해설**
>
> 연료의 수요량 점검
> 정기적 또는 월별 점검에 해당된다.

90 점식(pitting)에 대한 설명으로 틀린 것은?

① 진행속도가 아주 느리다.
② 양극반응의 독특한 형태이다.
③ 스테인리스강에서 흔히 발생한다.
④ 재료 표면의 성분이 고르지 못한 곳에 발생하기 쉽다.

> **해설**
>
> 점식(피팅)
> 용존산소에 의해 발생하는 보일러 동체 내의 부식이다.
> 용존산소(O_2)가 많으면 부식의 진행속도가 빠르다.

91 과열기에 대한 설명으로 틀린 것은?

① 포화증기를 과열증기로 만드는 장치이다.
② 포화증기의 온도를 높이는 장치이다.
③ 고온부식이 발생하지 않는다.
④ 연소가스의 저항으로 압력손실이 크다.

> **해설**

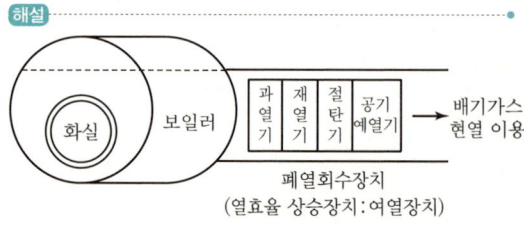

- 과열기는 500℃ 이상에서 고온부식 발생
- 절탄기 등은 150℃ 이하에서 저온부식 발생

92 수관보일러의 특징에 대한 설명으로 옳은 것은?

① 최대 압력이 1MPa 이하인 중소형 보일러에 적용이 일반적이다.
② 연소실 주위에 수관을 비치하여 구성한 수냉벽을 노에 구성한다.
③ 수관의 특성상 기수분리의 필요가 없는 드럼리스 보일러의 특징을 갖는다.
④ 열량을 전열면에서 잘 흡수시키기 위해 2-패스, 3-패스, 4-패스 등의 흐름 구성을 갖도록 설계한다.

> **해설**
>
> 수관식 보일러

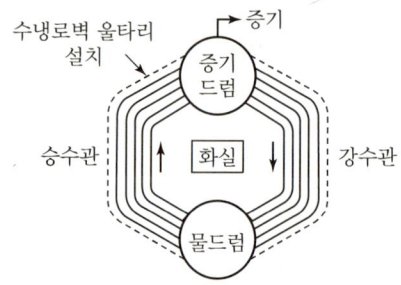

- 1MPa 이상 고압용
- 대용량 보일러
- 기수분리기 장착(건조증기 취출)
- 강수관, 승수관으로 분리
- 수냉로 벽 설치
- 2~4 패스용 보일러(노통연관 원통형 보일러)

93 외경 76mm, 내경 68mm, 유효길이 4,800mm 의 수관 96개로 된 수관식 보일러가 있다. 이 보일러의 시간당 증발량은 약 몇 kg/h인가?(단, 수관 이외 부분의 전열면적은 무시하며, 전열면적 1m²당 증발량은 26.9kg/h이다.)

① 2,660
② 2,760
③ 2,860
④ 2,960

정답 89 ④ 90 ① 91 ③ 92 ② 93 ④

해설

수관 전열면적 $(F) = \pi DLN$
$= 3.14 \times \left(\dfrac{76}{10^3}\right) \times \left(\dfrac{4,800}{10^3}\right) \times 96 = 110 \, (\mathrm{m}^2)$

∴ 시간당 증기 발생량 $= 110 \times 26.9 ≒ 2,960 \, (\mathrm{kg_f/h})$

※ 수관은 외경 기준, 연관은 내경 기준이다.

94 보일러의 부속장치 중 여열장치가 아닌 것은?

① 공기예열기 ② 송풍기
③ 재열기   ④ 절탄기

해설

㉠ 여열장치 : 91번 문제 해설 참조
㉡ 통풍장치
  • 압입통풍
  • 흡입통풍
  • 평형통풍

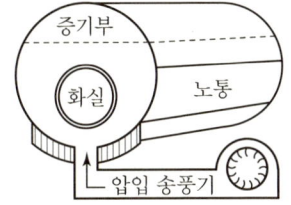

95 급수 불순물과 그에 따른 보일러 장해와의 연결이 틀린 것은?

① 철 – 수지산화
② 용존산소 – 부식
③ 실리카 – 캐리오버
④ 경도성분 – 스케일 부착

해설

Fe(철분) : 부식을 초래(일반부식, 전면부식)
$Fe \rightleftarrows Fe^{2+} + 2e^-$, $H_2O \rightleftarrows H^+ + OH^-$
$Fe^{2+} + 2OH \rightleftarrows Fe(OH)_2$
pH가 낮으면 $Fe + 2H_2O \rightarrow Fe(OH)_2 + H_2$
용존산소가 있으면
$4Fe(OH)_2 + O_2 \rightarrow 2H_2O \rightarrow 4Fe(OH)_2 + O_2 \rightarrow 2H_2O$

96 보일러에서 발생하는 저온부식의 방지 방법이 아닌 것은?

① 연료 중의 황 성분을 제거한다.
② 배기가스의 온도를 노점온도 이하로 유지한다.
③ 과잉공기를 적게 하여 배기가스 중의 산소를 감소시킨다.
④ 전열 표면에 내식재료를 사용한다.

해설

절탄기, 공기예열기 등의 저온부식을 방지하려면 배기가스의 온도를 노점온도 이상으로 유지한다.(150℃ 이상)

97 그림과 같이 내경과 외경이 D_i, D_o일 때, 온도는 각각 T_i, T_o, 관 길이가 L인 중공 원관이 있다. 관 재질에 대한 열전도율을 k라 할 때, 열저항 R을 나타낸 식으로 옳은 것은?[단, 전열량(W)은 $Q = \dfrac{T_i - T_o}{R}$로 나타낸다.]

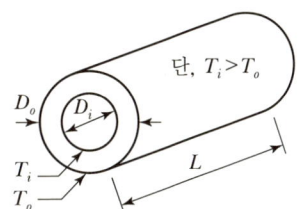

① $\dfrac{D_o - D_i}{2}$

② $\dfrac{D_o - D_i}{2\pi(D_o - D_i)Lk}$

③ $\dfrac{D_o - D_i}{2\pi(D_o + D_i)Lk}$

④ $\dfrac{\ln \dfrac{D_o}{D_i}}{2\pi Lk}$

해설

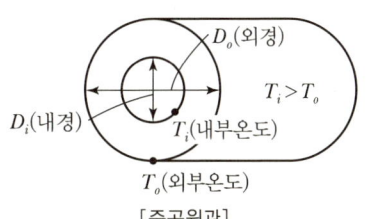

[중공원관]

∴ 열저항 $(R) = \dfrac{\ln \dfrac{D_o}{D_i}}{2\pi Lk}$

정답 94 ② 95 ① 96 ② 97 ④

98 주위 온도가 20℃, 방사율이 0.3인 금속 표면의 온도가 150℃인 경우에 금속 표면으로부터 주위로 대류 및 복사가 발생될 때의 열유속(heat flux)은 약 몇 W/m²인가? (단, 대류 열전달계수는 $h = 20$ W/m²·K, 스테판-볼츠만 상수는 $\sigma = 5.7 \times 10^{-8}$ W/m²·K⁴이다.)

① 3,020
② 3,330
③ 4,270
④ 4,630

해설
㉠ 복사열손실 $(Q) = A_1 \cdot \varepsilon \cdot (T_1^4 - T_2^4)$
$= 5.7 \times 10^{-8} \times 0.3 \times [(150+273)^4 - (20+273)^4]$
$= 422(\text{W/m}^2)$
㉡ 대류열손실 $(Q) = 20 \times (150 - 20) = 2,600(\text{W/m}^2)$
∴ 총 열유속 = 복사 + 대류 = 422 + 2,600 = 3,022(W/m²)

99 열정산에 대한 설명으로 틀린 것은?
① 원칙적으로 정격부하 이상에서 정상상태로 적어도 2시간 이상의 운전결과에 따른다.
② 발열량은 원칙적으로 사용 시 연료의 총발열량으로 한다.
③ 최대 출열량을 시험할 경우에는 반드시 최대 부하에서 시험을 한다.
④ 증기의 건도는 98% 이상인 경우에 시험함을 원칙으로 한다.

해설
㉠ 열정산 부하 시험 : 최대 부하가 아닌 정격부하에서 시험을 한다.
㉡ 열정산
 • 입열(입열과 출열은 항상 같아야 한다.)
 • 출열
 • 순환열(공기예열기 흡수열량, 축열기의 흡수열량, 환열기의 흡수열량)
㉢ 입열
 • 연료의 현열
 • 연소용 공기의 현열
 • 연료의 연소열
㉣ 출열
 • 증기나 온수의 보유열량
 • 불완전 연소에 의한 열손실
 • 미연탄소분에 의한 열손실
 • 배기가스의 보유열
 • 재의 현열

100 보일러의 성능 계산 시 사용되는 증발률(kg/m²·h)에 대한 설명으로 옳은 것은?
① 실제 증발량에 대한 발생 증기 엔탈피와의 비
② 연료 소비량에 대한 상당 증발량과의 비
③ 상당 증발량에 대한 실제 증발량과의 비
④ 전열 면적에 대한 실제 증발량과의 비

해설
전열면의 증발률(kg/m²·h) = $\dfrac{\text{실제 증발량(kg/h)}}{\text{전열 면적(m}^2\text{)}}$

정답 98 ① 99 ③ 100 ④

2021년 1회 기출문제

1과목 연소공학

01 고체연료의 연소방법이 아닌 것은?

① 미분탄 연소
② 유동층 연소
③ 화격자 연소
④ 액중 연소

해설
㉠ 고체연료의 연소방법
　• 미분탄 연소
　• 유동층 연소
　• 화격자 연소
㉡ 액체연료의 연소방법 : 액중 연소(증발 연소), 무화 연소

02 다음 연료 중 저위발열량이 가장 높은 것은?

① 가솔린
② 등유
③ 경유
④ 중유

해설
액체연료의 일반적인 발열량(H_l)
• 가솔린(11,000)
• 등유(10,000)
• 경유(9,000)
• 중유(10,250), 고위발열량(H_h)

03 고체연료를 사용하는 어떤 열기관의 출력이 3,000kW이고 연료소비율이 1,400kg/h일 때 이 열기관의 열효율은 약 몇 %인가?(단, 이 고체연료의 저위발열량은 28MJ/kg이다.)

① 28
② 38
③ 48
④ 58

해설
1kW-h = 3,600kJ(3.6MJ)
연료소비열량 = 28×1,400 = 39,200MJ/h
∴ 열효율(η) = $\dfrac{출력}{공급열} \times 100 = \dfrac{3,000 \times 3.6}{39,200} \times 100 = 28\%$

04 연소가스 분석결과가 CO_2 13%, O_2 8%, CO 0%일 때 공기비는 약 얼마인가?(단, $(CO_2)_{max}$는 21%이다.)

① 1.22
② 1.42
③ 1.62
④ 1.82

해설
공기비(m) = $\dfrac{(CO_2)_{max}}{(CO_2)} = \dfrac{21}{13} = 1.62$

05 연소가스 중 질소산화물의 생성을 억제하기 위한 방법으로 틀린 것은?

① 2단 연소
② 고온 연소
③ 농담 연소
④ 배기가스 재순환 연소

해설
질소산화물(NOx) 억제방법(고온에서 산소와 질소 혼합)
• 2단 연소
• 저온 연소
• 농담 연소
• 배기가스 재순환 연소

06 C_8H_{18} 1mol을 공기비 2로 연소시킬 때 연소가스 중 산소의 몰분율은?

① 0.065
② 0.073
③ 0.086
④ 0.101

정답 01 ④　02 ①　03 ①　04 ③　05 ②　06 ④

해설

옥탄(C_8H_{18}) 연소
$C_8H_{18} + 12.5O_2 \rightarrow 8CO_2 + 9H_2O$
실제공기량(A) = 이론공기량 × 공기비
$= \dfrac{12.5}{0.21} \times 2 = 119 \text{mol}$

∴ $(12.5/119.48) = 0.101$

07 메탄(CH_4)가스를 공기 중에 연소시키려 한다. CH_4의 저위발열량이 50,000kJ/kg이라면 고위발열량은 약 몇 kJ/kg인가?(단, 물의 증발잠열은 2,450kJ/kg으로 한다.)

① 51,700　　② 55,500
③ 58,600　　④ 64,200

해설

$CH_4 + 2O_2 \rightarrow CO_2 + 2H_2O$
증발총열량 $= 2 \times 2,450 = 4,900 (\text{kJ/kg})$
　　　　　$=$ 저위발열량 + 증발열
　　　　　$= 50,000 + 4,900 = 54,900 (\text{kJ/kg})$

08 연돌의 실제 통풍압이 35mmH$_2$O, 송풍기의 효율은 70%, 연소가스량이 200m³/min일 때 송풍기의 소요동력은 약 몇 kW인가?

① 0.84　　② 1.15
③ 1.63　　④ 2.21

해설

$1\text{kW} = 102\text{kg} \cdot \text{m/s}, 1\text{min} = 60$초

소요동력(P) $= \dfrac{Z \cdot Q}{102 \times \eta} = \dfrac{35 \times (200) \times \dfrac{1}{60}}{102 \times 0.7} = 1.63 \text{kW}$

09 기체연료의 장점이 아닌 것은?

① 연소조절이 용이하다.
② 운반과 저장이 용이하다.
③ 회분이나 매연이 적어 청결하다.
④ 적은 공기로 완전연소가 가능하다.

해설

기체연료는 가연성 가스이므로 폭발의 위험성이 커서 운반이나 저장이 불편하다.

10 질량비로 프로판 45%, 공기 55%인 혼합가스가 있다. 프로판 가스의 발열량이 100MJ/Nm³일 때 혼합가스의 발열량은 약 몇 MJ/Nm³인가? (단, 공기의 발열량은 무시한다.)

① 29　　② 31
③ 33　　④ 35

해설

$100 \times 0.45 = 45 \text{MJ}$

$45 \times \dfrac{55}{45} = 55 \text{MJ}$

∴ $45 - (55 - 45) = 35 \text{MJ/Nm}^3$

또는 $\left(1 - \dfrac{29}{44}\right) \times 100 = 35 \text{MJ/Nm}^3$

11 다음 중 중유의 성질에 대한 설명으로 옳은 것은?

① 점도에 따라 1, 2, 3급 중유로 구분한다.
② 원소 조성은 H가 가장 많다.
③ 비중은 약 0.72~0.76 정도이다.
④ 인화점은 약 60~150℃ 정도이다.

해설

중유의 성질
• 인화점 : 약 60~150℃
• 점도에 따라 : A · B · C급 중유로 구분
• 원소 조성은 탄소(C)가 가장 많다.
• 착화점 : 약 530℃

12 연소에서 고온부식의 발생에 대한 설명으로 옳은 것은?

① 연료 중 황분의 산화에 의해서 일어난다.
② 연료 중 바나듐의 산화에 의해서 일어난다.
③ 연료 중 수소의 산화에 의해서 일어난다.
④ 연료의 연소 후 생기는 수분이 응축해서 일어난다.

정답 07 ②　08 ③　09 ②　10 ④　11 ④　12 ②

해설
고온부식(V_2O_5)
- 발생장소 : 과열기나 재열기
- 부식반응 온도 : 550~650℃ 고온
- 바나듐, 나트륨, 황분에 의한 부식

13 다음 연료 중 이론공기량(Nm^3/Nm^3)이 가장 큰 것은?

① 오일가스
② 석탄가스
③ 액화석유가스
④ 천연가스

해설
가스
① 오일가스 : H_2=53.5%
② 석탄가스 : H_2=51%
③ 액화석유가스 : $C_3H_8 + C_4H_{10}$
  - 산소소비량이 크면 이론공기량이 많다.
  - $H_2 + \frac{1}{2}O_2$
  - $CH_4 + 2O_2$
  - $C_3H_8 + 5O_2$
  - $C_4H_{10} + 6.5O_2$
④ 천연가스 : CH_4

14 연소 시 점화 전에 연소실가스를 몰아내는 환기를 무엇이라 하는가?

① 프리퍼지
② 가압퍼지
③ 불착화퍼지
④ 포스트퍼지

해설
- 점화 전 환기 : 프리퍼지
- 점화 후, 연소중지 후 : 포스트퍼지

15 다음 반응식을 이용하여 CH_4의 생성엔탈피를 구하면 약 몇 kJ인가?

- $C + O_2 \rightarrow CO_2 + 394kJ$
- $H + \frac{1}{2}O_2 \rightarrow H_2O + 241kJ$
- $CH_4 + 2O_2 \rightarrow CO_2 + 2H_2O + 802kJ$

① -66
② -70
③ -74
④ -78

해설
생성엔탈피
홑원소 물질이 반응하여 화합물 1몰이 생성될 때의 열이다.
$Q = (394 + 2 \times 241) = 876kJ/mol$
∴ $802 - 876 = -74kJ/mol$

16 다음 중 매연의 발생원인으로 가장 거리가 먼 것은?

① 연소실 온도가 높을 때
② 연소장치가 불량할 때
③ 연료의 질이 나쁠 때
④ 통풍력이 부족할 때

해설
연소실 온도가 높으면 완전연소가 가능하여 CO 가스 등 매연의 발생이 감소한다.

17 가연성 액체에서 발생한 증기의 공기 중 농도가 연소범위 내에 있을 경우 불꽃을 접근시키면 불이 붙는데 이때 필요한 최저온도를 무엇이라고 하는가?

① 기화온도
② 인화온도
③ 착화온도
④ 임계온도

해설
인화온도
가연성 액체에서 발생한 증기의 공기 중 농도가 연소범위 내에 있을 경우 불꽃을 접근시키면 불이 붙는 최저온도이다.

정답 13 ③ 14 ① 15 ③ 16 ① 17 ②

18 다음 기체 중 폭발범위가 가장 넓은 것은?

① 수소
② 메탄
③ 벤젠
④ 프로판

해설
가스폭발범위(연소범위)
① 수소 : 4~74%
② 메탄 : 5~15%
③ 벤젠 : 1.4~7.1%
④ 프로판 : 2.1~9.5%

19 다음 중 로터리 버너로 벙커 C유를 연소시킬 때 분무가 잘 되게 하기 위한 조치로서 가장 거리가 먼 것은?

① 점도를 낮추기 위하여 중유를 예열한다.
② 중유 중의 수분을 분리, 제거한다.
③ 버너 입구 배관부에 스트레이너를 설치한다.
④ 버너 입구의 오일 압력을 100kPa 이상으로 한다.

해설
로터리회전무화식 버너의 입구 오일 압력은 $0.3~0.5(kg_f/cm^2) = 30~50kPa$ 정도이다.

20 분자식이 C_mH_n인 탄화수소가스 $1Nm^3$를 완전연소시키는 데 필요한 이론공기량은 약 몇 Nm^3인가?(단, C_mH_n의 m, n은 상수이다.)

① $m + 0.25n$
② $1.19m + 4.76n$
③ $4m + 0.5n$
④ $4.76m + 1.19n$

해설
연소반응
$C_mH_n + \left(m + \dfrac{n}{4}\right)O_2 \rightarrow mCO_2 + \dfrac{n}{2}H_2O + Q$
$= 4.76m + 1.19n$

2과목 열역학

21 원통형 용기에 기체상수 $0.529kJ/kg \cdot K$의 가스가 온도 15℃에서 압력 10MPa로 충전되어 있다. 이 가스를 대부분 사용한 후에 온도가 10℃로, 압력이 1MPa로 떨어졌다. 소비된 가스는 약 몇 kg인가?(단, 용기의 체적은 일정하며 가스는 이상기체로 가정하고, 초기상태에서 용기 내의 가스 질량은 20kg이다.)

① 12.5
② 18.0
③ 23.7
④ 29.0

해설
용기체적 $(V) = \dfrac{GRT}{P}$

$= \dfrac{20 \times 0.529 \times (273 + 15)}{10 \times 10^3 kPa} = 0.3m^3$

소비된 가스양 $(G) = 20 - \dfrac{10^3 kPa \times 0.3m^3}{0.529 \times (273 + 10)} = 18kg$

22 0℃의 물 1,000kg을 24시간 동안에 0℃의 얼음으로 냉각하는 냉동능력은 약 몇 kW인가?(단, 얼음의 융해열은 335kJ/kg이다.)

① 2.15
② 3.88
③ 14
④ 14,000

해설
얼음의 응고열 $(Q) = \dfrac{1,000 \times 335}{24} = 13,958kJ/h$

$1kW-h = 3,600kJ$

$\therefore \dfrac{13,958}{3,600} = 3.88kW$

23 부피 500L인 탱크 내에 건도 0.95의 수증기가 압력 1,600kPa로 들어있다. 이 수증기의 질량은 약 몇 kg인가?(단, 이 압력에서 건포화증기의 비체적은 $v_g = 0.1237m^3/kg$, 포화수의 비체적은 $v_f = 0.001m^3/kg$이다.)

정답 18 ① 19 ④ 20 ④ 21 ② 22 ② 23 ③

① 4.83　　　　② 4.55
③ 4.25　　　　④ 3.26

해설

수증기비체적(V) = $V' + x(V'' - V')$
$= 0.001 + 0.95(0.1237 - 0.001)$
$= 0.117565 \text{m}^3/\text{kg}$

$\therefore G = \dfrac{V}{v} = \dfrac{500 \times 10^{-3}}{0.117565} = 4.25\text{kg}$

24 단열변화에서 압력, 부피, 온도를 각각 P, V, T로 나타낼 때, 항상 일정한 식은?(단, k는 비열비이다.)

① PV^{k-1}　　　　② $TV^{\frac{1-k}{k}}$

③ TP^k　　　　④ $TP^{\frac{1-k}{k}}$

해설

단열변화

$\left(\dfrac{T_2}{T_1}\right) = \left(\dfrac{V_1}{V_2}\right)^{k-1} = \left(\dfrac{P_2}{P_1}\right)^{\frac{k-1}{k}} \quad \therefore TP^{\frac{1-k}{k}}$

25 오존층 파괴와 지구 온난화 문제로 인해 냉동장치에 사용하는 냉매의 선택에 있어서 주의를 요한다. 이와 관련하여 다음 중 오존파괴지수가 가장 큰 냉매는?

① R-134a
② R-123
③ 암모니아
④ R-11

해설

오존파괴지수(냉매)
- CFC 냉매(염소 Cl, 불소 F, 탄소 C)(규제대상)
- HFC 냉매(수소, 불소, 탄소) : 오존층을 파괴하는 염소(Cl)가 화합물 중에는 없다.(대체냉매 R-134a, R-152a)

26 다음 그림은 Rankine 사이클의 h-s선도이다. 등엔트로피 팽창과정을 나타내는 것은?

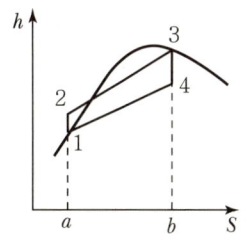

① $1 \rightarrow 2$　　　　② $2 \rightarrow 3$
③ $3 \rightarrow 4$　　　　④ $4 \rightarrow 1$

해설

랭킨사이클
- $3 \rightarrow 4$: 단열팽창
- $2 \rightarrow 1$: 단열압축
- $3 \rightarrow 1$: 정압가열
- $4 \rightarrow 1$: 정압방열

27 이상기체의 내부에너지 변화 du를 옳게 나타낸 것은?(단, C_P는 정압비열, C_V는 정적비열, T는 온도이다.)

① $C_P dT$　　　　② $C_V dT$

③ $\dfrac{C_P}{C_V} dT$　　　　④ $C_V C_P dT$

해설

이상기체의 내부에너지 변화(du)

$du = C_V dT \left(C_P - C_V = R,\ k = \dfrac{C_P}{C_V} \right)$

28 그림은 Carnot 냉동사이클을 나타낸 것이다. 이 냉동기의 성능계수를 옳게 표현한 것은?

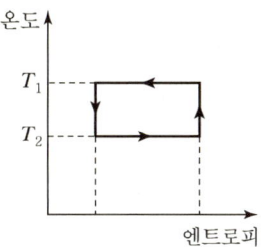

정답 24 ④　25 ④　26 ③　27 ②　28 ③

① $\dfrac{T_1 - T_2}{T_1}$ ② $\dfrac{T_1 - T_2}{T_2}$
③ $\dfrac{T_2}{T_1 - T_2}$ ④ $\dfrac{T_1}{T_1 - T_2}$

해설
카르노사이클(η_c) = $\dfrac{AW}{Q_1} = 1 - \dfrac{Q_2}{Q_1} = 1 - \dfrac{T_2}{T_1} = \dfrac{T_2}{T_1 - T_2}$

29 교축과정에서 일정한 값을 유지하는 것은?
① 압력 ② 엔탈피
③ 비체적 ④ 엔트로피

해설
교축과정
- $h_1 = h_2$ 등엔탈피, $P_1 > P_2$
- 교축과정은 비가역변화이므로 압력이 감소하고 엔트로피는 항상 증가한다.

30 분자량이 16, 28, 32 및 44인 이상기체를 각각 같은 용적으로 혼합하였다. 이 혼합가스의 평균분자량은?
① 30 ② 33
③ 35 ④ 40

해설
평균분자량 = $\dfrac{16+28+32+44}{4} = 30$

31 초기조건이 100kPa, 60℃인 공기를 정적과정을 통해 가열한 후 정압에서 냉각과정을 통하여 500kPa, 60℃로 냉각할 때 이 과정에서 전체 열량의 변화는 약 몇 kJ/kmol인가?(단, 정적비열은 20kJ/kmol · K, 정압비열은 28kJ/kmol · K이며, 이상기체로 가정한다.)
① -964 ② -1,964
③ -10,656 ④ -20,656

해설
정적가열은 내부에너지 온도만의 함수이므로,
$\dfrac{T_2}{T_1} = \dfrac{P_2}{P_1}$, $T_2 = T_1 \times \dfrac{P_2}{P_1} = (273 + 60) \times \dfrac{500}{100} = 1{,}665K$
∴ 전체 열량 변화 = $\{1 \times 20 \times (1{,}665 - 333)\}$
$\qquad\qquad\qquad - \{1 \times 28 \times (1{,}665 - 333)\}$
$\qquad\qquad\quad = -10{,}656 \text{kJ/kmol}$

32 피스톤이 설치된 실린더 안의 기체가 체적 V_1에서 V_2로 팽창할 때 피스톤에 해 준 일은 $W = \displaystyle\int_{V_1}^{V_2} PdV$로 표시될 수 있다. 이 기체는 이 과정을 통하여 $PV^2 = C$(상수)의 관계를 만족시켜 준다면 W를 옳게 나타낸 것은?
① $P_1V_1 - P_2V_2$ ② $P_2V_2 - P_1V_1$
③ $P_1V_1^2 - P_2V_2^2$ ④ $P_2V_2^2 - P_1V_1^2$

해설
체적 팽창 시 피스톤에 해 준 일 = $P_1V_1 - P_2V_2$

33 다음 설명과 가장 관련있는 열역학적 법칙은?

- 열은 그 자신만으로는 저온의 물체로부터 고온의 물체로 이동할 수 없다.
- 외부에 어떠한 영향을 남기지 않고 한 사이클 동안에 계가 열원으로부터 받은 열을 모두 일로 바꾸는 것은 불가능하다.

① 열역학 제0법칙
② 열역학 제1법칙
③ 열역학 제2법칙
④ 열역학 제3법칙

해설
열역학 제2법칙
열은 그 자신만으로는 저온의 물체로부터 고온의 물체로 이동할 수 없다.

정답 29 ② 30 ① 31 ③ 32 ① 33 ③

34 이상기체가 A상태(T_A, P_A)에서 B상태(T_B, P_B)로 변화하였다. 정압비열 C_P가 일정할 경우 비엔트로피의 변화 Δs를 옳게 나타낸 것은?

① $\Delta s = C_P \ln \dfrac{T_A}{T_B} + R \ln \dfrac{P_B}{P_A}$

② $\Delta s = C_P \ln \dfrac{T_B}{T_A} + R \ln \dfrac{P_B}{P_A}$

③ $\Delta s = C_P \ln \dfrac{T_A}{T_B} - R \ln \dfrac{P_B}{P_A}$

④ $\Delta s = C_P \ln \dfrac{T_B}{T_A} - R \ln \dfrac{P_B}{P_A}$

해설
정압비열이 일정한 경우

비엔트로피 변화(Δs) = $C_P \ln \dfrac{T_B}{T_A} - R \ln \dfrac{P_B}{P_A}$

35 보일러에서 송풍기 입구의 공기가 15℃, 100kPa 상태에서 공기예열기로 500m³/min이 들어가 일정한 압력하에서 140℃까지 온도가 올라갔을 때 출구에서의 공기유량은 약 몇 m³/min인가? (단, 이상기체로 가정한다.)

① 617 ② 717
③ 817 ④ 917

해설
$V_2 = V_1 \times \dfrac{T_2}{T_1} = 500 \times \dfrac{273+140}{(273+15)} = 717 \text{m}^3/\text{min}$

36 다음 그림은 물의 상평형도를 나타내고 있다. $a \sim d$에 대한 용어로 옳은 것은?

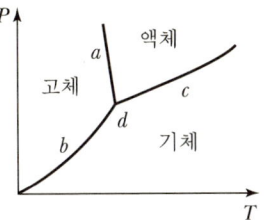

① a : 승화 곡선   ② b : 용융 곡선
③ c : 증발 곡선   ④ d : 임계점

해설
㉠ $b-d$: 승화 곡선
㉡ $a-d$: 융해 곡선
㉢ $d-c$: 증발 곡선
㉣ P, T : 압력, 온도

37 스로틀링(Throttling) 밸브를 이용하여 Joule-Thomson 효과를 보고자 한다. 압력이 감소함에 따라 온도가 반드시 감소하게 되는 Joule-Thomson 계수 μ의 값으로 옳은 것은?

① $\mu = 0$ ② $\mu > 0$
③ $\mu < 0$ ④ $\mu \neq 0$

해설
줄-톰슨 효과
- 줄-톰슨계수(μ) = $\left(\dfrac{\partial T}{\partial P}\right)_h$
- 줄-톰슨계수는 항상 0보다 크다.

38 터빈 입구에서의 내부에너지 및 엔탈피가 각각 3,000kJ/kg, 3,300kJ/kg인 수증기가 압력이 100kPa, 건도 0.9인 습증기로 터빈을 나간다. 이 때 터빈의 출력은 약 몇 kW인가?(단, 발생되는 수증기의 질량 유량은 0.2kg/s이고, 입출구의 속도차와 위치에너지는 무시한다. 100kPa에서의 상태량은 다음 표와 같다.)

정답 34 ④ 35 ② 36 ③ 37 ② 38 ④

(단위 : kJ/kg)	포화수	건포화증기
내부에너지 u	420	2,510
엔탈피 h	420	2,680

① 46.2
② 93.6
③ 124.2
④ 169.2

해설
- 습증기엔탈피(h_2) = $420 + [0.9 \times (2,680 - 420)]$
  = $2,454 \text{kJ/kg}$
- 터빈출력 = $m(h_1 - h_2)$
  = $0.2 \text{kg/s} \times (3,300 - 2,454) = 169.2 \text{kJ/s}$

$1\text{kW} = 1\text{kJ/s}$

∴ $169.2 \text{kJ/s} = 169.2 \text{kW}$

39 오토사이클의 열효율에 영향을 미치는 인자들만 모은 것은?

① 압축비, 비열비
② 압축비, 차단비
③ 차단비, 비열비
④ 압축비, 차단비, 비열비

해설
Otto Cycle
㉠ 압축비(ε) = $\dfrac{V_1}{V_2}$
㉡ 열효율(η_o) = $1 - \left(\dfrac{1}{\varepsilon}\right)^{k-1}$

40 Rankine 사이클의 4개 과정으로 옳은 것은?

① 가역단열팽창 → 정압방열 → 가역단열압축 → 정압가열
② 가역단열팽창 → 가역단열압축 → 정압가열 → 정압방열
③ 정압가열 → 정압방열 → 가역단열압축 → 가역단열팽창
④ 정압방열 → 정압가열 → 가역단열압축 → 가역단열팽창

해설
랭킨사이클

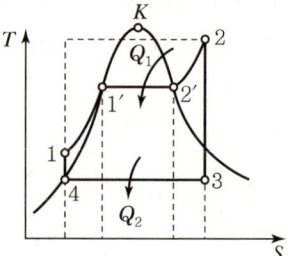

- 1 → 2 : 정압가열
- 2 → 3 : 가역단열팽창
- 3 → 4 : 등온방열
- 4 → 1 : 단열압축

3과목 계측방법

41 레이놀즈수를 나타낸 식으로 옳은 것은? (단, D는 관의 내경, μ는 유체의 점도, ρ는 유체의 밀도, U는 유체의 속도이다.)

① $\dfrac{D\mu U}{\rho}$
② $\dfrac{DU\rho}{\mu}$
③ $\dfrac{D\mu\rho}{U}$
④ $\dfrac{\mu\rho U}{U}$

해설
레이놀즈수(Re) 식
$Re = \dfrac{DU\rho}{\mu} = \dfrac{\text{관의 내경} \times \text{유체의 유속} \times \text{유체의 밀도}}{\text{유체의 점도}}$
- Re가 2,100 이하이면 층류속 흐름이다.

42 복사온도계에서 전복사에너지는 절대온도의 몇 승에 비례하는가?

① 2
② 3
③ 4
④ 5

> **해설**
>
> 스테판-볼츠만의 법칙
>
> 흑체복사력(E_b) = $\sigma \cdot T^4 = C_b \left(\dfrac{T}{100}\right)^4$
>
> 여기서, $\sigma = 5.669 \times 10^{-8} W/m^2 K^4$
>
> 스테판-볼츠만의 흑체복사정수(C_b) = $5.669 W/m^2 K^4$

43 물리량과 SI 기본단위의 기호가 틀린 것은?

① 질량 : kg ② 온도 : ℃
③ 물질량 : mol ④ 광도 : cd

> **해설**
>
> SI 기본단위
> - 질량 : kg
> - 온도 : K
> - 물질량 : mol
> - 광도 : cd
> - 전류 : A
> - 길이 : m
> - 시간 : s

44 단열식 열량계로 석탄 1.5g을 연소시켰더니 온도가 4℃ 상승하였다. 통 내 물의 질량이 2,000g, 열량계의 물당량이 500g일 때 이 석탄의 발열량은 약 몇 J/g인가?(단, 물의 비열은 4.19J/g · K이다.)

① 2.23×10^4 ② 2.79×10^4
③ 4.19×10^4 ④ 6.98×10^4

> **해설**
>
> 단열식 발열량계 발열량 계산
>
> = $\dfrac{\text{내통수의 비열} \times \text{상승온도}(\text{내통수량} + \text{수당량}) - \text{발열보정}}{\text{시료}}$
>
> = $\dfrac{4.19 \times 4 \times (2,000 + 500)}{1.5} = 27,933 J/g (2.79 \times 10^4)$

45 다음 중 유도단위 대상에 속하지 않는 것은?

① 비열 ② 압력
③ 습도 ④ 열량

> **해설**
>
> 습도는 특수단위이다.

46 피드백 제어에 대한 설명으로 틀린 것은?

① 폐회로로 구성된다.
② 제어량에 대한 수정동작을 한다.
③ 미리 정해진 순서에 따라 순차적으로 제어한다.
④ 반드시 입력과 출력을 비교하는 장치가 필요하다.

> **해설**
>
> 시퀀스 제어
> 미리 정해진 순서에 따라 순차적으로 제어한다.

47 그림과 같이 수은을 넣은 차압계를 이용하는 액면계에 있어 수은면의 높이 차(h)가 50.0mm일 때 상부의 압력 취출구에서 탱크 내 액면까지의 높이(H)는 약 몇 mm인가?(단, 액의 밀도(ρ)는 999kg/m³이고, 수은의 밀도(ρ_0)는 13,550kg/m³이다.)

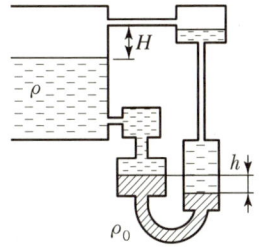

① 578 ② 628
③ 678 ④ 728

> **해설**
>
> $H = \left(\dfrac{r_o}{r} - 1\right) = \left(\dfrac{13,550}{999} - 1\right) \times 50 = 628 mm$

48 열전대 온도계에 대한 설명으로 옳은 것은?

① 흡습 등으로 열화된다.
② 밀도차를 이용한 것이다.
③ 자기가열에 주의해야 한다.
④ 온도에 대한 열기전력이 크며 내구성이 좋다.

정답 43 ② 44 ② 45 ③ 46 ③ 47 ② 48 ④

해설
열전대 온도계
- 제벡효과(Seebeck)를 이용하는 열전대 온도계는 온도에 대한 열기전력이 크며 내구성이 좋다.
- J형(I-C 온도계), K형(C-A 온도계), T형(구리-콘스탄), R형(백금-백금로듐) 등이 있다.

49 다음 열교환기 제어에 해당하는 제어의 종류로 옳은 것은?

> 유체의 온도를 제어하는 데 온도조절의 출력으로 열교환기에 유입되는 증기의 유량을 제어하는 유량조절기의 설정치를 조절한다.

① 추종제어 ② 프로그램제어
③ 정치제어 ④ 캐스케이드제어

해설
목표값에 따른 자동제어
- 추치제어(추종제어, 비율제어, 프로그램제어)
- 정치제어
- 캐스케이드 제어(측정제어이며 2개의 제어계를 조합하여 1차 제어가 제어량을 측정하고 2차 제어가 명령을 바탕으로 제어량을 조절한다.)

50 다음 중 수분 흡수법에 의해 습도를 측정할 때 흡수제로 사용하기에 가장 적절하지 않은 것은?

① 오산화인 ② 피크린산
③ 실리카겔 ④ 황산

해설
피크린산
Picric acid($C_6H_3N_3O_7$)의 수용액은 강산성, 불안정하고 폭발성을 가진 가연성 물질이다. 페놀의 니트로화에 의해 얻어진다. 비극성 용매에는 용해되나 극성 용매에는 잘 녹지 않는다.

51 저항온도계에 관한 설명 중 틀린 것은?

① 구리는 -200~500℃에서 사용한다.
② 시간지연이 적어 응답이 빠르다.

③ 저항선의 재료로는 저항온도계수가 크며, 화학적으로나 물리적으로 안정한 백금, 니켈 등을 쓴다.
④ 저항온도계는 금속의 가는 선을 절연물에 감아서 만든 측온저항체의 저항치를 재서 온도를 측정한다.

해설
구리측온 저항온도계 사용온도 범위
- 백금측온 : -200~500℃
- 니켈측온 : -50~150℃
- 구리측온 : 0~120℃

52 가스크로마토그래피는 다음 중 어떤 원리를 응용한 것인가?

① 증발 ② 증류
③ 건조 ④ 흡착

해설
가스크로마토그래피는 활성탄, 알루미나, 실리카겔 등의 고체 충진제에 혼합시료가스를 투입하면 흡수 또는 흡착에 의해 통과하는 가스의 속도 차이를 분석한다.(혼합가스 분석을 위한 캐리어가스 : H_2, N_2, He 등)

53 직각으로 굽힌 유리관의 한쪽을 수면 바로 밑에 넣고 다른 쪽은 연직으로 세워 수평방향으로 0.5m/s의 속도로 움직이면 물은 관 속에서 약 몇 m 상승하는가?

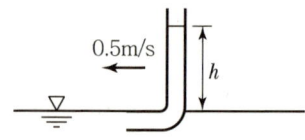

① 0.01 ② 0.02
③ 0.03 ④ 0.04

해설
유속(V) = $\sqrt{2gh}$, $0.5 = \sqrt{2 \times 9.8 \cdot h}$

∴ $h = \dfrac{V^2}{2g} = \dfrac{0.5^2}{2 \times 9.8} = 0.01m$

정답 49 ④ 50 ② 51 ① 52 ④ 53 ①

54 관로에 설치된 오리피스 전후의 차압이 1,936mmH₂O일 때 유량이 22m³/h이다. 차압이 1,024mmH₂O이면 유량은 몇 m³/h인가?

① 15　　② 16
③ 17　　④ 18

해설
차압식유량계 유량은 차압의 제곱근에 비례한다.

∴ 유량(θ) = $\frac{\sqrt{1,024}}{\sqrt{1,936}} \times 22 = 16(m^3/h)$

55 다음 중 탄성 압력계에 속하는 것은?

① 침종 압력계
② 피스톤 압력계
③ U자관 압력계
④ 부르동관 압력계

해설
- 탄성식 압력계 : 부르동관, 벨로스, 다이어프램
- 액주식 압력계 : 침종식, 피스톤식, U자관식

56 액주식 압력계에 사용되는 액체의 구비조건으로 틀린 것은?

① 온도 변화에 의한 밀도 변화가 커야 한다.
② 액면은 항상 수평이 되어야 한다.
③ 점도와 팽창계수가 작아야 한다.
④ 모세관 현상이 적어야 한다.

해설
액주식 압력계의 액체는 온도 변화에 의한 밀도(kg/L)변화가 적어야 한다.

57 다음 중 가스분석 측정법이 아닌 것은?

① 오르자트법
② 적외선 흡수법
③ 플로우 노즐법
④ 열전도율법

해설
플로우 노즐(차압식 유량계)
5~30MPa의 고압유체 측정이 가능하다.

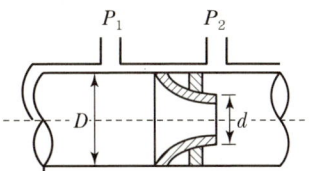

58 액체의 팽창하는 성질을 이용하여 온도를 측정하는 것은?

① 수은온도계
② 저항온도계
③ 서미스터온도계
④ 백금-로듐 열전대온도계

해설
수은온도계
수은이나 알코올 등의 액체의 팽창하는 성질을 이용하는 액주식 온도계이다.

59 전자 유량계에 대한 설명으로 틀린 것은?

① 응답이 매우 빠르다.
② 제작 및 설치비용이 비싸다.
③ 고점도 액체는 측정이 어렵다.
④ 액체의 압력에 영향을 받지 않는다.

해설
- 전자식 유량계(패러데이 법칙 이용)는 불순물의 혼합, 점성, 비중, 부식 등에 영향을 받지 않는다.
- 감도가 높고 정도가 비교적 적다.

60 다음 중 비례동작만 사용할 경우와 비교할 때 적분동작을 같이 사용하면 제거할 수 있는 문제로 옳은 것은?

① 오프셋　　② 외란
③ 안정성　　④ 빠른 응답

정답　54 ②　55 ④　56 ①　57 ③　58 ①　59 ③　60 ①

> **해설**
> - 비례동작(P) : 잔류편차가 발생한다.
> - 적분동작(I) : 오프셋(잔류편차)이 제거된다.
> - 미분동작(D) : 진동이 제어되어 빨리 안정된다.

4과목 열설비재료 및 관계법규

61 다음 중 용광로의 원료 중 코크스의 역할로 옳은 것은?

① 탈황작용 ② 흡탄작용
③ 매용제(媒熔劑) ④ 탈산작용

> **해설**
> ㉠ 용광로의 종류
>   - 철피식
>   - 철대식
>   - 절충식
> ㉡ 철광석, 망간광석, 석회석, 코크스(흡탄작용)
> ㉢ 철강제 가열로의 연소가스는 환원성 분위기이어야 한다.

62 단조용 가열로에서 재료에 산화스케일이 가장 많이 생기는 가열방식은?

① 반간접식
② 직화식
③ 무산화 가열방식
④ 급속 가열방식

> **해설**
> ㉠ 가열로 : 압연공장에서 압연하기에 적당한 온도로 가열하기 위하여 사용되는 노이다.
> ㉡ 단조용 가열로
>   - 반간접식
>   - 직화식(재료에 산화스케일이 가장 많이 생긴다.)
>   - 무산화 가열방식
>   - 급속 가열방식

63 에너지이용 합리화법령상 에너지사용계획을 수립하여 산업통상자원부장관에게 제출하여야 하는 공공사업주관자가 설치하려는 시설기준으로 옳은 것은?

① 연간 1천 티오이 이상의 연료 및 열을 사용하는 시설
② 연간 2천 티오이 이상의 연료 및 열을 사용하는 시설
③ 연간 2천5백 티오이 이상의 연료 및 열을 사용하는 시설
④ 연간 1만 티오이 이상의 연료 및 열을 사용하는 시설

> **해설**
> ㉠ 공공사업주관자
>   - 연간 2천5백 티오이 이상의 연료 및 열을 사용하는 시설
>   - 연간 1천만 킬로와트시 이상의 전력을 사용하는 시설
> ㉡ 민간사업주관자
>   - 연간 5천 티오이 이상의 연료 및 열을 사용하는 시설
>   - 연간 2천만 킬로와트시 이상의 전력을 사용하는 시설

64 고온용 무기질 보온재로서 석영을 녹여 만들며, 내약품성이 뛰어나고, 최고사용온도가 1,100℃ 정도인 것은?

① 유리섬유(Glass Wool)
② 석면(Asbestos)
③ 펄라이트(Pearlite)
④ 세라믹 파이버(Ceramic Fiber)

> **해설**
> 세라믹 파이버
> 무기질 보온재이며 안전사용온도는 1,300℃이고 융해석영을 섬유상으로 만든 실리카울이나 고석화질로 만든다.

65 다음 중 전기로에 해당되지 않는 것은?

① 푸셔로 ② 아크로
③ 저항로 ④ 유도로

> **해설**
> - 푸셔 : 연속터널요에서 노 안으로 대차를 밀어넣는 장치이다.
> - 전기로 : 저항가마, 아크가마(전호도), 유도가마

정답 61 ② 62 ② 63 ③ 64 ④ 65 ①

66 내화물의 분류방법으로 적합하지 않은 것은?

① 원료에 의한 분류
② 형상에 의한 분류
③ 내화도에 의한 분류
④ 열전도율에 의한 분류

해설
내화물의 분류
①, ②, ③항 외 조성광물, 용도, 가열처리, 화학조성, 내화도, 원료의 종류 등으로 분류한다.

67 유체의 역류를 방지하여 한쪽 방향으로만 흐르게 하는 밸브로 리프트식과 스윙식으로 대별되는 것은?

① 회전밸브　　② 게이트밸브
③ 체크밸브　　④ 앵글밸브

해설
체크밸브(역류방지밸브)
- 스윙식
- 리프트식
- 판형

68 에너지이용 합리화법령에 따라 에너지절약전문기업의 등록이 취소된 에너지절약전문기업은 원칙적으로 등록 취소일로부터 최소 얼마의 기간이 지나면 다시 등록을 할 수 있는가?

① 1년　　② 2년
③ 3년　　④ 5년

해설
에너지절약전문기업(ESCO)은 등록이 취소되면 2년이 경과되어야 한국에너지공단에 재신청이 가능하다.

69 신·재생에너지법령상 신·재생에너지 중 의무공급량이 지정되어 있는 에너지 종류는?

① 해양에너지　　② 지열에너지
③ 태양에너지　　④ 바이오에너지

해설
신·재생에너지
- 신에너지 : 석탄액화가스화, 수소에너지, 연료전지
- 재생에너지 : 태양열, 태양광, 풍력, 수력, 폐기물, 바이오, 해양에너지, 지열 등
※ 태양광발전에너지는 의무공급량이 지정되어 있다.

70 에너지이용 합리화법령에 따라 에너지다소비사업자에게 에너지손실요인의 개선명령을 할 수 있는 자는?

① 산업통상자원부장관
② 시·도지사
③ 한국에너지공단이사장
④ 에너지관리진단기관협회장

해설
에너지다소비사업자에게 에너지손실요인의 개선명령을 할 수 있는 자는 산업통상자원부장관이다.

71 연소가스(화염)의 진행방향에 따라 요로를 분류할 때의 종류로 옳은 것은?

① 연속식 가마　　② 도염식 가마
③ 직화식 가마　　④ 셔틀 가마

해설
도염식 요(꺾임 불꽃가마)
연소가스의 진행방향에 따라 요로를 분류할 때의 불연속 요이다. 사용 용도는 도자기, 내화벽돌, 연삭지석, 소성에 사용된다.

72 에너지이용 합리화법령상 산업통상자원부장관이 에너지저장의무를 부과할 수 있는 대상자의 기준으로 틀린 것은?

① 연간 1만 석유환산톤 이상의 에너지를 사용하는 자
② 「전기사업법」에 따른 전기사업자
③ 「석탄산업법」에 따른 석탄가공업자
④ 「집단에너지사업법」에 따른 집단에너지사업자

정답 66 ④　67 ③　68 ②　69 ③　70 ①　71 ②　72 ①

해설
연간 2만 톤 석유환산 톤 이상이어야 에너지저장의무 부과대상자이다.

73 에너지이용 합리화법령상 검사대상기기의 검사유효기간에 대한 설명으로 옳은 것은?

① 설치 후 3년이 지난 보일러로서 설치장소 변경검사 또는 재사용검사를 받은 보일러는 검사 후 1개월 이내에 운전성능검사를 받아야 한다.
② 보일러의 계속사용검사 중 운전성능검사에 대한 검사유효기간은 해당 보일러가 산업통상자원부장관이 정하여 고시하는 기준에 적합한 경우에는 3년으로 한다.
③ 개조검사 중 연료 또는 연소방법의 변경에 따른 개조검사의 경우에는 검사유효기간을 1년으로 한다.
④ 철금속가열로의 재사용검사의 검사유효기간은 1년으로 한다.

해설
- 보일러성능검사 : 설치 후 3년 이내에 최초로 운전성능검사를 받는다.(안전검사는 1년 이내)
- 개조검사는 개조가 끝난 후에 1년 이내에 개조검사를 받는다.
- 철금속가열로 등 요업요로는 운전성능검사, 계속사용검사는 2년 이내에 받는다.(재사용검사 등)

74 에너지이용 합리화법령에 따라 산업통상자원부령으로 정하는 광고매체를 이용하여 효율관리기자재의 광고를 하는 경우에는 그 광고내용에 동 법에 따른 에너지소비효율등급 또는 에너지소비효율을 포함하여야 한다. 이때 효율관리기자재 관련 업자에 해당하지 않는 것은?

① 제조업자   ② 수입업자
③ 판매업자   ④ 수리업자

해설
효율관리기자재 수리업자는 에너지소비효율등급, 에너지소비효율을 표시해야 할 의무가 없다.

75 고압배관용 탄소강관(KS D 3564)의 호칭지름의 기준이 되는 것은?

① 배관의 안지름
② 배관의 바깥지름
③ 배관의 $\dfrac{\text{안지름} + \text{바깥지름}}{2}$
④ 배관나사의 바깥지름

해설

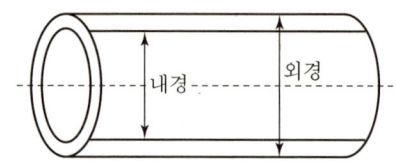

- 고압배관용 탄소강관(SPPH)의 호칭지름은 외경 기준

76 다음 중 배관의 신축이음에 대한 설명으로 틀린 것은?

① 슬리브형은 단식과 복식의 2종류가 있으며, 고온, 고압에 사용한다.
② 루프형은 고압에 잘 견디며, 주로 고압증기의 옥외 배관에 사용한다.
③ 벨로즈형은 신축으로 인한 응력을 받지 않는다.
④ 스위블형은 온수 또는 저압증기의 배관에 사용하며, 큰 신축에 대하여는 누설의 염려가 있다.

해설

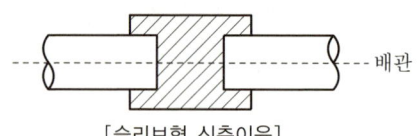

[슬리브형 신축이음]

- 벨로즈형 배관의 신축이음에는 단식, 복식이 있다.

77 고알루미나(High Alumina)질 내화물의 특성에 대한 설명으로 옳은 것은?

① 내마모성이 적다.
② 하중 연화온도가 높다.

정답 73 ① 74 ④ 75 ② 76 ① 77 ②

③ 고온에서 부피변화가 크다.
④ 급열, 급랭에 대한 저항성이 적다.

해설
고알루미나질(중성내화물)
$Al_2O_3 + SiO_2$계 내화물이다. 내화물의 기공상태가 균일하며 또한 조직이 매우 치밀하다. 기계적 강도가 아주 크고, 하중 연화점이 1,600℃로 매우 높으며, 열전도율이 크고 내스폴링성이 크다.

78 에너지이용 합리화법령에 따라 에너지사용량이 대통령령이 정하는 기준량 이상이 되는 에너지다소비사업자는 전년도의 분기별 에너지사용량·제품생산량 등의 사항을 언제까지 신고하여야 하는가?

① 매년 1월 31일   ② 매년 3월 31일
③ 매년 6월 30일   ④ 매년 12월 31일

해설
에너지다소비사업자(연간 석유환산 2,000 TOE 이상 사용자)는 매년 전년도 분기별 사항을 1월 31일까지 시장, 도지사에게 신고하여야 한다.

79 신재생에너지법령상 바이오에너지가 아닌 것은?

① 식물의 유지를 변환시킨 바이오디젤
② 생물유기체를 변환시켜 얻어지는 연료
③ 폐기물의 소각열을 변환시킨 고체의 연료
④ 쓰레기매립장의 유기성 폐기물을 변환시킨 매립지가스

해설
③항은 폐기물에너지이다.

80 보온이 안 된 어떤 물체의 단위면적당 손실열량이 $1,600kJ/m^2$이었는데, 보온한 후에 단위면적당 손실열량이 $1,200kJ/m^2$라면 보온효율은 얼마인가?

① 1.33   ② 0.75
③ 0.33   ④ 0.25

해설
보온 후 열손실 = $1,600 - 1,200 = 400kJ/m^2$

∴ 보온효율 = $\dfrac{400}{1,600} \times 100 = 25\%(0.25)$

5과목 열설비설계

81 노통보일러에서 브리딩스페이스란 무엇을 말하는가?

① 노통과 거싯스테이와의 거리
② 관군과 거싯스테이와의 거리
③ 동체와 노통 사이의 최소거리
④ 거싯스테이 간의 거리

해설
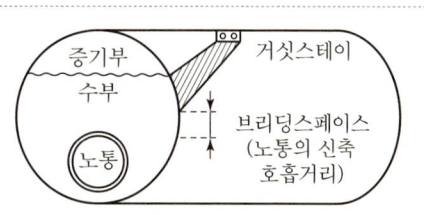
[노통보일러]

82 연관의 바깥지름이 75mm인 연관보일러 관판의 최소 두께는 몇 mm 이상이어야 하는가?

① 8.5   ② 9.5
③ 12.5   ④ 13.5

해설
관판의 두께(t) = $5 + \dfrac{d}{10} = 5 + \dfrac{75}{10} = 12.5mm$

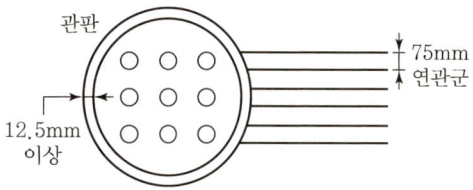

정답 78 ① 79 ③ 80 ④ 81 ① 82 ③

83 보일러 부하의 급변으로 인하여 동 수면에서 작은 입자의 물방울이 증기와 혼입하여 튀어 오르는 현상을 무엇이라고 하는가?

① 캐리오버　　② 포밍
③ 프라이밍　　④ 피팅

해설
프라이밍(비수)
보일러의 부하 변동 급변으로 동 수면에서 작은 입자의 물방울이 증기와 혼입하여 튀어 오르는 현상

84 맞대기 용접이음에서 질량이 120kg, 용접부의 길이가 3cm, 판의 두께가 2mm라 할 때 용접부의 인장응력은 약 몇 MPa인가?

① 4.9　　② 19.6
③ 196　　④ 490

해설
용접부 인장응력
재료에 인장하중이 걸렸을 때 재료 내에 생기는 응력으로 인장력을 단면적으로 나눈 값이다.

$120\,\text{kgf} = \sigma \times (2 \times 30)\,\text{mm}^2$

$\sigma = \dfrac{120}{60} = 2\,\text{kgf/mm}^2$

$\therefore \dfrac{2\,\text{kgf/mm}^2 \times 0.101325\,\text{MPa}}{\left(\dfrac{1\,\text{m}}{1,000\,\text{mm}}\right)^2 \times 10,332\,\text{kgf/m}^2} = 19.61\,\text{MPa}$

85 보일러에 스케일이 1mm 두께로 부착되었을 때 연료의 손실은 몇 %인가?

① 0.5　　② 1.1
③ 2.2　　④ 4.7

해설
일반적으로 보일러에 스케일이 1mm 두께로 부착되면 연료의 손실은 약 2.2%이다.

86 다음 중 용해경도성분 제거방법으로 적절하지 않은 것은?

① 침전법　　② 소다법
③ 석회법　　④ 이온법

해설
침전법
고체협잡물(모래 등)의 제거법이다.

87 급수펌프인 인젝터의 특징에 대한 설명으로 틀린 것은?

① 구조가 간단하여 소형에 사용된다.
② 별도의 소요동력이 필요하지 않다.
③ 송수량의 조절이 용이하다.
④ 소량의 고압증기로 다량의 급수가 가능하다.

해설
소형급수설비인 인젝터는 송수량의 조절이 불가능하다.

88 보일러 사고의 원인 중 제작상의 원인으로 가장 거리가 먼 것은?

① 재료불량　　② 구조 및 설계불량
③ 용접불량　　④ 급수처리불량

해설
보일러 운전 중 급수처리불량, 점화불량, 압력초과, 가스폭발 등은 보일러 취급상의 원인이다.

89 육용강제 보일러에서 오목면에 압력을 받는 스테이가 없는 접시형 경판으로 노통을 설치할 경우, 경판의 최소 두께(mm)를 구하는 식으로 옳은 것은?(단, P : 최고사용압력(MPa), R : 접시모양 경판의 중앙부에서의 내면 반지름(mm), σ_a : 재료의 허용인장응력(MPa), η : 경판 자체의 이음효율, A : 부식여유(mm)이다.)

① $t = \dfrac{PR}{1.5\sigma_a \eta} + A$ ② $t = \dfrac{1.5PR}{(\sigma_a + \eta)A}$

③ $t = \dfrac{PA}{1.5\sigma_a \eta} + R$ ④ $t = \dfrac{AR}{\sigma_a \eta} + 1.5$

해설

노통 설치형의 경우 접시형 경판 최소 두께(t)

$t = \dfrac{PR}{1.5\sigma_a \eta} + A$

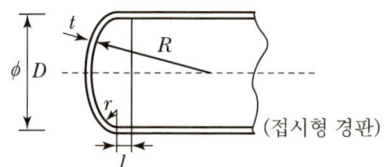

(접시형 경판)

90 노통보일러의 설명으로 틀린 것은?

① 구조가 비교적 간단하다.
② 노통에는 파형과 평형이 있다.
③ 내분식 보일러의 대표적인 보일러이다.
④ 코르니시 보일러와 랭커셔 보일러의 노통은 모두 1개이다.

해설

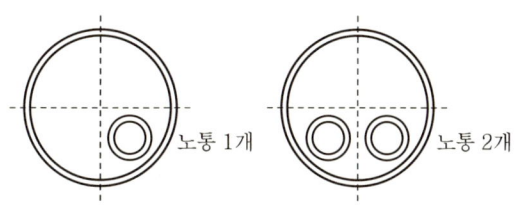

[코르니시 보일러]   [랭커셔 보일러]

91 연관의 안지름이 140mm이고, 두께가 5mm일 때 연관의 최고사용압력은 약 몇 MPa인가?

① 1.12   ② 1.63
③ 2.25   ④ 2.83

해설

연관의 최고사용압력(P)

$t = \dfrac{PD}{700} + 1.5$

$P = \dfrac{700(t-1.5)}{d} = \dfrac{700(5-1.5)}{(140+5)}$

$= 16.89 \text{kg}_f/\text{cm}^2 = 1.68 \text{MPa}$

92 최고사용압력 1.5MPa, 파형 형상에 따른 정수(C)를 1,100, 노통의 평균 안지름이 1,100mm일 때, 파형노통 판의 최소 두께는 몇 mm인가?

① 12   ② 15
③ 24   ④ 30

해설

파형노통(t) $= \dfrac{P \cdot D}{C}$

$= \dfrac{(1.5 \times 10) \times 1,100}{1,100} = 15 \text{mm}$

• $1\text{MPa} = 10 \text{kg}_f/\text{cm}^2$

93 다음 그림과 같이 길이가 L인 원통 벽에서 전도에 의한 열전달률 $q[\text{W}]$을 아래 식으로 나타낼 수 있다. 아래 식 중 R을 그림에 주어진 r_o, r_i, L로 표시하면?(단, k는 원통 벽의 열전도율이다.)

$$q = \dfrac{T_i - T_o}{R}$$

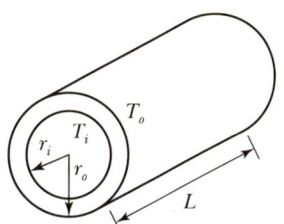

① $\dfrac{2\pi L}{\ln(r_o/r_i)k}$ ② $\dfrac{\ln(r_o/r_i)}{2\pi L k}$

③ $\dfrac{2\pi L}{\ln(r_o - r_i)k}$ ④ $\dfrac{\ln(r_o - r_i)}{2\pi L k}$

정답 90 ④ 91 ② 92 ② 93 ②

> [해설]
> 횡형중공원관 원통 벽의 전도에 의한 열전달률(q)
> $$q = \frac{\ln\left(\frac{r_o}{r_i}\right)}{2\pi L k}(\text{W})$$

94 급수에서 ppm 단위에 대한 설명으로 옳은 것은?

① 물 1mL 중에 함유된 시료의 양을 g으로 표시한 것
② 물 100mL 중에 함유된 시료의 양을 mg으로 표시한 것
③ 물 1,000mL 중에 함유된 시료의 양을 g으로 표시한 것
④ 물 1,000mL 중에 함유된 시료의 양을 mg으로 표시한 것

> [해설]
> 1ppm($\frac{1}{10^6}$) : 물 1,000mL 중에 함유된 시료의 양을 mg으로 표시

95 횡연관식 보일러에서 연관의 배열을 바둑판 모양으로 하는 주된 이유는?

① 보일러 강도 증가
② 증기발생 억제
③ 물의 원활한 순환
④ 연소가스의 원활한 흐름

> [해설]
> 횡연관 보일러 연관의 바둑판 배열
>
>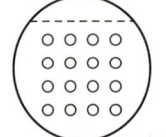
>
> • 물의 원활한 순환을 위한 배열

96 상당증발량이 5.5t/h, 연료소비량이 350kg/h인 보일러의 효율은 약 몇 %인가?(단, 효율산정 시 연료의 저위발열량 기준으로 하며, 값은 40,000kJ/kg이다.)

① 38 ② 52
③ 65 ④ 89

> [해설]
> 1t = 1,000kg, 물의 증발열 = 2,256kJ/kg
> $$\text{효율}(\eta) = \frac{\text{증기이용열}}{\text{공급열}} \times 100$$
> $$= \frac{5.5 \times 10^3 \times 2,256}{350 \times 40,000} \times 100$$
> $$= 89\%$$

97 보일러 안전사고의 종류가 아닌 것은?

① 노통, 수관, 연관 등의 파열 및 균열
② 보일러 내의 스케일 부착
③ 동체, 노통, 화실의 압궤 및 수관, 연관 등 전열면의 팽출
④ 연도나 노 내의 가스폭발, 역화 그 외의 이상연소

> [해설]
> 보일러 내 전열면적부의 스케일부착 1mm : 연료손실 약 2.2%

98 실제증발량이 1,800kg/h인 보일러에서 상당증발량은 약 몇 kg/h인가?(단, 증기엔탈피와 급수엔탈피는 각각 2,780kJ/kg, 80kJ/kg이다.)

① 1,210 ② 1,480
③ 2,020 ④ 2,150

> [해설]
> $$\text{상당증발량}(W_e) = \frac{W(h_2 - h_1)}{2,256}$$
> $$= \frac{1,800 \times (2,780 - 80)}{2,256}$$
> $$= 2,150 \text{kg}_f/\text{h}$$

정답 94 ④ 95 ③ 96 ④ 97 ② 98 ④

99 노벽의 두께가 200mm이고, 그 외측은 75mm의 보온재로 보온되어 있다. 노벽의 내부온도가 400℃이고, 외측온도가 38℃일 경우 노벽의 면적이 10m²라면 열손실은 약 몇 W인가?(단, 노벽과 보온재의 평균 열전도율은 각각 3.3W/m·℃, 0.13W/m·℃이다.)

① 4,678
② 5,678
③ 6,678
④ 7,678

열전도 손실열량(Q)

$$Q = \frac{A(t_1 - t_2)}{\frac{b_1}{\lambda_1} + \frac{b_2}{\lambda_2}} = \frac{10 \times (400 - 38)}{\frac{0.2}{3.3} + \frac{0.075}{0.13}} = 5,678\text{W}$$

100 다음 중 보일러 내처리를 위한 pH 조정제가 아닌 것은?

① 수산화나트륨
② 암모니아
③ 제1인산나트륨
④ 아황산나트륨

탈산소제(청관제)
- 아황산나트륨(저압보일러용)
- 히드라진(고압보일러용)

정답 99 ② 100 ④

2021년 2회 기출문제

1과목 | 연소공학

01 폐열회수에 있어서 검토해야 할 사항이 아닌 것은?

① 폐열의 증가 방법에 대해서 검토한다.
② 폐열회수의 경제적 가치에 대해서 검토한다.
③ 폐열의 양 및 질과 이용 가치에 대해서 검토한다.
④ 폐열회수 방법과 이용 방안에 대해서 검토한다.

해설
에너지 절약 차원에서 폐열은 증가보다는 감소하여야 한다.

02 프로판(C_3H_8) 및 부탄(C_4H_{10})이 혼합된 LPG를 건조공기로 연소시킨 가스를 분석하였더니 CO_2 11.32%, O_2 3.76%, N_2 84.92%의 부피조성을 얻었다. LPG 중의 프로판의 부피는 부탄의 약 몇 배인가?

① 8배 ② 11배
③ 15배 ④ 20배

해설
연소반응식 : $C_3H_8 + 5O_2 \rightarrow 3CO_2 + 4H_2O$,
$\qquad\qquad C_4H_{10} + 6.5O_2 \rightarrow 4CO_2 + 5H_2O$

공기비(m) = $\dfrac{N_2}{N_2 - 3.76(O_2)}$ = $\dfrac{84.92}{84.92 - 3.76 \times 3.76}$ = 1.20

혼합가스 전체 실제공기량(A)
= $A_o \times m = \left(5 \times \dfrac{1}{0.21} + 6.5 \times \dfrac{1}{0.21}\right) \times 1.20 = 65.71 \text{Nm}^3$

과잉공기량 = $65.71 \times (1.20 - 1) = 13.412 \text{Nm}^3$

각 50%의 혼합 프로판·부탄(1Nm^3) 공기량
= $5 \times \dfrac{1}{0.21} \times 0.5 + 6.5 \times \dfrac{1}{0.21} \times 0.5 = 32.855 \text{Nm}^3$

과잉공기량 = $32.855 \times 0.20 = 6.571 \text{Nm}^3/\text{Nm}^3$

부탄의 부피비 = $\dfrac{6.571}{65.71 + 13.412} \times 100 = 8.33(\%)$

프로판의 비율 $100 - 8.33 = 91.67$

프로판과 부탄의 부피비 = $\dfrac{91.67}{8.33} = 11$

∴ 프로판의 부피는 부탄의 11배이다.

03 황 2kg을 완전연소시키는 데 필요한 산소의 양은 몇 Nm^3인가? (단, S의 원자량은 32이다.)

① 0.70 ② 1.00
③ 1.40 ④ 3.33

해설
$S + O_2 \rightarrow SO_2$
$32\text{kg} + 22.4\text{Nm}^3 \rightarrow 22.4\text{Nm}^3$
$32 : 22.4 = 2 : x$
$x = 22.4 \times \dfrac{2}{32} = 1.4 \text{Nm}^3$

04 다음 가스 중 저위발열량(MJ/kg)이 가장 낮은 것은?

① 수소
② 메탄
③ 일산화탄소
④ 에탄

해설
연료의 저위발열량(단위 : kJ/g)
• 메탄 : 54.2
• 일산화탄소 : 10.1
• 프로판 : 50.4
• 에탄 : 51.8

05 매연을 발생시키는 원인이 아닌 것은?

① 통풍력이 부족할 때
② 연소실 온도가 높을 때
③ 연료를 너무 많이 투입했을 때
④ 공기와 연료가 잘 혼합되지 않을 때

해설
연소실 온도가 높거나, 연소실 용적이 다소 넓으면 매연의 발생량이 감소한다.

정답 01 ① 02 ② 03 ③ 04 ③ 05 ②

06 연돌에서의 배기가스 분석 결과 CO_2 14.2%, O_2 4.5%, CO 0%일 때 탄산가스 최대량 CO_{2max}(%)는?

① 10　　② 15
③ 18　　④ 20

해설

탄산가스 최대량(CO_{2max})

$$CO_{2max} = \frac{21 \times CO_2}{21 - O_2} = \frac{21 \times 14.2}{21 - 4.5} = 18(\%)$$

---

07 CH_4와 공기를 사용하는 열 설비의 온도를 높이기 위해 산소(O_2)를 추가로 공급하였다. 연료 유량 $10Nm^3/h$의 조건에서 완전연소가 이루어졌으며, 수증기 응축 후 배기가스에서 계측된 산소의 농도가 5%이고 이산화탄소(CO_2)의 농도가 10%라면, 추가로 공급된 산소의 유량은 약 몇 Nm^3/h인가?

① 2.4　　② 2.9
③ 3.4　　④ 3.9

해설

$CH_4 + 2O_2 \rightarrow CO_2 + 2H_2O$

이론소요산소량(O_o) = $2 \times 10 = 20 Nm^3/h$

이론공기량(A_o) = $20 \times \dfrac{1}{0.21} ≒ 95.2380 Nm^3/h$

추가 산소가 5%

$2 + (0.05) \times 10 \times \dfrac{1}{0.21} = 97.58$

∴ $97.58 - 95.23 ≒ 2.4$

---

08 수소가 완전연소하여 물이 될 때, 수소와 연소용 산소와 물의 몰(mol)비는?

① 1 : 1 : 1　　② 1 : 2 : 1
③ 2 : 1 : 2　　④ 2 : 1 : 3

해설

$H_2 + \dfrac{1}{2}O_2 \rightarrow H_2O$

$1 : 0.5 : 1 = 2 : 1 : 2$

---

09 액체연료가 갖는 일반적인 특징이 아닌 것은?

① 연소온도가 높기 때문에 국부과열을 일으키기 쉽다.
② 발열량은 높지만 품질이 일정하지 않다.
③ 화재, 역화 등의 위험이 크다.
④ 연소할 때 소음이 발생한다.

해설

기체, 고체연료는 품질이 일정하지 않지만 액체연료는 품질이 일정하다.

---

10 중유의 탄수소비가 증가함에 따른 발열량의 변화는?

① 무관하다.
② 증가한다.
③ 감소한다.
④ 초기에는 증가하다가 점차 감소한다.

해설

중유의 탄수소비 : $\dfrac{C}{H}$

- A중유 : 고, B중유 : 중, C중유 : 저
- 탄수소비가 커지면 탄소량이 증가하고, 발열량이 높은 수소가 감소하여 발열량이 감소한다.

---

11 다음 연소반응식 중에서 틀린 것은?

① $CH_4 + 2O_2 \rightarrow CO_2 + 2H_2O$
② $C_2H_6 + 3\dfrac{1}{2}O_2 \rightarrow 2CO_2 + 3H_2O$
③ $C_3H_8 + 5O_2 \rightarrow 3CO_2 + 4H_2O$
④ $C_4H_{10} + 9O_2 \rightarrow 4CO_2 + 5H_2O$

해설

$C_mH_n + \left(m + \dfrac{n}{4}\right)O_2 \rightarrow mCO_2 + \dfrac{n}{2}H_2O$

$C_4H_{10} + 6.5O_2 \rightarrow 4CO_2 + 5H_2O$

※ 이론공기량(A_o) = $\dfrac{m}{0.21} + \dfrac{n}{4 \times 0.21} = 4.76m + 1.19n$

정답　06 ③　07 ①　08 ③　09 ②　10 ③　11 ④

12 탄소 1kg을 완전연소시키는 데 필요한 공기량은 몇 Nm^3인가?

① 22.4 ② 11.2
③ 9.6   ④ 8.89

해설

$$\frac{C}{12kg} + \frac{O_2}{22.4Nm^3} \rightarrow CO_2$$

산소량(O_o) = $\frac{22.4}{12}$

공기량(A_o) = $\frac{22.4}{12} \times \frac{100\%}{21\%}$ = $8.89Nm^3/kg$

※ 공기 100% 중 산소 21%$\left(\frac{1}{0.21}\right)$

13 액체연료 연소장치 중 회전식 버너의 특징에 대한 설명으로 틀린 것은?

① 분무각은 10~40° 정도이다.
② 유량조절범위는 1 : 5 정도이다.
③ 자동제어에 편리한 구조로 되어 있다.
④ 부속설비가 없으며 화염이 짧고 안정한 연소를 얻을 수 있다.

해설

회전식 버너의 분무각(광각도)

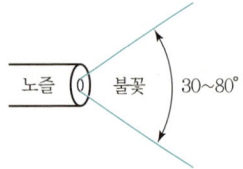

14 폭굉(detonation) 현상에 대한 설명으로 옳지 않은 것은?

① 확산이나 열전도의 영향을 주로 받는 기체역학적 현상이다.
② 물질 내에 충격파가 발생하여 반응을 일으킨다.
③ 충격파에 의해 유지되는 화학반응 현상이다.
④ 반응의 전파속도가 그 물질 내에서 음속보다 빠른 것을 말한다.

해설

폭굉(디토네이션)
• 화염의 전파속도(1,000~3,500m/s)가 음속보다 빠르다.
• 대규모 충격파의 가스 폭발로, 물리 · 화학적 가연성 가스의 가스폭발이다.
• 그 외 특징은 보기 ②, ③, ④이다.

15 연소 배기가스의 분석 결과 CO_2의 함량이 13.4%이다. 벙커 C유(55L/h)의 연소에 필요한 공기량은 약 몇 Nm^3/min인가?(단, 벙커 C유의 이론 공기량은 12.5Nm^3/kg이고, 밀도는 0.93g/cm³이며 $[CO_2]_{max}$는 15.5%이다.)

① 12.33
② 49.03
③ 63.12
④ 73.99

해설

공기비(m) = $\frac{CO_{2max}}{CO_2}$ = $\frac{15.5}{13.4}$ = 1.1567

실제공기량(A) = 이론공기량(A_o) × 공기비(m)

연료소비량 = 55 × 0.93
       = 51.15(kg/h) = 0.8525(kg/min)

∴ 연소에 필요한 실제 공기량 = 0.8525 × 12.5 × 1.1567
               = 12.33(Nm^3/min)

16 위험성을 나타내는 성질에 관한 설명으로 옳지 않은 것은?

① 착화온도와 위험성은 반비례한다.
② 비등점이 낮으면 인화 위험성이 높아진다.
③ 인화점이 낮은 연료는 대체로 착화온도가 낮다.
④ 물과 혼합하기 쉬운 가연성 액체는 물과의 혼합에 의해 증기압이 높아져 인화점이 낮아진다.

해설

물과 혼합하기 쉬운 암모니아 가스 등은 혼합에 의해 증기압력이 높아져서 인화점이 높아진다.

17 고체연료의 공업분석에서 고정탄소를 산출하는 식은?

① $100-[수분(\%)+회분(\%)+질소(\%)]$
② $100-[수분(\%)+회분(\%)+황분(\%)]$
③ $100-[수분(\%)+황분(\%)+휘발분(\%)]$
④ $100-[수분(\%)+회분(\%)+휘발분(\%)]$

해설
공업분석 고정탄소 $F=100-(수분+회분+휘발분)$

18 저질탄 또는 조분탄의 연소방식이 아닌 것은?

① 분무식 ② 산포식
③ 쇄상식 ④ 계단식

해설
분무연소는 점성이 높은 중유, 콜타르, 크레오소트유 등 중질 액체연료의 무화방식 연료에 해당한다.

19 기체연료의 저장방식이 아닌 것은?

① 유수식 ② 고압식
③ 가열식 ④ 무수식

해설
기체연료의 저장방식
㉠ 저압식(유수식, 무수식)
㉡ 고압식(탱크방식)

20 연소실에서 연소된 연소가스의 자연통풍력을 증가시키는 방법으로 틀린 것은?

① 연돌의 높이를 높인다.
② 배기가스의 비중량을 크게 한다.
③ 배기가스 온도를 높인다.
④ 연도의 길이를 짧게 한다.

해설
배기가스 비중량(kgf/m^3)을 크게 하면 자연통풍력($mmAq$)이 감소한다.

2과목 열역학

21 냉매가 갖추어야 하는 요건으로 거리가 먼 것은?

① 증발잠열이 작아야 한다.
② 화학적으로 안정되어야 한다.
③ 임계온도가 높아야 한다.
④ 증발온도에서 압력이 대기압보다 높아야 한다.

해설
냉매는 증발기에서 냉매의 증발잠열을 이용하므로 증발잠열(kJ/kg)이 커야 한다.
※ 사이클 : 증발기 → 압축기 → 응축기 → 팽창밸브

22 20℃의 물 10kg을 대기압하에서 100℃의 수증기로 완전히 증발시키는 데 필요한 열량은 약 몇 kJ인가?(단, 수증기의 증발잠열은 2,257kJ/kg이고 물의 평균비열은 4.2kJ/kg·K이다.)

① 800   ② 6,190
③ 25,930   ④ 61,900

해설
$Q_1 =$ 물의 현열 $= 10kg \times 4.2 \times (100-20) = 3,360(kJ)$
$Q_2 =$ 물의 증발열 $= 10kg \times 2,257kJ/kg = 22,570(kJ)$
총 소요열량(Q) $= Q_1 + Q_2 = 3,360 + 22,570 = 25,930(kJ)$

23 증기압축 냉동사이클을 사용하는 냉동기에서 냉매의 상태량은 압축 전·후 엔탈피가 각각 379.11kJ/kg과 424.77kJ/kg이고 교축팽창 후 엔탈피가 241.46kJ/kg이다. 압축기의 효율이 80%, 소요동력이 4.14kW라면 이 냉동기의 냉동용량은 약 몇 kW인가?

① 6.98   ② 9.98
③ 12.98   ④ 15.98

정답 17 ④ 18 ① 19 ③ 20 ② 21 ① 22 ③ 23 ②

해설

성적계수(COP) = $\dfrac{379.11-241.46}{424.77-379.11} = \dfrac{137.65}{45.66} = 3.0146$

냉동기용량 = $(3.0146 \times 0.8) \times 4.14 = 9.98 \text{kW}$

※ $1\text{kWh} = 3{,}600\text{kJ}$

---

24 초기체적이 V_1 상태에 있는 피스톤이 외부로 일을 하여 최종적으로 체적이 V_1인 상태로 되었다. 다음 중 외부로 가장 많은 일을 한 과정은? (단, n은 폴리트로픽 지수이다.)

① 등온 과정
② 정압 과정
③ 단열 과정
④ 폴리트로픽 과정($n > 0$)

해설

정압 과정 $P = C(dP = 0)$, 가열량은 모두 엔탈피로 변화한다.

PVT 관계 : $\dfrac{T_2}{T_1} = \dfrac{V_2}{V_1}$

절대일 $W = \int PdV$, $P(V_2 - V_1) = R(T_2 - T_1)$

공업일 $W_2 = -\int VdP = 0$ (압축일)

정압과정에서 가스가 가열되면 온도가 상승하고, 체적이 증가한다. 공급열량은 내부에너지 및 기체 팽창에 따르는 일에 소비된다.

---

25 가스동력 사이클에 대한 설명으로 틀린 것은?

① 에릭슨 사이클은 2개의 정압과정과 2개의 단열과정으로 구성된다.
② 스털링 사이클은 2개의 등온과정과 2개의 정적과정으로 구성된다.
③ 아트킨스 사이클은 2개의 단열과정과 정적 및 정압과정으로 구성된다.
④ 르누아 사이클은 정적과정으로 급열하고 정압과정으로 방열하는 사이클이다.

해설

에릭슨 사이클(가스터빈 사이클)
• 2개의 정압과정, 2개의 등온과정
• 등온압축 → 정압가열 → 등온팽창 → 정압방열

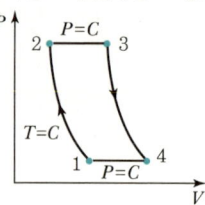

---

26 노즐에서 임계상태에서의 압력을 P_c, 비체적을 v_c, 최대유량을 G_c, 비열비를 k라 할 때, 임계단면적에 대한 식으로 옳은 것은?

① $2G_c\sqrt{\dfrac{v_c}{kP_c}}$ ② $G_c\sqrt{\dfrac{v_c}{2kP_c}}$

③ $G_c\sqrt{\dfrac{v_c}{kP_c}}$ ④ $G_c\sqrt{\dfrac{2v_c}{kP_c}}$

해설

• 임계압력(P_c) = $P_1\left(\dfrac{2}{k+1}\right)^{\frac{k}{k-1}}$

• 임계최대유량($G_{\max}$) = $F_2\sqrt{gk\dfrac{P_c}{v_c}}$

• 임계비체적(v_c) = $V_1\left(\dfrac{2}{k+1}\right)^{\frac{1}{k-1}}$

• 임계단면적 = $G_c\sqrt{\dfrac{V_c}{kP_c}}$

---

27 증기터빈에서 상태 ⓐ의 증기를 규정된 압력까지 단열에 가깝게 팽창시켰다. 이때 증기터빈 출구에서의 증기 상태는 그림의 각각 ⓑ, ⓒ, ⓓ, ⓔ이다. 이 중 터빈의 효율이 가장 좋을 때 출구의 증기 상태로 옳은 것은?

정답 24 ② 25 ① 26 ③ 27 ①

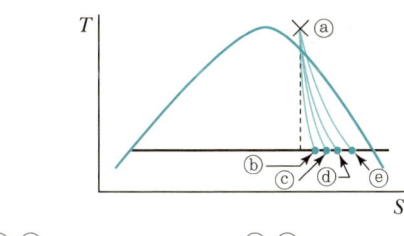

① ⓑ   ② ⓒ
③ ⓓ   ④ ⓔ

해설

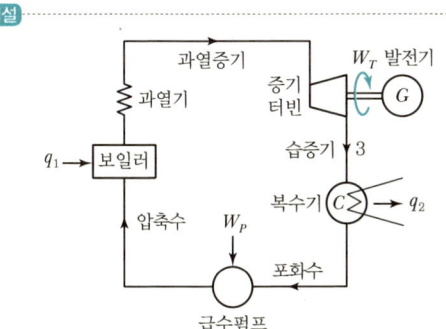

랭킨사이클
터빈 같은 밀폐계는 비가역 변화이므로 엔트로피가 무질서하게 증가한다. 습증기가 유발되면 비가역이므로 터빈효율 증가를 위하여 엔트로피가 작은 값이 가역 변화하므로, 즉 효율이 높아지므로 ⓐ → ⓑ 과정이 터빈효율이 좋다.

28 물의 임계압력에서의 잠열은 몇 kJ/kg인가?

① 0   ② 333
③ 418   ④ 2,260

해설

물(H_2O)
- 1atm에서 잠열은 2,256(kJ/kg)이다.
- 임계압력(225.65atm)에서 잠열은 0(kJ/kg)이다.

29 랭킨사이클에 과열기를 설치할 경우 과열기의 영향으로 발생하는 현상에 대한 설명으로 틀린 것은?

① 열이 공급되는 평균 온도가 상승한다.
② 열효율이 증가한다.
③ 터빈 출구의 건도가 높아진다.
④ 펌프일이 증가한다.

해설
랭킨사이클은 초온이나 초압이 높을수록, 배압이 낮을수록 효율이 증가한다.(과열기에서 과열증기를 생산하면 효율은 증가하나 방출열량이 증가하기 때문에 복수기의 용량이 커야 한다.)
복수기에서는 압력이나 온도가 낮아지면 효율은 증가하나 수분증가, 건도 감소로 터빈날개의 부식이 초래된다.

30 110kPa, 20℃의 공기가 반지름 20cm, 높이 40cm인 원통형 용기 안에 채워져 있다. 이 공기의 무게는 몇 N인가?(단, 공기의 기체상수는 287J/kg·K이다.)

① 0.066   ② 0.64
③ 6.7   ④ 66

해설

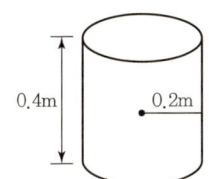

용적 $V = \pi r^2 L = \pi \times 0.2^2 \times 0.4 = 0.05024 m^3$
$1 kgf = 9.8 N$

∴ 공기무게 $= \dfrac{PV}{RT}$

$= \dfrac{110 \times (\pi \times 0.2^2 \times 0.4)}{0.287 \times (20+273)} \times 9.8$

$≒ 0.64(N)$

31 냉동효과가 200kJ/kg인 냉동사이클에서 4kW의 열량을 제거하는 데 필요한 냉매순환량은 몇 kg/min인가?

① 0.02   ② 0.2
③ 0.8   ④ 1.2

해설
$1 kWh = 3,600 kJ$
$4 \times 3,600 = 14,400 (kJ/h) = 240 (kJ/min)$

∴ 냉매순환량$(G) = \dfrac{240}{200} = 1.2 (kg/min)$

정답 28 ① 29 ④ 30 ② 31 ④

32 온도와 관련된 설명으로 틀린 것은?

① 온도 측정의 타당성에 대한 근거는 열역학 제0법칙이다.
② 온도가 0℃에서 10℃로 변화하면, 절대온도는 0K에서 283.15K로 변화한다.
③ 섭씨온도는 물의 어는점과 끓는점을 기준으로 삼는다.
④ SI 단위계에서 온도의 단위는 켈빈 단위를 사용한다.

해설
$0℃ = 273.15K$
$10℃ = (273.15+10)K = 283.15K$

33 압력 3,000kPa, 온도 400℃인 증기의 내부에너지가 2,926kJ/kg이고 엔탈피는 3,230kJ/kg이다. 이 상태에서 비체적은 약 몇 m^3/kg인가?

① 0.0303　　② 0.0606
③ 0.101　　　④ 0.303

해설
유동에너지 $= 3,230 - 2,926 = 304 kJ/kg$
∴ 비체적 $= 1(m^3/kg) \times \dfrac{304}{2,926} ≒ 0.101(m^3/kg)$

34 아래와 같이 몰리에르(엔탈피-엔트로피) 선도에서 가역 단열과정을 나타내는 선의 형태로 옳은 것은?

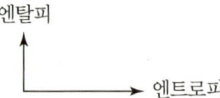

① 엔탈피 축에 평행하다.
② 기울기가 양수(+)인 곡선이다.
③ 기울기가 음수(-)인 곡선이다.
④ 엔트로피 축에 평행하다.

해설
h-s 선도(Mollier Chart)
단열변화가 수직선으로 표시되어 있어 수직선 길이만 알면 단열변화에 따른 엔탈피의 변화를 구할 수 있다.

35 노점온도(dew point temperature)에 대한 설명으로 옳은 것은?

① 공기, 수증기의 혼합물에서 수증기의 분압에 대한 수증기 과열상태 온도
② 공기, 가스의 혼합물에서 가스의 분압에 대한 가스의 과냉상태 온도
③ 공기, 수증기의 혼합물을 가열시켰을 때 증기가 없어지는 온도
④ 공기, 수증기의 혼합물에서 수증기의 분압에 해당하는 수증기의 포화온도

해설
노점온도
공기, 수증기의 혼합물에서 수증기의 분압에 해당하는 수증기의 포화온도이다.

36 정압과정에서 어느 한 계(system)에 전달된 열량은 그 계에서 어떤 상태량의 변화량과 양이 같은가?

① 내부에너지　　② 엔트로피
③ 엔탈피　　　　④ 절대일

해설
정압변화(등압변화)에서 가열량은 모두 엔탈피 변화로 나타난다.
$dh = C_v dT$에서 $\Delta h = h_2 - h_1 = C_p(T_2 - T_1)$
열량$(\delta q) = du + APdV = h - AvdP$
∴ $_1q_2 = \Delta h = h_2 - h_1$

37 열역학적 관계식 $TdS = dH - VdP$에서 용량성 상태량(extensive property)이 아닌 것은?(단, S : 엔트로피, H : 엔탈피, V : 체적, P : 압력, T : 절대온도이다.)

① S　　② H
③ V　　④ P

해설
㉠ 강도성 상태량 : 물질의 질량에 관계없이 그 크기가 결정되는 상태량(온도 T, 압력 P, 비체적 V)

정답 32 ② 33 ③ 34 ④ 35 ④ 36 ③ 37 ④

ⓒ 용량성 상태량 : 물질의 질량에 따라 그 크기가 결정되는 상태량, 즉 물질의 질량에 관계된다.(체적 V, 내부에너지 u, 엔탈피 H, 엔트로피 S)

38 30℃에서 기화잠열이 173kJ/kg인 어떤 냉매의 포화액-포화증기 혼합물 4kg을 가열하여 건도가 20%에서 70%로 증가되었다. 이 과정에서 냉매의 엔트로피 증가량은 약 몇 kJ/K인가?

① 11.5　　② 2.31
③ 1.14　　④ 0.29

해설

$\Delta S = \dfrac{173}{30+273} = 0.57095 \text{kJ/K}$

건도증가 $= 70 - 20 = 50\%$

∴ 냉매 엔트로피 증가 $(\Delta S) = (0.57095 \times 4) \times 0.5$
$= 1.14 (\text{kJ/K})$

39 다음과 같은 압축비와 차단비를 가지고 공기로 작동되는 디젤사이클 중에서 효율이 가장 높은 것은?(단, 공기의 비열비는 1.4이다.)

① 압축비 : 11, 차단비 : 2
② 압축비 : 11, 차단비 : 3
③ 압축비 : 13, 차단비 : 2
④ 압축비 : 13, 차단비 : 3

해설

디젤사이클(내연기관)

압축비 $(\varepsilon) = \dfrac{V_1}{V_2} = \dfrac{V_4}{V_2}$, 단절비 $(\sigma) = \left(\dfrac{V_3}{V_2}\right) =$ 차단비

효율 $(\eta_d) = 1 - \left(\dfrac{1}{\varepsilon}\right)^{k-1} \cdot \dfrac{\sigma^k - 1}{k(\sigma - 1)}$

사이클에서 압축비는 크고 단절비가 작을수록 열효율 증가

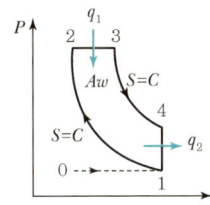

- 1 → 2 (단열압축)　・2 → 3 (정압가열)
- 3 → 4 (단열팽창)　・4 → 1 (정적방열)

40 이상기체가 '$Pv^n =$ 일정' 과정을 가지고 변하는 경우에 적용할 수 있는 식으로 옳은 것은?(단, q : 단위 질량당 공급된 열량, u : 단위 질량당 내부에너지, T : 온도, P : 압력, v : 비체적, R : 기체상수, n : 상수이다.)

① $\delta q = du + \dfrac{nRdT}{1-n}$

② $\delta q = du + \dfrac{RdT}{1-n}$

③ $\delta q = du + \dfrac{(1-n)RdT}{n}$

④ $\delta q = du + (1-n)RdT$

해설

$Pv^n =$ 일정

$\delta q = du + \dfrac{RdT}{1-n}$

3과목　계측방법

41 방사고온계의 장점이 아닌 것은?

① 고온 및 이동물체의 온도측정이 쉽다.
② 측정시간의 지연이 작다.
③ 발신기를 이용한 연속기록이 가능하다.
④ 방사율에 의한 보정량이 작다.

해설

방사고온계(비접촉식 온도계)의 특성
・측정범위 : 50~3,000℃
・방사율의 보정량이 크다.
・온도계를 수랭이나 공랭으로 냉각시켜야 오차가 적다.
・기타 특성은 문제 보기의 ①, ②, ③ 등이다.

42 액주식 압력계의 종류가 아닌 것은?

① U자관형　　② 경사관식
③ 단관형　　　④ 벨로즈식

정답　38 ③　39 ③　40 ②　41 ④　42 ④

해설

탄성식 압력계
- 벨로즈식
- 부르동관식
- 다이어프램식

43 불규칙하게 변하는 주변 온도와 기압 등이 원인이 되며, 측정 횟수가 많을수록 오차의 합이 0에 가까운 특징이 있는 오차의 종류는?

① 개인오차　　② 우연오차
③ 과오오차　　④ 계통오차

해설

우연오차(산포)
원인을 알 수가 없는 오차이다. 측정 횟수가 많을수록 오차가 0에 가깝다. 주위 온도, 기압의 영향을 받는 오차이다.

44 열전대(thermocouple)는 어떤 원리를 이용한 온도계인가?

① 열팽창률 차　　② 전위 차
③ 압력 차　　　　④ 전기저항 차

해설

열전대 온도계 : 제벡 효과 이용(전위 차)

※ 열전대 온도계의 종류

형별	온도계 종류	측정온도(℃)
R	백금-백금·로듐	0~1,600
K	크로멜-알루멜	-20~1,200
J	철-콘스탄탄	-20~800
T	동-콘스탄탄	-180~350

45 다음 중 압력식 온도계가 아닌 것은?

① 액체팽창식 온도계
② 열전 온도계
③ 증기압식 온도계
④ 가스압력식 온도계

해설

44번 해설 참조

46 액면계에 대한 설명으로 틀린 것은?

① 유리관식 액면계는 경유탱크의 액면을 측정하는 것이 가능하다.
② 부자식은 액면이 심하게 움직이는 곳에는 사용하기 곤란하다.
③ 차압식 유량계는 정밀도가 좋아서 액면 제어용으로 가장 많이 사용된다.
④ 편위식 액면계는 아르키메데스의 원리를 이용하는 액면계이다.

해설

차압식 액면계
차압식 액면계는 압력검출형이고 U자관, 힘평형식, 변위평형식 등이 있으며 정밀도는 보통이다. 차압식 액면계보다는 부자식 액면계가 많이 사용된다.

47 다음 중 습도계의 종류로 가장 거리가 먼 것은?

① 모발 습도계　　② 듀셀 노점계
③ 초음파식 습도계　④ 전기저항식 습도계

해설

초음파식 액면계
초음파를 발산시켜 진동막의 진동 변화를 측정하여 액면을 측정하는 간접식 액면계이다.

48 1차 지연 요소에서 시정수 T가 클수록 응답속도는 어떻게 되는가?

① 일정하다.　　② 빨라진다.
③ 느려진다.　　④ T와 무관하다.

해설

- 프로세스 제어의 난이 정도를 표시하는 값으로 L(dead time)과 T(time constant)의 비인 L/T가 사용되는데 이 값이 크면 제어가 어렵다.
- T : 시정수 목표치의 63.2%에 도달하는 시간을 말하며 T의 값이 커지면 제어가 용이해진다.

정답 43 ② 44 ② 45 ② 46 ③ 47 ③ 48 ③

49 차압식 유량계의 종류가 아닌 것은?

① 벤투리
② 오리피스
③ 터빈유량계
④ 플로우노즐

해설
차압식 유량계의 종류 및 특성
- 오리피스형, 플로우노즐형, 벤투리미터형
- 차압식 유량계의 유량은 차압의 제곱근에 비례한다.(순간유량계)

50 압력 측정에 사용되는 액체의 구비조건 중 틀린 것은?

① 열팽창계수가 클 것
② 모세관 현상이 작을 것
③ 점성이 작을 것
④ 일정한 화학성분을 가질 것

해설
액주식 압력계
- 액체(수은, 물)를 사용하며 단관식, U자관, 경사관식, 2액 마노미터, 플로트식이 있다.
- 압력계 내부 액체는 열팽창계수가 작아야 한다.
- 물, 수은 외에도 물−톨루엔, 물−클로로포름 등도 사용된다.

51 기체크로마토그래피에 대한 설명으로 틀린 것은?

① 캐리어 기체로는 수소, 질소 및 헬륨 등이 사용된다.
② 충전재로는 활성탄, 알루미나 및 실리카겔 등이 사용된다.
③ 기체의 확산속도 특성을 이용하여 기체의 성분을 분리하는 물리적인 가스분석기이다.
④ 적외선 가스분석기에 비하여 응답속도가 빠르다.

해설
가스크로마토그래피법은 캐리어가스(N_2, H_2, He, Ar)가 필요하며 SO_2, NO_x가스는 분석이 불가능하다.

52 20L인 물의 온도를 15℃에서 80℃로 상승시키는 데 필요한 열량은 약 몇 kJ인가?

① 4,200
② 5,400
③ 6,300
④ 6,900

해설
물의 비열 = 1kcal/kg℃
현열(Q) = $G \times C_p \times \Delta t$
$= 20 \times 1 \times (80-15) = 1,300$ kcal
1kcal = 4.186kJ
∴ $1,300 \times 4.186 ≒ 5,441.8$ (kJ)
※ 물은 4℃에서 1L가 1kg이나 언급이 없으면 4℃가 아닌 경우도 이렇게 가정한다.

53 다음 중 송풍량을 일정하게 공급하려고 할 때 가장 적당한 제어방식은?

① 프로그램제어
② 비율제어
③ 추종제어
④ 정치제어

해설
- 송풍량 일정 : 정치제어
- 송풍량 변동 : 추치제어(추종, 프로그램, 비율)

54 피토관에 대한 설명으로 틀린 것은?

① 5m/s 이하의 기체에서는 적용하기 힘들다.
② 먼지나 부유물이 많은 유체에는 부적당하다.
③ 피토관의 머리 부분은 유체의 방향에 대하여 수직으로 부착한다.
④ 흐름에 대하여 충분한 강도를 가져야 한다.

해설

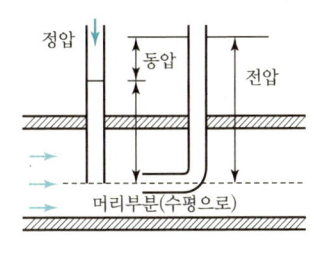

[피토관]

정답 49 ③ 50 ① 51 ④ 52 ② 53 ④ 54 ③

55 다음 중 1,000℃ 이상의 고온체의 연속 측정에 가장 적합한 온도계는?

① 저항 온도계
② 방사 온도계
③ 바이메탈식 온도계
④ 액체압력식 온도계

해설
1,000℃ 이상의 고온체의 연속 측정
비접촉식 방사고온계로 50~3,000℃까지 측정(스테판-볼츠만의 법칙 이용)

56 가스분석계의 특징에 관한 설명으로 틀린 것은?

① 적정한 시료가스의 채취장치가 필요하다.
② 선택성에 대한 고려가 필요 없다.
③ 시료가스의 온도 및 압력의 변화로 측정오차를 유발할 우려가 있다.
④ 계기의 교정에는 화학분석에 의해 검정된 표준시료가스를 이용한다.

해설
가스분석계는 반드시 가스 성분 선택성에 대한 고려가 필요하다.

57 차압식 유량계에 있어 조리개 전후의 압력 차이가 P_1에서 P_2로 변할 때, 유량은 Q_1에서 Q_2로 변했다. Q_2에 대한 식으로 옳은 것은?(단, $P_2 = 2P_1$이다.)

① $Q_2 = Q_1$
② $Q_2 = \sqrt{2}\, Q_1$
③ $Q_2 = 2Q_1$
④ $Q_2 = 4Q_1$

해설
차압식 유량계 : $Q_2 = \sqrt{2}\, Q_1$
유량계수, 압축계수, 조리개의 넓이, 중력가속도, 유체의 비중량이 일정하면 차압의 크기($P_2 - P_1$)에 따라 유량이 변화함을 알 수 있다.

58 용적식 유량계에 대한 설명으로 옳은 것은?

① 적산유량의 측정에 적합하다.
② 고점도에는 사용할 수 없다.
③ 발신기 전후에 직관부가 필요하다.
④ 측정유체의 맥동에 의한 영향이 크다.

해설
용적식 유량계(로터리피스톤형, 로터리베인형, 피스톤형, 디스크형, 오벌기어형, 루트형, 건식 가스미터기, 습식 가스미터기)는 정도가 높고 상거래용으로 사용된다. 고점도 유체의 측정이 가능하고 유량의 맥동에 의한 영향이 작다.

59 편차의 정(+), 부(-)에 의해서 조작신호가 최대, 최소가 되는 제어동작은?

① 온·오프동작
② 다위치동작
③ 적분동작
④ 비례동작

60 다이어프램 압력계의 특징이 아닌 것은?

① 점도가 높은 액체에 부적합하다.
② 먼지가 함유된 액체에 적합하다.
③ 대기압과의 차가 적은 미소 압력의 측정에 사용한다.
④ 다이어프램으로 고무, 스테인리스 등의 탄성체 박판이 사용된다.

해설
다이어프램 탄성식 압력계는 점도가 큰 유체의 압력 측정이 가능하다. 감도가 좋고 정확성이 높지만 온도의 영향을 많이 받는다.

정답 | 55 ② | 56 ② | 57 ② | 58 ① | 59 ① | 60 ①

4과목 열설비재료 및 관계법규

61 내식성, 굴곡성이 우수하고 양도체이며 내압성도 있어서 열교환기용 전열관, 급수관 등 화학공업용으로 주로 사용되는 관은?

① 주철관 ② 동관
③ 강관 ④ 알루미늄관

해설
동관
- 내식성 우수, 굴곡성 우수
- 열전기의 양도체
- 열교환기용 전열관 등의 화학공업용관

62 크롬벽돌이나 크롬-마그벽돌이 고온에서 산화철을 흡수하여 표면이 부풀어 오르고 떨어져 나가는 현상은?

① 버스팅 ② 큐어링
③ 슬래킹 ④ 스폴링

해설
버스팅
염기성 벽돌인 크롬-마그네시아 벽돌이 고온에서 산화철을 흡수하여 표면이 부풀어 오르는 현상

63 에너지이용 합리화법령에 따라 열사용기자재 관리에 대한 설명으로 틀린 것은?

① 계속사용검사는 검사유효기간의 만료일이 속하는 연도의 말까지 연기할 수 있으며, 연기하려는 자는 검사대상기기 검사연기신청서를 한국에너지공단이사장에게 제출하여야 한다.
② 한국에너지공단이사장은 검사에 합격한 검사대상기기에 대해서 검사 신청인에게 검사일부터 7일 이내에 검사증을 발급하여야 한다.
③ 검사대상기기관리자의 선임신고는 신고사유가 발생한 날로부터 20일 이내에 하여야 한다.
④ 검사대상기기의 설치자가 사용 중인 검사대상기기를 폐기한 경우에는 폐기한 날부터 15일 이내에 검사대상기기 폐기신고서를 한국에너지공단이사장에게 제출하여야 한다.

해설
③ 선임·해임·퇴직신고는 신고 사유가 발생한 날부터 30일 이내에 한국에너지공단에 신고한다.

64 다음 중 에너지이용 합리화법령에 따른 검사 대상기기에 해당하는 것은?

① 정격용량이 0.5MW인 철금속가열로
② 가스사용량이 20kg/h인 소형 온수보일러
③ 최고사용압력이 0.1MPa이고, 전열면적이 4m²인 강철제 보일러
④ 최고사용압력이 0.1MPa이고, 동체 안지름이 300mm이며, 길이가 500mm인 강철제 보일러

해설
검사대상기기 기준에 의해 보기 ①, ③, ④는
① 정격용량이 0.58MW를 초과하는 철금속가열로
③ 최고사용압력이 0.1MPa 초과이고, 전열면적이 5m² 초과인 강철제 보일러
④ 최고사용압력이 0.1MPa 초과이고, 동체 안지름이 300mm 초과이며, 길이가 600mm 초과인 강철제 보일러
인 경우 검사대상기기에 해당한다.

65 배관의 축 방향 응력 (kPa)를 나타낸 식은? (단, d : 배관의 내경(mm), p : 배관의 내압(kPa), t : 배관의 두께(mm)이며, t는 충분히 얇다.)

① $\sigma = \dfrac{p\pi d}{4t}$ ② $\sigma = \dfrac{pd}{4t}$

③ $\sigma = \dfrac{p\pi d}{2t}$ ④ $\sigma = \dfrac{pd}{2t}$

해설

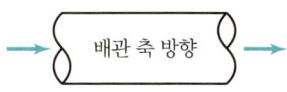

- 축 방향 응력(σ) = $\dfrac{pd}{4t}$
- 원주 방향 응력(σ) = $\dfrac{pd}{2t}$

정답 61 ② 62 ① 63 ③ 64 ② 65 ②

66 에너지이용 합리화법령상 효율관리기자재에 대한 에너지소비효율등급을 거짓으로 표시한 자에 해당하는 과태료는?

① 3백만 원 이하
② 5백만 원 이하
③ 1천만 원 이하
④ 2천만 원 이하

해설
과태료
효율관리기자재에 대한 에너지효율등급을 거짓으로 표시한 자는 2천만 원 이하의 과태료 부과

67 고온용 무기질 보온재로서 경량이고 기계적 강도가 크며 내열성, 내수성이 강하고 내마모성이 있어 탱크, 노벽 등에 적합한 보온재는?

① 암면
② 석면
③ 규산칼슘
④ 탄산마그네슘

해설
규산칼슘 무기질 보온재
• 안전사용온도 : 650℃
• 압축강도와 곡강도가 높고 반영구적이다. 내구성, 내수성이 우수하고 노벽, 탱크, 화학공업용 탑류, 제철, 발전소 등에 사용한다.

68 에너지이용 합리화법령에 따라 효율관리기자재의 제조업자 또는 수입업자는 효율관리시험기관에서 해당 효율관리기자재의 에너지 사용량을 측정받아야 한다. 이 시험기관은 누가 지정하는가?

① 과학기술정보통신부장관
② 산업통상자원부장관
③ 기획재정부장관
④ 환경부장관

해설
효율관리기자재 시험기관 지정권자 : 산업통상자원부장관

69 아래는 에너지이용 합리화법령상 에너지의 수급 차질에 대비하기 위하여 산업통상자원부장관이 에너지저장의무를 부과할 수 있는 대상자의 기준이다. ( )에 들어갈 용어는?

연간 ( ) 석유환산톤 이상의 에너지를 사용하는 자

① 1천
② 5천
③ 1만
④ 2만

해설
연간 2만 TOE(석유환산톤) 이상의 에너지를 사용하는 자에게는 에너지 수급 차질을 대비하여 산업통상자원부장관이 에너지저장의무를 부과할 수 있다.

70 에너지이용 합리화법령에 따라 자발적 협약체결기업에 대한 지원을 받기 위해 에너지사용자와 정부 간 자발적 협약의 평가기준에 해당하지 않는 것은?

① 계획 대비 달성률 및 투자실적
② 에너지이용 합리화 자금 활용실적
③ 자원 및 에너지의 재활용 노력
④ 에너지절감량 또는 에너지의 합리적인 이용을 통한 온실가스배출 감축량

해설
자발적 협약체결 평가기준
문제의 보기 ①, ③, ④ 외 기타 에너지 절감 또는 에너지의 합리적인 이용을 통한 온실가스 배출 감축에 관한 사항 등

71 보온재의 구비 조건으로 틀린 것은?

① 불연성일 것
② 흡수성이 클 것
③ 비중이 작을 것
④ 열전도율이 작을 것

해설
보온재는 흡수성이나 흡습성이 없어야 열손실이 방지된다. 물은 비열이 커서 열용량이 크다.

정답 66 ④ 67 ③ 68 ② 69 ④ 70 ② 71 ②

72 작업이 간편하고 조업주기가 단축되며 요체의 보유열을 이용할 수 있어 경제적인 반연속식 요는?

① 셔틀요
② 윤요
③ 터널요
④ 도염식 요

해설
㉠ 반연속식 요
 • 등요
 • 셔틀요(대차 이용 요)
㉡ 연속식 요
 • 윤요
 • 터널요
 • 석회소성요

73 에너지법령상 시·도지사는 관할 구역의 지역적 특성을 고려하여 저탄소 녹색성장 기본법에 따른 에너지기본계획의 효율적인 달성과 지역경제의 발전을 위한 지역에너지계획을 몇 년마다 수립·시행하여야 하는가?

① 2년
② 3년
③ 4년
④ 5년

해설
시·도지사는 지역에너지계획을 5년마다 수립, 시행하여야 한다.

74 에너지이용 합리화법령에 따라 에너지절약전문기업의 등록신청 시 등록신청서에 첨부해야 할 서류가 아닌 것은?

① 사업계획서
② 보유장비명세서
③ 기술인력명세서(자격증명서 사본 포함)
④ 감정평가업자가 평가한 자산에 대한 감정평가서 (법인인 경우)

해설
첨부서류는 ①, ②, ③ 외에도 개인인 경우에는 ④의 감정평가서가 필요하고 법인인 경우에는 공인회계사 또는 세무사가 검증한 최근 1년 이내의 대차대조표가 필요하다.

75 에너지이용 합리화법령상 검사의 종류가 아닌 것은?

① 설계검사
② 제조검사
③ 계속사용검사
④ 개조검사

해설
에너지이용 합리화법령상 검사의 종류
• 제조검사(용접검사, 구조검사)
• 설치검사
• 개조검사
• 설치장소변경검사
• 재사용검사
• 계속사용검사(안전검사, 운전성능검사)

76 제철 및 제강공정 중 배소로의 사용 목적으로 가장 거리가 먼 것은?

① 유해성분의 제거
② 산화도의 변화
③ 분상광석의 괴상으로의 소결
④ 원광석의 결합수의 제거와 탄산염의 분해

해설
배소로
㉠ 사용 목적 : 유해성분 제거, 산화도의 변화, 원광석의 결합수의 제거와 탄산염의 분해
㉡ 배소로는 광석을 용해하지 않을 정도로 가열하여 연소성 유기물을 제거한다.

77 샤모트(chamotte) 벽돌의 원료로서 샤모트 이외에 가소성 생점토(生粘土)를 가하는 주된 이유는?

① 치수 안정을 위하여
② 열전도성을 좋게 하기 위하여
③ 성형 및 소결성을 좋게 하기 위하여
④ 건조 소실, 수축을 미연에 방지하기 위하여

해설
샤모트 벽돌(산성벽돌)에서 가소성 생점토를 첨가하는 이유로 ①, ②, ④ 외에 가소성을 부여하여 제작이 용이하게 하기 위함이 있다.

정답 72 ① 73 ④ 74 ④ 75 ① 76 ③ 77 ③

78 에너지이용 합리화법령상 특정열사용기자재의 설치·시공이나 세관(洗罐)을 업으로 하는 자는 어떤 법령에 따라 누구에게 등록하여야 하는가?

① 건설산업기본법, 시·도지사
② 건설산업기본법, 과학기술정보통신부장관
③ 건설기술진흥법, 시장·구청장
④ 건설기술진흥법, 산업통상자원부장관

해설
특정열사용기자재의 설치·시공·세관을 업으로 하는 자는 건설산업기본법에 따라서 시·도지사에게 등록한다.

79 소성가마 내 열의 전열방법으로 가장 거리가 먼 것은?

① 복사   ② 전도
③ 전이   ④ 대류

해설
내화벽돌 등 소성가마(요)의 전열방법은 전도, 대류, 복사에 의한다.

80 도염식 가마(down draft kiln)에서 불꽃의 진행방향으로 옳은 것은?

① 불꽃이 올라가서 가마천장에 부딪쳐 가마바닥의 흡입구멍으로 빠진다.
② 불꽃이 처음부터 가마바닥과 나란하게 흘러 굴뚝으로 나간다.
③ 불꽃이 연소실에서 위로 올라가 천장에 닿아서 수평으로 흐른다.
④ 불꽃의 방향이 일정하지 않으나 대개 가마 밑에서 위로 흘러나간다.

해설
도염식 연소가마의 불꽃 이동 경로

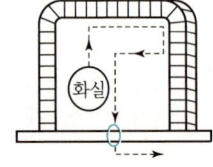

5과목 | 열설비설계

81 프라이밍 및 포밍의 발생 원인이 아닌 것은?

① 보일러를 고수위로 운전할 때
② 증기부하가 적고 증발수면이 넓을 때
③ 주증기밸브를 급히 열었을 때
④ 보일러수에 불순물, 유지분이 많이 포함되어 있을 때

해설
증기부하가 크고 증발수면적이 좁으면 프라이밍(비수), 포밍이 발생한다.

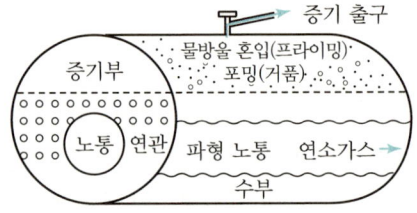

[노통연관식 보일러]

82 노통 보일러에 갤러웨이 관을 직각으로 설치하는 이유로 적절하지 않은 것은?

① 노통을 보강하기 위하여
② 보일러수의 순환을 돕기 위하여
③ 전열면적을 증가시키기 위하여
④ 수격작용을 방지하기 위하여

해설
수격작용 방지법
• 배관에 기울기 적용
• 증기트랩 부착

83 다음 각 보일러의 특징에 대한 설명 중 틀린 것은?

① 입형 보일러는 좁은 장소에도 설치할 수 있다.
② 노통 보일러는 보유수량이 적어 증기발생 소요시간이 짧다.
③ 수관 보일러는 구조상 대용량 및 고압용에 적합하다.
④ 관류 보일러는 드럼이 없어 초고압 보일러에 적합하다.

해설

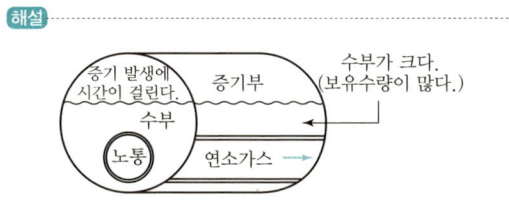

[노통 보일러]

84 수관식 보일러에 급수되는 TDS가 2,500 μS/cm이고 보일러수의 TDS는 5,000μS/cm이다. 최대 증기발생량이 10,000kg/h라고 할 때 블로다운양(kg/h)은?

① 2,000   ② 4,000
③ 8,000   ④ 10,000

해설

분출량 = $\dfrac{W(1-R)d}{r-d} = \dfrac{wd}{r-d}$

$= \dfrac{10,000(\text{kg/h}) \times 2,500\mu\text{S/cm}}{5,000\mu\text{S/sm} - 2,500\mu\text{S}}$

$= 10,000(\text{kg/h})$

85 일반적으로 보일러에 사용되는 중화방청제가 아닌 것은?

① 암모니아   ② 히드라진
③ 탄산나트륨   ④ 포름산나트륨

해설
포름산나트륨(NaHCO$_2$)
환원제로서 유기합성, 염색공업, 귀금속 침전제로 사용한다. 백색 단사 결정계의 결정성 분말이다.

86 원통형 보일러의 노통이 편심으로 설치되어 관수의 순환작용을 촉진시켜 줄 수 있는 보일러는?

① 코르니시 보일러
② 라몬트 보일러
③ 케와니 보일러
④ 기관차 보일러

해설
동심노통과 편심노통

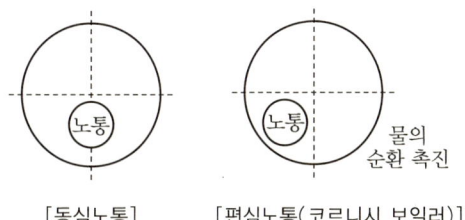

[동심노통]   [편심노통(코르니시 보일러)]

87 두께 20cm의 벽돌의 내측에 10mm의 모르타르와 5mm의 플라스터 마무리를 시행하고, 외측은 두께 15mm의 모르타르 마무리를 시공하였다. 아래 계수를 참고할 때, 다층벽의 총 열관류율(W/m$^2 \cdot$℃)은?

- 실내측벽 열전달계수 h_1 = 8W/m$^2 \cdot$℃
- 실외측벽 열전달계수 h_2 = 20W/m$^2 \cdot$℃
- 플라스터 열전도율 λ_1 = 0.5W/m$\cdot$℃
- 모르타르 열전도율 λ_2 = 1.3 W/m$\cdot$℃
- 벽돌 열전도율 λ_3 = 0.65W/m$\cdot$℃

① 1.99   ② 4.57
③ 8.72   ④ 12.31

해설

열관류율(k) = $\dfrac{1}{\text{저항}(R)}$

$= \dfrac{1}{\dfrac{1}{h_1} + \dfrac{b_1}{\lambda_1} + \dfrac{b_2}{\lambda_2} + \dfrac{b_3}{\lambda_3} + \dfrac{1}{h_2}}$

$= \dfrac{1}{\dfrac{1}{8} + \dfrac{0.005}{0.5} + \dfrac{0.01}{1.3} + \dfrac{0.2}{0.65} + \dfrac{1}{20}}$

$= 1.99(\text{W/m}^2 \cdot ℃)$

정답 83 ② 84 ④ 85 ④ 86 ① 87 ①

88 공기예열기 설치에 따른 영향으로 틀린 것은?

① 연소효율을 증가시킨다.
② 과잉공기량을 줄일 수 있다.
③ 배기가스 저항이 줄어든다.
④ 질소산화물에 의한 대기오염의 우려가 있다.

해설

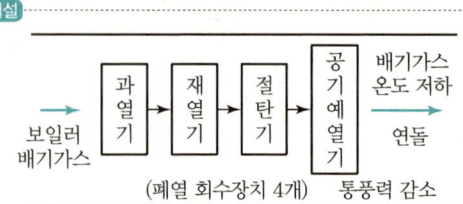

[연도 및 부속장치]

89 관판의 두께가 20mm이고, 관 구멍의 지름이 51mm인 연관의 최소 피치(mm)는 얼마인가?

① 35.5　　② 45.5
③ 52.5　　④ 62.5

해설

$P = \left(1 + \dfrac{4.5}{t}\right)d = \left(1 + \dfrac{4.5}{20}\right) \times 51 = 62.5 \text{(mm)}$

90 100kN의 인장하중을 받는 한쪽 덮개판 맞대기 리벳이음이 있다. 리벳의 지름이 15mm, 리벳의 허용전단력이 60MPa일 때 최소 몇 개의 리벳이 필요한가?

① 10　　② 8
③ 6　　④ 4

해설

하중$(W) = n\tau \dfrac{\pi d^2}{4}$

$n = \dfrac{4W}{\tau \pi d^2} = \dfrac{4 \times 100 \times 10^3}{3.14 \times 6 \times (15)^2} \times \dfrac{N}{(10^3 \text{mm})^2} = 9.44 \text{(EA)}$

91 이상적인 흑체에 대하여 단위 면적당 복사에너지 E와 절대온도 T의 관계식으로 옳은 것은? (단, σ는 스테판-볼츠만 상수이다.)

① $E = \sigma T^2$　　② $E = \sigma T^4$
③ $E = \sigma T^6$　　④ $E = \sigma T^8$

해설

- 복사에너지 $E = \sigma T^4$
- 스테판-볼츠만 상수 $C_b = 5.67 (\text{W/m}^2\text{K}^4)$

92 보일러의 내부청소 목적에 해당하지 않는 것은?

① 스케일 슬러지에 의한 보일러 효율 저하 방지
② 수면계 노즐 막힘에 의한 장해 방지
③ 보일러수 순환 저해 방지
④ 수트블로어에 의한 매연 제거

해설

보일러의 수트블로어는 연소실의 그을음 제거기이므로 내부가 아닌 외부청소법이다.

93 증기압력 120kPa의 포화증기(포화온도 104.25℃, 증발잠열 2,245kJ/kg)를 내경 52.9mm, 길이 50m인 강관을 통해 이송하고자 할 때 트랩 선정에 필요한 응축수량(kg)은?(단, 외부온도 0℃, 강관의 질량 300kg, 강관비열 0.46kJ/kg·℃이다.)

① 4.4　　② 6.4
③ 8.4　　④ 10.4

해설

응축수량 $G = \dfrac{Q}{r}$

$Q = 300 \times 0.46 \times (104.25 - 0) = 14,386.5 \text{(kJ)}$
$r = 2,245 \text{(kJ/kg)}$
$\therefore G = \dfrac{14,386.5}{2,245} = 6.4082 \text{(kg)}$

정답　88 ③　89 ④　90 ①　91 ②　92 ④　93 ②

94 프라이밍 현상을 설명한 것으로 틀린 것은?

① 절탄기의 내부에 스케일이 생긴다.
② 안전밸브, 압력계의 기능을 방해한다.
③ 워터해머(water hammer)를 일으킨다.
④ 수면계의 수위가 요동해서 수위를 확인하기 어렵다.

해설
프라이밍은 보일러 본체 부하 증대 등에 의하여 증기 발생 시 증기 내부에 물방울이 흡입되는 비수현상이다. 절탄기는 연도에 설치한다.

95 노통연관식 보일러의 특징에 대한 설명으로 옳은 것은?

① 외분식이므로 방산손실열량이 크다.
② 고압이나 대용량 보일러로 적당하다.
③ 내부청소가 간단하므로 급수처리가 필요 없다.
④ 보일러의 크기에 비하여 전열면적이 크고 효율이 좋다.

해설
수관식 보일러는 보일러 크기에 비하여 전열면적(m²)이 크고 효율이 높다.(수관식 보일러는 수관이 전열면이다.)

96 압력용기에 대한 수압시험의 압력기준으로 옳은 것은?

① 최고 사용압력이 0.1MPa 이상의 주철제 압력용기는 최고 사용압력의 3배이다.
② 비철금속제 압력용기는 최고 사용압력의 1.5배의 압력에 온도를 보정한 압력이다.
③ 최고 사용압력이 1MPa 이하의 주철제 압력용기는 0.1MPa이다.
④ 법랑 또는 유리 라이닝한 압력용기는 최고사용압력의 1.5배의 압력이다.

해설
수압시험의 압력기준에 의해 보기 ①, ③, ④는
① 최고 사용압력 0.1MPa 이상의 주철계 압력용기는 최고 사용압력의 2배이다.
③ 최고 사용압력 1MPa 이하의 주철계 압력용기는 0.2MPa이다.
④ 법랑 또는 유리 라이닝한 압력용기는 최고 사용압력이다.
인 경우가 압력용기(1종·2종) 수압시험의 적정압력이다.

97 내압을 받는 보일러 동체의 최고 사용압력은?(단, t : 두께(mm), P : 최고 사용압력(MPa), D_i : 동체 내경(mm), η : 길이 이음 효율, σ_a : 허용 인장응력(MPa), α : 부식여유, k : 온도상수이다.)

① $P = \dfrac{2\sigma_a\eta(t-\alpha)}{D_i + (1-k)(t-\alpha)}$

② $P = \dfrac{2\sigma_a\eta(t-\alpha)}{D_i + 2(1-k)(t-\alpha)}$

③ $P = \dfrac{4\sigma_a\eta(t-\alpha)}{D_i + 2(1-k)(t-\alpha)}$

④ $P = \dfrac{4\sigma_a\eta(t-\alpha)}{D_i + (1-k)(t-\alpha)}$

해설
내압을 받는 최고 사용압력(P)[ASME 규격(안지름 기준)]
$$P = \dfrac{2\sigma_a\eta(t-\alpha)}{D_i + 2(1-k)(t-\alpha)} \text{(MPa)}$$

98 보일러의 스테이를 수리·변경하였을 경우 실시하는 검사는?

① 설치검사
② 대체검사
② 개조검사
④ 개체검사

해설
개조검사 실시 기준
- 증기보일러를 온수보일러로 개조하는 경우
- 보일러 섹션의 증감에 의하여 용량을 변경하는 경우
- 동체, 돔, 노통, 연소실, 경판, 천장판, 관판, 관모음(헤더) 또는 스테이의 변경으로 산업통상자원부장관이 정하여 고시하는 대수리의 경우
- 연료 또는 연소방법의 변경
- 철금속가열로서 산업통상자원부장관이 정하여 고시하는 경우

정답 94 ① 95 ④ 96 ② 97 ② 98 ③

99 보일러의 전열면에 부착된 스케일 중 연질 성분인 것은?

① $Ca(HCO_3)_2$
② $CaSO_4$
③ $CaCl_2$
④ $CaSiO_3$

해설

중탄산칼슘$[Ca(HCO_3)_2]$ + 열 → $CaCO_3\downarrow$ + H_2O + $CO_2\uparrow$

100 보일러의 용량을 산출하거나 표시하는 값으로 틀린 것은?

① 상당증발량
② 보일러마력
③ 재열계수
④ 전열면적

해설

보일러 용량 산출/표시 값
문제 보기의 ①, ②, ④ 외 상당방열면적, 정격출력 등

정답 99 ① 100 ③

2021년 4회 기출문제

1과목 연소공학

01 과잉공기를 공급하여 어떤 연료를 연소시켜 건연소가스를 분석하였다. 그 결과 CO_2, O_2, N_2의 함유율이 각각 16%, 1%, 83%이었다면 이 연료의 최대 탄산가스율(CO_{2max})은 몇 %인가?

① 15.6   ② 16.8
③ 17.4   ④ 18.2

해설
$$CO_{2max} = \frac{21 \times CO_2}{21 - O_2} = \frac{21 \times 16}{21 - 1} = 16.8(\%)$$

02 전기식 집진장치에 대한 설명 중 틀린 것은?

① 포집입자의 직경은 30~50μm 정도이다.
② 집진효율이 90~99.9%로서 높은 편이다.
③ 고전압장치 및 정전설비가 필요하다.
④ 낮은 압력손실로 대량의 가스처리가 가능하다.

해설
전기식 집진장치(코트렐 집진기)
㉠ 집진포집입자 : 일반적으로 0.05~20μm이다.
㉡ 대용량이며 초기설비비가 많이 든다.

03 C_2H_4가 10g 연소할 때 표준상태인 공기는 160g 소모되었다. 이때 과잉공기량은 약 몇 g인가?(단, 공기 중 산소의 중량비는 23.2%이다.)

① 12.22   ② 13.22
③ 14.22   ④ 15.22

해설
- 에틸렌(C_2H_4) 분자량 : 28
- 산소 분자량 : 32
- 반응식 : $\underset{28g}{C_2H_4} + \underset{3 \times 32g}{3O_2} \rightarrow \underset{2 \times 44g}{2CO_2} + \underset{2 \times 18g}{2H_2O}$

소요공기량(A_o)을 x라 하면
$28 : \left(\frac{3 \times 32}{0.232}\right) : 10 \times x$

$x = \frac{10}{28} \times \left(\frac{3 \times 32}{0.232}\right) = 147.7832(g)$

∴ 과잉공기량 = 160 - 147.7832 = 12.22(g)

04 공기를 사용하여 기름을 무화시키는 형식으로, 200~700kPa의 고압공기를 이용하는 고압식과 5~200kPa의 저압공기를 이용하는 저압식이 있으며, 혼합 방식에 의해 외부혼합식과 내부혼합식으로도 구분하는 버너의 종류는?

① 유압분무식 버너   ② 회전식 버너
③ 기류분무식 버너   ④ 건타입 버너

해설
기류분무식 무화버너
㉠ • 고압공기식 : 200~700kPa
  • 저압공기식 : 5~200kPa
㉡ 외부혼합식, 내부혼합식이 있다.

05 증기운 폭발의 특징에 대한 설명으로 틀린 것은?

① 폭발보다 화재가 많다.
② 연소에너지의 약 20%만 폭풍파로 변한다.
③ 증기운의 크기가 클수록 점화될 가능성이 커진다.
④ 점화위치가 방출점에서 가까울수록 폭발위력이 크다.

해설
증기운 폭발(UVCE)
• 대기 중에 가연성 가스가 누출되거나, 인화성 액체 유출 시 다량의 증기가 대기 중의 공기와 혼합하여 폭발성의 증기운(Vapor Cloud)을 형성하고 이때 착화원으로 인한 화구(Fire ball)를 형성하여 폭발하는 것이다.
• 방출점으로부터 먼 지점에서의 증기운의 점화는 폭발의 충격을 증가시킨다.

정답 01 ② 02 ① 03 ① 04 ③ 05 ④

06 다음 중 연소 전에 연료와 공기를 혼합하여 버너에서 연소하는 방식인 예혼합 연소방식 버너의 종류가 아닌 것은?

① 포트형 버너
② 저압버너
③ 고압버너
④ 송풍버너

해설
기체연료의 연소방식
㉠ 확산연소방식 : 포트형, 버너형
㉡ 예혼합연소방식 : 저압버너, 고압버너, 송풍버너

07 프로판 $1Nm^3$를 공기비 1.1로서 완전연소시킬 경우 건연소가스양은 약 몇 Nm^3인가?

① 20.2
② 24.2
③ 26.2
④ 33.2

해설
$C+O_2 \rightarrow CO_2$, $H_2 + \frac{1}{2}O_2 \rightarrow H_2O$
프로판 : $C_3H_8 + 5O_2 \rightarrow 3CO_2 + 4H_2O$
이론공기량(A_o) = 이론산소량$(O_o) \times \frac{1}{0.21}$
실제 건연소가스양(G_d)
$= (m-0.21)A_o + CO_2$
$= (1.1-0.21) \times \frac{5}{0.21} + 3 = 24.2(Nm^3)$
※ m : 공기비(과잉공기계수)

08 인화점이 50℃ 이상인 원유, 경유 등에 사용되는 인화점 시험방법으로 가장 적절한 것은?

① 태그 밀폐식
② 아벨펜스키 밀폐식
③ 클리블랜드 개방식
④ 펜스키마텐스 밀폐식

해설
인화점 시험방법
• 태그 밀폐식 : 80℃ 이하
• 아벨펜스키 밀폐식 : 50℃ 이하
• 클리블랜드 개방식 : 80℃ 이상

09 탄소 12kg을 과잉공기계수 1.2의 공기로 완전연소시킬 때 발생하는 연소가스양은 약 몇 Nm^3인가?

① 84
② 107
③ 128
④ 149

해설
$\underset{12kg}{C} + \underset{22.4Nm^3}{O_2} \rightarrow \underset{22.4Nm^3}{CO_2}$

• 실제공기 = 이론공기량 × 과잉공기계수(m)
• 이론공기량(A_o) = 이론산소량 $\times \frac{1}{0.21}$
• 연소가스양$(G_d) = (m-0.21)A_o + CO_2$
$= (1.2-0.21) \times \frac{22.4}{0.21} + 22.4 = 128(Nm^3)$

10 아래 표와 같은 질량분율을 갖는 고체연료의 총 질량이 2.8kg일 때 고위발열량과 저위발열량은 각각 약 몇 MJ인가?

• C(탄소) : 80.2%
• H(수소) : 12.3%
• S(황) : 2.5%
• W(수분) : 1.2%
• O(산소) : 1.1%
• 회분 : 2.7%

반응식	고위발열량 (MJ/kg)	저위발열량 (MJ/kg)
$C+O_2 \rightarrow CO_2$	32.79	32.79
$H+\frac{1}{4}O_2 \rightarrow \frac{1}{2}H_2O$	141.9	120.0
$S+O_2 \rightarrow SO_2$	9.265	9.265

① 44, 41
② 123, 115
③ 156, 141
④ 723, 786

정답 06 ① 07 ② 08 ④ 09 ③ 10 ②

> 해설
- 고위발열량(H_h)
  $= (32.79 \times 0.802 + 141.9 \times 0.123 + 9.265 \times 0.025) \times 2.8$
  $= 123(MJ)$
- 저위발열량(H_l)
  $= (32.79 \times 0.802 + 120.0 \times 0.123 + 9.265 \times 0.025) \times 2.8$
  $= 115(MJ)$

11 CH_4 가스 $1Nm^3$를 30% 과잉공기로 연소시킬 때 완전연소에 의해 생성되는 실제 연소가스의 총량은 약 몇 Nm^3인가?

① 2.4
② 13.4
③ 23.1
④ 82.3

> 해설
실제 연소가스양(G_w) $= (m - 0.21)A_o + CO_2 + H_2O$
$CH_4 + 2O_2 \rightarrow CO_2 + 2H_2O$
이론공기량(A_o) = 이론산소량(O_o) $\times \dfrac{1}{0.21} (Nm^3)$
$\therefore G_w = (1.3 - 0.21) \times \dfrac{2}{0.21} + (1 + 2) = 13.4(Nm^3)$

12 가스 연소 시 강력한 충격파와 함께 폭발의 전파속도가 초음속이 되는 현상은?

① 폭발연소
② 충격파연소
③ 폭연(Deflagration)
④ 폭굉(Detonation)

> 해설
폭굉
㉠ 가스연소 시 강력한 충격파와 함께 폭발의 전파속도가 초음속이 되는 강력한 가스폭발이다.
   (연소 → 폭발 → 폭연 → 폭굉)
㉡ 전파속도 : 1,000~3,500m/s

13 다음 연소범위에 대한 설명으로 옳은 것은?

① 온도가 높아지면 좁아진다.
② 압력이 상승하면 좁아진다.
③ 연소상한계 이상의 농도에서는 산소농도가 너무 높다.
④ 연소하한계 이하의 농도에서는 가연성 증기의 농도가 너무 낮다.

> 해설
연료의 농도가 연소하한계 이하이거나 연소상한계 초과일 경우 연소폭발이 일어나지 않는다.
※ 메탄(CH_4)의 폭발범위(연소범위) 5~15%
   : 5% 이하나 15% 초과 시 폭발이 어렵다.

14 연돌의 설치 목적이 아닌 것은?

① 배기가스의 배출을 신속히 한다.
② 가스를 멀리 확산시킨다.
③ 유효 통풍력을 얻는다.
④ 통풍력을 조절해 준다.

> 해설
통풍력 조절 : 댐퍼

15 고체연료에 비해 액체연료의 장점에 대한 설명으로 틀린 것은?

① 화재, 역화 등의 위험이 적다.
② 회분이 거의 없다.
③ 연소효율 및 열효율이 좋다.
④ 저장운반이 용이하다.

> 해설
액체연료(휘발유, 등유, 경유, 중유 등)는 화재나 역화의 위험성이 크다.

정답 11 ② 12 ④ 13 ④ 14 ④ 15 ①

16 고온부식을 방지하기 위한 대책이 아닌 것은?

① 연료에 첨가제를 사용하여 바나듐의 융점을 낮춘다.
② 연료를 전처리하여 바나듐, 나트륨, 황분을 제거한다.
③ 배기가스 온도를 550℃ 이하로 유지한다.
④ 전열면을 내식재료로 피복한다.

해설
고온부식
- 발생장소 : 과열기, 재열기
- 발생인자 : 바나듐(V), 나트륨(Na)
- 발생온도 : 500℃ 이상
- 방지법 : 바나듐의 융점을 높이고, 보기 ②, ③, ④에 따른다.

17 과잉공기량이 증가할 때 나타나는 현상이 아닌 것은?

① 연소실의 온도가 저하된다.
② 배기가스에 의한 열손실이 많아진다.
③ 연소가스 중의 SO_3이 현저히 줄어 저온부식이 촉진된다.
④ 연소가스 중의 질소산화물 발생이 심하여 대기오염을 초래한다.

해설
저온부식
- 발생장소 : 절탄기, 공기예열기
- 발생인자 : 황(S)
- 부식인자 : 황산(H_2SO_4)
- 발생온도 : 150℃ 이하
- 발생촉진 : 과잉공기 중 산소량 증가

18 어떤 연료 가스를 분석하였더니 [보기]와 같았다. 이 가스 $1Nm^3$를 연소시키는 데 필요한 이론산소량은 몇 Nm^3인가?

[보기]
수소 : 40%, 일산화탄소 : 10%, 메탄 : 10%,
질소 : 25%, 이산화탄소 : 10%, 산소 : 5%

① 0.2 ② 0.4
③ 0.6 ④ 0.8

해설
가연성
- 수소(H_2) + $0.5O_2$ → H_2O
- 메탄(CH_4) + $2O_2$ → CO_2 + $2H_2O$
- 일산화탄소(CO) + $0.5O_2$ → CO_2

∴ 이론산소량(O_o) = $0.5 \times 0.4 + 0.5 \times 0.1 + 2 \times 0.1$
= $0.2 + 0.05 + 0.2 = 0.45 Nm^3$

19 기체연료에 대한 일반적인 설명으로 틀린 것은?

① 회분 및 유해물질의 배출량이 적다.
② 연소조절 및 점화, 소화가 용이하다.
③ 인화의 위험성이 적고 연소장치가 간단하다.
④ 소량의 공기로 완전연소할 수 있다.

해설
기체연료는 인화나 가스폭발의 우려가 크고 일부의 연소장치(버너) 등이 복잡하며 취급, 운반, 저장이 불편하다.

20 298.15K, 0.1MPa 상태의 일산화탄소를 같은 온도의 이론공기량으로 정상유동 과정으로 연소시킬 때 생성물의 단열화염온도를 주어진 표를 이용하여 구하면 약 몇 K인가?(단, 이 조건에서 CO 및 CO_2의 생성엔탈피는 각각 $-110{,}529 kJ/kmol$, $-393{,}522 kJ/kmol$이다.)

CO_2의 기준상태에서 각각의 온도까지 엔탈피 차

온도(K)	엔탈피 차(kJ/kmol)
4,800	266,500
5,000	279,295
5,200	292,123

① 4,835 ② 5,058
③ 5,194 ④ 5,306

정답 16 ① 17 ③ 18 ② 19 ③ 20 ②

해설

$CO + 0.5O_2 \rightarrow CO_2 + Q$

- 생성열량(Q)
  $-110,529 = -393,522 + Q$
  $Q = 393,522 - 110,529 = 282,993(kJ/kmol)$
- $282,993$은 $5,000(K)$와 $5,200(K)$ 사이에 속한다.

∴ 생성물 단열화염온도(K)

$= 5,000 + \dfrac{282,993 - 279,295}{\left(\dfrac{292,123 - 279,295}{5,200 - 5,000}\right)}$

$= 5,000 + \dfrac{3,698(kJ/kmol)}{\left(\dfrac{12,828(kJ/kmol)}{200(K)}\right)} = 5,058(K)$

2과목 열역학

21 온도가 T_1인 이상기체를 가역단열과정으로 압축하였다. 압력이 P_1에서 P_2로 변하였을 때, 압축 후의 온도 T_2를 옳게 나타낸 것은?(단, k는 이상기체의 비열비를 나타낸다.)

① $T_2 = T_1\left(\dfrac{P_2}{P_1}\right)^{\frac{k}{k-1}}$ ② $T_2 = T_1\left(\dfrac{P_2}{P_1}\right)^{\frac{k}{1-k}}$

③ $T_2 = T_1\left(\dfrac{P_2}{P_1}\right)^{\frac{k-1}{k}}$ ④ $T_2 = T_1\left(\dfrac{P_2}{P_1}\right)^{\frac{1-k}{k}}$

해설

가역단열압축($P_1 \rightarrow P_2$ 변화) PVT 관계

$T_2 = T_1\left(\dfrac{P_2}{P_1}\right)^{\frac{k-1}{k}} = T_1\left(\dfrac{V_1}{V_2}\right)^{k-1}$

※ V_1, V_2 : 체적

22 공기가 압력 1MPa, 체적 $0.4m^3$인 상태에서 50℃의 등온과정으로 팽창하여 체적이 4배로 되었다. 엔트로피의 변화는 약 몇 kJ/K인가?

① 1.72 ② 5.46
③ 7.32 ④ 8.83

해설

엔트로피 변화량(Δs) $= \dfrac{\delta Q}{T} = \dfrac{GCdT}{T} = GR\ln\left(\dfrac{V_2}{V_1}\right)$

$T = C$, $T_1 = T_2$, 가스상수(R) $= 8.314/$분자량

$\Delta s = C_p\ln\dfrac{V_2}{V_1} + C_v\ln\dfrac{P_2}{P_1}$

공기질량(G) $= \dfrac{PV}{RT} = \dfrac{1 \times 1,000kPa \times 0.4m^3}{\dfrac{8.314}{29} \times (50+273)} = 4.32(kg)$

$0.4m^3 \times 4$배 $= 1.6m^3$

∴ $\Delta s = 4.32 \times 0.287 \times \ln\left(\dfrac{1.6}{0.4}\right) = 1.72(kJ/K)$

23 수증기가 노즐 내를 단열적으로 흐를 때 출구 엔탈피가 입구 엔탈피보다 15kJ/kg만큼 작아진다. 노즐 입구에서의 속도를 무시할 때 노즐 출구에서의 수증기 속도는 약 몇 m/s인가?

① 173 ② 200
③ 283 ④ 346

해설

노즐출구속도(W_2) $= \sqrt{2g(h_1 - h_2)}$

$1(kJ) = 102(kg \cdot m)$

∴ 입구속도 무시의 경우

$W_2 = \sqrt{2 \times 9.8 \times (102 \times 15)} = 173(m/s)$

24 오토사이클과 디젤사이클의 열효율에 대한 설명 중 틀린 것은?

① 오토사이클의 열효율은 압축비와 비열비만으로 표시된다.
② 차단비가 1에 가까워질수록 디젤사이클의 열효율은 오토사이클의 열효율에 근접한다.
③ 압축 초기 압력과 온도, 공급 열량, 최고 온도가 같을 경우 디젤사이클의 열효율이 오토사이클의 열효율보다 높다.
④ 압축비와 차단비가 클수록 디젤사이클의 열효율은 높아진다.

> [해설]
> 내연기관 Diesel Cycle

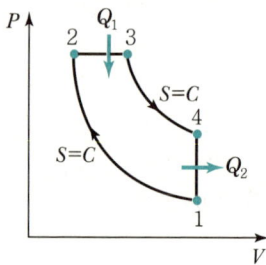

- 1 → 2 (단열변화)
- 2 → 3 (정압가열)
- 3 → 4 (단열팽창)
- 4 → 1 (정적방열)

㉠ 압축비 증가 : 열효율 증가
㉡ 차단비가 작으면 : 열효율 증가

25 정상상태로 흐르는 유체의 에너지방정식을 다음과 같이 표현할 때 ( ) 안에 들어갈 용어로 옳은 것은?(단, 유체에 대한 기호의 의미는 아래와 같고, 첨자 1과 2는 각각 입·출구를 나타낸다.)

$$\dot{Q}+\dot{m}\left[h_1+\frac{V_1^2}{2}+(\quad)_1\right]=\dot{W}_s+\dot{m}\left[h_2+\frac{V_2^2}{2}+(\quad)_2\right]$$

기호	의미	기호	의미
$\dot{Q}$	시간당 받는 열량	$\dot{W}_s$	시간당 주는 일량
$\dot{m}$	질량유량	s	비엔트로피
h	비엔탈피	u	비내부에너지
V	속도	P	압력
g	중력가속도	z	높이

① s ② u
③ gz ④ P

> [해설]
> 정상상태 유체의 에너지방정식
> $$\dot{Q}+\dot{m}\left[h_1+\frac{V_1^2}{2}+(gz)_1\right]=\dot{W}_s+\dot{m}\left[h_2+\frac{V_2^2}{2}+(gz)_2\right]$$
> ※ gz = 중력가속도 × 높이

26 증기에 대한 설명 중 틀린 것은?

① 동일 압력에서 포화증기는 포화수보다 온도가 더 높다.
② 동일 압력에서 건포화증기를 가열한 것이 과열증기이다.
③ 동일 압력에서 과열증기는 건포화증기보다 온도가 더 높다.
④ 동일 압력에서 습포화증기와 건포화증기는 온도가 같다.

> [해설]
> 동일 압력에서 포화수 온도 포화증기의 온도는 일정하나 엔탈피(kJ/kg)는 포화증기가 더 크다.
> ※ 과열증기는 포화온도보다 높다.

27 매시간 2,000kg의 포화수증기를 발생하는 보일러가 있다. 보일러 내의 압력은 200kPa이고, 이 보일러에는 매시간 150kg의 연료가 공급된다. 이 보일러의 효율은 약 얼마인가?(단, 보일러에 공급되는 물의 엔탈피는 84kJ/kg이고, 200kPa에서의 포화증기의 엔탈피는 2,700kJ/kg이며, 연료의 발열량은 42,000kJ/kg이다.

① 77% ② 80%
③ 83% ④ 86%

> [해설]
> 효율(η) = $\dfrac{S_h(h_2-h_1)}{f_h \times H_l} \times 100(\%)$
>
> 여기서, S_h : 시간당 증기발생량
> h_2 : 습포화증기 엔탈피
> h_1 : 급수 엔탈피
> f_h : 시간당 연료소비량
> H_l : 연료의 저위발열량
>
> ∴ $\eta = \dfrac{2,000 \times (2,700-84)}{150 \times 42,000} \times 100 = 83(\%)$

정답 25 ③ 26 ① 27 ③

28 보일러의 게이지 압력이 800kPa일 때 수은기압계가 측정한 대기압력이 856mmHg를 지시했다면 보일러 내의 절대압력은 약 몇 kPa인가?(단, 수은의 비중은 13.6이다.)

① 810
② 914
③ 1,320
④ 1,656

해설
표준대기압(1atm) = 76cmHg = 1.0332kgf/cm²
           = 101.325kPa = 760mmHg
절대압력(abs) = 대기압 + 게이지압

$\therefore abs = 856 \times \dfrac{101.325}{760} + 800 = 914 \text{(kPa)}$

29 정상상태(Steady State)에 대한 설명으로 옳은 것은?

① 특정 위치에서만 물성값을 알 수 있다.
② 모든 위치에서 열역학적 함수값이 같다.
③ 열역학적 함수값은 시간에 따라 변하기도 한다.
④ 유체 물성이 시간에 따라 변하지 않는다.

해설
유체의 정상상태
유체의 물성이 시간에 따라 변하지 않는 상태

30 대기압이 100kPa인 도시에서 두 지점의 계기압력비가 '5 : 2'라면 절대압력비는?

① 1.5 : 1
② 1.75 : 1
③ 2 : 1
④ 주어진 정보로는 알 수 없다.

해설
절대압력(abs) = 게이지압력 + 대기압

31 실온이 25℃인 방에서 역카르노사이클 냉동기가 작동하고 있다. 냉동공간은 −30℃로 유지되며, 이 온도를 유지하기 위해 작동유체가 냉동공감으로부터 100kW를 흡열하려 할 때 전동기가 해야 할 일은 약 몇 kW인가?

① 22.6
② 81.5
③ 207
④ 414

해설
$T_1 = 25 + 273 = 298(\text{K})$
$T_2 = -30 + 273 = 243(\text{K})$

성능계수(COP) $= \dfrac{T_2}{T_1 - T_2}$

$= \dfrac{243}{298 - 243} ≒ 4.42$

$\therefore$ 전동기 동력 $= \dfrac{100\text{kW}}{4.42} ≒ 22.6(\text{kW})$

32 열역학 제2법칙과 관련하여 가역 또는 비가역 사이클 과정 중 항상 성립하는 것은?(단, Q는 시스템에 출입하는 열량이고, T는 절대온도이다.)

① $\oint \dfrac{\delta Q}{T} = 0$
② $\oint \dfrac{\delta Q}{T} > 0$
③ $\oint \dfrac{\delta Q}{T} \geq 0$
④ $\oint \dfrac{\delta Q}{T} \leq 0$

해설
• 가역사이클 : $\oint \dfrac{\delta Q}{T} = 0$
• 비가역사이클 : $\oint \dfrac{\delta Q}{T} < 0$

※ 가역, 비가역을 합한 클라우지우스 부등식(적분)

$\oint \dfrac{\delta Q}{T} \leq 0$

정답 28 ② 29 ④ 30 ④ 31 ① 32 ④

33 다음 중 열역학 제2법칙과 관련된 것은?

① 상태 변화 시 에너지는 보존된다.
② 일을 100% 열로 변환시킬 수 있다.
③ 사이클 과정에서 시스템이 한 일은 시스템이 받은 열량과 같다.
④ 열은 저온부로부터 고온부로 자연적으로 전달되지 않는다.

해설
열역학 제2법칙
열은 고온물체에서 저온물체로 자연적으로 이동하지만 저온물체에서 고온물체로는 그 자신만으로는 이동할 수 없으며 열의 기계적 일의 변환은 열이 고온물체에서 저온물체로 이동한다는 현상에 입각한 과정에서 가능하다.

34 터빈에서 2kg/s의 유량으로 수증기를 팽창시킬 때 터빈의 출력이 1,200kW라면 열손실은 몇 kW인가?(단, 터빈 입구와 출구에서 수증기의 엔탈피는 각각 3,200kJ/kg과 2,500kJ/kg이다.)

① 600 ② 400
③ 300 ④ 200

해설
1kW = 1kJ/s
$(3,200 - 2,500)$kJ/kg = 700kJ/kg
∴ 열손실 = 700kJ/kg × 2kg/s − 1,200kW
= 1,400kJ/s − 1,200kW
= 200kW
※ 1W = 1J/s, 1kW = 1,000W, 1kJ = 1,000J
1hr = 3,600S, 1J/s = 3,600J/h

35 이상기체의 폴리트로픽 변화에서 항상 일정한 것은?(단, P : 압력, T : 온도, V : 부피, n : 폴리트로픽 지수)

① VT^{n-1} ② $\dfrac{PT}{V}$
③ TV^{1-n} ④ PV^n

해설
폴리트로픽 비열$(C_n) = \dfrac{n-k}{n-1} C_v$
$PV^n = C$
$n = 0, n = 1, n = k, n = \infty$

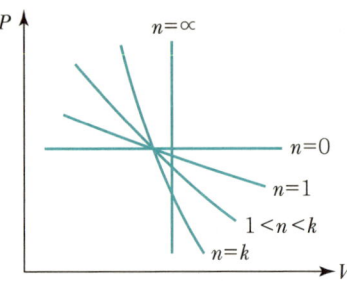

36 공기 오토사이클에서 최고 온도가 1,200K, 압축 초기 온도가 300K, 압축비가 8일 경우 열 공급량은 약 몇 kJ/kg인가?(단, 공기의 정적 비열은 0.7165kJ/kg · K, 비열비는 1.4이다.)

① 366 ② 466
③ 566 ④ 666

해설
$T_2 = T_1 \times \varepsilon^{k-1} = 300\text{K} \times 8^{1.4-1} = 689\text{K}$
∴ $Q = 0.7165 \times (1,200 - 689) = 366$kJ/kg

37 온도 45℃인 금속 덩어리 40g을 15℃인 물 100g에 넣었을 때, 열평형이 이루어진 후 두 물질의 최종 온도는 몇 ℃인가?(단, 금속의 비열은 0.9J/g · ℃, 물의 비열은 4J/g · ℃이다.)

① 17.5 ② 19.5
③ 27.4 ④ 29.4

해설
· 금속$(Q) = 40 \times 0.9 \times (45 - T_x)$
· 물$(Q) = 100 \times 4 \times (T_x - 15)$
$100 \times 4 \times (T_x - 15) = 40 \times 0.9 \times (45 - T_x)$
∴ 최종온도$(T_x) = \dfrac{(36 \times 45) + (400 \times 15)}{400 + 36} ≒ 17.47$

정답 33 ④ 34 ④ 35 ④ 36 ① 37 ①

38 온도차가 있는 두 열원 사이에서 작동하는 역카르노사이클을 냉동기로 사용할 때 성능계수를 높이려면 어떻게 해야 하는가?

① 저열원의 온도를 높이고 고열원의 온도를 높인다.
② 저열원의 온도를 높이고 고열원의 온도를 낮춘다.
③ 저열원의 온도를 낮추고 고열원의 온도를 높인다.
④ 저열원의 온도를 낮추고 고열원의 온도를 낮춘다.

해설
역카르노사이클
성능계수를 높이려면 저열원의 온도(증발기)를 높이고 고열원(응축온도)의 온도는 낮춘다.(냉동기의 일반적인 사이클)
$$\varepsilon_R = \frac{T_2}{T_1 - T_2}$$

39 일정한 압력 300kPa로, 체적 0.5m³의 공기와 외부로부터 160kJ의 열을 받아 그 체적이 0.8m³로 팽창하였다. 내부에너지의 증가량은 몇 kJ인가?

① 30　　② 70
③ 90　　④ 160

해설
등압변화 내부에너지 변화($U_2 - U_1$)
$$GC_v(T_2 - T_1) = \frac{GAR}{k-1}(T_2-T_1) = \frac{AP}{k-1}(V_2-V_1) = \frac{1}{k}Q_2$$
$300 \times (0.8 - 0.5) = 90(kJ)$
∴ 내부에너지증가량($U_2 - U_1$) = 160 - 90 = 70(kJ)

40 냉동기의 냉매로서 갖추어야 할 요구조건으로 틀린 것은?

① 증기의 비체적이 커야 한다.
② 불활성이고 안정적이어야 한다.
③ 증발온도에서 높은 잠열을 가져야 한다.
④ 액체의 표면장력이 작아야 한다.

해설
냉매는 증기 및 액체의 밀도(kg/m³)가 작고 비체적(m³/kg)이 작아야 단위 능력당 압축기의 피스톤 배출량이 적어지고 수액기 용량도 작아진다.

3과목　계측방법

41 계측에 있어 측정의 참값을 판단하는 계의 특성 중 동특성에 해당하는 것은?

① 감도
② 직선성
③ 히스테리시스 오차
④ 응답

해설
응답
계측기기 계측에 있어 측정의 참값을 판단하는 계의 동특성이다.

42 광고온계의 측정온도 범위로 가장 적합한 것은?

① 100~300℃　　② 100~500℃
③ 700~2,000℃　　④ 4,000~5,000℃

해설
비접촉식 광고온도계
- 측정 범위는 700~2,000℃, 700~3,000℃ 정도이다.(비접촉식 중 정도가 가장 좋다.)
- 700℃ 이하는 측정 시 오차가 발생한다.(저온에서는 발광 에너지가 낮으므로)

43 오리피스에 의한 유량측정에서 유량에 대한 설명으로 옳은 것은?

① 압력차에 비례한다.
② 압력차의 제곱근에 비례한다.
③ 압력차에 반비례한다.
④ 압력차의 제곱근에 반비례한다.

정답 38 ②　39 ②　40 ①　41 ④　42 ③　43 ②

해설

차압식 유량계
㉠ 오리피스, 플로노즐, 벤투리미터
㉡ 유량측정에서 유량은 압력차(차압)의 제곱근에 비례한다.
(베르누이 정리 이용 유량계)

$$유량(Q) = \frac{\pi d^2}{4} \times C \times \frac{1}{\sqrt{1-m^2}} \times \sqrt{2gh\left(\frac{\gamma_o}{\gamma}-1\right)} \, (m^3/s)$$

44 휴대용으로 상온에서 비교적 정밀도가 좋은 아스만 습도계는 다음 중 어디에 속하는가?

① 저항 습도계
② 냉각식 노점계
③ 간이 건습구 습도계
④ 통풍형 건습구 습도계

해설

통풍형 건습구 습도계
3~5m/s의 일정한 풍속을 이용하며, 독일의 아스만이 휴대용으로 발명한 건습구 습도계이다. 비교적 정밀도가 좋고 통풍장치 부착이 필요하다.

45 서미스터 온도계의 특징이 아닌 것은?

① 소형이며 응답이 빠르다.
② 저항온도계수가 금속에 비하여 매우 작다.
③ 흡습 등에 의하여 열화되기 쉽다.
④ 전기저항체 온도계이다.

해설

서미스터 반도체 전기저항식 온도계(금속산화물 분말 혼합용)
㉠ 저항온도계수가 금속에 비하여 가장 크다.
㉡ 재현성이 좋지 않고 자기가열에 주의하여야 한다.
㉢ 합금체 : Ni, Co, Mn, Fe, Cu 등
㉣ -200~500℃ 측정

46 다음 유량계 중에서 압력손실이 가장 적은 것은?

① Float형 면적 유량계
② 열전식 유량계
③ Rotary Piston형 용적식 유량계
④ 전자식 유량계

해설

전자식 유량계
기전력을 이용한 유량계로서 압력손실이 전혀 없고 맥동현상도 없다. 고점도 유체의 유량측정이 가능하고 응답이 빠르나 가격이 비싸다.

47 다음 중 가스 크로마토그래피의 흡착제로 쓰이는 것은?

① 미분탄
② 활성탄
③ 유연탄
④ 신탄

해설

가스 크로마토그래피 가스분석계
㉠ 흡착제 : 실리카겔, 활성탄, 활성알루미나, 합성제올라이트
㉡ 컬럼 : 흡착제를 채운 길쭉한 통
㉢ 캐리어가스 : H_2, He, N_2, Ar 등
㉣ 종류 : ECD, FID, FPD, TCD, FTD 등

48 다음 중 상온·상압에서 열전도율이 가장 큰 기체는?

① 공기
② 메탄
③ 수소
④ 이산화탄소

해설

가스의 열전도율(100℃에서)

구분	열전도율($\times 10^{-4}$ kcal·cm^{-1}·sec^{-1}·deg^{-1})
공기	0.719
O_2	0.743
N_2	0.718
CO_2	0.496
H_2	4.999

정답 44 ④ 45 ② 46 ④ 47 ② 48 ③

49 노내압을 제어하는 데 필요하지 않은 조작은?

① 급수량
② 공기량
③ 연료량
④ 댐퍼

해설
급수제어
• 조작량 : 급수량
• 제어량 : 수위

50 오르자트식 가스분석계로 CO를 흡수제에 흡수시켜 조성을 정량하려 한다. 이때 흡수제의 성분으로 옳은 것은?

① 발연 황산액
② 수산화칼륨 30% 수용액
③ 알칼리성 피로갈롤 용액
④ 암모니아성 염화제1동 용액

해설
• CO_2 : KOH 30% 수용액
• O_2 : 알칼리성 피로갈롤 용액
• CO : 암모니아성 염화제1동 용액

51 스프링저울 등 측정량이 원인이 되어 그 직접적인 결과로 생기는 지시로부터 측정량을 구하는 방법으로 정밀도는 낮으나 조작이 간단한 방법은?

① 영위법
② 치환법
③ 편위법
④ 보상법

해설
측정방법
㉠ 영위법 : 천칭 사용
㉡ 편위법 : 스프링 저울 사용
㉢ 치환법 : 다이얼게이지 사용(보상법과 원리적으로 같은 경우가 많다.)
㉣ 보상법 : 영위법과 혼용

52 다음은 피드백 제어계의 구성을 나타낸 것이다. ( ) 안에 가장 적절한 것은?

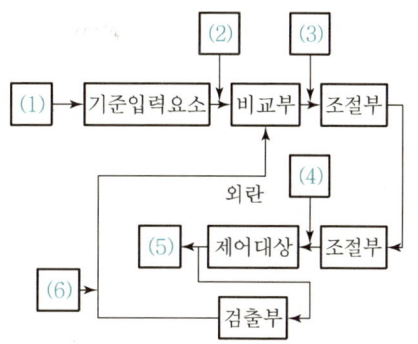

① (1) 조작량, (2) 동작신호, (3) 목표치, (4) 기준입력신호, (5) 제어편차, (6) 제어량
② (1) 목표치, (2) 기준입력신호, (3) 동작신호, (4) 조작량, (5) 제어량, (6) 주피드백 신호
③ (1) 동작신호, (2) 오프셋, (3) 조작량, (4) 목표치, (5) 제어량, (6) 설정신호
④ (1) 목표치, (2) 설정신호, (3) 동작신호, (4) 오프셋, (5) 제어량, (6) 주피드백 신호

해설
피드백 제어 기본회로

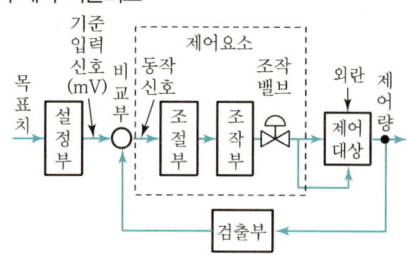

53 압력 측정을 위해 지름 1cm의 피스톤을 갖는 사하중계(Dead Weight)를 이용할 때, 사하중계의 추, 피스톤 그리고 팬(Pan)의 전체 무게가 6.14 kgf라면 게이지압력은 약 몇 kPa인가?(단, 중력가속도는 9.81m/s²이다.)

① 76.7
② 86.7
③ 767
④ 867

정답 49 ① 50 ④ 51 ③ 52 ② 53 ③

해설

면적$(A) = \dfrac{3.14}{4} \times (1)^2 = 0.785(\text{cm}^2)$

압력$(P) = \dfrac{6.14}{0.785} = 7.82(\text{kgf/cm}^2)$

$1\text{kgf/cm}^2 = 98\text{kPa}$

∴ $P = 7.82 \times 98 ≒ 767(\text{kPa})$

※ $1\text{atm} = 760\text{mmHg} = 101.3\text{kPa}(0.1\text{MPa})$
 $1\text{at} = 735.6\text{mmHg} = 98\text{kPa}$
 $1\text{kgf} = 9.81\text{N}$

54 오차와 관련된 설명으로 틀린 것은?

① 흩어짐이 큰 측정을 정밀하다고 한다.
② 오차가 적은 계량기는 정확도가 높다.
③ 계측기가 가지고 있는 고유의 오차를 기차라고 한다.
④ 눈금을 읽을 때 시선의 방향에 따른 오차를 시차라고 한다.

해설
- 우연오차(흩어짐)가 작을수록 정밀도가 높고 오차가 작다.
- 정확도가 높으면 계통적인 오차가 작다.
- 감도 = $\dfrac{\text{지시량 변화}}{\text{측정량 변화}}$
 (감도가 좋으려면 측정시간이 길어지고 측정범위가 좁아진다.)

55 다음 중 면적식 유량계는?

① 오리피스미터
② 로터미터
③ 벤투리미터
④ 플로노즐

해설
유량계
㉠ 차압식 : 오리피스, 플로노즐, 벤투리미터
㉡ 면적식 : 게이트식, 로터미터

56 열전대용 보호관으로 사용되는 재료 중 상용 온도가 높은 순으로 나열한 것은?

① 석영관 > 자기관 > 동관
② 석영관 > 동관 > 자기관
③ 자기관 > 석영관 > 동관
④ 동관 > 자기관 > 석영관

해설
열전대용 보호관 상용 온도
- 석영관 : 1,000(℃)
- 자기관 : 1,450(℃)
- 황동관 : 400(℃)
- 카보런덤관 : 1,600(℃)

57 측온 저항체의 설치방법으로 틀린 것은?

① 내열성, 내식성이 커야 한다.
② 유속이 가장 빠른 곳에 설치하는 것이 좋다.
③ 가능한 한 파이프 중앙부의 온도를 측정할 수 있게 한다.
④ 파이프 길이가 아주 짧을 때에는 유체의 방향으로 굴곡부에 설치한다.

해설
측온 저항체 온도계는 온도와 전기저항과의 저항을 측정하여 온도계수를 보고 온도를 측정하므로 유속이 느린 곳의 물질의 온도 측정에 사용된다.

58 $-200 \sim 500$℃의 측정범위를 가지며 측온저항체 소선으로 주로 사용되는 저항소자는?

① 백금선
② 구리선
③ Ni선
④ 서미스터

해설
측온저항체의 측정범위
- 백금 : $-200 \sim 500$℃
- 니켈 : $-50 \sim 300$℃
- 구리 : $0 \sim 120$℃
- 서미스터 : $-100 \sim 300$℃

정답 54 ① 55 ② 56 ③ 57 ② 58 ①

59 대기압 750mmHg에서 계기압력이 325kPa 이다. 이때 절대압력은 약 몇 kPa인가?

① 223
② 327
③ 425
④ 501

해설
절대압력(abs) = 게이지압 + 대기압
대기압 = 760(mmHg) = 101.3(kPa)
∴ $abs = 101.3 \times \dfrac{750}{760} + 325 ≒ 425(kPa)$

60 특정 파장을 온도계 내에 통과시켜 온도계 내의 전구 필라멘트의 휘도를 육안으로 직접 비교하여 온도를 측정하므로 정밀도는 높지만 측정인력이 필요한 비접촉 온도계는?

① 광고온계
② 방사온도계
③ 열전대온도계
④ 저항온도계

해설
광고온계(비접촉식 온도계)
㉠ 특정한 파장 : 0.65μm 적색 단색광
㉡ 방사에너지(휘도 이용)
㉢ 측정온도 : 700~3,000℃
㉣ 표준전구의 필라멘트 휘도 비교

4과목 열설비재료 및 관계법규

61 염기성 내화벽돌이 수증기의 작용을 받아 생성되는 물질이 비중 변화에 의하여 체적 변화를 일으켜 노벽에 균열이 발생하는 현상은?

① 스폴링(Spalling)
② 필링(Peeling)
③ 슬래킹(Slaking)
④ 스웰링(Swelling)

해설
슬래킹 현상
염기성 내화벽돌이 수증기의 작용을 받아 생성되는 물질이 비중 변화에 의하여 체적 변화를 일으켜 노벽에 균열이 발생하는 현상
※ 염기성 벽돌 : 마그네시아, 포스테라이트, 마그네시아·크롬질, 돌로마이트질

62 배관용 강관 기호에 대한 명칭이 틀린 것은?

① SPP : 배관용 탄소 강관
② SPPS : 압력 배관용 탄소 강관
③ SPPH : 고압 배관용 탄소 강관
④ STS : 저온 배관용 탄소 강관

해설
- STS : 배관용 스테인리스 강관
- SPLT : 저온 배관용 탄소 강관
- SPHT : 고온 배관용 탄소 강관

63 에너지이용 합리화법령상 특정열사용기자재와 설치·시공범위 기준이 바르게 연결된 것은?

① 강철제 보일러 : 해당 기기의 설치·배관 및 세관
② 태양열 집열기 : 해당 기기의 설치를 위한 시공
③ 비철금속 용융로 : 해당 기기의 설치·배관 및 세관
④ 축열식 전기보일러 : 해당 기기의 설치를 위한 시공

해설
특정열사용기자재 설치·시공 범위(시행규칙 별표 3-2)
- 해당 기기의 설치·배관 및 세관 : 보일러, 태양열 집열기, 압력용기
- 해당 기기의 설치를 위한 시공 : 요업요로(가마), 금속요로(용선로, 비철금속용융로, 금속소둔로, 철금속가열로, 금속균열로)

64 에너지이용 합리화법령상 에너지사용계획의 협의대상사업 범위 기준으로 옳은 것은?

① 택지의 개발사업 중 면적이 10만 m² 이상
② 도시개발사업 중 면적이 30만 m² 이상
③ 공항개발사업 중 면적이 20만 m² 이상
④ 국가산업단지의 개발사업 중 면적이 5만 m² 이상

해설
에너지사용계획의 협의대상사업 범위 기준
도시개발사업 중 면적이 30만 m² 이상

정답 59 ③ 60 ① 61 ③ 62 ④ 63 ① 64 ②

65 에너지이용 합리화법령에 따라 사용연료를 변경함으로써 검사대상이 아닌 보일러가 검사대상으로 되었을 경우에 해당되는 검사는?

① 구조검사   ② 설치검사
③ 개조검사   ④ 재사용검사

해설
설치검사(시행규칙 별표 3-4 검사의 종류 및 적용대상)
- 검사대상기기(보일러 등)를 신설한 경우
- 사용연료 변경에 의하여 검사대상이 아닌 보일러가 검사대상으로 되는 경우의 검사를 포함한다.

66 요의 구조 및 형상에 의한 분류가 아닌 것은?

① 터널요   ② 셔틀요
③ 횡요   ④ 승염식 요

해설
구조 및 형상에 따른 요의 분류
터널요, 회전요, 등요, 윤요, 각요, 견요, 반터널요, 셔틀요, 연속식 가마
승염식 요(불연속가마 요)
㉠ 오름불꽃 가마이다.
㉡ 1층가마, 2층가마로 구분한다.

67 다음 중 에너지이용 합리화법령상 2종 압력용기에 해당하는 것은?

① 보유하고 있는 기체의 최고사용압력이 0.1MPa이고 내부 부피가 0.05m³인 압력용기
② 보유하고 있는 기체의 최고사용압력이 0.2MPa이고 내부 부피가 0.02m³인 압력용기
③ 보유하고 있는 기체의 최고사용압력이 0.3MPa이고 동체의 안지름이 350mm이며 그 길이가 1,050mm인 증기헤더
④ 보유하고 있는 기체의 최고사용압력이 0.4MPa이고 동체의 안지름이 150mm이며 그 길이가 1,500mm인 압력용기

해설
제2종 압력용기 기준

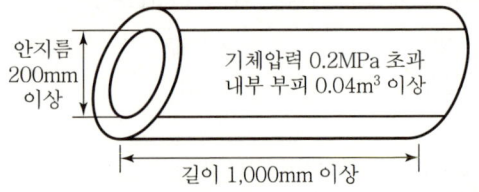

③항은 제2종압력용기기준을 충족함

최고사용압력이 0.2MPa을 초과하는 기체를 그 안에 보유하는 용기로서 다음 어느 하나에 해당하는 것
㉠ 내부 부피가 0.04m³ 이상인 것
㉡ 동체의 안지름이 200mm 이상(증기헤더의 경우에는 동체의 안지름이 300mm 초과)이고, 그 길이가 1,000mm 이상인 것

68 규산칼슘 보온재에 대한 설명으로 거리가 가장 먼 것은?

① 규산에 석회 및 석면 섬유를 섞어서 성형하고 다시 수증기로 처리하여 만든 것이다.
② 플랜트 설비의 탑조류, 가열로, 배관류 등의 보온공사에 많이 사용된다.
③ 가볍고 단열성과 내열성은 뛰어나지만 내산성이 적고 끓는 물에 쉽게 붕괴된다.
④ 무기질 보온재로 다공질이며 최고 안전사용온도는 약 650℃ 정도이다.

해설
규산칼슘 보온재(무기질 보온재)
㉠ 보기 ①, ②, ④ 외에 압축강도와 곡강도가 높고 반영구적이며, 내수성이 크고 내구성이 우수하며 시공이 편리하다는 특징이 있다.
㉡ 열전도율 : 0.05~0.065(kcal/mh℃)

정답 65 ② 66 ④ 67 ③ 68 ③

69 관의 신축량에 대한 설명으로 옳은 것은?

① 신축량은 관의 열팽창계수, 길이, 온도차에 반비례한다.
② 신축량은 관의 길이, 온도차에는 비례하지만 열팽창계수에는 반비례한다.
③ 신축량은 관의 열팽창계수, 길이, 온도차에 비례한다.
④ 신축량은 관의 열팽창계수에 비례하고 온도차와 길이에 반비례한다.

해설
관의 신축

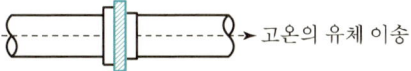

신축량 = $\alpha \times L \times \Delta t$
관의 신축량(약 0.12mm)은 관의 열팽창계수(α), 길이(L), 온도차(Δt)에 비례한다.

70 에너지이용 합리화법령상 검사대상기기 검사 중 용접검사 면제 대상 기준이 아닌 것은?

① 압력용기 중 동체의 두께가 8mm 미만인 것으로서 최고사용압력(MPa)과 내부 부피(m^3)를 곱한 수치가 0.02 이하인 것
② 강철제 또는 주철제 보일러이며, 온수 보일러 중 전열면적이 $18m^2$ 이하이고, 최고사용압력이 0.35MPa 이하인 것
③ 강철제 보일러 중 전열면적이 $5m^2$ 이하이고, 최고사용압력이 0.35MPa 이하인 것
④ 압력용기 중 전열교환식인 것으로서 최고사용압력이 0.35MPa 이하이고, 동체의 안지름이 600mm 이하인 것

해설
제1, 2종 압력용기 용접검사 면제 기준

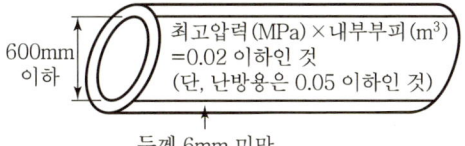

전열교환식은 0.35MPa 이하이고, 동체의 안지름이 600mm 이하인 것

㉠ 용접이음(동체와 플랜지와의 용접이음은 제외한다)이 없는 강관을 동체로 한 헤더
㉡ 압력용기 중 동체의 두께가 6mm 미만인 것으로서 최고사용압력(MPa)과 내부 부피(m^3)를 곱한 수치가 0.02 이하(난방용의 경우에는 0.05 이하)인 것
㉢ 전열교환식인 것으로서 최고사용압력이 0.35MPa 이하이고, 동체의 안지름이 600mm 이하인 것

71 포스테라이트에 대한 설명으로 옳은 것은?

① 주성분은 Mg_2SiO_4이다.
② 내식성이 나쁘고 기공률은 작다.
③ 돌로마이트에 비해 소화성이 크다.
④ 하중연화점은 크나 내화도는 SK28로 작다.

해설
포스테라이트 염기성 벽돌
• 주원료 : 고토 감람석
• 주성분 : Mg_2SiO_4
• 조성광물 : 포스테라이트

72 선철을 강철로 만들기 위하여 고압 공기나 산소를 취입시키고, 산화열에 의해 노 내 온도를 유지하며 용강을 얻는 노(Furnace)는?

① 평로　　② 고로
③ 반사로　④ 전로

해설
전로
㉠ 선철을 강철로 만들기 위하여 고압 공기나 산소를 취입시키고, 산화열에 의해 노 내 온도를 유지하며 용강을 얻는 노이다.
㉡ 염기성 전로, 산성 전로, 순산소 전로, 칼도법

73 에너지이용 합리화법령상 에너지사용량이 대통령령으로 정하는 기준량 이상인 자는 산업통상자원부령으로 정하는 바에 따라 매년 언제까지 시·도지사에게 신고하여야 하는가?

① 1월 31일까지　② 3월 31일까지
③ 6월 30일까지　④ 12월 31일까지

정답 69 ③　70 ①　71 ①　72 ④　73 ①

해설
에너지다소비사업자의 신고(시행령 제31·35조)
연료, 열, 전력의 연간 사용량 합계(연간 에너지사용량)가 기준량 2천 티오이 이상인 자(에너지다소비사업자)는 매년 1월 31일까지 법령에서 정한 사항을 신고해야 한다.

74 다음 중 에너지이용 합리화법령 에너지이용 합리화 기본계획에 포함될 사항이 아닌 것은?

① 열사용기자재의 안전관리
② 에너지절약형 경제구조로의 전환
③ 에너지이용 합리화를 위한 기술개발
④ 한국에너지공단의 운영 계획

해설
기본계획(법 제4조)
보기 ①, ②, ③ 외에
- 에너지이용효율의 증대
- 에너지원 간 대체
- 에너지이용 합리화를 위한 홍보 및 교육 등

75 에너지이용 합리화법령상 효율관리기자재의 제조업자가 효율관리시험기관으로부터 측정 결과를 통보받은 날 또는 자체측정을 완료한 날부터 그 측정 결과를 며칠 이내에 한국에너지공단에 신고하여야 하는가?

① 15일
② 30일
③ 60일
④ 90일

해설
효율관리기자재 측정 결과의 신고(규칙 제9조)
'효율관리시험기관의 측정 결과 통보' 또는 '자체 측정'
→ 90일 이내 한국에너지공단에 신고

76 제강 평로에서 채용되고 있는 배열회수방법으로서 배기가스의 현열을 흡수하여 공기나 연료가스 예열에 이용될 수 있도록 한 장치는?

① 축열실
② 환열기
③ 폐열 보일러
④ 판형 열교환기

해설
축열실
제강 평로에서 채용하고 있는 배열회수방법으로서 배기가스의 현열을 흡수하여 공기나 연료가스 예열에 이용될 수 있도록 한 장치이다. 내화벽돌로 샤모트 벽돌, 고알루미나질 벽돌이 채용된다.

77 산 등의 화학약품을 차단하는 데 주로 사용하며 내약품성, 내열성의 고무로 만든 것을 밸브시트에 밀어붙여 기밀용으로 사용하는 밸브는?

① 다이어프램 밸브
② 슬루스 밸브
③ 버터플라이 밸브
④ 체크 밸브

해설
① 다이어프램 밸브(격막용 밸브) : 산 등의 화학약품을 차단하는 데 주로 사용하며 내약품성, 내열성의 고무로 만든 것을 밸브시트에 밀어붙여 기밀용으로 사용하는 밸브이다.
② 슬루스 밸브(게이트 밸브) : 유량 조절이 불가능하다.
③ 버터플라이 밸브 : 집게형, 기어형이 있다.
④ 체크 밸브(역류 방지 밸브) : 리프트형, 스윙형이 있다.

78 용광로에 장입하는 코크스의 역할이 아닌 것은?

① 철광석 중의 황분을 제거
② 가스 상태로 선철 중에 흡수
③ 선철을 제조하는 데 필요한 열원을 공급
④ 연소 시 환원성 가스를 발생시켜 철의 환원을 도모

해설
코크스
열원으로 사용되는 연료이며 연소 시 발생하는 CO, H_2 등의 환원성 가스로 산화철(FeO)을 환원한다. 또한 탄소의 일부가 가스 상태로 선철 중에 흡수되는 흡탄작용을 일어나게 하여 선철이 제조된다.
※ 망간광석 : 황분을 제거(탈황)하고, 탈산작용을 돕는다.

정답 74 ④ 75 ④ 76 ① 77 ① 78 ①

79 고알루미나질 내화물의 특징에 대한 설명으로 거리가 가장 먼 것은?

① 중성 내화물이다.
② 내식성, 내마모성이 적다.
③ 내화도가 높다.
④ 고온에서 부피 변화가 적다.

해설
- 고알루미나 중성 내화물은 내스폴링성이 크고 산성, 염기성 슬래그 용융물에 대한 내침식성이 크다.
- 기공률이 극히 낮고 조직이 매우 치밀하다.
- 내화도는 SK 38 이상이며, 화학성분은 $Al_2O_3 - SiO_2$계이다.

80 에너지이용 합리화법령상 검사에 불합격된 검사대상기기를 사용한 자의 벌칙 기준은?

① 5백만 원 이하의 벌금
② 1년 이하의 징역 또는 1천만 원 이하의 벌금
③ 2년 이하의 징역 또는 2천만 원 이하의 벌금
④ 3천만 원 이하의 벌금

해설
불합격된 검사대상기기(보일러, 압력용기, 요로) 사용자에 대한 벌칙
1년 이하의 징역 또는 1천만 원 이하의 벌금에 처한다.

5과목 열설비설계

81 저온가스 부식을 억제하기 위한 방법이 아닌 것은?

① 연료 중의 유황성분을 제거한다.
② 첨가제를 사용한다.
③ 공기예열기 전열면 온도를 높인다.
④ 배기가스 중 바나듐의 성분을 제거한다.

해설
저온부식
㉠ 부식인자 : 황(S), 진한황산(H_2SO_4)
㉡ 발생처 : 절탄기, 공기예열기
㉢ 150℃ 이하에서 발생

고온부식
㉠ 부식인자 : 바나듐(V), 나트륨(Na)
㉡ 발생처 : 과열기, 재열기
㉢ 535℃ 이상에서 발생

82 보일러에서 과열기의 역할로 옳은 것은?

① 포화증기의 압력을 높인다.
② 포화증기의 온도를 높인다.
③ 포화증기의 압력과 온도를 높인다.
④ 포화증기의 압력은 낮추고 온도를 높인다.

해설
보일러

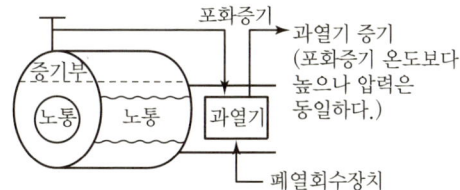

83 맞대기 용접은 용접방법에 따라서 그루브를 만들어야 한다. 판의 두께가 50mm 이상인 경우에 적합한 그루브의 형상은?(단, 자동용접은 제외한다.)

① V형   ② R형
③ H형   ④ A형

해설
맞대기 용접 Groove의 형상에 따른 판의 두께
㉠ I형 : 1~5mm
㉡ V형, R형, J형 : 6~16mm
㉢ X형, K형, 양면 J형, U형 : 12~38mm
㉣ H형 : 19mm 이상

정답 79 ② 80 ② 81 ④ 82 ② 83 ③

84 연료 1kg이 연소하여 발생하는 증기량의 비를 무엇이라고 하는가?

① 열발생률 ② 증발배수
③ 전열면 증발률 ④ 증기량 발생률

해설
증발배수
㉠ 증발배수(kg/kg) = $\dfrac{증기발생량(kg)}{연료\ 사용\ 1kg}$
㉡ 숫자가 크면 성능이 우수하다.

85 노통연관 보일러의 노통의 바깥면과 이것에 가까운 연관의 면 사이에는 몇 mm 이상의 틈새를 두어야 하는가?

① 10 ② 20
③ 30 ④ 50

해설
노통연관 보일러

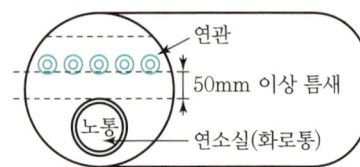

86 열매체보일러에 대한 설명으로 틀린 것은?

① 저압으로 고온의 증기를 얻을 수 있다.
② 겨울철에도 동결의 우려가 적다.
③ 물이나 스팀보다 전열특성이 좋으며, 열매체 종류와 상관없이 사용온도한계가 일정하다.
④ 다우섬, 모빌섬, 카네크롤 보일러 등이 이에 해당한다.

해설
열매체(다우섬 등)는 물이나 스팀보다 전열 특성이 좋으나 열매체는 종류마다 사용온도가 다르다.
• KSK-260 : 100~350℃
• KSK-280 : 100~340℃
• KSK-330 : 0~330℃
• 다우섬 A : 100~399℃
• 모빌섬 : 0~280℃

87 파형 노통의 최소두께가 10mm, 노통의 평균지름이 1,200mm일 때, 최고사용압력은 약 몇 MPa인가?(단, 끝의 평형부 길이가 230mm 미만이며, 정수 C는 985이다.)

① 0.56 ② 0.63
③ 0.82 ④ 0.95

해설
파형 노통 두께(t) = $\dfrac{PD}{C}$

$P(압력) = \dfrac{t \cdot C}{D} = \dfrac{10 \times 985}{1,200} = 8.2(\text{kgf/cm}^2) = 0.82(\text{MPa})$

88 보일러수에 녹아있는 기체를 제거하는 탈기기가 제거하는 대표적인 용존 가스는?

① O_2 ② H_2SO_4
③ H_2S ④ SO_2

해설
보일러수의 기체 제거
• 탈기법 : 용존 산소(O_2) 제거
• 기폭법 : 용존 이산화탄소(CO_2) 제거

89 보일러의 과열 방지책이 아닌 것은?

① 보일러수를 농축시키지 않을 것
② 보일러수의 순환을 좋게 할 것
③ 보일러의 수위를 낮게 유지할 것
④ 보일러 동 내면의 스케일 고착을 방지할 것

해설
노통횡관 보일러

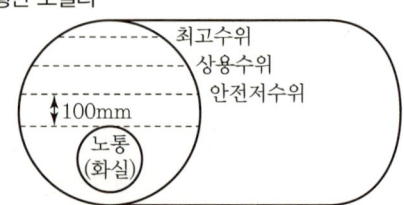

정답 84 ② 85 ④ 86 ③ 87 ③ 88 ① 89 ③

90 프라이밍이나 포밍의 방지대책에 대한 설명으로 틀린 것은?

① 주증기 밸브를 급히 개방한다.
② 보일러수를 농축시키지 않는다.
③ 보일러수 중의 불순물을 제거한다.
④ 과부하가 되지 않도록 한다.

해설

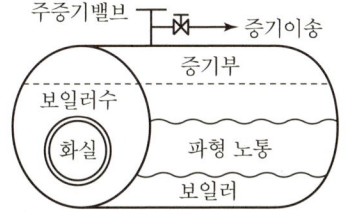

프라이밍(비수), 포밍(거품)을 방지하려면 주증기 밸브를 서서히 열어야 한다.

91 물의 탁도에 대한 설명으로 옳은 것은?

① 카올린 1g이 증류수 1L 속에 들어 있을 때의 색과 같은 색을 가지는 물을 탁도 1도의 물이라 한다.
② 카올린 1mg이 증류수 1L 속에 들어 있을 때의 색과 같은 색을 가지는 물을 탁도 1도의 물이라 한다.
③ 탄산칼슘 1g이 증류수 1L 속에 들어 있을 때의 색과 같은 색을 가지는 물을 탁도 1도의 물이라 한다.
④ 탄산칼슘 1mg이 증류수 1L 속에 들어 있을 때의 색과 같은 색을 가지는 물을 탁도 1도의 물이라 한다.

해설
물의 탁도 1도
카올린 1mg이 증류수 1L 속에 들어 있을 때의 색과 같은 색을 가지는 탁도이다.
※ 카올린 : $Al_2O_3 2SiO_2 2H_2O$ (현탁성 점토)

92 그림과 같이 가로×세로×높이가 3m×1.5m×0.03m인 탄소강판이 놓여 있다. 강판의 열전도율은 43W/m·K이고, 탄소강판 아래 면에 열유속 700W/m²를 가한 후, 정상상태가 되었다면 탄소강판의 윗면과 아랫면의 표면온도 차이는 약 몇 ℃인가? (단, 열유속은 아래에서 위 방향으로만 진행한다.)

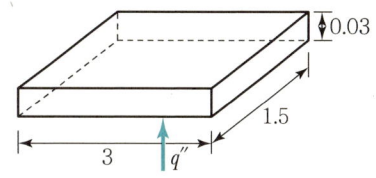

① 0.243　　② 0.264
③ 0.488　　④ 1.973

해설

$Q = \dfrac{\lambda}{b} \times A \times \Delta t \,(W/h)$

저항$(R) = \dfrac{43}{0.03} = 1,440 \,(m \cdot K/W)$

∴ 온도차 $= \dfrac{700}{1,440} = 0.486\,(℃)$

※ $Q = 700 \times (3 \times 1.5) = 3,150 \,W/h$
※ • 열유속 : W/m², kcal/m²h
 • 열관류율 : W/m²K(SI 단위), kcal/m²h℃(공학용 단위)
 • 열전도율 : W/m·K, kcal/mh℃
 • 열전달률 : W/m²K(SI 단위), kcal/m²h℃(공학용 단위)

93 연관 보일러에서 연관의 최소피치를 구하는 데 사용하는 식은?(단, p는 연관의 최소피치(mm), t는 관 판의 두께(mm), d는 관 구멍의 지름(mm)이다.)

① $p = \left(1 + \dfrac{t}{4.5}\right)d$　　② $p = (1+d)\dfrac{4.5}{t}$

③ $p = \left(1 + \dfrac{4.5}{t}\right)d$　　④ $p = \left(1 + \dfrac{d}{4.5}\right)t$

해설

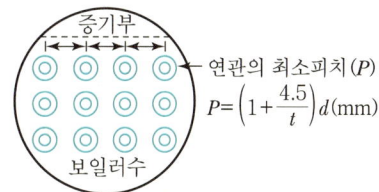

연관의 최소피치(P)
$P = \left(1 + \dfrac{4.5}{t}\right)d \,(mm)$

정답　90 ①　91 ②　92 ③　93 ③

94 증기보일러에 수질관리를 위한 급수처리 또는 스케일 부착방지 및 제거를 위한 시설을 해야 하는 용량 기준은 몇 t/h 이상인가?

① 0.5　　② 1
③ 3　　　④ 5

해설
보일러 용량 1톤 이상(600,000kcal/h)이면 급수처리 또는 스케일 부착 방지시설을 설치해야 한다.

95 보일러의 열정산 시 출열 항목이 아닌 것은?

① 배기가스에 의한 손실열
② 발생증기 보유열
③ 불완전연소에 의한 손실열
④ 공기의 현열

해설
열정산 입열 항목
㉠ 연료의 연소열
㉡ 공기의 현열
㉢ 연료의 현열
㉣ 분입증기에 의한 입열

96 보일러에서 사용하는 안전밸브의 방식으로 가장 거리가 먼 것은?

① 중추식
② 탄성식
③ 지렛대식
④ 스프링식

해설
탄성식 등은 부르동관 압력계 등에 사용이 가능하다.
※ 탄성식 압력계 : 부르동관, 다이어프램식, 벨로스식 등

97 내경 200mm, 외경 210mm의 강관에 증기가 이송되고 있다. 증기 강관의 내면온도는 240℃, 외면온도는 25℃이며, 강관의 길이는 5m일 경우 발열량(kW)은 얼마인가?(단, 강관의 열전도율은 50W/m·℃, 강관의 내외면의 온도는 시간 경과에 관계없이 일정하다.)

① 6.6×10^3　　② 6.9×10^3
③ 7.3×10^3　　④ 7.6×10^3

해설

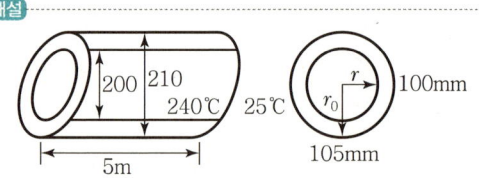

200mm = 0.2m, 210mm = 0.21m

$$Q = \frac{2\pi l(t_1 - t_2)}{\frac{1}{\lambda} \times \ln\left(\frac{r_o}{r}\right)} = \frac{2 \times 3.14 \times 5(240 - 25)}{\frac{1}{50} \times \ln\left(\frac{0.105}{0.1}\right)}$$

≒ 6,918,425W ≒ 6.9×10^3 kW

98 보일러에 대한 용어의 정의 중 잘못된 것은?

① 1종 관류보일러 : 강철제 보일러 중 전열면적이 5m² 이하이고 최고사용압력이 0.35MPa 이하인 것
② 설계압력 : 보일러 및 그 부속품 등의 강도계산에 사용되는 압력으로서 가장 가혹한 조건에서 결정한 압력
③ 최고사용온도 : 설계압력을 정할 때 설계압력에 대응하여 사용조건으로부터 정해지는 온도
④ 전열면적 : 한쪽 면이 연소가스 등에 접촉하고 다른 면이 물에 접촉하는 부분의 면을 연소가스 등의 쪽에서 측정한 면적

해설
제1종 관류보일러
• 전열면적 5m² 초과
• 증기압력 1MPa 이하

99 다음 중 보일러수의 pH를 조절하기 위한 약품으로 적당하지 않은 것은?

① NaOH
② Na_2CO_3
③ Na_3PO_4
④ $Al_2(SO_4)_3$

해설

pH 알칼리도 조정제
㉠ 가성소다(NaOH)
㉡ 탄산소다(Na_2CO_3) : 저압 보일러용
㉢ 제3인산나트륨(Na_3PO_4)

100 육용강제 보일러에서 길이 스테이 또는 경사 스테이를 핀 이음으로 부착할 경우, 스테이 휠 부분의 단면적은 스테이 소요 단면적의 얼마 이상으로 하여야 하는가?

① 1.0배
② 1.25배
③ 1.5배
④ 1.75배

해설

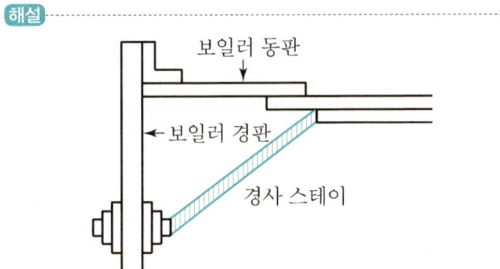

경사스테이 휠 부분의 단면적은 스테이 소요 단면적의 1.25배 이상이다.

정답 99 ④ 100 ②

2022년 1회 기출문제

1과목 연소공학

01 보일러 등의 연소장치에서 질소산화물(NOx)의 생성을 억제할 수 있는 연소방법이 아닌 것은?

① 2단 연소
② 저산소(저공기비) 연소
③ 배기의 재순환 연소
④ 연소용 공기의 고온 예열

해설
질소(N_2)가스는 고온에서 산화되어 질소산화물이 생성되므로 연소용 공기의 고온예열은 질소산화물의 억제가 아닌 촉진방법이 된다.

02 다음 중 연료 연소 시 최대탄산가스농도(CO_{2max})가 가장 높은 것은?

① 탄소
② 연료유
③ 역청탄
④ 코크스로가스

해설
탄소(C) + O_2 → CO_2 (최대탄산가스농도)
탄소성분이 많을수록 CO_{2max}가 발생한다.

03 체적비로 메탄이 15%, 수소가 30%, 일산화탄소가 55%인 혼합기체가 있다. 각각의 폭발 상한계가 다음 표와 같을 때 이 기체의 공기 중에서 폭발 상한계는 약 몇 vol%인가?

구분	메탄	수소	일산화탄소
폭발 상한계 (vol%)	15	75	74

① 46.7
② 45.1
③ 44.3
④ 42.5

해설
$$\frac{100}{L} = \frac{100}{\frac{V_1}{L_1} + \frac{V_2}{L_2} + \frac{V_3}{L_3}} \text{ (폭발범위 상한계)}$$

$$= \frac{100}{\frac{15}{15} + \frac{30}{75} + \frac{55}{74}} = \frac{100}{1 + 0.4 + 0.743} = 46.7\%$$

04 어떤 고체연료를 분석하니 중량비로 수소 10%, 탄소 80%, 회분 10%이었다. 이 연료 100kg을 완전연소시키기 위하여 필요한 이론공기량은 약 몇 Nm^3인가?

① 206
② 412
③ 490
④ 978

해설
고체, 액체연료의 이론공기량(A_0)
$$A_0 = 8.89C + 26.67\left(H - \frac{O}{8}\right) + 3.33S$$
$$= 8.89 \times 0.8 + 26.67 \times 0.1$$
$$= 9.779 (Nm^3/kg)$$
$$\therefore 9.779 \times 100kg = 978(Nm^3)$$

05 점화에 대한 설명으로 틀린 것은?

① 연료가스의 유출속도가 너무 느리면 실화가 발생한다.
② 연소실의 온도가 낮으면 연료의 확산이 불량해진다.
③ 연료의 예열온도가 낮으면 무화불량이 발생한다.
④ 점화시간이 늦으면 연소실 내로 역화가 발생한다.

해설
연소실에서 연소가스의 유출속도가 너무 느리면 역화가 발생한다(유출속도가 너무 빠르면 선화가 발생한다).

정답 01 ④ 02 ① 03 ① 04 ④ 05 ①

06 고체연료의 일반적인 특징에 대한 설명으로 틀린 것은?

① 회분이 많고 발열량이 적다.
② 연소효율이 낮고 고온을 얻기 어렵다.
③ 점화 및 소화가 곤란하고 온도조절이 어렵다.
④ 완전연소가 가능하고 연료의 품질이 균일하다.

해설
고체연료(목탄, 장작, 석탄 등)는 완전연소가 불가능하고, 연료의 품질이 균일하지 못하다.
※ 오일은 연료의 품질이 균일하다.

07 등유, 경유 등의 휘발성이 큰 연료를 접시모양의 용기에 넣어 증발 연소시키는 방식은?

① 분해 연소
② 확산 연소
③ 분무 연소
④ 포트식 연소

해설
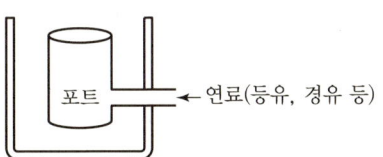

08 액체 연소장치 중 회전식 버너의 일반적인 특징으로 옳은 것은?

① 분사각은 20~50° 정도이다.
② 유량조절범위는 1 : 3 정도이다.
③ 사용 유압은 30~50kPa 정도이다.
④ 화염이 길어 연소가 불안정하다.

해설
B-C유 회전식 버너(수평로터리버너)
① 분사각(분무각)은 30~80°이다.
② 유량조절범위는 1 : 5 정도이다.
③ 사용 유압은 0.3~0.5kg/cm² (30~50kPa) 정도이다.
④ 화염이 길어 연소가 안정하다.

09 C_mH_n 1Nm³를 공기비 1.2로 연소시킬 때 필요한 실제 공기량은 약 몇 Nm³인가?

① $\dfrac{1.2}{0.21}\left(m+\dfrac{n}{2}\right)$
② $\dfrac{1.2}{0.21}\left(m+\dfrac{n}{4}\right)$
③ $\dfrac{1.2}{0.79}\left(m+\dfrac{n}{2}\right)$
④ $\dfrac{1.2}{0.79}\left(m+\dfrac{n}{4}\right)$

해설
C_mH_n (탄화수소)의 실제 공기량(A)
$A = \dfrac{m}{0.21}\left(m+\dfrac{n}{4}\right) = \dfrac{1.2}{0.21}\left(m+\dfrac{n}{4}\right)$
A_0 (이론공기량) $= \dfrac{1}{0.21}\left(m+\dfrac{n}{4}\right)$

10 메탄올(CH_3OH) 1kg을 완전연소하는 데 필요한 이론공기량은 약 몇 Nm³인가?

① 4.0
② 4.5
③ 5.0
④ 5.5

해설
$C + O_2 \to CO_2$, $H_2 + \dfrac{1}{2}O_2 \to H_2O$, $O_2 = C_m + \dfrac{n}{4}$
$CH_3OH + 1O_2 \to CO_2 + 2H_2O$, $A_0 = \dfrac{1}{0.21} ≒ 5(Nm^3/kg)$
※ $C=1$, $H_1=4$, $O_2=1$, 전체산소 $= 1 + \dfrac{4}{4} - 1 = 1$

11 중량비가 C : 87%, H : 11%, S : 2%인 중유를 공기비 1.3으로 연소할 때 건조배출가스 중 CO_2의 부피비는 약 몇 %인가?

① 8.7
② 10.5
③ 12.2
④ 15.6

해설
$C + O_2 \to CO_2$, $H_2 + \dfrac{1}{2}O_2, H_4 + O_2 \to H_2O$
실제 건배기가스량(G_d)
$= (m-0.21)A_0 + 1.867C + 0.7S + 0.8N$
이론공기량(A_0) $= 8.89C + 26.67\left(H - \dfrac{O}{8}\right) + 3.33S$
$= 8.89 \times 0.87 + 26.67 \times 0.11 + 3.33 \times 0.02$
$= 10.47 Nm^3/kg$

정답 06 ④ 07 ④ 08 ③ 09 ② 10 ③ 11 ③

$$= (1.3 - 0.21) \times 10.47 + 1.87 \times 0.87 + 0.7 \times 0.02$$
$$= 13.05 \text{Nm}^3/\text{kg}$$
$$CO_2 = \frac{22.4}{12} \times 0.87 = 1.62 \text{Nm}^3/\text{kg}$$
$$\therefore \frac{1.62}{13.05} \times 100 = 12\%$$

12 액체의 인화점에 영향을 미치는 요인으로 가장 거리가 먼 것은?

① 온도 ② 압력
③ 발화지연시간 ④ 용액의 농도

해설
인화점
• 착화원에 의해서 불이 붙는 최소온도이다.
• 압력, 온도, 용액의 농도는 액체연료의 인화점에 영향을 미친다.

13 고위발열량이 37.7MJ/kg인 연료 3kg이 연소할 때의 저위발열량은 몇 MJ인가?(단, 이 연료의 중량비는 수소 15%, 수분 1%이다.)

① 52 ② 103
③ 184 ④ 217

해설
저위발열량(H_L) = H_h − 2.51(9H + W)
$$= \{37.7 - 2.51(9 \times 0.15 + 0.01)\} \times 3$$
$$= 103 \text{MJ}$$

14 다음 중 고속운전에 적합하고 구조가 간단하며 풍량이 많아 배기 및 환기용으로 적합한 송풍기는?

① 다익형 송풍기 ② 플레이트형 송풍기
③ 터보형 송풍기 ④ 축류형 송풍기

해설
축류형 송풍기(프로펠러형)는 고속운전에 적합하고 구조가 간단하며 풍량이 풍부하여 배기 및 환기용에 적합한 송풍기이다.

15 통풍방식 중 평형통풍에 대한 설명으로 틀린 것은?

① 통풍력이 커서 소음이 심하다.
② 안정한 연소를 유지할 수 있다.
③ 노내 정압을 임의로 조절할 수 있다.
④ 중형 이상의 보일러에는 사용할 수 없다.

해설

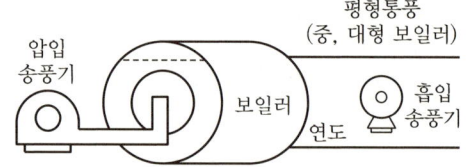

16 저위발열량 7,470kJ/kg의 석탄을 연소시켜 13,200kg/h의 증기를 발생시키는 보일러의 효율은 약 몇 %인가?(단, 석탄의 공급은 6,040kg/h이고, 증기의 엔탈피는 3,107kJ/kg, 급수의 엔탈피는 96kJ/kg이다.)

① 64 ② 74
③ 88 ④ 94

해설
$$효율(\eta) = \frac{증기보유열}{공급열} \times 100(\%)$$
$$= \frac{13,200 \times (3,107 - 96)}{6,040 \times 7,470} \times 100 = 88(\%)$$

17 불꽃연소(Flaming Combustion)에 대한 설명으로 틀린 것은?

① 연소속도가 느리다.
② 연쇄반응을 수반한다.
③ 연소사면체에 의한 연소이다.
④ 가솔린의 연소가 이에 해당한다.

해설
화석연료의 불꽃연소는 연소속도가 빠르다.

정답 12 ③ 13 ② 14 ④ 15 ④ 16 ③ 17 ①

18 폭굉유도거리(DID)가 짧아지는 조건으로 틀린 것은?

① 관지름이 크다.
② 공급압력이 높다.
③ 관 속에 방해물이 있다.
④ 연소속도가 큰 혼합가스이다.

해설
- 가스관의 지름이 작을수록 폭굉유도거리가 짧아진다.
- 폭굉유속(디토네이션)은 1,000~3,500m/s이다.
※ 폭굉 : 화염의 전파속도가 음속보다 빠른 가스폭발이다.

19 버너에서 발생하는 역화의 방지대책과 거리가 먼 것은?

① 버너온도를 높게 유지한다.
② 리프트 한계가 큰 버너를 사용한다.
③ 다공 버너의 경우 각각의 연료분출구를 작게 한다.
④ 연소용 공기를 분할공급하여 1차 공기를 착화범위보다 적게 한다.

해설
버너에서 역화의 방지대책은 버너온도가 아닌 노통, 화실의 온도를 높게 유지하는 것이다.

20 다음 기체연료 중 단위질량당 고위발열량이 가장 큰 것은?

① 메탄   ② 수소
③ 에탄   ④ 프로판

해설
고위발열량 = 저위발열량 + 연소생성수증기량(W_g)
$W_g = 1.244W + 11.2H = 1.244(9H + W)$
    $= 2.51MW(9H + W)$
※ H(수소), W(수분), 메탄(CH_4), 수소(H_2), 에탄(C_2H_6), 프로판(C_3H_8)
수소(1kg)당 : 고위발열량 34,000(kcal/kg)
            저위발열량 28,600(kcal/kg)

2과목 열역학

21 순수물질로 된 밀폐계가 가역단열 과정 동안 수행한 일의 양과 같은 것은?(단, U는 내부에너지, H는 엔탈피, Q는 열량이다.)

① $-\Delta H$ ② $-\Delta U$
③ 0   ④ Q

해설
단열 변화 내부에너지 변화(ΔU)
$\Delta U = C_v(T_2 - T_1) = -A_1 W_2(-\Delta U)$
내부에너지 변화량은 절대일량과 같다.

22 물체의 온도 변화 없이 상(Phase, 相) 변화를 일으키는 데 필요한 열량은?

① 비열   ② 점화열
③ 잠열   ④ 반응열

해설
잠열
㉠ 물 → 수증기(539kcal/kg)
㉡ 얼음 → 얼음물(80kcal/kg)

23 다음 중 포화액과 포화증기의 비엔트로피 변화에 대한 설명으로 옳은 것은?

① 온도가 올라가면 포화액의 비엔트로피는 감소하고 포화증기의 비엔트로피는 증가한다.
② 온도가 올라가면 포화액의 비엔트로피는 증가하고 포화증기의 비엔트로피는 감소한다.
③ 온도가 올라가면 포화액과 포화증기의 비엔트로피는 감소한다.
④ 온도가 올라가면 포화액과 포화증기의 비엔트로피는 증가한다.

해설
포화액 등 온도나 압력이 증가하면 엔트로피(kJ/kg·K)가 증가한다.

정답 18 ① 19 ① 20 ② 21 ② 22 ③ 23 ②

24 다음 중 과열증기(Superheated Steam)의 상태가 아닌 것은?

① 주어진 압력에서 포화증기 온도보다 높은 온도
② 주어진 비체적에서 포화증기 압력보다 높은 압력
③ 주어진 온도에서 포화증기 비체적보다 낮은 비체적
④ 주어진 온도에서 포화증기 엔탈피보다 높은 엔탈피

[해설]
과열증기 발생
포화수 → 습포화증기 → 건포화증기 → (온도상승), (압력일정) → 과열증기(포화증기보다 엔탈피가 크다)
※ 포화증기, 과열증기는 주어진 동일 온도에서는 비체적(m³/kg)이 동일하다.

25 400K, 1MPa의 이상기체 1kmol이 700K, 1MPa로 정압팽창할 때 엔트로피 변화는 약 몇 kJ/K인가?(단, 정압비열은 28kJ/kmol · K이다.)

① 15.7   ② 19.4
③ 24.3   ④ 39.4

[해설]
• 400K → 700K
• 1MPa → 1MPa

엔트로피 변화 $(\Delta S) = \dfrac{\delta Q}{T} = \dfrac{GC_p dT}{T}$ (kJ/K)

$= GC_p \ln \dfrac{T_2}{T_1} = 1 \times 28 \times \ln\left(\dfrac{700}{400}\right)$

$= 15.7 \text{(kJ/K)}$

26 체적이 일정한 용기에 400kPa의 공기 1kg이 들어 있다. 용기에 달린 밸브를 열고 압력이 300kPa이 될 때까지 대기 속으로 공기를 방출하였다. 용기 내의 공기가 가역단열 변화라면 용기에 남아 있는 공기의 질량은 약 몇 kg인가?(단, 공기의 비열비는 1.4이다.)

① 0.614   ② 0.714
③ 0.814   ④ 0.914

[해설]

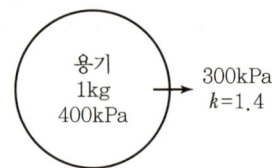

잔류질량 $(m') = m \times \left(\dfrac{P_2}{P_2}\right)^{\frac{1}{k}} = 1 \times \left(\dfrac{300}{400}\right)^{\frac{1}{1.4}} = 0.814 \text{(kg)}$

27 다음 중 이상기체에 대한 식으로 옳은 것은?(단, 각 기호에 대한 설명은 아래와 같다.)

• u : 단위질량당 내부에너지
• h : 비엔탈피   • T : 온도
• R : 기체상수   • P : 압력
• v : 비체적   • k : 비열비
• C_v : 정적비열   • C_P : 정압비열

① $\dfrac{du}{dT} - \dfrac{dh}{dT} = R$ ② $h = u + \dfrac{Pv}{RT}$

③ $C_v = \dfrac{R}{k-1}$ ④ $C_P = \dfrac{kC_v}{k-1}$

[해설]
$C_v = \dfrac{R}{k-1}$, $C_P = \dfrac{k}{k-1}R$

∴ $C_P - C_v = R$

28 밀폐된 피스톤-실린더 장치 안에 들어 있는 기체가 팽창을 하면서 일을 한다. 압력 P[MPa]와 부피 V[L]의 관계가 아래와 같을 때, 내부에 있는 기체의 부피가 5L에서 두 배로 팽창하는 경우 이 장치가 외부에 한 일은 약 몇 kJ인가?(단, $a = 3$ MPa/L², $b = 2$MPa/L, $c = 1$MPa)

$$P = 5(aV^2 + bV + c)$$

① 4,175   ② 4,375
③ 4,575   ④ 4,775

정답 24 ③ 25 ① 26 ③ 27 ④ 28 ④

해설
밀폐계의 일 = 절대일
$\delta W = PdV$

$$_1W_2 = \int_1^2 PdV = \int_1^2 5(aV^2+bV+c)dV$$
$$= \int_5^{10} 5(3V^2+2V+1)d = \int_5^{10}(15V^2+10V+5)dV$$
$$= 5[V^3]_5^{10} + 5[V^2]_5^{10} + 5[V]_5^{10}$$
$$= 5(1,000-125) + 5(100-25) + 5(10-5) = 4,775(\text{kJ})$$

29 다음 중 열역학 제2법칙에 대한 설명으로 틀린 것은?

① 에너지 보존에 대한 법칙이다.
② 제2종 영구기관은 존재할 수 없다.
③ 고립계에서 엔트로피는 감소하지 않는다.
④ 열은 외부 동력 없이 저온체에서 고온체로 이동할 수 없다.

해설
열역학 제1법칙(에너지 보존의 법칙)

$Q = AW$, $A = \dfrac{1}{427}(\text{kcal/kg} \cdot \text{m})$

$Q = \Delta U + AW$, $W = \dfrac{1}{A}Q = JQ$

열의 일당량$(J) = \dfrac{1}{A} = 427(\text{kg} \cdot \text{m/kcal})$

30 이상기체의 단위질량당 내부에너지 u, 비엔탈피 h, 비엔트로피 s에 관한 다음의 관계식 중에서 모두 옳은 것은?(단, T는 온도, p는 압력, v는 비체적을 나타낸다.)

① $Tds = du - vdp$, $Tds = dh - pdv$
② $Tds = du + pdv$, $Tds = dh - vdp$
③ $Tds = du - vdp$, $Tds = dh + pdv$
④ $Tds = du + pdv$, $Tds = dh + vdp$

해설
Maxwell의 관계식
비엔트로피$(\text{kJ/kg} \cdot \text{K})$
비엔트로피$(s) = Tds = du + pdv = dh - vdp$

$du = Tds - pdv$
$dh = Tds + vdp$

31 폴리트로픽 과정에서의 지수(Polytropic Index)가 비열비와 같을 때의 변화는?

① 정적변화
② 가역단열변화
③ 등온변화
④ 등압변화

해설
폴리트로픽지수(n), 폴리트로픽비열(C_n)

상태변화	n	C_n
정압변화	0	C_p
등온변화	1	∞
단열변화	k	0
정적변화	∞	C_v

※ 지수가 비열비(k)와 같을 때는 가역단열변화이다.

32 체적 0.4m³인 단단한 용기 안에 100℃의 물 2kg이 들어 있다. 이 물의 건도는 얼마인가?(단, 100℃의 물에 대해 포화수 비체적 $v_f = 0.00104$ m³/kg, 건포화증기 비체적 $v_g = 1.672$m³/kg이다.)

① 11.9%
② 10.4%
③ 9.9%
④ 8.4%

해설

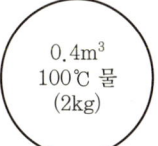

$V = V' + x(V'' - V')$, 건도$(x) = \dfrac{V - V'}{V'' - V'}$

비체적$(V) = \dfrac{V}{G} = \dfrac{0.4}{2} = 0.2(\text{m}^3/\text{kg})$

$\therefore$ 건도$(x) = \dfrac{0.2 - 0.00104}{1.672 - 0.00104} \times 100 = 11.9(\%)$

정답 29 ① 30 ② 31 ② 32 ①

33 그림과 같은 브레이튼 사이클에서 열효율(η)은?(단, P는 압력, v는 비체적이며, T_1, T_2, T_3, T_4는 각각의 지점에서의 온도이다. 또한 q_{in}과 q_{out}은 사이클에서 열이 들어오고 나감을 의미한다.)

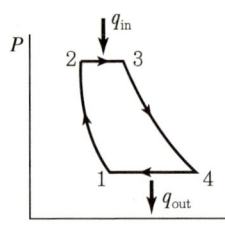

① $\eta = 1 - \dfrac{T_3 - T_2}{T_4 - T_1}$ ② $\eta = 1 - \dfrac{T_1 - T_2}{T_3 - T_4}$

③ $\eta = 1 - \dfrac{T_4 - T_1}{T_3 - T_2}$ ④ $\eta = 1 - \dfrac{T_3 - T_4}{T_1 - T_2}$

해설

가스터빈 브레이튼 사이클 구성

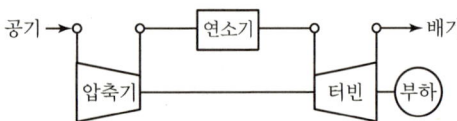

① → ② 단열압축(압축기)
② → ③ 정압가열(연소기)
③ → ④ 단열팽창(터빈)
④ → ① 정압방열

∴ 열효율(η_B) $= 1 - \dfrac{q_2}{q_1} = 1 - \dfrac{T_4 - T_1}{T_3 - T_2} = 1 - \left(\dfrac{1}{\gamma}\right)^{\frac{k-1}{k}}$

34 역카르노사이클로 작동하는 냉동사이클이 있다. 저온부가 $-10\,°\!C$, 고온부가 $40\,°\!C$로 유지되는 상태를 A상태라고 하고, 저온부가 $0\,°\!C$, 고온부가 $50\,°\!C$로 유지되는 상태를 B상태라 할 때, 성능계수는 어느 상태의 냉동사이클이 얼마나 더 높은가?

① A상태의 사이클이 0.8만큼 더 높다.
② A상태의 사이클이 0.2만큼 더 높다.
③ B상태의 사이클이 0.8만큼 더 높다.
④ B상태의 사이클이 0.2만큼 더 높다.

해설

A(T_1) = $-10\,°\!C$(263K), $40\,°\!C$(313K)
B(T_2) = $0\,°\!C$(273K), $50\,°\!C$(323K)

∴ COP $= 1 - \dfrac{40}{50} = 0.2$, COP $= \dfrac{T_2}{T_1 - T_2}$ (성적계수)

또는 $\left(\dfrac{273}{323-273}\right) - \left(\dfrac{263}{313-263}\right) = 5.46 - 5.26 = 0.2$

35 가솔린 기관의 이상표준사이클인 오토사이클(Otto Cycle)에 대한 설명 중 옳은 것을 모두 고른 것은?

ㄱ. 압축비가 증가할수록 열효율이 증가한다.
ㄴ. 가열과정은 일정한 체적하에서 이루어진다.
ㄷ. 팽창과정은 단열상태에서 이루어진다.

① ㄱ, ㄴ   ② ㄱ, ㄷ
③ ㄴ, ㄷ   ④ ㄱ, ㄴ, ㄷ

해설

오토사이클(공기표준사이클)
전기 점화기관의 이상사이클로서 동적 사이클이다.
① → ② 단열압축
② → ③ 등적가열
③ → ④ 단열팽창
④ → ① 등적방열

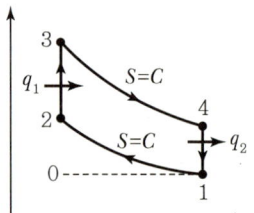

36 다음과 같은 특징이 있는 냉매의 종류는?

• 냉동창고 등 저온용으로 사용
• 산업용의 대용량 냉동기에 널리 사용
• 아연 등을 침식시킬 우려가 있음
• 연소성과 폭발성이 있음

① R-12   ② R-22
③ R-134a   ④ NH_3

정답 33 ③ 34 ④ 35 ④ 36 ④

해설
암모니아(NH₃) 냉매 특성
• 가연성 가스이다(폭발범위=15~28%).
• 아연(Zn) 등을 침식시킨다.

37 압축기에서 냉매의 단위질량당 압축하는 데 요구되는 에너지가 200kJ/kg일 때, 냉동기에서 냉동능력 1kW당 냉매의 순환량은 약 몇 kg/h인가?(단, 냉동기의 성능계수는 5.0이다.)

① 1.8
② 3.6
③ 5.0
④ 20.0

해설
1kW-h = 3,600(kJ)
증발량 = 200×5 = 1,000(kJ/h)
∴ 냉매순환량(G) = $\dfrac{냉동능력}{증발량}$ = $\dfrac{3,600}{1,000}$ = 3.6(kg/h)

38 40m³의 실내에 있는 공기의 질량은 약 몇 kg인가?(단, 공기의 압력은 100kPa, 온도는 27℃이며, 공기의 기체상수는 0.287kJ/kg·K이다.)

① 93
② 46
③ 10
④ 2

해설
$PV = GRT$, $G = \dfrac{PV}{RT}$
∴ 질량(G) = $\dfrac{100 \times 40}{0.287 \times (27+273)}$ = 46.45(kg)

39 동일한 최고 온도, 최저 온도 사이에 작동하는 사이클 중 최대의 효율을 나타내는 사이클은?

① 오토사이클
② 디젤사이클
③ 카르노사이클
④ 브레이튼사이클

해설
카르노사이클
완전가스를 작업물체로 하는 이상적인 사이클로서 2개의 등온변화, 2개의 단열변화로 이루어진다. 사이클 중 최대의 효율을 나타낸다.

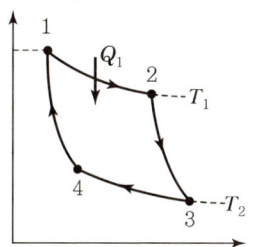

• 1 → 2(등온팽창)
• 2 → 3(단열팽창)
• 3 → 4(등온압축)
• 4 → 1(단열압축)

40 랭킨(Rankine) 사이클에서 응축기의 압력을 낮출 때 나타나는 현상으로 옳은 것은?

① 이론열효율이 낮아진다.
② 터빈 출구의 증기건도가 낮아진다.
③ 응축기의 포화온도가 높아진다.
④ 응축기 내의 절대압력이 증가한다.

해설
랭킨사이클에서 보일러압력이 높아지면 터빈에서 나오는 증기의 습도가 감소한다. 다만, 터빈의 출구에서 온도를 낮게 하면 터빈깃을 부식시키고 열효율이 감소된다.
※ 복수기(응축기 : 정압방열) 압력을 낮추면 열효율 증가, 증기건도는 터빈에서 높아진다.

3과목 계측방법

41 다음 가스분석법 중 흡수식인 것은?

① 오르자트법
② 밀도법
③ 자기법
④ 음향법

해설
흡수식 가스분석
오르자트법, 헴펠법, 자동화학식, 게겔법

정답 37 ② 38 ② 39 ③ 40 ② 41 ①

42 상온, 1기압에서 공기유속을 피토관으로 측정할 때 동압이 100mmAq이면 유속은 약 몇 m/s인가?(단, 공기의 밀도는 1.3kg/m³이다.)

① 3.2
② 13.2
③ 38.8
④ 50.5

해설

$$V = \sqrt{2g\left(\frac{\rho_1 - \rho}{\gamma}\right)h}$$

여기서, $h = 100mm = 0.1(m)$, Aq밀도 $= 1,000(kg/m^3)$

$$\therefore V = \sqrt{2 \times 9.8\left(\frac{1,000-1.3}{1.3}\right) \times 0.1} = 38.8(m/s)$$

43 유량 측정에 쓰이는 탭(Tap)방식이 아닌 것은?

① 베나 탭
② 코너 탭
③ 압력 탭
④ 플랜지 탭

해설

오리피스 차압식 유량계 탭
베나 탭, 코너 탭, 플랜지 탭

44 보일러의 자동제어에서 제어장치의 명칭과 제어량의 연결이 잘못된 것은?

① 자동연소 제어장치 – 증기압력
② 자동급수 제어장치 – 보일러수위
③ 과열증기온도 제어장치 – 증기온도
④ 캐스케이드 제어장치 – 노내 압력

해설

캐스케이드 제어(Cascade Control) : 측정제어
• 2개의 제어계 조합
• 1차 제어는 제어량 측정, 2차 제어는 제어량 조절

45 측정하고자 하는 상태량과 독립적 크기를 조정할 수 있는 기준량과 비교하여 측정, 계측하는 방법은?

① 보상법
② 편위법
③ 치환법
④ 영위법

해설

• 편위법 : 측정량이 원인이 되어 그 직접적인 결과로 생기는 지시로부터 측정량을 아는 방법이다. 정밀도는 낮으나 조작이 간단하다.
• 보상법 : 측정량과 거의 같은 미리 알고 있는 양을 준비하여 측정량과 그 미리 알고 있는 양의 차이로 측정량을 알아낸다.
• 치환법 : 지시량과 미리 알고 있는 양으로부터 측정량을 알아내는 방법이다.

46 다음 비례적분 동작에 대한 설명에서 ( ) 안에 들어갈 알맞은 용어는?

비례 동작에 발생하는 ( )을(를) 제거하기 위해 적분 동작과 결합한 제어

① 오프셋
② 빠른 응답
③ 지연
④ 외란

해설

비례적분 PI동작
오프셋(편차)을 제거하는 동작이다.

47 안지름 1,000mm의 원통형 물탱크에서 안지름 150mm인 파이프로 물을 수송할 때 파이프의 평균 유속이 3m/s이었다. 이때 유량(Q)과 물탱크 속의 수면이 내려가는 속도(V)는 약 얼마인가?

① $Q = 0.053m^3/s$, $V = 6.75cm/s$
② $Q = 0.831m^3/s$, $V = 6.75cm/s$
③ $Q = 0.053m^3/s$, $V = 8.31cm/s$
④ $Q = 0.831m^3/s$, $V = 8.31cm/s$

해설

원통형 물탱크 내용적(V) $= \frac{\pi}{6}D^3 = \frac{3.14}{6} \times 1^3 = 0.5233(m^3)$

물수송량(Q) $= A \times V = \frac{\pi}{4}d^2 \times V$

$= \frac{3.14}{4} \times 0.15^2 \times 3 = 0.053(m^3/s)$

정답 42 ③ 43 ③ 44 ④ 45 ④ 46 ① 47 ①

$$Q = \frac{\pi}{4}d^2 \times V_{하} = \frac{\pi}{4} \times (1m)^2 \times V_{하}$$

(유속) $V_{하} = \frac{4Q}{\pi} = \frac{4 \times 0.053}{\pi} = 0.06748(m/s)$

$\fallingdotseq 6.75(cm/s)$

48 램, 실린더, 기름탱크, 가압펌프 등으로 구성되어 있으며 탄성식 압력계의 일반교정용으로 주로 사용되는 압력계는?

① 분동식 압력계 ② 격막식 압력계
③ 침종식 압력계 ④ 벨로스식 압력계

해설
분동식 압력계
- 탄성식 2차 압력계 교정용
- 압력계 구성은 램, 실린더, 기름탱크, 가압펌프 등
- 측정범위는 기름에 따라 다르며 0.2~400MPa 정도 측정이 가능하다.

49 다음 측정 관련 용어에 대한 설명으로 틀린 것은?

① 측정량 : 측정하고자 하는 양
② 값 : 양의 크기를 함께 표현하는 수와 기준
③ 제어편차 : 목표치에 제어량을 더한 값
④ 양 : 수와 기준으로 표시할 수 있는 크기를 갖는 현상이나 물체 또는 물질의 성질

해설
제어편차
목표치에서 제어량을 뺀 값이다.

50 부자식(Float) 면적유량계에 대한 설명으로 틀린 것은?

① 압력손실이 적다.
② 정밀측정에는 부적합하다.
③ 대유량의 측정에 적합하다.
④ 수직배관에만 적용이 가능하다.

해설
면적식 부자식 유량계
테이퍼관을 사용하며, 부자는 상류와 하류의 차압에 의해
$P = P_1 - P_2 = C \times \frac{1}{2}\rho V^2$

여기서, C : 보정계수, ρ : 밀도, V : 유속

$\therefore Q = (S - S_o) \times \sqrt{\frac{2P}{C \cdot \rho}} = (S - S_o)\sqrt{\frac{2W}{C \cdot \rho \cdot S_o}}$

여기서, S : 횡단면적
S_o : 부자의 유효횡단면적
W : 부자의 중량에서 유체에 의한 부력을 뺀 값

※ 일반적으로 소유량 측정에 용이하다.

51 액주식 압력계에 필요한 액체의 조건으로 틀린 것은?

① 점성이 클 것
② 열팽창계수가 작을 것
③ 성분이 일정할 것
④ 모세관현상이 작을 것

해설
액주식 압력계에서 액체(물, 수은 등)의 조건은 점성이 적을 것

52 서미스터의 재질로서 적합하지 않은 것은?

① Ni ② Co
③ Mn ④ Pb

해설
서미스터 저항온도계 재질은 ①, ②, ③ 외 철(Fe), 구리(Cu) 등이 있다.

53 저항식 습도계의 특징으로 틀린 것은?

① 저온도의 측정이 가능하다.
② 응답이 늦고 정밀도가 좋지 않다.
③ 연속기록, 원격측정, 자동제어에 이용된다.
④ 교류전압에 의하여 저항치를 측정하여 상대습도를 표시한다.

정답 48 ① 49 ③ 50 ③ 51 ① 52 ④ 53 ②

[해설]
전기저항식 습도계 특징은 ①, ③, ④ 외에도 응답이 빠르고 온도계수가 크며 경년변화가 있는 결점이 있다.

54 가스미터의 표준기로도 이용되는 가스미터의 형식은?

① 오벌형   ② 드럼형
③ 다이어프램형   ④ 로터리 피스톤형

[해설]
가스미터 표준기
습식형이며 대표적으로 드럼형을 많이 이용한다.

55 물체의 온도를 측정하는 방사고온계에서 이용하는 원리는?

① 제벡 효과
② 필터 효과
③ 윈-프랑크의 법칙
④ 스테판-볼츠만의 법칙

[해설]
방사에너지 $(Q) = 4.88 \times \varepsilon \left(\dfrac{T}{100}\right)^4 (\text{kcal/m}^2\text{h})$

여기서, ε : 방사율
※ 스테판-볼츠만의 법칙을 이용하며 측정범위는 50~3,000℃

56 자동제어의 특성에 대한 설명으로 틀린 것은?

① 작업능률이 향상된다.
② 작업에 따른 위험 부담이 감소된다.
③ 인건비는 증가하나 시간이 절약된다.
④ 원료나 연료를 경제적으로 운영할 수 있다.

[해설]
자동제어는 인건비가 감소하고 시간이 절약되며 그 외에도 ①, ②, ④항의 특성을 지닌다.

57 1,000℃ 이상인 고온의 노내 온도측정을 위해 사용되는 온도계로 가장 적합하지 않은 것은?

① 제겔콘(Seger Cone) 온도계
② 백금저항온도계
③ 방사온도계
④ 광고온계

[해설]
① 제겔콘 온도계 : 1,580~2,000℃(또는 600~2,000℃)
② 백금저항온도계 : -200~500℃
③ 방사온도계 : 50~3,000℃
④ 광고온계 : 700~3,000℃

58 내열성이 우수하고 산화분위기 중에서도 강하며, 가장 높은 온도까지 측정이 가능한 열전대의 종류는?

① 구리-콘스탄탄
② 철-콘스탄탄
③ 크로멜-알루멜
④ 백금-백금·로듐

[해설]
열전대온도계
① 구리-콘스탄탄 : -200~350℃(300℃ 이상이면 산화분위기에 약하다)
② 철-콘스탄탄 : -200~800℃(산화분위기에 약하다)
③ 크로멜-알루멜 : 0~1,200℃(환원분위기에 강하다)
④ 백금-백금·로듐 : 0~1,600℃(산화분위기에 강하다)

59 열전대온도계에 대한 설명으로 틀린 것은?

① 보호관 선택 및 유지관리에 주의한다.
② 단자의 (+)와 보상도선의 (-)를 결선해야 한다.
③ 주위의 고온체로부터 복사열의 영향으로 인한 오차가 생기지 않도록 주의해야 한다.
④ 열전대는 측정하고자 하는 곳에 정확히 삽입하여 삽입한 구멍을 통하여 냉기가 들어가지 않게 한다.

정답 54 ② 55 ④ 56 ③ 57 ② 58 ④ 59 ②

해설
보호관부 단자 이음
⊕단자 : 보상도선 ⊕ 도선
⊖단자 : 보상도선 ⊖ 도선

60 압력센서인 스트레인 게이지의 응용원리로 옳은 것은?
① 온도의 변화
② 전압의 변화
③ 저항의 변화
④ 금속선의 굵기 변화

해설
전기식 압력계
• 전기저항식 : 전기저항 이용
• 압전기식(피에조식 압력계) : 전기기전력 이용
• 자기 스트레인게이지 : 전기저항 이용

4과목 열설비재료 및 관계법규

61 다음 중 중성 내화물에 속하는 것은?
① 납석질 내화물
② 고알루미나질 내화물
③ 반규석질 내화물
④ 샤모트질 내화물

해설
산성 내화물
• 규석질 내화물
• 반규석질 내화물
• 납석질 내화물
• 샤모트질 내화물

62 에너지이용 합리화법령상 검사대상기기에 대한 검사의 종류가 아닌 것은?
① 계속사용검사
② 개방검사
③ 개조검사
④ 설치장소 변경검사

해설
계속사용검사
안전검사, 성능검사
※ 안전검사 기준 : 개방검사, 사용 중 검사

63 에너지이용 합리화법령상 규정된 특정열사용기자재 품목이 아닌 것은?
① 축열식 전기보일러
② 태양열 집열기
③ 철금속 가열기
④ 용광로

해설
요로
• 금속요로(용광로, 제강로 등)
• 요업요로

64 회전가마(Rotary Kiln)에 대한 설명으로 틀린 것은?
① 일반적으로 시멘트, 석회석 등의 소성에 사용된다.
② 온도에 따라 소성대, 가소대, 예열대, 건조대 등으로 구분된다.
③ 소성대에는 황산염이 함유된 클링커가 용융되어 내화벽돌을 침식시킨다.
④ 시멘트 클링커의 제조방법에 따라 건식법, 습식법, 반건식법으로 분류된다.

해설
시멘트 제조용 가마 : 직접가열식, 간접가열식, 회전용융형
• 시멘트 제조용 가마 건식가마(회전가마) : 긴가마, 짧은가마
• 긴가마(건조대, 예열대, 소성대)

65 에너지이용 합리화법령상 검사대상기기관리자를 해임한 경우 한국에너지공단 이사장에게 그 사유가 발생한 날부터 신고해야 하는 기간은 며칠 이내인가?(단, 국방부장관이 관장하고 있는 검사대상기기관리자는 제외한다.)

정답 60 ③ 61 ② 62 ② 63 ④ 64 ③ 65 ④

① 7일　　　　② 10일
③ 20일　　　④ 30일

해설
검사대상기기관리자의 해임, 선임, 퇴직의 경우 그 사유가 발생한 날로부터 30일 이내에 한국에너지공단에 신고하여야 한다.

66 강관이음방법이 아닌 것은?

① 나사이음　　② 용접이음
③ 플랜지이음　④ 플레어이음

해설
동관의 이음
- 플레어이음(압축이음)
- 용접접합
- 분기관접합

67 다이어프램 밸브(Diaphragm Valve)의 특징이 아닌 것은?

① 유체의 흐름이 주는 영향이 비교적 적다.
② 기밀을 유지하기 위한 패킹이 불필요하다.
③ 주된 용도가 유체의 역류를 방지하기 위한 것이다.
④ 산 등의 화학약품을 차단하는 데 사용하는 밸브이다.

해설
체크밸브(역류방지밸브)
- 리프트식　· 스윙식　· 디스크식

68 연속가마, 반연속가마, 불연속가마의 구분 방식은 어떤 것인가?

① 온도상승속도　　② 사용목적
③ 조업방식　　　　④ 전열방식

해설
조업방식의 요의 구분(가마구분)
- 연속가마
- 반연속가마
- 불연속가마

69 다음 보온재 중 최고안전사용온도가 가장 낮은 것은?

① 유리섬유　　② 규조토
③ 우레탄폼　　④ 펄라이트

해설
최고안전사용온도
① 유리섬유 : 300℃ 이하
② 규조토 : 500℃ 이하
③ 우레탄폼 : 80℃ 이하
④ 펄라이트 : 1,100℃ 이하

70 윤요(Ring Kiln)에 대한 일반적인 설명으로 옳은 것은?

① 종이 칸막이가 있다.
② 열효율이 나쁘다.
③ 소성이 균일하다.
④ 석회소성용으로 사용된다.

해설
윤요의 특징
- 고리가마이다(종이 칸막이가 있다).
- 열효율이 높다.
- 내화벽 등의 소성용으로 사용된다.
- 소성이 균일하지 못하다.

71 에너지이용 합리화법령상 에너지절약전문기업의 사업이 아닌 것은?

① 에너지사용시설의 에너지절약을 위한 관리 · 용역 사업
② 에너지절약형 시설투자에 관한 사업
③ 신에너지 및 재생에너지원의 개발 및 보급사업
④ 에너지절약 활동 및 성과에 대한 금융상 · 세제상의 지원

해설
에너지절약 활동 및 성과에 대한 금융상 · 세제상의 지원은 정부에서 한다.

정답　66 ④　67 ③　68 ③　69 ③　70 ①　71 ④

72 에너지이용 합리화법령상 검사대상기기의 계속사용검사 유효기간 만료일이 9월 1일 이후인 경우 계속사용검사를 연기할 수 있는 기간기준은 몇 개월 이내인가?

① 2개월　　　　② 4개월
③ 6개월　　　　④ 10개월

해설
검사연기
• 9월 1일 이전 연기 : 연말까지
• 9월 1일 이후 : 4개월 이내

73 에너지이용 합리화법에 따라 에너지이용 합리화에 관한 기본계획 사항에 포함되지 않는 것은?

① 에너지절약형 경제구조로의 전환
② 에너지이용 합리화를 위한 기술개발
③ 열사용기자재의 안전관리
④ 국가에너지정책목표를 달성하기 위하여 대통령령으로 정하는 사항

해설
에너지이용법에서 에너지이용 합리화법 기본계획(제4조 관련)
①, ②, ③ 외 에너지원 간 대체, 에너지이용 효율의 증대, 에너지이용 합리화를 위한 홍보 및 교육, 그 밖에 에너지이용 합리화를 추진하기 위해 필요한 사항으로서 산업통상자원부령으로 정하는 사업

74 에너지이용 합리화법령상 시공업자단체에 대한 설명으로 틀린 것은?

① 시공업자는 산업통상자원부장관의 인가를 받아 시공업자단체를 설립할 수 있다.
② 시공업자단체는 개인으로 한다.
③ 시공업자는 시공업자단체에 가입할 수 있다.
④ 시공업자단체는 시공업에 관한 사항을 정부에 건의할 수 있다.

해설
에너지이용 합리화법 제41조에서 시공업자단체의 설립은 법인으로 하여야 한다.

75 에너지이용 합리화법령상 검사대상기기기기에 해당되지 않는 것은?

① 2종 관류보일러
② 정격용량이 1.2MW인 철금속가열로
③ 도시가스 사용량이 300kW인 소형온수보일러
④ 최고사용압력이 0.3MPa, 내부 부피가 0.04m³인 2종 압력용기

해설
전열면적 5m² 이하, 최고사용압력 0.1MPa 이하나 최고사용압력 1MPa 이하, 전열면적 5m² 이하 관류보일러(제2종)는 검사대상기기에서 제외한다.

76 두께 230mm의 내화벽돌이 있다. 내면의 온도가 320℃이고 외면의 온도가 150℃일 때 이 벽면 10m²에서 손실되는 열량(W)은?(단, 내화벽돌의 열전도율은 0.96W/m · ℃이다.)

① 710　　　　② 1,632
③ 7,096　　　④ 14,391

해설
열량손실(Q) = 면적×열관류율×온도차
$$= \left\{\frac{면적 \times 열전도율 \times 온도차}{벽체두께}\right\}$$
$$= \left\{\frac{10 \times 0.96 \times (320-150)}{0.23}\right\}$$
$$= 7,096(W)$$
※ 230(mm) = 0.23(m)

77 에너지법령상 에너지원별 에너지열량 환산기준으로 총발열량이 가장 낮은 연료는?(단, 1L 기준이다.)

① 윤활유　　　② 항공유
③ B-C유　　　④ 휘발유

해설
연료의 고위(총)발열량(kcal/L)
① 윤활유(9,550)　② 항공유(8,720)
③ B-C유(9,960)　④ 휘발유(7,810)

정답　72 ②　73 ④　74 ②　75 ①　76 ③　77 ④

78 보온재의 구비조건으로 가장 거리가 먼 것은?

① 밀도가 작을 것
② 열전도율이 작을 것
③ 재료가 부드러울 것
④ 내열, 내약품성이 있을 것

해설
보온재는 부드러운 것보다는 어느 정도 강도가 있어야 한다. 기타 ①, ②, ④항의 특성이 요구된다.

79 에너지이용 합리화법령상 연간 에너지사용량이 20만 티오이 이상인 에너지다소비사업자의 사업장이 받아야 하는 에너지진단 주기는 몇 년인가?(단, 에너지진단은 전체진단이다.)

① 3   ② 4
③ 5   ④ 6

해설
20만 티오이 이상 에너지다소비사업자의 에너지진단 전체진단 주기는 5년이다. 단, 부분진단은 3년마다 실시한다.

80 감압밸브에 대한 설명으로 틀린 것은?

① 작동방식에는 직동식과 파일럿식이 있다.
② 증기용 감압밸브의 유입측에는 안전밸브를 설치하여야 한다.
③ 감압밸브를 설치할 때는 직관부를 호칭경의 10배 이상으로 하는 것이 좋다.
④ 감압밸브를 2단으로 설치할 경우에는 1단의 설정압력을 2단보다 높게 하는 것이 좋다.

해설
감압밸브 안전밸브 위치 선정

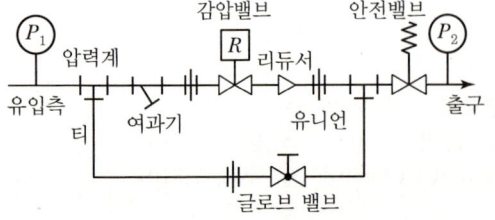

5과목 열설비설계

81 epm(equivalents per million)에 대한 설명으로 옳은 것은?

① 물 1L에 함유되어 있는 불순물의 양을 mg으로 나타낸 것
② 물 1톤에 함유되어 있는 불순물의 양을 mg으로 나타낸 것
③ 물 1L 중에 용해되어 있는 물질을 mg당량수로 나타낸 것
④ 물 1gallon 중에 함유된 grain의 양을 나타낸 것

해설
• ppm(mg/kg, g/ton) : 100만분율
• ppb(mg/ton) : 10억분율
• epm(meq/L) : 100만 단위 중량당량 중 1
• 탁도 : 증류수 1L 중 카올린 1mg 함유

82 증기트랩장치에 관한 설명으로 옳은 것은?

① 증기관의 도중이나 상단에 설치하여 압력의 급상승 또는 급히 물이 들어가는 경우 다른 곳으로 빼내는 장치이다.
② 증기관의 도중이나 말단에 설치하여 증기의 일부가 응축되어 고여 있을 때 자동적으로 빼내는 장치이다.
③ 보일러 동에 설치하여 드레인을 빼내는 장치이다.
④ 증기관의 도중이나 말단에 설치하여 증기를 함유한 침전물을 분리시키는 장치이다.

해설

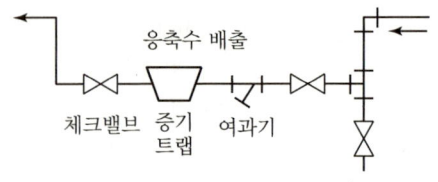

83 저온부식의 방지방법이 아닌 것은?

① 과잉공기를 적게 하여 연소한다.
② 발열량이 높은 황분을 사용한다.
③ 연료첨가제(수산화마그네슘)를 이용하여 노점온도를 낮춘다.
④ 연소 배기가스의 온도가 너무 낮지 않게 한다.

해설
저온부식인자 황(S)
S+O₂ → SO₂ (아황산 2,500kcal/kg)
SO₂+$\frac{1}{2}$O₂ → SO₃
SO₃+H₂O → H₂SO₄ (진한 황산 : 저온부식)

84 급수처리에서 양질의 급수를 얻을 수 있으나 비용이 많이 들어 보급수의 양이 적은 보일러 또는 선박보일러에서 해수로부터 청수(Pure Water)를 얻고자 할 때 주로 사용하는 급수처리방법은?

① 증류법 ② 여과법
③ 석회소다법 ④ 이온교환법

해설
급수처리 용존물 처리(화학적 방법)
• 중화법 • 연화법 • 기폭법 • 탈기법
• 증류법(양질의 급수, 비용부담)

85 보일러 설치·시공기준상 대형보일러를 옥내에 설치할 때 보일러 동체 최상부에서 보일러실 상부에 있는 구조물까지의 거리는 얼마 이상이어야 하는가?(단, 주철제보일러는 제외한다.)

① 60cm ② 1m
③ 1.2m ④ 1.5m

해설
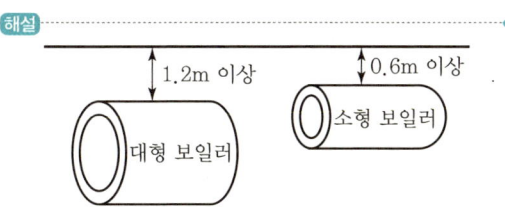

86 보일러에 설치된 과열기의 역할로 틀린 것은?

① 포화증기의 압력증가
② 마찰저항 감소 및 관내 부식 방지
③ 엔탈피 증가로 증기소비량 감소 효과
④ 과열증기를 만들어 터빈의 효율 증대

해설
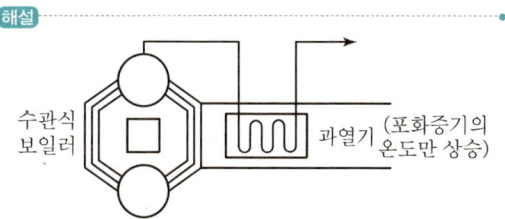

87 지름이 d(cm), 두께가 t(cm)인 얇은 두께의 밀폐된 원통 안에 압력 P(MPa)가 작용할 때 원통에 발생하는 원주방향의 인장응력(MPa)을 구하는 식은?

① $\frac{\pi dP}{2t}$ ② $\frac{\pi dP}{4t}$
③ $\frac{dP}{2t}$ ④ $\frac{dP}{4t}$

해설
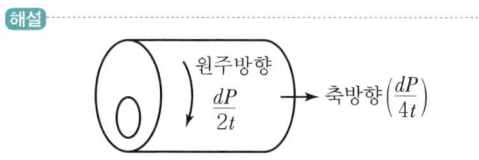

88 일반적으로 리벳이음과 비교할 때 용접이음의 장점으로 옳은 것은?

① 이음효율이 좋다.
② 잔류응력이 발생되지 않는다.
③ 진동에 대한 감쇠력이 높다.
④ 응력집중에 대하여 민감하지 않다.

정답 83 ② 84 ① 85 ③ 86 ① 87 ③ 88 ①

해설
용접이음 특성
- 이음효율이 좋다.
- 잔류응력이 발생한다.
- 진동에 의한 감쇠력이 약화된다.
- 응력집중에 대하여 민감하다.

89 보일러 설치검사기준에 대한 사항 중 틀린 것은?

① 5t/h 이하의 유류보일러의 배기가스 온도는 정격부하에서 상온과의 차가 300℃ 이하이어야 한다.
② 저수위안전장치는 사고를 방지하기 위해 먼저 연료를 차단한 후 경보를 울리게 해야 한다.
③ 수입보일러의 설치검사의 경우 수압시험은 필요하다.
④ 수압시험 시 공기를 빼고 물을 채운 후 천천히 압력을 가하여 규정된 시험수압에 도달된 후 30분이 경과된 뒤에 검사를 실시하여 검사가 끝날 때까지 그 상태를 유지한다.

해설

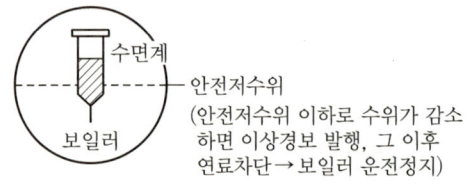

90 열사용기자재의 검사 및 검사면제에 관한 기준상 보일러 동체의 최소두께로 틀린 것은?

① 안지름이 900mm 이하의 것 : 6mm
 (단, 스테이를 부착할 경우)
② 안지름이 900mm 초과 1,350mm 이하의 것 : 8mm
③ 안지름이 1,350mm 초과 1,850m 이하의 것 : 10mm
④ 안지름이 1,850mm 초과하는 것 : 12mm

해설
동체의 최소두께 중 안지름이 900mm 이하의 것에서, 스테이를 부착한 경우는 8mm 이상이어야 한다.

91 노통보일러 중 원통형의 노통이 2개 설치된 보일러를 무엇이라고 하는가?

① 라몬트보일러
② 바브콕보일러
③ 다우섬보일러
④ 랭커셔보일러

해설

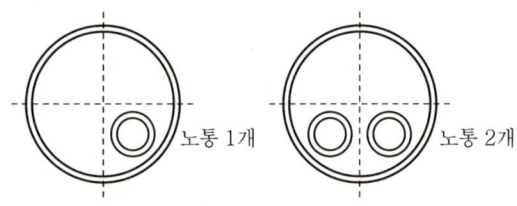

[코니시 보일러]   [랭커셔 보일러]

- 수관식 보일러 : 라몬트, 바브콕
- 열매체보일러 : 다우섬

92 급수온도 20℃인 보일러에서 증기압력이 1MPa이며 이때 온도 300℃의 증기가 1t/h씩 발생될 때 상당증발량은 약 몇 kg/h인가?(단, 증기압력 1MPa에 대한 300℃의 증기엔탈피는 3,052kJ/kg, 20℃에 대한 급수엔탈피는 83kJ/kg이다.)

① 1,315   ② 1,565
③ 1,895   ④ 2,325

해설
상당증발량(W_e)
$$= \frac{증기발생량 \times (증기엔탈피 - 급수엔탈피)}{2,257(kJ/kg)} (kgf/h)$$
$$= \frac{1 \times 10^3 \times (3,052 - 83)}{2,257} = 1,315(kgf/h)$$

정답 89 ② 90 ① 91 ④ 92 ①

93 전열면에 비등기포가 생겨 열유속이 급격하게 증대하며, 가열면상에 서로 다른 기포의 발생이 나타나는 비등과정을 무엇이라고 하는가?

① 단상액체 자연대류
② 핵비등
③ 천이비등
④ 포밍

해설
핵비등
전열면에 비등기포가 생겨 열유속이 급격하게 증대하며 가열면 상에 서로 다른 기포의 발생이 나타나는 비등이다.

94 고압증기터빈에서 팽창되어 압력이 저하된 증기를 가열하는 보일러의 부속장치는?

① 재열기
② 과열기
③ 절탄기
④ 공기예열기

해설
재열기
과열증기가 고압증기터빈에서 팽창되어 압력이 저하된 증기를 재가열하는 부속장치

95 보일러 · 슬러지 중에 염화마그네슘이 용존되어 있을 경우 180℃ 이상에서 강의 부식을 방지하기 위한 적정 pH는?

① 5.2±0.7
② 7.2±0.7
③ 9.2±0.7
④ 11.2±0.7

해설
염화마그네슘($MgCl_2$)의 슬러지가 물속에 용존되어 180℃ 이상에서 강의 부식을 방지하기 위하여 적정한 pH 값은 (11.2±0.7) 정도이다.

96 다음 중 보일러 내처리에 사용하는 pH 조정제가 아닌 것은?

① 수산화나트륨
② 탄닌
③ 암모니아
④ 제3인산나트륨

해설
슬러지 조정제
탄닌, 리그린, 전분(녹말)이며 CO_2가 발생하므로 저압보일러에 사용한다.

97 소용량주철제보일러에 대한 설명에서 ( ) 안에 들어갈 내용으로 옳은 것은?

> 소용량주철제보일러는 주철제보일러 중 전열면적이 (㉠)m^2 이하이고 최고사용압력이 (㉡)MPa 이하인 보일러다.

① ㉠ 4 ㉡ 0.1
② ㉠ 5 ㉡ 0.1
③ ㉠ 4 ㉡ 0.5
④ ㉠ 5 ㉡ 0.5

해설
소용량보일러(강철제, 주철제) 기준
• 최고사용압력 : 0.1MPa 이하($1kgf/cm^2$)
• 전열면적 : $5m^2$ 이하

98 외경 30mm, 벽두께 2mm의 관 내측과 외측의 열전달계수는 모두 $3,000W/m^2 \cdot K$이다. 관 내부온도가 외부보다 30℃만큼 높고, 관의 열전도율이 $100W/m \cdot K$일 때 관의 단위길이당 열손실량은 약 몇 W/m인가?

① 2,979
② 3,324
③ 3,824
④ 4,174

정답 93 ② 94 ① 95 ④ 96 ② 97 ② 98 ③

해설

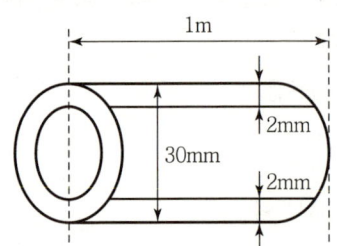

손실열량 $(Q) = \dfrac{A \times \Delta t}{\dfrac{1}{a_1} + \dfrac{b}{\lambda} + \dfrac{1}{a_2}}$

$\Delta t = 30℃$ (온도차)
$\gamma_0 = 3.0mm = 0.03m$
$\gamma = 30 - (2+2) = 26mm(0.026m)$

평균면적 $(A) = \pi \left[\dfrac{\gamma_0 - \gamma}{\ln\left(\dfrac{\gamma_0}{\gamma}\right)} \right]$

$= 3.14 \times \left[\dfrac{0.03 - 0.026}{\ln\left(\dfrac{0.03}{0.026}\right)} \right] \times 1 = 0.0877 m^2$

$\therefore Q = \left(\dfrac{0.0877 \times 30}{\dfrac{1}{3,000} + \dfrac{0.002}{100} + \dfrac{1}{3,000}} \right) \times 1 = 3,824 W/m$

99 다음 그림과 같은 V형 용접이음의 인장응력 (σ)을 구하는 식은?

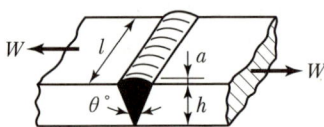

① $\sigma = \dfrac{W}{hl}$ ② $\sigma = \dfrac{2W}{hl}$

③ $\sigma = \dfrac{W}{ha}$ ④ $\sigma = \dfrac{W}{2hl}$

해설
V형 맞대기 용접이음의 인장응력 (σ)
$\sigma = \left(\dfrac{W}{h \cdot l}\right) = \dfrac{하중}{두께 \times 길이}$

100 대향류 열교환기에서 고온 유체의 온도는 T_{H1}에서 T_{H2}로, 저온 유체의 온도는 T_{C1}에서 T_{C2}로 열교환에 의해 변화된다. 열교환기의 대수평균온도차(LMTD)를 옳게 나타낸 것은?

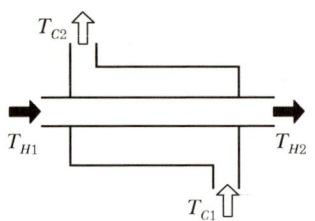

① $\dfrac{T_{H1} - T_{H2} + T_{C2} - T_{C1}}{\ln\left(\dfrac{T_{H1} - T_{C1}}{T_{H2} - T_{C2}}\right)}$

② $\dfrac{T_{H1} + T_{H2} - T_{C1} - T_{C2}}{\ln\left(\dfrac{T_{H1} - T_{H2}}{T_{C2} - T_{C1}}\right)}$

③ $\dfrac{T_{H2} - T_{H1} + T_{C2} - T_{C1}}{\ln\left(\dfrac{T_{H1} - T_{C2}}{T_{H2} - T_{C1}}\right)}$

④ $\dfrac{T_{H1} - T_{H2} + T_{C1} - T_{C2}}{\ln\left(\dfrac{T_{H1} - T_{C2}}{T_{H2} - T_{C1}}\right)}$

해설
대향류형 열교환기(LMTD)
$= \dfrac{(T_{H1} - T_{H2}) + (T_{C1} - T_{C2})}{\ln\left(\dfrac{T_{H1} - T_{C2}}{T_{H2} - T_{C1}}\right)}(℃)$

$LMTD = \dfrac{\Delta t_1 - \Delta t_2}{\ln\left(\dfrac{\Delta t_1}{\Delta t_2}\right)}$

정답 99 ① 100 ④

2022년 2회 기출문제

1과목 연소공학

01 세정집진장치의 입자 포집원리에 대한 설명으로 틀린 것은?

① 액적에 입자가 충돌하여 부착한다.
② 입자를 핵으로 한 증기의 응결에 의하여 응집성을 증가시킨다.
③ 미립자의 확산에 의하여 액적과의 접촉을 좋게 한다.
④ 배기의 습도 감소에 의하여 입자가 서로 응집한다.

해설

세정집진장치 ─ 습식 ─ 유수식
              │   ├ 가압수식
              │   └ 회전식
              ├ 건식
              └ 전기식

세정식은 배기의 습도 증가에 의하여 입자가 서로 응집한다.

02 저위발열량 93,766kJ/Nm³의 C_3H_8을 공기비 1.2로 연소시킬 때 이론연소온도는 약 몇 K인가?(단, 배기가스의 평균비열은 1.653kJ/Nm³·K이고 다른 조건은 무시한다.)

① 1,656 ② 1,756
③ 1,856 ④ 1,956

해설

• 이론연소온도(t) = $\dfrac{H_l}{C_p \times G}$

• 프로판의 배기가스양(G)
  $G = (m - 0.21)A_0 + CO_2 + H_2O$
  $C_3H_8 + 5O_2 \rightarrow 3CO_2 + 4H_2O$
  $= (1.2 - 0.21) \times \dfrac{5}{0.21} + 3 + 4 = 30.57$ kJ/Nm³

∴ $t = \dfrac{93,766}{1.653 \times 30.57} = 1,856$ K

※ 이론공기량(A_0) = 이론산소량 × $\dfrac{1}{0.21}$

03 탄소(C) 84w%, 수소(H) 12w%, 수분 4w%의 중량조성을 갖는 액체연료에서 수분을 완전히 제거한 다음 1시간당 5kg을 완전연소시키는 데 필요한 이론공기량은 약 몇 Nm³/h인가?

① 55.6 ② 65.8
③ 73.5 ④ 89.2

해설

이론공기량(A_0) = $8.89C + 26.67\left(H - \dfrac{O}{8}\right) + 3.33S$

황(S)과 산소(O)는 없으므로
$A_0 = 8.89 \times 0.84 + 26.67 \times 0.12 = 10.668$ Nm³/kg
10.668 Nm³/kg × 5kg = 53.34 Nm³

∴ $53.34 \times \dfrac{100\%}{100\% - 4\%} = 55.56$ Nm³

04 다음 체적비(%)의 코크스로 가스 1Nm³를 완전연소시키기 위하여 필요한 이론공기량은 약 몇 Nm³인가?

| CO_2 : 2.1 | C_2H_4 : 3.4 | O_2 : 0.1 | N_2 : 3.3 |
| CO : 6.6 | CH_4 : 32.5 | H_2 : 52.0 | |

① 0.97 ② 2.97
③ 4.97 ④ 6.97

해설

• 가연성 가스양 : 에틸렌 C_2H_4, 일산화탄소 CO, 메탄 CH_4, 수소 H_2, 산소 O_2(0.1%)

$C_2H_4 + 3O_2 \rightarrow 2CO_2 + 2H_2O$, $CO + \dfrac{1}{2}O_2 \rightarrow CO_2$,
$H_2 + 0.5O_2 \rightarrow H_2O$, $CH_4 + 2O_2 \rightarrow CO_2 + 2H_2O$

• 이론산소량 = [3×0.033 + 0.5×0.066 + 0.5×0.52 + 2×0.325] − 0.001 = 1.041 Nm³/Nm³

∴ 이론공기량(A_0) = $\dfrac{이론산소량}{0.21} = \dfrac{1.041}{0.21}$
  = 4.96 Nm³/Nm³

정답 01 ④ 02 ③ 03 ① 04 ③

05 표준 상태에서 메탄 1mol이 연소할 때 고위발열량과 저위발열량의 차이는 약 몇 kJ인가?(단, 물의 증발잠열은 44kJ/mol이다.)

① 42 ② 68
③ 76 ④ 88

해설
메탄(CH_4) + $2O_2$ → CO_2 + $2H_2O$
고위발열량(H_h) = 저위발열량 + 물의 증발잠열
메탄 1몰 연소 시 H_2O는 2몰 생성되므로
∴ $44 \times 2 = 88$ kJ/mol

06 가연성 혼합가스의 폭발한계 측정에 영향을 주는 요소로 가장 거리가 먼 것은?

① 온도 ② 산소 농도
③ 점화에너지 ④ 용기의 두께

해설
혼합가스 폭발한계 측정에 영향을 주는 요소
온도, 산소 농도, 점화에너지, 용기의 구조 등

07 가스폭발 위험 장소의 분류에 속하지 않는 것은?

① 제0종 위험장소 ② 제1종 위험장소
③ 제2종 위험장소 ④ 제3종 위험장소

해설
전기설비의 방폭성능기준 위험장소 등급분류
• 제0종 위험장소
• 제1종 위험장소
• 제2종 위험장소

08 기계분(스토커) 화격자 중 연소하고 있는 석탄의 화층 위에 석탄을 기계적으로 산포하는 방식은?

① 횡입(쇄상)식 ② 상입식
③ 하입식 ④ 계단식

해설
상입식 스토커
연소하고 있는 석탄의 화층 위에 석탄을 기계적으로 골고루 산포하는 방식이다. 그 반대는 하입식이다.

09 중유를 연소하여 발생된 가스를 분석하였을 때 체적비로 CO_2는 14%, O_2는 7%, N_2는 79%이었다. 이때 공기비는 약 얼마인가?(단, 연료에 질소는 포함하지 않는다.)

① 1.4 ② 1.5
③ 1.6 ④ 1.7

해설
공기비(과잉공기계수) = $\dfrac{N_2}{N_2 - 3.76(O_2 - 0.5CO)}$
CO 성분이 없으므로
공기비(m) = $\dfrac{79}{79 - 3.76 \times 7} = 1.5$

10 일반적인 천연가스에 대한 설명으로 가장 거리가 먼 것은?

① 주성분은 메탄이다.
② 옥탄가가 높아 자동차 연료로 사용이 가능하다.
③ 프로판가스보다 무겁다.
④ LNG는 대기압하에서 비등점이 -162℃인 액체이다.

해설
• 천연가스(NG)의 주성분 : 메탄(CH_4)
• 석유가스의 주성분 : 프로판(C_3H_8), 부탄(C_4H_{10})
• 공기의 분자량 29, 메탄 분자량 16, 프로판 분자량 44이므로
메탄의 비중 = $\dfrac{16}{29} = 0.55$, 프로판의 비중 = $\dfrac{44}{29} = 1.52$

11 다음 중 일반적으로 연료가 갖추어야 할 구비조건이 아닌 것은?

① 연소 시 배출물이 많아야 한다.
② 저장과 운반이 편리해야 한다.

정답 05 ④ 06 ④ 07 ④ 08 ② 09 ② 10 ③ 11 ①

③ 사용 시 위험성이 적어야 한다.
④ 취급이 용이하고 안전하며 무해하여야 한다.

해설
연료는 연소 시 배출물(회분 : 재)이 적어야 관리가 편리하다(석탄, 장작 등 고체연료는 배출물이 많다).

12 코크스의 적정 고온건류온도(℃)는?

① 500~600
② 1,000~1,200
③ 1,500~1,800
④ 2,000~2,500

해설
코크스(역청탄)의 건류온도
- 고온건류 : 1,000℃ 내외
- 저온건류 : 500~600℃ 내외

13 수소 4kg을 과잉공기계수 1.4의 공기로 완전연소시킬 때 발생하는 연소가스 중의 산소량은 약 몇 kg인가?

① 3.20
② 4.48
③ 6.40
④ 12.8

해설

$H_2 + \dfrac{1}{2}O_2 \rightarrow H_2O$

2kg　16kg　18kg
1kg　8kg　9kg

∴ $O_2 = 8 \times (1.4 - 1) \times 4 = 12.8$ kg

14 액화석유가스(LPG)의 성질에 대한 설명으로 틀린 것은?

① 인화폭발의 위험성이 크다.
② 상온, 대기압에서는 액체이다.
③ 가스의 비중은 공기보다 무겁다.
④ 기화잠열이 커서 냉각제로도 이용 가능하다.

해설
LPG 가스 중 프로판의 비점은 −41.2℃, 부탄의 비점은 −0.5℃ 이므로 상온 대기압하에서는 기체이다.

15 다음 대기오염 방지를 위한 집진장치 중 습식집진장치에 해당하지 않는 것은?

① 백필터
② 충진탑
③ 벤투리 스크러버
④ 사이클론 스크러버

해설
건식집진장치
전기식, 백필터식, 원심식 등

16 황(S) 1kg을 이론공기량으로 완전연소시켰을 때 발생하는 연소가스양은 약 몇 Nm^3인가?

① 0.70
② 2.00
③ 2.63
④ 3.33

해설

S　+　O_2　→　SO_2 (공기량이 연소가스양이다.)
32kg　22.4Nm^3　22.4Nm^3

연소가스양(G) = $\dfrac{22.4}{32} \times \dfrac{1}{0.21} = 3.33 Nm^3/Nm^3$

※ 공기 중 질소 79%, 산소 21%

17 대도시의 광화학 스모그(Smog) 발생의 원인 물질로 문제가 되는 것은?

① NOx
② He
③ CO
④ CO_2

해설
대도시 광화학 스모그 발생원인
질소산화물(녹스 : NOx)

정답 12 ②　13 ④　14 ②　15 ①　16 ④　17 ①

18 기체연료의 일반적인 특징으로 틀린 것은?

① 연소효율이 높다.
② 고온을 얻기 쉽다.
③ 단위 용적당 발열량이 크다.
④ 누출되기 쉽고 폭발의 위험성이 크다.

해설
기체연료는 고체연료나 액체연료에 비하여 단위 질량당 발열량이 크다.

19 다음 반응식으로부터 프로판 1kg의 발열량은 약 몇 MJ인가?

$$C + O_2 \rightarrow CO_2 + 406 kJ/mol$$
$$H_2 + \frac{1}{2}O_2 \rightarrow H_2O + 241 kJ/mol$$

① 33.1 ② 40.0
③ 49.6 ④ 65.8

해설
프로판(C_3H_8)의 반응식
C_3H_8 + $5O_2$ → $3CO_2$ + $4H_2O$
44kg   5×32kg   3×44kg   4×18kg
1mol=44g, 1kmol=44kg, 1kmol=1,000mol
1MJ=10^6J=1,000kJ

$$\therefore \frac{406 \times 3 + 241 \times 4}{44} = 49.6 MJ$$

20 석탄, 코크스, 목재 등을 적열상태로 가열하고, 공기로 불완전 연소시켜 얻는 연료는?

① 천연가스   ② 수성가스
③ 발생로가스 ④ 오일가스

해설
발생로가스
석탄, 코크스, 목재 등을 적열상태로 가열하고 공기로 불완전 연소시켜 얻는(N_2 : 55.8%, CO : 25.4%, H_2 : 13%) 발열량 1,100kcal/Nm^3의 가스이다.

2과목 열역학

21 다음 중 물의 임계압력에 가장 가까운 값은?

① 1.03kPa ② 100kPa
③ 22MPa   ④ 63MPa

해설
물의 임계점
• 임계압력 : 22.556MPa
• 임계온도 : 374.15℃

22 27℃, 100kPa에 있는 이상기체 1kg을 700kPa까지 가역단열압축하였다. 이때 소요된 일의 크기는 몇 kJ인가?(단, 이 기체의 비열비는 1.4, 기체상수는 0.287kJ/kg·K이다.)

① 100 ② 160
③ 320 ④ 400

해설
단열압축 $\left(\dfrac{T_2}{T_1}\right) = \left(\dfrac{V_1}{V_2}\right)^{k-1} = \left(\dfrac{P_2}{P_1}\right)^{\frac{k-1}{k}}$

일량($_1W_2$) = $\dfrac{GR}{k-1} \times (T_2 - T_1)$

$T_2 = T_1 \times \left(\dfrac{P_2}{P_1}\right)^{\frac{k-1}{k}} = (27+273) \times \left(\dfrac{700}{100}\right)^{\frac{1.4-1}{1.4}} = 523K$

$\therefore {}_1W_2 = \dfrac{1 \times 0.287}{1.4-1} \times (523-300) = 160kJ$

23 "PV^n=일정"인 과정에서 밀폐계가 하는 일을 나타낸 식은?(단, P는 압력, V는 부피, n은 상수이며, 첨자 1, 2는 각각 과정 전·후 상태를 나타낸다.)

① $P_2V_2 - P_1V_1$ ② $\dfrac{P_1V_1 - P_2V_2}{n-1}$

③ $\dfrac{P_2V_2^{n-1} - P_1V_1^{n-1}}{n-1}$ ④ $P_1V_1^n(V_2 - V_1)$

정답 18 ③ 19 ③ 20 ③ 21 ③ 22 ② 23 ②

해설

"$PV^n = $일정"인 과정에서 밀폐계가 하는 일

- 절대일 $= \dfrac{(P_1V_1 - P_2V_2)}{n-1}$
- 공업일 $= \dfrac{n(P_1V_1 - P_2V_2)}{n-1}$

24 압력 1MPa인 포화액의 비체적 및 비엔탈피는 각각 0.0012m³/kg, 762.8kJ/kg이고, 포화증기의 비체적 및 비엔탈피는 각각 0.1944m³/kg, 2,778.1kJ/kg이다. 이 압력에서 건도가 0.7인 습증기의 단위 질량당 내부에너지는 약 몇 kJ/kg인가?

① 2,037.1 ② 2,173.8
③ 2,251.3 ④ 2,393.5

해설

㉠ 포화액
- 비체적 : 0.0012m³/kg
- 비엔탈피 : 762.8kJ/kg

㉡ 포화증기
- 비체적 : 0.1944m³/kg
- 비엔탈피 : 2,778.1kJ/kg

㉢ 건도 : 0.7, 압력 1MPa

증기 엔탈피(h) $= 762.8 + 0.7(2,778.1 - 762.8)$
$\qquad = 2,174$kJ/kg

∴ 내부에너지 $= 2,174 - [762.8 \times (0.1944 - 0.0012)]$
$\qquad = 2,027$kJ/kg

25 냉동능력을 나타내는 단위로 0℃의 물 1,000kg을 24시간 동안에 0℃의 얼음으로 만드는 능력을 무엇이라 하는가?

① 냉동계수 ② 냉동마력
③ 냉동톤   ④ 냉동률

해설

1RT(냉동톤) : 0℃의 물 1,000kg을 24시간 동안 0℃의 얼음으로 만드는 능력(Ton of Refrigeration)

1RT $= 79.68$kcal/kg $\times \dfrac{1,000\text{kg}}{24\text{hr}} = 3,320$kcal/hr

※ 얼음의 융해잠열 : 79.68kcal/kg

26 압축비가 5인 오토 사이클 기관이 있다. 이 기관이 10~1,500℃의 온도범위에서 작동할 때 최고압력은 약 몇 kPa인가?(단, 최저압력은 100kPa, 비열비는 1.4이다.)

① 3,080 ② 2,650
③ 1,961 ④ 1,247

해설

오토 사이클 압축비(ε) $= \dfrac{V_1}{V_2} = \dfrac{V_4}{V_3}$

열효율(η_0) $= 1 - \left(\dfrac{1}{\varepsilon}\right)^{k-1}$

$T_2 = T_1 \times \varepsilon^{k-1} = (15+273) \times 5^{1.4-1} = 548$K
$P_2 = P_1 \times \varepsilon^{1.4} = 100 \times 5^{1.4} = 952$

∴ $P_3 = P_2 \times \left(\dfrac{T_3}{T_2}\right) = 952 \times \left(\dfrac{1,773}{548}\right) = 3,080$kPa

27 온도 30℃, 압력 350kPa에서 비체적이 0.449 m³/kg인 이상기체의 기체상수는 약 몇 kJ/kg · K인가?

① 0.143 ② 0.287
③ 0.518 ④ 0.842

해설

기체상수(R) $= C_p - C_v$, $k = \dfrac{C_p}{C_v}$ (비열비)

비체적(V) $= \dfrac{RT}{P} = 0.449 = \dfrac{R \times (30+273)}{350}$

∴ $R = \dfrac{350 \times 0.449}{30+273} = 0.518$kJ/kg · K

28 브레이턴 사이클의 이론 열효율을 높일 수 있는 방법으로 틀린 것은?

① 공기의 비열비를 감소시킨다.
② 터빈에서 배출되는 공기의 온도를 낮춘다.
③ 연소기로 공급되는 공기의 온도를 낮춘다.
④ 공기압축기의 압력비를 증가시킨다.

정답 24 ① 25 ③ 26 ① 27 ③ 28 ①

해설

브레이턴 사이클의 이론 열효율은 압력비만의 함수이며 압력비가 클수록 열효율이 증가한다.

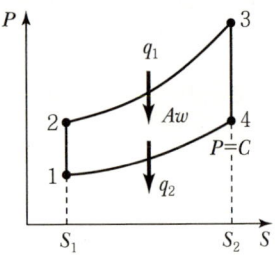

$$\eta_B = 1 - \frac{T_4 - T_1}{T_3 - T_2}$$

$$T_2 = T_1 \rho^{\frac{k-1}{k}} = T_1 \left(\frac{P_2}{P_1}\right)^{\frac{k-1}{k}}$$

29 다음 중 이상적인 랭킨 사이클의 과정으로 옳은 것은?

① 단열압축 → 정적가열 → 단열팽창 → 정압방열
② 단열압축 → 정압가열 → 단열팽창 → 정적방열
③ 단열압축 → 정압가열 → 단열팽창 → 정압방열
④ 단열압축 → 정적가열 → 단열팽창 → 정적방열

해설

랭킨 사이클
- 2개의 정압변화, 2개의 단열변화로 구성
- 단열압축 → 정압가열 → 단열팽창 → 정압방열

30 열역학 제1법칙을 설명한 것으로 옳은 것은?

① 절대 영도, 즉 0K에는 도달할 수 없다.
② 흡수한 열을 전부 일로 바꿀 수는 없다.
③ 열을 일로 변환할 때 또는 일을 열로 변환할 때 전체 계의 에너지 총량은 변하지 않고 일정하다.
④ 제3의 물체와 열평형에 있는 두 물체는 그들 상호 간에도 열평형에 있으며, 물체의 온도는 서로 같다.

해설

- 열역학 제1법칙 : 열을 일로 변환할 때 또는 일을 열로 변환할 때 전체 계의 에너지 총량은 변하지 않고 일정하다(밀폐계가 한 사이클에서 한 참일은 받은 참열량과 같다).
- 열역학 제2법칙 : 엔트로피 증가의 법칙이다.

31 냉매가 구비해야 할 조건 중 틀린 것은?

① 증발열이 클 것
② 비체적이 작을 것
③ 임계온도가 높을 것
④ 비열비가 클 것

해설

냉매가 비열비가 크면 냉매가스의 토출가스 온도가 높아지며 압축기의 실린더가 과열된다.

32 성능계수가 4.3인 냉동기가 1시간 동안 30MJ의 열을 흡수한다. 이 냉동기를 작동하기 위한 동력은 약 몇 kW인가?

① 0.25 ② 1.94
③ 6.24 ④ 10.4

해설

$$성능계수(COP) = \frac{냉매의 증발열(\gamma)}{전동기의 일의 열당량(A)}$$

$$4.3 = \frac{\gamma}{A} = \frac{30}{A}, \quad A = \frac{8.33}{4.3} = 1.94$$

※ 1kWh = 3,600J
  30MJ = 30×10⁶J = 30,000,000J
       = 30,000kJ = 8.33kW

33 단열 밀폐되어 있는 탱크 A, B가 밸브로 연결되어 있다. 두 탱크에 들어 있는 공기(이상기체)의 질량은 같고, A탱크의 체적은 B탱크 체적의 2배, A탱크의 압력은 200kPa, B탱크의 압력은 100kPa이다. 밸브를 열어서 평형이 이루어진 후 최종 압력은 약 몇 kPa인가?

정답 29 ③ 30 ③ 31 ④ 32 ② 33 ④

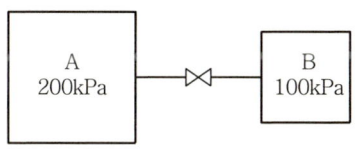

① 120　　　　　② 133
③ 150　　　　　④ 167

해설

A탱크 체적 : 2배, B탱크 체적 : 1배
2+1=3배
$\frac{200}{3}=67\text{kPa}$

∴ 통합 후의 압력(P_3) = $\frac{200+100}{3}+67=167\text{kPa}$

34 한 과학자가 자기가 만든 열기관이 80℃와 10℃ 사이에서 작동하면서 100kJ의 열을 받아 20kJ의 유용한 일을 할 수 있다고 주장한다. 이 주장에 위배되는 열역학 법칙은?

① 열역학 제0법칙　　② 열역학 제1법칙
③ 열역학 제2법칙　　④ 열역학 제3법칙

해설

- 제2종 영구기관은 열역학 제2법칙에 위배된다.
- 제2종 영구기관 : 입력과 출력이 같은 기관. 즉, 열효율이 100%인 기관

열효율(η) = $1-\frac{T_2}{T_1}=1-\frac{10+273}{80+273}=1-\frac{283}{353}$
　　　　　= 0.198(19.8%)
방출열량(Q_2) = 100×0.198 = 19.8kJ

35 랭킨 사이클로 작동하는 증기동력 사이클에서 효율을 높이기 위한 방법으로 거리가 먼 것은?

① 복수기(응축기)에서의 압력을 상승시킨다.
② 터빈 입구의 온도를 높인다.
③ 보일러의 압력을 상승시킨다.
④ 재열 사이클(Reheat Cycle)로 운전한다.

해설

랭킨 사이클 열효율 증가의 요인
- 보일러 압력 증가
- 복수기 압력 저하

36 CH_4의 기체상수는 약 몇 kJ/kg·K인가?

① 3.14　　　　　② 1.57
③ 0.83　　　　　④ 0.52

해설

일반기체상수($\overline{R}$) = 8.314kJ/kmol·K

기체상수(R) = $\frac{8.314}{M}=\frac{8.314}{16}=0.52\text{kJ/kg·K}$

37 압력 300kPa인 이상기체 150kg이 있다. 온도를 일정하게 유지하면서 압력을 100kPa로 변화시킬 때 엔트로피 변화는 약 몇 kJ/K인가?(단, 기체의 정적비열은 1.735kJ/kg·K, 비열비는 1.299이다.)

① 62.7　　　　　② 73.1
③ 85.5　　　　　④ 97.2

해설

비열비(k) = $\frac{C_p}{C_v}=1.299=\frac{C_p}{1.735}$

정압비열(C_p) = 1.299×1.735 = 2.253kJ/kg

엔트로피(ΔS) = $GC_p\ln\frac{P_1}{P_2}+GC_v\ln\frac{P_2}{P_1}$

= $150\times2.253\ln\frac{300}{100}+150\times1.735\ln\frac{100}{300}$

= 371+(-285.91) = 85.5kJ

38 밀폐계가 300kPa의 압력을 유지하면서 체적이 0.2m³에서 0.4m³로 증가하였고 이 과정에서 내부에너지는 20kJ 증가하였다. 이때 계가 받은 열량은 약 몇 kJ인가?

정답 34 ③　35 ①　36 ④　37 ③　38 ②

① 9 　　　　② 80
③ 90 　　　　④ 100

해설
일량(W) = $P(V_2 - V_1) = 300 \times (0.4 - 0.2) = 60$ kJ
∴ 계가 받은 열량(Q) = $60 + 20 = 80$ kJ

39 그림에서 이상기체를 A에서 가역적으로 단열압축시킨 후 정적과정으로 C까지 냉각시키는 과정에 해당되는 것은?

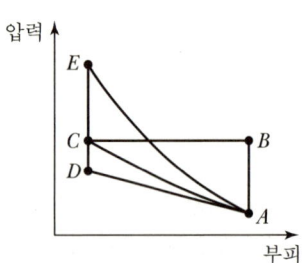

① A − B − C 　　② A − C
③ A − D − C 　　④ A − E − C

해설
A에서 가역단열압축 후 정적과정 C까지 냉각과정에 해당하는 것은 A − E − C이다.
- 정적변화 : 가열량 전부가 내부에너지 변화로 표시된다.
- 단열변화 : 내부에너지 변화량은 절대일량과 같고, 엔탈피 변화량은 공업일량과 같다.
  열량 $q = c$, 즉 $\delta q = 0$ (열의 이동이 없다.)

40 다음 식 중 이상기체 상태에서의 가역단열과정을 나타내는 식으로 옳지 않은 것은?(단, P, T, V, k는 각각 압력, 온도, 부피, 비열비이고, 아래 첨자 1, 2는 과정 전 · 후를 나타낸다.)

① $\dfrac{T_2}{T_1} = \left(\dfrac{V_1}{V_2}\right)^{k-1}$ 　　② $\dfrac{V_1}{V_2} = \left(\dfrac{P_2}{P_1}\right)^{\frac{1}{k}}$

③ $P_1 V_1^k = P_2 V_2^k$ 　　④ $\dfrac{T_2}{T_1} = \left(\dfrac{P_2}{P_1}\right)^{\frac{1-k}{k}}$

해설
단열과정
$$\dfrac{T_2}{T_1} = \left(\dfrac{P_2}{P_1}\right)^{\frac{k-1}{k}} = \left(\dfrac{V_1}{V_2}\right)^{k-1}$$

3과목 계측방법

41 링밸런스식 압력계에 대한 설명으로 옳은 것은?

① 도압관은 가늘고 긴 것이 좋다.
② 측정 대상 유체는 주로 액체이다.
③ 계기를 압력원에 가깝게 설치해야 한다.
④ 부식성 가스나 습기가 많은 곳에서도 정밀도가 좋다.

해설
링밸런스식 액주식 압력계
- 봉입액체는 수은, 물, 기름이다.
- 측정범위는 $25 \sim 3,000$ mmH$_2$O (정밀도는 $\pm 1 \sim 2\%$)이다.
- 원격전송이 가능하며, 수직 · 수평으로 설치하고, 지시치는 눈의 높이로 설정한다.
- 계기를 압력원에 가깝게 설치해야 오차가 줄어든다.

42 다음과 같이 자동제어에서 응답속도를 빠르게 하고 외란에 대해 안정적으로 제어하려 한다. 이때 추가해야 할 제어 동작은?

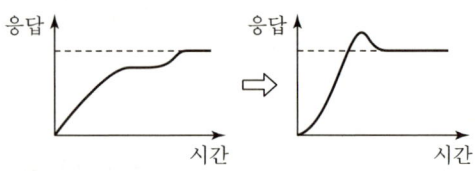

① 다위치 동작
② P 동작
③ I 동작
④ D 동작

정답 39 ④　40 ④　41 ③　42 ④

해설

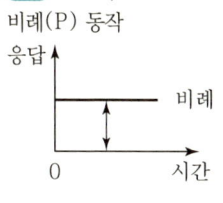
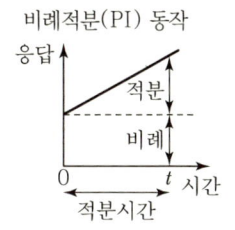
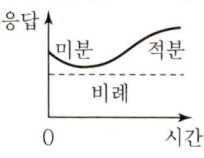

PID 동작은 응답속도가 빠르며 잔류편차가 제거되고 외란에 대해 안정적이다.

43 가스 온도를 열전대 온도계를 사용하여 측정할 때 주의해야 할 사항이 아닌 것은?

① 열전대는 측정하고자 하는 곳에 정확히 삽입하며 삽입된 구멍에 냉기가 들어가지 않게 한다.
② 주위의 고온체로부터의 복사열의 영향으로 인한 오차가 생기지 않도록 해야 한다.
③ 단자와 보상도선의 +, −를 서로 다른 기호끼리 연결하여 감온부의 열팽창에 의해 오차가 발생하지 않도록 한다.
④ 보호관의 선택에 주의한다.

해설
열전대 온도계 구성

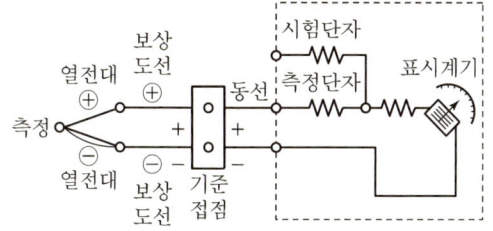

44 다음 중에서 측온저항체로 사용되지 않는 것은?

① Cu ② Ni
③ Pt ④ Cr

해설
저항온도계의 저항체
- 백금(Pt)
- 니켈(Ni)
- 구리(Cu)
- 서미스터(Ni, Co, Mn, Fe, Cu)
※ 서미스터는 저항체에 큰 전류가 흐르면 줄열에 의해 자기가열이 일어난다.

45 다음 중 용적식 유량계에 해당하는 것은?

① 오리피스미터
② 습식가스미터
③ 로터미터
④ 피토관

해설
유량계
- 오리피스미터 : 차압식
- 로터미터 : 면적식
- 피토관 : 유속식

46 측정온도범위가 약 0~700℃ 정도이며, (−)측이 콘스탄탄으로 구성된 열전대는?

① J형 ② R형
③ K형 ④ S형

해설
열전대 온도계

구분	+측	−측	측정온도범위
J형	순철	콘스탄탄, 니켈	−20~800℃
K형	크로멜	알루멜	−20~1,200℃
T형	순동	콘스탄탄	−180~350℃
R형	백금로듐	백금	0~1,600℃

47 측온 저항체에 큰 전류가 흐를 때 줄열에 의해 측정하고자 하는 온도보다 높아지는 현상인 자기가열(自己加熱) 현상이 있는 온도계는?

① 열전대 온도계 ② 압력식 온도계
③ 서미스터 온도계 ④ 광고온계

[해설]
서미스터 저항온도계는 자기가열에 주의하여야 한다.

48 중유를 사용하는 보일러의 배기가스를 오르자트 가스분석계의 가스뷰렛에 시료 가스양을 50mL 채취하였다. CO_2 흡수피펫을 통과한 후 가스뷰렛에 남은 시료는 44mL이었고, O_2 흡수피펫에 통과한 후에는 41.8mL, CO 흡수피펫에 통과한 후 남은 시료량은 41.4mL이었다. 배기가스 중에 CO_2, O_2, CO는 각각 몇 vol%인가?

① 6, 2.2, 0.4 ② 12, 4.4, 0.8
③ 15, 6.4, 1.2 ④ 18, 7.4, 1.8

[해설]
가스뷰렛 총 50mL 용적에 의한
$CO_2 = 50 - 44 = 6mL$
$O_2 = 44 - 41.8 = 2.2mL$
$CO = 0.4mL$
$\therefore CO_2 = \frac{6}{50} \times 100 = 12\%$
$O_2 = \frac{2.2}{50} \times 100 = 4.4\%$
$CO = \frac{0.4}{50} \times 100 = 0.8\%$

49 세라믹(Ceramic)식 O_2계의 세라믹 주원료는?

① Cr_2O_3 ② Pb
③ P_2O_5 ④ ZrO_2

[해설]
세라믹 산소(O_2) 측정용 물리적 가스분석기의 세라믹에서 지르코니아(ZrO_2)를 주원료로 한 세라믹의 온도를 높여서 O_2 이온을 측정한다.

50 국제단위계(SI)에서 길이의 설명으로 틀린 것은?

① 기본단위이다.
② 기호는 m이다.
③ 명칭은 미터이다.
④ 소리가 진공에서 1/229792458초 동안 진행한 경로의 길이이다.

[해설]
빛의 파장을 이용한 길이표준제안(기본단위)
1m는 크립톤-86(^{86}Kr) 원자의 준위 $2p_{10}$과 $5d_5$ 사이의 전이에 대응하는 스펙트럼선 파장의 1650763.73배로 결정

51 오벌(Oval)식 유량계로 유량을 측정할 때 지시값의 오차 중 히스테리시스 차의 원인이 되는 것은?

① 내부 기어의 마모 ② 유체의 압력 및 점성
③ 측정자의 눈의 위치 ④ 온도 및 습도

[해설]
오벌기어식 유량계로 측정 시 지시값의 오차는 내부 기어의 마모에 의한 히스테리시스 차의 원인이 되는 용적식 유량계이다.

52 다음 중 압전 저항효과를 이용한 압력계는?

① 액주형 압력계
② 아네로이드 압력계
③ 박막식 압력계
④ 스트레인 게이지식 압력계

[해설]
스트레인 게이지 압력계는 압전의 저항효과를 이용한다(전기식 압력계).

53 가스분석계에서 연소가스 분석 시 비중을 이용하여 가장 측정이 용이한 기체는?

① NO_2 ② O_2
③ CO_2 ④ H_2

정답 47 ③ 48 ② 49 ④ 50 ④ 51 ① 52 ④ 53 ③

해설

밀도가 큰 이산화탄소(분자량 44)는 연소가스 분석 시 비중을 이용하여 측정이 용이하다.

이산화탄소의 비중 $= \dfrac{44}{29} = 1.52$

※ 밀도식 CO_2계로 사용된다.

54 전자유량계에서 안지름이 4cm인 파이프에 3L/s의 액체가 흐르고, 자속밀도 1,000gauss의 평등자계 내에 있다면 이때 검출되는 전압은 약 몇 mV인가?(단, 자속분포의 수정계수는 1이고, 액체의 비중은 1이다.)

① 5.5 ② 7.5
③ 9.5 ④ 11.5

해설

전자식 유량계(패러데이의 전자유도 법칙 이용)

기전력(E) = 자속밀도 × 길이 × 속도 = BLV

길이(L) = 4cm = 0.04m

단면적(A) = $\dfrac{\pi}{4}d^2 = \dfrac{3.14}{4} \times 4^2 = 12.56\text{cm}^2$

유속(V) = $\dfrac{3}{12.56} = 0.2388\text{cm/s}$

∴ 전압 = $1,000 \times 0.04 \times 0.2388 = 9.5\text{mV}$

55 액주형 압력계 중 경사관식 압력계의 특징에 대한 설명으로 옳은 것은?

① 일반적으로 U자관보다 정밀도가 낮다.
② 눈금을 확대하여 읽을 수 있는 구조이다.
③ 통풍계로는 사용할 수 없다.
④ 미세압 측정이 불가능하다.

해설

경사관식 압력계
- 유입액 : 물, 알코올 등
- 경사각도 : $\dfrac{1}{10}$ 이내가 좋다.
- 측정범위 : 10~50mmH₂O
- 눈금 확대가 가능하여 U자관 압력계보다 정밀한 측정이 가능하다.

56 자동제어에서 비례동작에 대한 설명으로 옳은 것은?

① 조작부를 측정값의 크기에 비례하여 움직이게 하는 것
② 조작부를 편차의 크기에 비례하여 움직이게 하는 것
③ 조작부를 목푯값의 크기에 비례하여 움직이게 하는 것
④ 조작부를 외란의 크기에 비례하여 움직이게 하는 것

해설

비례(P) 동작
조작부를 편차의 크기에 비례하여 움직이게 하나 잔류편차가 발생한다.

57 흡착제에서 관을 통해 각각 기체의 독자적인 이동속도에 의해 분리시키는 방법으로, CO_2, CO, N_2, H_2, CH_4 등을 모두 분석할 수 있어 분리 능력과 선택성이 우수한 가스분석계는?

① 밀도법
② 기체크로마토그래피법
③ 세라믹법
④ 오르자트법

해설

기체크로마토그래피법은 기체의 이동속도에 의해 분리시키며 거의 대부분의 가스나 기체 분석이 가능하며 분리능력과 선택성이 우수한 가스분석계이다.

58 보일러의 자동제어에서 인터록 제어의 종류가 아닌 것은?

① 고온도 ② 저연소
③ 불착화 ④ 압력초과

해설

보일러의 인터록 제어
- 저연소 인터록
- 저수위 인터록
- 불착화 인터록
- 압력초과 인터록
- 프리퍼지 인터록
- 온도상한스위치 인터록

정답 54 ③ 55 ② 56 ② 57 ② 58 ①

59 광고온계의 특징에 대한 설명으로 옳은 것은?

① 비접촉식 온도 측정법 중 가장 정밀도가 높다.
② 넓은 측정온도범위(0~3,000℃)를 갖는다.
③ 측정이 자동적으로 이루어져 개인오차가 발생하지 않는다.
④ 방사온도계에 비하여 방사율에 대한 보정량이 크다.

해설
광고온계
- 측정범위 : 700~3,000℃
- 측정정도 : 10~15℃
- 비접촉식 온도계 중 가장 정밀도가 높다.
- 연속측정이나 자동제어에는 이용이 불가능하다.

60 열전대 온도계의 보호관으로 석영관을 사용하였을 때의 특징으로 틀린 것은?

① 급랭, 급열에 잘 견딘다.
② 기계적 충격에 약하다.
③ 산성에 대하여 약하다.
④ 알칼리에 대하여 약하다.

해설
보호관
- 자기관 : 급랭, 급열에 약하며, 알칼리에 약하다.
- 카보런덤관 : 다공질로서 급랭, 급열에 강하다.
- 석영관 : 급랭, 급열에 잘 견디고, 알칼리에는 약하나 산에는 강하다.

4과목 열설비재료 및 관계법규

61 다음은 보일러의 급수밸브 및 체크밸브 설치기준에 관한 설명이다. ( ) 안에 알맞은 것은?

급수밸브 및 체크밸브의 크기는 전열면적 $10m^2$ 이하의 보일러에서는 호칭 (㉠) 이상, 전열면적 $10m^2$를 초과하는 보일러에서는 호칭 (㉡) 이상이어야 한다.

① ㉠ 5A, ㉡ 10A
② ㉠ 10A, ㉡ 15A
③ ㉠ 15A, ㉡ 20A
④ ㉠ 20A, ㉡ 30A

해설
급수밸브, 체크밸브 크기
보일러 전열면적 $10m^2$ 이하에서는 호칭 15A 이상, $10m^2$ 초과 시에는 호칭 20A 이상이어야 한다.

62 에너지이용 합리화법령상 에너지사용계획을 수립하여 산업통상자원부장관에게 제출하여야 하는 공공사업주관자의 설치 시설 기준으로 옳은 것은?

① 연간 2천5백 티오이 이상의 연료 및 열을 사용하는 시설
② 연간 5천 티오이 이상의 연료 및 열을 사용하는 시설
③ 연간 2천5백만 킬로와트시 이상의 전력을 사용하는 시설
④ 연간 5천만 킬로와트시 이상의 전력을 사용하는 시설

해설
공공사업주관자는 연간 2천5백 티오이 이상의 연료 및 열을 사용하는 시설 또는 연간 1천만 kWh 이상의 전력을 사용하는 시설을 하려면 산업통상자원부장관에게 수립서를 제출하여야 한다.

63 에너지이용 합리화법령에 따라 에너지관리산업기사 자격을 가진 자는 관리가 가능하나, 에너지관리기능사 자격을 가진 자는 관리할 수 없는 보일러 용량의 범위는?

① 5t/h 초과 10t/h 이하
② 10t/h 초과 30t/h 이하
③ 20t/h 초과 40t/h 이하
④ 30t/h 초과 60t/h 이하

해설
- 보일러 용량 10t/h 초과~30t/h 이하 : 에너지관리산업기사 이상
- 30t/h 초과 : 기사, 기능장 등의 자격증 취득자

정답 59 ① 60 ③ 61 ③ 62 ① 63 ②

64 터널가마의 일반적인 특징이 아닌 것은?

① 소성이 균일하여 제품의 품질이 좋다.
② 온도 조절의 자동화가 쉽다.
③ 열효율이 좋아 연료비가 절감된다.
④ 사용연료의 제한을 받지 않고 전력소비가 적다.

해설
터널가마(연속요)
대차 이동에 관한 전력소비가 크고 사용연료의 제한을 받으므로 고급연료가 필요하다.

65 점토질 단열재의 특징으로 틀린 것은?

① 내스폴링성이 작다.
② 노벽이 얇아져서 노의 중량이 적다.
③ 내화재와 단열재의 역할을 동시에 한다.
④ 안전사용온도는 1,300~1,500℃ 정도이다.

해설
점토질 단열재는 내스폴링성이 크다.

66 에너지이용 합리화법령상 에너지다소비사업자는 산업통상자원부령으로 정하는 바에 따라 에너지사용기자재의 현황을 매년 언제까지 시·도지사에게 신고하여야 하는가?

① 12월 31일까지
② 1월 31일까지
③ 2월 말까지
④ 3월 31일까지

해설
에너지다소비사업자(연간 석유환산 2,000티오이 이상)는 매년 1월 31일까지 에너지사용기자재의 현황을 시·도지사에게 신고하여야 한다.

67 글로브밸브(Glove Valve)에 대한 설명으로 틀린 것은?

① 밸브 디스크 모양은 평면형, 반구형, 원뿔형, 반원형이 있다.
② 유체의 흐름방향이 밸브 몸통 내부에서 변한다.
③ 디스크 형상에 따라 앵글밸브, Y형밸브, 니들밸브 등으로 분류된다.
④ 조작력이 작아 고압의 대구경 밸브에 적합하다.

해설
글로브밸브는 조작력이 작아 저압 소구경 밸브에 적합하다.

68 에너지법령에 의한 에너지 총조사는 몇 년 주기로 시행하는가? (단, 간이조사는 제외한다.)

① 2년
② 3년
③ 4년
④ 5년

해설
간이조사가 아닌 정기적 에너지 총조사는 3년마다 시행한다(간이조사 : 필요한 경우 수시로).

69 캐스터블 내화물의 특징이 아닌 것은?

① 소성할 필요가 없다.
② 접합부 없이 노체를 구축할 수 있다.
③ 사용 현장에서 필요한 형상으로 성형할 수 있다.
④ 온도의 변동에 따라 스폴링을 일으키기 쉽다.

해설
캐스터블 내화물(내화성 골재+수경성 알루미나시멘트)의 특성은 ①, ②, ③ 외 내스폴링성이 크다.

70 다음 중 보랭재가 구비해야 할 조건이 아닌 것은?

① 탄력성이 있고 가벼워야 한다.
② 흡수성이 적어야 한다.
③ 열전도율이 작아야 한다.
④ 복사열의 투과에 대한 저항성이 없어야 한다.

해설
보랭재(100℃ 이하 보온)는 복사열의 투과에 대한 저항성이 커야 한다.

정답 64 ④ 65 ① 66 ② 67 ④ 68 ② 69 ④ 70 ④

71 열팽창에 의한 배관의 측면 이동을 구속 또는 제한하는 장치가 아닌 것은?

① 앵커 ② 스토퍼
③ 브레이스 ④ 가이드

해설
- 지지대(리지드 레인트) : 앵커, 스톱, 가이드
- 브레이스 : 펌프에서 진동이나 방진을 도와준다.

72 다음 중 에너지이용 합리화법령에 따라 에너지다소비사업자에게 에너지관리 개선명령을 할 수 있는 경우는?

① 목표원단위보다 과다하게 에너지를 사용하는 경우
② 에너지관리지도 결과 10% 이상의 에너지효율 개선이 기대되는 경우
③ 에너지 사용실적이 전년도보다 현저히 증가한 경우
④ 에너지 사용계획 승인을 얻지 아니한 경우

해설
에너지다소비사업자의 에너지진단 결과 10% 이상의 에너지효율 개선이 기대되는 경우 개선명령을 할 수 있다.

73 에너지이용 합리화법령에 따라 에너지사용계획에 대한 검토 결과 공공사업주관자가 조치 요청을 받은 경우, 이를 이행하기 위하여 제출하는 이행계획에 포함되어야 할 내용이 아닌 것은?(단, 산업통상자원부장관으로부터 요청받은 조치의 내용은 제외한다.)

① 이행주체 ② 이행방법
③ 이행장소 ④ 이행시기

해설
에너지사용계획 검토결과 공공사업주관자가 조치 요청을 받은 경우 제출하는 이행계획에 포함되는 내용
- 이행주체
- 이행방법
- 이행시기

74 도염식 요는 조업방법에 의해 분류할 경우 어떤 형식인가?

① 불연속식
② 반연속식
③ 연속식
④ 불연속식과 연속식의 절충형식

해설
불연속요
도염식 요, 승염식 요, 횡염식 요

75 에너지이용 합리화법에 따라 산업통상자원부장관이 국내외 에너지 사정의 변동으로 에너지 수급에 중대한 차질이 발생될 경우 수급안정을 위해 취할 수 있는 조치 사항이 아닌 것은?

① 에너지의 배급
② 에너지의 비축과 저장
③ 에너지의 양도·양수의 제한 또는 금지
④ 에너지 수급의 안정을 위하여 산업통상자원부령으로 정하는 사항

해설
④는 산업통상자원부령이 아닌 대통령령으로 한다.

76 에너지이용 합리화법령에 따라 효율관리기자재의 제조업자는 효율관리시험기관으로부터 측정 결과를 통보받은 날부터 며칠 이내에 그 측정 결과를 한국에너지공단에 신고하여야 하는가?

① 15일 ② 30일
③ 60일 ④ 90일

해설
에너지효율관리기자재의 제조업자는 효율관리시험기관으로부터 측정 결과를 통보받으면 90일 이내에 한국에너지공단에 신고하여야 한다.

정답 71 ③ 72 ② 73 ③ 74 ① 75 ④ 76 ④

77 에너지이용 합리화법령에 따라 산업통상자원부장관이 위생 접객업소 등에 에너지사용의 제한 조치를 할 때에는 며칠 이전에 제한 내용을 예고하여야 하는가?

① 7일 ② 10일
③ 15일 ④ 20일

해설
에너지사용의 제한조치 내용 예고기간 : 7일 이전

78 에너지이용 합리화법상 에너지다소비사업자의 신고와 관련하여 다음 ( )에 들어갈 수 없는 것은?(단, 대통령령은 제외한다.)

> 산업통상자원부장관 및 시·도지사는 에너지다소비사업자가 신고한 사항을 확인하기 위하여 필요한 경우 ( )에 대하여 에너지다소비사업자에게 공급한 에너지의 공급량 자료를 제출하도록 요구할 수 있다.

① 한국전력공사
② 한국가스공사
③ 한국가스안전공사
④ 한국지역난방공사

해설
한국가스안전공사는 가스의 안전관리와 관련된 기관이다.

79 다음 보온재 중 재질이 유기질 보온재에 속하는 것은?

① 우레탄 폼 ② 펄라이트
③ 세라믹 파이버 ④ 규산칼슘 보온재

해설
유기질 보온재
- 우레탄 폼(폼류)
- 콜크(탄화콜크)
- 펠트류
- 텍스류

80 다음 중 제강로가 아닌 것은?

① 고로 ② 전로
③ 평로 ④ 전기로

해설
고로(용광로)
- 선철을 제조한다.
- 종류 : 철피식, 철대식, 절충식

5과목 열설비설계

81 급수처리 방법 중 화학적 처리방법은?

① 이온교환법 ② 가열연화법
③ 증류법 ④ 여과법

해설
화학적 급수처리 방법
- 중화법(pH 조정)
- 연화법(이온교환법)
- 탈기법, 기폭법(O_2, CO_2 등 제거)
- 염소처리법, 증류법

82 서로 다른 고체 물질 A, B, C인 3개의 평판이 서로 밀착되어 복합체를 이루고 있다. 정상상태에서의 온도 분포가 그림과 같을 때, 어느 물질의 열전도도가 가장 작은가?(단, 온도 T_1 = 1,000℃, T_2 = 800℃, T_3 = 550℃, T_4 = 250℃이다.)

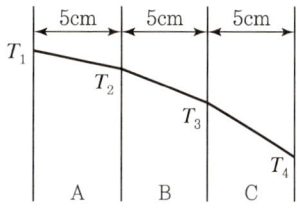

① A ② B
③ C ④ 모두 같다.

정답 77 ① 78 ③ 79 ① 80 ① 81 ① 82 ③

> 해설

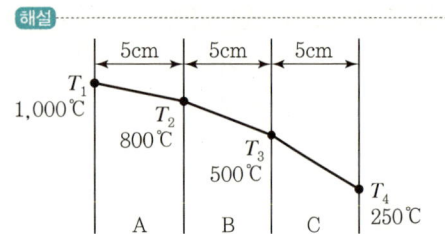

$Q = \dfrac{1}{\left(\dfrac{b}{\lambda}\right)} \times A \times \Delta t$

온도가 낮을수록 열전도도가 작아진다.

83 다음 중 사이펀관이 직접 부착된 장치는?
① 수면계　　② 안전밸브
③ 압력계　　④ 어큐뮬레이터

> 해설

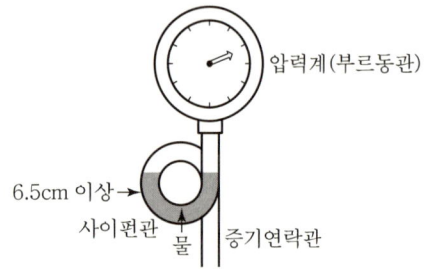

84 파이프의 내경 D(mm)를 유량 Q(m³/s)와 평균속도 V(m/s)로 표시한 식으로 옳은 것은?

① $D = 1,128\sqrt{\dfrac{Q}{V}}$

② $D = 1,128\sqrt{\dfrac{\pi V}{Q}}$

③ $D = 1,128\sqrt{\dfrac{Q}{\pi V}}$

④ $D = 1,128\sqrt{\dfrac{V}{Q}}$

> 해설

파이프 내경(D) = $1,128\sqrt{\dfrac{Q}{V}}$

유량(Q) = 파이프 단면적×유속(m³/s)

85 수관 보일러와 비교한 원통 보일러의 특징에 대한 설명으로 틀린 것은?
① 구조상 고압용 및 대용량에 적합하다.
② 구조가 간단하고 취급이 비교적 용이하다.
③ 전열면적당 수부의 크기는 수관보일러에 비해 크다.
④ 형상에 비해서 전열면적이 작고 열효율은 낮은 편이다.

> 해설

수관식

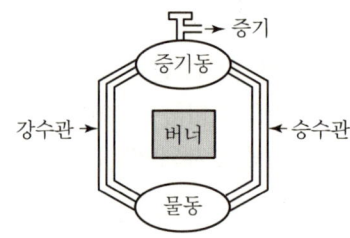

구조상 수관식은 고압, 대용량 보일러이다.

원통형

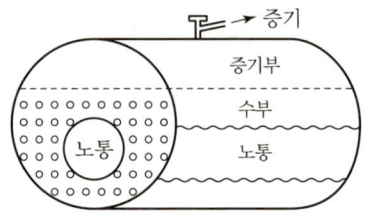

86 보일러의 강도 계산에서 보일러 동체 속에 압력이 생기는 경우 원주방향의 응력은 축방향 응력의 몇 배 정도인가?(단, 동체 두께는 매우 얇다고 가정한다.)
① 2배　　② 4배
③ 8배　　④ 16배

> 해설

원주방향 $\left(\dfrac{PD}{2t}\right)$, 축방향 $\left(\dfrac{PD}{4t}\right)$

∴ σ(응력비) = 2 : 1

정답　83 ③　84 ①　85 ①　86 ①

87 다음 중 특수열매체 보일러에서 가열 유체로 사용되는 것은?

① 폴리아미드
② 다우섬
③ 덱스트린
④ 에스테르

해설
특수열매체 보일러의 열매체
• 다우섬
• 카네크롤
• 모빌섬
• 세큐리티

88 다음 중 보일러 안전장치로 가장 거리가 먼 것은?

① 방폭문
② 안전밸브
③ 체크밸브
④ 고저수위경보기

해설

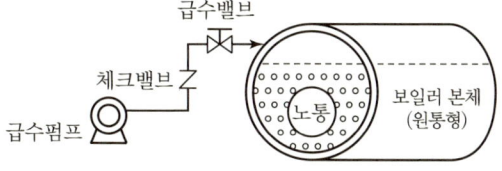

89 보일러의 만수보존법에 대한 설명으로 틀린 것은?

① 밀폐 보존방식이다.
② 겨울철 동결에 주의하여야 한다.
③ 보통 2~3개월의 단기보존에 사용된다.
④ 보일러수는 pH 6 정도 유지되도록 한다.

해설
보일러 단기보존 급수처리
보일러수는 pH 10.5~11.8 정도 약알칼리로 보존하여 부식을 방지한다.

90 유체의 압력손실에 대한 설명으로 틀린 것은?(단, 관마찰계수는 일정하다.)

① 유체의 점성으로 인해 압력손실이 생긴다.
② 압력손실은 유속의 제곱에 비례한다.
③ 압력손실은 관의 길이에 반비례한다.
④ 압력손실은 관의 내경에 반비례한다.

해설
유체의 압력손실은 관의 길이에 정비례한다(배관이 길면 압력 손실이 크다).

91 다음 중 고압보일러용 탈산소제로서 가장 적합한 것은?

① $(C_6H_{10}O_5)_n$
② Na_2SO_3
③ N_2H_4
④ $NaHSO_3$

해설
급수처리 탈산소제
급수 중 산소(O_2) 제거
• 저압용 : 아황산소다 · 히드라진(공용)
• 고압용 : 히드라진(N_2H_4)

92 인젝터의 특징으로 틀린 것은?

① 급수온도가 높으면 작동이 불가능하다.
② 소형 저압보일러용으로 사용된다.
③ 구조가 간단하다.
④ 열효율은 좋으나 별도의 소요 동력이 필요하다.

해설
인젝터(소형 급수설비)
• 증기를 이용하여 급수하며 열효율이 좋고 소요동력이 필요 없다.
• 증기압 0.2~1MPa이 적당하다.
• 전기 정전 시 잠시 이용한다.

정답 87 ② 88 ③ 89 ④ 90 ③ 91 ③ 92 ④

93 일반적인 주철제 보일러의 특징으로 적절하지 않은 것은?

① 내식성이 좋다.
② 인장 및 충격에 강하다.
③ 복잡한 구조라도 제작이 가능하다.
④ 좁은 장소에서도 설치가 가능하다.

해설
주철은 탄소(C) 함량이 많아서 인장이나 충격에 약하다.

94 프라이밍 및 포밍 발생 시 조치사항에 대한 설명으로 틀린 것은?

① 안전밸브를 전개하여 압력을 강하시킨다.
② 증기 취출을 서서히 한다.
③ 연소량을 줄인다.
④ 수위를 안정시킨 후 보일러수의 농도를 낮춘다.

해설
프라이밍(비수), 포밍(거품)이 발생하면 캐리오버(기수공발)가 발생하므로 주증기밸브나 안전밸브 등을 차단한다(단, 압력 초과 시는 안전밸브를 개방시킨다).

95 이온 교환체에 의한 경수의 연화 원리에 대한 설명으로 옳은 것은?

① 수지의 성분과 Na형의 양이온과 결합하여 경도성분 제거
② 산소 원자와 수지가 결합하여 경도성분 제거
③ 물속의 음이온과 양이온이 동시에 수지와 결합하여 경도성분 제거
④ 수지가 물속의 모든 이물질과 결합하여 경도성분 제거

해설
이온교환체를 이용한 경수의 연화 원리
수지의 성분과 나트륨(Na)형의 양이온과 결합하여 경도성분을 제거하고 경수를 연수로 만드는 화학적 급수처리법이다.

96 수관 1개의 길이가 2,200mm, 수관의 내경이 60mm, 수관의 두께가 4mm인 수관 100개를 갖는 수관 보일러의 전열면적은 약 몇 m²인가?

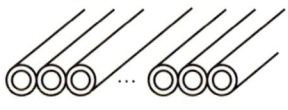

① 42
② 47
③ 52
④ 57

해설
수관의 전열면적(A) = πDLN
$1m = 10^3 mm$
외경(D) = 내경 + (두께 × 2)
$\therefore \dfrac{(2,200 \times (60 + 4 \times 2) \times 100) \times 3.14}{10^3 \times 10^3} = 47 m^2$

97 방사 과열기에 대한 설명 중 틀린 것은?

① 주로 고온, 고압 보일러에서 접촉 과열기와 조합해서 사용한다.
② 화실의 천장부 또는 노벽에 설치한다.
③ 보일러 부하와 함께 증기온도가 상승한다.
④ 과열온도의 변동을 적게 하는 데 사용된다.

해설

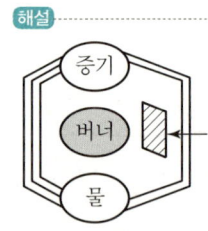

방사과열기(복사용) : 과열증기를 생산하며 압력은 일정하나 증기온도가 상승한다. 다만, 보일러 부하와는 상관이 없다.

98 내압을 받는 어떤 원통형 탱크의 압력이 0.3 MPa, 직경이 5m, 강판 두께가 10mm이다. 이 탱크의 이음 효율을 75%로 할 때, 강판의 인장응력(N/mm²)은 얼마인가?(단, 탱크의 반경방향으로 두께에 응력이 유기되지 않는 이론값을 계산한다.)

① 200
② 100
③ 20
④ 10

해설

$t = \dfrac{PD}{20\sigma\eta - 2P} + a$

$\sigma = \dfrac{PD}{t} + 2P$, $1\,\mathrm{kgf} = 9.81\,\mathrm{N}$

$\sigma = \dfrac{\dfrac{0.3 \times 5 \times 10^3}{10} + 2 \times 0.3}{20 \times 0.75} = 10.0401\,\mathrm{kgf/mm^2}$

∴ $10.0401 \times 9.81 = 100\,\mathrm{N/mm^2}$

99 물을 사용하는 설비에서 부식을 초래하는 인자로 가장 거리가 먼 것은?

① 용존 산소
② 용존 탄산가스
③ pH
④ 실리카

해설
- 실리카(SiO_2)는 스케일 생성의 요인인자이다.
- 실리카는 경질 스케일이나, 칼슘성분과 결합하여 규산칼슘의 스케일을 생산한다.

100 보일러의 모리슨형 파형 노통에서 노통의 최소 안지름이 950mm, 최고사용압력을 1.1MPa이라 할 때 노통의 최소 두께는 몇 mm인가?(단, 평형부 길이가 230mm 미만이며, 상수 C는 1,100이다.)

① 5
② 8
③ 10
④ 13

해설
파형 노통

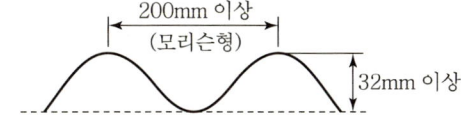

노통의 최소 두께$(t) = \dfrac{PD}{C} = \dfrac{(1.1 \times 950) \times 10}{1,100} = 10.45$

※ $1\,\mathrm{MPa} = 10\,\mathrm{kgf/cm^2}$

정답 99 ④ 100 ③

에너지관리기사 필기는 2022년 4회 시험부터 CBT(Computer Based Test)로 전면 시행됩니다.

부록2

ENGINEER ENERGY MANAGEMENT

CBT 실전모의고사

제1회 CBT 실전모의고사
제2회 CBT 실전모의고사
제3회 CBT 실전모의고사

※ 2023년 이후 CBT 필기시험 대비
복원기출문제 수록

1과목 연소공학

01 탄소(C) 84w%, 수소(H) 12w%, 수분 4w%의 중량조성을 갖는 액체연료에서 수분을 완전히 제거한 다음 1시간당 5kg을 완전연소시키는 데 필요한 이론공기량은 약 몇 Nm³/h인가?

① 55.6
② 65.8
③ 73.5
④ 89.2

02 연돌에 의한 통풍력에 대한 설명으로 옳은 것은?

① 연돌 높이의 평방근에 비례한다.
② 연돌 높이의 제곱에 비례한다.
③ 연돌 높이에 반비례한다.
④ 연돌 높이에 비례한다.

03 일반적인 정상연소에 있어서 연소속도를 지배하는 주된 요인은?

① 화학반응의 속도
② 공기 중 산소의 확산속도
③ 연료의 착화온도
④ 배기가스 중의 CO_2 농도

04 어떤 수성가스의 조성은 용적 %로 H_2 50%, CO 40%, CO_2 5%, N_2 5%이다. 0℃, 1atm의 수성가스 1m³의 발열량을 아래 식을 이용하여 구하면 약 몇 kcal인가?

$$H_2 + \frac{1}{2}O_2 \rightarrow H_2O(l) \quad \Delta H = -68.32 \text{kcal/mol}$$

$$CO + \frac{1}{2}O_2 \rightarrow CO_2 \quad \Delta H = -67.63 \text{kcal/mol}$$

① 2,733
② -2,733
③ 135.95
④ -135.95

05 공기비(m)에 대한 식으로 옳은 것은?

① $\dfrac{실제공기량}{이론공기량}$ ② $\dfrac{이론공기량}{실제공기량}$

③ $1 - \dfrac{과잉공기량}{이론공기량}$ ④ $\dfrac{실제공기량}{이론공기량} - 1$

06 증기운폭발의 특징에 대한 설명으로 틀린 것은?

① 폭발보다 화재가 많다.
② 연소에너지의 약 20%만 폭풍파로 변한다.
③ 증기운의 크기가 클수록 점화될 가능성이 커진다.
④ 점화위치가 방출점에서 가까울수록 폭발위력이 크다.

07 연소배기가스 중의 O_2나 CO_2 함유량을 측정하는 경제적인 이유로 가장 적당한 것은?

① 연소배기가스량 계산을 위하여
② 공기비를 조절하여 열효율을 높이고 연료소비량을 줄이기 위해서
③ 환원염의 판정을 위하여
④ 완전연소가 되는지 확인하기 위하여

08 다음 가스 중 저위발열량(kcal/kg)이 가장 낮은 것은?

① 수소   ② 메탄
③ 아세틸렌   ④ 에탄

09 분진을 포함하고 있는 가스를 선회시켜 입자에 원심력을 주어 분리시키는 방법으로서 고성능집진장치의 전처리용으로 주로 사용되는 것은?

① 전기식 집진장치   ② 벤투리 스크러버
③ 사이클론 집진장치   ④ 백필터 집진장치

10 저위발열량 93,766kJ/Nm³의 C₃H₈을 공기비 1.2로 연소시킬 때의 이론연소온도는 약 몇 K인가?(단, 배기가스의 평균비율은 1.653kJ/Nm³·K이고 다른 조건은 무시한다.)

① 1,656　　　　　② 1,756
③ 1,856　　　　　④ 1,956

11 어떤 열설비에서 연료가 완전연소하였을 경우에 배기가스 내의 잉여 산소농도가 10%이었다. 이때 이 연소기기의 공기비는 약 얼마인가?

① 1.0　　　　　② 1.5
③ 1.9　　　　　④ 2.5

12 고위발열량이 9,000kcal/kg인 연료 3kg이 연소할 때의 총저위발열량은 약 몇 kcal인가?(단, 이 연료 1kg당 수소분은 15%, 수분은 1%의 비율로 들어 있다.)

① 12,300　　　　② 24,550
③ 43,880　　　　④ 51,800

13 폐열회수에 있어서 검토해야 할 사항이 아닌 것은?

① 폐열의 증가방법에 대해서 검토한다.
② 폐열회수의 경제적 가치에 대해서 검토한다.
③ 폐열의 양 및 질과 이용가치에 대해서 검토한다.
④ 폐열회수 방법과 이용방안에 대해서 검토한다.

14 프로판 1Nm³의 완전연소에 필요한 이론산소량(Nm³)은?

① 1　　　　　② 2
③ 4　　　　　④ 5

15 고위발열량과 저위발열량의 차이는 어떤 성분 때문인가?
① 황
② 탄소
③ 질소
④ 수소

16 기체연료의 일반적인 특징에 대한 설명 중 틀린 것은?
① 화염온도의 상승이 비교적 용이하다.
② 연소 후에 유해성분의 잔류가 거의 없다.
③ 연소장치의 온도 및 온도분포의 조절이 어렵다.
④ 다량으로 사용하는 경우 수송 및 저장이 어렵다.

17 석탄의 저장 시 자연발화를 방지하기 위하여 탄층 1m 깊이의 온도를 측정하여 몇 ℃ 이하가 되도록 하는 것이 가장 적당한가?
① 40
② 60
③ 80
④ 100

18 실제기체가 이상기체의 방정식을 근사적으로 만족하는 경우는?
① 압력이 높고 온도가 낮을 때
② 압력과 온도가 낮을 때
③ 압력이 낮고 온도가 높을 때
④ 압력과 온도가 높을 때

19 질소산화물의 생성물 억제하는 방법이 아닌 것은?
① 물분사법
② 2단 연소법
③ 배출가스 재순환법
④ 고농도(高濃度) 산소연소법

20 연소 시 배기가스량을 구하는 식으로 옳은 것은?(단, G : 배기가스량, G_o : 이론배기가스량, A_o : 이론공기량, m : 공기비이다.)
① $G = G_o + (m-1)A_o$
② $G = G_o + (m+1)A_o$
③ $G = G_o - (m+1)A_o$
④ $G = G_o + (1-m)A_o$

2과목　열역학

21. 어떤 기체의 정압비열이 다음 식으로 표현될 때 32℃와 800℃ 사이에서의 이 기체의 평균 정압비열(C_P)은?(단, C_P의 단위는 kJ/mol℃, T의 단위는 ℃이다.)

$$C_P = 35.35 + 2.409 \times 10^{-2} T - 0.9033 \times 10^{-5} T^2$$

① 35.35　　② 43.36
③ 57.43　　④ 95.84

22. 증기의 기본적 성질에 대한 설명으로 틀린 것은?

① 물의 3중점은 물과 얼음과 증기의 3상이 공존하는 점이며 이 점의 온도는 0.01℃(273.16K)이다.
② 임계점에서는 액상과 기상의 구분이 없다.
③ 임계 압력하에서의 증발열은 0이 된다.
④ 증발잠열은 포화압력이 높아질수록 커진다.

23. 포화액의 온도를 유지하면서 압력을 높이면 어떤 상태가 되는가?

① 습증기　　② 압축(과냉)액
③ 과열증기　　④ 포화액

24. 간극체적이 피스톤 행정 체적의 8%인 피스톤 기관의 압축비는?

① 13.5　　② 12.5
③ 1.08　　④ 0.08

25. 저발열량 11,000kcal/kg인 연료를 연소시켜서 900kW의 동력을 얻기 위해서는 매 분당 약 몇 kg의 연료를 연소시켜야 하는가?(단, 연료는 완전연소되어 발생한 열량의 50%가 동력으로 변환된다고 가정한다.)

① 1.37
② 2.34
③ 3.82
④ 4.17

26. 랭킨 사이클의 순서를 차례대로 옳게 나열한 것은?

① 단열압축 - 정압가열 - 단열팽창 - 정압냉각
② 단열압축 - 등온가열 - 단열팽창 - 정적냉각
③ 단열압축 - 등적가열 - 등압팽창 - 정압냉각
④ 단열압축 - 정압가열 - 단열팽창 - 정적냉각

27. 액화공정을 나타낸 그래프에서 ㉠, ㉡, ㉢과정 중 액화가 불가능한 공정을 나타낸 것은?

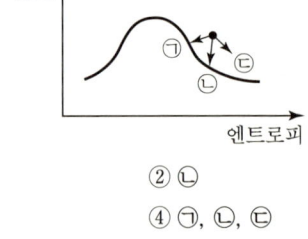

① ㉠
② ㉡
③ ㉢
④ ㉠, ㉡, ㉢

28. 온도가 T_1인 이상기체를 가역단열과정으로 압축하였다. 압력이 P_1에서 P_2로 변하였을 때 압축 후의 온도 T_2를 옳게 나타낸 것은?(단, k는 이상기체의 비열비를 나타낸다.)

① $T_2 = T_1 \left(\dfrac{P_2}{P_1}\right)^{\frac{k}{k-1}}$
② $T_2 = T_1 \left(\dfrac{P_2}{P_1}\right)^{\frac{k}{1-k}}$
③ $T_2 = T_1 \left(\dfrac{P_2}{P_1}\right)^{\frac{k-1}{k}}$
④ $T_2 = T_1 \left(\dfrac{P_2}{P_1}\right)^{\frac{1-k}{k}}$

29. 등온 압축계수 K를 옳게 표시한 것은?

① $K = -\dfrac{1}{V}\left(\dfrac{dP}{dT}\right)_V$
② $K = -\dfrac{1}{V}\left(\dfrac{dV}{dP}\right)_T$
③ $K = \dfrac{1}{V}\left(\dfrac{dP}{dT}\right)_V$
④ $K = \dfrac{1}{V}\left(\dfrac{dV}{dP}\right)_T$

30. 압력이 100kPa인 공기를 가열하여 200kPa이 되었다. 초기상태 공기의 비체적을 1m³/kg, 최종상태 공기의 비체적을 2m³/kg이라고 할 때 이 과정 동안의 엔트로피의 변화량은 약 몇 kJ/kg·K인가?(단, 공기의 정적비열은 0.7kJ/kg·K, 정압비열은 1.0kJ/kg·K이다.)

① 0.3
② 0.52
③ 1.0
④ 1.18

31. 공기의 기체상수 R이 0.287kJ/kg·K일 때 표준상태(0℃, 1기압)에서 밀도는 약 몇 kg/m³인가?

① 1.29
② 1.87
③ 2.14
④ 2.48

32. 무차원이 아닌 것은?

① 비리얼계수
② 마하수
③ 임계 압력비
④ 노즐 효율

33. 엔탈피가 3,140kJ/kg인 과열증기가 노즐에 저속상태로 들어와 출구에서 엔탈피가 3,010kJ/kg인 상태로 나갈 때 출구에서의 수증기 속도(m/s)는?

① 8
② 25
③ 160
④ 510

34. 가역적으로 움직이는 열기관이 260℃에서 200kJ의 열을 흡수하여 40℃로 배출한다. 40℃의 열저장조로 배출한 열량은 약 몇 kJ인가?

① 0
② 33
③ 47
④ 117

35. 기체 1mol이 그림의 a과정을 따를 때 내부에너지의 변화량은 약 몇 J인가?(단, 정적비열 C_V는 1.5R이고, 기체상수 R값은 8.314kJ/kmol·℃이다.)

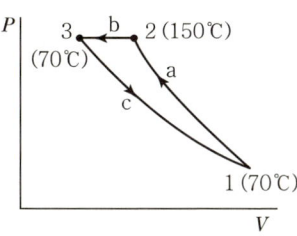

① 498
② 760
③ 998
④ 1,013

36. 냉장고가 저온체에서 30kW의 열을 흡수하여 고온체로 40kW의 열을 방출한다. 이 냉장고의 성능계수는?

① 2
② 3
③ 4
④ 5

37. 냉동사이클의 $T-s$ 선도에서 냉매단위질량당 냉각열량 q_L과 압축기의 소요동력 w를 옳게 나타낸 것은?(단, h는 엔탈피를 나타낸다.)

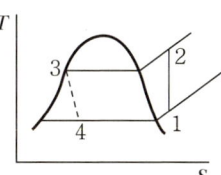

① $q_L = h_3 - h_4,\ w = h_2 - h_1$
② $q_L = h_1 - h_4,\ w = h_2 - h_1$
③ $q_L = h_2 - h_3,\ w = h_1 - h_4$
④ $q_L = h_3 - h_4,\ w = h_1 - h_4$

38. 실제기체를 이상기체로 근사시키기 가장 좋은 조건은?
   ① 고압, 저온
   ② 고압, 고온
   ③ 저압, 저온
   ④ 저압, 고온

39. 개방시스템 내의 이상기체에 대한 등온압축 과정에서 단위질량당 일(w)을 표시하는 식은?(단, R은 기체상수, T는 절대온도, P는 압력, V는 체적, 첨자 1은 처음상태, 첨자 2는 나중상태이다.)
   ① $RT\ln\dfrac{P_1}{P_2}$
   ② $RT\ln\left(\dfrac{V_1}{V_2}\right)^2$
   ③ $RT\ln\dfrac{T_2}{T_1}$
   ④ $P(V_2 - V_1)$

40. 30~600℃에서 작동하는 카르노사이클의 열효율은 몇 %인가?
   ① 60.7%
   ② 65.3%
   ③ 66.7%
   ④ 68.5%

3과목 계측방법

41. 다음 중 파스칼의 원리를 가장 바르게 설명한 것은?
   ① 밀폐용기 내의 액체에 압력을 가하면 압력은 모든 부분에 동일하게 전달된다.
   ② 밀폐용기 내의 액체에 압력을 가하면 압력은 가한 점에만 전달된다.
   ③ 밀폐용기 내의 액체에 압력을 가하면 압력은 가한 반대편으로만 전달된다.
   ④ 밀폐용기 내의 액체에 압력을 가하면 압력은 가한 점으로부터 일정간격을 두고 차등적으로 전달된다.

42. 다음 중 탄성식 압력계가 아닌 것은?
   ① 부르동관 압력계
   ② 벨로스 압력계
   ③ 다이어프램 압력계
   ④ 경사관 압력계

43. 경보 및 액면 제어용으로 널리 사용되는 액면계는?
   ① 유리관식 액면계
   ② 차압식 액면계
   ③ 부자식 액면계
   ④ 퍼지식 액면계

44. 다음 중 기체크로마토그래피와 관련이 없는 것은?
   ① 컬럼(Column)
   ② 캐리어가스(Carrier Gas)
   ③ 불꽃광도검출기(FPD)
   ④ 속 빈 음극등(Hollow Cathode Lamp)

45. 열전대온도계의 보호관 중 상용 사용온도가 약 1,000℃이며 내열성, 내산성이 우수하나 환원성가스에 기밀성이 약간 떨어지는 것은?
   ① 카보런덤관
   ② 자기관
   ③ 석영관
   ④ 황동관

46. 1차 지연요소에서 시정수(T)가 클수록 어떻게 되는가?
   ① 응답속도가 느려진다.
   ② 응답속도가 빨라진다.
   ③ 응답속도가 일정해진다.
   ④ 시정수와 응답속도는 상관이 없다.

47 다음 [보기]에서 설명하는 제어동작은?

- 부하변화가 커도 잔류편차가 생기지 않는다.
- 급변할 때 큰 진동이 생긴다.
- 전달느림이나 쓸모없는 시간이 크면 사이클링의 주기가 커진다.

① PD동작 ② 뱅뱅동작
③ PI동작 ④ P동작

48 Rankine 온도가 671.07일 때 Kelvin 온도는 약 몇 도인가?

① 211 ② 300
③ 373 ④ 460

49 다음 중 접촉법으로 측정되는 온도계는?

① 광고온계 ② 열전대온도계
③ 방사온도계 ④ 색온도계

50 탄성식 압력계의 일반교정에 주로 사용되는 압력계는?

① 액주식 압력계 ② 격막식 압력계
③ 전기식 압력계 ④ 분동식 압력계

51 압력식 온도계를 이용하는 방법으로 가장 거리가 먼 것은?

① 고체 팽창식 ② 액체 팽창식
③ 기체 팽창식 ④ 증기 팽창식

52 월트만(Waltman)식에 대한 설명으로 옳은 것은?

① 전자식 유량계의 일종이다.
② 용적식 유량계 중 박막식이다.
③ 유속식 유량계 중 터빈식이다.
④ 차압식 유량계 중 노즐식과 벤투리식을 혼합한 것이다.

53 보일러를 자동 운전할 경우 송풍기가 작동되지 않으면 연료공급 전자밸브가 열리지 않는 인터록의 종류는?

① 송풍기 인터록
② 전자밸브 인터록
③ 프리퍼지 인터록
④ 불착화 인터록

54 유체의 흐름 중에 전열선을 넣고 유체의 온도를 높이는 데 필요한 에너지를 측정하여 유체의 질량유량을 알 수 있는 것은?

① 토마스식 유량계
② 정전압식 유량계
③ 정온도식 유량계
④ 마그네틱식 유량계

55 면적식 유량계에 대한 설명으로 틀린 것은?

① 점도가 높아 정밀측정에 적합하다.
② 측정하려는 유체의 밀도를 미리 알아야 한다.
③ 압력손실이 적고 균등 유량을 얻을 수 있다.
④ 슬러리나 부식성 액체의 측정이 가능하다.

56 다음 압력계 중 정도(粘度)가 가장 높은 것은?

① 경사관 압력계
② 분동식 압력계
③ 부르동관식 압력계
④ 다이어프램 압력계

57 차압식 유량계에서 압력차가 처음보다 4배 커지고 관의 지름이 $\frac{1}{2}$로 되었다면 나중 유량(Q_2)과 처음 유량(Q_1)의 관계를 옳게 나타낸 것은?

① $Q_2 = 0.25 \times Q_1$
② $Q_2 = 0.35 \times Q_1$
③ $Q_2 = 0.5 \times Q_1$
④ $Q_2 = 0.71 \times Q_1$

58 벨로스(Bellows) 압력계에서 Bellows 탄성의 보조로 코일 스프링을 조합하여 사용하는 주된 이유는?

① 측정압력 범위를 넓히기 위하여
② 강도를 증대시키기 위하여
③ 히스테리시스 현상을 없애기 위하여
④ 측정지연 시간을 없애기 위하여

59 열전도율형 CO_2 분석계의 사용 시 주의사항에 대한 설명 중 틀린 것은?

① 브리지의 공급 전류의 점검을 확실하게 한다.
② 셀의 주위 온도와 측정가스 온도는 거의 일정하게 유지시키고 온도의 과도한 상승을 피한다.
③ H_2를 혼입시키면 정확도를 높이므로 같이 사용한다.
④ 가스의 유속을 일정하게 하여야 한다.

60 자동제어에서 미분동작을 가장 바르게 설명한 것은?

① 조절계의 출력변화가 편차에 비례하는 동작
② 조절계의 출력변화의 속도가 편차에 비례하는 동작
③ 조절계의 출력변화가 편차의 변화속도에 비례하는 동작
④ 조작량이 어떤 동작 신호의 값을 경계로 하여 완전히 전개 또는 전폐되는 동작

4과목 열설비재료 및 관계법규

61 석면 보온재(石綿 保溫材)의 최고 안전사용 온도는?
① 100℃
② 600℃
③ 800℃
④ 1,000℃

62 검사대상기기 관리자의 신고사유가 발생한 경우 발생한 날로부터 며칠 이내에 신고하여야 하는가?
① 7일
② 15일
③ 30일
④ 60일

63 평균에너지 소비효율의 산정방법에 대한 내용 중 틀린 것은?
① 산정방법, 개선기간, 공표방법 등 필요한 사항은 지식경제부령으로 정한다.
② 산정방법은 $\dfrac{기자재판매량}{\sum\left[\dfrac{기자재종류별\ 국내판매량}{기자재종류별\ 에너지소비효율}\right]}$ 이다.
③ 평균에너지 소비효율의 개선기간은 개선명령으로부터 다음 해 1월 31일까지로 한다.
④ 개선명령을 하는 자는 개선명령일부터 60일 이내에 개선명령 이행계획을 수립하여 지식경제부장관에게 제출하여야 한다.

64 요로를 균일하게 가열하는 방법이 아닌 것은?
① 노내 가스를 순환시켜 연소 가스량을 많게 한다.
② 가열시간을 되도록 짧게 한다.
③ 장염이나 축차연소를 행한다.
④ 벽으로부터의 방사열을 적절히 이용한다.

65. 다음 중 산성 슬래그와 접촉하여 가장 쉽게 침식되는 내화물은?
    ① 납석질 내화물
    ② 규석질 내화물
    ③ 탄소질 내화물
    ④ 마그네시아질 내화물

66. 다음 중 고로(Blast Furnace)의 특징에 대한 설명이 아닌 것은?
    ① 축열식, 탄화실, 연소실로 구분되며 탄화실에는 석탄장 입구와 가스를 배출시키는 상승관이 있다.
    ② 산소의 제거는 CO가스에 의한 간접 환원반응과 코크스에 의한 직접 환원반응으로 이루어진다.
    ③ 철광석 등의 원료는 노의 상부에서 투입되고 용선은 노 하부에서 배출된다.
    ④ 노 내부의 반응을 촉진시키기 위해 압력을 높이거나 열풍의 온도를 높이는 경우도 있다.

67. 자발적 협약체결 기업의 지원 등에 따른 자발적 협약의 평가기준의 항목이 아닌 것은?
    ① 에너지 절감량 또는 온실가스 배출 감축량
    ② 계획대비 달성률 및 투자실적
    ③ 자원 및 에너지의 재활용 노력
    ④ 에너지이용 합리화 자금 활용실적

68. 한국산업표준에서 규정하고 있는 「내화물」의 내화도 하한치(下限値)는?
    ① SK16
    ② SK18
    ③ SK26
    ④ SK28

69 요·로의 열효율을 높이는 방법으로 가장 거리가 먼 것은?

① 요·로의 적정압력 유지
② 폐가스의 폐열회수
③ 발열량이 높은 연료 사용
④ 적정한 연소장치 선택

70 에너지절약전문기업의 등록이 취소된 에너지절약전문기업은 원칙적으로 등록 최소일로부터 얼마의 기간이 지나면 다시 등록을 할 수 있는가?

① 1년
② 2년
③ 3년
④ 5년

71 고압배관용 탄소강관에 대한 설명 중 틀린 것은?

① 관의 제조는 킬드강을 사용하여 이음매 없이 제조한다.
② KS 규격기호로 SPPS라고 표기한다.
③ 350℃ 이하, 100kg/cm² 이상의 압력범위에서 사용이 가능하다.
④ NH_3 합성용 배관, 화학공업의 고압유체 수송용에 사용한다.

72 에너지이용합리화법에 의한 에너지관리자의 기본교육과정 교육기간으로 옳은 것은?

① 4시간
② 1일
③ 3일
④ 5일

73 고온용 무기질 보온재로서 석영을 녹여 만들며, 내약품성이 뛰어나고 최고사용온도가 1,100℃ 정도인 것은?

① 유리섬유(Glass Wool)
② 석면(Asbestos)
③ 펄라이트(Pearlite)
④ 세라믹 파이버(Ceramic Fiber)

74 캐스터블(Castable) 내화물에 대한 설명으로 틀린 것은?

① 사용현장에서 필요한 형상이나 치수로 자유롭게 성형할 수 있다.
② 시공 후 약 24시간 후에 건조, 승온이 가능하고 경화제로 알루미나시멘트를 사용한다.
③ 잔존수축과 열팽창이 크고 노내 온도가 변화하면 스폴링을 잘 일으킨다.
④ 점토질이 많이 사용되고 용도에 따라 고알루미나질이나 크롬질도 사용된다.

75 에너지절약전문기업 등록의 취소요건이 아닌 것은?

① 규정에 의한 등록기준에 미달하게 된 때
② 보고를 하지 아니하거나 허위보고를 한 때
③ 정당한 사유 없이 등록 후 3년 이상 계속하여 사업수행 실적이 없는 때
④ 사업수행과 관련하여 다수의 민원을 일으킨 때

76 내화물의 구비조건으로 옳지 않은 것은?

① 상온에서 압축강도가 작을 것
② 내마모성 및 내침식성을 가질 것
③ 재가열 시 수축이 적을 것
④ 사용온도에서 연화변형하지 않을 것

77 다음 중 개조검사에 해당하지 않는 것은?

① 증기보일러를 온수보일러로 개조하는 경우
② 보일러 섹션의 증감에 의하여 용량을 변경하는 경우
③ 보일러 본체를 단열재로 보강하는 경우
④ 연료 또는 연소방법을 변경하는 경우

78 마그네시아질 내화물이 수증기에 의해서 조직이 약화되는 현상은?

① 슬래킹(Slaking) 현상
② 더스팅(Dusting) 현상
③ 침식 현상
④ 스폴링(Spalling) 현상

79 산(酸) 등의 화학약품을 차단하는 데 주로 사용하는 밸브로서 내약품성, 내열성의 고무로 만든 것을 밸브 시트에 밀어붙여서 유량을 조절하는 밸브는?

① 다이어프램밸브
② 슬루스밸브
③ 버터플라이밸브
④ 체크밸브

80 에너지이용 합리화 기본계획에 대한 설명으로 틀린 것은?

① 지식경제부장관은 매 5년마다 수립하여야 한다.
② 에너지절약형 경제구조로의 전환에 관한 사항이 포함되어야 한다.
③ 지식경제부장관은 시행결과를 평가하고, 해당관계 행정기관의 장과 시·도지사에게 그 평가내용을 통보하여야 한다.
④ 관련 행정기관의 장은 매년 실시계획을 수립하고 그 결과를 반기별로 지식경제부장관에게 제출하여야 한다.

5과목 열설비설계

81 열확산계수에 대한 설명 중 틀린 것은?
① 단위는 m³/s이다.
② 열전도성을 나타낸다.
③ 온도에 대한 함수이다.
④ 열용량계수에 비례한다.

82 노통보일러 중 원통형의 노통이 2개인 보일러는?
① 라몬트보일러
② 바브콕보일러
③ 다우삼보일러
④ 랭커셔보일러

83 보일러동의 외경이 800mm이고 길이가 2,500mm인 랭커셔 보일러의 전열면적은?
① 2.0m²
② 4.8m²
③ 6.3m²
④ 8.0m²

84 보일러 재료로 이용되는 대부분의 강철제는 200~300℃에서 최대의 강도를 유지하나 몇 ℃ 이상이 되면 재료의 강도가 급격히 저하되는가?
① 350℃
② 400℃
③ 450℃
④ 500℃

85 노통보일러에서 사용하는 스테이(버팀)에 대한 설명으로 틀린 것은?
① 도그스테이는 맨홀 뚜껑의 보강재 버팀이다.
② 경사버팀은 화실천장 과열부분의 압궤현상을 방지하는 버팀이다.
③ 가세트버팀은 평행경판을 사용하여 경판, 동판 또는 관판이나 동판의 지지보강재이다.
④ 튜브스테이는 연관의 팽창에 따른 관판이나 경판의 팽출에 대한 보강재이다.

86. 노통연관식 보일러의 특징에 대한 설명으로 옳은 것은?
   ① 외분식이므로 방산손실열량이 크다.
   ② 고압이나 대용량보일러로 적당하다.
   ③ 내부청소가 간단하므로 급수처리가 필요 없다.
   ④ 보일러의 크기에 비하여 전열면적이 크고 효율이 좋다.

87. 보일러 1마력을 상당 증발량으로 환산하면 약 몇 kg/h가 되는가?
   ① 3.05
   ② 15.65
   ③ 30.05
   ④ 34.55

88. 다음 중 보일러의 탈산소제로 사용되지 않는 것은?
   ① 아황산나트륨
   ② 히드라진
   ③ 탄닌
   ④ 수산화나트륨

89. 열의 이동에 대한 설명 중 틀린 것은?
   ① 전도란 정지하고 있는 물체 속을 열이 이동하는 현상을 말한다.
   ② 대류란 유동물체가 고온부분에서 저온부분으로 이동하는 현상을 말한다.
   ③ 복사란 전자파의 에너지형태로 열이 고온물체에서 저온물체로 이동하는 현상을 말한다.
   ④ 열관류란 유체가 열을 받으면 밀도가 작아져서 부력이 생기기 때문에 상승현상이 일어나는 것을 말한다.

90. 노벽의 두께가 200mm이고, 그 외측은 75mm의 석면판으로 보온되어 있다. 노벽의 내부온도가 400℃이고, 외측온도가 38℃일 경우 노벽의 면적이 10m²라면 열손실은 약 몇 kcal/h인가?(단, 노벽과 석면과의 평균 열전도도는 각각 3.3, 0.13kcal/mh·℃이다.)
   ① 4,674
   ② 5,674
   ③ 6,674
   ④ 7,674

91 물의 탁도(濁度)에 대한 설명으로 옳은 것은?

① 카올린 1g이 증류수 1L 속에 들어 있을 때의 색과 같은 색을 가지는 물을 탁도 1도의 물이라 한다.
② 카올린 1mg이 증류수 1L 속에 들어 있을 때의 색과 같은 색을 가지는 물을 탁도 1도의 물이라 한다.
③ 탄산칼슘 1g이 증류수 1L 속에 들어 있을 때의 색과 같은 색을 가지는 물을 탁도 1도의 물이라 한다.
④ 탄산칼슘 1mg이 증류수 1L 속에 들어 있을 때의 색과 같은 색을 가지는 물을 탁도 1도의 물이라 한다.

92 어떤 원통형 탱크가 압력 $3kg/cm^2$, 직경 5m, 강판 두께 10mm이다. 탱크의 이음효율을 75%로 할 때, 강판의 인장강도는 약 몇 kg/mm^2로 하여야 하는가?(단, 탱크의 반경방향으로 두께에 응력이 유기되지 않는 이론값을 계산한다.)

① 10 ② 20
③ 300 ④ 400

93 복사능 0.5, 전열면적 $2m^2$인 물질이 복사능 0.8, 전열면적 $10m^2$인 물질 속에 둘러싸여 복사전열이 일어날 때의 총괄호환인자(F_{12})는 약 얼마인가?

① 0.4 ② 0.5
③ 0.6 ④ 0.7

94 노통 보일러에 2~3개의 겔로웨이 관(Galloy Tube)을 직각으로 설치하는 이유로서 가장 거리가 먼 것은?

① 노통을 보강하기 위하여
② 보일러수의 순환을 돕기 위하여
③ 전열면적을 증가시키기 위하여
④ 수격작용(Water Hammer)을 방지하기 위하여

95 열정산의 기준온도로서 어느 것을 사용하는 것이 가장 편리한가?

① 0
② 15
③ 18
④ 25

96 어떤 연료 1kg의 발열량이 6,320kcal이다. 이 연료 50kg을 시간당 연소시킬 때 발생하는 열이 모두 일로 전환된다면 이때 발생하는 동력은 약 몇 PS인가?

① 300
② 400
③ 500
④ 600

97 코르시니 보일러의 노통을 한쪽으로 편심 부착시키는 가장 큰 이유는?

① 강도상 유리하므로
② 전열면적을 크게 하기 위하여
③ 내부청소를 간편하게 하기 위하여
④ 보일러 물의 순환을 좋게 하기 위하여

98 수평가열관 중에 정상상태로 흐르고 있는 액체가 40℃에서 질량유속 2kg/s로 유입되어 140℃로 배출된다. 액체의 평균열용량은 4.2kJ/kg·℃일 때 관 벽을 통하여 전달되는 열전달속도는 약 몇 kW인가?

① 105
② 210
③ 420
④ 840

99 기수분리기를 설치하는 주된 목적은?

① 폐증기를 회수하여 재사용하기 위하여
② 과열증기의 순환을 빠르게 하기 위하여
③ 보일러에 녹아 있는 불순물을 제거하기 위하여
④ 발생된 증기 속에 남은 물방울을 제거하기 위하여

100 보일러 사용 중 이상 감수(저수위사고)의 원인으로 가장 거리가 먼 것은?

① 급수펌프가 고장이 났을 때
② 수면계의 연락관이 막혀 수위를 모를 때
③ 증기의 발생량이 많을 때
④ 방출 콕 또는 분출장치에서 누설이 될 때

CBT 정답 및 해설

제1회 CBT 실전모의고사

01	02	03	04	05	06	07	08	09	10
①	④	②	①	①	④	②	③	③	③
11	12	13	14	15	16	17	18	19	20
③	②	①	④	④	③	②	③	④	①
21	22	23	24	25	26	27	28	29	30
②	④	②	①	②	③	③	③	②	④
31	32	33	34	35	36	37	38	39	40
①	①	④	④	③	②	②	④	①	②
41	42	43	44	45	46	47	48	49	50
①	④	③	③	①	③	③	②	④	④
51	52	53	54	55	56	57	58	59	60
①	③	②	③	①	④	③	③	③	①
61	62	63	64	65	66	67	68	69	70
②	②	③	③	③	②	④	③	③	②
71	72	73	74	75	76	77	78	79	80
②	②	④	②	④	③	①	①	①	④
81	82	83	84	85	86	87	88	89	90
④	④	④	③	③	②	③	④	④	②
91	92	93	94	95	96	97	98	99	100
②	①	②	④	①	③	④	④	④	③

01 정답 | ①

풀이 | 이론공기량$(A_o) = 8.89C + 26.67\left(H - \dfrac{O}{8}\right) + 3.33S$

$= 8.89 \times \left(0.84 \times \dfrac{100}{100-4}\right) \times 26.67 \times \left(0.12 \times \dfrac{100}{100-4}\right)$

$\fallingdotseq 55.6 \text{Nm}^3/\text{h}$

02 정답 | ④

풀이 | 자연 통풍력은 연돌(굴뚝) 높이에 비례한다.

03 정답 | ②

풀이 | 연소속도
공기 중 산소의 확산속도

04 정답 | ①

풀이 | $1\text{m}^3 = 44.65\text{mol}$
$(68.32 \times 44.65 \times 0.5) + (67.63 \times 44.65 \times 0.4)$
$= 1,525 + 1,207$
$= 2,733\text{kcal}$

05 정답 | ①

풀이 | 공기비(과잉공기계수) $= \dfrac{\text{실제공기량}}{\text{이론공기량}}$

06 정답 | ④

풀이 | 증기운 폭발(Vapor Cloud Explosion ; VCE)은 점화 위치가 방출점에서 멀수록 폭발위력이 커진다. 그 이유는 가연성 증기가 다량 방출되기 때문이다.

07 정답 | ②

풀이 | 배기가스 중 O_2나 CO_2를 측정하는 이유는 공기비를 조절하여 열효율을 높이고 연료소비량을 줄이기 위하여

08 정답 | ③

풀이 | ① 수소 : 3,050kcal/Nm³(34,000kcal/kg)
② 메탄 : 9,530kcal/Nm³(13,000kcal/kg)
③ 아세틸렌 : 14,080kcal/Nm³(12,130kcal/kg)
④ 에탄 : 16,810kcal/Nm³(12,551kcal/kg)

09 정답 | ③

풀이 | 사이클론 집진장치
가스의 선회운동을 이용한 원심력 집진장치

10 정답 | ③

풀이 | 실제배기가스량$(G_w) = (m - 0.21) \times A_o + CO_2 + H_2O$
※ $C_3H_8 + 5O_2 \rightarrow 3CO_2 + 4H_2O$

이론공기량$(A_o) = 5 \times \dfrac{1}{0.21} = 23.81 \text{Nm}^3$

$t = \dfrac{Hl}{G_w \times CP}$

$= \dfrac{93,766}{\{(1.2 - 0.21) \times 23.81 + 7\} \times 1.653} = 1,856\text{K}$

11 정답 | ③

풀이 | 공기비$(m) = \dfrac{21}{21 - O_2} = \dfrac{21}{21 - 10} = 1.9$

12 정답 | ②

풀이 | 저위발열량$(Hl) =$ 고위발열량 $- 600(9H + w)$
$= 9,000 - 600(9 \times 0.15 + 0.01)$
$= 9,000 - 816 = 8,184$
$\therefore 8,184 \times 3 \fallingdotseq 24,550\text{kcal}$

13 정답 | ①

풀이 | 폐열 발생을 감소하는 방향으로 검토한다.

14 정답 | ④

풀이 | $C_3H_8 + 5O_2 \rightarrow 3CO_2 + 4H_2O$

이론산소량$(O_o) = 5 \text{Nm}^3$

이론공기량$(A_o) = 5 \times \dfrac{100}{21} = 23.81 \text{Nm}^3$

15 정답 | ④

풀이 | $H_2 + \dfrac{1}{2} O_2 \rightarrow H_2O$

$H_2O \begin{cases} \text{증발열} : 480 \text{kcal/m}^3 \\ \text{증발열} : 600 \text{kcal/kg} \end{cases}$

증발열 = 고위발열량 − 저위발열량

16 정답 | ③

풀이 | 기체연료는 버너연소이므로 온도나 온도분포가 노 내에서 조절이 용이하다.

17 정답 | ②

풀이 | 석탄의 자연발화 방지법
탄층깊이 1m 범위에서 온도가 60℃ 이하가 되도록 한다.

18 정답 | ③

풀이 | 실제기체는 압력이 낮고 온도가 높으면 이상기체에 근접한다.

19 정답 | ④

풀이 | 고농도 산소연소법은 질소산화물(NOx)의 생성을 증가시킨다.

20 정답 | ①

풀이 | 실제배기가스량(G)
$G = $ 이론배기가스량 $+ $ (공기비 $- 1$) $\times$ 이론공기량
$= G_o + (m-1) A_o$

21 정답 | ②

풀이 | $C_m = 35.35(800-32) + 2.409 \times 10^{-2}$
$\times \dfrac{800^2 - 32^2}{2} - 0.9033 \times 10^{-5} \times \dfrac{800^3 - 32^3}{3}$
$= 27,148 + 7,696 - 1,544 = 33,300 \text{kJ}$
$\therefore \dfrac{33,300}{800-32} = 43.36 \text{kJ/mol℃}$

22 정답 | ④

풀이 | 증기는 압력이 높아질수록 증발잠열값은 적어진다.
(표준대기압하에서 물의 증발열은 539kcal/kg)

23 정답 | ②

풀이 | 포화액의 온도에서 압력을 높이면 과냉액이 된다.

24 정답 | ①

풀이 | $\varepsilon = \dfrac{1}{0.08} + 1 = 13.5$, 또는 $\dfrac{1 + 0.08}{0.08} = 13.5$

압축비 $= \dfrac{\text{행정체적} + \text{통극체적}}{\text{통극체적}}$

25 정답 | ②

풀이 | $1 \text{kW} - h = 860 \text{kcal}$
$900 \times 860 = 774,000 \text{kcal}$
1시간 = 60분
연료사용량 $= \dfrac{774,000}{60 \times 11,000 \times 0.5} = 2.34 \text{kg/min}$

26 정답 | ①

풀이 | 랭킨 사이클 순서
단열압축 − 정압가열 − 단열팽창 − 정압냉각

27 정답 | ③

풀이 | ㉢의 경우 임계점을 벗어난 상태라 액화가 불가능하다.

28 정답 | ③

풀이 | 가역단열과정
$T_2 = T_1 \left(\dfrac{P_2}{P_1} \right)^{\frac{k-1}{k}}$

29 정답 | ②

풀이 | 등온압축계수$(K) = -\dfrac{1}{V} \left(\dfrac{dV}{dP} \right)_T$

30 정답 | ④

풀이 | $S_2 - S_1 = m C_V L_n \left(\dfrac{P_2}{P_1} \right) + m C_P L_n \left(\dfrac{V_2}{V_1} \right)$
$= 0.7 \ln \left(\dfrac{200}{100} \right) + 1.0 \ln \left(\dfrac{2}{1} \right)$
$= 1.18 \text{kJ/kg} \cdot \text{K}$

31 정답 | ①

풀이 | $\rho = \dfrac{P}{RT} = \dfrac{101.3}{0.287 \times 273} = \dfrac{29}{22.4} = 1.29 \text{kg/m}^3$

32 **정답 | ①**
풀이 | 비리얼 계수(Virial Equation)
기체의 상태를 고압 혹은 응축온도 부근까지 정밀하게 표시하기 위해 쓰이는 상태식의 하나
$PV = A + BP + CP^2 + DP^3$
(기체압력 P, 몰체적 V)

33 **정답 | ④**
풀이 | $W_2 = 1.414\sqrt{had}$ (m/s)
$= 1.414\sqrt{(3,140-3,010) \times 10^3} = 510$ m/s

34 **정답 | ④**
풀이 | $W = \eta Q_1 = \left(1 - \dfrac{40+273}{260+273}\right) \times 200 = 82.55$
$Q_2 = 200 - 82.55 = 117.45$

35 **정답 | ③**
풀이 | $\Delta u = C_V(T_2 - T_1)$
$\therefore\ 8.314 \times 1.5((150+273)-(70+273))$
$= 998$ J/mol

36 **정답 | ②**
풀이 | $40 - 30 = 10$ kW
$COP = \dfrac{30}{10} = 3$
※ $COP = \dfrac{\theta_2}{\theta_1 - \theta_2}$

37 **정답 | ②**
풀이 | ① 교축과정(팽창밸브)
② 등온팽창(증발기), 압축기($h_2 - h_1$)
③ 정압방열(응축기)
④ 교축과정

38 **정답 | ④**
풀이 | 실제기체가 저압, 고온이 되면 이상기체에 근접한다.

39 **정답 | ①**
풀이 | 등온변화(공업일, 압축일)
$w_t = -RT\int_1^2 \dfrac{dP}{P} = RT\ln\dfrac{P_1}{P_2}$

40 **정답 | ②**
풀이 | $\eta = 1 - \dfrac{T_2}{T_1} = 1 - \dfrac{30+273}{600+273} = 0.653(65.3\%)$

41 **정답 | ①**
풀이 | 파스칼의 원리
밀폐용기 내의 액체에 압력을 가하면 압력은 모든 부분에 동일하게 전달된다.

42 **정답 | ④**
풀이 | 경사관 압력계 : 액주식 압력계

43 **정답 | ③**
풀이 | 부자식 액면계 기능
• 경보용
• 액면 제어용

44 **정답 | ④**
풀이 | 속 빈 음극등은 가스분석계인 기체크로마토그래피와 관련성이 없다.

45 **정답 | ③**
풀이 | 비금속보호관(석영관)
• 산성에는 강하다.
• 상용사용온도는 1,000~1,100℃이다.
• 기계적 충격에 약하다.
• 내열성이 있다.

46 **정답 | ①**
풀이 | $Y = 1 - e^{-\frac{t}{T}}$ (t : 시간)
시정수 T가 클수록 1차 지연요소에서 응답속도가 느려진다.(작아지면 반대이다.)

47 **정답 | ③**
풀이 | PI동작 = $Y = K_P\left(Z + \dfrac{1}{T_1}\int Z dt\right)$
잔류편차 제거

48 **정답 | ③**
풀이 | K = °R/1.8 = $\dfrac{671.07}{1.8} = 373$K

49 **정답 | ②**
풀이 | 열전대온도계
접촉식 온도계 중 가장 고온측정용 온도계

CBT 정답 및 해설

제1회 CBT 실전모의고사

50 **정답 | ④**
풀이 | 기준 분동식 압력계
탄성식 압력계 등 일반교정용 압력계

51 **정답 | ①**
풀이 | 고체 팽창식 온도계
바이메탈 온도계(박판의 2가지 열팽창계수 이용 온도계)

52 **정답 | ③**
풀이 | 유속식 유량계
- 임펠러식(단상식, 복상식)
- 터빈식(워싱턴식, 월트만식(수도계량기))

53 **정답 | ③**
풀이 | 송풍기 인터록
프리퍼지(환기) 인터록

54 **정답 | ①**
풀이 | 열선식 유량계(전열선 사용) 종류
- 미풍계
- 토마스 메타
- 서멀(Thermal)

55 **정답 | ①**
풀이 | 면적식(플로트식, 피스톤식, 게이트식) 유량계는 정도가 ±1~2%이므로 정밀측정에는 부적당하다.
$\theta = CA_1\sqrt{2gV\dfrac{(\rho_2 - \rho_1)}{A_2\rho_1}}$ (m³/h)

56 **정답 | ①**
풀이 | 경사관식 압력계
$P_1 = P_2 + r \times \sin\theta$
정밀한 측정이 가능하고 미세한 압력측정용이다.

57 **정답 | ③**
풀이 | $\dfrac{Q_1}{Q_2} = \dfrac{d_1^2\sqrt{\Delta P_1}}{d_2^2\sqrt{\Delta P_2}} = 0.5 \times \theta_1 = \dfrac{d_1^2\sqrt{\Delta P_1}}{\left(\dfrac{d_1}{4}\right)^2\sqrt{4\Delta P_1}}$

58 **정답 | ③**
풀이 | 벨로스 압력계(탄성식 압력계)
Bellows 탄성보조로 스프링 코일을 조합하는 이유는 히스테리시스 현상을 없애기 위하여 사용한다.

59 **정답 | ③**
풀이 | 열전도율형 CO_2계는 열전도율이 큰 H_2 가스가 혼입되면 지시치가 낮아지기 때문에 측정오차의 영향이 크다.

60 **정답 | ③**
풀이 | 미분동작(D)은 조절계의 출력변화가 편차의 변화속도에 비례하는 동작

61 **정답 | ②**
풀이 | 석면
무기질 보온재로서 최고사용온도는 600℃ 이하이다.

62 **정답 | ③**
풀이 | 에너지이용 합리화법 열사용 기자재 관리규칙 제49조에 의해 신고는 신고사유가 발생한 날로부터 30일 이내에 하여야 한다.

63 **정답 | ③**
풀이 | 1월 31일까지 → 12월 31일까지가 정답

64 **정답 | ②**
풀이 | 요로는 가열시간을 되도록 길게 작업한다.
(즉, 연속가열이 필요하다.)

65 **정답 | ④**
풀이 | 마그네시아질 내화물은 염기성이므로 산성 슬래그에 침식이 심하다.

66 **정답 | ①**
풀이 | 고로(용광로)
열풍로, 호퍼, 환원대, 열흡수대, 용융대, 연소대, 광석 및 석회석이 투입된다.

67 **정답 | ④**
풀이 | ④항 대신 그 밖에 에너지절감 또는 에너지의 합리적인 이용을 통한 온실가스 배출 감축에 관한 사항이 평가기준이다.

68 **정답 | ③**
풀이 | 내화물
SK26번(1,580℃) 이상이 내화물에 속한다.

CBT 정답 및 해설

69 정답 | ③
풀이 | 요(Kiln), 로(Furnace)는 폐열 사용, 연속조업, 공기의 예열, 가열시간 및 온도조절을 통해 열효율을 높인다.

70 정답 | ②
풀이 | 에너지이용합리화법 제27조에 의해 등록이 취소되면 등록이 취소된 날로부터 2년이 경과되지 않으면 등록을 할 수 없다.

71 정답 | ②
풀이 | 고압배관용 탄소강관
SPPH로 표기하며, 100kg/cm² 이상에 사용한다.

72 정답 | ②
풀이 | 에너지관리자의 기본교육은 1일(3년마다)

73 정답 | ④
풀이 | ① 유리섬유 : 300℃ 정도
② 석면 : 600℃ 정도
③ 펄라이트 : 650℃ 정도
④ 세라믹 파이버 : 1,100℃ 정도

74 정답 | ③
풀이 | 캐스터블 내화물
부정형 내화물이며 열팽창률이 적고 내스폴링성이 크다. 시공 후 24시간 만에 사용 가능하다.(골재 + 알루미나 시멘트 15~25% 함유)

75 정답 | ④
풀이 | 다수의 민원을 일으킨 것과 에너지절약 전문기업(ESCO) 등록 취소는 관련성이 없다.

76 정답 | ①
풀이 | 내화물은 상온에서 압축강도가 커야 한다.

77 정답 | ③
풀이 | 보일러 본체 단열재 보강은 검사에 해당되지 않는다.

78 정답 | ①
풀이 | 슬래킹 현상
마그네시아, 돌로마이트질 내화물의 원료인 CaO, MgO 등이 수증기와 작용하여 $Mg(OH)_2$, $Ca(OH)_2$를 생성하고 비중변화로 체적팽창에 균열 붕괴되는 현상

79 정답 | ①
풀이 | 다이어프램밸브
격막밸브로서 내약품성, 내열성의 고무막을 이용한 밸브

80 정답 | ④
풀이 | • 1월 31일까지 : 실시계획 수립
• 다음 연도 2월 말까지 : 시행결과를 지식경제부장관에게 제출한다.

81 정답 | ④
풀이 | 열확산계수는 열전도계수에 비례한다.

82 정답 | ④
풀이 | • 노통 1개 : 코니시보일러
• 노통 2개 : 랭커셔보일러

83 정답 | ④
풀이 | 전열면적$(A) = 4DL = 4 \times 0.8 \times 2.5 = 8m^2$

84 정답 | ①
풀이 | 강철제는 350℃ 이상이 되면 급격히 강도가 저하된다.

85 정답 | ②
풀이 | 화실 천장에는 봉스테이나 시렁버팀이 사용된다.

86 정답 | ④
풀이 | 노통연관식 보일러(노통 + 연관)는 전열면적이 커서 효율이 좋다.

87 정답 | ②
풀이 | 보일러 1마력 : 상당증발량 15.65kg/h
정격출력 = 15.65kg/h × 539kcal/kg
= 8,435kcal/h

88 정답 | ④
풀이 | 수산화나트륨(가성소다)은 석회소다법, pH 조정제에 사용되는 청관제이다.

89 정답 | ④
풀이 | ④ 내용은 대류 현상이다. ($\theta = aF(T_1 - T_2)$)

CBT 정답 및 해설

90 정답 | ②

풀이 | $\theta = \dfrac{A(T_1 - T_2)}{\dfrac{b_1}{\lambda_1} + \dfrac{b_2}{\lambda_2}} = \dfrac{10 \times (400 - 38)}{\dfrac{0.2}{3.3} + \dfrac{0.075}{0.13}}$

$= \dfrac{3,620}{0.06 + 0.5769} = \dfrac{3,620}{0.6369} = 5,680 \text{kcal/h}$

91 정답 | ②

풀이 | 탁도 1도
증류수 1L 중 카올린 1mg이 들어 있을 때 색깔

92 정답 | ①

풀이 | $\sigma = \dfrac{P \cdot D}{2t\eta} = \dfrac{3 \times 10^{-2} \times 5,000}{2 \times 10 \times 0.75} = 10 \text{kg/mm}^2$

93 정답 | ②

풀이 | $C_o = \dfrac{1}{\dfrac{1}{C_1} + \dfrac{F_1}{F_2}\left(\dfrac{1}{C_2} - \dfrac{1}{4.88}\right)}$

$= \dfrac{1}{\dfrac{1}{0.5} + \dfrac{2}{10}\left(\dfrac{1}{0.8} - \dfrac{1}{4.88}\right)} \fallingdotseq 0.5$

94 정답 | ④

풀이 | 수격작용을 방지하려면 증기관의 구배나 증기트랩을 설치한다.

95 정답 | ①

풀이 | 열정산의 기준온도는 0℃ 또는 외기온도가 기준이 된다.

96 정답 | ③

풀이 | $1\text{PS} - h = 632\text{kcal}$

∴ $\dfrac{6,320 \times 50}{632} = 500\text{PS}$

97 정답 | ④

풀이 | 노통의 편심목적
보일러 물의 순환 촉진

98 정답 | ④

풀이 | $2 \times 4.2 \times (140 - 40) = 840\text{kW}$

99 정답 | ④

풀이 | 기수분리기
수관식 보일러 등에서 증기 속에 남은 물방울을 제거하여 건조증기를 얻는다.

100 정답 | ③

풀이 | 증기의 발생량이 많으면 보일러 부하율이 높아진다.

1과목 연소공학

01 고온부식을 방지하기 위한 대책이 아닌 것은?

① 연료에 첨가제를 사용하여 바나듐의 융점을 낮춘다.
② 연료를 전처리하여 바나듐, 나트륨, 황분을 제거한다.
③ 배기가스온도를 550℃ 이하로 유지한다.
④ 전열면을 내식재료로 피복한다.

02 옥탄(C_8H_{18}) 1몰을 공기과잉률 2로 연소시킬 때 연소가스 중 산소의 몰분율은?

① 0.065　　　　　② 0.073
③ 0.086　　　　　④ 0.101

03 기체연료가 다른 연료에 비하여 연소용 공기가 적게 소요되는 가장 큰 이유는?

① 인화가 용이하므로　　② 착화온도가 낮으므로
③ 열전도도가 크므로　　④ 확산연소가 되므로

04 중유를 A급, B급, C급으로 구분하는 기준은 무엇인가?

① 발열량　　　　　② 인화점
③ 착화점　　　　　④ 점도

05 목재를 가열할 때 가열온도 160~360℃ 사이에서 가장 많이 발생되는 기체는?

① 일산화탄소　　　② 수소가스
③ 이산화탄소　　　④ 유화수소가스

06 연소가스에 들어 있는 성분을 CO_2, C_mH_n, O_2, CO의 순서로 흡수 분리시킨 후 체적 변화로 조성을 구하고, 이어 잔류가스에 공기나 산소를 혼합, 연소시켜 성분을 분석하는 기체연료 분석방법은?

① 치환법
② 헴펠법
③ 리비히법
④ 에슈카법

07 다음 기체 연료의 발열량(kcal/m³)의 순서로 옳은 것은?

① 수성가스 > 석탄가스 > 발생로가스 > 고로가스
② 수성가스 > 석탄가스 > 고로가스 > 발생로가스
③ 석탄가스 > 수성가스 > 발생로가스 > 고로가스
④ 석탄가스 > 수성가스 > 고로가스 > 발생로가스

08 액화석유가스를 저장하는 가스설비의 내압성능에 대한 설명으로 옳은 것은?

① 최대압력의 1.2배 이상의 압력으로 내압시험을 실시하여 이상이 없어야 한다.
② 최대압력의 1.5배 이상의 압력으로 내압시험을 실시하여 이상이 없어야 한다.
③ 상용압력의 1.2배 이상의 압력으로 내압시험을 실시하여 이상이 없어야 한다.
④ 상용압력의 1.5배 이상의 압력으로 내압시험을 실시하여 이상이 없어야 한다.

09 다음 연소에 대한 설명 중 가장 적합한 것은?

① 연소는 응고상태 또는 기체상태의 연료가 관계된 자발적인 발열반응 과정이다.
② 폭발은 연소과정이 개방상태에서 진행됨으로써 압력이 상승하는 현상이다.
③ 발화점은 물질이 공기 중에서 산소를 공급받아 산화를 일으키는 현상이다.
④ 연소점은 가연성 액체가 개방된 용기에서 증기를 계속 발생하며 연소가 지속될 수 있는 최고 온도를 말한다.

10 C₃H₈ 1Nm³를 완전연소 했을 때의 건연소가스량은 약 몇 m³인가?(단, 공기 중 산소는 21v%이다.)

① 17.4 ② 19.8
③ 21.8 ④ 24.4

11 연료의 발열량이 H_L, 피열물에 준 열량이 Q_P일 때 열효율(E_t)은 다음 중 어느 식으로 나타낼 수 있는가?

① $1 - \dfrac{Q_P}{H_L}$ ② $H_L - Q_P$

③ $\dfrac{H_L}{H_L - Q_P}$ ④ $\dfrac{Q_P}{H_L}$

12 고체연료의 연료비(Fuel Ratio)를 옳게 나타낸 것은?

① $\dfrac{휘발분}{고정탄소}$ ② $\dfrac{고정탄소}{휘발분}$

③ $\dfrac{탄소}{수소}$ ④ $\dfrac{수소}{탄소}$

13 링겔만 농도표는 어떤 목적으로 사용되는가?

① 연돌에서 배출하는 매연농도 측정
② 보일러수의 pH 측정
③ 연소가스 중의 탄산가스 농도 측정
④ 연소가스 중의 SOx 농도 측정

14 부탄가스(C_4H_{10}) 2m³을 완전연소하는 데 필요한 이론공기량은 약 몇 m³인가?

① 32
② 42
③ 52
④ 62

15 다음 연료 중 저위발열량(MJ/kg)이 가장 높은 것은?

① 가솔린
② 등유
③ 경유
④ 중유

16 액체 연료의 미립화 특성 결정 시 반드시 고려하여야 할 사항이 아닌 것은?

① 분무압력
② 분무입경
③ 입경분포
④ 분산도

17 연도가스 분석결과 CO_2 12.0%, O_2 6.0%, CO 0.0%라면 CO_2max는 몇 %인가?

① 13.8
② 14.8
③ 15.8
④ 16.8

18 다음 중 천연가스(LNG)의 주성분은?

① CH_4
② C_2H_6
③ C_3H_8
④ C_4H_{10}

19 통풍방식 중 평형통풍에 대한 설명으로 틀린 것은?

① 안정한 연소를 유지할 수 있다.
② 로내 정압을 임의로 조절할 수 있다.
③ 중형 이상의 보일러에는 사용할 수 없다.
④ 통풍력이 커서 소음이 심하다.

20 메탄의 고발열량을 40MJ/kg이라 할 때 메탄의 저발열량은 약 몇 MJ/Nm³인가?

① 22.1
② 24.5
③ 26.3
④ 28.6

2과목 열역학

21 동일한 압력하의 과열증기와 포화증기의 온도 차이를 무엇이라 하는가?

① 건조도
② 포화도
③ 과열도
④ 습도

22 다음은 열역학적 사이클에서 일어나는 여러 가지의 과정이다. 이상적인 카르노(Carnot) 사이클에서 일어나는 과정을 옳게 나열한 것은?

| ㉠ 등온 압축 과정 | ㉡ 정적 팽창 과정 |
| ㉢ 정압 압축 과정 | ㉣ 단열 팽창 과정 |

① ㉠, ㉡
② ㉡, ㉢
③ ㉢, ㉣
④ ㉠, ㉣

23 증기가 압력 2MPa, 온도 300℃에서 노즐을 통하여 압력 300kPa로 단열 팽창할 때 증기의 분출속도는 몇 m/s가 되는가?(단, 입구와 출구 엔탈피 h_1 = 3,022kJ/kg, h_2 = 2,636kJ/kg이고, 입구속도는 무시한다.)

① 220
② 330
③ 672
④ 879

24 압력이 200kPa로 일정한 상태로 유지되는 실린더 내의 이상기체가 체적 0.3m³에서 0.4m³로 팽창될 때 이상기체가 한 일의 양은 몇 kJ인가?

① 20
② 40
③ 60
④ 80

25 성능계수가 4인 증기압축 냉동 사이클에서 냉동용량이 4kW일 때 소요일은 몇 kW인가?

① 1/16
② 1
③ 16
④ 64

26 초기체적이 V_i 상태에 있는 피스톤이 외부로 일을 하여 최종적으로 체적이 V_f인 상태로 되었다. 다음 중 외부로 가장 많은 일을 한 과정(Process)은?(단, n은 폴리트로픽 지수이다.)

① 등온과정
② 등압과정
③ 단열과정
④ 폴리트로픽과정($n > 0$)

27. 이상기체의 상태방정식에 해당하는 것은?(단, 압력 P, 체적 V, 비체적 v, 절대온도 T, 질량 m, 기체상수 R[kJ/kg·k]이다.)

① $Pv = RT$ ② $PV = RT$
③ $PV = vRT$ ④ $Pv = mRT$

28. 열역학 제1법칙은 무엇에 관한 내용인가?

① 열의 전달 ② 온도의 정의
③ 엔탈피의 정의 ④ 에너지의 보존

29. 기체가 단열팽창을 할 경우 실제의 엔트로피 변화는?

① 증가한다.
② 감소한다.
③ 일정하다.
④ 감소하다가 일정해진다.

30. 고열원의 온도가 400℃, 저열원의 온도가 15℃인 두 열원 사이에서 작동하는 카르노 사이클이 있다. 사이클에 가해지는 열량이 120kJ이면 사이클 일은 몇 kJ인가?

① 68.6 ② 73.1
③ 81.5 ④ 87.3

31. 대기압이 100kPa인 도시에서 두 지점의 계기압력비가 5 : 2라면 절대압력비는?

① 1.5 : 1
② 1.75 : 1
③ 2 : 1
④ 주어진 정보로는 알 수 없다.

32. 압축비가 5인 Otto Cycle 기관이 있다. 이 기관이 15~1,700℃의 온도범위에서 작동할 때 최고압력은 약 몇 kPa인가?(단, 최저압력은 100kPa, 비열비는 1.4이다.)

① 3,428 ② 2,650
③ 1,961 ④ 1,247

33. 전열기를 사용하여 물 5L의 온도를 15℃에서 80℃까지 올리려고 한다. 전열기의 용량은 0.7kW이고 투입된 에너지가 모두 물에 전달된다고 하면 가열에 요구되는 시간은 약 몇 분인가?(단, 가열 중에 외부로의 열손실은 없다고 가정하며, 물의 비열은 4.179kJ/kg·K이다.)

① 17.26 ② 21.74
③ 27.52 ④ 32.34

34. 이상기체의 경우 $C_p - C_v = R$이다. 다음 중 옳은 것은?(단, C_p는 정압비열, C_v는 정적비열, R은 기체상수이고, k는 비열비이다.)

① $k = \dfrac{C_v}{C_p}$
② $C_p = \dfrac{k}{k-1}R$
③ $C_v = \dfrac{k}{k+1}R$
④ $k = \dfrac{C_v}{C_p}R$

35 디젤 사이클에서 압축비가 20, 단절비(Cut-off Ratio)가 1.7일 때 열효율은 약 몇 %인가?(단, 비열비는 1.4이다.)

① 43
② 66
③ 72
④ 84

36 80℃의 물($h = 335 kJ/kg$)과 100℃의 건포화수증기($h = 2,676 kJ/kg$)를 질량비 1 : 1, 열손실 없는 정상유동과정으로 혼합하여 95℃의 포화액-증기 혼합물 상태로 내보낸다. 95℃ 포화상태에서 $h_f = 398 kJ/kg$, $h_g = 2,668 kJ/kg$이라면 혼합실 출구 건도는 얼마인가?

① 0.46 미만
② 0.46 이상 0.48 미만
③ 0.48 이상 0.5 미만
④ 0.5 이상

37 Gibbs 자유에너지의 정의와 직접 관련이 없는 것은?

① 엔탈피
② 온도
③ 엔트로피
④ 열전달계수

38 이상기체로 구성된 밀폐계의 과정을 표시한 것으로 틀린 것은?(단, Q는 열량, H는 엔탈피, W는 일, U는 내부에너지이다.)

① 등온과정에서 $Q = W$
② 단열과정에서 $Q = -W$
③ 정압과정에서 $Q = \Delta H$
④ 정적과정에서 $Q = \Delta U$

39 노즐(Nozzle)에 관한 설명으로 옳은 것은?

① 단면적의 변화로 유량을 증가시키는 장치이다.
② 단면적의 변화로 위치에너지를 증가시키는 장치이다.
③ 단면적의 변화로 엔탈피를 증가시키는 장치이다.
④ 단면적의 변화로 운동에너지를 증가시키는 장치이다.

40. 수증기의 증발잠열과 관련하여 옳은 것은?

① 포화압력이 감소하면 증가한다.
② 포화온도가 감소하면 감소한다.
③ 건포화증기와 포화액의 내부에너지 차이다.
④ 540kcal/kg(2,257kJ/kg)으로 항상 일정하다.

3과목　계측방법

41. 피토관으로 측정한 동압이 10mmH$_2$O일 때 유속이 15m/s이었다면 동압이 20mmH$_2$O일 때의 유속은 약 몇 m/s인가?(단, 중력가속도는 9.8m/s^{2}이다.)

① 18　　　　　　　　② 21.2
③ 30　　　　　　　　④ 40.2

42. 비례동작에 대하여 가장 바르게 설명한 것은?

① 조작부를 측정값의 크기에 비례하여 움직이게 하는 것
② 조작부를 편차의 크기에 비례하여 움직이게 하는 것
③ 조작부를 목표값의 크기에 비례하여 움직이게 하는 것
④ 조작부를 외란의 크기에 비례하여 움직이게 하는 것

43. 고온 물체가 방사되는 에너지 중 특정 파장의 방사에너지, 즉 휘도를 표준온도의 고온 물체와 필라멘트의 휘도를 비교하여 온도를 측정하는 것은?

① 방사고온계　　　　② 광고온계
③ 색온도계　　　　　④ 서미스터온도계

44 실온 22℃, 습도 45%, 기압 765mmHg인 공기의 증기분압(Pw)은 약 몇 mmHg인가?(단, 공기의 가스상수는 29.27kg·m/kg·K, 22℃에서 포화압력(Ps)은 18.66mmHg이다.)

① 4.1
② 8.4
③ 14.3
④ 20.7

45 200℃는 화씨온도로 몇 ℉인가?

① 79
② 93
③ 392
④ 473

46 화학적 가스분석계인 연소식 O_2계의 특징이 아닌 것은?

① 원리가 간단하다.
② 취급이 용이하다.
③ 가스의 유량 변동에도 오차가 없다.
④ O_2 측정 시 팔라듐(Palladium)계가 이용된다.

47 다이어프램 압력계에 대한 설명으로 틀린 것은?

① 공업용의 측정범위는 10~300mmH_2O이다.
② 연소로의 드래프트(Draft)계로서 사용된다.
③ 다이어프램으로는 고무, 양은, 인청동 등의 박판이 사용된다.
④ 감도가 좋고 정도(精度)는 1~2% 정도로 정확성이 높다.

48 밀폐된 관에 수은 등과 같은 액체나 기체를 봉입한 것으로서 온도에 따라 체적변화를 일으켜 관내에 생기는 압력의 변화를 이용하여 온도를 측정하는 방식이 아닌 것은?

① 차압식
② 기포식
③ 부자식
④ 액저압식

49 다음 중 측정범위가 가장 넓은 압력계는?

① 플로트 압력계
② U자 관형 압력계
③ 단관형 압력계
④ 침종 압력계

50 가스크로마토그래피의 특징에 대한 설명으로 옳지 않은 것은?

① 1대의 장치로는 여러 가지 가스를 분석할 수 없다.
② 미량성분의 분석이 가능하다.
③ 분리성능이 좋고 선택성이 우수하다.
④ 응답속도가 다소 느리고 동일한 가스의 연속측정이 불가능하다.

51 1차 제어장치가 제어량을 측정하여 제어명령을 발하고, 2차 제어장치가 이 명령을 바탕으로 제어량을 조절하는 자동제어는?

① 캐스케이드제어
② 프로그램제어
③ 정치제어
④ 비율제어

52 고체 팽창식 온도계는 2개의 선팽창계수가 다른 물질을 넣어준다. 다음 중 선팽창계수가 큰 재질로 주로 사용되는 것은?

① 인바(Invar)
② 황동
③ 석영봉
④ 산화철

53 다음 중 속도수두 측정식 유량계는?

① Delta 유량계
② Annulbar 유량계
③ Oval 유량계
④ Thermal 유량계

54 액주형 압력계 중 경사관식 압력계의 특징에 대한 설명으로 옳은 것은?

① 일반적으로 정도가 낮다.
② 눈금을 확대하여 읽을 수 있는 구조이다.
③ 통풍계로는 사용할 수 없다.
④ 미세압 측정이 불가능하다.

55 제어계의 난이도가 큰 경우 가장 적합한 제어동작은?

① 헌팅동작　　　　　② PID동작
③ PD동작　　　　　　④ ID동작

56 오리피스에 의한 유량측정에서 유량과 압력의 관계는?

① 압력차에 비례한다.
② 압력차에 반비례한다.
③ 압력차의 평방근에 비례한다.
④ 압력차의 평방근에 반비례한다.

57 데드타임(Dead Time) L과 시정수 T의 비 L/T는 제어 난이도와 어떤 관계가 있는가?

① 무관하게 일정하다.
② 클수록 제어가 용이하다.
③ 조작 정도에 따라 다르다.
④ 작을수록 제어가 용이하다.

58 열전대 온도계 사용 시 주의사항으로 틀린 것은?

① 계기의 부착은 수평 또는 수직으로 바르게 달고 먼지와 부식성 가스가 없는 장소에 부착한다.
② 기계적 진동이나 충격은 피한다.
③ 사용온도에 따라 적당한 보호관을 선정하고 바르게 부착한다.
④ 열전대를 배선할 때에는 접속에 의한 절연 불량은 고려하지 않아도 된다.

59. 구조와 원리가 간단하여 고압 밀폐탱크의 액면제어용으로 주로 사용되는 액면계는?

① 편위식 액면계
② 차압식 액면계
③ 부자식 액면계
④ 기포식 액면계

60. 침종식 압력계에 대한 설명으로 틀린 것은?

① 봉입액은 자주 세정 혹은 교환하여 청정하도록 유지한다.
② 측정범위는 복종식이 단종식보다 넓다.
③ 계기 설치는 똑바로 수평으로 하여야 한다.
④ 액체측정에는 부적당하고, 기체의 압력측정에는 적당하다.

4과목 열설비재료 및 관계법규

61. 진주암, 흑석 등을 소성·팽창시켜 다공질로 하여 접착제와 3~15%의 석면 등과 같은 무기질 섬유를 배합하여 성형한 고온용 무기질 보온재는?
① 규산칼슘 보온재
② 세라믹화이버
③ 유리섬유 보온재
④ 펄라이트

62. 다음 중 강관의 이음으로 가장 적절하지 않은 것은?
① 나사이음
② 용접이음
③ 플랜지이음
④ 소켓이음

63. 다음 중 개조검사를 받아야 하는 경우가 아닌 것은?
① 증기보일러를 온수보일러로 개조하는 경우
② 보일러의 섹션 증감에 의해 용량을 변경하는 경우
③ 보일러의 수관과 연관을 교체하는 경우
④ 연료 또는 연소방법을 변경하는 경우

64. 다음 중 1년 이하의 징역 또는 1천만원 이하의 벌금에 해당하는 것은?
① 검사대상기기의 검사를 받지 아니한 자
② 검사를 거부·방해 또는 기피한 자
③ 검사대상기기관리자를 선임하지 아니한 자
④ 효율관리기자재에 대한 에너지사용량의 측정결과를 신고하지 아니한 자

65 탄화 규소질 내화물의 특징에 대한 설명으로 옳은 것은?

① 마그네사이트를 주원료로 하는 천연광물이다.
② 고온의 중성 및 환원염 분위기에서는 안정하지만 산화염 분위기에서는 산화되기 쉽다.
③ 화학적으로 산성이고 열전도율이 작다.
④ 내식성은 우수하나 내스폴링성, 내열성이 약하다.

66 캐스터블(Castable) 내화물의 특징이 아닌 것은?

① 소성할 필요가 없다.
② 접합부 없이 노체를 구축할 수 있다.
③ 사용 현장에서 필요한 형상으로 성형할 수 있다.
④ 온도의 변동에 따라 스폴링(Spalling)을 일으키기 쉽다.

67 다음 중 에너지원별 에너지열량환산기준으로 틀린 것은?(단, 총발열량기준이다.)

① 원유 – 10,750kcal/kg
② 천연가스 – 10,550kcal/Nm³
③ 실내 등유 – 8,800kcal/L
④ 전력 – 860kcal/kWh

68 에너지이용합리화법의 목적이 아닌 것은?

① 에너지의 합리적인 이용 증진
② 국민경제의 건전한 발전에 이바지
③ 지구온난화의 최소화에 이바지
④ 에너지자원의 보전 및 관리와 에너지수급 안정

69. 공업용 로에 단열시공을 하였을 때 얻을 수 있는 효과가 아닌 것은?

① 내화재의 내구력을 증가시킬 수 있다.
② 노 내의 온도를 균일하게 유지할 수 있다.
③ 열손실을 방지하여 연료사용량을 줄일 수 있다.
④ 축열용량을 증가시킬 수 있다.

70. 다음 중 열사용기자재로 분류되지 않는 것은?

① 연속식 유리 용융가마   ② 셔틀가마
③ 태양열집열기   ④ 철도차량용 보일러

71. 요의 구조 및 형상에 의한 분류가 아닌 것은?

① 터널요   ② 셔틀요
③ 횡요   ④ 승염식 요

72. 단열재의 기본적인 필요 요건으로 옳은 것은?

① 유효 열전도율이 커야 한다.
② 유효 열전도율이 작아야 한다.
③ 소성이나 유효 열전도율과는 무관하다.
④ 소성(燒成)에 의하여 생긴 큰 기포(氣泡)를 가진 것이어야 한다.

73. 공공사업주관자는 에너지사용계획의 조정 등 조치 요청을 받은 경우에 지식경제부령으로 정하는 바에 따라 이행계획을 작성하여 제출하여야 한다. 이행계획에 반드시 포함되어야 하는 항목이 아닌 것은?

① 이행 주체   ② 이행 방법
③ 이행 예산   ④ 이행 시기

74 터널가마(Tunnel Kiln)의 장점이 아닌 것은?

① 소성이 균일하여 제품의 품질이 좋다.
② 온도조절과 자동화가 용이하다.
③ 열효율이 좋아 연료비가 절감된다.
④ 사용연료의 제한을 받지 않고 전력소비가 적다.

75 에너지 저장의무 부과대상자가 아닌 것은?

① 연간 1만 석유환산톤 이상의 에너지를 사용하는 자
② 석탄산업법에 의한 석탄 가공업자
③ 집단에너지사업법에 의한 집단에너지 사업자
④ 도시가스사업법에 의한 도시가스 사업자

76 마그네시아 또는 돌로마이트를 원료로 하는 내화열이 수증기의 작용을 받아 $Ca(OH)_2$ 나 $Mg(OH)_2$를 생성하는데, 이때 큰 비중변화에 의하여 체적변화를 일으키기 때문에 노벽에 균열이 발생하거나 붕괴하는 현상을 무엇이라고 하는가?

① 버스팅(Bursting)
② 스폴링(Spalling)
③ 슬래킹(Slaking)
④ 에로젼(Erosion)

77 연속가열로에 대한 강제이동 방식이 아닌 것은?

① Pusher Type
② Walking Beam Type
③ Roller Hearse Type
④ Batch Type

78 다음 중 전기로에 해당되지 않는 것은?

① 퓨셔 로   ② 아크 로
③ 저항로   ④ 유도로

79 인정검사대상기기 관리자의 교육을 이수한 사람의 조종범위는 증기보일러로서 최고사용압력이 1MPa 이하이고 전열면적이 얼마 이하일 때 가능한가?

① $1m^2$ ② $2m^2$
③ $5m^2$ ④ $10m^2$

80 보온재의 열전도율에 대한 설명으로 틀린 것은?

① 재료의 두께가 두꺼울수록 열전도율이 작아진다.
② 재료의 밀도가 클수록 열전도율이 작아진다.
③ 재료의 온도가 낮을수록 열전도율이 작아진다.
④ 재료의 수분이 작을수록 열전도율이 작아진다.

5과목 열설비설계

81 소용량 주철제 보일러란 주철제 보일러 중 전열면적이 몇 m^2 이하이고 최고사용 압력이 몇 MPa 이하인 것을 말하는가?

① $3m^2$, 0.1MPa   ② $5m^2$, 0.1MPa
③ $3m^2$, 0.2MPa   ④ $5m^2$, 0.2MPa

82 다음 [보기]의 특징을 가지는 증기트랩의 종류는?

> • 다량의 드레인을 연속적으로 처리할 수 있다.
> • 증기누출이 거의 없다.
> • 가동 시 공기빼기를 할 필요가 없다.
> • 수격작용에 다소 약하다.

① 플로트식 트랩
② 버킷형 트랩
③ 바이메탈식 트랩
④ 디스크식 트랩

83 안쪽 반지름이 5cm, 바깥쪽 반지름이 15cm인 원통의 열전도도는 0.1kcal/m·h·℃이다. 외기온도 0℃, 내면온도 100℃일 경우 이 원통의 1m당 열손실은 몇 kcal/h인가?

① 55.3
② 56.2
③ 57.2
④ 58.4

84 육용강제 보일러에서 봉 스테이 또는 경사 스테이를 핀 이음으로 부착할 경우, 스테이 링부의 단면적은 스테이 소요 단면적의 얼마 이상으로 하여야 하는가?

① 1배
② 1.25배
③ 1.75배
④ 2배

85 노통 보일러에 두께 13mm 이하의 경판을 부착하였을 때 거싯스테이의 하단과 노통 상단의 완충폭(브레이징스페이스)은 몇 mm 이상으로 하여야 하는가?

① 230
② 260
③ 280
④ 300

86 압력용기에 대한 수압시험 압력의 기준으로 옳은 것은?

① 최고사용압력이 0.1MPa 이상의 주철제 압력용기는 최고 사용압력의 3배이다.
② 비철금속제 압력용기는 최고사용압력의 1.5배의 압력에 온도를 보정한 압력이다.
③ 최고사용압력이 1MPa 이하의 주철제 압력용기는 0.1MPa이다.
④ 법랑 또는 유리 라이닝한 압력용기는 최고사용압력의 1.5배의 압력이다.

87. 보일러의 안전사고의 종류로서 가장 거리가 먼 것은?

① 노통, 수관, 연관 등의 파열 및 균열
② 보일러 내의 스케일 부착
③ 동체, 노통, 화실의 압궤(Collapse) 및 수관, 연관 등 전열면의 팽출(Bulge)
④ 연도나 노내의 가스폭발, 역화 그 외의 이상연소

88. 보일러 동체, 드럼 및 일반적인 원통형 고압용기의 강도 계산식(두께 계산식)은? (단, t는 원통판 두께, P는 내부압력, D는 원통 안지름, σ는 안장응력[원통 단면의 원형접선방향]이다.)

① $t = \dfrac{PD}{\sqrt{2}\,\sigma}$ ② $t = \dfrac{PD}{\sigma}$
③ $t = \dfrac{PD}{2\sigma}$ ④ $t = \dfrac{PD}{4\sigma}$

89. 삽입형으로 보일러의 고온전열면 또는 과열기 등에 사용되고 증기 및 공기를 동시에 분사시켜 취출작업을 하는 수트블로어의 종류는?

① 로터리형
② 에어 히터 크리너형
③ 쇼트 리트랙터블형
④ 롱 리트랙터블형

90. 수관보일러가 원통보일러에 비해 가지는 장점이 아닌 것은?

① 구조가 간단하고 청소가 용이하다.
② 고압증기의 발생에 적합하다.
③ 증발률이 크고 열효율이 높아 대용량에 적합하다.
④ 시동시간이 짧고 과열위험성이 적다.

91 보일러 성능표시방법의 하나인 레이팅(Rating)에 대한 설명으로 옳은 것은?

① 급수온도가 100°F이고 압력 70psig의 증기를 매 시간 30lb 발생하는 능력을 말한다.
② 급수온도가 10℃이고 압력 4.9kg/cm²g의 증기를 매 시간 13.6kg 발생하는 능력을 말한다.
③ 1ft²당의 상당증발량 34.5lb/h를 기준으로 하여 이것을 100% 레이팅이라 한다.
④ 1m²당의 상당증발량 3.45kg/h를 기준으로 하여 이것을 100% 레이팅이라 한다.

92 2중관 열교환기에 있어서 열관류율(K)의 근사식은?(단, F_i : 내관 내면적, F_o : 내관 외면적, α_i : 내관 내면과 유체 사이의 경막계수, α_o : 내관 외면과 유체 사이의 경막계수이며, 전열계산은 내관 외면기준일 때이다.)

① $\dfrac{1}{\left(\dfrac{1}{\alpha_i F_i}+\dfrac{1}{\alpha_o F_o}\right)}$

② $\dfrac{1}{\left(\dfrac{F_i}{\alpha_i F_o}+\dfrac{1}{\alpha_o}\right)}$

③ $\dfrac{1}{\left(\dfrac{1}{\alpha_i}+\dfrac{1}{\alpha_o \dfrac{F_i}{F_o}}\right)}$

④ $\dfrac{1}{\left(\dfrac{1}{\alpha_o F_i}+\dfrac{1}{\alpha_i F_o}\right)}$

93 다음 중 ppm 단위로서 틀린 것은?

① mg/kg
② g/ton
③ mg/L
④ kg/m³

94. 어느 병류열교환기에서 [그림]과 같이 고유 유체가 90℃로 들어가 50℃로 나오고 이와 열교환되는 유체는 20℃에서 40℃까지 가열되었다. 열관류율이 50kcal/m²·h·℃이고, 시간당 전열량이 8,000kcal일 때 이 열교환기의 전열면적은 약 몇 m²인가?

① 5.2
② 6.2
③ 7.2
④ 8.2

95. 유속을 일정하게 하고 관의 직경을 2배로 증가시켰을 경우 일반적으로 유량은 어떻게 변하는가?

① 2배로 증가
② 4배로 증가
③ 8배로 증가
④ 16배로 증가

96. 다음 중 보일러 플랜트(Boiler Plant)에 발생하는 부식과 가장 거리가 먼 것은?

① 일반 부식
② 점식(Pitting)
③ 알칼리 부식
④ 응력부식(전단부식)

97. 매 시간 1,600kg의 석탄을 연소시켜 12,000kg/h의 증기를 발생시키는 보일러의 효율은?(단, 석탄의 저위발열량은 6,000kcal/kg, 급수온도는 20℃, 증기의 엔탈피는 700kcal/kg이다.)

① 75%
② 80%
③ 85%
④ 90%

98 고온부식의 방지대책이 아닌 것은?

① 중유 중의 황 성분을 제거한다.
② 연소가스의 온도를 낮게 한다.
③ 고온의 전열면에 보호피막을 씌운다.
④ 고온의 전열면에 내식재료를 사용한다.

99 코프식 자동급수 조정장치는 다음 중 어느 것을 이용하는가?

① 공기의 열팽창
② 금속관의 열팽창
③ 액체의 열팽창
④ 증기압력의 변화

100 열관류율에 대한 설명으로 옳은 것은?

① 인위적인 장치를 설치하여 강제로 열이 이동되는 현상이다.
② 유체의 밀도 차에 의한 열의 이동현상이다.
③ 고체의 벽을 통하여 고온 유체에서 저온의 유체로 열이 이동되는 현상이다.
④ 어떤 물질을 통하지 않는 열의 직접 이동을 말하며 정지된 공기층에 열 이동이 가장 적다.

CBT 정답 및 해설

제2회 CBT 실전모의고사

01	02	03	04	05	06	07	08	09	10
①	④	④	④	①	②	③	④	①	③
11	12	13	14	15	16	17	18	19	20
④	②	①	④	①	①	④	①	③	②
21	22	23	24	25	26	27	28	29	30
③	④	④	①	③	②	①	④	③	①
31	32	33	34	35	36	37	38	39	40
④	①	④	②	③	④	②	④	②	①
41	42	43	44	45	46	47	48	49	50
②	②	②	④	③	①	③	①	③	①
51	52	53	54	55	56	57	58	59	60
①	②	②	②	③	④	④	④	③	②
61	62	63	64	65	66	67	68	69	70
④	④	③	②	④	④	④	④	④	④
71	72	73	74	75	76	77	78	79	80
④	②	③	②	①	②	①	①	④	②
81	82	83	84	85	86	87	88	89	90
②	①	②	④	③	②	③	④	②	①
91	92	93	94	95	96	97	98	99	100
③	①	④	①	②	④	③	①	②	③

01 정답 | ①

풀이 | 고온부식을 방지하려면 연료에 첨가제를 사용하여 바나듐(융점 500~550℃)의 융점을 높인다.

02 정답 | ④

풀이 | $C_8H_{18} + (8 + \frac{18}{4})O_2 \rightarrow 3.76(8 + \frac{18}{4})N_2$

공기과잉률 2 = (200% 공기가 필요)
$C_8H_8 + 12.5O_2 \rightarrow 2(3.76)(12.5)N_2$
$\rightarrow 8CO_2 + 9H_2O + 12.5O_2 + 2 \times (3.76 + 12.5\ N_2)$
$= 123.5$몰
$\therefore O_2 = \frac{12.5}{123.5} = 0.101(10.1\%)$

03 정답 | ④

풀이 | 기체연료는 공기와 확산연소가 가능함으로써 소요공기가 적게 든다.

04 정답 | ④

풀이 | 중유는 점도에 따라 A, B, C급으로 분류한다.

05 정답 | ①

풀이 | 목재를 가열할 때 가열온도 160~360℃ 사이의 열분해 과정에서는 CO 가스가 많이 발생한다.

06 정답 | ②

풀이 | 헴펠법 가스 분석법은 CO_2, C_mH_n, O_2, CO의 순으로 분석한다.

07 정답 | ③

풀이 | 발열량
- 석탄가스 : 5,670kcal/Nm³
- 수성가스 : 2,500kcal/Nm³
- 발생로가스 : 1,100kcal/Nm³
- 고로가스 : 900kcal/Nm³

08 정답 | ④

풀이 | 액화석유가스 내압시험
상용압력의 1.5배 이상

09 정답 | ①

풀이 | 연료의 연소는 발열반응을 요구한다.

10 정답 | ③

풀이 | $C_3H_8 + 5O_2 \rightarrow 3CO_2 + 4H_2O$
이론 건연소가스량 = $(1-0.21)$이론공기량 + CO_2
이론공기량$(A_0) = \frac{산소량}{0.21}$
$\therefore G_0 = 0.79 \times \frac{5}{0.21} + 3 = 21.80 Nm^3/Nm^3$

11 정답 | ④

풀이 | 연료의 열효율$(E_t) = \frac{Q_P}{H_L} \times 100(\%)$

12 정답 | ②

풀이 | 고체연료의 연료비 = $\frac{고정탄소}{휘발분}$

고체연료의 연료비가 12 이상이면 가장 좋은 석탄인 무연탄이다.

13 정답 | ①

풀이 | 링겔만 농도표(0~5도)는 농도 1도당 매연이 20%이다.

CBT 정답 및 해설

14 정답 | ④

풀이 | $C_4H_{10} + 6.5O_2 \rightarrow 4CO_2 + 5H_2O$

이론공기량$(A_0) = 6.5 \times \dfrac{1}{0.21} = 30.95 Nm^3/Nm^3$

∴ $30.95 \times 2 = 62 Nm^3$

15 정답 | ①

풀이 | 고위발열량(kcal/kg)
- 가솔린 : 11,000∼13,000
- 등유 : 10,800∼11,200
- 경유 : 10,500∼11,000
- 중유 : 10,000∼10,800

고위발열량이 크면 일반적으로 저위발열량도 크다.

16 정답 | ①

풀이 | 액체연료의 미립화 특성은 공기나, 증기, 분무컵 또는 ②, ③, ④에 의해 결정된다.

17 정답 | ④

풀이 | CO_{2max}(탄산가스최대량)

$CO_{2max} = \dfrac{21 \times CO_2}{21 - O_2} = \dfrac{21 \times 12}{21 - 6} = 16.8\%$

18 정답 | ①

풀이 | 천연가스(NG)의 주성분은 메탄(CH_4)이다.

19 정답 | ③

풀이 | 평형통풍(압입+흡입통풍)은 대규모 설비에 필요한 통풍 종류이다.

20 정답 | ②

풀이 | $CH_4 + 2O_2 \rightarrow CO_2 + 2H_2O$
$16kg + 2 \times 32kg \rightarrow 1 \times 44kg + 2 \times 18kg$

저위발열량 = 고위발열량 − H_2O 잠열

H_2O $1m^3$당 기화열
[480kcal = 2,009,280J = 2MJ/Nm³]
= 2,009.28kJ = 2,009,280J ≒ 2MJ/Nm³

H_2O 1kg당 기화열
[600kcal = 2,511.6kJ]
= 2,511,600J = 2.51MJ/kg

∴ $40 \times \dfrac{16}{22.4} = 28.57 MJ/Nm^3$

저위 : $28.57 - (2 \times 2) = 24.57 MJ/Nm^3$

※ CH_4 $1m^3$ 연소 시 H_2O $2m^3$ 발생

21 정답 | ③

풀이 | 과열도 = 과열증기온도 − 포화증기온도

22 정답 | ④

풀이 | 카르노 사이클
- 등온 팽창, 등온 압축
- 단열 팽창, 단열 압축

23 정답 | ④

풀이 | 2MPa = 2,000kPa = 20kg/cm², 증기분자량 = 18

$V_2 = \sqrt{2g\dfrac{k}{k-1}P_1V_1\left(1-\left(\dfrac{P_2}{P_1}\right)^{\frac{k-1}{k}}\right)}$

$U_1(비체적) = \dfrac{RT_1}{P_1} = \dfrac{\dfrac{848}{18} \times (300+273)}{20 \times 10^4}$

$= 0.1349 m^3/kg$

∴ $V_2 = \sqrt{2 \times 9.8 \times \dfrac{1.4}{1.4-1} \times 20 \times 10^4 \times 0.1349\left(1-\left(\dfrac{3}{20}\right)^{\frac{1.4-1}{1.4}}\right)}$

≒ 880m/s

※ 비열비 $k = 1.4$
2MPa = 2,000kPa = 20kg/cm²
300kPa = 3kg/cm²

24 정답 | ①

풀이 | $_1W_2 = \displaystyle\int_1^2 Pdv = 200 \times (0.4-0.3) = 20kJ$

25 정답 | ②

풀이 | $4 = \dfrac{4kW}{xkW}$

∴ 일 = $\dfrac{4}{4} = 1kW$

26 정답 | ②

풀이 | 등압변화(정압변화)

$_1W_2 = \displaystyle\int_1^2 Pdv = P(V_2-V_1) = R(T_2-T_1)$

27 정답 | ①

풀이 | $Pv = RT$, $PV = GRT$

28 정답 | ④

풀이 | 열역학 제1법칙 : 에너지의 보존법칙

제2회 CBT 실전모의고사

29 정답 | ①
풀이 | 기체가 단열팽창을 할 경우 실제의 엔트로피는 증가한다. (비가역과정)

30 정답 | ①
풀이 | $400 + 273 = 673K$
$15 + 273 = 288K$
$\therefore 120 \times \dfrac{673 - 288}{673} = 68.6 kJ$

31 정답 | ④
풀이 | 절대압력비는 주어진 정보로는 알 수 없다.

32 정답 | ①
풀이 | 오토사이클은 압축비가 커질수록 열효율은 증가한다.
$\left(\dfrac{V_1}{V_2}\right)^{k-1} = \left(\dfrac{P_2}{P_1}\right)^{\frac{k-1}{k}}$
$P_2 = P_1 \left(\dfrac{V_1}{V_2}\right)^k = P_1 \varepsilon^k = 100 \times 5^{1.4} = 951 kPa$
$T_2 = T_1 \varepsilon^{k-1} = (15+273) \times 5^{1.4-1} = 548.25K$
$\dfrac{P_2}{T_2} = \dfrac{P_3}{T_3}$
$P_3 = P_2 \dfrac{T_3}{T_2} = 951 \times \dfrac{(1,700+273)}{548.25} = 3,423 kPa$

33 정답 | ④
풀이 | 물의 현열(Q) $= 5 \times 4.179 \times (80-15)$
$= 1,358.175 kJ$
$0.7 \times 3,600 = 2,520 kJ$
$\therefore \dfrac{1,358.175}{2520} \times 60 = 32.34$분
※ $1kW-h = 3,600kJ$

34 정답 | ②
풀이 | $C_p = kCv = \dfrac{k \cdot AR}{k-1} = \dfrac{k}{k-1}R$

35 정답 | ②
풀이 | $\eta_d = 1 - \left(\dfrac{1}{\varepsilon}\right)^{k-1} \times \dfrac{\sigma^k - 1}{k(\sigma-1)}$
$\therefore \eta_d = 1 - \left(\dfrac{1}{20}\right)^{1.4-1}$
$\dfrac{1.7^{1.4} - 1}{1.4(1.7-1)} = 1 - \left(0.3017 \times \dfrac{1.1019}{0.98}\right) = 0.66 (66\%)$

36 정답 | ③
풀이 | $(2,676 + 335) \times \dfrac{1}{2} = 1,505.5 kJ/kg$
$\dfrac{1,505.5}{398 + 2,668} = 0.491$
(0.48 이상~0.5 미만에 해당한다.)

37 정답 | ④
풀이 | Gibbs 자유에너지
$AW_{tm} = (H_2 - H_1) = T_o(S_2 - S_1)$

38 정답 | ②
풀이 | 단열과정(가열량)
$\delta Q = 0$ (단열변화에서는 열의 변동이 전혀 없다.)

39 정답 | ④
풀이 | 노즐
단면적의 변화로 운동에너지를 증가시키는 장치이다.

40 정답 | ①
풀이 | 포화압력이 감소하면 잠열은 증가한다.
• 1atm에서 잠열 : 539kcal/kg
• 225.65atm에서 잠열 : 0kcal/kg

41 정답 | ②
풀이 | $V_2 = V_1 \times \dfrac{\sqrt{\Delta P_2}}{\sqrt{\Delta P_1}} = 15 \times \dfrac{\sqrt{20}}{\sqrt{10}} = 21.2 m/s$

42 정답 | ②
풀이 | 비례동작(P)
조작부를 편차의 크기에 비례하여 움직이게 하는 것

43 정답 | ②
풀이 | 광고온계(광고온도계)
700~3,000℃ 측정 비접촉식 온도계로서 에너지 특정 파장의 방사에너지, 즉 휘도를 표준온도의 고온 물체와 필라멘트 휘도를 비교한다.

44 정답 | ②
풀이 | 증기분압
포화증기압 × 습도 $= 18.66 \times 0.45 = 8.4 mmHg$

CBT 정답 및 해설

제2회 CBT 실전모의고사

45 정답 | ③
풀이 | $°F = \dfrac{9}{5} × °C + 32 = 1.8 × 200 + 32 = 392°F$

46 정답 | ③
풀이 | 측정가스의 유량 변동은 측정오차에 영향을 미친다.

47 정답 | ①
풀이 | Diaphragm 압력계의 측정범위
　　　20~5,000mmH$_2$O

48 정답 | ③
풀이 | • 부자식 액면계 : 직접식 액면계
　　　• 부자식 액주형 압력계 : 500~6,000mmH$_2$O 측정

49 정답 | ①
풀이 | 압력 측정범위
　　　• U자관 : 10~2,000mmH$_2$O
　　　• 침종식 : 100mmH$_2$O 이하
　　　• 단관형 : 5~2,000mmH$_2$O
　　　• 플로트형 : 400~6,000mmH$_2$O

50 정답 | ①
풀이 | 가스크로마토그래피 가스분석계는 1대의 장치로 여러 가지 가스를 분석할 수 있다.

51 정답 | ①
풀이 | 캐스케이드 제어장치
　　　1차, 2차 제어장치가 명령과 제어량을 조절한다.

52 정답 | ②
풀이 | 황동 고체 팽창식 온도계
　　　2개의 선팽창계수가 다른 물질을 넣어서 온도를 측정한다.

53 정답 | ②
풀이 | • 와류식 유량계 : 델타형, 스와르메타, 카르만
　　　• 연속측정용 : 퍼지식, 아뉴바, 서멀 등

54 정답 | ②
풀이 | 경사관식 압력계
　　　눈금을 확대하여 읽을 수 있는 구조이다.

55 정답 | ②
풀이 | PID(비례, 적분, 미분 동작) 연속동작은 제어계의 난이도가 큰 경우 가장 적합하다.

56 정답 | ③
풀이 | 오리피스 차압식 유량계의 측정원리는 압력차의 평방근에 비례한다.

57 정답 | ④
풀이 | L/T의 비가 작을수록 제어가 용이하다.

58 정답 | ④
풀이 | 열전대를 ±배선할 때에는 접속에 의한 절연불량을 고려하여야 한다.

59 정답 | ③
풀이 | 부자식 액면계(플로트식 액면계)는 고압 밀폐탱크의 액면제어용으로 주로 사용된다.

60 정답 | ②
풀이 | 침종식 압력계는 단종식이 복종식보다 측정범위가 넓다.

61 정답 | ④
풀이 | 펄라이트 보온재
　　　진주암, 흑석 등을 소성·팽창시켜 다공질로 하여 접착제와 3~15%의 석면 등과 같은 무기질 섬유를 배합하여 만든 고온용이다.

62 정답 | ④
풀이 | 소켓이음 : 주철관 이음용

63 정답 | ③
풀이 | 수관, 연관의 교체공사는 개조검사 대상에서 제외된다.

64 정답 | ①
풀이 | ③ 1천만원 이하 벌금
　　　① 1년 이하 징역 또는 1천만원 이하 벌금

65 정답 | ②
풀이 | 탄화 규소질 중성내화물은 고온의 중성 및 환원염 분위기에서 안정하나 산화염 분위기에서는 산화되기 쉽다.

66 정답 | ④
풀이 | 캐스터블 내화물은 내스폴링성이 크고 열전도율이 작다.

67 정답 | ④
풀이 | 에너지원별 에너지열량(석유환산계수)
전력(0.25) : 2,500kcal/kW−h

68 정답 | ④
풀이 | 에너지이용합리화법 목적은 ①, ②, ③항 외에 에너지의 수급안정이다.

69 정답 | ④
풀이 | 공업용 로에 단열시공을 하였을 때 축열용량을 감소시킬 수 있다.

70 정답 | ④
풀이 | 철도차량용 보일러는 국토교통부령에 의한 법률에 따른다.

71 정답 | ④
풀이 | 조업방식에 의한 불연속요
횡염식요, 승염식요, 도염식요

72 정답 | ②
풀이 | 단열재는 유효 열전도율이 작아야 한다.

73 정답 | ③
풀이 | 이행계획서 포함 항목
이행 주체, 이행 방법, 이행 시기

74 정답 | ④
풀이 | 터널가마는 사용연료의 제한을 받고 전력소비가 많다. (대차의 운전을 위하여)

75 정답 | ①
풀이 | 연간 2만 석유환산톤 이상의 에너지를 사용하는 자는 에너지저장의무 부과대상자이다.

76 정답 | ③
풀이 | 슬래킹 현상
$Ca(OH)_2$, $Mg(OH)_2$에 의해 내화물이 체적변화로 붕괴하는 현상

77 정답 | ④
풀이 | 연속가열로는 ①, ②, ③ 외에도 Walking Hearth식, 회전노상식이 있다.

78 정답 | ①
풀이 | 퓨셔
터널가마에서 피소성물의 운반차인 대차를 밀어 넣는 장치

79 정답 | ④
풀이 | 인정검사대상기기 관리자 조종범위
최고사용압력이 1MPa 이하이고 전열면적이 $10m^2$ 이하이다.

80 정답 | ②
풀이 | • 재료의 밀도가 클수록 열전도율은 커진다.
• 열전도율 : kJ/m℃

81 정답 | ②
풀이 | 소용량 주철제 보일러
최고사용압력 0.1MPa 이하이면서 전열면적이 $5m^2$ 이하

82 정답 | ①
풀이 | 플로트식 트랩
다량의 드레인을 연속적으로 처리가 가능하다.

83 정답 | ③
풀이 | $Q = \dfrac{2\pi L(t_2 - t_1)}{\dfrac{1}{k} \cdot \ln\left(\dfrac{r_2}{r_1}\right)} = \dfrac{2 \times 3.14 \times 1(100-0)}{\dfrac{1}{0.1} \times \ln\left(\dfrac{15}{5}\right)} = 57.2$

84 정답 | ②
풀이 | 스테이 링부의 단면적은 스테이 소요 단면적의 1.25배 이상으로 한다.

85 정답 | ①
풀이 | • 두께 13mm : 230mm 이상
• 두께 15mm : 260mm 이상
• 두께 17mm : 280mm 이상
• 두께 19mm : 300mm 이상
• 두께 19mm 초과 : 320mm 이상

CBT 정답 및 해설

86 정답 | ②
풀이 | ① 주철제 – 최고사용압력 0.1MPa 이하 : 0.2MPa
③ 최고사용압력 0.1MPa 초과 주철제 : 최고사용압력 2배
④ 법랑 또는 유리 라이닝한 압력용기 : 최고사용압력

87 정답 | ②
풀이 | 스케일 부착
열전달 방해

88 정답 | ③
풀이 | 원통형 고압용기 두께 계산식(t)
$$t = \frac{PD}{2\sigma}$$

89 정답 | ④
풀이 | 롱 리트랙터블형 수트블로어
삽입형이며 고온 전열면 과열기에서 공기나 증기를 사용하여 노 내 그을음 제거

90 정답 | ①
풀이 | 수관식 보일러는 구조가 복잡하고 청소가 불편하다.

91 정답 | ③
풀이 | 1Rating
$1ft^2$당의 상당증발량 34.5lb/h를 기준으로 하여 이것을 100% 레이팅이라 한다.

92 정답 | ①
풀이 | 열관류율(k) = $\dfrac{1}{\left(\dfrac{1}{\alpha_i F_i} + \dfrac{1}{\alpha_o F_o}\right)}$

93 정답 | ④
풀이 | 1ppm = $\dfrac{1}{10^6}$ (mg/kg, g/ton, mg/L), kg/m³ : 밀도(비중량)단위

94 정답 | ①
풀이 | 병류형 = 90 - 20 = 70, 50 - 40 = 10
$$\Delta tm = \frac{70 - 10}{\ln\left(\dfrac{70}{10}\right)} = 30.834$$
$8,000 = F \times 50 \times 30.834$
$F = \dfrac{8,000}{50 \times 30.834} = 5.2m^2$

95 정답 | ②
풀이 | $Q = \dfrac{\dfrac{\pi}{4} D^2}{\dfrac{\pi}{4} d^2} = \dfrac{(2)^2}{(1)^2} = 4$배

96 정답 | ④
풀이 | • 응력부식균열 : 인장에 의한 변형과정과 특별한 부식이 동시에 작용했을 때 발생
• 응력 : 물체에 하중이 가해지면 그 물체 속에 생기는 저항력(전단응력 : 단면에 따라 접선 방향으로 발생하는 응력)

97 정답 | ③
풀이 | $\eta = \dfrac{G_a(h_2 - H_1)}{G_f \times H_L} \times 100$
$= \dfrac{12,000(700 - 20)}{1,600 \times 6,000} \times 100 = 80\%$

98 정답 | ①
풀이 | 저온부식 방지법
중유 중의 황(S) 성분을 제거한다.

99 정답 | ②
풀이 | 코프식 자동급수 조정장치
금속관의 열팽창을 이용하여 급수조절

100 정답 | ③
풀이 | 열관류율(kcal/m²h℃)은 고체의 벽을 통하여 고온 유체에서 저온의 유체로 열이 이동되는 현상이다.

1과목 연소공학

01 연소관리에 있어서 과잉공기량 조절 시 다음 중 최소가 되게 조절하여야 할 것은?(단, Ls : 배가스에 의한 열손실량, Li : 불완전연소에 의한 열손실량, Lc : 연소에 의한 열손실량, Lr : 열복사에 의한 열손실량일 때를 나타낸다.)

① Li
② $Ls + Lr$
③ $Ls + Li$
④ $Li + Lc$

02 다음 조성의 발생로 가스를 15%의 과잉공기로 완전 연소시켰을 때의 건연소가스량(Sm^3/Sm^3)은?(단, 발생로 가스의 조성은 CO 31.3%, CH_4 2.4%, H_2 6.3%, CO_2 0.7%, N_2 59.3%이다.)

① 1.99
② 2.54
③ 2.87
④ 3.01

03 디젤엔진에서 흡기온도가 상승하면 착화지연시간은 어떻게 되는가?

① 감소한다.
② 증가한다.
③ 감소한 후 증가한다.
④ 불변이다.

04 가연성 액체에서 발생한 증기의 공기 중 농도가 연소범위 내에 있을 경우 불꽃을 접근시키면 불이 붙는데 이때 필요 최저 온도를 무엇이라고 하는가?

① 기화온도
② 인화온도
③ 착화온도
④ 임계온도

05 다음 기체연료 중 고발열량($kcal/Sm^3$)이 가장 큰 것은?

① 고로가스
② 수성가스
③ 도시가스
④ 액화석유가스(LPG)

06 비중이 0.98(60°F/60°F)인 액체연료의 API도는?

① 10.157 ② 10.958
③ 11.857 ④ 12.888

07 표준 상태인 공기 중에서 완전 연소비로 아세틸렌이 함유되어 있을 때 이 혼합기체 1L당 발열량은 약 몇 kJ인가?(단, 아세틸렌의 발열량은 1,308kJ/mol이다.)

① 4.1 ② 4.6
③ 5.1 ④ 5.6

08 과잉공기량이 많을 때 일어나는 현상으로 옳은 것은?

① 배기가스에 의한 열손실이 감소한다.
② 연소실의 온도가 높아진다.
③ 연료 소비량이 작아진다.
④ 불완전 연소물의 발생이 적어진다.

09 중유의 점도(粘度)가 높아질수록 연소에 미치는 영향에 대한 설명 중 틀린 것은?

① 기름탱크로부터 버너까지의 송유가 곤란해진다.
② 버너의 연소상태가 나빠진다.
③ 기름의 분무현상(Atomization)이 양호해진다.
④ 버너 화구(火口)에 탄소(C)가 생긴다.

10 CH_4 1mol이 완전 연소할 때의 AFR은 얼마인가?

① 9.5 ② 11.2
③ 15.8 ④ 21.3

11 다음 중 열효율 향상 대책으로 볼 수 없는 것은?

① 되도록 불연속으로 조업할 수 있도록 한다.
② 손실열을 가급적 적게 한다.
③ 장치의 설치조건과 운전조건을 일치시키도록 노력한다.
④ 전열량이 증가되는 방법을 취한다.

12 중유의 성질에 대한 설명 중 옳은 것은?

① 점도에 따라 1, 2, 3급 중유로 구분한다.
② 원소 조성은 H가 가장 많다.
③ 비중은 약 0.72~0.76 정도이다.
④ 인화점은 약 60~150℃ 정도이다.

13 다음 중 액체연료가 갖는 일반적인 특징이 아닌 것은?

① 연소온도가 높기 때문에 국부과열을 일으키기 쉽다.
② 발열량은 높지만 품질이 일정하지 않다.
③ 화재, 역화 등의 위험이 크다.
④ 연소할 때 소음이 발생한다.

14 발열량이 5,000kcal/kg인 고체연료를 연소할 때 불완전연소에 의한 열손실이 5%, 연소재에 의한 열손실이 5%이었다면 연소효율은 약 몇 %인가?

① 80%   ② 85%
③ 90%   ④ 95%

15 습식집진방식으로서 집진율은 비교적 우수하나 압력손실이 큰 집진형식은?

① 다단침강식   ② 가압수식
③ 백필터식   ④ 코트렐식

16 내화재로 만든 화구에서 공기와 가스를 따로 연소실에 송입하여 연소시키는 방식으로 대형 가마에 적합한 가스연료 연소장치는?

① 포트형 버너 ② 방사형 버너
③ 건타입형 버너 ④ 선회형 버너

17 프로판가스 1kg을 연소시킬 때 필요한 이론공기량은 약 몇 Sm^3인가?

① 10.2 ② 11.3
③ 12.1 ④ 13.2

18 석탄보일러에서 회분의 부착손상이 가장 심한 곳은?

① 과열기 ② 공기예열기
③ 절탄기 ④ 보일러 본체

19 일산화탄소(CO) $1Sm^3$를 이론공기량으로 완전 연소시켰을 때의 연소가스량(Sm^3)은?

① 1.8 ② 2.9
③ 3.4 ④ 4.2

20 연료비가 크면 나타나는 일반적인 현상이 아닌 것은?

① 고정탄소량이 증가한다.
② 불꽃은 짧은 단염이 된다.
③ 매연의 발생이 적다.
④ 착화온도가 낮아진다.

2과목 열역학

21. 압력을 일정하게 유지하면서 15kg의 이상 기체를 300k에서 500k까지 가열하였다. 엔트로피 변화는 몇 kJ/k인가?(단, 기체상수는 0.189kJ/kg·K, 비열비는 1.289이다.)

① 5.273
② 6.459
③ 7.441
④ 8.175

22. 표에 나타낸 물성치를 갖는 기체 0.1kmol의 온도를 298K에서 308K로 일정 압력 하에서 증가시키는 데 필요한 에너지는 몇 J인가?

온도(K)	내부에너지(J/kmol)	엔탈피(J/kmol)
298	0	24.78×10^5
308	2.917×10^5	28.53×10^5

① 2.75×10^4
② 2.917×10^4
③ 3.75×10^4
④ 4.325×10^4

23. 정압과정(Constant Pressure Process)에서 한 계(System)에 전달된 열량은 그 계의 어떠한 성질 변화와 같은가?

① 내부에너지
② 엔트로피
③ 엔탈피
④ 퓨개시티

24. 성능계수가 5이며, 30kW의 냉동능력을 가진 냉동장치의 이론 소요동력은 몇 kW인가?

① 5
② 6
③ 30
④ 150

25. 피스톤이 장치된 용기 속의 온도 T_1[K], 압력 P_1[Pa], 체적 V_1[m³]의 이상기체 m[kg]의 압력이 일정한 과정으로 체적이 원래의 2배로 되었다. 이때 이상기체로 전달된 열량은?(단, C_V는 정적비열이다.)

① mC_VT_1
② $2mC_VT_1$
③ $mC_VT_1 + P_1V_1$
④ $mC_VT_1 + 2P_1V_1$

26. 헬륨의 기체상수는 2.08kJ/kg·K이고 정압비열 C_p는 5.24kJ/kg·K일 때 가스의 정적비열 C_V의 값은?

① 7.20kJ/kg·K
② 5.07kJ/kg·K
③ 3.16kJ/kg·K
④ 2.18kJ/kg·K

27. 카르노사이클을 온도(T)-엔트로피(S) 선도 및 압력(P)-체적(V) 선도로 표시하였을 때, 각 선도의 한 사이클에 대한 적분식들의 관계가 옳은 것은?

① $\oint TdS = 0$
② $\oint TdS > \oint PdV$
③ $\oint TdS < \oint PdV$
④ $\oint TdS = \oint PdV$

28. 어떤 열기관이 열펌프와 냉동기로 작동될 수 있다. 동일한 고온열원과 저온열원에서 작동될 때, 열펌프(Heat Pump)와 냉동기의 성능계수 COP는 다음과 같은 관계식으로 표시될 수 있다. ( ) 안에 알맞은 값은?

$$\text{COP}_\text{열펌프} = \text{COP}_\text{냉동기} + (\ \ )$$

① 0.0
② 1.0
③ 1.5
④ 2.0

29 랭킨사이클에서 각 지점의 엔탈피가 다음과 같을 때 사이클의 효율은 약 얼마인가?

- 펌프 입구 : 190kJ/kg, 보일러 입구 : 200kJ/kg
- 터빈 입구 : 2,800kJ/kg, 응축기 입구 : 2,000kJ/kg

① 0.1
② 0.25
③ 0.3
④ 0.5

30 교축과정(Throttling Process)에서 생기는 현상과 무관한 것은?

① 엔탈피 일정
② 압력 강하
③ 온도 강하 또는 상승
④ 엔트로피 일정

31 랭킨(Rankine) 사이클에서 응축기의 압력을 낮출 때 나타나는 현상으로 옳은 것은?

① 이론 열효율이 낮아진다.
② 터빈 출구의 증기건도가 낮아진다.
③ 응축기의 포화온도가 높아진다.
④ 응축기 내의 절대압력이 증가한다.

32 카르노사이클에서 공기 1kg이 1사이클마다 하는 일이 100kJ이고 고온 227℃, 저온 27℃의 사이에서 작용한다. 이 사이클의 열 공급과정 중에서 고온 열원에서의 엔트로피의 변화는 몇 kJ/K인가?

① 0.2
② 0.44
③ 0.5
④ 0.83

33 체적 V와 온도 T를 유지하고 있는 고압 용기에 이상 기체가 들어 있다. 면적이 A인 아주 작은 구멍을 통해 기체가 새고 있을 때 시간에 따른 용기 압력을 옳게 나타낸 것은?(단, 외기압은 충분히 낮다.)

①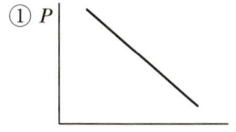
②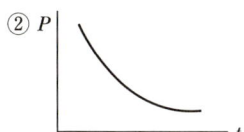
③
④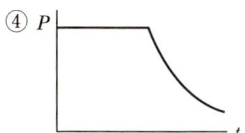

34. 다음 중 보일러수의 pH 범위로 가장 적당한 것은?

① 3 이하
② 5~6
③ 10~11
④ 13 이상

35. 공기 표준 디젤 사이클에서 압축비가 20이고 단절비(Cut-off Ratio)가 3일 때의 열효율은 몇 %인가?(단, 공기의 비열비는 1.4이다.)

① 60.6
② 64.8
③ 69.8
④ 70.6

36. 어느 습증기(Wet Steam)의 상태를 다음과 같은 상태량으로 표시하였다. 습증기의 상태를 나타내지 못하는 것은?

① 온도와 압력
② 온도와 비체적
③ 압력과 비체적
④ 압력과 건도

37. 그림은 공기 표준 Otto Cycle이다. 효율 η에 관한 식으로 틀린 것은?(단, r은 압축비, k는 비열비이다.)

① $\eta = 1 - \left(\dfrac{T_B - T_C}{T_A - T_B}\right)$

② $\eta = 1 - r\left(\dfrac{1}{r}\right)^k$

③ $\eta = 1 - \left(\dfrac{P_B - P_C}{P_A - P_B}\right)$

④ $\eta = 1 - \left(\dfrac{T_B}{T_A}\right)$

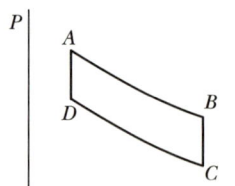

38 이상기체를 가역단열 팽창시킨 후의 온도는?

① 처음 상태보다 낮게 된다.
② 처음 상태보다 높게 된다.
③ 변함이 없다.
④ 높은 때도 있고 낮을 때도 있다.

39 카르노(Carnot) 냉동 사이클의 설명 중 틀린 것은?

① 성능계수가 가장 좋다.
② 실제적인 냉동 사이클이다.
③ 카르노(Carnot) 열기관 사이클의 역이다.
④ 냉동 사이클의 기준이 된다.

40 방안의 온도가 25℃인데 온도를 낮추어 20℃에서 물방울이 생성되었다고 하면 방안의 온도가 25℃일 때의 상대습도는?(단, 20℃, 25℃에서의 포화 수증기압은 각각 2.23kPa, 3.15kPa이다.)

① 0.708
② 0.724
③ 0.735
④ 0.832

3과목 계측방법

41 차압식 유량계에 있어 조리개 전후의 압력차이가 처음보다 2배 커졌을 때 유량은 어떻게 되는가?(단, Q_1는 처음 유량, Q_2는 나중 유량이다.)

① $Q_2 = Q_1$
② $Q_2 = \sqrt{2}\,Q_1$
③ $Q_2 = 2Q_1$
④ $Q_2 = 4Q_1$

42. 열전대온도계의 재료로 사용되는 콘스탄탄(Constantan)은 어떤 금속의 합금인가?
   ① 철과 구리
   ② 로듐과 백금
   ③ 구리와 니켈
   ④ 철과 니켈

43. 자동연소장치의 광전관 화염검출기가 정상적으로 작동하고 있는지를 간단히 점검할 수 있는 가장 좋은 방법은?
   ① 광전관 회로의 전류를 측정해 본다.
   ② 화염검출기(火炎檢出器) 앞을 가려 본다.
   ③ 광전관 회로의 연결선을 제거해 본다.
   ④ 파일럿 버너(Pilot Burner)에 점화하여 본다.

44. 조절계의 동작에는 연속, 불연속 동작을 이용한다. 다음 중 불연속 동작을 이용하는 것은?
   ① 뱅뱅동작
   ② 비례동작
   ③ 적분동작
   ④ 미분동작

45. 다음 중 사하중계(Dead Weight Gauge)의 주된 용도는?
   ① 압력계 보정
   ② 온도계 보정
   ③ 유체 밀도 측정
   ④ 기체 무게 측정

46. 다음 중 접촉식 온도계가 아닌 것은?
   ① 저항온도계
   ② 방사온도계
   ③ 열전온도계
   ④ 유리온도계

47. 보일러 공기예열기의 공기유량을 측정하는 데 가장 적합한 유량계는?

① 면적식 유량계
② 열선식 유량계
③ 차압식 유량계
④ 용적식 유량계

48. 온도의 정의정점 중 평형수소의 삼중점은 얼마인가?

① 13.80K
② 17.04K
③ 20.24K
④ 27.10K

49. 다음 중 정상편차에 대하여 옳게 나타낸 것은?

① 목표치와 제어량의 차
② 2개 이상의 양 사이에 어떤 비례관계를 갖는 편차
③ 과도응답에 있어서 충분한 시간이 경과하여 제어편차가 일정한 값으로 안정되었을 때의 값
④ 입력의 시간 미분값에 비례하는 편차

50. 다음 [그림]과 같이 수은을 넣은 차압계를 이용하는 액면계에 있어 수은면의 높이차 (h)가 50.0mm일 때 상부의 압력 취출구에서 탱크 내 액면까지의 높이(H)는 약 몇 mm인가?(단, 액의 밀도(r)는 999kg/m³이고, 수은의 밀도(r_o)는 13,550kg/m³이다.)

① 578
② 628
③ 678
④ 728

51. 단요소식(單要素式) 수위제어에 대한 설명으로 옳은 것은?

① 발전용 고압 대용량 보일러의 수위제어에 사용된다.
② 보일러의 수위만을 검출하여 급수량을 조절하는 방식이다.
③ 수위조절기의 제어동작에는 PID동작이 채용된다.
④ 부하 변동에 의한 수위의 변화 폭이 아주 적다.

52. 압력계의 게이지압력과 절대압력에 관한 식을 표시한 것으로 옳은 것은?(단, 게이지압력은 A, 절대압력은 B, 대기압은 C이다.)

① $B = C/A$
② $B = C \times A$
③ $B = A - C$
④ $B = A + C$

53. 다음 전자유량계에 대한 설명 중 틀린 것은?

① 도전성 유체에만 사용한다.
② 미소한 측정전압에 대하여 고성능 증폭기를 필요로 한다.
③ 압력손실이 높고 점도가 높은 유체나 슬러리(Slurry)에는 사용할 수 없다.
④ 유량계의 관내에 적당한 재료를 라이닝(Lining)하므로 높은 내식성을 유지할 수 있다.

54. 산소의 농도를 측정할 때 기전력을 이용하여 분석, 계측하는 분석계는?

① 자기식 O_2계
② 세리믹식 O_2계
③ 연소식 O_2계
④ 밀도식 O_2계

55. 유량계의 교정방법 중 기체 유량계의 교정에 가장 적합한 것은?

① 밸런스를 사용하여 교정한다.
② 기준 탱크를 사용하여 교정한다.
③ 기준 유량계를 사용하여 교정한다.
④ 기준 체적관을 사용하여 교정한다.

56 부르동관 압력계로 측정한 압력이 5kg/cm²이었다. 이때 부유피스톤 압력계 추의 무게가 10kg이고, 펌프 실린더의 직경이 8cm, 피스톤 지름이 4cm라면 피스톤의 무게는 약 몇 kg인가?

① 38.2
② 52.8
③ 72.9
④ 99.4

57 열전대 온도계의 보호관으로 사용되는 다음 재료 중 상용 사용 온도가 높은 순으로 옳게 나열한 것은?

① 석영관 > 자기관 > 동관
② 석영관 > 동관 > 자기관
③ 자기관 > 석영관 > 동관
④ 동관 > 자기관 > 석영관

58 고온 물체가 발산한 특정 파장의 휘도가 비교용 표준전구의 필라멘트 휘도와 같을 때 필라멘트에 흐른 전류로부터 온도를 측정하는 것은?

① 열전온도계
② 광고온계
③ 색온도계
④ 방사온도계

59 바이메탈 온도계의 특징에 대한 설명으로 틀린 것은?

① 히스테리시스 오차가 발생하지 않는다.
② 온도변화에 대하여 응답이 빠르다.
③ 작용하는 힘이 크다.
④ 온도자동 조절이나 온도보정 장치에 이용된다.

60 주로 낮은 압력을 측정하는 데 사용되는 피라니 게이지(Pirani Gauge)의 원리는 압력에 따른 기체의 어떤 성질의 변화를 이용한 것인가?

① 비중
② 열전도
③ 비열
④ 압축인자

4과목 열설비재료 및 관계법규

61 글로브밸브(Globe Valve)에 대한 설명 중 틀린 것은?
① 유량조절이 용이하므로 자동조절밸브 등에 응용시킬 수 있다.
② 유체의 흐름방향이 밸브몸통 내부에서 변한다.
③ 디스크 형상에 따라 앵글밸브, Y형 밸브, 니들밸브 등으로 분류된다.
④ 조작력이 적어 고압의 대구경 밸브에 적합하다.

62 다음 중 에너지사용계획의 수립대상 사업이 아닌 것은?
① 항만건설사업
② 고속도로건설사업
③ 철도건설사업
④ 관광단지개발사업

63 SK 34는 몇 도까지 견딜 수 있는가?
① 1,350℃
② 1,580℃
③ 1,750℃
④ 1,930℃

64 보온재의 시공방법에 대한 설명으로 틀린 것은?
① 물로 반죽하여 시공하는 보온재의 1차 시공 시 보온재의 두께는 50mm가 적당하다.
② 판상 보온재를 사용할 경우 두께가 75mm를 초과하는 경우에는 층을 두 개로 나누어 시공한다.
③ 물로 반죽하는 보온재의 2차 시공 시는 수분이 보온재의 1~1.5배 정도 남도록 건조시킨 후 바른다.
④ 내화벽돌을 사용할 경우 일반보온재를 내층에, 내화벽돌은 외층으로 하여 밀착, 시공한다.

65 샤모트(Chamotte)벽돌에 대한 설명으로 옳은 것은?

① 일반적으로 기공률이 크고 비교적 낮은 온도에서 연화되며 내스폴링성이 좋다.
② 흑연질 등을 사용하며 내화도와 하중연화점이 높고 열 및 전기전도도가 크다.
③ 내식성과 내마모성이 크며 내화도는 SK 35 이상으로 주로 고온부에 사용된다.
④ 하중 연화점이 높고 가소성이 커 염기성 제강로에 주로 사용된다.

66 열사용기자재 관리규칙에 대한 내용 중 틀린 것은?

① 계속사용검사는 해당 연도 말까지 연기할 수 있으며 검사의 연기를 받으려는 자는 검사대상기기 검사 연기 신청서를 에너지관리공단 이사장에게 제출하여야 한다.
② 에너지관리공단 이사장은 검사에 합격한 검사대상기기에 대해서 검사 신청인에게 검사일로부터 7일 이내에 검사증을 발급하여야 한다.
③ 검사대상기기 관리자의 선임신고는 신고 사유가 발생한 날로부터 20일 이내에 하여야 한다.
④ 검사대상기기에 대한 폐기신고는 폐기한 날로부터 15일 이내에 에너지관리공단 이사장에게 신고하여야 한다.

67 노재의 하중연화점을 측정하는 방법으로 옳은 것은?

① 소정의 온도에서 압축강도를 측정한다.
② 하중을 일정하게 하고 온도를 높이면서 그 하중에 견디지 못하고 변형하는 온도를 측정한다.
③ 하중과 온도를 동시에 변화시키면서 변형을 측정한다.
④ 하중과 온도를 일정하게 하고 일정시간 후의 변형을 측정하다.

68. 에너지관련법에서 정의하는 용어에 대한 설명 중 틀린 것은?

① 에너지사용자란 에너지 사용시설의 소유자 또는 관리자를 말한다.
② 에너지사용시설이라 함은 에너지를 사용하는 공장, 사업장 등의 시설이나 에너지를 전환하여 사용하는 시설을 말한다.
③ 에너지공급자라 함은 에너지를 사용하는 생산, 수입, 전환, 수송 저장, 판매하는 사업자를 말한다.
④ 연료라 함은 석유, 석탄, 대체에너지, 기타 열 등으로 제품의 원료로 사용되는 것을 말한다.

69. 두께 230mm의 내화벽돌이 있다. 내면의 온도가 320℃이고 외면의 온도가 150℃일 때 이 벽면 10m²에서 매 시간당 손실되는 열량은 약 몇 kcal인가?(단, 내화벽돌의 열전도율은 0.96kcal/m·h·℃이다.)

① 710
② 1,632
③ 7,096
④ 14,391

70. 에너지 총 조사는 몇 년 주기로 시행하는가?

① 2년
② 3년
③ 4년
④ 5년

71. 염기성 슬래그에 대한 내침식성이 가장 큰 내화물은?

① 샤모트질 내화로재
② 마그네시아질 내화로재
③ 납석질 내화로재
④ 고알루미나질 내화로재

72 다음 중 터널요에 대한 설명으로 옳은 것은?

① 예열, 소성, 냉각이 연속적으로 이루어지며 대차의 진행방향과 같은 방향으로 연소가스가 진행된다.
② 소성시간이 길기 때문에 소량생산에 적합하다.
③ 인건비, 유지비가 많이 든다.
④ 온도조절의 자동화가 쉽지만 제품의 품질, 크기, 형상 등에 제한을 받는다.

73 에너지이용합리화 기본계획에 포함되지 않는 것은?

① 에너지이용합리화를 위한 기술개발
② 에너지의 합리적인 이용을 통한 공해성분(SOx, NOx)의 배출을 줄이기 위한 대책
③ 에너지이용합리화를 위한 가격예고제의 시행에 관한 사항
④ 에너지이용합리화를 위한 홍보 및 교육

74 에너지사용계획에 대한 검토결과 공공사업주관자가 조치요청을 받은 경우, 이를 이행하기 위하여 제출하는 이행계획에 포함되어야 할 내용이 아닌 것은?

① 이행 주체
② 이행 방법
③ 이행 장소
④ 이행 시기

75 구리합금 용해용 도가니로에 사용될 도가니의 재료로 가장 적합한 것은?

① 흑연질
② 점토질
③ 구리
④ 크롬질

76. 제강평로에서 채용되고 있는 배열회수 방법으로서 배기가스의 현열을 흡수하여 공기나 연료가스 예열에 이용될 수 있도록 한 장치는?
   ① 축열기
   ② 환열기
   ③ 폐열 보일러
   ④ 판형 열교환기

77. 석유환산계수란 에너지원별 별열량을 1kg당 몇 kcal로 환산한 값을 말하는가?
   ① 1,000
   ② 10,000
   ③ 100,000
   ④ 1,000,000

78. 냉·난방온도 제한온도의 기준으로 판매시설 및 공항의 경우 냉방온도는 몇 ℃ 이상으로 하여야 하는가?
   ① 24
   ② 25
   ③ 26
   ④ 27

79. 에너지관리기사의 자격을 가진 자가 운전할 수 있는 범위의 기준은?
   ① 용량이 10t/h를 초과하는 보일러
   ② 용량이 30t/h를 초과하는 보일러
   ③ 용량이 50t/h를 초과하는 보일러
   ④ 용량이 100t/h를 초과하는 보일러

80. 다음 중 내화물의 구비조건으로 틀린 것은?
   ① 사용 시 변형이 일어나지 않아야 한다.
   ② 내마모성 및 내침식성이 뛰어나야 한다.
   ③ 재가열 시에 수축이 크게 일어나야 한다.
   ④ 상온에서 압축강도가 커야 한다.

5과목 열설비설계

81. 외기온도가 20℃일 때 표면온도 70℃인 관표면에서의 복사에 의한 열전달률은 약 몇 kcal/m²·h·K인가?(단, 복사율은 0.8이다.)

① 0.2
② 5
③ 10
④ 12

82. 과열증기의 특징에 대한 설명으로 옳은 것은?

① 관내 마찰저항이 증가한다.
② 응축수로 되기 어렵다.
③ 표면에 고온부식이 발생하지 않는다.
④ 표면의 온도를 일정하게 유지한다.

83. 금속판을 전열체로 하여 유체를 가열하는 방식으로 열팽창에 대한 염려가 없고 플랜지이음으로 되어 있어 내부수리가 용이한 열교환기 형식은?

① 유동두식
② 플레이트식
③ 융그스크럼식
④ 스파이럴식

84. 보일러의 부속장치 중 여열장치가 아닌 것은?

① 과열기
② 송풍기
③ 재열기
④ 절탄기

85. 다음 중 역화의 원인이 아닌 것은?

① 흡입통풍이 부족한 경우
② 연료의 양이 부족한 경우
③ 연료밸브를 급히 열었을 경우
④ 점화 시 착화가 늦어졌을 경우

86. 열정산에 대한 설명으로 틀린 것은?
   ① 원칙적으로 정격부하 이상에서 정상상태로 적어도 2시간 이상의 운전결과에 따른다.
   ② 발열량은 원칙적으로 사용 시 원료의 고발열량으로 한다.
   ③ 최대출열량을 시험할 경우에는 반드시 최대부하에서 시험을 한다.
   ④ 증기의 건도는 98% 이상인 경우에 시험함을 원칙으로 한다.

87. 구조상 고압에 적당하여 배압이 높아도 작동하며, 드레인 배출온도를 변화시킬 수 있고 증기 누출이 없는 트랩은?
   ① 디스크(Disk)식
   ② 플로트(Float)식
   ③ 상향 버킷(Bucket)식
   ④ 바이메탈(Bimetal)식

88. 보일러의 용기에 판 두께가 12mm, 용접길이가 230cm인 판을 맞대기 용접했을 때 45,000kg의 인장하중이 작용한다면 인장응력은 약 몇 kg/cm²인가?
   ① 100
   ② 145
   ③ 163
   ④ 255

89. 급수에서 ppm 단위를 사용할 때 이에 대하여 가장 잘 나타낸 것은?
   ① 물 1cc 중에 함유한 시료의 양을 mg으로 표시한 것
   ② 물 100cc 중에 함유한 시료의 양을 mg으로 표시한 것
   ③ 물 1L 중에 함유한 시료의 양을 g으로 표시한 것
   ④ 물 1L 중에 함유한 시료의 양을 mg으로 표시한 것

90. 어느 가열로에서 노벽의 상태가 다음과 같을 때 노벽을 관류하는 열량은 약 몇 kcal/h인가?(단, 노벽의 상하 및 둘레가 균일한 것으로 보며 평균방열면적 : 120.5m², 노벽두께 : 45cm, 내벽표면온도 : 1,300℃, 외벽표면온도 : 175℃, 노벽재질의 열전도율 : 0.1[kcal/m·h·℃]이다.)
   ① 301.25
   ② 30,125
   ③ 394.97
   ④ 39,497

91. 다음 [보기]에서 설명하는 보일러 보존방법은?

- 보존기간이 6개월 이상인 경우 적용한다.
- 1년 이상 보존할 경우 방청도료를 도포한다.
- 약품의 상태는 1~2주마다 점검하여야 한다.
- 동 내부의 산소 제거는 숯불 등을 이용한다.

① 건조보존법 ② 만수보존법
③ 질소건조법 ④ 특수보존법

92. 이온교환수지 재생에서의 재생방법으로 적합한 것은?

① 양이온교환수지는 가성소다, 암모니아로 재생한다.
② 양이온교화수지는 소금 또는 염화수소, 황산으로 재생한다.
③ 음이온교환수지는 소금 또는 황산으로 재생한다.
④ 음이온교환지수는 암모니아 또는 황산으로 재생한다.

93. 이온교환체에 의한 경수의 연화 원리를 가장 잘 설명한 것은?

① 수지의 성분과 Na형의 양이온이 결합하여 경도성분이 제거되기 때문이다.
② 산소 원자와 수지가 결합하여 경도 성분이 제거되기 때문이다.
③ 물속의 음이온과 양이온이 동시에 수지와 결합하여 제거되기 때문이다.
④ 수지가 물속의 모든 이물질과 결합하기 때문이다.

94. 보일러에서 발생할 수 있는 손실 중 가장 큰 것은?

① 그을음(Soot)에 의한 손실 ② 미연가스에 의한 손실
③ 복사 및 전도에 의한 손실 ④ 배기 손실

95. 보일러 드럼(Drum)의 내압을 받는 동체에 생기는 응력 중 길이방향의 인장응력과 원둘레방향의 인장응력의 비는?

① 2 : 1 ② 1 : 2
③ 4 : 1 ④ 1 : 4

96 랭카셔 보일러에 대한 설명으로 틀린 것은?

① 노통이 2개이다.
② 부하변동 시 압력변화가 적다.
③ 전열면적이 적어 효율이 비교적 낮다.
④ 급수처리가 까다롭고 가동 후 증기발생시간이 길다.

97 원통보일러에서 동체의 내경이 2,300mm라 할 때 동체의 최소 두께는 얼마 이상이어야 하는가?

① 6mm
② 8mm
③ 10mm
④ 12mm

98 입형 횡관 보일러의 안전저수위로 가장 적당한 것은?

① 하부에서 75mm 지점
② 횡관 전길이의 1/3 높이
③ 화격자 하부에서 100mm 지점
④ 화실 천장판에서 상부 75mm 지점

99 노내의 온도가 900℃에 달했을 때 300×600mm의 노 문을 열었다. 이때 노 문을 통한 방사전열 손실열량은 약 몇 kcal/h인가?(단, 실내온도는 25℃, 화염의 방사율은 0.9이다.)

① 12,900
② 13,900
③ 14,900
④ 15,900

100 2중관 단일통과 열교환기의 외관에서 고온유체의 입구온도는 140℃이며, 출구의 온도는 90℃이었다. 또한, 내관의 저온유체의 입구온도는 40℃이며, 출구온도는 70℃이었을 때 향류인 경우 평균온도차는 약 얼마인가?(단, 열교환 중 응축은 발생하지 않는다.)

① 49.7
② 59.4
③ 69.7
④ 79.4

CBT 정답 및 해설

제3회 CBT 실전모의고사

01	02	03	04	05	06	07	08	09	10
③	①	①	②	④	④	②	④	③	①
11	12	13	14	15	16	17	18	19	20
①	④	②	③	②	①	③	①	②	④
21	22	23	24	25	26	27	28	29	30
②	③	②	②	②	③	④	②	③	④
31	32	33	34	35	36	37	38	39	40
②	②	②	③	①	②	③	①	②	①
41	42	43	44	45	46	47	48	49	50
②	③	②	①	④	②	②	①	③	②
51	52	53	54	55	56	57	58	59	60
②	②	②	②	③	②	③	②	①	②
61	62	63	64	65	66	67	68	69	70
④	②	③	①	①	②	②	④	③	②
71	72	73	74	75	76	77	78	79	80
②	④	②	③	①	①	②	②	④	②
81	82	83	84	85	86	87	88	89	90
②	②	②	③	③	④	②	④	②	②
91	92	93	94	95	96	97	98	99	100
①	②	①	④	②	④	④	④	③	②

01 정답 | ③

풀이 | 과잉공기량 조절 시 최소가 되게 조절해야 할 대상
- 배가스에 의한 열손실량(Ls)
- 불완전 연소에 의한 열손실량(Li)

02 정답 | ①

풀이 | 건연소 가스량은 배기가스, 수소가스나 수분 증발 시 H_2O가 배제된 가스이다.

이론 공기량(A_0)
$$= (0.5 \times 0.313 + 2 \times 0.024 + 0.5 \times 0.063) \times \frac{1}{0.21}$$
$$= 1.1238 Sm^3/Sm^3(Nm^3/Nm^3)$$

실제건연소가스량(G_d)
$$= (m - 0.21)A_0 + CO + CH_4 + CO_2 + N_2$$
$$= (1.15 - 0.21) \times 1.1238 + 1 \times 0.313 + 1 \times 0.024$$
$$\quad + 1 \times 0.007 + 1 \times 0.593 = 1.99 Sm^3/Sm^3,$$

연소반응식 = $CO + 0.5O_2 \to CO_2$
$CH_4 + 2O_2 \to CO_2 + 2H_2O$
※ $H_2 + 0.5O_2 \to H_2O$, 건연소에서는 H_2O는 포함하지 않는다.
공기비(m) = 1 + 0.15 = 1.15

03 정답 | ①

풀이 | 디젤엔진에서 흡기온도가 상승하면 착화가 순조로워서 착화지연시간은 감소한다.

04 정답 | ②

풀이 | 인화온도
가연성 액체에서 발생한 증기의 공기 중 농도가 연소범위 내에 있을 경우 불꽃을 접근시키면 불이 붙는 최저 온도

05 정답 | ④

풀이 | 기체연료 고위발열량(H_h)
- 고로가스(용광로가스) : $900 kcal/m^3$
- 수성가스($H_2 + CO$) : $2,500 kcal/m^3$
- 도시가스 : $4,500 kcal/m^3$
- 액화석유가스(LPG) : $21,000 \sim 33,000 kcal/Sm^3$
- LNG 도시가스 : $10,500 kcal/m^3$

06 정답 | ④

풀이 | $API = \dfrac{141.5}{60(°F/°F)} - 131.5$
$= \dfrac{141.5}{0.98} - 131.5 = 12.888$

07 정답 | ②

풀이 | 아세틸렌가스(C_2H_2) 1몰 = 22.4L
1 kcal = 4.186 kJ
연소반응식 = $C_2H_2 + 2.5O_2 \to 2CO_2 + H_2O$
C_2H_2 이론공기량(A_o)
$= \left(\text{이론산소량} \times \dfrac{1}{0.21}\right) = \dfrac{2.5 \times 1}{0.21} = 12(Sm^3/Sm^3)$
1 mol = 22.4L
$\therefore \dfrac{1,308}{22.4} \times \dfrac{1}{12+1} = 4.49 kJ/L$

08 정답 | ④

풀이 | 과잉공기량이 많으면 연소 시 배기가스 열손실은 증가하나, 불완전연소물의 발생이 적어진다.

09 정답 | ③

풀이 | 중유의 점도가 높아질수록 연소에서 기름의 분무현상(안개방울)이 양호하지 못하다.

10 정답 | ①

풀이 | CH_4(메탄가스) 이론공기량(A_o)

= 이론산소량 $\times \dfrac{1}{0.21}$ (Sm³/Sm³)

$CH_4 + 2O_2 \rightarrow CO_2 + 2H_2O$

$A_o = 2 \times \dfrac{1}{0.21} = 9.52$ Sm³/Sm³

∴ 공연비 $= \dfrac{9.52}{1} ≒ 9.5$

11 정답 | ①
풀이 | 열효율 향상 대책으로는 되도록 조업은 연속작업으로 진행되어야 한다.

12 정답 | ④
풀이 | 중유
- 중유점도 : A, B, C급 중유
- 중유의 원소조성 : C가 가장 많고(84~87%), H(10~12%)
- 중유의 비중 : 0.856~1
- 중유의 인화점 : 60~150℃

13 정답 | ②
풀이 | 액체연료는 발열량이 높고 품질이 일정하다.

14 정답 | ③
풀이 | 열손실 = 5% + 5% = 10%
∴ 연소효율 = 100 - 10 = 90%

15 정답 | ②
풀이 | 습식집진방식
- 유수식
- 가압수식 : 사이클론스크러버, 제트스크러버, 벤투리스크러버, 충진탑
- 회전식
  - 가압수식 : 집진율은 비교적 우수하나 압력손실이 크다.(※ 가압한 물을 분사시켜 충돌 확산에 의해 집진한다.)
  - 압력손실 : 400~850mmH₂O
  - 포집입자 : 1~5μ
  - 세정액 : 1~2L/m³

16 정답 | ①
풀이 | 포트형 버너
내화재로 만든 화구에서 공기와 가스를 따로따로 연소실에 송입하여 연소시키는 방식(대형가마에 적합한 가스버너)

17 정답 | ③
풀이 | 연소반응식 = $C_3H_8 + 5O_2 \rightarrow 3CO_2 + 4H_2O$
  44kg + 5×22.4Nm³
공기 중 산소는 중량당 23.2% 함유
공기 중 산소는 용적당 21% 함유
이론공기량(A_o) = 이론산소량 $\times \dfrac{1}{0.21}$ = Sm³/kg
∴ $A_o = (5 \times 22.4) \times \dfrac{1}{44} \times \dfrac{1}{0.21} = 12.1$ Sm³/kg

18 정답 | ①
풀이 | 석탄연소보일러에서 회분(재)의 부착이 가장 심한 곳은 폐열회수장치인 온도가 높은 과열기나 재열기이다.

19 정답 | ②
풀이 | 반응식 = $CO + 0.5O_2 \rightarrow CO_2$
이론연소가스량$(G_o d) = (1 - 0.21)A_o + CO_2$
이론공기량$(A_o) = 0.5 \times \dfrac{1}{0.21} = 2.38$ Nm³/Nm³
$G_o d = (1 - 0.23) \times 2.38 + 1 = 2.9$ Sm³/Sm³
※ 이론습연소가스량$(G_o w)$
  $= (1 - 0.21)A_o + CO_2 + H_2O$

20 정답 | ④
풀이 | 연료비 = $\dfrac{고정탄소}{휘발분}$ (12 이상이면 무연탄)
연료비가 클수록 착화온도가 높아서 점화가 어렵다.

21 정답 | ②
풀이 | 정적비열$(C_V) = \dfrac{AR}{k-1}$
정압비열$(C_P) = C_V + R(SI)$
$C_P = \dfrac{k}{k-1}R$, $C_V = \dfrac{1}{k-1}R$(기체상수)
$C_P - C_V = R$(기체상수)
등압변화 엔트로피 변화
$= S_2 - S_1 = \int_1^2 \dfrac{C_p dT}{T} = C_P \int_1^2 \dfrac{dT}{T}$
$= C_P \ln \dfrac{T_2}{T_1} = C_P \ln \dfrac{V_2}{V_1}$
정압비열$(C_P) = \dfrac{1.289}{1.289 - 1} \times 0.189$
$= 0.8429$ kJ/kg·K
∴ $\Delta s = G \cdot C_P \cdot \ln \dfrac{T_2}{T_1} = 15 \times 0.8429 \ln\left(\dfrac{500}{300}\right)$
$= 6.459$ kJ/K

CBT 정답 및 해설

22 정답 | ③

풀이 | 1kmol의 0.1kmol = $\frac{1}{10}$

$(28.53 \times 10^5 - 24.78 \times 10^5) \times \frac{1}{10} = 3.75 \times 10^4$

23 정답 | ③

풀이 | 정압과정 엔탈피 변화

$dh = C_p dt$, $h_2 - h_1$
$= C_p(T_2 - T_1) = \frac{kAR}{k-1}(T_2 - T_1)$
$= \frac{kAP}{k-1}(V_2 - V_1)$

24 정답 | ②

풀이 | 1kW−h = 860kcal
30 × 860 = 25,800kcal
이론소요동력(kW) = $\frac{냉동능력}{성능계수} = \frac{30}{5} = 6kW$

25 정답 | ③

풀이 | 전달된 열량
= 기체량 × 정적비열 × 용기속 온도 + 압력 × 체적
= $mC_vT_1 + P_1V_1$

26 정답 | ③

풀이 | 정적비열(C_V) = $\frac{AR}{k-1} = CP - R$
= 5.24 − 2.08 = 3.16kJ/kg · K

27 정답 | ④

풀이 | 카르노사이클 적분식 $\phi TdS = \phi PdV$

28 정답 | ②

풀이 | 열펌프의 성적계수는 냉동기 성적계수보다 1이 크다.

$\varepsilon_h = \frac{Q_1}{Aw} = \frac{Q_1}{Q_1 - Q_2}$
$= \frac{T_1}{T_1 - T_2} = \varepsilon_r(냉동기성적계수) + 1$

29 정답 | ③

풀이 | 랭킨사이클 열효율(η_R) = $\frac{(h_2 - h_3) - (h_1 - h_4)}{h_2 - h_1}$

∴ $\eta_R = \frac{h_2 - h_3}{h_2 - h_4} = \frac{2,800 - 2,000}{2,800 - 200} = 0.3$

30 정답 | ④

풀이 | • 교축과정 : 비가역 변화(압력 감소)
• 엔트로피는 항상 증가

31 정답 | ②

풀이 | 랭킨사이클
• 보일러(정압가열), 터빈(단열팽창), 복수기(정압방열), 급수펌프(단열압축)
• 응축기의 압력을 낮추면 터빈 출구의 증기건도는 낮아지고, 열효율은 증가한다.

32 정답 | ③

풀이 | 227 + 273 = 500K, 27 + 273 = 300K
500 − 300 = 200K
$\Delta s = \frac{dQ}{T} = \frac{100}{200} = 0.5kJ/kg \cdot K$

33 정답 | ②

풀이 | 기체가 누설되면 결국 압력 및 온도가 감소한다.

34 정답 | ③

풀이 | • 보일러수의 pH = 12 이하(10~11 정도)
• 보일러 급수의 pH = 7~9 정도

35 정답 | ①

풀이 | 디젤사이클 열효율(η_d)

$\eta_d = 1 - \left(\frac{1}{\varepsilon}\right)^{k-1}, \frac{\sigma^k - 1}{k(\sigma - 1)}$

$= 1 - \left(\frac{1}{20}\right)^{1.4-1} \times \frac{3^{1.4} - 1}{1.4(3-1)} = 0.606(60.6\%)$

36 정답 | ①

풀이 | 온도와 압력으로는 습증기 상태를 나타내지 못한다.

37 정답 | ③

풀이 | 오토사이클(내연기관사이클)의 효율식은 ①, ②, ④항의 공식에 의존한다.(전기점화기관의 이상사이클이다.)

38 정답 | ①

풀이 | 이상기체를 가역단열팽창시키면 온도가 처음 상태보다 낮게 된다.

39 정답 | ②
풀이 | 카르노사이클
열기관의 이론상의 이상적 사이클이며 실제로 운전이 불가능한 사이클이다. 등온팽창, 등온압축, 단열팽창, 단열압축이 있다.

40 정답 | ①
풀이 | 상대습도 $= \dfrac{2.23}{3.15} = 0.708$

$$\phi = \dfrac{P_v}{P_s} \times 100(\%)$$

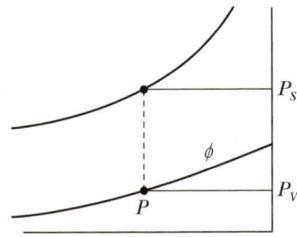

41 정답 | ②
풀이 | 차압식 $(Q) = k\sqrt{\dfrac{\Delta P}{r}}$

∴ $Q_2 = \sqrt{2}\, Q_1$

42 정답 | ③
풀이 | 콘스탄탄 ┌ ⊕ 구리(55%)
         └ ⊖ 니켈(45%)

43 정답 | ②
풀이 | 화염검출기의 앞을 가려 보았을 때 점화가 불량해진다면 화염검출기는 정상이라고 본다.

44 정답 | ①
풀이 | • 연속동작 : 비례, 적분, 미분 동작
       • 불연속 동작 : 뱅뱅동작, 온-오프동작, 간헐동작

45 정답 | ①
풀이 | Dead Weight Gauge
       압력계 보정용

46 정답 | ②
풀이 | 방사온도계
       비접촉식 고온계(50~2,000℃ 측정용)는 방사율에 의한 보정량이 크다.

47 정답 | ②
풀이 | 열선식 유량계
       저항선에 전류를 흐르게 하여 열을 발생시킨다.(미풍계, 토마스메타, Thermal 유량계 등이 있다.)

48 정답 | ①
풀이 | ① 평형수소 : 13.80K
       ② 평형수소비점 : 17.04K(25~76기압에서)
       ③ 평형수소비점 : 20.24K
       ④ 네온의 비점 : 27.10K

49 정답 | ③
풀이 | 정상편차
       과도응답에 있어서 충분한 시간이 경과하여 제어편차가 일정한 값으로 안정되었을 때의 값이다.

50 정답 | ②
풀이 | 액면까지의 높이 $(H) = \left(\dfrac{13,550}{999} \times 50\right) - 50$
       $= 628\text{mmHg}$

※ $H = \left(\dfrac{r_o}{r} \times h\right) - h$

51 정답 | ②
풀이 | ① 3요소식 수위제어, ② 단요소식 수위제어

52 정답 | ④
풀이 | 절대압력(B) = 게이지압력(A) + 대기압(C)

53 정답 | ③
풀이 | 전자유량계
       페러데이 전자유도법칙적용(순간유량계) 마찰손실이 없다. 슬러지가 들어 있거나 고점도 액체의 측정도 가능하다.
       유량 $(Q) = C \cdot D\dfrac{E}{H}$, $E(기전력) = \varepsilon BDV \times 10^{-8}$

54 정답 | ②
풀이 | 세라믹 O_2계
       산소농도 측정 시 기전력을 이용하여 가스를 분석한다.(지르코니아를 주원료로 한 세라믹은 온도를 높여주면 산소이온만 통과시킨다.)

CBT 정답 및 해설

55 정답 | ④
풀이 | 기체 유량계의 교정
기준 체적관 사용

56 정답 | ②
풀이 | 단면적$(A) = \frac{\pi}{4}D^2 = \frac{3.14}{4} \times (4)^2 = 12.56\text{cm}^2$
$12.56 \times 5 = 62.8\text{kg}$
∴ $62.8 - 10 = 52.8\text{kg}$

57 정답 | ③
풀이 | • 자기관 : 1,300℃ 이하용
• 석영관 : 1,100℃ 이하용
• 황동관 : 400℃ 이하용

58 정답 | ②
풀이 | 광고온도계
고온 물체가 발산한 특정 파장의 휘도가 비교용 표준전구의 필라멘트 휘도와 같을 때 필라멘트에 흐른 전류로부터 700~3,000℃까지 측정이 가능한 비접촉식 고온계

59 정답 | ①
풀이 | 바이메탈 온도계(-50~500℃ 측정용)는 열팽창 계수가 다른 2가지 종류의 박판을 맞붙인 온도계로서 장기간 사용하면 히스테리시스 오차가 발생한다.

60 정답 | ②
풀이 | 피라니 진공압력게이지는 압력에 따른 기체의 열전도 성질을 이용한다.

61 정답 | ④
풀이 | 글로브 밸브는 압력손실이 크나 유량조절이 용이하다.

62 정답 | ②
풀이 | 에너지사용계획의 수립대상 사업
• 도시개발사업
• 산업단지개발사업
• 에너지 개발사업
• 종합건설사업
• 기타 ①, ③, ④항 사업 등

63 정답 | ③
풀이 | 내화물 사용온도 범위
• SK 26 : 1,580℃
• SK 34 : 1,750℃
• SK 42 : 2,000℃

64 정답 | ①
풀이 | 물로 반죽하는 시공 보온재의 1차 시공 보온재 두께는 25mm 두께로 바른다.

65 정답 | ①
풀이 | 샤모트 산성 내화물은 내스폴링성이 크고 일반적으로 기공률이 크며 비교적 SK 28~34 정도 낮은 온도에서 사용한다.(일반 가마용에 사용)

66 정답 | ③
풀이 | 검사대상기기 관리자 선임신고
30일 이내에 신고한다.(에너지관리공단이사장에게)

67 정답 | ②
풀이 | 하중연화점
축요했을 때 하중연화점 측정(변형온도 측정)

68 정답 | ④
풀이 | 연료
석유 · 가스, 석탄 그 밖의 열을 발생하는 열원

69 정답 | ③
풀이 | 손실열량$(Q) = \lambda \frac{A(t_1-t_2)}{d}$, 230mm = 0.23m
$= 0.96 \times \frac{1 \times (320-150)}{0.23}$
$= 709.6\text{kcal/m}^2\text{h}$
∴ $709.6 \times 10 = 7,096\text{kcal/h}$

70 정답 | ②
풀이 | • 에너지 총조사 : 3년
• 간이 에너지 총조사 : 수시로 가능

71 정답 | ②
풀이 | 염기성 슬래그에 대한 내침식성이 큰 내화물은 염기성 내화재인 마그네시아질 내화물이 좋다.

72 정답 | ④
풀이 | 터널요의 특징
- 연소가스는 소성대에서 배기된다.
- 대량 생산용이다.(연속가마용)
- 자동화 생산이라 인건비가 적게 든다.(소성시간 단축)
- 온도조절이 용이하다.

73 정답 | ②
풀이 | ②항에는 에너지의 합리적인 이용을 통한 온실가스의 배출을 줄이기 위한 사업이어야 한다.

74 정답 | ③
풀이 | 이행계획 포함내역
①, ②, ④항(에너지법 시행규칙 제5조)

75 정답 | ①
풀이 |
- 구리합금 용해로 : 도가니로(1회 용해량 수는 구리의 중량(kg)으로 표시한다.)
- 도가지 재질 : 흑연질

76 정답 | ①
풀이 | 축열기
제강평로에서 배열회수방법으로 배기가스의 현열을 이용하여 공기나 연료가스의 예열에 사용(수직형, 수평형이 있다.)

77 정답 | ②
풀이 | 석유환산계수
석유 1kg당 10,000kcal로 규정

78 정답 | ②
풀이 | 냉·난방 제한온도 판매시설 및 공항의 냉방온도는 25℃ 이상을 유지한다.

79 정답 | ②
풀이 |
- 10t/h 이하 : 기능사 이상
- 10t/h 초과~30t/h 이하 : 에너지관리산업기사, 보일러산업기사
- 30t/h 초과 : 에너지관리기사, 기능장(보일러)

80 정답 | ③
풀이 | 내화물은 재가열 시 수축률이 적어야 한다.

81 정답 | ②
풀이 | 복사열전달률(ar)

$$= \varepsilon_1 \cdot C_b \left[\left(\frac{T_1}{100} \right)^4 - \left(\frac{T_2}{100} \right)^4 \right] \times \frac{1}{(T_1 - T_2)}$$

$$= 0.8 \times 4.88 \left[\left(\frac{70+273}{100} \right)^4 - \left(\frac{20+273}{100} \right)^4 \right] \times \frac{1}{(343-293)}$$

$$= 5 \text{kcal/m}^2 \cdot h \cdot K$$

※ C_b(흑체방사정수) : $4.88 \text{kcal/m}^2 \cdot h(100K)^4$
  ε : 복사율

82 정답 | ②
풀이 |
- 과열증기는 온도가 높아서 복수기에서만 응축수로 변환이 용이하다.
- 과열증기는 수분이 없어서 관내 마찰저항이 적다.
- 표면에 바나듐(V)이 500℃ 이상에서 용융하여 고온 부식이 발생하며 표면의 온도가 일정하지 못하다.

83 정답 | ④
풀이 | 스파이럴식 열교환기
금속판을 전열체로 하여 유체를 가열하는 방식으로 열팽창에 대한 염려가 없고 플랜지이음으로 되어 있어 내부수리가 용이한 열교환기이다.

84 정답 | ②
풀이 | 송풍기
- 원심식 : 터보형, 시로코형, 플레이트형
- 축류식 : 디스크형, 프로펠러형

85 정답 | ②
풀이 | 연료의 양이 부족하면 불이 꺼져서 실화(멸화)가 일어난다.

86 정답 | ③
풀이 | 열정산은 반드시 정격부하에서 시험한다.

87 정답 | ④
풀이 | 바이메탈 스팀트랩
온도차에 의한 작동원리로 사용하는 스팀트랩이며 고압에 잘 견디며, 배압이 높아도 작동이 원활하고 드레인 배출온도를 변화시킬 수 있다.

CBT 정답 및 해설

88 정답 | ③
풀이 | St용접이음 맞대기 용접 인장응력
$$\sigma = \frac{P}{tL} = \frac{45,000}{12 \times (230 \times 10)} = 1.63 \text{kg/mm}^2$$
$1\text{cm} = 10\text{mm}$
$1\text{m} = 100\text{cm}$
∴ $1.63 \times 100 = 163 \text{kg/cm}^2$

89 정답 | ④
풀이 | 1ppm
물 1L 중 함유한 시료의 양을 mg으로 표시한 것
(물 1L = 1kg = 1,000g = 1,000,000mg)

90 정답 | ②
풀이 | 열관류량$(k) = \dfrac{1}{\dfrac{1}{a_1} + \dfrac{d}{\lambda} + \dfrac{1}{a_2}}$ (kcal/m²h℃)

열손실량$(Q) = A \times k \times \Delta t$
$= $ 면적 $\times$ 열관류율 $\times$ 온도차
$= 120.5 \times \dfrac{1}{\left(\dfrac{0.45}{0.1}\right)} \times (1,300 - 175)$
$= 30,125 \text{(kcal/h)}$

91 정답 | ①
풀이 | 보일러 건조보존법
보존기간이 6개월 이상인 경우의 보존방법(2~3개월 보존은 만수보존이 좋다.)

92 정답 | ②
풀이 | • 양이온 교환수지(N형, H형)재생제 : NaCl, H₂SO₄, HCl
• 음이온 교환수지(Cl형, OH형)재생제 : NaCl, NaOH, NH₃, Na₂CO₃ 등

93 정답 | ①
풀이 | 이온교환체 원리
수지의 성분(N형 등)과 Na형의 양이온이 결합하여 경도성분(Ca, Mg)을 제거한다.

94 정답 | ④
풀이 | 보일러에서 열손실이 가장 큰 손실
배기가스 손실

95 정답 | ②
풀이 | • 길이 방향의 인장응력 :
$\dfrac{\pi}{4}D^2 \cdot P = \pi D t \sigma_1$, $\sigma_1 = \dfrac{PD}{4t}$
• 원주 방향의 인장응력 : $PDl = 2tl\sigma_2$, $\sigma_2 = \dfrac{PD}{2t}$
∴ $2 : 4 = 1 : 2$

96 정답 | ④
풀이 | 랭카셔 보일러는 원통형 보일러로 급수처리가 까다롭지 않고 가동 후 증기발생시간은 노통이 1개인 코니시 보일러보다 짧다.

97 정답 | ④
풀이 | • 900mm 이하 : 6mm
• 900 초과~1,350mm 이하 : 8mm
• 1,350mm 초과~1,850mm 이하 : 10mm
• 1,850mm 초과 : 12mm 이상

98 정답 | ④
풀이 | 입형 횡관 보일러 안전저수위
화실 천장판에서 상부 75mm 지점

99 정답 | ③
풀이 | 면적$(A) = 300 \times 600 = 180,000 \text{mm}^2 (0.18 \text{m}^2)$
방사전열$(Q) = \varepsilon \cdot cb\left[\left(\dfrac{T_1}{100}\right)^4 - \left(\dfrac{T_2}{100}\right)^4\right] \cdot A$
$Q = 0.9 \times 4.88\left[\left(\dfrac{900+273}{100}\right)^4 - \left(\dfrac{25+273}{100}\right)^4\right] \times 0.18$
$= 14,900 \text{kcal/h}$

100 정답 | ②
풀이 | 향류형
$70 \begin{pmatrix} 140 \rightarrow 90 \\ 70 \leftarrow 40 \end{pmatrix} 50$
평균온도차$(\Delta t_m) = \dfrac{\Delta t_1 - \Delta t_2}{\ln\left(\dfrac{\Delta t_1}{\Delta t_2}\right)}$
∴ $\Delta t_m = \dfrac{70-50}{\ln\left(\dfrac{70}{50}\right)} = 59.4$

MEMO

에너지관리기사 필기

발행일 | 2010. 1. 15 초판 발행
2020. 1. 20 개정 22판1쇄
2020. 2. 10 개정 22판2쇄
2021. 1. 15 개정 23판1쇄
2021. 4. 30 개정 24판1쇄
2021. 8. 30 개정 24판2쇄
2022. 1. 30 개정 25판1쇄
2022. 4. 20 개정 26판1쇄
2023. 1. 10 개정 27판1쇄
2023. 2. 10 개정 27판2쇄
2024. 1. 10 개정 28판1쇄
2025. 1. 10 개정 29판1쇄
2026. 1. 20 개정 30판1쇄

저 자 | 권오수 · 한홍걸
발행인 | 정용수
발행처 | 예문사

주 소 | 경기도 파주시 직지길 460(출판도시) 도서출판 예문사
T E L | 031) 955 – 0550
F A X | 031) 955 – 0660
등록번호 | 11 – 76호

- 이 책의 어느 부분도 저작권자나 발행인의 승인 없이 무단 복제하여 이용할 수 없습니다.
- 파본 및 낙장은 구입하신 서점에서 교환하여 드립니다.
- 예문사 홈페이지 http : //www.yeamoonsa.com

정가 : 39,000원

ISBN 978-89-274-5911-8 13530